U0899704

国家科学技术学术著作出版基金资助出版

哺乳动物生殖工程学

李光鹏　张　立　主编

科学出版社

北　京

内 容 简 介

本书以个体发生时序为主线，论述了哺乳动物生殖调控机理及其相关应用技术。对配子体外操作、体外受精、配子与胚胎保存、胚胎移植、性别控制、动物克隆、表观遗传、干细胞技术、发育的大数据分析、基因编辑与转基因动物制备等分别做了较为详尽的专门介绍。其主要特点是注重理论与实践的结合，系统阐述了各类生殖工程的基本原理与技术操作程序，融入了生殖工程学领域的最新研究进展，提供了大量实用的研究方法和应用技术，为生殖工程领域的科学研究、生产实践及解决动物繁殖与育种中存在的实际问题提供了可靠的实用工具。

本书可供生殖生物学、发育生物学、分子生物学、干细胞生物学、动物繁殖学、生殖医学等基础研究及生产一线工作者参考使用。

图书在版编目（CIP）数据

哺乳动物生殖工程学/李光鹏，张立主编. —北京：科学出版社，2018.10
ISBN 978-7-03-058921-7

Ⅰ. ①哺… Ⅱ.①李… ②张… Ⅲ. ①哺乳动物纲–生殖–研究
Ⅳ.①Q959.805

中国版本图书馆 CIP 数据核字(2018)第 218608 号

责任编辑：王　静　李秀伟　白　雪 / 责任校对：郑金红
责任印制：肖　兴 / 封面设计：刘新新

科学出版社 出版
北京东黄城根北街 16 号
邮政编码：100717
http://www.sciencep.com
北京汇瑞嘉合文化发展有限公司 印刷
科学出版社发行　各地新华书店经销
*
2018 年 10 月第 一 版　开本：787×1092 1/16
2018 年 10 月第一次印刷　印张：60
字数：1 420 000

定价：680.00 元

(如有印装质量问题，我社负责调换)

《哺乳动物生殖工程学》编写人员

主　　编　李光鹏　内蒙古大学省部共建草原家畜生殖调控与繁育国家重点实验室

张　立　内蒙古大学省部共建草原家畜生殖调控与繁育国家重点实验室

参编人员（以姓氏笔画为序）

仓　明　内蒙古大学省部共建草原家畜生殖调控与繁育国家重点实验室

左永春　内蒙古大学省部共建草原家畜生殖调控与繁育国家重点实验室

白春玲　内蒙古大学省部共建草原家畜生殖调控与繁育国家重点实验室

华进联　西北农林科技大学动物医学院

苏小虎　内蒙古大学省部共建草原家畜生殖调控与繁育国家重点实验室

苏广华　内蒙古大学省部共建草原家畜生殖调控与繁育国家重点实验室

李　煜　内蒙古大学生命科学学院

李雪玲　内蒙古大学省部共建草原家畜生殖调控与繁育国家重点实验室

杨　磊　内蒙古大学省部共建草原家畜生殖调控与繁育国家重点实验室

吴　侠　内蒙古大学省部共建草原家畜生殖调控与繁育国家重点实验室

郑　重　内蒙古大学省部共建草原家畜生殖调控与繁育国家重点实验室

雪　莲　香港养和医疗集团体外受孕中心

魏著英　内蒙古大学省部共建草原家畜生殖调控与繁育国家重点实验室

前　言

21世纪以来，生命科学研究呈现出前所未有的发展速度。特别是生殖生物学基础理论与工程技术的研究，在动物体细胞克隆、干细胞研究、基因编辑技术等诸多方面均取得了里程碑式的成就。这些科学成就在揭示生殖发育机制、提高繁殖效率、加快品种改良、改善生殖健康水平、治疗生殖疾病等诸多方面发挥了重要作用，极大地推动了动物生殖工程学和人类生殖医学的快速发展。

本书以家畜和实验动物为研究对象，系统阐述了生殖调控相关理论、技术操作原理和程序，是作者多年从事相关科学研究和技术研发工作的经验积累，书中的相当一部分内容是作者科研成果的展示，并融入了生殖工程学领域的最新研究进展，阐述了大量实用有效的研究方法和应用技术，为生殖生物学领域的科学研究及解决家畜繁殖中存在的实际问题提供了一些有用的工具，对于从事本领域科研与生产的读者有一定的参考价值。

本书以配子发生、受精、胚胎发育、着床与分娩等个体发生时序为主线，论述了不同动物生殖调控机理及其相关技术的应用。其主要特点是注重理论与实践的结合，简明扼要地阐述了生殖生物学的基础理论，便于读者系统准确地理解工程技术原理。对生殖细胞体外培养、冷冻保存及胚胎移植等一系列常规技术做了较详尽的论述，便于读者在科研和生产实践中查阅参考。对体外受精、动物克隆、表观遗传学、基因编辑、大数据分析、干细胞研究等影响深远、意义重大的技术分别做了专门介绍，旨在引领读者对科学前沿的充分关注。

在本书撰写过程中，仓明教授参编第三章，杨磊博士参编第五章和第十八章，苏广华博士参编第七章，吴侠副教授参编第八章和第十六章，左永春教授参编第九章，李雪玲教授参编第十三章，魏著英博士参编第十四章，华进联教授参编第十五章，魏著英和苏小虎博士参编第十七章，白春玲博士参编第十九章，雪莲博士参编第二十章，郑重博士负责图片整理与文字校对，李煜教授协助主编负责全书的整体修改、编辑及联系出版等事宜，在此对全体参编人员表示衷心感谢！

在本书交付出版之际，衷心感谢职业生涯中给予我们精心培养、精神鼓励与关心呵护的老师们和前辈们。广西大学卢克焕教授帮助审阅了“性别决定与性控技术”一章，内蒙古农业大学刘俊平教授帮助审阅了“动物的发情周期与同期发情”和“妊娠、分娩与产后母畜生殖调控”两章，西北农林科技大学郭泽坤教授为“基因编辑技术”一章提供了重要材料，向他们表示衷心的感谢。内蒙古大学实验动物研究中心的梁浩、岳永莉、赵宇航、刘雪霏、弓春玲、黄亚斐、高丽、高广琦、吕洋和王煜等老师和学生，西北农林科技大学的吴江、朱海鲸、李波和于萌等老师和学生，在资料查阅、图片制作、文字校对等工作中做了大量细致的工作，在此表示衷心感谢。

尽管编者在编写过程中付出了极大的努力，但由于水平和知识面所限，以及学科的迅速发展，仍有许多不足和不妥之处，望读者批评指正。

主　编

2016 年 11 月于内蒙古大学

目　　录

绪　论

生殖是生命活动的基本特征之一，是生命体繁衍后代、维系物种延续的重要过程。生殖生物学（reproductive biology）是研究个体发生、生殖活动及其调控规律的科学。生殖生物学主要研究性腺发育、配子发生成熟与排放、受精、早期胚胎发育与着床、胎盘发育、性别决定、妊娠维持、分娩与生殖健康等一系列与生殖相关的生命活动基本规律和发生机制。生殖工程学（reproductive engineering）是在生殖生物学、动物胚胎学、动物繁殖学、产科学与动物营养学等多学科基础理论指导下，利用现代生物技术手段对生殖细胞、配子和胚胎进行人为干预和操作，以改善胚胎发育、提高个体质量、消除遗传疾病等的工程技术学科。

生殖工程学主要包括五大类技术体系：第一类是原生殖细胞与配子工程技术，包括原生殖细胞与配子的基因和表观调控技术、配子单倍体干细胞技术；第二类为胚胎生产与移植相关技术，包括超数排卵、人工输精、卵母细胞体外成熟与体外受精、胚胎移植技术、胚胎性别鉴定与动物性别控制技术、配子与胚胎冷冻保存技术；第三类为动物克隆技术，包括细胞核移植技术、胚胎分割技术、胚胎嵌合技术；第四类为基因编辑与转基因动物技术，包括内源基因的定点编辑或干扰技术、外源基因的定点植入过表达技术；第五类为干细胞技术，包括生殖干细胞技术、胚胎干细胞技术、诱导干细胞技术等。

20世纪末期，生殖生物学理论与工程技术研究进入了快速发展阶段，有力促进了动物快速繁殖、品种改良与育种速度，极大提高了畜牧业产能和效益；有力促进了人类生殖医学的发展，在生殖疾病治疗、优生优育、开创疾病治疗新途径等方面发挥了巨大作用。

一、人类对生殖活动的认知

早在公元前，希波克拉底（Hippocratis）认为身体各部分均能产生各种精液，幼体是各部分精液凝集而成的。子代的每一部分构造都与亲本身体各部分相同，都有其相对的同源。亚里士多德（Aristotle）通过观察鸡胚的发生，认为鸡的发生是由简单发展到复杂，机体整个结构是整体活动的结果。到 18 世纪，列文虎克（A.van Leeuwenhoek）在显微镜下看到了人类活动的精子，格拉夫（R. de Graaf）详细研究了哺乳动物卵巢的滤泡（现称为格拉夫氏泡）。但他们都不能讲明精子和卵细胞的功能。受当时先成论观点的影响，人们认为胚胎是亲代的缩影，胚体的构造在精子或卵子中都是预先形成的，发生不过是预先的构造展开和长大而已。当时的解剖学家马尔皮基（M. Malpighi）在鸡胚中发现小的胚，在植物种子中找到了可以与成体植物等同的结构。斯瓦默达姆（Jan Swammerdam）在快要化蛹的毛虫中看到触角、翅、腿等结构，认为毛虫在转变为蝴蝶的过程中没有新结构的形成，而只是已存在的结构的发展，胚胎在卵内早已存在，发育不过是长大而已。后来有人主张微小的胚胎位于精子或卵子中，这就是那时的精子派与卵子派。他们都认为自然界中生物体的产生仅是早已存在的胚芽的发育。

先成论思想在 18 世纪发展到极致。博内（C. Bonnet）设想的套装学说（encasement theory）即预成的胚胎中存在更小的预成胚胎，犹如一套大小不同的个体套在一起，大胚胎内有小胚胎，小胚胎内有更小的胚胎。生殖不过是一套胚胎从一个成体中脱离出来而已。预成的小胚胎的数目是有限的，等用完了，物种就绝代了。沃尔夫（C. F. Wolff）是渐成论的有力倡导者，他认为有机体是从性细胞逐渐发育而成的。他仔细观察了鸡胚的发生，证明雏鸡的部分器官是逐日发生的，器官发生由简单到复杂。

对于动物生殖的科学认识，首推冯·贝尔（K. E. von Bear）。他广泛而又精确地研究了鱼、两栖类、鸡和哺乳类胚胎发生过程，并在比较了脊椎动物各纲胚胎发育之后，提出了著名的贝尔法则。在胚胎中，一般结构比专门的结构出现要早一些，所以首先形成了“门”的特征；而后，形成“纲”的特征，再形成“目”“科”“属”“种”的特征；所有不同“纲”的胚胎最初是相似的，后来在发育中才彼此分离。贝尔法则明确地指出了动物的胚胎在发育中的共性，说明了它们是发源于一个共同的祖先，然后向不同的方向发展（张天荫，1996）。

19 世纪 30 年代末，德国科学家施莱登（M. J. Schleiden）和施旺（T. Schwann）提出了细胞学说。所有生命有机体都是由细胞组成的，细胞是生命的基本单位，且细胞只能由其他细胞通过分裂产生。细胞学说的提出，就把之前盛行的先成论彻底否定了。发育不可能是先成的，而是后成的，是通过细胞分裂逐渐形成的。在此基础上，德国胚胎学家魏斯曼（A. Weismann）把动物细胞分为体细胞和生殖细胞，认为体细胞是从生殖细胞发育来的，随着个体死亡而消失，而生殖细胞是代代相传的，明确了专一型生殖细胞的存在。

现代生殖生物学源于卵子与精子的发现，胚胎是由来自雄性的精子与来自雌性的卵子，通过受精作用形成的，受精卵是一切生命个体的起始。动物的生殖与繁殖取决于两性生殖细胞的结合与发育，这一过程受基因、生殖内分泌等调控。自 20 世纪 50 年代开始，精子获能、体外受精、胚胎体外培养的成功，使动物生殖进入可以进行人工操作的时代；试管婴儿（动物）、胚胎分割、胚胎嵌合体、胚胎移植与胚胎克隆等成功应用于动物繁殖；体细胞克隆、诱导性多能干细胞与精确基因编辑等新技术引领了 21 世纪的生物技术发展风暴。

二、生殖细胞

（一）生殖细胞的来源

在动物界，生殖细胞的发生主要有两种形式：一种是卵母细胞在生长成熟过程中，特定区域的胞质中富含生殖质（germ plasm），或者在受精后卵胞质发生重组，使局部区域胞质富含生殖质，得到富含生殖质的卵裂球就有可能成为生殖细胞，如线虫、部分昆虫和无尾两栖类等；另一种是在胚胎发育过程中，逐渐形成的一群特殊的细胞，如细胞较大、变形虫状、内含丰富的糖原或有类似生殖质的电子致密小体等，这些细胞称为原生殖细胞（primordial germ cell，PGC），如昆虫、棘皮动物、大部分脊椎动物与哺乳动物等。

目前，有关昆虫、无尾两栖类、鸟类及哺乳类 PGC 的产生、迁移机制和分化过程的研究都取得了较大进展。无尾两栖类的 PGC 来源于内胚层，而鸟类和哺乳类的则来源于上胚层。一般在原肠胚之后，它们以变形运动的方式自主地迁移到肠背系膜。之后，通过肠背系膜进入位于中肾内侧和肠背系膜之间的、由脏壁中胚层形成的生殖嵴（生殖腺原基）中（张天荫，1996）。

（二）生殖细胞的分化

在哺乳动物中，PGC 先在尿囊与后肠交界处附近聚集，之后迁移到卵黄囊附近再分成两群，沿卵黄囊的尾部通过新形成的后肠，沿背侧肠系膜再向上迁移，分别进入左右两侧生殖嵴。PGC 进入生殖嵴的皮层后，由皮层和髓部共同组成胚胎原始生殖腺。哺乳动物的生殖系统主要由性腺、副性腺、生殖管道和外生殖器官等组成，因性别不同而有所差别。下丘脑-垂体-性腺组成的生殖内分泌轴系与生殖免疫系统调控着性腺的发育和配子的发生。

性腺是配子发生（gametogenesis）的场所，雌雄性腺分别产生雌性配子（female gamete）和雄性配子（male gamete）。在配子发生过程中，PGC 在原始睾丸中增殖，之后分化为精原干细胞（spermatogonial stem cell）。精原干细胞在增殖时，产生两类子代细胞：一类仍保持精原干细胞的特征，成为更新的干细胞，是雄性动物的精子发生之源；另一类子代细胞则成为分化的干细胞，这类细胞最终将形成精子。进入卵巢中的 PGC，通过有丝分裂增殖后，形成卵原细胞（oogonium），与周围的体细胞共同形成原始卵泡，逐渐发育成初级卵泡、次级卵泡和成熟卵泡，最终发生排卵。

三、哺乳动物个体发生

个体发生过程包括胚前、胚胎、胚后等三个阶段。

（一）胚前阶段

胚前阶段（preembryonic development stage）可以分为配子发生、发育与成熟。这一阶段是在父体与母体的性腺中发生的，是种系延续的关键环节。父本与母本的生殖细胞的发生过程及最终配子获得的遗传特征，包括基因组特征与表观修饰特征等，都将延续到下一代。亦即先天性遗传与获得性遗传都将传递给后代。

（二）胚胎阶段

胚胎阶段（embryonic development stage）要经历受精、卵裂、桑椹胚、囊胚、原肠胚、神经胚、三胚层分化、器官原基形成、器官分化、胎儿形成等阶段。

更确切地说，胚胎阶段分为胚期和胎期。胚期（embryonic stage）即从合子形成，一直到三胚层分化与器官原基产生。受精是个体生命之始，受精卵经历了卵裂、母源基因与合子基因组转变、第一次细胞分化、胚胎植入与母体合二为一，经过三胚层分化，产生器官原基。

胎（儿）期（fetal stage）则是有生理功能的器官的形成到胎儿形成，直至分娩的过程。首先出现的有功能的器官是心脏。在心脏原基形成后，出现心跳搏动，血管系统随之出现，形成原始血液循环系统。循环系统逐渐进入各个正在形成中的器官，来自母体的营养等成分供给胎儿的发育。胎儿发育成熟后，启动分娩，产生子代。

（三）胚后阶段（出生后发育阶段）

胚后阶段或出生后发育阶段（postnatal development stage）包括婴儿（羔、犊、仔）期、少年（性成熟前期）、青年（青春期）、成年、老年到衰老死亡。

四、生殖生物技术的发展

（一）体外受精与胚胎移植技术

1. 精子获能现象

哺乳动物的受精与胚胎发育均是在体内生殖管道中完成的，其过程与机理一直是学者们感兴趣的课题。早在 1878 年，德国科学家 Schenk 就进行哺乳动物卵子体外受精的尝试。他将家兔和豚鼠排卵前的卵母细胞和附睾内的精子放入子宫液内进行孵育，观察到第二极体释放和卵裂现象。

在哺乳动物受精研究史中，第一个具有里程碑式的重大事件，是精子获能现象的发现。哺乳动物的精子必须在雌性生殖道内经过一段时间，发生生理及形态学的变化才能获得受精能力，此即精子获能（sperm capacitation）。这一现象是由 Chang（张民觉）和 Austin 在 1951 年分别同时发现的。精子获能是哺乳动物受精的前提条件之一。在 1954 年，Thibault 等和 Dauzier 等用从母兔子宫中回收的精子，使兔体外受精成功。但直到 1959 年，Chang 才使兔体外受精产仔（严云勤等，1995）。

2. 胚胎体外培养

哺乳动物胚胎的体外培养，可以追溯到 1913 年 Brachet 对比利时蓝兔的囊胚进行的培养实验。而产生轰动效应的研究成果则是 1957 年 Whitten 对小鼠胚胎的体外培养，他用含有牛血清白蛋白的生理盐液和乳酸盐液配成的简单培养液，把小鼠 2-细胞胚胎培养到囊胚期，这是本领域第二个里程碑式的成果。

在胚胎培养研究中再次获得重大突破性进展的是 20 世纪 80 年代。主要表现在：第一，通过对胚胎培养液组成的调整与改进，成功地克服了胚胎的体外发育阻滞；第二，体细胞与胚胎共同培养系统的建立，大大改善了培养环境，使胚胎克服阻滞率大大提高；第三，细胞生长因子的使用改善了培养环境，提高了胚胎的质量。这些技术措施的应用，均可使动物胚胎从受精卵顺利地发育到囊胚阶段（严云勤等，1995）。

3. 胚胎移植

1890 年，英国学者 Heape 将 4-细胞期的安哥拉兔的胚胎移植到一只已交配过的比利时野兔的输卵管内。这只受体兔生了 6 只小兔，其中 4 只是比利时兔、2 只是安哥拉兔。20 世纪 30 年代以后，绵羊（1934 年）、山羊（1949 年）、猪（1951 年）、牛（1951 年）和马（1973 年）等都相继获得胚胎移植个体。胚胎冷冻技术的出现，是胚胎移植技术的又一次飞跃，有力拓展了胚胎移植及其相关技术的应用范围和应用价值（严云勤等，1995）。

4. 试管动物（试管婴儿）

在克服了精子获能、卵母细胞的体外成熟、体外受精、胚胎培养与胚胎移植等诸多技术难题后，完全的胚胎体外生产成为可能。1968 年，Whittingham 获得了完全体外受精与体外发育来的胚胎的“试管小鼠”。1984 年，旭日干与花田章等培育出“试管山羊”；1985 年，Dauzier 等获得“试管绵羊”；1986 年，Cheng 等获得“试管猪”；1982 年，Brackett 等用体内成熟的卵母细胞培育出体外受精牛犊；1988 年，卢克焕等获得完全体外化生产的“试管牛”。1978 年，Steptoe 和 Edwards 报道了世界首例“试管婴儿”的诞生。上述标志性成果的获得，在之后的动物繁育和人类生殖医学中发挥了极为重要的作用（严云勤等，1995）。

（二）细胞核移植技术

1. 细胞核移植技术设想的提出

20 世纪初，德国胚胎学家 Spemann 报道了著名的发丝结扎实验。他用胎发在蝾螈的 2-细胞胚胎的两个卵裂球之间加以结扎，结果每个卵裂球都发育成一个完整的胚胎；而如果在原肠期时结扎，则两半各自发育为半个胚胎。1938 年，Spemann 将蝾螈受精后、分裂前的卵，用头发从动物极到植物极缚成两部分，但不完全分开，中间仍有细胞质相通。这样分缚后，有核的一半卵能分裂，另一半因没有核不能分裂。等分裂到 4 个或 16 个细胞时，将发圈放松，让一个核进入原来没有核的部分，然后将发圈缚紧使两半卵完全分开，结果两个半卵都能发育为正常胚胎。说明细胞核在卵裂和胚胎发育过程中占有主导地位，这些卵裂球在 16-细胞时期，每一个细胞核的发育能力都是相等的，也是全能的。

1938 年，Spemann 在其名著 *Embryonic Development and Induction*（《胚胎发育和诱导作用》）中提出了一种设想：如果能用细胞核移植的方法，将不同发育阶段细胞的细胞核移到没有核的卵中，观察核移植胚的发育能力，将对研究核质关系具有重要意义。这就是著名的细胞核移植技术的最初设想。Spemann 因其在动物实验胚胎学领域创立的成就，获得了 1935 年的诺贝尔生理学或医学奖。

2. 无尾两栖类细胞核移植研究

1952 年，英国学者 Briggs 和 King 首先在豹蛙（*Rana pipiens*）上实施了核移植操作。他们将豹蛙囊胚顶部细胞的核移到去核的卵中，约有一半的重构卵能分裂，并发育为部分或完整的囊胚。1964 年，英国科学家 Gurdon 将非洲爪蟾未受精的卵用紫外线照射，破坏其细胞核，然后从蝌蚪的上皮细胞中吸取细胞核，将该核注入核被破坏的卵中，结果有 1.5%的移核卵发育为正常的成蛙。Gurdon 也因此项成果获得了 2012 年诺贝尔生理学或医学奖。

我国动物实验胚胎学的奠基人童第周先生，于 1964 年报道了中华大蟾蜍的体细胞核移植结果。原肠期胚胎的内胚层细胞的细胞核、神经期或孵化后胚胎的内胚层细胞的细胞核移植后，能使部分核移植胚发育至神经期、尾芽期、孵化期胚胎或蝌蚪，少数能完成变态。1978 年，其又成功地进行了黑斑蛙的克隆实验，将黑斑蛙红细胞的核植入去核的黑斑蛙卵中，这种核移植卵可以发育成蝌蚪（中国科学院发育生物学研究所《童第周文集》编辑委员会，1989）。

3. 鱼类细胞核移植研究

20 世纪 50～60 年代，童第周先生开启了鱼类核移植技术研究。他在不同亚科的金鱼和鳑鲏、草鱼和团头鲂之间进行核移植，获得了异种细胞核移植鱼；之后又进行了不同科之间细胞核移植，将金鱼（鲤形目鲤科）细胞核移到大鳞副泥鳅（鲤形目鳅科）去核卵；在不同目之间，将尼罗罗非鱼（鲈形目）细胞核移到金鱼（鲤形目）去核卵（中国科学院发育生物学研究所《童第周文集》编辑委员会，1989）。

4. 哺乳动物胚胎细胞核移植研究

1986 年，Willadsen 把绵羊 8-～16-细胞期胚胎的细胞核移植到去核卵母细胞质中，得到核移植羊。1987 年，Tsunoda 等把小鼠 8-细胞胚的细胞核移植到去核 2-细胞期的细胞质中，得到核移植小鼠。1987 年，Prather 等把牛 8-～16-细胞胚的核移植到去核卵母细胞中，得到核移植牛。1988 年，Stice 和 Robl 把兔 8-细胞胚胎的细胞核移植到去核卵母细胞后，得到核移植兔；1989 年，Prather 等将猪 4-细胞胚的核移入去核卵中，获得核移植猪；1991 年，张涌等报道山羊桑椹胚细胞的核移植后产羔。1993 年，Nagy 等获得了早期传代胚胎干细胞（ES 细胞）来源的核移植小鼠。1996 年，Campbell 等将培养的绵羊胚盘体细胞进行核移植后产羔。1989 年，Willadsen 获得连续胚胎核移植的第二代核移植牛。1990 年，Bondioli 等获得连续胚胎核移植的第三代核移植牛（严云勤等，1995）。1997 年，Meng 等得到了胚胎细胞核移植的克隆猴。

5. 体细胞核移植研究

1997 年，Wilmut 等将来自 6 岁绵羊的乳腺细胞移入去核卵母细胞后，得到世界上第一只体细胞核移植哺乳动物（克隆羊），这是生物学史上一个里程碑式的事件。随后，1998 年，Wakayama 等采用直接注射法将卵丘细胞注射到去核卵母细胞质中，得到克隆和再克隆小鼠；1998 年，Kato 等利用输卵管上皮细胞获得克隆牛；1999 年，Baguisi 等利用成纤维细胞获得克隆山羊。到目前为止，已经有小鼠、兔、绵羊、山羊、猪、牛、马、骡、水牛、骆驼、猫、狗、藏獒、鹿、雪貂、狼等哺乳动物克隆成功。

（三）干细胞技术

干细胞的概念最早出现于 1868 年，是由 Haeckel 提出的。当时是用来描述一种负责产生很多种类型细胞的新细胞“stamzelle”，是一种体内未特化或者未分化的细胞。从这种意义上来说，干细胞概念早已存在，但是真正实现干细胞的体外培养却是 100 年后的事情。

干细胞（stem cell）是一群功能上具有自我更新能力和产生分化细胞能力的细胞。干细胞可以产生与自身相同的子代细胞（自我更新），并能生成具有有限能力的后代（分化细胞）。这些细胞既可以通过不断的细胞分裂维持自身细胞群的规模，又可以分化成为多种组织细胞，也有人称之为“万用细胞”。

1. 胚胎干细胞

胚胎干细胞是从早期胚胎或原始性腺中分离出来的一类细胞，它具有体外培养无限增殖、自我更新和多向分化的特性。胚胎干细胞的研究开始于畸胎瘤的发现。自 1981 年成功分离出小鼠胚胎干细胞后，在大鼠、猪、牛、绵羊、山羊、猴及人类上都分离获得了胚胎干细胞或类胚胎干细胞。而且，已经证明小鼠胚胎干细胞可以分化为心肌细胞、造血细胞、骨髓细胞、平滑肌细胞、脂肪细胞、软骨细胞、成骨细胞等各种细胞类型。

2. 组织干细胞

组织干细胞是指存在于一种已经分化组织中的未分化细胞，这种细胞能够自我更新并且能够分化形成该组织的细胞。成年个体组织中的干细胞在正常情况下大多处于休眠状态，在病理状态或在外因诱导下可以表现出不同程度的再生和更新能力。1963 年，加拿大多伦多大学的两名科学家 Ernest A. McCulloch 与 James E. Till 第一次证实造血干细胞的存在。这是在获得胚胎癌性细胞和 1981 年首次获得小鼠胚胎干细胞之前，人们所知道的唯一的干细胞类型。目前已知，在机体所有的器官组织中都存在干细胞。

3. 诱导干细胞

2006 年，日本科学家山中伸弥等从体细胞核移植技术中得到了启发，首次在体外成功将小鼠的成纤维细胞诱导转化为具有多能性的干细胞。当将 *Oct4*、*Sox2*、*Klf4* 和 *c-Myc* 一起转入小鼠的成纤维细胞后，可以诱导成纤维细胞重新回到原始的胚胎干细胞状态。这种被诱导形成的细胞，称为诱导多能干细胞或诱导干细胞。这 4 个因子也被很多学者称为“典型山中因子”。由此产生的诱导干细胞，在形态、基因和蛋白表达、表观遗传修饰状态、细胞倍增能力、类胚体和畸形瘤生成能力、分化能力等方面都与胚胎干细胞极为相似。

（四）转基因技术与基因编辑技术

1. 转基因技术

1982年，Palmiter等将大鼠生长激素基因导入小鼠受精卵，获得的转基因小鼠的生长速度是同窝对照组小鼠的2倍，被称为“超级小鼠”。Hammer（1985年）和Pursel（1989年）分别将人和牛的*GH*基因转入猪，生产出的转基因猪与非转基因猪相比，生长速度和饲料转化率明显提高。我国的转基因动物研究始于1984年，获得了含人β-珠蛋白基因的转基因小鼠。利用显微注射法，1985年和1986年又分别获得了含人生长激素（MT-hGH）基因的转基因泥鳅和小鼠。1985年，朱作言等将人*GH*基因导入鲫鱼受精卵，得到了生长速度快、耐受性强、肉质好的转基因鱼，该项研究成果被1989年美国出版的《科学年史》记录为近代中国两大重要开拓性科研成果之一。1987年获得含有大肠杆菌*galk*和*gpt*基因的转基因小鼠。以后又相继获得了含乙型肝炎表面抗原（HBsAg）基因的转基因兔、转基因猪，含促红细胞生成素（EPO）和*HbsAg*两种基因乳腺特异性表达的转基因山羊，含人凝血因子Ⅸ的转基因山羊，含人血清白蛋白基因的转基因奶牛，以及“人乳铁蛋白”“人α-乳清白蛋白”“溶菌酶”“岩藻糖化蛋白”等转基因奶牛。近年来，在国家转基因生物新品种培育科技重大专项的支持下，我国的转基因动物研究取得了令世界瞩目的成就。

2. 基因编辑技术

基因组编辑技术是一种可以在基因组水平上对DNA序列进行改造的遗传操作技术。其技术原理是构建一个人工限制性内切核酸酶，在预定的基因组位置切断DNA，切断的DNA在被细胞内的DNA修复系统修复过程中会产生突变，从而达到定点改造基因组的目的。通过DNA修复和同源重组实现基因敲除、特异突变的引入和定点基因转入等改造基因的目的。

基因打靶是最早使用的基因组编辑技术，是指通过基因编辑技术将外源基因定点整合入靶细胞基因组上某一确定的位点，以达到定点改造或修饰染色体上某一基因的目的。常用的基因打靶技术有基因敲除和基因敲入。基因敲除类似于同源重组，指外源DNA通过与受体细胞基因组中顺序相同或非常相近的基因发生同源重组而整合到受体细胞的基因组中。条件性基因敲除指在某一特定的细胞类型或细胞发育特定阶段敲除某一特定基因。自从Capecchi等1987年首次成功利用基因打靶技术在小鼠ES细胞实现定点突变以来，这项技术已经成为研究小鼠基因功能的最直接手段。

锌指核酸酶（zinc finger nuclease，ZFN）技术的出现，促进了基因组靶向修饰技术的发展；随后的类转录激活效应物核酸酶（transcription activator-like effector nuclease，TALEN）技术要优于ZFN技术，被快速地应用于多个物种的基因改造；成簇规律间隔的短回文重复序列/系统关联核酸酶9（clustered regularly interspaced short palindromic repeat/CRISPR associated system 9，CRISPR/Cas9）技术的特点是简单快捷、目的基因中靶位点多、效率高等，已经成为目前基因组编辑的主流技术。

五、生殖生物技术在动物繁殖中的应用

提高动物的繁殖率是畜牧业发展的重要前提。繁殖技术由繁殖调控技术和繁殖监测技术两部分内容组成。繁殖调控技术包括调控发情、排卵、受精、性别控制、胚胎发育、妊娠维持、分娩、泌乳等生殖活动的技术，是提高动物繁殖效率、加快育种速度的基本手段。繁殖监测技术包括发情鉴定、妊娠诊断、营养调控、围产期管理、幼畜生产与管理等技术。

随着对生殖过程的深入了解，对繁殖调控与监测技术的逐渐掌握，人们可以在多个环节上对动物的繁殖进行干预，并逐渐将这些技术优化与集成，以更有效地提高动物的繁殖能力。对动物生殖过程的干预技术就是繁殖控制技术，或称繁殖生物工程。例如，同期发情、超数排卵、人工授精、胚胎移植、诱发分娩、早期断奶、缩短繁殖周期等。

（一）MOET 技术

MOET 技术，即超数排卵-胚胎移植（multiple ovulation and embryo transfer）技术。这是在了解了动物的排卵行为、受精部位与过程、胚胎发育时段与子宫内膜的接受状态等生殖过程与规律，掌握了人工输精与胚胎移植技术后发展起来的一门综合性繁殖技术。通过超数排卵与人工授精，可使一头母牛每年至少生产 20 枚胚胎，再通过胚胎移植，每头牛每年至少生产 12 头犊牛（以妊娠率 60%计算）。如此高效的繁殖效率，可使优秀种牛迅速扩繁，极大地提高了繁殖效率。MOET 技术已在大多数家畜或经济动物中得到应用。

（二）性控技术

繁殖后代的性别控制技术简称性控技术。20 世纪 90 年代以后，X 精子和 Y 精子分离效率和准确率不断提高，分离的准确率达到 90%以上，产犊的性控准确率也达到 90%以上。精液性控技术，结合精液冷冻和子宫深部输精等技术，极大地提高了母犊比例及奶牛繁殖率。性控技术与 MOET 技术结合已经成为母畜或公畜快速扩繁的主要途径。

（三）克隆技术

动物繁殖中的克隆技术专指细胞核移植技术。所谓细胞核移植是指借助显微操作和细胞融合技术人为地把一个细胞的细胞核与一个去除核物质的卵细胞质融合成一个新的合子（类合子）的过程。来源于同一个动物个体的细胞所产生的核移植个体，在遗传上是完全相同的，即克隆动物（cloned animal），这一技术也可以称为动物克隆（animal cloning）。自 1997 年首次报道克隆绵羊以后，体细胞克隆在牛、小鼠、山羊、猪、兔、猫、大鼠、骡、马、狗、雪貂、狼、骆驼、鹿、马鹿、藏獒等动物上均获得了成功。而且，体细胞克隆技术在牛、猪、羊等家畜和猫、狗等宠物中已经应用于生产或商业。利用转有外源基因的体细胞进行克隆操作，已经成为家畜转基因制备的主要技术。

（四）转基因技术

转基因技术的原理是将人工分离和修饰过的优质基因，导入生物体基因组中，从而达到改造生物的目的。导入基因的表达引起生物体的性状及可遗传的修饰改变，这一技术称为人工转基因技术（transgenic technology）。

转基因动物就是基因组中含有外源基因的动物。它是按照预先的设计，通过细胞融合、细胞重组、遗传物质转移、染色体工程和基因工程技术将外源基因导入精子、卵细胞或受精卵，再以生殖工程技术育成转基因动物。例如，把从三文鱼体内提取的生长激素基因和从大洋鳕鱼体内提取的抗冻蛋白基因转入大西洋三文鱼的基因组，使得转基因的大西洋三文鱼既提高了生长速度，又能在寒冷的水域中保持生长；生长周期缩短为一年半，体形也比普通三文鱼更大。而野生的三文鱼生长周期至少需要三年。这种转基因三文鱼就是美国允许上市的国际首例转基因动物食品。

我国的大动物（猪、牛、羊）的转基因研发水平取得了若干重大突破，在生长激素基因、高繁殖力基因、高泌乳基因、促肌肉生长基因、瘦肉型基因、抗病基因等转基因研究方面，获得了一批具有良好性状的转基因育种新材料，使我国的大动物转基因研究总体处于国际先进水平。

六、生殖生物学基础研究的热点与发展趋势

近年来，随着组学技术、基因编辑技术、高分辨率成像技术和谱系追踪技术的发展，生殖生物学研究进入了更精确、更深层次的功能基因分析与机制机理揭示的新阶段。以生殖生物技术为主导的繁殖生物技术研究也进入了更加高效的集成技术体系的研发阶段。

（一）配子发生与形成机制研究

配子历经原始生殖细胞增殖、减数分裂与成熟，最终形成具有受精能力的单倍体细胞。整个过程不仅受自身遗传和表观遗传的调控，还受邻近细胞或组织及微环境的影响。减数分裂所独有的分裂方式，通过同源染色体的识别、配对、联会、重组和分离，既保证了物种遗传物质在世代间的正确稳定传递，又获得了遗传物质多样性的有规律的变异，使物种得以繁衍和进化。从原始生殖细胞到精原干细胞，再到各级生精细胞，存在着由有丝分裂到减数分裂的过渡与转变。雌雄配子结合后，再进行卵裂，又从减数分裂向有丝分裂转变。因而，对有丝分裂向减数分裂或减数分裂向有丝分裂的转变机制的探析，是实现生殖细胞体外发生与分化的关键。目前尚不清楚性原细胞的有丝分裂是如何被抑制并在极短的发育窗口期内进入减数分裂的，而同源染色体的识别、配对、联会、重组和正确的分离是进入减数分裂的一个特殊步骤。对这些问题的进一步阐释，将有助于了解调控减数分裂启动和染色体行为的分子机制，对人工干预或临床应用具有指导意义。

在配子发生与减数分裂研究方面，原始生殖细胞的形成、迁移和特化机制，生殖干细胞的命运决定和维持的分子基础，精子发生与成熟的分子调控机制，卵母细胞发育与

成熟的关键调控网络，生殖细胞发生障碍的分子机理等将是未来的研究重点。而需要揭示的关键问题包括发现决定减数分裂启动及同源染色体识别、配对、联会、重组和分离等一系列减数分裂核心事件按时、依序发生的关键调控因子，阐释其功能及作用机制；发现并从功能上证实导致减数分裂启动和染色体行为异常的分子基础，揭示其分子机制；绘制调控减数分裂启动和染色体行为的分子作用网络；揭示单倍体稳定维持的分子机制等。

（二）表观遗传研究

表观遗传是生命活动的重要调控方式，也是近年来生殖生物学领域的研究热点。配子发生及早期胚胎发育过程中发生了许多表观遗传重塑，这些过程是研究表观遗传调控方式和机理的较理想的体系。表观遗传主要涉及 DNA 甲基化、组蛋白修饰和非编码 RNA 等。近年来，我国科学家在该领域获得了一系列突破性研究进展。例如，阐释了5-甲基胞嘧啶的去甲基化机制，发现了子代继承亲代 DNA 甲基化图谱的新规律，揭示了精子发生过程中单倍体基因组中大量的组蛋白降解依赖于乙酰化介导的特异性蛋白酶体通路等。

未来的研究重点将集中在获得性性状的跨代遗传机制方面，包括父母代的环境暴露如何影响配子的表观遗传性状；配子中介导跨代遗传性状的具体表观遗传信息载体是什么；配子从上一代获得的表观遗传信息如何调控后代的性状；受精卵和早期胚胎的表观遗传学研究等。

（三）母胎识别与妊娠适应性

妊娠失败是导致生殖障碍的一个重要因素，其主要原因是胚胎着床或胎盘发育障碍。成功妊娠是一个系统的生理进程：胚胎种植到母体子宫之前，子宫内膜细胞发生分化，使子宫处于可以接纳胚胎的状态；胚胎植入后，胎儿与母体之间需形成一个由多种不同细胞类型组成的临时性内分泌器官即胎盘来维持胎儿的生长发育；胚胎及胎儿携有遗传自父系的同种异体抗原，这一异体抗原不仅不被母体免疫排斥，反而形成免疫耐受，其间涉及广泛复杂的母-胎间交互对话。

重要科学问题包括揭示子宫内膜细胞谱系分化和内膜细胞互作建立接受态的转录调控网络；阐明母-胎交互对话介导母-胎免疫耐受的机制；解读人类胎盘滋养层细胞分化命运决定，精确定义人类胎盘生理和病理特征及相应的分子标记；解析妊娠过程中胎盘/胎儿与母体多系统、多器官相互作用和精确协调的生理机制。

总之，生殖生物学与繁殖生物学技术是用现代生物学方法研究从原始生殖细胞命运决定、配子形成、受精、早期胚胎发育、着床、妊娠维持到分娩的整个生殖过程的科学，是在动物胚胎学、动物繁殖学、内分泌学、妇产科学、发育生物学及动物生理学等学科的基础上发展起来的一门学科。近百年来，生命科学领域的若干重大技术（如胚胎移植、试管婴儿、动物克隆、转基因动物、胚胎干细胞、细胞核重编程、新型避孕药及新型辅助生殖技术）突破都得益于生殖生物学的贡献。进入 21 世纪以来，生殖生物学对生物学、医学及畜牧业发展的重要影响已经越来越引起人们的重视，特别是诺贝尔生理学或医学奖2010年授予“试管婴儿之父”罗伯特·爱德华兹，2012年授予细胞核重编程的两位杰出贡献者戈登和山中伸弥，使生殖生物学一跃成为生物医学领域备受关注的热点学科之一（段恩奎，2014）。

参考文献

陈大元. 2000. 受精生物学: 受精机制与生殖工程. 北京: 科学出版社.

段恩奎. 2014. 生殖生物学领域发展现状和未来挑战. 科学观察, 6: 41-44.

李光鹏, 旭日干. 2016. 动物解剖学、组织学与生殖生物学简明教程. 呼和浩特: 内蒙古大学出版社.

李云龙. 2011. 发育与进化. 北京: 科学出版社.

乔杰. 2007. 生殖工程学. 北京: 人民卫生出版社.

秦鹏春. 2001. 哺乳动物胚胎学. 北京: 科学出版社.

王建辰, 章孝荣. 1998. 动物生殖调控. 合肥: 安徽科学技术出版社.

严云勤, 李光鹏, 郑小民. 1995. 发育生物学原理与胚胎工程. 哈尔滨: 黑龙江科学技术出版社.

杨增明, 孙青原, 夏国良. 2005. 生殖生物学. 北京: 科学出版社.

张天荫. 1996. 动物胚胎学. 济南: 山东科学技术出版社.

中国科学院发育生物学研究所《童第周文集》编辑委员会. 1989. 童第周文集. 北京: 学术期刊出版社.

Baguisi A, Behboodi E, Melican DT, et al. 1999. Production of goats by somatic cell nuclear transfer. Nat Biotechnol, 17: 456-461.

Brackett BG, Bousquet D, Boice ML, et al. 1982. Normal development following *in vitro* fertilization in the cow. Biol Reprod, 27(1): 147-158.

Kato Y, Tani T, Sotomaru Y, et al. 1998. Eight calves cloned from somatic cells of a single adult. Science, 282: 2095-2098.

Meng L, Ely JJ, Stouffer RL, et al. 1997. Rhesus monkeys produced by nuclear transfer. Biol Reprod, 57(2): 454-459.

Wakayama T, Yanagimachi R. 1998. Development of normal mice from oocytes injected with freeze-dried spermatozoa. Nat Biotechnol, 16: 639-641.

（李光鹏）

第一章　卵母细胞体外成熟

哺乳动物卵母细胞的体外成熟（*in vitro* maturation，IVM）技术是现代哺乳动物体外受精和胚胎工程技术的基础环节。最早对哺乳动物卵母细胞进行体外成熟培养的是德国科学家 Schenk。1878 年，Schenk 将兔和豚鼠排卵前的卵母细胞和附睾精子放入相应的子宫液中培养，发现卵丘细胞分散，第二极体排出，进一步培养时有卵裂发生。20 世纪 60 年代以后，有关卵母细胞体外成熟培养的研究增多，逐步建立起卵母细胞体外培养体系。不仅对培养方法进行了许多改进，而且使卵母细胞的体外培养研究的对象由实验动物拓展到家畜领域。Brackett 等（1982）把牛卵巢卵母细胞经体外培养成熟后用于体外受精，获得了 4-～8-细胞期胚胎，手术移植后获得世界上第一例试管牛犊。从 20 世纪 80 年代，我国学者也开始了这方面的研究。

第一节　卵母细胞成熟的特征

卵母细胞必须发育到完全成熟方可用于体外受精或胚胎构建，否则影响受精率，影响其后的胚胎发育。卵母细胞成熟是一个极其复杂的过程，包括卵母细胞的细胞核成熟、细胞质成熟、卵质膜成熟、透明带成熟及卵丘细胞成熟等。

一、卵丘细胞的成熟

卵母细胞的成熟与其周围卵丘细胞的作用是分不开的。卵母细胞与卵丘细胞之间、卵丘细胞与卵丘细胞之间存在着广泛接触联系，使这两类细胞之间的旁分泌作用更加直接。有关内容将在质膜和透明带成熟的介绍中有所阐述。卵母细胞所需要的一些营养物质、调节因子及信使分子等都由卵丘细胞输送或受卵丘细胞调节；卵母细胞的分泌因子对卵丘细胞的分泌功能和扩展起调节作用；卵丘细胞的扩展可使卵丘细胞与卵母细胞间的缝隙连接数量减少或终止，从而使卵丘细胞对卵母细胞的成熟抑制作用减弱或消失，进而引起卵母细胞恢复第一次减数分裂。在进行卵母细胞体外成熟培养时，从卵泡内取出的卵丘-卵母细胞复合体（cumulus-oocyte complex，COC）的卵丘细胞排列比较紧密，而培养数小时后，卵丘细胞变得松散并逐渐扩展开来，使 COC 的体积增大了数倍。但也有一些卵母细胞一直被卵丘细胞紧紧包裹，后者几乎不发生扩展，而且颜色变黑。这些被卵丘细胞紧紧包裹的卵母细胞或早已退化或凋亡或还未成熟。卵母细胞与卵丘细胞之间互相调节，就使得卵丘细胞扩展，卵母细胞成熟；如果二者之间的联系被阻断，则卵母细胞退化或死亡。

从超微结构方面看，未成熟卵母细胞的卵丘细胞的线粒体不发达，嵴不清楚，高尔基复合体也不发达。随着 COC 的成熟，卵丘细胞中的线粒体、内质网和高尔基复合体等表现出典型的功能结构，说明处于功能活跃状态。而在已经成熟的卵母细胞周围的卵丘细胞内，线粒体的空泡化、内质网数量减少等，反映出分泌活动减弱。在 COC 成熟过程中，卵丘细胞的细胞核也发生了深刻的变化，主要表现为成熟前异染色质较多，核孔明显；到后期时，核呈空泡化，核孔也不明显。

卵丘细胞在卵母细胞的成熟过程中发生一定比率的凋亡，优质卵母细胞周围的卵丘细胞凋亡率较低；而非优质卵母细胞的卵丘细胞的凋亡率高，同时卵母细胞中线粒体的膜和嵴出现模糊、膨大，表现出细胞凋亡的特征，这可能是由于卵母细胞没有得到卵丘细胞的足够支持，因而不能正常发育，显示卵丘细胞与卵母细胞之间存在密切的关系。

哺乳动物卵泡中的颗粒细胞维持了卵母细胞处于减数分裂阻滞状态，从而防止它们过早成熟。研究发现，位于卵泡壁上的颗粒细胞表达 C-型钠肽（NPPC）的 mRNA；而卵母细胞周围的卵丘细胞表达 NPPC 受体（NPR2）的 mRNA。NPPC 可提高卵丘细胞和卵母细胞中环鸟苷酸（cGMP）的表达水平，抑制减数分裂的恢复。同时，卵母细胞源旁分泌因子可促使卵丘细胞表达 *Npr2* 的 mRNA。上述结果表明，卵泡壁颗粒细胞上的配体 NPPC 及其卵丘细胞上的受体 NPR2 协同作用防止了减数分裂的过早成熟，这对于卵泡成熟和排卵的协调至关重要（Zhang et al.，2010）。雌二醇和 EGF 可通过 NPR2 及 cGMP 合成影响卵母细胞的减数分裂进程。雌二醇促进和维持 NPR2 在卵丘细胞中的表达，从而参与 NPPC 介导的体外细胞减数分裂的过程（Zhang et al.，2011）。EGF 受体信号通过提升卵丘细胞的钙浓度来降低 NPR2 鸟苷酸环化酶活性，从而引发减数分裂恢复（Wang et al.，2013）。在培养的卵丘-卵母细胞复合体中，EGF 激活 EGF 受体，活化卵丘细胞内钙离子，降低 NPR2 亲和力和 cGMP 水平，导致减数分裂恢复。此外，从介质中去除镁离子可以降低 NPR2 对 NPPC 的亲和力，从而降低了 cGMP 水平，促进减数分裂的恢复（Hao et al.，2016）。

二、透明带的成熟

透明带是围绕在卵子周围的蛋白基质，是由卵丘细胞和卵母细胞共同分泌的糖蛋白形成的。在 COC 成熟过程中，透明带的成分与结构都发生了深刻的变化。培养前的处于生发泡（germinal vesicle，GV）期的卵母细胞，其周围卵丘细胞的胞质突起穿过透明带，到达卵母细胞表面，末端膨大嵌入卵母细胞质膜的凹陷内，与卵质膜的微绒毛间形成缝隙连接。卵丘细胞间有较多桥粒连接。可能也正是这些在透明带中交织着的微绒毛为透明带输送了结构成分，逐渐完成了透明带的成熟（Coticchio et al.，2013）。例如，透明带的三种组成成分 ZP1、ZP2 和 ZP3，均由卵母细胞与卵丘细胞共同分泌，并在成熟过程中完成结构上的组装。

GV 期卵母细胞的透明带呈纵行的细纤维状，外层疏松、内层较为致密；随着卵母细胞的成熟，透明带外层呈网状、内层变得疏松。透明带的厚度也由薄变厚，结构均一（图 1-1）。

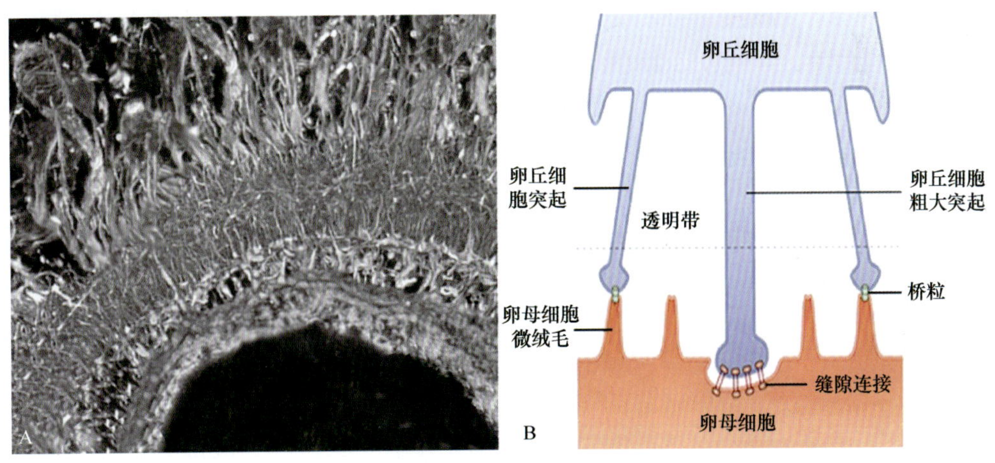

图 1-1　生发泡（GV）期卵母细胞与卵丘细胞之间穿过透明带的微管接触

GV 期卵母细胞的透明带内有密集的发自卵母细胞和卵丘细胞的微绒毛突起交织在一起

透明带不仅为卵子和胚胎的发育提供了保护屏障，卵母细胞的微绒毛和颗粒细胞的突起都伸入透明带，形成缝隙连接，为卵母细胞与内环境之间的物质交换提供通道，使壁层颗粒细胞、卵丘细胞和卵母细胞共同形成一个结构上和功能上的合胞体。

精子必须穿过透明带才能使卵子受精，所以透明带是精卵识别、诱发透明带反应、阻止多精受精等事件的结构基础。组成透明带的三种蛋白质中，ZP2 和 ZP3 作为功能蛋白，是精子的受体；ZP1 是结构蛋白，受精后透明带的蛋白质会分解而改变透明带结构，阻止多精受精。组成透明带的任一种蛋白质缺失，都会影响透明带的结构及卵子的受精能力，甚至影响其后的胚胎发育。

卵母细胞通过微绒毛与穿过透明带的卵丘细胞微绒毛形成的缝隙连接进行物质交换，如果透明带较厚，密度较高，可能不利于卵丘细胞微绒毛经过透明带到达卵质膜表面，从而影响卵子和胚胎的发育。对人卵而言，通过追踪分析发现，形成优质胚胎的卵母细胞透明带的平均厚度为 15.66μm±2.30μm，而发育不良的胚胎的卵母细胞透明带的平均厚度为 16.8μm±2.34μm；妊娠胚胎的卵母细胞透明带平均厚度为 15.81μm±2.24μm，显著低于未妊娠胚胎（17.09μm±2.46μm）。

三、卵母细胞的细胞膜成熟

在电镜下观察到，由单层扁平颗粒细胞包围的卵母细胞，质膜表面光滑并与颗粒细胞膜相贴，之间有桥粒连接；由立方颗粒细胞包围时，卵质膜上开始出现短小的微绒毛；当颗粒细胞变成两层时，开始出现透明带，微绒毛伸入透明带内。卵泡腔出现时，透明带增厚，此时微绒毛多且长并垂直插入透明带内。直径为 2mm 的牛卵泡和直径为 0.5～1.0mm 的山羊卵泡中的卵母细胞，透明带内的微绒毛开始缩短变粗，并逐渐从透明带退出。卵母细胞成熟后，微绒毛则全部倒伏在卵的表面（秦鹏春，2001）。

培养前的 GV 期卵母细胞，卵质膜伸出大量的微绒毛，这些微绒毛短小稀少。在培养后，卵质膜的微绒毛逐渐增多变粗，伸入透明带；卵丘细胞也伸出大量的微绒毛进入透明带。来自卵丘细胞与卵质膜的微绒毛，或在透明带内建立缝隙连接，或在卵质膜一侧建立联系，或在卵丘细胞一侧建立联系。卵丘细胞分泌的物质或自外界接受的信号通过细胞连接传递给卵母细胞，调节卵母细胞的营养供应和生长成熟。在这一过程中，卵质膜的组成成分发生了成熟性变化，完成卵质膜的成熟。在 COC 的成熟过程中，卵丘细胞与卵母细胞所发出的微绒毛彼此脱离接触，离开透明带，并逐渐出现卵周隙（图 1-2）。

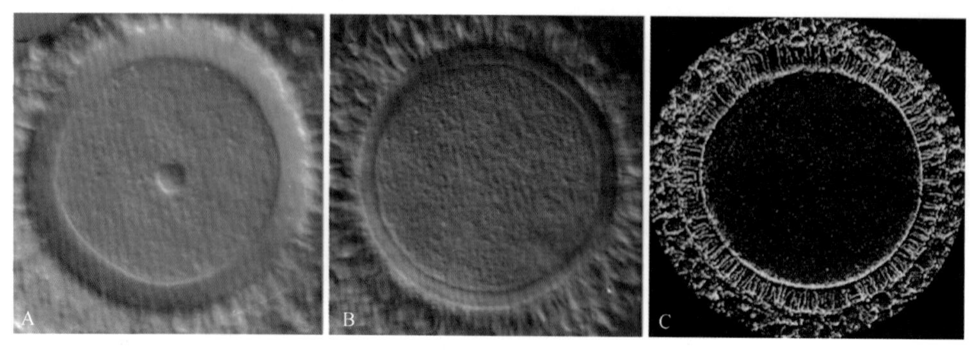

图 1-2　牛卵丘细胞与卵母细胞伸出的微绒毛穿过透明带彼此接触建立联系
（引自 Coticchio et al.，2013）

A、B. 普通光镜下所见的卵丘细胞放射冠细胞紧密贴附在透明带上，卵周隙尚未出现；C. 经 rhodamine phalloidin 标记处理后，共聚焦显微镜下可见来自卵母细胞和卵丘细胞的密集微绒毛（肌动蛋白）穿过透明带

卵质膜的成熟是建立膜脂质的组成及膜的流动性、通透性等正常稳定结构的保证，是其功能发挥的前提。在受精时，能够保证精卵识别、受体结合、膜电位发生变化、离子转运、启动皮质反应、形成受精膜等的正常发生。

图 1-3 表示在质膜中存在若干种由膜蛋白组成的离子通道情况，图 1-4 表示质膜中存在若干种在细胞信号调控中起作用的配体与受体结构，这些结构承担着卵母细胞正常的代谢活动。所有这些功能结构都是在 COC 成熟过程中逐渐形成的，反映了卵质膜的成熟过程。

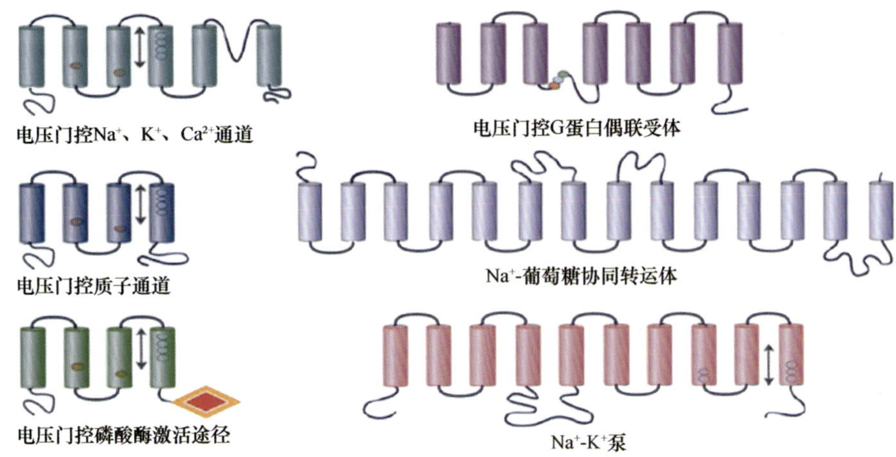

图 1-3 由膜蛋白参与构成的离子通道

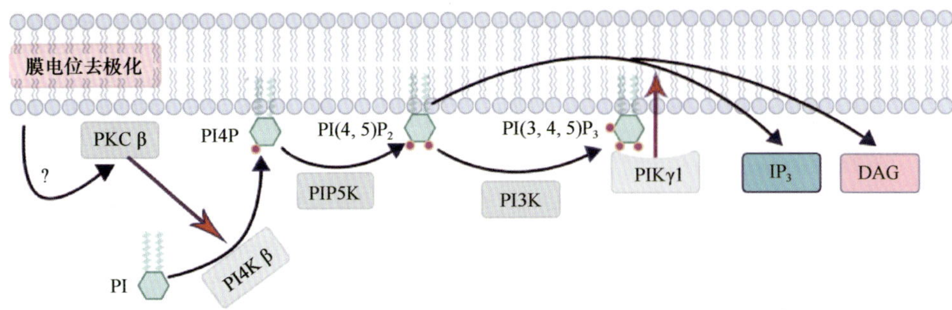

图 1-4 卵母细胞膜电位调节磷脂酰肌醇-4,5-二磷酸（PIP_2）代谢信号通路

到目前为止，还没有一个能够直观反映卵质膜成熟变化的检测方法。通过检测卵质膜的抗电击能力或卵质膜与其他细胞的膜融合能力，可以从一个侧面反映出卵质膜的成熟及其行为变化。以猪卵母细胞为材料，李光鹏等（2000a）对体外成熟 24h、36h、48h、60h 和 72h 的猪卵母细胞进行电脉冲刺激，观察卵质膜的抗电击能力。结果显示，IVM 48h 的卵质膜的抗电击能力最强，24h 时的卵质膜的抗电击能力最弱；到 IVM 60h 时，卵质膜的抗电击能力下降，到 72h 时显著减弱，但也强于 IVM 24h 的卵质膜。一般认为，IVM 44～48h 的猪卵母细胞已经达到完全成熟状态，可以实现体外受精。IVM 24h 与 36h 的卵母细胞仍处于未成熟状态，而 IVM 60h 与 72h 的卵母细胞又处于老化状态。这些结果说明，卵母细胞的细胞膜发生了明显的成熟变化（郝艳红等，1995）。

分别利用体外成熟 48h、60h 和 72h 的猪卵母细胞作为受体胞质，以小鼠 2-细胞、4-细胞、8-细胞和桑椹期胚胎的卵裂球为核供体，进行异种间细胞融合实验。结果显示，IVM 48h 的猪卵母细胞卵质膜的融合能力显著高于 IVM 60h 和 72h 的融合能力。而 IVM 48h 猪卵母细胞的卵质膜与小鼠 2-细胞、4-细胞、8-细胞和桑椹期胚胎细胞进行融合时，融合率无显著差异（李光鹏等，2000b）。这些结果也说明卵质膜的状态是随着卵母细胞的成熟或老化状态发生变化的。

四、卵母细胞的细胞核成熟

卵母细胞的细胞核成熟经历了减数分裂前期Ⅰ（prophase Ⅰ）的准备后，逐步由生发泡期发育至中期Ⅱ（metaphase Ⅱ，MⅡ）期，其中包括生发泡破裂（germinal vesicle breakdown，GVBD）、染色体凝缩（chromosome condensation）、中期Ⅰ（metaphase Ⅰ，MⅠ）、后期Ⅰ（anaphase Ⅰ，AⅠ）、末期Ⅰ（telophase Ⅰ，TⅠ），到MⅡ期。从位置上看，初级卵母细胞的核（GV 期）位于卵母细胞的中央，随着 GVBD 的发生、染色体凝集与纺锤体的形成，细胞核逐渐迁移到动物极质膜下。不同动物的细胞核形态变化也有所不同。例如，猪、羊和牛等动物，依据染色质的凝集状态和分布形式，从腔前卵泡（preantral follicle）未长成的卵母细胞（growing oocyte）到四级卵泡中完全长成的卵母细胞（fully grown oocyte）GV 期的核，可以分为 GV_0、GV_1、GV_2 和 GV_3 等几个时期，或者分为纤维型、中间型和凝集型。

小鼠卵母细胞 GV 期的核比较复杂，也被研究得较多，同样是依据染色质的凝集状态和分布形式，分为 NSN（non-surrounding nucleolus）、pSN（partially-surrounding nucleolus）、SN1（surrounding nucleolus 1）、SN2、SN3 和终变期（diakinesis，Dial）几个时期，见图 1-5。NSN 期的染色质基本均匀分布于核质内，核仁周围略多；pSN 期的染色质趋于向核仁区集中；SN1 期的染色质凝集明显，向核仁集中；SN2 期已经凝集成致密的染色质，更趋近于核仁；SN3 的染色质高度凝集，分布于核仁周围；Dial 期的核仁破裂，染色质高度凝集，随时可发生 GVBD。

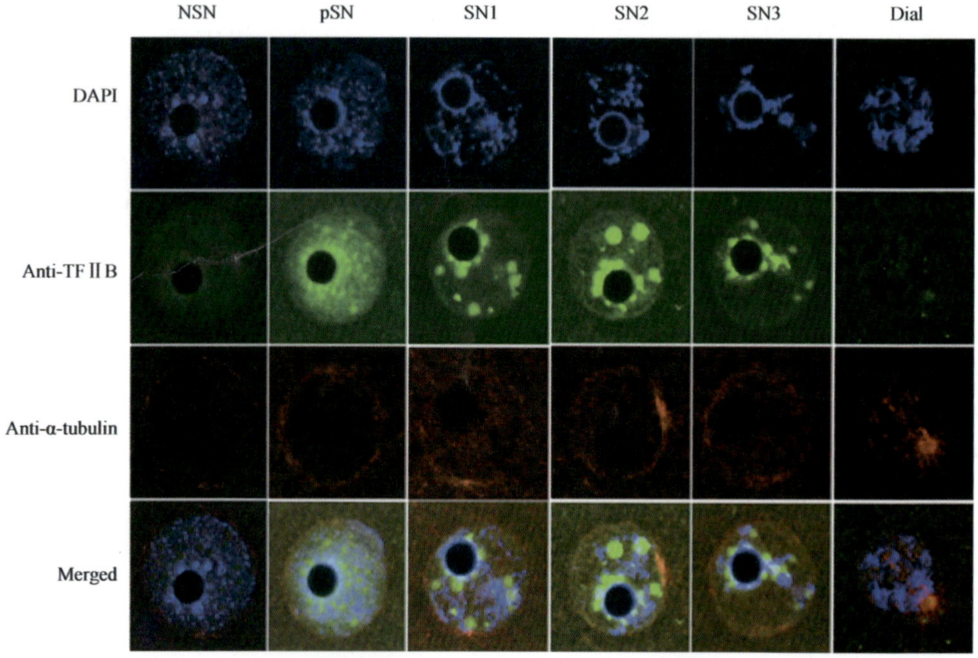

图 1-5　小鼠 GV 期卵母细胞核成熟的动态变化（内蒙古大学邵华博士提供）

DAPI. 二脒基苯基吲哚；Anti-TFⅡB. 转录因子ⅡB 抗体；Anti-α-tubulin. α微管蛋白抗体；Merged 为合成后图像

初级卵母细胞在发生 GVBD 后，染色质凝集并逐渐形成染色体，进入 MⅠ期，随后进入 AⅠ、TⅠ期，成熟并停滞在 MⅡ期。

对卵母细胞的核的成熟过程可以进行追踪和评价。以小鼠卵母细胞成熟为例，在成熟培养 2h 后，开始发生 GVBD；到 4h 时，绝大多数 COC 发生了 GVBD；到 8～10h 时，绝大多数卵母细胞进入 MⅠ期；到 10～12h 时，绝大多数卵母细胞进入 AⅠ/TⅠ期；14～16h 时进入 MⅡ期。图 1-6 是免疫组化染色后，小鼠卵母细胞从 GV 期成熟至 MⅡ期的细胞核分裂与纺锤体微管的变化过程。GV 期的染色质弥散分布于核内，GVBD 后染色质逐渐凝集成染色体，随后排列于赤道板并进入 MⅠ期；随着染色体的形成，纺锤体逐渐形成并在 MⅠ期成为典型的向两极迁移的纺锤体；随着减数分裂向 AⅠ期进行，同源染色体向两极移动，纺锤体清晰位于两组染色体之间；到 MⅡ期时，染色体又整齐地排列于赤道板上，形成典型的纺锤体结构。

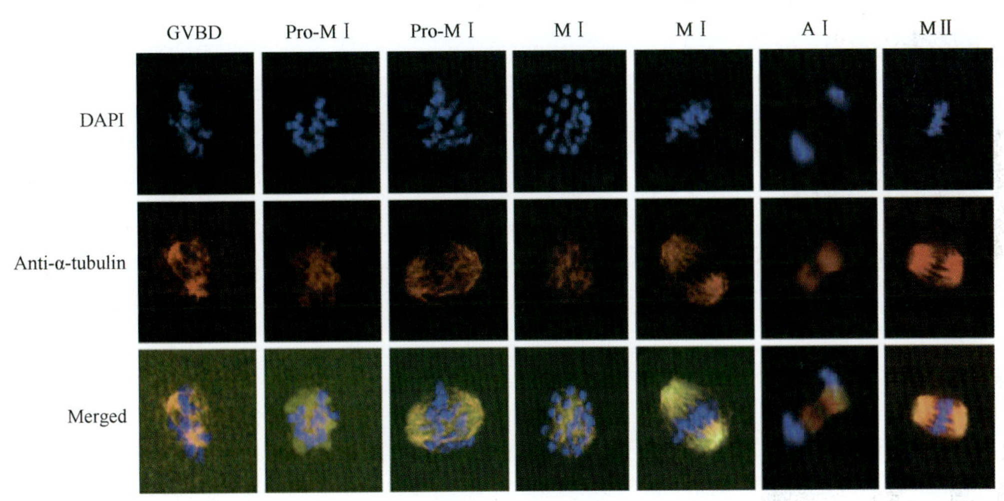

图 1-6　小鼠卵母细胞体外成熟过程中染色体与纺锤体的变化

与小鼠一样，牛卵母细胞在体外成熟培养时也发生了类似的现象。在成熟培养 6h 后开始发生 GVBD；到 8h 时，绝大多数 COC 发生了 GVBD；到 12h 时，绝大多数卵母细胞进入前中期Ⅰ（pro-metaphaseⅠ，Pro-MⅠ）；到 14h 时，90%以上的卵母细胞进入 MⅠ期；到 16～18h 时，绝大多数卵母细胞进入 AⅠ/TⅠ期或 MⅡ期。免疫组化分析表明，在 GV 期和 GVBD 期的染色质区域，没有明显的微管和微丝存在；当进入 Pro-MⅠ和 MⅠ后，微管和微丝均很丰富（图 1-7A～C）；随着减数分裂向 AⅠ期进行，同源染色体向两极移动，纺锤体清晰位于两组染色体之间（图 1-7D～F）；当发育到 TⅠ期时，几乎所有的纺锤体微管都随着其中的一组染色体移动，这一组染色体将成为第一极体（the first polar body，PB1）的核，随 PB1 排出卵母细胞（图 1-7G、H）；在 PB1 排出卵外的极短时间内，留在卵内的染色体没有微管，但很快就形成了 MⅡ期卵母细胞的纺锤体（图 1-7I～L）。在成熟的 MⅡ卵母细胞中，卵核与 PB1 的核均富集纺锤体微管（Li et al.，2005a）。羊卵母细胞的成熟过程也发生了类似的现象（李欣欣等，2016）。

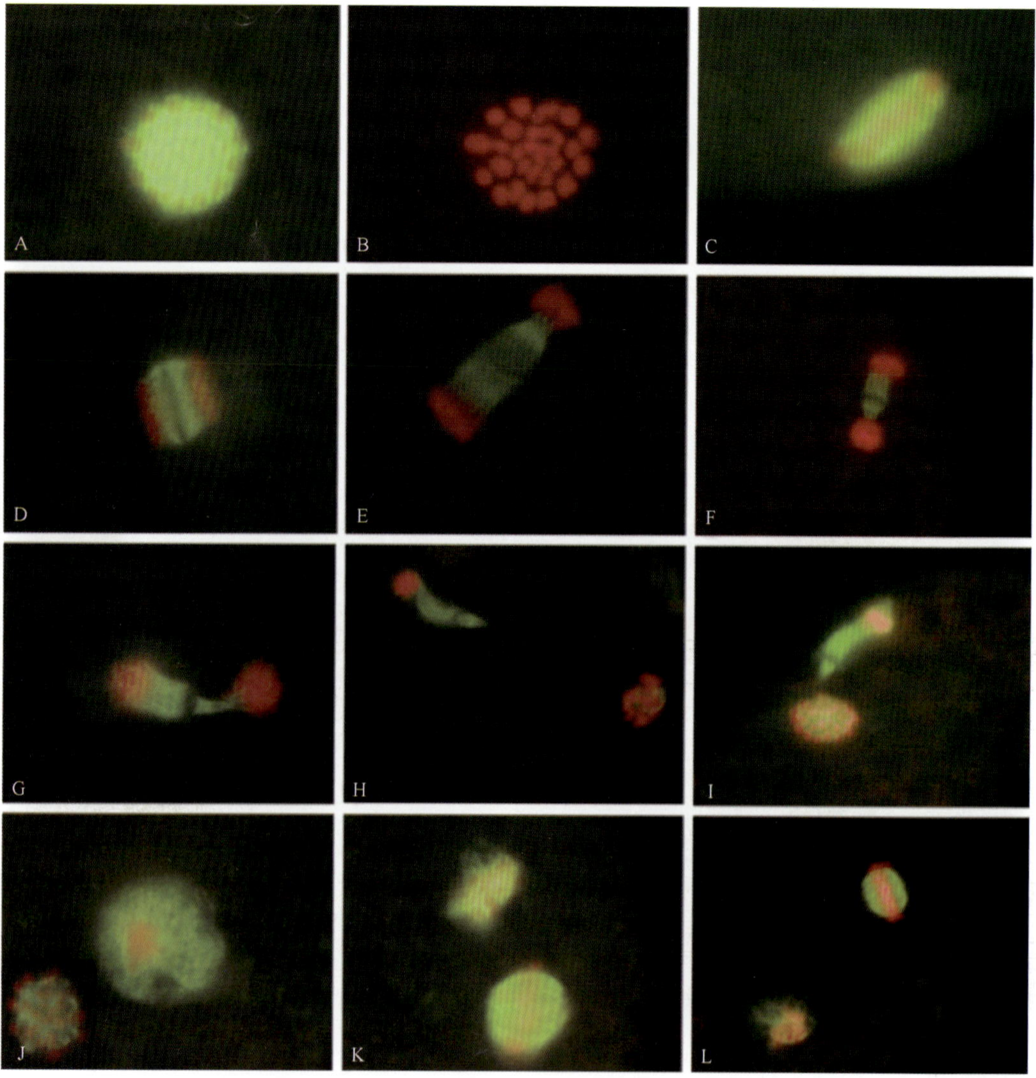

图 1-7　牛卵母细胞体外成熟过程中核的动态变化的免疫组化分析（引自 Li et al.，2005a）

通过染色体分析技术发现，自卵巢中刚抽出的 GV 期卵核的染色质，处于疏松分布的双线期的染色质状态（图 1-8A～C）；而在体外培养 3h 后，染色质趋于致密化，并逐渐凝集成染色体状（图 1-8D～F）；GVBD 发生后，染色体逐渐形成四分体状结构（图 1-8G～I）；典型的 MⅠ期染色体规则地排列于赤道板上（图 1-8J）；当同源染色单体刚刚分离时，可以看到清晰的 2 组染色体（图 1-8K），是初期的 AⅠ期，随后 2 组染色体分别凝集成团，形成 TⅠ期染色体团（图 1-8L、M）；等 PB1 排出卵外后，MⅡ期的染色体又变为清晰可数的染色体状态。上述现象与免疫荧光的结果一致（Li et al.，2005b）。

在细胞核成熟过程中，核仁的成熟与变化最为关键。核仁的致密化是哺乳动物卵母细胞发育过程中的一个共同特征，但在不同动物发生的时间不同。在小鼠，核仁的致密化发生在卵母细胞由多层颗粒细胞包围阶段；在猪，发生在直径为 0.8～1.8mm 的早期有腔卵泡阶段；在牛，发生在直径为 2～10mm 的有腔卵泡阶段；在人，发生在直径 2～

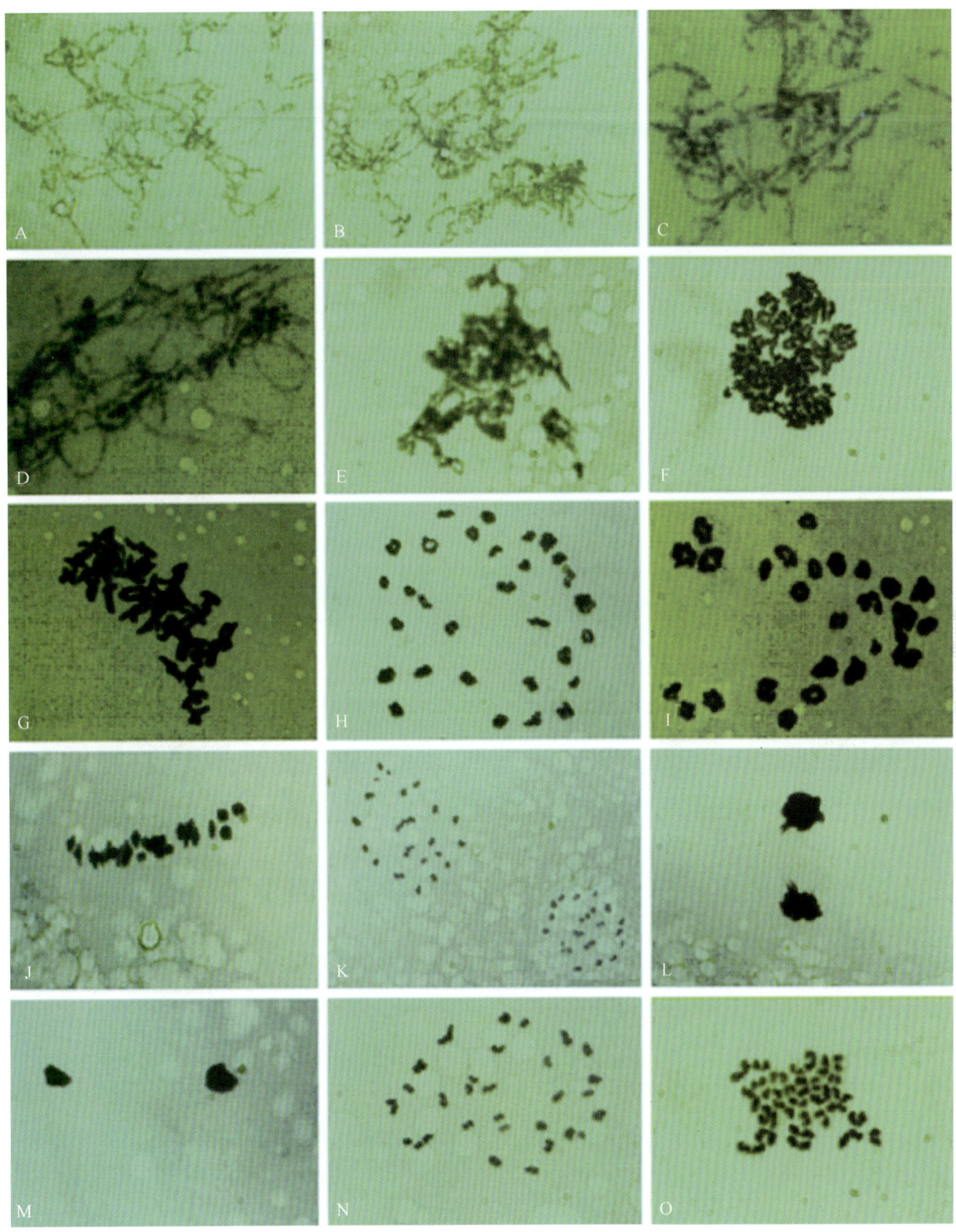

图 1-8 牛卵母细胞体外成熟过程中的核染色质（体）的变化（1000×）

10mm 的有腔卵泡阶段。从单层颗粒细胞包围的卵母细胞到早期有腔卵泡的卵母细胞，核仁由颗粒性染色质丝的不规则缠绕而逐渐形成网状结构，其间有许多空泡。羊卵泡直径为 0.5～1.6mm 时，核仁中出现很多电子致密度较低的纤维中心，此时的核仁由颗粒性染色质丝、空泡及纤维中心组成。核糖体 RNA（rRNA）和不均一核 RNA（hnRNA）合成十分活跃（rRNA 的合成场所在纤维中心，核仁空泡则可能与核仁物质的运输和贮存有关)；随后，空泡消失，核仁发生致密化。核仁的致密化伴随着 rRNA 合成的急剧下降，使核仁由 RNA 的合成场所转变为 RNA 的贮存场所。

核仁致密化的时间随动物不同而异。例如，小鼠在卵泡腔形成之前发生核仁致密化，猪则发生在早期有腔卵泡。在卵母细胞的发育过程中，核孔越来越明显，密度增加，且核周隙越来越难以分辨。核仁的致密化是减数分裂恢复的前提（陈大元，2000；秦鹏春，2001；徐盛玉等，2008）。

五、卵母细胞的细胞质成熟

如同评价细胞核成熟一样，评价卵母细胞细胞质成熟最有力的证据，是验证培养的卵母细胞能够受精，并且受精卵能够发育成动物个体。

从形态学上看，卵母细胞细胞质的成熟包括细胞器的成熟和细胞基质的成熟（谭景和等，1992；杨增明等，1992；孙青原等，1996；秦鹏春，2001；杨永杰等，2005）。

（一）细胞器的成熟变化

在卵母细胞成熟过程中，细胞器的形态、数量及分布均发生了变化。在 GV 期卵母细胞中，大多数细胞器分布在生发泡周围；随着成熟的进行，线粒体、滑面内质网、高尔基复合体、皮质颗粒等细胞器数量不断增加，且向皮质区迁移；卵母细胞成熟后，有些细胞器数量减少或消失，有些细胞器又向胞质中央区扩散。

1. 线粒体的变化

成熟过程开始时，线粒体集中在卵母细胞的中央区域，数量多、嵴发达；随后由胞质中央区域向外迁移，功能变得活跃；在卵母细胞成熟后，形态上幼稚化，有些出现致密化，嵴变少，并向胞质中区迁移。在反刍动物，未成熟卵母细胞中的线粒体为圆形或椭圆形、嵴少，主要分布于核的周围；之后，逐渐发育为带帽线粒体（capped mitochondrion）并外迁，以成簇形式分布到皮质区；卵母细胞成熟后，线粒体又移向核周围，变为幼稚型线粒体。因而，在卵母细胞成熟过程中，线粒体发生了由中央区到皮质区，再由皮质区到中央区的迁移；结构上也由初期的发达多嵴到成熟后的幼稚少嵴的变化。

卵母细胞成熟过程中线粒体的外迁和增殖，为卵母细胞和卵丘细胞的物质交换提供能量。线粒体分布的变化，使胞质的不同区域具有不同的 ATP 浓度。线粒体分布的差异是细胞质物质区室化（compartmentalization）差异的一个明显特征。细胞质物质区室化在卵子细胞核和细胞质同步成熟方面发挥重要作用。

2. 内质网的变化

在未成熟的卵母细胞中，粗面内质网丰富、细长，核糖体密集附着，它们与线粒体联系密切，有时粗面内质网将线粒体包围，偶见少量泡状滑面内质网，蛋白质合成旺盛；随着卵母细胞成熟的进行，粗面内质网数量减少；当卵母细胞达到成熟状态时，粗面内质网则完全消失。与此同时，滑面内质网数量增加，其囊池膨大，形态不规则，与线粒体联系非常密切，有时可见内质网囊池伸入线粒体外腔中。

3. 高尔基复合体的变化

高尔基复合体最初以小泡、小管集团的形式存在于生发泡的周围，由发达的扁平囊和微囊组成，周围有许多分泌小泡，并有大量脂滴与线粒体相伴行；随着卵母细胞的发育，高尔基复合体逐渐移向皮质，分散迁移到质膜下，数量增加，形态也趋于典型。卵母细胞成熟时，高尔基复合体消失。

4. 皮质颗粒的变化

皮质颗粒（cortical granule，CG）是卵母细胞特有的一个细胞器，它对保证单精受精和胚胎正常发育起着重要作用。CG 在细胞质中的分布随卵母细胞的生长发育呈现明显的变化。在 GV 期时，散在分布于胞质中，之后逐渐向皮质层迁移，排卵前呈单层排列于细胞膜下；当卵母细胞活化后，皮质颗粒明显减少。在即将排卵的成熟卵母细胞中，皮质颗粒分布于皮质区，邻近质膜处最多。当 CG 位于卵母细胞皮质下则为胞质成熟，位于中部或由中部向边缘迁移则为胞质未成熟。

皮质颗粒的合成和迁移因物种不同而异。在小鼠，卵泡在生长之初 CG 就开始合成；在人，CG 的合成则开始于已有数层卵丘细胞包绕的卵母细胞阶段。随着卵母细胞的成熟，CG 逐渐向细胞的皮质区迁移；当卵母细胞成熟时，CG 沿质膜呈线状排列。这种排列形式可能有利于精子入卵后迅速发生皮质反应和透明带反应。CG 的迁移受微丝驱动，但当 CG 定位于皮质层时则不再受微丝的作用。由于皮质颗粒的分布特性，卵母细胞成熟过程中 CG 的分布被作为衡量细胞质成熟的一个重要指标。

5. 细胞骨架系统的变化

卵母细胞成熟伴有细胞骨架系统发生显著的动态变化，这在核成熟过程中纺锤体的变化最为明显。在卵母细胞减数分裂过程中，细胞骨架系统的成熟、完整与迁移，对于保证大部分细胞质保留在卵母细胞内具有重要作用，只允许极少量的细胞质随极体排出。实际上，在卵母细胞质内存在着一个由细胞骨架系统构成的密植网格化体系，所有的细胞活性行为都可能依托这个网格化体系发挥作用，使复杂的细胞生命活动能够有秩序地发挥作用。

6. 脂滴的变化

不同动物卵母细胞内的脂滴含量差异极大，小鼠和人的卵母细胞中的脂滴少，而家畜类特别是猪卵母细胞中的脂滴含量最高。大量脂滴的存在，影响了一些体外操作技术的开展，如卵子冷冻与显微操作等。在卵母细胞成熟过程中，脂滴逐渐相互融合，体积增大，并发生致密化。

（二）细胞基质的成熟变化

1. 卵母细胞的获能

在卵母细胞成熟过程中，细胞核与细胞器所发生的形态上的变化，伴有细胞核与细胞器功能发挥的变化。DNA 转录、转录后加工、蛋白质翻译、翻译后编辑等均与细胞器的成熟变化同步发生。在这一过程中，成熟卵母细胞的细胞质内积累了大量供受精、早期胚胎发育和胚胎基因组激活所需的母源 mRNA、蛋白质及其他母源性物质。因而，也有人把卵母细胞积累可供早期胚胎发育所需物质的过程称为"卵母细胞的获能(oocyte capacitation)"。研究表明，哺乳动物卵母细胞在 GVBD 后，转录活性快速下降，从受精至胚胎基因组激活之前，胚胎仅具有低水平的转录，直至胚胎基因组激活，转录才重新恢复。可以认为，在胚胎合子基因组启动之前，胚胎发育是被动进行的，其发育调节受储存于卵胞质中的遗传物质与细胞因子所调控（Virant-Klun and Krijgsveld，2014）。合子基因组启动后，胚胎进入主动发育过程。因此，卵母细胞完成减数分裂及维持早期胚胎发育所需的物质，均来自于卵母细胞在生长过程中合成并储存的大量母源性 mRNA 和蛋白质等。这一结果可能间接反映了在卵母细胞成熟期间，更多的是发生了转录后成熟与蛋白质翻译及翻译后成熟变化。

2. 蛋白质组学反映的细胞基质的成熟变化

随着蛋白质组学技术的应用，对卵母细胞细胞质的认识更加深入，其神秘性将逐渐被揭开。在小鼠中，应用同位素 ^{35}S 标记结合单向凝胶电泳(1-DE)和双向凝胶电泳(2-DE)方法，研究卵母细胞发育过程中的蛋白质表达，发现在 GVBD 后，蛋白质发生显著的表达变化，且和卵母细胞发育的其他形态学，如纺锤体形成或极体排出无必然联系（陈凌声等，2014）。Ma 等（2008）运用 2-DE 等技术构建了小鼠 MⅡ期卵母细胞蛋白质表达图谱，共分离得到 869 个蛋白质点，其中 90 个蛋白质点对应于 53 个蛋白质表现为磷酸化修饰。Zhang 等（2009）通过 1-DE 与反相高效液相色谱-串联质谱技术（RP-HPLC-MS/MS），从 2700 个小鼠 MⅡ期卵母细胞中鉴定了 625 种蛋白质，并从中筛选到 76 个在卵母细胞和受精卵中具有高 mRNA 表达水平的母源性蛋白质，包括许多从未被报道过的蛋白质。Wang 等（2010）应用 LC-MS/MS 技术，分别在大鼠 GV 期、MⅡ期卵母细胞和受精卵中鉴定到 2781 种、2973 种和 2082 种蛋白质。

不同蛋白质的组成成分与不同时期细胞的特点有一定关系。例如，MⅡ期卵母细胞比其他时期的细胞含更多的特异性转录因子和染色质重构因子，表明这些蛋白质可能与精子或体细胞表观遗传重编程有密切关系。Pfeiffer 等（2011）通过 1-DE 结合 LC-MS/MS 技术从小鼠 MⅡ期卵母细胞和未分化 ES 细胞中分别鉴定到 3699 个和 4723 个蛋白质，其中有 28 个共同鉴定的蛋白质与细胞重编程有关。在牛中，卵母细胞的蛋白质合成分为 3 个阶段：成熟初期（0～4h）、GVBD 向 MⅠ期转变期（4～16h）及 MⅠ期以后（16～24h）。其中，成熟初期合成的蛋白质有 15%贯穿整个卵母细胞成熟过程。在卵母细胞成熟培养过程中的第 4～8h 具有较高的蛋白质合成数量，并一直维持到 MⅠ期（8～12h），随后蛋白质合成逐步下降直至保持在一个稳定水平。Massicotte 等（2006）通过 2-DE 结合基质辅助激光解吸电离飞行时间质谱（MALDI-TOF-MS）蛋白质组学技术对牛卵母细胞和早期胚胎进行研究，有 46 种蛋白质存在于卵母细胞和各个时期的胚胎中，其中 10 种被鉴定出来：HSC71、HSP70、CypA、UCH-L1、GSTM5、Cct5、E-FABP、2,3-BPGM、遍在蛋白缀合酶（ubiquitin-conjugating enzyme）E2D3 和

β/γ 肌动蛋白。在卵子成熟过程中，有 30%～50%的蛋白质发生了磷酸化修饰。这些变化可引起细胞内过氧化物水平的改变，其介导的信号是减数分裂成功的重要原因（Peddinti et al.，2010）。

在猪中，Kim 等（2011）比较了 GV 期和 MⅡ期卵母细胞的差异表达蛋白质情况，共发现 16 种蛋白质表达上调，12 种蛋白质表达下调。其中参与氧化还原调节和环腺苷-磷酸（cAMP）信号通路的蛋白质，在 MⅡ期卵母细胞中表达上调；抗氧化蛋白、泛素硫酯酶 L1 及精胺合成酶等蛋白质，在卵母细胞成熟过程中始终保持较高的蛋白质丰度；还鉴定到一批与能量代谢相关的蛋白质，表明卵母细胞在为后续的受精过程所需的能量代谢做准备（Dyck et al.，2014）。在体外培养条件下的猪卵母细胞中，发现 16 个蛋白质点在成熟过程中表达存在显著差异，其中 4 个蛋白质表达上调，大部分蛋白质的表达均呈现下调趋势（Susor et al.，2007）。

综上所述，卵母细胞的成熟是一个极其复杂的过程，本节虽然列出了上述若干个可以鉴定卵母细胞成熟的指标或标志，但可能仍不足以反映卵母细胞成熟的确切情况。只有那些可以指导胚胎发育成动物个体的卵母细胞才是成熟完全的卵母细胞，只有在这个条件下建立起来的卵母细胞体外成熟培养系统才是可以接受的。

第二节　卵母细胞体外成熟培养

据统计，犊牛出生时卵巢中的原始卵泡至少有 150 000 个。在正常环境下，一生排出的成熟卵母细胞不超过 300 个。显然，自出生至以后的发育期间，大量的卵泡卵母细胞发生了退化。对于活体雌性动物，如果使用超数排卵技术，至少可以获得 10 倍于正常的排卵数。对于屠宰家畜的卵巢，则是获得可用卵母细胞的宝贵遗传资源。从卵巢中收集未成熟卵母细胞，经体外成熟培养后，可以进行体外受精、体细胞克隆或转基因克隆等操作，进行理论研究或动物生产。因而，卵母细胞的体外成熟培养是获得可利用胚胎的关键一步。

一、卵巢卵母细胞的收集

（一）卵巢收集

屠宰母畜的卵巢是最经济的卵母细胞来源。自母畜被屠宰后，要尽快摘其卵巢，放入盛有适当温度的含双抗的生理盐水中，尽快带回实验室（图 1-9）。不同动物的卵巢，对运输温度要求也稍有差异。一般情况下，牛、羊的卵巢在 20～25℃较为合适，猪的卵巢在 25～30℃较为合适。并不建议把卵巢保存在 35℃以上进行数小时的运输。如果温度偏高，离体情况下的卵巢组织细胞会加速退化，影响卵巢卵母细胞的质量；如果温度偏低，低于 15℃，也会影响卵母细胞的质量。在收集过程和取卵之前，要反复冲洗卵巢，防止细菌污染及避免紫外线照射。从取得卵巢到获得卵丘-卵母细胞应在 4～6h 内完成。

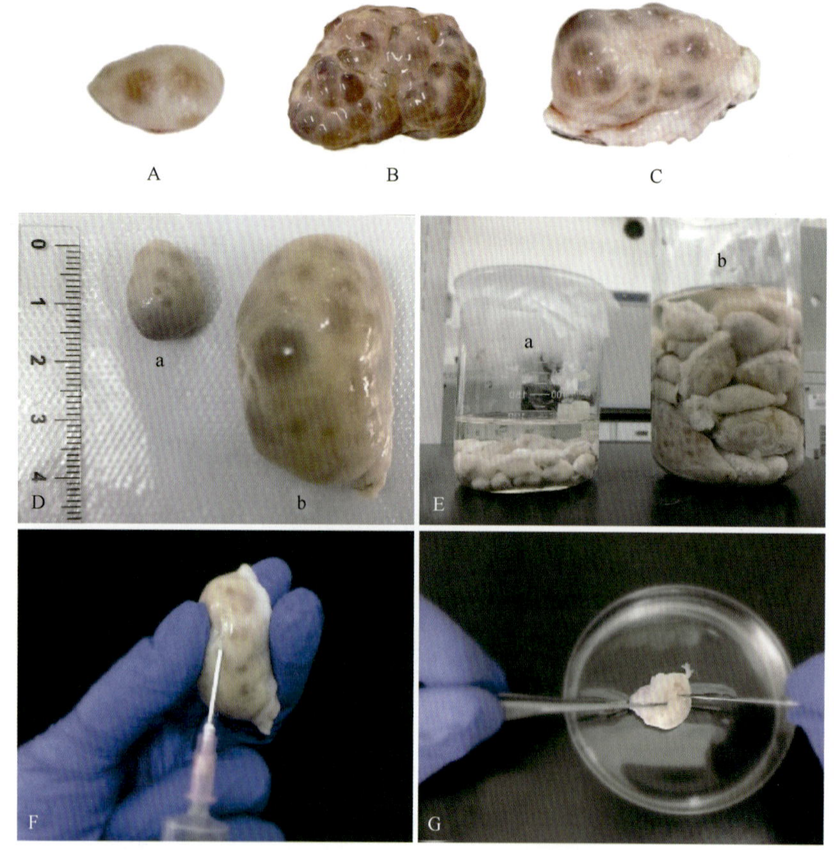

图 1-9　羊、猪和牛的卵巢图片及取卵操作

A. 羊卵巢；B. 猪卵巢；C. 牛卵巢；D. 羊（a）与牛（b）卵巢大小的比较；E. 羊（a）和牛（b）的卵巢；F. 牛或猪卵巢的抽吸法采卵；G. 羊卵巢的切割法采卵

（二）卵巢卵母细胞的收集方式

不同动物的 COC 的收集方式有所差异。由于鼠类的卵巢小，直接用玻璃针将卵巢撕碎，即可释放出 COC；对于牛、羊和猪，则用适当大小的注射针头从卵巢表面把可见卵泡（2～8mm）抽取即可；对于马类动物，由于它们的卵巢壁厚且坚硬，通常采用手术刀片把卵巢切开，再用微型勺子挖取卵泡内容物。

（三）对 COC 的要求

根据 COC 外观特征，可以将其分为几类：A 类：卵胞质均匀，有 5 层以上完整而致密的卵丘细胞包绕的卵母细胞；B 类：卵胞质均匀，有 3 层以上的卵丘细胞；C 类：卵胞质均匀或不均匀，有 1～3 层卵丘细胞（图 1-10）；D 类：卵丘细胞已经松散或几乎是裸卵。A 类和 B 类 COC 适宜于成熟培养；部分 C 类也可用；而 D 类或者已经退化凋亡，或者已处于过成熟状态，都不适于再进行成熟培养。因而，选取的 COC 应当是卵丘细胞层次丰富、卵丘细胞与卵母细胞结构完整和卵母细胞胞质均一。

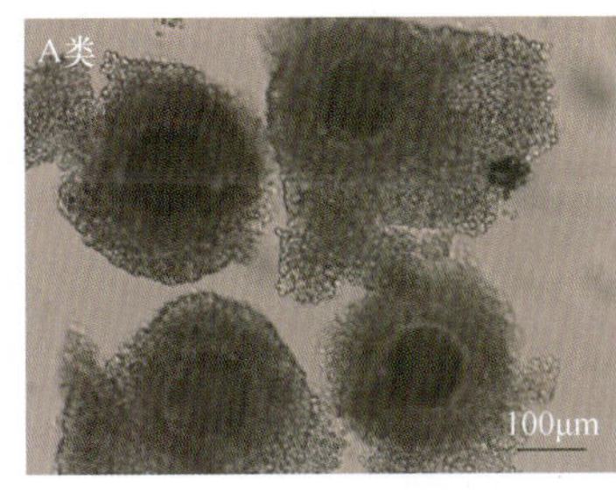

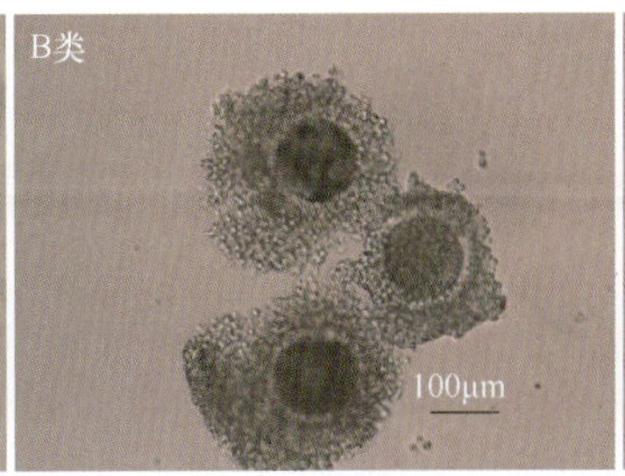

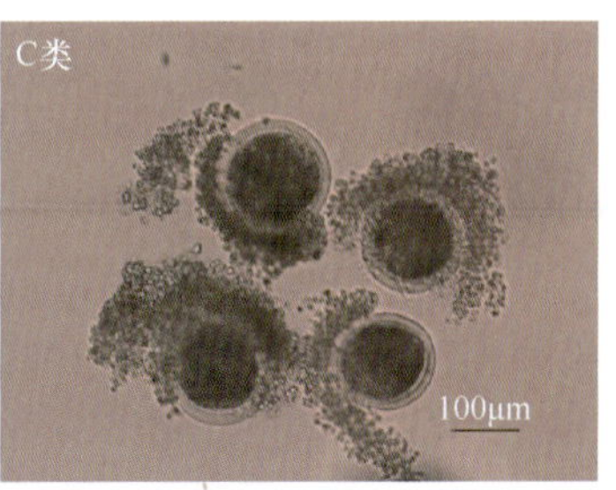

图 1-10　卵丘-卵母细胞复合体的分类

二、卵母细胞成熟培养操作

（一）对成熟培养条件的要求

未成熟卵母细胞的成熟培养所需的培养条件，甚至要比早期胚胎培养更严格。因此，操作更要慎重。卵母细胞的体外成熟培养，一般要求有激素和血清。孕酮、促卵泡素（follicle stimulating hormone，FSH）、促黄体生成素（luteinizing hormone，LH）、孕马血清促性腺激素（pregnant mare serum gonadotropin，PMSG）、人绒毛膜促性腺激素（human chorionic gonadotropin，hCG）等对不同动物卵母细胞体外成熟有不同程度的影响。

（二）培养操作方法

以牛卵母细胞培养为例，介绍卵母细胞体外成熟培养方法。

1. 成熟培养液

常用的牛卵泡卵母细胞成熟培养液为含 10%胎牛血清（fetal calf serum，FCS）、10IU/ml PMSG 和 10μg/ml hCG，并含有抗生素的 TCM199（Earle’s 盐液）。

2. 制作培养滴

一般采用四孔板培养 COC。在每个孔中加入约 300μl 的成熟培养液，然后放入培养箱中平衡 1～2h。

3. 拣取 COC

将从卵巢中抽取的卵丘-卵母细胞复合体与卵泡液一起放入 15ml 的锥形管中静置。将沉淀物抽至拣卵皿，用拣卵液稀释，然后在实体镜下拣取形态完整的 COC。

4. 培养

将选取的 COC 经成熟液洗几次后，移入培养滴中，每滴放入 30～40 枚，置于 5% CO_2 培养箱中 39℃培养。

5. 观察成熟情况

培养 24h 后，首先观察卵丘细胞的扩展状态。可以将卵丘细胞的扩展分为几种情况，作为卵母细胞体外成熟的一个判断标准：1 级成熟卵为“卵丘细胞之间略有松动，但无明显扩展”（图 1-11A）；2 级成熟卵为“卵丘细胞中等扩展”，卵丘细胞向外扩展 2 倍以上（图 1-11B）；3 级成熟卵为“卵丘细胞扩展”，卵丘细胞向外扩展 3 倍以上（图 1-11C）；4 级成熟卵为“卵丘细胞极度扩展”，卵丘细胞向外扩展 4 倍以上（图 1-11D）。

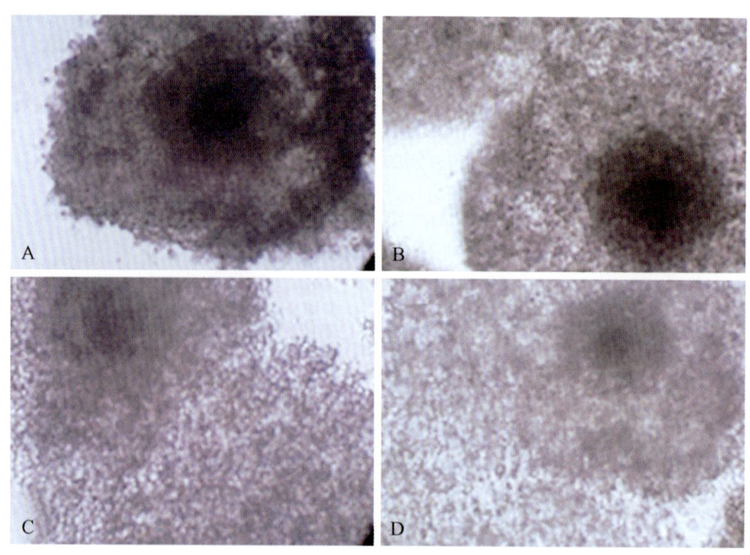

图 1-11　牛卵母细胞体外成熟培养后的卵丘细胞扩展情况

A. 1 级成熟卵；B. 2 级成熟卵；C. 3 级成熟卵；D. 4 级成熟卵

要了解卵母细胞的成熟情况，还要检查是否排出第一极体（PB1）。将 COC 置于含 0.1%透明质酸酶（hyaluronidase）的成熟液中振荡 2min，然后在实体镜下拣取已经去除卵丘细胞的卵母细胞，检查 PB1 排放及其形态（图 1-12）。排出 PB1 的卵子则为已成熟至 MⅡ期的卵母细胞。

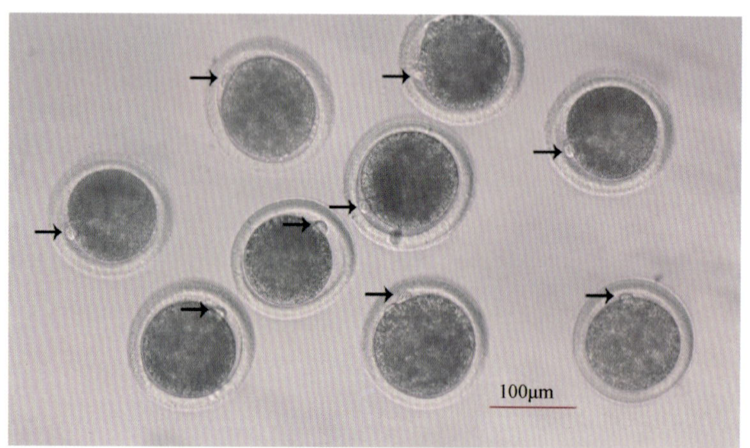

图 1-12　牛体外培养成熟卵母细胞排出第一极体

箭头所指为 PB1

在常规的体外受精实验中，不能将所有卵母细胞去掉卵丘细胞来检查极体排放情况，因为裸卵的受精率极低。因此，常用卵丘细胞扩展程度作为判断卵母细胞体外成熟的特征。

三、小鼠卵母细胞体外成熟培养操作要点

（一）小鼠的选择和处理

选择 6 周龄以上，体重大于 20g 的未孕健康母鼠，腹腔注射 5IU 的 PMSG，48h 后处死，取其卵巢。

（二）COC 的采集与培养

将卵巢置于 M2 液中，在实体显微镜下用细玻璃针刺破表面卵泡释放 COC，选取卵丘细胞包裹致密、细胞质均匀、形状规则的 COC 用于成熟培养。

用 M2 液洗 COC 2～3 次后，移入已平衡、预热的成熟培养滴（40μl）中培养，培养条件为 37℃、5% CO_2 与饱和湿度。COC 的洗涤处理在培养皿中进行，在培养皿中做 5～8 个 50μl 的 M2 液滴，将 COC 依次通过完成洗涤。卵母细胞的培养可在 35mm 培养皿中进行，在皿中做 4～6 个 40μl 培养滴，用石蜡油覆盖，每个培养滴中培养不多于 15 枚 COC。培养 14h 后，用 0.1%的透明质酸酶去除卵丘细胞，在实体显微镜下检查 PB1 排出情况，统计成熟率。

四、家畜卵母细胞体外成熟培养操作要点

（一）离体卵巢的 COC 采集

1. 抽取法

将卵巢用灭菌生理盐水清洗 2～3 次后，用带有 18 号针头的 10ml 注射器先吸取少许采卵液，再吸取卵巢表面 2～10mm 大小的可见卵泡，将抽吸得到的卵泡液放入平皿内，在体视显微镜下拣出 A 类与 B 类 COC，洗 2～3 次后，移入提前预热的成熟培养液中培养。

2. 切割法

为了得到更多的 COC，用手术刀切开卵巢表面的可见卵泡或用刀片直接把卵巢划碎，将尽量多的 COC 释放入采卵液中。在显微镜下拣出 COC，选择 A 类和 B 类进行成熟培养。采取切割法收集 COC，会出现大量的杂质，造成拣卵困难。

（二）卵母细胞的活体采集

活体收集家畜卵母细胞时，为了获得更多的可用卵子，通常要对动物进行超数排卵处理，然后通过手术法、腹腔镜法或超声波法采卵。超数排卵的方法在第二章第四节、第十一章第二节中有详细介绍。

1. 手术法

该法常用于猪、羊等家畜。手术前提前一天禁食。手术时，将母羊固定于手术架上，

给予全身麻醉，将手术部位（羊一般是下腹部）清洗干净，刮净羊毛，消毒，腹中线开口，将卵巢牵拉到腹腔外，观察卵泡情况，利用注射器抽吸 2～8mm 卵泡。

2. 腹腔镜法

该法现常用于羊的采卵。将母羊固定在手术架上，把手术部位的毛刮净，手术架倾斜 45°，头部处于低位。腹中线打一个孔，供内窥镜进入腹腔。再从一侧开两个小口，将子宫钳插入腹腔夹住子宫角，轻轻翻动，找到卵巢。用卵巢固定钳夹住卵巢的系带部分，将卵巢固定，抽卵针从腹中线插入，在内窥镜的观察下抽吸卵泡。

3. 超声波法

该法是牛活体采卵的一种主要方法。操作时，对供体牛进行站立保定，荐尾间隙注射普鲁卡因进行局部神经麻醉，待尾根松弛后左手通过直肠把握固定卵巢，右手将安装有采卵针的 B 超探头缓慢插入阴道子宫颈弯隆处采卵一侧，并将卵巢牵引紧贴在探头前端，从 B 超显示器上可显示出卵巢图像和卵泡位置、大小。推动采卵针穿刺卵泡，调节真空泵压力，启动真空泵进行采卵。采卵后将采卵液倒入拣卵杯冲洗、过滤，置于实体显微镜下拣出卵母细胞用于培养。

（三）COC 的成熟培养

1. 培养方法一

使用 35mm 培养皿，在皿中制作覆盖石蜡油的 100μl 微滴用于成熟培养滴。采卵前 2h 时，在 35mm 塑料皿中央做 6～7 个成熟培养液的微滴，每滴 10μl 左右，覆盖石蜡油，将微滴体积补充至 100μl，置于培养箱内预热。采完卵后，按每滴 15～20 个 COC 进行成熟培养。

2. 培养方法二

使用四孔板培养皿。采卵前 2h，在四孔板的每个孔内添加 400μl 的成熟培养液，置于培养箱内预热。采完卵后，按每孔 30～50 个 COC 进行成熟培养。

3. 培养方法三

采卵前 2h，在 35mm 塑料皿中加 3ml 成熟培养液，不覆盖石蜡油，置于培养箱内预热。采完卵后，将所采得的全部 COC（200～300 个）放入成熟培养液内，继续成熟培养。

（四）卵母细胞的成熟检查

根据卵丘细胞的扩展与 PB1 的排放情况，判断卵母细胞的成熟情况。

第三节　卵母细胞的质量评价方法

卵母细胞的质量决定了胚胎的质量，也影响着出生后个体的健康。相对于体内环境，体外成熟培养的环境远达不到理想状态。实际上，卵母细胞在体外操作的越久，对其质量影响越大。虽然研究者都在使用类似的成熟培养操作体系，但所得到的卵母细胞的质量却差别较大。引起这种差别的原因是多方面的，有关内容将在下一节中重点阐述。因而，评价和鉴定卵母细胞的质量、预测卵母细胞的发育命运是很有必要的。

一、物理方法

通过显微镜观察卵母细胞的形态，直观地判断卵母细胞的质量。

（一）卵巢重量和卵泡大小评价法

研究表明，卵巢重量与卵泡大小直接影响卵母细胞的质量和数量。重量在2.0～4.0g的猪卵巢中能获得更多的A级卵母细胞（De Sutter et al.，1996）。在大体积的卵泡中，卵母细胞浸润在卵泡液中，不同大小卵泡中卵泡液的成分是有差别的，可能会影响卵母细胞的成熟。在猪中，卵泡的大小显著影响卵母细胞的体外成熟，来自大卵泡（>5mm）和中型卵泡（3～5mm）卵母细胞的成熟效率显著高于小卵泡（<3mm）；而且，来自大、中卵泡的成熟卵母细胞的受精率与胚胎发育率也显著高于来自小卵泡的（Marchal et al.，2002；孟庆刚等，2001）。将卵母细胞与来源于不同阶段卵泡的卵泡液共同培养后，较大卵泡的卵泡液使卵母细胞成熟的比率显著高于来自小卵泡的卵泡液（Vatzias and Hagen，1999；孟庆刚等，2001）。卵泡的大小及不同卵泡中的卵泡液影响卵母细胞的质量，可能与卵泡中存在的与发育能力有关的mRNA和蛋白质的质和量有关（Krisher，2004）。但是，并非卵泡越大，卵泡液的质量越高。对于人、猪、牛和羊，特大卵泡（>20mm）中卵母细胞多处于异常生理状态，其卵泡液可能也积累了一些有害的物质。这种卵泡中的卵母细胞并不适于应用。

（二）第一极体与卵周隙评价法

卵母细胞在成熟过程中，经历两次减数分裂，排出PB1，停滞在MⅡ期。不少研究者尝试利用所排出的PB1的形态预测和判断卵母细胞的质量。在去除卵丘细胞后，在光镜下观察MⅡ期卵母细胞的PB1形态，结合卵周隙和卵胞质的形态综合评价卵母细胞质量。

有学者将卵母细胞的PB1分为不同等级，借以评价卵母细胞的质量。

Ⅰ级：卵周隙正常，PB1完整，形状为规则的圆或椭圆，表面光滑；

Ⅱ级：卵周隙正常，PB1完整，圆或椭圆，表面粗糙；

Ⅲ级：卵周隙正常，PB1破碎；

Ⅳ级：卵周隙过大，PB1巨大型；

Ⅴ级：卵周隙过大，PB1破碎。

研究结果显示，评价为Ⅰ级的卵母细胞的受精率显著高于Ⅱ、Ⅲ级的卵母细胞；Ⅲ级卵母细胞受精后的原核发育状态低于Ⅰ、Ⅱ级卵母细胞；评分高的原核胚胎，其后的发育质量也高。

除 PB1 外，卵周隙的状态也是反映卵母细胞质量的重要参数。在卵母细胞成熟过程中，随着卵质膜的微绒毛伪足与放射冠卵丘细胞的微绒毛伪足从透明带中缩回，卵母细胞与卵丘细胞之间的连接关系断开，卵周隙逐渐出现。受卵母细胞本身的生理状态、培养环境等因素的影响，不同批次培养的卵母细胞或同一批次培养的不同卵母细胞的卵周隙形态差别很大。正常体内成熟的卵母细胞，除 PB1 所在位置的卵周隙稍微大一点外，其他位置的卵周隙较小且很匀称，卵周隙的大小要小于 PB1 的直径。但在体外培养条件下，可以看到卵周隙的大小差别甚大。一般地，卵周隙大的卵母细胞，其细胞质的收缩过大，卵母细胞的质量也差。如果培养条件不合适，所培养的卵母细胞的卵周隙会非常小，甚至没有，这时需要考虑所使用的成熟培养液的渗透压是否过低。

对于卵胞质的形态判断有一定的难度，不同物种的卵母细胞的卵胞质成分，尤其是脂滴含量差别较大。在猪卵的卵胞质中，脂滴含量最丰富，光镜下即可看见大小不一的脂滴；牛和羊卵内的脂滴略少；鼠类和人卵中最少。当卵胞质中出现较多或大量的脂滴时，细胞质多处于不均质状态，这类卵的质量较差。

Ebner 等（2000）在研究人卵母细胞时认为，PB1 的形态学能反映卵母细胞级别与受精率的关系，即受精率与 PB1 形态显著相关，Ⅲ、Ⅳ级卵母细胞的受精率明显低于Ⅰ、Ⅱ级。而且发现，胞质异常与 PB1 的形态异常无相关性，但胚胎的早期发育情况却与 PB1 的形态有关（Serhal et al.，1997；Balaban et al.，1998）。由于卵母细胞的核与质的成熟是不同步的，采卵的时间、采卵时卵母细胞所处的发育状态，以及受精前在 MⅡ期停顿的时长等都会引起 PB1 的退化。

（三）纺锤体形态观测法

纺锤体是由微管、微丝等组成的在细胞核分裂过程中将同源染色体或姐妹染色单体分开并牵引至两极的核分裂器，一般为中部宽阔、两极缩小的形如纺锤的结构。在减数分裂过程中，纺锤体负责卵母细胞染色体的分离、运动和极体的排出。如果纺锤体发生异常，往往会导致减数分裂的异常，产生异常的卵母细胞。在普通显微镜下无法观察到纺锤体的情况，而在偏振光显微镜（polarized light microscope，Polscope）下，可以观察到人或小鼠成熟卵母细胞的纺锤体的形态结构，从而可评价卵的质量。

Polscope 的原理是通过改变晶体或者类晶体这类具有双折射结构物质的偏振光振动方向，显示出具有明暗差的图像，并可以通过软件对该类物质的分子结构进行定性、定量的分析。Oldenbourg（1996）将偏振光显微镜应用于卵母细胞纺锤体的观察，并证明是一种能够对活体细胞纺锤体进行无毒、无害观测的技术。在活体状态下，能轻易地辨明纺锤体的位置与状态，不需对细胞进行固定或染色，因而使细胞免于受伤或死亡。通过 Polscope 观察卵的纺锤体，可分析纺锤体的形态结构与胚胎发育潜能的关系；观察并判断透明带的完整性，分析透明带厚度及厚度变异度与胚胎妊娠结局的关系等（Keefe et al.，2003；Moon et al.，2003）。纺锤体正常的卵母细胞的受精率与胚胎发育率均显著高于无纺锤体的卵母细胞。在细胞核移植操作时，用纺锤体观察仪可以保证完全去除细胞核。

（四）渗透压处理法

通过调节渗透压可以判断卵母细胞的质量。Wang 等（2001）使用 3%的蔗糖溶液处理小鼠 MⅡ期卵母细胞，受较高渗透压的影响，卵母细胞的形态差异较大；当恢复到正常渗透压后，大多数卵母细胞的形态能恢复到正常状态，但也有一部分卵母细胞无法恢复到正常形态。能够恢复如初的卵母细胞的受精率和核移植胚胎发育率均正常。当用 0.3mol/L 的蔗糖溶液处理山羊 MⅡ期卵母细胞时，发现体外成熟的卵母细胞在高渗液中呈现不同形态，这些卵母细胞受精后，受精率与胚胎发育率有差异。当恢复到正常渗透压后，能够恢复到正常状态的卵母细胞的胚胎发育率要高于不完全恢复的卵母细胞。说明，体外成熟的卵母细胞即使排出了 PB1，质量仍有很大差异。通过对卵母细胞进行高渗预处理，可以有效地评价卵母细胞的质量，直接淘汰质量差的卵母细胞。

然而，由于卵母细胞对渗透压的变化较为敏感，特别是纺锤体，在低于正常渗透压的情况下，短时间内纺锤体的结构就会损伤。暴露于异常的渗透压溶液，导致细胞体积偏离等渗状态，异常纺锤体比例增加。因而，利用高渗透压溶液检测卵母细胞的质量并不是好的选择。

二、化学方法

从卵母细胞生化变化的角度鉴定卵母细胞的质量要比物理学方法具有更强的可信度。虽然化学评价方法会对卵母细胞造成不可逆损伤，但由于测定指标的可量化性、准确性和客观性，仍不失为一种有效的评定手段（徐盛玉等，2008）。

（一）三磷酸腺苷含量评价法

三磷酸腺苷（ATP）由线粒体产生，是细胞的能量供给者，维持细胞活力、细胞内环境的稳定。ATP 含量在一定程度上能有效反映整个细胞的活力。Catherine 等（2003）通过测定不同时期卵母细胞的 ATP 含量，来评价多次激素处理后小鼠卵母细胞的质量。通过测定 ATP 含量也能反映卵母细胞发育的成熟度与卵母细胞的活力。猪 GV 期卵母细胞的 ATP 含量为 1.21pmol/卵母细胞，成熟后卵母细胞的 ATP 含量可达 3.60pmol/卵母细胞（Brevivi et al.，2005）。这说明，卵母细胞成熟过程中 ATP 含量发生了显著变化，ATP 含量的变化能够反映卵母细胞的质量。

（二）谷胱甘肽含量评价法

谷胱甘肽（GSH）在卵母细胞中的主要功能是参与抗氧化作用和抵抗活性氧（reactive oxygen species，ROS）的毒害，以及维持减数分裂纺锤体的形态。在细胞核和线粒体周围，GSH 浓度较高，能更好地保护 DNA 免受氧自由基的损害（Luberda，2005）。卵母细胞胞质的成熟度可以通过细胞内 GSH 含量来判断（Kishida and Fu，2004）。研究显示，体内成熟的猪卵母细胞中 GSH 浓度为 36.26pmol/卵母细胞，显著高于体外成熟卵母细胞的 GSH 浓度（9.73pmol/卵母细胞）（Brad et al.，2003）。这种差异可能是由体内、外环境氧气含量差异所致，雌性生殖道中氧气浓度仅相当于体外成熟液中的 1/3。在体外成熟过程中，卵母细胞动员内部 GSH 来抵抗氧化作用的伤害，导致卵母细胞 GSH 浓度显著降低。在低氧压的体外成熟条件下，牛卵母细胞可以降低细胞内 H_2O_2 的浓度，有助于降低 ROS 而提高卵母细胞发育的能力（Hashimoto et al.，2000）。在成熟液中添加 1.0mmol/L 的 GSH，能显著提高山羊卵母细胞的体外成熟率（Mayor et al.，2001）。这些研究表明，低氧或添加 GSH 有利于卵母细胞的发育成熟，GSH 可以抵抗 ROS 的毒害作用而保护卵母细胞。因而，细胞内 GSH 的浓度反映细胞质成熟的程度，可以作为卵母细胞细胞质成熟程度的一个特征性指标（DeMatos and Furnus，2000；Furnus et al.，1998）。

（三）线粒体和细胞质的区室化观测法

线粒体在细胞代谢中起主导作用，其形态、数量及分布的变化与细胞的代谢水平、增殖及分化密切相关。在卵母细胞成熟过程中，线粒体的形态结构发生了很大的变化。特别是在反刍动物中，GV 期卵中的线粒体集中在卵母细胞的中央区域，为圆形或椭圆形、嵴少；GVBD 后，形成带帽线粒体并外迁到皮质区；卵母细胞成熟后，线粒体由皮质区再移向核周围，变为幼稚型线粒体。小鼠、仓鼠和猪等的线粒体的分布形式和代谢活力在卵母细胞成熟过程中均在不断变化。因而，线粒体的形态、数量及分布可以作为评定卵母细胞胞质成熟度的依据。

同线粒体类似，在卵母细胞成熟过程中，其他细胞器如内质网、高尔基复合体等也都发生了形态上的变化，在细胞内的区域位置上均发生了变化。由此形成了明显的细胞质区室化现象，各种细胞器的空间分布是随着卵的成熟逐渐定位的。胞质区室化的形成是由包括微管、微丝、中间纤维等组成的骨架系统的引导与迁移，通过网格化定位完成的。线粒体的迁移运动就是在微管网络介导下发生的。通过对卵母细胞的荧光染色结合激光扫描共聚焦显微镜，可以清晰地观察到线粒体、内质网、高尔基复合体等与微管、微丝、驱动蛋白（kinesin）等协同运动现象。因此，细胞质的区室化是影响细胞质成熟的重要因素。线粒体的活性及其在胞质中的分布可作为胞质区室化的标记，是卵母细胞成熟变化特征的众多标志之一。

（四）基因表达差异法

哺乳动物早期胚胎的发育完全依赖卵母细胞发生时期合成的 mRNA 和蛋白质的驱动。在小鼠，母源/胚胎信息转换发生在 2-细胞早期阶段，猪的发生在 4-细胞期，兔在 8-细胞期（Telford et al.，1990）。由此可以推测，卵母细胞储存的 mRNA 含量将直接影响早期的胚胎发育。在体外成熟过程中，牛卵母细胞的 FSH 受体基因（*FSHr*）的表达发生了变化。成熟培养 0～6h 时，*FSHr* mRNA 达最高峰，随后下降。在成熟培养 6～24h 的过程中，LH 的受体基因（*LHr*）mRNA 的相对含量没有改变。但在质量较差的卵母细胞中，*FSHr* mRNA 和 *LHr* mRNA 的水平均降低。因而，检测 *FSHr* mRNA 和 *LHr* mRNA 的含量可以对卵母细胞的质量进行评估（Calder，2003）。另外，还有若干其他的基因都能反映卵母细胞的成熟变化与卵的质量。例如，*P34cdc2* 基因的表达直接影响 P34cdc2 蛋白的含量进而影响卵母细胞 G_2/M 的转变，P34cdc2 蛋白对 MPF 激活有重要作用（Claude et al.，2002）。

三、体外受精、体外胚胎培养评定法

卵母细胞质量的好坏直接影响卵母细胞的受精率、卵裂率、早期胚胎的存活率、妊娠的建立和维持、胎儿的发育。因此，评价卵母细胞质量最直接的证据是卵母细胞的受精能力和胚胎发育能力。有关这方面的内容将在第二章中进行专门介绍。

第四节　影响卵母细胞体外成熟的因素

作为实施胚胎生物技术的最重要的原材料，卵母细胞的需求量巨大。虽然可以进行家畜的活体采卵，但由于家畜自身成本与养殖成本大，不可能做大规模的体内取卵，而且体内手术取卵过程会对动物产生一些伤害，影响家畜生产。因而，屠宰母畜的卵巢成为最大的卵母细胞资源。

从屠宰厂收集的卵巢存在很大的不稳定性，主要是动物的品种、年龄、体况等差别大，所采得卵母细胞的均一性与质量存在差异。因而，在对 COC 进行成熟培养时，应关注卵巢、卵母细胞的状态，适时调整培养条件，尽可能把影响卵母细胞成熟的一些因素考虑清楚。

一、影响卵母细胞体外成熟的主要因素

（一）卵丘-卵母细胞的状态

一般只培养由致密多层卵丘细胞包裹的、卵胞质呈均质的 COC，即前面提及的 A 类与 B 类 COC。而对于 C 类、D 类则应丢弃。

（二）卵泡大小影响卵母细胞的成熟质量

卵泡大小对卵母细胞的成熟和发育影响显著。卵泡大小与卵母细胞的大小密切相关，随着卵泡的生长及卵母细胞直径的增加，卵母细胞的发育能力逐渐增强。不同大小卵泡来源的卵母细胞发育能力不同。当牛的卵泡长到直径 2～3mm 时，卵母细胞基本停止生长，经过成熟培养后可以完成受精并使受精卵发育到囊胚。因而，多选择直径 3～8mm 卵泡中的 COC 用以培养。如果卵泡体积过小，其中的卵母细胞可能还处于生长阶段，还没有完全长成，这样的卵母细胞很难在体外完成正常的成熟过程。如果卵泡过大，其中的卵母细胞可能受大量卵泡液的作用已经趋于凋亡或退化。

（三）颗粒细胞的凋亡程度

卵泡中颗粒细胞的凋亡对卵母细胞的成熟与发育有显著影响。当颗粒细胞的凋亡率达到 50%以上的高度凋亡状态时，将严重影响卵母细胞的质量，虽然仍有少数成熟卵可以指导受精卵发育到囊胚，但几乎不可能使其发育到个体出生；如颗粒细胞的凋亡率为 20%～50%的中度凋亡时，大部分成熟的卵母细胞可以使受精卵发育到囊胚；颗粒细胞

轻度凋亡的 COC 不影响卵母细胞的质量。对比卵泡大小与颗粒细胞的凋亡程度，3～6mm 卵泡中的颗粒细胞大多处于轻度与中度凋亡状态，而大于 8mm 卵泡的颗粒细胞以重度凋亡为主。

颗粒细胞凋亡程度的不同，必然反映了对卵母细胞作用的差异。在卵母细胞生长和成熟过程中，卵母细胞需要的大部分营养物质与信号分子等都是由颗粒细胞，特别是卵丘细胞提供的。卵母细胞尚不具备利用葡萄糖的能力，需要在颗粒细胞的作用下使用葡萄糖提供的能量合成核酸、蛋白质及分泌黏液等。颗粒细胞通过合成谷胱甘肽阻止氧化胁迫诱导的卵母细胞凋亡。如果颗粒细胞出现大量的凋亡，必然会影响卵母细胞生理功能的发挥。同样地，颗粒细胞的凋亡可能也受卵母细胞的调节，卵母细胞通过分泌一些细胞因子能够维持颗粒细胞的功能。

（四）激素

在卵母细胞成熟培养时，一般都添加了促性腺激素（FSH、LH 或 hCG 或 PMSG）和类固醇激素（steroid hormone），但也有不加入激素的报道。目前，普遍的共识是，激素对于卵母细胞的体外成熟有促进作用，可提高成熟率，但激素在卵细胞体外成熟中的作用机制还不是十分清楚。

1. FSH

FSH 能显著提高 COC 的体外成熟率、促进成熟卵母细胞的体外受精能力和早期胚胎的发育能力，并且常和 LH 一同使用。一般认为，FSH 的作用是诱导卵丘细胞的扩散、促进卵母细胞质成熟。FSH 在牛体外成熟培养液中的添加量一般为 10μg/ml。在体外培养卵母细胞时，添加 FSH 是卵母细胞存活所必需的，因为它可以抑制颗粒细胞凋亡，维持颗粒细胞的成活力，进而维持颗粒细胞和卵母细胞间的联系，最终有利于卵母细胞发育成熟。

2. LH

在基础培养液中添加 LH 能提高卵母细胞的成熟率、受精率与胚胎发育率。用 hCG 代替 LH，也可得到类似的结果。一般认为，LH 通过以下两条途径发挥作用：一是引起卵丘发生一系列结构变化，便于精子通过卵丘细胞间隙到达透明带；二是显著增强卵母细胞的存活力和减少异常卵母细胞的数量，从而提高具有受精能力的卵母细胞的比例。也有学者认为，LH 对卵母细胞主要是间接发挥作用的：一是通过调节营养环境，引起卵丘细胞代谢发生变化，卵丘细胞通过放射冠与卵母细胞间的间隙连接传递到卵质膜，改善卵母细胞线粒体葡萄糖的氧化；二是通过除去卵母细胞成熟抑制因子（oocyte maturation inhibition，OMI）而对卵母细胞发挥作用。目前，在牛卵母细胞的体外成熟培养时，一般 LH 的添加量为 5～10μg/ml。

3. 雌二醇（E2）

多数研究者认为，17β-雌二醇是促进胞质成熟的重要物质，它能促进卵母细胞成熟分裂的恢复，而且能显著提高成熟卵母细胞的受精能力及早期胚胎的发育能力。在牛体外成熟培养液中的添加量一般为 1μg/ml。

（五）血清

在卵母细胞体外成熟中，血清是作为一种营养物质而添加的。血清的作用在于为颗粒细胞提供营养，并防止透明带硬化。目前，在卵母细胞体外成熟中常用的血清有胎牛血清（FBS 或 FCS）、新生牛血清（NBS 或 NCS）、超排母牛血清（SCS 或 SBS）、发情母牛血清（OCS 或 ECS）和公牛血清（SS）。各种血清皆可应用于卵母细胞的体外成熟和体外受精。

在使用前，对牛血清进行灭活（56℃、30min）是必要的。有研究者认为灭活处理可以消除血清中存在的补体的活性。但也有人认为无须对血清进行灭活处理，如 Bavister 和 Mckieman（1992）用未灭活的血清进行卵母细胞成熟培养，未发现任何必须灭活的证据；而且认为热处理血清可能是错误的，这样也许有害无益。

（六）细胞因子

有研究表明，表皮生长因子（EGF）、血管内皮生长因子（VEGF）、转化生长因子 β（TGF-β）、成纤维细胞生长因子（FGF）、胰岛素类生长因子 2（IGF-2）、咖啡因、透明质酸等对卵母细胞的核成熟和细胞质成熟均有一定的促进作用，特别是在无血清存在的条件下（Gutnisky et al.，2007；Ye et al.，2010；Gharibi et al.，2013）。

在各种生长因子中，EGF 在卵母细胞成熟培养中应用较多。EGF 存在于机体多种组织中，在卵巢上由黄体和内膜细胞产生。EGF 促进颗粒细胞增殖，也可能是促进卵母细胞成熟分裂恢复的一种信号因子，能显著提高牛和猪成熟卵母细胞的胚胎发育率。在大鼠上的研究表明，EGF 不仅不影响 LH 的作用，而且也是一种卵泡卵母细胞成熟的诱导剂。

（七）卵泡液

卵泡液作为卵母细胞发育的微环境条件，在决定卵母细胞未来命运中起主要调节作用。卵泡液含大量来自卵母细胞及卵泡细胞的分泌因子。在卵泡液中已检测出一些生长因子包括 IGF-2、血小板衍生生长因子（PDGF）、EGF 与 TGF-β 等，也在卵母细胞和早期胚胎上测出了这些生长因子的受体。卵泡液还是一些类固醇激素和促性腺激素的来源。多年来，研究者在卵泡液对卵母细胞减数分裂核成熟具有抑制作用上已经形成了共识，并先后在猪、牛和鼠卵泡液中分离获得了卵母细胞成熟抑制因子（OMI）。当在成熟培养液中添加 10%～20%的牛卵泡液时，可显著提高牛卵母细胞成熟及受精后的囊胚发育率，显示其对细胞质成熟的促进作用。

大卵泡多为卵泡发育过程中的优势卵泡，卵泡液中含有更多的促卵母细胞成熟的因子。在卵泡生长发育的动态变化中，卵泡液中各种激素含量及生长因子的活性均有较大幅度的波动。因而，使用卵泡液时，要考虑获取卵泡液的卵泡的大小。我们在进行猪、牛和绵羊 COC 成熟培养时，发现来自 6～8mm 卵泡的卵泡液所培养的卵母细胞的 PB1 排出率、卵裂率和囊胚发育率显著高于来自 3～5mm 小卵泡的卵泡液。在卵母细胞成熟培养时添加适量新鲜的大卵泡的卵泡液，有利于卵母细胞的成熟，也能提高成熟卵母细胞的受精率和早期胚胎的发育能力。

（八）培养条件及环境

1. 温度

不同的培养温度对卵母细胞体外成熟的影响很大，有时甚至是体外成熟是否成功的关键。培养温度是随动物的体温不同而选定的，过高或过低的培养温度均不利于卵母细胞的成熟。猪卵母细胞的适宜培养温度为 39℃；牛卵母细胞为 38.5～39℃；羊卵母细胞为 38～39℃。

2. 气相环境与 pH

常用的气相有两种：一种为含 5% CO_2 的空气，另一种为 5% CO_2 + 5% O_2 + 90% N_2。这两种气相中，CO_2 的浓度很关键，它是培养基缓冲体系维持正常 pH 所必需的。目前，大多数实验室倾向于含 5% CO_2 的空气培养法。

3. 渗透压

保持正常的渗透压值，是获得卵母细胞成熟质量的基本条件。一般情况下，家畜的 COC 体外成熟适宜的渗透压为 280～310mOsm。

4. 培养时间

对山羊成熟卵母细胞的超微结构研究表明，山羊卵母细胞在体外培养成熟的适宜时间为 24～26h；牛卵母细胞的体外成熟时间一般采用 22～24h；猪卵母细胞的体外成熟时间以 44～48h 为宜。体外成熟的时间过短，卵母细胞还没有完全成熟；如果成熟时间过长，往往引起卵母细胞老化，出现皮质颗粒的过早释放及透明带硬化，影响卵母细胞的质量。对不同成熟时间的牛卵母细胞体外受精研究发现，在成熟 16h 时，第二极体（PB2）的排出率为 69%、卵裂率为 54%、囊胚发育率仅为 6%；而成熟 24h 时，PB2 排出率为 77%、卵裂率为 70%、囊胚发育率为 28%，差异均显著。

5. 湿度

培养箱中的湿度要维持在 95%～100%，以防止培养液中的水分蒸发而使培养液的渗透压和酸碱度发生变化，水的质量和高度无菌条件都是培养成功的必需条件，一般选用高压灭菌后的去离子水。为防止水中霉菌及其他有害微生物的生长，可在水中加入少量的硫酸铜。

6. 培养液

国内外的学者进行了大量卓有成效的研究，使卵母细胞成熟液不断优化，并得到了良好的效果。目前，卵母细胞成熟液大部分采用稳定性较好的 TCM199 作为基础培养液。在牛和羊中，TCM199 添加 10%血清、促性腺激素和雌激素，卵母细胞的成熟率可达 80%以上；在猪中，卵母细胞成熟液除用 TCM199 外，NCSU23 也被较多使用，但成熟率差别不大。由于在使用TCM199时需加入成分比较复杂的血清，这使得在研究中难以明确找出影响卵母细胞成熟的因素及其程度。许多学者通过研究寻找一些成分明确的培养液，如在合成培养液（如CR1aa、SOF、KSOM）中用牛血清白蛋白（BSA）或聚乙烯醇（PVA）及氨基酸代替血清，可以使卵母细胞成熟，并有很好的胚胎发育效果。

二、促进卵母细胞体外成熟的措施

与体外成熟的卵母细胞相比，体内成熟的卵母细胞所形成的胚胎的发育能力要好得多，主要原因是体外培养的卵母细胞核成熟与胞质成熟不同步，在卵胞质积累发育必要的因子达到完全成熟之前卵母细胞核已经成熟。因此，可以通过抑制GVBD来阻滞卵母细胞减数分裂进程，以促进胞质成熟和核质发育同步化。

（一）卵母细胞成熟的同步化培养技术

为了模拟体内LH峰启动前的卵母细胞减数分裂抑制环境，学者们开发了卵母细胞体外两段成熟培养方法，即通过体外使用减数分裂抑制剂暂时可逆地阻止卵母细胞减数分裂恢复，同时促进胞质成熟，然后移出减数分裂抑制环境，继续成熟培养。目前，卵母细胞核成熟的抑制剂主要有异丁基甲基黄嘌呤（isobutylmethylaxantihine，IBMX）、次黄嘌呤（hypoxanthine，HX）、二丁基环-磷酸腺苷（dibutryryl cyclic AMP，dbcAMP）和磷酸二酯酶3（phosphodiesterase 3，PDE3）的特异性抑制剂米力农（milrinone）。

第一步，在培养的前24h，在成熟液中加入减数分裂抑制剂，如6-二甲氨基嘌呤（6-dimethylaminopurine，6-DMAP）、丁内酯Ⅰ（butyrolactone Ⅰ）、roscovitine、cAMP等，其目的是延长颗粒细胞与卵母细胞通过间隙连接进行物质和信息交流的时间，促进卵胞质成熟，同时使卵细胞核的减数分裂过程趋于同步化。第二步，将COC从抑制剂液中吸出，经过充足洗涤后，再将其转入正常的成熟培养液中继续培养24h。

然而，由于所用的减数分裂抑制剂主要为化学合成的物质，这些物质相对于体内卵泡液生理性的减数分裂抑制物质对卵母细胞体外成熟的危害可能较大，导致卵母细胞体外发育能力较差，限制了此类物质的利用。因而，开发生理性的减数分裂抑制剂替代这些化学合成的抑制物质可能是更有潜力的途径。C型尿钠肽是体内抑制小鼠卵母细胞减数分裂的关键物质，是通过增加卵母细胞内第二信使［cAMP与环磷酸鸟苷（cyclic guanosine monophosphate，cGMP）］浓度实现对减数分裂抑制的维持。利用C型尿钠肽对牛COC进行6h的前处理，可提高卵母细胞受精后胚胎的发育能力。

（二）外源卵母细胞分泌因子促进卵母细胞体外成熟

鉴于颗粒细胞在卵母细胞成熟方面的作用及卵母细胞对颗粒细胞功能的调控，推测使用外源的卵母细胞分泌因子可能促进卵母细胞的成熟，进而提高受精后胚胎发育能力。在添加生长分化因子9（GDF9）及骨形态发生蛋白15（BMP15）后提高了卵母细胞发育能力，也提高了胚胎的质量。有研究表明，代表卵母细胞发育能力的颗粒细胞的标志基因，可被卵母细胞分泌因子调控。

（三）模拟生理条件下的卵母细胞成熟体系

基于体内第二信使（cAMP 与 cGMP）及磷酸二酯酶在调控卵母细胞成熟方面的作用，以及 FSH 或 EGF 通过表皮生长因子受体-细胞外信号蛋白激酶 1/2（EGFR-ERK1/2）信号通路诱导卵母细胞成熟的机制，有人提出了一种新型的牛卵母细胞体外成熟方法，称作模拟生理卵母细胞成熟体系。COC 经历 1～2h 的前处理阶段，在前处理培养液中添加腺苷酸环化酶激活剂（forskolin）和异丁甲基黄嘌呤（IBMX），导致 COC 内 cAMP 水平大量的增加（>100 倍），正如体内排卵前促性腺激素刺激后 COC 内 cAMP 水平发生的变化，然后进行正常的成熟培养、体外受精及胚胎培养。前处理阶段可引起颗粒细胞和卵母细胞的 cAMP 水平立刻增加，因此保持了颗粒细胞与卵母细胞之间通过间隙连接进行物质及信息的交流，同时卵母细胞内增加的 cAMP 阻止了其过早地恢复减数分裂，促进细胞质成熟，提高了卵母细胞的体外发育能力。

参 考 文 献

陈大元. 2000. 受精生物学: 受精机制与生殖工程. 北京: 科学出版社.

陈凌声, 徐平, 石德顺, 等. 2014. 哺乳动物卵母细胞及早期胚胎蛋白质组学研究进展. 生物工程学报, 30(7): 1018-1025.

郝艳红, 吴光明, 秦鹏春. 1995. 猪卵母细胞体外受精中膜电位变化与超微结构关系的研究. 中国兽医学报, 15(2): 165-169.

李光鹏, 兰国成, 孟庆刚, 等. 2000a. 猪体外成熟卵母细胞卵质膜电场行为的研究. 解剖学报, 31(4): 343-346.

李光鹏, 兰国成, 于元松, 等. 2000b. 鼠猪异种细胞核移植. 动物学研究, 21(5): 416-418.

李欣欣, 白春玲, 魏著英, 等. 2016. 正常培养条件下绵羊卵母细胞减数分裂从中期Ⅰ至中期Ⅲ的动态变化过程. 生物技术通报, 32(5): 226-233.

孟庆刚, 张成林, 张永忠, 等. 2001. 猪小腔卵泡卵母细胞体外成熟研究. 畜牧兽医学报, 32(3): 213-219.

秦鹏春. 2001. 哺乳动物胚胎学. 北京: 科学出版社.

孙青原, 秦鹏春, 刘国艺, 等. 1996. 牛卵丘-卵母细胞复合体体外成熟前后超微结构. 东北农业大学学报, 27(2): 158-164.

谭景和, 孙青原, 杨增明, 等. 1992. 山羊卵母细胞发育的超微结构研究. 解剖学报, 23(1): 106-111.

徐盛玉, 吴德, 王定越. 2008. 卵母细胞质量评定方法. 中国生物工程杂志, 28(7): 116-121.

严云勤, 李光鹏, 郑小民. 1995. 发育生物学原理与胚胎工程. 哈尔滨: 黑龙江科学技术出版社.

杨永杰, 张燕君, 张宝华, 等. 2005. 体外培养的人卵母细胞的超微结构. 解剖学报, 36(16): 655-659.

杨增明, 谭景和, 秦鹏春. 1992. 山羊早期胚胎发育的超微结构研究. 动物学报, 38(1): 11-16.

杨增明, 夏国良, 孙青原. 2005. 生殖生物学. 北京: 科学出版社.

张天荫. 1996. 动物胚胎学. 济南: 山东科学技术出版社.

朱作言, 许克圣, 李国华, 等. 1985. 人生长激素基因在泥鳅受精卵显微注射转移后的生物学效应. 科学通报, 5: 387-389.

Balaban B, Urman B, Sertac A, et al. 1998. Oocyte morphology does not affect fertilization rate, embryo quality and implantation rate after intracytoplasmic sperm injection. Hum Reprod, 13: 3431-3433.

Bavister BD, McKiernan SH. 1992. Different lots of bovine serum albumin inhibit or stimulate *in vitro* development of hamster embryos. In Vitro Cell Dev Biol, (3 Pt 1): 154-156.

Brackett BG, Bousquet D, Boice ML, et al. 1982. Normal development following *in vitro* fertilization in the cow. Biol Reprod, 27(1): 147-158.

Brad AM, Bormann CL, Swain JE, et al. 2003. Glutathione and adenosine triphosphate content of *in vivo* and *in vitro* matured porcine oocytes. Mol Reprod Dev, 64: 492-498.

Brevini TAL, Vassena R, Francisci C, et al. 2005. Role of adenosine triphosphate, active mitochondria, and microtubules in the acquisition of developmental competence of parthenogenetically activated pig oocytes. Biol Reprod, 72(5): 1218-1223.

Calder M D. 2003. Responsiveness of bovine cumulus-oocyte-complexes (COC) to porcine and recombinant human FSH and the effect of COC quality on gonadotropin receptor and Cx43 maker gene mRNAs during maturation *in vitro*. Reprod Biol Endocrinol, 1: 14.

Catherine MH, Combelles, David FA. 2003. Assessment of oocyte quality following repeated gonadotropin stimulation in the mouse. Biol Reprod, 68: 812-821.

Claude R, Isabelle H, Serge MG, et al. 2002. Quantification of cyclin b1 and p34cdc2 in bovine cumulus-oocyte complexes and expression mapping of genes involved in the cell cycle by complementary DNA macroarrays. Biol Reprod, 67: 1456-1464.

Coticchio G, Albertini D, De Santies L. 2013. Oogenesis. London: Springer.

De Sutter P, Dozortsev D, Qian C, et al. 1996. Oocyte morphology does not correlate with fertilization rate and embryo quality after intracytoplasmic sperm injection. Hum Reprod, 11(3): 595-597.

DeMatos DG, Furnus CC. 2000. The importance of having high glutathione (GSH) level after bovine *in vitro* maturation on embryo development: effect of mercaptoethanol, cystein and cystin. Theriogenology, 53: 761-771.

Dyck MK, Zhou C, Tsoi S, et al. 2014. Reproductive technologies and the porcine embryonic transcriptome. Anim Reprod Sci, 149: 11-18.

Ebner T, Yaman C, Moser M, et al. 2000. Prognostic value of first polar body morphology on fertilization rate and embryo quality in intracytoplasmic sperm injection. Hum Reprod, 15(2): 427-430.

Furnus CC, de Matos DG, Moses DF. 1998. Cumulus expansions during *in vitro* maturation of bovine oocytes: relationship with intracellular glutathione level and its role on subsequent embryo development. Mol Reprod Dev, 51(1): 76-83.

Gharibi SH, Hajian M, Ostadhosseini S, et al. 2013. Effect of phosphodiesterase type 3 inhibitor on nuclear maturation and *in vitro* development of ovine oocytes. Theriogenology, 80: 302-312.

Gutnisky C, Dalvit GC, Pintos LN, et al. 2007. Influence of hyaluronic acid synthesis and cumulus mucification on bovine oocyte *in vitro* maturation, fertilization and embryo development. Reprod Fertil Dev, 19: 488-497.

Hao X, Wang Y, Kong N, et al. 2016. Epidermal growth factor-mobilized intracellular calcium of cumulus cells decreases natriuretic peptide receptor 2 affinity for natriuretic peptide type C and induces oocyte meiotic resumption in the mouse. Biol Reprod, 95(2): 45.

Hashimoto S, Minami N, Takakura R, et al. 2000. Low oxygen tension during *in vitro* maturation is beneficial for supporting the subsequent development of bovine cumulus oocyte complexes. Mol Reprod Dev, 57(4): 353-360.

Keefe D, Liu L, Wang W, et al. 2003. Imaging meiotic spindles by polarization light microscopy: principles and applications to IVF. Reprod Biomed Online, 7(1): 24-29.

Kim J, Kim JS, Jeon YJ, et al. 2011. Identification of maturation and protein synthesis related proteins from porcine oocytes during in vitro maturation. Proteome Sci, 9: 28.

Kishida RK, Fu KY. 2004. *In vitro* maturation of porcine oocytes using a defined medium and developmental capacity after intracytoplasmic sperm injection. Theriogenology, 62(9): 1663-1676.

Krisher RL. 2004. The effect of oocyte quality on development. J Anim Sci, 82(Suppl): 14-23.

Li GP, Liu Y, Bunch TD, et al. 2005a. Asymmetric division of spindle microtubules and microfilaments during bovine meiosis from metaphase Ⅰ to metaphase Ⅱ. Mol Reprod Dev, 71: 220-226.

Li GP, Liu Y, White KL, et al. 2005b. Cytogenetic analysis of diploidy in cloned bovine embryos using an improved air dry caryotyping method. Theriogenology, 63(9): 2434-2444.

Luberda Z. 2005. The role of glutathione in mammalian gamester. Reprod Biol, 5(1): 5-17.

Ma M, Guo X, Wang F, et al. 2008. Protein expression profile of the mouse metaphase-Ⅱ oocyte. J Proteome Res, 7(11): 4821-4830.

Marchal R, Vigneron C, Perreau C, et al. 2002. Effect of follicular size on meiotic and developmental competence of porcine oocytes. Theriogenology, 57: 1523-1532.

Massicotte L, Coenen K, Mourot M, et al. 2006. Maternal housekeeping proteins translated during bovine oocyte maturation and early embryo development. Proteomics, 6(13): 3811-3820.

Mayor P, Bejar LM, Gonzalez RE, et al. 2001. Effects of the addition of glutathione during maturation on in vitro fertilization of prepubertal goat oocytes. Zygote, 9(4): 323-330.

Moon JH, Hyun CS, Lee SW, et al. 2003. Visualization of the metaphase Ⅱ meiotic spindle in living human oocytes using the Polscope enables the prediction of embryonic developmental competence after ICSI. Hum Reprod, 18(4): 817-820.

Oldenbourg R. 1996. A new view on polarization microscopy. Nature, 381(6585): 811-812.

Peddinti D, Memili E, Burgess SC. 2010. Proteomics-based systems biology modeling of bovine germinal vesicle stage oocyte and cumulus cell interaction. PLoS One, 5(6): e11240.

Pfeiffer MJ, Siatkowski M, Paudel Y, et al. 2011. Proteomic analysis of mouse oocytes reveals 28 candidate factors of the "reprogrammome". J Proteome Res, 10(5): 2140-2153.

Serhal PE, Ranieri DM, Dinis M, et al. 1997. Oocyte morphology predicts outcome of intracytoplasmic sperm injection. Hum Reprod, 12(6): 1267-1270.

Susor A, Ellederova Z, Jelinkova L, et al. 2007. Proteomic analysis of porcine oocytes during *in vitro* maturation reveals essential role for the ubiquitin C-terminal hydrolase-L1. Reproduction, 134(4): 559-568.

Telford NA, Watson AJ, Schultz GA. 1990. Transition from maternal to embryonic control in early mammalian development: a comparison of several species. Mole Reprod Dev, 26: 90-100.

Vatzias G, Hagen DR. 1999. Effects of porcine follicular fluid and oviduct conditioned media on maturation and fertilization of porcine oocytes *in vitro*. Biol Reprod, 60: 42-48.

Virant-Klun I, Krijgsveld J. 2014. Proteomes of animal oocytes: what can we learn for human oocytes in the *in vitro* fertilization programme? Biomed Res Int, 2014: 856-907.

Wang MK, Liu JL, Li GP, et al. 2001. Sucrose pretreatment for enucleation: an efficient and non-damage method for removing the spindle of the mouse MⅡ oocyte. Mol Reprod Dev, 58: 432-436.

Wang S, Kou Z, Jing Z, et al. 2010. Proteome of mouse oocytes at different developmental stages. Proc Nat Acad Sci USA, 107(41): 17639-17644.

Wang Y, Kong N, Li N, et al. 2013. Epidermal growth factor receptor signaling-dependent calcium elevation in cumulus cells is required for NPR2 inhibition and meiotic resumption in mouse oocytes. Endocrinology, 154(9): 3401-3409.

Ye XF, Chen SB, Wang LQ, et al. 2010. Caffeine and dithiothreitol delay ovine oocyte ageing. Reprod Fertil Dev, 22: 1254-1261.

Zhang M, Su YQ, Sugiura K, et al. 2010. Granulosa cell ligand NPPC and its receptor NPR2 maintain meiotic arrest in mouse oocytes. Science, 330(6002): 366-369.

Zhang M, Su YQ, Sugiura K, et al. 2011. Estradiol promotes and maintains cumulus cell expression of natriuretic peptide receptor 2(NPR2) and meiotic arrest in mouse oocytes *in vitro*. Endocrinology, 152(11): 4377-4385.

Zhang P, Ni X, Guo Y, et al. 2009. Proteomic-based identification of maternal proteins in mature mouse oocytes. BMC Genomics, 10: 348.

（李光鹏）

第二章　体 外 受 精

受精是动物个体发育的起始，是单倍体的精子与卵子相互结合而启动新生命发育的过程（陈大元，2000）。哺乳动物正常的受精过程，是在机体生殖道中完成的。体外受精（*in vitro* fertilization，IVF）是指在体外环境下人为干预完成受精的过程，是把成熟的卵母细胞，或把未成熟卵母细胞培养成熟后，用体外或体内获能的精子与卵母细胞进行受精的过程。由于受精过程的一部分或全过程是在体外条件下的培养皿（试管）内完成的，因而又把体外受精技术称为试管动物技术，所获得的体外受精动物（个体）称为试管动物（test-tube animal）。

第一节　哺乳动物体外受精的研究简史

1878 年，德国科学家 Schenk 最早开始进行哺乳动物卵子体外受精的尝试。他将家兔和豚鼠排卵前的卵母细胞，与取自附睾内的精子放入子宫液内进行孵育，观察到第二极体释放和卵裂现象。在哺乳动物受精研究史中，第一件具有里程碑重大意义的事件，是精子获能现象的发现。获能现象是由 Chang（张民觉）和 Austin 在 1951 年分别同时发现的，由 Austin 定名为获能（capacitation）。精子获能是哺乳动物受精的前提条件之一。在 1954 年，Thibault 等和 Dauzier 等用从母兔子宫中回收的精子，完成兔的体外受精；直到 1959 年，Chang 获得了体外受精兔。Dauzier 与 Thibault 于 1959 年尝试绵羊卵母细胞的体外受精实验，见到了原核。Yanagimachi 与 Chang 于 1964 年使金色仓鼠体外受精并发育到卵裂；1969 年，Pickworth 与 Chang 使体外受精的中国仓鼠胚胎发育到原核。1968 年，Whittingham 获得体外受精的小鼠。1970 年，Hamner 等使猫卵母细胞体外受精并观察到卵裂。1973 年，Miyamoto 与 Chang 做了大鼠体外受精实验，次年 Toyoda 等获得了体外受精大鼠。关于猪的体外受精，先是在 1975 年由 Iritani 等观察到卵裂，1986 年 Cheng 等报道获得了体外受精猪。1982 年，由 Brackett 等用体内成熟的卵母细胞培育出体外受精牛犊；卢克焕于 1987 年获得了当时世界上最大的试管牛群（17 头），并于 1988 年获得了世界首例完全体外化的试管双犊。旭日干等于 1984 年培育出试管山羊。1985 年，花田章获得试管绵羊。Mahi 等于 1986 年进行狗的卵母细胞体外受精时，看到了侵入卵子内的精子头部膨大。表 2-1 为国际体外受精动物首创记录。

表 2-1　体外受精动物研究与首创记录

动物种类	体外受精完成	试管后代产生
兔	Thibault 等（1954）	Chang（1959）
叙利亚仓鼠	Yanagimachi 和 Chang（1963）	
小鼠	Whittingham（1968）	Mukherjee 和 Chang（1970）
人	Edwards 等（1969）	Stepteo 和 Edwards（1978）
中国仓鼠	Pickworth 和 Chang（1969）	
猫	Hamner 等（1970）	
土拨鼠	Yanagimachi（1970）	
沙鼠	Noske（1972）	
岩石猴	Gould（1973）	
大鼠	Miyamoto 和 Chang（1973）	Toyoda 和 Chang（1974）
狗	Mahi 和 Yanagimachi（1972）	
牛	Iritani 和 Niwa（1977）	Brackett 等（1982）
猪	Iritani 等（1978）	Cheng 和 Polge（1986）
滋贺鼠	Hanada 和 Chang（1978）	
恒河猴	Brackett（1978）	Bavister 等（1984）
狒狒	Gould（1979）	Clayton 和 Kuehl（1984）
猕猴	Kreitman 等（1980）	Balmaceda 等（1984）
黑猩猩	Gould（1983）	
山羊	旭日干和花田章（1984）	旭日干和花田章（1984）
绵羊	Bondioli 和 Wright（1980）	花田章（1985）

我国的哺乳动物体外受精研究始于 20 世纪 80 年代后期，旭日干、范必勤、朱裕鼎、卢克焕、秦鹏春、钱菊汾等相继培育出试管牛。1989 年，旭日干等获得了我国首例试管绵羊和试管牛，钱菊汾等获得了我国首例试管山羊；1992 年，钱菊汾等培育出首例由卵巢卵母细胞经体外成熟、体外受精而得到的试管山羊；1997 年，宋杰等首次用屠宰场废弃卵巢卵母细胞，经体外成熟、体外受精得到 2 只雌性白山羊；1990 年范必勤等利用猪体外成熟卵与冷冻附睾精子进行体外受精获得我国首例试管猪。表 2-2 为我国体外受精动物首创记录。

表 2-2 我国体外受精动物首创记录

动物种类	研究者	工作单位	年份	卵母细胞来源
小鼠	陈秀兰等	中国科学院遗传研究所	1986	卵巢卵母细胞
人	张丽珠等	北京医科大学	1988	卵巢卵母细胞
兔	徐君等	西北农林科技大学	1989	输卵管卵母细胞
绵羊	旭日干等	内蒙古大学	1989	卵巢卵母细胞
牛	旭日干等	内蒙古大学	1989	卵巢卵母细胞
山羊	钱菊汾等	西北农林科技大学	1990	输卵管卵母细胞
猪	范必勤等	江苏省农业科学院	1990	卵巢卵母细胞

内蒙古大学的旭日干实验室，利用屠宰家畜的卵巢卵母细胞，系统观察和研究了卵母细胞的体外成熟、体外受精和早期胚胎发育的形态学变化及其规律，并于 1989 年培育出我国首胎、首批试管绵羊和试管牛。建立了卵巢卵母细胞体外成熟、体外受精、受精胚体外培养等程序，建立了规模化生产试管牛、试管羊胚胎的工艺技术，建立了体外受精-胚胎移植技术体系，率先在国内实现了试管牛羊技术的产业化。

在灵长类，Gould 等（1973）首先在岩石猴中进行了尝试，之后在恒河猴、狒狒、猩猩等均有研究。关于人卵母细胞体外受精的研究，Edwards 等在 1969 年就有过报道，于 1978 年 Steptoe 和 Edwards 报道了世界上第一例“试管婴儿”的诞生。在 1988 年，北京医科大学的张丽珠等报道了我国首例“试管婴儿”。

张民觉（Chang Min-chueh）(1908—1991)，字幼先，美籍华人。生殖生物学家、育种学家和甾体避孕药的创始人之一。1908 年 10 月 10 日生于山西省岚县；1933 年毕业于清华大学心理系；1938 年赴英国，在剑桥大学主攻动物育种和人工授精；1941 年获博士学位；1945 年起在美国乌斯特实验生物研究所任研究员；1961 年兼任波士顿大学教授。1989 年和 1990 年，先后获第三世界和美国科学院院士荣衔；并任美、日、中、意和英等国大学、研究所及学术团体的名誉教授、博士、研究员和顾问等。曾三次被提名为诺贝尔奖候选人。

罗伯特·爱德华兹（Robert G. Edwards）(1925—2013)，剑桥大学教授，生理学家，被誉为“试管婴儿之父”。1925 年出生于英格兰曼彻斯特；1948 年毕业于北威尔士大学农业和动物学专业；1955 年获得爱丁堡大学博士学位；1956～1978 年从事生殖生理学研究，成功诞生了世界第一例试管婴儿；1983～1984 年创立欧洲人类生殖和胚胎学协会，创办《人类生殖》杂志；2001

年，由于在人类不育症治疗领域的突出贡献，获得美国阿尔伯特·拉斯克医学研究奖。因创立了体外受精技术独享2010年诺贝尔生理学或医学奖。

第二节　精液与精子的生物学特性

体外受精是将本来在输卵管内的精卵结合过程，人为地在体外操作。因而需要尽量了解精液与精子的生物学特性，以期获得良好的受精效果。

一、精液的主要常规参数

精液的常规检查是判断公畜繁殖能力，了解睾丸生精功能、精子数量与质量等多种参数，以及附属性腺分泌功能的常用方法，是决定公畜是否可以作为繁殖公畜或种公畜的重要依据，是公畜或种公畜选育中非常重要的工作。精液常规分析包括精液量、精液外观、精液黏稠度、精液液化时间、精液 pH、精子密度、精子活力与活率、精子存活率及精子形态分析等。

（一）精液量

不同动物的一次射精量是不同的。射精量与动物的健康状况、射精频率、环境因素等有关。测定精液量的方法有两种：一是用锥形底的刻度量筒法；二是称重法。因称重法与精液密度有关，故推荐以刻度量筒法检测精液量为好。

对于种公畜来说，在保证精液质量的前提下，希望每次的射精量越多越好。精液量检测的临床意义在于：高品质的精液量越大，配种的母畜越多，公畜的利用率越高。

（二）精液外观

正常精液外观呈乳白色、均质、半流体状液体。如精液呈清亮、透明状，则常见于无精子或少精子症；如精液呈棕红色或带血，称为血精，常见于精囊炎、前列腺炎等生殖系统疾病。

（三）精液黏稠度

精液排出体外，都经过凝固-液化等复杂的自然生理过程。凝固因子来源于精囊，液化因子来源于前列腺液，主要由蛋白酶等构成。当其中某些酶的活性降低时，精液表现出液化异常，从而影响精液的黏稠度。高黏稠度精液可以干扰精子活动能力与精子密度。黏稠度增高，精液不液化会直接影响精子活动力，从而降低精子的受精能力。研究表明，精囊中分泌的凝固因子Ⅰ（semenogelin Ⅰ，Sg Ⅰ）和精液凝固因子Ⅱ（semenogelin Ⅱ，Sg Ⅱ）对精子活率、运动速度具有抑制作用。凝固因子作用于完整精子的鞭毛，会阻止精子运动，导致精子活动受限或活动缓慢，或在原地摆动不能向前运动，精子能量消耗过多而影响精子活动力。

一般用滴管吸入精液，而后让精液依靠重力滴落并观察拉丝长度，如果长度大于2cm，则视为异常。也可以用玻璃棒插入精液中，提起玻璃棒，观察拉丝长度，同样视长度大于2cm为异常。

（四）精液液化

在不液化的精浆中，可以观察到细纤维与粗纤维相互交织成网络，使精子活动的空间减少，精子运动被牵制。精液排出体外后5～15min开始液化。当有前列腺炎或生殖道感染时，前列腺液中蛋白水解酶的含量和酶的活性均受到不同程度的影响，不能水解精液中纤维蛋白，导致精液不液化。

通常情况下，将充分混匀的精液（但不能剧烈摇动）置于35～37℃水浴箱中待其液化。正常精液在15min内即可完成液化。对于液化不全的精液样本，可以加入1%的10mg/ml糜蛋白酶，混匀后置37℃水浴箱中温育30min，精液液化可明显改进，而且不影响精浆的生化指标。

（五）精液pH

精浆是精液中的非细胞成分，是维持精子功能的重要外部环境。精浆主要由精囊腺和前列腺分泌物混合而成，其中精囊腺分泌物约占70%，呈碱性；前列腺分泌物呈酸性，其结果是使精液呈弱碱性，pH范围为7.2～8.0。如精液pH小于7.0，则偏酸，属酸度异常，可使精子运动能力及代谢下降；当pH小于6.0时，精子活动就会受到抑制，甚至停止游动；当pH大于8.0时，则精液偏碱，也会使精子活动功能受到抑制。pH偏低或偏高均会影响精液质量。

检测精液pH时，将一滴混匀的精液滴到pH试纸上均匀展开，30s内与标准带进行比较，读出其pH。精液pH应在精液液化后立即测定，因为精液放置时间延长，会影响pH测定结果。

当附属性腺或附睾有急性感染性疾病时，精液的pH可以大于8.0；当输精管阻塞或先天精囊腺缺如时，均可导致精液pH降低。

（六）精子密度

不同动物的精子密度差异较大，而且同种动物也存在明显的个体差异。传统的精子密度检测方法是采用血细胞计数板作为精子计数池。在人类临床上使用的一次性计数池，如DROP、Standard Count、Cell Vision、MicroCell等，也可以用于动物。它们均为20μm深、通过毛细管作用加样的计数池，精液无须稀释即可直接分析。对于反复使用的计数池，包括2X-CEL、Makler、JCD、Burker及血细胞计数池，前两者池深20μm，精液无须稀释即可分析，而后三者精液均需作1∶20稀释。

（七）精子活力与活率

精子活力即精子的运动能力；精子活率是指活动精子的百分率，作为测定活精子和死精子比例的定量方法。

精子活力可分为 4 级：a 级，快速前向运动，即 37℃时速度≥25μm/s，或 20℃时速度≥20μm/s，25μm 大约相当于 5 个精子头的长度或半个精子尾的长度；b 级，慢速或呆滞的前向运动；c 级，非前向运动；d 级，不动。

精子活率为 a + b 级精子百分率之和。

（八）精子存活率

精子存活率以活精子所占百分比表示，一般采用伊红染色法进行判断。这是由于死精子的细胞膜受损可透入一定染料，从而使死精子着色而活精子不着色。用光学显微镜计数 200 个精子，即可得出精子存活率。

伊红染色法：用生理盐水将伊红配制成 5g/L 的溶液，将一滴新鲜精液与一滴伊红 Y 溶液在载玻片上混匀，并覆以盖玻片，30s 后镜下观察，活精子不着色，死精子被染成红色。

（九）精子形态分析

形态正常是精子活动和运动的前提。头部畸形，如大头精子、不定形头畸形精子，颈部细胞质小滴等在运行过程中可增加运行阻力，使精子运行速度减慢，这种精子到达不了输卵管，没有与卵子结合的机会。精子尾部的异常可直接影响精子的运行速度，尾部弯曲畸形精子一般不能活动，无尾精子无运动能力，短尾精子增多可形成无力型精子症。双尾或多尾精子因同时存在多根鞭毛，它们有不同的活动方向，因而使精子摆动十分不协调、不同步，这种精子就不能有前向运动。图 2-1 列出了一些不同形态的人的精子。

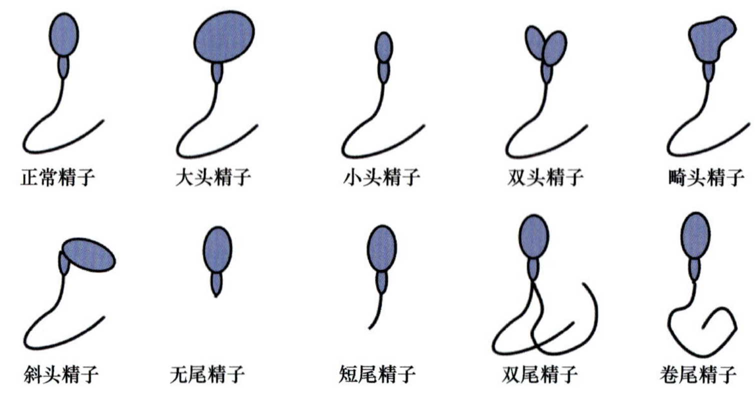

图 2-1 人精子的不同形态示意图

精子线粒体的结构是否完好及线粒体的 DNA 是否受损，将直接影响线粒体内 ATP 能量合成及线粒体自身复制的正确性，影响精子的存活。线粒体的异常是弱精子症患者精子丧失活动力的重要原因。当精子线粒体发生异常后，其能量合成发生障碍，导致精子活动力减弱。

（十）精液白细胞

精液中的细胞成分除精子外，还含有非精子细胞，如生精细胞（包括精原细胞、精母细胞和精子细胞）、白细胞和尿道的上皮细胞等。一般认为，一份正常精液中的非精子细胞数不应多于 5.0×10^6 个/ml，同时白细胞数不应超过 1.0×10^6 个/ml。精液中的白细胞及其产物可损害精子，影响精液质量。精液中白细胞的重要功能在于杀死、吞噬不正常的精子。但在吞噬过程中产生活性氧（ROS），氧自由基可攻击精子细胞膜，使精子细胞膜发生脂质过氧化而损坏精子质膜，并对精子有毒性效应；白细胞产物 γ 干扰素、白细胞介素-8（IL-8）、肿瘤坏死因子（TNF）可通过抑制细胞蛋白质的生物合成和趋化作用破坏精子的功能和成熟；白细胞大量增殖时，其分泌的产物也随之增多，并长时间地与精子接触，明显干扰精子的新陈代谢、精子质膜的物质交换，造成精子的直接受损，严重影响精子运动；大量的白细胞可刺激生殖道局部产生抗精子抗体，导致精子凝集、阻止精子运动；大量的白细胞在附睾、前列腺上皮浸润，引起附属性腺功能障碍，影响精子在生殖道中的运行和成熟。

（十一）一氧化氮分析

一氧化氮（NO）对生殖有重要的调节作用，精液中 NO 浓度与精子运动、形态和生物学成熟有关。精液中过量的 NO 会增加血睾屏障通透性，使有害物质进入精液，改变精液成分及精子生存微环境，使精子质量下降。过量的 NO 对精子具有毒性作用，不仅能降低精子的活动力和活率，也会使精子的直线运动速率下降。异常升高的 NO 能抑制呼吸链反应，导致 ATP 生成减少，从而使精子的运动能力下降；另外，异常升高的 NO 与呼吸链代谢生成的超氧离子反应，生成有剧毒的过氧化硝酸根离子，损害精子结构。

（十二）染色体分析

染色体异常可影响精子运动功能。常染色体和性染色体畸变可影响精子密度、精子活率和前向运动能力。染色体数目和结构的异常均可导致生精过程的障碍。精子运动有关的超微结构装置，可以因遗传因素的影响而出现精子尾部结构异常，使精子运动能力下降。更重要的是，通过染色体分析，可以了解动物的遗传正常性，及时剔除有遗传疾病的公畜。

二、有关精子的一些生物学数据

（一）动物的性成熟与体成熟

动物的性成熟与体成熟是两个不同的概念，而且从时间上二者亦不尽相同。一般性成熟先于体成熟，体成熟者一般都性成熟。动物的初配年龄最好是在体成熟时期，这样才有利于动物的健康发育。表 2-3 是几种动物性成熟和体成熟年龄。

（二）动物的精液量和精子密度

不同动物，每次射精量及精子密度是不一致的，每周可采精的次数亦不相同（表 2-4）。

（三）动物的射精部位与射出的精子数

不同动物的射精部位与射出的精子数是不同的（表 2-5）。

表 2-3　几种动物性成熟与体成熟的年龄

动物	性成熟	体成熟	动物	性成熟	体成熟
小鼠	6～8 周	8 周	牛	12～15 个月	约 2 年
大鼠	6～8 周	8 周	水牛	16～20 个月	2～3 年
仓鼠	2～3 个月	3～4 个月	马	18～24 个月	2～3 年
家兔	约 4 个月	约 10 个月	驴	18～30 个月	2～3 年
绵羊、山羊	约 10 个月	12～15 个月	骆驼	24～36 个月	3～4 年
猪	约 8 个月	约 12 个月	水貂	5～6 个月	约 1 年

表 2-4　几种动物一次射精量和精子密度

动物	一次平均射精量（ml）（范围）	精子密度（万/ml）（范围）	动物	一次平均射精量（ml）（范围）	精子密度（万/ml）（范围）
家兔	1（0.4～6）	70（10～200）	牛	4（2～10）	100（25～200）
绵羊	1（0.7～2）	300（200～500）	水牛	3（0.5～12）	98（21～200）
山羊	1（0.5～2）	300（180～400）	马	70（30～300）	12（3～80）
猪	250（150～500）	25（10～30）	驴	50（10～80）	40（20～60）

表 2-5　不同动物的射精部位与射出的精子数

动物	射出精子数（$\times10^6$ 个）	部位	壶腹部的精子数（个）
小鼠	50	子宫	100～200
大鼠	58	子宫	500
兔	280	阴道	250～500
牛	3000	阴道	约 500
羊	1000	阴道	600～700
猪	8000	子宫	1000
人	280	阴道	200

（四）精子的泳动速度

新鲜精子具有很强的运动能力，主要表现在泳动速度上（表 2-6），但随时间推移，活力下降。

表 2-6　几种动物精子的泳动速度　　（单位：μm/s）

动物	速度	动物	速度	动物	速度
小鼠	80～90	兔	20～35	牛	120
大鼠	70	狗	45	马	90
豚鼠	60	羊	50	人	35～50

（五）精子的活动能力和受精能力的维持时间

精子的活动能力和受精能力是有区别的，一般活动能力较受精能力时间长（表 2-7、表 2-8）。

表 2-7　几种动物精子在输卵管中的活动能力和受精能力的持续时间

动物	活动能力	受精能力	动物	活动能力	受精能力
小鼠	12h	6h	羊	48h	24～48h
大鼠	18h	14h	奶牛	96h	24～48h
豚鼠	40h	20～24h	猪	60h	24～48h
兔	20h	30～50h	马	144h	144h
雪貂	—	60～120h	蝙蝠	140～156 天	138～156 天
狗	280h	约 140h	人	48～60h	24～48h

表 2-8　几种动物卵子受精能力时间　　（单位：h）

动物	时间	动物	时间	动物	时间	动物	时间
兔	6～8	小鼠	8～12	猪	约 20	马	24
豚鼠	<20	仓鼠	5～12	羊	15～24	恒河猴	<24
大鼠	12～14	雪貂	36	牛	22～24	人	<24

（六）体内获能所需时间

体内受精时，进入雌性生殖道内的精子并不能马上参与受精，必须在其中停留一段时间，这段时间即动物精子体内获能时间。在这段时间内，精子由子宫通过输卵管游动到输卵管上部的受精部位，遇到卵子，完成受精。各种动物的体内获能时间是不一致的（表 2-9）。因而，可以依据体内获能时间，决定精子体外获能所需的大致时间。但体外获能的最佳时间应通过多次实验获得。

表 2-9　几种动物精子体内获能所需时间　　（单位：h）

动物	时间	动物	时间	动物	时间
小鼠	<1	田鼠	2～4	猪	3～6
大鼠	2～3	家兔	5	猴	5～6
雪貂	3～12	绵羊	2	牛	20

第三节　精 子 获 能

哺乳动物的精子在刚进入雌性生殖道时，或从附睾取出时，并不具备受精能力，必须在雌性生殖道内经过一段时间，发生生理及形态学的变化才能获得受精能力，此即精子获能。在自然状况下，精子获能是在雌性的生殖道内进行的，从子宫开始到输卵管的壶腹部完成。获能是一个多过程的步骤，包括精子超激活运动、精子膜蛋白的变化、膜流动性的变化直到顶体反应的发生，才标志着获能的完成。精子获能所需的时间因动物的种类不同而异，但没有种的特异性。

一、精子获能原理

在获能过程中，通过一系列生理与生化过程，除去或改变精子质膜的稳定因子或保护物质，改变了精子质膜的状态。胆固醇从精子质膜中流出，提高了质膜的流动性，增加了质膜对 HCO_3^-和 Ca^{2+}的通透性，引起质膜的超极化（hyperpolarization），改变了膜蛋白的磷酸化，提高了激酶的活性。由此引起了精子 HCO_3^-浓度的提高、胞内 pH 升高和 cAMP 浓度升高（Breitbart，2002；Breitbart et al.，2006；Witte and Schäfer-Somi，2007；Ickowicz et al.，2012；Rahman et al.，2014）。

精子获能包括快速和慢速两个反应过程，这两个过程均发生在雌性生殖道中。精子离开附睾后就开始了快速反应过程，Ca^{2+}和 HCO_3^-引起了 cAMP 升高，并引起了蛋白激酶 A（protein kinase A，PKA）的激活。在精子特异性的 Ca^{2+}通道的作用下，胞外 Ca^{2+}进入胞内，在 Na^+/HCO_3^-辅助泵（协同运输蛋白）的作用下 HCO_3^-进入胞内，引起了精子质膜内外的离子差。慢速过程则使胆固醇从质膜中流出和质膜的流动性增加。精子在生殖道中游动时，生殖道中存在一些糖蛋白类物质如糖胺聚糖（glycosaminoglycan，GAG）或肝素黏多糖能使精子质膜去稳定性（destabilization），增加了质膜的流动性和通透性；精子质膜的电位、内外的电荷差、离子浓度等都发生了变化（Visconti，2009）。发生获能后，当精子遇到卵丘细胞时，可以诱发精子质膜与顶体外膜的融合和破裂，逐步释放顶体酶消化卵丘细胞和透明带，保证精子穿过透明带，与卵质膜融合并进入卵细胞质。获能促进了精子发生顶体反应、精卵识别与卵质膜融合的能力，使得精子能够顺利完成受精。

（一）获能时精子发生的变化

1. 胞内离子变化

（1）阳离子的变化

精子质膜上存在 ATP 酶介导的 Ca^{2+}泵，它是一种 Na^+/Ca^{2+}反转运子和 Ca^{2+}/H^+交换系统。在获能期间，精子的内部 Ca^{2+}含量明显增加，而精子的头部和中部的膜表面 Ca^{2+}含量降低。人的精子在获能初始的 2h 内，Ca^{2+}的浓度由 20μmol/L 增加到 250μmol/L。Mg^{2+}在精子获能以前存在于顶体中，获能后以顶体小泡的形式释放出去，获能后含量明显降低。Mg^{2+}的主要作用是控制 Na^+出/Ca^{2+}入的装置，进而抑制精子的顶体反应。Mg^{2+}作为精子的保护剂在精子受精过程中起着控制获能的作用，使精子不至于过早地获能。K^+与 Na^+作为调节精子电解质平衡的主要阳离子，在精子获能的前后也有明显的变化。K^+的内流主要是促进顶体反应，猪精子中的 K^+和 Na^+又促进了质膜上的 Ca^{2+}与蛋白质相结合。

（2）阴离子的变化

关于阴离子对精子获能的作用研究较少，在精子膜上可能存在 HCO_3^-转运通道和跨膜蛋白，在获能过程中 HCO_3^-浓度上升而使 pH 升高，调节精子内的 cAMP 代谢，激活腺苷酸环化酶。而 Cl^-表现为内流，可能与 pH 的升高有关。

在除去精子表面的精浆蛋白类物质后，激活了精子，出现 Ca^{2+}、Mg^{2+}、HCO_3^-和 Cl^-的内流，而 Na^+、K^+外流，使精子内部的 pH 升高，增加了腺苷酸环化酶的活性，促进精子内部的蛋白质磷酸化，使精子获能。

2. 精子质膜变化

精子获能时质膜会发生很多变化，这些变化涉及精子质膜去获能因子的去除、膜组分的重新分布、质膜成分的改变、外周糖蛋白的迁移、内部糖蛋白的重排、受体暴露、钙通道激活、cAMP 产生和蛋白质酪氨酸磷酸化等。用磷酸化特异性抗体证明，小鼠精子获能与蛋白质酪氨酸磷酸化有时间依赖关系。酪氨酸磷酸化与精子获能是通过 cAMP/PKA 途径进行调节的。

3. 超激活运动

超激活运动（hyperactivated motility，HAM）是精子获能后出现的一种特殊的生理性的运动形式。根据精子运动的轨迹，可以将 HAM 分为两类：①精子以直线运动方式向前急剧运动，头部侧摆振幅和频率明显增加，尾部振幅加大、频率加快转变为有力的鞭打式运动（whiplash motility），并伴随飘忽不定的“8”字形运动（图 2-2A）；②非向前运动，如“迪斯科舞蹈”样运动，并穿插着直线性剧烈冲击运动，此时精子头部极易黏附在卵子表面，而尾部呈现鞭打运动或快速的旋转运动（图 2-2B）。

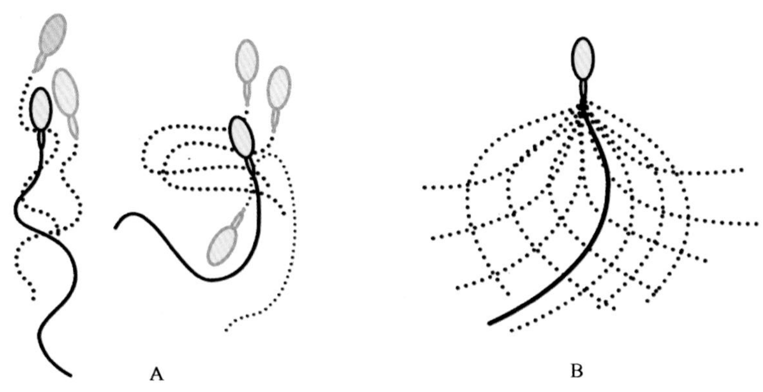

图 2-2　精子获能后的超激活运动

A. 精子的向前急剧运动，尾部呈“8”字形运动；B. 非向前运动

超激活运动有利于精子克服阻力向卵子靠近并完成精卵结合。超激活运动机制有两种假说：一是认为精子在获能末期，精子尾部表面包裹物发生改变或丧失或激活受体，激活 G 蛋白信号通路，继而激活 Ca^{2+}通道，使 Ca^{2+}内流；然后激活腺苷酸环化酶，促使 cAMP 水平升高，增高的 cAMP 刺激 PKA，继而激活酪氨酸激酶；后者使蛋白质酪氨酸磷酸化，使鞭毛轴丝滑动和弯曲。二是认为超激活运动的诱导不依赖于 cAMP/PKA 传导途径，而是由 Ca^{2+}信号传导途径所介导。

（二）蛋白激酶途径引起的精子获能机制

在精子获能过程中，蛋白激酶起了重要作用。在获能起始时，Na^+/HCO_3^-协同转运蛋白和精子特异性 Ca^{2+}通道 CatSper 的激活，引起了胞内 HCO_3^-和 Ca^{2+}的快速升高，进而引起 sAC/PKA 通路的激活。胆固醇在质膜中的流动又加强了质膜的对 HCO_3^-的通透性，胞内 HCO_3^-继续升高，进一步激活了可溶性腺苷酸环化酶（soluble adenylyl cyclase，sAC）与 cAMP，使 PKA 活性持续提高。PKA 的激活引起了 Src 介导的凝溶胶蛋白的磷酸化（Src-mediated gelsolin phosphorylation），使 PIP2-凝溶胶蛋白保持无活性的结合状态，使肌动蛋白处于聚合的稳定状态。在获能起始时，蛋白激酶 Cα（PKCα）处于活化状态，并使蛋白磷酸酶 1γ2（PP1γ2）处于激活的磷酸化状态。PP1γ2 导致磷脂酰肌醇 3-激酶（phosphatidyl-inositol-3-kinase，PI3K）去磷酸化并抑制其活性。在这一阶段，PIP_2 水平升高，引起了磷脂酶 D（phospholipase D，PLD）激活，PLD 产生磷脂酸（phosphatidic acid，PA），促使肌动蛋白聚合（图 2-3A）。

在精子进入获能阶段后，PKA 作用于蛋白酶体（proteasome），激活了 PKCα 和 PP1γ2 的降解；PKA 又作用于 PI3K，使其发生磷酸化并使其激活。胞内 Ca^{2+}浓度持续升高，使表皮生长因子受体（EGFR）被部分激活，又进一步激活了 PI3K。在这一阶段，凝溶胶蛋白仍然与 PIP_2 结合在一起，呈无活性状态，保持肌动蛋白处于聚合状态（图 2-3B）。

在精子发生顶体反应（acrosome reaction，AR）时，精子与卵透明带的结合刺激了胞内 Ca^{2+}水平的提高，EGFR 被激活，引起了 PLCγ 和 PI3K 的激活。PKA 的激活也能使 PI3K 发生磷酸化作用。PLCγ 使 PIP_2 发生水解形成甘油二酯（DAG）和 IP_3。DAG 激活 PKC，IP_3 激活 Ca^{2+}从顶体外流。PIP_2 活性的降低引起凝溶胶蛋白的解离，在酪氨酸磷酸酶的作用下，凝溶胶蛋白发生去磷酸化并被激活，激活的凝溶胶蛋白促使肌动蛋白由聚合状态变为解聚状态，随之发生顶体反应（图 2-3C）。

（三）精子获能的抑制剂

精子获能是一个可逆过程，即获能精子一旦与精浆和附睾液接触，又可以去获能。1957 年，张民觉提出了“去获能因子”（decapacitation factor，DF）的概念。DF 由雄性生殖道内不同部位分泌，对精子功能具有抑制作用。

1. 精胺

精胺是由鸟氨酸经过一系列代谢过程产生的，由于最初发现于人的精浆，故称为精胺，存在于所有哺乳动物组织和体液中，在人精浆中浓度高达 2～15mmol/L。有关精胺对哺乳动物精子活力、代谢和受精作用的报道差异较大。有研究认为，精胺抑制仓鼠、豚鼠、人精子体外获能，并且导致受精率下降；但也有人认为，精胺能提高小鼠体外受精率并且可缩短受精时间。精胺对精子获能的作用是可逆的，这种抑制作用可以被咖啡因、双丁酰 cAMP、钙离子载体 A23187、胰蛋白酶等物质所拮抗。

2. 棉酚

棉酚通过抑制睾丸精子发生和干扰精子在附睾内成熟达到抗生育作用。棉酚在体外可以明显抑制家兔、仓鼠精子顶体酶的活力。

二、精子获能处理

精子获能处理主要包括两个步骤：一是精子的洗涤，洗除因冷冻引起的杂物，洗除精浆物质；二是精子的体外获能处理。

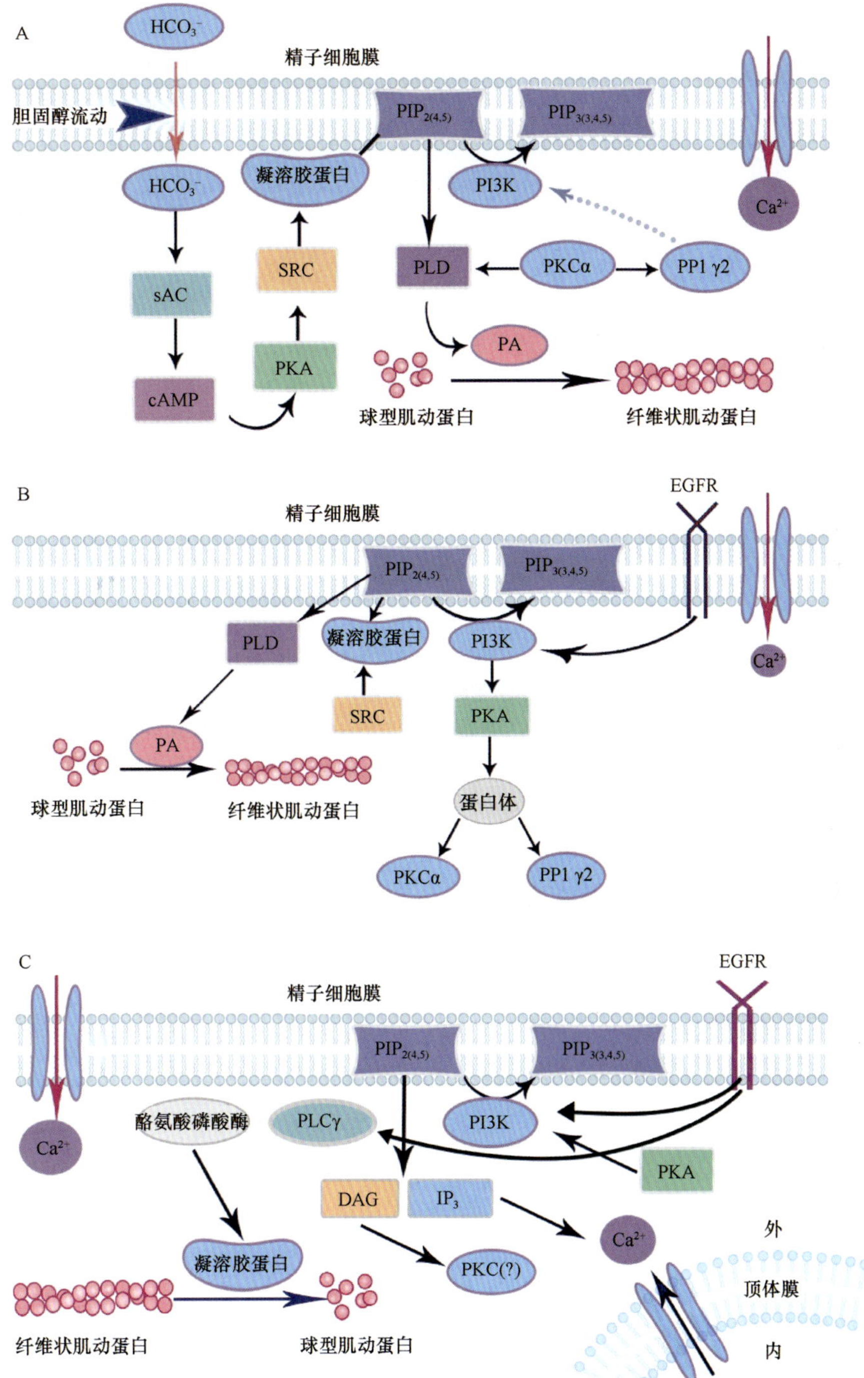

图 2-3　精子获能机制

cAMP：环磷酸腺苷；DAG：diacylglycerol，甘油二酯；EGFR：epidermal growth factor receptor，表皮生长因子受体；PA：phosphatidic acid，磷脂酸；PI3K：phosphatidyl-inositol-3-kinase，磷脂酰肌醇 3-激酶；PKA：protein kinase A，蛋白激酶 A；PKC：protein kinase C，蛋白激酶 C；PLC：phospholipase C，磷脂酶 C；PLD：phospholipase D，磷脂酶 D；sAC：soluble adenylyl cyclase，可溶性腺苷酸环化酶；SRC：Src 激酶

（一）精子的洗涤

精子在成熟过程中，表面被覆了多种蛋白质类和多胺类物质，这些物质的存在对获能具有抑制作用。雌性生殖管道内的肝素，可加速精胺从精子表面的清除。在体内获能时，精子在雌性生殖道中的运动，子宫颈黏液、输卵管液及输卵管上皮细胞等都有助于清除精子表面的抑制因子。因而，在体外精子获能时，应尽量洗除精浆物质。对于冷冻精液，还要洗除死精、弱精、冷冻保护剂等，选出高质量、高活力的精子。由于精子洗涤离心容易对精子造成损伤，因此应该使用最小离心力，最短离心时间来筛选出有活力的精子。

1. 精子洗涤液

不同动物的精子所用的洗涤液有所不同，绵羊用 BO、SOF 液，牛用 BO、TALP、TL 液，山羊用 BO 液，猪用 TCM199 液。

2. 精子洗涤方法

（1）悬浮法

该方法是根据精子运动浮游的特性而将高活力的精子与死的精子和其他精浆成分分开。将精液置于含有 1～1.5ml 获能液或受精液的试管底部，在培养箱中孵育 10～30min 后，吸取上层液体，离心洗涤 1～2 次即可获得高活力的洁净精子。悬浮法是筛选高活力精子最有效的一种方法，适用于精子活力较差的精液，但精子的可利用率不高。

（2）玻璃棉过滤法

用玻璃棉（glasswool）滤除已稀释牛精液中的死精子，3min 就可完成精子的分离，其效果要好于悬浮法。

（3）Percoll 密度梯度离心法

经平衡离心后，形态正常的活精子将聚集在高密度的 Percoll 区，从而分离得到活力高的精子。在牛、羊体外受精中，一般用获能液或受精液将 Percoll 配制成 45%和 90%两个梯度，平衡离心 20min（500*g*）进行精子分离。由于 Percoll 分离精子收集率和可利用率高，因此在体外受精研究和应用中得到广泛使用。

（4）直接离心洗涤法

对于精子活力较好的精液可采取直接离心洗涤法。该法优点是简单、精子利用率高，缺点是对精子没有分选作用，不宜用于精子活力差的精液。

（二）精子的体外获能处理

1. 精子获能方法

体外受精所采用的精子获能方法大致有如下两种。

（1）同种或异种动物子宫和输卵管

动物的输卵管或子宫，特别是处于发情期动物的输卵管或子宫，是精子获能最适宜的场所。一般是结扎一端，自另一端注入同种或异种动物的精子，结扎后孵育一段时间。然后自管道中冲出精子，冲得的精子就已获能，经离心处理后可用于体外受精。

（2）人工获能液

这是普遍使用的精子获能方法。获能液一般有两类：一类是简单的平衡盐溶液，如Tyrode 液、KRB 液、Whitten 氏液、T6 液等；另一类为复合培养液，如 Ham's-F10、Ham's-F12、TCM199 等，根据不同动物补加不同物质。

2. 人工获能液的组成

在精子获能处理时，常在获能液中加入肝素、A23187、咖啡因、脂类、肾上腺素类、cAMP、鞘磷脂酶等物质，这些物质都能不同程度地使精子质膜发生一些变化，对精子获能都有一定的意义。常用的获能诱导剂是肝素、A23187 和咖啡因。

（1）肝素

在研究牛精子获能时发现，刚排出的精子表面结合有若干牛精浆蛋白（bovine seminal plasma protein，BSP）。经获能处理后，肝素与 BSP、胆固醇和磷脂结合，一同离开精子质膜；获能液中其他胆固醇受体类物质也会吸走一些精子质膜胆固醇，由此改变质膜的性质。肝素的结合引起了 H^+外流和 HCO_3^-内流，进而提高了胞内的 pH。升高的 HCO_3^-和 pH 激活了精子可溶性腺苷酸环化酶（sAC）。产生的 cAMP 激活了蛋白激酶 A，又进一步激活了蛋白质酪氨酸激酶（protein tyrosine kinase，PTK），并抑制了蛋白质酪氨酸磷酸酶（protein tyrosine phosphatase，Ptyr-Ptase），促进了酪氨酸磷酸化。升高的 Ca^{2+}进一步刺激了 sAC、抑制了 Ptyr-Ptase，使酪氨酸磷酸化效应放大，也由此激起了获能精子发生顶体反应（图 2-4）。肝素的作用与浓度相关，随浓度和作用时间延长，获能效果提高。

（2）钙离子载体 A23187

A23187 与 Ca^{2+}形成复合物，能有效地诱导各种哺乳动物精子的顶体反应。由于 A23187 对精子作用强烈，时间过长、浓度过高等均会使精子致死。因而，在处理不同动物精子时，对其浓度、时间及获能液中的 Ca^{2+}浓度等方面都要进行预实验。

（3）咖啡因

咖啡因可以提高精子的运动能力和受精能力。咖啡因的作用机理可能是抑制磷酸二酯酶的活性，引起精子内 cAMP 升高，从而刺激精子活力并有利于顶体反应。目前多采用肝素或 A23187 与咖啡因联合使用，可以显著提高精子的获能效果。

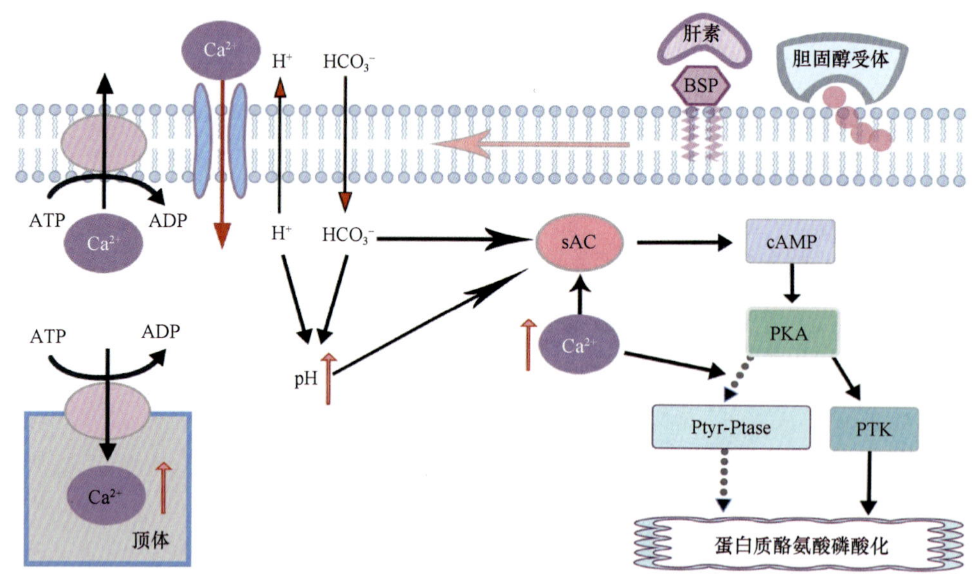

图 2-4　肝素介导的精子获能作用机制

（4）蛋白质类

牛血清白蛋白（BSA）和人血清白蛋白（HSA）均支持精子获能，对受精有利。白蛋白的主要功能是置换精子质膜中的胆固醇，改变精子顶体质膜中胆固醇/磷脂的比率，降低精子质膜的稳定性，改变精子顶体膜的通透性，促使 Ca^{2+}的内流，从而提高精子活力、促进精子获能和顶体反应。在缺乏 BSA 的体外获能液中，仓鼠精子不能发生顶体反应，不能穿过透明带。在实际操作中，BSA 作为辅助成分被广泛地应用于牛、猪、绵羊、山羊等家畜的体外获能。

尽管在牛的体外受精中，很少使用血清诱导精子体外获能，但在山羊和绵羊的受精液中添加发情羊血清，能促进山羊和绵羊的精子获能。发情羊血清能促进精子质膜中胆固醇的外流，有利于精子获能。目前，在绵羊和山羊体外受精方面，在受精液中添加发情羊血清进行体外受精，已经是一个可靠的方法。

（5）激素类

孕酮和 17β-羟孕酮可促使环境 Ca^{2+}快速流入细胞内，胞内 Ca^{2+}升高促进获能。FSH、LH 与 PMSG 等对精子获能都有促进作用。

（6）离子因素

Ca^{2+}：精子运动、获能与顶体反应均依赖于 Ca^{2+}的作用，维持胞内较高浓度的 Ca^{2+}已被证明是精子获能与发生顶体反应的必要条件。A23187 与肝素的作用均是通过 Ca^{2+}实现的。

K^+：精子质膜上存在 Na^+/K^+ ATP 酶，将环境中的 K^+转入细胞内而泵出胞内的 Na^+。在获能和顶体反应中，K^+起作用，但有种属差异。大鼠、金黄仓鼠的顶体反应依赖于 K^+的存在，提高获能液中的 K^+浓度，可加速并提高顶体反应发生。但豚鼠精子却不需

要 K^+参与，高浓度的 K^+延缓精子获能，豚鼠精子获能可能是一个需 Na^+的过程。

Na^+：Na^+对精子获能是必不可少的。小鼠精子获能过程需要<25mmol 的环境 Na^+，要使已经获能的精子发生顶体反应，则需>125mmol 的 Na^+。Na^+与其他离子协同作用，如 Na^+/Ca^{2+}交换、Na^+-K^+-ATP 酶、Na^+/H^+交换，可促进精子获能。

三、提高精子活力的措施

（一）PHE

PHE 是青霉胺（penicillamine）、亚牛磺酸（hypotaurine）和肾上腺素（epinephrine）的混合物。其中，亚牛磺酸是哺乳动物的一种必需氨基酸，肾上腺素是具有广泛生理活性的物质。在 IVF 培养液中添加 PHE，可以降低过氧化作用导致的对精子的损伤，使精子的存活时间明显延长，显著提高精子活力和穿卵率。

在 TALP 液中，青霉胺、亚牛磺酸及肾上腺素的添加量分别为 20μmol/L、10μmol/L 和 1μmol/L。PHE 的配制和储存很关键。在混合物中，亚牛磺酸比较稳定，但肾上腺素可氧化为细胞毒性物质，该过程在光照、氧化剂和碱性 pH 环境下加剧。青霉胺是一种含巯基的氨基酸，能断裂二硫键，分解巨球蛋白和类风湿因子，具有一定的毒性作用。所以，PHE 一般应在精卵作用开始时再加入培养基中。

（二）谷胱甘肽

谷胱甘肽（glutathione，GSH）是由谷氨酸、半胱氨酸和甘氨酸结合而成的含 γ-酰胺键和巯基的三肽化合物（γ-谷氨酰-L-半胱氨酰-L-甘氨酸）（γ-glutamyl-L-cysteinyl-L-glycine）。GSH 分子特点是具有活性巯基（—SH），是最重要的功能集团，能激活多种酶如巯基酶-辅酶等，促进糖类、脂肪和蛋白质代谢。通过巯基与自由基结合，可直接使自由基还原成酸性物质，加速自由基的清除。GSH 通过拮抗对精子生存十分不利的过氧化作用，提高精子活力和受精率。

（三）其他

当精液解冻后，如精子的活力表现不强，可以添加透明质酸（1g/L）提高 IVF 效果。在牛受精液中添加 100μg/L 或 10μg/L 浓度的血小板激活因子可提高精子活力、受精卵的囊胚发育率和孵化率。磷酸二酯酶抑制剂己酮可可碱（pentoxifylline）和茶碱（theophylline）也可在适当浓度范围内（己酮可可碱：0.25～0.50mmol/L；茶碱：5～10mmol/L）显著提高精子活力。

四、精子获能的检测

在研究过程中，人们开发出多种用于分析精子获能的技术方法，常用的有精子超激活图像分析技术、金霉素（chlortetracycline，CTC）荧光技术、精子穿卵实验、抗精子抗体免疫荧光术等。其中超激活图像分析技术和 CTC 技术较为成熟。

（一）精子超激活运动

超激活图像分析技术是对图像有关参数和数据做定量分析，判断获能情况，预测受精能力。在获能过程中，精子的物质和能量代谢及运动方式等均发生了深刻变化。在获能液中培养 30min 内，精子以头对头的方式发生聚集；2～3h 后，凝集精子分开，呈现很强的游动力，尾部呈强有力的拍打运动等超激活现象；超激活几乎与顶体反应同时发生。借助拍摄的实时图像数据对这些过程进行分析，可以对精子获能做出基本判断。

（二）CTC 技术

CTC 技术是利用金霉素与 Ca^{2+}的结合能力，分析精子发生顶体反应的能力。CTC 可以与其他荧光染料如 Hoechst 33258 或碘化丙啶（propidium iodide，PI）共同使用，检测精子的获能与顶体反应情况和精子的死亡情况。

下面简要介绍金霉素与 PI 联合染色检测精子技术。

1. 液体

1）PI（避光，–20℃保存）：贮存液为 0.1mg/μl，取 1μl 贮存液，用杜氏磷酸盐缓冲液（Dulbecco’s PBS，DPBS）稀释 1000 倍，使其终浓度为 100μg/ml。

2）3%聚乙烯吡咯烷酮 40（PVP40）溶液：在 100ml DPBS 中加入 3.0g PVP（4℃保存）。

3）Tris-HCl（0.5mol/L）：称取 Tris-碱 15.2g，加入 200ml 蒸馏水。然后用浓盐酸调节 pH=7.4，再加入 NaCl 43.8g，最后定容至 250ml。

4）12.5%多聚甲醛（PFA）：Tris-HCL（0.5mol/L，pH=4）中溶解 PFA（4℃保存，现用现配，当天使用）。

5）CTC 缓冲液：为 Tris 0.02mol/L，NaCl 0.13mol/L，pH=7.8。

6）CTC 染色液：向 5ml CTC 缓冲液中加入 1.9mg CTC 与 3.3mg/L-半胱氨酸（现用现配，4℃避光保存，用前预热至室温）。

2. 操作步骤

在 1000μl 经过获能处理的精子悬浮液中，加入 10μl 的 PI（100μg/ml），轻轻混匀后在室温暗处放置约 3min；然后加入装有 4ml 含有 3% PVP 的 DPBS 的 15ml 离心管中，离心（1400g，5min）后，去上清；将精子沉淀重新悬浮于 45μl Tris-HCl（0.5mol/L）中混匀，从中取出 45μl 立即加入含有 45μl CTC 液体的 1.5ml 离心管中；加入 8μl 含有 12.5%（*w*/*V*）多聚甲醛的 Tris-HCl（0.5mol/L，pH=7.4）并混匀；吸取 10μl 固定的精子悬浮液滴到玻片上，立即盖上盖玻片，用指甲油封片，尽快观察。

3. 精子获能及顶体状况

通过 CTC 染色，可观察到 3 种不同的精子状态：获能且顶体完整的，有黄绿色荧光呈现在精子顶体区和赤道段，而顶体后区的荧光显著减弱甚至消失，出现一个明显的暗区（图 2-5A）；已发生顶体反应的精子，黄绿色荧光呈现在其顶体后区，而顶体区无荧光（图 2-5B、C）；未获能且顶体完整的，有黄绿色荧光呈现在精子的头部（图 2-5D）。

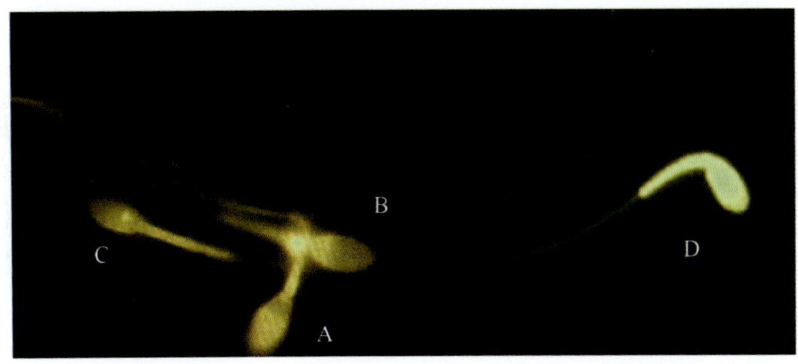

图 2-5 CTC 荧光技术染色后的马精子的形态

A. 获能精子；B、C. 发生顶体反应的精子；D. 未获能精子

4. 死/活精子的判断和分离

用 SYBR-14 和 PI 荧光染色剂处理精子，用流式细胞分析仪可将死/活精子进行计数和分离，从而推算精子活率（Christensen et al.，2004），并可在荧光显微镜下进行死/活精子观察（Penfold，1997）。图 2-6 和图 2-7 分别是牛和家兔经 SYBR-14 和 PI 荧光染色后镜检图像（Liu et al.，2004）。

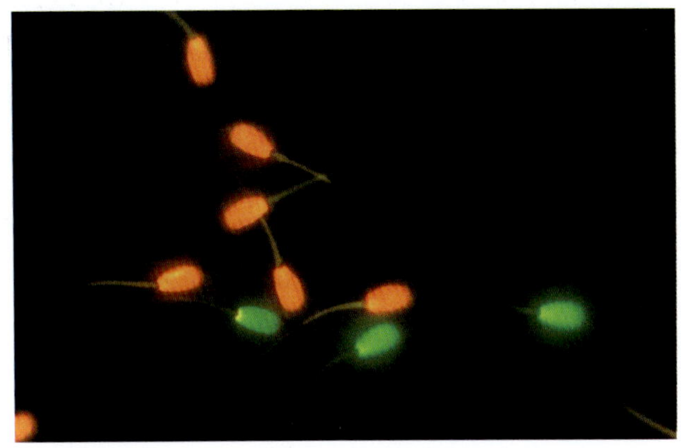

图 2-6 牛精子的 PI-SYBR-14 荧光分析

活精子与膜完整的精子经细胞浸透性核酸染色剂 SYBR-14 染色发出绿色荧光，死精子被 PI 染色发出橙色荧光

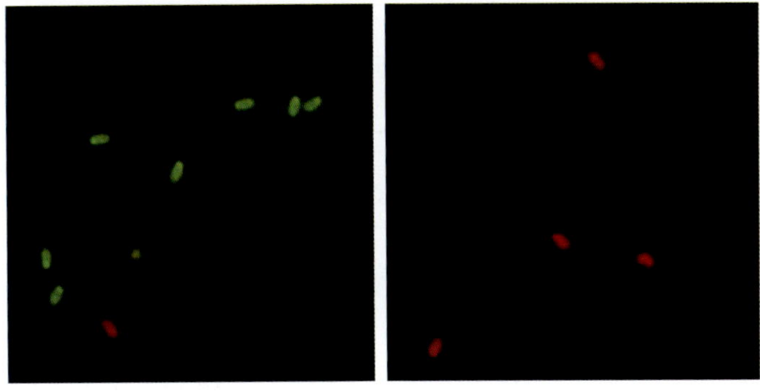

图 2-7 兔精子 PI-SYBR-14 荧光分析

由 PI 染成红色者为死精子，由 SYBR-14 染成绿色者为活精子

（三）精子穿卵实验

一般使用脱除透明带的卵母细胞为穿卵对象，对其他动物精子的获能情况进行评价。

1. 精子筛选

采用“上游法”或 Percoll 密度梯度离心法除去精液中的获能抑制物质，筛选出活力强的精子。

2. 获能处理

将试管倾斜 30°～45°，在 5% CO_2、95%空气的培养箱中，37℃培养 6～7h，使精子充分获能。在相差显微镜下可见部分精子运动类型发生改变，1/3 精子呈超激活状态。然后把精液稀释成 1×10^6～6×10^6 个/ml，并以此精液在培养皿中制作数个 50μl 的受精液滴。

3. 仓鼠卵的准备

取 6～8 周龄雌性仓鼠，在发情期第一天注射 PMSG 30IU/只，48～56h 后注射 hCG 30IU/只。在注射 hCG 后 16h，从输卵管壶腹部收集卵母细胞。

4. 精子穿卵

用 0.1%的透明质酸酶消化去除卵丘细胞，再用 0.05%的胰蛋白酶消化去除透明带，用新鲜培养液彻底清洗，以消除蛋白酶的进一步影响。

将 15～20 个无透明带的卵母细胞加入已制作好的受精液滴中，置入培养箱中继续培养。

5. 受精判断

在精卵作用约 2h 后，把卵母细胞吸出并用培养液清洗，洗去表面附着的精子。然后把卵母细胞移到载玻片上，在样本的四角点上凡士林（凡士林：石蜡油=1：9），用盖玻片压住。在相差显微镜下观察有无膨大的精子头、尾或雄性原核形成，作为精子穿入卵内的标志。

五、影响精子体外获能的因素

（一）精子质量

精子质量主要是由动物个体决定，来自不同个体的精子不仅影响受精率，对受精后的胚胎发育率和胚胎质量也有影响（Aoyagi et al.，1988；Bailey，2001）。因此，在选种公畜时，要先对公畜个体的受精能力进行体外受精测试。受精能力差异与采精的季节无关。

（二）不同部位的精子

来自不同部位的精子，其获能的难易程度不同，体外受精的效果也不一样。来自附睾的精子，由于没有附着副性腺分泌物中的去获能因子，因而较易获能，体外受精效果也好（Leahy and Gadella，2011）。而来自附睾头、体、尾的精子的受精效果也有差别，以附睾尾部的精子为最好。

冷冻精液较新鲜精液容易获能，因为在冷冻—解冻过程中，可能去掉精子的被膜蛋白，使精子质膜的稳定性下降，表现出类似获能的状态，所以冷冻保存的精子解冻后适合做体外受精。

（三）pH 和渗透压

受精液的 pH 和渗透压值，以及保持二者的稳定，对体外受精都有很大影响。精子获能的最适 pH 为 7.4～8.0；最适宜的渗透压为 280～290mOsm。为维持受精液渗透压的稳定，培养箱底部应加有足量水，以保持培养箱的饱和湿度。

（四）离子因素

碳酸氢盐（HCO_3^-/CO_2）是哺乳动物体外受精培养液中的普遍成分。HCO_3^-是细胞内主要的缓冲离子，能调节精子内 pH 的变化；HCO_3^-在改变精子质膜结构和活性过程中起重要作用；在精子获能过程中，增加 HCO_3^-可以引起精子质膜表面的碱化作用，碱化作用受阻时不能使精子获能。在缺少碳酸氢盐的培养基中，小鼠精子获能虽然可以进行，但精子的超激活运动受到抑制，也不能发生顶体反应，导致精子不能受精。因而，HCO_3^-主要通过刺激精子活力和体外获能，继而影响顶体反应和精子的受精能力（McNutt and Killian，1991；Manjunath and Therien，2002）。

（五）葡萄糖

葡萄糖作为外源性能量底物，在精子体外获能时是否是必需成分一直存在争议。葡萄糖的代谢作用有两条途径：糖酵解途径，产生 ATP；磷酸戊糖途径，产生还原型烟酰胺腺嘌呤二核苷酸磷酸（NADPH）。有人提出，磷酸戊糖途径产生的能量主要供给精子头部和尾部中段，而尾部末端能量则由糖酵解产生的能量来供给。

（六）孕酮

孕酮不但能调节雌性动物生殖生理状态，它还对精子获能产生一定的影响。在人的精子质膜上，孕酮受体的分子质量在 50～52kDa，孕酮通过顶体膜上的孕酮受体发挥作用。但孕酮的主要作用是诱使精子获能还是诱使顶体反应，不同的研究者得到的结论不一。

六、体外诱导顶体反应

获能与顶体反应是两个不同的精子反应事件。精子获能是发生顶体反应的前提，只有获能的精子才能发生顶体反应，顶体反应标志着获能的完成。在进行获能处理时，有一部分精子会发生顶体反应。但对于体外受精而言，已经发生顶体反应的精子是无法完成入卵过程的。因为顶体酶的提前释放，使精子在遇到卵丘细胞时没有顶体酶可以释放，就不能溶解卵丘细胞间的透明质酸类物质，精子无法前行。因而，在进行获能处理时，要把握住精子获能的“度”，既保证精子确已发生获能，又使绝大多数精子并未发生顶体反应。所以，在进行体外受精操作时，使用顶体反应作为精子完成获能的指标是不合适的。

（一）体外诱导顶体反应的方法

体外诱导顶体反应的方法主要有三种：①孕酮（progesterone）诱导的顶体反应；②钙离子载体 A23187 诱导的顶体反应；③透明带糖蛋白（zona pellucid glycoprotein）诱导的顶体反应。透明带糖蛋白和孕酮与精子质膜表面相应的受体结合，通过跨膜信号的传导作用，激活钙离子通道，进而引起精子的顶体反应。A23187 的作用机制是通过被动运输，协助钙离子进入精子，精子质膜内钙离子浓度增加，促使顶体反应的发生。

（二）顶体反应的检测方法

1. 电镜检测法

透射电镜检测法可以观察到精子发生顶体反应的细微情况，观察到顶体内外膜与质膜的变化情况及顶体酶反应情况，是检测顶体反应可信度的最强手段；扫描电镜可以大视野地观察顶体反应前后精子表面的变化，但并不足以检查膜的精细结构。在实际操作中，由于电镜技术复杂、费用较高，而且需要丰富的经验去分析相关信息，因而并不常用。

2. 顶体染色法

用于顶体染色的技术有多种，如三色法、顶体酶释放测定法、植物凝集素荧光标记法、CTC 染色法、考马斯亮蓝法等。下面介绍其中的 3 种方法。

（1）三色法

用 3 种染色剂台盼蓝、俾士麦棕和玫瑰红对精子进行染色，于普通光镜下进行观察。核后帽区淡棕色，为活精子；顶体无色，为失去顶体的精子；顶体区粉红色，为顶体未丢失精子；核后帽区米黄色，顶体无色，为已发生了顶体反应的精子；蓝色，为死亡精子。

（2）CTC 染色法

CTC 染色技术前面已做过介绍。还可以用 CTC 与活性荧光染料 Hoechst 33258 对活精子进行双色染色，用于观察精子整个体外获能和顶体反应过程中顶体的变化。

（3）植物凝集素荧光标记法

异硫氰酸荧光素（fluorescein isothiocyanate，FITC）标记的外源植物凝集素染色如 FITC-PSA（豌豆凝集素）、FITC-PNA（花生凝集素）是目前较为常用的检测精子顶体状态的方法。用 FITC-PSA 标记后，顶体完整的精子，其整个头部的顶体帽区表现为明亮的荧光，而发生顶体反应的精子则没有荧光标记。在荧光显微镜下可以清楚地观察到顶体状态。

第四节 实验动物的体外受精操作

本节以小鼠、大鼠和兔为例，介绍实验动物体外受精的具体操作过程（严云勤等，1995；陈大元，2000）。

一、小鼠的体外受精操作

（一）溶液配制

1. PMSG 的配制

PMSG 干粉（1000IU）溶于 100ml、0.9%无菌生理盐水中。充分溶解后分装于 1ml Eppendorf 管中，–20℃保存备用。

2. hCG 的配制

将 hCG 干粉（500IU）溶于 50ml、0.9%无菌生理盐水中。充分溶解后分装于 1ml Eppendorf 管中，–20℃保存备用。

3. 双抗贮存液的配制

青霉素、链霉素用 PBS 稀释，配成 10 000IU/ml 分装于 1ml Eppendorf 管中，–20℃保存备用。用时按 100IU/ml 添加。

4. mPBS、KSOM 的配制

小鼠胚胎培养液（KSOM）的配制方法见表 2-10，胚胎冲洗液 mPBS 是在 PBS 液基础上改进后配制而成的。配制好的溶液 4℃下保存，两周内使用，用前添加 BSA 或血清，以 0.22μm 微孔滤膜过滤。

表 2-10 KSOM 系列液体的配制

成分	相对分子质量	培养液（mg/L）			
		$KSOM_{NBS}$	$KSOM_{FBS}$	$KSOM_{BSA}$	mPBS
NaCl	58.45	5592.70	5592.70	5592.70	800.00
KCl	74.55	185.13	185.13	185.13	200.00
KH_2PO_4	136.09	47.63	47.63	47.63	200.00
$MgCl_2 \cdot 6H_2O$	203.30	—	—	—	100.00
$NaHCO_3$	84.01	2100.25	2100.25	2100.25	—
$MgSO_4 \cdot 7H_2O$	246.47	49.30	49.30	49.30	—
$CaCl_2$	110.99	186.90	186.90	186.90	100.00
60%乳酸钠	112.10	1970.00	1970.00	1970.00	—
丙酮酸钠	110.00	22.01	22.01	22.01	36.00
葡萄糖	180.16	36.03	36.03	36.03	1000.00
乙二胺四乙酸（EDTA）（二钠盐）	336.21	3.36	3.36	3.36	—

续表

成分	相对分子质量	培养液（mg/L）			
		$KSOM_{NBS}$	$KSOM_{FBS}$	$KSOM_{BSA}$	mPBS
NBS	—	10%（*V/V*）	—	—	—
BSA	—	—	—	4000	—
FBS	—	—	10%（*V/V*）	—	—
青霉素	—	60.00	60.00	60.00	70.00
链霉素	—	50.00	50.00	50.00	50.00
酚红	—	10.00	10.00	10.00	—

5. 无钙镁 PBS 溶液的配制

KCl（0.02g）、KH_2PO_4（0.02g）、NaCl（0.8g）、$Na_2HPO_4 \cdot 12H_2O$（0.288g）溶于 100ml 三蒸水中，调 pH 为 7.0～7.2，高压灭菌。用前按 100IU/ml 添加双抗，以 0.22μm 微孔滤膜过滤，4℃保存备用。

6. 0.3%的透明质酸酶液的配制

透明质酸酶 30mg、BSA 0.001g，用 100ml 四蒸水定容。调节 pH 至 7.0～7.4，0.22μm 过滤、分装，–20℃保存。

7. Hoechst 33342 贮存液的配制

取 0.045g 的 Hoechst 33342 溶于 10ml 的二甲基亚砜（DMSO）中，分装后 4℃避光保存备用。

8. Hoechst 33342 工作液的配制

分别取 2.5ml 甘油和 15μl Hoechst 33342 贮存液，与 7.5ml 的 PBS 混匀并过滤、分装，4℃备用。工作液要在使用前配制，尽量缩短存放时间。

9. 精子获能液

T6、Whittingham、HTF、FHM 液等均可作为小鼠精子获能液，配制方法见表 2-11。

表 2-11 T6、Whittingham、HTF 和 FHM 液体的组成成分

成分	相对分子质量	培养液（mg/L）			
		T6	HTF	FHM	Whittingham
NaCl	58.45	5719.00	5937.50	5550.00	5803.00
KCl	74.55	106.00	349.60	186.00	201.00
KH_2PO_4	136.09	—	50.40	47.60	—
$MgCl_2 \cdot 6H_2O$	203.30	96	—	—	102.00
$Na_2HPO_4 \cdot 12H_2O$	—	129	—	—	—
$NaHCO_3$	84.01	2101.00	2100.00	336.00	2106.00
$MgSO_4 \cdot 7H_2O$	246.47	293.00	49.30	49.30	—

续表

成分	相对分子质量	培养液（mg/L）			
		T6	HTF	FHM	Whittingham
$CaCl_2·2H_2O$	146.99	262.00	300.00	251.00	264.00
60%乳酸钠	112.10	2791mg	3.42ml/L	1.42ml/L	3.5ml/L
丙酮酸钠	110.00	52.00	36. 50	22.00	55.00
葡萄糖	180.16	1000.00	500.00	36.00	1000.00
EDTA（二钠盐）	336.21	—	—	3.80	—
HEPES	260.30	—	—	—	4760.00
BSA	—	4000	4000	4000	1000
谷氨酰胺	146.15	—	—	146.00	—
青霉素	—	60.00	75.00	75.00	63.00
链霉素	—	50.00	50.00	50.00	50.00

（二）小鼠品系选择与超数排卵

1. 小鼠品系与排卵

根据性成熟小鼠对 PMSG 和 hCG 的应答能力，对一些近交系及 F_1 代杂交系进行归纳。高排卵小鼠，每只每次可排 40～60 枚卵子；低排卵型小鼠，每只每次可以排 15 枚左右卵子（表 2-12）。

表 2-12 不同品系雌性小鼠的排卵调查

高排卵型	低排卵型	高排卵型	低排卵型
C57BL/6J	A/J	C57BL/6J × CBA/DBA/2JF1	FBV
BALB/cByJ	C3H/HeJ	CBA/CaJ	129/ReJ
BALB/cByJ × C57BL/6JF1	C57/L	SJL/J	DBA/2J
C57BL/6J × CBA/CaJF1	BALB/CJ	C58J	
C57BL/6J × DBA/2JF1	BALA/6J × A/JF1	129/SvJ	

2. 雌鼠发情周期观察鉴定

1）发情前期：阴道口处皱褶轻微红肿、阴道口紧闭，内壁为粉红色；

2）发情期：阴道口处皱褶明显红肿、阴道口微张，内壁深粉红色，湿润；

3）发情后期：阴道口处皱褶红肿、阴道口紧闭，有大量的分泌物，内壁粉红色；

4）发情间期：阴道口紧闭，内壁粉红色。

3. 小鼠的年龄及体重

雌性小鼠必须达到性成熟期，达到性成熟的标准就是生殖器官发育完全，出现第二性征。雌鼠性成熟的标志是：阴道口张开，出现求偶期，有交配欲望。其中，阴道开口和卵巢机能相一致，阴道开口是雌鼠性成熟的主要标志。小鼠的性成熟日龄因品系和饲养管理条件不同而有所差异，一般为 35～50 日龄，体重在 25g 左右。

4. 超排处理

用于超排的母鼠，一般选择 6～8 周龄、体重在 25～35g 的健康小鼠。按 PMSG 8～10IU/只，间隔 48h 注射相同剂量的 hCG，注射 hCG 后 14～16h 收集卵母细胞。

（三）精子获能

1. 准备获能液

（1）获能液

获能液的制备见表 2-11。

（2）制备受精滴

1）T6 + BSA 液平衡过夜。在体外受精的前一天，在 T6 液中加入 10mg/ml BSA，取几毫升加入小试管中，放入 37℃、5% CO_2 培养箱中平衡过夜。

2）调 pH。次日，用 1.0mol/L 的 NaOH 将上述 T6 液的 pH 调至 7.5～7.6。

3）做受精滴。取调整好 pH 的 T6 液在培养皿中做数个 50μl 的液滴，以石蜡油覆盖，以此作为受精滴。

2. 公鼠及精子的准备

选取 2 只 8 周龄以上、体重在 25～40g 的健康公鼠。颈椎脱臼处死后，切开腹膜，找到睾丸和附睾。用眼科剪小心将附睾尾周围的脂肪剥离，在灭菌滤纸上去除血迹和脂肪。各取每只公鼠的一个附睾尾部和一个输精管。将附睾尾和输精管剪成几段，用眼科镊子轻轻挤压附睾和输精管，将精子释放入平衡好的 1ml 的 T6 + BSA 液中，使精子混匀于液体中，将其培养于 37℃、5% CO_2 的培养箱中 20～25min，使精子自由浮动。

3. 获能处理

从上述精子悬浮液中吸取 10μl 分散好的活跃的精子，加入提前预备好的受精滴中。用血细胞计数板计算精子密度。根据多次实验的经验，此时精子密度为 2.0×10^6～5.0×10^6 个/ml。然后转入 37℃、5% CO_2 培养箱中培养 2h 进行获能。

（四）精卵孵育

1. 卵母细胞收集

在注射 hCG 14～16h 后，处死小鼠，取出输卵管，用解剖针撕开膨大的壶腹部，释放出卵丘-卵母细胞复合体（COC）。

2. 精卵孵育

把 COC 移入（尽量少带入培养液）已获能的精子悬液中（20～30 枚卵/滴），在 37℃、5% CO_2 条件下，精卵共同孵育 5～6h。精卵作用时间因小鼠不同品系及所用获能液不同而有所差异。

（五）受精后的判别

1. 受精判别标准

精卵作用后，卵母细胞是否受精可以通过以下几个方面做出判断。

1）卵母细胞内可见精子尾巴。受精时，精子头部（核）、颈部和大部分尾部的轴丝结构均进入卵母细胞细胞质内。因而卵母细胞细胞质内出现精子尾巴，无疑精子核已进入卵内。

2）卵母细胞细胞质中有膨胀的精子头部。精子穿入卵后不到 30min，精子的核就开始从致密状态发生膨润，进而膨胀，为雄原核形成做准备。

3）卵母细胞内存在雌雄原核。雌雄原核的存在，无疑就是已经受精的表现。

4）有明确的第一和第二极体。第一极体在受精以前就已存在，而第二极体则必须是受精后才释放出来。当存在两个极体时，可以肯定已经受精。

5）卵周隙变大，有时有精子。卵周隙变大，可以作为一项指标，但应与其他标准配合使用。有时在卵周隙中可见到有精子存在，这可能已经受精，有时会是多精入卵现象。

2. 受精判别

精卵作用后，自受精液滴中取出卵子，用吸管反复吹打几次，以去除卵丘细胞和多余的精子。然后将卵移入由石蜡油覆盖的培养液小滴中，用中性甲醛将小滴掩住，固定 18～24h。再将其移入载片上的 1%乙酸地衣红小滴里，加盖玻片（其间四角有石蜡油和凡士林等量的封片剂）。在倒置相差显微镜下，观察有无第二极体和原核形成。

（六）胚胎培养

受精结束后，用吸管反复冲洗 3～5 遍，尽量冲洗掉黏附在卵母细胞（或受精卵）透明带上的精子，然后将受精卵移入平衡好的培养液微滴中，在 37℃、5% CO_2、饱和湿度的培养箱中培养，24h 后取出培养皿，在倒置相差显微镜下观察卵裂情况，计算受精与卵裂率。

小鼠体外受精的效果与小鼠品系有关。例如，品系 CD-1、C3H、TO、CBA 等对受精条件的要求并不严格，而 C57BL、KE、KP 品系则要求必须是同品系受精。国内所用的昆明白小鼠要求并不严格，按上述方法，可获得比较高的受精率和胚胎发育率。

二、大鼠的体外受精操作

大鼠的体外受精过程基本上与小鼠类似（张春燕等，2006）。

（一）操作液与培养液

1. 洗卵液

多数研究者利用大鼠胚胎培养液（mR1ECM）作为洗卵液或洗胚液。mR1ECM 的配方见表 2-13。配制时，含 Ca^{2+}和 Mg^{2+}的成分均单独称量、配制，再缓缓加入其他成分；混匀并定容后，于 CO_2 培养箱平衡 4～5h，然后测 pH 和渗透压并调整到适当范围内；最后，用 0.22μm 的滤膜过滤、分装，4℃保存备用。

表 2-13 mKRB 与 mR1ECM 溶液配方 （单位：mmol/L）

成分	mKRB	mR1ECM
NaCl	94.6	76.7
KCl	4.78	3.2
$CaCl_2$	1.71	2.0
KH_2PO_4	1.19	—
$MgSO_4$	1.19	—
$MgCl_2$	—	0.5
$NaHCO_3$	25.07	25.0
乳酸钠	21.58	10.0
丙酮酸钠	0.5	0.5
葡萄糖	5.56	7.5
BSA	4.0mg/ml	—
PVA	—	1.0mg/ml
谷氨酰胺	—	0.1
必需氨基酸（EAA）	—	2%（*V*/*V*）
非必需氨基酸（NEAA）	—	1%（*V*/*V*）
硫酸链霉素	50mg/ml	—
青霉素钾盐	75mg/ml	—
渗透压	310mOsm	246mOsm

2. 获能液与受精液

受精液 mR1ECM-BSA 的配制：配制步骤同 mR1ECM。不同的是将配方中的 PVA 用 BSA 替代，浓度为 4.0mg/ml，BSA 在最后定容完成后再加入，不要搅拌，室温下自然溶解。待 BSA 充分溶解后，于 CO_2 培养箱平衡 4～5h，然后测 pH 和渗透压，并调整到适当范围内；最后，用 0.22μm 的滤膜过滤、分装，4℃保存备用。

3. 胚胎培养液

胚胎培养液 mR1ECM-BSA 的配制：配制步骤同受精液 mR1ECM-BSA，不同的是 BSA 浓度降为 1.0mg/ml。

4. 含葡萄糖的 mR1ECM 液

1）葡萄糖浓度为 0.2mmol/L 的 mR1ECM。

2）葡萄糖浓度为 5.5mmol/L 的 mR1ECM。

5. 商业液体

1）冲卵液：GAMATE-30。

2）受精及胚胎培养液：IVF-30（Vitrolife，瑞士），mIVF-30（添加 NaCl 后的 IVF-30），

HTF Plus（Lifeglobal，美国）；mHTF Plus（添加 NaCl 后的 HTF Plus）。

（二）体外受精操作步骤

1. 卵母细胞的收集

选择约 5 周龄的雌性大鼠，皮下注射 PMSG 10IU，48h 后注射 hCG 10IU，16～18h 后处死动物，取其输卵管放入预先平衡过的 PBS 中，用针划开输卵管壶腹部，释放出 COC。用透明质酸酶消化掉卵丘细胞，经无 Ca^{2+}、Mg^{2+}的 PBS 洗 3 次后，将卵母细胞放入平衡过夜的培养液中。在 37℃、5% CO_2 培养箱中培养 2h。

2. 精子收集与获能

选择 3 月龄以上有繁育能力的雄鼠，用颈椎脱臼法处死，打开腹腔，用眼科剪小心将附睾尾周围的脂肪剥离，在灭菌滤纸上去除血迹和脂肪。用眼科剪在附睾尾上剪个小口，可见有乳白色精子团涌出，用穿刺针挑入预先平衡过夜的获能液滴中，在 37℃、5% CO_2 培养箱中孵育 10min。取 10～30μl 的精子悬液，移入另一新鲜液滴，使精子浓度达 $1.0×10^6$ 个/ml，在 37℃、5% CO_2、95%空气的饱和湿度培养箱中培养 5～6h，进行获能。

3. 受精与胚胎培养

在每个 30μl 的精子悬液受精滴中，放入 10～40 枚 COC，在培养箱中孵育 12h，即可完成受精。在相差显微镜下观察受精情况，如有第二极体排出或者卵质中有两个原核，即受精成功。

将卵丘细胞与附着在透明带上的精子洗除后，把受精卵移入胚胎培养液中进行培养，观察卵裂与囊胚发育情况。

（三）影响大鼠体外受精与胚胎培养的主要因素

1. 渗透压和 BSA

当渗透压为 310mOsm 时，有利于大鼠精子获能，低于 290mOsm 时获能效果不好，要用 NaCl 而不是山梨醇来调节渗透压。BSA 在大鼠的受精卵培养中起着重要作用，是受精卵发育到囊胚的必需因子。

2. pH

大鼠精子获能的最适 pH 为 7.2～7.4。pH 偏高可致快速获能，但不利于精子生存；而偏低则获能时间会大大延长，不利于体外受精的进行。

3. 胚胎培养液的要求

大鼠胚胎存在明显的体外发育阻滞现象，经常阻滞在 2-～4-细胞期。Kishi 等（1991）在仓鼠胚胎的培养液（HECM-1）的基础上，把 NaCl 浓度从 98.0mmol/L 降至 78.8mmol/L，再添加 7.5mmol/L 葡萄糖和 20 种必需氨基酸，发展成现在通用的大鼠胚胎培养液（modified rat embryo culture medium，mR1ECM），可以使囊胚发育率达到 80%以上。随后，又改良发明出另一种大鼠胚胎培养液（rat embryo culture medium two，R2ECM），适用于大鼠 2-细胞胚胎至囊胚的发育，囊胚发育率可达 80%以上。

磷酸盐：磷酸盐对大鼠早期胚胎的发育有阻滞作用。但 1-细胞胚胎在体外培养 80h 后，添加磷酸盐可提高囊胚形成率；当培养 110h 后，添加磷酸盐的囊胚形成率可达 90%以上。

葡萄糖：葡萄糖对早期胚胎发育影响不大，不具有明显的抑制或促进作用。但桑椹胚期后添加葡萄糖可提高囊胚发育率。

三、兔的体外受精操作

（一）操作液与培养液

兔体外受精所用的操作液与培养液并不十分严格，多种液体均可使用。利用 TCM199 液、BO 液、SOF 液等均可获得不错的效果。下面以 BO 液为主介绍液体配制（表 2-14）。

表 2-14 BO（Brackett & Oliphant）液组成

1. 贮存液×10					
成分	含量（mmol/L）	含量（g/100ml）	成分	含量（mmol/L）	含量（g/100ml）
NaCl	112.00	6.545	$CaCl_2 \cdot 2H_2O$	2.25	0.3308
KCl	4.02	0.2997	葡萄糖	13.90	2.5181
$NaH_2PO_4 \cdot H_2O$	0.83	0.1145	青霉素（20 000 IU/ml）	100IU/ml	5.00ml
$MgCl_2 \cdot 6H_2O$	0.52	0.1057	链霉素 0.2g/ml	50mg/ml	2.50ml
			0.2%酚红		4.00ml
2. 工作液（临用前配制）					
成分	含量（mmol/L）	含量（g/100ml）	成分	含量（ml）	
$NaHCO_3$	37.00	0.3108	贮藏	10	
丙酮酸钠	1.250	0.0138	五蒸水	90	
3. 10mmol 咖啡因 BO 洗精液					
成分	含量（g/50ml）	成分	含量（ml）		
咖啡因 10mmol	0.106	BO 工作液	50		
4. BO 受精液					
成分	含量	成分	含量		
BO 工作液	100ml	BSA	2g（20mg/ml）		
肝素	2 mg（20μg/ml）				

1. 胚胎培养液

用五蒸水将 TCM199 配成 1000ml 溶液，添加 100IU/ml 青霉素、100mg/ml 链霉素，0.22μm 过滤除菌，4℃保存备用。临用前按实验需要添加血清，用于受精卵培养。

2. PBS 液配制（1000ml）

A 液：NaCl 16g，KCl 0.4g，$CaCl_2 \cdot 2H_2O$ 0.2g，$MgCl_2 \cdot 6H_2O$ 0.2g。

B 液：$Na_2HPO_4 \cdot 12H_2O$ 5.794g，KH_2PO_4 0.4g。

A、B 液高压灭菌后 1∶1 混合。

（二）体外受精操作步骤

1. 卵母细胞的收集

为避免应激反应，在进行处理前，应将成年母兔饲养两周，使其适应环境与饮食条件等。超排时，颈部皮下一次性注射 PMSG 80～100IU/只，第四天耳缘静脉注射 hCG 100IU/只；或在颈部皮下注射 FSH，每隔 12h 注射 1 次，共 6 次，每次注射 10IU/只，总用量 60IU/只。在最后一次注射 FSH 12h 后，耳缘静脉注射 hCG 100IU/只。在注射 hCG 15h 后，采用活体冲卵法或离体冲卵法收集卵母细胞。PMSG/hCG 组合超排后的卵巢的充血卵泡数、卵巢囊肿数量偏高，有部分卵母细胞出现极体碎裂、卵周隙增大、卵胞质不均匀等现象，提示这种超排组合存在缺陷。FSH/hCG 组合的超排效果显著优于 PMSG/hCG 组合。

活体冲卵方法：麻醉母兔，待其麻醉完全后将腹部用水打湿剪毛，用手术刀沿腹中线开口暴露子宫，找到输卵管伞口，沿伞口插入直径为 0.25cm 的细管，下端接入集卵皿。在子宫角上端 2cm 处用 16 号针头扎一小孔，将 16 号平口针插入，用 20ml 注射器吸取 PBS 液进行冲卵。冲卵液回收到集卵皿中，静置片刻后拣卵。

离体冲卵方法：处死母兔，暴露子宫，分离输卵管与周围黏膜及结缔组织，使原本弯曲的输卵管尽量伸直。切除子宫角上端 1～2cm，下端分离卵巢及输卵管，立即放入培养皿中，在超净工作台上进行冲卵。用含 0.4% BSA 的 PBS 分别顺、逆向冲洗左右两侧输卵管。冲卵液回收到集卵皿中，静置片刻后拣卵。

2. 精子收集与获能

（1）体外受精小滴的制备

用微量移液枪吸取 100μl 体外受精液，在培养皿中制作体外受精小滴，覆盖石蜡油。在 37.5℃的 CO_2 培养箱中平衡 2h。

（2）精子的获能处理

选择 3kg 以上性欲较好的公兔，处死后，暴露睾丸，找到附睾头、体、尾。将输精管尽可能长地连同睾丸切除下来，分离输精管上的黏膜及血管，然后在培养皿内滴上两滴 PBS 液，用手术刀柄沿附睾尾部向输精管端挤压，获得精液。

将精液与获能液按 1∶2～1∶5 混匀，1000r/min 离心 5min。去上清液，再加入 1ml 获能液将精子团块稀释。之后，将离心管倾斜放置于 CO_2 培养箱中，静置 20～30min，使精子上浮。然后，吸取上清液加入另一个灭菌的离心管中，1000r/min 离心 5min。离心后，去上清液，加入获能液进行 2～5 倍稀释。根据活精子密度，确定最后加入受精滴的量，使受精滴的活精子密度达到 1×10^6 个/ml。

3. 精卵孵育（受精）

将卵母细胞在受精液中洗涤 2～3 次，然后移入事先平衡好的受精滴中。一个受精滴放入卵母细胞 30～50 枚，再根据精子密度加入适量精液，使受精滴的精子密度为 1×10^6 个/ml。最后，放入 CO_2 培养箱中培养，使精卵孵育。

4. 受精卵的体外培养

（1）培养滴的制备

在 30mm 培养皿中，制作数个 30μl 的培养液滴，覆盖石蜡油；在 5% CO_2、95%空气、100%湿度、37.5℃的 CO_2 培养箱中平衡 2h。

（2）受精卵的培养

精卵孵育 10～12h 后，将受精卵经培养液洗涤 3 次，以去除卵丘细胞和附着在透明带表面的精子。然后，将受精卵移入预先做好的培养液滴中。每个培养滴中放入受精卵 15～20 枚。在培养的第 24h（受精当天为第 0 天）观察卵裂情况；之后每天观察胚胎发育情况。

5. 胚胎发育评定

在检查胚胎发育情况时，记录卵裂率和 4-细胞期、8-细胞期、桑椹胚与囊胚的发育率，观察胚胎的卵裂球形态，判断胚胎的质量。

第五节　家畜的体外受精操作

相对小型实验动物而言，猪、牛和羊等大动物的养殖与饲养管理成本大，很难使用大规模的活体动物进行体外受精实验与技术研发。利用屠宰家畜的卵巢进行体外受精研究与生产胚胎是可行的。本节将主要介绍牛、羊和猪的体外受精操作。

一、牛的体外受精操作

（一）体外受精操作

1. 配制获能液

在体外受精的前一天，配制含 10mmol 咖啡因的获能液，并放入 38.5℃、5% CO_2 培养箱中过夜孵育。

2. 解冻精液

将冻精细管在 38℃水浴解冻 15～20s，用 70%的酒精擦拭冻精管，用剪刀将细管的一端剪开，把每管（0.25ml）精液推入加有 8～9ml 提前孵育的获能液的 15ml 离心管中，混匀。以 45° 倾角放于 CO_2 培养箱中静置 30min，使精子上浮。上浮结束后，将上层含有活跃精子的液体吸入 1.0ml 离心管中，1000r/min 离心 5min。离心完毕后，弃上清液，留精子和少量液体。用预平衡的精子获能液重新悬浮精子，调整精子的密度为 10×10^6 个/ml。

3. 制备受精滴

在培养皿中，制作数个 25μl 的受精液滴，然后在每个液滴中加入 25μl 精子悬浮液成为受精液。最后受精液滴中 BSA 浓度为 10mg/ml、肝素 10μg/ml、咖啡因 5mmol/L，精子浓度为 2×10^6～4×10^6 个/ml。

4. 卵母细胞的准备

抽吸卵巢表面直径 2～8mm 卵泡中的卵母细胞，拣取有 3 层以上卵丘细胞的 COC 放入含 0.5ml 成熟培养液的四孔板中，于 39℃、5% CO_2 和饱和湿度的培养箱中培养。在成熟培养 22～24h 后，用移液枪反复轻轻吹打 COC，使大部分的卵丘细胞脱落，仅保留 2～3 层卵丘细胞。然后选择形态完整、颜色较暗、胞质均匀的卵母细胞用于受精。

5. 精卵孵育

将选取的卵母细胞吸入已经平衡的受精滴中，每个受精滴放入 10～15 枚 COC，然后放入 39℃、5% CO_2、95%空气和 100%湿度的培养箱中，精卵共孵育约 20h。

6. 受精结果分析

具体的受精判断可以采取类似小鼠中所使用的甲醛固定与乙酸地衣红染色的方法。

7. 受精卵体外发育培养

精卵共孵育 20h 后，把受精卵移入胚胎培养液中，用吸管轻轻反复抽吸，以彻底除掉卵丘细胞及黏附的精子。然后在胚胎培养液中洗涤 2 次后，将受精卵按 10～20 枚/50μl 移入培养液滴中，在 39℃、5% CO_2、95%空气和 100%湿度的培养箱中培养。每隔 48h 半量更换培养液，并同时观察卵裂与胚胎发育的情况。

从受精时序上看，精卵开始孵育后 1～3h，精子入卵；6～8h 雌雄原核形成；12～18h 合子的核形成，并逐渐向胞质中央迁移。但不同卵中同一事件的发生可能有较大的时间差别。图 2-8 表示形成的 2 个原核和可以辨认的精子的尾巴（Parrish et al.，2014）。

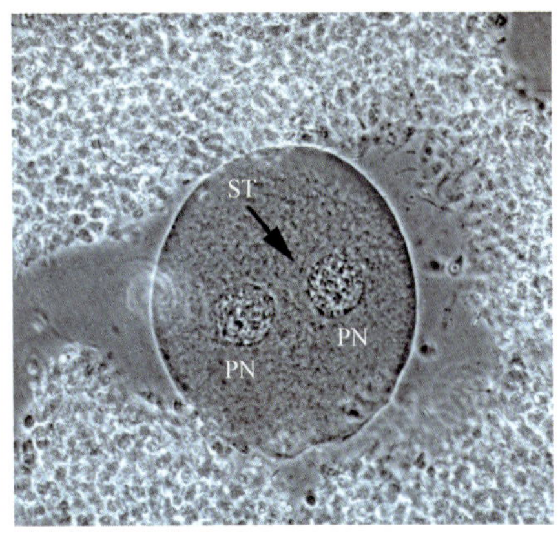

图 2-8　牛体外成熟卵母细胞的体外受精

图示 2 个原核（pronucleus，PN）的形成和精子尾（sperm tail，ST）

（二）常用的牛 IVF 操作体系

目前，使用较多的牛的 IVF 操作体系有 2 个：一个是由 Parrish 等（1994，1995）和 Parrish（2014）制定的卵母细胞 IVM 与 IVF 操作体系，该体系使用广泛，效果较好；另一个是由 TCM 199 与 TALP 培养液组成的操作体系（Park et al.，1989）。另外，还有其他的操作体系，效果也很好。

1. Parrish 等（1995）制定的操作体系

（1）几种贮存液的配制

1）TCM199 液

三蒸水	50ml
TCM199 粉	475.5mg
$NaHCO_3$	110mg
青霉素	5000IU

2）丙酮酸钠贮存液

三蒸水配的生理盐水	10ml
丙酮酸钠	22mg

3）17β-雌二醇贮存液

96%酒精	10ml
17β-雌二醇	10ml

4）修正的台氏液乳酸钠贮存液（TL stock）

三蒸水	100ml
NaCl	666mg
KCl	23.5mg
$CaCl_2$	30mg
$MgCl_2·6H_2O$	10mg
$NaHCO_3$	210.4mg
$NaH_2PO_4·H_2O$	4.7mg
乳酸钠	0.186mg
青霉素（100IU/ml）	6.5mg
酚红	1mg

0.22μm 微孔滤膜过滤，检查渗透压（280～300mOsm），4℃条件下可保存 1～2 周。

5）精子 TL 贮存液

三蒸水	100ml
$CaCl_2·2H_2O$	29mg
KCl	23mg
$MgCl_2·6H_2O$（最后加）	31mg
NaCl	582mg
$NaH_2PO_4·H_2O$	41mg

乳酸（60%糖浆） 0.368ml
HEPES 238mg
$NaHCO_3$ 209mg
酚红 1mg
调整 pH 到 7.4，渗透压为 300mOsm，0.22μm 微孔滤器过滤，用时加丙酮酸钠与 BSA。
6）TL HEPES 贮存液
三蒸水 500ml
NaCI 3330mg
KCl 120mg
$NaHCO_3$ 84mg
NaH_2PO_4 32.8mg
乳酸钠 0.930ml
$CaCl_2 \cdot 2H_2O$ 150mg
$MgCl_2 \cdot 6H_2O$ 50mg
HEPES 1200mg
青霉素 100IU/ml（32.5mg）
酚红 5mg

调整 pH 到 7.4，渗透压为 225～265mOsm，0.22μm 微孔滤器过滤，用时加丙酮酸钠与 BSA。

（2）受精液和培养液的配制

1）成熟培养液
TCM199 1.8ml
灭活 FCS 0.2ml
丙酮酸钠贮存液 20μl
FSH 0.5μg/ml
LH 5.0μg/ml
17β-雌二醇贮存液 1μg/ml 滤后加
青霉素 200IU
0.22μm 微孔滤器过滤。
2）受精培养液
TL 贮存液 5ml
BSA（去脂肪酸） 30mg
丙酮酸钠贮存液 50μg
0.22μm 微孔滤器过滤。
3）精子 TL 液
精子 TL 贮存液 100ml
BSA 600mg
丙酮酸钠 11mg

青霉素 10 000IU

4）TL HEPES 液

TL HEPES 贮存液 50ml

BSA 150mg

丙酮酸钠贮存液 500μg

调整 pH 至 7.3～7.4，0.22μm 微孔滤器过滤。

2. TCM199 与 TALP 培养液组成的操作体系

1）采卵液

TCM199+20mmol/L HEPES+2.2mg/ml 碳酸氢钠+2% NBS。

2）卵母细胞成熟培养液

成熟基础液为 TCM199 液中加入 20mmol/L HEPES、0.55mg/ml 丙酮酸钠、2.2mg/ml 碳酸氢钠及 100IU/ml 青霉素、链霉素。

激素：FSH、LH、17β-雌二醇等。

血清：FBS

3）精液洗涤液、精子获能与受精液

均为 TALP+6mg/ml BSA+5IU/ml 肝素+2.5mmol/L 咖啡因。

4）胚胎培养液

胚胎培养液为 SOFaa 或 CR1aa 液，具体配制与使用参见本书第三章。

二、绵羊与山羊的体外受精操作

绵羊和山羊的体外受精操作基本上与牛的类似（孙新明等，2005；郭洪等，2012）。

（一）液体配制

1. 采卵液

TCM199+25mmol/L HEPES+5mmol/L 碳酸氢钠+10μg/ml 肝素+2% FBS。

2. 洗卵液

TCM199+25mmol/L HEPES+5mmol/L 碳酸氢钠+2% FBS。

3. 卵母细胞成熟培养液

基础液为 TCM199 液中加入 20mmol/L HEPES、0.55mg/ml 丙酮酸钠、2.2mg/ml 碳酸氢钠及 100IU/ml 青霉素、链霉素。

成熟培养液为基础液中添加 10% FBS、0.8μg/ml FSH、4IU/ml LH、1μg/ml 雌二醇。

4. 精液洗涤液

mSOFaa 液+20mmol/L HEPES+2%绵羊血清。

5. 精子获能液与受精液

mSOFaa+10%发情绵羊血清（ESS）+10μg/ml 肝素+5mmol/L 咖啡因。

6. ESS 的制备

采用公羊试情法选择发情当天母羊，颈静脉采血（30～50ml/只）。离心收集血清后，经 56℃灭活 30min，分装并保存在–20℃冰箱中。

7. 胚胎培养液

mSOFaa+20%绵羊血清或 CR1aa+20%绵羊血清。

（二）卵母细胞的准备

采用切割法收集羊的 COC。拣取有 3 层以上卵丘细胞的 COC 放入含 0.5ml 成熟培养液的四孔板中，于 38.5℃、5% CO_2 和饱和湿度的培养箱中培养。在成熟培养 22～24h 后，用移液枪反复轻轻吹打 COC，使大部分的卵丘细胞脱落，仅保留 2～3 层卵丘细胞。然后选择形态完整、颜色较暗、胞质均匀的卵母细胞用于受精。

（三）精子获能

1. 附睾精子的获取

取屠宰公羊的睾丸，分离出附睾并剪取附睾尾，在 60mm 培养皿中剪碎附睾尾部，慢慢加入 5ml 经 38℃预热的精子洗涤液，在 38.5℃培养箱中孵育 5min 待用。

2. 精子获能

在受精前 2h，在 35mm 培养皿中制作受精液滴，每滴 40μl，覆盖矿物油，放入 5% CO_2、饱和湿度培养箱中进行平衡。然后把精子加入含有 2ml 获能液的试管中，再放入 38.5℃、5% CO_2 培养箱中孵育 15min，使精子上游。

3. 精卵孵育

在精子上游处理同时，把 COC 处理成仅保留 2～3 层卵丘细胞，经洗涤后，每 15～20 枚 COC 移入受精液滴中，精子浓度约为 2×10^6 个/ml。然后在 38.5℃、5% CO_2 和饱和湿度培养箱中进行孵育。

4. 胚胎培养

在精卵共孵育 20h 后，把受精卵移入胚胎培养液中用吸管轻轻反复抽吸，以除掉卵丘细胞及黏附的精子。然后在胚胎培养液中洗涤 2 次后，将 20～30 枚受精卵移入 50μl 的胚胎培养液滴中，在 38.5℃、5% CO_2 和饱和湿度的培养条件下进行培养。每隔 48h 半量更换培养液，并同时观察胚胎发育情况。

三、猪的体外受精操作

（一）主要液体配制

1. Dubecco's 磷酸缓冲液（DPBS）

DPBS 的配制参见表 2-15。

表 2-15 DPBS 的配制

成分	含量	含量
NaCl	136.89mmol	8.00g/L
KCl	2.68mmol	0.20g/L
Na_2HPO_4	8.09mmol	1.15g/L
KH_2PO_4	1.47mmol	0.20g/L
BSA		3.00g/L
葡萄糖	5.56mmol	1.00g/L
丙酮酸钠	0.33mmol	0.036g/L
青霉素		10 万单位
链霉素		10 万单位
$CaCl_2$	0.9mmol	0.1g/L
$MgCl_2·6H_2O$	0.49mmol	0.1g/L

注：$CaCl_2$、$MgCl_2·6H_2O$ 分别用 100ml 超纯水单独溶解，其余成分按列表顺序逐次溶解到 750ml 超纯水中，将 3 种溶液混合后定容至 1000ml

2. mTBM（modified Tris-buffered medium）贮存液的配制

NaCl 113.1mmol/L、KCl 3.0mmol/L、Tris 20.0mmol/L、D-葡萄糖 11.0mmol/L、丙酮酸钠 5.0mmol/L 和 $CaCl_2·2H_2O$ 7.5mmol/L。

配制完的液体的 pH 约为 10.0，切忌调 pH。

3. Hoechest 33258（避光，–20℃保存）

贮存液为 0.1mg/μl，取 1μl 贮存液，用 DPBS 稀释 1000 倍，使其终浓度为 100μg/ml。

4. PVA-TL-HEPES 台氏缓冲液和胚胎培养液的配制

受精操作和胚胎培养液见表 2-16。

表 2-16 PVA-TL-HEPES 与猪胚胎培养液（pig zygote medium-3，PZM-3）的配制

PVA-TL-HEPES 的配制		猪胚胎培养液	
成分	含量（g/L）	成分	含量（g/100ml）
NaCl	6.6633	NaCl	0.6312
KCl	0.2386	KCl	0.0746
$NaHCO_3$	0.1680	KH_2PO_4	0.0048
KH_2PO_4	0.0408	$MgSO_4·7H_2O$	0.0099
乳酸钠	1.8680	$NaHCO_3$	0.2106
$MgCl_2·2H_2O$	0.1017	丙酮酸钠	0.0022
HEPES	2.3830	乳酸钙·$5H_2O$	0.0617
青霉素 G	0.0650	谷氨酰胺	0.0146
酚红	0.0100	亚牛磺酸	0.0546
$CaCl_2·2H_2O$	0.2940	BEM	2.00ml
PVA	0.1000	MEM	1.00ml
山梨醇	2.1860	庆大霉素	5mg
庆大霉素	0.0250mg/ml	脱脂 BSA	0.0300
丙酮酸钠	0.0220		
渗透压	275～280mOsm		
pH	7.0～7.2		

（二）体外受精操作

1. 操作液（滴）与培养液（滴）的准备

卵母细胞操作液：在 50ml TCM199-HEPES 中加入 0.3%（*w/V*）即 0.15g BSA。完全溶解后用 0.22μm 滤器过滤，并置于 39℃温箱中备用。

卵母细胞基础成熟液：TCM199 1000ml、PVA 1.00g/L、葡萄糖 0.5496g/ml、丙酮酸钠 0.1001g/L、青霉素 75μg/ml 和链霉素 50μg/ml。

卵母细胞成熟培养液：在 17ml 基础成熟液中加入 1ml 的半胱氨酸液(0.0014mg/ml)，然后分别加入 20μl FSH、LH（0.5mg/ml）和 EGF（终浓度为 10ng/ml）。混匀后，吸取 1ml 混合液与 2ml 卵泡液混合并过滤，即成熟液。将成熟液加入 4 孔板或 24 孔板中，置于 39℃、5% CO_2、95% O_2 的培养箱中平衡 3h 以上。

mTBM 洗卵液滴：在培养皿中制作数个 300μl mTBM 滴，覆盖石蜡油，做好标记，放入 39℃、5% CO_2、95% O_2 的培养箱中平衡 48h，待用。

DPBS 精子清洗液：在 15ml 离心管中加入 1×DPBS 15ml，再加入 0.1%（*w/V*）即 0.015g BSA，随后用 0.22μm 滤器进行过滤，并置于 39℃温箱中备用。

mTBM 精液稀释液：取 mTBM 受精液放入 39℃、5% CO_2、95% O_2 的培养箱中平衡 48h。

受精液（总量为 30ml）：取出 30ml 储存的 mTBM 母液，加入 0.02g 咖啡因，再加入 0.06g BSA 与 30μl 庆大霉素（1mg/ml；稀释 1000 倍）。过滤后制备洗卵滴和培养滴。

mTBM 受精滴：在培养皿中制作数个 50μl 的 mTBM 微滴，覆盖石蜡油，做好标记，放入 39℃、5% CO_2、95% O_2 的培养箱中平衡 48h。

胚胎培养液：取 9.7ml PZM-3 母液，加入 200μl 必需氨基酸和 100μl 非必需氨基酸，再加入 0.03g BSA。过滤后，制备培养滴并放入培养箱平衡。

2. 精液处理与精子获能

（1）精液采集

选择繁殖性能良好的公猪，利用人工采精法采集精液。精液在 37℃的条件下可以保存约 2h，基本保持精子活力不变。

（2）精液稀释

将精液温和地顺时针转动均匀，切勿上下颠倒振荡或双向转动。吸取 10μl 精液加入事先预热的 990μl 的 DPBS 中，检测精子密度和活率。将精液（80～100ml）缓慢地顺着瓶壁倾倒入预热的 500ml 空烧杯中，保证烧杯始终都在 39℃水浴中；然后将精液稀释液沿杯壁缓慢地倒入精液中，同时用玻璃棒缓慢地顺时针搅动，直到加入 200ml 稀释液为止。略微混匀后，将稀释后的精液分装在输精瓶中，排尽气体后将输精瓶盖紧，用两层毛巾包被，于室温下静置至少 30min，再将输精瓶连同毛巾放入 17℃冰箱中保存（可持续 7 天）。

实际操作中，可以根据具体情况按比例减少精液稀释液的量。

（3）精子质量检测

精子密度检测：取 10μl 稀释 100 倍的精液加到盖玻片和血细胞计数板之间。当每个中格（共 25 个中格）中游动的精子数大于 10 个时，随机选取 5 个格的精子总数进行计数。精子密度为 $N\times5\times10^6$ 个/ml（N 是中格中随机选取的 5 个格的精子总数）。如果每个中格内的精子数量不足 10 个时，对所有的 25 个中格进行计数，则获得的精子密度为 $N\times10^6$ 个/ml（N 是 25 个中格中精子的总数）。

精子活率：同上，计数死精子数。精子活率= [（精子总数–死精子总数）/精子总数] ×100%。

精子质膜完整性：只有质膜完整的精子才能在低渗下弯尾。取 10μl 稀释 100 倍的精液进行计数，统计总精子数与弯尾的精子数。弯尾率=（弯尾精子数/精子总数）×100%。

3. 卵母细胞的准备

抽吸卵巢表面直径 3～6mm 卵泡中的卵母细胞，拣取有 3 层以上卵丘细胞的 COC，放入含 0.5ml 成熟培养液的 4 孔板中，于 39℃、5% CO_2、饱和湿度的培养箱中培养。在成熟培养 42～44h 后，用移液枪轻轻吹打 COC，使大部分的卵丘细胞脱落，仅保留 2～3 层卵丘细胞。然后选择形态完整、胞质均匀的卵母细胞用于受精。

4. 体外受精与胚胎培养

将挑选出的成熟卵母细胞在 mTBM 洗卵滴中洗涤 4 次，然后转入 50μl mTBM 受精滴中，每滴放 30 枚卵母细胞，在 39℃、5% CO_2、95% O_2 的培养箱中待用。

精子的准备：将装有稀释精液的输精瓶从 17℃冰箱中取出，轻缓地转动使其均匀，随后取出 1ml 稀释精液放入 1.5ml 离心管，并在 39℃温育 20min。取出 10μl，加入含有 990μl DPBS 精子洗涤液的 1.5ml 离心管中，离心（2000r/min）4min，除去上清；然后加入预先平衡的 mTBM（体外受精精子稀释液），制成可用的精液。

体外受精：取最终稀释好的精液 50μl 加入上述已准备好的含卵母细胞的受精滴中，在 39℃、5% CO_2、95% O_2 培养箱中，精卵孵育 6h。

胚胎培养：受精完毕后，将受精卵转入 PZM-3 洗卵滴中，完全清洗后，移入含 PZM-3 培养液的培养滴或培养孔中。每滴（孔）放置 30～35 枚胚胎。

发育观察：培养 12～14h 后，通过 Hoechst 33342 染色观察原核发育情况；48h 统计卵裂率；144h 后观察囊胚发育情况。

（三）猪体外受精特点

与牛和羊相比，猪存在多精受精（polyspermy）现象。据报道，在正常情况下，猪体内受精的多精受精率约 5%；但在体外条件下，多精受精率高达 50%～80%。对于生理性多精受精，能与卵核结合的仅是精核中的一个，而其余未与卵核结合的精核将退化消失。最终产生的还是由一个精核与一个卵核组成的二倍体受精卵。但在体外情况下，猪的多精受精现象非常严重，已经明显影响猪体外受精的应用。虽然多精子入卵的胚胎能够发育到囊胚阶段，但着床后的发育受到限制。

影响多精受精的因素有很多，如卵母细胞的成熟质量、精卵比例、受精的生理与生化条件等。猪卵母细胞体外成熟时间长，一般在44～48h，几乎是牛、羊等动物的2倍。体外成熟时间的延长，对成熟培养液与成熟的条件的要求也更严格，对于卵母细胞的成熟状态必然有影响。因而，在进行猪体外受精操作时，如何降低多精受精率、提高胚胎质量仍然是一个需要继续探讨的课题。

四、不同动物体外受精操作的主要参考指标

不同动物对体外受精操作的要求有所差异，表 2-17 给出了几种动物体外受精的主要参考指标。

表 2-17 不同动物体外受精操作的主要参考指标

动物	适宜精子密度（个/ml）	卵母细胞要求	精子获能时间（h）	精卵孵育时间（h）	受精液要求	渗透压（mOsm）与 pH
小鼠	3.0×10^6	hCG 后 14h～16h	3～4	5～6	无严格液体要求	260～270; 7.0～7.1
大鼠	3.0×10^6	hCG 后 14h～16h	5～7	5～6	无严格液体要求	260～280; 7.0～7.1
仓鼠	5.0×10^6	hCG 后 16h	6	6	TALP 液体	290～320; 7.3～7.4
兔	2.0×10^6～6.0×10^6	hCG 后交配刺激，在 13h～14h 后采卵	2～3	3～4	TCM199、BO、TALP、SOFaa	300～330; 7.3～7.8
绵羊、山羊	1.0×10^6～6.0×10^6	IVM 24h	2～3	6～8	TCM199、BO、TALP、SOFaa	270～280; 7.4～7.6
猪	2.0×10^6	IVM 46h	4	6～8	mTBM	260～280; 7.6～7.8
牛	3.0×10^6	IVM 24h	冻精 2～3；鲜精 4～6	6～8	TCM199、BO、TALP、SOFaa	270～280; 7.4～7.6

第六节 显 微 受 精

显微受精（microfertilization）是一项将体外受精和显微注射相结合的胚胎工程技术。胞质内单精注射（intracytoplasmic sperm injection，ICSI）是指利用显微操作技术将单个精子注入卵胞质内的过程。按照注入卵母细胞的方式，可以分为透明带开孔（part zona dissection，PZD）技术、透明带下注射（subzonal injection，SUZI）技术和胞质内单精注射技术。根据精子细胞的类型与状态又可分为成熟活精子注射、死精子注射、不动精子注射与球形精子注射等。

一、显微受精研究概况

最早开展哺乳动物精子显微注射研究的是 Yanagimachi 实验室，他们将人和金黄仓鼠的精子注射到金黄仓鼠的卵胞质中，观察到原核形成，但未见到卵裂。Mann 等于 1988 年报道了小鼠单精子 SUZI 取得成功并获得后代，同年 Hosoi 等报道了兔子施行 ICSI 单精子受精成功并获得后代。随后，利用小鼠的睾丸精子、精子头、形态异常精子或经过极端条件处理的精子等施行 ICSI，均获得了活体小鼠。利用兔的球形精子细胞、冻干精

子进行显微受精，也得到活兔。将单个牛的死精子注入牛体外成熟的卵母细胞质内，再将注射卵人工激活，获得了 ICSI 试管牛。利用体内成熟的卵母细胞进行 ICSI，囊胚率达 38%，移植后获得 ICSI 试管猪。将绵羊的精子注入体外成熟的卵母细胞质内，移植后出生健康羊羔。ICSI 技术在马的受精中也取得成功。Lanzendorf 等首次报道了人精子注入卵胞质后的原核形成。Palermo 等利用 ICSI 技术成功诞生了世界上首例显微受精试管婴儿。对于少精、精子活力低、寡精或无精子症的患者，ICSI 技术为他们带来福音。表 2-18、表 2-19 和表 2-20 分别列出了哺乳动物带下显微受精、ICSI 和球形精子细胞显微受精的主要研究进展情况（Palermo et al.，1992；严云勤等，1995；陈大元，2000；秦鹏春，2001）。

表 2-18　哺乳动物卵母细胞透明带下注射技术（SUZI）研究进展

精子种类	卵母细胞种类	结果	研究者	年份
小鼠获能精子	仓鼠卵	发育到原核	Vigxay 等	1980
小鼠活精子	小鼠卵	产仔	Mann 等	1988
小鼠获能精子	小鼠卵	产仔	Kobayashi 等	1992
小鼠获能精子	小鼠卵	产仔	黄振勇等	1997
小鼠获能精子	兔卵	8-细胞	李子义等	1999
兔精子	兔卵带下	卵裂	Yang 等	1988
兔获能精子	兔卵	桑椹胚	Yang 等	1990
牛精子	牛卵	卵裂	Schwiderski 等	1990
马精子	马卵	卵裂	Meintjes 等	1996
人精子	人卵	精核去致密	Lassalle 等	1985
人精子	人卵	卵裂	Laws-King 等	1987
人精子	仓鼠卵	精核去致密	Lassalle 等	1988
人精子	人卵	产婴儿	Ng 等	1990
人精子	人卵	产婴儿	Steirteghem 等	1994

表 2-19　哺乳动物卵母细胞胞质内单精注射（ICSI）研究进展

精子种类	卵母细胞种类	结果	研究者	年份
小鼠活精子	小鼠卵	精核膨大	Thadani 等	1979
小鼠活精子	小鼠卵	产仔	Kimura 等	1995
小鼠睾丸精子	小鼠卵	产仔	Kimura 等	1995
小鼠精子头	小鼠卵	囊胚	Kuretake 等	1996
小鼠去膜精子	小鼠卵	囊胚	Kuretake 等	1996
小鼠精子	兔卵	8-细胞	李子义等	1999
仓鼠活精子	仓鼠卵	原核	Vehara 等	1976
兔活精子	兔卵	产仔	Hosoi 等	1988
绵羊活精子	绵羊卵	产羔	Gomez 等	1998
牛死精子	牛卵	产犊	Goto 等	1990
人活精子	人卵	产婴儿	Palermo 等	1992
马精子	马卵	妊娠	Squires 等	1996
猪活精子	猪卵	产仔	Martin 等	2000
马活精子	马卵	产驹	Li（李喜和）等	2002
小鼠热干燥精子	小鼠卵	产仔	Cozzi 等	2001
兔冻干精子	兔卵	产仔	Liu 等	2004

表 2-20 哺乳动物球形精子细胞胞质内显微受精技术研究进展

年份	动物	方法	结果	研究者
1993	仓鼠	ICSI	发育到原核	Ogura 等
1994	兔	ICSI	产仔	Sofikitis 等
1995	小鼠	ICSI	产仔	Kimura 等
1995	人	ICSI	产仔	Tesarik 等
1996	小鼠	ICSI	产仔	Ogura 等
1997	小鼠	ICSI	产仔	刘灵等

在传统受精过程中，精子需要穿透卵丘细胞、透明带和卵质膜三大屏障后完成受精任务。ICSI 技术则直接把精子注入卵内。其特点是正常受精率高、多精受精率低，受精结果不受精子浓度、形态与活力的影响。目前，该项技术已在人类临床上广泛应用。

二、ICSI 操作过程

（一）显微注射针的制作

Kimura 与 Yanagimachi（1995）详细介绍了 ICSI 适用的显微注射针的制作过程。

1. 持卵针的制作

使用硅化的毛细玻璃管（外径 1.0mm，内径 0.75mm）在拉针仪上先拉制成形，再利用断针仪在合适的外径处截断，最后经热玻璃球把断口抛光。

小鼠卵用的持卵针内径约为 10μm，外径 60～80μm；其他动物用的持卵针内径为 15～20μm，外径 80～100μm。

2. 传统注射针的制作

采用硅化的毛细玻璃管（外径 1.0mm，内径 0.75mm）在拉针仪上按适当的直径拉制成针，然后在针的外径约 5μm 处，仔细经磨针仪将针尖磨成 35°，再将针转动 90°，磨成 35°，这样就形成了非常锋利的注射针。将成品于 25%的氢氟酸中抽吸几次，再经双蒸水彻底清洗，浸入无水乙醇清洗后晾干即可。

3. Piezo 驱动的注射针的制作

使用断针仪在适当外径处将针断开（小鼠为 5μm，其他动物为 6μm），或者将针插入固定管内掰断（图 2-9）。然后将断好的针在 25%的氢氟酸中抽吸几次，经双蒸水彻底清洗后，浸入无水乙醇清洗后晾干即可。

（二）精子的准备

临床中，只有在精子浓度偏低、少精、畸形或者无精（需要经外科手术采集精子）时才采用 ICSI 技术进行授精。ICSI 所用精子的制备方法基本与体外受精相同，根据样本的不同，通常要求尽量将精子清洗干净，以免带入杂质影响了注射操作结果。

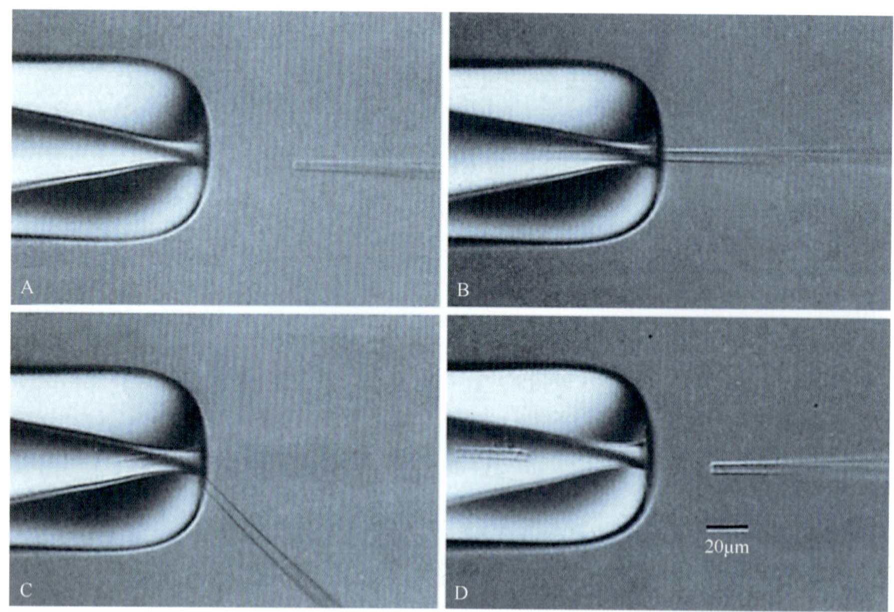

图 2-9　Piezo 操作系统所用注射针的制作

（三）卵母细胞的准备

与体外受精不同，在进行 ICSI 操作之前，必须彻底脱除卵丘细胞。卵母细胞的准备可以参照第五章第三节、第四节中对卵母细胞的相关要求。ICSI 所用的卵子一定要充分成熟，但要防止成熟过度（老化）。

（四）ICSI 具体操作

1. 精子制动处理液

使用适当浓度的 PVP（人类 ICSI 操作中为 7%）作为精子制动液，由于 PVP 黏滞系数大，精子在其中游动能力显著下降，易于使用注射针制动并吸取精子。

2. 精子注射操作滴

选用 60mm 的培养皿盖作为操作皿。在制作操作滴的过程中，自上而下为 5μl 的 PVP 微滴两枚，分别用于注射针清洗及加入精子悬液；2mm 宽、6mm 长的 HEPES 操作液用于卵母细胞的体外操作。最后覆盖石蜡油，置于不含 CO_2 的 37℃培养箱中平衡待用。

3. 直接注射法

1）用持卵针吸住卵母细胞，使卵子的极体处于 12 点或 6 点位置。

2）用注射针尖将形态良好、前向运动的精子从尾部制动后，从尾端向头部吸入针内。

3）注射针自 3 点的位置刺穿透明带，并抵至半卵时，施加负压回抽，卵质缓慢入管，吸破质膜，然后轻轻将精子连同回抽的内容物释放于卵质中。

4）最后，将注射针小心撤出，完成一次操作。

4. Piezo 驱动法

操作要点：利用 Piezo Micromanipulator Model PMM-01 设备，在电脉冲刺激下，为透明带机械打孔。注射针通过透明带并抵住质膜向前推进，在抵至半卵位置时，再一次机械击穿质膜，随之将精子自注射针缓慢推入卵质中（图 2-10）。

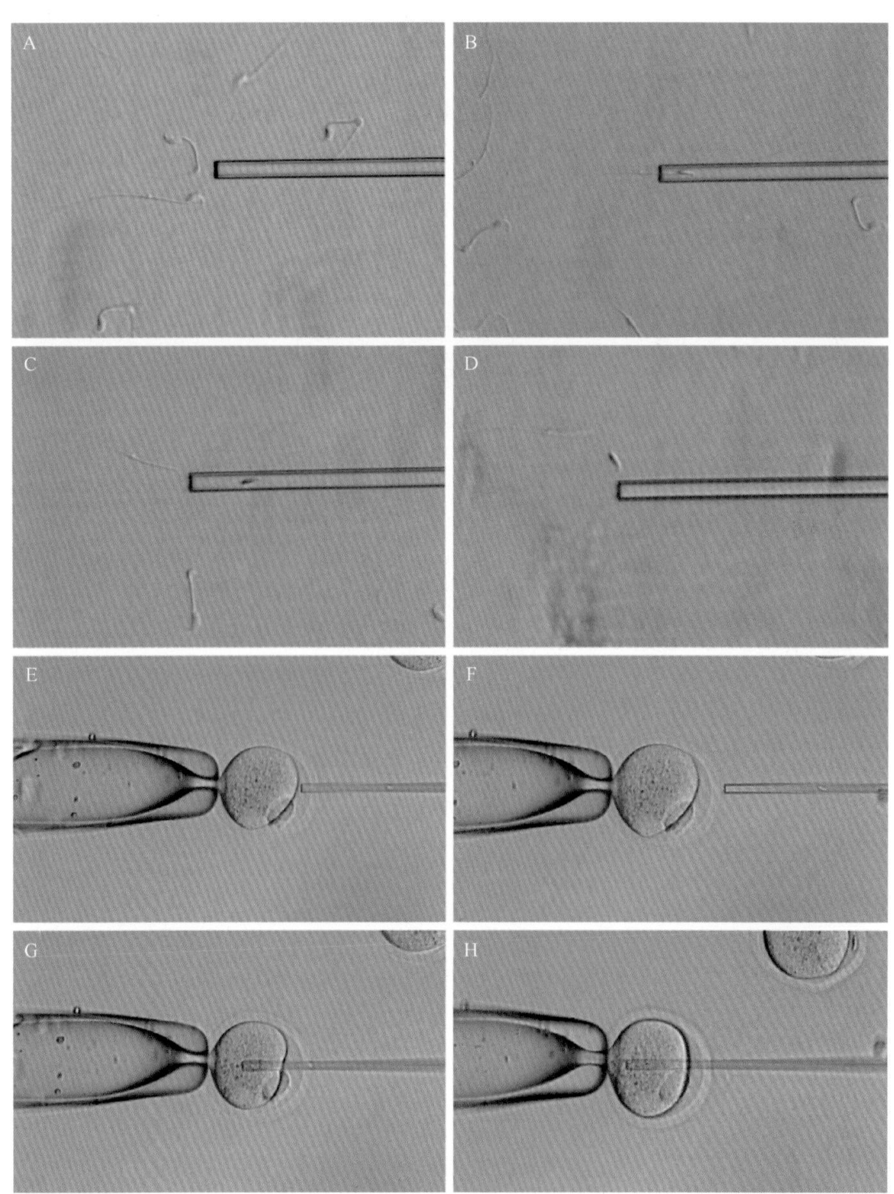

图 2-10 Piezo 驱动的精子注射过程

A. 选取形态正常的精子；B. 吸精子进入注射针；C. 施加脉冲；D. 精子头与尾分离；E. 将吸有精子头的注射针置于卵母细胞 3 点位置；F. 施加脉冲在透明带上打孔；G. 施加脉冲将卵母细胞的质膜击破，注射针刺入卵母细胞的胞质中；H. 将精子缓缓注入卵母细胞内部

（五）冷冻精子或热处理精子的 ICSI 操作

ICSI 技术最大的优点是对精子样本的浓度及数量没有严格的要求。在对一些濒临灭绝或已经灭绝，或是死亡、风干甚至是化石动物的拯救与再生中，ICSI 技术的存在及应用具有重要的现实意义。

将冻存精子解冻后，经过风干处理，或者经过高热处理数小时甚至数日之久，这些处理后的精子形态上将发生很大的变化，有些只剩下精子头。利用这些精子头进行 ICSI 授精操作，仍可产生小鼠或兔。图 2-11 与图 2-12 分别为经过冷冻干燥处理或热处理后的精子的形态（Lee and Niwa，2006）。

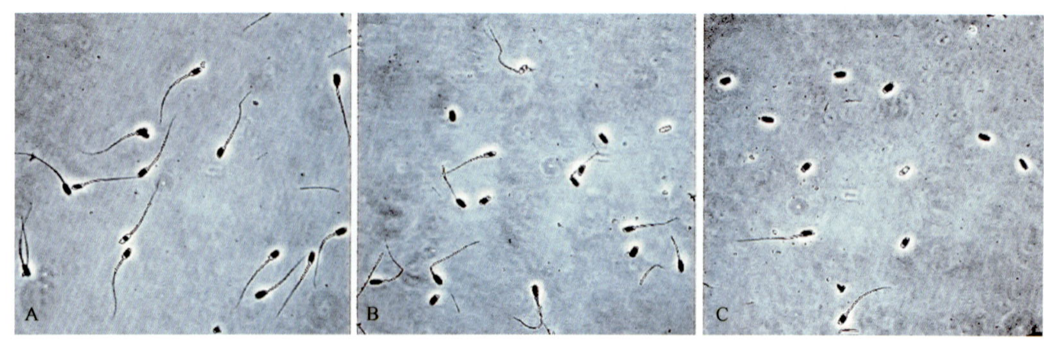

图 2-11　冻干精子的形态

A. 冻干处理 4h，并在 48℃放置 1 个月后，精子的形态基本完整；B. 冻干处理 24h，并在 48℃放置 1 个月后，50%以上的精子失去尾巴；C. 冻干处理 4h，在 48℃放置 1 个月，再经超声波处理后，绝大多数精子失去尾巴

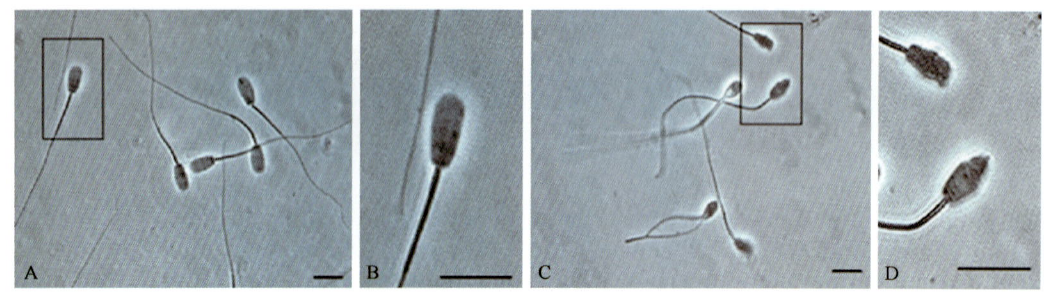

图 2-12　热处理后精子的形态

A、B. 50℃处理 8h 后，在 25℃保存 7 天，再经过水化处理，精子形态看似正常；C、D. 120℃处理 20min 后，在 25℃保存 7 天，再经过水化处理，精子形态异常。B 和 D 分别是 A 和 C 中示框的放大

（六）显微受精胚胎的早期发育

显微受精操作将精子或精子细胞直接注入卵胞质，在受精过程中，精子没有发生或没有完成与透明带及质膜识别与融合，卵母细胞也没有发生膜电位变化与皮质反应。这些受精步骤的缺失是否会对于早期胚胎发育、胚胎的未来命运或出生个体的健康产生影响，目前尚不得而知，有关的争论一直存在。

精子被注射入卵胞质后，很快发生核去致密化并形成雄原核，雌原核也同时形成

（图 2-13），但雌雄原核形成的同步性在不同物种之间有差异。

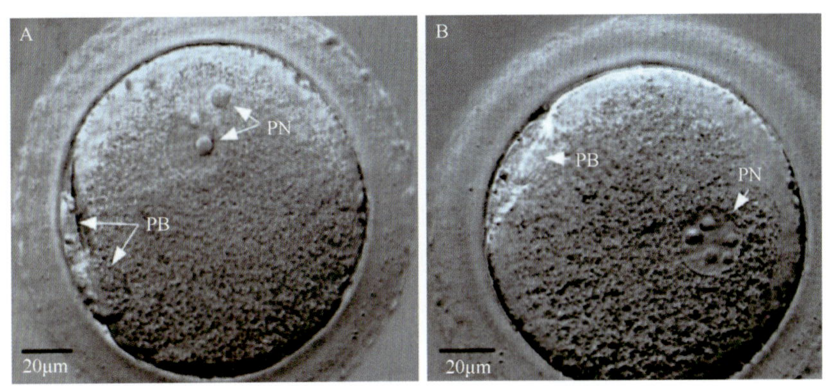

图 2-13　猕猴卵母细胞的 ICSI 受精

A. ICSI 后形成 2PN 和 2PB；B. ICSI 后，经 Ionomycin/DMAP 激活处理后，形成 1PN 和 1PB，且核仁明显

三、影响显微受精的因素

（一）精子状态

ICSI 对精子几乎没有限制，活精子、不动精子、死精子、附睾精子及睾丸精子等均可用于 ICSI；经过冻干或经热处理干燥的精子也能进行 ICSI，且可以获得动物个体（Kwon et al.，2004；Liu et al.，2004；Matt et al.，2004；Lee and Niwa，2006）。以上结果说明，精子的状态不是影响动物 ICSI 成功的关键因素。但处于不同状态的精子，其受精率是不同的，而且物种之间也存在较大差异。

（二）卵子状态

卵子的成熟过程十分复杂，特别是影响卵母细胞体外成熟的因素众多（第一章中已有详细阐述），卵子的成熟状态直接影响其受精率及受精结果（赵丹凤等，2007；张媛媛等，2012）。与体外受精一样，ICSI 也不能扭转未充分成熟卵子的受精结局。

（三）操作技术因素

1. 显微注射针的内径及斜面的角度决定对卵母细胞的损伤程度

在鼠卵操作过程中，针尖内径为 4～5μm、斜面角度为 35°～40°较为合适，精子头部吸取容易，带入的操作液较少，降低了对卵子的机械损伤，可获得较高的受精率。当针尖内径大于 6μm 时，对卵质膜的创伤面增大，注射过程中卵胞质可能外流，连带注入卵质的液体也相应增多。若内径小于 4μm，精子头部将入针困难。在大动物及人类 ICSI 过程中，注射针的内径以 5～6μm 为宜。

2. ICSI 注射时的进针位置

持卵针吸住卵子，用注射针尖轻触卵子透明带，调整极体位置，使其位于 6～7 点或 11～12 点方向，在 3 点的位置进针，注入精子。 刚刚排出的 PB1 一般位于卵母细胞核的正上方，选用该位置进针不容易触及卵核。但随着时间的推移，吹打去除卵丘细胞等操作可能会使 PB1 在卵周隙内移动，甚至大幅偏离卵核的位置。此时如果仍参照 PB1 来定位卵核，可能会存在较大偏差，进而伤及卵核与纺锤体系统。因此，越来越多的实验室引入了可以清晰观察到卵核的操作设备，在设备的指导下完成 ICSI 操作。

3. 破膜方式

能够最安全地穿破卵膜并将精子释放到深部是 ICSI 操作的关键步骤。不同物种卵膜的弹性与韧性不同，穿膜的力度与方式有所差异，其中涉及的技巧较多。

4. PVP 浓度

PVP 可以减缓精子的运动速度，易于将精子制动并吸入注射针，方便 ICSI 操作。但过高浓度的 PVP 也会对卵子质量造成负面影响。为方便操作并降低其可能存在的生物毒性，大多数实验室选用低于 10%的 PVP 作为精子的操作液。

（四）卵母细胞激活

在 ICSI 中，由于卵子激活失败或不足而导致受精失败的比率约为 39%。不同动物对 ICSI 后卵子的激活要求不尽相同。一般地，小鼠和人的 ICSI 卵子无须进行额外的激活处理，但牛 ICSI 卵子需进行激活处理后受精卵才会发育。也有人发现，人 ICSI 中也存在卵子激活不足的现象，此类个案通常需要施行额外的激活处理。理论上讲，如果精子状态良好，足以引起 ICSI 卵子的激活。对于那些经 ICSI 受精失败的卵子，可能是由配子的质量不佳所致，即便再次经激活处理，推测其发育结果也不会很好。

（五）造成受精卵非 2PN 的可能原因

无论经何种方法受精，在精子入卵后不久，精子与卵子的核将分别形成雄原核与雌原核。在一定时间段内，卵质中呈现 2 个原核，即 2PN。但在具体操作中，受精卵经常会出现 0PN、1PN，有时还会出现 3PN 甚至多 PN 的现象（Dayal et al.，2009；Figueira et al.，2011；马水英等，2014）。

1. 0PN 的发生

在精卵作用后，有些卵内并没有见到 PN 的存在，最终仍能够分裂成为胚胎，推测其确已受精。受精卵未观察到原核出现，可能是观察时间不对，原核可能尚未形成或已消失。这类胚胎无法判断其原核的数量，有 2PN、1PN 或多 PN 的可能。可以采取延长体外培养时间的方法，观察其囊胚发育能力，从中进行筛选。但也有研究指出，移植 0PN 与 2PN 来源的鲜胚或者是冻融胚胎，两者的移植妊娠结果是一致的。

2. 1PN 的发生

在人类 ICSI 临床应用中，约有 4%的受精卵会形成 1PN。以下 3 种情况中，可能会观察到 1PN 现象：①在观察原核数目时，雌、雄原核已经完成融合，胞质内虽然呈现 1PN，但却是由雌、雄原核融合而成；或只观察到其中一个发育较快的原核，而另一个原核尚未形成。②由于精子核存在去凝集障碍，不能形成雄原核，所看到的1PN是因孤雌形成的雌原核。③由于ICSI破坏了纺锤体，导致PB2不能正常排出，雌性原核无法形成；或由于卵母细胞激活障碍，不能形成雌原核，所观察到的只是雄原核。

据统计，1PN来源的胚胎，无论是来自体外受精还是ICSI，囊胚形成率均低于0PN和2PN来源，但移植妊娠率却是一致的。

3. 3PN的发生

ICSI后，3PN的发生率约为0.9%。3PN的发生可能与卵母细胞、精子质量及ICSI操作技术有关。①二倍体卵子和单倍体精子受精是3PN发生的重要原因。PB2未排出，卵子为二倍体；排出的PB2中不含有染色体；排出的PB2不含有全部染色体，其余染色体被核膜包裹形成独立的原核。②ICSI操作时破坏了细胞骨架，造成第二次减数分裂纺锤体的错误定位。③二倍体精子受精也是3PN发生的原因之一。在严重少精、弱精症患者中，二倍体精子发生率较高。无论是什么原因造成3PN，所形成的三倍体胚胎往往以早期流产告终。

4. 多于3PN的发生

受精卵中存在3个以上PN的概率约为0.2%。卵子质量异常是多原核出现的最主要因素。多原核形成与卵母细胞纺锤体微管缺陷有关，如纺锤体不能结合于染色体着丝粒而导致染色体偏离赤道板，纺锤体极体微管组织中心的微核活性发生改变，可形成多极纺锤体，使染色体发生多极分离，这些分离的染色体进而各自形成原核，最终导致多原核受精卵的产生。

四、ICSI的转基因应用

虽然有多种方法可以将外源基因整合至细胞基因组中，但采用精子作为载体，从理论上讲无疑是最直接、最有效的途径（胡骁睿等，2014）。将携带外源基因的精子通过ICSI技术直接注入卵母细胞内，有以下几个优点：①对外源基因片段的长度限制少，不仅可以导入小片段DNA（<5kb），还可以导入大片段DNA（11.9～170kb），甚至是人造染色体；②经单精注射的精子不需要具有外部结构的完整性及运动能力，可通过各种理化处理促进其与外源基因DNA的结合，提高基因导入效率；③精子和DNA的复合物直接注入卵母细胞，不需要体外受精的孵育过程，排除了透明带和卵质膜对精子入卵的阻碍作用，外源基因受损的概率大大降低，有利于导入基因保持完整性；④可以保证受精且不会造成多精受精，可以获得较高的成功率。

1999年，ICSI技术被首次应用于小鼠转基因。之后，利用ICSI技术相继获得转基因大鼠、猪、羊等。有关转基因技术的相关内容将专门在第十七章、第十八章、第十九章中叙述。

参考文献

陈大元. 2000. 受精生物学: 受精机制与生殖工程. 北京: 科学出版社.

郭洪, 万鹏程, 石文艳, 等. 2012. 不同品种绵羔羊超数排卵及胚胎体外生产技术研究. 畜牧与兽医, 44(10): 20-24.

胡骁睿, 朱志伟, 黄箐, 等. 2014. 胞质内单精子注射制备转基因猪技术的优势与前景. 安徽农业科学, 42(8): 2337-2339.

李光鹏, 旭日干. 2016. 动物解剖学、组织学与生殖生物学简明教程. 呼和浩特: 内蒙古大学出版社.

马水英, 李梅, 李城, 等. 2014. 体外受精周期中不同原核数发育囊胚使用价值的探讨. 现代妇产科进展, 23(6): 452-454.

秦鹏春. 2001. 哺乳动物胚胎学. 北京: 科学出版社.

孙新明, 魏泓, 王爱平. 2005. 山羊不同来源卵母细胞体外受精的研究. 西南农业大学学报(自然科学版), 27(2): 197-200.

严云勤, 李光鹏, 郑世民. 1995. 发育生物学原理与胚胎工程. 哈尔滨: 黑龙江科学技术出版社.

张春燕, 刘丽均, 徐平, 等. 2006. 大鼠体外受精技术. 动物医学进展, 27(8): 107-110.

张天荫. 1996. 动物胚胎学. 济南: 山东科学技术出版社.

张媛媛, 向卉芬, 谢鑫, 等. 2012. 卵胞质内单精子显微注射后异常受精的影响因素分析. 生殖与避孕, 32(12): 814-818.

赵丹凤, 刘丽均, 徐平, 等. 2007. 影响胞质内单精注射受精率的相关因素. 中国畜牧兽医, 34(1): 55-58.

Aoyagi Y, Fujii K, Iwazumi Y, et al. 1988. Effects of two treatments on semen from different bulls on *in vitro* fertilization results of bovine oocytes. Theriogenology, 30: 973-985.

Bailey JL. 2010. Factors regulating sperm capacitation. Sys Biol Reprod Med, 56: 334-348.

Brackett BD, Oliphant G. 1975. Capacitation of rabbit spermatozoa *in vitro*. Biol Reprod, 12: 260-274.

Brackett BG, Bousquet D, Boice ML, et al. 1982. Normal development following *in vitro* fertilization in the cow. Biol Reprod, 27: 147-158.

Breitbart H, Rubinstein S, Etkovitz N. 2006. Sperm capacitation is regulated by the crosstalk between protein kinase A and C. Mol Cell Endocrinol, 252: 247-249.

Breitbart H. 2002. Role and regulation of intracellular calcium in acrosomal exocytosis. J Reprod Immunol, 53: 151-159.

Christensen P, Stenvang JP, Godfrey WL. 2004. A flow cytometric method for rapid determination of sperm concentration and viability in mammalian and avian semen. J Androl, 25(2): 255-264.

Cozzi J, Monier-Gavelle F, Lievre N. 2001. Mouse offspring after microinjection of heated spermatozoa. Biol Reprod, 65: 1518-1521.

Dayal MB, Gindoff PR, Sarhan A, et al. 2009. Effects of triploidy after intracytoplasmic sperm injection on *in vitro* fertilization cycle outcome. Fertil Steril, 91: 101-105.

Figueira RC, Setti AS, Braga DP, et al. 2011. Prognostic value of triploid zygotes on intracytoplasmic sperm injection outcomes. Assist Reprod Genet, 28: 879-883.

Goto K, Kinoshita A, Takuma Y, et al. 1990. Fertilization of bovine oocytes by the injection of immobilized killed spermatozoa. Veter Record, 127: 517-520.

Ickowicz D, Finkelstein M, Breitbart H. 2012. Mechanism of sperm capacitation and the acrosome reaction: role of protein kinases. Asian J Andrology, 14: 816-821.

Kimura Y, Yanagimachi R. 1995. Mouse oocytes injected with testicular spermatozoa or round spermatids and develop into normal offspring. Development, 121: 2397-2405.

Kimura Y, Yasuyuki K, Yanagimachi R, et al. 1995. Intracytoplasmic sperm injection in the mouse. Biol Reprod, 52: 709-720.

Kishi J, Noda Y, Narimoto K, et al. 1991. Block to development in cultured rat 1-cell embryos is overcome using medium HECM-1. Hum Reprod, 6: 1445-1448.

Kuretake S, Kimura Y. 1996. Fertilization and development of mouse oocytes injected with isolated sperm heads. Biol Reprod, 55: 789-795.

Kwon IK, Park KE, Niwa K. 2004. Activation, pronuclear formation, and development in vitro of pig oocytes following intracytoplasmic injection of freeze-dried spermatozoa. Biol Reprod, 71: 1430-1436.

Leahy T, Gadella BM. 2011. Sperm surface changes and physiological consequences induced by sperm handling and storage. Reproduction, 142: 759-778.

Lee KB, Niwa K. 2006. Fertilization and development *in vitro* of bovine oocytes following intracytoplasmic injection of heat-dried sperm heads. Biol Reprod, 74: 146-152.

Liu JL, Kusakabe H, Chang CC, et al. 2004. Freeze-dried sperm fertilization leads to full-term development in rabbits. Biol Reprod, 70: 1776-1781.

Manjunath P, Therien I. 2002. Role of seminal plasma phospholipid binding proteins in sperm membrane lipid modification that occurs during capacitation. J Reprod Immunol, 53: 109-119.

Matt DW, Ingram AR, Graff DP, et al. 2004. Normal birth after single-embryo transfer in a patient with excessive polypronuclear zygote formation following *in vitro* fertilization and intracytoplasmic sperm injection. Fertil Steril, 82: 1662-1665.

McNutt TL, Killian GJ. 1991. Influence of bovine follicular and oviduct fluid on sperm capacitation *in vitro*. J Androl, 12: 244-252.

Palermo G, Oris H, Devroey P, et al. 1992. Pregnancies after intracytoplasmic injection of a single spermatozoon into an oocyte. Lancet, 340: 17-18.

Park CK, Ohgoda O, Niwa K. 1989. Penetration of bovine follicular oocytes by frozen-thawed spermatozoa in the presence of caffeine and heparin. J Reprod Fertil, 86: 577-582.

Parrish JJ, Krogenaes A, Susko-Parrish JL. 1995. Effect of bovine sperm separation by swimup or percoll on success of *in vitro* fertilization and embryo development. Theriogenology, 44: 859-869.

Parrish JJ, Susko-Parrish JL, Uguz C, et al. 1994. Differences in the role of cyclic adenosine 3, 5-monophosphate during capacitation of bovine sperm by heparin or oviduct fluid. Biol Reprod, 51(6): 1099-1108.

Parrish JJ. 2014. Bovine *in vitro* fertilization: *in vitro* oocyte maturation and sperm capacitation with heparin. Theriogenology, 81: 67-73.

Penfold LM, Garner DL, Donoghue AM, et al. 1997. Comparative viability of bovine sperm frozen on a cryomicroscope or in straws. Theriogenology, 15, 47(2): 521-530.

Rahman S, Kwon WS, Pang MG. 2014. Calcium influx and male fertility in the context of the sperm proteome: an update. BioMed Research Internat, Article ID 841615.

Steptoe PC, Edwards RG. 1978. Birth after the reimplantation of human embryos. Lancet, 2: 880-882.

Visconti PE. 2009. Understanding the molecular basis of sperm capacitation through kinase design. Proc Natl Acad Sci USA, 106: 667-668.

Witte TS, Schäfer-Somi S. 2007. Involvement of cholesterol, calcium and progesterone in the induction of capacitation and acrosome reaction of mammalian spermatozoa. Anim Reprod Sci, 102: 181-193.

（李光鹏）

第三章　胚胎体外生产

胚胎体外生产（*in vitro* production，IVP）是指在体外条件下生产胚胎的过程，这一过程包括卵母细胞的体外成熟、体外受精和胚胎的体外培养（IVM-IVF-IVC）。其中 IVM 和 IVF 已在前两章做了阐述，本章主要介绍胚胎的体外培养（*in vitro* culture，IVC）和胚胎体外生产技术。

哺乳动物胚胎的体外培养操作可以追溯到 Brachet 于 1913 年对比利时兔的囊胚所进行的培养实验。在 1957 年，Whitten 用含有 BSA 的生理盐液和乳酸盐液配成的简单培养液，把小鼠 2-细胞胚胎培养到囊胚期，这一结果在当时十分轰动。随后，利用体外胚胎培育技术相继获得了小鼠、大鼠、仓鼠和家兔等实验动物和猪、牛、羊与马等家畜。适宜的胚胎培养系统是动物胚胎生物技术，如体外受精、胚胎分割、胚胎嵌合、体细胞克隆、转基因克隆等成功的基础条件和基本保证。

第一节　哺乳动物早期胚胎发育

为了更好地学习体外条件下早期胚胎发育和胚胎体外生产，首先需要了解胚胎的正常发育过程与发育特点，本节简要介绍哺乳动物早期胚胎发育过程中的一些关键事件。

在体内状态下，虽然不同动物胚胎的发育速度有所差别，但都是按照严格的时空规律进行的，经历了受精卵、2-细胞、4-细胞、8-细胞、16-细胞、桑椹胚、囊胚、囊胚孵化与着床植入等过程。图 3-1 示意了哺乳动物从卵母细胞在卵巢内的生长与成熟，到排卵、受精、卵裂及进入子宫的体内发育全过程。

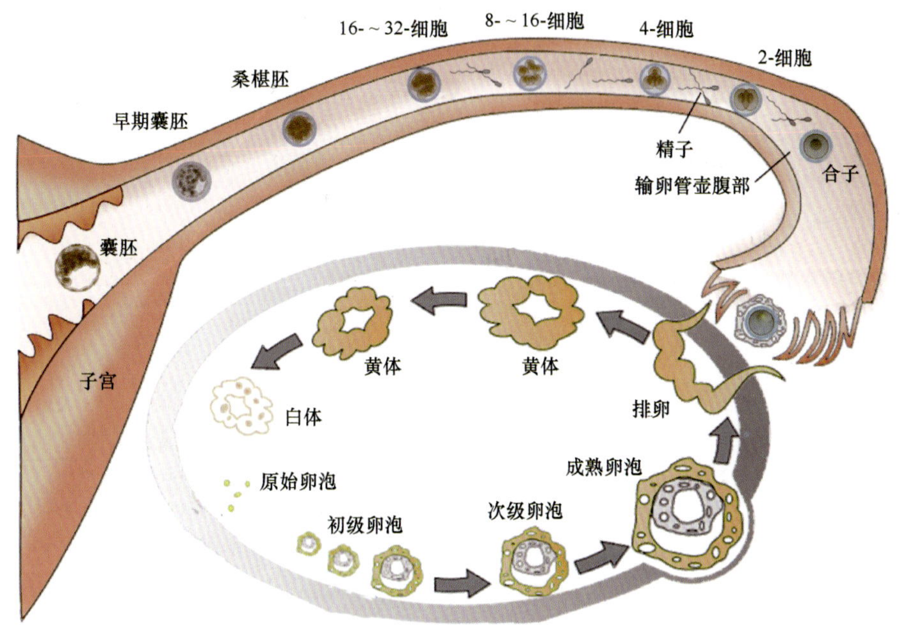

图 3-1　哺乳动物卵泡发育、排卵、受精与胚胎发育过程示意图

精子与卵子在输卵管壶腹部相遇并受精，随之在输卵管中发生卵裂，逐渐向子宫方向运动并最终进入子宫，与子宫内膜识别并完成植入

在形态变化上，从受精卵到囊胚孵化，可分为 4 个主要阶段：卵裂、紧密化（桑椹胚形成）、囊胚形成（形成囊胚腔）和囊胚孵化（自透明带孵出，准备着床）。从质变的角度，早期胚胎发育经历了母源—合子基因转变、桑椹胚致密化、第一次细胞分化和为着床做准备的囊胚孵化等 4 个时期。

一、母源—合子基因转变

（一）母源基因产物的积累

在哺乳动物中，由受精卵开始的最初的卵裂是“被动”进行的，指导最早几次卵裂的动力来源于卵母细胞的母源性遗传物质，即由源自卵母细胞发生期间合成的大量蛋白质和 mRNA 等。在卵子发生过程中，母源基因产物大量合成并在卵胞质中积累。以小鼠为例，卵子在生长过程中，体积增加了 200～300 倍；在此期间，卵内发生着剧烈的代谢活动，大量的 mRNA、蛋白质和大分子物质合成并储存于卵质中。最近的组学数据显示，母源基因产物对胚胎早期发育的贡献十分巨大，卵母细胞中的母源基因产物的含量占整个基因组可编码蛋白容量的 50%以上；卵母细胞中储存大量的 mRNA 在受精后传递到早期胚胎中（De Renzis et al.，2007；Tadros et al.，2007）。这些 mRNA 不只是“管家型” mRNA；有许多是奢侈型蛋白，在调节细胞周期、信号和转录中起作用（Siddiqui et al.，2012）。

（二）母源—合子基因转变

在最初的胚胎发育中，父本的基因几乎不起什么作用，均由来自母本的基因产物直接控制。随着卵裂的进行，母源 mRNA 逐步消耗，同时来自合子的基因逐渐被激活，胚胎发育也过渡到由合子基因产物所控制，胚胎发育实现了由母源向合子调控的过渡。这种现象被称为母源基因调控向胚胎自身基因调控转变，即母源—合子基因转变（maternal-zygotic transition，MZT），也被称为合子基因组激活（zygotic genome activation，ZGA）。MZT 或 ZGA 发生后，胚胎发育就完全受控于合子基因组。

（三）MZT 发生过程

在 MZT 期间，有两个事件共同开启与完成了母源—合子基因的转变。第一个事件为母源性 mRNA 的消除（或降解）；第二个事件是合子基因组的激活。

1. 母源性转录物的消除

MZT 的第一个事件就是母源性转录物的消除（elimination of maternal transcript）。最初的几次卵裂，由母源性 mRNA 的翻译产物所调控，母源性 mRNA 处于持续的消耗状态，数量在减少；当合子基因组启动时，又进一步消耗了母源性产物，产生的 microRNA（miRNA）作为一种反馈，进一步促使母源性 mRNA 的降解（Tadros et al.，2007）。在胚胎中最早合成的新型 mRNA，加剧了合子基因组转录的激活（Takaoka and Hamada，2012）。

受精作用引起了卵质中母源性产物由稳定状态变为不稳定状态。处于不稳定状态的 mRNA 容易被清除掉，这些转录物被清除前，在卵内可能留存数天、数周，甚至数月，但可以在数小时内被快速清除掉。引起 mRNA 不稳定的因素有两个：第一，精子入卵引起了卵子激活，卵胞质内的 mRNA 被调动起来，其翻译产物参与卵裂的调控；第二，“合子”基因组的激活使一部分稳定状态的 mRNA 转变为不稳定状态，参与合子基因组激活的调控。在对果蝇（*Drosophila melanogaster*）的研究中发现，受精后引起了 20%以上的母源性转录物不稳定。当合子基因组被激活后，又降解了至少 15%的母源 mRNA（Bashirullah et al.，1999；Tadros et al.，2007）。通过这两次作用，在 MZT 结束后，致使 35%的母源性转录物被消除（降解）（De Renzis et al.，2007）。在小鼠中，受精作用可使 33%的母源性 mRNA 处于不稳定状态（Hamatani et al.，2004；Alizadeh et al.，2005），在受精后发生降解。

2. 合子基因组激活

MZT 的第二个事件是合子基因组转录的启动，通常也称为合子基因组激活（ZGA）。ZGA 的发生呈现一种连续的、程度逐渐升高的态势。从有丝分裂角度看，小鼠和海胆胚胎的 ZGA 发生得最早，在 1-细胞期就出现第一次转录波。在小鼠 1-细胞胚胎期，观察到 5-溴尿苷三磷（5-bromouridine-5′-triphosphate，BrUTP）结合到雄原核中（Aoki et al.，1997；Hamatani et al.，2004；Zeng et al.，2004），表明开始出现 RNA 转录；在胚胎发育至 2-细胞期时，随着合子基因组的激活，发生了大规模的快速降解，大部分的母源性 mRNA 被降解（Hamatani et al.，2004）；母源性转录物的不稳定与其被降解的活动相吻合（Baugh et al.，2003；Mathavan et al.，2005；Ferg et al.，2007）。

3. ZGA 启动的时间及其机制

目前，有 4 种可能的机制可以阐述 ZGA 的启动。

（1）核质比

有关核质比（nucleocytoplasmic ratio）调控胚胎细胞周期的研究已有百年历史（Masui and Wang，1998）。核质比模型的假说认为，ZGA 的抑制物存在于早期胚胎的细胞质中，这种抑制物随着细胞核数的增加而被稀释。这种模型是在研究非洲爪蟾（*Xenopus laevis*）时建立的。在多精受精的爪蟾胚胎中，合子的转录活动要比正常单精受精胚胎提前 2 个卵裂周期进行；而且爪蟾 ZGA 的发生时间并不依赖于一个特定的卵裂次数、DNA 复制次数或“时钟”机制（Newport and Kirschner，1982a，1982b）。

来自斑马鱼的证据也支持核质比学说。在斑马鱼突变体中，虽然突变阻止了染色体的分离，但并不影响细胞分裂，而是产生了多倍体细胞，核质比大幅提高；其结果是突变体斑马鱼的 ZGA 转录要比野生型早几个细胞周期（Dekens et al.，2003）。

（2）母源性时钟

基于卵子激活或受精激发了合子基因转录这样一个事实，人们提出了不依赖于细胞周期的母源性时钟（maternal clock）学说。在 *X. laevis* 中发现，MZT 期间发生的 Cyclin A 与 Cyclin E1 蛋白降解的时间与核质比无关（Howe et al.，1995；Howe and Newport，1996）。母源性时钟需要母源 mRNA 的翻译，当使用翻译抑制剂 cycloheximide 处理胚胎时，83%的胚胎不能发生 ZGA（Hamatani et al.，2004）。在 *D. melanogaster* 中，大多数 ZGA 的发生依赖于纯粹的时间节点或胚胎发育时期，而非核质比（Lu et al.，2009）。而且大多数母源性转录物去稳定性所需要的物质在 ZGA 期间转录活跃，母源性 mRNA 的降解能够启动 ZGA（Tadros et al.，2007；Benoit et al.，2009）。在对 *D. melanogaster* 胚胎进行活体成像观察时，当用 RNA 干扰（RNAi）去除细胞周期蛋白的影响后，阻止了细胞核进入有丝分裂，但中心体的分裂继续，细胞周期长度延长，而核质比是恒定的（McCleland and O’Farrell，2008）。

（3）转录终止

第三个假设认为在早期的快速卵裂期间，由 DNA 复制装置引起的 DNA 复制终止引起了不完全的合子转录，此即转录终止（transcription termination）假说。在 *X. laevis* 和 *D. melanogaster* 研究中，利用抑制剂阻止细胞周期，延长间期，可引起 ZGA 提前发生（premature ZGA）。如果抑制过度，则会引起转录失败。在 *D. melanogaster* 中，大部分早期表达的基因均缺少内含子，而且都是编码小蛋白的基因（De Renzis et al.，2007）。

（4）染色质调节

第四个模型认为，合子的染色质在起始时不足以满足转录激活，即染色质调节（chromatin regulation）学说。在小鼠中，首次转录活性出现在 1-细胞期中期的雄原核中。受精后不久，紧密包裹精子的鱼精蛋白被母源性来源的组蛋白所取代，这些组蛋白要比与雌原核关联的组蛋白更容易发生乙酰化（Adenot et al.，1997；Santos et al.，2002）。这些组蛋白乙酰化水平的提高，引起了雄原核与雌原核的转录活性差异（Ura et al.，1997）。当使用可改变染色质结构的药物处理受精卵时，可以诱导转录活动提前发生（Aoki et al.，1997），推测 ZGA 的发生时间可能部分地受染色质修饰的调节。BRG1（SMARCA4）已被证明是一种母源性因子，是一种 SWI/SNF 相关染色质重塑复合体的组分，SWI/SNF 复合体被转录因子募集到核 DNA 后，可以调节 ZGA。当去除 BRG1 时，可引起 ZGA 期间 30%的基因转录失败（Bultman et al.，2006）。

4. ZGA 的功能

为了研究 ZGA 在发育中的作用，可以在受精后使用药物把转录活动完全抑制，或者通过遗传操作阻止一些或全部基因停止转录，以观察胚胎发育情况。当使用 RNA 聚合酶Ⅱ的抑制剂 α-鹅膏蕈碱（amanitin）处理小鼠受精卵时，胚胎可以发育到 2-细胞，但其后的发育受阻（Braude et al.，1979）。在黑腹果蝇（*D. melanogaster*）中，利用 α-鹅膏蕈碱处理胚胎后，可以阻止卵裂（Edgar and Datar，1996）。在秀丽隐杆线虫（*Caenorhabditis elegans*）的 4-细胞期，首次检测到一些转录活动（Seydoux and Fire，1994；Seydoux et al.，1996），但当用 α-鹅膏蕈碱处理胚胎后，胚胎还可以继续运行 6～7 个细胞周期，发育到原肠期，但其后的发育受到阻抑（Edgar et al.，1994）。在蛙类（Newport and Kirschner，1982a）和斑马鱼（Zamir et al.，1997）中，合子基因组的激活是原肠作用发生的前提。

（四）不同动物的 ZGA

1. 小鼠的 ZGA

小鼠的 ZGA 始于 1-细胞晚期，发生在 1-细胞的 S 期到 G_2 期，更精确地是在 1-细胞的 S 期的中期。但由于合子的转录产物对第一次有丝分裂无调节作用，因而推测 ZGA 爆发式表达发生在 2-细胞期的后期（Schultz，1993，2002）。以 α-鹅膏蕈碱处理受精卵时，不能抑制受精卵的第一次有丝分裂，但可将小鼠的胚胎阻滞在 2-细胞期。由此可见，在 2-细胞后期，母源性转录产物降解加快，合子转录产物急剧增加，蛋白质的合成模式由母源性为主过渡到胚胎为主，而且胚胎转录产物对第二次分裂是完全必需的（Schultz，2002）。

研究发现，小鼠卵母细胞可以合成核小体的 5 种主要组蛋白，但 1-细胞胚胎只能合

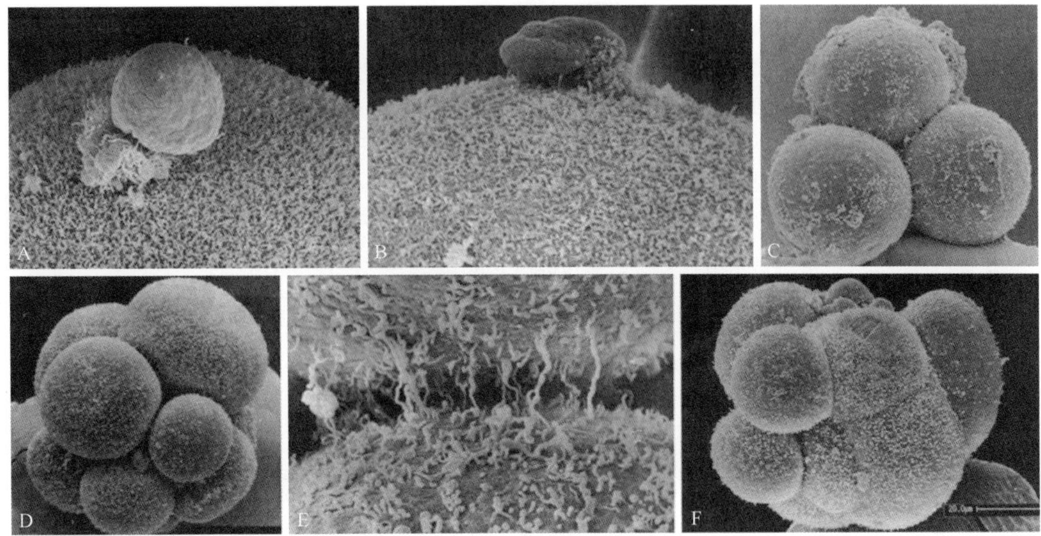

图 3-3　人胚胎致密化桑椹胚的形成过程

缝隙连接蛋白是细胞间建立缝隙连接的基础，在保持细胞形态、细胞分化和生长调控方面起着非常重要的作用，它相当于细胞内的管道，用于离子、代谢物和二级信使的交换。在人的细胞中，发现了 21 种缝隙连接基因；在小鼠中，发现了 20 种缝隙连接基因。不同的缝隙连接蛋白表现出不同的组织和细胞类型专一性，而且同一组织或细胞表达不止一种缝隙连接蛋白。在植入前胚胎中表达的缝隙连接蛋白主要有 Cx26、Cx32、Cx37 和 Cx43。在人和牛的囊胚中，主要表达 Cx43 和 Cx31 蛋白聚合体。在人胚胎中，Cx43 含量从第四天的胚胎中开始逐渐增高，到囊胚时表达量提高 10 倍。在牛胚胎中也发生类似的现象。如果胚胎中的 Cx43 不表达或表达量低，这些胚胎就不能发生致密化。Cx43 的作用是增强胚胎细胞间通讯、促进胚胎致密化。

上皮钙黏蛋白（E-cad）是桑椹胚外层细胞或囊胚滋养层细胞间紧密连接复合体形成的主导因子，胚胎致密化和囊胚的形成都依赖于这种蛋白质。如果这种蛋白质缺失或其功能得不到正常发挥，胚胎在桑椹胚或囊胚期的发育将出现异常。用 E-cad 抗体处理小鼠 8-细胞期胚胎后，胚胎不能发生致密化；当处理 16-～32-细胞胚胎后，胚胎发生去致密化。将 E-cad 基因敲除后，其胚胎不能发育为正常囊胚，也无法从透明带中孵化出来。牛胚胎在注射 E-cad dsRNA 后，与对照相比，桑椹胚和囊胚的 E-cad 相对表达量减少了 80%，蛋白表达量也显著降低，囊胚发生率大大降低。在克隆胚胎中也发现，E-cad 的表达水平明显低于正常胚胎。这些结果表明，E-cad 的表达对胚胎的致密化和正常发育至关重要。

（三）体内胚胎与体外胚胎致密化差异

桑椹胚致密化是胚胎得以继续发育的关键。在目前的技术条件下，体外生产的胚胎，包括体外受精与克隆胚胎，有相当一部分不能进行有效的桑椹胚致密化，或者说桑椹胚的致密化程度不高。在牛胚胎中，体内和体外发育的胚胎致密化的发生时间不一样，体内胚胎的致密桑椹胚的细胞数可达到 95 个，大约在达到 100 个细胞数时进入囊胚期；

体外发育的胚胎致密化持续时间短，不像体内胚胎具有明显的致密化过程，在 32-～64-细胞期即进入囊胚期，导致囊胚内细胞团（inner cell mass，ICM）细胞数偏少（图 3-4），这可能是由于体外培养环境缺乏母体控制，囊胚腔液的形成无法被抑制，导致囊胚腔易扩展。

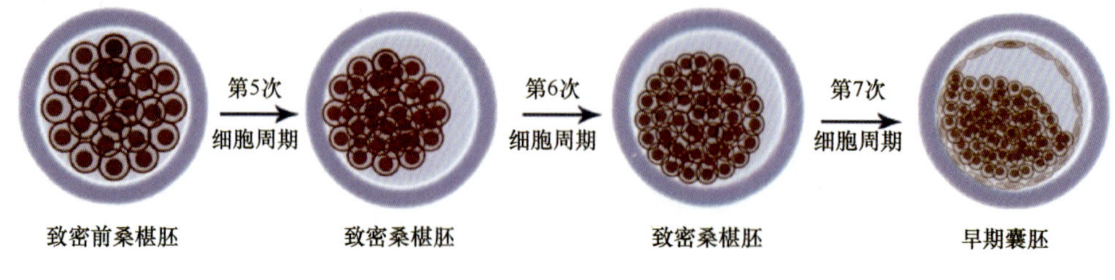

体内发育胚胎

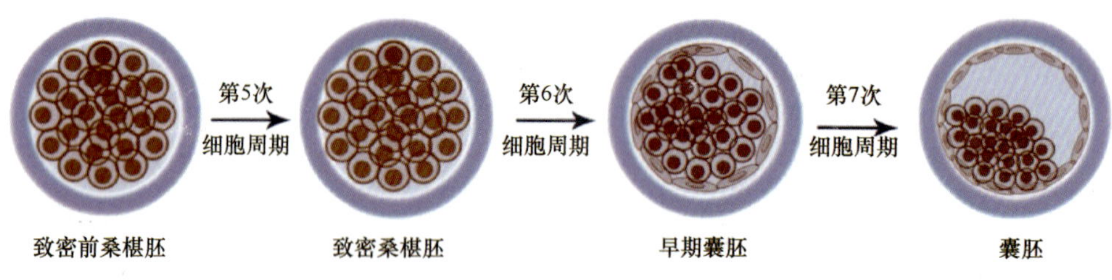

体外发育胚胎

图 3-4　牛体内发育胚胎与体外发育胚胎的致密化与囊胚形成过程示意图

体内胚胎的桑椹胚致密化程度强，表现为致密化后的卵周隙大，囊胚的内细胞团（ICM）细胞数多；体外胚胎的致密化时间短，比体内胚胎提前一个周期进入早期囊胚，致密化程度弱、卵周隙小、ICM 细胞数少

三、囊胚形成机制

囊胚中 ICM 和滋养外胚层（trophectoderm，TE）的分化是公认的哺乳动物发育过程中的第一次细胞分化。致密桑椹胚形成以后，囊胚腔开始出现，先形成小的腔隙，由数个小腔隙形成大的囊胚腔。位于内部的细胞分裂形成囊胚的 ICM，而定位在表面的细胞发育成 TE。随着囊胚的发育，囊胚腔越来越大。

（一）细胞的极化现象

在桑椹胚致密化过程中，每个卵裂球都沿着顶-底轴出现极性变化。与细胞极性建立相关的蛋白质，如 Ezrin、蛋白激酶 C（PKC）、Par3、Par6 和非典型蛋白激酶 C（aPKC），不对称地定位在致密化桑椹胚的细胞顶极区；蛋白质 Par1 和 E-cad 则定位到细胞的底外侧区。胚胎由 8-细胞向 16-细胞分裂时，出现了有极性和无极性两类细胞。卵裂平面与胚胎表面垂直的卵裂球（对称分裂），所产生的两个子代细胞均遗传有顶膜及基底区域的胞质，两者都有极性，分布在胚胎的外周。而卵裂平面与胚胎表面切线平行的卵裂球（不对称分裂）所产生的两个子代细胞中，一个遗传有整个顶膜区域的胞质及一部分内侧部分胞质；另一个仅遗传有内侧胞质。因此，前者是有极性的，分布在胚胎外周；后者是非极性的，分布在胚胎内部。

胚胎由 16-细胞向 32-细胞分裂时，胚胎外周的细胞仍然以垂直或者平行于胚胎表面的方式继续分裂，分别产生两个有极性的外部细胞或者是一个外部极性细胞和一个内部非极性细胞。处于外层的细胞或外侧的细胞部分，形成了紧密连接、黏附连接、桥粒与缝隙连接。缝隙连接为胚胎细胞间进行物质交换提供了条件，紧密连接则使胚胎形成相对封闭的内环境，用以积存囊胚腔液。这一系列分裂过程导致了囊胚的形成，其中无极性的 ICM 细胞由 8-～16-细胞时期或 16-～32-细胞时期的不对称分裂产生，外部极化的细胞将形成具有完全紧密连接的滋养层细胞。正是外部极化细胞之间存在的广泛而致密的紧密连接，将囊胚构建成一个具有稳定微环境的微生态系统。

（二）囊胚形成的相关基因

1. Na/K-ATP 酶基因

囊胚腔液的形成，其驱动力来自 Na/K-ATP 酶，编码 Na/K-ATP 酶的基因是管家基因，该酶是囊胚形成的关键调节因子，其功能是调节细胞体积和离子浓度。该酶能不断地将 Na^+由浓度低处向浓度高处运输，使囊胚腔内 Na^+浓度比胚胎外面高。由于渗透压作用，水分由外进到囊胚腔，使囊胚腔进一步扩大。Na/K-ATP 酶由 α、β、γ 三个亚单位组成。α1 亚单位在牛胚胎植入前各阶段都转录。β1 亚单位在 2-细胞、4-细胞、8-细胞的鼠胚中转录，在由桑椹胚向囊胚发育时，β1 mRNA 迅速增加。对牛胚胎研究表明，α1、α2、α3 和 β2 亚单位在胚胎致密化前都表达，到桑椹胚后，β1 亚单位表达也增多。这一结果表明，β1 亚单位与囊胚腔形成的开始时间是一致的，它在调节 Na/K-ATP 酶活性及囊胚形成上可能有重要作用。该酶的活性受滋养层细胞紧密连接的形成、细胞骨架的分布、细胞黏附分子及生长因子的影响。

2. 细胞因子与生长因子

由子宫内膜分泌的细胞因子和生长因子直接作用于胚胎，从而控制植入前胚胎正常发育并促进囊胚孵化。在小鼠胚胎培养基中，添加胰岛素样生长因子（IGF）和表皮生长因子（EGF），有利于胚胎从透明带孵出。另外胚胎自身也能产生大量细胞因子。在小鼠胚胎中，IGF 和 EGF 能分别通过自分泌作用和旁分泌作用促进囊胚腔的扩张膨大。人植入前胚胎产生的生长因子包括白细胞介素-1（IL-1）、白细胞介素-6（IL-6）、集落刺激因子-1（CSF-1）及肿瘤坏死因子-α（tumor necrosis factor-α，TNF-α）。生长因子能激活 Na/K-ATP 酶，促进 Na^+浓度梯度变化，改变囊胚腔液体渗透压，从而影响囊胚的形成。

3. 多潜能关键基因

1）*Oct4* 基因：敲除 *Oct4* 基因的小鼠胚胎不能形成内细胞团，且完全由滋养外胚层组成。

2）*Nanog* 基因：该基因缺陷小鼠，其囊胚的内细胞团只能分化产生部分内胚层样细胞，不能形成正常胚体。

3）*Sox2* 基因：在内细胞团和滋养层细胞中表达，它的表达与 *Oct3/4* 有很大的重叠性。*Sox2* 基因敲除的小鼠能发育至囊胚，但不能形成上胚层。*Oct4* 与 *Sox2* 协同调控的靶基因包括 *FGF4*、*UTF1*、*Fbx15* 及 *Nanog* 等基因。

4）*Foxd3* 基因：*Foxd3*$^{-/-}$突变的小鼠囊胚似乎表型正常，也表达 *Oct4* 等基因，但 *Foxd3*$^{-/-}$胚胎在交配后天数（days postcoitum，dpc）为 6.5 时死亡，而且胚胎中缺失了外胚层细胞，揭示该基因对外胚层的发育是必需的。

5）其他基因：*TNF-α* 基因对内细胞团的增殖有抑制作用，可导致囊胚内细胞团细胞数目减少；*IGF-1* 和 *IGF-2* 可诱导内细胞团增殖，而白血病抑制因子（LIF）可抑制其分化。

四、囊胚孵化机制

囊胚孵化是胚胎植入子宫内膜完成着床的先决条件。胚胎在植入前由透明带包裹着，透明带对胚胎的早期发育起着重要的保护作用。当胚胎发育到囊胚阶段进入子宫要植入时，才会脱去透明带，从透明带中孵化出来。在囊胚孵化的整个过程中，受到多种因素的调节，而且这些调节具有精确的时空模式。这些调控因子包括蛋白酶、生长因子、转录因子和第二信使等，它们调控孵化前囊胚的扩张和收缩、透明带的溶解及胚胎的孵出等重要的孵化事件。囊胚孵化的成功与否决定着胚胎随后的生存和发育，任何影响囊胚孵化的不良因素都会引起胚胎植入失败。

（一）囊胚孵化过程

可以将囊胚的发育分为几个阶段：早期囊胚，即局部出现囊胚腔隙；囊胚，即形成一个大的囊胚腔，但胚胎的体积没有发生明显的变化；扩展囊胚，即囊胚腔继续扩大，囊胚体积显著增大；孵化囊胚，即从透明带中孵出的囊胚。从早期囊胚到孵化囊胚，最显著的一个形态变化是囊胚腔越来越大、囊胚腔液越来越多。

囊胚孵化是透明带破裂、囊胚脱离透明带的过程。在孵化前，扩展囊胚会继续扩张，透明带趋于变薄，可能是囊胚腔液的持续压力，在透明带的最薄弱处形成一个破口，囊胚随后从破口处逐渐孵化出来（图 3-5）。在小鼠、大鼠、猪、羊、牛、恒河猴和人的囊胚中，在体外培养条件下有一部分能够自发发生孵化，而且培养环境显著影响孵化率（图 3-6）。在体外条件下，马的囊胚孵化很困难，尚未找到合适的可以引起自发孵化的培养液；培养 10 天后，极度扩展的囊胚已经是培养 7 天的囊胚的数倍，但仍不能从透明带中孵出（图 3-7）。

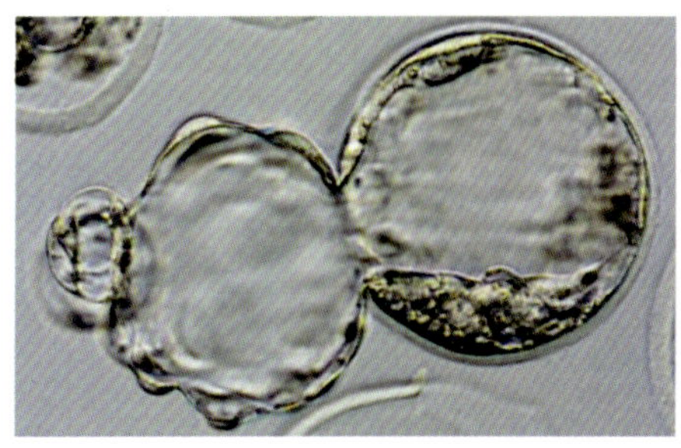

图 3-5　孵化中的小鼠囊胚

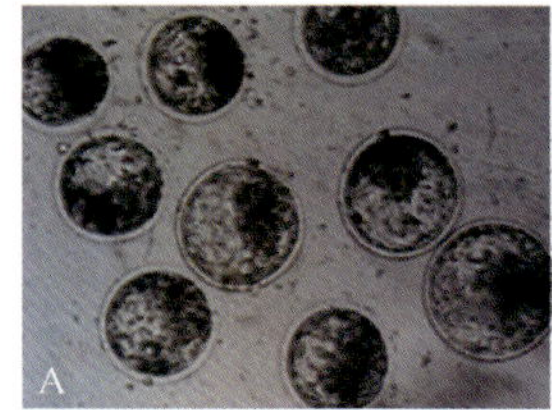

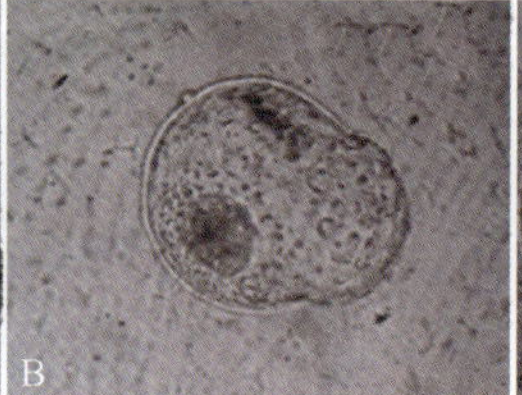

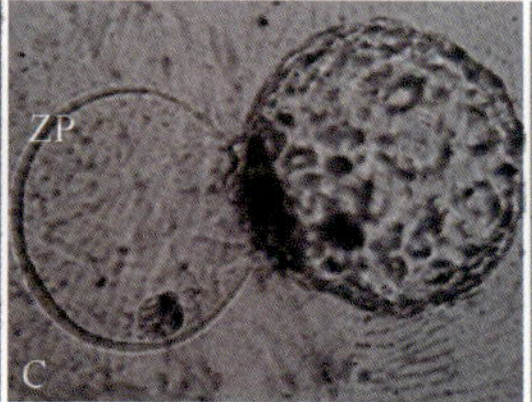

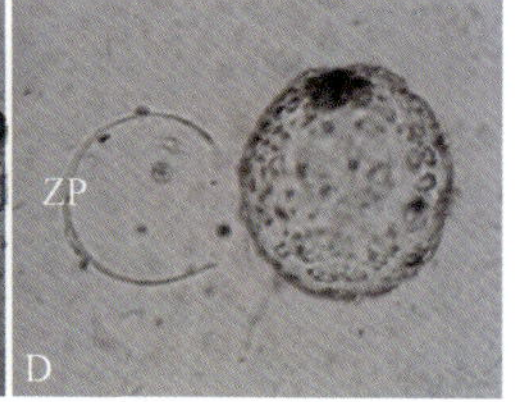

图 3-6　人囊胚孵化过程

ZP：透明带

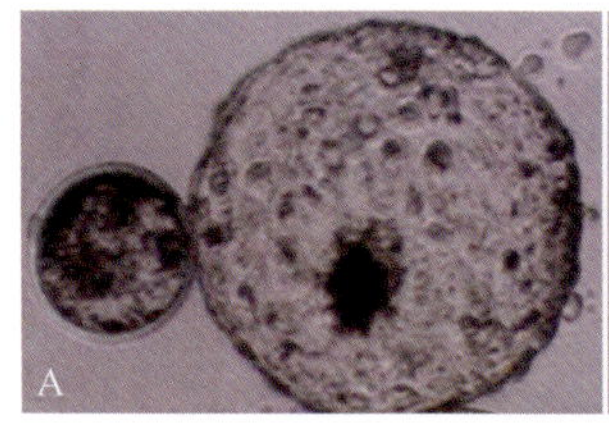

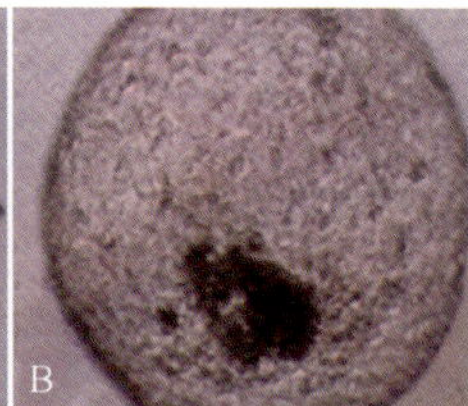

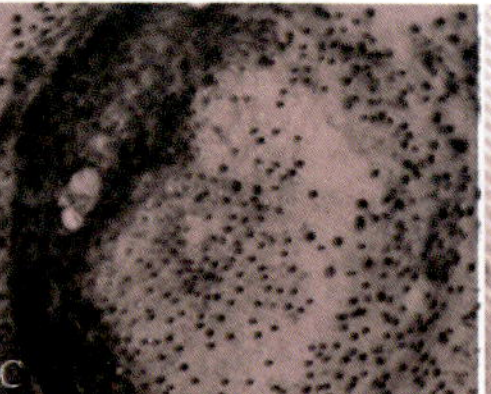

图 3-7　牛囊胚孵化（A～C）与马的极度扩展囊胚（D）

（二）囊胚孵化的可能机制

囊胚孵化是一个由多分子参与调控的复杂过程，孵化中的囊胚和子宫内膜均参与调控透明带的破裂。仓鼠的囊胚孵化比较特殊，其囊胚在发育的早期一直处于扩张状态；在临近孵化前，囊胚会发生明显的紧缩；囊胚滋养层细胞在局部区域会形成突起向外伸展，称为滋养外胚层突起（trophectodermal projection，TEP）。在其他物种上，如牛、马、人、猴和豚鼠的植入前囊胚上也存在 TEP。在囊胚孵化期间，TEP 具有高度的伸展性，表现出明显的波形运动，可长达 17μm，能通过卵周隙穿透 5μm 厚的透明带，引起透明带局部或整体裂解。

透明带的主要成分是蛋白质，因而透明带的裂解肯定有蛋白酶的参与。不同物种由于透明带成分和结构不同，使得透明带对蛋白酶的敏感性也不相同。研究发现，参与透明带溶解的蛋白酶主要有丝氨酸蛋白酶和半胱氨酸蛋白酶。在小鼠子宫内膜和囊胚中分离纯化出两类丝氨酸蛋白酶，分别是植入期丝氨酸蛋白酶（implantation serine proteinase）ISP1 和 ISP2。这两类蛋白酶在小鼠囊胚中共表达，形成一个有活性的异二聚体蛋白酶，此酶具有类似胰蛋白酶的活性，定位在囊胚孵出的位置，是参与小鼠透明带溶解和囊胚孵化的一类关键酶。金黄地鼠的囊胚能表达半胱氨酸蛋白酶，因此金黄地鼠的透明带对半胱氨酸蛋白酶非常敏感，将其暴露于外源性的半胱氨酸蛋白酶，几秒钟透明带就会被溶解，而小鼠的透明带需要 10min 以上才能发生反应。在 TEP 上有半胱氨酸蛋白酶，当 TEP 遇到透明带时，可先使透明带局部溶解，进而引起整个透明带的溶解消失。

在 TEP 中还发现了环氧合酶-2（cycloxygenase-2，COX-2），COX-2 在小鼠、大鼠、金黄地鼠、兔、绵羊、猪和人等中参与了囊胚的发育和孵化过程。研究发现，COX-2 的抑制剂 NS-398 和 CAY-10404 可抑制金黄地鼠囊胚孵化前的紧缩，降低蛋白酶的表达，影响透明带的溶解和囊胚的孵化。

（三）囊胚孵化的生物学意义

囊胚孵化是胚胎在子宫内膜中植入的先决条件。只有从透明带中完全孵化出来的胚胎，才具有侵入子宫内膜的能力。如果囊胚孵化失败，胚胎不可能完成与子宫内膜的识别，胚胎无法植入。胚胎植入过程是一个精确的由滋养层细胞与子宫内膜上皮之间相互识别的过程。子宫着床窗口的开放有较为严格的时间限制，胚胎首先要识别出窗口，再完成细胞识别；随后囊胚进行定位、黏附并开始侵入子宫内膜；之后穿过基膜侵入基质并开始形成胎盘。这些过程只发生在无透明带包被的孵出囊胚。

五、胚胎的细胞凋亡

在早期胚胎发育的各个阶段都能够检测到明显的凋亡信号，以囊胚阶段最为明显。形态正常的胚胎也能检测到凋亡信号，在发育不良或发育受阻的胚胎中凋亡程度更大。通过光镜和超微结构观察，在多种动物包括小鼠、牛、狒狒、恒河猴、人的囊胚中均有凋亡细胞，表现为细胞核/细胞质碎裂、染色质凝集、核膜丢失等。

（一）小鼠和人胚胎的细胞凋亡

1. 小鼠胚胎中的细胞凋亡

在小鼠囊胚中，细胞凋亡是一个常见的现象。从注射 hCG 后 84～96h 的子宫中收集囊胚，囊胚的细胞数为 50～90 个。几乎每个囊胚的 TE 中都有一个或几个凋亡细胞，而在 ICM 中有 10%～20%的细胞有凋亡信号。因而，凋亡主要发生在 ICM 中。

凋亡与胚龄有关，在 hCG 注射后 96h 收集到的胚胎含有 60～110 个细胞，此时是一个凋亡峰区；而在孵化囊胚，即在着床前的囊胚中凋亡率最低。

凋亡率与细胞数量有关，在细胞数少的囊胚中，最高可以有 20%以上的凋亡率；而在细胞数多的囊胚中，如细胞数在 100 个以上，凋亡率基本一致，不会超过 5%。

大鼠胚胎的凋亡情况与小鼠类似。

2. 人胚胎中的细胞凋亡

人的囊胚中普遍存在凋亡现象，75%以上的囊胚中有 1 个至数个凋亡细胞，平均凋亡率约为 15%。与小鼠胚胎不同，人囊胚的 TE 和 ICM 的细胞凋亡率是一致的，均为 7%～8%。胚胎的质量也与凋亡率有关，形态良好的囊胚的凋亡率为<10%，而质量差的囊胚接近 30%。

同小鼠一样，囊胚的细胞数量与凋亡率直接相关，细胞数少的囊胚凋亡率高达 30%，而多于 80 个细胞的囊胚中，凋亡率低于 10%。

（二）胚胎细胞凋亡的可能机制

细胞凋亡作为植入前胚胎发育的一种常见现象，可能是胚胎对环境应激和染色体异常做出的应对反应。促凋亡因子和抗凋亡因子在调节胚胎细胞存活与凋亡方面起关键作用，两者间的平衡决定胚胎的生存或死亡。已发现多个凋亡基因在早期胚胎中表达，如人和大鼠植入前胚胎中发现 *Fas-FasL* 表达；在人早期胚胎中发现 BCL-2 家族、免疫抑制酸性蛋白（IAP）家族、肿瘤坏死因子（TNF）家族、p53 及与凋亡关系密切的 caspase 家族等。即使在形态正常的胚胎中，也能检测到这些与凋亡发生直接相关分子的 mRNA 及其蛋白质，而这些分子表达量的变化决定着胚胎的命运。

同细胞增殖一样，胚胎细胞凋亡也是受基因调控的精确过程，主要是通过 2 条途径实现的：①通过细胞膜上的受体激活半胱氨酸蛋白酶 3（caspase-3）导致细胞凋亡；②通过胞质内线粒体中细胞色素 c 释放激活 caspase-9，进而活化 caspase-3 促进凋亡。

（三）胚胎细胞凋亡的生物学意义

早期胚胎中发生细胞凋亡，是一种正常的自然现象，有重要的生物学意义。

1. 清除含有异常染色体组成的细胞

在胚胎中，存在一定比例的染色体异常或核异常的细胞。而且有相当比例的胚胎存在嵌合体现象，即一个胚胎既有二倍体细胞，也有非二倍体细胞。通过凋亡策略可以清除这些异常细胞，维持胚胎正常发育。

2. 清除那些具有不合适发育潜力的细胞

通过凋亡清除那些胚胎正常发育过程中不再需要的细胞。在囊胚发育早期，ICM 细胞可以向 TE 细胞分化，但在发育后期，不再需要由 ICM 细胞向 TE 细胞分化。但仍有一定数量的细胞已经在向着 TE 方向发育的途中，这些细胞可能被以凋亡的方式清除掉。

3. 对不适宜的发育条件的负反馈

体外培养的胚胎发生凋亡的比例明显高于体内来源的胚胎，其主要原因可能是培养环境不完善，缺乏一些必要的物质，或体外操作时间过长所致。高比率的凋亡率是对不适宜的发育条件的负反馈。

第二节　胚胎体外发育阻滞与胚胎能量代谢

最初，人们在培养小鼠 1-细胞胚胎时发现，在只含有乳酸盐的培养液中，不发生第一次卵裂；在单独加入丙酮酸或草酰乙酸时，则能完成第一次卵裂，但不能继续完成第二次卵裂，不能发育到 4-细胞。而如果从小鼠的 2-细胞晚期胚胎开始培养，则在比较简单的培养系统中都能发育到囊胚。这些结果预示着，从 2-细胞早期到 2-细胞晚期存在一个障碍，在体外条件下难以逾越。这就是曾经困扰研究者很久的胚胎体外发育阻滞（*in vitro* block of development；developmental block）现象。从上述现象中可以看出，培养液中与能量代谢有关的物质可能在早期胚胎发育中有重要作用。

一、胚胎体外发育阻滞现象和机理

在一般的限定性培养液中，大多数哺乳动物的胚胎往往不能完成从受精卵到囊胚的发育全过程，而停止于某一个发育时期。小鼠的发育阻滞发生于2-细胞早期，仓鼠发生在2-细胞、4-细胞、8-细胞期，大鼠在2-细胞、4-细胞期，猪在4-细胞期，牛、山羊、绵羊、猕猴都发生于8-～16-细胞期，人在4-～8-细胞期。

关于哺乳动物早期胚胎体外发育阻滞机理，因所用动物种类、培养条件等差异，人们提出许多观点。总结起来，大概有以下几种。

（一）体外发育阻滞与胚胎基因组启动

越来越多的证据表明，胚胎体外发育阻滞与胚胎的MZT有关。在小鼠中，从受精卵到2-细胞期的中期（hCG注射后约40h），均由母源性信息所调控。小鼠胚胎基因组的活性开始出现于2-细胞期的G_2期，具体表现在核内出现大量的核不均一RNA（hnRNA），多肽合成活动旺盛。与此同时，母源性mRNA的活性逐渐降低，其功能最终被胚胎基因组所取代。小鼠的发育阻滞就发生在2-细胞期的DNA复制之后，即第二细胞周期的G_2期。

人的早期胚胎发育，表现出与小鼠相似的行为，最初两个细胞周期活动是在转录后水平上利用母源mRNA调控，而胚胎基因组激活起始于4-细胞期的G_2期。因而，人胚胎的发育阻滞就发生于这一G_2期。

猪、羊、牛等的发育阻滞也发生在MZT发生时的G_2期。处于G_2期的胚胎细胞可能对于环境的改变非常敏感。因而体外培养时，由于培养条件的不适，影响MZT正常进行，造成发育阻滞。

（二）活性氧与胚胎体外发育阻滞

体外培养条件下的胚胎，由于缺乏超氧化物歧化酶（superoxide dismutase）、过氧化氢酶（catalase）和谷胱甘肽过氧化物酶（glutathione peroxidase）等酶类，代谢所产生的自由基，如过氧化氢、过氧化物阴离子及氢氧根离子等，有可能影响正常卵裂。研究表明，正常小鼠卵母细胞中的H_2O_2水平较低，1-～8-细胞期的H_2O_2水平略高于以后各期胚胎的水平。但当在体外培养1-细胞时，到2-细胞中期时的H_2O_2水平已经很高，而且一直到整个4-细胞期均居高不下。这种高水平的H_2O_2水平恰好发生在胚胎基因激活时期。因而推测，活性氧物质可能阻止正常细胞分裂。然而，有人用无阻滞现象的F_1代胚胎培养时发现，在第二细胞周期的后半期，其中的H_2O_2水平也升高，胚胎仍能继续发育，这似乎与前面的假设相矛盾。可能的解释是无阻滞现象的小鼠胚胎能产生清除活性氧类物质的有关酶类，而有阻滞期的小鼠则不能。

活性氧对胚胎的伤害作用主要表现在三个方面：第一，小鼠胚胎的体外发育对氧浓度敏感，高氧浓度可能通过形成氧自由基对胚胎产生毒性，引起发育阻滞。非生理性氧浓度，可以通过与细胞内或培养基组分作用产生自由基，如次黄嘌呤、硫醇类、邻苯二酚胺类等，对小鼠胚胎均有毒性作用。第二，体外高氧环境影响葡萄糖的合成与降解之间的平衡，这一平衡的失调同样导致自由基含量升高。第三，自由基的存在可能会导致细胞新合成的膜脂和线粒体膜脂成分的结构异常。

（三）培养液因素与胚胎体外发育阻滞

培养液的成分及其浓度，尤其是葡萄糖、$H_2PO_4^-$、Na^+等，在不同动物中不同程度地引起胚胎体外发育阻滞。有关这方面的内容在下面将详细讨论。

（四）可能存在的基因因素

在小鼠中，有些品系的胚胎发生严重的发育阻滞，而有些品系的胚胎基本不发生阻滞现象。利用芯片与 Real-time PCR 技术，分别对阻滞品系昆明小鼠和非阻滞品系 B6C3F1 小鼠体外培养的 2-细胞胚胎进行基因表达水平的差异分析。在检测的 29 922 个基因中，共筛出差异表达基因 303 个，其中昆明小鼠表达上调基因 168 个，B6C3F1 小鼠表达上调基因 135 个。昆明小鼠表达上调的基因以细胞周期、细胞结构和运动、细胞增殖和分化及发育进程等为主；而 B6C3F1 小鼠表达上调的基因与氨基酸代谢、蛋白质代谢和修饰、电子转移、细胞内蛋白质靶向运输和定位等相关。这些结果提示，在 B6C3F1 小鼠 2-细胞胚胎中，线粒体功能比较活跃，蛋白质合成比较旺盛，能量供应比较充足；而在昆明小鼠胚胎中，与蛋白质代谢及能量供应相关的基因表达显著下降。能量物质供应的不协调可能是昆明小鼠胚胎体外培养出现 2-细胞阻滞的重要原因。

二、胚胎体外发育阻滞的克服

自 1988 年以来，哺乳动物胚胎培养领域取得了突破性进展。主要表现在：第一，通过对胚胎培养液组成的调整与改进，成功克服了胚胎的体外发育阻滞；第二，细胞生长因子的使用改善了培养环境，提高了胚胎的质量；第三，体细胞与胚胎共同培养系统的建立，大大改善了培养环境，使胚胎克服阻滞率大大提高。这些技术措施的应用，均可使动物 1-细胞胚胎顺利或比较顺利地发育到囊胚阶段。

（一）改变培养液中的有关成分

早在 20 世纪 60 年代，人们就已经发现葡萄糖、果糖、核糖、6-磷酸葡萄糖及参与三羧酸循环的中间物质，当单独作为能源物质时，都不能使小鼠受精卵发育到囊胚。虽然通过改变乳酸钠的浓度，可以克服小鼠体外发育阻滞，但其结果带有较大的偶然性。1988 年，在进行仓鼠胚胎培养实验时，Schini 和 Bavister 对 Tyrode 氏液做了修正，去除其中的葡萄糖和 $H_2PO_4^-$，用聚乙烯醇（polyvinyl alcohol，PVA）取代 BSA，形成一种新的培养液 TLP-PVA。使用该液可使仓鼠胚胎越过 2-细胞阻滞，发育到囊胚。由此提出观点认为，在体外培养条件下，葡萄糖和磷酸盐对仓鼠早期胚胎发育是有害的。单独的葡萄糖或磷酸盐，即使是极低浓度（0.1mmol）对仓鼠胚胎发育也有强烈抑制作用；而二者的联合使用，几乎使胚胎无一能发育。这两种物质是造成仓鼠体外发育阻滞的原因所在。Bavister 及其同事们经多次实验，设计了一系列仓鼠胚胎培养液（hamster embryo culture media，HECM）。其中 TLP-PVA 就是 HECM-l，适于仓鼠 2-细胞胚胎培养，可使大部分 2-细胞胚胎发育到 8-细胞或 8-细胞以上时期；而 HECM-2 适于仓鼠 8-细胞胚胎培养，可使 8-细胞胚胎 100%发育到囊胚期。

与此同时，人们也发现葡萄糖对小鼠早期胚胎发育有抑制作用，也是造成2-细胞期阻滞的主要原因。Chatot等（1989，1990）对BMOC-2液进行了改进，去除其中的葡萄糖而代之以1.0mmol的谷氨酰胺，并加入0.1mmol的EDTA。用改进的培养液培养小鼠1-细胞胚胎时，可使90%的受精卵克服2-细胞阻滞发育到4-细胞。并由此形成了著名的小鼠胚胎体外培养液，称为CZB液。胚胎在CZB液中发育到4-细胞后，需要加入5.55mmol的葡萄糖，才能得到高的囊胚发育率。说明葡萄糖对小鼠4-细胞以前的胚胎发育有抑制作用，但4-细胞以后的胚胎又需要葡萄糖的参与。但葡萄糖对小鼠胚胎发育的影响机制并不清楚。同样，参照CZB液，笔者以Whitten氏液为基础液，用1.0mmol谷氨酰胺取代葡萄糖，并加入0.1mmol EDTA，对昆明白小鼠的受精卵进行培养，能够很好地克服2-细胞发育阻滞，而且几乎可使100%的体外发育来的2-细胞胚胎发育到4-细胞期；在4-细胞阶段加入葡萄糖，可以得到很好的囊胚发育率。

在家畜胚胎培养中，葡萄糖可能对猪早期发育有类似对鼠的作用，而去除葡萄糖和磷酸盐，对牛受精卵发育为桑椹胚和囊胚无明显影响。

笔者利用定性或定量RT-PCR对体内胚胎和体外胚胎进行100多种基因的表达分析，结果表明这些基因大多数以阶段特异性方式表达。在小鼠中，最优化的培养基（添加氨基酸或血清的KSOM）提供的表达模式，与体内获得胚胎的表达模式完全相同。然而，体内和体外生产的牛胚胎在许多基因的转录上存在着显著差异。早期牛胚胎细胞的核仁无活性，不合成rRNA；直至8-细胞期，核仁结构发生重构，胚胎基因组开始活化。RNA合成的开始与核仁结构的重构有关。因此，RNA的合成和核仁的结构能被用作移植后供体核的重编程和RNA合成的遗传标记。

（二）加入细胞生长因子

培养液中加入适当的细胞生长因子，可以改善胚胎培养环境，提高胚胎质量。将碱性成纤维细胞生长因子（bFGF）和转化生长因子β（TGF-β）加入无血清培养液中，可使牛2-细胞胚胎克服阻滞，发育到囊胚，并移植产仔。TGF-β的作用是促进细胞间质纤连蛋白（fibronectin，FN）的合成和分泌。实验表明，内源性bFGF是形态发生因子、促有丝分裂因子和分化因子。在培养液中加入bFGF和TGF-β可以刺激细胞增殖与分化，提高小鼠2-细胞发育到囊胚的百分率，而且这些囊胚的细胞数目有所增加。细胞因子TGF-α、EGF、IGF-1、IGF-2、CSF-1、LIF等对胚胎体外发育均有促进作用。

（三）与体细胞共培养

将胚胎与单层体细胞共同培养，即共培养体系（co-culture system）既能克服胚胎体外发育阻滞，又能提高胚胎的发育质量。共培养的体细胞分泌细胞生长因子及其他物质，有利于胚胎发育。关于共培养系统提高胚胎质量的机制及共培养操作，详见本章第五节。

（四）消除或减少活性氧自由基

前已提及，胚胎培养过程中产生的过氧化氢、过氧化物阴离子及氢氧根离子等自由基，有害于胚胎发育。在培养液中，添加能够代谢或消除自由基的物质，如谷胱甘肽、抗坏血酸、褪黑素等，有助于胚胎克服发育阻滞，有利于胚胎发育。

综上所述，随着胚胎培养技术的改进和突破，已经能够把小鼠、仓鼠、兔、大鼠等实验动物的1-细胞胚胎在成分明确的培养基（chemically defined media）中，顺利克服体外发育阻滞，培养到囊胚期。共培养技术和细胞生长因子的使用，也能使家畜1-细胞胚胎克服阻滞，获得较好的培养效果。但是，胚胎培养是一个极其复杂的过程，影响因素很多。从理论上讲，只有当体外培养条件完全与胚胎自身的基因表达调控相吻合时，才有可能得到与体内发育胚胎质量相一致的体外发育胚胎。

三、早期胚胎发育的能量代谢途径

对于牛和羊的胚胎发育而言，从1-细胞发育到16-细胞与从致密化的桑椹胚到囊胚的发育，这两个阶段的胚胎发育所需能量（ATP）的来源是有差异的。

在16-细胞之前，胚胎发育所需的ATP是利用丙酮酸和氨基酸经氧化磷酸化途径合成（图3-8）。当胚胎到达致密期和囊胚形成期时，开始利用葡萄糖经糖酵解途径合成ATP（图3-9）。由此可以看出，葡萄糖对于胚胎的早期发育可能是不利的，而在胚胎发生致密化以后，葡萄糖对胚胎发育有利（Thompson et al.，2000）（图3-10）。因此，

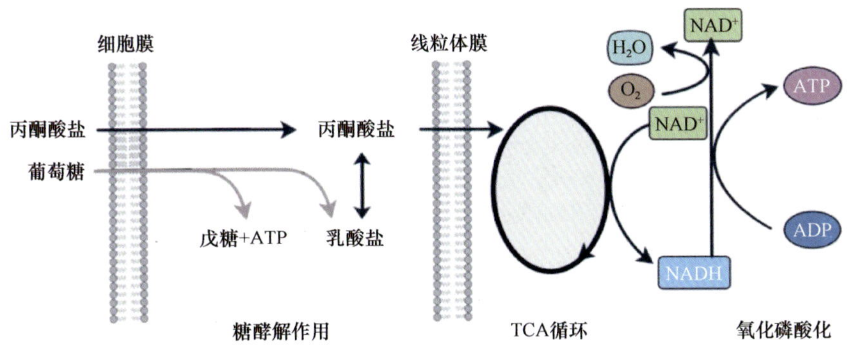

图3-8　早期胚胎的羧酸和葡萄糖代谢途径

占主导地位的代谢途径来自丙酮酸盐和乳酸盐，而葡萄糖途径很弱；胚胎发育需要的ATP主要产自三羧酸（TCA）循环

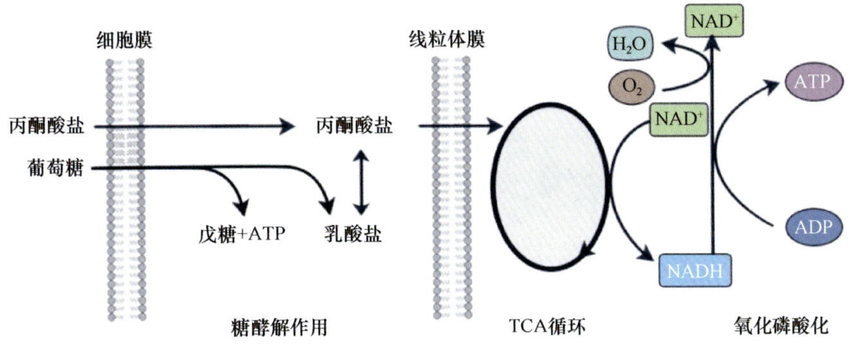

图3-9　桑椹胚与囊胚期胚胎的羧酸和葡萄糖代谢途径

当胚胎发育到致密化的桑椹胚时，ATP的需求急剧增加，来自糖酵解产生的ATP迅速增加，葡萄糖的消耗量也随之增加，产生的乳酸盐又转化为丙酮酸盐，进入TCA循环。胚胎发育的能量由糖酵解与TCA循环两个途径供给

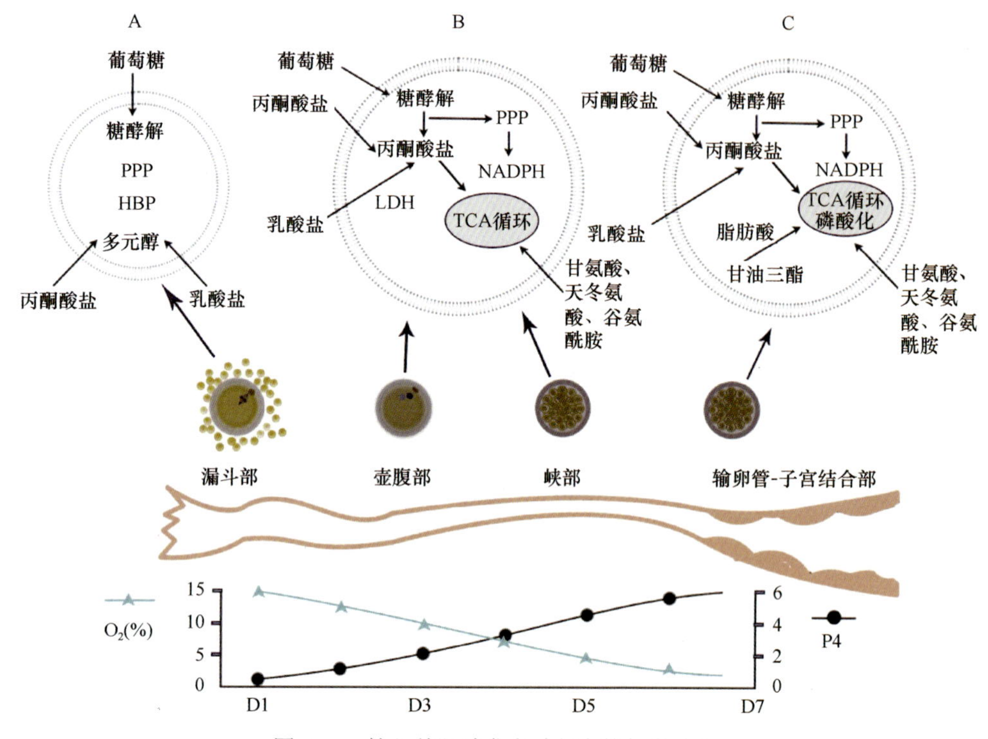

图 3-10 植入前胚胎发育过程中的代谢过程

A. 在卵丘-卵母细胞复合体内，主要发生糖酵解和磷酸戊酮（pentose phosphate，PPP）反应。己糖激酶（hexokinase）为糖酵解提供能量，PPP 提供嘌呤合成所需的 NADPH 和戊糖。氨基己糖合成途径（hexosamine biosynthesis pathway，HBP）参与卵丘细胞胞外基质的合成，并参与氨基残基的糖基化作用。多元醇（polyol）途径提供山梨醇和果糖能源物质，以维持氧化还原反应的平衡。B. 受精后，合子发育所需的能量来源于丙酮酸、乳酸，葡萄糖通过糖酵解和 PPP 反应提供 NADPH 和戊糖。LDH 为乳酸脱氢酶。C. 牛胚胎发育到桑椹胚时，进入高消耗葡萄糖阶段，胚胎发育由低糖代谢过渡到高糖利用

在设计培养液时，在胚胎发育到致密化之前，应该能够抑制糖酵解途径；而在致密化之后应该消除这种抑制因素。

第三节 培 养 系 统

同卵母细胞体外成熟培养一样，胚胎体外培养系统的构建模拟了输卵管或子宫的生理环境，对影响胚胎发育的物理因素、化学因素和生物因素的控制更加严格。对包括实验室的洁净，培养器皿选择和清洗，培养环境的气体、温度、湿度，培养液的选择和生物活性因子的添加等在内的所有培养条件都有严格的要求。只有严格按照这些要求进行，才有可能获得良好的培养效果。

一、培养用具的选择与要求

相对于普通的细胞培养，胚胎对培养器具可能带来的毒性非常敏感。例如，橡皮管、吸头、一次性注射器、消毒用包装材料、玻璃吸管、滤膜等，均已表明可能携带某些具细胞毒性的无机或有机的环境毒素等，会对胚胎造成损害。而且，所选用的培养器皿等塑料用具等，不同厂家、不同批次的产品培养效果也有很大差别。因而，在实验以前采

取如下措施是非常必要的。

（一）器具的选择

胚胎是生命之源头，是生命质量之保证。如果处理不当或疏忽，处于体外环境的胚胎很容易受到污染或伤害，影响胚胎的发育质量和命运。在选择培养用具时，首先要考虑无菌、无毒素、无潜在危害因素的质量好的器具。

（二）清洗所有器具

在实验正式开始前，必须对实验室和所用的培养器具进行彻底清洗，清除可能残存的细胞毒性物质。收集卵和移卵用的吸管一定要用培养液洗涤数次。

（三）手套消毒和佩戴手套

无论是在操作室还是在培养室，所用的手套一定要在用前用无菌水洗涤，以去除手套外表面上的粉末或毒素。在实验过程中，建议佩戴手套作业。因为人体的代谢物质，尤其是激素类，若触及培养器皿，会带来新的污染。

（四）矿物油的选择

培养时所用矿物油的质量是一个容易被人忽视的因素。矿物油直接覆盖在培养液滴上，如果油中存在一些水溶性的有害物质，会溶入培养液中，对胚胎造成损害。因为矿物油都是从石油中提炼成的，不同厂家、不同批次的产品都可能存在质量上的差异，因而需要做预实验进行验证。

（五）洗涤胚胎

所有胚胎在培养之前，一定要进行充分的洗涤。一般是在连续的几个液滴中顺次洗涤，尽可能洗除因体外受精操作带来的或者由生殖管道带来的杂质、细菌或其他病原体等。洗胚用的液滴最好由石蜡油覆盖，以防止在操作时液体的挥发引起渗透压和 pH 的变化而损伤胚胎。

（六）对消毒剂的要求

灭菌和消毒用的物品，不管是射线还是液体消毒剂都要慎重选择，不要引进新的细胞毒素。

另外，对所选用的器具，尤其是塑料制品，用前最好做一些测试工作，鉴别其对胚胎发育的影响。

二、气相条件

目前常用的气相条件有两种：5% CO_2 和 95%的空气；5% CO_2、5% O_2 和 90% N_2。在气相环境中，CO_2 是关键的。CO_2 提供一种酸化环境，其溶于水后形成如下平衡：$CO_2 + H_2O = H^+ + HCO_3^-$，$CO_2/HCO_3^-$的主要功能是作为 pH 的缓冲剂。如果没有 CO_2/HCO_3^-，

小鼠胚胎卵裂不会超过 2 次。兔胚胎在无 CO_2/HCO_3^-时能从 1-细胞卵裂成桑椹胚，但不能形成囊胚。CO_2除构成缓冲培养基外，还可能与一碳代谢作用和将丙酮酸转换成草酰乙酸以补充三羧酸循环的中间产物有关。CO_2中常混有 CO，后者对细胞有毒性，应设法去除。

三、培养温度

胚胎培养温度应该同相应动物的正常体温相一致。各种动物的正常体温如下：小鼠 37.8℃、大鼠 38.0～38.2℃、仓鼠 38℃、兔 39.4～39.6℃、猫 38.6℃、猪 37℃、牛 38.5℃、羊 39℃、马 37℃、人 37℃。因而，应根据动物的体温，设置培养箱的温度。在实验开始之前，应该对培养箱连续监测至少 48h，观察温度与气相等是否稳定。

在进行培养时，应该注意以下几个问题。

（一）温度不能过高

经验告诉我们，高于甚至略高于动物正常体温的培养温度，对胚胎（或卵母细胞）的损害都是严重的，有时甚至是致死性的。例如，从 38℃提高到 40℃，维持 6h，兔胚胎的死亡率迅速提高；在 40～45℃时，小鼠胚胎严重受损或死亡。温度过高，还会增加怀孕母体胚胎流产率或死亡率。在卵母细胞成熟时发现，在 35～39℃，牛卵丘细胞均可达到最大扩张程度，但在 41℃则不能扩展，而且升至 41℃时，卵子成熟被抑制。

略低于正常体温 0.1～0.2℃还是可行的，对胚胎发育没有明显的影响。而低于正常体温 0.3℃，虽然不影响胚胎继续向前发育，但发育的速度可能有所降低，胚胎的质量也可能受到一定的影响。因而，控制好培养温度，对胚胎发育至关重要。

（二）选择高精度温度计

由于早期胚胎对温度升高非常敏感，而实验室常用的温度计一般有±1℃的误差。因而建议选用精确度高且稳定的温度计，在使用前一定要认真核对。可以多用几支温度计进行检测，确保温度的准确与稳定。如果怀疑温度计的精度，建议使用略低于正常培养的温度，这样总比高出 1～2℃的致死温度好。

（三）减少培养箱开闭门的次数

有人做过实验，认为频繁地开启和关闭培养箱对体外受精和胚胎培养有影响，频次越多，受精率和发育率越低。理由很简单，过频的开闭培养箱门，必然引起培养箱内气相、温度的持续不稳定，干扰了胚胎培养环境。因而，应尽量减少培养箱开闭门的次数。

（四）环境温度的要求

由于胚胎，特别是囊胚之前的各期胚胎对温度变化很敏感，因而对胚胎操作环境的要求也较为严格。一般需要的环境温度，即实验室温度在 25℃以上。特别是猪胚胎，30℃以上的温度更合适。

由于对室温的要求偏高，在操作胚胎时必须要快，尽可能减少胚胎在室温的时间。而且在洗涤、观察或计数时，最好在石蜡油覆盖的液滴中操作，以防止由液体的挥发引起 pH 改变、渗透压升高对胚胎造成伤害。

四、光照

关于光对动物胚胎的影响也日益引起人们的重视。虽然还没有关于光的强度与胚胎活力关系的研究资料，但一些事实已证实，光对胚胎有不良作用。例如，470～490nm 的蓝光、490～560nm 的绿光、560～580nm 的黄光、580～670nm 的红橙光及 470nm 以下的紫光和紫外光对胚胎均有影响；320～740nm 的氦氖激光显著影响兔胚胎的发育；小于 480nm 的光，干扰仓鼠卵母细胞减数分裂，并抑制受精。因而，培养时应尽量避光，减少在光线下作业的时间及减少对胚胎拍照的次数和时间。或者采取一些措施，如加挡光板、加滤色镜等减少或避免光对胚胎的影响。

五、湿度

CO_2 培养箱中一定要维持 99%～100%的相对湿度，以防止由蒸发造成的培养液溶质浓度和培养液 pH 的急剧变化对胚胎发育的不利影响。一般情况下，在 CO_2 培养箱的底部有专用于盛水的底盘，需要定期关注水盆，及时补充水，并保持通气，以利于水分蒸发，保持培养箱中的湿度。

因而，建议定期对培养箱的气相条件、温度、湿度等进行检测、记录，保证在胚胎培养期间培养箱环境参数的稳定。气相条件、温度、湿度的短暂波动，尤其出现大的波动，都会影响培养液的 pH、渗透压和营养成分的浓度等，从而影响胚胎发育质量。

六、培养液

培养系统中最关键的是培养液的选用，将在下一节中介绍。

第四节 胚胎培养液

越来越多的证据表明，培养液的组成和条件是胚胎培养成功与否的关键。胚胎体外培养技术发展几十年来，学者们在胚胎培养液的研制与改进等方面做了大量的工作。胚胎培养液可分为成分确定的培养液和成分不确定的培养液两大类。成分确定的培养液含有 4 种或更少的基础成分，如无机盐、氨基酸、维生素和能量类物质。而成分不确定的培养液是含有天然生物活性物质的液体，其组成相当多样化，常用的有血浆、血清、卵泡液和鸡蛋提取物等。

培养液中的水、无机离子、有机成分、能源物质，包括 pH、渗透压等对胚胎体外发育都有深刻的影响。不同发育时期的胚胎对培养液的要求也不同。因而，在进行培养时，要根据动物种类、胚胎发育时期等因素选择适宜的培养液，以获得较好的培养结果。

一、几种动物输卵管液的化学成分

在早期开展动物胚胎培养研究时，主要是根据动物输卵管或子宫内液的化学组成模拟体内胚胎生长发育的环境与条件，争取造成与体内尽可能相似的环境，并参照一般的组织、细胞培养液进行设计。实验研究的广泛与深入逐渐揭示了影响胚胎早期发育的一些关键物质，逐渐使研究人员了解了胚胎体外发育的形态学行为与机制调控行为，也逐渐建立了针对不同动物胚胎发育特点的胚胎培养液与培养体系。表 3-1～表 3-4 列出了几种动物输卵管液的一些成分，以便与培养液做比较。

表 3-1 绵羊输卵管液中的一些成分

成分	发育周期		
	发情期	发情后期	发情间期
钠（mmol/L）	136～138	123～128	136～1146
氯（mmol/L）	116～126	112～139	127～133
钾（mmol/L）	8.24～9.90	7.49～8.38	7.84～8.99
碳酸盐（mmol/L）	21.8～22.6	15.6～17.0	17.6～21.8
钙（mmol/L）	2.72～3.09	2.74～3.81	3.04～3.32
镁（mmol/L）	0.58～0.71	0.67～0.74	0.88～1.04
磷酸盐（mmol/L）	0.98～1.02	0.75～1.38	1.38～1.59
总磷（mg/100ml）	2.28～4.05	1.50～2.13	3.04～4.60
酸不溶磷（mg/100ml）	0.77～0.87	0.46～0.80	0.84～2.07
总糖类（mg/100ml）	61.2～69.4	43.7～55.0	67.0～69.1
蛋白质（g/100ml）	0.93～1.45	0.48～2.80	1.59～3.20

资料来源：严云勤等，1995

表 3-2 牛输卵管液中各种蛋白质的含量 （单位：mg/100ml）

发情周期	总蛋白	白蛋白	α 珠蛋白	β 珠蛋白	γ 珠蛋白	白蛋白/珠蛋白
发情期	5.20±0.80	2.18±0.27	0.67±0.09	0.64±012	1.71±0.33	0.73±0.05
发情后期	4.04±0.32	1.84±0.12	0.28±0.04	0.50±0.05	1.42±0.16	0.82±0.06
发情间期	4.76±0.20	2.06±0.08	0.56±0.04	0.63±0.05	1.51±0.09	0.78±0.03
发情前期	5.01±0.60	2.17±0.18	0.54±0.10	0.64±0.06	1.58±0.27	0.78±0.06

注：表中数据为平均值±标准值。下同

资料来源：严云勤等，1995

表 3-3 牛输卵管液中游离氨基酸的浓度 （单位：μg/ml）

氨基酸	发情期	发情后期	发情间期	发情前期
鸟氨酸（Orn）	20.3	20.0	21.3	18.7
赖氨酸（Lys）	50.4	50.4	52.4	28.5
组氨酸（His）	15.8	14.7	15.4	15.1
精氨酸（Arg）	52.9	56.6	36.7	43.2
天冬氨酸（Asp）	6.9	6.7	6.8	5.8

续表

氨基酸	发情期	发情后期	发情间期	发情前期
丝氨酸（Ser）	4.7	3.9	4.7	4.9
谷氨酸（Glu）	52.2	54.8	55.8	4.6
甘氨酸（Gly）	58.3	53.8	81.7	69.7
丙氨酸（Ala）	45.6	42.7	51.9	53.5
缬氨酸（Val）	21.6	21.7	24.8	21.8
甲硫氨酸（Met）	5.6	4.9	4.6	4.2
异亮氨酸（Ile）	14.1	12.9	13.0	14.3
亮氨酸（Leu）	19.7	24.9	27.5	25.3
酪氨酸（Tyr）	9.6	8.4	10.9	10.1
苯丙氨酸（Phe）	11.0	12.1	12.9	10.2

表 3-4 妊娠小鼠输卵管壶腹部和峡部的丙酮酸和乳酸含量

物质	位置	排卵时间					
		3h	12 h	24 h	48 h	72 h	108 h
丙酮酸（mmol）	壶腹部	1.40±0.09	3.19±0.27	2.03±0.04	1.41±0.31	1.30±0.10	1.14±0.10
	峡部	2.01±0.20	2.27±0.16	1.95±0.45	1.90±0.32	2.00±0.37	1.35±0.13
乳酸（mmol）	壶腹部	15.30±1.25	31.51±3.88	24.32±1.15	18.35±3.04	16.30±4.25	11.50±1.90
	峡部	23.42±4.69	27.60±3.42	25.19±3.51	27.89±2.35	25.17±3.88	11.57±1.11

二、培养液的种类和组成

根据培养液所含成分的复杂程度，把培养液分为两大类，即简单培养液（simple culture medium）和复杂培养液（complex culture medium）。下面给出了一些常用培养液的配方。

（一）常用的简单培养液

1. Whitten 氏培养液（1957 年）（mg/1000ml）

NaCl	6920	$NaHCO_3$	2100
KCl	350	乳酸钠	1000
$CaCl_2$	280	葡萄糖	1000
KH_2PO_4	160	BSA	1000
$MgSO_4·7H_2O$	290		

过滤灭菌，贮于 4℃。

2. 改进的 Whitten 氏液（Gwatkin，1972 年）（mg/1000ml）

NaCl	5140	乳酸钠	2416（3.7ml 糖浆）
KCl	356	乳酸钙·$5H_2O$	527
KH_2PO_4	162	青霉素	75

$MgSO_4·7H_2O$	294	链霉素	50
$NaHCO_3$	1900	BSA	3000
葡萄糖	1000		
丙酮酸钠	36		

过滤灭菌，贮存。

3. Brinster 氏培养液（1971 年）（mg/1000ml）

NaCl	5546	乳酸钠	2253
KCl	356	葡萄糖	1000
$CaCl_2$	189	BSA	5000
KH_2PO_4	162	链霉素	50μg/ml
$MgSO_4·7H_2O$	294	青霉素	100IU/ml
$NaHCO_3$	2106		
丙酮酸钠	56		

过滤灭菌，贮存。

4. Whitten 和 Biggers 培养液（1968 年）（mmol/L）

NaCl	68.49	乳酸钠	21.58
KCl	4.78	丙酮酸钠	0.33
KH_2PO_4	1.19	乳酸钙	1.71
$MgSO_4$	1.19	BSA	4mg/ml
$NaHCO_3$	25.07	青霉素	75μg/ml
葡萄糖	5.56	链霉素	50μg/ml

过滤灭菌，贮存。

5. 修正的 BMOC-3 培养液（mg/1000ml）

NaCl	5012	丙酮酸钠	56
KCl	321	葡萄糖	1000
$CaCl_2$	170	酚红	12
KH_2PO_4	146	Dextran T70	4500
$MgSO_4·7H_2O$	26	青霉素 G	60
$NaHCO_3$	2106	链霉素	50
乳酸钠	2253		

先用 800ml 三蒸水依次溶解，后加 $NaHCO_3$。最后加足 1000ml，测 pH 为 7.4，过滤灭菌。5～7℃可贮存 7～10 天。不宜冰冻保存，以免沉淀。

6. 杜氏 PBS（Dulbecco's PBS）

A 液：$CaCl_2$ 100mg，$MgSO_4·7H_2O$ 121mg，三蒸水 200ml

B 液：NaCl 800mg，KCl 200mg，$Na_2HPO_4·12H_2O$ 2881mg，葡萄糖 1000mg，丙酮

酸钠 36mg，三蒸水 800ml

用时现配，A 液：B 液=1：4。

7. Hank's 平衡盐溶液（mg/1000ml）

$CaCl_2$（无水）	140	$NaHCO_3$	350
KCl	400	$Na_2HPO_4·7H_2O$	90
KH_2PO_4	60	葡萄糖	1000
$MgCl_2·6H_2O$	100	酚红	0.01
$MgSO_4·7H_2O$	100		
NaCl	8000		

过滤保存。

8. Ham'S F-12 培养液（mg/1000ml）

$CaCl_2·2H_2O$	44.0	葡萄糖	1820.0
KCl	223.6	硫辛酸	0.21
$MgCl_2·6H_2O$	122.0	酚红	12
NaCl	7599.0	丙酮酸钠	110.0
$NaHCO_3$	1176.0	次黄嘌呤	4.10
$Na_2HPO_4·7H_2O$	268.0	亚油酸	0.084
$CuSO_4·5H_2O$	0.0249	丁二胺·2HCl	0.161
$FeSO_4·7H_2O$	0.834	胸苷	0.73
$ZnSO_4·7H_2O$	0.863		

过滤保存。

9. M2 液（mg/1000ml）

NaCl	5533	$NaHCO_3$	349
KCl	356	HEPES	4939
$CaCl_2·2H_2O$	252	丙酮酸钠	36
KH_2PO_4	162	乳酸钠	2610
$MgSO_4·7H_2O$	293	葡萄糖	1000

过滤保存。

10. M16 液（mg/1000ml）

NaCl	5533	乳酸钠	3.2ml
KCl	360	丙酮酸钠	60
KH_2PO_4	162	葡萄糖	1000
$MgSO_4·7H_2O$	294	酚红	10
$CaCl_2·2H_2O$	252	$NaHCO_3$	

在 25～30ml 的温水（25～30℃）中，按次序加入，前一种物质加入全溶解后，再

加第二种。过滤保存。

11. BWW 液（Biggers、Whitten 与 Whittingham Kreb-Ringer 氏修正液）（mg/1000ml）

NaCl	5540	丙酮酸钠	28
KCl	356	乳酸钠	2416（3.68ml）
乳酸钙·$5H_2O$	527	葡萄糖	1000
KH_2PO_4	162	BSA	1000
$MgSO_4·7H_2O$	294	青霉素	100IU/ml
$NaHCO_3$	2106	链霉素	50mg/ml

过滤保存。

12. TYH 液（Toyoda、Yokoyama 与 Hoshi）（mg/1000ml）

NaCl	6976	葡萄糖	1000
KCl	356	丙酮酸钠	110
KH_2PO_4	162	BSA	4000
$CaCl_2·7H_2O$	251	青霉素	75
$MgSO_4·7H_2O$	293	链霉素	50
$NaHCO_3$	2106		

过滤保存。

13. 合成输卵管液（SOF，Tervit 等于 1972 年）（mg/1000ml）

NaCl	6300	KH_2PO_4	162
KCl	533	葡萄糖	270
$CaCl_2$	190	丙酮酸钠	36
$MgCl_2·6H_2O$	100	乳酸钠	370
$NaHCO_3$	2106	BSA	适量

过滤保存。

14. KRB 液（Kreb-Ringer bicarbonate medium）（mg/1000ml）

NaCl	5546	葡萄糖	1000
KCl	356	乳酸钠	2253
KH_2PO_4	162	丙酮酸钠	28
$CaCl_2·2H_2O$	250.2	BSA	4000
$MgSO_4·7H_2O$	249	青霉素	63
$NaHCO_3$	2106	链霉素	50

过滤保存。

15. T6 液（改进的 Tyrode’s 液）（mg/1000ml）

NaCl	5719	乳酸钠	2791
KCl	106	丙酮酸钠	52

$MgCl_2 \cdot 6H_2O$	96	葡萄糖	1000
$Na_2HPO_4 \cdot 12H_2O$	129	青霉素 G	60
$CaCl_2 \cdot 2H_2O$	262	链霉素	50
$NaHCO_3$	2101	酚红	10

过滤保存。

16. HECM-1 培养液（mmol/L）

NaCl	98.0	Gly	7.0
KCl	3.2	L-His	0.10
$CaCl_2$	2.0	L-Ile	0.15
$MgCl_2$	0.5	L-Leu	0.20
$NaHCO_3$	25.0	L-Lys	0.75
乳酸钠	10.0	L-Met	0.70
丙酮酸钠	0.5	L-Phe	0.30
L-Ala	0.28	L-Pro	0.17
L-Arg	0.30	L-Ser	0.24
L-Asn	0.50	牛磺酸	7.00
L-Asp	5.00	L-Thr	0.50
L-Cys	0.10	L-Try	0.10
L-Glu	5.00	L-Val	0.20
L-Gln	1.00	PVA	1.0mg/ml

过滤保存。

17. HECM-2 培养液（mmol/L）

NaCl	98.0	丙酮酸钠	0.2
KCl	3.2	L-Gln	1.00
$CaCl_2$	2.0	L-Ile	0.15
$MgCl_2$	0.5	L-Met	0.70
$NaHCO_3$	25.0	L-Phe	0.30
乳酸钠	10.0	PVA	1.0mg/ml

过滤保存。

18. CZB 培养液（mmol/L）

NaCl	81.62	丙酮酸钠	0.27
KCl	4.83	EDTA	0.11
KH_2PO_4	1.18	谷氨酰胺	1.00
$MgSO_4 \cdot 7H_2O$	1.18	BSA	5.00mg/ml
$NaHCO_3$	25.12	青霉素 G 钠	100IU/ml
$CaCl_2 \cdot 2H_2O$	1.70	链霉素	0.07mg/ml
乳酸钠	31.30		

乳酸钠/丙酮酸钠=115.92。过滤保存。

（二）常用的复杂培养液

1. TCM199 培养液（Parker 于 1950 年）

A. 氨基酸（mg/L）

L-Ala	25.0	L-Leu	60.0
L-Arg	70.0	L-Lys	70.0
L-Asp	30.0	L-Met	15.0
L-Cys	0.10	L-Phe	25.0
L-Cyst	20.0	L-Pro	40.0
L-Glu	66.8	L-Ser	25.0
L-Gln	100.0	L-Thr	30.0
Gly	50.0	L-Try	10.0
L-His	21.0	L-Tyr	40.0
L-Hyt	10.0	L-Val	25.0
L-Ile	20.0		

B. 维生素（mg/L）

抗坏血酸	0.100	I-肌醇	0.050
生物素	0.010	维生素 K_2	0.010
钙化醇（D_2）	0.500	尼克酰胺	0.025
D-泛酸钙（B）	0.010	尼克酸	0.025
氯化胆碱	0.500	对氨基苯甲酸	0.050
叶酸	00.10	维生素 B_6（PL）	0.025
吡啶醇（B_6）	0.025	维生素 E	0.010
维生素 B_2	0.010	维生素 A	0.100
硫胺素 B_1	0.010		

C. 无机盐类（mg/L）

	Earle's	Hank's
NaCl	6800.0	8000.0
KCl	400.0	400.0
$CaCl_2$	200.0	140.0
$MgSO_4·7H_2O$	200.0	200.0
$NaHCO_3$	2200.0	350.0
$NaH_2PO_4·H_2O$	140.0	—
Na_2HPO_4	—	47.5
KH_2PO_4	—	60.0

D. 其他成分（mg/L）

硫酸腺嘌呤	10.000	次黄嘌呤	0.300
5-腺苷酸	0.200	酚红	17.000
ATP-Na_2	10.000	D-核糖	0.500

胆固醇	0.200	乙酸钠	36.710
2-脱氧-D-核糖	0.500	胸腺嘧啶	0.300
葡萄糖	1000.000	Tween80	5.000
谷胱甘肽	0.050	尿嘧啶	0.300
盐酸鸟嘌呤	0.300	黄嘌呤	0.300

过滤保存。

2. Ham's 培养液（Ham 于 1963 年和 1965 年）

三种 Ham 氏培养液成分如下。

A. 氨基酸（mg/L）	Ham's F10 培养液	Ham's F12 培养液	Ham's F12K 培养液
L-A1a	8.9	8.9	8.9
L-Arg	210.7	210.7	422.0
L-Asn	15.0	15.0	30.0
L-Asp	13.3	13.3	26.6
L-Cys	35.1	35.1	70.0
L-G1u	14.7	14.7	29.4
L-Gln	146.2	146.2	292.0
Gly	7.5	7.5	15.0
L-His	21.0	21.0	41.9
L-Ile	2.6	3.9	7.9
L-Leu	13.1	13.1	26.2
L-Lys	29.3	36.5	73.0
L-Met	4.5	4.5	9.0
L-Phe	5.0	5.0	9.9
L-Pro	11.5	34.5	73.0
L-Set	10.5	10.5	21.0
L-Thr	3.6	11.9	23.8
L-Try	0.6	2.0	4.1
L-Tyr	1.8	5.4	10.9
L-Val	3.5	11.7	23.8

B.维生素（mg/L）	Ham's F10 培养液	Ham's F12 培养液	Ham's F12K 培养液
生物素	0.02	0.007	0.07
D-泛酸钙	0.72	0.48	0.48
氯化胆碱	0.70	14.00	13.80
叶酸	1.32	1.32	132.00
I-肌醇	0.54	8.02	18.00
尼克酰胺	0.61	0.04	0.04
维生素 B_6	0.21	0.06	0.06
维生素 B_2	0.38	0.04	0.04
维生素 B_1	1.01	0.34	0.34

维生素 B_{12}	1.36	1.36	1.36
C. 无机盐类（mg/L）	Ham's F10 培养液	Ham's F12 培养液	Ham's F12K 培养液
NaCl	7400.0	7600.0	7530.0
KCl	285.0	223.7	285.0
$CaCl_2$	33.3	33.3	101.9
$CuSO_4$	0.002	0.002	0.002
$FeSO_4$	0.46	0.46	0.44
$MgSO_4$	74.6	72.2	255.0
KH_2PO_4	83.0	—	59.0
Na_2HPO_4	156.2	142.0	127.1
$NaHCO_3$	1200.0	1176.0	2500.0
$ZnSO_4·7H_2O$	0.3	0.86	0.14
D. 其他成分（mg/L）	Ham's F10 培养液	Ham's F12 培养液	Ham's F12K 培养液
腐胺 2HCl	—	0.16	0.32
次黄嘌呤	4.08	4.08	4.00
胸苷	0.73	0.73	0.70
丙酮酸钠	110.00	110.00	220.00
硫辛酸	0.21	0.21	0.21
甲基亚油酸	—	0.09	—
葡萄糖	1100.0	1802.0	1260.0
酚红	1.24	1.24	3.0

过滤保存。

3. Eagle 培养液（mg/L）

NaCl	6800		
KCl	400	L-Met	14.9
$CaCl_2$	200	L-Thr	47.6
$MgSO_4·7H_2O$	200	L-Trp	10.2
$NaHCO_3$	2200	L-Tyr	36.2
$NaH_2PO_4·H_2O$	140	L-Val	46.8
葡萄糖	1000	L-Lys	73.1
青霉素 G	500IU/ml	I-肌醇	2.0
L-Arg	126.4	叶酸	1.0
L-Cyst	24.0	氯化胆碱	1.0
L-Gln	292.0	维生素 pp	1.0
L-His	41.9	维生素 B_6	1.0
L-Ile	52.5	维生素 B_1	1.0
L-Leu	52.4	核黄素 B_2	0.1

过滤灭菌，贮于冰箱中。

4. DMEM 培养液（Dulbecco's modified Eagle's medium）（mg/1000ml）

$CaCl_2$	200	L-Lys	146
$Fe(NO_3)_3·9H_2O$	0.10	L-Met	30
KCl	400	L-Phe	66
$MgSO_4·7H_2O$	200	L-Ser	42
NaCl	6400	L-Thr	95
$NaHCO_3$	3700	L-Trp	16
$NaH_2PO_4·H_2O$	125	L-Tyr	72
葡萄糖	4500	L-Val	94
丙酮酸钠	110	D-泛酸钙	4.0
L-Arg	84	氯化胆碱	4.0
L- Cyst	48	叶酸	4.0
L-Gln	584	I-肌醇	7.20
Gly	30	维生素 PP	4.0
L-His	42	维生素 B_6	4.0
L-Ile	105	核黄素	0.4
L-Leu	105	维生素 B_1	4.0

DMEM 粉剂配制法：

DMEM 合成粉剂	9.5g
三蒸水	1000ml

用 10% $NaHCO_3$ 调 pH 至 7.1～7.4，过滤除菌，2～5℃保存。用前再加谷氨酰胺 0.584g。

5. CMRL 1066 培养液（mg/1000ml）

$CaCl_2$	200.00	脱氧鸟苷	100
KCl	400.00	二磷酸吡啶核苷酸	7.0
$MgSO_4·7H_2O$	200.00	乙醇（用于溶解脂类物质）	16.0
NaCl	6799.00	黄素腺嘌呤二核苷酸	1.0
$NaHCO_3$	2200.00	谷胱甘肽	10.0
$NaH_2PO_4·H_2O$	140.00	5′-甲基脱氧胸嘧啶	0.1
葡萄糖	1000.00	乙酸钠·$3H_2O$	83.0
酚红	20.0	葡萄糖醛酸酯钠·H_2O	4.2
脱氧胸苷	10.0	三磷酸吡啶核苷酸	1.0
CO 羧化酶	1.0	Tweem	80
辅酶 A	2.5	尿三磷·$4H_2O$	1.0
脱氧腺苷	10.0	L-Ala	25.0
脱氧胞苷·HCl	10.0	L-Arg·HCl	70.0
L-Asp	30.00	L-Trp	10.0
L-Cyst	20.00	L-Tyr	40.0

L-Cys·HCl·H_2O	260.0	L-Val	25.0
L-Glu	75.0	维生素 C	50.0
L-Gln	100.0	生物素	0.010
Gly	50.0	D-泛酸钙	0.010
L-His·HCl·H_2O	20.0	氯化胆碱	0.500
L-Hyp	10.0	叶酸	0.010
L-Ile	20.0	I-肌醇	0.050
L-Leu	60.0	维生素 PP	0.025
L-Lys·HCl	70.0	吡哆醛·HCl	0.025
L-Met	15.0	核黄素	0.010
L-Phe	25.0	维生素 B_1	0.010
L-Pro	40.0	吡哆醇·HCl	0.025
L-Ser	25.0	胆固醇	0.200
L-Thr	30.0	对氨基苯甲酸	0.050

三、培养液中主要成分的作用

（一）水

水是培养液最重要的介质，培养液中水的含量均在98%以上，因而水的质量直接影响胚胎发育。几乎各种来源的水都曾被用于胚胎培养，如雨水、河水、泉水、自来水等。分别利用单蒸、双蒸和三蒸水对小鼠2-细胞胚胎进行培养，发现三蒸水效果最好。之后，三蒸水、四蒸水、五蒸水、六蒸水都有人实验过。然而，在多数情况下，单靠蒸馏难以去除水中的有毒成分。因而，人们在蒸馏的同时又加上超滤（ultrafiltration），以去除有机物质和无机离子。

在实验中，人们发现了一个有趣的现象，即一年中不同月份所得到的胚胎培养结果有显著差异，不同季节培养得到的胚胎的活力和妊娠率有明显不同，称为“季节效应（seasonal effect）”。由于是就地取水，经蒸馏后用于实验，分析应该是水的因素造成了“季节效应”。不同季节的降水量有差别，春冬季节雨水少，主要以地下水为主，水质相对稳定；而夏秋季节雨水大，大量雨水涌入蓄水池、河流和泉中，水中的无机、有机成分剧增，这些水进入实验室后，影响了培养液的成分构成，进而影响了胚胎发育。由于不同地区的地质构造不同，水中的有机与无机成分差异较大，特别是离子成分差异明显。因此，在开展胚胎培养实验时，应对当地的水质进行分析，评估是否适合于胚胎发育。然后根据水质条件，采取水纯化措施，制备合适的水用于实验研究。

（二）pH

不同动物的胚胎对培养液的 pH 要求是不同的，而且 pH 的变化能显著影响胚胎发育进程与发育质量。小鼠胚胎发育适宜的 pH 为 7.0～7.6；仓鼠为 7.2～7.8；大鼠为 7.4～8.0；猪、牛、羊的胚胎在 pH 7.1～7.5 时有良好的发育。

（三）无机离子

NaCl 是培养液中渗透压的主要调节者。目前所用的胚胎培养液，其中 NaCl 含量约为 140mmol，对于体细胞是适宜的，但对动物胚胎来说偏高。例如，降低 M16 培养液中 NaCl 的浓度（由 125mmol 或 105mmol 降低至 85mmol），CF_1 小鼠就可以克服 2-细胞发育阻滞。

K^+是胚胎发育所必需的。当无 K^+时，胚胎发育几乎被完全抑制。较适宜的 K^+浓度范围为 2.5～13.0mmol，高于 13.4mmol 对胚胎有损伤作用。现在培养液中 K^+的浓度是依据输卵管和子宫中 K^+的含量设计的，对胚胎培养效果良好。

Ca^{2+}是培养液中必不可少的，细胞内许多重要生理活动都离不开 Ca^{2+}。Ca^{2+}作为细胞内第三信使参与几乎所有的生化事件。关于 Ca^{2+}在胚胎发生、发育及分化中的作用，本书在多处已有讨论，在此不再赘述。

HCO_3^-除了参与调节培养液的 pH 外，还是重要的胚胎能量代谢物质。胚胎通过 HCO_3^-整合于乙酸盐、苯甲酸盐、枸橼酸盐和酮戊二酸盐，而且通过羧化酶将丙酮酸与 CO_2 化合形成草酰乙酸参与三羧酸循环。$H_2PO_4^-$（主要是磷）对仓鼠胚胎培养影响极大，磷与葡萄糖的共同作用能够完全抑制仓鼠 2-细胞胚胎的发育，这二者的存在是造成仓鼠 2-细胞阻滞的原因。磷和葡萄糖对小鼠、猪早期胚胎培养可能具有相似的作用。

（四）渗透压

与 pH 一样，体外受精和胚胎培养可在较宽渗透压（osmolarity）范围内进行，如猪桑椹胚以前各期胚胎所需渗透压为 276～310mOsm，2-细胞兔胚为 230～339mOsm。但每种动物有一个最佳渗透压，如小鼠 2-细胞胚胎在 276mOsm（272～280mOsm）时，有 95%发育到囊胚。而且胚胎不同时期对渗透压要求也不一样。例如，小鼠 1-细胞胚胎可在 220～310mOsm 中发育，而 2-细胞胚胎能在 200～354mOsm 中发育。由此可以得出，虽然胚胎能在较宽范围渗透压的培养液中发育，但存在一个发育最佳的渗透压。在培养时，应尽量选择在最佳渗透压中进行。

（五）氨基酸和维生素

在植入前胚胎及其输卵管液中均含有各种氨基酸，其中牛磺酸、天冬氨酸、甘氨酸和谷氨酸的含量很高。兔子宫液中甘氨酸的含量占总氨基酸量的 22%～76%。胚胎发育必须有氨基酸参与，而谷氨酰胺可以作为小鼠、猪、仓鼠等胚胎发育的重要能源物质。

培养液中维生素的存在也是胚胎发育所必需的。无维生素时，兔囊胚形成受影响。肌醇能促进仓鼠囊胚孵化，而且肌醇可通过磷脂酰肌醇信号通路介导生长因子在囊胚形成与孵化中起作用。

（六）能源物质

培养基中丙酮酸、乳酸、葡萄糖等作为能源物质，其作用因不同动物而有差异。尤其是葡萄糖对早期胚胎培养的作用争议甚大。已证实，葡萄糖对小鼠、仓鼠的受精卵培养有显著的抑制作用，是胚胎克服体外发育阻滞的障碍。在猪胚胎中也可能有类似现象。关于培养液中各种能源物质对胚胎发育的作用，是胚胎培养领域研究的一个热点。

（七）血清

胚胎培养时，一般都加入动物血清如牛血清、羊血清、兔血清等及血清白蛋白。许多实验都证实，血清的加入有利于胚胎发育。但市售血清因厂家、批次不同，效果有时相去甚远。因而选择适当的血清也是培养的关键问题。由于血清成分极其复杂，给培养液分析带来很大困难。因而，人们正在使用无血清（或蛋白质）的成分明确的培养基，分析不同组分对胚胎发育的影响，由此研究早期胚胎发育分化机制、胚胎能量代谢等有关问题。

四、培养液的配制方法

培养液的配制方法有时也会影响胚胎培养的效果。一般认为，应按配方在少量溶剂（水）中顺次把溶质放入，第 1 种溶质完全溶解后，再加第 2 种溶质，最后加满到量，调 pH、过滤等。

这里介绍两种培养液配制方法。

（一）方法一

以 TYH 液配制为例。

保存液Ⅰ：把 NaCl、KCl、KH_2PO_4、$CaCl_2·2H_2O$、乳酸钙·$5H_2O$、$MgSO_4·7H_2O$ 按顺序先配成 10 倍浓度的溶液，前一种彻底溶解后，再加后一种。

保存液Ⅱ：1.3% $NaHCO_3$ 溶液，用 CO_2 饱和。

配制法：按下列顺序加入 100ml 量杯中。

——保存液Ⅰ 10ml；

——1%酚红溶液 0.02ml；

——保存液Ⅱ 16.28ml；

——葡萄糖 100mg，丙酮酸钠 11mg，青霉素 G 7.5mg，硫酸链霉素 5mg。上述药品分别称量，在烧杯中溶于双蒸水后移入量杯；

——用双蒸水加至 100ml；

——过滤灭菌，贮于冰箱。

（二）方法二

以 Whitten 氏液配制为例。

把培养液中除 BSA 外的所有物质分别配成 10 倍浓度的原液贮于冰箱中。临用前，根据不同含量，按顺序加入量杯，调至 100ml。贮存液一般可用 2～4 周。BSA 总是在用前现加。

利用上述方法并与传统方法做比较，对小鼠 1-细胞胚胎（谷氨酰胺取代葡萄糖）、2-细胞胚胎进行培养，发现这种配制方法优于传统的依次加入式配制方法。而且，在配制时一定按顺序加入，否则易发生浑浊现象，影响培养效果。

第五节　胚胎收集与胚胎培养体系

一、胚胎收集

胚胎来源有 2 种：一种是体内发育来的，一种是体外生产来的。根据实验目的的不同，需要收集不同时期的体内发育胚胎。对于体外生产的胚胎，如体外受精胚胎、克隆胚胎、分割胚胎、嵌合胚或转基因胚胎等，大多需要在体外培养发育到囊胚阶段。

（一）小鼠胚胎收集

由于小鼠是最常用的实验动物，目前研究得较为深入。因而，将重点阐述不同时期小鼠胚胎的收集方法。

1. 受精卵的收集和处理

见阴道栓当日的胚胎处于 1-细胞时期，此时胚胎同卵丘细胞结合紧密，仍以卵丘-卵母细胞复合体的形式存在，位于输卵管的壶腹膨大部。

（1）受精卵的收集

1）按照相关规定，处死母鼠；

2）打开腹腔，暴露卵巢、输卵管与子宫；

3）剪输卵管与子宫接合部。用小镊子夹住脂肪体，以眼科剪先从输卵管与子宫接合部（或先剪卵巢与输卵管的连接部）剪一下，但不要完全剪断，保留一细丝状连接使二者仍相连。

4）剪断输卵管与卵巢的连接，将剪子（右手）移至输卵管与卵巢连接处，持住。左手的镊子夹住上述留下的细丝状连接。之后剪断输卵管与卵巢的连接，用镊子直接取走输卵管。这种操作法完全不要卵巢与子宫，这样可以免除由卵巢和子宫带来的许多组织或细胞碎片和脂滴所造成的污染，有利于胚胎收集和洗涤（图 3-11A、B）。

5）在解剖镜下撕开壶腹部，释放 COC。把输卵管移到含有 0.5ml 培养液的培养皿中，在实体镜下找到壶腹部，用尖镊子或针撕开或挑破壶腹部，COC 自动释放出来（图 3-11 C）。

6）洗涤。用新鲜培养液洗涤 1～2 次。

（2）脱除卵丘细胞

将培养皿中的培养液吸除，加入 300μg/ml 透明质酸酶液（其中加 BSA）。几分钟后，可见卵丘细胞渐渐散开。待卵丘细胞脱去后，迅速转移卵入新鲜培养液中。洗涤几次后，进行培养。

透明质酸酶液的配制：用 M2 液将透明质酸酶配成 10mg/ml 的原液，过滤、分装，贮存于–20℃。用时用含 BSA 的 M2 液稀释成 300μg/ml。

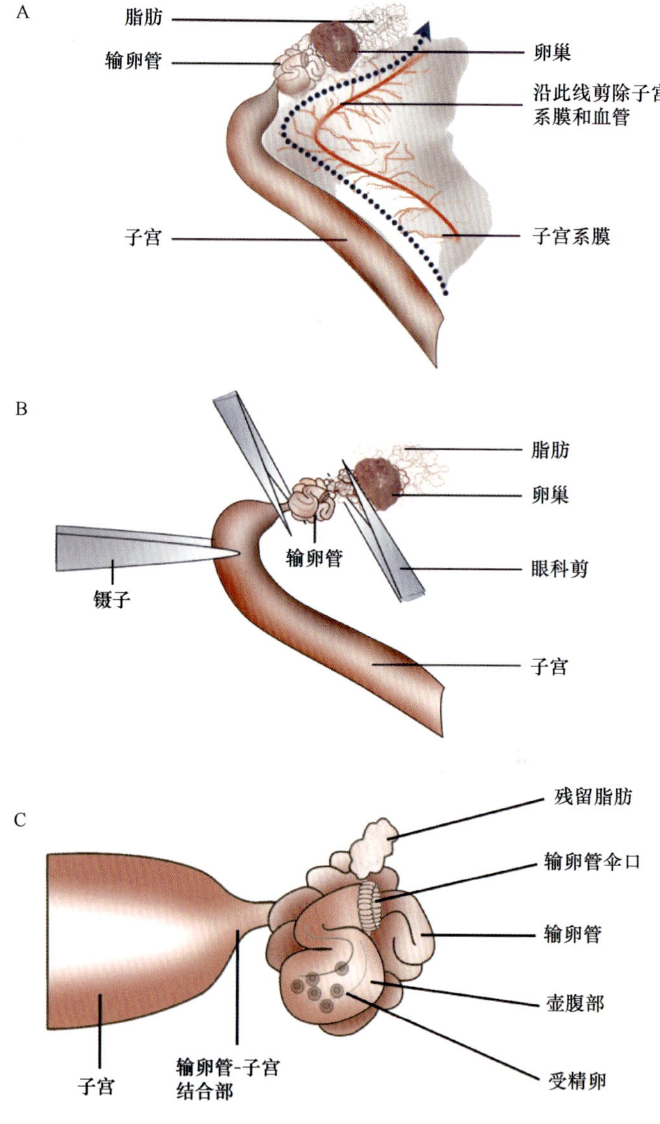

图 3-11　小鼠输卵管的分离示意图

2. 2-～8-细胞胚胎的收集

检查阴道栓，在雌鼠交配后（postcoitum）30～40h、50～56h 和 60～68h 时间段内，胚胎分别发育到 2-细胞、4-细胞和 8-细胞期，位于输卵管中。此时卵丘细胞已经脱掉，可用 1ml 的注射器自输卵管伞口冲得胚胎。其基本步骤如下。

（1）取输卵管

方法同“受精卵的收集”。

（2）找到输卵管伞口

在实体镜下仔细找到输卵管伞部。伞口呈平截状，周边略显粗糙。然后，用镊子轻轻夹住伞口下部，慢慢将冲胚针插入伞口，再用镊子轻轻夹住针头。推压注射器，胚胎从另一端冲出（图 3-12）。

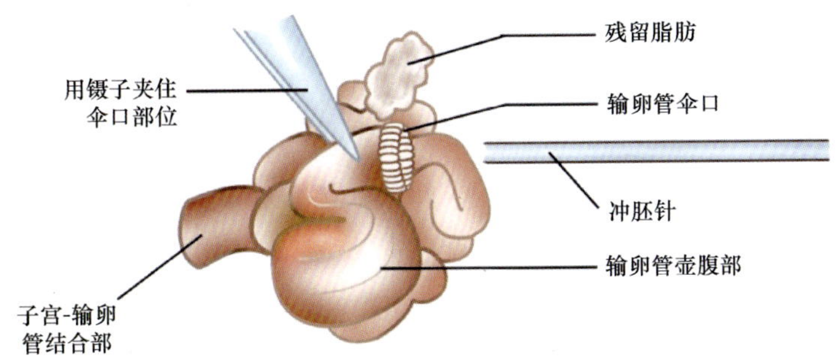

图 3-12　小鼠输卵管伞口冲胚示意图

（3）洗涤胚胎

收集冲得的胚胎，用新鲜培养液洗 1～2 次，转入培养过程。

对于初学者来说，冲输卵管有相当大的难度，需多练习。开始时可适当将光线调暗一些，造成稍暗环境，提高反差，这样能比较容易找到输卵管伞口。

关于冲胚针，国内没有适当口径的注射针。把国产 4 号针头稍做处理后，冲胚效果很好。具体做法：由于 4 号针略粗，所以先在酒精灯火焰上烧红后，用钳子或镊子掐住针两端用力拽，反复几次可使其口径缩细，然后自缩细部剪断或直接拽断，就可得到很实用的冲胚针。用 4 号注射针制备冲胚针的另一种方法是首先剪去针头前端的斜面部分，在细油石上磨出平口；将针杆倾斜 45°在油石上边旋转边打磨，得到较细的头部。若在打磨过程中针口堵塞，可用缝纫针轻轻捅开，然后用注射器冲洗干净。

3. 桑椹胚与囊胚的收集

在 P.C 60～72h 之后，胚胎陆续进入子宫。桑椹胚和囊胚一定要从子宫中获得。

摘取子宫，去掉输卵管，切断与子宫颈的连接，用较大的注射针从任何一头就可以从子宫中冲得胚胎（图 3-13）。收集胚胎时，用小表面皿（直径 50mm）比用培养皿效果好一些。胚胎进入表面皿后，轻轻振动，就可以使胚胎基本都滚落至表面皿底部，容易拣胚，又不易丢失。

（二）其他动物的体内胚胎收集

一些小型动物如大鼠、仓鼠等可以采用类似小鼠的取胚方式。但对大家畜而言，由于费用太高，其胚胎的收集主要是通过外科手术法或非手术法收集。有关内容将在第十一章中介绍。

（三）体外胚胎的制备

有关卵母细胞的体外成熟培养与体外受精，已在本书的第一章和第二章做了详细介绍。本节只介绍 IVM-IVF 胚胎的体外培养。

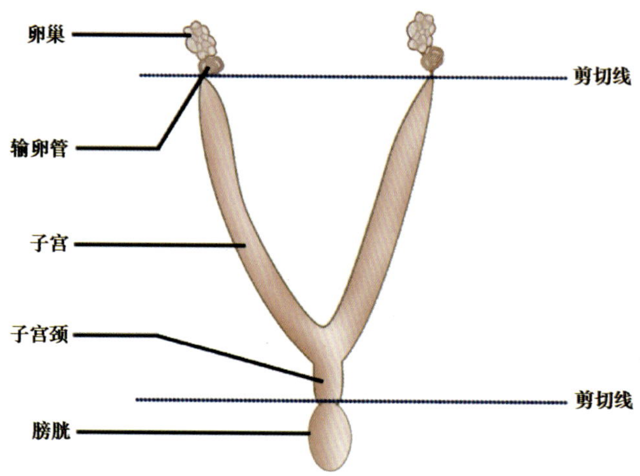

图 3-13　小鼠子宫的分离示意图

二、胚胎培养体系

胚胎培养体系有单独培养液培养体系、与辅助细胞（helper cell）共培养体系和体内共培养体系。

（一）单独培养液培养体系

通过胚胎培养液成分的不断优化，目前已研制出针对不同物种胚胎生长的专门化培养液，小鼠的胚胎培养液通常用 CZB 液，猪胚胎多用 NCSU23，牛、绵羊、山羊胚胎较多用 SOF 和 CR1。

1. 微滴培养法

这是目前最常采用的培养方法。液面覆盖轻质石蜡油，其功能是防止液体蒸发和微生物侵入。

1）制滴。在培养皿中制备一系列 20～40μl 的培养液微滴，然后覆以石蜡油。

2）预平衡。将制好微滴的培养皿放入 CO_2 培养箱中，37℃平衡至少 2h。

3）胚胎培养。用移卵管把胚胎移入已平衡好的培养液微滴中，再置入培养箱继续培养。每个小滴放 10～20 枚胚胎，基本操作过程如图 3-14 所示。

4）换液。每隔 1～2 天换液一次，并检查发育状况。

2. 试管培养法

用小而密封的小试管也可以进行胚胎培养。该法不需要加石蜡油。吸 1ml 培养液加入小试管中，在 CO_2 培养箱中平衡后，再加入胚胎（每管 20～30 枚胚胎），加盖密封，继续培养。

此法适宜于牧场等缺乏培养设施的地方。可以将胚胎存放于试管中，在体温下临时保存几个小时。

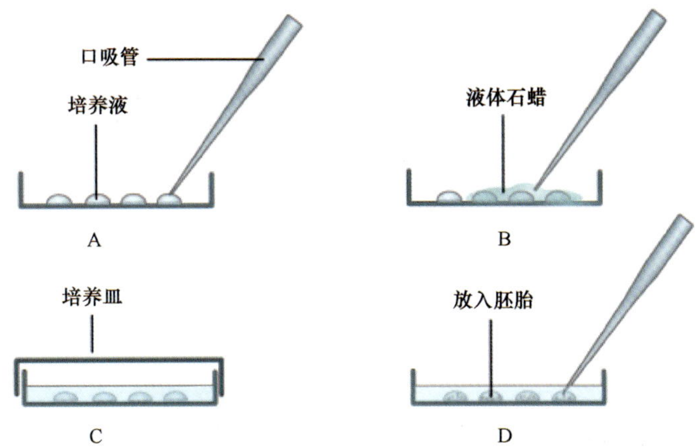

图 3-14 微滴制作与胚胎培养示意图

A. 在 35mm 培养皿中用微吸管做数个微滴；B. 覆盖石蜡油；C. 在 CO_2 培养箱中预平衡；D. 移入胚胎，进行培养

3. 表面皿培养法

具体操作步骤如下。

预平衡：选用表面光洁的 50mm 口径的表面皿，加入 1ml 培养液，在培养箱中预平衡。

移入胚胎：将胚胎吸入已平衡的培养液中，一般每个表面皿可放 30～40 枚胚胎。

加盖：用另一表面皿盖住盛有胚胎的表面皿。因磨口关系，两个表面皿比较严密。转入培养箱进行培养，利用这一方法也可获得很好的培养效果。每 24h 观察胚胎发育情况，并记录拍照（图 3-15～图 3-17）。

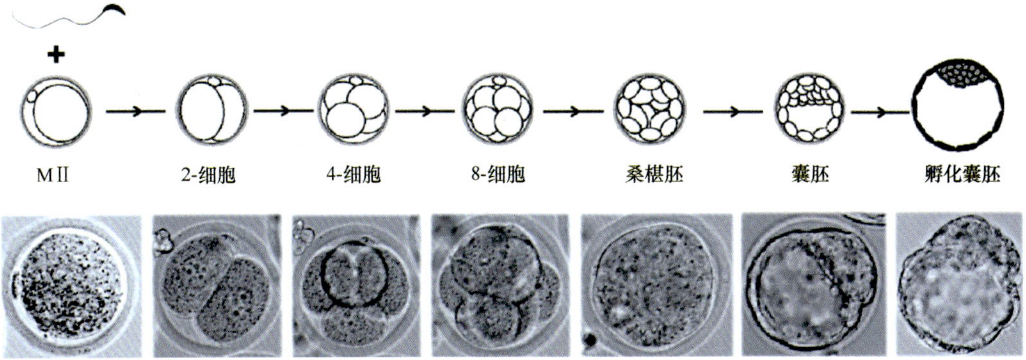

图 3-15 小鼠体外受精后的各期发育胚胎的示意图（上）与胚胎图（下）

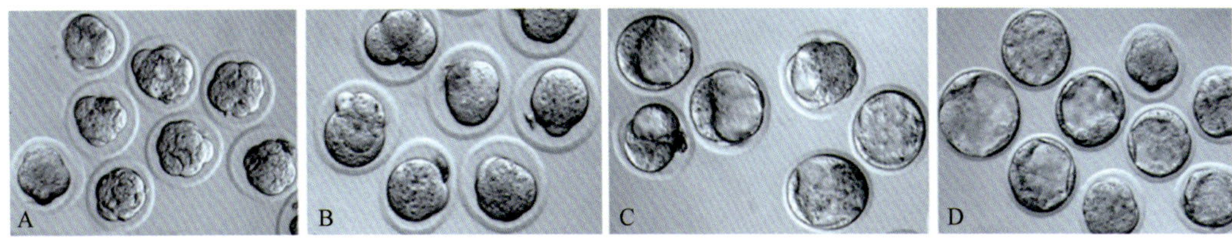

图 3-16 小鼠桑椹胚的致密化与囊胚形成

A、B. 致密桑椹胚；C. 早期囊胚与囊胚；D. 囊胚与扩展囊胚

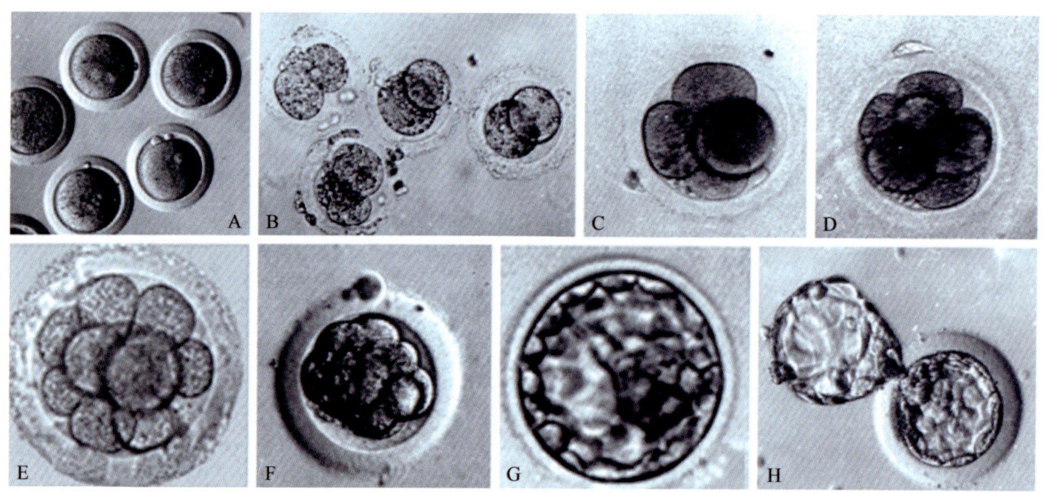

图 3-17 兔体外受精胚胎的发育

A～H. 分别为受精卵、2-细胞、4-细胞、8-细胞、16-细胞、桑椹胚、囊胚与孵化囊胚

（二）与辅助细胞共培养体系

与辅助细胞共培养体系（co-culture system）是模拟体内生理状态，即将单层体细胞作为营养细胞与胚胎共培养，以促进胚胎体外发育，提高胚胎质量。用于共培养的体细胞有输卵管上皮细胞、子宫上皮细胞、颗粒细胞、卵丘细胞、成纤维细胞或其他类型的细胞，其中以颗粒细胞、卵丘细胞和输卵管上皮细胞的应用最为普遍。

1. 共培养体系的作用机理

利用与输卵管上皮细胞构成的共同培养系统，已经成功地使牛、猪、山羊、绵羊等动物胚胎克服体外发育阻滞。而且共同培养可提高培养胚胎的质量。虽然小鼠胚胎可在简单培养液中发育到囊胚，但有明显的发育延迟现象，囊胚的细胞数也显著少于体内发育囊胚；当与输卵管上皮细胞共同培养时，卵裂速度和囊胚的细胞数与体内发育的同期胚胎基本一致。在其他动物的胚胎培养时也表现出同样的优越性。

那么，是什么原因使共培养能够克服胚胎体外发育阻滞呢？

（1）共培养细胞分泌促有丝分裂因子

许多类型的上皮细胞能分泌多肽和糖蛋白物质进入培养液。从小鼠输卵管上皮细胞分泌物中可分离出一种蛋白质（Mr21.500），能够进入卵母细胞和胚胎的卵周隙。在羊输卵管上皮细胞分泌物中可分离出两种绵羊输卵管蛋白（sheep oviduct protein，SOP），即 SOP46 和 SOP92，均能与胚胎的透明带结合，进入卵周隙，并能与正在发育的各个卵裂球结合。这些输卵管蛋白可能促进胚胎的有丝分裂活动，起着促有丝分裂因子（mitogenic factor）作用。也有人认为，共培养中的胚胎也可能刺激共培养的体细胞分泌一些胚胎发育所需的特殊因子或分泌必要的胚胎营养物。

（2）共培养细胞分泌促胚胎发育因子

用免疫学方法，在 vero 细胞、人输卵管和子宫内膜上皮细胞中分离出了 IL-1、IL-2、IL-6、类胰岛素生长因子（IGF）及其结合蛋白、白血病抑制因子（LIF）、血小板衍生生长因子（PDGF）、表皮生长因子（EGF）和转化生长因子-β（TGF-β）等。用 Northern 印记杂交分析，也确定了人输卵管细胞表达了 IGF、集落刺激因子-1（CSF-1）、LIF 等。在牛和绵羊的上皮细胞中有 IGF-1、IGF-2、TGF-α、TGF-β 及 EGF 的 mRNA 转录产物。这些转录产物均有促进胚胎发育的特性。如果加入上述生长因子受体的单克隆抗体，就会抑制胚胎发育。

有研究表明，与几种不同类型的上皮细胞共同培养的胚胎，其卵裂率基本一致；但在胚胎移植后，与输卵管上皮细胞共培养的胚胎的怀孕率显著高于其他类型的细胞。不经过共培养，只加入刺激细胞分化的纤维粘连蛋白，也能使牛胚胎克服 8-细胞阻滞。这一结果说明，共培养系统中的体细胞可能分泌了细胞外间质物质，促进胚胎发育和分化。

（3）共培养细胞分泌维持代谢平衡的物质

辅助细胞活动的一个重要方面就是影响胚胎的代谢通路。当正常代谢所需的酶、去平衡酶（如磷酸葡萄糖异构酶）、代谢抑制物等存在缺陷时，会出现代谢障碍，导致能量浪费和废物堆积。而胚胎在体内或共培养中却不会发生上述问题，如糖代谢，当鼠胚胎在体外常规培养基中有高浓度外源糖时，会出现糖原的累积，而在体内或共培养时则不会出现糖原的累积。辅助细胞还分泌一些蛋白质，用 Western 印记分析和双向电泳，从无血清的牛输卵管上皮细胞条件培养基中分离出大量输卵管蛋白。而且，由雌激素诱导的输卵管分泌的糖蛋白与胚胎的致密化有关。辅助细胞还能分泌氨基酸，从而维持更好的氨基酸平衡。氨基酸在分解代谢后产生的铵离子对胚胎有毒性作用，特别是在体外开放培养和 pH 偏碱性时，铵盐极不稳定，释放出氨，而共培养可通过丙氨酸、谷氨酰胺和天冬氨酸的形式去除氨。此外，各种脂类包括游离脂肪酸、甘油三酯和磷脂也被牛输卵管细胞合成分泌进入培养基，这些脂类物质可能也有利于胚胎发育。

（4）体细胞的解毒作用

目前通用的培养方法氧浓度都偏高，而早期胚胎对氧浓度是很敏感的。在培养过程中，胚胎代谢产生的代谢产物如自由基类，以及有可能形成的胚胎毒性物质，都对胚胎发育有害。由体细胞分泌的谷胱甘肽与牛磺酸及相关酶类可抵御过氧化作用，消除这些细胞毒素，促进胚胎发育。特别是半胱氨酸有促进胚胎发育的活性，它可以与氧离子反应，保护胚胎不被氧化。体细胞通过代谢途径，清除培养液中对胚胎发育不利的成分。例如，螯合重金属离子，代谢掉胚胎发育抑制物如次黄嘌呤（6-羟基嘌呤）等。

2. 体细胞共培养体系的制备

（1）卵丘细胞共培养系统的制备

1）无论是体内成熟的卵母细胞，还是体外成熟的卵母细胞，在进行体外受精操作之前，一般要先把大部分的卵丘细胞脱掉。将脱除的卵丘细胞收集于离心管中，1000r/min 离心 5 min，弃上清，用操作液重新悬浮细胞，再以 1000r/min 离心 5min。

2）然后弃去上清，将适量培养液加入离心管以悬浮细胞，调整细胞浓度约为 5×10^4 个/ml，按 30μl/滴接种于 35mm 皿上，上覆矿物油。在适当的温度（如小鼠是 37℃）、5% CO_2 和饱和湿度培养箱中进行培养。

3）大约 48h 后，卵丘细胞即可长满液滴，可以用于胚胎共培养。

4）待微滴中细胞贴壁后，吸除约 2/3 的培养液并加入新培养液，如此重复一次。然后把体外受精胚胎移入培养滴中，胚胎与卵丘细胞共同培养。以后隔天半量换液，每天观察并记录胚胎发育情况。

（2）输卵管上皮细胞共培养系统的制备

输卵管上皮细胞的建立及传代方法有 2 种，分别为组织块培养法和酶消化法。

1）组织块培养法

将输卵管经 Hank's 平衡盐溶液（HBSS）充分洗涤，然后从壶腹部-峡部区域取数块 $1mm^2$ 的黏膜上皮，置于新鲜 HBSS 中。在解剖镜下，用镊子将上层细胞与基质层分离，得到若干细胞片层。收集细胞片吸入无菌试管内，以 2000r/min 离心 5min。去除上清液，用培养液洗涤一次。然后接种于培养皿中，置于 37℃、5% CO_2 条件中，培养 3 至 4 天，细胞开始贴壁；7～8 天后形成大的上皮细胞岛，原代培养可以进行传代。

传代时，从培养瓶中吸除培养基，加入 0.5%胰酶和 0.53mmol EDTA 溶液，在 37℃、5% CO_2 中培养 3～5min。一旦细胞从瓶壁脱落，就将细胞悬液移入无菌离心管中，2000r/min 离心 5min。去上清液，再用 HBSS 洗两次，除去残留消化液。将细胞沉淀再次用培养基制成悬液，进行接种培养。

2）酶消化法

将输卵管用平衡盐溶液冲洗，并转移到含盐溶液的培养皿中。去除脂肪和结缔组织，用 0.25%胰蛋白酶+肝素化的 M199+100μg/ml 青霉素+100μg/ml 链霉素+100μg/ml 四环素冲洗。结扎输卵管一端，管腔内注入胰蛋白酶溶液，然后结扎输卵管另一端，放入 37℃、5% CO_2 环境中培养 45min。用培养皿收集细胞悬液，并用胰蛋白酶液再次冲洗输卵管腔。

细胞悬液移入无菌离心管，800r/min 离心 10min，去掉上清液，沉淀的细胞再悬浮于 1ml 胎牛血清中，再次离心。细胞沉淀制成悬液，接种于培养皿中，在 37℃、5% CO_2 条件下培养。细胞贴壁，生长增殖形成单层细胞，80%汇合或刚汇合时，即可进行传代。

3）胚胎共培养液滴的制备参见上述卵丘细胞。

（三）体内培养系统

体内共培养体系，即在第七章中介绍的中间受体培养或异种动物活体保存的方法。

第六节　胚胎质量评价

评价胚胎质量的标准包括形态学标准和分子水平的标准。形态学标准包括胚胎卵裂球的形状与均一性、细胞质的均匀度、细胞紧缩程度、卵周隙的大小和退化细胞数等。一般情况下，是以胚胎能否发育到囊胚、发育形成囊胚的比率、组成囊胚的内细胞团和滋养层的比例等为标准。囊胚的形态、卵裂球数目及内细胞团的大小会影响移植后的妊娠和胎儿出生率。因此，胚胎的形态学评分是最常用的评价胚胎质量的方法。然而，在实际操作中，部分形态学评分高的胚胎并不能建立有效的妊娠，而一些评分差的胚胎却能够有效妊娠。由此，人们提出应用生化参数与分子指标进行胚胎质量评价。但由于胚胎发育是一个动态的新陈代谢过程，不同发育时期和发育时间的胚胎的生化与分子变化均不一致，尚缺乏统一的质量标准，操作难度也较大。尽管如此，掌握胚胎评价的形态学标准和生化与分子标准，对于研究胚胎发育、基因调控与代谢活动等具有重要的指导意义。

一、胚胎细胞计数方法

细胞数的多少反映了胚胎的发育质量，因而通常对胚胎，尤其是桑椹胚和囊胚的细胞数进行统计，或更进一步进行囊胚的内细胞团细胞计数，从而分析胚胎的发育质量。

（一）空气晾干制片法

1. 胚胎细胞计数法

1）低渗处理胚胎。将胚胎（囊胚）移入 0.5%的柠檬酸钠溶液中，每次移 10 枚左右，作用 5～10min。

2）固定。将胚胎移入固定液（甲醇∶冰醋酸=3∶1）中。每次移入 2 枚胚胎，作用 5～30s。

3）铺片。把固定后的胚胎（含 3～5μl 固定液）悬滴于洁净的载玻片上，立即吹空气以助细胞扩散。

4）染色与计数。铺片彻底干燥后，用 Giemsa 染色，染色时间需要自行摸索。最后，在镜下进行细胞计数。

2. 内细胞团细胞计数法

内细胞团细胞计数法与上述胚胎计数法稍有不同。将准备计数的囊胚，经免疫外科手术获得内细胞团，移入 0.05ml 的柠檬酸钠溶液中低渗处理。每次处理 6 枚胚胎，作用 2min（小内细胞团）或 5min（大内细胞团）后，将内细胞团移入 0.05ml 的固定液（甲醇∶冰醋酸=3∶1）中，作用 5～30s。将固定好的内细胞团连同少量固定液移至载玻片上，立即吹气使细胞扩散、晾干。把晾干的标本用 10%的三氯乙酸浸洗 30min，再晾干，Giemsa 染色、计数。

对上述方法也可做如下改进：将囊胚或内细胞团放在由 40% FCS 和 60% Milli-Q 超纯水组成的低渗液中处理 10min，再移入事先配好的固定液（甲醇∶Milli-Q 超纯水∶冰醋酸=3∶4∶1）中固定。固定后置于载玻片上，在 41℃的加热板上晾干，晾干后用 Giemsa 染色。Giemsa（60%）使用前要过滤，标本在计数前 3～5min 才可以进行染色。以上方法多用于小鼠胚胎的细胞计数，其缺点是不适合于大囊胚（如嵌合囊胚）的计数，因为大囊胚的卵裂球不易扩散。

（二）荧光染色法

目前，广泛使用的胚胎细胞计数法是荧光染色法，该法适用于小鼠、仓鼠、兔、牛、猪和羊等的胚胎细胞计数。

1. 溶液配制

1）HO 原液。用水溶解 Hoechst 33342（1mg/ml）配制成 HO 原液。HO 原液可在室温条件下单独贮存于暗室中。

2）HO 操作液。操作液需现用现配。用 75μl 0.23%的柠檬酸钠溶液、25μl 乙醇和 10μl HO 原液混合配成。

3）台盼蓝（TB）复染液。把 TB 溶解于 0.23%的柠檬酸钠溶液中，制成 TB 复染液。TB 复染液的浓度依所染不同动物种类的胚胎而定，猪胚胎用 0.1%，其他动物用 0.001%。

2. 染色程序

染色程序：①在硅化好的载玻片上做一个 10～20μl TB 小滴；②用口吸管将胚胎移入 TB 小滴中，移胚胎所带培养液量要尽量少，在室温条件下染色 3～4min（猪）或 30～60s（其他动物）；③用尖端内径小于胚胎的口吸管吸去 TB 液，要避免胚胎丢失；④立即向胚胎滴入 10～20μl HO 操作液，在 37℃染色 3～5min；⑤移去过量的 HO，方法同③；⑥立即向胚胎滴上一滴抗荧光淬灭封片剂，再覆上 22mm×30mm 的盖玻片。

3. 胚胎检查

对染色后的胚胎可立即进行检查，也可将片子贮存在暗室中待随时检查。检查需要使用荧光显微镜，胚胎的 DNA 被 HO 染色后发生明亮的蓝色荧光。该方法操作较为复杂，但是准确、应用范围广，而且可以随时镜检，减少胚胎的丢失。

（三）压片法

该法常用于判定体外受精卵是否受精，也可用于胚胎细胞计数。

1. 固定

将要计数的胚胎移入装有固定液（甲醇∶冰醋酸=3∶1）的小培养皿中，盖严防止固定液蒸发，固定 48h。

2. 染色

把固定好的胚胎移入事先做好的 1%乙酸地衣红染色液小滴中，染色 10～20min。

3. 压片

把染色的胚胎经培养液洗 3 次后，移到载玻片上（所带的培养液量越少越好）。用盖玻片迅速挤压，使卵裂球散开。在即将挤压胚胎时，向盖玻片与载玻片之间的缝隙中滴入乙酸地衣红染色液，有助于胚胎卵裂球扩散，使细胞核染色更清晰。

4. 观察计数

把压好的片子在相差显微镜下观察计数。观察时注意调动焦距，以分辨不同焦平面的细胞。这种方法快速、易掌握，不需要特殊化学试剂、特殊的仪器，使用的都是一般实验室常规仪器和化学药品。此法的最大优点是可以防止胚胎丢失。传统的压片法先压片后固定、染色，易造成胚胎丢失，而且盖玻片压得过紧，胚胎不易染色。但这种方法只在小鼠胚胎中应用效果很好，在其他动物的胚胎中使用不多。

二、胚胎细胞计数具体操作

1. 荧光染色统计囊胚细胞数

1）把囊胚固定于含 1%多聚甲醛的 PBS 液滴中，室温下固定 8min。

2）对于猪、牛与羊等大动物的囊胚，还需要进行透明带处理。用酸性台氏液处理胚胎数秒，以去除大部分的透明带。这一步骤也可以在固定之前完成。对于鼠类的胚胎则可以略去此步骤。

3）将固定好的胚胎移入 Hoechst 33342 染色液滴中，室温下着染 10min。

4）用 5μl 含 50%甘油的 PBS 液在干净的载玻片上做 3 个液滴，将胚胎转移至液滴中，冲洗 2 遍，最终移入第 3 个液滴中。

5）用凡士林∶石蜡油（9∶1）在第三个液滴周围 4 个角上点 4 个柱，盖上盖玻片。

6）轻压盖玻片使囊胚细胞平铺于载玻片上，胚胎受压后稍微膨大，但以不破碎为宜。

7）荧光显微镜下观察计数并记录拍照（图 3-18）。

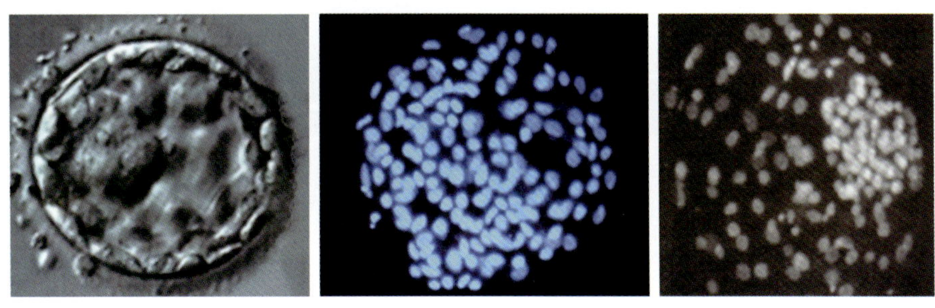

图 3-18　囊胚 Hoechst 33342 染色

2. 差异染色法分析内细胞团与滋养层细胞数

染色原理：Triton X-100 可以溶解细胞膜上的磷脂化合物，使细胞膜稳定性下降，通透性增加，可使分子质量较大的红色荧光染料碘化丙啶（PI）可以通过细胞膜，对染色体进行染色，而短时间、低浓度 Triton X-100 的处理不会影响 ICM 细胞膜的稳定性。分子质量较小的蓝色荧光染料 Hoechst 33342 能够通过 ICM 细胞膜对染色体进行染色，PI 则不能，从而使 ICM 和 TE 被染上不同的颜色，达到双重染色的目的（图 3-19）。当利用携带荧光标记基因如 *Oct4-GFP* 的小鼠进行胚胎操作时，二脒基苯基吲哚（DAPI）使细胞核染色，ICM 由绿色荧光蛋白（GFP）荧光显示（图 3-20）。

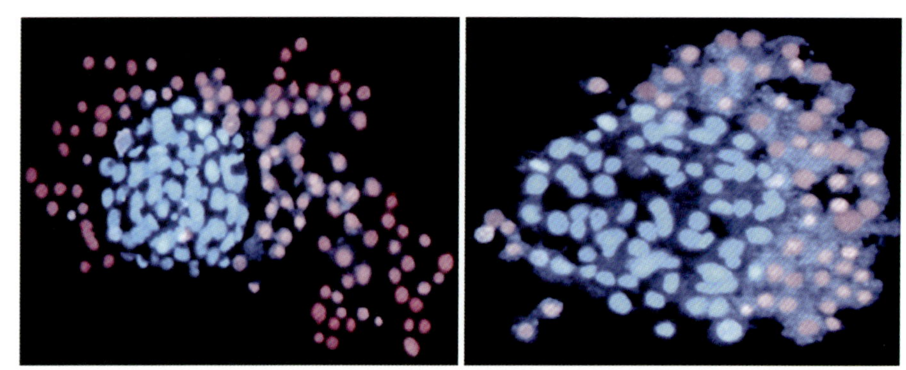

图 3-19　差异染色法分析内细胞团（蓝色）与滋养层（红色）细胞数

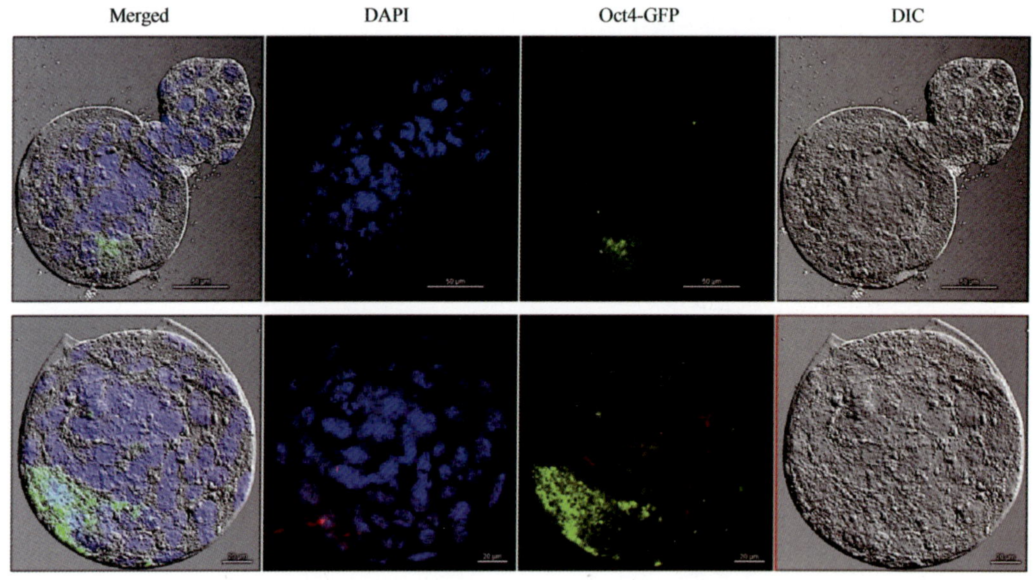

图 3-20　小鼠囊胚的内细胞团（ICM）染色

DIC：微分干涉显微镜下的囊胚；DAPI：细胞核染色；Oct4-GFP：ICM 染色

染色方法一：用链霉蛋白酶处理囊胚 7～8min，去除透明带，在 PBS 中洗 3 遍，之后用 Hoechst 33342 染色 30min，再用 0.05% Triton X-100 处理一定的时间，而后用 PBS 洗 3 遍后用 0.005% PI 染色 10min，然后进行压片、观测、计数。

染色方法二：先用 0.5%胰蛋白酶消化除去透明带，用含有 1mg/ml PVA 的 TL-HEPES 液洗涤后，再用 1∶5 的兔抗猪全血清（Sigma，P-3164）处理 1h，经 TL-HEPES 液洗 3 次，每次 5min，再将胚胎移入 1∶5 豚鼠补体（Sigma，S-1639）中，其中含有 10μg/ml PI 和 10μg/ml 的 Hoechst 33342，染色 1h。经 TL-HEPES 液快速洗涤后，把胚胎置入一滴甘油中，并盖上盖玻片，在荧光镜下观察。着蓝色者为 ICM 细胞，着红色者为 TE 细胞。

三、胚胎与胎儿细胞的染色体分析技术

1. 原核期胚胎的染色体制备

由于受精的不同步性，原核期胚胎进入中期染色体相的时间也不一致。要针对不同动物进行分析，首先要了解原核期胚胎进入中期染色体相的时间范围，然后再进行染色体分析。

（1）体内来源的原核胚的染色体制备

以小鼠为例，具体操作如下。

常规超排并与雄鼠合笼，见栓当天下午 1 点自壶腹部收集受精卵，移入 M2 液中进行培养。在 hCG 注射后 28～32h，受精卵发生第一次分裂。除非有特殊要求，一般在培养之初就加入秋水仙胺（0.1μg/ml）过夜培养。次日，除去卵丘细胞和透明带。用 1%柠檬酸三钠室温低渗 10～15min，或用 0.56% KCl 室温低渗 6～8min。用口径略大于合子直径的微细管将受精卵吸至洁净载片上，转移时尽量少带低渗液。立即吸约 0.1ml 新配制的固定液（甲醇：冰醋酸=3：1）自胚胎正上方约 2cm 处滴下。晾干后，用 Giemsa 染液染色。封片、镜检。

（2）体外受精来源的原核胚的染色体制备

在精卵作用之后，去除卵丘细胞与附着的精子，尽可能地把受精卵洗净。然后将受精卵转入含秋水仙胺（0.1μg/ml）的培养液中过夜培养。其余步骤同上。图 3-21 显示的是牛体外受精原核胚的核与染色体的形态。受精卵的发育并不是同步进行的，大多数受精卵能正常发育，形成正常的二倍体核相（图 3-21B）；但有少数发育停止于 2 原核阶段或停止于形成中期相的过程中（图 3-21A）。

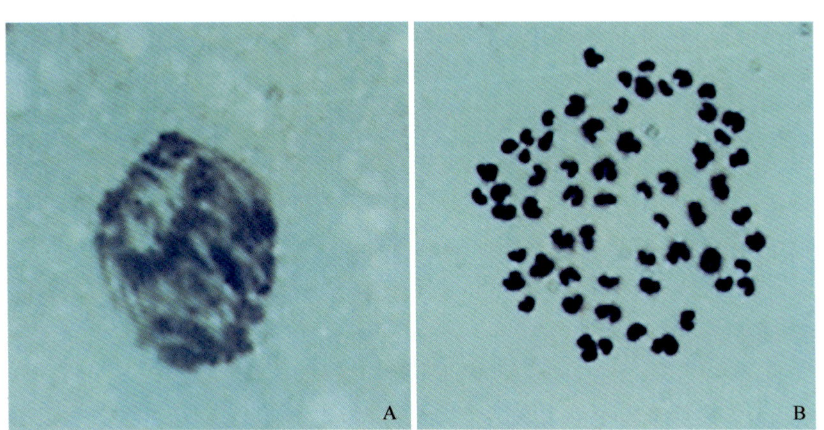

图 3-21　牛原核期胚胎的染色体形态

2. 植入前各期胚胎的染色体制备

植入前的 2-细胞至囊胚各个阶段的胚胎染色体的制备与原核期胚胎染色体的制备

方法基本一致，主要差别在于秋水仙胺的处理时间有所不同。对于2-～8-细胞阶段的胚胎，秋水仙胺的处理时间较短，3～4h即可；对于16-细胞、桑椹胚和囊胚，秋水仙胺处理8～12h可使更多的细胞进入中期相。

不同发育时期的胚胎的低渗时间也略有差异，通常利用1%柠檬酸三钠作为低渗液。2-细胞胚胎的低渗时间以2～5min为宜；4-～8-细胞阶段的胚胎为8～10min；16-细胞至囊胚的低渗时间为15～40min。将一枚或几枚胚胎移到洁净载片上进行固定，操作过程同前。晾干、染色、封片、镜检。

3. 植入后胚胎的染色体制备

根据胚胎大小的不同有两种方法：乙酸分散法和细胞悬浮法。

（1）乙酸分散法

此法适于小于5mm的胚胎或胎膜细胞分析。取整个胚胎或胎儿的一部分，在含有0.1μg/ml秋水仙碱的培养液中37℃培养1h。将组织移入1%柠檬酸三钠或0.56% KCl中，低渗时间因胎儿日龄不同而异。6天的胎儿非常敏感，在KCl中3～4min、在柠檬酸三钠中4～6min即可。

用眼科镊子将组织从低渗液中取出，轻轻放入固定液（甲醇：冰醋酸=3：1）固定，或者把低渗液除去后加入固定液。固定好的样本在4℃保存3个月，仍可获得较好的效果。

室温下用5倍稀释的60%的冰醋酸分散样本，在解剖镜下观察分散情况。约5min后，吸0.5ml悬液放到位于40～60℃加热板上的载片上。倾斜载片或用口吸管吸吐数次，使液体散开。随着液体移动和扩展，细胞散开并干燥。在相差显微镜下检查，如果合乎要求可继续制作。如果不合乎要求可适当调整上述操作过程，直到获得满意的制片为止。小组织样本（≤1mm）可直接在载片上的60%乙酸滴中分散。但要注意样本一定要位于液滴中央，以保证细胞黏着以前，组织块提前干燥。染色、封片、镜检或做带型分析。

（2）细胞悬浮法

该法适宜于较大的胚胎。取整个胎儿（5～10mm）或自12～20天的胚胎中取整个器官如肝或脾，用镊子或吸管在适当体积的溶液（TCM199或MEM）中制成细胞悬液。摇动培养皿，使大块的组织下沉，取含有游离细胞的上清液。加入0.1μg/ml秋水仙碱后，在37℃下培养1h。将悬浮液离心（200*g*）5min，除去上清液。加入10倍体积的低渗液，处理6～10min。离心（200*g*）5min，除去上清液。然后小心加入5ml新配制的甲醇：冰醋酸（3：1）固定液。加入固定液时，不要打乱细胞团；再吸出固定液，加入新的固定液，反复几次，最后摇动试管使细胞散开，同时加入足量的固定液。离心（200*g*）5min，去上清液，再加入少量固定液悬浮细胞。

在载片上并列滴3滴细胞悬液。让液滴扩展到最大程度，待到开始干燥时，将其放到60W台灯下并用嘴吹。在湿气和温热环境下，可得到良好的中期分裂相。干燥、染色、封片、镜检。

4. 染色体带型制作

（1）C 带制作

室温下，将制备好的染色体载片在 0.5mol HCl 中处理 5min。用自来水冲去过多的酸液，放入 2×SSC（0.3mol NaCl，0.03mol 柠檬酸钠）染色缸中，65℃处理 15min。室温下在 pH 6.8 的缓冲液中处理 5min。用 2%～3% Giemsa 染液（用 pH 为 6.8 的缓冲液配制）染色，并在显微镜下观察着色情况。

如果 C 带和其他染色体部分分辨清晰，可经缓冲液冲洗，在灯泡下干燥。直接观察或永久封片。如果 C 带显示效果不佳，而其他部分着色较暗，说明在 2×SSC 中处理时间可能不够，可以再延长处理时间并重染。如果在 0.5mol HCl 或在 65℃的 2×SSC 中处理时间过长，往往造成较难挽回的不良效果。因此，开始时在 2×SSC 中处理时间可以稍短，如果效果不佳，可再处理一次。

C 带显示的是结构异染色质，在正常小鼠中是由与着丝粒有关的卫星 DNA 组成。不同品系的小鼠，其常染色体上的 C 带数量有差异。因此，在嵌合体研究中常被用作细胞标记。然而，在所有品系小鼠中，Y 染色体上不存在 C 带，这通常被用作鉴别细胞性别最简单的阳性标记。

（2）G 带制备

新制作的染色体样本，一般得不到良好的 G 带带型，而需要老化一段时间。实验证明，老化 10 天左右的样本，G 带制备效果最好。将适当老化的样本放入带盖的 2×SSC 染色缸中，在 60～65℃处理 1.5～3h。利用 0.85%生理盐水配制 0.025 %胰酶（1∶250）溶液。用冷自来水冷却染色缸至室温，然后把样本转入 0.85%生理盐水中。

取出一张样本载玻片，用滤纸吸干多余水分，把样本载玻片放平，用吸管吸取 0.025%胰酶液均匀覆盖。胰酶处理是非常关键的，时间不足，则带型不清；时间过长，则会破坏染色体形态。一般老化 10 天的样本，胰酶处理时间以 20s 为宜。老化时间越长，应相应地延长胰酶处理时间。

胰酶处理完毕后，迅速除去酶液，并移入 0.85%生理盐水中，消除酶的继续作用。用 pH 6.8 的缓冲液冲洗，然后经 1%的 Giemsa 染液染色。用 pH6.8 缓冲液冲洗，快速干燥。直接用油镜观察或封片（图 3-22）。

制备 G 带时，一定要用新配制的溶液，载片染色缸一定要洁净。

四、囊胚辅助孵化技术

与体内发育的胚胎相比，体外培养产生的胚胎的质量明显降低，说明体外培养条件还存在不足。体外培养时间、培养条件等都能引起胚胎透明带的硬化，囊胚的细胞数量减少，囊胚对透明带消化酶分泌不足等，造成囊胚孵化困难。这种现象在冷冻的胚胎上尤为严重。将这些透明带已经发生变化的囊胚移植入受体子宫内，受体动物的妊娠率也不高。为提高囊胚的孵化率，可在囊胚孵化的过程中人为地在透明带上制造一个开口或削减透明带厚度，辅助胚胎从透明带中孵出。

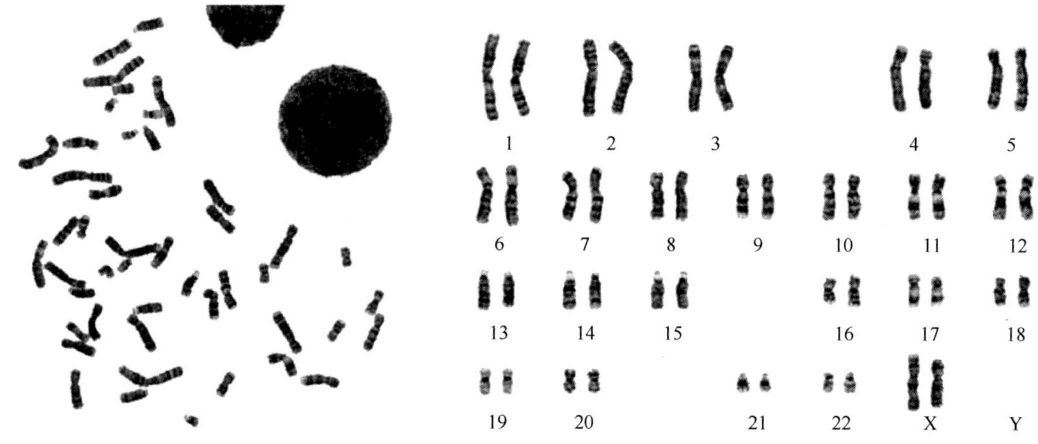

图 3-22 人染色体的 G 带分析

囊胚辅助孵化方法包括机械法、酸化法、酶消化法和激光辅助孵化法。

（一）机械法

借助显微操作系统，用微细玻璃针在卵周间隙大或碎片少的透明带区域做一个“十”字形切口。将胚胎固定后，选择卵周隙较宽的位置，用玻璃针将此处的透明带挑开一条口。用固定吸管将较宽间隙处置于 12 点的位置，穿刺针由胚胎 1 点位置进针，11 点出针，转动穿刺针，使穿刺针上的部分透明带与固定针反复摩擦，直到透明带上产生“一”字形切口；然后松开固定针，将胚胎水平转动 90°，重复上述操作，获得一个“十”字形切口。

（二）酸化法

用喷酸针代替穿刺针将 pH 2.5 的台氏液喷在卵周间隙大或无碎片的透明带区域，进行打孔或减薄透明带，在操作结束后连续漂洗胚胎。使用此法时，应多加小心，以免酸处理过度而伤及胚胎。

（三）酶消化法

把囊胚放入 0.5%的链霉蛋白酶培养液中，消化 25～30s 后迅速洗数遍，把冲洗干净的胚胎移入含 10%血清的培养液中冲洗 4～5 遍，可使透明带减薄并软化。

（四）激光辅助孵化法

借助激光破膜系统，采用波长 1.48μm 的激光在透明带上打孔或削薄透明带。可削薄透明带厚度的 50%～80%，宽度约为总透明带的 1/4。激光辅助孵化法适用于各级胚胎操作。

不同的孵化方法对操作的技术和设备要求不同，因此对于囊胚孵化效果、孵化后胚胎的妊娠率的影响也有较大差异。酶消化法、激光辅助孵化法可显著提高胚胎妊娠率和分娩率。

五、胚胎细胞凋亡检测分析技术

在胚胎培养液中添加抗凋亡因子，或在细胞内转染抗凋亡基因，可以有效抑制细胞凋亡，促进细胞增殖和胚胎发育。因此，通过阻断细胞凋亡、干预胚胎凋亡，对保护早期胚胎、促进胚胎发育具有重要作用。但是，早期胚胎发育过程中，细胞凋亡及其调控机制尚未完全清楚。探究胚胎发育过程中的凋亡调控机制，甚至建立一种高效、稳定、安全的抗凋亡干预措施，将可能促进胚胎发育、提高胚胎移植成功率。

细胞凋亡的检测方法如下。

（一）膜联蛋白Ⅴ（annexin-Ⅴ）联合 PI 法

磷脂酰丝氨酸（phosphatidylserine，PS）正常情况下位于细胞膜的内侧，但在细胞凋亡的早期，PS 可从细胞膜的内侧翻转到细胞膜的表面，暴露在细胞外环境中。annexin-Ⅴ是一种分子质量为 35～36kDa 的 Ca^{2+}依赖性磷脂结合蛋白，能与 PS 高亲和力特异性结合。将 annexin-Ⅴ进行异硫氰酸荧光素（FITC）、藻红素（phycoerythrin，PE）或生物素（biotin）标记，以标记 annexin-Ⅴ作为荧光探针，利用流式细胞仪或荧光显微镜可检测细胞凋亡的发生。PI 不能透过完整的细胞膜，但可以透过晚期凋亡或死亡细胞的细胞膜而使细胞核着色（Lin et al.，2003）。因此，将 annexin-Ⅴ与 PI 联合使用，能将凋亡早、晚期的细胞及死细胞区分开来（图 3-23）。

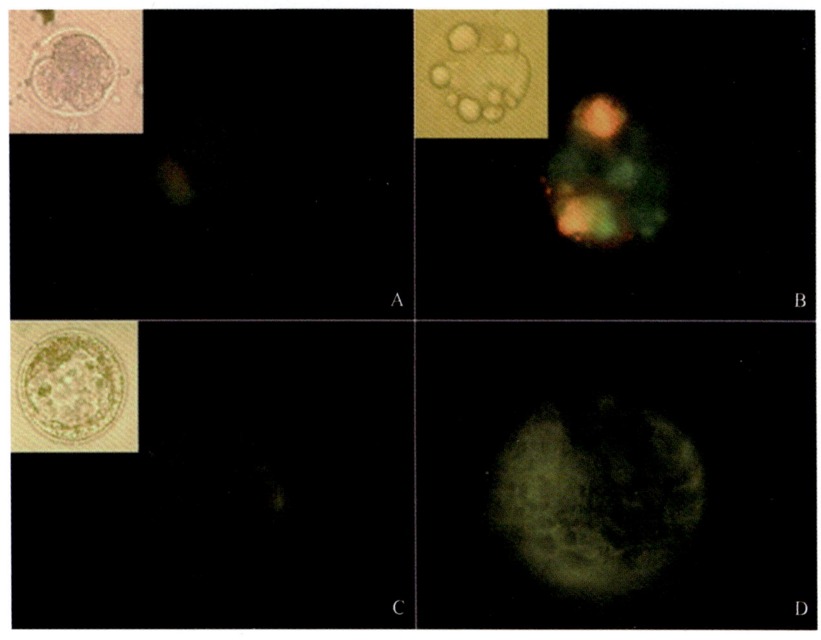

图 3-23　小鼠胚胎体外培养过程中的细胞凋亡（绿色）和坏死（红色）

（二）原位末端标记（TUNEL）法

细胞凋亡时，染色体 DNA 双链断裂或单链断裂产生了大量的黏性 3′-OH 端，在脱氧核糖核苷酸末端转移酶（TdT）的作用下，将脱氧核糖核苷酸和荧光素、过氧化物酶、碱性磷酸酶或生物素形成的衍生物标记到这些 3′端，从而可进行凋亡细胞的检测（Huang et al.，2014）。原位末端脱氧核苷酸转移酶标记法（terminal deoxynucleotidyl transferase dUTP nick end labeling，TUNEL）是分子生物学与形态学相结合的研究方法，对完整的单个凋亡细胞核或凋亡小体进行原位染色，能准确地反映细胞凋亡的典型特征，可用于石蜡包埋组织切片、冰冻组织切片、培养的细胞和从组织中分离细胞的形态测定，可检测出凋亡细胞，因而在细胞凋亡的研究中被广泛采用（图 3-24）。

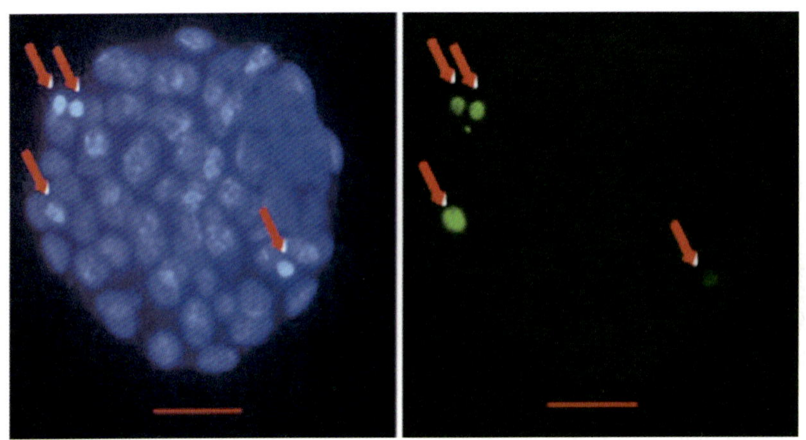

图 3-24　小鼠胚胎细胞凋亡的 TUNEL 分析

红色箭头所指为凋亡细胞

（三）酶联免疫吸附测定（ELISA）

酶联免疫吸附测定是定量检测细胞凋亡的免疫化学方法，在细胞发生凋亡时，由于钙镁依赖性内源内切核酸酶进入核小体内，将双链 DNA 从各核小体间连接处裂开，形成单个或寡核苷酸 DNA 片段，而各核小体内的 DNA 与组蛋白 H2A、H2B、H3 和 H4 形成紧密复合物，不被核酸酶裂解。因此，在吸附有组蛋白抗体的微孔板上加入核小体上清液（裂解液裂解）后，核小体组蛋白与包被的抗组蛋白抗体结合。当加入过氧化物酶标记的 DNA 抗体后，它们与核小体上的 DNA 结合，并对过氧化物酶底物产生显色反应，这样可以用酶标仪对凋亡细胞进行定量分析。该方法敏感性高，可检测 5×10^2 个/ml 凋亡细胞。但不能精确测定凋亡发生的绝对量，不能提供单个细胞或相关细胞的组织学定位。

（四）流式细胞仪定量分析

细胞发生凋亡时，其细胞膜的通透性也增加，但是其程度介于正常细胞与坏死细胞之间。利用这一特点，被检测细胞悬液用荧光素染色，利用流式细胞仪测量细胞悬液中细胞荧光强度，以区分正常细胞、坏死细胞和凋亡细胞。正常细胞对染料有抗拒性，荧光染色很浅，凋亡细胞主要摄取 Hoechst 染料，呈现强蓝色荧光，而坏死细胞主要摄取 PI 而呈强红色荧光。流式细胞仪检测的细胞数量大，反映群体细胞的凋亡状态比较准确；

结合被检测细胞的 DNA 含量的分析，可确定凋亡的细胞所处的细胞周期。

流式细胞仪和 ELISA 主要用于细胞的凋亡检测，在进行胚胎共培养时，可对用于共培养的体细胞进行相关的细胞学分析。

（五）凋亡相关基因的检测

在胚胎细胞发生凋亡时，有些基因表达异常。检测与凋亡发生相关的特异基因表达，也是检测胚胎细胞凋亡的常用方法。*Bcl-2* 和 *Bcl-X* 作为抗凋亡的调节物质，其表达水平比例决定了细胞是凋亡还是存活。荧光定量 PCR 技术可定量检测基因表达水平，以判断细胞是否凋亡，而且该方法比 Northern 杂交更快、更准确。

六、哺乳动物早期胚胎蛋白质组学分析

关于哺乳动物胚胎发育过程中蛋白质变化的研究还比较少，研究对象以小鼠为主。小鼠新排出卵子总蛋白含量为 28ng。从卵母细胞到受精卵及发育的各级胚胎，蛋白质的合成一直在进行。放射自显影研究显示，小鼠和其他哺乳动物胚胎从 8-细胞至囊胚阶段的蛋白质合成特别活跃。小鼠、大鼠和兔胚胎在着床前阶段大约合成 100 种蛋白质。其中有些只在一个很短的发育时期合成；有些在受精起始时开始出现，其活性逐渐增加；有些直到 8-细胞期才开始合成。

小鼠卵母细胞在受精后 27h 之前，受精卵主要利用母源性 mRNA 进行蛋白质合成。小鼠受精卵及未受精卵去核后的细胞质，其蛋白质合成可以持续 3 天，证明了卵源性 mRNA 在胚胎早期发育中可被利用数天。但去核细胞质培养 2 天后，蛋白质合成由对照组的 250～300 条多肽减少至不足 50 条。小鼠最早由胚胎型转录物合成的蛋白质，是在 2-细胞阶段被检测到的，最早检测到的由母源性转录物合成的是分子质量为 67～70kDa 的热激蛋白。

胚胎型转录物蛋白的合成在 2-细胞期非常有限，在 2-细胞期至 8-细胞期期间急剧增加，在囊胚期逐渐进入平台期。有趣的是，正常 2-细胞中合成的一些新的特异性蛋白，同样出现在去核受精卵的细胞质中，而在去核的未受精卵中未能检测到这些蛋白质的存在。在比较了成熟卵与受精卵蛋白合成量的差异时发现在 95 种蛋白质中，有 78 种蛋白质的合成保持恒定，6 种蛋白质的合成有所增加，11 种蛋白质的合成下降。受精卵与未受精卵在蛋白质合成上的显著差异是：前者出现 6 条被称为“受精蛋白”的多肽，这些多肽的合成持续 3～6h，在 8-细胞期停止合成。研究发现，在 2-细胞期至 8-细胞期蛋白质合成图谱发生了显著变化，而在 2-细胞期前和 8-细胞至囊胚期期间蛋白质合成图谱变化不大。

（一）胚胎蛋白质的提取

无论是以什么形式存在的生化物质，提取时都必须将组织和细胞破碎，才能进行提取。目前关于组织和细胞破碎的方法主要有以下几种。

1. 机械法

通过机械运动所产生的剪切力使细胞破碎的方法。可以是通过手工用研钵或匀浆器

进行研磨，对于较难处理的材料也可以通过机械动力使用粉碎机、匀浆机、组织捣碎机等进行破碎，但机械法只能进行较粗的破碎，破碎后最好再用匀浆器进一步研磨，使破碎的程度更完全。

2. 物理法

通过各种物理因素的作用使组织和细胞破碎的方法。物理因素有温度、压力、超声波等。

1）超声波振荡法。超声波的频率在 20 000Hz 以上。超声波能使溶液中某一瞬间受到巨大的压力，另一瞬间这种压力又消失，液体中出现细小空穴，由于这种空穴效应，细胞被又挤又拉而破裂。用超声波处理不同的细胞，需要的条件不同。

2）冷冻干燥法。先将细胞配成 10%～40%的悬液进行冷冻干燥处理，经冷冻干燥处理的细胞渗透性大大加强，便于内含物抽提。此法适于对温度敏感物质如酶、激素等的提取。但成本较高。

3）反复冻融法。将组织或细胞先置–25℃或更低温度下冷冻，后取出在室温融化，反复处理多次，可使细胞破裂。因为冷冻会削弱疏水性、增加亲水性。同时冷冻形成的冰晶，易刺破细胞膜。或用冷热交替处理：将材料置于 90℃下数分钟再于冰浴中处理数分钟，反复交替处理多次，大部分细胞被破坏。此法可用于提取蛋白质与核酸。

4）渗透压冲击法。将细胞先置于高渗溶液中，如高浓度蔗糖溶液中，平衡一段时间后，突然转入水或低浓度缓冲液中，细胞因渗透压突然变化而破碎。例如，将红细胞投入水中会迅速溶胀破裂。

5）高压均质处理。当所加气压或水压达 21～25MPa 时，可使 90%以上的细胞被压碎。此法多用于微生物酶制剂的工业生产。

3. 化学生化处理法

1）溶剂处理法。丙酮、氯仿、甲苯等脂溶性溶剂可以溶解细胞膜上的脂质化合物，从而使细胞膜破裂。

2）自溶法。在一定 pH 和温度条件下，通过细胞自身存在的酶系统作用，将细胞破坏，但因为需时较长，易受外来微生物污染而少用。

3）酶解法。用各种水解酶类如溶菌酶、纤维素酶、半纤维素酶、壳糖酶、果胶酶、酯酶等能专一地将细胞膜、细胞壁分解，使内容物释放出来，便于蛋白质提取。

4）表面活性剂处理。表面活性剂是带两性基团（亲水基团和疏水集团）的化合物，能使不溶于水的膜脂层形成微粒，即把细胞膜一段段包围起来，分散于水中，即“乳化增溶”现象。常用的表面活性剂有十二烷基硫酸钠（SDS）和去氧胆酸钠等均对膜有一定的破坏作用，使细胞内容物释放而有利于蛋白质提取。

（二）胚胎蛋白质的电泳

利用 SDS-PAGE 对兔核移植胚胎的蛋白质合成分析表明，与同期受精卵相比，缺乏分子质量约为 46kDa 的蛋白质，而分子质量为 69kDa 的蛋白质合成也不如在受精卵中那样旺盛；孤雌激活的卵母细胞蛋白质变化也不同于受精卵（刘林等，1995）；克隆 1-

细胞胚胎中有几种蛋白质与供核体细胞及受体卵母细胞的蛋白质类型明显不同。利用SDS-PAGE分析人羊水对小鼠胚胎发育的影响时发现，妊娠中期的人羊水对小鼠的体外培养有促进作用，与添加妊娠后期人羊水组的胚胎相比有显著差别。可能是羊水中有利于胚胎发育的因子，而胚胎差异表达的蛋白质也有可能是对胚胎发育至关重要的因子。

七、代谢组学的胚胎质量评估

（一）血小板活化因子（PAF）

PAF在排卵、受精、植入和分娩过程中起重要作用。有研究发现，外源性添加PAF可以促进早期胚胎代谢和囊胚形成，提高胚胎存活力。放射免疫分析表明，妊娠成功的培养基中每个胚胎的PAF平均值明显高于未妊娠的胚胎。PAF通过与胚胎表面的PAF受体结合，促进三磷酸肌醇和甘油二酯的形成，增加细胞内钙离子浓度，进而激活钙信号系统，有利于妊娠作用。

（二）人类白细胞抗原G

人的4-～8-细胞期胚胎可分泌一种可溶性的人类白细胞抗原G（soluble human leukocyte antigen-G，sHLA-G），与胚胎植入潜能有关。sHLA-G表达阳性胚胎的妊娠率显著高于sHLA-G表达阴性的胚胎。

（三）葡萄糖

最初的卵裂对葡萄糖的需求很低，但随着桑椹胚的形成，葡萄糖的代谢能力明显增强，葡萄糖的任何吸收和代谢的轻微变化都可能导致胚胎发育阻滞。通过超微荧光技术可以测定葡萄糖的吸收量，即通过测量还原型辅酶Ⅰ/Ⅱ（NADH/NADPH）预期胚胎发育潜能。优质囊胚摄取葡萄糖的量较劣质囊胚摄取的多。

（四）活性氧簇

需氧细胞在代谢过程中产生一系列活性氧簇（reactive oxygen species，ROS），包括：O_2^-、H_2O_2、OH^-等。过高水平的ROS对DNA、蛋白质和脂质都会造成氧化损伤，因而胚胎培养液中的总抗氧化能力与胚胎发育能力相关。抗氧化物分为抗氧化酶和非酶类的抗氧化物。在异常情况下产生的ROS具有胚胎毒性和致畸性，但在正常条件下产生的ROS却具有生理作用，如精子和卵子的相互作用需要一定量的ROS。胚胎培养液中的总抗氧化能力与胚胎的细胞数量和囊胚形成呈正相关，与胚胎的碎片形成呈负相关。抗氧化能力强的胚胎，其细胞数较多且细胞碎片少，发育至囊胚的能力强。

（五）氨基酸

采用反相高效液相色谱分析法测定培养基中氨基酸的浓度时发现，最终能发育成囊胚与不能发育成囊胚的胚胎培养液中氨基酸的代谢是有区别的。在发育到囊胚的胚胎培养液中，亮氨酸含量明显降低，而谷氨酸和丙氨酸的含量明显增加；在未发育到囊胚的胚胎培养液中，天冬酰胺、谷氨酰胺、精氨酸、甲硫氨酸、缬氨酸、亮氨酸和异亮氨酸的含量明显降低，而天冬氨酸、谷氨酸、甘氨酸、丙氨酸和赖氨酸的含量明显增加。在发育到囊胚的胚胎中，亮氨酸是唯一自始至终都被消耗的氨基酸。

氨基酸的代谢与妊娠之间具有相关性，妊娠胚胎培养基中天冬酰胺的量较未妊娠者明显增加（P=0.003），而甘氨酸（P=0.024）和亮氨酸（P=0.002）明显减少。活力高的胚胎氨基酸代谢明显低于发育阻滞的胚胎。天冬氨酸、甘氨酸和亮氨酸循环明显同胚胎细胞数与胚胎形态学评分有关，可预测单个胚胎发育潜能。发育潜能较好的胚胎培养液中，甘氨酸和亮氨酸含量较少，而天冬氨酸含量较高。利用质子核磁共振（proton magnetic resonance，PMR）检测发现，培养液中谷氨酸的水平与临床妊娠和出生率有关。

八、多潜能基因表达检测技术

胚胎发育就是细胞分化的过程，而细胞分化过程受到一些关键基因的时空表达调控，因而分析不同发育时期胚胎的关键基因的表达，可以对胚胎的发育潜能做出评估。以小鼠胚胎发育多潜能基因的调控为例，*Tead4*、*Cdx2* 基因主要调控滋养外胚层的发育，*Oct4* 基因调控胚胎内细胞团的发育，*Gata6*、*Nanog* 基因调控内细胞团分别向原始内胚层和上胚层发育。*Eras*、*Fgf4*、*Cripto*、*Dax1*、*Zfp296*、*Ecat1*、*Esg1*、*Gdf3*、*Slc2a3*、*Utf1*、*Rex1* 等基因也参与多能性的调节。

常用的多潜能基因表达检测技术有免疫细胞化学、Western blotting、定量 PCR 及流式细胞分析；基因甲基化和染色质免疫共沉淀技术也已广泛应用于多潜能基因分析。由于胚胎样品量相对稀少，特别是人、灵长类等动物的胚胎更是非常珍贵，因而发展了单细胞分析技术。

目前，基于 DNA 和 cDNA 的多重置换扩增（multiple displacement amplification，MDA）技术、多次退火环状循环扩增（multiple annealing and looping-based amplification cycle，MALBAC）技术和 RNA 反转录 5′端转换模板技术（switching mechanism at 5′ end of the RNA transcript，SMART）被广泛应用于单细胞基因分析。

小样本量胚胎多潜能基因表达分析技术的主要步骤如下。

（一）全胚胎多潜能基因表达分析

1）收取目的时期胚胎 1～5 枚/组，使用 PBS + 2% BSA 溶液清洗胚胎 2～3 次。

2）以 1%链霉蛋白酶或酸性台氏液去除透明带。

3）使用 SMARTer® Ultra Low RNA Kit 试剂盒提取胚胎总 RNA，反转录为 cDNA。

4）利用实时定量 PCR 分析多潜能基因的表达。

（二）囊胚期滋养外胚层、原始内胚层和上胚层内多潜能基因的表达分析（以小鼠为例）

1）收取目的时期胚胎 1～5 枚/组，使用 PBS + 2% BSA 溶液清洗胚胎 2～3 次。

2）以 1%链霉蛋白酶或酸性台氏液去除透明带。

3）利用 2mg/ml 胶原酶Ⅳ于 37℃消化 20min，用口吸管反复吹打分离成单细胞。

4）用 PBS 清洗细胞 2～3 次，使用 Pecam1（上胚层）、Pdgfrα（原始内胚层）和 Cdcp1（滋养外胚层）抗体染色。

5）利用流式细胞仪分选上述染色细胞。

6）使用 SMARTer® Ultra Low RNA Kit 试剂盒提取胚胎总 RNA，反转录为 cDNA。

7）利用实时定量 PCR 分析多潜能基因的表达。

第七节　胚胎体外生产与应用技术体系

胚胎体外生产（IVP）技术体系包括卵巢卵母细胞的体外成熟培养、精子获能、体外受精、胚胎培养、胚胎移植、动物生产等若干技术环节，是一个极为复杂的集成技术体系，其效率和应用价值取决于对该体系每一个细节的有效把控。

旭日干博士自 1984 年攻克山羊体外受精关键技术，获得世界首例试管山羊之后，于 1986 年在内蒙古大学建立了国内首家以牛羊试管技术研究为主的专业研究机构。于 1989 年培育出我国首例、首批试管绵羊和试管牛，并于 1995 年和 1999 年分别在澳大利亚与加拿大建成了牛体外受精技术实验室，生产了万余枚良种牛体外受精胚胎。在国内建立了"试管牛"转化基地，生产纯种和牛、安格斯、利木赞、海福特与西门塔尔等公牛；建立了"试管羊"生产基地，生产白绒山羊、蒙古羊、多赛特、波尔山羊与萨福克羊等。家畜试管技术的产业转化，推动了家畜改良进程。

本节将较为详细地介绍内蒙古大学建立和使用的牛和羊（山羊与绵羊）胚胎体外生产技术体系及其应用情况。

一、牛胚胎体外生产技术体系

从屠宰厂收集卵巢，收集 COC 并进行体外成熟培养，通过体外受精获得受精胚胎，所获得的胚胎既可以用于科学研究，又可以通过胚胎移植技术生产牛。图 3-25 为牛胚胎体外生产操作流程。

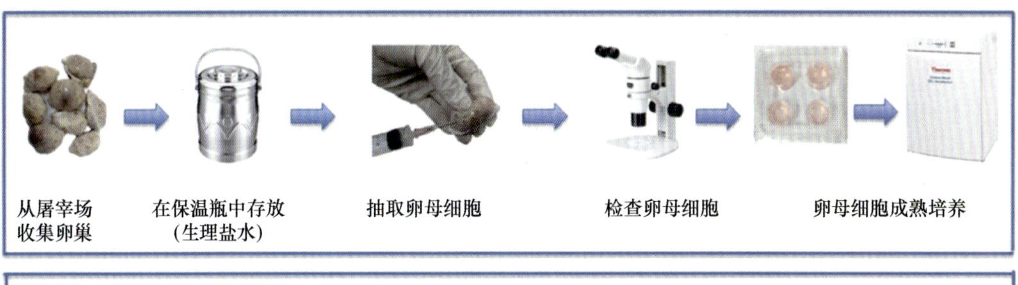

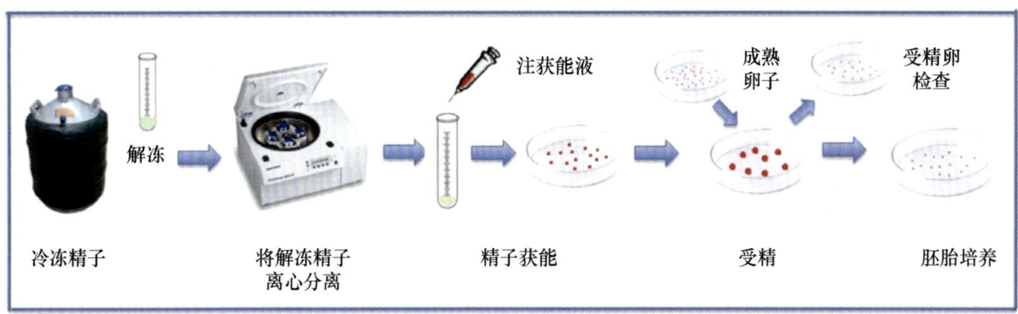

图 3-25　牛胚胎体外生产操作流程图

（一）常用溶液配制

1. 卵母细胞成熟培养液

1）采卵液：PBS+2mg/ml BSA 或 TCM199+2mg/ml BSA。

2）TCM199+0.01IU/ml FSH+0.01IU/ml LH+1μg/ml 雌二醇+10% FBS。

3）TCM199+25mmol/L HEPES+0.02IU/ml FSH+1μg/ml E2+5% FCS。

4）TCM199+10mmol/L HEPES+0.1mg/ml FSH+1μg/ml E2+10% D6ECS（发情第六天的母牛血清，实验室自制）。

利用上述 3 种成熟液［2）～4）］，均可获得 75%～85%的卵母细胞成熟率。

2. 洗精液、受精液

1）基础液：BO 液。

2）洗精液：BO 液+3.38mg/ml 咖啡因。

3）受精液：BO 液+20mg/ml BSA+20μg/ml 肝素钠+100 IU/ml 青霉素+100μg/ml 链霉素。

3. 胚胎培养液

1）SOFaa 液。

2）CR1aa 液。

所有液体配制完成后，均用 0.22μm 滤膜过滤灭菌，并进行分装，4℃保存。

（二）卵母细胞的体外成熟与体外受精操作

1. 卵巢卵母细胞的收集

将采自屠宰厂的卵巢置于 25～28℃生理盐水中带回实验室，用装有 18 号针头的注射器从 2～8mm 的可见卵泡中抽取卵母细胞，收集 COC。

2. 卵母细胞的成熟培养

将含有 3 层以上卵丘细胞的 COC 用成熟液洗涤 3 遍后，放入平衡 2h 的四孔板培养液中，每孔 500μl 成熟液，培养 30～50 枚 COC，在 38.5℃、5% CO_2、饱和湿度条件下培养 22～24h。

3. 制作受精滴

根据研究或生产需要，选取相应品种的种公牛的精液。将冷冻精液在 37℃水浴中解冻后，用含有 10mmol/L 咖啡因的 BO 液稀释，然后以 3000r/min 离心洗涤 2 次，每次 5min。将上浮的活精子用 BO+20mg/ml BSA+2μl/ml 肝素稀释一倍，使精子浓度达到 2×10^6 个/ml。做成 60～100μl 的精子悬液小滴，在培养箱中平衡 2h 以上。

4. 受精操作

在 COC 成熟 22～24h 之后，直接将其移入受精滴中，或先用移液枪轻轻吹打几次，把 COC 外周的卵丘细胞脱掉，再把脱除部分卵丘细胞的 COC 移入受精滴。每个受精滴中放入 20～25 枚 COC（注：脱除卵丘细胞时，不使用透明质酸酶处理）。在 38.5℃、5% CO_2 培养箱中，精卵共同孵育 6～8h，脱除并洗净卵母细胞，观察受精情况；或精卵孵育 18～20h，去除卵丘细胞后，进行胚胎培养。

（三）胚胎培养

精卵作用结束后，将受精卵依次移入数滴 100μl 的 CR1aa 或 SOFaa 液滴中反复洗涤，尽量去除黏附在卵母细胞周围的精子及卵丘细胞。将洗涤后的受精卵移入 100μl CR1aa（或 SOFaa）+10% FBS 培养小滴中培养，间隔 48h 更换一半培养液。

培养 40h 后统计卵裂率，培养 8 天后，统计囊胚率。

（四）体外受精胚胎的培养系统分析

1. 母牛生殖道内游离氨基酸的种类及含量分析

为了更准确地选取适合牛胚胎的体外培养液，分析发情不同时间的母牛输卵管液与子宫液的氨基酸成分。分别收集发情第 3 天和第 7 天母牛的输卵管液（OF）和子宫液（UF），分析游离氨基酸的种类及含量。共检测到 23 种氨基酸，包括除 Cys 外的 19 种必需和非必需氨基酸，以及另外 4 种（βAla、Tau、Orn 和 Cit）非蛋白质氨基酸。结果表明，OFD3、UFD3、OFD7 和 UFD7 的游离氨基酸总量及个别氨基酸含量在发情不同时间的生殖道中存在一定程度的差异（表 3-5）。

表 3-5　不同发情时期的牛输卵管液和子宫液中游离氨基酸的含量（单位：mmol/L）

氨基酸名称	第 3 天输卵管液	第 3 天子宫液	第 7 天输卵管液	第 7 天子宫液
天冬氨酸（Asp）	0.308±0.013	1.373±0.067	0.307±0.011	0.484±0.023
谷氨酸（Glu）	6.428±0.015	7.345±0.070	6.171±0.015	4.045±0.020
天冬酰胺（Asn）	0.714±0.014	0.375±0.010	0.677±0.011	0.023±0.001
谷氨酰胺（Gln）	1.171±2.338	2.338±0.066	0.746±0.006	1.046±0.011
丝氨酸（Ser）	0.597±0.029	1.848±0.084	0.406±0.024	0.842±0.041
组氨酸（His）	0.090±0.006	0.130±0.004	0.070±0.004	0.040±0.001
甘氨酸（Gly）	14.674±0.131	14.435±0.152	11.204±0.167	4.410±0.100
苏氨酸（Thr）	0.385±0.022	1.145±0.062	0.298±0.009	0.406±0.022
瓜氨酸（Cit）	0.050±0.003	0.077±0.004	0.031±0.002	0.043±0.022
β 丙氨酸（βAla）	0.103±0.005	0.203±0.007	0.104±0.007	0.040±0.009
丙氨酸（Ala）	4.690±0.029	5.663±0.047	3.949±0.024	2.066±0.075
精氨酸（Arg）	0.167±0.009	1.205±0.022	0.100±0.006	0.484±0.021
酪氨酸（Tyr）	0.069±0.005	0.444±0.006	0.060±0.001	0.143±0.006
缬氨酸（Val）	0.792±0.040	2.251±0.079	0.897±0.035	0.871±0.002
甲硫氨酸（Met）	0.051±0.004	0.357±0.014	0.038±0.003	0.100±0.005
色氨酸（Trp）	0.046±0.003	0.624±0.007	0.044±0.002	0.117±0.003
苯丙氨酸（Phe）	0.097±0.005	0.598±0.035	0.083±0.004	0.177±0.008
异亮氨酸（Ile）	0.095±0.006	0.466±0.018	0.084±0.003	0.152±0.006

续表

氨基酸名称	第 3 天输卵管液	第 3 天子宫液	第 7 天输卵管液	第 7 天子宫液
亮氨酸（Leu）	0.233±0.018	1.418±0.108	0.161±0.011	0.310±0.001
赖氨酸（Lys）	0.073±0.005	0.088±0.004	0.252±0.011	0.162±0.010
脯氨酸（Pro）	0.427±0.020	1.625±0.070	0.297±0.015	0.695±0.039
牛磺酸（Tau）	0.264±0.014	2.710±0.020	0.290±0.011	0.364±0.010
鸟氨酸（Orn）	0.111±0.004	0.213±0.010	0.130±0.007	0.155±0.007

资料来源：李荣凤等（2003）

2. 牛体外受精胚胎成分明确的培养系统

分别以 TCM199、SOF、CR1aa 为基本培养液，分别添加 FCS、BSA、PVA、PVP 或同时添加 PVA、肌醇和柠檬酸钠，进行牛体外受精卵的培养实验。结果表明，FCS 组得到的囊胚率最高(30%以上)，但 SOF+BSA 或 SOF+PVA 或 CR1aa+BSA 或 CR1aa+PVA 都可以得到 24%～30%的囊胚发育率。由此确定了以 SOF 为基础液，以 BSA 或 PVA 取代血清的成分明确的牛体外受精胚胎培养液，38.5℃、5% CO_2 及饱和湿度培养系统。

3. K^+和 Ca^{2+}对牛体外受精胚胎体外发育的影响

利用上述 SOF+PVA 培养系统，研究不同浓度的 K^+和 Ca^{2+}对牛体外受精胚胎体外发育的影响。结果表明，K^+和 Ca^{2+}在牛受精卵的卵裂及早期发育中起重要作用。培养系统中这两种离子的缺乏会严重影响卵裂及胚胎早期发育；5.0mmol/L 的 K^+更适合于牛胚胎的早期发育，而 Ca^{2+}在一定范围内的浓度变化，对卵裂及胚胎早期发育过程的影响不大。

4. 能源物质影响受精卵的体外发育

以 SOF+PVA 为基础培养液，观察葡萄糖、丙酮酸和乳酸 3 种能源物质对牛体外受精胚胎体外发育的影响。对于牛胚胎而言，培养 120h 后再加入葡萄糖，与培养系统内一直添加葡萄糖相比，更有利于胚胎的发育；培养系统中单独缺乏丙酮酸或乳酸不会影响胚胎的早期发育率。

5. 胚胎的培养液平均拥有量影响胚胎发育

以 SOF+PVA 为基础培养液，研究胚胎的培养液平均拥有量，以及单独或群体培养对牛受精卵体外发育的影响。结果表明，不同培养液拥有量及单独或群体培养都可支持部分胚胎发育至囊胚阶段，降低培养液体积和群体培养更有助于牛体外受精胚胎的体外发育。

（五）不同公牛个体的精液影响卵母细胞的体外受精

分别用海福特、安格斯和荷斯坦 3 个品种的不同公牛个体的精液，进行体外受精实验。结果显示，不同公牛个体的精液所取得的体外受精效果具有显著差异。因而，在进行体外受精时，首先应该进行公牛选择。

（六）奶牛X性控冻精的应用

取不同种公牛、不同批次的X性控冻精及普通冻精，解冻后分别移入5ml试管内摇匀，至37℃水浴锅中，每2h检测一次精子活力，4h后每小时检测一次精子活力，直至无运动精子。结果表明，奶牛X性控冻精存活时间为5～12h，比同种普通精子的存活时间短2～10h。应用奶牛X性控冻精人工授精的母牛的受胎率（59.4%）与普通冻精的受胎率（60.6%）相比，无显著差异。奶牛X性控冻精母犊出生率93.3%（319/342），极显著地高于普通冻精48.8%（63/129）的母犊出生率。应用奶牛X性控冻精人工授精后的青年牛的受胎率（65.6%）极显著地高于经产牛的受胎率（48.6%）。在准确判断母牛卵巢上卵泡发育状态的前提下，将精液全部输至发育侧子宫角大弯处，其受胎率为62.7%，高于母牛每侧子宫角输1/2支X性控冻精的46.1%的受胎率。研究结果表明，应用奶牛X性控冻精进行人工授精，其受胎率与奶牛的经产与否、授精时间和输精部位有关。

（七）胚胎冷冻与解冻

1. 常规冷冻与解冻

选择形态正常的囊胚置于含有1.8mmol/L乙二醇和20% FCS的PBS液中，在室温下（20℃左右）平衡5min，移入PBS+20% FCS+1.8mmol/L乙二醇+0.25mol/L蔗糖的冷冻液中，装管并继续在室温下保持10min，投入–7℃酒精浴胚胎冷冻仪中进行程序冷冻。冷冻程序为–7℃保持10min，其间完成植冰过程，然后以0.3℃/min降温至–30℃后投入液氮。

解冻过程：从液氮中取出冷冻细管，在空气中停留5s左右，放入37℃水浴中，待冰晶全部融化为止。剪开细管，将胚胎迅速移入PBS+20% FCS+0.25mol/L蔗糖的解冻液中，室温下保持5min以去除防冻剂。

解冻后的胚胎或移入SOF+10% FBS培养小滴，在CO_2培养箱（38.5℃、5%CO_2）中培养，形态正常且培养12h左右能够重新扩展的囊胚视为存活；或直接进行胚胎移植。

常规冷冻—解冻后，体外受精囊胚的存活率平均在80%以上。

2. 玻璃化冷冻与解冻

冷冻采用开放式拉长麦管（open pulled straw，OPS）法。室温下将囊胚移入10%乙二醇+10% DMSO平衡液中30s，然后移入玻璃化溶液EDFS30，平衡25s后吸入OPS，直接投进液氮中保存。

解冻。室温下从液氮灌中取出OPS，迅速浸入解冻液滴中，在体视显微镜下将胚胎移入0.5mol/L蔗糖溶液小滴中平衡5min，经CR1aa（SOFaa）洗涤3次。将解冻后的胚胎移入培养液小滴中，于CO_2培养箱（38.5℃、5% CO_2）中培养。

玻璃化冷冻解冻后的囊胚存活率平均在90%以上。

3. 体外受精胚胎的抗冻性分析

采用TCM199、SOFaa和SOF对牛体外受精卵进行培养。通过比较这3种条件下培养出来的囊胚冷冻存活率，分析影响胚胎抗冻性的原因。这 3 个实验组的囊胚冷冻存活率分别为 78.5%、46.4%和 17.3%（P<0.01），孵化率分别为 41.9%、23.2%和 0。在来自 TCM199 与 SOFaa 培养的绝大多数的囊胚中，其卵裂球内有均匀的小脂肪颗粒（直径 2.5μm 左右），而 SOF 培养出的囊胚的卵裂球中含有大脂肪颗粒（直径 6.3μm 左右）。胚胎卵裂球内的脂滴大小与胚胎抗冻能力有较强的相关性，小脂滴胚较大脂滴胚具有更强的抗冻能力；发育培养过程中使用不同培养液及氨基酸的添加能影响胚胎内脂滴的大小，从而影响胚胎的抗冻能力。

（八）胚胎移植操作

1. 母牛同期发情处理

1）前列腺素 $F_{2\alpha}$（$PGF_{2\alpha}$）注射法。根据牛体重大小，间隔 11 天分 2 次肌肉注射 $PGF_{2\alpha}$，第 2 次注射 24h 后观察发情。

2）阴道栓法。利用内部控制药物释放阴道栓（controlled internal drug release，CIDR）调控母牛发情。预先在母牛阴道内放置 CIDR 7～10 天，在取出 CIDR 前 24h 注射 $PGF_{2\alpha}$，取出 CIDR 24h 后观察发情。

在注射最后一针 $PGF_{2\alpha}$24h 后，每天 6:00、10:00、15:00 和 18:00 左右，对同期处理发情牛群和自然发情牛群进行发情观察，每次至少观察 30min 以上，以稳定接受其他牛爬跨为指标判定为稳定发情。

2. 子宫、卵巢的检查及黄体等级的判定

用直肠检查法依次检查左右侧子宫、卵巢的发育情况，同时检查卵巢上有无黄体。根据黄体的大小、质地软硬，将黄体分为 3 级。

A 级：大小正常，突出卵巢表面部分的直径在 1.5cm 以上，质地柔软；

B 级：较小，突出卵巢表面部分的直径在 1.5cm 以下，质地偏硬；

C 级：隐性黄体，不突出于卵巢表面，质地较硬。

3. 胚胎移植

在进行胚胎移植的当天，随机选择部分 A、B、C 级黄体的受体牛，一次性肌肉注射外源孕酮 50～60mg/头。

将装有牛体外受精胚胎的冷冻细管从液氮中取出，在空气中停留 8～10s，然后投入 30～35℃的温水中。待冰晶融化后，将含有牛体外受精胚胎的冷冻细管两端剪断，并将胚胎连同冷冻液一并倒入无菌培养皿中。迅速检出胚胎，放入解冻液（PBS+0.3% BSA+0.25mol/L 蔗糖）内，5min 后从解冻液中将胚胎拣出，移入含有 BSA 的磷酸缓冲液（PBS+0.3%BSA）内。在体视镜下对胚胎的形态进行鉴别，选择形态、色泽正常的胚胎装入 0.25ml 灭菌冷冻细管中。利用专用的胚胎移植枪，外装专用无菌硬外套及无菌软外套，然后通过阴道将胚胎送入有黄体一侧的子宫角内（图 3-26）。

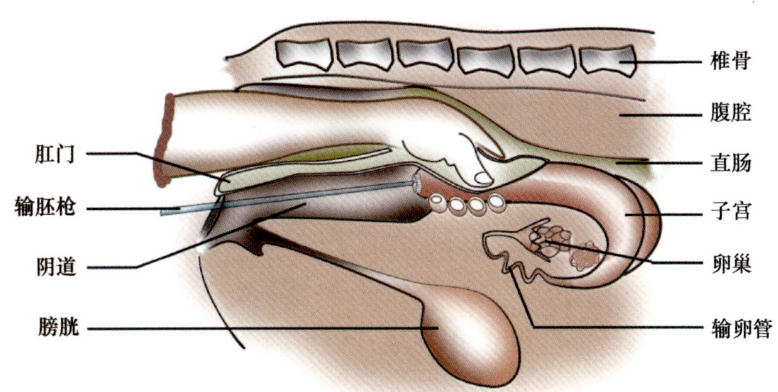

图 3-26　牛非手术胚胎移植操作示意图

4. 受体牛的黄体等级对体外受精胚胎移植的影响

在 1996～2000 年，旭日干研究团队利用体外受精胚胎进行了系列移植研究，探讨了受体牛的黄体质量对胚胎移植妊娠率的影响。结果表明，A、B、C 级黄体的受体移植产犊率分别为 36.8%、30.6%和 0。

在发情第 7 天时，黄体为 C 级的受体牛的孕酮含量平均为 0.78ng/ml±0.55ng/ml，黄体为 B 级的受体牛的孕酮含量平均为 2.13ng/ml±1.12ng/ml，黄体为 A 级的受体牛的孕酮含量平均为 2.19ng/ml±0.92ng/ml。胚胎移植 90 天后，C 级受体牛无一妊娠、B 级与 A 级的妊娠率基本一致。

5. 受体奶牛生殖激素变化与胚胎移植效率的关系

在胚胎移植前后，对受体奶牛的血清雌二醇和孕酮的含量进行测定。在发情当日，胚胎移植组和人工输精组雌二醇的含量分别为 6.5pg/ml±1.5pg/ml 和 11.1pg/ml±2.7pg/ml；孕酮含量分别为 0.14pg/ml±0.11pg/ml 和 0.47pg/ml±0.47ng/ml，人工输精组均明显高于胚胎移植组。在发情第 7 天，胚胎移植组与人工输精组雌二醇含量分别为 6.9pg/ml±2.13pg/ml 和 6.99pg/ml±5.18pg/ml；人工输精组孕酮含量为 2.43ng/ml±1.92ng/ml，高于胚胎移植组。在发情第 14 天，人工输精组雌二醇含量为 5.48pg/ml±1.86pg/ml，高于胚胎移植组的 3.20pg/ml±3.11pg/ml；孕酮含量分别为 3.24ng/ml±2.86ng/ml 和 2.35ng/ml±0.74ng/ml，差异不大。在发情第 35 天，人工输精组的雌二醇含量为 8.22pg/ml±1.96pg/ml，与胚胎移植组的 4.16pg/ml±2.06pg/ml 有明显差异；人工输精组的孕酮含量为 3.59ng/ml±0.87ng/ml，与胚胎移植组的 2.07ng/ml±1.02ng/ml 有差异。总体看来，胚胎移植组生殖激素含量要低于人工输精组。胚胎移植的效率低于人工输精可能有这方面的原因。

6. 受体发情方式的不同对胚胎移植妊娠率的影响

在全舍饲和半舍饲，移植前补充营养的条件下，分别以同期发情和自然发情的黄牛为受体，进行胚胎移植。结果表明：①同期发情受体的移植产犊率为 30.8%，自然发情受体的移植产犊率为 25.0%，二者无显著差异；②准确掌握发情起止时间受体的移植产犊率为 34.1%，不能准确掌握发情起止时间受体的移植产犊率为 16.9%，二者呈显著差异；③移植时，使用外源孕酮受体的移植产犊率为27.9%，不使用外源孕酮受体的移植产犊率为25.9%，二者无显著差异。

（九）牛体外受精技术的产业转化

从1993年开始，旭日干研究团队利用体外受精技术在国外生产纯种肉牛胚胎，运回国内后，在全国几个地区的养牛场进行胚胎移植工作。以6～8日龄的囊胚移植到蒙古牛、黄牛、荷斯坦牛等受体母牛子宫内，生产出一批优秀试管牛（图3-27～图3-29），初步实现了试管牛技术的产业转化（旭日干，1990，1993a，1993b）。

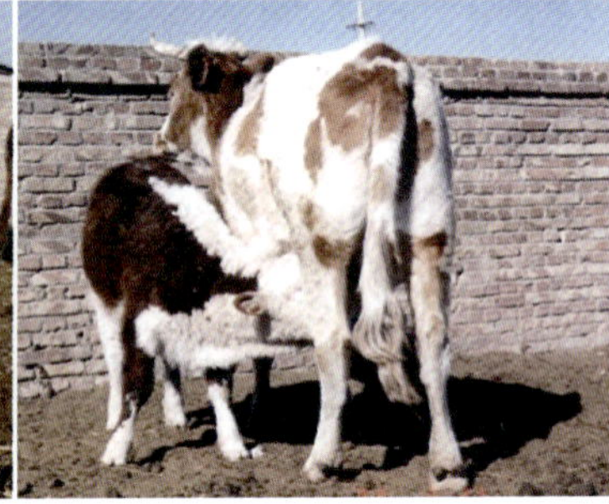

图3-27　试管牛（1）

图3-28　试管牛（2）

二、绵羊胚胎体外生产技术体系

（一）卵母细胞的体外成熟

1. 卵巢卵母细胞的采集与培养

将卵巢表面清洗干净后，用手术刀片将卵巢反复剖切，释放卵巢内容物。在镜下，拣取具有3层以上致密卵丘细胞的COC进行成熟培养。培养液为TCM199+1%雌二醇+1% FSH+1% LH+10% FCS。培养条件为38.5℃、5% CO_2和饱和湿度。

2. 卵泡大小对卵母细胞体外成熟的影响

在牛、猪、山羊等动物中发现，不同大小卵泡的COC的体外成熟能力不同。在牛中，<3mm卵泡卵母细胞的受精发育潜力显著低于6～8mm卵泡卵母细胞。在山羊中，

图 3-29　试管牛（3）

<0.5mm 卵泡卵母细胞完全不具备恢复减数分裂的能力。在猪中，<1.5mm 卵泡卵母细胞不具备体外发育成熟的能力。在绵羊中，<1mm 的小卵泡卵母细胞、1～2mm 的中等卵泡卵母细胞和>2mm 的大卵泡卵母细胞的成熟率分别为 46%、85%和 93%，小卵泡卵母细胞成熟能力低，不适合于胚胎生产。这些事实表明，卵母细胞经体外培养的成熟能力随卵泡直径增大而逐渐增强，大卵泡卵母细胞的卵裂率及囊胚发育率显著高于小卵泡卵母细胞。

卵巢组织学研究表明，卵巢内卵泡的发育是一个动态的过程，卵泡由小变大，并逐渐突向卵巢表面，形成卵巢表面的可见卵泡。卵泡内的卵母细胞的体积也在逐渐长大，周围的颗粒细胞由一层变为多层；卵泡由无腔卵泡发育为有腔卵泡至大腔卵泡。严格意义上讲，只有在卵泡内完全长成（fully grown）的卵母细胞，在体外才具有恢复减数分裂、成熟至可指导早期胚胎发育的能力。一般情况下，牛卵泡直径在 3mm、羊在 2mm、猪在 2mm 时，卵泡内的卵母细胞就已完全长成，这些卵泡内的卵母细胞就可以体外培养成熟，可以用于体外受精。

3. 卵丘细胞的数量对卵母细胞体外成熟的影响

在体外成熟培养 24h 后，具有 3 层以上和 1～3 层卵丘细胞的卵母细胞成熟率分别为 82%和 81%，表明卵丘细胞的多寡对卵母细胞的成熟并非决定性因素。但是，从卵巢中释放出来的裸卵，却不具备完全体外成熟的能力。这些裸卵可能是由于卵泡凋亡造成的。另外，从卵巢中释放出来的少数 COC，其卵丘细胞已经扩展或极度扩展，这部分卵已经处于完全成熟的状态，甚至正在趋于退化。这部分 COC 也没有继续成熟培养的价值。

掌握这些知识很重要，在实践中就可以只选取直径大小适中的卵泡卵母细胞，剔除裸卵或形态不良的卵，剔除那些卵丘细胞已经扩展的卵，可以节省材料和时间，提高效率。

4. 磷酸二酯酶亚型抑制剂与细胞周期蛋白抑制剂对卵母细胞体外成熟的影响

选用磷酸二酯酶 3（PDE3）特异性抑制剂 milrinone、PDE4 特异性抑制剂 rolipram 和细胞周期蛋白依赖性激酶（CDK）抑制剂 roscovitine（ROSC），对绵羊 COC 的体外成熟进行研究。以 TCM199 为基础培养液，分别把 COC 在含有 50μmol/L 的 milrinone、rolipram、ROSC 和不含上述任何抑制剂的培养液中培养 24h。在含有 50μmol/L ROSC 的培养液中培养 24h 后，将 COC 转移到含有 20IU/L FSH 的培养液中，继续培养 24h，检查核相。结果表明，COC 在 TCM199 基础培养液和含有 rolipram 的培养液中，都可以自发恢复减数分裂，但是在含有 milrinone 或 ROSC 的培养液中，减数分裂受到阻滞；并且 ROSC 对绵羊 COC 体外自发成熟的抑制作用要远高于 milrinone（$P<0.05$）。当 COC 从 ROSC 转移到含有 20IU/L FSH 的培养液继续培养 24h 后，90%卵母细胞恢复并发育到 MⅡ期。上述结果表明，PDE3 和 CDK 在绵羊减数分裂恢复中具有重要的作用。

由于卵巢卵泡的发育程度不一，自卵巢采集来的卵母细胞所处的细胞周期并不一致，因而在成熟培养时，PB1 的排出时间有较大差异，特别是卵胞质的成熟程度差别甚大。这也引起了在体外受精后胚胎发育速度和质量存在显著差异。为了使所培养的同一批卵的卵胞质的成熟程度基本一致，可以在成熟培养之初，将 COC 置入含有上述核成熟抑制剂的培养液中进行先期培养。先期培养的目的是在核与质的培养之间造成一个时间差，通过抑制核的成熟发育来促进卵胞质的成熟；抑制核的成熟还可以促使核成熟的同步化。在解除核移植因素后，核的同步化发育程度大幅提高，同时卵胞质的成熟质量也得到提升。由此获得的成熟卵在受精时，可提高胚胎的生产效率和胚胎质量。这一技术已在猪、牛、羊，甚至小鼠中得到应用。

5. 细胞生长因子对卵母细胞体外成熟的影响

研究显示，EGF 与 TGF-α 可以显著提高卵母细胞的核成熟率，保持减数分裂纺锤体的正常率。添加 EGF 明显促进了皮质颗粒向皮质区的迁移与排列。TGF-α 和 EGF 均促进了卵母细胞从第一次减数分裂末期向第二次减数分裂中期转变，并且能够替代血清中的某些成分促进和改善体外成熟卵母细胞核成熟的质量；EGF 比 TGF-α 更能促进绵羊卵母细胞胞质的成熟。

作为促进卵母细胞核、质成熟与促进胚胎发育的重要调节因子，细胞生长因子已在不同动物卵母细胞成熟和胚胎培养研究中得到应用。培养效果是显著的，但费用较高。

（二）绵羊精子获能

1. 精子处理

精液带回实验室后，室温下镜检，观察精子的活力，活力不低于 0.6 方可用于实验。

用洗精液 3～4 倍稀释精液后，2000r/min 离心 2 次，每次 10min，弃上清液，取沉淀部分的精子，移入获能液，进行获能处理。

2. 肝素处理

以 5μg/ml、10μg/ml 和 20μg/ml 不同浓度的肝素，分别处理精子 30min、45min、60min、90min 和 120min。结果表明，以 10μg/ml 肝素作用 45min 时，精子获能率平均在 55%～75%；精子存活时间达 17～20h；受精卵的囊胚发育率为 20%～25%。当肝素与咖啡因联合使用时，精子获能效果有所改善。

3. 孕酮处理

孕酮作为调节雌性动物生殖生理状态的一种关键激素，对精子获能或顶体反应也具有促进作用。在猪、仓鼠、人中，孕酮促进获能过程，改善精子的受精能力，能够诱发精子顶体反应。有报道认为，孕酮能诱发牛精子发生顶体反应，但不能诱导牛精子获能。在体内，精子受精前必须穿过卵丘细胞和胞外基质，而卵丘细胞能分泌孕酮，诱导获能精子发生顶体反应，并协同透明带促进获能精子顶体反应的完成。已经证实，在猪、山羊和人的精子质膜上存在孕酮受体。

在绵羊中，当分别用 1.0μmol/L、5.0μmol/L 和 10μmol/L 的孕酮处理精子 30min、60min、90min、120min 和 360min 时，获能精子数随处理时间的延长显著提高。当处理 60min 时，获能精子分别为 15%、16%和 15%；当处理 360min 时，获能率分别为 53%、58%和 56%，而无孕酮的对照组只有 16%。说明孕酮浓度在 1.0μmol/L、5.0μmol/L 或 10.0μmol/L 时，均有利于绵羊精子的体外获能。同时还发现，在孕酮处理组，发生顶体反应的比率与对照组相比不存在显著差异，表明孕酮可能并不影响绵羊精子自发性顶体反应，同时也不诱导绵羊精子顶体反应的发生。

4. Ca^{2+}与 Ca^{2+}载体 A23187 的作用

在绵羊精子获能过程中，培养液中适宜的 Ca^{2+}浓度是 1.7mmol/L，证实绵羊精子的获能是钙依赖性的，获能必须有一定量的 Ca^{2+}存在。添加非生理性诱导剂 A23187 后，顶体反应率增加，其中 1.7mmol/L 组和 2mmol/L 组增加得最多；从存活时间上看，浓度越高，存活时间越短。结合 Ca^{2+}浓度、A23187 及存活时间综合评价认为，1.7mmol/L 较适合作为绵羊获能所需的浓度，可使精子存活时间延长达 16h。

5. 绵羊血清

不同发情阶段和不同浓度的绵羊血清对绵羊精子体外获能、存活时间及受精效果均有影响。以 SOF 为基础获能液，分别添加发情当天、发情结束和发情间期的绵羊血清，利用金霉素（CTC）荧光染色法检测精子获能效果。结果表明，添加发情当天的血清获得的精子获能比率显著高于添加发情结束或发情间期的血清；在添加 20%发情当天血清时，精子的存活时间显著延长达 18h，而添加其他时期血清时，精子存活只有 10h 左右；添加发情当天绵羊血清诱使获能的精子，其受精卵的囊胚发育率为 26%，显著高于其他血清组。因而，在进行绵羊体外受精时，添加 20%的发情当天的绵羊血清对精子处理

45min，可以更好地诱导精子获能。而且，在含有发情羊血清的获能液中，添加肝素有利于受精胚胎的发育。

（三）绵羊胚胎培养

1. 胚胎培养条件

应用 5% CO_2、5% O_2 和 90% N_2 的气相系统培养绵羊体外受精胚胎，卵裂率和囊胚率都高于 5% CO_2 和 95%空气的气相系统，说明三气更适合绵羊体外受精胚胎的发育。羊胚胎培养最常用的血清是羊血清，胚胎发育适宜的 pH 为 7.1～7.4，碳酸氢盐缓冲液最常用，而 HEPES 缓冲液对羊胚胎有害，PBS 缓冲液效果不佳。

2. 胚胎培养液

有多种培养液如 TCM199、Hams-F10、Hams-F12、SOFaa、TYH、CR1aa 与 KSOM 等都可以用于绵羊胚胎培养，尤以 SOFaa 培养液的应用最成功、最广泛。在 SOFaa+BSA 或 SOFaa+FCS 培养液中可以得到较高的囊胚、扩张囊胚和孵化囊胚的发育率，囊胚的总细胞数和滋养层细胞数最高。在培养后期添加 10% FBS 能够提高囊胚率和囊胚孵化率，说明血清在胚胎发育后期有利于胚胎的发育。在桑椹胚之前，培养系统中 FBS 的存在不利于胚胎发育。当胚胎一直在含有血清的培养液培养时，不仅影响胚胎发育的形态与生化指标，而且还可能引起胎儿巨大综合征（large offspring syndrome，LOS）。正常比率的乳酸/丙酮酸对羊胚胎发育是必要的，保持丙酮酸浓度（0.33mmol）和葡萄糖浓度（0.8mmol）不变，较高浓度的乳酸（33mmol）可使囊胚发育率和孵化率显著提高。

三、山羊胚胎体外生产技术体系

（一）卵母细胞的体外成熟

1. 卵泡液对卵母细胞体外成熟的影响

已有研究证实，在兔、仓鼠、小鼠、猪等动物中，同种动物或异种动物的卵泡液对卵母细胞减数分裂的恢复有抑制作用。但本实验室的研究发现，山羊卵泡液，甚至是100%的卵泡液，并不抑制山羊卵母细胞减数分裂的恢复。而且还发现，异种动物如牛和绵羊的卵泡液对山羊卵母细胞减数分裂恢复也无明显抑制效果。

2. 卵丘细胞、颗粒细胞或膜细胞对卵母细胞体外成熟的影响

整体卵泡与卵泡分泌物在体外可以有效地维持减数分裂停滞，经过 24h 培养，处于 GV 期的卵母细胞分别为 69%和 49%。当解除抑制环境后，有 90%的卵母细胞发育到 MⅡ期。

去掉卵丘细胞的裸卵，其减数分裂过程不能被卵泡分泌物有效抑制。经培养 24h 后，其 GV 期比例为 18%。当用颗粒细胞与卵母细胞进行共培养时，在培养 24h 后，有 47%的卵成熟至 MⅡ期，显著低于常规培养组（73%）。

卵泡膜细胞具有分泌抑制成熟分裂因子的能力，与膜细胞层共培养的卵母细胞在 8h 和 24h 时，其 GV 期的比例为 34%和 32%，显著高于没有膜细胞层的对照组（4%和 1%）。由此推测，山羊卵泡中的抑制因子不仅来自颗粒细胞，而且膜细胞也参与了成熟分裂的抑制，这些细胞在体外仍具有分泌抑制因子的能力，只是与体内分泌能力有所不同。

3. 以卵泡为载体的卵母细胞体外成熟培养

（1）完整卵泡的剥离

将卵巢置于盛有 PBS 的玻璃培养皿内，在解剖镜下将大小为 2mm、表面有丰富血管、半透明的卵泡小心剥离出来，在预平衡的培养液中洗涤 2 遍，再放入含 250μl 成熟液小滴中培养。

（2）半卵泡的制备及其与卵母细胞的共培养

将剥离好的卵泡放入含 PBS 的培养皿内，用不锈钢手术刀片沿卵泡中央将卵泡一切为二。用玻璃吸管轻轻吸出卵泡自身的 COC，弃掉。用镊子轻轻夹住半卵泡，用预平衡的培养液洗 3 遍，放入培养小滴中培养 2h。然后，在每个半卵泡内培养 5～8 枚 COC。培养条件为 38.5℃、5% CO_2 和饱和湿度。

（3）打孔整体卵泡的制备及其与卵母细胞的共培养

将剥离好的卵泡放入含 PBS 的培养皿内，用解剖针在卵泡表面轻轻扎一小孔，孔径大小以略大于玻璃吸管直径为宜。用玻璃吸管轻轻伸入卵泡内部取出 COC，弃掉。而后用玻璃吸管由小孔处轻轻吹入 5～8 枚 COC。

（4）卵母细胞的成熟分析

在半卵泡与打孔整体卵泡共培养下的 COC，其卵母细胞的核被抑制在 GV 期，核成熟抑制率分别为 60%和 78%。说明，卵泡或部分卵泡的存在，对卵母细胞的核成熟起到了显著的抑制作用。

经山羊半卵泡与打孔整体卵泡共培养后的 COC，转入正常成熟液中继续培养 20h 后，卵母细胞核成熟率分别为 64%和 3%。表明山羊半卵泡可以有效抑制山羊卵母细胞，使之处于 GV 期，而且这种抑制作用是可逆的，一旦进入正常培养液，可以恢复减数分裂。但是，打孔整体卵泡对核成熟的抑制几乎是不可逆的，解除抑制作用进入正常培养液培养 24h 后，仍有 61%的 COC 处于 GV 期。

半卵泡与卵母细胞共培养是卵母细胞核成熟抑制的一种有效方式。这种作用对牛 COC 也有效。Sirard 等（1988）将牛 COC 与半卵泡共培养 15h，发现 37%～76%的卵母细胞处于 GV 期；解除抑制进行常规 24h 成熟培养后，约有 90%的卵母细胞发育到 MⅡ期。Park 等（1989）将牛半卵泡分为两类：一种未经处理含有颗粒细胞层和膜细胞层；一种去除颗粒细胞层而仅留膜细胞层。当这两种半卵泡分别与牛 COC 共培养 12h 后，两组间的核成熟抑制率无显著差异，均达到 90%以上。以上实验结果说明，半卵泡在体外可以有效抑制卵母细胞的核成熟，并且这种抑制作用可以恢复，恢复后的减数分裂进程并没有被加快或延缓。

（二）羊体外受精技术的产业转化

利用建立的试管绵（山）羊技术，旭日干研究团队从 1994 年起，先后在鄂尔多斯市恩格贝基地与鄂托克基地进行优秀绵羊与绒山羊的试管羊技术推广工作（图 3-30 和图 3-31），生产出一批又一批的优秀试管羊，实现了产业转化（旭日干，1990，1993a，1993b）。

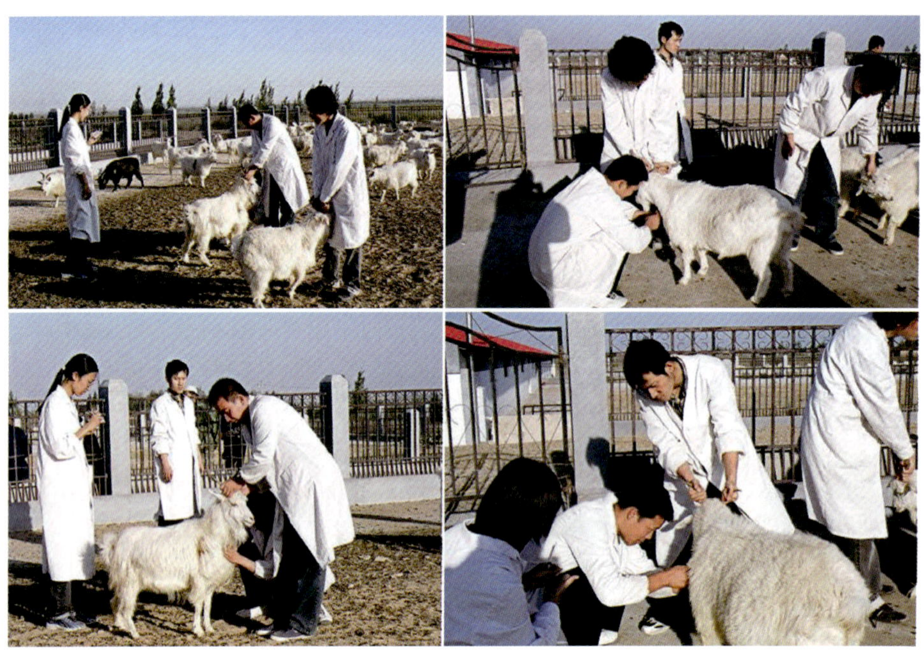

图 3-30　体外受精绒山羊的生产（1）

图为受体母羊的同期发情处理

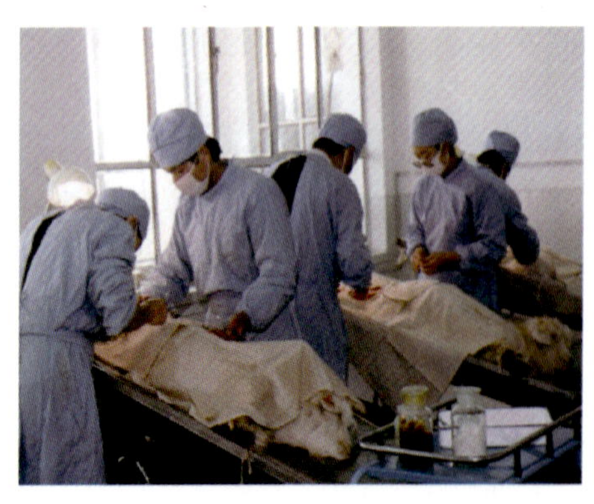

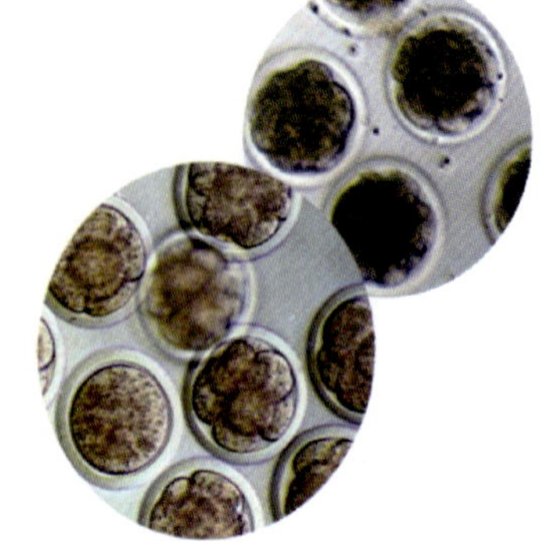

图 3-31　体外受精绒山羊的生产（2）

图为胚胎移植与羔羊生产

参考文献

李荣凤, 廛洪武, 刘喆, 等. 1997. 卵母细胞的不同对牛体外受精效果的影响. 内蒙古大学学报(自然科学版), 28: 112-116.

李荣凤, 温利华, 王树英, 等. 2003. 雌牛生殖道内游离氨基酸种类及含量分析. 动物学报, 49(1): 80-85.

刘林, 安民, 朱金宝, 等. 1995. 兔核移植胚胎蛋白质变化的电泳分析. 遗传学报, 22(4): 258-263.

旭日干. 1990. 山羊、绵羊卵子的体外受精. 呼和浩特: 内蒙古人民出版社.

旭日干. 1993a. 生物工程进展. 北京: 科学技术文献出版社.

旭日干. 1993b. 农业生物技术进展与展望. 合肥: 中国科学技术大学出版社.

严云勤, 李光鹏, 郑世民. 1995. 发育生物学原理与胚胎工程. 哈尔滨: 黑龙江科学技术出版社.

张天荫. 动物胚胎学. 1996. 济南: 山东科学技术出版社.

Adenot PG, Mercier Y, Renard JP, et al. 1997. Differential H4 acetylation of paternal and maternal chromatin precedes DNA replication and differential transcriptional activity in pronuclei of 1-cell mouse embryos. Development, 124: 4615-4625.

Alizadeh Z, Kageyama S, Aoki F. 2005. Degradation of maternal mRNA in mouse embryos: selective degradation of specific mRNAs after fertilization. Mol Reprod Dev, 72: 281-290.

Aoki F, Worrad DM, Schultz RM. 1997. Regulation of transcriptional activity during the first and second cell cycles in the preimplantation mouse embryo. Dev Biol, 181: 296-307.

Bashirullah A, Halsell SR, Cooperstock RL, et al. 1999. Joint action of two RNA degradation pathways controls the timing of maternal transcript elimination at the midblastula transition in *Drosophila melanogaster*. EMBO J, 18: 2610-2620.

Baugh LR, Hill AA, Slonim DK, et al. 2003. Composition and dynamics of the *Caenorhabditis elegans* early embryonic transcriptome. Development, 130: 889-900.

Benoit B, He CH, Zhang F, et al. 2009. An essential role for the RNA-binding protein Smaug during the *Drosophila* maternal-to-zygotic transition. Development, 136: 923-932.

Braude P, Pelham H, Flach G, et al. 1979. Post-transcriptional control in the early mouse embryo. Nature, 282: 102-105.

Bultman SJ, Gebuhr TC, Pan H, et al. 2006. Maternal BRG1 regulates zygotic genome activation in the mouse. Genes Dev, 20: 1744-1754.

Chatot CL, Lewis JL, Torres I, et al. 1990. Development of 1-cell embryos from different strains of mice in CZB medium. Biol Reprod, 42: 432-440.

Chatot CL, Ziomek CA, Bavister BD, et al. 1989. An improved culture medium supports development of random-bred 1-cell mouse embryos *in vitro*. J Reprod Fert, 86(2): 679-688.

De Renzis S, Elemento O, Tavazoie S et al. 2007. Unmasking activation of the zygotic genome using chromosomal deletions in the drosophila embryo. PLoS Biol, 5: e117.

Dekens MP, Pelegri FJ, Maischein HM et al. 2003. The maternal-effect gene futile cycle is essential for pronuclear congression and mitotic spindle assembly in the zebrafish zygote. Development, 130: 3907-3916.

Edgar BA, Datar SA. 1996. Zygotic degradation of two maternal Cdc25 mRNAs terminates Drosophila's early cell cycle program. Genes Dev, 10: 1966-1977.

Edgar LG, Wolf N, Wood WB. 1994. Early transcription in *Caenorhabditis elegans* embryos. Development, 120: 443-451.

Ferg M, Sanges R, Gehrig J, et al. 2007. The TATA-binding protein regulates maternal mRNA degradation and differential zygotic transcription in zebrafish. EMBO J, 26: 3945-3956.

Hamatani T, Carter MG, Sharov AA, et al. 2004. Dynamics of global gene expression changes during mouse preimplantation development. Dev Cell, 6: 117-131.

Howe JA, Howell M, Hunt T, et al. 1995. Identification of a developmental timer regulating the stability of embryonic cyclin A and a new somatic A-type cyclin at gastrulation. Genes Dev, 9: 1164-1176.

Howe JA, Newport JW. 1996. A developmental timer regulates degradation of cyclin E1 at the midblastula transition during *Xenopus* embryogenesis. Proc Natl Acad Sci USA, 93: 2060-2064.

Huang YH, Ma YL, Ma L, et al. 2014. Cyclosporine A improves adhesion and invasion of mouse preimplantation embryos via upregulating integrin β3 and matrix metalloproteinase-9. Int J Clin Exp Pathol, 7(4): 1379-1388.

Lin TC, Yen JM, Gong KB, et. al. 2003. IGF-1/IGFBP-1 increases blastocyst formation and total blastocyst cell number in mouse embryo culture and facilitates the establishment of a stem-cell line. BMC Cell Biol, 4: 14.

Lu X, Li JM, Elemento O, et al. 2009. Coupling of zygotic transcription to mitotic control at the *Drosophila* mid-blastula transition. Development, 136: 2101-2110.

Masui Y, Wang P. 1998. Cell cycle transition in early embryonic development of *Xenopus laevis*. Biol Cell, 90: 537-548.

Mathavan S, Lee SG, Mak A, et al. 2005. Transcriptome analysis of zebrafish embryogenesis using microarrays. PLoS Genet, 1: 260-276.

McCleland ML, O'Farrell PH. 2008. RNAi of mitotic cyclins in *Drosophila* uncouples the nuclear and centrosome cycle. Curr Biol, 18: 245-254.

Nagy A. 2003. Manipulating the mouse embryo: a laboratory manual. New York: Cold Spring Harbor Laboratory Press.

Newport J, Kirschner M. 1982a. A major developmental transition in early *Xenopus* embryos: Ⅰ. Characterization and timing of cellular changes at the midblastula stage. Cell, 30: 675-686.

Newport J, Kirschner M. 1982b. A major developmental transition in early *Xenopus* embryos: Ⅱ. Control of the onset of transcription. Cell, 30: 687-696.

Nikas G, Ao A, Winston RML, et al. 1996. Compaction and surface polarity in the human embryo *in vitro*. Biol Reprod, 55: 32-37.

Park CK, Ohgoda O, Niwa K. 1989. Penetration of bovine follicular oocytes by frozen-thawed spermatozoa in the presence of caffeine and heparin. J Reprod Fertil, 86: 577-582.

Santos F, Hendrich B, Reik W, et al. 2002. Dynamic reprogramming of DNA methylation in the early mouse embryo. Dev Biol, 241: 172-182.

Schultz RM. 1993. Regulation of zygotic gene activation in the mouse. BioEssays, 15: 531-538.

Schultz RM. 2002. The molecular foundations of the maternal to zygotic transition in the preimplantation embryos. Hum Reprod Update, 8: 323-331.

Seydoux G, Fire A. 1994. Soma-germline asymmetry in the distributions of embryonic RNAs in *Caenorhabditis elegans*. Development, 120: 2823-2834.

Seydoux G, Mello CC, Pettitt J, et al. 1996. Repression of gene expression in the embryonic germ lineage of *Caenorhabditis elegans*. Nature, 382: 713-716.

Siddiqui NU, Li X, Luo H, et al. 2012. Genome-wide analysis of the maternal-to-zygotic transition in *Drosophila* primordial germ cells. Genome Biol, 13(2): R11.

Sirard MA, Parrish JJ, Ware CB, et al. 1988. The culture of bovine oocytes to obtain developmentally competent embryos. Biol Reprod, 39: 546-552.

Tadros W, Lipshitz HD. 2009. The maternal-to-zygotic transition: a play in two acts. Development, 136(18): 3033-3042.

Tadros W, Westwood JT, Lipshitz HD. 2007. The mother-to-child transition. Develop Cell, 12(6): 847-849.

Takaoka K, Hamada H. 2012. Cell fate decisions and axis determination in the early mouse. Development, 139: 3-14.

Telford NA, Watson AJ, Schultz GA. 1990. Transition from maternal to embryonic control in early mammalian development: a comparison of several species. Mol Reprod Dev, 26: 90-100.

Thompson JG. 2000. In vitro culture and embryo metabolism of cattle and sheep embryos-a decade of achievement. Anim Reprod Sci, 61: 263-275.

Ura K, Kurumizaka H, Dimitrov S, et al. 1997. Histone acetylation: influence on transcription, nucleosome mobility and positioning, and linker histone-dependent transcriptional repression. EMBO J, 16: 2096-2107.

Wang H, Dey SK. 2006. Roadmap to embryo implantation: clues from mouse models. Nat Rev Genet, 7: 185-199.

Zamir E, Kam Z, Yarden A. 1997. Transcription-dependent induction of G1 phase during the zebra fish midblastula transition. Mol Cell Biol，17: 529-536.

Zeng F, Baldwin DA, Schultz RM. 2004. Transcript profiling during preimplantation mouse development. Dev Biol, 272: 483-496.

（李光鹏、仓　明）

第四章　孤雌生殖与孤雄生殖

孤雌生殖与孤雄生殖统称为单性生殖。孤雌生殖（parthenogenesis）是指在没有雄性配子的情况下，由雌性配子单独发育成胚胎，进而形成个体的生殖方式。在自然界中，孤雌生殖是一种较为普遍的繁殖现象，在昆虫类中更普遍一些，在爬行类动物、鱼类动物和鸟类动物中都存在着一定的孤雌生殖现象。孤雄生殖又称雄核发育或孤雄发育（androgenesis），是指胚胎或后代遗传物质主要来自父方的生殖方式。在自然界中，植物中存在孤雄生殖的例子，但动物的孤雄生殖几乎是不存在的。

第一节　单性生殖的研究简史

一、朱冼与他的单性繁殖研究

对于高等动物而言，有性生殖是其主要生殖方式。但是，在科学研究领域，精子是否是生殖中不可缺少的物质？卵子不依靠精子能否发育成个体？用人工方法刺激卵子来替代受精，能否产生新的生命个体？这些问题一直是生物学界长期探索的课题。我国著名的实验胚胎学家朱冼先生成功获得了“没有外祖父的癞蛤蟆”，证明人工单性生殖的高等动物具有繁殖后代的能力（朱冼和陈兆熙，1934；朱冼等，1961）。

1949 年上海解放后不久，留学并做过蛙类人工单性生殖实验的朱冼教授来到中国科学院实验生物研究所工作。1951 年，朱冼就开始了蟾蜍的人工单性生殖研究。在助手们的协助下，从建立离体排卵的方法入手，针刺了 3000 多枚蟾蜍的卵，得到了 5 只蝌蚪。1959 年春天，朱冼重新开始了蟾蜍人工单性生殖的研究，他和助手王幽兰、朱国红，从越冬蟾蜍的腹腔内取出卵巢，将卵巢分成几个小块，像葡萄串似的挂在盛有生理盐水的玻璃瓶内，水温严格控制在16～18℃范围内。然后加入脑垂体激素，在卵巢块与脑垂体激素接触10h左右后，卵子开始从卵巢块中排出，在接触14～17h时排出的卵最多，以后逐渐减少，至24h后停止。而在对照组里的卵巢块中，则始终没有卵子排出。

然后，他们把这些体外排出的成熟卵，轻轻涂上蟾蜍的鲜血，再用直径10～13μm的玻璃针去刺这些卵。通过针刺，使涂在卵外的血细胞随着针头引入了卵的适当部位，替代精子的作用。接着再把卵外面的血污洗净，放进恒温培养箱。在培养3h之后，一部分卵开始分裂，发育成囊胚，再经原肠作用成为有3个胚层的原肠胚，最后变成活泼的小蝌蚪。一个多月之后，小蝌蚪登陆，变成一群小蟾蜍。

1960年，朱冼和他的助手们，在前后5个月之内，一共针刺了40 140个卵，得到167只蝌蚪。其中有25只经过变态成为小蟾蜍，以后有两只长到成体（都是雌的）。因事故死亡一只，仅存的一只经过冬眠，在1961年3月出蛰，经注射脑垂体激素催产，与正常雄体抱对交配，完成受精。在抱对36h之后，顺利产出3000多颗受精卵。这些受精卵发育良好，共得到800多只小蟾蜍，除少量呈畸形怪相外，其余绝大部分登陆成为健壮的小蟾蜍。按“辈分”推算，这群小蟾蜍就是“没有外祖父的癞蛤蟆”。

就这样，世界上第一批“没有外祖父的癞蛤蟆”在中国科学院实验生物研究所诞生了。在此之前的近50年中，各国生物学家在蛙科动物中进行人工单性生殖的实验，得到了一些蝌蚪和极少数“无父”的“子代”。但是这些“子代”蛙科动物从来没有能达到产卵传种的阶段。朱冼先生培育的“没有外祖父的癞蛤蟆”的诞生，证明人工单性生殖的高等动物的子代具有繁殖后代的能力，这在生物学上有着重大的意义。

朱冼教授，细胞生物学家，中国科学院院士。1900年10月14日生于浙江临海，1962年7月24日卒于上海。1920年赴法国勤工俭学；1925年考入法国蒙彼利埃大学生物系学习；1931年获法国国家博士学位。历任广州中山大学、北平中法大学教授，台湾大学动物系主任，北平研究院动物研究所和上海生物研究所研究员，中国科学院实验生物研究所研究员、室主任、副所长、所长等职。长期从事动物卵球成熟、受精和人工单性生殖的细胞学研究。在蟾蜍卵巢离体排卵、卵球成熟与受精和发育的关系、蟾蜍人工单性生殖、家蚕混精杂交、蓖麻蚕引种驯化和家鱼人工繁殖研究等方面作出了重要贡献。

二、哺乳动物的单性生殖研究

有关哺乳动物孤雌发育的研究始于20世纪30年代，Pincus等采用改变温度和渗透压的方法激活兔卵，产生了家兔后代，但这一结果至今未能被重复。虽然如此，他们的工作为以后的研究和发展奠定了基础。在其后的40年代与50年代，以Thibault、Chang和Austin为代表，采用温度、渗透压和麻醉剂等激活小鼠、大鼠、仓鼠、家兔、雪貂和绵羊卵母细胞，进行了孤雌发育研究。20 世纪 60 年代该领域的研究经历了一个低潮时期，到 70 年代重新崛起，研究者们大多都着眼于提高孤雌激活率和发育率的方法学研究（Tarkowski and Rossant，1976；Kaufman，1978；Kaufman et al.，1977；Sirani 和 Kaufman，1977）。采用电刺激或酶激活方法刺激小鼠卵，可以获得较高的激活率和卵裂率。20 世纪 80 年代以后，有关研究不断拓宽深入，已深入孤雌激活发育和正常受精卵的生理学变化，并开始在分子水平上研究激活和孤雌发育的机理，并取得了显著进展（Mann and Stewart，1991；Swann and Ozil，1994；范必勤和邓满齐，1994；范必勤，2005）。哺乳动物体细胞克隆技术的突破，带动了卵母细胞孤雌激活与孤雌发育的深入研究。2004 年，日本科学家 Kono 等把两个雌性卵子融合在一起，创造出了真正的孤雌小鼠，这是世界上首例通过孤雌生殖而诞生的哺乳类动物，而且证实孤雌生殖小鼠是可育的，通过与雄鼠交配，能够产生后代。此乃哺乳动物单性生殖研究的重大突破。至此，哺乳动物也有了有性生殖、无性生殖和单性生殖的 3 种生殖模式（Zhou et al.，2003；Koh et al.，2009；宋灿等，2012；帅领等，2013），也促进了孤雌发育机制的研究（Han and Gao，2013；Hirabayashi et al.，2014；Kim and Lee，2014；Gu et al.，2015）。

哺乳动物孤雄胚胎的制作与发育研究始于 20 世纪 50 年代。最初科学家们尝试用秋水仙素处理小鼠卵巢或通过延迟受精的方法来诱导雄核发育，后来采取显微操作技术制作雄核发育胚胎（Teramura et al.，2009；Zhao et al.，2010；Yang et al.，2012）。利用原核移植技术构建含有两个雄原核的孤雄胚胎，孤雄胚胎可以进行早期卵裂，但无法使孤雄胚胎突破着床后发育，不能发育到出生。据此推测，母源和父源基因组存在的印记基因对胚胎的正常发育都是必需的。Miki 等（2009）先向小鼠 MⅡ期的卵母细胞内注射 2 个圆形精子，之后再去除卵核，构建成纯雄核胚胎。由此得到的孤雄胚胎可以发育到妊娠中期，在孤雄生殖的胎儿中只存在来自父源的印记基因的行为。在对家畜孤雄生殖研究时，也发现与小鼠类似的现象，出现明显的植入后发育缺陷。

对哺乳动物的孤雌生殖与孤雄生殖研究的深入，将进一步揭示雌、雄配子在胚胎发育过程中的互作关系，揭示母源性因素与父源性因素对于胚胎的正常全程发育的互作机制。由此产生的孤雌或孤雄单倍体干细胞将在基因功能研究、基因筛选、辅助生殖与转基因动物制作等方面发挥重要作用。

第二节　孤雌激活与孤雌生殖

一、孤雌激活的机理

精子激活卵母细胞的机理主要有两个假说：一是精子与卵母细胞膜上的受体结合，作用于 G 蛋白，刺激磷酸肌醇途径而激活卵；二是精子内的因子通过精子与卵母细胞接触而释放到卵母细胞质中，这种因子与细胞质或细胞内膜互相作用，刺激磷酸肌醇系统而使卵母细胞激活。自然条件下，多数哺乳动物排出的卵母细胞停留在 MⅡ期。人们普遍认为，是卵母细胞中存在的高活性的细胞静止因子（cytostatic factor，CSF）维持了成熟促进因子（maturation-promoting factor，MPF）的高活性状态，并使卵母细胞保持在中期。精子的介入，调动了细胞内源性 Ca^{2+}的释放，引发了三磷酸肌醇（IP_3）与二酰甘油（DAG）通路，促使 CSF 水平下降，导致卵内 MPF 失活。从而启动了减数分裂的恢复，并发生皮质反应等一系列受精事件（Zernicka-Goetz，1991；Zernicka-Goetz et al.，1993；Swann and Ozil，1994）。

（一）激活机理

在人工因素刺激下发生的孤雌激活，其机理大致有以下 4 种（严云勤等，1995；陈大元，2000；杨增明等，2005）。

1. 卵母细胞质内 Ca^{2+}的升高与波动

卵母细胞质内 Ca^{2+}浓度的变化，引起了对 Ca^{2+}敏感的 CSF 活性的变化。而 CSF 对维持 cyclin B 的合成与降解起决定作用。如 CSF 活性消失，则诱使 cyclin B 的合成速度下降、分解速度上升，从而引起 MPF 失活，最终引起卵母细胞活化，离开 M 期，进入有丝分裂周期。作为卵母细胞活化的初始信号，Ca^{2+}的波动所引发的上述一系列反应，在卵母细胞激活中发挥着重要作用。

2. cyclin B 的合成与分解

cyclin B 和 P34cdc2 分别是 MPF 的调节亚基和催化亚基。由于 P34cdc2 的含量在整个细胞周期中几乎保持恒定水平，而 cyclin B 则是随着细胞周期的变化在不断的变化，所以 cyclin B 就成为决定 MPF 活性的控制因素。cyclin B 在细胞间期开始合成，在 G_2/M 期达到高峰，M 期结束即被水解。cyclin B 的合成与分解处于一种动态平衡中，如放线菌酮（cycloheximide，CHX）等蛋白质合成抑制剂，主要就是通过 cyclin B 的合成来控制这种平衡状态，也就影响卵母细胞处于 MⅡ期所必需的 CSF 和 MPF 的合成，最终使 MPF 活性下降，引起卵母细胞的活化。

3. 蛋白质的磷酸化和去磷酸化

染色质凝集、核膜破裂和核纤层水解是恢复减数分裂的主要特征事件，这些事件均与蛋白质的磷酸化和去磷酸化相关。P34cdc2 的活化除受到 cyclin B 调节外，还受磷酸化和去磷酸化的影响。在细胞间期，如 cyclin B 达到阈值，就与 P34cdc2 开始结合；与此同时，P34cdc2 上的 Tyr15 和 Tyr14 被磷酸化，活性降低；当 M 期开始后，Tyr15 和 Tyr14 发生去磷酸化，P34cdc2 又被活化。由此可见，在卵母细胞成熟期间，蛋白质的磷酸化和去磷酸化需保持某种平衡才可以调节卵母细胞的成熟发育。在 MPF 活化的同时，MPF 也激活了 P34cdc2，作为控制微管组织中心而影响纺锤体形成的重要蛋白质，P34cdc2 也受到蛋白质磷酸化和去磷酸化的间接影响。

4. PKC 信号通路

在卵母细胞激活中，细胞膜内外信号传导途径之一的 PKC 信号通路也起着重要的作用。细胞膜上的 4,5-二磷酸磷脂酰肌醇（PIP_2），在磷酸二酯酶（PDE）作用下水解为 1,4,5-三磷酸肌醇（IP_3），刺激内质网 Ca^{2+}库释放 Ca^{2+}，Ca^{2+}和 DAG 共同刺激 PKC，PKC

磷酸化底物蛋白使其活化，并激活与减数分裂有关的蛋白质的活化，导致卵母细胞激活，恢复减数分裂。

（二）印记基因与表观遗传调控

人为激活处理就是尽可能地模拟受精发生的情况，对卵母细胞进行激活处理，引发一系列类似受精时的事件发生。在小鼠中，人们尽量营造一个更加适合的环境，促进孤雌胚胎发育，但最好的结果是孤雌胚胎只能发育到妊娠中期。卵母细胞中母源染色单体不能表达 *Igf2* 基因，该基因在有性生殖时受父源基因印记调控，只能在父源染色体组中表达；剔除了 *H19* 基因，并剔除了能够抑制 *Igf2* 基因表达的调节蛋白结合位点，使母源染色体组也能够表达 *Igf2*，弥补了缺失父源基因的印迹作用。通过“操纵” *H19* 和 *Igf2* 这两个印记基因，就可以“绕过”小鼠有性生殖过程中雄性基因发挥的作用，使孤雌胚胎最终发育为成活个体。在未成熟的卵母细胞中，尚未建立新的甲基化修饰，多数母源印记基因可以表达。敲除 *H19* 基因后，又使与其关系密切的另一印记基因 *Igf2* 得以表达，所有这些本来在母源基因组中被抑制的基因的表达，一定程度上起到了代替父源表达的印记基因的功能，补偿了父源基因组的作用（Kono et al.，2004）。证明了基因组保持正常的印迹状态对哺乳动物发育的重要性。可见，印记基因的表达是否正常与动物个体发育状态是直接相关的，孤雌生殖的发育状态，实质上由基因组与表观遗传所调控。

二、孤雌激活的方法

孤雌激活的方法可以分为物理激活和化学激活。物理激活包括机械刺激、温度刺激及电刺激。化学激活包括乙醇刺激、酶刺激、渗透压处理、离子载体处理、麻醉剂处理、蛋白质合成抑制剂 CHX 及蛋白质磷酸化抑制剂 6-二甲氨基嘌呤（6-DMAP）处理等（Mann and Stewart，1991；陈大元，2000；杨素芳和石德顺，2000；Meo et al.，2004；胡军和等，2005）。

（一）物理激活

在物理激活方法中，机械刺激和温度刺激，因其操作繁琐，稳定性和重复性差，且孤雌激活率偏低，较少被人们采用。相对而言，电刺激方法简便易行，稳定性、重复性较好，且集激活和融合为一体，被广泛应用。随着电激次数的增加，卵母细胞活化率也增加；但激活次数过多，囊胚发育率反而下降。

1. 电刺激

电刺激时，细胞膜被瞬间高压直流脉冲击穿，使得细胞内外的离子和大分子物质发生短暂性的流动，其中 Ca^{2+}内流便激活了卵母细胞。一次脉冲就可以引发一次 Ca^{2+}的瞬间峰值，能使大部分卵母细胞活化。模仿正常受精时 Ca^{2+}的波动，给卵母细胞施以多次脉冲，可显著提高卵母细胞的激活率和胚胎发育能力。电刺激下，卵母细胞激活率与卵母细胞的卵龄、电场强度、脉冲持续时间及电击次数有关，但不同种动物在这些参数上存在着差异。

2. 机械或温度刺激

机械或温度刺激在早期孤雌激活中研究得较多。机械刺激可以成功激活兔和牛的卵母细胞。温度刺激对小鼠和牛的卵母细胞也有激活效果。

（二）化学激活

在胚胎细胞核移植的早期研究中，普遍采用电脉冲激活核移植胚胎。但电脉冲激活率会受卵母细胞卵龄、激活条件及融合仪的影响，在不同的仪器上重复性差，严重影响和限制了电激活的应用。近年来，人们开始用重复性好、结果较稳定的化学激活方法来激活卵母细胞。

1. 乙醇

乙醇是较早被发现的一种化学激活剂，对卵母细胞的激活主要是通过水解细胞膜上的 PIP_2 为 IP_3 和 DAG，从而诱发细胞内源 Ca^{2+}释放到细胞质，提高了胞内的 Ca^{2+}浓度。乙醇可以有效地激活小鼠、牛、绵羊和猪的卵母细胞，但在兔与山羊中的激活效果并不理想。一般采用含 7%～8%乙醇的培养液处理卵母细胞 5～7min，长时间处理会降低激活率。在联合 CHX 或 6-DMAP 处理后，活化率上升。

2. Ca^{2+}载体 A23187

早在 1974 年，Ca^{2+}载体 A23187（calcium ionophore A23187）就被发现可以激活卵母细胞。主要通过胞质内 Ca^{2+}的释放来实现其激活功能。如果预先用 Ca^{2+}螯合剂处理，就不能引起卵母细胞激活。因为卵母细胞在 A23187 处理后，大多阻滞于带有 2 个极体的中期相（MIII），所以 A23187 常和 CHX 或 6-DMAP 联合使用。此外，处理液中加入细胞松弛素 B（cytochalasin B，CB）可提高激活效率。

3. 离子霉素

离子霉素（ionomycin）作为另一种高效 Ca^{2+}载体，与 A23187 不同的是，其并不直接引起 Ca^{2+}的跨膜转运，而是动员细胞内的 Ca^{2+}，依次触发 Ca^{2+}内流。与乙醇相比，由于它仅动用钙库内的 Ca^{2+}，所以引起的 Ca^{2+}波动较为平缓，因而效率更高。离子霉素通常与 CHX 或 6-DMAP 联合作用，在激活率、原核形成及孤雌激活胚囊胚发育率上都有提高。

4. IP_3

IP_3 是启动和传播钙激活卵母细胞信息传递中的第二信使。IP_3 在细胞质中与钙库上的受体 IP_3R 作用而动员 Ca^{2+}释放。有研究者将 IP_3 直接注入卵母细胞，可以将卵激活。也有研究显示，在电激活液中加入 IP_3，可以提高对卵母细胞的激活效果。

5. Sr^{2+}

关于 Sr^{2+}引发卵母细胞内 Ca^{2+}波动的报道多见于小鼠。后来研究者发现 Sr^{2+}所引起

的 Ca^{2+}的波动持续时间较长。当联合 CHX 处理小鼠卵母细胞时，孤雌激活胚的发育能力更好。Sr^{2+}是通过在细胞内钙库置换 Ca^{2+}使细胞内 Ca^{2+}浓度升高，从而引发一系列依赖 Ca^{2+}的生理反应。

6. 6-DMAP 和 CHX

6-DMAP 是蛋白质磷酸化抑制剂，它能阻止蛋白质磷酸化，抑制 MPF 和 CSF 的活性，同时抑制第二极体排放，保证孤雌激活细胞的染色体为二倍体。CHX 是蛋白质合成抑制剂，它主要抑制卵母细胞维持在 MⅡ期所需要的 MPF 和 CSF 的合成，进而使卵母细胞内 MPF 活性迅速下降，卵母细胞脱离 MⅡ期，完成第二次减数分裂导致卵母细胞激活。但 CHX 不抑制蛋白质磷酸化，故不影响构成纺锤体的微管蛋白的活性，也就不影响第二极体的排出。

在激活操作时，通常先用启动 Ca^{2+}释放的物理或化学因素对卵母细胞进行处理，再用 6-DMAP 和 CHX 处理，能够促进孤雌胚胎发育。

7. 其他激活剂

星孢菌素（staurosporine）、硫柳汞（thimerosal，THI）或二硫苏糖醇（dithiothreitol，DTT）等都能够引起卵母细胞激活。在猪中，经星孢菌素处理后，大部分卵母细胞可以排出第二极体，刺激猪卵母细胞发育至囊胚（Wang et al.，1997）。

（三）精子因子激活

利用精子的提取物［精子因子（sperm factor，SF）］也能激活卵母细胞。SF 在注入卵母细胞质后，可以触发类似于受精时的连续性 Ca^{2+}波动。在小鼠、猪和人卵母细胞中，都取得了激活效果。SF 引发 Ca^{2+}波动是由于多种物质作用产生的结果，而 SF 的激活效果只与动物品种、精子发育时间和 SF 的提取过程有关。SF 注射到卵母细胞后所引发的 Ca^{2+}波动与受精极为相似，且激活率高。但也有报道指出，SF 激活后，囊胚发育率不高（Swann，1990；Kono et al.，1995）。

三、孤雌激活操作

（一）卵母细胞处理

体外培养成熟和体内得到的成熟卵母细胞均可用于孤雌激活。选取卵丘细胞扩张良好的 COC，用吸管反复轻轻吹打去除卵丘细胞，必要时加入 0.1%透明质酸酶消化去除卵丘细胞。然后用操作液洗 3 遍，挑出有第一极体的成熟卵母细胞用于激活。

（二）激活操作

常用的激活操作方法有以下 4 种。

1. 乙醇联合 6-DMAP 激活

以牛卵母细胞激活为例。选择排出第一极体的卵母细胞，在含有 7%乙醇的成熟液中激活 7min（在 CO_2 培养箱中进行），然后在含 2mmol/L 6-DMAP 的成熟液中培养 4h。然后经发育培养液洗 3 次，并移入培养液滴中，在 38.5℃、5% CO_2 与饱和湿度的培养箱中培养。在 48h 时，检查卵裂率；7～9 天时，检查囊胚发育率。

2. 离子霉素联合 6-DMAP 激活

选择排出第一极体的卵母细胞，在含有 5μmol/L 离子霉素的成熟液中激活 5min，然后在含 2mmol/L 6-DMAP 的成熟液中培养 4h，之后用发育培养液洗 3 次，进行培养。

3. A23187 联合 6-DMAP 激活

将排出第一极体的成熟卵母细胞分别用 5μmol/L A23187 激活液洗 3 遍，然后在不同浓度的激活液中激活处理 5min，然后在含 2mmol/L 6-DMAP 的成熟液中培养 4h，之后用发育培养液洗 3 次并在发育液中培养。

4. 电激活

将排出第一极体的成熟卵母细胞在电激液（0.3mmol/L 甘露醇 + 0.1mmol/L $MgSO_4$+ 0.1mmol/L $CaCl_2$）中平衡 3min，置于电激活槽中，用 1.25kV/cm、电压、80μs、2 次电脉冲（间隔 20min）进行激活处理。电激活联合蛋白质合成抑制剂或磷酸化抑制剂共同处理卵母细胞可提高细胞的活化率。

（三）活化判定

1. 钙离子浓度测定

卵母细胞激活后，通常采用钙激活蛋白及荧光指示剂（或称荧光探针）进行标记，然后进行荧光检测及成像分析。通过数字 CCD 成像荧光显微镜、激光扫描共聚焦显微镜、多光子扫描显微镜、流式细胞仪等能够观察到许多与 Ca^{2+} 浓度变化有密切关系的亚细胞图像，可精确地测定出 Ca^{2+} 浓度的变化和准确的亚细胞空间定位。

2. 原核发育判断

有 3 种方法可以通过原核形成判定卵子活化情况。

1）将激活卵压片，用固定液固定 48h 以上，再用 1%的乙酸地衣红染色，在倒置显微镜下观察原核形成情况。

2）用 2μg/ml DAPI 荧光染料染色 10min，在荧光倒置显微镜下观察原核形成情况。

3）经 1500r/min 离心 2min 后，于显微镜下观察原核形成情况。

3. 活化判定的标准

凡出现以下情况之一者一般认为已经活化：出现 1 原核 1 极体；1 原核 2 极体；2 原核 1 极体；2 原核 2 极体。卵质膜破裂和胞质变黑者判定为死亡。胞质分裂一次或多次但不出现原核者判定为碎裂，未活化。

四、卵母细胞孤雌激活的类型

在正常受精时，受精子入卵行为的刺激，激活了处于 MⅡ期的卵母细胞，使其有一半的染色质以第二极体的方式排出。而在孤雌激活时，外界的刺激会改变卵母细胞第二极体的排放情况，从而出现一些核型不一致的孤雌卵（或孤雌胚）（Surani and Kaufman，1977；Swann and Ozil，1994）。

如图 4-1 所示，卵母细胞在孤雌激活后，可能出现以下几种类型：①激活卵排出第二极体，发育成一个单倍体原核，称为均质单倍体（uniform haploid）；②激活卵迅速分裂成两个均等的卵裂球，一个含有雌原核，一个含有第二极体的核，构成嵌合单倍体（mosaic haploid）；③在完成第二次成熟分裂时，第二极体未排出，出现异常的延迟分裂（delayed cleavage），同样构成嵌合单倍体；④激活卵的第二极体未排出，由两个混合的单倍体原核组成一个二倍体核，称为杂合二倍体（heterozygous diploid）；⑤激活卵的第二极体排出，其雌原核加倍形成纯合二倍体（homozygous diploid）。

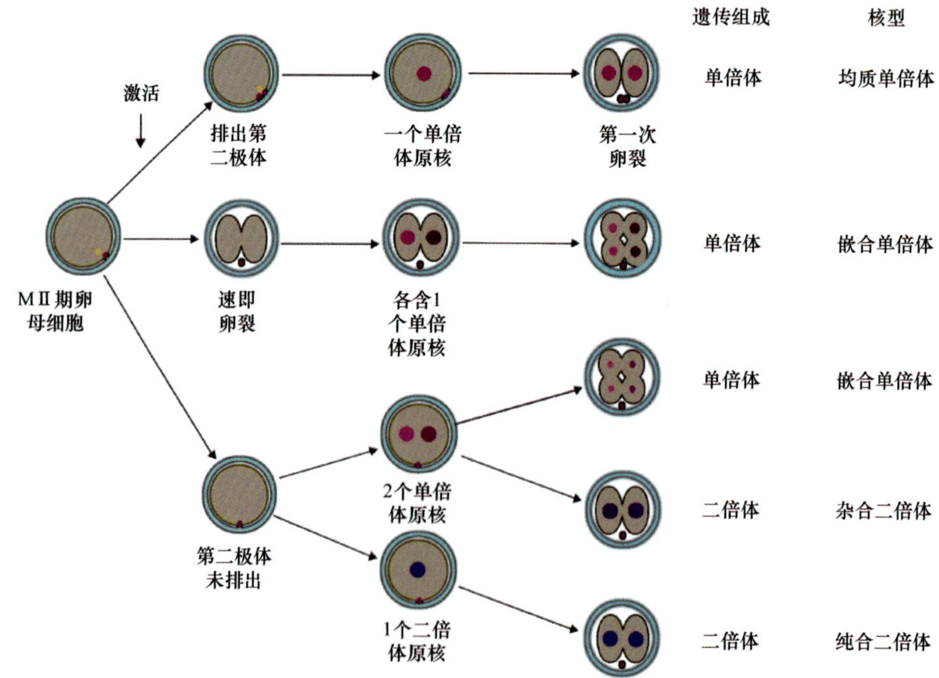

图 4-1　卵母细胞孤雌激活后的胚胎类型

不同激活方法所形成的核型有差异。激活处理后 3～4h 观察，乙醇激活的卵大部分排出第二极体，形成单倍体胚。电激活卵则很少排出第二极体，因此以形成二倍体胚为主。研究认为，具有二倍体核的孤雌胚的发育效果更好一些。从二倍体的孤雌胚获得的干细胞，其体外分化潜能较单倍体的孤雌胚要好。其原因可能是二倍体孤雌胚干细胞更易被诱导分化为同样具有二倍体核型的体细胞，其分化潜能较单倍体孤雌胚干细胞更大，且分化细胞移植后安全性也较好。如果希望得到具有二倍体的孤雌胚胎，在进行孤雌激活处理时，一般加入细胞松弛素 B 或 D，抑制第二极体排放，或抑制第一次卵裂，从而使孤雌胚成为二倍体胚胎。

五、孤雌胚的发育

只要培养条件适宜，孤雌活化卵将同受精卵一样开始卵裂和发育。小鼠、牛、山羊、绵羊和猪等孤雌激活卵，在体外培养条件下均可发育到囊胚期。与正常受精胚相比，孤雌胚的体内外发育能力均较差，孤雌激活卵的卵裂率和囊胚形成率均低于正常受精卵。小鼠卵乙醇和电激活的卵裂率分别为 92.1%和 71.6%，囊胚发育率分别为 12.3%和 14.2%，其中有些可发育至孵化囊胚阶段。在最佳电脉冲参数激活兔卵母细胞和适宜的培养条件下，囊胚发育率可达 57.1%，囊胚孵化率为 46.6%。将孤雌激活具有两个原核的小鼠卵体外培养 90h，可发育至扩张囊胚阶段。此外，所有类型孤雌胚的发育速度都比正常受精胚慢。不同类型孤雌胚发育能力也不相同，二倍体孤雌胚的发育能力超过均质单倍体和嵌合单倍体。

孤雌胚虽然可完成着床前的早期发育形成形态正常的囊胚，将发育至囊胚期的二倍体孤雌胚移植至假孕 3 天的受体雌鼠，胚胎移入后切除其卵巢，以外源激素维持其妊娠。结果，有 35%的胚胎着床并发育至圆筒期；25%发育到体节期；妊娠 11 天时，从子宫分离出发育到肢芽期的胎儿，有 25 个体节，可见心跳和卵黄囊循环（Kaufman et al.，1977）。用 2 枚有色小鼠的孤雌胚与 1 枚白色小鼠的正常受精胚进行聚合，共获得 456 枚聚合胚，移植至 47 只受体雌鼠，产出 24 只仔鼠，经检测其中 6 只被鉴定为被毛和虹膜色素嵌合体。其中 1 只雌性嵌合体小鼠性成熟后与白色正常雄性小鼠交配，生产了两只带色素的后代（Stevens et al.，1977；Stevens，1978）。采用离子霉素与 6-DMAP 联合激活绵羊卵母细胞，可产生 90%的二倍体孤雌胚；于中间受体体内培养可发育至囊胚期；移植至同期发情受体母羊后，可以着床并存活至 21 天，但一般在 25 天内死亡（Loi et al.，1998）。由此可见，早期孤雌胚细胞嵌合后能存活并参与形成器官组织包括生殖细胞。Hagemann 等（1995）通过原核移植构建了 339 枚羊雌核发育胚和雄核发育胚，将其中 127 枚胚胎移植 21 天后，获得 4 个确认发育至 20-体节期的雌核发育孕体，但无雄核发育孕体。

许多实验反复证明，单倍体孤雌胚接受一个雄原核可得到正常的后代，但接受一个雌原核则只能发生有限的发育。将合子中的雌、雄原核一起移入去核孤雌激活卵可得到正常的后代；相反，将二倍体孤雌胚的核移入去核受精卵时，不能形成胎儿。这说明，未受精卵的细胞质可支持雌雄原核存在时的发育。如果在单倍体孤雌胚或在去除雄原核的合子中，移入一个雌原核构成雌核胚（gynogenetic embryo），则雌核胚与孤雌胚一样，着床后数天内死亡。胚胎嵌合和重组实验证明，小鼠雌核胚成分形成原始外胚层，雄核胚成分形成滋养层和原始内胚层。由此证明，孤雌胚的成分限于形成原始外胚层系，即胚体和卵黄囊中胚层；雄核胚的成分限于形成滋养层和原始内胚层系。雌核胚未能发育成个体，也可能是雌核胚的内细胞团不能形成卵黄囊内胚层所致（赵海龙等，2013；钟翠青和李劲松，2013）。

以*H19*基因缺失13kb的突变小鼠获取非生长期卵母细胞（从1日龄新生小鼠采集的第1次减数分裂双线期的卵母细胞）为供体，与从B6DF1雌鼠采得的已经长成的生发泡期卵母细胞进行一系列细胞核移植，共构成1598枚重组卵母细胞。体外培养成熟和人工激活后，78%卵母细胞成为二倍体孤雌胚。体外培养457枚孤雌胚，其中91.2%发育为桑椹胚和囊胚。将371枚桑椹胚和囊胚移植至26只受体雌鼠，其中24只妊娠。于妊娠19.5天进行剖腹，获得10只活仔鼠和18只死仔鼠。其中2只孤雌生殖仔鼠呈现正常仔鼠的形态，体重与正常对照仔鼠相似。待性成熟后与正常雄鼠交配妊娠，产出正常后代（Kono et al.，2004）。

虽然孤雌生殖尚存在很多问题，但改变印记基因的表达，便无须父源基因组的参与，可获得孤雌生殖后代。在鼠和非人灵长类如猴子中，已建立了孤雌胚胎干细胞系，具有与胚胎干细胞相似的多潜能性（Mai et al.，2007）。孤雌生殖为建立卵母细胞成熟体系、胚胎发育体系和胚胎干细胞体系，以及体细胞核移植实验提供适宜的方法，也为人类治疗性克隆开辟了一条新途径（Yabuuchi et al.，2012；Ling and Zhou，2014），避免了因利用人类受精胚胎干细胞所导致的宗教、道德、伦理上的争论。

第三节　孤 雄 生 殖

虽然在自然界中尚未发现由孤雄生殖发育来的高等脊椎动物，但人工制作孤雄胚胎和研究孤雄生殖已经成为了解父源基因组对胚胎发育及其与母源基因组的互作关系，雄性配子因素对细胞核重编程的作用等的一个独特的工具。从孤雄胚胎囊胚中分离培养得到的孤雄胚胎干细胞是具有组织相容性的多能干细胞，可能在细胞治疗及父性伴性遗传疾病的治疗等方面发挥独特的作用。

一、孤雄胚胎的制作方法

相对于利用成熟卵母细胞激活制作二倍体孤雌发育胚胎，孤雄胚胎的制作要困难得多，而且均需要借助显微操作技术。目前，哺乳动物二倍体孤雄胚胎的制作方法主要有以下3种。

（一）雄原核移植

收集处于两个原核阶段的受精卵，通过显微操作把一个胚胎中的雌原核取出，只保留雄原核；再从另一个胚胎中取出雄原核，植入前一个保留有雄原核的胚胎中，制成含有2个雄原核的孤雄胚胎（图4-2）。

这种方法更适合于对小鼠的受精卵操作，因为小鼠卵的透明度较好，可以清晰地分辨出雌原核与雄原核，雄原核的体积一般比雌原核大。由于家畜卵母细胞内脂滴丰富，不易观察和辨认受精卵中的雌、雄原核，因此原核移植法不适用于构建家畜孤雄生殖胚胎。此外，原核移植法需要用两枚受精卵构建一个单性生殖胚，卵母细胞利用效率低。

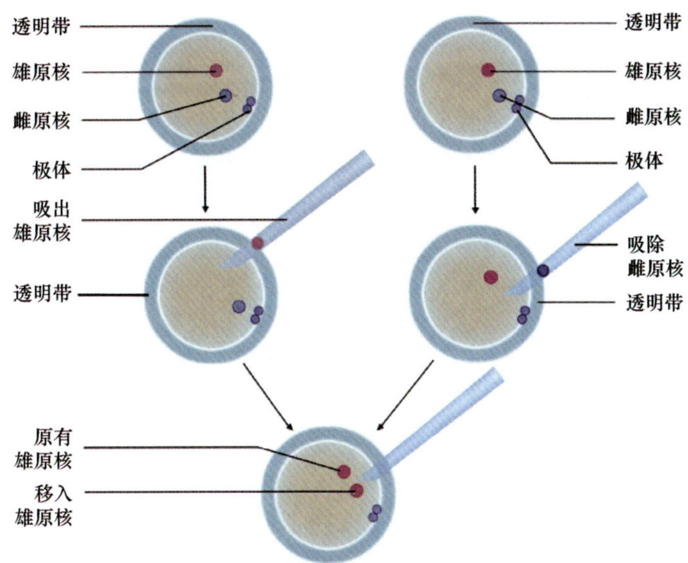

图 4-2　雄原核移植法构建孤雄胚胎示意图

（二）去卵核-ICSI 法

先去除次级卵母细胞的细胞核，然后直接将 2 个经过处理的精子注射到去核卵细胞质中，然后再对这个含“双精子”的重构卵进行激活处理（图 4-3）。

该方法操作较为简便，卵母细胞利用率高。通过这种方法构建的小鼠孤雄胚胎，可以成功发育至囊胚阶段。然而，由于家畜精子卵胞质内注射后解聚能力差，利用该法构建的牛孤雄生殖胚胎不能发育至桑椹胚期。据此推测，需要在注射前对精子进行处理，使其在进入卵质后容易解聚。

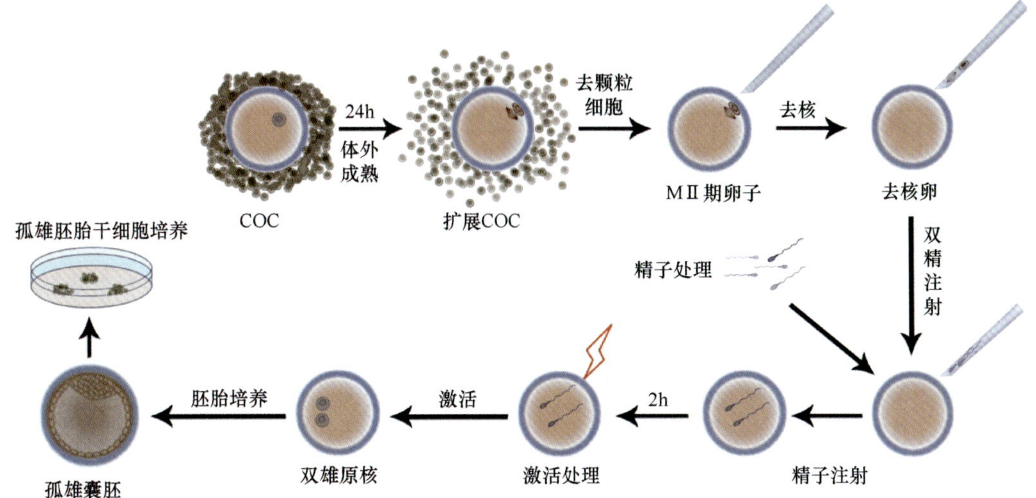

图 4-3　孤雄胚胎制备与孤雄胚胎干细胞培养示意图

（三）一步法双精子核移植技术

“一步法”核移植技术是指将两个雄性生殖细胞注射入一个卵母细胞，随后将卵核抽出，直接就可以得到一个孤雄胚胎（图 4-4）。“一步法”核移植技术是由中国科学院动物研究所的周琪院士发明，他利用此项技术成功克隆出大鼠。操作时，将两个成熟精子的头部注射到 MⅡ期卵母细胞胞质内，并在撤离注射针的同时，将卵母细胞的遗传物质吸走。这是一种快速的孤雄胚胎重构方法，极大地简化了孤雄胚胎的重构过程，减少了因显微操作对胚胎发育造成的负面影响，提高了构建效率（帅领等，2013）。

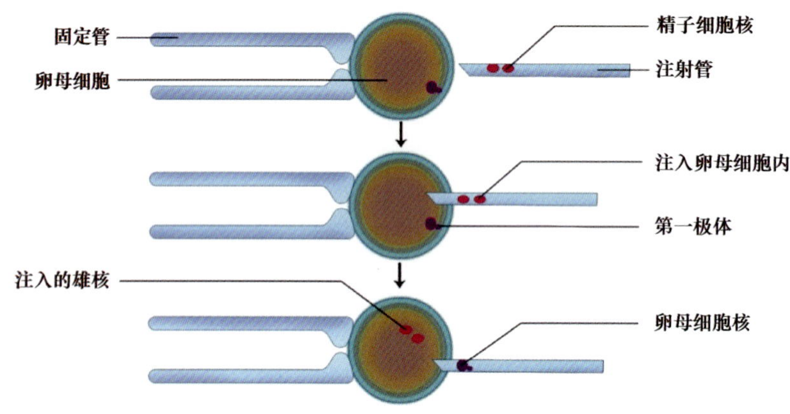

图 4-4 一步法双精子核移植孤雄胚胎制备技术

在小鼠中的研究发现，在胚胎发育早期，孤雄胚胎的发育能力比孤雌胚胎和雌核胚胎发育能力差。在人胚胎上的研究表明，精子中的一些组蛋白对合子染色体的形成起重要作用，而且很多来源于精子中的物质，包括一些 DNA 片段，在胚胎发育过程中起关键作用。真正的原因，可能是由于孤雄胚中含有两份来源于精子的遗传物质，而这些遗传物质在胚胎发育过程中存在着异常的表观遗传修饰。

二、孤雄胚胎的发育

在哺乳动物中，目前尚无哺乳动物孤雄胚胎发育至妊娠期满的研究报道。利用圆形精子制作的小鼠孤雄胚胎，可以发育到妊娠中期（Miki et al., 2009）。Hagemann 等（1995）通过原核移植，构建了 339 枚羊雌核发育胚和雄核发育胚，将其中 127 枚胚胎移植，21 天后，有 4 个发育至 20 个体节的雌核胎儿，但没有发现雄核胎儿。Matsukawa 等（2007）发现，羊二倍体孤雄胚胎与正常体外受精胚胎的卵裂率和桑椹胚率并无差别，但是囊胚率显著下降。Sembon 等（2012）利用去卵核-ICSI 法制备猪孤雄胚胎，经培养后发现，孤雄胚与正常体外受精胚的卵裂率没有差异（65% vs 63%），但囊胚发育率显著下降（4% vs 30%）。当把孤雄胚移植到代孕母体后，可以在体内发育到 21 天，随后妊娠终止。先将牛卵母细胞去核，再注射两个牛精子以构建孤雄胚，该孤雄胚可以发育至囊胚阶段。但孤雄胚的囊胚发育率只有 8%，显著低于体外受精胚（36%）和孤雌胚（42%）。当把发育至囊胚阶段的牛孤雄胚胎移植到同期发情的母牛体内后，并没有观察到妊娠现象。

Lagutina 等（2004）将 5 枚牛孤雄囊胚移植到 3 头受体母牛后，一头妊娠，但在 28～35 天时妊娠中止。

三、孤雄胚胎干细胞

孤雌胚胎干细胞系比较容易分离成功，而且有良好的多潜能性，不仅具有生殖系嵌合的能力，通过四倍体补偿还能够支持胚胎发育至妊娠期满，出生健康的动物（Chen et al.，2009），而且还可以得到具有组织相容性的孤雌胚胎干细胞（Kim et al.，2007）。

孤雄胚胎干细胞（androgenetic embryonic stem cell，aESC）是由孤雄胚胎发育至囊胚，并从这些囊胚的内细胞分离并建立的细胞系。孤雄胚胎干细胞和受精卵来源的胚胎干细胞在形态学、多能性标记物的表达、碱性磷酸酶活性、拟胚体形成和畸胎瘤形成等方面并没有明显差别。但是，由于孤雄胚胎干细胞的基因组均来自于父本，有着较严格的父源印迹，所以导致印记基因的表达模式不同于受精卵来源的胚胎干细胞，进而形成嵌合体的能力较差。研究发现，孤雄胚胎干细胞来源的大部分嵌合体均存在身体缺陷。研究表明，孤雄胚胎干细胞在体外能分化为神经谱系的细胞，在体内也能够分化为 3 个胚层的细胞，但它们很难获得嵌合体动物，并且获得的嵌合体动物大部分都存在生理缺陷或异常（Dinger et al.，2008；Teramura et al.，2009）。

近几年来，有研究者通过核移植技术利用不同生精阶段的雄性生殖细胞构建孤雄胚胎，分离相应的孤雄胚胎干细胞系。但是这些孤雄胚胎干细胞的多能性却存在着差异，在嵌合体形成能力上还是得不到改观，其中大部分的嵌合体仍然存在异常（Zhao et al.，2010）。说明孤雄胚胎中的父源印迹无法彻底改变。

四、单倍体胚胎干细胞

（一）单倍体细胞研究背景

单倍体细胞只具有一套染色体，没有等位基因的存在，因而它们在遗传分析、基因功能与性状研究中具有重要的应用价值。单倍体细胞在低等生物如细菌、真菌中普遍存在，结合这些物种特有的快速增殖能力，成为遗传学和基因组学研究的重要工具。对于哺乳动物，单倍体细胞仅局限于雌雄配子，而配子细胞在体外只能存活很短的时间。

为了获得哺乳类的单倍体细胞，从 20 世纪 70 年代开始，科学家便利用胚胎分割或孤雌激活卵母细胞等方法构建单倍体胚胎，并成功地获得小鼠的单倍体胚胎，也分离出单倍体胚胎干细胞。但在体外培养过程中，单倍体胚胎干细胞易自发二倍化，无法获得稳定的干细胞系。这个问题也成为 30 多年来获得哺乳动物单倍体细胞的主要障碍。

（二）单倍体胚胎干细胞

2010 年，新加坡的 Hong 研究组建立了鱼的单倍体胚胎干细胞系，首次实现了单倍体胚胎干细胞这一理念。在小鼠中，2011 年，英国和奥地利的研究组相继报道，通过化学激活得到了小鼠孤雌单倍体胚胎，然后借助活细胞流式分选技术将单倍体细胞进行纯化，最后成功建立了小鼠孤雌单倍体胚胎干细胞系，这是世界上首次获得哺乳动物的非配子形

式存在的单倍体干细胞系（Leeb and Wutz，2011，2013；Elling et al.，2011）（图 4-5）。周琪院士实验室利用卵母细胞孤雌激活和体细胞核移植技术分别得到了小鼠的单倍体胚胎，并由此于 2009 年分别获得了小鼠孤雌和孤雄两种单倍体胚胎干细胞系。随后，将孤雄单倍体胚胎干细胞注射入 MⅡ期卵母细胞质中，于 2011 年获得了首只孤雄单倍体胚胎干细胞全程发育到期的小鼠，从而最终严格地确认了单倍体胚胎干细胞的存在，并具有可替代精子的特性（Li et al.，2012）。

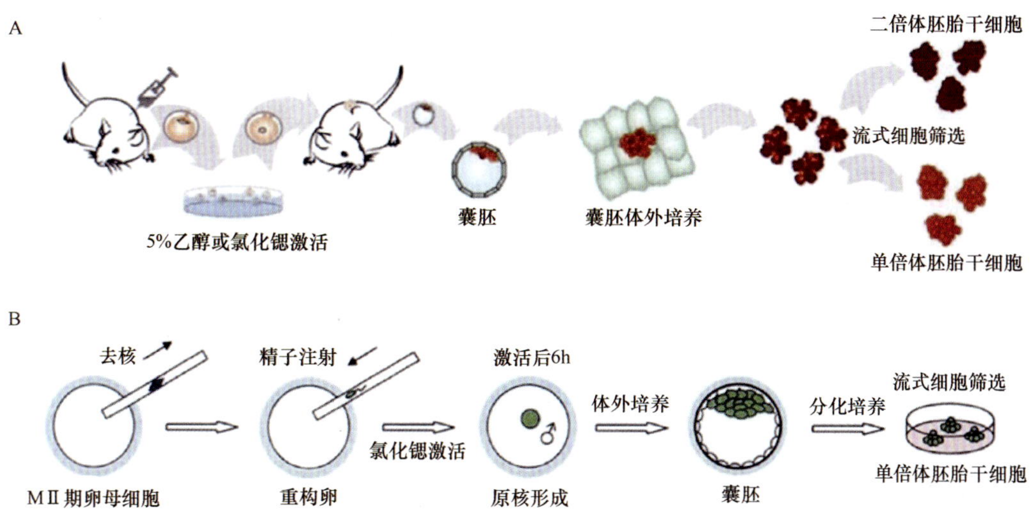

图 4-5　小鼠单倍体胚胎干细胞建系过程示意图

A. 小鼠孤雌胚胎干细胞建系（Elling et al.，2011）；B. 小鼠孤雄胚胎干细胞建系（Yang et al.，2012）

（三）单倍体胚胎干细胞的分化潜能

孤雄单倍体胚胎干细胞具有典型的小鼠 ES 集落特性，不仅表达 Oct4、Nanog 和 SSEA-1 等多能性标记物，同时还具有很强的碱性磷酸酶活性，能够在体外形成拟胚体。在严重联合免疫缺陷鼠体内可以分化形成含三胚层细胞的畸胎瘤，但流式细胞仪分析结果表明，所有的分化细胞都已经变成二倍体细胞。进一步研究表明，只有在胚胎发生的第 6.5 天（E6.5）的嵌合体胚胎中能够检测到单倍体细胞的存在，而在 E8.5 以后便没有检测到单倍体细胞的存在。在成年嵌合体动物的心、肝、脾和肾 4 个器官中，并没有发现单倍体细胞的存在，所有细胞均已二倍体化。这表明，孤雄单倍体干细胞需要经历二倍体化过程才能具有分化能力。在 Oct4-GFP 背景的孤雄单倍体胚胎干细胞所形成的 E12.5 的嵌合体胚胎的生殖嵴中，仍然能检测到表达 Oct4-GFP 阳性的细胞，证明孤雄单倍体胚胎干细胞具有生殖系嵌合的能力。这些事实说明，孤雄单倍体胚胎干细胞既具有无限增殖和多能性等胚胎干细胞的特点，又具有能够使卵母细胞“受精”而得到健康动物的能力（帅领等，2013；钟翠青和李劲松，2013）。

（四）单倍体胚胎干细胞的转基因应用

孤雄单倍体胚胎干细胞的上述特点，预示着其可以用于转基因研究，而且利用其“受精”能力可以直接制备转基因动物。李劲松实验室与周琪实验室分别独立利用孤雄胚胎

干细胞系进行转基因研究，筛选出整合了目的基因的单倍体细胞系，将转基因细胞注射入卵母细胞内，获得了转基因小鼠（Li et al.，2012；Yang et al.，2011，2012）。基本操作过程如图 4-6 所示。

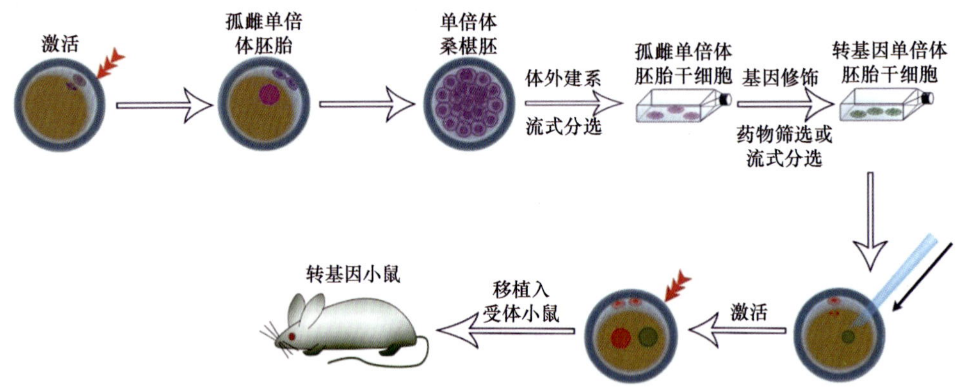

图 4-6　单倍体胚胎干细胞的转基因应用示意图

由此证明，孤雄单倍体胚胎干细胞具有替代精子的能力，使卵母细胞受精；结合功能基因筛选和转基因技术，可直接获得转基因动物，加速功能基因验证。当然，单倍体胚胎干细胞还存在若干问题值得研究，如单倍体胚胎干细胞的倍性维持机制、基因印记的维持机制、分化时存在的二倍化转化机制等均不明确，对这些问题的解决将有助于相关理论的探索与单倍体胚胎干细胞的应用。

参 考 文 献

陈大元. 2000. 受精生物学: 受精机制与生殖工程. 北京: 科学出版社.

范必勤, 邓满齐. 1994. 哺乳动物卵的激活与孤雌发育. 生物工程进展, 14: 50-54.

范必勤. 2005. 哺乳动物孤雌生殖研究进展. 农业生物技术学报, 13(13): 407-410.

胡军和, 徐小明, 杨春荣, 等. 2005. 猪卵母细胞不同孤雌激活方法. 细胞生物学杂志, 27: 569- 572.

秦鹏春. 2001. 哺乳动物胚胎学. 北京: 科学出版社.

帅领, 李伟, 赵小阳, 等. 2013. 单倍体胚胎干细胞-哺乳动物基因功能研究的新工具. 中国细胞生物学学报, 35(7): 903-906.

宋灿, 刘少军, 肖军, 等. 2012. 多倍体生物研究进展. 中国科学, 42: 173-184.

严云勤, 李光鹏, 郑世民. 1995. 发育生物学原理与胚胎工程. 哈尔滨: 黑龙江科学技术出版社.

杨素芳, 石德顺. 2000. 水牛卵母细胞孤雌激活方法研究. 西南农业大学学报, 13: 99-103.

杨增明, 孙青原, 夏国良. 2005. 生殖生物学. 北京: 科学出版社.

尤永隆, 林丹军, 张彦定. 2011. 发育生物学. 北京: 科学出版社.

张天荫. 动物胚胎学. 1996. 济南: 山东科学技术出版社.

赵海龙, 赵永聚, 杨丽群, 等. 2013. 哺乳动物单倍体胚胎干细胞研究进展与展望. 畜牧兽医学报, 44: 1342-1348.

钟翠青, 李劲松. 2013. 代替精子使用的孤雄单倍体胚胎干细胞的建立. 中国细胞生物学学报, 35: 397-400.

朱洗, 陈兆熙. 1934. 广州蛙类人为单性发育的研究. 科学, 19: 1-43.

朱洗, 王幽兰, 徐国江. 1961. 世界上第一只无父的母蟾蜍产卵传种. 科学通报, 4: 50.

Chen ZS, Liu Z, Huang JJ, et al. 2009. Birth of parthenote mice directly from parthenogenetic embryonic stem cells. Stem Cells, 27: 2136-2145.

Dinger TC, Eckardt S, Choi SW, et al. 2008. Androgenetic embryonic stem cells form neural progenitor cells *in vivo* and *in vitro*. Stem Cells, 26: 1474-1483.

Elling U, Taubenschmid J, Wirnsberger G, et al. 2011. Forward and reverse genetics through derivation of haploid mouse embryonic stem cells. Cell Stem Cell, 9: 563-574.

Evans MJ, Kaufman MH. 1981. Establishment in culture of pluripotential cells from mouse embryos. Nature, 292: 154-156.

Gu L, Liu H, Gu X, et al. 2015. Metabolic control of oocyte development: linking maternal nutrition and reproductive outcomes. Cell Mol Life Sci, 72(2): 251-271.

Hagemann LJ, Hillery-Weinhold FL, Rutledge ML, et al. 1995. Activation of murine oocytes with Ca^{2+} ionophore and cycloheximide. J Exp Zool, 271: 57-61.

Han B, Gao J. 2013. Effects of chemical combinations on the parthenogenetic activation of mouse oocytes. Exp Ther Med, 5: 1281-1288.

Hirabayashi M, Goto T, Tamura C, et al. 2014. Derivation of embryonic stem cell lines from parthenogenetically developing rat blastocysts. Stem Cells Dev, 23: 107-114.

Hong YH. 2010. Medaka haploid embryonic stem cells. Method Cell Biol, 100: 55-69.

Kaufman MH, Barnes SC, Surani MAH. 1977. Normal postimplantation development of mouse parthenogenetic embryos to the fore-limb bud stage. Nature, 265: 53-55.

Kaufman MH, Robertson EJ, Handyside AH, et al. 1983. Establishment of pluripotential cell-lines from haploid mouse embryos. J Embryol Exp Morph, 73: 249-261.

Kaufman MH. 1978. Chromosome analysis of early postimplantation presumptive haploid parthenogenetic mouse embryos. J Embryol Exp Morph, 45: 85-91.

Kim K, Lerou P, Yabuuchi A, et al. 2007. Histocompatible embryonic stem cells by parthenogenesis. Science, 315: 482-486.

Kim KH, Lee KA. 2014. Maternal effect genes: findings and effects on mouse embryo development. Clin Exp Reprod Med, 41: 47-61.

Koh CJ, Delo DM, Lee JW, et al. 2009. Parthenogenesis-derived multipotent stem cells adapted for tissue engineering applications. Methods, 47: 90-97.

Kono T, Carroll, Swann K, et al. 1995. Nuclei of fertilized mouse embryos have calcium releasing activity. Development, 121: 1123-1128.

Kono T, Obata Y, Wu Q, et al. 2004. Birth of parthenogenetic mice that can develop to adulthood. Nature, 428: 860-863.

Lagutina I, Lazzari G, Duchi R, et al. 2004. Developmental potential of bovine androgenetic and parthenogenetic embryos: a comparative study. Biol Reprod, 70: 400-405.

Leeb M, Wutz A. 2011. Derivation of haploid embryonic stem cells from mouse embryos. Nature, 479: 131-134.

Leeb M, Wutz A. 2013. Haploid genomes illustrate epigenetic constraints and gene dosage effects in mammals. Epigenetics Chromatin, 6: 41.

Li J, He J, Lin Ge, et al. 2014. Inducing human parthenogenetic embryonic stem cells into islet-like clusters. Mol Med Rep, 10: 2882-2890.

Li L, Zheng P, Dean J. 2010. Maternal control of early mouse development. Development, 137: 859-870.

Li W, Shuai L, Wan HF, et al. 2012. Androgenetic haploid embryonic stem cells produce live transgenic mice. Nature, 490: 407-411.

Ling S, Zhou Q. 2014. Haploid embryonic stem cells serve as a new tool for mammalian genetic study. Stem Cell Res Ther, 5: 20.

Loi P, Ledda S, Fulka J, et al. 1998. Development of parthenogenetic and cloned ovine embryos: effect of activation protocols. Biol Reprod, 58: 1177-1187.

Mai QY, Yu Y, Li T, et al. 2007. Derivation of human embryonic stem cell lines from parthenogenetic blastocysts. Cell Res, 17: 1008-1019.

Mann JR, Stewart CL. 1991. Development to term of mouse androgenetic aggregation chimeras. Development,

113: 1325-1333.

Matsukawa K, Turco MY, Scapolo PA, et al. 2007. Development of sheep androgenetic embryos is boosted following transfer of male pronuclei into androgenetic hemizygotes. Cloning Stem Cells, 9: 374-381.

Meo SC, Leal CL, Garcia JM. 2004. Activation and early parthenogenesis of bovine oocytes treated with ethanol and strontium. Anim Reprod Sci, 81: 35-36.

Miki H, Hirose M, Ogonuki N, et al. 2009. Efficient production of androgenetic embryos by round spermatid injection. Genesis, 47: 155-160.

Sembon S, Iwamoto M, Hashimoto M, et al. 2012. Porcine androgenetic embryos develop to fetal stage in recipient mothers. Theriogenology, 78: 225-231.

Stevens LC, Varnum DS, Eicher EM. 1977. Viable chimeras produced from normal and parthenogenetic mouse embryos. Nature, 269: 515-517.

Stevens LC. 1978. Totipotent cells of parthenogenetic origin in a chimera mouse. Nature, 276: 266-267.

Surani MAH, Kaufman MH. 1977. Influence of extracellular Ca^{2+} and Mg^{2+} ions on the second meiotic division of mouse oocytes: relevance to obtaining haploid and diploid parthenogenetic embryos. Dev Biol, 59(1): 86-90.

Swann K, Ozil JP. 1994. Dynamics of the calcium signal that triggers mammalian egg activation. Int Rev Cytol, 152: 182-222.

Swann K. 1990. A cytosolic sperm factor stimulates repetitive calcium increases and mimics fertilization in hamster eggs. Development, 110(4): 1295-1302.

Tarkowski AK, Rossant J. 1976. Haploid mouse blastocysts developed from bisected zygotes. Nature, 259: 663-665.

Teramura T, Onodera Y, Murakami H, et al. 2009. Mouse androgenetic embryonic stem cells differentiated to multiple cell lineages in three embryonic germ layers *in vitro*. J Reprod Develop, 55: 283-292.

Wang WH, Sun QY, Hosoe M, et al. 1997. Calcium- and meiotic spindle-independent activation of pig oocytes by the inhibition of staurosporine-sensitive protein kinase. Zygote, 5: 75-82.

Yabuuchi A, Rehman H, Kim K. 2012. Histocompatible parthenogenetic embryonic stem cells as a potential source for regenerative medicine. J Mamm Ova Res, 29: 17-21.

Yang H, Shi L, Chen CD, et al. 2011. Mice generated after round spermatid injection into haploid two-cell blastomeres. Cell Res, 21: 854-858.

Yang H, Shi LY, Wang BA, et al. 2012. Generation of genetically modified mice by oocyte injection of androgenetic haploid embryonic stem cells. Cell, 149: 605-617.

Yi M, Hong N, Hong Y. 2009. Generation of medaka fish haploid embryonic stem cells. Science, 326: 430-433.

Zernicka-Goetz M. 1991. Spontaneous and induced activation of rat oocytes. Mole Reprod Dev, 128: 169-176.

Zernicka-Goetz M, Weber M, Maro B. 1993. Full activation of the rat oocyte by protein synthesis inhibition requires protein phosphatase activity. Int J Dev Biol, 37: 273-277.

Zhao QG, Wang JL, Zhang Y, et al. 2010. Generation of histocompatible androgenetic embryonic stem cells using spermatogenic cells. Stem Cells, 28: 229-239.

Zhou Q, Renard JP, Le Friec G, et al. 2003. Generation of fertile cloned rats by regulating oocyte activation. Science, 302: 1179.

（李光鹏）

第五章　动物克隆技术

“克隆”一词来源于英文单词 clone 的音译。广义地讲，克隆是指通过无性繁殖的方式产生与亲代遗传组成相同的后代。细胞克隆则指由一个细胞经细胞分裂而产生出一群细胞。动物克隆是指由一个动物经无性生殖（asexual reproduction）产生多个后代。克隆的所有个体的遗传组成都是完全相同的。自然界中普遍存在着克隆现象，即使高等哺乳动物也不例外，同卵双胞胎实际上就是一种克隆。然而，由于自然的哺乳动物克隆发生率极低，因而人们开始探索用人工的方法研究高等动物克隆。

人为制作克隆动物的方法主要有两种：一是胚胎分割；二是细胞核移植。利用胚胎分割技术目前已经成功获得二分胚、四分胚乃至八分胚分割的活体动物。利用着床前胚胎的卵裂球作为核供体进行核移植，在小鼠、兔、绵羊、猪、牛、猴等多种动物上获得成功；利用体细胞作为核供体，已成功获得绵羊、牛、小鼠、山羊、猪、兔、猫、大鼠、骡、马、狗、雪貂、狼、骆驼、梅花鹿、马鹿、藏獒等克隆动物。在体细胞核移植研究获得成功之前，生物学界普遍认为，在胚胎与个体的发育过程中，细胞分化过程是不可逆的。体细胞克隆技术的出现，彻底颠覆了传统的分化细胞命运的论断，由此开启了对细胞核重编程机制的再认识。

目前，体细胞克隆技术不仅在畜牧业领域发挥着重要作用，可以规模化生产优秀种畜个体或性状特异个体；而且已经成为一种重要的技术手段，为核质关系研究、功能基因验证与转基因动物研究提供了新的可能。

第一节　细胞核移植的研究简史

所谓细胞核移植（nuclear transfer，nuclear transplantation），是指借助显微操作技术和细胞融合技术人为地把一个细胞的细胞核与一个去除核物质的卵细胞质融合成一个新的合子（类合子）的过程。在这一过程中，无须雄性配子的参与。所融合构成的胚胎就称为核移植胚胎（nuclear transfer embryo）、重构胚/重组胚（reconstructed embryo，reconstituted embryo）或克隆胚（cloned embryo）。来源于同一个动物的细胞所产生的核移植个体，即克隆动物（cloned animal），它们在遗传上是完全相同的。制备克隆动物的过程被称为动物克隆（animal cloning）。

根据供体细胞来源的不同，可以将核移植分为胚胎细胞核移植与体细胞核移植。胚胎细胞核移植（embryo cell nuclear transfer）所用的供体细胞是发育中的早期胚胎的卵裂球；体细胞核移植（somatic cell nuclear transfer）所用的供体细胞则是体细胞。如果将核移植后所得的克隆胚（第 1 代核移植胚）的卵裂球作为供体细胞，再进行一轮克隆操作，获得的胚胎称之为第 2 代核移植胚，以此类推，可以得到第 3 代、第 4 代……克隆胚胎，这个过程被称为动物的连续细胞核移植或动物的继代克隆。

一、细胞核移植技术设想的提出

德国著名胚胎学家 Spemann 在 1902 年以蝾螈为材料做了一项实验，他用胎发在 2-细胞胚胎的两个卵裂球之间进行结扎，结果每个卵裂球各自发育成为一个完整的胚胎；而在原肠期时结扎，则两部分只能各自发育为半个胚胎。这意味着胚胎在早期和晚期之间发生了某种变化，使胚胎各部分 “命运”被确定下来。

1938 年，Spemann 用头发将蝾螈受精后、分裂前的卵从动物极到植物极缚成两部分，但不完全分开，中间仍有细胞质相通。结果有核的一半卵能分裂，而无核的一半则不能分裂。等胚胎分裂到 4-或 16-细胞时期，将缚的头发放松，让一个核进入原来没有核的部分，然后将发圈缚紧使之完全分开，结果两个半胚都能各自发育成为正常胚胎（图 5-1）。说明在 16-细胞期每一个卵裂球的细胞核的发育能力是相等且全能的。因此，Spemann 在其名著《胚胎发育和诱导作用》（1938 年）一书中提出了一种设想：如果能用细胞核移植的方法，将不同发育阶段细胞的细胞核移植到没有核的卵中，并观察核移植胚的发育能力，将对研究核质关系具有重要意义。这就是著名的细胞核移植技术的最初设想。Spemann 因其在动物实验胚胎学领域的卓越成就，于 1935 年获得诺贝尔生理学或医学奖。

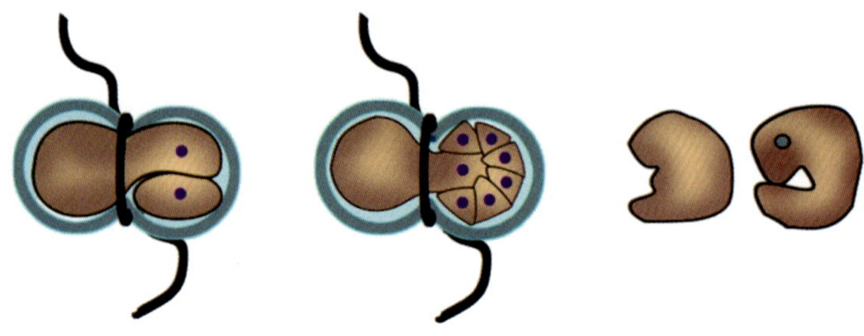

图 5-1　蝾螈受精卵横缢实验（仿 Spemann，1938）

汉斯・施佩曼（Hans Spemann），1869 年 6 月 27 日出生于德国符腾堡州的斯图加特。父亲威廉・施佩曼是一个出版商，施佩曼是长子。施佩曼于 1878 年在斯图加特的埃伯哈德-路德维希学校读书；1888 年离校，随父从事出版业工作；1889～1890 年在德陆军服兵役；1891 年进入海德堡大学开始学医；1893～1894 年就读于慕尼黑大学；1895 年到维尔茨堡大学攻读动物学、植物学和物理学，获博士学位，毕业后，到维尔茨堡大学的动物研究所工作；1908～1914 年在罗斯托克大学执教动物学和比较解剖学；1914～1919 年成为柏林凯撒威廉生物研究所副主任；1919 年起，在斯图加特大学动物学院工作，直到退休。施佩曼于 1935 年获得诺贝尔生理学或医学奖。

二、无尾两栖动物细胞核移植研究

Spemann 在 1938 年提出的细胞核移植技术的设想，直到 20 世纪 60 年代才在无尾两栖动物中得以实现。1952 年，英国学者 Briggs 和 King 首先在豹蛙（*Rana pipiens*）上实施了核移植操作。他们将豹蛙囊胚顶部细胞的核移植到去核的卵中，约有一半的克隆胚能分裂并发育成为部分或完整的囊胚。经过技术改良后，核移植胚胎的卵裂率提高到

80%，最终有 80%的卵裂胚发育为蝌蚪。英国科学家 Gurdon（1962 年和 1966 年）将非洲爪蟾未受精的卵经紫外线照射以破坏其细胞核，然后从蝌蚪的上皮细胞中分离细胞核，并将核注入核被破坏的卵中。结果发现，有 1.5%的核移植卵分化发育成为正常的成蛙。该实验第一次证明了动物的体细胞核具有发育的全能性。

我国动物实验胚胎学的奠基人童第周先生，于 1964 年报道了利用不同时期的胚胎内胚层细胞的细胞核克隆中华大蟾蜍（*Bufo bufo gargarizans*）的实验。分别取原肠期（中期或晚期）、神经胚期（神经板期、神经褶期、神经闭合期）、尾芽期和孵化期的内胚层细胞的细胞核移植到去核的卵子中。结果表明，原肠期内胚层细胞的细胞核、神经期或孵化后胚胎内胚层细胞的细胞核，能指导核移植胚发育至神经期、尾芽期、孵化期的胚胎或蝌蚪，少数能完成变态。1978 年，童第周又成功地进行了黑斑蛙的克隆实验，将黑斑蛙红细胞的核移植到去核的黑斑蛙卵中，这种核移植卵也可以发育成蝌蚪。

约翰·伯特兰·戈登爵士（Sir John Bertrand Gurdon），1933 年 10 月 2 日出生于英国，毕业于牛津大学基督学院动物学专业。在牛津大学获得博士学位后，到美国加州理工学院做博士后研究工作。1971～1983 年，在剑桥大学英国医学研究委员会（MRC）分子生物学实验室工作；1983 年以后在剑桥大学动物学系工作。1971 年，成为英国皇家学会院士；1995 年，被授予爵士；2009 年，获拉斯克基础医学研究奖；2012 年，获诺贝尔生理学或医学奖。

三、鱼类细胞核移植研究

童第周先生开启了鱼类核移植研究的先河，并取得了举世瞩目的成就。1963 年，童第周等利用自制的显微注射器成功地在金鱼（*Carassius auratus*）和中华鳑鲏（*Rhodeus sinensis*）上进行了细胞核移植实验。他们在这两种不同亚科的鱼之间进行细胞核移植，研究了杂交细胞核与纯种细胞核在发育功能上的差异，以及细胞质对细胞核的影响。研究发现，性状的呈现并不完全取决于细胞核，细胞质也发挥着重要作用。他们也开展了鲤鱼和鲫鱼的异种核移植研究，将鲤鱼囊胚期细胞核移植到鲫鱼去核卵中，其后出现的性状有的像细胞核供体（鲤），如口须和咽喉齿；有的像受体细胞质（鲫），如脊椎骨；有的属中间性状，如侧线鳞片数。这种鲤鲫异种克隆鱼可以达到性成熟，并产生正常精子和卵子，经自交可以正常受精并发育为成鱼。同时，以杂种鱼的精子与鲤鱼卵进行杂交，也可受精发育到成鱼。

后来，童第周等在不同科和目之间进行细胞核移植实验。将金鱼（鲤形目鲤科）的细胞核移植到大鳞副泥鳅（*Paramisgurnus dabryanus*，鲤形目鳅科）的去核卵中或反向操作，获得了 57%～62%的囊胚率和 15%～18.3%的原肠胚率，循环期胚胎的比率仅为 0.6%，没有得到成鱼。而将尼罗罗非鱼（*Oreochromis niloticus*）（鲈形目）的细胞核移植到金鱼去核卵后，得到大量的早期囊胚（71.8%）和晚期囊胚（53.7%），而原肠胚率仅为 0.15%。杂交胚胎染色体为供体细胞核类型，发育速度为受体细胞质类型。

1979 年春，中国科学院水生生物研究所的科学家用鲫鱼囊胚期的细胞进行人工培养，经过 385 天 59 代连续传代培养后，用直径 10μm 左右的玻璃管在显微镜下，从细胞中分离出细胞核作为供核体，移植到去核鲫鱼卵中。在 189 个核移植卵中，有 2 个发育并孵化出了鱼苗。其中一条幼鱼渡过难关，经过 80 多天后长成 8cm 长的鲫鱼。这种鲫鱼并没有经过雌、雄细胞的结合，仅仅是给卵细胞换了个囊胚细胞的核，实际上是由换核卵产生，因此也是克隆鱼。

童第周（1902.5.28—1979.3.30），浙江鄞县（现鄞州）人，生物学家、教育家，中国实验胚胎学的主要创始人，生物科学研究的杰出领导者，开创了中国“克隆”技术的先河。1927 年毕业于复旦大学；1927～1930 年在南京中央大学生物系任教；1930～1934 年在比利时布鲁塞尔大学留学，获哲学博士学位；1934 年回国任山东大学生物系教授；1938～1946 年先后任南京中央大学、同济大学和复旦大学教授；1946 年任山东大学动物学系教授、系主任；1948 年当选为“中央研究院”院士；1951 年任山东大学副校长；1955 年当选为中国科学院学部委员（院士）；1957 年任中国科学院海洋生物研究所所长；1960 年兼任中国科学院动物研究所研究员；1977 年任中国科学院动物研究所所长；1978 年，任中国科学院副院长。

四、哺乳类细胞核移植研究

（一）胚胎细胞核移植

Illmensee 和 Hoppe 于 1981 年通过直接注射法将小鼠内细胞团（ICM）细胞注入合子中并除去原核，成功出生了小鼠，但这项研究未能被重复出来。McGrath 和 Solter（1984）采用新的方法，取得合子核互换的成功。Willadsen 于 1986 年采用透明带割口的两步法把绵羊 8-～16-细胞期胚胎的细胞核移植到去核卵母细胞质中，出生了核移植羊。Tsunoda 等于 1987 年把小鼠 8-细胞期胚胎的细胞核移植到 2-细胞期的去核细胞质中，出生了核移植小鼠。Prather 等于 1987 年把牛 8-～16-细胞期胚胎的核移植到去核卵母细胞中，出生了核移植牛。Stice 和 Robl 于 1988 年把兔 8-细胞期胚胎的细胞核移植到去核卵母细胞后，得到核移植兔；王斌和范必勤于 1995 年、周琪于 1996 年及刘林等于 1996 年也获得核移植兔。Prather 等于 1989 年将猪 4-细胞期胚胎的核移入去核卵中，获得首例核移植猪；李光鹏等于 1998 年获得第二例核移植猪。张涌于 1991 年及邹贤刚等于 1995 年报道了山羊桑椹胚细胞的核移植后代。利用 ICM 细胞进行核移植，Smith 和 Wilmut 于

1989 年获得了核移植绵羊，Collar 和 Robl 于 1991 年获得了核移植兔，Keefer 等于 1993 年获得了核移植牛。Collar 和 Barrnes 于 1994 年把牛 ICM 细胞核直接注射入去核卵母细胞，出生了核移植牛。Nagy 等于 1993 年获得了胚胎干细胞的核移植小鼠。Campbell 等于 1996b 年获得了胚盘细胞的核移植绵羊。Willadsen 于 1989 年获得了连续胚胎细胞核移植的第二代核移植牛；Bondioli 等于 1990 年获得了连续胚胎细胞核移植的第三代核移植牛。孟励等于 1997 年得到了胚胎细胞核移植的克隆猴（Meng et al.，1997）。

（二）体细胞核移植

1997 年，Wilmut 等将 6 岁绵羊乳腺上皮细胞的细胞核移植到去核卵母细胞中，得到克隆羊多莉（Dolly）。多莉羊是人类历史上第一例成年体细胞克隆哺乳动物，是 20 世纪最大的科技进步事件之一，是生物学史上一个里程碑式的事件。多莉羊的出生打破了分化的体细胞不能逆转发育的传统理论。克隆绵羊的成功，带动了哺乳动物体细胞克隆研究的爆发式发展。Wakayama 等于 1998 年采用直接注射法将卵丘细胞注射到去核卵母细胞质中，得到克隆和再克隆小鼠；Kato 等于 1998 年利用输卵管上皮细胞作为供体获得克隆牛；Baguisi 等于 1999 年利用成纤维细胞作为供体获得了克隆山羊。到目前为止，已经有小鼠、兔、绵羊、山羊、猪、牛、马、骡、水牛、骆驼、猫、狗、藏獒、鹿、雪貂、狼等动物被成功克隆，同时，研究人员在提高克隆效率与克隆机制探索等方面做了大量的工作（Vajta and Callesen，2012；Hill，2014；Keefer，2015）。值得注意的是，骡子是众所周知的几乎不育的动物，但通过体细胞核移植能够获得克隆后代（Woods et al.，2003），这不仅说明克隆技术适用于不育动物，而且显示出卵胞质强大的重编程能力。卵胞质的重编程能力还表现在可以使经过极端条件处理的细胞起死回生。例如，将在 75℃下烘烤 0.5h 的体细胞、冻干的体细胞或干燥处理后的体细胞移植到去核卵母细胞中，不仅可以获得正常发育的克隆胚，也能获得存活的克隆羊（Loi et al.，2002，2008）。

克隆操作通常借助显微操作设备进行。然而，研究人员还发明了一种不经显微操作设备的徒手克隆技术（handmade cloning）。该技术在解剖镜下用普通的玻璃针将用酶去除透明带的卵母细胞一分为二，将含有细胞核的半卵去掉。之后将两个无核的半卵，以“三明治”的方式夹住一个体细胞，并在电脉冲的作用下完成细胞融合，以此获得重构胚。使用徒手克隆技术已成功克隆了牛、水牛、绵羊、猪、马等动物（Vajta et al.，2005；Verma et al.，2015）。

伊恩·维尔穆特（Ian Wilmut），1944 年出生于英国汉普顿露西。英国诺丁汉大学毕业后，于 1971 年获剑桥大学博士学位；1974 年加入罗斯林研究所；2008 年获封勋爵。1996 年，维尔穆特和马萨诸塞大学的基思·坎贝尔博士合作，对体外培养的细胞进行“饥饿处理”，使细胞处于

休眠状态；然后把细胞核移入去核卵母细胞，获得克隆胚胎；将克隆胚胎移植到受体母羊后，培育出了世界上首例克隆哺乳动物“多莉”羊。

五、异种动物的核移植

在异种动物核移植研究中，我国著名科学家童第周先生和陈大元先生分别在两栖类、鱼类和哺乳动物中作出了突出贡献。童第周等在两栖类（童第周和叶毓芬于 1963 年；Hennen 于 1965 年）和鱼类不同亚科、不同科和不同目之间进行了异种核移植尝试，取得了若干原创性突破性成果。

将大熊猫体细胞、鸟类体细胞等分别移入去核的兔、羊、牛、猫或黑猩猩卵中，得到的异种克隆胚胎均可以发育到囊胚，同时在异种克隆机理研究中取得了一些突破性进展（Hua et al.，2008，2012）。

McGrath 和 Solter（1984）在鼠类种间原核互换实验中发现，重构胚只能卵裂数次。Wolfe 和 Kraemer（1992）用牛卵母细胞为受体胞质，进行牛-美洲水牛、牛-羊、牛-鼠的异种核移植，只有牛-美洲水牛和牛-羊的异种克隆胚发育到囊胚，囊胚率为 1.7%～2.3%。梅祺等（1993）报道，有 5.4%的鼠兔异种胚发育到囊胚。李光鹏等（2000）将小鼠 8-细胞胚胎的卵裂球移入猪去核卵中，重构胚可卵裂至 8-细胞期。Dominko 等（1999）把绵羊、猪、猴或大鼠成纤维细胞的核移到去核牛卵母细胞后，重构胚可发育到囊胚期。苏广华等（2016）以藏羚羊体细胞作为核供体，分别以牛、绵羊和山羊卵母细胞作为受体胞质，结果显示，无论是体内或者体外发育条件，异种克隆胚胎都能发育到囊胚，但是与体内发育的胚胎相比，体外发育胚胎的凋亡情况要更为严重。

目前获得的异种克隆动物仅限于亚种或近缘种之间的克隆操作，如亚洲野牛（*Bos gaurus*）、欧洲盘羊（*Ovis orientalis musimon*）、非洲野猫（*Felis silvestris lybica*）等种间克隆动物已有出生，它们共同特点是供体核和受体胞质之间的种间距离较近（Lanza et al.，2000；Lei et al.，2001；Gómez et al.，2004）。

第二节　细胞核移植的基本程序

细胞核移植技术是一项系统而复杂的工程。从技术角度讲，细胞核移植包括供体细胞的选择、受体胞质的选择、核移植操作、细胞融合、克隆胚胎的激活、克隆胚胎培养、克隆胚胎移植与克隆动物鉴定等环节（图 5-2）。

一、供体细胞的选择

（一）胚胎细胞的选择

从理论上讲，来自同一个胚胎的所有细胞核都拥有相同的基因组，在遗传上是一致的。而且还可以认为，晚期胚胎可以提供更多的遗传相同的细胞核，更适于胚胎克隆。

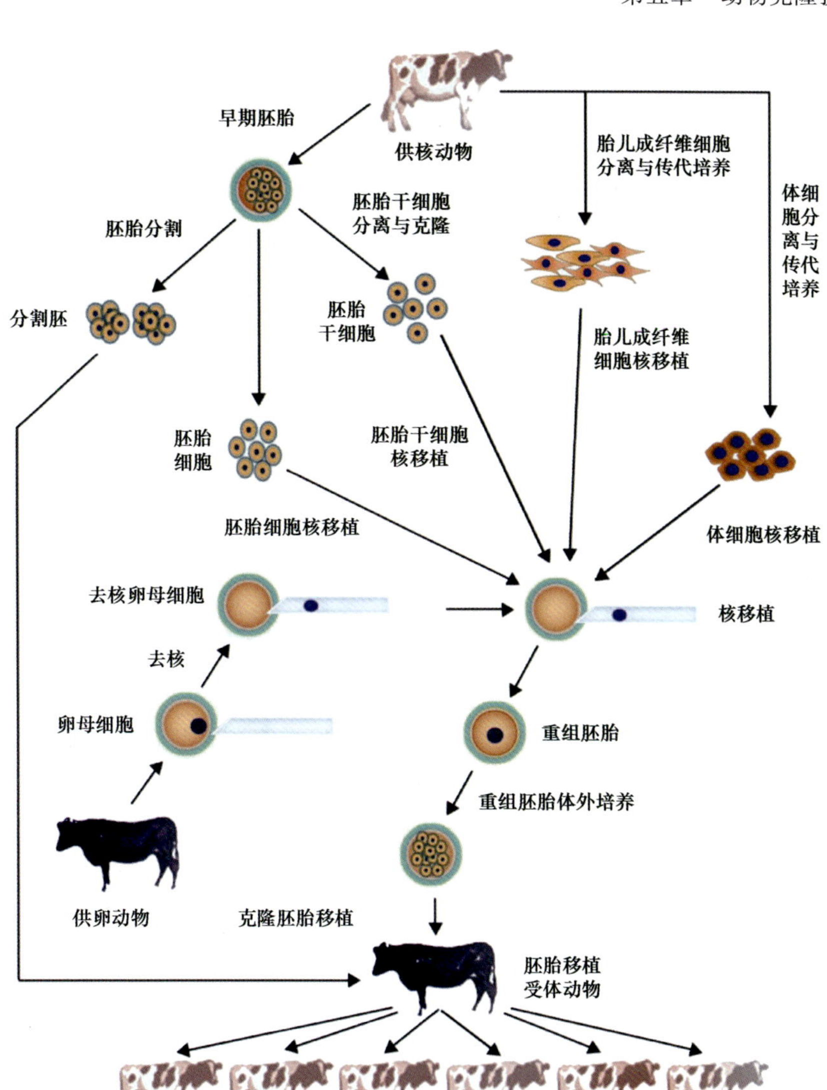

图 5-2　克隆动物制作示意图

然而，两栖类核移植实验的研究结果显示，当供核体细胞来源于囊胚以后的胚胎时，越后期的胚胎，其核移植胚胎的发育能力越差。哺乳动物胚胎最早出现的形态学分化是胚胎致密化现象。在致密化过程中，外层细胞间建立起紧密连接和桥粒、半桥粒结构，细胞质成分和结构也发生了变化。外层的细胞将成为滋养层，内部的细胞将成为内细胞团。研究表明，滋养层细胞的核支持重构胚发育的潜力非常有限。当用兔滋养层细胞作为核供体时，克隆胚发育不超过 8-细胞，而兔桑椹胚及其之前各个时期的细胞核均可指导克隆胚发育到出生。在牛的实验中也得到了同样的结果，桑椹胚期及以前各期胚胎的细胞核能够指导克隆胚发育成个体。因而，在进行胚胎细胞核移植实验时，一般选用桑椹胚之前胚胎的卵裂球作为供核体细胞（严云勤等，1995；陈大元，2000）。

（二）体细胞的选择

体细胞的类型众多，近 20 年的体细胞克隆研究已经证明，绝大多数体细胞都可以作为供体细胞进行克隆操作，并最终指导克隆胚发育成动物个体，如颗粒细胞、卵丘细胞、输卵管上皮细胞、子宫上皮细胞、睾丸支持细胞、成纤维细胞、乳腺上皮细胞，甚至终末分化的 B 或 T 淋巴细胞。然而，体细胞的类型、分化状态及所处的细胞周期等因素都会影响克隆的成功率（Niemann and Lucas-Hahn，2012；Watanabe，2013）。对于细胞所处的细胞周期，人们普遍认为处于 G_0/G_1 期的细胞更适合用作供体，S 期的细胞核进入受体卵母细胞后会发生碎片化，而 M 期和 G_2 期的细胞核容易造成多倍体。

获得 G_0/G_1 期细胞的常用方法是血清饥饿培养，但长时间的血清饥饿会导致细胞凋亡。有研究表明，当用含 0.2%血清的培养液培养猪胎儿成纤维细胞时，培养 5 天后 40%的细胞会发生凋亡。至于细胞培养的代数，一般认为长时间的传代培养会导致供体细胞染色体的畸形率增加。但由于各个实验室的培养条件和培养技术有所差别，结果也不尽相同。一般认为 10 代以内为好，最好不要超过 15 代（Fulka et al.，2013）。现有证据表明，卵泡内的颗粒细胞和卵丘细胞是最合适的供体细胞，以这类细胞作为供体能获得最高的克隆效率（Ogura et al.，2013；Hill，2014；Keefer，2015）。然而，最常用的供体细胞类型仍是成纤维细胞，因为成纤维细胞可从动物的耳缘组织培养获得，对动物的伤害最小，细胞建系、培养和传代操作也较为简单。

二、受体胞质的选择

（一）受精卵胞质作为核受体

在核移植研究早期，人们以去除原核的受精卵作为核受体。结果发现，这种方式制作的克隆胚仅表现出有限的发育能力。如在原核期对大鼠的受精卵进行核质互换，有 22%的胚胎最终可出生动物。但将 2-、4-及 8-细胞期的卵裂球分别与去核受精卵进行融合，核移植胚胎无一能发育至出生。以 2-、4-及 8-细胞期的牛胚胎卵裂球作核供体与去核受精卵构建的核移植胚胎，无一能正常发育（严云勤等，1995；陈大元，2000）。这些结果表明，受精卵的细胞质已经被激活，其中可能存在影响核重编程的因素。

（二）2-细胞期卵裂球胞质作为核受体

Robl 等于 1986 年首次用 2-细胞期的去核卵裂球作为核受体，将 8-细胞期小鼠的卵裂球融入其中，有 58%的克隆胚能发育到囊胚期。Tsunoda 等于 1987 年先把供核体细胞置于 4℃预处理 4～10h，之后融入去核的 2-细胞期卵裂球胞质中，有 22%的克隆胚发育到期。将小鼠 2-细胞和 4-细胞期胚胎的卵裂球融入去核的 2-细胞期卵裂球胞质中，成功获得一组同卵三胞胎和四组同卵双生核移植小鼠。以 2-细胞期卵裂球的胞质作为受体胞质所得到的克隆胚，其中有 33%的胚胎并未进行足够次数的卵裂，且在 4-细胞期就发生了致密化。这也表明，供体核仍按自身的发育程序进行细胞分化。虽然以 2-细胞期卵裂球作为核受体是可行的，但由于可用的 2-细胞期胚胎的数量是有限的，因而在克隆操作中并不实用（严云勤等，1995）。

（三）MⅡ期卵母细胞作为核受体

在两栖动物核移植研究中，利用处于第二次减数分裂中期（MⅡ期）的卵母细胞作为核受体，可使来自不同时期胚胎的细胞核发生重编程并使重构胚正常发育。在哺乳动物中，利用卵母细胞的胞质作为核受体使得核移植技术取得了重大突破。Willadsen（1986）将8-细胞期胚胎的卵裂球与卵母细胞胞质进行重组后，有42%～48%的重构胚发育到了囊胚期，并成功获得了克隆羊。之后，以MⅡ期卵母细胞的胞质作为受体相继获得了牛、兔、猪和羊的核移植后代。

在体细胞克隆研究中，普遍使用MⅡ期卵母细胞作为核受体。到目前为止，几乎所有出生的克隆动物都是以MⅡ期卵母细胞作为核受体。因而，可以认为MⅡ期卵母细胞的胞质拥有可使细胞核发生彻底重编程的因子。

三、受体胞质与供体核的细胞周期同步性

随着对细胞核移植研究的深入，发现供体核与受体胞质之间的细胞周期的相容性或细胞周期的同步性，对克隆胚胎的发育十分关键。在研究细胞融合时人们就发现，融合细胞所处的细胞周期的同步化，是融合细胞能够继续生长的基本条件（Johnson and Rao，1970；Johnson et al.，1970）。在胚胎克隆中，只有卵裂球的细胞周期与卵胞质的细胞周期处于同步状态时，克隆胚胎才能较好地发育。在细胞核注入卵胞质后不久，核膜就解体成若干小泡，染色质也很快发生凝集，导致DNA碎裂（DNA fragmentation）。这些在正常的细胞中看似正常的细胞事件，在核移植胚胎中却是致命的（Campbell et al.，1996a）。事实上，处于MⅡ期的卵内含有高水平的MPF（Procha'zka et al.，1989）和组蛋白1磷酸化活性（Pondaven et al.，1990）。由于90%以上的胚胎卵裂球处于S期，这些S期的卵裂球移植入MⅡ期的卵胞质后，高水平的MPF引起核膜破裂与染色质凝集，导致DNA的致死性损伤（Campbell et al.，1996a）。这可能就是利用胚胎卵裂球作为核受体时，克隆胚胎发育率低、胚胎质量差的主要原因。

在观察到上述重要现象后，英国罗思林研究所Wilmut实验室的研究人员，开始了受体胞质与供核体细胞的同步化研究。他们尝试了2个方案：①诱使卵裂球进入M期，使之与MⅡ期卵相适应；②诱使卵胞质进入S期，以适应处于S期的卵裂球。在第一个方案中，利用细胞骨架组装的抑制剂如秋水仙素对卵裂球进行处理，迫使卵裂球进入M相。但这种尝试很快就被放弃了，因为秋水仙素具备一定的细胞毒性，将卵裂球长时间置入秋水仙素中，会严重阻碍克隆胚胎的发育（Otaegui et al.，1994）。第二个方案则是先将卵母细胞进行激活后去核，利用预激活的去核卵（preactivated enucleated oocyte）作为受体胞质，显著促进了克隆胚的发育（Campbell et al.，1994）。Campbell将这种预激活的卵胞质（preactivated cytoplast）称为“万能受体胞质（universal recipient cytoplast）”。

至此，在经历了若干年后，人们对细胞核移植的研究才从纯粹的经验主义进入科学认知阶段。科学家们研究了调控细胞周期的分子机制，并尝试使用相应的化学物质人为

地调控供体细胞的细胞周期。研究发现，细胞分裂周期蛋白依赖性激酶（cyclin-dependent kinase，CDK）是一个调控细胞周期的关键酶，在使用了 CDK 的抑制剂（如 roscovitine 和 olomoucine）对供体细胞或受体胞质进行处理后，再进行核移植操作，取得了良好的克隆胚胎发育效果（De Azevedo et al.，1997；Moses and Masui，1994）。

1994 年，美国威斯康星大学的 First 实验室利用 6-甲氨基嘌呤（6-dimethylamino-purine，6-DMAP），一种激酶抑制剂处理卵母细胞，可以诱使卵子激活，抑制核膜破裂，使其从 MⅡ期直接进入间期核状态（Sims and First，1994；Susko-Parris et al.，1994）。当受体胞质与供体核处于不同细胞周期时，6-DMAP 处理既能防止核膜破裂，又能预防随后的核 DNA 发生碎裂。当将处于 S 期的卵裂球移植到 MⅡ期的卵母细胞后，卵裂球的核保持在一种间期状态，染色质不被凝集，保证了 DNA 不发生碎裂，S 期的核不受干扰。使用万能受体胞质并结合 6-DMAP 显著提高了克隆胚的发育能力与胚胎质量，并使得科研人员相继在羊及其他大动物中得到胚胎卵裂球克隆动物。也正是由于这些发现与技术改进，成就了后来的体细胞克隆羊多莉（Wilmut et al.，1997）。

四、核移植操作

（一）卵母细胞的去核

把受体卵母细胞的核物质完全去除是克隆取得成功的前提条件。如果去核不彻底，会导致克隆胚胎倍型紊乱、卵裂异常、发育受阻并出现胚胎早期死亡（Li et al.，2004）。卵母细胞的去核方法主要有以下几种。

1. 切割法去核

Willadsen（1986）发明了“半卵法”的去核方法，在含有细胞松弛素 B 的培养液中将卵母细胞一分为二，随后用 Hoechst 33342 染色来鉴别含有染色体的一半，再选取无核的半卵作为核受体。这种方法的缺点是去除卵胞质的量过多，导致核移植胚胎的发育率大大降低。

2. 盲吸法去核

成熟卵母细胞的第一极体（PB1）往往位于细胞核附近，某些动物卵母细胞中核的位置很难被观察到，但可以通过吸取 PB1 及其附近的少量卵胞质来间接达到去核的目的，这种方法就称为盲吸法去核（blind enucleation）。由于不确定核的准确位置，为达到完全去核的目的，操作者往往倾向于吸出较多的胞质。因而这种去核方法的缺点是去除的胞质过多，影响克隆胚的发育潜力。此外，去除颗粒细胞时施加的机械振荡，可使部分卵母细胞中的 PB1 发生不同程度的移位，降低了盲吸法去核的成功率。在家畜等大动物的克隆操作中，有大约 30%的卵母细胞去核不完全。

3. 化学法去核

利用依托泊苷（etoposide）或秋水仙胺（colcemid）处理 MⅡ期卵母细胞时，核物质会突出于卵母细胞质膜边缘，形成突出小包。突出小包呈半透明状，在显微镜下清晰可见。只要将突出小包吸走，即可实现去核的目的。如图 5-3 所示，卵母细胞用含 0.1μg/ml 的秋水仙胺处理 10min 左右，核物质就会向卵周隙突出，形成一个明显的半透明状的鼓包。去核操作时，只需将突出的鼓包和 PB1 吸除即可。

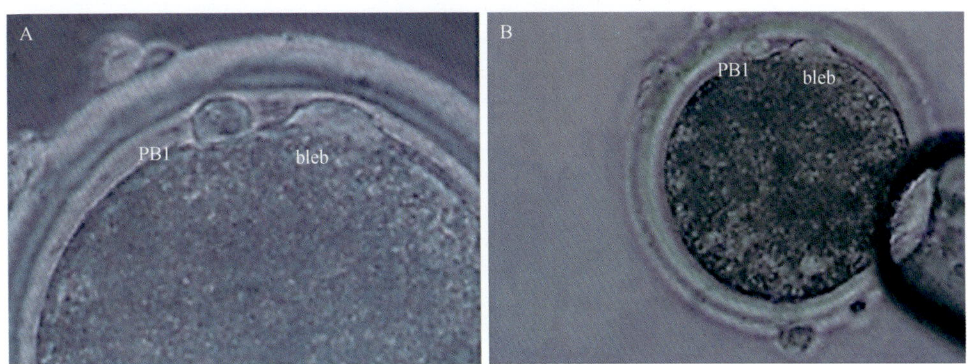

图 5-3　化学法辅助的去核方法

经过秋水仙胺处理后，在紧邻 PB1 的卵质膜上突出的一个小包（bleb），卵的核物质全部位于这个小鼓包内

4. 荧光引导去核法

先用 Hoechst 33342 对卵母细胞进行染色，然后在荧光显微镜下确定核的位置，去核后再观察吸出的细胞质或去核后的卵母细胞是否含有细胞核，以保证去核成功率并尽可能地减少胞质的损失。显然这种方法的去核准确率较高，但要求操作熟练，尽量避免紫外线对卵母细胞的长时间照射（图 5-4）。

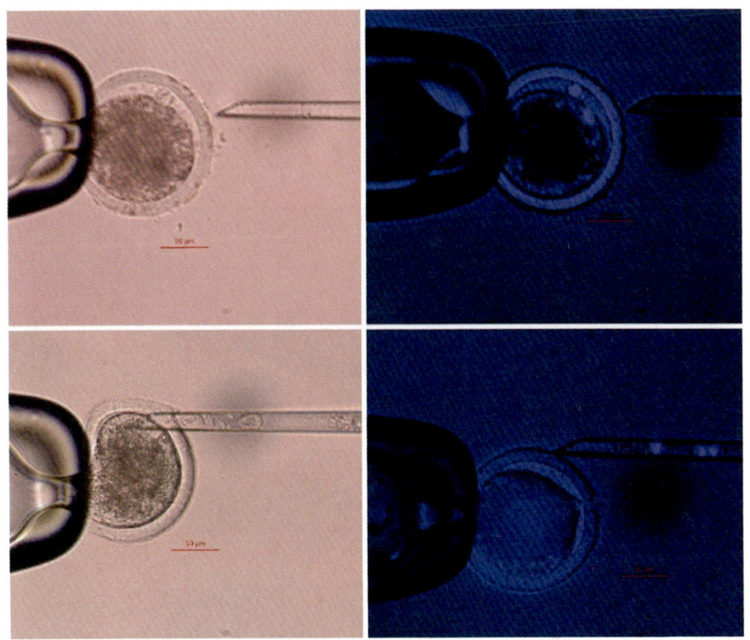

图 5-4　Hoechst 33342 荧光指导下的牛卵母细胞去核操作

左侧：普通光；右侧：荧光显微操作去核，圆形蓝色亮点为第一极体，浅色蓝点为核物质

5. 末期去核法

末期去核法是基于卵母细胞激活的一种去核方法，它是将激活后卵母细胞的第二极体及其附近的少量胞质一起吸出，达到去核的目的。用 Ca^{2+}载体 A23187 激活牛卵母细胞后，核染色体均位于第二极体附近，用这种方法可以达到几乎 100%的去核率。中国科学院动物研究所陈大元实验室使用末期去核法，成功克隆了亚洲黄羊。

6. Pol-Scope 法去核

借助装有特殊成像系统的偏光显微镜（polarizing microscope），利用纺锤体的折光特性来定位卵母细胞的核，进而直接将纺锤体和染色体吸去，成功率可达 100%，且成像系统对卵母细胞无损伤。但目前这种方法仅适用于小鼠和人卵母细胞的去核，且这种方法需要价格昂贵的特殊显微镜，故不利于推广应用。

（二）供体细胞的植入

1. 供体细胞核直接注入法

在小鼠克隆中多采用这种方法，即利用 Piezo 压电驱动装置在较小损伤的情况下，直接将体细胞核注入细胞质中，同时对卵母细胞进行去核。在将供体细胞核注入卵胞质之前，需要提前对供体细胞进行破膜处理，一般通过在注射针口反复吹吸供体细胞或施加一个较小的 Piezo 脉冲来完成。Wakayama 和 Yanagimachi（1998）使用该技术获得了世界首例克隆小鼠。由于操作过程中避免了对卵母细胞的过早激活，克隆效率有所提高，且重复性较好，现已成为小鼠体细胞核移植中应用最为广泛的方法（详见本章第三节）。

2. 供体细胞植入卵周隙

大多数动物的克隆操作，是将供体细胞通过注射针送入去核卵母细胞的卵周隙中。用注射针吸取形态良好、胞质均一的供体细胞，沿去核时留下的透明带孔洞将供体细胞送到卵质膜与透明带之间（图 5-5）。

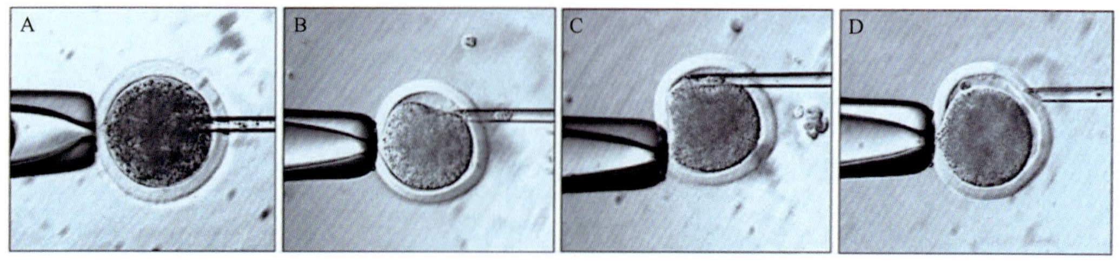

图 5-5　羊卵母细胞的去核（A、B）和供体细胞注入卵周隙（C、D）

五、细胞融合

（一）细胞融合原理

1. 细胞融合

细胞融合（cell fusion）是指在电脉冲或化学物质介导下，细胞间彼此接触的细胞膜发生融合从而使两个或两个以上细胞最终融合成一个细胞的过程。在核移植操作中，将供体细胞移入去核卵的卵周隙后，必须通过融合的方式，才能使供体细胞与受体卵胞质融为一体，形成重构卵或核移植胚。目前最常用的细胞融合方法是电融合法。

2. 电融合的基本原理

悬浮于平行电极之间的低电导率溶液中的细胞，在适当强度与持续时间的交流和（或）直流电脉冲的刺激下，细胞膜会发生穿孔。人们观察到两类孔洞：一类为大的孔洞，直径至少为 8.4nm，在形成后 100～200ms，又重新封闭；另一类为直径 1.0nm 的小孔，这些小孔可能是大孔闭合时留下来的，维持时间不定。两个紧贴细胞的细胞膜因为孔洞的出现发生互相融合，细胞质也随之发生融合（图 5-6）。

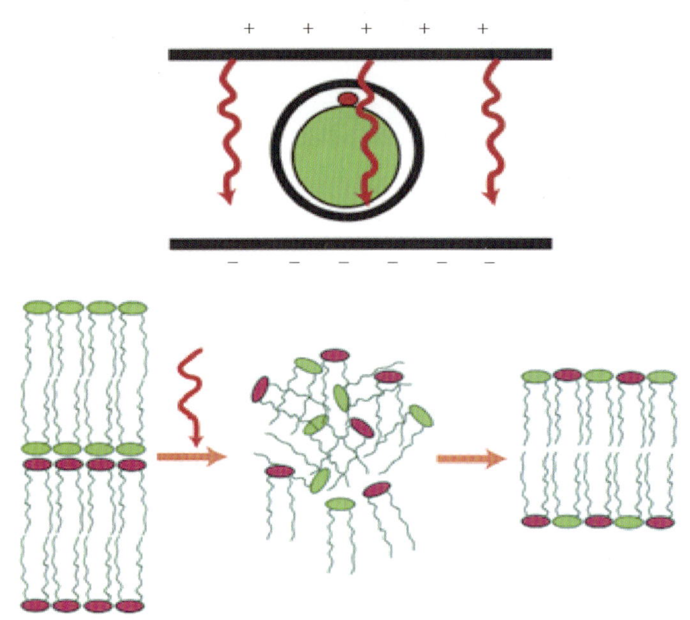

图 5-6　电刺激引起的质膜融合原理示意图

（二）电融合操作

1. 在电极间加入融合液

接通电源，在融合槽的两个电极间加入细胞融合液。常用的融合液配方为 0.3mol/L 甘露醇 + 0.1mmol/L $MgSO_4$ + 0.05mmol/L $CaCl_2$。融合过程需控制融合液中的离子浓度，高离子浓度会提高溶液的电导率，大幅提高施加电脉冲时溶液的电流强度，进而使细胞死亡。

配制融合液时，可分别把 $MgSO_4$ 和 $CaCl_2$ 配制成浓缩液，在 4℃下可以保存半年。使用时，先配制好甘露醇，再依比例分别加入 $MgSO_4$ 和 $CaCl_2$ 浓缩液。

2. 重构卵在融合液中的平衡

由于卵母细胞培养液或操作液包含大量的离子，因此待融合卵在融合液中的预平衡十分重要。可预先做 3 个融合液液滴，将待融合卵放入第一个滴中，待卵都沉底后，再将卵依次在另外 2 个滴中迅速漂洗后再放入融合槽的电极之间，以尽量减少携带到融合槽内的离子数量。

3. 调整细胞的接触面

将平衡好的待融合卵放入两个电极间，用末端封闭的细玻璃针调整待融卵的角度，使卵胞质和供体细胞的接触面与电极平行（垂直于电流方向），如图 5-7 所示。对于初学者来说，每次可以只操作一个待融合卵，待熟练以后陆续增加数量。尽管如此，每批操作数量也不宜超过 10 个。

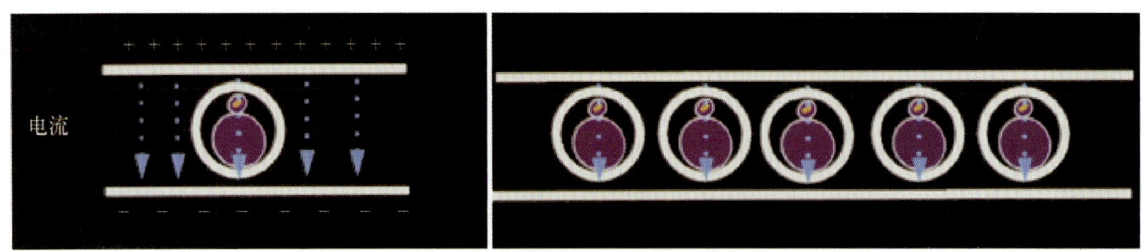

图 5-7 重构卵的电融合过程示意图

左图为单胚融合操作，适合于初学者；右图为多胚融合，适合于操作熟练者

4. 电脉冲刺激

调整好待融合卵的位置后，在融合仪上通过操作按钮或脚踏板施加电脉冲刺激进行融合。不同动物的重构卵所要求的电脉冲刺激强度、数量和脉冲间隔都是不一样的，要根据实际情况进行调整。一般需要进行几次预实验，以确定最佳的电刺激强度、数量和脉冲间隔，或者借鉴已报道的参数。电融合操作的基本原则是，利用最小的电刺激强度达到最好的融合效果。

5. 取出电融合后的胚胎进行培养

将融合后的克隆胚移出融合槽，在培养中清洗几遍再转移到新的培养液中，于 37℃培养 30min。在此过程中，体细胞会逐渐融合入卵胞质（图 5-8）。检查融合情况后，将融合胚移入培养液中培养，等待激活处理。

六、克隆胚胎激活

（一）激活原理

对融合胚胎进行人工激活处理，是启动克隆胚正常发育的关键步骤。在卵子正常受精时，精子在穿入卵母细胞的过程中就完成了对卵母细胞的激活，启动了卵母细胞的发育程序。精子激活卵母细胞的过程，通常认为是由于调动了内源性 Ca^{2+}的释放，引起细胞内 Ca^{2+}浓度的周期性波动（即钙振荡）。Ca^{2+}浓度升高通过与 G 蛋白偶联的受体作用激活磷脂酶 C（PLC），PLC 水解 4,5-二磷酸磷脂酰肌醇（PIP_2），产生 1,4,5-三磷酸肌醇（IP_3）和二酰甘油（DAG）。IP_3 与胞质内的内质网钙库上的 IP_3 受体作用而动员贮钙。一旦 IP_3 产生，便导致内质网内贮存 Ca^{2+}进入胞质。释放出的 Ca^{2+}又反过来激活 PLC 而

增加 IP_3 产生量，继而使其他位点的钙库释放 Ca^{2+}。Ca^{2+}活化各种钙结合蛋白引起细胞反应（图 5-9 和图 5-10），最终引起细胞内 MPF 的降低，诱使卵子激活。因而，模拟受精过程产生的 Ca^{2+}波动和降低 MPF 的水平，可对克隆胚胎进行人为激活，促使融合的克隆胚启动胚胎发育程序。详细的激活原理与激活操作可参见第四章。

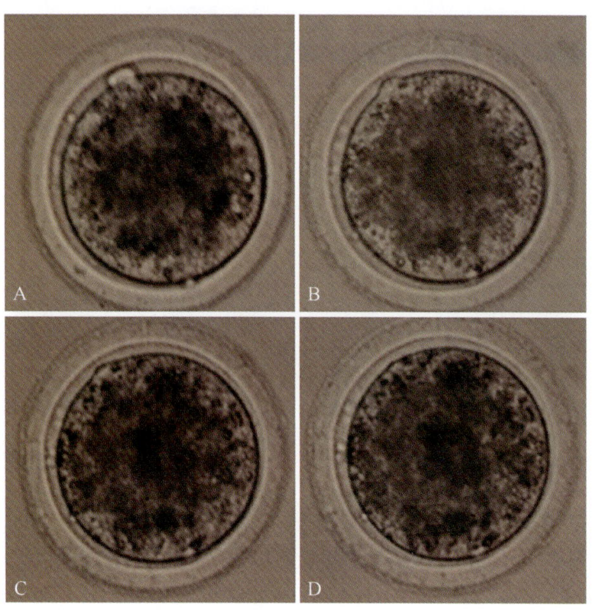

图 5-8　体细胞与卵胞质融合发生过程

A. 融合开始；B、C. 体细胞逐渐融合入卵；D. 融合完毕

（二）激活方法

常用的激活方法有电激活和化学激活，用于化学激活的药物有乙醇、离子霉素（ionomycin）、IP_3、钙离子载体 A23187、氯化锶、6-DMAP 和放线菌酮（cycloheximide，CHX）等，它们主要通过引起胞质内 Ca^{2+}浓度升高和 MPF 失活诱发卵母细胞激活，但具体途径有所不同。

1. 电激活

电激活时，在瞬间高压的作用下，细胞膜形成许多微孔，溶液中的 Ca^{2+}通过微孔进入胞质，使细胞内 Ca^{2+}呈脉冲方式升高。单次脉冲诱导 Ca^{2+}单次升高，多次脉冲诱导 Ca^{2+}多次升高。通过 Ca^{2+}的节律性升高，可有效地激活卵母细胞。因而，电融合过程就已经开始了对重构胚的激活。电脉冲激活卵母细胞的效率与卵母细胞的卵龄、电场强度、脉冲持续时间及次数有关，而且这些参数在各种动物上都存在差异。然而，研究发现，融合时的电刺激处理对兔重构胚的激活是有效的，但对其他动物如猪、牛、羊等没有明显的效应，仍需要对融合胚胎进行再次的电脉冲激活。另外，电脉冲作用后，配合使用蛋白质合成抑制剂（如 6-DMAP 或 CHX）处理，可以提高卵母细胞的激活效率。

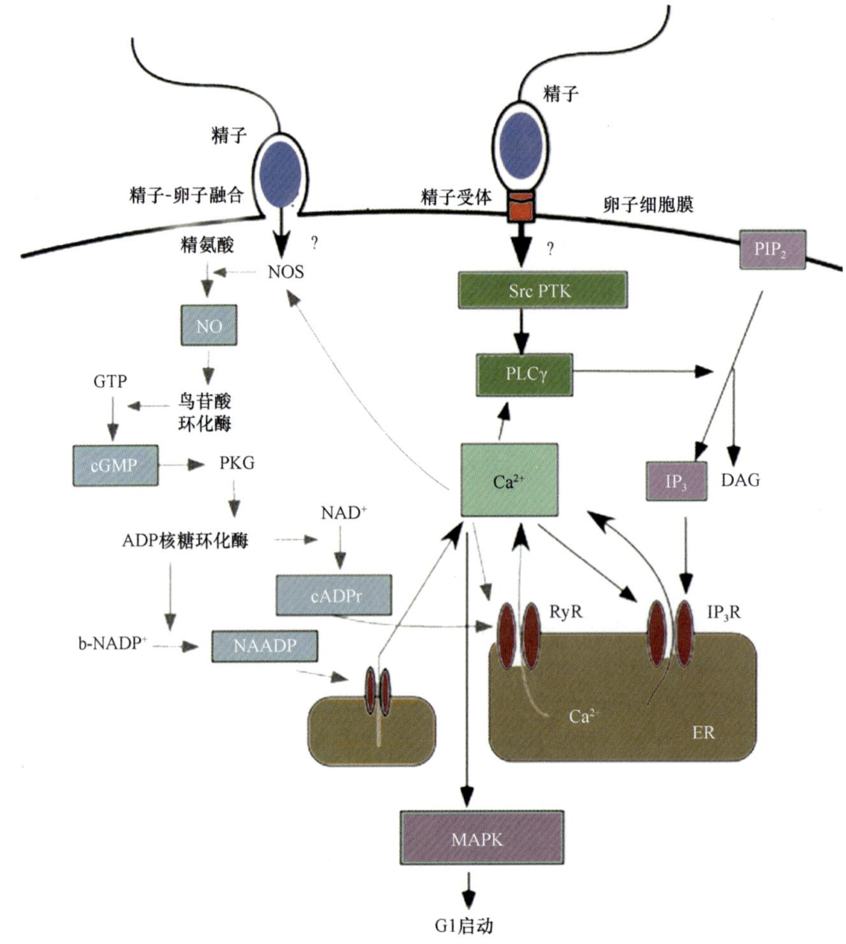

图 5-9　精子入卵引起的卵母细胞激活机制（激活钙离子信号通路）

NOS：一氧化氮合酶；GTP：三磷酸鸟苷；cGMP：环磷酸鸟苷；PKG：蛋白激酶 G；NAD^+：氧化型烟酰胺腺嘌呤二核苷酸；cADPr：环腺苷二磷酸核糖；$NADP^+$：氧化型烟酰胺腺嘌呤二核苷酸磷酸；NAADP：烟酸酰胺腺嘌呤二核苷酸磷酸；MAPK：丝裂原活化蛋白激酶；ER：内质网；IP_3R：三磷酸肌醇受体；RyR：Ryanodine 受体（RyR 受体），是存在于内质网/肌浆网上的一种钙离子释放通道；IP_3：三磷酸肌醇；DAG：二酰甘油；PLCγ：磷脂酶 C；Src PTK：蛋白酪氨酸激酶；PIP_2：磷脂酰肌醇-4,5 二磷酸

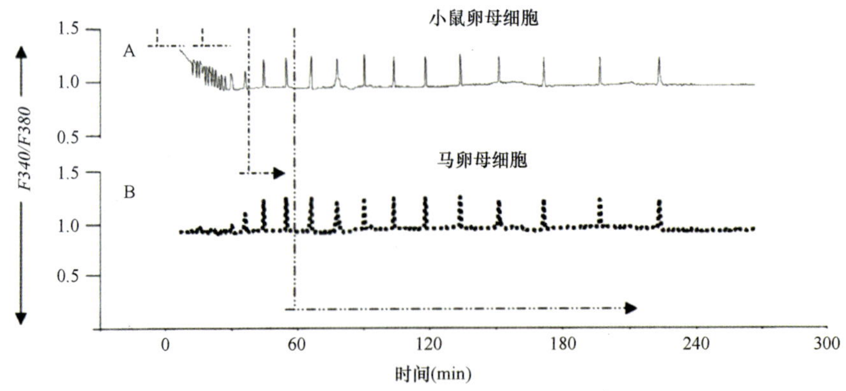

图 5-10　小鼠与马的克隆胚胎被激活后发生的钙离子振荡

时间为融合胚接受电刺激之后的分钟数

2. 化学激活

在小鼠克隆中，常用氯化锶或乙醇作为激活剂。乙醇激活时，通常采用7%～8%乙醇处理5～7min重构胚，处理时间过长会降低激活效率。而在激活牛、羊或猪的重构胚时，离子霉素则是首选。然而，单纯依赖引起Ca^{2+}升高的化学制剂并不能有效使重构胚激活，还需要利用蛋白激酶的抑制剂，如CHX或6-DMAP等来抑制MPF的生成，从而导致MPF彻底消失，才能使重构胚激活并形成原核，启动胚胎发育。因而，通用的克隆胚胎激活方法是Ca^{2+}激活剂与蛋白质合成抑制剂联合使用。

七、克隆胚胎培养

在克隆胚胎培养时，首先要对基础培养液和各种添加成分进行选择。通常使用的培养液有TCM199、CZB液、SOF液、CR1液、NCSU23及G1/G2等。常用的添加成分主要有葡萄糖、谷氨酰氨、丙酮酸钠、氨基酸、蛋白质及各种细胞因子等。在具体操作时，依动物种类不同而有所差异。以葡萄糖为例，致密化发生之前的小鼠、仓鼠、绵羊和牛的胚胎主要以丙酮酸和乳酸作为能量来源，而葡萄糖对这些动物的早期胚胎发育具有抑制作用，这种抑制作用可能是因为早期胚胎缺乏糖代谢相关的酶。但葡萄糖对于桑椹胚以后阶段的发育则有促进作用。对于猪胚胎，葡萄糖的作用刚好与上述结果相反。

血清是胚胎体外培养中作为蛋白质来源的添加成分。一般认为，胚胎发育阻滞和胚胎基因组转录失败都与胚胎内蛋白质缺陷有关。血清的成分包括生长因子、激素、维生素、矿物质、细胞因子及其他一些还未确定的物质。血清成分的复杂性决定了它对胚胎的影响也是复杂的。血清中的有些物质可能会影响早期胚胎的发育，致密化前胚胎在无血清培养液中发育效果好，但之后的发育依赖于血清（陈大元，2000）。在实际操作中，笔者建议先将克隆胚在仅含BSA的培养液中培养48h或72h，之后再把胚胎转入含血清的培养液中继续培养直至囊胚。

同体外受精胚胎培养一样，共培养也是克隆胚胎培养的一种方法。共培养系统即把胚胎与体细胞共同培养，以促进胚胎发育，提高胚胎质量。用于共培养系统的体细胞有输卵管上皮细胞、成纤维细胞、卵丘细胞、卵泡颗粒细胞、子宫内膜细胞、羊膜囊细胞、肾细胞和大鼠肝细胞等。共培养系统中的体细胞能分泌如生长因子和（或）细胞激酶等活性因子以促进细胞分裂，或中和培养液中的代谢物和细胞毒性物质，或可以减少过氧化物自由基的产生等，从而有利于胚胎发育。

需要指出的是，培养液中添加血清或使用体细胞共培养系统，虽然能够促进克隆胚胎发育、提高克隆胚胎质量，但往往会诱发胎儿巨大综合征的发生，造成胎儿难产、幼畜体弱，使得克隆幼畜死亡率升高。因而，在进行克隆胚胎培养时，需要综合考虑多方面的因素，建议使用无血清或无体细胞的培养系统，或尽可能减少克隆胚胎在体外的培养时间。猪和羊的克隆胚胎，在1-细胞、2-细胞或4-细胞阶段即可进行胚胎移植。

八、克隆胚胎移植

克隆胚胎的胚胎移植方案与受精胚胎类似，详见本书第十一章。

九、克隆动物鉴定

克隆动物出生后，要对其从形态和基因水平上进行鉴定，以确定所出生的动物在遗传上来源于供体细胞系，是真正的克隆动物。微卫星 DNA 多态性高，因而微卫星 DNA 检测技术被广泛用于克隆动物的遗传鉴定。

微卫星 DNA（microsatellite DNA）又称短串联重复序列（short tandem repeat，STR），广泛存在于真核生物基因组中。重复单位核心序列为 2～6bp，不同个体间因核心序列重复次数不同而产生 DNA 多态性。Wilmut 等（1997）和 Ashworth 等（1998）分别使用 4 个和 10 个多态性高的微卫星标记，证明了核移植绵羊的核基因组与其供核细胞相同。Kubota 等（2000）则选取了 23 个微卫星位点，证明了 6 头核移植牛与供体公牛细胞的基因组完全相同。Shin 等（2002）采用 7 个不连锁的、多态性高的微卫星标记，证明了核移植猫与供核细胞的基因组相同。核移植骡子（Woods et al.，2003）和核移植马（Galli et al.，2003）的遗传鉴定也使用了 12 个微卫星位点。Lee 等（2005）选择了 8 个物种特异的微卫星位点，证明了核移植狗与核供体的基因组完全相同。Li 等（2006）对 3 只克隆雪貂进行遗传鉴定时也使用了 11 个微卫星位点。

微卫星 DNA 分布广泛均匀，多态信息含量丰富，呈共显性遗传，稳定性好，可比性强，可使用 PCR 方法方便地进行检测，分析技术易于实现自动化，是一种理想的分子标记，也是亲子鉴定和个体身份鉴定的首选分子标记。

第三节　小鼠体细胞核移植技术

由于啮齿动物如小鼠的卵体积较小、透明带韧性大，易受外界环境影响，因而啮齿动物的核移植操作较其他动物难度更大。Piezo 压电驱动装置的辅助去核应用，有效降低了去核针或注射针穿过透明带的难度，减少了核移植操作对卵的损伤，提高核移植效率。小鼠体细胞核移植目前依然是一项困难的技术，只有少数实验室能够开展相关工作。

一、小鼠核移植操作的基本程序

（一）基本程序

小鼠体细胞核移植技术的基本程序包括：①供核体细胞准备；②受体卵母细胞准备；③卵母细胞去核；④供体细胞核移入；⑤重构胚的激活；⑥克隆胚胎的培养；⑦克隆胚胎移植等。

小鼠核移植流程如图 5-11 所示。该方案是在日本理化学研究所（RIKEN）Wakayama 和 Yanagimachi（1998）所建立方案的基础上修正形成的。

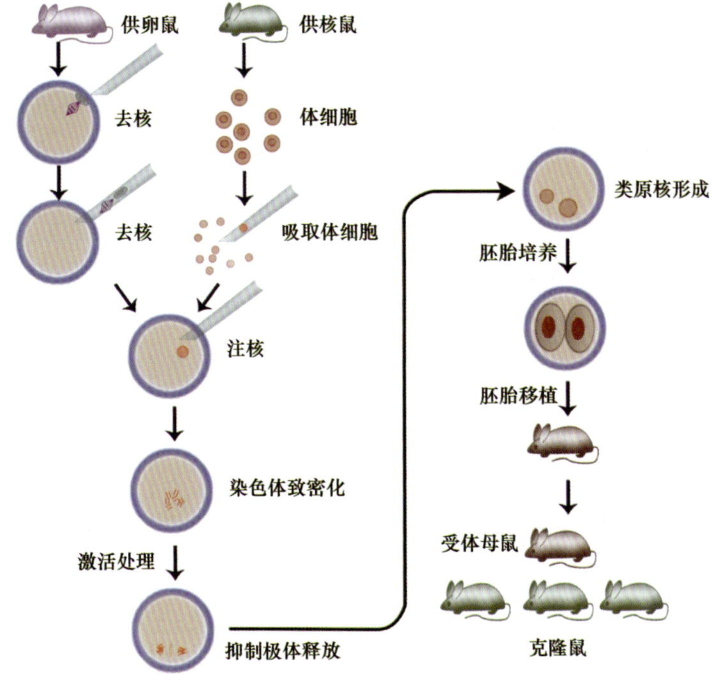

图 5-11　小鼠体细胞核移植操作技术流程

（二）器械与试剂

1. 器械

1）100mm 的塑料培养皿。

2）显微注射仪：常用的显微注射仪品牌有 Narishige、Eppendorf 和 Leica。为了提高注射后卵母细胞的存活率，注射针一定要沿 X 轴准确移动，不能有颤动，尤其是将针从胞质中退回时更要保持稳定。因此，最好使用具有 X 轴和 Y 轴手柄的三维显微操作系统，去核和注射的显微注射仪必须用油压型的，而不能用空压型的。

3）倒置显微镜：带有 Nomarski 或 Hoffman 光学系统的 Nikon、Olympus 或 Leica 倒置显微镜均可。

4）锻针仪（Narishige）。

5）拉针仪（Suffer Instrument）。

6）Piezo 系统（Prime Tech）。

2. 试剂

1）胚胎培养液：CZB 培养液（Chatot CL、Ziomek CA 和 Bavister BD 于 1989 年发表的专为克服小鼠体外培养中 2-细胞阻滞的培养液）。

2）胚胎操作液：CZB-HEPES 液。

3）胚胎激活液：CZB-$SrCl_2$ 液。

4）细胞处理液：10% PVP，用于润滑注射管。

5）石蜡油：胚胎或细胞培养专用轻质石蜡油。

配制时，CZB 培养液可以作为母液，分别加入 HEPES、$SrCl_2$ 和 PVP，即制成操作液、激活液与滞动液等。所有液体均应每周配制一次（表 5-1），经 0.22μm 的膜过滤后，分装到离心管于 4℃储存。在实验的当天，加入谷氨酰胺和 $CaCl_2$ 或 $SrCl_2$。

表 5-1 小鼠核移植所用的 CZB 培养液配方

成分	CZB 胚胎培养液浓度		CZB-HEPES 操作液浓度		CZB-$SrCl_2$ 激活液浓度	
	mmol/L	mg/L	mmol/L	mg/L	mmol/L	mg/L
NaCl	82.0	478.9	82.0	478.9	82.0	478.9
KCl	4.9	36.3	4.9	36.3	4.9	36.3
KH_2PO_4	1.2	15.9	1.2	15.9	1.2	15.9
$MgSO_4 \cdot 7H_2O$	1.2	29.1	1.2	29.1	1.2	29.1
$NaHCO_3$	25.0	210.0	15.0	126.0	25.0	210.0
葡萄糖	5.6	100.0	5.6	100.0	5.6	100.0
丙酮酸钠	0.3	2.9	0.3	2.9	0.3	2.9
$CaCl_2 \cdot 2H_2O$	1.7	25.1	1.7	25.1	—	—
$SrCl_2 \cdot 6H_2O$	—	—	—	—	2.5～10.0	66.7～266.6
HEPES	—	—	10.0	238.0	—	—
谷氨酰胺	10.0	14.6	10.0	14.6	10.0	14.6
乳酸钠（60%）	20	370μl	20	370μl	20	370μl
EDTA	0.1	3.8	0.1	3.8	0.1	3.8
PVP	—	10.0	—	10.0	—	10.0
BSA	—	5mg/ml	—	—	—	5mg/ml

注：①加入的 $CaCl_2$、$SrCl_2$ 和谷氨酰胺的浓储液分别为 100×、10×、100×。②开始溶解 PVP（可溶解于冷水）时，可将 PVP 在 80℃的超纯水中溶解 1h

（三）注意事项

1）除 CZB 培养液外，KSOM 等培养液也可以用于小鼠克隆胚胎培养。

2）显微操作液 CZB-HEPES 液中不含 BSA，因 BSA 的存在会降低注射后卵母细胞的存活率。通常用 10%～20%的胎牛血清替代 BSA。

3）由 CZB-HEPES 溶液配制 PVP（相对分子质量 36 000）溶液时，需过夜摇动，使 PVP 彻底溶解。没有充分溶解的 PVP 或高浓度的 PVP 溶液，会引起卵母细胞和供体细胞质膜的损伤。

二、显微注射针的准备

（一）材料

1）毛细玻璃管（Sutter Insrument B-75-10）。

2）拉针仪。

3）锻针仪。

（二）操作程序

1）为了有效地利用 Piezo 装置完成去核和注核操作，去核针或注射针的管壁必须薄。针的尖部应平齐，针尖不齐可导致去核或注射后卵母细胞存活率降低。

2）用锻针仪垂直断开吸管末端，形成一个平的端口。平口吸管可以穿过透明带和卵质膜，把对卵的损伤降低到最低程度。去核针的内径为 7～8μm，可用氢氟酸处理使毛细管内壁进一步变薄。

3）注射针的内径应根据供体细胞的大小进行调整。对于卵丘细胞，推荐的内径大小为 4～5μm；对于成纤维细胞或 ES 细胞，推荐的内径大小为 7～9μm。

4）去核针与注核针的制备。

A. 拉针：调整好拉针仪参数，将外径为 1mm 的毛细管固定于拉针仪上进行拉制。

B. 锻针：将拉好的针固定在锻针仪上，将去核针或注核针在需要的直径处，置于电热丝上玻璃珠的正上方，针水平靠近玻璃珠，以一定的温度加热玻璃珠，当针刚好黏在玻璃珠上且没有变形时，立即停止加热。由于玻璃珠突然降温而收缩，拉断玻璃管形成平齐的断面。

去核针内径为 10μm 左右，注核针内径为 4～5μm（图 5-12）。

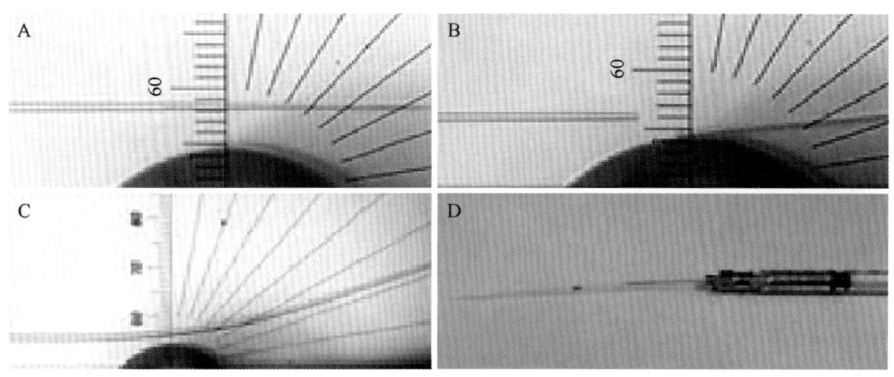

图 5-12　注射针及简易装针器

A. 在 5μm 处断针；B. 截断的平口注射针；C. 打弯约 15°；D. 用 1ml 注射器装入水银

5）准备固定针

固定针的制备方法参见第十八章“转基因小鼠制备技术”。

6）去核针、注核针和固定针的灭菌

将制备好的去核针、注核针和固定针固定在干净的玻璃皿中，倒扣一个相应大小的烧杯，130℃干热灭菌 3h 后待用。

三、去核针或注核针的安装及 Piezo 调试

（一）材料

1. 器械

塑料毛细管；100mm 培养皿。

2. 试剂

水银。注意：操作需在通风橱内进行，并佩戴口罩和手套。

（二）操作程序

1）用一小段富有弹性的塑料毛细管由近端将少量水银（水银在显微操作针内长度为1～2mm）从去核针或注核针尾部灌入。

2）将去核针或注核针装入固定于Piezo装置的持针器上，旋转油压控制器，将水银推至去核针或注核针的前端缩小处。将Piezo装置重新固定在操作臂上，于低倍镜下调整到正确的角度，将固定螺丝锁紧应回转半圈，避免固定太紧影响Piezo的脉冲效果。

3）去核针或注核针在PVP溶液中洗涤，直到水银能在管内平滑地移动而没有滞后感。

注意事项：①要将在注射针内的油完全推出；②在PVP溶液和HEPES-CZB溶液之间加入一小段油以防止水银污染显微操作液。

（三）操作滴准备

在100mm的培养皿盖的最上面一排做4个3～5μl的10% PVP滴供洗针用，接下来在第二排做4个3～5μl的3% PVP滴，左边一个洗针用，右边两个放供体细胞，然后在左边3% PVP滴的下面做3～6个3～5μl含有5mg/ml 细胞松弛素B的CZB-HEPES液滴，再在右边两个3% PVP滴的下面做3～6个3～5μl的HCZB滴，覆盖石蜡油（图5-13）。

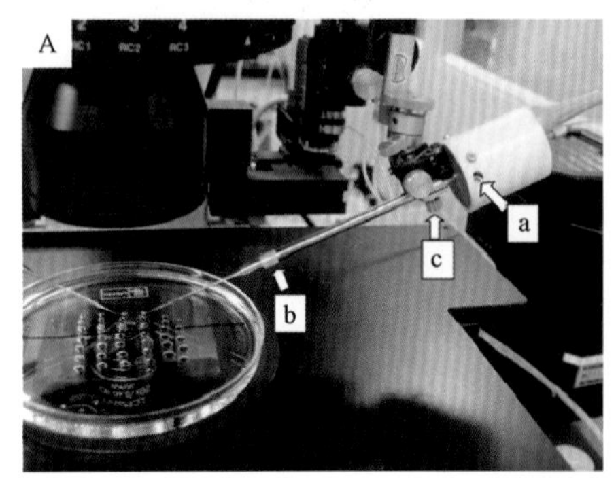

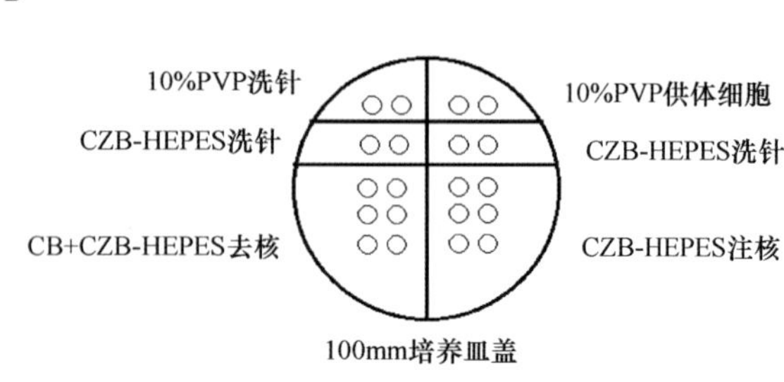

图5-13　Piezo装置及操作皿中不同操作液滴制作示意图

A：a.压电陶瓷旋钮，需拧紧；b.持针器旋钮，需拧紧；c.操作臂旋钮，适度即可；
B：操作皿中各种操作液滴制作示意图，需覆盖石蜡油

四、卵母细胞的收集

（一）材料

1. 动物

所用小鼠为8～12周龄B6D2F1（C57/BL6♀×DBA/2♂）成年雌鼠，每天光照12h，光照时间为8:00～20:00。

2. 试剂

孕马血清促性腺激素（PMSG）、人绒毛膜促性腺激素（hCG）和透明质酸酶，具体配制方法参见第十八章相关内容。

（二）操作程序

1）成年雌鼠腹腔注射 7.5IU PMSG，48h 后再注射 7.5IU hCG。

2）hCG 注射 15～17h 后，从输卵管伞部收集 COC。

3）将收集到的 COC 移入含 0.1%透明质酸酶的 CZB 培养液中，在 37℃、5% CO_2 和饱和湿度的培养箱中孵育 2～5min，使卵丘细胞分散开。将卵母细胞在 HEPES-CZB 液中洗涤数次以脱去卵丘细胞后，转于 CZB 微滴，在培养箱中恢复 30min。

（三）注意事项

在进行小鼠克隆时，选择合适的小鼠品系很重要，一般采用下述原则。

1）小鼠胚胎有良好的发育能力，如 B6D2F1、B6C3HF1、B6CBAF1 或其他的 F_1 杂交品系。

2）卵母细胞有较强的胞质注射耐受性，如 B6D2F1 和 DBA/2 等品系，其中 DBA/2 鼠的卵母细胞有最好的注射耐受性。

3）卵母细胞的 MⅡ期染色体清晰，如 B6D2F1、DBA/2、ICR 和 129 品系。

4）B6D2F1 品系小鼠的卵母细胞是目前公认的用于克隆操作的最好的受体卵。

五、去核操作

1. 卵母细胞的分组

每 10～20 枚卵母细胞为一组，移入显微操作小室内的含 CB 的 HEPES-CZB 操作滴内，在操作前至少在去核液中处理 10min。根据操作者的熟练程度，决定放入卵子的数量，每一组都应该在 15min 内完成去核操作。

2. 固定卵母细胞

用固定针固定卵母细胞，使其纺锤体位于 2 点至 4 点之间的位置（或 8 点至 10 点）（图 5-14）。

3. 脉冲破膜

将去核针的顶端置于透明带的表面，使用数个 Piezo 脉冲（控制器设定：speed 值 6，int.值 6）使吸管前进。为避免损伤卵子，要保证透明带与质膜间卵周隙足够大，在快要刺破透明带、冲压区下的卵周隙变窄时，要给予一个非常微小的正压，在操作针刺破透明带时吸收多余的能量，以保护质膜。

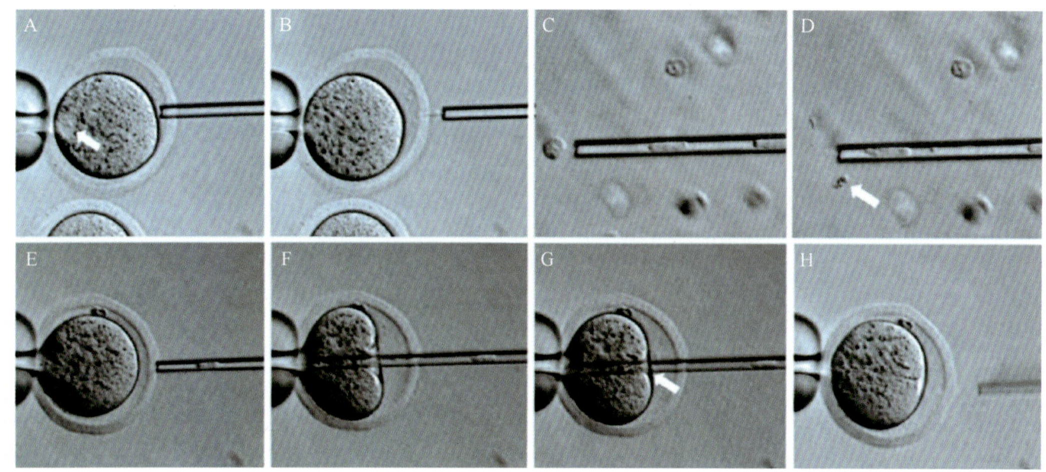

图 5-14 克隆小鼠的去核与注核全过程操作图

A. 示卵核的位置；B. 去核；C. 选取细胞；D. 将细胞质膜破碎；E～H. 注核

4. 去核

将纺锤体连同少量的胞质一同吸去。需要注意，在去纺锤体时，不要用压电脉冲，以免损伤质膜。

当一组卵母细胞完成去核后，应在新鲜培养液中洗涤数次，再将其移入培养箱中恢复 30min，之后才能进行供体核注射。

5. 注意事项

1）在 Nomarski 或 Hoffman 光学系统下，即使没有使用荧光染料，有经验的操作者也能看见 MⅡ期纺锤体。具有清楚质膜的卵（如 B6D2F1 卵）比有颗粒状团块的卵（如 B6 和 B6CBAF1 卵）更容易去核。

2）推荐使用带有保温功能的显微镜镜台，因为纺锤体微管能保持在良好的聚合状态而且形成一个小的透亮区域，很容易与周围不透明的细胞质区别开来。

3）去核后，卵母细胞变得非常敏感，很容易裂解。在培养箱中恢复 30min～1h 后，其活力通常能得到恢复。

六、供核体细胞的准备

以卵丘细胞为例，将卵丘-卵母细胞复合体置于含 0.1% 透明质酸酶（H3884，Sigma）的 CZB 培养液中消化，消化液离心后收集卵丘细胞，有超过 90%的细胞处于 G_0/G_1 期，所以无须进行细胞同步化处理。

七、供体核注射

（一）操作程序

1）将供体细胞悬液添加到 PVP 小滴中。

2）以 10～20 枚去核卵为一组，放入一个 HEPES-CZB 小滴中。根据操作者的熟练程度决定放入卵子的数量，每一组都应该在 10min 内注核完毕。

3）用注射针轻柔地反复吹吸供体细胞，使细胞膜破碎并暴露细胞核；然后吸入几个供体核，在注射针内排成一线。

4）如前所述，施加数个 Piezo 脉冲的同时，将注射针向前推进穿过透明带，注射针顶住质膜继续推进，形成一个深的凹陷，几乎接近固定管，将供体核推到注射管的顶端。

5）凭借经验给予一个最小强度的单一脉冲击穿质膜，质膜将会在吸管顶端的位置被穿破。质膜被穿破的标志是该处卵质膜迅速松弛后撤。随后，将细胞核释放到卵质中。

6）水平撤出注射针，固定针释放注核卵。

7）吸取下一个去核卵，顺次将注射管内的下一个核注入卵内，重复前面的操作。注核的连续过程如图 5-15 所示。

8）将注射后的卵在室温下平衡至少 10min，经 CZB 液洗涤后，于 37℃、5% CO_2 培养箱中培养至少 30min，然后进行激活。

（二）注意事项

1）在注射操作时，维持 17～18℃的环境温度有助于提高卵的存活率。如在加热的操作镜台上进行显微操作，会增加操作后卵母细胞的死亡比例。

2）对一些质膜较为柔软的细胞，如卵丘细胞、胚胎干细胞和原生殖细胞等，细胞膜的局部破坏足以使供核体和卵细胞质混合。而对于质膜较为强韧的细胞（如成纤维细胞），必须在注射之前除去整个细胞膜。如果成活卵中的类原核形成率不高（低于 50%），推荐使用电融合的方式进行操作。

3）在操作技能足够熟练后，可一次将多个核吸入注射针中，并逐个分别注射到去核卵中，以节省操作时间。

八、融合胚的激活和培养

（一）材料

试剂：氯化锶（S0390，Sigma）；细胞松弛素 B（C6762，Sigma）。

（二）操作程序

1）核移植约 1h 后，将重构卵移入无钙的、含 2.5～10mmol/L 氯化锶及 5μg/ml 细胞松弛素 B 的 CZB-Sr 液中，37℃、5% CO_2 条件下激活。

2）将激活 6h 后的重构胚经 CZB 培养液洗涤数次，移入新配制的 CZB 培养液中培养，直到进行胚胎移植。

（三）注意事项

1）各个实验室所采用的氯化锶的最佳浓度和暴露在激活液中的时间有所不同。CZB 培养液中的钙离子混入 CZB-Sr 培养液中，可能降低激活的效果。因此，重构胚在 CZB-Sr

培养液中活化前，必须洗涤去除移卵所带的CZB培养液。

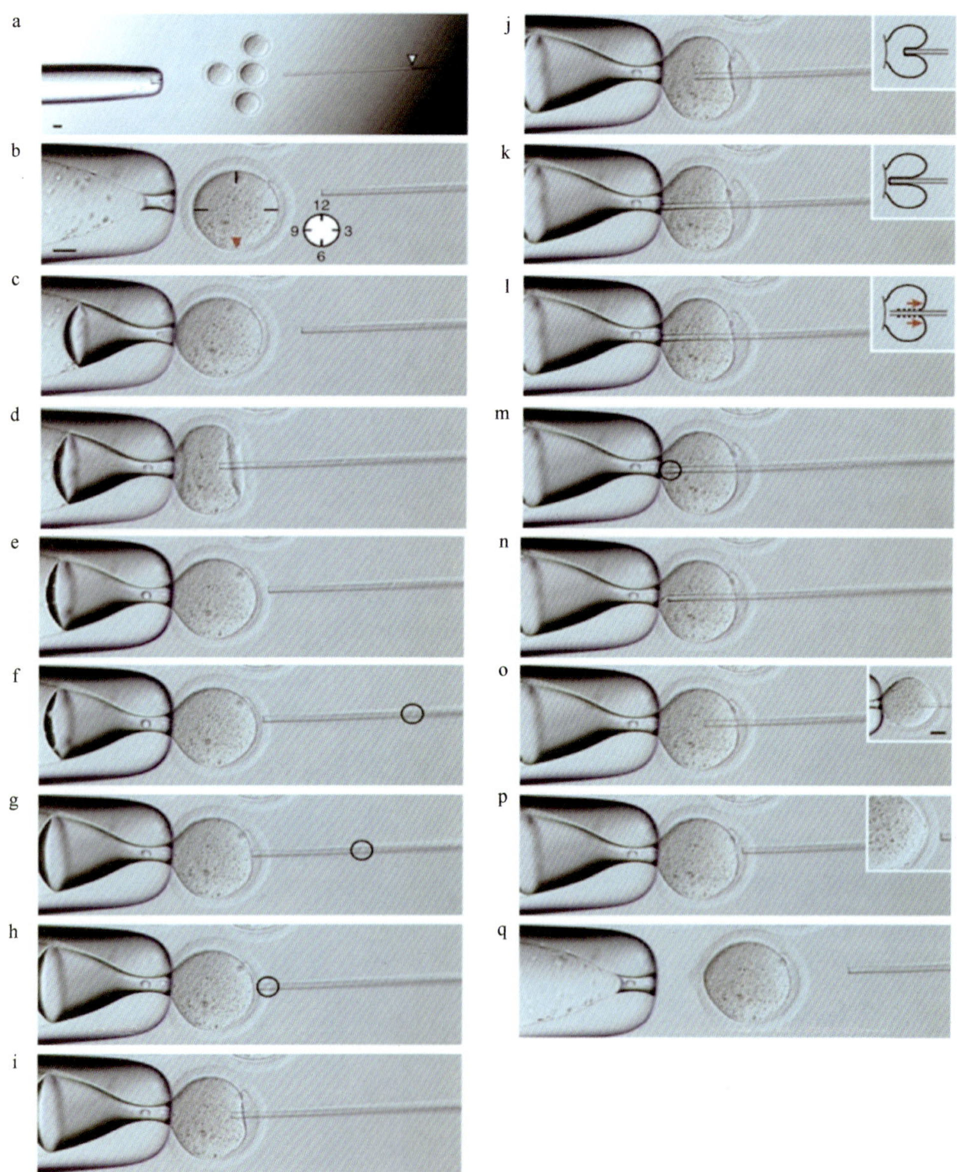

图 5-15 克隆小鼠过程中连续的注核操作过程

图中圆圈所示为供体细胞，插图显示质膜松弛过程

2）活化液中加入细胞松弛素B是为了防止供体细胞的染色体以假极体方式排出。

3）细胞松弛素B和细胞松弛素D的作用在克隆实验中没有明显的差异。

4）通过彻底洗涤和迅速地除去细胞松弛素是非常重要的。

5）CZB-Sr活化培养液中含有1%的DMSO有助于克隆胚发育到囊胚。

6）核移植的成功率可以通过检查类原核的形成来进行评估。当克隆胚从含有细胞松弛素的培养液中取出时，其应该有1～3个发育状态良好的类原核。

九、克隆胚胎的移植

（一）移植部位的选择

将克隆胚胎移植到输卵管或子宫的方法，详见第十八章的相关内容。

（二）注意事项

1）ICR 母鼠被证明是适合于克隆胚胎移植的最佳受体。应选择 2.5～4 个月大小、体重为 30～35g 的雌鼠作为受体。使用未达最佳标准的雌鼠可能导致整批克隆胚胎因没有植入位点而无法植入。

2）对受体雌鼠进行麻醉时，所引起的体温降低可能导致胚胎发育不佳。建议使用热板维持手术时受体鼠的体温，以 Avertin 麻醉效果为好。

3）建议对胚胎的发育时期和受体的移植位点进行综合考虑：4-细胞的克隆胚胎（3 天），移入交配后 0.5 天（0.5dpc）的假孕受体母鼠的输卵管；处于桑椹胚或囊胚的克隆胚胎（4 天），移植到交配后 2.5 天（2.5dpc）的假孕受体母鼠的子宫角。

第四节　牛体细胞核移植技术

作为大型农业动物，猪、牛、羊克隆技术的发展一直备受关注。以不同类型的体细胞，如成纤维细胞、卵丘细胞、肌肉细胞、乳腺上皮细胞等用于供核体细胞时，都得到了克隆动物。有人成功克隆了世界仅存的一头恩德比岛牛，利用冻存的成纤维细胞成功克隆了一头因病死亡的优质种公牛。利用普通山羊的卵胞质成功克隆出不同亚种的亚洲黄羊。尽管如此，到目前为止克隆的效率整体偏低，费用高昂，严重制约了克隆技术的实际应用。揭示体细胞克隆机理、完善克隆操作技术体系、提高克隆动物出生效率和出生质量是科研人员今后的工作重点。

本节将重点介绍内蒙古大学研究人员建立和使用的克隆牛操作方法与技术体系。该体系在卵母细胞的成熟培养、提高卵母细胞质量、微创操作提高去核效率、融合过程介入重编程因素、改进激活方法、提高胚胎质量、胚胎发育阶段与子宫内膜发育的吻合、受体牛妊娠管理和犊牛生产与管理等诸多方面都有所创新。

一、卵母细胞的成熟培养

（一）卵母细胞的采集

所用的卵巢均来自屠宰厂。卵巢收集和运输、卵母细胞的采集与成熟培养等直接影响卵母细胞的质量。从屠宰厂收集的卵巢，应放在 25℃左右、含双抗的生理盐水中尽快带回实验室。用 12 号针头的 10ml 注射器抽取卵巢表面 2～8mm 卵泡内的 COC，在实体镜下选择卵丘细胞完整、细胞质均匀的 COC，在四孔板中进行成熟培养。培养液为 TCM199、1μg/ml E2、10μg/ml FSH、1IU/ml LH、10% FBS、25mmol/L HEPES、50μg/ml

青霉素和 100μg/ml 链霉素。培养条件为 38.5℃、100%湿度和 5% CO_2 的气相。在整个操作中，所有器具一定要保证洁净。

（二）卵母细胞体外成熟过程中 PB1 排放时的动态变化

为了解卵母细胞在成熟过程中 PB1 与细胞核之间的动态关系，以制定相应的去核策略，笔者将牛 COC 在成熟培养的 12～14h、15～17h、18～20h 和 22～24h 时分别取出进行观察分析，发现绝大多数卵母细胞分别依次进入了 MⅠ期、AⅠ/TⅠ期、TⅠ/MⅡ期和 MⅡ期。特别是在 15～17h 阶段，80%以上的卵母细胞处于 AⅠ/TⅠ期，PB1 还没有完全脱离卵母细胞，PB1 的核与卵的核仍然以纺锤体的形式连接在一起（图 5-16A～C）。图 5-17 进一步说明 AⅠ/TⅠ期和早期 MⅡ期卵母细胞的 PB1 与卵核通过纺锤体微管紧密相连。到体外成熟 20h 时，越来越多的 PB1 离开卵核，完全与卵母细胞脱离，进入卵周隙。

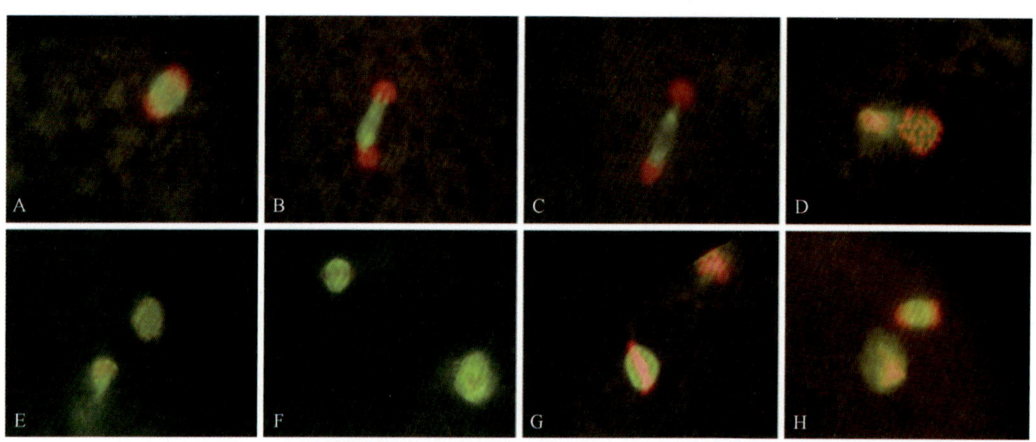

图 5-16　免疫荧光分析卵母细胞成熟过程中细胞核的分裂状态

A～C. 成熟 15～17h，核处于 AⅠ/TⅠ期；D～F. 成熟 18～20h，核处于 MⅡ期；G. 成熟 24h，核处于 MⅡ期；H. 成熟 30h，少数卵进入第二次减数分裂的后期（AⅡ期）

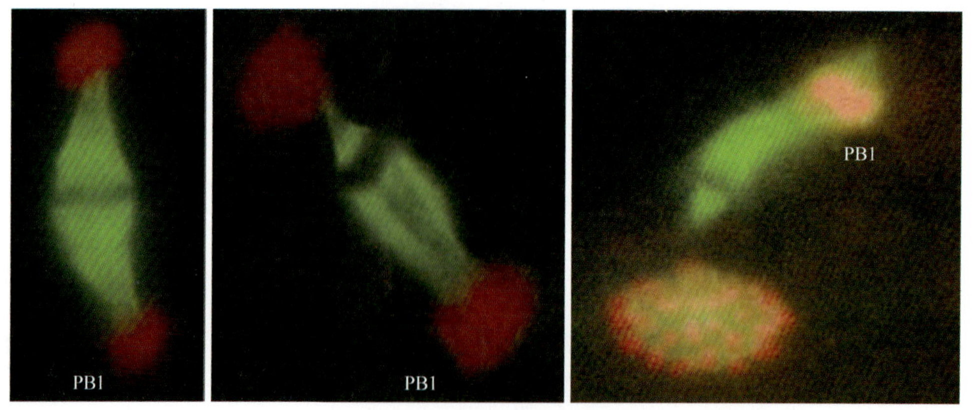

图 5-17　AⅠ/TⅠ期和早期 MⅡ期卵母细胞的纺锤体形态

全部纺锤体微管都将随 PB1 排入卵周隙。在这些时期，卵的 PB1 与卵核由纺锤体微管紧密相连。在去核操作时，去除 PB1 及其邻近的少许胞质就能够将卵核彻底吸除利用这一特点，笔者设计了卵母细胞的两步成熟培养法。

（三）两步法培养卵母细胞

传统的一步法成熟培养卵母细胞，一般在体外成熟 20h 以后，通过离心振荡或用吸管吹吸去除卵丘细胞。此时，绝大多数卵母细胞已经发育到 MⅡ期，而且 PB1 已经脱离卵细胞进入卵周隙。振荡或吹吸操作，会致使至少 30%的卵的 PB1 离开刚排出时的位置，在卵周隙中游移。有些 PB1 游移的幅度很大，甚至移到卵核所在位置的对面。在这种情况下，如果仍然以 PB1 为标志进行盲吸法去核，则至少 30%的卵的细胞核不能去除，大大降低了去核成功率。

两步法培养卵母细胞的过程为：第一步，将 COC 培养 16～18h 后，用透明质酸酶脱除卵丘细胞。此时，大约有 60%的卵母细胞具有明显的 PB1，还有部分虽然没有明显的 PB1，但会在第二步培养过程中排出 PB1。第二步，把所有形态良好的卵母细胞经过洗涤后，移入新的培养液滴中，继续培养至 22h。

之所以在培养 16～18h 后脱除卵丘细胞，是因为这个时期 PB1 的核与卵母细胞的核仍然密切联系，脱除卵丘细胞时的离心处理也不会使二者的联系断开。也就是说，在随后的二次培养过程中，PB1 始终保留在卵核处。当进行去核操作时，以 PB1 为标记进行去核可获得很高的去核效率。第二步培养的目的还在于使卵母细胞进一步发育成熟。

采用两步法培养的卵母细胞的去核率显著高于传统的一步法培养的卵母细胞的去核率（表 5-2）。

表 5-2　卵母细胞一步法与两步法培养的盲吸法去核效率

卵母细胞培养	操作卵数	去核卵数	去核率（%）
常规一步法培养（体外成熟 22h 去卵丘，用于去核操作）	78	58	74.3[a]
改进的两步法培养（16h+6h）	81	77	95.1[b]

a、b：$P<0.05$

（四）卵母细胞的两步成熟法促进克隆胚胎的发育

与常规的一步法相比，使用两步法获得的卵母细胞进行克隆操作时，克隆胚胎的发育率和发育质量显著提高。分别将成熟 16h、17h、18h、19h、20h、22h、24h、26h 和 30h 及 16h+6h、17h+5h 的卵母细胞用于核移植，克隆胚胎的囊胚发育率与囊胚细胞数见表 5-3。来自 16h+6h 和 17h+5h 的卵母细胞的克隆囊胚发育率分别为 43.1%和 45.7%，显著高于一步法的最高组（20h 组）的 34.5%（$P<0.05$），同时囊胚细胞数也显著提高（$P<0.05$）。对囊胚的核型分析显示，两步法获得的囊胚有最高的二倍体核型率。

二、体细胞培养与供核体细胞的选择

（一）胎儿成纤维细胞原代培养与传代

1. 原代培养

通常情况下，在进行牛、羊克隆操作时，均利用胎儿成纤维细胞作为供核体细胞。

表 5-3 不同成熟时间的卵母细胞对克隆发育的影响

卵母细胞体外成熟时间（h）	培养的克隆胚胎数	卵裂数［卵裂率（%）］	囊胚数［囊胚发育率（%）］	囊胚的染色体分析		
				胚胎数	二倍体囊胚数［二倍体囊胚所占配比（%）］	囊胚细胞数
16	182	122（67.0）[b]	34（18.7）[c]	17	11（64.7）[b]	77.1±12.8[bc]
17	164	119（72.6）[b]	33（20.1）[c]	15	9（60.0）[b]	83.8±15.0[bc]
18	184	135（73.4）[b]	60（32.6）[b]	34	26（76.5）[b]	85.8±21.0[b]
19	212	179（84.4）[a]	66（31.1）[b]	40	29（72.5）[b]	94.8±17.1[b]
20	194	161（83.0）[a]	67（34.5）[b]	37	29（78.3）[ab]	90.1±21.3[b]
22	232	207（89.2）[a]	71（30.6）[b]	47	37（78.7）[ab]	95.3±18.9[b]
24	174	134（77.0）[ab]	39（22.4）[c]	27	20（74.0）[b]	77.8±12.0[b]
26	181	142（78.5）[ab]	29（16.0）[c]	17	10（59.0）[b]	66.0±14.6[bc]
30	167	141（84.4）[a]	20（12.0）[c]	10	4（40）[c]	56.1±1.9[c]
16h+6h*	144	122（84.7）[a]	62（43.1）[a]	48	41（85.4）[a]	121.1±22.7[a]
17h+5h*	151	132（87.4）[a]	69（45.7）[a]	53	46（86.8）[a]	120.2 ± 19.8[a]

*为卵母细胞成熟 16h 后去除卵丘细胞，然后继续成熟 6h；**为卵母细胞成熟 17h 后去除卵丘细胞，然后继续成熟 5h。同一列中，a、b 和 b、c：$P<0.05$；a、c：$P<0.01$

通过手术在牛子宫中取出发育到 40～50 天的胎儿，立即在含抗生素的 PBS 中清洗数次，在 4℃下迅速带回实验室。在洁净工作台内，将胎儿用 PBS 清洗数遍后，去除头部、四肢和内脏。然后将胎儿的躯干在含抗生素的 PBS 中充分清洗干净，剪切至约 $1mm^3$ 大小的组织块。再经 PBS 清洗后，用含 10% FBS 的 DMEM 清洗。挑取其中的组织块，以每皿 25～30 个组织块的密度接种于 60mm 的培养皿中，移入 CO_2 培养箱，37℃、5% CO_2 与饱和湿度条件下干涸培养 4h；然后加入 5ml 含 20% FBS 的 DMEM 进行原代培养。

2. 传代

在原代培养期间，每 48h 更换培养液。当细胞汇合度达到 80%～90%时（图 5-18）

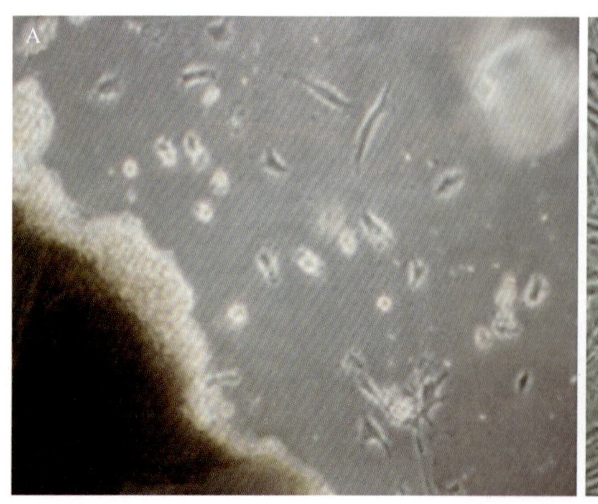

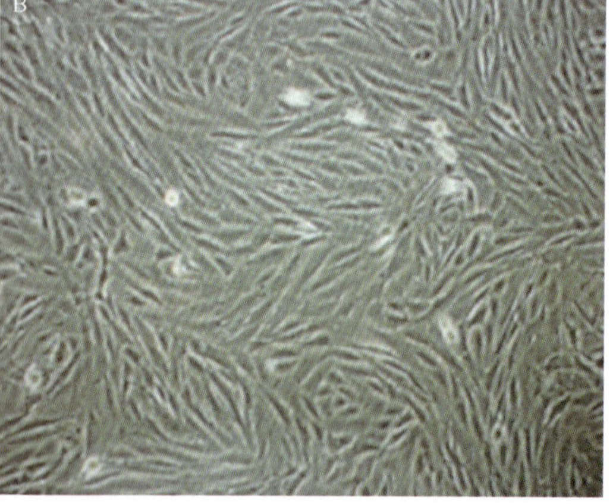

图 5-18 牛耳缘组织成纤维细胞的原代与传代培养（100×）

A. 体外培养 5 天后牛原代成纤维细胞；B. 体外培养 13 天后传代培养细胞

进行传代。传代时，先吸除培养液，加入PBS清洗，再加入1.5ml消化液（DMEM+0.25%胰蛋白酶+0.02% EDTA），放入培养箱中37℃处理2～3min。观察细胞变成圆形后，加入含10% FBS的DMEM培养液终止消化。用移液器吹打以悬浮细胞，然后将细胞悬浮液转移至离心管中，以1500r/min离心5min，弃去上清液；重新悬浮后用于核移植或按照1∶3继续传代培养。

（二）成年牛体细胞的培养

研究结果表明，绝大多数类型的体细胞均可作为供体细胞进行克隆操作，并能够指导克隆胚发育成动物个体。成年动物体细胞作为供核细胞的最大优势，在于已经知道被克隆动物的生产性能，如动物的产奶量、肉质、饲料利用率、精子质量等。这也是体细胞克隆技术备受关注的主要原因。

体外培养的细胞，易于进行活力的选择和细胞周期的调整，易于增加细胞的数量。除极端分化的细胞（如哺乳动物的红细胞）外，多数不同组织来源的体细胞均可在体外进行培养。培养方法大致与胎儿成纤维细胞培养方法相同，其原代培养可分为组织块培养和离散细胞原代培养两种模式。成年牛耳缘皮肤组织的取材最为方便，不损伤供体动物（图5-19），但需要格外注意做好消毒工作。供核体细胞有较为严格代数要求，代数越高，细胞染色体整倍性的比率越低，一般选择10代以内的细胞作为克隆胚胎的供体细胞。因此，在完成原代培养后，要迅速扩大细胞数量，及时进行细胞冻存。对于冷冻后细胞的使用，要掌握解冻后细胞继续培养的传代次数。应该尽量多冷冻包括原代在内的低代次的细胞用于克隆胚构建，这样更有利于克隆胚的发育和克隆动物的健康。

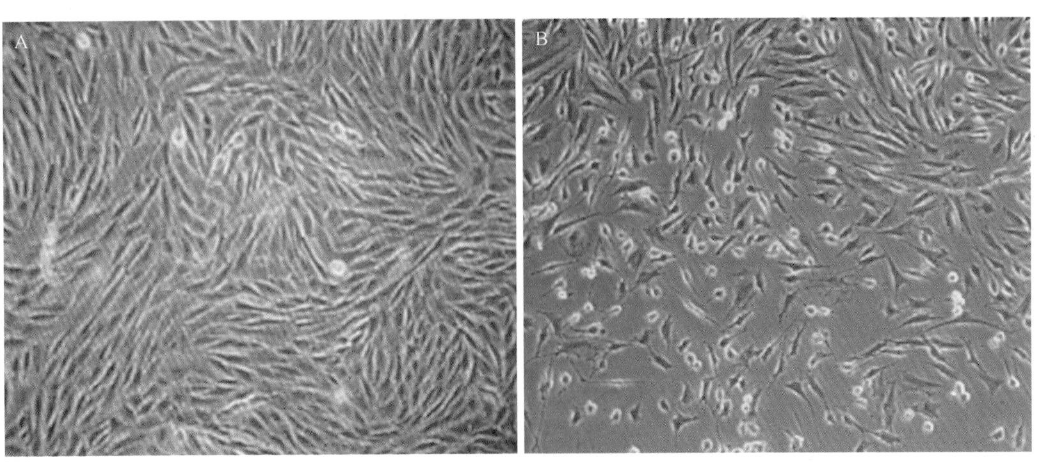

图5-19 冻存前与复苏后牛耳缘组织成纤维细胞（100×）

A. 冻存前的细胞；B. 复苏12h后的细胞

（三）供核体细胞的选择

虽然大多数类型的体细胞都可以作为供核体细胞支持克隆胚胎发育，但来自不同动物个体的体细胞，对克隆胚胎发育与胎儿发育影响很大。一些动物个体的细胞，构成的克隆胚胎的囊胚发育率与囊胚质量均良好，克隆动物出生率正常，且没有表现出明显的发育异常。有的动物个体的细胞，虽然构成的克隆胚胎的发育率和质量均良好，但妊娠率不高，或流产率高，或不能支持胎儿发育期满，或出生的克隆动物异常率高、存活能力差，表明并不是所有动物的体细胞都可以用于克隆生产。因此，在进行克隆操作之前，筛选易于被卵母细胞重编程、利于克隆胚胎妊娠发育和克隆效率高的优质体细胞是动物克隆成功的关键。

三、去核操作

（一）卵母细胞的准备

挑取带有PB1的卵母细胞，移入预先做好的20μl的操作滴中（操作液：TCM199+10% FBS+7.5μg/ml CB）。根据操作的熟练程度，每次放入20～30枚卵母细胞。

（二）调整卵母细胞的位置

在200倍显微镜下，用固定针固定卵母细胞，用注射针调整卵母细胞，使PB1位于12点到1点的位置。

（三）调节固定管与注射管处于同一焦平面

将固定吸管连同其固定的卵母细胞，从操作用的培养皿的底部轻轻提起。之后调节注射吸管，使之与固定的卵细胞处于同一焦平面。

（四）去核

用内径约为15μm的斜口注射针，自约2点的位置处轻轻刺入透明带。此时调节与注射吸管相连的注射器，施加微小的压力，待注射针刺入透明带后，将少量吸管内的液体注入卵周隙，使卵周隙轻微膨大。卵周隙增大可避免注射针针尖与细胞膜接触。轻轻移动注射吸管至PB1的下方，轻轻转动注射控制器，注射针自PB1的稍下方轻轻吸取PB1，可见PB1附近的卵质膜呈弧形开始逐渐凹入注射吸管，随之卵的核物质也进入注射吸管。然后，迅速撤出注射针，完成去核操作（图5-20）。两步法培养出的卵母细胞，其PB1基本上都紧贴着卵细胞核位置。

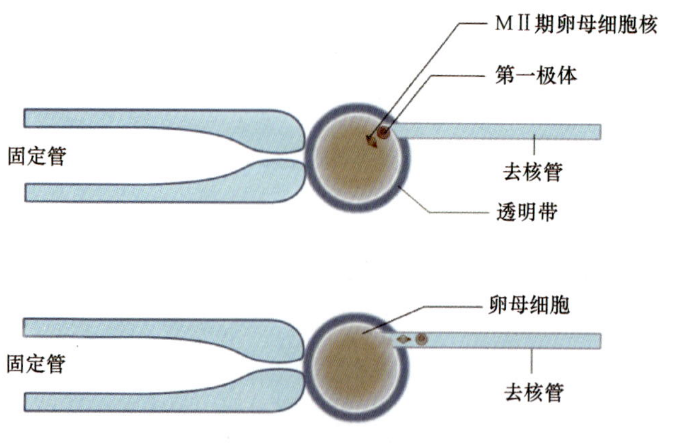

图5-20 卵母细胞去核操作示意图

四、注核操作

将注核管及固定吸管移到操作滴中供体细胞所在区域，用注射吸管吸取形态良好、细胞质均一、直径约 12μm 的供体细胞，然后沿去核时留下的孔洞插入透明带，轻轻将供体细胞嵌合到卵质膜与透明带之间，完成重构胚的制作。

在释放细胞入卵周隙时，细胞往往会与卵质膜存在间隙。存在间隙的情况下，体细胞不可能融合入去核卵。因而，需要利用注射针的尖端，轻轻将细胞送至透明带与卵质膜之间，尽可能使细胞镶嵌在透明带与卵质膜之间，甚至在细胞对应的透明带外用注核管轻轻拍打以进一步促使供体细胞贴附于卵质膜之上。只有这样，才有可能获得较高的融合效率。

五、融合

（一）操作后重构胚的短暂培养

操作完成后，将重构胚在培养液中洗 3～5 次，移入培养液中进行恢复性培养 15～30min 后，进行融合。

（二）通常用电融合方法进行重构胚的融合

融合液为 0.27mol/L 的甘露醇，其中含有 0.1mmol/L $CaCl_2$、0.1mmol/L $MgCl_2$ 及 0.05% BSA，融合电压为 1.25kV/cm，电击时间为 25μs。在融合操作后约 30min 观察融合情况。如果仍有未融合的，可以进行第二次融合操作。

六、融合胚的激活

（一）融合胚的激活

从卵母细胞的成熟时间算起，在第 25～26h，即在融合后 2h 以内，对融合胚进行激活处理。

采用的激活方法为离子霉素（ionomycin）与放线菌酮（CHX）的联合使用。操作时，先把融合胚胎放入含 5μmol/L 的离子霉素的培养液滴，在培养箱中培养 5min；之后，把胚胎在培养液中洗 3 次，再把胚胎移入含 10μg/ml 的 CHX 的培养液中培养 5h；最后，把胚胎充分洗涤后，转入培养液中培养。

（二）融合与激活之间的时间间隔

融合与激活之间的时间间隔对克隆胚胎的发育质量极为关键。研究发现，如果时间间隔在 1～2h，分别有 96%和 80%的核染色体会出现类似中期相的凝集（图 5-21A、B），核的染色体会形成完整的原核。然而，如果时间间隔在 2～4h，这一比例将会骤降至 50%以下，染色体会渐渐扩散或呈拉长的带状分布，至少有约半数的胚胎形成多个小的原核，造成胚胎的非整二倍体（图 5-21C～G）。当时间间隔在 5～6h，有超过 80%的胚胎出现染色体四散漂移或分成几部分的现象（图 5-21H～I’），几乎所有的胚胎都存在染色体倍性缺陷。由此可见，选择对克隆胚胎激活的时间点会影响克隆胚胎的发育质量。

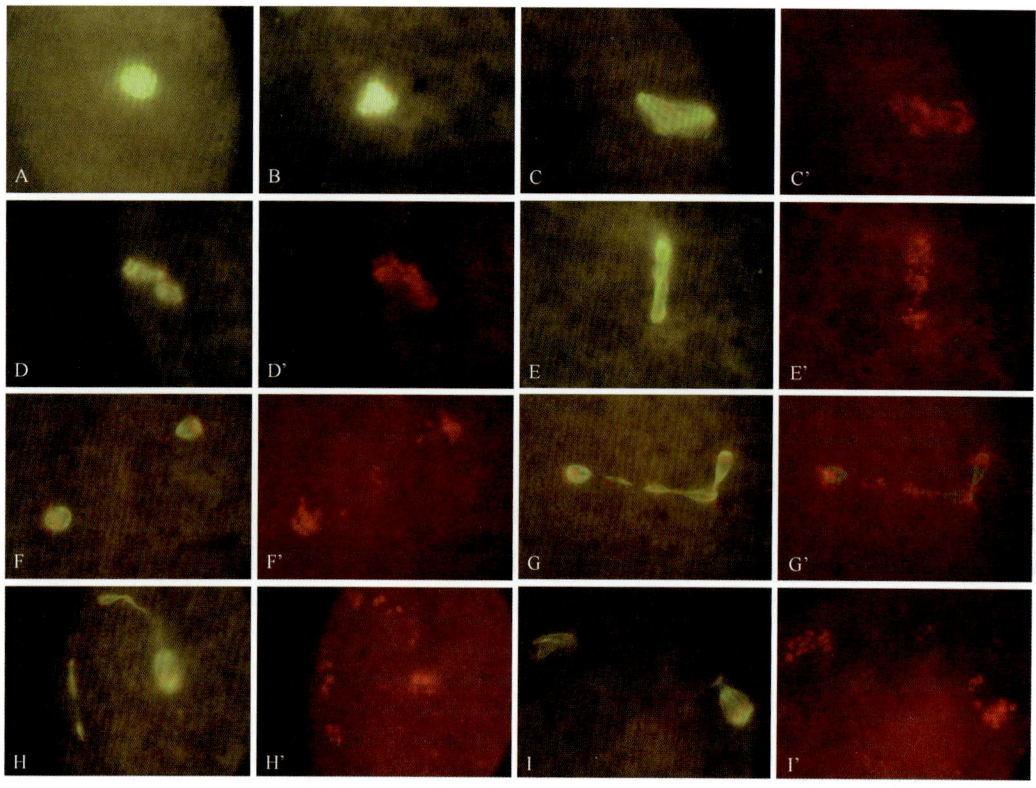

图 5-21 融合后 1～6h 体细胞核的形态变化

融合与激活之间的时间间隔分别为 1h（A、B）；2h（C、C’）；3h（D～E’）；4h（F～G’）；5～6h（H～I’）

在实验中还发现，不当的激活处理会引起孤雌胚或克隆胚染色体严重异常。如图 5-22 所示为在激活处理并培养 48h 后，没有发生卵裂的 1-细胞胚胎中的超多倍体现象，具体发生机制不明。

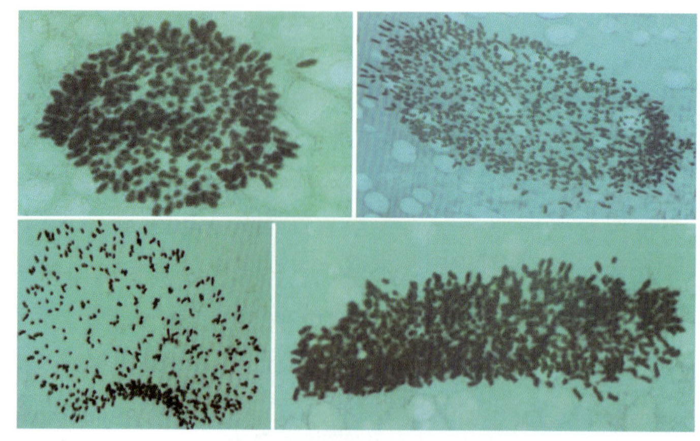

图 5-22 在激活处理并培养 48h 后没有发生卵裂的牛 1-细胞胚胎中出现的超多倍体现象

七、胚胎培养和囊胚质量鉴定

激活后，经胚胎培养液（CR1aa+0.4% BSA）洗 3 次，把胚胎放入由石蜡油覆盖的 30μl 培养滴内，38.5℃、5% CO_2 与饱和湿度条件下培养。每个微滴中培养 20 枚左右胚胎。在培养 40h 后，检查卵裂率，并将卵裂的胚胎转移入铺有单层卵丘细胞作为饲养层的培养滴中。每个微滴中培养 15 枚胚胎，培养液为 CR1aa+4% FBS，每 48h 更换培养液，一直培养至第 7 天，统计囊胚发育率。

囊胚细胞数测定：先将胚胎放入固定液（PBS+4%多聚甲醛+0.2% TritonX-100）中 –4℃过夜。然后，将胚胎用 PBS+0.3% BSA 洗 3 遍。最后，在含 5μg/ml Hoechst 33342 的 PBS 中染色 5min，用甘油∶PBS 按 1∶1 配制的封片液封片，镜检、统计结果。

八、囊胚的核型分析

将获得的囊胚在 0.05μg/ml 的秋水仙胺中处理 5h，在 0.8%的柠檬酸钠中低渗处理 15min，经链霉蛋白酶去除透明带，将胚胎转移至载玻片上，快速在其上滴加 1～2 滴固定液（甲醇和冰醋酸按 3∶1 配制），使胚胎固定并迅速破裂释放出染色体。静置 24h 晾干，使染色体牢牢粘在载玻片。最后用 1∶100 稀释的 Giemsa 染液染色 30min，用清水冲掉残留染液后，晾干封片。在 1000×油镜下观察，用以确定每个囊胚的染色体组成（图 5-23）。

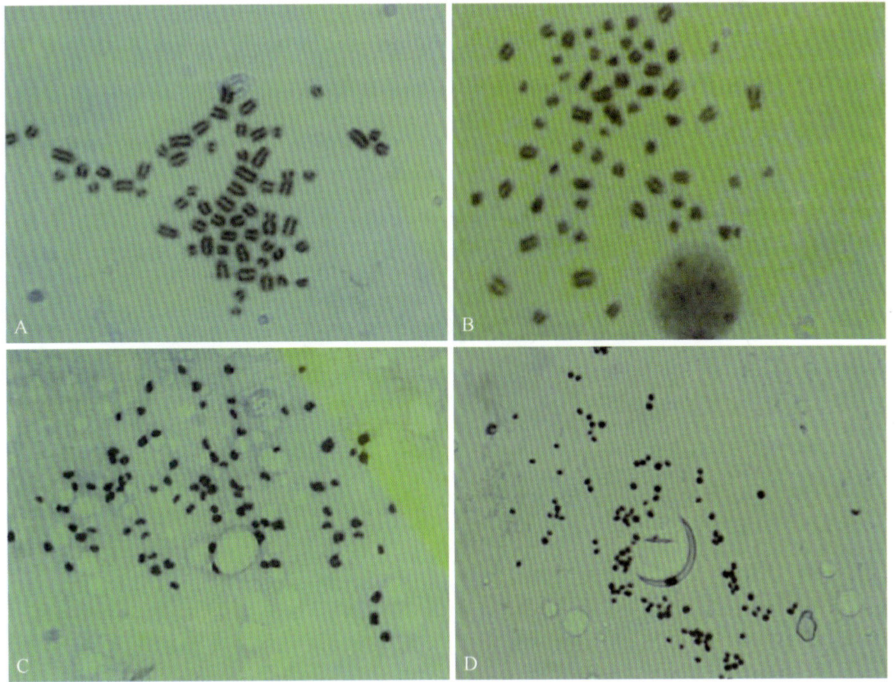

图 5-23　牛克隆囊胚染色体分析

A、B 为二倍体；C 为三倍体；D 为四倍体

九、胚胎移植和妊娠检查

（一）受体母牛选择与胚胎移植

选择营养适度、生殖系统的健康母牛作为胚胎移植受体。受体牛选好后，在一个固定场所至少饲养 45 天以上，然后进行同期发情处理。使用 $PGF_{2\alpha}$ 二次肌注法进行同期发情。移植前用 2%盐酸利多卡因，进行尾椎硬膜外麻醉，检查黄体发育情况，要求黄体质地软而充实；然后将胚胎移植到有黄体一侧的子宫角内。

（二）妊娠检查与孕期管理

在胚胎移植后 40 天左右，进行直肠检查或 B 超妊检。妊娠牛需要在单独场地进行饲喂与管理，减少与其他非妊娠牛的混群。对于移植克隆胚妊娠受体牛而言，在整个妊娠过程中，都有可能发生流产现象，所以孕期管理非常关键。孕期不同阶段的营养管理也直接影响胎儿的大小及产犊的难易等。笔者的经验表明，孕期前期适度增加营养，以保证妊娠的稳定。到围产期时，适当减少精料的投入可以防止胎儿过大。

（三）克隆胚胎与同期发情受体的匹配

胚胎着床的发生取决于很多因素，其中子宫着床窗口的开放必须与相应发育阶段的胚胎相吻合。一般情况下，着床窗口的开放时间很短，所以准确地观察、记录受体牛的发情时间非常重要。由于发情时间先后有差别，胚移时需要根据发情时间、黄体状态，选择桑椹胚、早期囊胚，或是晚期囊胚或扩展囊胚进行移植。如果能将胚胎发育阶段与子宫状态、黄体状态进行一一对应移植，就可以取得良好的妊娠效果。

将不同发育阶段的克隆胚胎（图 5-24）分别移植到发情 6 天、7 天和 8 天的受体母

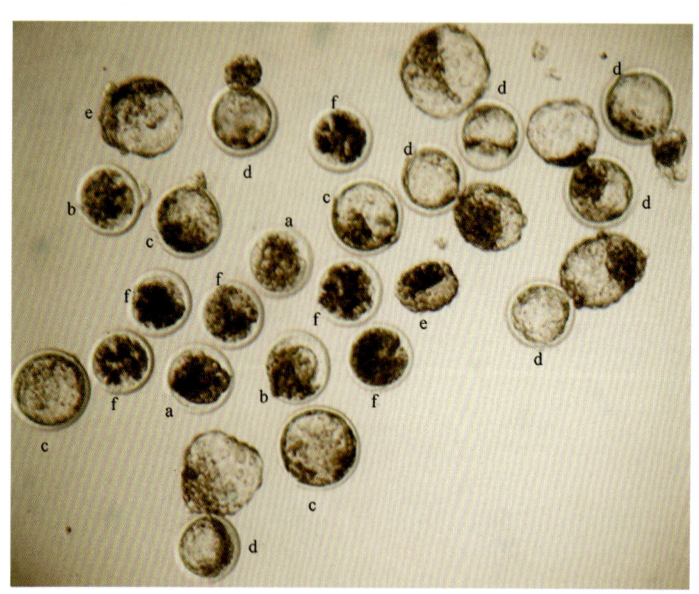

图 5-24　不同发育时期的牛克隆胚胎

a：致密桑椹胚；b：早期囊胚；c：囊胚；d：孵化中的囊胚；e：孵化后囊胚；f：退化胚胎

牛。妊娠结果显示，发情 6 天的受体牛更容易接受致密桑椹胚和早期囊胚，发情 7 天的受体牛更容易接受早期囊胚和囊胚，发情 8 天的受体牛则更容易接受扩展囊胚（表 5-4～表 5-6）。

表 5-4 不同发育阶段的胚胎移入发情 6 天的受体牛的妊娠情况

胚胎类型	扩展囊胚	囊胚	早期囊胚	致密桑椹胚
移植受体牛头数	27	28	39	43
妊娠数	3	7	14	15
妊娠率（%）	11.1[c]	25.0[b]	35.9[a]	34.9[a]

a、b 和 b、c：$P<0.05$；a、c：$P<0.01$

表 5-5 不同发育阶段的胚胎移入发情 7 天的受体牛的妊娠情况

胚胎类型	孵化囊胚	扩展囊胚	囊胚	早期囊胚	致密桑椹胚
移植受体牛头数	36	66	70	60	32
妊娠数	7	18	27	26	6
妊娠率（%）	19.4[c]	27.3[b]	38.6[a]	43.3[a]	18.8[c]

a、b 和 b、c：$P<0.05$；a、c：$P<0.01$

表 5-6 不同发育阶段的胚胎移入发情 8 天的受体牛的妊娠情况

胚胎类型	孵化囊胚	扩展囊胚	囊胚	早期囊胚
移植受体牛头数	41	45	35	19
妊娠数	17	19	11	3
妊娠率（%）	41.5[a]	42.2[a]	31.4[b]	15.8[c]

a、b 和 b、c：$P<0.05$；a、c：$P<0.01$

十、克隆牛生产与克隆犊牛护理

下面以克隆和牛为例，系统介绍克隆牛的生产过程与犊牛的护理措施。

（一）克隆牛辅助生产

在预产期之前约 30 天，妊娠母牛进入待产区，按照待产母牛的饲喂管理方式进行。每天定期观察母牛有无临产症状。提前准备好助产的用品、器械等，随时准备助产。克隆牛与其他正常配种和常规胚胎移植牛一样，分娩时出现明显临产征兆，如母牛出现阴门肿胀、乳房肿胀、乳头滴乳、阴门分泌黏液等明显的分娩症状。但大部分克隆胚怀孕母牛（75%以上）的妊娠期延长，有的甚至延迟 40 天以上。

1. 助产措施

发现临产征兆，及时准备助产。准备消毒液、助产绳、手术剪、碘酒、消炎粉。发现羊膜已破，及时消毒外阴和手臂，检查胎儿胎位，及时助产，助产时注意助产方向用力程度。

2. 剖腹产措施

当克隆胎儿过大、畸形、胎位不正或母牛骨盆狭窄及妊娠延时太长时，可实施剖腹产。剖腹产详见第十二章第二节。

3. 犊牛出生后的处理与护理

牛犊出生后，应立即提起两条后腿使之倒立，使口腔、鼻腔、气管中的黏液或可能的异物排出，并彻底清除口腔、鼻腔中的黏液，保证犊牛的呼吸顺畅。同时辅助有节奏地按压胸壁，促进呼吸。犊牛的救护必须迅速、稳妥，防止出现窒息情况。由于犊牛的体温调节中枢尚未发育完全，调节机能较差，应尽快揩干犊牛身上的黏液，将犊牛放在室温为 20～25℃的护理室内。犊牛刚出生后，呼吸频率很快，达到 80～100 次/min，如发现呼吸困难，应立即给犊牛吸氧，待呼吸平稳后，停止供氧。当犊牛首次站立时，应注意保护好头部，避免摔伤。脐带用 5%碘酊消毒，防止脐带发炎，同时肌肉注射破伤风抗毒素。表 5-7 总结了笔者实验室其中一批克隆和牛的生产过程及所采取的措施。该批共移植克隆和牛胚 18 头，受体为育成荷斯坦母牛，6 头受体牛妊娠到期并产下犊牛，其中 4 头克隆牛健康存活。

表 5-7　克隆犊牛的生产过程及采取的措施

受体牛	犊牛	临产征兆	妊娠期（天）	出生体重（kg）	人工处置措施	存活状况
07011	ZK001	无明显临产症状	271	21	自然分娩	健康
07007	ZK002	趴卧，举尾努责，阴门开张，有黏液流出，子宫颈口开张	291	42	人工助产	健康
07039	ZK003	趴卧，举尾努责，阴门开张，有黏液流出，子宫颈口开张，乳房肿胀，滴乳明显	294	45	人工助产	健康
07027	ZK004	趴卧，举尾努责，阴门开张，有黏液流出，子宫颈口开张	295	48	膝关节畸形不能自然伸直，剖腹产	6 个月时安乐死
07026	ZK005	趴卧，举尾努责，阴门开张，有黏液流出，子宫颈口开张	309	60	产道检查胎儿较大，剖腹产	健康
07018	ZK006	阴门红肿，时有黏液流出，乳房肿胀	325	78	超出预产期 45 天，剖腹产	一周后因脐尿管闭锁不全死亡

（二）克隆牛犊的畜舍要求

刚出生的克隆犊牛体质较弱，出生后前 7 天，应该在室温为 20～25℃的护理室饲喂。在 7 天后，将牛犊转移到经过消毒且铺有柔软垫草和通风良好的犊牛舍，要有足够大的运动场地，进行单独饲养。犊牛舍和运动场要保持清洁卫生，每天消毒一次并更换垫草。每天使小牛到舍外晒太阳 1～2h，这样有利于维生素 D 合成，促进钙的吸收，防止小牛佝偻病和骨质疏松症。

（三）出生后克隆犊牛的饲喂要则

出生 1～3 天的克隆犊牛，一般吮吸能力差。出生后 2h 内喂第 1 次初乳。初乳一定要加热至36℃左右，喂乳时嘴不可高于头顶，以免误入气管内。第1次喂初乳量0.5～1kg，待3h后，再喂第2次。出生3天后，吮吸能力逐渐增强。第3～7天分早、中、晚和午夜时分4次饲喂，每次饲喂1～1.5kg乳汁。第8天以后，与其他牛犊饲喂方法一样，分早、中、晚3次饲喂，每次饲喂乳汁2～2.5kg。出生半个月以后，在乳汁中可以加入少量的犊牛饲料，以诱导犊牛舔食饲料；并在每天上午和下午各喂一次温水，水温为34～36℃。在出生后的7天内，是克隆犊牛的关键护理期。出生20天以后，可以让克隆犊牛与其他自然产犊牛放在一起舔食饲料及饲草，以逐渐适应生活环境。详细的克隆犊牛饲喂要则见表5-8。

表5-8　出生后克隆犊牛的饲喂要则

出生后天数	饲喂要则	容易出现的问题
1～3	用奶壶饲喂，采取少量多次的原则进行饲喂，乳温为34～36℃	吮吸能力差，不能正常进食
4～7	给小牛定量饲喂，每次饲喂量不宜过多，每天饲喂4次	由于消化系统发育不完善，饲喂量过多容易出现消化系统疾病
8～20	为了与其他小牛混群饲喂，饲喂次数由4次改为3次，在奶壶中加入少量犊牛精料粉	加入犊牛精料过多容易导致小牛消化不良
21～40	犊牛精料与乳汁由混合改为单独饲喂，每天精料饲喂量为0.25～0.30kg，并诱导采食干草或青草，但不宜饲喂青贮饲料。每天上午、下午各喂一次水，水温34～36℃	饲喂青贮饲料容易引起消化系统疾病；水温不稳定容易引起腹泻
41～60	犊牛精饲料由最初每天0.25～0.30kg逐渐增加到每天0.5kg，可以根据需要每天饲喂适量的干草或青草	一次补喂精饲料量过大容易引起消化不良、积食或其他代谢疾病
60以后	精料可以由0.5kg逐渐增加到1.0～1.2kg，根据需要每天饲喂适量的干草或青草，同时可以每天饲喂青贮饲料1.0～1.5kg	青贮饲料饲喂过多容易引起消化系统疾病及酸中毒

（四）克隆犊牛的发病规律及防治

与普通犊牛相比，一般经历过生物技术操作过的胚胎，特别是来源于无性生殖方式或转入外源基因的胚胎，在整个妊娠过程中都有可能发生流产现象。特别是到妊娠中后期胎儿不能正常发育，造成死亡、流产。例如，在移植克隆胚胎的部分受体牛，在怀孕150～200天时，腹围异常增大，很难维持到妊娠期满（图5-25）；同时胎盘异常，子叶大小不一（图5-26）。

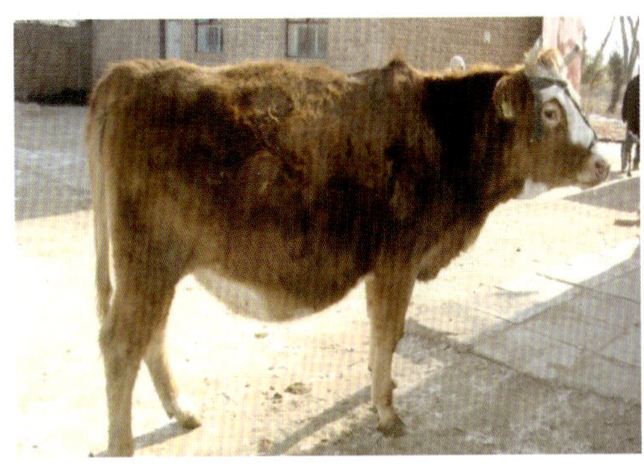

图5-25　怀孕180天的受体牛，腹围异常增大

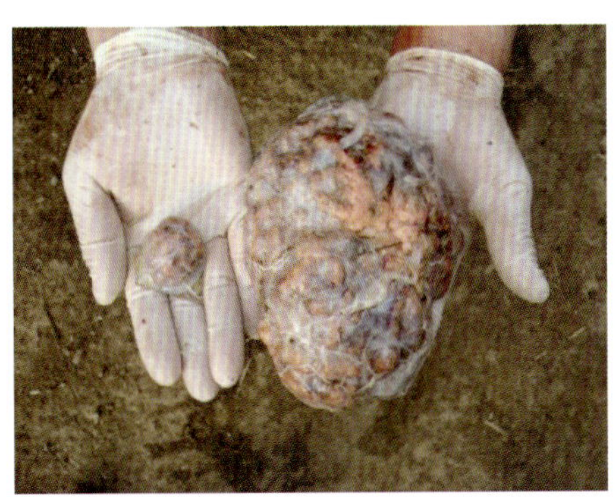

图5-26　胎盘异常，子叶大小不一

克隆犊牛出生时，脐带普遍粗大、坚硬（图 5-27）。助产时，如果拖拽牛犊用力不当或过猛，就会造成脐带自基部断裂。极短的脐带很容易引起感染，发生脐带炎。因此，在助产或剖腹产从子宫内取出胎儿时一定要小心，要有人专门保护好脐带，等脐带露出后，留下 10～15cm，用钳夹住并结扎脐带，然后剪断并消毒。这样，可以大大减少克隆犊牛脐带炎的发生。

一般情况下，克隆牛出生后约 7 天之内，体质较弱、免疫力较低、抵抗能力不强，最易发生肺炎、脐带炎、痢疾、腹泻等疾病。如果不及时治疗，前 3 天的死亡率最高。这在文献中多有报道（Buczinski，2009；Meirelles et al.，2010）。因而，对新生克隆犊牛的精神、饮食、排泄情况应实行全天候的观察、监控。如有拉稀、鼻镜干燥、呼吸困难、食欲不振等状况出现，应立即采取医治措施。

胎儿巨大综合征（large offspring syndrome，LOS）是胚胎工程技术（包括体外受精、胚胎分割、克隆、转基因克隆等）常出现的异常现象。图 5-28 为克隆和牛犊牛，出生重 78kg，而自然交配出生重平均为 20～30kg。引起 LOS 的具体机制目前尚不清楚。

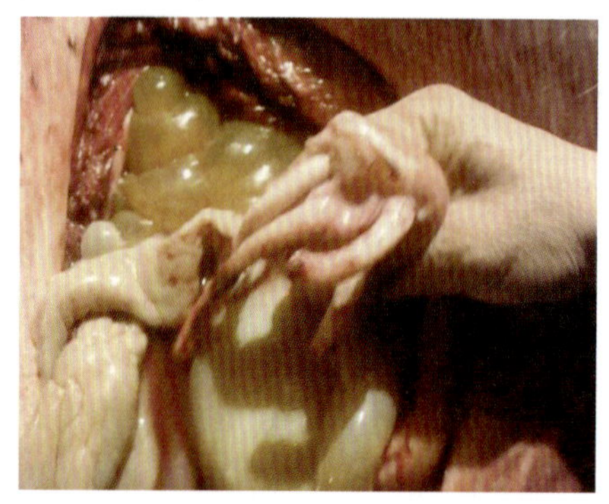

图 5-27　克隆犊牛脐带粗大，坚硬

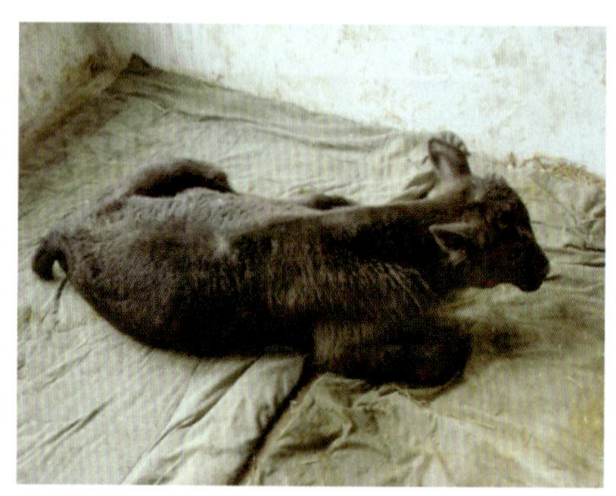

图 5-28　克隆犊牛胎儿巨大，出生重 78kg

一般出生 3 个月后，克隆牛犊健康状态已基本稳定。图 5-29 是在妊娠 226 天时自然分娩的牛犊，出生重仅为 11kg，经过特别护理和医治，终于存活，是成活的最小的克隆犊牛。图 5-30 为正常出生的克隆和牛。

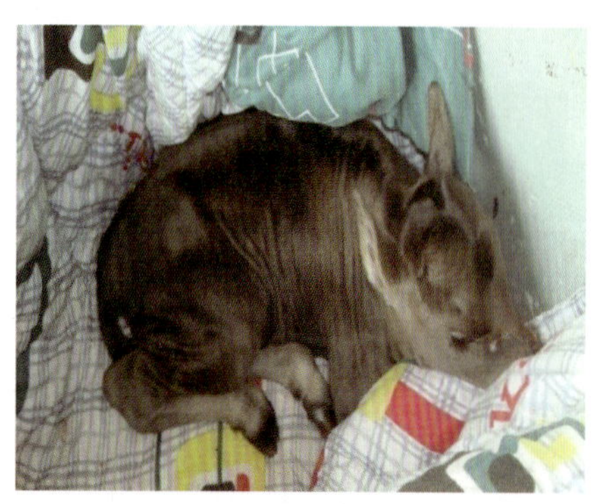

图 5-29　妊娠 226 天出生的克隆犊牛，出生重 11kg

图 5-30　克隆犊牛

十一、克隆牛的繁殖与应用

（一）克隆牛的繁殖能力

通过多年的跟踪研究发现，克隆肉牛（和牛）和奶牛的生长发育和营养利用与普通牛并无区别。克隆牛的发情、精子发生、排卵与妊娠等生殖现象也与普通牛无异。克隆公牛的采精量、精子密度与精子活力等与普通种公牛一致。克隆母牛的胚胎生产能力甚至优于普通母牛。

（二）克隆牛的生产应用

培育克隆牛的目的是为了利用克隆牛进行商业生产。可充分利用克隆公牛生产冻精，用于普通黄牛的杂交改良或进行商品肉牛生产。如图 5-31 所示为内蒙古大学培育的优秀克隆和牛公牛，这些克隆公牛已经全面参与商品肉牛的生产。

图 5-31　利用克隆的优秀公牛进行纯种牛生产和杂交肉牛生产

第五节　羊与其他动物的体细胞核移植技术

有关羊与其他动物的克隆操作基本上与牛的一致，技术方法类似，存在的问题及影响克隆效率的因素也都基本一致（Rodriguez-Osorio et al.，2012）。但每种动物又有各自的特点，本节将简要介绍羊与其他动物的克隆操作中较为特殊的一些操作要点与注意事项。

一、羊克隆技术要点

羊的克隆技术体系与牛的极为相似，但也有其特点。除以下特别提及的外，其他操作步骤与牛基本相同。

（一）卵母细胞的收集

在羊被屠宰之后，尽快取出卵巢，放入25℃左右含双抗的无菌生理盐水中，运回实验室。卵巢离体4h以上时，卵母细胞的质量就有所下降。而且卵巢的运输温度不能低于15℃，也不宜高于28℃，否则培养后卵的质量会下降。

由于羊卵巢体积较小，建议用刀片将卵巢多次切割，将尽可能多的COC释放出来。切割后的卵巢杂质很多，所以拣取COC时有一定的困难。要选取体积适中的COC，过小的COC多是未完全长成的幼稚型卵母细胞，一般条件下很难将其培养成熟。而且幼稚型卵母细胞的存在也影响其他卵母细胞的成熟质量。

（二）卵母细胞的二步法培养要点

同牛一样，羊的卵母细胞也可以进行两步法培养。第一步培养19～20h，去除卵丘细胞后，再转入第二步继续培养至24h。

羊卵母细胞的PB1排出时间要晚于牛，在体外成熟18～20h阶段，约80%的卵母细胞处于AⅠ/TⅠ期。在18～20h期间脱除卵丘细胞时的离心处理，也不会使PB1与卵核的联系断开，PB1就位于邻近卵核处（图5-32）。去核时，以PB1为标志，吸除PB1及其邻近的很小一点胞质，就可以将卵核除尽。

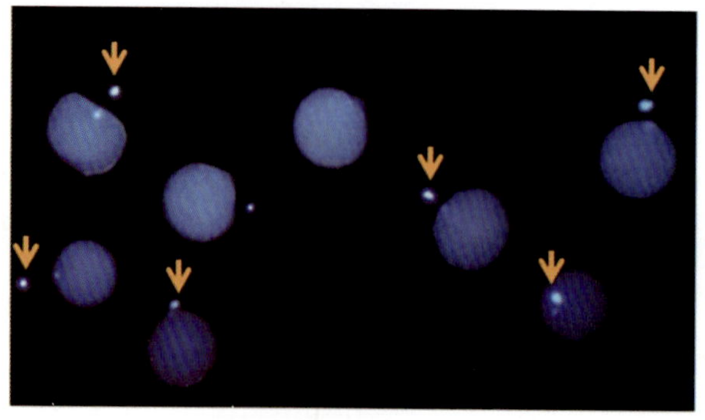

图5-32　两步法培养绵羊卵母细胞的细胞核与PB1的位置关系

箭头所指为PB1，浅亮色的小点为卵母细胞细胞核（卵母细胞做固定处理后，经Hoechst染色，100×）

（三）去核操作

羊的卵母细胞成熟后，有一部分卵母细胞的PB1呈扁平形，或贴附于质膜，或贴附于透明带，去核时不易把PB1一同去除。如果PB1不被去除，在其后的融合时，残存的PB1会与移入的体细胞混淆不易分辨。如果卵巢质量或卵母细胞的质量出现问题，扁平形 PB1 的卵母细胞的比例往往显著提高，由此形成的克隆胚胎的发育质量也受到影响。

因而，在去核时，需尽可能地将 PB1 吸除。利用二次培养的卵母细胞进行克隆操作时，去核率至少在 90%以上。

（四）融合胚的两次激活处理

在研究中，笔者发现对融合胚进行 2 次离子霉素激活的效果要优于 1 次的激活效果。在第一次离子霉素处理融合胚 5min 后，洗涤胚胎并移入培养液中培养 15min，再用离子霉素对胚胎进行第二次激活处理 5min。然后将胚胎移入 CHX 液中培养 5h。结果表明，2 次离子霉素激活并结合 CHX 处理所获得的克隆胚胎的发育率显著高于常规的 1 次离子霉素结合 CHX 处理的激活结果（表 5-9）。

表 5-9 离子霉素 2 次激活处理的绵羊体细胞克隆胚胎的发育

培养液	离子霉素激活次数	胚胎数	卵裂数［卵裂率（%）］	囊胚数［囊胚发育率（%）］
SOFaa	1	157	110（70.1）[a]	13（8.3）[b]
SOFaa	2	228	186（81.6）[b]	54（23.7）[a]

a、b：$P<0.05$

（五）克隆羊胚胎的碎裂问题

与克隆牛胚胎相比，羊的克隆胚胎发生碎裂的概率要高得多。如图 5-33 所示，如果不经荧光染色，很可能将这些胚胎误以为是正常卵裂而形成的胚胎。而实际上，这些都是胞质碎裂形成的碎裂球而并非卵裂球。碎裂发生的原因与机制尚不完全清楚，但卵母细胞的质量及其去核与移核的操作手法会加重胞质的碎裂。

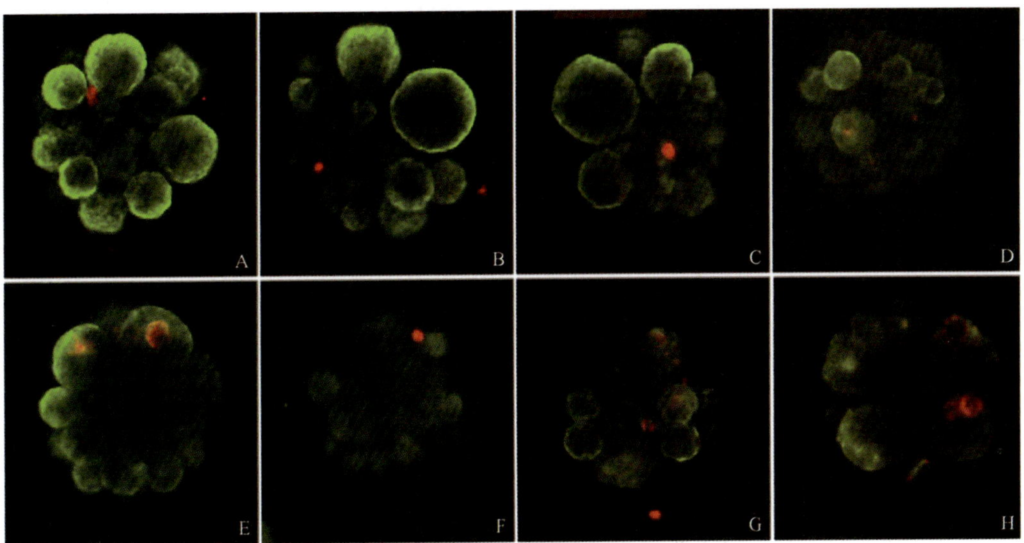

图 5-33 绵羊克隆胚胎碎裂（200×）

大多数碎裂球中无染色质成分（染成红色），或个别碎裂球中出现多个染色质团

（六）克隆羊培育

1. 克隆绒山羊

国际首批克隆绒山羊在内蒙古大学诞生。其共构建融合胚胎 139 枚，对融合胚经 2 次离子霉素，再经 CHX 激活处理后，在 SOFaa 培养液中培养 20～30h，将其中 129 枚卵裂胚分别移植到 14 只同期发情的受体母羊输卵管中。胚胎移植 40 天后的妊娠率为 29%（4/14），最终出生率为 21%（3/14），出生存活率为 67%（2/3）（图 5-34）。

图 5-34 国际首批克隆绒山羊

2. 克隆德美羊

利用上述技术体系，内蒙古大学的科研人员又获得了克隆德美羊。胚胎移植 45 天后的妊娠率为 16.2%，产仔率为 10.8%，羔羊存活率为 100%（2/2）（图 5-35）。

3. 克隆杜泊羊

在体外培养 20～30h 后，将 2-～4-细胞的杜泊羊克隆胚胎移入同期发情的受体蒙古羊母羊输卵管内。结果表明，2 次离子霉素激活处理组的 40 天的妊娠率、羔羊出生率显著高于 1 次激活组（表 5-10）。

图 5-35　克隆德美羊

表 5-10　体细胞克隆杜泊羊实验数据

激活	胚胎数	卵裂数 [卵裂率（%）]	移植数	受体数	妊娠数 [妊娠率（%）]	产羔数 [产羔率（%）]	存活数 [存活率（%）]
1 次	401	289（72.1）[b]	257	61	7（11.5）[b]	5（8.2）[b]	3（60）
2 次	576	473（82.1）[b]	449	107	25（23.4）[a]	17（15.9）[a]	14（82.3）

注：同一实验组内，不同肩注符号表明统计学差异显著。a、b：$P<0.05$

（七）克隆羊参与生产繁殖

2009～2012 年，内蒙古大学的科研人员共获得了 59 只克隆杜泊羊，其中公羊 39 只、母羊 20 只。到 2014 年年底，利用克隆公羊的精液生产出纯种杜泊羊 660 只、纯种杜泊羊胚胎 2000 多枚。同时，利用克隆公羊的精液与蒙古羊配种，生产杜蒙杂交羊 6.8 万只（图 5-36）。

克隆杜泊羊

克隆羊扩繁的纯种杜泊羊

克隆羊扩繁的杜蒙杂交羊

图 5-36 利用克隆羊生产纯种杜泊羊与杜蒙杂交羊

二、猪克隆技术要点

（一）卵巢的保存与运输

从屠宰厂收集卵巢后，迅速放入 28～35℃的灭菌生理盐水中，2h 内运回实验室采集卵母细胞。随着卵巢离体时间增加，体外成熟后的卵母细胞的发育能力会迅速下降。猪卵母细胞对温度特别敏感，运输过程中温度过高或过低都会严重影响其后卵母细胞的成熟质量。

（二）COC 的成熟培养

猪 COC 的体外成熟培养时间为 44～48h，比牛和羊的 COC 培养时间长一倍。因而，猪 COC 的成熟培养条件比牛和羊的更为严格。成熟培养液中必须添加 FSH、LH、雌二醇等激素，也需要添加必需与非必需氨基酸来提高卵母细胞核成熟的比例。此外，为了进一步提高卵母细胞的成熟质量，成熟培养液中往往还添加 10%的成熟卵泡的卵泡液。

研究发现，激素对于成熟培养的前半程至关重要；在后半程，降低激素浓度或不添加激素更有利于 PB1 的排放，并提高卵母细胞的成熟质量。可以在成熟培养 24～30h 后，将 COC 转入含低浓度激素或不含激素的新鲜成熟液中，继续培养至 48h（图 5-37）。

（三）核移植操作

猪卵母细胞的卵胞质在所有的家畜中颜色最深，在显微镜下无法看到细胞核，这为去核操作带来极大困难。同时，猪卵母细胞的卵胞质因为富含脂滴，对温度非常敏感，体外操作环境温度的轻微变化就会伤害卵母细胞或胚胎。

在实际操作中，通常先用 Hoechst 33342 活性荧光染料对卵母细胞染色数分钟，在荧光显微镜下确定核的位置，再将卵核吸除。用于激发荧光的紫外线会对卵母细胞造成一定程度的损伤，影响卵母细胞及胚胎的后续发育。可以采用牛、羊克隆中的二步法培养，在卵母细胞成熟至 AⅠ/TⅠ阶段时，去除卵丘细胞，继续培养卵母细胞至所需要的时间，进行盲吸法去核并完成克隆操作。

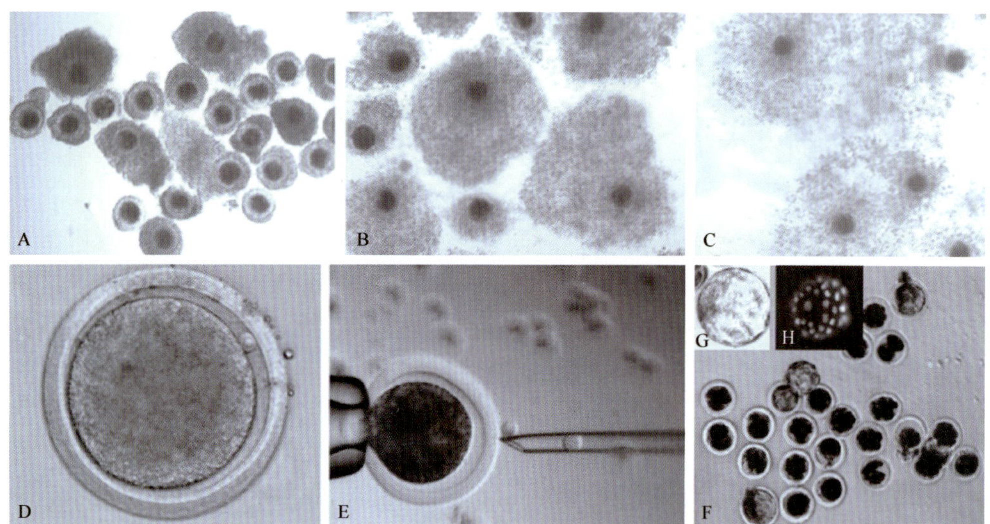

图 5-37　猪的克隆胚胎制作过程

A. 成熟培养前的 COC；B. 扩展的 COC；C. 极度扩展的 COC；D. MⅡ期卵母细胞；E. 注核操作；F. 克隆胚胎；G. 囊胚；H. 囊胚细胞数

（四）融合胚的激活

猪重构胚激活最常用的方法是电激活，也可以采用离子霉素+CHX 或离子霉素+6-DMAP 组合对重构胚进行激活。

（五）胚胎移植

1. 移植胚胎的数量

在多莉羊出生后，就有多家实验室同时进行猪的克隆研究，但直到 2000 年，首例体细胞克隆猪才诞生。在相当长的一段时间内，人们基本都在利用培育多莉的技术进行猪的克隆研究。在胚胎移植时，只是移植几枚到十几枚克隆胚胎，均未获得成功。我国动物克隆专家赖良学教授尝试了大数量克隆胚胎移植技术，每头受体母猪移植几百枚克隆胚胎，最终成功获得了克隆猪。因而，生产克隆猪的一个技术要点就是进行大量胚胎的移植（Zhao et al.，2010；Men et al.，2012）。

激活后的克隆胚胎在体外培养 14～16h 后，通过外科手术法移植到受体母猪输卵管中，在胚移后的第 23～27 天进行妊娠检查。

在 2009～2012 年的 4 年间，吉林大学的研究小组连续进行克隆猪实验，每头受体母猪的移植胚胎数均在 230 枚以上，但是每窝产仔数只有 2 头或 3 头（表 5-11）。

表 5-11　吉林大学在 2009～2012 年克隆猪研究情况

年份	平均每头受体母猪的移植胚胎数	妊娠到期受体母猪的每头移植胚胎数	每窝产仔数
2009	241±40	249±40	2
2010	248±50	237±22	3
2011	238±48	267±54	3
2012	262±66	267±41	3

资料来源：黄永业，2014

2. 妊娠母体延迟生产

克隆胚胎的受体母猪的怀孕周期较自然受精母猪的怀孕周期长，而且产仔率低。受精母猪的怀孕周期为 110～122 天，平均每窝产下 11 头小猪。克隆胚胎受体母猪怀孕周期为 113～132 天，平均每窝产下 3 头小猪。

克隆胚胎妊娠受体延迟分娩的现象，在克隆牛和克隆羊中均存在。特别在肉牛克隆中，妊娠期平均延长 15 天左右（正常牛的妊娠期为 285 天），最长的延迟 35 天。

三、马（或骡）克隆技术要点

（一）马的卵巢和卵母细胞的特点

1. 卵巢的特点

与牛、羊和猪的卵巢不同，马卵巢的白膜层很厚，很坚韧。从马的卵巢表面看不出卵泡的情况。只有用刀片将卵巢剖开后，才能看清楚卵泡的大小。因而，从马类动物的离体卵巢中采集 COC，需要利用刀片和微小的金属勺。用刀片将卵巢切开，寻找被切开的卵泡，然后用微勺把卵泡液挖出，放入收集管；依次把卵巢彻底剖完，尽可能多地收集 COC。

2. 卵泡内卵丘-卵母细胞复合体的特点

与其他动物的 COC 不一样，马类动物卵泡中的 COC 有两种类型：一种类型与牛、羊一样，卵丘细胞致密地包围着卵母细胞，为致密型的 COC；另一种类型是扩展，甚至是极度的扩展型，与已经成熟培养了 24h 的牛 COC 的形态类似（图 5-38）。后一种类型的卵丘细胞虽然已经极度扩张，但卵母细胞仍然处于 GV 期，需要在体外继续培养 15～18h 后才能成熟并用于克隆操作。前一种类型的 COC 则需要培养 24～36h 才能成熟。

（二）卵母细胞的体外成熟

将 COC 培养于 500μl 的成熟液液滴中（TCM199+1.4mmol/L $CaCl_2$+10% FBS+0.05U FSH+0.05U LH+100U 青霉素盐+100μg 链霉素盐），在 38.5℃、5% CO_2 和饱和湿度的培养箱中培养 15～18h（扩展型 COC）或 24～36h（致密型 COC）。

（三）克隆操作

1. 卵母细胞透明带的特点

马类动物卵的透明带韧性极强，类似啮齿类的卵，利用普通的注射针很难穿透。如果用注射针强行穿透，往往导致卵母细胞死亡。因而，在进行马类动物的克隆操作时，也需要使用 Piezo 装置辅助进行去核与注核操作。

2. 融合胚的短暂培养

克隆操作完成后，通过电融合技术使体细胞融入去核卵胞质中。将融合胚在 Ham's

F12-DMEM（1∶1）、0.71mmol/L $CaCl_2$、29mmol/L $NaHCO_3$、5μg/ml 胰岛素、5μg/ml 转铁蛋白、5ng/ml 亚硒酸钠和 10ng/ml EGF 液体中培养 2～4h。之后，进行激活处理。

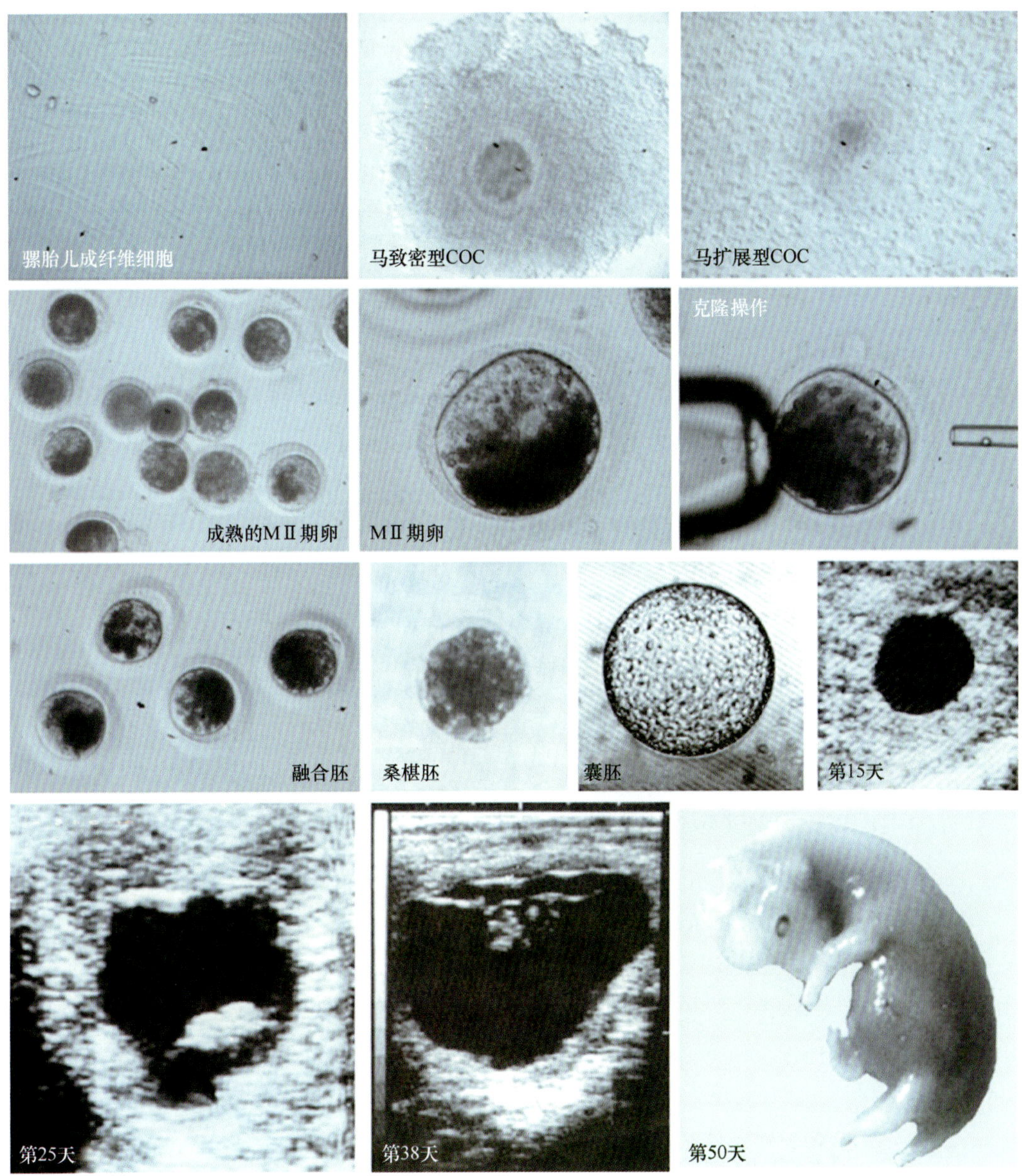

图 5-38　克隆骡胚胎构建及妊娠的超声诊断图像

3. 重构胚的激活

马的克隆胚激活方法也是离子霉素与 CHX 联合使用。重构胚经 5min 离子霉素处理后，再经 10μg/ml 的 CHX 液处理 5h。研究显示，马类克隆胚的激活需要更高的 Ca^{2+}浓度（表 5-12）。所用的激活液中的 Ca^{2+}浓度为常规激活液中的 6 倍，胚胎培养液中的 Ca^{2+}浓度也是常规培养液的 3 倍（Woods et al.，2003）。

表 5-12　克隆骡所用的培养液与激活液中的 Ca^{2+} 浓度与胚胎发育效果

实验组别	卵母细胞数	融合胚数	移植胚胎数	妊娠情况			
				第 14 天	第 30 天	第 45 天	第 60 天
对照	142	132	130	2	0	0	0
1×/3×	42	40	40	3	2	0	0
1×/10×	30	22	22	2	0	0	0
3×/6×	120	113	113	14	11	5	3
总计	334	307	305	21	13	5	3

注：对照组的液体中含有标准的 Ca^{2+} 浓度（0.14mmol/L、0.71mmol/L 和 1.4mmol/L）。1×/3×和 1×/10×是其他液体中的 Ca^{2+} 浓度与标准液体一致，而激活液中的 Ca^{2+} 浓度分别是标准液体的 3 倍（2.13mmol/L）和 10 倍（7.10mmol/L）。而 3×/6×是指其他液体中 Ca^{2+} 浓度是标准液的 3 倍（0.42～4.2mmol/L），而激活液中的 Ca^{2+} 浓度是标准液的 6 倍（4.26mmol/L）

（四）胚胎移植

由于马类动物的胚胎体外培养技术还不成熟，克隆胚胎不宜在体外环境中停留过长时间。将激活处理后的胚胎，在体外培养十几个小时后，就直接移植入受体马的输卵管中。在移植 60 天后，通过超声检查妊娠情况。马的妊娠期为 335 天左右（Woods et al., 2003）（图 5-39）。

图 5-39　体细胞克隆骡

（五）马类动物胚胎工程研究的局限性

到目前为止，马类动物的卵母细胞体外成熟、体外受精与胚胎培养等技术均不成熟，仍未建立起同猪、牛或羊一样有效的体外操作技术体系。

四、克隆动物研究进展

到目前为止，实验动物如小鼠、大鼠、兔，家畜如绵羊、牛、猪、山羊、马、骡、水牛、骆驼，宠物如猫、狗，经济动物如雪貂、马鹿，珍稀濒危动物如亚洲野牛（*Bos gaurus*)、欧洲盘羊（*Ovis orientalis musimon*)、非洲野猫（*Felis silvestris lybica*)，野生动物如狼等均已被成功克隆。图 5-40 为部分克隆动物。

图 5-40　已经成功克隆的部分动物

第六节　影响体细胞核移植的因素

影响克隆效率的因素有很多。目前大多数的观点认为，供体细胞核的不完全重编程是主要的影响因素。核移植操作步骤繁多，诸多环节如供体细胞的状态、卵母细胞的成熟状态、克隆胚胎的激活和培养等都可能影响卵胞质的质量或核的重编程过程。

一、体细胞克隆存在的主要问题

（一）出生率低

多莉羊诞生至今已有 20 多年。在此期间，人们在克隆技术与克隆机理方面做了大量的研究，总结出若干有效的技术方法，克隆出数十种哺乳动物。但总体来说，体细胞克隆效率依然很低。如果按照出生的健康后代个体数与核移植中操作的卵母细胞数之间的比值来计算，各种动物的克隆效率分别为小鼠 0.2%～5.8%、大鼠 0.2%、山羊 0.7%～7.2%、兔 0.3%、绵羊 0.4%～4.3%、牛 1%～5%、猪 0.1%～0.9%、骡 0.9%、马 0.2%、猫 0.13%。

以牛为例，克隆效率低主要表现在以下几方面：第一，克隆胚胎移植妊娠率低，妊娠过程中流产率高；克隆牛流产率高达 50%～80%，而且在妊娠全过程都有可能发生流产。第二，克隆牛出生畸形率高，而且大多需要通过剖腹产。第三，克隆牛出生后死亡率高，克隆牛体质弱，抵抗力和适应性差，出生后一周内极易发生腹泻、脐带炎、异物性肺炎等病症，平均只有 50%的新生犊牛能够成活。因此，低妊娠率，高发的流产率、胎儿畸形率和出生死亡率导致克隆牛生产效率极低。

克隆猪与克隆羊的情况同克隆牛的情况类似。这说明，现有的技术体系还只是做了一些表面的工作，并没有找到影响克隆动物发育的根本性因素。因此，克隆机制研究依然是一个亟待加强的课题。

（二）胎盘异常影响克隆胎儿发育

多数克隆胚胎在移植后不久，就会停止发育，如小鼠克隆胚胎在移植后 6 天内停止发育，而牛克隆胚胎在 60 天内停止发育，这都是早期胎盘形成的关键时期。在牛胎盘形成的最初时期（30～50 天），克隆胚胎就显示出绒毛叶形成受损，并且伴有绒毛叶发育迟缓和尿囊血管退化的现象，早期植入后流产的胎儿中有 70%是由于胎盘异常所致。

克隆动物的胎盘中存在的一个显著异常，是滋养层上皮发育不足，血管异常，局部贫血，这是克隆胎儿流产的一个重要原因。绒毛-尿囊相互作用未能形成良好的胎盘，从而导致妊娠 90 天内出现很高的流产率。在妊娠 150～200 天时，胎盘肥大、尿囊积水、胎盘组织水肿造成流产。胎盘肥大几乎是体细胞克隆胚胎包括死亡胚胎特定的并发症。在小鼠中，发现胎盘肥大的克隆胎儿比对照组小，原因可能是克隆小鼠胎儿的生长处于一个潜在的负面效应的影响之下，胎盘的功能没有得到充分发挥（Chavatte-Palmer et al.，2012；Akagi et al，2014）。

牛绝大多数克隆胎儿都要比普通胎儿大。克隆犊牛出生时体重偏大，称其为“胎儿巨大综合征”。在笔者的实验中，出现了一例较为极端的例子：受体母牛延迟了 30 天分娩，在妊娠 315 天时才出现生产征兆，通过剖腹产手术产下了一头体重达 78kg 的巨大犊牛（图 5-41A），是普通出生犊牛体重的 3 倍。这头巨大犊牛存活了不足百天，最终

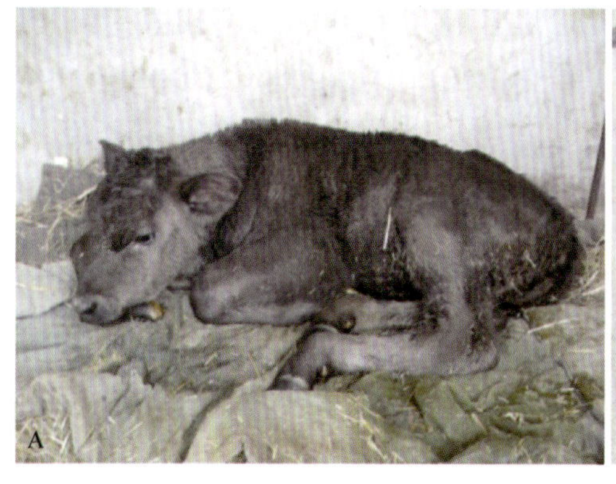

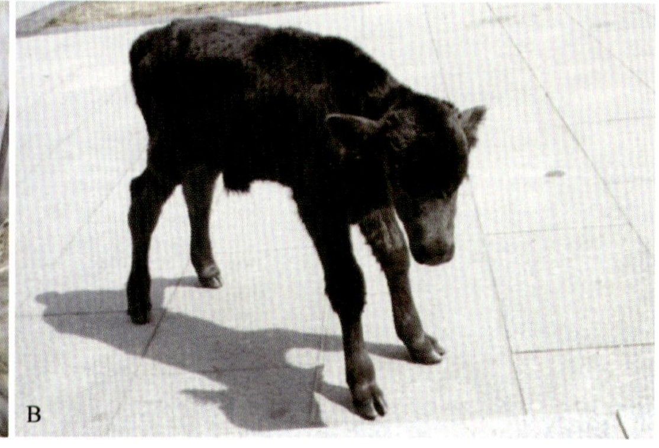

图 5-41　胎儿巨大综合征克隆牛与早产克隆牛

A. 妊娠 315 天，出生体重 78kg；B. 妊娠 226 天，出生体重 11kg，1 月龄时的克隆牛

因脐带炎而夭折。在同一批次的实验中，也出现了一例早产胎儿，在妊娠 226 天（比预产期早了 60 天），在没有任何分娩征兆的情况下自然分娩，出生体重仅 11kg，比正常犊牛出生体重轻了近 10kg。刚出生时，犊牛的体质非常弱，不会主动吸吮进食。最初的 30 天内，由人工精心护理，最终成活下来并长至成年，拥有正常的繁殖能力（图 5-41B）。

上述两个较为极端的例子说明，同一个细胞株、同一批卵母细胞、同一组克隆技术操作者、同样的处理与培养条件、同一批受体牛、同样的饲养管理模式，得到的克隆犊牛的状态却差异巨大，说明动物克隆技术的复杂性与不确定性。

（三）相关基因的异常表达

表观重编程异常可以导致基因表达的异常，进而引起克隆动物的诸多表型异常，其中最重要就是印记基因的异常表达。印记基因表达的重新调整是一个随机过程，并且受到配子发生后建立的一些特异甲基化位点的影响，其主要的分子机制就是 DNA 甲基化。印记基因的异常甲基化模式可能导致其表达异常，并由此引起基因组不能正常活动，最终将导致胚胎植入后死亡。胎盘生长依赖于许多调节基因的表达，其中印记基因发挥着基础性作用。调控胎盘发育的印记基因的甲基化的不完全，使基因表达紊乱导致胎盘发育失败，进而导致了克隆动物器官发育异常或死亡。例如，*Phlda2* 基因在克隆胚胎中的异常表达或不表达将无法限制胎盘的增长，导致胎盘肥大。有关细胞重编程与克隆动物的表观异常发生机制等将在第八章重点阐述。

二、影响克隆效率的因素

（一）供体细胞对核移植效率的影响

1. 供体细胞的来源和种类对核移植的影响

多种组织来源的体细胞如乳腺上皮细胞、成纤维细胞、卵丘细胞、颗粒细胞、输卵管上皮细胞、巨噬细胞、淋巴细胞、睾丸支持细胞、神经细胞等都可以用于克隆动物，但来源于不同组织或细胞种类的细胞的重编程能力和核移植效率明显不同。有些种类的供体细胞虽然能够得到克隆囊胚，但无法获得克隆后代。以猪为例，目前只有胎儿成纤维细胞、卵丘细胞和颗粒细胞作为供体细胞成功地获得过克隆后代。

2. 供体细胞来源动物的年龄

供体细胞来源动物的年龄对核移植效率存在一定的影响。多数研究表明，来源于胎儿和新生动物的细胞，其克隆胚胎的囊胚发育率较高，胎儿来源的细胞更容易得到健康的克隆动物。胎儿细胞的分化程度较低，在重组胚中更容易启动重编程；随着动物年龄的增大，体细胞的分化程度趋高，积累了较多的损伤或突变，导致重组胚发育能力降低。

3. 供体细胞的传代次数

关于供体细胞传代次数对克隆效率的确切影响尚存争议。一般来讲，随传代次数的增加，供体细胞核基因组的稳定性与完整性会降低，克隆胚的细胞凋亡率增加，克隆效率下降。在猪中，传代1～10次的细胞的克隆胚发育能力要比传代10次以上的细胞好。在牛和羊中，笔者的经验表明，传代10次以上的胎儿或成体成纤维细胞的克隆胚胎发育率不如10代以内的细胞。通常，传代5～10代的细胞更有利于核移植胚的发育。来自不同个体的同一细胞类型的克隆效率差异极大，有些动物个体的细胞无法指导克隆胚发育到期。

4. 细胞的形态

细胞的形态主要是指培养的细胞被从培养皿上用酶消化脱壁之后，表面的光滑度、大小与形状。有人认为表面粗糙的细胞使重构卵的融合率下降，克隆胚的原核形成率降低。笔者的经验表明，细胞的大小与形状比细胞表面是否粗糙更能影响重构胚的融合与克隆胚的发育。直径10～12μm的圆形细胞要比大于或小于这个尺度的非圆形体细胞更有利于克隆胚胎发育。体积大的细胞，虽然有更高的融合率，但细胞存在多倍体的可能。反之，如果细胞体积偏小，会影响融合效率。至于细胞表面光滑或粗糙，并不会影响融合与胚胎发育。

5. 供核细胞的细胞周期对核移植的影响

细胞周期由G_0、G_1、S、G_2和M期组成。G_1期为DNA合成的准备阶段，此时细胞核为二倍体；S期为DNA合成期；G_2期是S期向分裂期过渡阶段，细胞核为四倍体。研究认为，供体细胞的细胞周期也是影响核移植的一个重要因素，只有供核细胞和受体卵母细胞的细胞周期相协调时，卵母细胞的胞质才能有效对移入的核去分化。在核移植研究之初，研究者认为供体核应该处于G_1期或G_0期，因为G_0期和G_1期的供体细胞不会因为DNA复制而产生多倍体，而G_2期和S期的细胞因DNA已合成或复制，会出现多倍体或非整倍体现象，导致克隆胚发育不正常。但在随后的研究中发现，G_2/M期的细胞能在去核MⅡ期的卵母细胞中实现重编程。尽管如此，目前大多数实验室仍采用G_0/G_1期细胞作为供核体细胞，认为这种细胞更有利于重编程。与G_0期的供体细胞相比，G_1期更有利于DNA的合成与克隆胚发育。

6. 细胞的活性

2002年，Loi等发现用热处理使供体细胞失活后，克隆胚的发育仍然保持正常，并获得了后代（Loi et al.，2002）。Wakayama等（2008）使用在–80℃条件下冷冻了1年的小鼠体细胞，或使用在–20℃条件下冷冻了16年的小鼠体细胞，成功获得健康的克隆后代。有研究者甚至用干燥数日的细胞或煮沸处理的细胞，都能得到克隆动物。这些研究表明，供体细胞即使失去活性，也至少有部分能保持完整的核物质，指导克隆胚发育。用失去活性的细胞进行克隆获得后代的难度较大，需要先从克隆囊胚中分离培养出ES细胞，再用ES细胞进行核移植，才有可能得到动物。

7. 体细胞的基因筛选

西北农林科技大学的张涌实验室应用全基因组RNA测序（RNA-seq）、microRNA测序（microRNA-seq）、甲基化 DNA 免疫共沉淀测序（MeDIP-seq）和胚胎基因芯片分析，系统研究了正常/异常克隆牛与普通牛、克隆胚与体外受精胚在基因转录、microRNA 表达和 DNA 甲基化方面的差异。发现异常发育的克隆牛有 2612 个基因转录异常；有 184 个 microRNA 的表达异常；有 1231 个基因的 DNA 甲基化修饰显著异常。通过胚胎基因芯片分析结合克隆胚胎体内外发育检测，比对了正常和异常克隆胚胎在基因表达和DNA 甲基化方面的差异，发现 *TCF7*、*DGCR8*、*SENP7*、*DNMT3b*、*Vimentin*、*IFI6*、*EFNA2*、*F5*、*IRAK1*、*PRICKLE 1*、*TNFRSF1A*、*ARG2*、*NEK6*、*Oct4*、*Nanog*、*Sox2*、*CDX2*、*XIST* 和 *IGF2R* 等基因在克隆囊胚的表达谱，可以作为筛选优秀供核体细胞的依据，并据此创建了筛选优秀供核体细胞的技术。张涌课题组利用该技术检测了 165 头奶牛的皮肤成纤维细胞，其中 82 头个体的成纤维细胞系符合上述条件。将符合和不符合上述条件的细胞系分别设为实验组和对照组，进行克隆胚体内发育能力检测。结果证明，实验组的克隆犊牛正常出生率为 20.4%（44/216），显著高于对照组的 2.6%（9/340），表明该评估技术选择供核细胞进行体细胞克隆，可以极大地提高牛、羊体细胞克隆效率。

（二）受体细胞质对核移植效果的影响

1. 受体细胞质的选择

受体细胞所处的阶段对核移植的效果有着重要影响。在哺乳动物细胞核移植研究中，作为受体细胞质的主要有 3 类：去核受精卵（原核胚胎）、去核的融合 2-细胞胚胎及去核 MⅡ期卵母细胞，其中 MⅡ期卵母细胞的应用最为广泛。

2. 受体细胞去核方法及其影响

受体卵母细胞的完全去核是保证核移植胚胎发育的基本条件，如果去核不完全，可导致重组胚染色体的非整倍体性、卵裂异常、发育受阻和胚胎早期死亡。对卵母细胞快速而准确的去核可避免孤雌发育，缩短体外操作时间，减少实验中的干扰因素。

较为理想的去核方法应该是，采用微创的方式，吸取尽可能少的卵胞质并彻底去除卵核。很多操作者在去核过程中，往往去掉了卵的 1/4 胞质，甚至是 1/3 的胞质。其结果是卵细胞核被彻底去除了，但大量的细胞质因子也随着 1/3 胞质的去除而丢失，这必然会影响植入核的重编程。

不管是何种动物，尽可能地避免使用荧光染料或一些化学物质介导去核，因为紫外线照射或化学物质不仅仅造成核的损伤，对细胞质的伤害可能更大。

（三）激活对核移植效果的影响

在核移植过程中，因缺乏自然受精过程中的精子的激活作用，需要使用物理或化学刺激，诱使卵母细胞激活。Ca^{2+}信号调节下游通路引起卵母细胞激活，所以创造一个短暂的 Ca^{2+}波动是激活过程的关键。尽管如此，人为的激活过程也难以完全复制自然受精过程中的 Ca^{2+}波动。

1. 卵龄对卵母细胞活化的影响

在小鼠、兔和牛中发现，活化率随卵母细胞的老化而增加。对新排卵进行 1 次电脉冲刺激，其卵子活化率几乎为零；而继续培养数小时后，相同刺激条件，活化率显著增加。不同卵龄的卵母细胞对电脉冲刺激后所引发 Ca^{2+}增加的反应是不同的。

2. 激活方案

Ca^{2+}波动的幅度、数量、频度对早期胚胎的分裂影响不大，但 Ca^{2+}波动与胚胎发育的效率和质量有密切关系。目前主要有 3 种激活方案：①融合前激活；②融合同时激活；③融合后激活。激活后的卵母细胞，MPF 活性降低，不会使移入其中的细胞发生早熟染色体凝集（pre-mature chromosome condensation，PCC），阻止了 G_2 期供体染色体的再复制现象；G_1 期和 S 期供体核仍可继续进行正常 DNA 复制，因而处于 G_1、S、G_2 期的供核细胞仍继续原来的周期进程，保持正常核型。体细胞核移入去核的未激活的 MⅡ期卵母细胞后，在卵胞质中高活性 MPF 作用下，发生核膜破裂和染色体凝集。染色体的凝集将加速核与胞质中与核重编程相关蛋白因子的交换，促进基因组重编程的进行。染色体凝集也会对处于不同细胞周期的供体核倍性产生影响。处于 G_1/G_0 期的细胞，因为 DNA 尚未复制，其核为二倍体，当染色质凝集后仍为二倍体，克隆胚可以正常发育。用 G_2 期细胞作核供体时，由于 DNA 已复制，染色质凝集形成 4 倍体，必须使一半染色体以极体形式排出才能维持染色体的正常倍性，否则克隆胚将维持异倍性而不能正常发育。而处于 S 期的供体核其 DNA 正处于复制过程中，此时发生 PCC 将使染色质形成“粉末状”形态，造成 DNA 严重损伤，克隆胚不能正常发育。电脉冲和化学物质都能激活卵母细胞，但激活的同时不可避免地造成卵母细胞的损伤。因此，摸索出激活效率高、对卵母细胞损伤小的激活方法对胚胎的发育至关重要。

（四）胚胎体外培养对核移植效果的影响

体外培养系统的缺陷也是导致胚胎死亡、被吸收、流产、死胎或出生后死亡的一个重要方面。现有各种培养系统还无法完全模拟体内环境，无法完全满足早期胚胎发育的需求。因而，还需要从细胞代谢生理角度，探索体外胚胎发育过程中的实际需要，了解早期胚胎的发育机制，进而提高体外生产胚胎的质量。

为了减少体外培养环境对胚胎发育的不利影响，要尽可能早地把克隆胚胎移植入受体母畜体内。克隆胚胎的移植方法和普通胚胎的移植方法相同，关键是要确保移入胚胎的时期和受体母畜的生理周期一致。

（五）核移植重编程中表观遗传变化

哺乳动物在发育过程中，不同细胞和组织按照不同的基因表达程序发育。除了遗传上的作用之外，还受到表观遗传修饰如 DNA 甲基化、组蛋白末端修饰和非组蛋白调节等的影响。因此，哺乳动物的各种细胞类型都有自己的表观标记，它反映了个体的基因型、发育历程和环境影响，最终通过细胞和动物个体的表型体现出来。对体内的大部分细胞类型而言，一旦它们处于分化的状态或退出细胞周期时，表观修饰的标记就会固定下来。在正常发育时，一些细胞会进行表观重编程，包括细胞核内表观标记的清除并随之建立一套新的标记。

供体细胞作为重编程事件的客体，其表观遗传修饰水平的差别可能决定了卵胞质对其进行重编程的难易程度，进而影响克隆胚发育命运。例如，Enright 等（2003a，2003b）发现，细胞类型、细胞周期阶段或体外培养处理过程均影响供体细胞的组蛋白乙酰化水平，直接导致克隆效率的差异。Bonk 等（2008）使用基因芯片技术检测发现，猪供体细胞的甲基化水平与体内发育的囊胚甲基化水平越接近，克隆效率就越高。Wilmut 等（2002）认为克隆效率的进一步提高可能需要人为干预来促进供体核的重编程来实现。目前，尽管人们还没有就选择 DNA 甲基化水平较低、组蛋白乙酰化水平较高的供体细胞形成共识，但是已经陆续开始通过人为干预来改变细胞的表观修饰水平，尝试提高克隆胚发育能力和克隆效率。

（六）为提高克隆效率采取的技术措施

1. 表观修饰药物干预

在进行核移植之前，使用一些表观遗传修饰药物处理体细胞，或者利用这些药物处理克隆胚胎，以达到促进供体细胞重编程的目的。常用的表观遗传修饰剂有 DNA 甲基转移酶（DNMT）抑制剂和组蛋白去乙酰化酶（HDAC）抑制剂两类，其中前者包有 5-氮-2′-脱氧胞苷（5-aza-dC）和 S-腺苷同型半胱氨酸（S-adenosyl homocysteine，SAH），后者有曲古霉素 A（trichostatin A，TSA）和 Scriptaid 等。其中，5-aza-dC 对 DNMT 有很强的抑制作用，高浓度（>0.04μmol/L）处理牛体细胞后，虽然可以使克隆囊胚的 DNA 甲基化达到与体外受精囊胚相似的水平，但却不利于克隆胚发育，克隆囊胚发育率显著下降。这说明，5-aza-dC 本身对细胞有毒性，抑制了所有 DNMT 的活性，影响了后期胚胎的发育。用 SAH 处理成年牛体细胞，发现能有效降低供体细胞的全基因组 DNA 甲基化水平，同时可提高克隆胚体外发育的能力。利用 TSA 处理牛成纤维细胞，能有效提高细胞的组蛋白 H3 乙酰化水平，促进克隆胚发育。利用丁酸钠（sodium butyrate，NaBu）处理猪胎儿成纤维细胞，有助于提高克隆胚胎发育；使用 NaBu 处理兔体细胞，能显著提高兔克隆胚的发育能力（王维等，2010）。

2. 细胞提取物孵育

克隆动物之所以成功，是由于卵胞质中一些因子能够使供体细胞核彻底重编程。人们由此受到启发，尝试利用不同类型的细胞质或胞质提取物处理体细胞，以改变细胞的表观修饰水平，达到提高克隆胚发育的目的。据报道，用小鼠 GV 期卵母细胞提取物处理卵丘细胞，不仅能使 H3K9 彻底去甲基化和 H3K9、H3K14 部分去乙酰化，而且还能显著提高克隆胚囊胚发育率；小鼠 MⅡ期卵母细胞提取物，虽也能使卵丘细胞发生重编程，但克隆胚发育没有得到明显改善（Bui et al.，2008）。说明不同时期的卵母细胞提取物重编程的能力存在差异。另外，利用睾丸细胞的提取物孵育供体细胞后，可以使细胞的雄性生殖细胞特异性基因得到短期表达，提高猪克隆胚的囊胚发育率（Roh et al.，2009）。

3. 细胞同步化处理

常用的细胞同步化方法有血清饥饿、接触抑制、roscovitine（一种依赖于周期素的蛋白激酶2的抑制剂）处理等，它们都能有效地将细胞静止在 G_0/G_1 期。但血清饥饿法会诱发细胞凋亡，降低克隆胚的发育能力；接触抑制法诱发的细胞凋亡率较低，克隆囊胚率也较高；而使用roscovitine处理有着较小的细胞凋亡率，能显著提高猪和犬类动物的克隆胚的发育能力及克隆后代的出生率。

4. 改善细胞质膜通透性

体细胞经链球菌溶血素O（streptolysin O，SLO）渗透后，可以在细胞质膜上形成微孔，使细胞更好地与外界环境进行物质交换和信息传递。因此，在用细胞提取物孵育体细胞时，常同时用SLO改善质膜的通透性，让细胞提取物的有效因子充分进入细胞中。用SLO处理过的猪胎儿成纤维细胞进行核移植后，克隆胚的融合率和克隆胚的囊胚发育率均有提高；表明质膜通透性的适当改善有利于供体细胞和卵母细胞胞质的融合和进行有效的重编程。经SLO与细胞提取物共孵育的牛胎儿成纤维细胞用于核移植，显著提高了克隆牛的成功率（Sullivan et al.，2004）。

第七节　克隆动物的健康与食品安全性

动物克隆技术从诞生起就一直饱受质疑，特别是克隆动物的寿命与健康问题、食品安全问题等。不仅涉及动物自身福利，更关乎消费者的健康。实际上，大量的研究已经表明，与自然繁殖的非克隆的同类动物相比，克隆动物的寿命与健康并没有表现出异常。对几百个生理生化指标、肉质与奶汁成分指标、自身体内微生物群体等全面的检测表明，以克隆牛和克隆羊为代表的克隆动物，与普通（非克隆）动物并无区别，克隆动物的肉和奶是可以正常食用的（Tian et al.，2005；Heyman et al.，2007）。

一、克隆动物的健康

通常情况下，绵羊可以存活11～12年。而世界上首只体细胞克隆绵羊多莉，因肺部感染，在6岁龄（1996～2002）时死亡。多莉羊的去世，引发了关于克隆动物是否“早衰”的争论。当时的分析认为，多莉羊细胞的端粒与端粒酶不正常。染色体的末端被称为端粒，它决定着细胞能够分裂的次数。每一次分裂端粒都会缩短，而当端粒耗尽后细胞就失去了分裂能力。但随后的大量研究却证实，分化的体细胞进入卵胞质后，重编程机制可以促使已经缩短的端粒增长至正常大小，重新激活端粒酶，使端粒酶的活性提高。因而，从端粒酶的角度分析，多莉羊的早逝不是由端粒酶与端粒的快速缩短所致。

综合分析克隆动物出生后的健康状况发现，刚出生的克隆动物体质普遍较弱，多数需要人工辅助进食。出生后10天之内的死亡率最高，近1/3死于出生后的第一周内。对死亡的克隆犊牛进行解剖发现，夭折多由炎症、肺部疾病、心脏发育缺陷、畸形等引起。部分犊牛胎盘功能不完善，其血液中含氧量及生长因子的浓度都低于正常水平。还有部分犊牛的胸腺、脾和淋巴结等发育不正常。而存活下来的克隆牛与普通牛相比，没有明显的差异（Tian et al.，2005；Watanabe and Nagai，2008；Shibata et al.，2006）。

对克隆牛进行长期分析表明，长到成年的克隆牛都是健康和可育的。超过一岁的克隆牛，所有检测的生理参数均与普通动物相似。比较克隆动物和普通常动物的生长速度、生长相关的激素、处于青春期的年龄、相关内分泌激素、繁殖能力和卵泡的大小、表观遗传特征（伴 X 染色体遗传和印记基因）、端粒长度及成年期动物的行为，这些指标在存活的克隆动物和普通动物之间没有差异。此外，克隆动物后代的生殖能力，在克隆动物的世代传递过程中没有任何影响。子代雌性克隆动物和雄性克隆动物与它们的亲本相比较，在生长性能、临床参数、血清的生化水平和染色体端粒长度这几个方面均没有差异（Heyman et al.，2004；Tian et al.，2005；Watanabe and Nagai，2008）。

美籍华裔科学家杨向中教授领导的研究小组，从一头 13 岁高产奶量的母牛“艾斯本”的耳朵上采集细胞，成功克隆出包括“艾米”“戴希”在内的 4 头健康小牛。“艾斯本”已经 13 岁，相当于人类的 80 多岁，早已超过了生育年龄，是已知世界上被克隆的动物中年龄最大的一个。“戴希”通过自然繁殖，产下一头重 40.5kg 的牛犊“诺曼”，母子都很健康。该实验的成功，证明了用老年牛的克隆后代能够正常发育、妊娠和产犊，并说明老年动物的细胞经过克隆后，可以在遗传和生理上转化成全新的新生细胞；一个老年动物克隆的后代，并不是这个老年动物的复制品，也就是说克隆后代的生理年龄与老年动物无关。说明人类有能力跨越动物本身生殖能力的限制，利用绝育的动物克隆出后代。

美国科学家用 4 年时间跟踪了 30 头成年克隆母牛的健康与繁殖情况，结果显示，进入成年阶段的克隆牛既健康又表现出正常的合群行为，没有发现基因缺陷、免疫缺陷和过度肥胖等问题（Chavatte-Palmer et al.，2009）。西北农林科技大学张涌教授实验室克隆的山羊“阳阳”，生长发育一切正常，没有早衰、多病的情况，直到 15 岁时去世（一般山羊的寿命是 10～12 岁）。

二、克隆动物的行为

作为无性繁殖技术产物，克隆动物的运动、逃逸、避害、智力、生殖等各方面的行为，是否与有性生殖动物有差异，是人们普遍关心的问题。Shibata 等（2006）研究表明，克隆猪及其后代，在生长、繁殖和产肉量方面与同样品种的猪相似。克隆种公猪的繁殖特性与普通公猪一致。Archer 等（2003）对克隆猪做了一系列的行为测试，克隆小母猪与非克隆小母猪在对食物的喜好、性情和时间分配方面是一致的。

Heyman 等（2004，2007）测试了克隆奶牛与普通奶牛的发育状况、奶和肉类产品等指标，表明克隆奶牛具有正常的生长、繁殖和泌乳性能，绝大多数评价参数与对照奶牛基本一致。Enright 等（2002）的研究说明，克隆小母牛和对照小母牛的发情周期长度、排卵期卵泡直径、卵泡波数或荷尔蒙变化曲线均无显著差异。与正常的小母牛相比，克隆公牛所产生的小母牛具有正常的染色体稳定性及生长、体型、血液和生殖参数。年老不育的公牛所获得的克隆公牛有正常的生育能力（Savage et al.，2003）。

克隆动物的社群行为和智力水平也是人们所关心的问题之一。Tamashiro 等（2007）通过观察认为，克隆小鼠在笼子中的自主活动和在 Morris 水迷宫中的空间表现与普通小鼠是一致的。Savage 等（2003）报道，克隆母牛比非克隆母牛对环境表现出更强烈的好奇心，有更强烈的积极性和主动性。Coulon 等（2010）研究了克隆和非克隆母牛社群行为和亲属辨识力，结果表明，来自同一供体的克隆母牛之间在空间上更相关，且有更多的互动。当这些克隆牛被转移到一个新环境中时，克隆牛的运动与叫声跟普通牛无差异。这些结果表明，克隆动物的社群行为和智力水平与有性繁殖的动物相似。

由此可见，克隆来源的哺乳动物在生长行为、取食行为、社群行为、智力水平与繁殖行为等各个方面，均与非克隆来源的同类普通动物一致。

三、克隆动物的生态适应性

为了更进一步了解克隆动物的健康状态，了解克隆动物能否在较为严酷的环境下生存，内蒙古大学的科研人员将佩戴 GPS 跟踪装置的克隆杜泊绵羊和克隆公牛分别放到腾格里沙漠和四子王旗荒漠草原上，以观察克隆动物的社群行为和环境适应能力。

（一）克隆羊的生态适应性

选用的克隆杜泊绵羊出生在内蒙古自治区中部的四子王旗（北纬 41°10′～43°22′，东经 110°20′～113°00′），该地区属于温带大陆性季风气候，年平均温度为 1～6℃，最冷月 1 月的温度为–14～–17℃，最热月 7 月的温度为 16～24℃。而放养地的腾格里沙漠，是中国四大沙漠之一，具有交错沙丘、湖泊盆地、草地海滩、丘陵地带与残丘的生态系统。沙特图研究点的植被主要由沙蒿和白刺及零星分布在沙丘上的沙竹组成，年平均气温为 7.8℃，年最高气温 39℃，最低气温为–29.6℃。

2011 年 1 月，4 只（2 公、2 母）克隆杜泊羊在 4 月龄时，被转移到腾格里沙漠的沙特图地区。在沙漠中的第一周，饲喂杜泊羊以协助它们适应新的环境。之后，白天将它们同当地蒙古羊群一块放养，晚上赶回圈内。在新环境中的最初 30 天，每天在它们的饮食中补充 600g 浓缩玉米，以协助它们适应牧场环境。为克隆羊和当地蒙古羊配备了 GPS 项圈发射器，GPS 项圈内有一个内置的温度传感器和球形开关可每小时记录一次温度和位置数据。将 GPS 跟踪记录器安装在羊两角之间，用以记录放牧轨迹信息；同时在羊的后腿上安装动物活动记录仪，以监测绵羊的运动状况。之后将所有的克隆羊与当地的蒙古羊一块自由放牧，且夜间也不再圈养。对克隆羊和同群的当地羊每月进行一次称重和体尺测量（图 5-42）。

1. 克隆羊的活动

3～9 月，克隆羊逐步扩大它们的活动范围。在开始时，被跟踪公羊的日活动距离为 2300m，到 6 月逐渐扩大到 7300m，7～9 月克隆羊日均活动距离为 7100m，而 6 月 21 日～7 月 2 日，克隆羊的活动距离达到日均行走 9400m 的峰值。

2. 克隆羊在当地环境温度下的活动力

在测试期间，最高气温为 6 月 15 日的 37.2℃。每当白天环境温度达到峰值时，被跟踪羊只的活动显著降低，但随着温度的下降，其活动力水平升高。当环境温度下降到 30℃左右时，活动力达到峰值。

图 5-42　克隆杜泊羊在腾格里沙漠的生态适应性研究

A. 送到实验点的 4 只克隆羊；B. 4 只克隆羊在附近采食；C. 给克隆羊带上 GPS 项圈（箭头所指）；D. 在沙漠草原与当地蒙古羊一起牧食（箭头所指）

3. 克隆羊的放牧轨迹

克隆羊表现出类似地方绵羊的活动模式。克隆羊和当地羊的活动规律非常相似，这表明克隆羊适应当地蒙古羊的放牧方式，并能与当地羊群共处（图 5-43）。此外，克隆羊和当地羊群的社群行为有一致的生活节律，在气温最高的 13:00～14:00 休息，而在大约 19:00 时达到活动高峰期（图 5-44）。

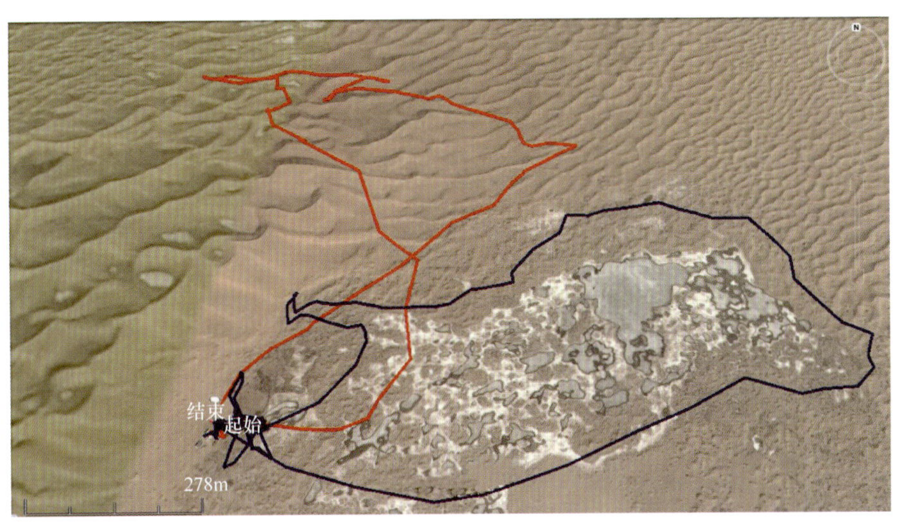

图 5-43　克隆杜泊羊在 3 月 16 日（红线）和 17 日（蓝线）的行走路线

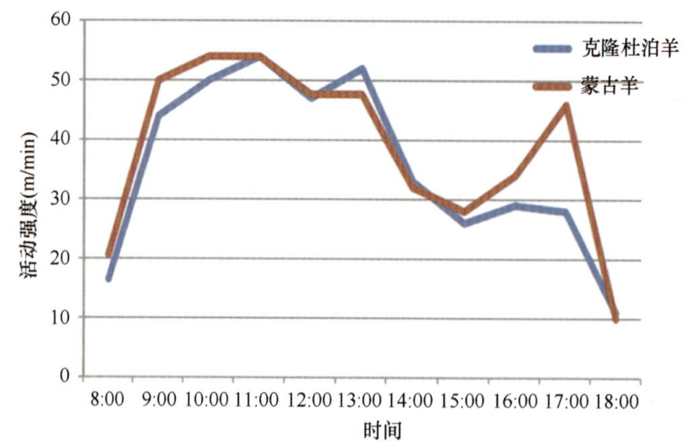

图 5-44　克隆杜泊羊与当地蒙古羊一天的活动模式（8:00～18:00）

4. 克隆羊的生长

在自由放牧期间，克隆羊的体重逐渐增加。当克隆羊 12 月龄时，也就是在实验位点放牧 8 个月后，它们的体重已经达到 76～80kg，所有的克隆羊都很强壮和健康。

5. 克隆羊的产羔情况

在 2012 年的 1～2 月，克隆杜泊公羊和蒙古母羊产出 10 只杂交羔羊，有 2 只纯种杜泊羔羊出生。这些后代后来均发育成熟，并生产出自己的羔羊。

上述研究结果说明：①在自由放牧的条件下，克隆羊能适应当地的气候和生态条件。在–30～40℃的极端温度范围内，克隆羊仍能够保持正常活动。②克隆羊能够适应从舒适的舍饲条件到恶劣环境的转变，这显示出克隆羊良好的放牧适应性。克隆羊在 2 个月的时间内，就完全适应了从完全舍饲到半牧半舍饲再到完全自由放牧的转变。③克隆羊具有良好的放牧耐受力，它们跟随当地羊群，与这些羊群的放牧方式和社群行为基本一致，保持着强大的合群能力，从未脱离当地羊群。④本研究最重要的发现是，自由放牧的克隆羊能适应恶劣的环境条件且能够茁壮成长，并可产生健康可育的羔羊后代。这些研究结果表明，克隆羊在蒙古高原恶劣的牧场环境条件下能够保持健康多产的特性（魏著英等，2013）。

（二）克隆牛的生态适应性

研究地点为四子王旗乌兰花荒漠化草场。本地区为中温带大陆性季风气候区，年平均气温在 1～6℃。1 月最冷，平均气温自北向南由–14℃递降到–17℃，最低温度可达–30℃以下。7 月最热，平均气温自南向北由 16℃递升到 24℃，极端最高气温 38℃。

1. 克隆牛

送往草原的 2 头克隆牛来自 1 头 10 岁的和牛公牛的耳缘成纤维细胞，出生于 2009 年 5 月。在 2011 年 3 月送往四子王旗草原。

2. 克隆牛的饲喂

从呼和浩特实验基地运抵牧场后的最初 1 个月里，每天对其补饲 2.0kg 饲料和一些饲草。有专门饲喂人员每天观察克隆牛的活动情况与饮食情况。一个月以后，牛的活动范围扩大，牧食范围扩大，补饲量也逐渐减少。在草原返青后，牛的活动范围更趋扩大。饲养人员每隔 2～3 天去观察克隆牛与其他牛的活动情况并记录。

3. 克隆牛的牧食生态学

和牛是日本培育的世界公认的肉牛，一般在沿海地区气候温和环境下养殖，能否适应内蒙古高原环境，特别是放养状态下的荒漠化严酷环境，尚未见报道。对于无性繁殖来源的克隆和牛来说更无先例。通过观察发现，刚进入草原时，克隆牛表现较为警觉、谨慎，最初的活动范围仅限于饲养地附近。从最初的每天运动 1～2km，到后来的数千米之外。到了后期，则是几天甚至数月不归。在最初，体重也一度降低，但很快恢复。几个月后，克隆牛的体型、体况明显好于舍饲条件下的同龄或大龄的克隆牛或普通牛，显示出良好的草地生态适应性。

在放牧 2 年后，放养条件下的 2 头克隆公牛，已经与普通当地牛生产出 30 多头犊牛，形成克隆牛的后代群体（图 5-45）。

图 5-45　克隆牛在荒漠化草原上生活与繁衍

四、克隆动物的食品安全

科学家们在检测分析了克隆牛的食品行业100多个常用的参数，包括氨基酸组成、脂肪酸组成、肉和脂肪的比例、器官重量、器官的组织病理学与血液生理生化之后发现，所有检测的参数都符合食品行业常用参数范围，并且与正常牛的奶和肉相比没有差异（表5-13）。克隆动物的总脂肪、脂肪酸、氮、固体、乳糖、pH、蛋白质及Na、Ca、S、K、Zn、Fe、Sr、P 元素等，都符合目前食品工业的标准，而所发现的微小差异都可以归因于养殖方式的差异（Tian et al.，2005；Yang et al.，2007；Yamaguchi et al.，2008）。迄今为止，所有对克隆动物食品的研究都表明，未发现克隆动物的肉、奶和非克隆动物的肉、奶的生物学和生物化学上的区别，它们同一般食品在物理上、生理上或生物化学上都无法区分，克隆动物和非克隆动物的肉、奶没有区别。克隆动物通过传统哺乳方式喂养的后代可以正常生长，并不会受到环境的影响。与传统方式繁育后代的动物相比，克隆动物及它们的后代的肉类及奶制品都不存在安全问题。

表5-13 克隆牛与非克隆牛血液、肌肉和牛奶在化学、生物、生理和生化方面的特性比较

克隆牛数量	组织样品	检测参数	克隆 vs 非克隆
13	牛奶	总脂肪和蛋白质百分比；体细胞数量	相似
1	肉	总水分、蛋白质、脂质、糖类、灰分和胆固醇百分比；氨基酸和脂肪酸比例	相似
8	肉	总脂肪、肌肉和骨的百分比；肌肉、肾、盆骨、心脏脂肪和肌肉的重量	正常工业范围内
12	牛奶	总固体量、脂肪、蛋白质和糖类的百分比；pH；体细胞数量；蛋白质、脂肪酸和矿物质含量	相似
4	牛奶	总蛋白质、脂肪、固体物质、乳糖、牛奶尿素氮的百分比和体细胞数量；蛋白质含量	相似
10	牛奶	总脂肪、蛋白质和固体脱脂物的百分比	产奶量不同，其他相似
2	牛奶	牛奶脂肪、蛋白质、乳糖、固体脱脂物和总固体量的百分比	相似
2	肉	器官或身体的部分重量、总肉和脂肪的百分比；水分、粗蛋白和粗脂肪在6部分肌肉的百分比；脂肪酸含量；氨基酸组成；所有组织的病理学分析	100多个参数中有12个不同，但都在正常工业范围内
1	肉	总水分、蛋白质、脂质、碳水化合物、灰分和胆固醇的百分比；氨基酸和脂肪酸含量	相似
11	血液、肉	血液化学和血液学参数；脂肪酸和氨基酸组成；维生素和类似物	相似
18	血液	血液化学参数	592个参数中6个不同
2	肉	肉的可消化性、变应原性和诱变性（在饲喂小鼠和大鼠之后）	相似

基于这些科学的研究与分析，2008年1月15日，美国食品和药物管理局（FDA）宣布，克隆牛、猪和山羊等动物及其后代所生产的肉和奶制品均可以安全食用，生产商无须进行明确标注即可直接进入市场。欧洲食品安全局（EFSA）利用3年时间，对克隆牛的奶和克隆猪的肉进行了4次评估，确认来自克隆动物的食品并无安全问题。

第八节　异种核移植

异种体细胞核移植是指将一个物种的体细胞移植到另一物种去核卵母细胞中，构建拥有不同物种来源的核与质的杂种胚胎的过程。异种核移植可用于珍稀濒危物种的拯救，更多地用于研究核质关系、线粒体动力学及表观遗传学修饰等。异种核移植胚胎的发育情况具有种属特异性，一般情况下，种属关系相近的异种克隆胚胎的发育情况相对较好。

一、异种核移植的研究历史

有文献报道以来，第一次异种核移植尝试是在 1886 年，由 Rauber 在两栖类中所做的细胞核和细胞质互换遗传性实验。他使用注射器把青蛙和蟾蜍受精卵的原核进行互换，结果表明，经过互换后的两种受精卵的发育都发生阻滞，由此开启了异种核质关系的研究。

真正在异种动物核移植领域取得突破性研究进展的是童第周先生。童第周等利用鳑鲏鱼胚胎细胞作为核供体、金鱼去核卵子作为胞质受体，或以金鱼胚胎细胞作为核供体、鳑鲏鱼去核卵子作为胞质受体，均得到异种核移植鱼，成功实现了鱼类不同亚科之间的异种核移植。把鲤鱼囊胚期细胞核移植到鲫鱼的去核卵，获得了异种克隆鱼。将金鱼（鲤形目鲤科）核移植到大鳞副泥鳅（鲤形目鳅科）去核卵，得到了不同科之间异种克隆鱼。将尼罗罗非鱼（鲈形目）的细胞核移植到金鱼（鲤形目）去核卵，实现了不同目之间的核移植。

在哺乳类中，不同物种间的核与质能否完成重编程是研究者极为感兴趣的话题。多年来，研究者们尝试了跨越种、属、科、目，甚至纲之间的异种核移植。Dominko 等（1999）以牛卵母细胞为胞质受体，把绵羊、猪、猴或大鼠的成纤维细胞的核移入去核牛卵母细胞后，异种克隆胚可发育到囊胚期。陈大元实验室将牛体细胞、大熊猫体细胞、鸟类体细胞等分别移入去核的兔卵、羊卵、牛卵、猫卵、黑猩猩卵中，得到的异种克隆胚胎均可以发育到囊胚，有些组合还可以发育到囊胚植入期。把小鼠 8-细胞期的卵裂球移入激活的兔去核卵母细胞，小鼠细胞核在兔卵质内发生了染色体凝聚并形成类原核，有 5% 的克隆胚发育到囊胚期。内蒙古大学的研究人员以藏羚羊体细胞作为核供体，分别以牛、绵羊、山羊卵母细胞作为受体胞质，研究了异种克隆胚胎体外和体内发育情况（Su et al., 2014）。研究显示，无论是体内或者体外，异种克隆胚胎都能发育到囊胚；与体内发育的胚胎相比，体外发育胚胎凋亡情况更为严重。

以上研究表明，通过异种核移植技术对体细胞进行部分重编程是可行的。然而，判断体细胞核移植重编程的成功与否，通常以是否获得克隆动物或者能否建立核移植胚胎干细胞系作为标准。因异种妊娠受生殖隔离的限制，以及大动物胚胎干细胞建系技术尚未成熟，目前获得的异种克隆动物，仅限于亚种间克隆，如亚洲野牛（*Bos gaurus*）、欧洲盘羊（*Ovis orientalis musimon*）和非洲野猫（*Felis silvestris lybica*）等，它们的共同特点是供体核和受体胞质之间的种间距离较近。种间跨度较大的异种克隆胚胎妊娠十分困难。异种克隆胚胎的发育不仅受限于同种核移植胚胎所面临的核重编程问题，还需要克服来自不同物种进化发生的生殖隔离的限制。生殖隔离造就了一个物种在体细胞重编程和代谢途径等生理过程的特异性。这一特异性基于供体与受体之间的亲缘关系，亲缘关系越远，它们之间的特异性越明显。但目前的研究尚不清楚具体存在哪些特异性及其对异种克隆胚的重编程和胚胎发育产生怎样的影响。因此，生物学差异只是异种克隆胚胎发育差的表层原因，根本原因还需从核重塑、表观重编程、代谢途径、转录及转录后翻译等方面进行深入分析。

二、异种核移植胚胎基因组激活和基因表达

胚胎基因组激活是卵胞质诱使细胞核发生重编程的一个重要标志。Wang 等（2009）报道，大猩猩-牛 8-细胞异种克隆胚的转录活性仅为牛-牛同种克隆胚的 70%。异种克隆胚胎中大猩猩特异的转录产物，包括 Stella、Oct4、Crabp1、CCNE2、CXCL6、PTGER4、H2AFZ、c-MYC 和 KLF4 的表达；同时发现 Glut1、Nanog、DSC2、USF2、Adrbk1 和 Lin28 并没有在异种克隆胚胎中表达。这一结果表明，灵长类的体细胞能够在牛卵胞质中进行 RNA 转录，但基因表达不完全。分析不同来源的合子基因组激活（zygotic genome activation，ZGA）前（4-细胞期）和 ZGA 后（8-细胞期）胚胎中管家基因和印记基因的表达发现，牛体外受精胚胎和牛-牛同种克隆胚的基因表达量增加，而恒河猴-牛异种克隆胚胎中仅有管家基因 *HSP70* 的表达增加。这表明在 ZGA 过程中，管家基因和印记基因的下调可能导致了恒河猴-牛异种克隆胚胎发育阻滞。Chung 等（2009）采用芯片技术分析人-人同种克隆胚与人-兔和人-牛异种克隆胚的重编程情况发现，与人的体细胞相比，人-人同种克隆胚胎有超过 84%的基因（5200 个）出现上调；在人-兔和人-牛异种克隆胚中，60%～70%的基因出现下调，包括 *Oct4*、*Sox2* 和 *Nanog* 三种重编程重要因子均下调。这表明，兔和牛卵母细胞能够支持有限的异种克隆胚卵裂。在牛-猪和猪-牛异种核移植胚胎中，出现 RNA 聚合酶Ⅱ活性下降，核仁发育失败，以及 *Nanog* 基因未表达和线粒体数量显著下降的现象，说明异种克隆胚中没有出现 ZGA，也表明了牛和猪两物种间核质协调性较差。为了解异种核移植胚胎发育阻滞的原因，Amarnath 等（2011）将受精后的小鼠合子与不同比例（小鼠合子体积的 1/3 和 1/5）的猪卵胞质进行融合，发现猪胞质的存在显著降低了小鼠合子发育到囊胚的比率，*Tfam*、*PlogG*、*Oct4* 和 *Nanog* 等重要基因的表达量均显著降低。这表明，不协调的异种胞质中的某些因子可能引起异种胚胎发育失败。

在胚胎发育过程中，基因的表达与功能发挥是逐步渐进行的。在 ZGA 之前表达的基因，主要与蛋白质转运和 GTP 激酶信号相关；在 ZGA 发生期间表达的基因，主要与转录调控、RNA 剪切及核糖体发生相关；在 ZGA 后期表达的基因，主要与蛋白质翻译和线粒体功能相关。那么，在异种核移植胚胎发育过程中，这些相关的基因能否在正确的时间表达也是影响异种胚胎发育的关键因素。Wang 等（2011 年）在研究恒河猴-牛异种克隆胚胎基因表达时发现，在供体成纤维细胞中表达的 860 个基因，在异种克隆胚胎当中也有表达，这说明受体卵母细胞并没有抑制供体成纤维细胞的基因表达；这些在胚

胎中继续表达的体细胞基因，可能影响了异种克隆胚胎的发育。可以推测，只有供体细胞的物种和受体卵母细胞的物种在胚胎基因表达模式相似的情况下，异种克隆胚胎才能发育得更远；或者说，只有当供、受体细胞的基因在胚胎中的表达模式高度一致时，异种克隆胚胎才能获得趋于正常的发育潜力。

三、异种核移植胚胎线粒体异质性

线粒体的复制和转录是由核调控的，当体细胞与异种去核卵融合后，两个物种的线粒体能否共存、占有数量优势的卵胞质线粒体是否能支持异种克隆胚的发育及来自核供体的线粒体的作用与命运，这些问题均涉及异质线粒体的互作及其与核 DNA 的互作关系，可能影响异种克隆胚的发育命运。

（一）线粒体 DNA 的复制

大多数哺乳动物体细胞中含有 10^3～10^4 个线粒体 DNA（mtDNA）的拷贝。成熟卵母细胞中 mtDNA 的拷贝数为 2×10^4～9×10^5 个。mtDNA 拷贝数的不同，间接反映了卵母细胞的质量。含多 mtDNA 拷贝数的卵母细胞的受精率要显著高于含拷贝数少的卵母细胞。mtDNA 的复制由 DNA 聚合酶（DNA polymerase gamma，Polγ）介导，Ploγ 由 PloγA 和 PloγB 两个亚基组成。只有 Ploγ 也不能完成 mtDNA 的复制，还需要其他元件，如 Twinkle（PEO1）。Twinkle 是 mtDNA 的一个解旋酶，也是 mtDNA 复制起始的一个关键启动元件。Twinkle 突变会导致 mtDNA 的多倍性；抑制 Twinkle 表达会导致 mtDNA 的下降；过表达 Twinkle 会使 mtDNA 增加。线粒体单链结合蛋白（mtSSB）影响 Twinkle 的活性，mtSSB 对稳定线粒体基因组和核酸结构有重要作用。Ploγ、Twinkle 和 mtSSB 共同组成一个复制体，启动 mtDNA 的复制。

当把小鼠的体细胞移植到猪去核卵母细胞后，来自核的线粒体占胚胎线粒体比例从 2-细胞期的 0.14%，一直下降到囊胚期的最低点（<0.001%）。对人-山羊异种克隆胚与从异种克隆胚分离出的人类 ES 细胞进行线粒体检测分析，发现人和山羊的线粒体共存于各个时期的异种克隆胚中。从 2-细胞期胚胎到分离出的 ES 样细胞中，人线粒体一直居于稳定的数量（4.9～13.3 个拷贝数/细胞），而山羊的线粒体则随着细胞增殖从每个细胞 2.88×10^5 个拷贝数减少至不足 500 个拷贝数。在山羊-绵羊异种克隆胚发育过程中，来自山羊体细胞的线粒体在克隆胚中的比例也是逐渐下降的。以上数据表明，来自供体核的线粒体在异种克隆胚中没有得到有效的复制。

线粒体的复制是由细胞核调控的，细胞核所编码的线粒体特异聚合酶和转录因子 A 参与这一过程。在异种克隆胚胎中，尽管特异聚合酶和转录因子 A 的表达增加，但来自核供体的线粒体数量仍然逐渐减少。另外，与人 ES 细胞相比，分离自人-山羊异种胚胎的人类 ES 样细胞中的 Polg 和 Tfam 的 mRNA 表达量显著降低，但两者的线粒体数并没有明显差异。在猪卵母细胞体外成熟过程中，采用 2′,3′-双脱氧胞苷先处理 42h，以减少猪的 mtDNA 数量，再将小鼠体细胞连同小鼠胚胎干细胞提取物（内含重编程相关的多能性基因和线粒体）一同注入猪去核卵母细胞中。这一策略显著提高了异种胚胎中小鼠线粒体的比例，在桑椹胚所占的比例达到 50.0%，促使异种胚胎的囊胚率显著提高（3.4% vs 0.5%）。这表明，线粒体的复制不仅依赖于胚胎基因组激活编码所需的线粒体特异复制因子，还需要胞质中与线粒体协调的因子参与（Lagutina et al.，2010，2011，2013）。

（二）线粒体 DNA 的转录

一些转录因子，通过调节线粒体编码的氧化磷酸化基因启动子区域，调节线粒体的复制和转录。核 DNA 与线粒体 DNA 互相作用依赖于核呼吸因子 1（NRF-1）、NRF-2 和过氧化物酶体增殖物激活受体-伽马辅助活化剂（PGC-1）家族的作用。PGC-1 包括：PGC-1α 和 PGC-1β，这些转录因子也是哺乳动物细胞中能量传递通路的一部分。过表达 PGC-1α 和 PGC-1β 会导致线粒体的增加，核呼吸量增强。而 NRF-1 与 NRF-2 会直接调控线粒体的转录和复制。

线粒体 DNA 的转录发生在核编码的调节蛋白和 D-loop 区域的保守区。转录需要线粒体 RNA 多聚酶（PolRmt）、线粒体转录因子 A（TFAM）和至少有一个线粒体转录因子 B（TFB1M 或 TFB2M）。线粒体 DNA 的转录时间具有种属特异性，大概发生在 ZGA 时期。对植入前胚胎的研究发现，增加核编码的线粒体转录因子的表达，可增强桑椹胚和囊胚期线粒体的转录活性。在体外培养的囊胚中，mt-ND2（线粒体 NADH 脱氢酶 2）和 TFB2M 的活性下降。激素刺激会导致 NRF-2 表达的改变。NRF-1 与 NRF-2 是直接控制线粒体复制和转录的因子，它们不表达或者表达降低，直接影响线粒体的活性。Amarnath 等（2011）在研究猪和鼠胞质杂合胚胎时发现，与线粒体转录相关的基因如 *Polγ*、*Polγ2*、*mt-Cox1* 和 *mt-Cox2* 都会下降，进而影响呼吸链的产能效率。也许正是该转录元件的种属特异性影响了异种克隆胚胎发育。

第九节 胚胎分割

胚胎分割（embryo splitting）是指将一枚完整的胚胎人为切割成两个或两个以上细胞团块，以期每一个细胞团均能发育成一个动物个体的过程，这也是一种人工无性繁殖技术。Spemann 于 1901 年将蛙第一次卵裂后的两个卵裂球分离开，人工产生了双胞胎蛙。后来，Mullen 等于 1970 年将小鼠 2-细胞胚胎的两个卵裂球分开，经过培养后再移植给受体小鼠，产生了人工双胞胎。Moustafa 等于 1978 年又成功地将小鼠桑椹胚一分为二，得到双胞胎。Willadsen 于 1979 年、Meineck-Tillmann 等于 1979 年分别将绵羊 2-细胞胚一分为二、桑椹胚一分为四，再把所分得的卵裂球分别包埋到琼脂中，然后移入绵羊输卵管内；在 3～5 天后，取出琼脂团，将胚胎剥出移入受体母羊，获得同卵双胞胎与四胞胎。之后，人们利用这种方法分别获得了牛、马等的同卵双胞胎或三胞胎、四胞胎。这一技术揭示了一部分正常胚胎的卵裂球可以发育为正常的个体（刘永华等，2007）。只含半数卵裂球的胚胎（二分胚）可发育为正常的小鼠、兔、绵羊、山羊、牛和马；只含 1/4 卵裂球的胚胎（四分胚）可发育为正常的兔、绵羊、猪、牛和马；只含有 1/8 卵裂球的胚胎也可发育为正常的兔、绵羊和猪（八分胚）。

一、胚胎分割方法

（一）2-细胞至 8-细胞期胚胎的分割

该时期的胚胎分割实际上是卵裂球的分离。可通过机械法分离卵裂球；或使用链霉蛋白酶处理胚胎，使透明带软化或直接脱除透明带，再将卵裂球分开即可。

1. 半胚的切割

1）固定胚胎。调节固定吸管使之将胚胎吸住。

2）切开透明带。用微细玻璃针（图 5-46）自上而下切透明带，使其成一个 3/4 的切口。

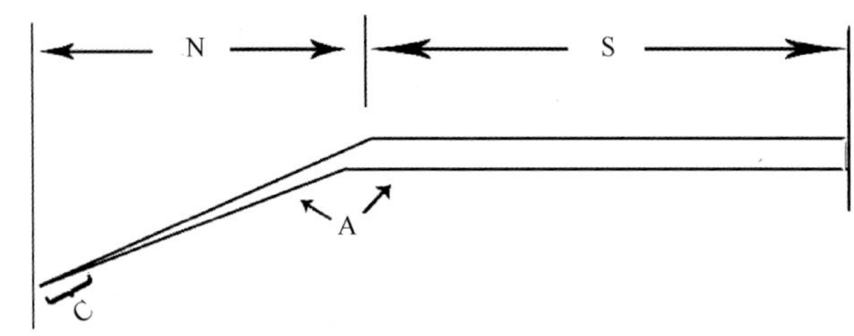

图 5-46　胚胎分割用的微细玻璃针

N. 针部，长约 40mm；S. 柄部，直径 3mm，长 50～60mm；C. 刃部，长 200～300μm，直径 15μm；A. 160°角

3）吸出半数卵裂球。自切口处伸入微吸管，吸住半数卵裂球，慢慢取出，这样即可把胚胎等分成两个。

4）把分割胚纳入空透明带。利用废弃卵母细胞或不合适的胚胎制备空透明带。先切开透明带，再将内容物全部吸出，即可得到空透明带。把分割出的半胚分别装入制备好的空透明带中。

5）埋入琼脂柱。分别用 1%和 1.2%的琼脂液两次包埋分割胚。

6）移入中间受体。把用琼脂包埋的胚胎移入中间受体（小鼠、兔或绵羊的输卵管内），培养 3 天左右回收胚胎。

7）胚胎移植。选取发育良好的回收胚胎，移入同期发情的受体子宫（胚胎已处于桑椹胚期或囊胚早期）。

2. 四分胚切割

将 4 细胞期和 8 细胞期的胚胎切割成四分胚比较简单。或者通过去除透明带后，再等分胚胎成四份，或直接吸出 1/4 胚胎，其他处理方法同上。

（二）桑椹胚期至囊胚期胚胎的分割

1. 玻璃针切割法

（1）胚胎的前处理

室温下用 0.2%～0.3%的链霉蛋白酶液（PBS 配制）处理胚胎 30s，其目的是为了使透明带软化。镜下可见透明带变薄，待其稍膨胀后，立即移到培养液中，充分洗净。透明带软化的目的：由于透明带韧性非常强，如果强行切割，会导致使部分卵裂球/细胞破碎，影响切割后的胚胎质量。

不同时期的胚胎，其透明带对酶的敏感性不一致。处理标准是：4-～8-细胞胚胎用0.5%酶液处理 1～2min；桑椹胚用 0.2%～0.3%酶液处理约 30s；囊胚则用 0.2%～0.3%酶液处理 30s 以下。

（2）胚胎切割

把经软化处理的胚胎与少量培养液一起置于载片上。把针的刃部调节到胚胎的正上方。然后把针沿胚胎正中的二等分线向下移动，把胚胎轻轻压住，针稍微陷入透明带。由此把胚胎固定在切割针和玻璃面之间，继续下切，胚胎被压扁，继而被切开。如胚胎与透明带仍有部分连接，可使针在玻璃面上沿长轴方向微动，使其分离。

（3）分割胚纳入空透明带

操作方法同“(2)”，用针在空透明带上方轻轻压住。使切口张开，并将其固定住；再用一根钝端的微针，把分割的胚胎移入切口之中；撤去固定的微针，透明带的弹力使开口闭合，分割胚即进入透明带（图 5-47）。

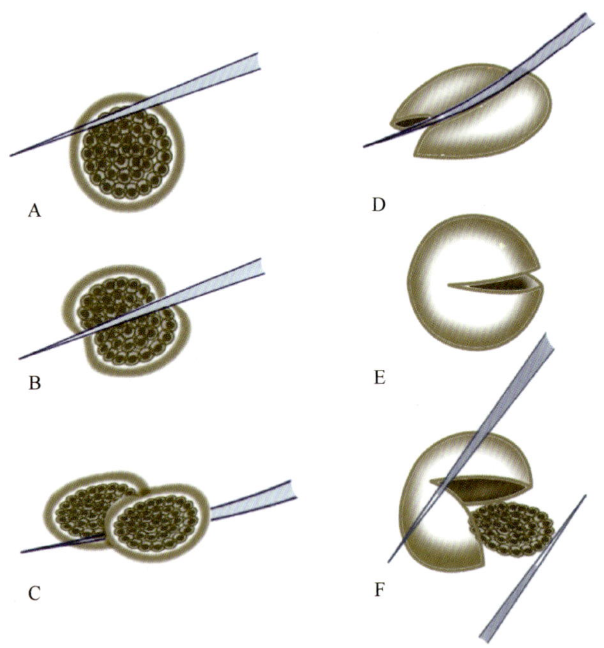

图 5-47 微细玻璃针分割胚胎操作过程

A～C. 把胚胎一分为二；D～F. 把半胚纳入空透明带

2. 微刀切割法

所用器具与切割方法如图 5-48 所示。微刀是用剃须刀片制作的，把微刀粘到微细玻璃管末端，刀刃应与培养皿平行。切割时自上而下垂直将胚胎切开。之后的处理过程同玻璃针切割法。

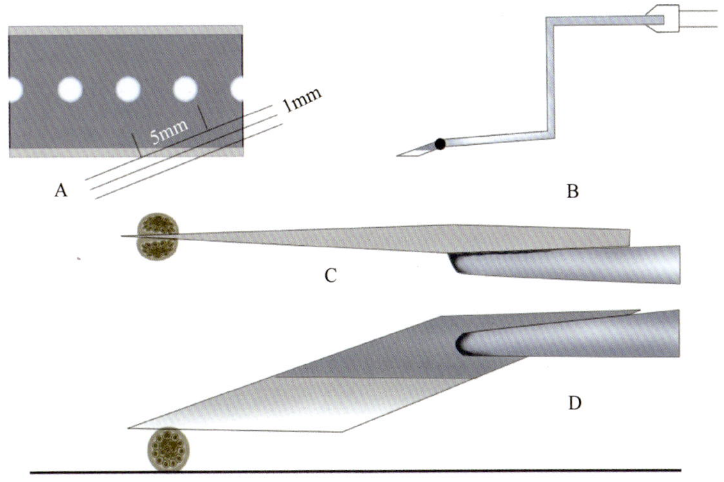

图 5-48　微刀的制作与桑椹胚切割

A. 用刀片制微刀；B. 把微刀与玻璃管粘接；C. 胚胎切割正面观；D. 胚胎切割侧面观

实验证明，早期囊胚二分胚的发育率比桑椹胚二分胚的发育率要低。可能是因为囊胚正处于进一步的细胞分化状态，操作后胚胎的调整能力比桑椹胚差。因而，操作时应避免对胚胎的严重损伤。实际上，胚胎分割时，很少使用发育中期或扩展的囊胚，因为此时的囊胚腔很大，切割时容易塌陷，不易成功。图 5-49 为囊胚切割方法。

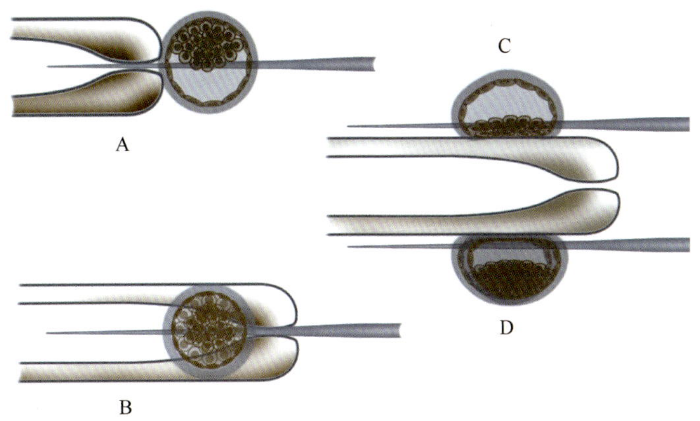

图 5-49　囊胚切割示意图

A. 切割针穿过囊胚；B. 将胚胎调整到固定管上；C. 切开 ICM；D. 用同样的方法切开滋养层

二、分割胚的发育

（一）二分胚的发育

Mullen 等将小鼠 2-细胞胚胎分割后，在体外将卵裂球（无透明带）培养至桑椹胚期或囊胚期后进行移植，获得一组一卵双生仔鼠。但其后的学者们并未重复出这一实验。

裸露的卵裂球培养时，在分裂为4-细胞以后就开始致密化，形成桑椹胚状。但此时的卵裂球并没有和正常桑椹胚那样呈立体排列，而是在培养皿底面略呈平面排列。这种桑椹胚状的胚胎移植后不能正常发育。而将分割后的卵裂球纳入透明带后，经过培养再移植可得到半胚仔鼠。因而，把分割胚纳回透明带是必要的。

Willadsen 等于1981年首先获得胚胎分割的牛犊。1982年，Ozil等将1个囊胚切割后成功获得一胚双胎牛犊。1986年，Niemann等冷冻牛半胚并成功产犊。如果把来自同一个胚胎的两个半胚，一起移植到具有黄体一侧的子宫角中，其妊娠率高于单独单个半胚的移植。不管是采用微细玻璃针，还是用微刀进行切割，都会造成一部分卵裂球损伤或丢失。小鼠、羊和牛的囊胚期胚胎经半胚分割后，有 12.0%～15.0%的卵裂球丢失或损伤。卵裂球的减少，会影响分割胚继续的发育能力。

影响半胚发育的另一因素，是半胚的体外培养条件和培养时间。培养液、血清、气相及温度都影响牛半胚的发育。将牛半胚与输卵管上皮细胞共同培养24h后，再成对移植，妊娠率可达60%。采取中间受体培养有利于半胚发育。

（二）四分胚的发育

Willadsen 和 Polge（1981）第一次获得四分胚犊牛，他们把从8-细胞胚胎得到的四分胚（一对卵裂球）纳入空透明带，埋入琼脂，经结扎的羊输卵管培养4天，然后成对移植到受体子宫，妊娠率为 35%（9/26），其中有 6 头受体母体怀有双胞胎。从早期桑椹胚和晚期桑椹胚分割成的四分胚，均获得正常胎儿和犊牛。到目前为止，一个原始胚胎最多可产生3个四分胚犊牛。

Betteridge 实验室把 4-细胞胚胎分离成 4 个游离的卵裂球后，分别纳入空透明带并培养到囊胚，移植后获得正常犊牛。但是进行成对移植时，四分胚的妊娠率低于3/8胚或半胚的妊娠率。为了改善这一状况，采取将四分胚与滋养层泡（trophoblastic vesicle，TV）共同移植入子宫角。成对移植时，曾得到 75%的双胎妊娠率。并且，有两头受体母牛怀有来自同一个 4-细胞胚胎的 4 个胎儿。这可能预示，成对的四分胚移植时，需要TV协助完成胚胎-子宫识别并着床。

（三）八分胚的发育

与四分胚相比，八分胚往往发育不到内细胞团期就死亡。因而，由一个卵来源的 8 个卵裂球全部发育，获得一卵八胎的可能性甚微。然而，当把8-细胞胚胎的一个卵裂球与更早期的胚胎聚合时，可得到正常的嵌合体。用这种来自同一个8-细胞胚胎的单个卵裂球参与嵌合体，结果得到5只嵌合羔羊。猪的八分胚经体外培养96h后进行移植，获得仔猪；八分胚经培养得到的囊胚，其细胞数量与正常囊胚的一致。但由牛半胚培养得到的囊胚，其细胞数目只有正常囊胚的一半。

总之，胚胎分割生产双胞胎动物已在实验动物和家畜中获得成功，一卵四胎是有潜力达到的，而一卵八胎的实验尝试至今尚未成功。因而，试图通过把早期胚胎分割为几份，进而获得一卵性多仔是有局限性的。

三、胚胎分割技术存在的问题

（一）出生动物的体重

牛胚胎一分为二，胚胎细胞数目当然也减半，即使经体外培养使之发育，绝大多数情况下，这种半胚仍是小型的。然而，将这种小型胚胎移植给受体母牛，产生的犊牛的大小一般也是正常的，体重在正常范围。因而，可以认为在妊娠中的某一时期，也许是在附植形成胎盘以后，细胞数目得到恢复。但如果在妊娠中细胞数目的不能正常恢复，产生的犊牛的体重可能减少一半。

（二）分割后双胞胎的遗传性

来自同一胚胎的两个半胚移植后产生的双胞胎，其遗传性状应当是一致的，毛色或斑纹应完全相同。一般情况下，分割 2-细胞胚胎产生的双胞胎，其毛色和斑纹完全一样。但对发育到桑椹胚期或囊胚期的胚胎进行分割时，胚胎已出现细胞分化和定位现象。虽然分割后的胚胎具有发育调整能力，但仍有可能产生遗传上的某些差异。

（三）胚胎异常或形成畸胎

通过胚胎分割可以获得双胎或多胎，但由于机械切割的参与，也造成一定比例的异常或畸形胎。1979 年，法国一研究小组将受精后第 8 天的细胞数目达 100 多个的囊胚进行分割、移植，结果产生一头正常犊牛和一个高度畸形的无定形、无心脏等器官的畸胎。

四、胚胎分割技术的意义

（一）增加可用胚数量、提高移植总产仔率

在研究牛、羊分割胚妊娠率和产仔率的实验中，半胚和全胚的移植受胎率并没有显著差异，半胚移植后的总产仔率得到提高。1985 年，德国学者切割 39 枚奶牛胚胎，将获得的 78 枚半胚移植入受体牛，结果有 44 头受体牛成功妊娠，妊娠率达 56.4%，其中有 15 头孪生犊牛。

（二）生产同卵双胎或多胎后代

利用胚胎分割技术生产遗传背景完全一致的同卵双胎动物是可行的，这种具有遗传同质的孪生后代在遗传-环境相互作用等研究中有着广泛的应用。

（三）胚胎遗传诊断

胚胎分割结合分子鉴定技术，可以提前检测胚胎是否具有遗传疾病、特定基因缺失、蛋白质或酶水平的生化缺陷等，以便决定是否终止妊娠，对于优生优育意义重大。

（四）研制嵌合体动物

利用显微操作技术将同种或异种动物胚胎的卵裂球分离出来，装入同一个透明带

中，或将半胚融合在一起，或将一枚胚胎的内细胞团注入另一胚胎的囊胚腔中，经体外培养后移植入受体，以培育嵌合体动物。

对囊胚进行不对称切割，可以将胚胎分成滋养层和ICM两部分，再将分离出的ICM注入受体囊胚腔中，制造异源双胞胎；或将受体囊胚的ICM剔除，完成ICM的置换，构建异源重构胚。通过这些操作可以研究可能的生物学问题。

第十节　嵌合体制作技术

嵌合体（chimera）一词源于希腊文。古希腊神话中，嵌合体代表羊头、狮身、蛇尾这样一些由不同种类动物的身体部位所拼凑出来的形象。人们把这一名词引申到生物学中，把在同一个体中由基因型不同的细胞或组织共存且各自相对独立（混合存在）的状态称为嵌合体。在动物学领域通常称这种现象为镶嵌体（mosaic）。

遗传学或胚胎学领域将镶嵌体定义为，在由一个受精卵发育的个体中，因基因失活类型不同或体细胞突变而产生的遗传表现性不同的细胞群所组成的复合个体。而将嵌合体定义为由2个或2个以上受精卵发育而成的复合个体。显然，镶嵌体和嵌合体之间有明确的区别。

一、嵌合体研究的目的与意义

最早进行动物嵌合体研究的是Spemann，他在1901年进行了两栖类（蛙）嵌合个体的培育，其目的是为了弄清两栖动物的发育机制。在哺乳动物中，Nicholas和Hall于1942年曾试图用不同品系的大鼠，将其早期分裂球进行组合制作嵌合体，并确认已形成融合胚胎，结果只得到一个死胎，未能证明为嵌合体。后来，Tarkowski于1961年获得了嵌合的小鼠胎儿，但未能成活。Mintz自1960年就开始研究嵌合体制作技术，终于在1965年第一次获得活至成年的正常小鼠嵌合体。Gardner（1968）创建了囊胚注射法制作嵌合体。之后，嵌合体研究迅速开展起来。在20世纪70年代，人们先后获得了大鼠、兔、羊等嵌合个体。进入80年代，又相继获得了牛、猪嵌合体，小鼠与大鼠种间嵌合体，并获得了绵羊和山羊、马和斑马属间嵌合体等。有研究者还得到了由3个或4个胚胎聚合形成的6个双亲或8个双亲的小鼠嵌合体及其子代（Gardner，1968，1975；Fehilly et al.，1984a，1984b，1985）。随着胚胎干（瘤）细胞和转基因技术的发展，利用干细胞把外源基因通过嵌合体技术培育转基因嵌合体，已经成为研究哺乳动物发育遗传及细胞分化过程中基因表达和调控的极为有效的手段。

二、嵌合体的制作方法

到目前为止，制作嵌合体的方法主要有聚合（aggregation）法和囊胚注射（blastocyst injection）法。聚合法适用于同种、发育阶段同步或差距不大的胚胎。对小鼠而言，常用8-细胞晚期以后，即发生致密化的各期胚胎进行聚合。因为致密化以前的胚胎，经机械振荡很容易使卵裂球分开，而致密化之后，只有经酶处理，使细胞间连接松动，才能使卵裂球彼此分开。通常情况下，8-细胞期的聚合率最高。囊胚注射法难度大，但适用面较广，可用于种内或种间嵌合。供体和受体发育阶段可同步，也可不同步。对于不能去除透明带的动物，如兔等（着床前需要透明带），只有用囊胚注射法制作嵌合体。这两种方法可以用符号表示：如 A 为供体细胞或胚胎，B 为受体胚胎，注射法以 A→B 示之，聚合法以 A←→B 示之。

（一）聚合法

聚合法最早在小鼠中实验成功，是将两个或多个去除透明带的早期胚胎简单地聚合在一起培养形成一个嵌合胚胎的过程。根据所用聚合对象不同，分为以下几种。

1. 胚胎聚合法

一般使用 8-细胞后期至桑椹胚期胚胎，去除透明带后，将两枚或多枚胚胎聚合在一起形成一个新的胚胎，再经一天左右的体外培养，发育成一个整合的胚胎，移植于适宜受体子宫内。

2. 卵裂球或细胞与胚胎聚合法

该方法是将一个胚胎的卵裂球解离后，或用其他游离的细胞，与另一个或两个胚胎聚合。当采用两个胚胎时，可用类似“三明治”方式，两个胚胎把细胞夹于中间进行聚合。

3. 两组细胞间的聚合法

聚合时，通常各取数个（2 个以上）细胞或卵裂球，放入一方动物或猪空透明带内，用植物凝集素（phytohemagglutinin，PHA）使之融合在一起，并用琼脂包埋。通过中间受体培养一段时间后，或在体外培养发育到一定时期后，移植入假孕受体。

聚合法操作简单，不需要特别复杂的仪器设备。但是，卵裂期胚胎对外界条件特别敏感。而且在囊胚形成时，有 3/4 以上的细胞形成滋养层，将来形成胚外结构。因此，这种聚合胚发育来的小鼠至少 20%无任何嵌合性，也不适于着床后胚胎细胞发育能力的研究。

（二）注射法

1. 囊胚注射法

囊胚注射法即把细胞注射入发育胚胎的囊胚腔中。注射的细胞可以是卵裂球、内细胞团细胞、胚胎瘤细胞（embryonal carcinoma cell，EC 细胞）、胚胎干细胞、诱导干细胞或各类组织干细胞等。若注入的细胞进入内细胞团并参与胚体的形成，那么就形成了嵌合体。该方法操作比较复杂，但在研究细胞谱系发生等方面具有许多优点。可以研究已经决定或分化的细胞及肿瘤细胞的发育能力和胚胎调整能力；注射单个内细胞团细胞可获得很高的嵌合体频率，有可能对每个细胞的命运做较为详细的分析；适于胚胎稀少、经济价值高的动物嵌合体的制作。

（1）吸取合适的注射细胞

在显微镜下仔细逐个选取所要用的注射细胞，吸入注射吸管内，对健康悬浮细胞，选 10～12 个即可。如细胞活性降低，选取的细胞数应适当增加。之后，把吸入的细胞定位到注射吸管的顶端，准备注射。

（2）固定受体囊胚

调整囊胚的方向，用固定吸管固定住囊胚 ICM 处，或者固定住 ICM 与滋养层交界处，让 ICM 位于囊胚的底部位置。

（3）调整注射吸管与固定吸管处于同一焦平面

试着推进注射吸管，使之接近囊胚。如果固定吸管和注射吸管处于同一水平，囊胚会出现一个凹窝（注意不能损伤透明带或滋养层）。选择滋养层细胞间的“间隙”处，定位，准备注射。在此处注射，既可以减少损害，又能避免过多的细胞碎片黏附到吸管上。

（4）向囊胚腔内注射

定位后，推进注射吸管入囊胚腔。推进的速度至关重要，如果推进速度太慢，稳定性较差，作用于囊胚腔的压力就会减少，在吸管进入以前，囊胚就可能破裂；如果推进速度太快，失去控制，吸管会穿过囊胚腔损害对面的内细胞团或固定吸管。

（5）释放细胞入囊胚腔

吸管进入囊胚腔后，突然施加压力，使细胞释放入囊胚腔。细胞放出后，慢慢抽出注射吸管。通过固定吸管把囊胚移到较远的区域释放。刚操作完的囊胚形态不规则，经短期培养后，可恢复正常状态（图 5-50）。

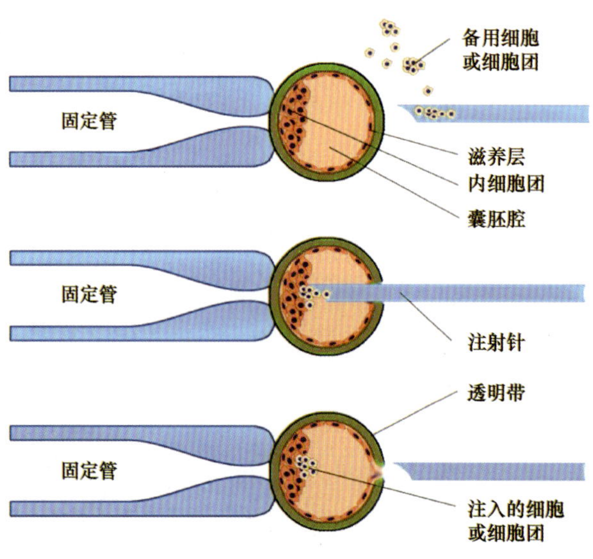

图 5-50　囊胚注射法制备嵌合体示意图

（6）操作后胚胎的培养

将注射成功的胚胎吸入培养液滴中，在 37℃下培养 1～3h，囊胚重新扩张。重新扩张后，可以看到注射入的细胞黏附到 ICM 上。一般在注射后 1～6h 就应将胚胎移植入假孕 2.5 天的受体母鼠。图 5-51 是用囊胚注射法获得的嵌合体小鼠。

图 5-51　囊胚注射法获得的嵌合体小鼠

2. 内细胞团置换法

为了解内细胞团的发育分化潜力及其影响因素，人们设计了一种方法，即从受体囊胚中去掉原有的内细胞团，移入新的内细胞团，称为囊胚重组（reconstitution of blastocyst），或称为内细胞团置换（ICM exchanging）。

其具体操作如下。

（1）受体囊胚透明带开口

用固定吸管固定受体胚胎的滋养层端，然后用两根细针在 ICM 一侧的透明带上开口。

（2）培养受体囊胚

把经过步骤“（1）”处理的受体囊胚培养 5～6h，其内细胞团即从透明带开口处突出来。

（3）供体内细胞团制备

利用免疫外科技术分离得到供体 ICM。

（4）供体 ICM 注入

固定吸管吸住受体囊胚的滋养层端，用两个微细针将透明带的开口处启开，把供体 ICM 注入囊胚腔。

（5）切断受体 ICM

经培养吐出的受体 ICM，仍与受体囊胚连接。供体 ICM 注入后，用针或切割刀切掉受体 ICM。

（6）嵌合胚培养

在体外或用中间受体法对嵌合胚作短暂培养，再进行胚胎移植。

上面所阐述的是植入前胚胎，即原发性嵌合体制作技术。还有的学者利用着床后胚胎制作嵌合体，即次生性嵌合体的制作，在此不做阐述。

三、嵌合体分析

嵌合体分析即嵌合体鉴定，通过分析嵌合体中嵌合细胞系的遗传标志判定其是否参与了嵌合体的发育。

（一）人工标记

人工标记在哺乳动物中应用较少，多用于蛙类嵌合体的鉴别。常用的标记物有活体染色色素、油滴、放射性物质、荧光胶质金、黑色素颗粒与山葵过氧化物等。

（二）遗传标记

1. 毛色

在构建嵌合体时，通常选用与嵌合细胞来源品系毛色不同的小鼠胚胎作受体，在小鼠出生一周后，基本可以判定嵌合情况。

2. 葡萄糖磷酸异构酶

葡萄糖磷酸异构酶（glucose phosphate isomerase，GPI）同工酶电泳法灵敏，用很微量的样品就可以达到分析目的，是目前广泛使用的方法。

3. 可变数目串联重复序列

可变数目串联重复序列（variable number of tandem repeat，VNTR）分析即小卫星 DNA 分析。不同等位基因存在串联重复序列的数量变化。VNTR 变化所致的 DNA 多态性可用人工合成的寡核苷酸探针检测。联合应用 PCR 技术，可检出仅为总量 1%时的目标 DNA。

4. 短串联重复序列

短串联重复序列（short tandem repeat，STR）又称为微卫星 DNA，是指由 2～7bp 作为核心单位、串联重复序列而成的 DNA 序列。目前，微卫星 DNA 的 PCR 扩增是最灵敏、快速的一种检测嵌合体的方法。

5. 单核苷酸多态性

单核苷酸多态性（single nucleotide polymorphism，SNP）具有高频率、稳定遗传等优点。相对于 STR 体系，SNP 位点的选择更具灵活性。

（三）报道基因

1. 荧光蛋白基因

荧光蛋白基因有多种，如绿色、红色或橙色等荧光蛋白基因，不需要底物，检测很方便，用荧光显微镜、流式细胞仪或显微成像技术在活细胞和固定细胞中均可检测。

2. β-半乳糖苷酶（LacZ）基因

来源于乳糖操纵子编码的酶可与 X-gal 反应，产物为蓝色，可在细胞水平观察。LacZ 是最常用的报道基因之一。

3. 氯霉素乙酰转移酶基因

用免疫组化检测氯霉素乙酰转移酶（chloramphenicol acetyl-transferase，CAT）基因，对小鼠的发育无害，表达与细胞的分化状况无关，比较常用。

四、嵌合体技术的意义

（一）研究早期胚胎卵裂球发育潜能

细胞的发育全能性问题是发育生物学研究的热点之一，通过嵌合体实验可以分析发育不同时期的卵裂球的发育潜能。

（二）研究细胞分化

嵌合体技术为细胞分化研究提供了有效的方法。把不同时期胚胎的细胞、不同来源的细胞置于不同细胞环境中，可以对细胞迁移及细胞分化做出分析。例如，小鼠的畸胎瘤干细胞因所移植的位置不同，其发育命运也不同。当被移植于小鼠皮下时，会诱发恶性瘤产生而使小鼠死亡；如把这种干细胞注入正常囊胚腔，它们具有正常发育的全能性，能形成正常嵌合体，而且能够参与配子的形成，产生正常的生殖细胞。说明小鼠畸胎瘤干细胞的分化受环境因素的影响。

（三）研究胚胎发育中的基因表达与调控

为了研究转录调节因子、生长因子及生长因子受体等基因的表达与调控作用，可以使这些基因发生突变，再将突变的目标基因通过 ES 细胞移入嵌合体，观察突变基因对嵌合体的作用，进而了解这些突变基因在早期胚胎发育中的功能。

（四）制备遗传疾病的动物模型

通过嵌合体制作建立人类遗传疾病的动物模型是最有效的方法之一。选择携带特定遗传疾病基因的 ES 细胞，注入受体胚胎囊胚腔内，有希望获得带有目的基因的小鼠新品系，建立疾病动物模型。

（五）制作转基因动物

目前，制作转基因动物（小鼠）的主要方法是受精卵的原核注射。通常，制备 1 只转基因小鼠约需 50 个受精卵，而家畜原核注射的效率更低，更具有不确定性。而且，原核注射的外源基因是随机整合，转基因动物的后代中最高也只有 50%表达外源基因。ES 细胞可在体外进行各种基因操作，反转录病毒感染、电穿孔、脂质体转染等方法都可以用于将外源 DNA 导入 ES 细胞中，经过基因操作及筛选的 ES 细胞可用于制作嵌合体，从而得到转基因动物。把嵌合体技术与 DNA 重组等技术相结合，利用 ES 细胞作为载体进行基因改造，是一个重要的发展方向。

参 考 文 献

陈大元. 2000. 受精生物学: 受精机制与生殖工程. 北京: 科学出版社.

范必勤, 邓满齐. 1994. 哺乳动物卵的激活与孤雌发育. 生物工程进展, 14: 50-54.

范必勤. 2005. 哺乳动物孤雌生殖研究进展. 农业生物技术学报, 13(13): 407-410.

胡军和, 徐小明, 杨春荣, 等. 2005. 猪卵母细胞不同孤雌激活方法. 细胞生物学杂志, 27: 569-572.

黄永业. 2014. 猪体细胞核移植重编程和胚胎发育影响因素研究. 吉林大学博士学位论文.

李光鹏, 兰国成, 刘莹, 等. 2000. 鼠猪异种细胞核移植. 动物学研究, (5): 416-418.

刘永华, 朱化彬, 郝海生, 等. 2007. 哺乳动物胚胎分割技术研究进展. 中国畜牧兽医, 34(3): 52-54.

梅祺, 邹贤刚, 杜淼. 1993. 鼠兔核质杂交胚胎早期发育的研究. 实验生物学报, 26(4): 389-397.

秦鹏春. 2001. 哺乳动物胚胎学. 北京: 科学出版社.

苏广华, 李雪, 刘雪菲, 等. 2016. 过表达重编程转录因子藏羚羊成纤维细胞异种克隆研究. 农业生物技术学报, (7): 957-967.

童第周, 叶毓芬, 陆德裕, 等. 1973. 鱼类不同亚科间的细胞核移植. 动物学报, 19: 201.

王维, 李运生, 曹鸿国, 等. 2010. 供体细胞与哺乳动物体细胞核移植. 生命科学, 22(9): 837-845.

魏著英, 白春玲, 刘杰, 等. 2013. “克隆动物牧食生态学”研究初报. 内蒙古大学学报(自然科学版), 44(6): 584-588.

严云勤, 李光鹏, 郑小民. 1995. 发育生物学原理与胚胎工程. 哈尔滨: 黑龙江科学技术出版社.

Akagi S, Matsukawa K, Takahashi S. 2014. Factors affecting the development of somatic cell nuclear transfer embryos in cattle. J Reprod Dev, 60(5): 329-335.

Alizadeh Z, Kageyama S, Aoki F. 2005. Degradation of maternal mRNA in mouse embryos: selective degradation of specific mRNAs after fertilization. Mol Reprod Dev, 72: 281-290.

Amarnath D, Choi I, Moawad AR, et al. 2011. Nuclear-cytoplasmic incompatibility and inefficient development of pig-mouse cytoplasmic hybrid embryos. Reproduction, 42: 295-307.

Arat S, Rzucidlo SJ, Stice SL. 2003. Gene expression and in vitro development of inter-species nuclear transfer embryos. Mol Reprod Dev, 66: 334-342.

Archer GS, Dindot S, Friend TH, et al. 2003. Hierarchical phenotypic and epigenetic variation in cloned swine. Biol Reprod, 69(2): 430-436.

Ashworth D, Bishop M, Campbell K, et al. 1998. DNA microsatellite analysis of Dolly. Nature, 394(6691): 329.

Awe JP, Byrne JA. 2013. Identifying candidate oocyte reprogramming factors using cross-species global transcriptional analysis. Cell Reprogram, 15: 126-133.

Baran V, Fabian D, Rehak P, et al. 2003. Nucleolus in apoptosis-induced mouse preimplantation embryos.

Zygote, 11: 271-283.

Barnes FL, First NL. 1991. Embryonic transcription in in vitro cultured bovine embryos. Mol Reprod Dev, 29: 117-123.

Beaujean N, Taylor JE, McGarry M, et al. 2004. The effect of interspecific oocytes on demethylation of sperm DNA. Proc Natl Acad Sci USA , 101: 7636-7640.

Beyhan Z, Iager AE, Cibelli JB. 2007. Interspecies nuclear transfer: Implications for embryonic stem cell biology. Cell Stem Cell, 1(5): 502-512.

Bjerregaard B, Pedersen HG, Jakobsen AS, et al. 2007. Activation of ribosomal RNA genes in porcine embryos produced in vitro or by somatic cell nuclear transfer. Mol Reprod Dev, 74: 35-41.

Bonk AJ, Li R, Lai L, et al. 2008. Aberrant DNA methylation in porcine *in vitro*, parthenogenetic, and somatic cell nuclear transfer-produced blastocysts. Mol Reprod Dev, 75(2): 250-264.

Bowles EJ, Lee JH, Alberio R, et al. 2007. Contrasting effects of *in vitro* fertilization and nuclear transfer on the expression of mtDNA replication factors. Genetics, 176(3): 1511-1526.

Briggs R, King TJ. 1952. Transplantation of living nuclei from blastula cells into enucleated frogs' eggs. Proc Natl Acad Sci USA, 38(5): 455-463.

Buczinski S. 2009. Cardiovascular ultrasonography in cattle. Vet Clin North Am Food Anim Pract, 25(3): 611-632.

Bui HT, Wakayama S, Kishigami S, et al. 2008. The cytoplasm of mouse germinal vesicle stage oocytes can enhance somatic cell nuclear reprogramming. Development, 135: 3935-3945.

Byrne JA, Pedersen DA, Clepper LL, et al. 2007. Producing primate embryonic stem cells by somatic cell nuclear transfer. Nature, 450: 497-502.

Byrne JA, Simonsson S, Western PS, et al. 2003. Nuclei of adult mammalian somatic cells are directly reprogrammed to Oct-4 stem cell gene expression by amphibian oocytes. Curr Biol, 13: 1206-1213.

Campbell KHS, Loi P, Cappai P, et al. 1994. Improved development to blastocyst of ovine nuclear transfer embryos reconstructed during the presumptive S-phase of enucleated activated oocytes. Biol Reprod, 50: 1385-1393.

Campbell KHS, Loi P, Otaegui PJ, et al. 1996a. Cell cycle co-ordination in embryo cloning by nuclear transfer. Rev Reprod, 1(1): 40-46.

Campbell KHS, McWhir J, Ritchie WA, et al. 1996b. Sheep cloned by nuclear transfer from a cultured cell line. Nature, 380: 64-66.

Chang KH, Lim JM, Kang SK, et al. 2003. Blastocyst formation, karyotype, and mitochondrial DNA of interspecies embryos derived from nuclear transfer of human cord fibroblasts into enucleated bovine oocytes. Fertil Steril, 80: 1380-1387.

Chavatte-Palmer P, Camous S, Jammes H, et al. 2012. Review: Placental perturbations induce the developmental abnormalities often observed in bovine somatic cell nuclear transfer. Placenta, 33(Suppl): S99-S104.

Chavatte-Palmer PM, Heyman Y, Richard C, et al. 2009. The immune status of bovine somatic clones. Cloning Stem Cell, 11: 309-318.

Chen D, Sun Q, Liu J, et al. 1999. The giant panda (*Ailuropoda melanoleuca*) somatic nucleus can dedifferentiate in rabbit ooplasm and support early development of the reconstructed egg. Sci China C Life Sci, 42(4): 346-353.

Chen T, Zhang YL, Jiang Y, et al. 2006. Interspecies nuclear transfer reveals that demethylation of specific repetitive sequences is determined by recipient ooplasm but not by donor intrinsic property in cloned embryos. Mol Reprod Dev, 73(3): 313-317.

Chen T, Zhang YL, Yang, et al. 2004. The DNA methylation events in normal and cloned rabbit embryos. FEBS Lett, 578: 69-72.

Choi I, Lee JH, Fisher P, et al. 2010. Caffeine treatment of ovine cytoplasts regulates gene expression and foetal development of embryos produced by somatic cell nu-clear transfer. Mol Reprod Dev, 77: 876-887.

Chung Y, Bishop CE, Treff NR, et al. 2009. Reprogramming of human somatic cells using human and animal oocytes. Cloning Stem Cells, 11: 213-223.

Coulon M, Baudoin C, Abdi H, et al. 2010. Social behavior and kin discrimination in a mixed group of cloned and non cloned heifers (*Bos taurus*). Theriogenology, 74: 1596-1603.

Coulon M, Baudoin C, Depaulis-Carre M, et al. 2007. Dairy cattle exploratory and social behaviors: Is there an effect of cloning? Theriogenology, 68: 1097-1103.

Crosby IM, Gandolfi F, Moor RM. 1988. Control of protein synthesis during early cleavage of sheep embryos. J Reprod Fertil, 82: 769-775.

Culotta VC, Wilkinson JK, Sollner-Webb B. 1987. Mouse and frog violate the paradigm of species-specific transcription of ribosomal RNA genes. Proc Natl Acad Sci USA, 84: 7498-7502.

Das ZC, Gupta MK, Uhm SJ, et al. 2010. Lyophilized somatic cells direct embryonic development after whole cell intracytoplasmic injection into pig oocytes. Cryobiology, 61: 220-224.

De Azevedo WF, Leclerc S, Meije, L, et al. 1997. Inhibition of cyclin-dependent kinases by purine analogues: crystal structure of human cdk2 complexed with roscovitine. Eur J Biochem, 243: 518-526.

Dean W, Santos F, Stojkovic M, et al. 2001. Conservation of methylation reprogramming in mammalian development: aberrant reprogramming in cloned embryos. Proc Natl Acad Sci USA, 98: 13734-13738.

Dey R, Barrientos A, Moraes CT. 2000. Functional constraints of nuclear-mitochondrial DNA interactions in xeno-mitochondrial rodent cell lines. J Biol Chem, 275: 31520-31527.

Dominko T, Mitalipova M, Haley B, et al. 1999. Bovine oocyte cytoplasm supports development of embryos produced by nuclear transfer of somatic cell nuclei from various mammalian species. Biol Reprod, 60: 1496-1502.

Enright BP, Jeong BS, Yang X, et al. 2003a. Epigenetic characteristics of bovine donor cells for nuclear transfer: levels of histone acetylation. Biol Reprod, 69: 1525-1530.

Enright BP, Kubota C, Yang X, et al. 2003b. Epigenetic characteristics and development of embryos cloned from donor cells treated by trichostatin A or 5-aza-2′-deoxycytidine. Biol Reprod, 69: 896-901.

Enright BP, Taneja M, Schreiber D, et al. 2002. Reproductive characteristics of cloned heifers derived from adult somatic cells. Biol Reprod, 66: 291-296.

Fehilly CB, Willadsen SM, Dain AR, et al. 1985. Cytogenetic and blood group studies of sheep/goat chimaeras. J Reprod Fertil, 74(1): 215-221.

Fehilly CB, Willadsen SM, Tucker EM. 1984a. Interspecific chimaerism between sheep and goat. Nature, 307(5952): 634-636.

Fehilly CB, Willadsen SM, Tucker EM. 1984b. Experimental chimaerism in sheep. J Reprod Fertil, 70(1): 347-351.

First NL. 1990. New animal breeding techniques and their application. J Reprod Fertil, 41(Suppl): 3-14.

Freitag M, Dopke HH, Niemann H, et al. 1991. 3H-uridine incorporation in early porcine embryos. Mol Reprod Dev, 29: 124-128.

Fulka J Jr, Fulka H, St John J, et al. 2008. Cybrid human embryos warranting opportunities to augment embryonic stem cell research. Trends Biotechnol, 26(9): 469-474.

Fulka J Jr, Langerova A, Loi P, et al. 2013. The ups and downs of somatic cell nucleus transfer (SCNT) in humans. J Assist Reprod Genet, 30(8): 1055-1058.

Galli C, Lagutina I, Crotti G, et al. 2003. Pregnancy: a cloned horse born to its dam twin. Nature, 424(6949): 635.

Gardner RL. 1968. Mouse chimeras obtained by the injection of cells into the blastocyst. Nature, 220(5167): 596-597.

Gardner RL. 1975. Analysis of determination and differentiation in the early mammalian embryo using intra- and interspecific chimeras. Symp Soc Dev Biol, 33: 207-236.

Giles RE, Blanc H, Cann HM, et al. 1980. Maternal inheritance of human mitochondrial DNA. Proc Natl Acad Sci USA, 77(11): 6715-6719.

Gómez MC, Pope CE, Giraldo A, et al. 2004. Birth of African wildcat cloned kittens born from domestic cats. Cloning Stem Cells, 6(3): 247-258.

Gómez MC, Pope CE, Kutner RH, et al. 2008. Nuclear transfer of sand cat cells into enucleated domestic cat oocytes is affected by cryopreservation of donor cells. Cloning Stem Cells, 10: 469-483.

Green AL, Wells DN, Oback B. 2007. Cattle cloned from increasingly differentiated muscle cells. Biol Reprod, 77: 395-406.

Gurdon JB, Uehlinger V. 1966. "Fertile" intestine nuclei. Nature, 210: 1240-1241.

Gurdon JB. 1962. Adult frogs derived from the nuclei of single somatic cells. Dev Biol, 4: 256-273.

Hall VJ, Compton D, Stojkovic P, et al. 2007. Developmental competence of human *in vitro* aged oocytes as host cells for nuclear transfer. Hum Reprod, 22: 52-62.

Hamilton HM, Peura TT, Laurincik J, et al. 2004. Ovine ooplasm directs initial nucleolar assembly in embryos cloned from ovine, bovine, and porcine cells. Mol Reprod Dev, 69: 117-125.

Hashem MA, Bhandari DP, Kang SK, et al. 2007. Cell cycle analysis and interspecies nuclear transfer of *in vitro* cultured skin fibroblasts of the Siberian tiger (*Panthera tigris Altaica*). Mol Reprod Dev, 74: 403-411.

Heindryckx B, De Sutter P, Gerris J, et al. 2007. Embryo development after successful somatic cell nuclear transfer to *in vitro* matured human germinal vesicle oocytes. Hum Reprod, 22: 1982-1990.

Heyman Y, Chavatte-Palmer P, Berthelot V, et al. 2007. Assessing the quality of products from cloned cattle: an integrative approach. Theriogenology, 67: 134-141.

Heyman Y, Richard C, Rodriguez-Martinez H, et al. 2004. Zootechnical performance of cloned cattle and offspring: preliminary results. Cloning Stem Cell, 6: 111-120.

Hill JR. 2014. Incidence of abnormal offspring from cloning and other assisted reproductive technologies. Annu Rev Anim Biosci, 2: 307-321.

Hua S, Lu C, Song Y, et al. 2012. High levels of mitochondrial heteroplasmy modify the development of ovine-bovine interspecies nuclear transferred embryos. Reprod Fertil Dev, 24(3): 501-509.

Hua S, Zhang Y, Song K, et al. 2008. Development of bovine-ovine interspecies cloned embryos and mitochondria segregation in blastomeres during preimplantation. Anim Reprod Sci, 105: 245-257.

Iager AE, Ragina NP, Ross PJ, et al. 2008. Trichostatin A improves histone acetylation in bovine somatic cell nuclear transfer early embryos. Cloning Stem Cells, 10(3): 371-379.

Illmensee K, Levanduski M, Zavos PM. 2006. Evaluation of the embryonic preimplantation potential of human adult somatic cells via an embryo interspecies bioassay using bovine oocytes. Fertil Steril, 85(Suppl 1): 1248-1260.

Inoue K, Ogonuki N, Miki H, et al. 2006. Inefficient reprogramming of the hematopoietic stem cell genome following nuclear transfer. J Cell Sci, 119: 1985-1991.

Jiang G, Kim MK, Lee BC. 2010. Current status and applications of somatic cell nuclear transfer in dogs. Theriogenology, 74(8): 1311-1320.

Jiang Y, Chen T, Wang K, et al. 2006. Different fates of donor mitochondrial DNA in bovine-rabbit and cloned bovine-rabbit reconstructed embryos during preimplantation development. Front Biosci, 11: 1425-1432.

Jiang Y, Kelly R, Peters A, et al. 2011. Interspecies somatic cell nuclear transfer is dependent on compatible mitochondrial DNA and reprogramming factors. PLoS One, 6(4): e14805.

Johnson RT, Rao PN, Hughes HD. 1970. Mammalian cell fusion. III. A HeLa cell inducer of premature chromosome condensation active in cells from a variety of species. J Cell Physiol, 76: 151-158.

Johnson RT, Rao PN. 1970. Mammalian cell fusion: induction of premature chromosome condensation in inter-phase nuclei. Nature, 226: 717-722.

Keefer CL. 2015. Artificial cloning of domestic animals. Proc Natl Acad Sci USA, 112(29): 8874-8878.

Kim GA, Oh HJ, Park JE, et al. 2012. Species-specific challenges in dog cloning. Reprod Domest Anim, 47(Suppl 6): 80-83.

Kim MK, Jang G, Oh HJ, et al. 2007. Endangered wolves cloned from adult somatic cells. Cloning Stem Cells, 9: 130-137.

Kishigami S, Mizutani E, Ohta H, et al. 2006a. Significant improvement of mouse cloning technique by treatment with trichostatin a after somatic nuclear transfer. Biochem Biophys Res Commun, 340(1): 183-189.

Kishigami S, Wakayama S, Van Thuan N, et al. 2006b. Production of cloned mice by somatic cell nuclear transfer. Nat Protoc, 1: 125-138.

Kitiyanant Y, Saikhun J, Chaisalee B, et al. 2001. Somatic cell cloning in Buffalo (*Bubalus bubalis*): effects of interspecies cytoplasmic recipients and activation procedures. Cloning Stem Cells, 3: 97-104.

Kochhar HP, Rao KB, Luciano AM, et al. 2002. *In vitro* production of cattle-water buffalo (*Bos taurus-Bubalus bubalis*) hybrid embryos. Zygote, 10: 155-162.

Kubota C, Yamakuchi H, Todoroki J, et al. 2000. Six cloned calves produced from adult fibroblast cells after long-term culture. Proc Natl Acad Sci, 97(3): 990-995.

Kwon DK, Kang JT, Park SJ, et al. 2011. Blastocysts derived from adult fibroblasts of a rhesus monkey (*Macaca mulatta*) using interspecies somatic cell nuclear transfer. Zygote, 19: 199-204.

Lagutina I, Fulka H, Brevini TA, et al. 2010. Development, embryonic genome activity and mitochondrial characteristics of bovine-pig inter-family nuclear transfer embryos. Reproduction, 140(2): 273-285.

Lagutina I, Fulka H, Lazzari G, et al. 2013. Interspecies somatic cell nuclear transfer: advancements and problems. Cell Reprogram, 15(5): 374-384.

Lagutina I, Zakhartchenko V, Fulka H, et al. 2011. Formation of nucleoli in interspecies nuclear transfer embryos derived from bovine, porcine, and rabbit oocytes and nuclear donor cells of various species. Reproduction, 141(4): 453-465.

Lanza RP, Cibelli JB, Diaz F, et al. 2000. Cloning of an endangered species (*Bos gaurus*) using inter-species nuclear transfer. Cloning, 2: 79-90.

Laurincik J, Zakhartchenko V, Stojkovic M, et al. 2002. Nucleolar protein allocation and ultrastructure in bovine embryos produced by nuclear transfer from granulosa cells. Mol Reprod Dev, 61(4): 477-487.

Lee BC, Kim MK, Jang G, et al. 2005. Dogs cloned from adult somatic cells. Nature, 436(7051): 641.

Lee E, Kim JH, Park SM, et al. 2008. The analysis of chromatin remodeling and the staining for DNA methylation and histone acetylation do not provide definitive indicators of the developmental ability of inter-species cloned embryos. Anim Reprod Sci, 105: 438-450.

Lee JH, Peters A, Fisher P, et al. 2010. Generation of mtDNA homoplasmic cloned lambs. Cell. Reprogram, 12: 347-355.

Li F, Cao H, Zhang Q, et al. 2008. Activation of human embryonic gene expression in cytoplasmic hybrid embryos constructed between bovine oocytes and human fibroblasts. Cloning Stem Cells, 10: 297-305.

Li GP, White KL, Bunch TD. 2004. Review of enucleation methods and procedures used in animal cloning: state of the art. Cloning Stem Cells, 6: 5-14.

Li H, Han ZM. 2010. Effect of DNA methylation and histone modification during the development of cloned animals. Yi Chuan, 32(8): 762-768.

Li R, Albertini DF. 2013. The road to maturation: somatic cell interaction and self-organization of the mammalian oocyte. Nat Rev Mol Cell Bio, 14: 141-152.

Li Z, Sun X, Chen J, et al. 2006. Cloned ferrets produced by somatic cell nuclear transfer. Dev Biol, 293(2): 439-448.

Liu SZ, Zhou ZM, Chen T, et al. 2004. Blastocysts produced by nuclear transfer between chicken blastodermal cells and rabbit oocytes. Mol Reprod Dev, 69: 296-302.

Loi P, Clinton M, Barboni B, et al. 2002. Nuclei of nonviable ovine somatic cells develop into lambs after nuclear transplantation. Biol Reprod, 67: 126-132.

Loi P, Matsukawa K, Ptak G, et al. 2008. Freeze-dried somatic cells direct embryonic development after nuclear transfer. PLoS One, 3: e2978.

Loi P, Ptak G, Barboni B, et al. 2001. Genetic rescue of an endangered mammal by cross-species nuclear transfer using post-mortem somatic cells. Nat Biotech, 19(10): 962-964.

Lorthongpanich C, Laowtammathron C, Chan AW, et al. 2008. Development of interspecies cloned monkey embryos reconstructed with bovine enucleated oocytes. J Reprod Dev, 54: 306-313.

Lu F, Shi D, Wei J, et al. 2005. Development of embryos reconstructed by interspecies nuclear transfer of adult fibroblasts between buffalo (*Bubalus bubalis*) and cattle (*Bos indicus*). Theriogenology, 64: 1309-1319.

Ludwig TE, Squirrell JM, Palmenberg AC, et al. 2001. Relationship between development, metabolism, and mitochondrial organization in 2-cell hamster embryos in the presence of low levels of phosphate. Biol

Reprod, 65(6): 1648-1654.

Mastromonaco GF, Favetta LA, Smith LC, et al. 2007. The influence of nuclear content on developmental competence of gaur-cattle hybrid *in vitro* fertilized and somatic cell nuclear transfer embryos. Biol Reprod, 76: 514-523.

McGrath J, Solter D. 1984. Completion of mouse embryogenesis requires both the maternal and paternal genomes. Cell, 37: 179-183.

Meirelles FV, Birgel EH, Perecin F, et al. 2010. Delivery of cloned offspring: experience in Zebu cattle (*Bos indicus*). Reprod Fertil Dev, 22(1): 88-97.

Men H, Walters EM, Nagashima H, et al. 2012. Emerging applications of sperm, embryo and somatic cell cryopreservation in maintenance, relocation and rederivation of swine genetics. Theriogenology, 78(8): 1720-1729.

Meng L, Ely JJ, Stouffer RL, et al. 1997. Rhesus monkeys produced by nuclear transfer. Biol Reprod, 57(2): 454-459.

Mitalipov SM, Zhou Q, Byrneet JA, et al. 2007. Reprogramming following somatic cell nuclear transfer in primates is dependent upon nuclear remodeling. Hum Reprod, 22(8): 2232-2242.

Modlinski JA. 1978. Transfer of embryonic nuclei to fertilized mouse eggs and development of tetraploid blastocysts. Nature, 273: 466-467.

Morris SA, Daley GQ. 2013. A blueprint for engineering cell fate: current technologies to reprogram cell identity. Cell Res, 23: 33-48.

Moses RM, Masui Y. 1994. Enhancement of mouse egg activation by the kinase inhibitor, 6-dimethylamino-purine (6-DMAP). J Exp Zool, 270: 211-218.

Murakami M, Otoi T, Wongsrikeao P, et al. 2005. Development of interspecies cloned embryos in yak and dog. Cloning Stem Cells, 7(2): 77-81.

Narbonne P, Gurdon JB. 2012. Amphibian interorder nuclear transfer embryos reveal conserved embryonic gene transcription, but deficient DNA replication or chromosome segregation. Int J Dev Biol, 56: 975-986.

Narbonne P, Miyamoto K, Gurdon JB. 2012. Reprogramming and development in nuclear transfer embryos and in interspecific system. Curr Opin Genet Dev, 22: 450-458.

Ng RK, Gurdon JB. 2005. Maintenance of epigenetic memory in cloned embryos. Cell Cycle, 4: 760-763.

Niemann H, Lucas-Hahn A. 2012. Somatic cell nuclear transfer cloning: practical applications and current legislation. Reprod Domest Anim, 47(Suppl 5): 2-10.

Noggle S, Fung HL, Gore A, et al. 2011. Human oocytes reprogram somatic cells to a pluripotent state. Nature, 478: 70-75.

Ogura A, Inoue K, Wakayama T. 2013. Recent advancements in cloning by somatic cell nuclear transfer. Philos Trans R Soc B Biol Sci, 368: 20110329.

Ono T, Mizutani E, Li C, Wakayama T. 2008. Nuclear transfer preserves the nuclear genome of freeze-dried mouse cells. J Reprod Dev, 54: 486-491.

Otaegui PJ, O'Neill GT, Campbell KHS, et al. 1994. Transfer of nuclei from 8-cell stage mouse embryos following use of nocodazole to control the cell cycle. Mol Reprod Dev, 39: 147-152.

Pasque V, Jullien J, Miyamoto K, et al. 2011. Epigenetic factors influencing resistance to nuclear reprogramming. Trends Genet, 27: 516-525.

Paull D, Emmanuele V, Weiss KA, et al. 2013. Nuclear genome transfer in human oocytes eliminates mitochondrial DNA variants. Nature, 493: 632-637.

Polejaeva IA, Campbell KHS. 2000. New advances in somatic cell nuclear transfer: application in transgenesis. Theriogenology, 53: 117-126.

Pondaven P, Meijer L, Beach D. 1990. Activation of M-phase-specific histone H1 kinase by modification of the phosphorylation of its p34cdc2 and cyclin components. Genes Dev, 4: 9-17.

Procha'zka R, Motl'k J, Fulka J. 1989. Activity of maturation promoting factor in pig oocytes after microinjection and serial transfer of maturing cytoplasm. Cell Differ Dev, 27: 175-181.

Rho GJ, Johnson WH, Betteridge KJ. 1998. Cellular composition and viability of demi- and quarter-embryos made from bisected bovine morulae and blastocysts produced *in vitro*. Theriogenology, 50(6): 885-895.

Rodriguez-Osorio N, Urrego R, Cibelli JB, et al. 2012. Reprogramming mammalian somatic cells. Theriogenology, 78(9): 1869-1886.

Roh S, Choi HY, Park SK, et al. 2009. Porcine nuclear transfer using somatic donor cells altered to express male germ cell function. Reprod Fertil Dev, 21: 882-891.

Rybouchkin A, Kato Y, Tsunoda Y. 2006. Role of histone acetylation in reprogramming of somatic nuclei following nuclear transfer. Biol Reprod, 74(6): 1083-1089.

Saikhun J, Pavasuthipaisit K, Jaruansuwan M, et al. 2002. Xenonuclear transplantation of buffalo (*Bubalus bubalis*) fetal and adult somatic cell nuclei into bovine (*Bos indicus*) oocyte cytoplasm and their subsequent development. Theriogenology, 57: 1829-1837.

Sansinena MJ, Lynn J, Bondioli KR, et al. 2011. Ooplasm transfer and interspecies somatic cell nuclear transfer: Heteroplasmy, pattern of mitochondrial migration, and effect on embryo development. Zygote, 19: 147-156.

Savage AF, Maull J, Cindy X, et al. 2003. Behavioral observations of adolescent Holstein heifers cloned from adult somatic cells. Theriogenology, 60 : 1097-1110.

Shi LH, Miao YL, Ouyang YC, et al. 2008. Development of rabbit-rabbit intraspecies cloned embryos, but not rabbit-human interspecies cloned embryos. Dev Dynamics, 237(3): 640-648.

Shibata M, Otake M, Tsuchiya S, et al. 2006. Reproductive and growth performance in Jin Hua Pigs cloned from somatic cell nuclei and the meat quality of their offspring. J Reprod Dev, 52: 583-590.

Shin T, Kraemer D, Pryor J, et al. 2002. A cat cloned by nuclear transplantation. Nature, 415(6874): 859.

Simonsson S, Gurdon J. 2004. DNA demethylation is necessary for the epigenetic reprogramming of somatic cell nuclei. Nat Cell Biol, 6: 984-990.

Sims M, First NL. 1994. Production of calves by transfer of nuclei from cultured inner cell mass cell. Proc Natl Acad Sci USA, 91: 6143-6147.

Solomon LM, Noll RC, Mordkoff DS, et al. 2009. A brave new beef: The US Food and Drug Administration's review of the safety of cloned animal products. Gend Med, 6: 402-409.

Song BS, Lee SH, Kim SU, et al. 2009. Nucleologenesis and embryonic genome activation are defective in interspecies cloned embryos between bovine ooplasm and rhesus monkey somatic cells. BMC Dev Biol, 9: 44.

Spemann H. 1938. Embryonic Development and Induction. New York: Hafner Publishing Company.

Srirattana K, Imsoonthornruksa S, Laowtammathron C, et al. 2012. Full-term development of gaur-bovine interspecies somatic cell nuclear transfer embryos: Effect of trichostatin A treatment. Cell Reprogram, 14: 248-257.

Su G, Cheng L, Gao Y, et al. 2014. In vivo and in vitro development of Tibetan antelope (*Pantholops hodgsonii*) interspecific cloned embryos. Front Agr Sci Eng, 1(1): 28-36.

Sugimura S, Narita K, Yamashiro H, et al. 2009. Interspecies somatic cell nucleus transfer with porcine oocytes as recipients: a novel bioassay system for assessing the competence of canine somatic cells to develop into embryos. Theriogenology, 72: 549-559.

Sullivan EJ, Kasinathan S, Kasinathan P, et al. 2004. Cloned calves from chromatin remodeled in vitro. Biol Reprod, 70: 146-153.

Sumer H, Liu J, Verma PJ. 2011. Cellular reprogramming of somatic cells. Indian J Exp Biol, 49(6): 409-415.

Sun YH, Zhu ZY. 2014. Cross-species cloning: influence of cytoplasmic factors on development. J Physiol, 592(Pt 11): 2375-2379.

Sung LY, Shen PC, Jeong BS, et al. 2007. Premature chromosome condensation is not essential for nuclear reprogramming in bovine somatic cell nuclear transfer. Biol Reprod, 76(2): 232-240.

Surani MAH, Barton SC, Norris ML. Nuclear transplantation in the mouse: heritable differences between parental genomes after activation of the embryonic genome. Cell, 1986, 45: 127-136.

Susko-Parris JL, Leibfreid-Rutledge ML, Northey DL, et al. 1994. Inhibition of protein kinases after an induced calcium transient causes transition of bovine oocytes to embryonic cycles without meiotic completion. Dev Biol, 166: 729-739.

Tachibana M, Amato P, Sparman M, et al. 2013. Human embryonic stem cells derived by somatic cell nuclear transfer. Cell, 153(6): 1228-1238.

Tamashiro KL, Sakai RR, Yamazaki Y, et al. 2007. Developmental, behavioral, and physiological phenotype of cloned mice. Adv Exp Med Biol, 591: 72-83.

Tani T, Kato Y, Tsunoda Y. 2001. Direct exposure of chromosomes to nonactivated ovum cytoplasm is effective for bovine somatic cell nucleus reprogramming. Biol Reprod, 64(1): 324-330.

Tao Y, Cheng L, Zhang M, et al. 2008. Ultrastructural changes in goat interspecies and intraspecies reconstructed early embryos. Zygote, 16: 93-110.

Tarkowski AK, Balakier H. 1980. Nucleo-cytoplasmic interactions in cell hybrids between mouse oocytes, blastomeres and somatic cells. J Embryol Exp Morphol, 55: 319-330.

Tian XC, Kubota C, Sakashita K, et al. 2005. Meat and milk compositions of bovine clones. Proc Natl Acad Sci USA, 102: 6261-6266.

Uhm SJ, Gupta MK, Kim T, et al. 2007. Expression of enhanced green fluorescent protein in porcine- and bovine-cloned embryos following interspecies somatic cell nuclear transfer of fibroblasts transfected by retrovirus vector. Mol Reprod Dev, 74: 1538-1547.

Vajta G, Callesen H. 2012. Establishment of an efficient somatic cell nuclear transfer system for production of transgenic pigs. Theriogenology, 77(7): 1263-1274.

Vajta G, Maddox-Hyttel P, Skou CT, et al. 2005. Highly efficient and reliable chemically assisted enucleation method for handmade cloning in cattle. Reprod Fertil Dev, 17(8): 791-797.

Vassena R, Han Z, Gao S, et al. 2007. Tough beginnings: alterations in the transcriptome of cloned embryos during the first two cell cycles. Dev Biol, 304: 75-89.

Verma G, Arora JS, Sethi RS, et al. 2015. Handmade cloning: recent advances, potential and pitfalls. J Anim Sci Biotechnol, 6: 43.

Viuff D, Avery B, Greve T, et al. 1996. Transcriptional activity in *in vitro* produced bovine two- and four-cell embryos. Mol Reprod Dev, 43: 171-179.

Vogel G. 2001. Cloned gaur a short lived success. Science, 291(5503): 409.

Wakayama S, Ohta H, Hikichi T, et al. 2008. Production of healthy cloned mice from bodies frozen at −20℃ for 16 years. Proc Natl Acad Sci USA, 105(45): 17318-17322.

Wakayama T, Rodriguez I, Perry ACF, et al. 1999. Mice cloned from embryonic stem cell. Proc Natl Acad Sci USA, 96(26): 14984-14989.

Wakayama T, Yanagimachi R. 1998. Development of normal mice from oocytes injected with freeze-dried sperma-tozoa. Nat Biotechnol, 16: 639-641.

Wang K, Beyhan Z, Rodriguez RM, et al. 2009. Bovine ooplasm partially remodels primate somatic nuclei following somatic cell nuclear transfer. Cloning Stem Cells, 11: 187-202.

Wang K, Otu HH, Chen Y, et al. 2011. Reprogrammed transcriptome in rhesus-bovine interspecies somatic cell nuclear transfer embryos. PLoS One, 6: e22197.

Wang Z. 2015. Genome engineering in cattle: recent technological advancements. Chromosome Res, 23: 17-29.

Watanabe S, Nagai T. 2008. Health status and productive performance of somatic cell cloned cattle and their offspring produced in Japan. J Reprod Dev, 54: 6-17.

Watanabe S. 2013. Effect of calf death loss on cloned cattle herd derived from somatic cell nuclear transfer: clones with congenital defects would be removed by the death loss. Anim Sci J, 84(9): 631-638.

Wen DC, Bi CM, Xu Y, et al. 2005. Hybrid embryos produced by transferring panda or cat somatic nuclei into rabbit MⅡ oocytes can develop to blastocyst *in vitro*. J Exp Zool A Comp Exp Biol, 303: 689-697.

Wen DC, Yang CX, Cheng Y, et al. 2003. Comparison of developmental capacity for intra- and interspecies cloned cat (*Felis catus*) embryos. Mol Reprod Dev, 66: 38-45.

Willadsen SM, Godke RA. 1984. A simple procedure for the production of identical sheep twins. Vet Rec, 114(10): 240-243.

Willadsen SM, Polge C. 1981. Attempts to produce monozygotic quadruplets in cattle by blastomere separation. Vet Rec, 108(10): 211-213.

Willadsen SM. 1979. A method for culture of micromanipulated sheep embryos and its use to produce monozygotic twins. Nature, 277: 298-300.

Willadsen SM. 1981. The development capacity of blastomeres from 4- and 8-cell sheep embryos. J Embryol Exp Morphol, 65: 165-172.

Willadsen SM. 1986. Nuclear transplantation in sheep embryos. Nature, 320: 63-65.

Willadsen SM. 1989. Cloning of sheep and cow embryos. Genome, 31(2): 956-62.

Wilmut I, Beaujean N, de Sousa PA, et al. 2002. Somatic cell nuclear transfer. Nature, 419(6907): 583-586.

Wilmut I, Schnieke AE, McWhir J, et al. 1997. Viable offspring derived from fetal and adult mammalian cells. Nature, 385(6619): 810-813.

Wolfe BA, Kraemer DC. 1992. Methods in bovine nuclear transfer. Theriogenology, 37(1): 5-15.

Woods GL, White KL, Vanderwall DK, et al. 2003. A mule cloned from fetal cells by nuclear transfer. Science, 301(5636): 1063.

Wrenzycki C, Wells D, Herrmann D, et al. 2001. Nuclear transfer protocol affects messenger RNA expression patterns in cloned bovine blastocysts. Biol Reprod, 65: 309-317.

Yamaguchi M, Itoh M, Ito Y, et al. 2008. A 12-month feeding study of reproduction/development in rats fed meat/milk powder supplemented diets derived from the progeny of cloned cattle produced by somatic cell nuclear transfer. J Reprod Dev, 54(5): 321-334.

Yang CX, Han ZM, Wen DC, et al. 2003. *In vitro* development and mitochondrial fate of macaca-rabbit cloned embryos. Mol Reprod Dev, 65: 396-401.

Yang X, Tian XC, Kubota C, et al. 2007. Risk assessment of meat and milk from cloned animals. Nat Biotech, 25: 77-83.

Zhao J, Whyte J, Prather RS. 2010. Effect of epigenetic regulation during swine embryogenesis and on cloning by nuclear transfer. Cell Tissue Res, 341: 13-21.

Zhao ZJ, Ouyang YC, Nan CL, et al. 2001. Rabbit oocyte cytoplasm supports development of nuclear transfer embryos derived from the somatic cells of the camel and Tibetan antelope. J Reprod Dev, 52: 449-459.

Zhou Q, Yang SH, Ding CH, et al. 2006. A comparative approach to somatic cell nuclear transfer in the rhesus monkey. Hum Reprod, 21(10): 2564-2571.

（李光鹏、杨　磊、张　立）

第六章　性别决定与性控技术

在了解性别控制技术之前，首先明确性别决定（sex determination）和性别分化（sex differentiation）。胚胎学中的“决定”一词，是指细胞确立的特定发育途径；而“分化”则指细胞沿此途径的进展过程。哺乳动物胚胎具有双重性腺原基。染色体为 XX 者，性腺发育为卵巢，XY 者发育为睾丸。双重潜能的性腺发育为卵巢或睾丸的过程，即为性别决定过程。卵巢和睾丸的发育是初级性别分化（primary sex differentiation）；在性激素影响下的整个生殖器官的发育则是次级性别分化（secondary sex differentiation）。

动物发育最引人注意的一个问题就是性别的决定。早在 2500 年以前，古希腊的科学家就认为，右侧睾丸的精液产生的后代是雄性，左侧睾丸的精液产生的后代为雌性。而当时的哲学家则认为，子宫是性别的主要决定器官，左侧子宫产生的后代为雌性，右侧子宫产生的后代为雄性。亚里士多德则认为，年老或年少的夫妇所生的孩子一般是女孩，因为其生殖液或是“退化”或是“不成熟”。古罗马时代，人们则认为动物的性别决定同配种的风向有关，如配种时是北风，则产生雄性，若是南风则产生雌性。除此之外，稀奇古怪的说法还很多。

18 世纪 90 年代，在对半翅目昆虫的精细胞进行观察时发现，有一半精细胞多一段染色体，而且这多出来的染色体可能与性别有关，由此得到了性别决定与染色体有关的线索。进一步观察又发现，其他昆虫的精子中也有半数存在这种附加的染色体，并将之确定为一种独立的染色体。据此，McClung 于 1902 年提出一个模型，认为性别是由这一附加的染色体决定的。这样，性别也就在受精时由精子的染色体决定了。Wilson（1906 年）称这条附加染色体为 X 染色体。以后，又在无 X 染色体的精母细胞中，发现了一条更小的附加染色体，定名为 Y 染色体（严云勤等，1995）。

现在已经知道，并不是所有动物都具有性染色体，但性染色体的确是决定性别的。人们已在基因水平上研究性染色体上的性别决定基因，也发现常染色体上存在性别决定的信息，以及这种信息如何在没有性染色体的动物中受到调控。

第一节　哺乳动物性别决定原理

在性别决定之前，哺乳动物的睾丸和卵巢在形态、细胞表面分子与细胞基质组成等方面是一致的，无法通过形态学分辨性别，此时的性腺为双向分化潜能性腺。双向分化潜能性腺来源于中肾附近的泌尿生殖嵴。在研究哺乳动物性别决定过程中，发生了两个特别重要的关键事件。第一件发生于 1959 年，有研究者分别报道了 2 例性发育紊乱（disorder of sex development，DSD）案例，1 例 Turner 综合征（XO 女性）和 1 例 Klinefelter 综合征（XXY 男性）。通过对这 2 例病患的分析，发现了位于 Y 染色体上的雄性决定基因。第二件则发生于 30 年以后的 1988 年，Sinclair 等报道了 Y 染色体的性别决定区（sex-determining region on the chromosome Y，SRY）基因的发现。在小鼠中也发现了 *Sry* 基因（Koopman et al.，1991）。在其后的 20 年里，研究人员对 *Sry* 基因作用机制进行了深入研究。与其他发育系统在进化中保持高度保守不同，性别决定在动物界是高度变化的，其遗传决定机制与模式动物如果蝇、线虫、鸡、蛙等几乎没有任何相似性。*Sry* 仅发现于单孔目（Monotremes）的哺乳动物中，而非所有的哺乳动物均以 *Sry* 为性别决定基因。目前，有关 *Sry* 决定哺乳动物性别的认识，绝大部分来自于对小鼠的研究（Kashimada and Koopman，2010）。

Sry 是哺乳动物性别决定的开关（Koopman et al.，1991）。雄性和雌性决定通路只不过是一个类似于“双向开关”的“开启”与“关闭”过程，它的“开”与“关”取决于 Y 染色体的性别决定区存在与否。*Sry* 的作用贯穿于性腺发育的全过程。

一般而言，如果没有 Y 染色体存在，性腺原基将发育为卵巢，由卵巢产生的雌激素能够使缪勒氏管（Müllerian duct）发育为阴道、子宫颈、子宫和输卵管等；原生殖细胞进入卵巢后增殖发育，进入减数分裂时期，随后卵泡细胞分化并在卵母细胞周围聚集。

如果有 Y 染色体存在，位于其短臂 1 区的睾丸决定因子（testis determining factor，TDF）将诱使性腺原基发育为睾丸。睾丸一旦形成，睾丸间质细胞分泌睾酮使内生殖器雄性化，雄激素又在 5α-还原酶作用下形成双氢睾酮（dihydrotestosterone，DHT），诱使外生殖器雄性化（图 6-1）。原生殖细胞在睾丸中经过有丝分裂和减数分裂完成精子形成。支持细胞的前体细胞（Sertoli cell precursor）分化为支持细胞（Sertoli cell），这些细胞分泌抗缪勒氏管激素（anti-Müllerian duct hormone，AMH），又称抗缪勒氏管因子（anti-

Müllerian duct factor，AMDF），促使缪勒氏管退化，而诱使沃尔夫管（Wolffian duct）发育成附睾、输精管和贮精囊等。

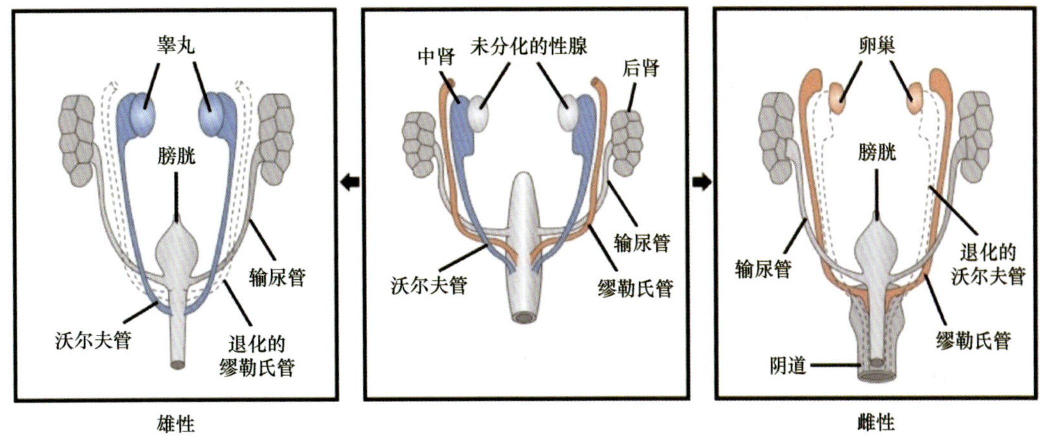

图 6-1　哺乳动物生殖系统分化示意图

在小鼠中，性腺原基或称为生殖嵴出现于 10.0dpc。在这一阶段，雌性和雄性生殖嵴之间在形态和功能上没有差别，二者均含有将来可以分化为支持细胞或颗粒细胞（granulosa cell）的前体细胞（precursor cell）。在 10.0～10.5dpc，性腺体细胞分泌的 *Sry* 激起了性别特异性的性腺发育过程。*Sry* 刺激了支持细胞前体细胞分泌 SOX9，继而促进了其他与支持细胞分化有关的基因的表达。*Sry* 的活性直接或间接抑制了雌性性别决定途径，使生殖嵴继续向雄性性腺发育。相反，由于 XX 性腺中缺乏 *Sry*，在 11.5～12.5dpc 时，*Wnt4* 和 *Foxl2* 基因开始表达，并诱使其下游基因的表达。雌性特异性基因表达模式促使前体细胞发育为颗粒细胞和卵泡膜（theca）细胞，继而形成卵母细胞和卵泡（图 6-2 和图 6-3）。

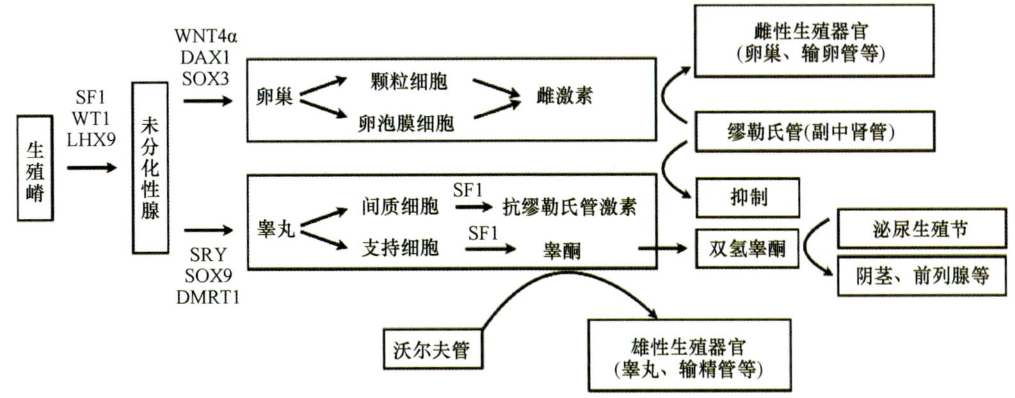

图 6-2　哺乳动物生殖器官的发育调控机制

性别决定与性腺分化是一个极其复杂的过程，除了在性染色体上有特异的基因参与调控外，常染色体上也存在参与调节性腺发育与性别分化的基因。

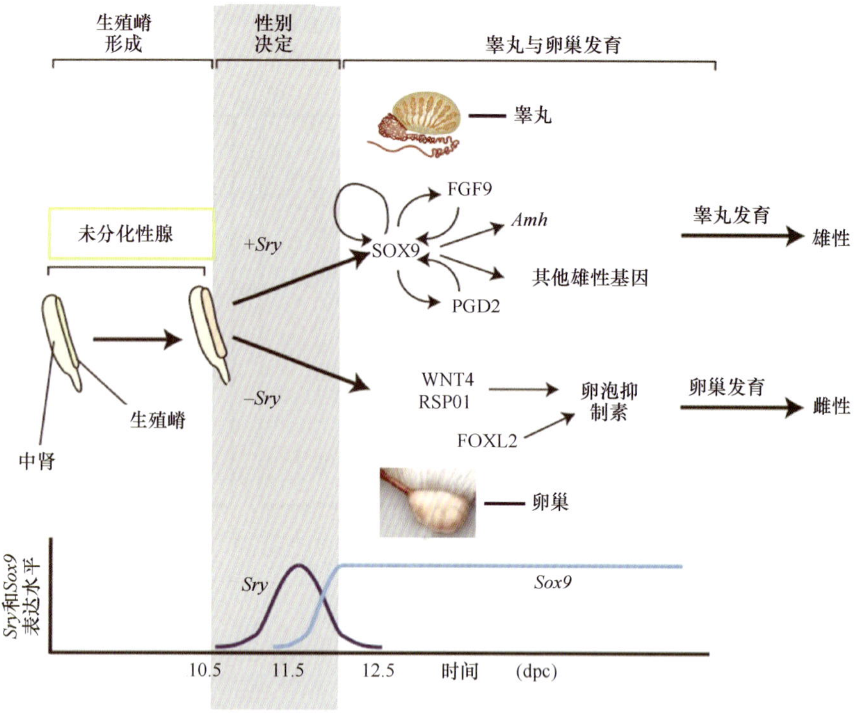

图 6-3　小鼠性别决定机制示意图

一、性染色体上的性别决定基因

（一）*ZFY* 基因的发现

自 1959 年分别发现了 1 例 Turner 综合征（XO 女性）和 1 例 Klinefelter 综合征（XXY 男性），并确定 Y 染色体决定人（和老鼠）的雄性特征后，人们就想了解在 Y 染色体上有什么特定区域或特定基因是决定雄性的关键。在 1975 年，Wachtel 等提出 Y 染色体上有一个组织相容性抗原的基因 *H-Y* 和雄性决定有关。这个假说流行近 10 年，到 1984 年被 McLaren 等证明是错的。

到 20 世纪 80 年代，美国麻省理工学院的 David Page 实验室，用现代分子遗传学方法寻找确定男性的基因。1986 年，他们分析了一个患者，该患者是女性表征，但染色体是 XY。研究发现，该患者的 Y 染色体上有一小段缺失，据此推断这个缺失就应该包含了决定男性的基因。在对应于这个缺失段的正常男性 Y 染色体的短臂上，发现了一段可编码锌指蛋白的高度保守基因序列，称之为 *ZFY*（zinc-finger Y）基因。*ZFY* 基因被认为是决定男性的关键基因。但在 1988 年，澳大利亚的 Sinclair 实验室在袋鼠类中发现，所谓的 *ZFY* 基因不在 Y 染色体上，而且根本不在性染色体上，而是在常染色体上。显然，袋鼠中的结果与人的结果不一致，其中必然还存在着未被揭开的秘密（严云勤等，1995）。

（二）*SRY* 基因

那么，*ZFY* 到底是不是哺乳动物雄性的决定基因呢？1990 年，澳大利亚 Marshall

Graves 和英国的 Lovell-Badge 两个实验室分别发现了另外一个 *SRY* 基因。经过多方面反复论证，*SRY* 基因是决定雄性的基因。如果 XY 核型的人，其 *SRY* 基因发生一个关键碱基突变，其表型就是女性；如果把 *SRY* 基因导入本来应该是雌性的老鼠，可以使其变成雄性。

那么，Page 实验室的 *ZFY* 是怎么回事呢？原来，该患者的 Y 染色体不仅在 Page 看到的区域有缺陷，还在另外一个区域也有缺陷，而后一个区域就包含了 *SRY*；是 *SRY* 缺陷导致了该患者的女性表型。从 1992 年开始，Page 实验室开始破解人类 Y 染色体，并于 2001 年发表了全部的 Y 染色体图谱。2003 年，Page 实验室和华盛顿大学基因测序中心合作，发表了 Y 染色体 DNA 序列（杨海等，2012）。

（三）*SRY* 基因的结构

人的 *SRY* 基因位于 Yp11.3，只含有一个外显子，没有内含子，转录单位长约 1.1kb，编码一个 204 个氨基酸的蛋白质。由于 SRY 蛋白含有一个典型的 DNA 结合结构域——高泳动类非组蛋白（high mobility group，HMG）盒基序，类似于已知的转录因子，所以推测 *SRY* 编码一个转录因子。HGM 可分为 HGM-14/-17 族、HMG-1/-2 族和 HMG-I/-Y 族等 3 族。*SRY* 编码的 HMG 属于 HMG-1/-2 族，通常称其为 HMG 盒。HMG 盒采用非极性蛋白质侧链嵌入 DNA 特定区域内 α-螺旋的小沟的方式与 DNA 结合，并使之弯曲。有证据显示，性反转患者的 HMG 盒的突变或者影响 DNA 结合或者影响 DNA 弯曲。研究发现，HMG 盒在体外以高亲和力与钙调素（calmodulin，CaM）相结合。这一现象的功能意义不明，但提示 SRY 的活性可能受另一个层次的调控。

通过对小鼠胚胎性别分化过程中 *Sry* 表达量和 *Sry* 的 5′端甲基化程度的研究，发现在小鼠性腺发育过程中，可以利用 DNA 甲基化方式调控 *Sry* 基因的表达。如果剔除 Y 染色体上的 *Sry* 基因，将导致性反转的 XY 雌鼠。如在 XX 雌鼠中转入含有 *Sry* 的基因片段，可使约 30%的 XX-*Sry* 鼠形成睾丸，出现雄性第二性征，而且还可以像雄鼠一样交配。因此，*Sry* 基因是控制睾丸决定的遗传基础，在胎儿性腺分化及睾丸形成过程中，贯穿于性腺发育的全过程，在性别决定中起着开关作用。

人类的 *SRY* 基因含有长度为 850bp 的单一外显子，在起始密码的上游 91bp 处有一个主要转录起始位点。在 *SRY* 的可读框（ORF）5′端 4.0kb 处，有一个 790bp 的 CpG 岛，可能是 Wilm’s 肿瘤基因产物 WT1 的潜在识别位点，这表明 WT1 可能直接或间接影响人类的性别决定。小鼠的 *Sry* 也有单个外显子，位于一个 2.8kb 的单一序列的延伸部分，侧翼是一个至少 15kb 的反向重复序列。人类的 *SRY* 与小鼠的 *Sry* 的 HMG 盒功能区有 71%的同源性。在兔、牛、马、猪、虎、熊猫和猩猩等动物中均找到了 *SRY* 的同源基因，发现 *SRY* 基因在哺乳动物中高度保守。

Page 实验室的研究发现，Y 染色体重复有许多回文结构的序列，并且这些重复的回文结构有 DNA 重组能力（具体来说叫“基因转换”）。Y 染色体自身的一段和另外一段之间进行重组，这样靠自我重组来获得活力。这是第一次了解到 Y 染色体在其特异区域发生重组，以前这段 DNA 被称为非重组区域，现在改称雄性特异区域。该自我重组能力是进化过程中 Y 染色体用来自救的重要机制。

二、*Sry* 是 TDF 的证据

（一）*Sry* 表达与睾丸分化

在成年小鼠的生殖细胞中，*Sry* 表达为一环状转录物。在发育中的小鼠性腺中，则转录为一个长 4.8kb 的 RNA，所用的启动子也与成年鼠不同。Koopman 等（1991）发现，在 9.5dpc 以前的小鼠胚胎中，*Sry* 没有表达；在 10.5dpc 时首次检测到 *Sry* 表达；在 11.5dpc 维持同等表达水平；12.5dpc 时表达水平下降；到 13.5dpc 后，检测不到 *Sry* 的表达，这一表达时间正好发生于生殖嵴分化之前。在 12.5dpc 的胚胎中，支持细胞迅速增殖，在雄鼠形成睾丸索，在雌鼠则发生卵母细胞的减数分裂。在 10.5～11dpc 的生殖嵴中，*Sry* 开始启动，正好是两性间出现可观察的形态学差异之前；约在 12.5dpc 关闭。因此，*Sry* 的功能是启动睾丸分化而不是维持睾丸存在（严云勤等，1995；卢克焕，2002）。

睾丸分化只与体细胞有关，而与生殖细胞无关。当用白消安（busulfan）处理破坏掉生殖细胞后，大鼠胚胎仍能形成正常的睾丸。W^e/W^e 小鼠缺乏生殖细胞，但仍能形成正常睾丸。通过对由雄性胚胎和雌性胚胎构成的嵌合体小鼠分析发现，支持细胞的前体细胞控制着性别决定。嵌合体小鼠的性别依赖于支持细胞的数量，几乎所有的支持细胞均有 Y 染色体。在 11.5dpc W^e/W^e 小鼠胚胎中，*Sry* 表达水平与具有正常生殖嵴的胚胎相似。因而，*Sry* 是由生殖嵴中的体细胞，而且很可能是由支持细胞表达的。但在成体鼠睾丸中，*Sry* 表达则依赖于生殖细胞；XX 性反转雄性因缺少生殖细胞，其睾丸中并无 *Sry* 表达。因而，*Sry* 基因在胚胎时期和成体睾丸中可能具有不同的功能（图 6-4）（Koopman，1995，1999；Bowles et al.，1999；McClelland et al.，2012）。

值得注意的是，在小鼠植入前胚胎中就有 *Sry* 表达。在小鼠 2-细胞胚和囊胚中检测到 *Sry* 转录物，而在 4-～8-细胞胚和桑椹胚中无 *Sry* 表达。所有雄性胚胎在囊胚腔形成时，均有 *Sry* 转录物出现；晚期囊胚中的 *Sry* 转录水平升高，达到每个细胞拥有 40～100 个拷贝。这说明，植入前小鼠胚胎已经存在雌雄异型基因表达形式。较高水平的 *Sry* mRNA，可能预示着 *Sry* 早在性腺分化之前就对性别决定起作用。

（二）转基因小鼠研究

为确证 *Sry* 是 TDF 的唯一基因形式，把包含全部 *Sry* 基因的 14kb 基因组 DNA 片段注射到小鼠受精卵原核中，构建转基因小鼠。在发育到 14dpc 时，对转基因小鼠胚胎进行鉴定，25%的转基因 XX 胚胎有睾丸发育。在出生后的转基因小鼠中，有些小鼠发生了性反转，成为含 XX 染色体及 *Sry* 基因、具有睾丸的雄性小鼠（图 6-5）。其内外生殖器官发育正常，性行为也正常，但没有精子生成。这表明，只有 *Sry* 基因就可导致小鼠的性反转，产生睾丸分化（Koopman，1995，1999；Koopman et al.，1991）。

（三）XY 女性的 *SRY* 突变分析

XY 女性具有 XY 核型，但缺乏睾丸。这些患者是在性别决定过程中或在睾丸分化早期发生了 *SRY* 突变造成的。对 41 例 XY 女性的 *SRY* 编码区进行 PCR 扩增并进行 DNA

序列分析，发现所有这些突变均发生于 HMG 盒基序中的 79 个氨基酸中，进一步证明了 HMG 盒基序的重要性。例如，有一例 XY 女性的 *SRY* 基因发生 G→A（Met→Ile）突变，另一例 XY 女性在 *SRY* 区内发生 5 个碱基缺失突变，这两例突变均为新生突变（*de novo* mutation）（Bowles et al.，1999；McClelland et al.，2012）。

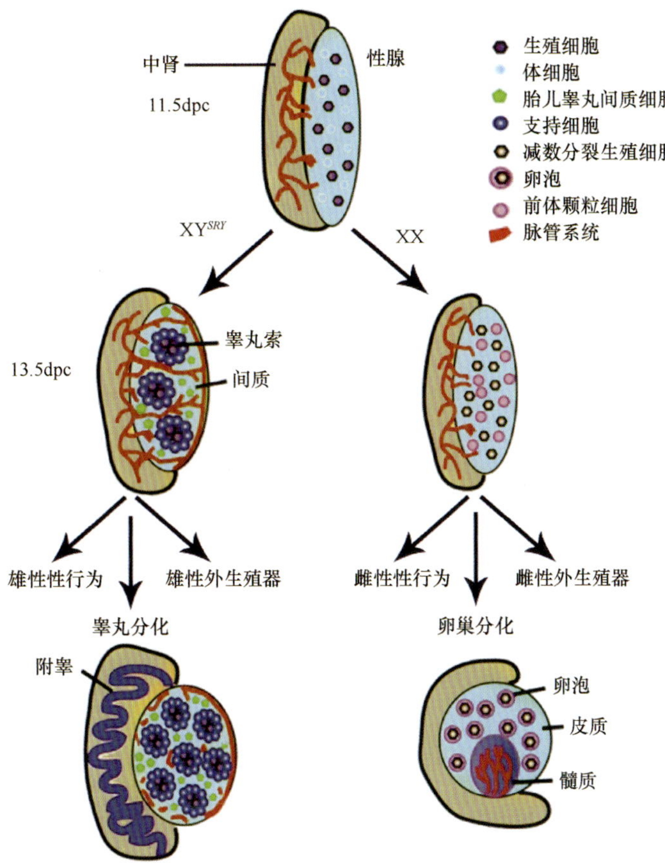

图 6-4　小鼠性腺发生模式图

雄性小鼠胚胎在 10.5～11.5dpc 开始表达 *Sry* 和 *SOX9*，并逐步向睾丸分化

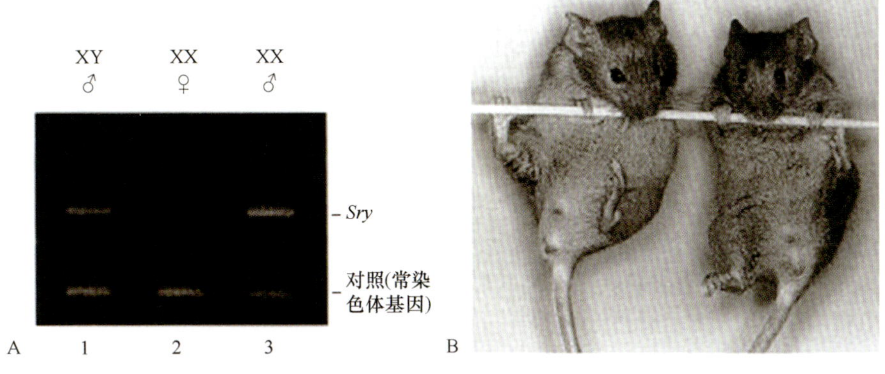

图 6-5　将 *Sry* 基因转入 XX 小鼠胚胎后得到的性反转雄性小鼠

XX 转基因小鼠的外生殖器表型与 XY 正常雄性小鼠相同

（四）*SRY* 的调节作用

任何一个在性别决定中起作用的假设基因，应该在生殖嵴分化为睾丸之前得以表达。通过 Northern 印迹技术，已在成人睾丸中检出 *SRY* 的表达。用反转录聚合酶链反应（RT-PCR）在包括脑组织在内的几种胎儿组织中也检出了 *SRY* 低水平的表达。但是，在成人的相应组织中却未检出任何表达。*SRY* 表达具有精确的时间性和组织特异性，这意味着有控制 *SRY* 基因表达的调控基因的存在。这些基因在性别决定通路中是 *SRY* 的上游基因，而在 XX 和 XY 胚胎中都有这些基因产物存在。Tanaka 等研究表明，在小鼠 *Sry* 基因表达启动之前，H3K9 去甲基化酶 *Jmjd1a* 基因表达的上调可以导致 H3K9me2 水平下降，从而引起 *Sry* 表达上调；转录因子 Gata4 和辅助因子 Fog2 的互作是 *Sry* 激活的关键，而 Fog2 基因表达上调与 Six1 和 Six4 相关。Gata4 是通过 Gadd45g-Map3k4-p38 MAPK 途径激活的（Tanaka and Nishinakamura，2014）。另外，Wt1+KTS 可能与 *Sry* 的转录后调节有关（图 6-6）。

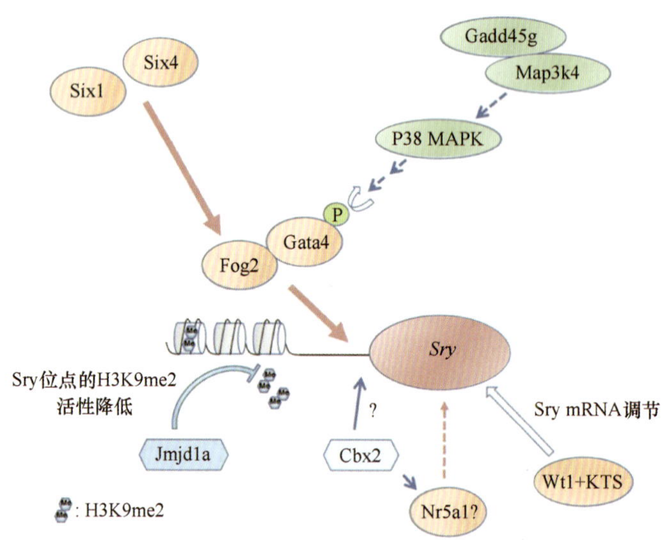

图 6-6　小鼠 *Sry* 基因表达的调控途径

三、与睾丸决定有关的基因

除 *Sry* 外，还有几种基因与睾丸分化有关（江玲霞等，2009；李箫和翁静，2015）。

（一）*SOX9* 基因

SOX9 基因是 *SOX* 基因家族中被证实的唯一与性别决定有关的常染色体基因。在人类染色体上，定位于 17q24-25.1 区段内，长度为 3934bp，含有 1 个外显子和 2 个内含子。*SOX9* 基因在哺乳动物中高度保守，是比 *Sry* 更古老的性别决定基因。一般认为，*SOX9* 基因作为转录调控元件调控其下游基因的表达。*SOX9* HMG 盒基序识别 AGAACAATGG 序列，5′AG 和 3′GG 增强其对 DNA 的亲和力。研究发现，*SOX9* 的表

达在 *Sry* 表达后迅速开始，在 11.5dpc 雄性小鼠生殖嵴中有明显的上调，而在雌性生殖嵴中却下调，并且 *SOX9* 的表达量对性别决定是关键的。通过转基因使 XX 型小鼠 *SOX9* 上游 1.4Mbp 区域紊乱，即失去正常的下调区；使小鼠胎儿性腺的 *SOX9* 持续表达，会导致完全的雌性向雄性逆转（Koopman，1999）。所以说，*SOX9* 是雄性性别决定通路中一个很重要的调控基因，它的表达与支持细胞的分化有关（Vidal et al.，2001；Sekido and Lovell-Badge，2008；Fonseca et al.，2013）。

（二）*MIS* 基因

缪勒氏抑制物质（MIS）基因位于 10 号染色体。在 *MIS* 基因启动子上游有 SOX9 蛋白和类固醇生成因子 1（SF1）的结合序列，并且 SF1 能与 WT1 蛋白协同促进 *MIS* 基因的表达，使其转录水平增加。若 SF1 上与 *MIS* 基因结合的位点突变，则 *MIS* 基因表达量减少；若 SOX9 上的结合位点突变，则会使 *MIS* 基因表达完全消失。在人类，*MIS* 参与精子细胞的分化（Arango et al.，1999）。

（三）*WT1* 基因

威尔氏瘤抑制基因（Wilm's tumor suppressor gene-1，WT1）位于人染色体 11p13，跨越 50kb 的碱基，其中的 1347 个碱基构成可读框，包括 10 个外显子，含有 1 个 Pro-Glu 富含区和连续 4 个（Cys）2（His）2 型的锌指结构区。小鼠的 *Wt1* 也有类似的结构。*Wt1* 是哺乳动物构建双性潜能性所必需的，同时也在睾丸发育中起作用。敲除小鼠 *Wt1* 导致性腺缺乏，且肾上腺和脾脏发育受损；在雄激素和抗缪勒氏激素产生之前，性腺就出现了发育异常，内外生殖器沿雌性通路发育。这表明，*WT1* 调节的目标基因对于雌、雄性腺形成都是必不可少的（Wilhelm and Englert，2002）。

（四）*SF1* 基因

甾类生成因子 1（steroidogenic factor 1，SF1）属于核激素受体家族，具有 DNA 结合区（DBD）、配体结合区（LBD）、2 个锌指结构（Zn Ⅰ 和 Zn Ⅱ）和连接区（图 6-7）（Hoivik et al.，2010）。*SF1* 基因位于人染色体 9q34，有 2 个锌指基序调控与 DNA 的结合，与核受体家族具有相同的保守区和作用功能。*SF1* 基因突变将阻碍睾丸和卵巢的形成。

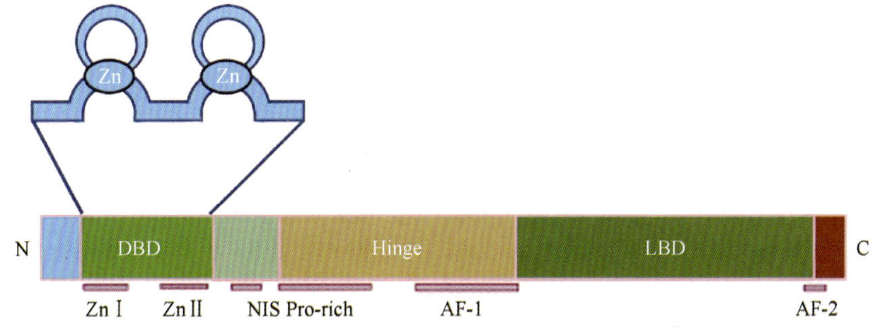

图 6-7　*SF1* 结构示意图

DBD：DNA 结合区；LBD：配体结合区；NIS：核定位序列；Pro-rich：脯氨酸富有区；AF-1/AF-2：激活功能区-1/-2；Hinge：连接区；Zn Ⅰ/Zn Ⅱ：锌指 Ⅰ/锌指 Ⅱ

在 9～9.5dpc 小鼠胎儿，即中胚层形成尿生殖嵴时，就表达 *Sf1*；当睾丸分化时，*Sf1* 的表达量有所增加；而在卵巢中的表达却降低。说明 *Sf1* 促进雄性性状而抑制雌性性状的形成。在 *Sf1* 基因敲除小鼠中，不仅缺少性腺与肾上腺，而且会发生由雄性向雌性的性反转。*SRY* 与 *SF1* 基因相互作用，并激活 *SOX9* 基因表达，从而促使性腺原基分化成睾丸（Wilhelm and Englert，2002）。

（五）*Dmrt1* 基因

将编码蛋白质中都包含的一个具有 DNA 结合能力的保守基序 DM（doble sex and Mab-3）结构域的基因，命名为 *Dmrt* 基因或 DM 盒基因。在人的基因组 cDNA 中，发现了一个编码 DM 结构域蛋白的基因，并命名为 *DMRT1*。该基因在哺乳动物、鸟类、爬行类、线虫和果蝇中都存在同源物，其共同特点是都包含 DM 结构域，这是迄今为止发现的第一个在不同类动物中具有保守性的与性别决定相关的基因。*Dmrt1* 基因与 *Sry* 基因相似，在哺乳类雄性发育中有重要作用。在未分化的小鼠胚胎两性生殖嵴中，*Dmrt1* 基因的表达水平相似；进入分化阶段后，*Dmrt1* 在睾丸中表达上调，在卵巢中表达量下降。*Dmrt1* 在雄性胚胎中专一性表达，并参与了雄性的性别决定过程；该基因如果缺失，会导致性反转。近年来又发现，定位于人 9p 末端区的 *Dmrt1* 基因和 *Dmrt2* 基因可能都是性别决定基因。*Dmrt2* 基因的表达方式与 *Dmrt1* 相似，雌性中无表达，其缺失同样会导致性反转。敲除 *Dmrt1* 基因，会导致睾丸分化不全，甚至导致生殖细胞死亡。以上都证实了 *Dmrt1* 基因和 *Dmrt2* 基因在哺乳动物雄性性别决定与分化中起重要作用（Matson et al.，2011；Machado et al.，2012）。

四、与卵巢决定有关的基因

（一）*DAX1* 基因

当人类 X 染色体短臂某部分发生突变后，XY 型的个体将发育为女性表型，表明卵巢发育的决定基因可能存在于 X 染色体的这一部分。1994 年，Muscatelli 等报道 Xp21.1-Xp21.2 的片段复制导致了 XY 性反转的 2 个病例，并将该片段定位在 Xp21 的 160kb 区段内，并命名为剂量敏感的性反应（dosage sensitive sex reversal，DSS）（Muscatelli et al.，1994）。这个基因与先天肾上腺发育不全（adrenal hypoplasia congenital，AHC）基因和性腺功能减退（hypogonadotropic hypogonadism，HHG）基因一起连锁于 X 染色体上。Zanaria 等（1994）找到了 *DSS* 候选基因——*DAX1*（*DSS-AHC* critical region on the X chromosome gene 1），该基因编码 470 个氨基酸的核蛋白，该蛋白质与 DNA 结合并调节其转录。在正在发育的小鼠性腺中，*DAX1* 首先在 11.5dpc 的雌、雄生殖嵴中表达，以后表现为性别二态性。随着睾丸索的出现，在雄性中的表达水平下降，12.5dpc 时几乎检测不到。这与 *Sry* 的表达水平升降相对应，*Sry* 可能是 *DAX1* 的负调控因子。*DAX1* 在性别决定中的功能还不清楚，普遍认为 *DAX1* 与 *SRY* 二者的产物相互拮抗，*DAX1* 表达量增加则引导向雌性发育（图 6-8）。

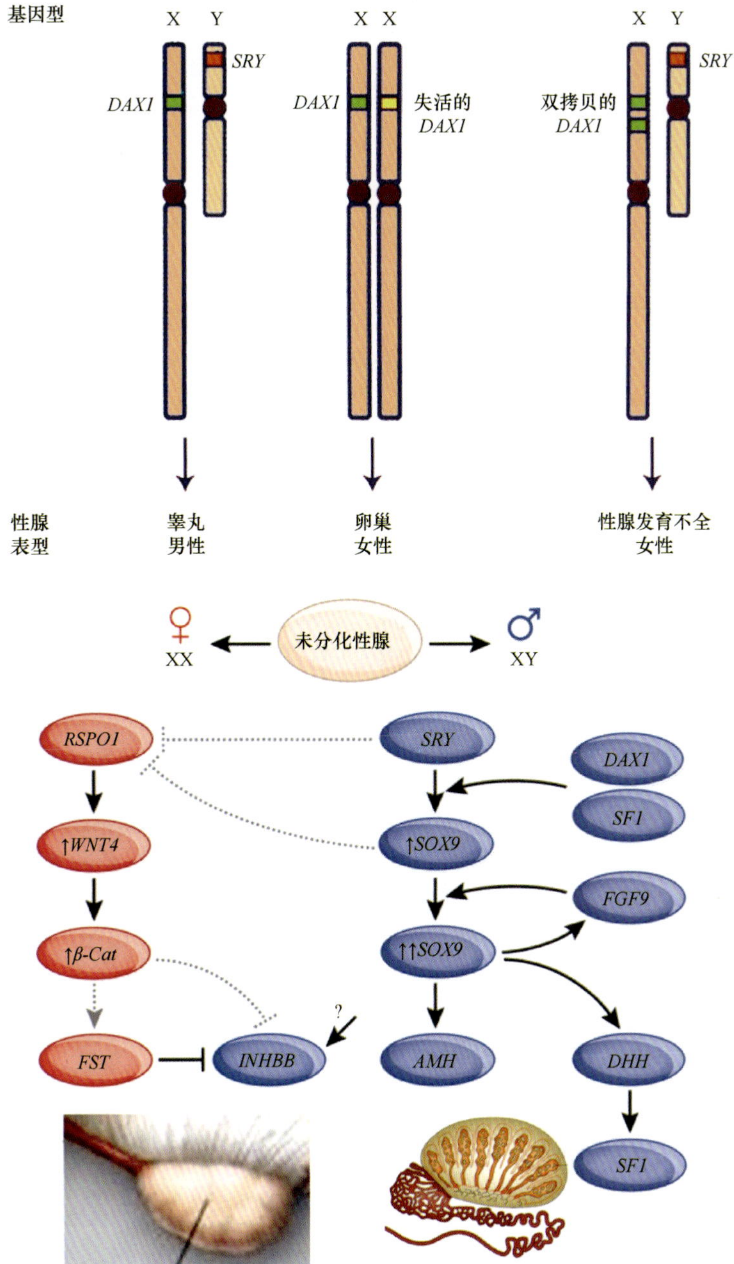

图 6-8　人类 *DAX1* 双拷贝基因引起性别表型转换

（二）*SOX3* 基因

SOX3（SRY-related HMG box 3）属于 *SOX* 基因家族，是 *SRY* 相关基因。在性腺中表达的有 *SOX3*、*SOX8* 和 *SOX9*。人类的 *SOX3* 基因定位于 Xq27，小鼠的 *SOX3* 定位于 X 染色体最保守片段。在已发现的 *SOX* 基因中，*SOX3* 基因与 *SRY* 基因相似性最高，*SOX3* 侧翼序列的平截就变为 *SRY*，成为 *SOX3* 的有效抑制因子，因此 *SOX3* 被认为是 *SRY* 进化的祖先。*SOX3* 与 *SRY* 在功能及表达上并非完全一致，*SRY* 仅在生殖嵴及成体睾丸中

表达，直接参与睾丸发育；而 *SOX3* 在雌、雄性别中都能广泛表达，而且在性腺以外的其他组织器官如脑与神经系统等中表达。

（三）*Wnt4* 基因

Wnt4（wingless-related MMTV integration site）基因是常染色体上潜在的卵巢决定基因。已证实，该基因最初表达于肾小管间充质及未分化的性腺中，但性别分化后，在雄性性腺中 *Wnt4* 表达下降。*Wnt4* 的缺失，不影响雄性的睾丸发育；雌性性腺一旦缺失 *Wnt4* 信号，其结构和功能都呈现一定的雄性化特征。在 1 例 XY 女性患者，其 1p31～p35 中包含 *WNT4* 基因的重复片段，*WNT4* 的过量表达使 *DAX1* 上调，致使 XY 男性具有了女性的表型。小鼠 *Wnt4* 在分化前的生殖嵴中都表达，其后只在 XX 生殖腺中表达。在 *Wnt4* 敲除的 XX 小鼠中，卵巢形成异常，其细胞表现为抗缪勒氏管基因表达阳性和睾酮等睾丸特异性标记阳性。这说明 *Wnt4* 和 *DAX1* 一样，是以一种剂量敏感的方式控制雌性发育和阻止睾丸的形成。

Sry 的作用可能是抑制生殖嵴中 *Wnt4* 的表达和促进 *Sf1* 的表达。在缺乏 *Sry* 基因的情况下，激活的 *SOX9* 可以诱使性腺向睾丸发育，使小鼠发育成具有生育能力的雄性个体。目前认为，*Wnt4* 抑制雌性性腺的雄激素的合成，*Wnt4* 在缪勒氏管分化之前起作用（Jeays-Ward et al.，2003；Biason-Lauber et al.，2004）。

（四）*RSPO1* 基因

Rspo1 敲除的 XX 小鼠形成雄性化性腺，但不表现为完全的性反转，这与 *Wnt4* 无效表达的 XX 小鼠的表型相似，提示二者作用于同一信号通路（激活 β-连环蛋白）。进一步研究发现，在 *Rspo1–/–*的 XX 小鼠性腺内，*Wnt4* 的表达水平降低，经典 *Wnt* 信号通路无法激活，表明 *Rspo1* 是 *Wnt4* 上游的正调节因子，其编码的分泌因子可维持 β-连环蛋白的稳定性。在 XY 性腺发育不良患者中检测到 *RSPO1* 和 *WNT4* 的片段重复，推测 *RSPO1* 和 *WNT4* 都可促进卵巢发育而抑制睾丸发育（Chassot et al.，2008）。

（五）*Foxl2* 基因

对 *Foxl2* 基因敲除、*Wnt4* 基因敲除或 *Foxl2* 和 *Wnt4* 基因双敲除 3 种小鼠的研究显示，*Foxl2* 和 *Wnt4* 基因双敲除的 XX 小鼠，表现出睾丸分化和男性生殖细胞发育，说明 *Foxl2* 基因对颗粒细胞的形成必不可少。此外，对成年 XX 小鼠进行 *Foxl2* 基因条件敲除，发现其卵巢转分化为睾丸，卵巢结构、导管形态及体细胞均表现出雄性化特征，分子水平上 *SOX9* 等睾丸分化相关基因表达上调。该结果表明，即使在成年时期，*Foxl2* 仍对卵巢形态和功能的维持起到重要作用。在人类，*Foxl2* 突变通常与小睑裂综合征（BPES）有关，患者常伴有卵巢机能障碍（如卵巢早衰等）（Takasawa et al.，2014）。

五、*SRY* 的作用及性腺细胞间的相互作用

从以上事实可以看出，哺乳动物的性别决定基因可能就是 *SRY*（*Sry*）。但目前就下定论为时尚早，仍有许多问题需进一步探讨。首先，*SRY* 可能仅是一个开关。尽管 XX

型转基因小鼠的其他方面与正常小鼠一样，但睾丸却比正常的小，而且这种小鼠是不育的，这是否是由于缺少Y染色体上的其他基因造成的，尚待进一步研究。其次，小鼠中*Sry*表达时间和位置也需要做进一步讨论。有人发现，有4条常染色体上拥有与Y染色体同源性很强的DNA结合基序，而且这4条常染色体基因可能参与睾丸分化。因而，常染色体上是否确有*Sry*同源基因，其机能如何？仍是一个谜。

发育中的性腺由4种细胞类型构成，每一种细胞类型都具有双向发育潜力。这些细胞类型包括在发育第10～11天迁入生殖嵴的生殖细胞和3种类型的体细胞。这3种类型的体细胞分别是：①支持细胞的前体细胞，这类细胞将形成睾丸的支持细胞或卵巢的颗粒细胞；②类固醇生成细胞的前体细胞，这类细胞将产生睾丸的间质细胞或卵巢的卵泡膜细胞或间质细胞；③结缔组织细胞，这类细胞将形成睾丸白膜和周管肌样细胞或卵巢白膜和基质细胞。通过XX胚胎和XY胚胎进行嵌合体实验，表明*Sry*在支持细胞系发生过程中发挥重要作用。*Sry*指导支持细胞的前体细胞向支持细胞发育，而不是进入泡膜细胞的途径。受*Sry*基因的影响，其他两种细胞系只能沿着雄性途径，向精原细胞、间质细胞、周管肌样细胞和睾丸白膜方向发育，而不是形成卵原细胞和基质细胞等。

有证据表明，*Sry*并不是唯一决定细胞特定命运的“主调节基因”，它的作用受细胞间相互作用的调节。在XX-XY嵌合体的睾丸细胞中，支持细胞几乎全部为XY核型。但在其他性腺细胞系中，XX和XY细胞的比例与胚胎其他组织中的比例相同，这表明睾丸决定基因对支持细胞的前体细胞具有主导作用。但即便如此，*Sry*促使支持细胞前体细胞转向支持细胞的途径也并不是不可逆转的。

*SRY*的发现是一个问题的结束，而又是另一个问题的开端。*SRY*受哪些基因控制？*SRY*控制着什么基因？其中的机理是什么？还有待于进一步研究。

六、动物性别决定模型

随着人们对哺乳动物性别决定研究的深入，已经建立了一些模型，以解释性别决定及性逆转或性反转现象。动物性别决定模型主要有以下4种（李云龙和刘春巧，2005；张秀华和陆春梅，2008）。

（一）*Z*基因模型

*Z*基因模型的主要内容有：①*SRY*基因的功能是抑制调节基因*Z*，而*Z*基因是一个雄性发育途径的抑制物；②*Z*基因突变有不同程度的渗漏；③*Z*基因突变是组成型突变，对*SRY*的抑制不敏感。此模型很好地揭示了*SRY*在性别决定中的作用，*SRY*+XY女性性反转中无*SRY*。但该模型不能解释Xp重复引起的*SRY*+XY性反转，而且*Z*基因本身也是假设的基因，它是否存在、其结构及功能如何均未知。

（二）*DSS*基因模型

*DSS*基因模型认为*DSS*是睾丸发育的抑制基因，*SRY*可以阻遏或对抗*DSS*基因的产物。但*DSS*基因连锁于X染色体上，存在着剂量效应。当*DSS*存在2个活性拷贝时，*SRY*的剂量不足以抑制*DSS*的作用，则*DSS*多余产物将使雄性特异基因受到部分抑制。

由于*DSS*正好位于Xp21.3上，因此很好地解释了Xp重复引起的*SRY+XY*女性反转现象。

（三）雄性途径基因和雌性途径基因模型

雄性途径基因（MPG）和雌性途径基因（FPG）模型认为，单拷贝的活性*DSS*能在正常的XX雌性中遏制雄性发育途径，但在XY雄性中则受到*SRY*基因的作用而失活，这一模型意味着*DSS*基因相当于*Z*基因。在XY个体中，雄性途径基因可在正常睾丸分化时激活，这是由于*DSS*单拷贝基因受到*SRY*抑制，在正常睾丸分化时期的激活，将导致雄性表型发育；而在XX个体中无*SRY*，这样*DSS*可以维持MPG的抑制，使雌性性状得以表达，FPG在发育中较晚一些被激活。

（四）*SRY*基因的抑制作用模型

该模型推测*SRY*基因在性别决定中起抑制作用，其下游基因是与之有共同结合点的*SOX*基因。*SOX9*在雄性小鼠胎儿性腺中高度表达，而在雌性鼠胎中不表达，*SRY*与*SOX3*相互作用调节*SOX9*。*SRY*与*SOX*基因之间存在如下关系：①在雄性中，*SRY*基因抑制了*SOX3*，使*SOX9*启动了睾丸决定作用，睾丸发育；②在雌性中，无*SRY*，*SOX3*抑制了*SOX9*的功能，从而抑制了*SOX9*对睾丸决定的启动作用，无睾丸发育。

第二节　哺乳动物胚胎性别鉴定的传统方法

通过人工方法控制出生后的雌雄比例，就畜牧业生产而言，理想的性比例至少有几点重要意义：第一，可使受性别限制的生产性状（如泌乳性状）和受性别影响的生产性状（如肉用、毛用性状等）能获得更大的效益；第二，可增强良种选种中的选择强度，以获得最大的遗传进展；第三，可以排除畜群中有害基因或不理想基因。母畜对乳制品和幼畜的生产必不可少，而公畜因其饲料转化率高和肥瘦比例好，更适宜于肉用生产。在繁殖生产中，优秀公畜的高遗传价值可以带来更大的经济利益。

早期胚胎的性别鉴定方法有很多，涵盖了细胞学方法、免疫学方法、X染色体相关酶法、分子生物学方法等多种方法。多年来，基于X精子和Y精子在DNA质量、能动性、泳动方式、表面变化、体积差异及免疫相关属性等方面的不同，进行了大量的分离X精子和Y精子的尝试。根据X精子和Y精子的DNA含量的差异，建立起来的流式细胞精子分选仪技术，成为公认的性控精子分离的最佳方案。

一、细胞遗传学方法

细胞遗传学方法即细胞染色体核型分析法，是使用核型分析对胚胎性别进行鉴定的一种方法，是胚胎性别鉴定中最为有效的方法之一。由于胚胎的核型是固定的（XX和XY），虽然各种动物的染色体数目不一样，但是在早期胚胎发育过程当中，雌性胚胎的一条X染色体是处于暂时失活的状态，并形成巴氏小体（Barr body）。因此，可通过辨识巴氏小体鉴定胚胎性别。

使用染色体核型分析法可以对各级发育胚胎进行性别鉴定。如果操作准确，鉴定准确率可达 100%，可以获得性控动物后代。但该技术要求过高，并且胚胎损伤很大，操作费时，并不适于生产实际。

二、免疫学方法（H-Y 抗原法）

免疫学方法的理论依据是，在雄性胚胎中存在着雄性特异性抗原，即 H-Y 抗原。特异性 H-Y 抗原基因定位在 Y 染色体的长臂上。利用 H-Y 单克隆抗体或血清检测胚胎是否存在 H-Y 抗原，从而达到对胚胎进行性别鉴定的一种方法。对胚胎的 H-Y 抗原检测主要通过免疫荧光分析、细胞毒性分析和囊胚形成抑制法来实现。

（一）胚胎的细胞毒性分析

1. 原理

在补体（豚鼠血清）存在的情况下，H-Y 抗体可以与 H-Y 抗原阳性（$H\text{-}Y^+$）胚胎结合，并使其中一个或更多的卵裂球溶解，或使卵裂球呈现不规则的体积和形状，阻滞了胚胎的发育。这类受影响的胚胎即雄性胚胎，而仍能正常发育者为雌性胚胎。将经培养后发育正常的雌性胚胎进行移植，即可达到只生雌性后代的目的。

2. 操作方法

取 8-～16-细胞期的胚胎，用无 BSA 的 Whitten 液洗涤 3 次；将事先经雌鼠脾细胞和被鉴定胚胎的雌性动物脾细胞吸附的灭活 H-Y 抗血清、正常豚鼠血清和无 BSA 的 Whitten 液分别按 14.3%，28.5%和 57.2%（*V*/*V*）配成培养液，在灭菌石蜡油下制成 25μl 的小滴，将经洗涤的胚胎移入培养小滴中，在 37℃、5% CO_2、饱和湿度的条件下培养 24h；然后用含 BSA 的 Whitten 液洗涤 3 次，在 200 倍相差显微镜下观察胚胎，记录受影响的胚胎和正常胚胎数。将正常胚胎移植给同期发情的受体，以所产后代的雌性率检验胚胎性别鉴定的准确性。用这种方法鉴定的胚胎移植后，所生仔鼠有 86%为雌性，但该方法是以破坏雄性胚胎为代价。

（二）间接免疫荧光分析法

1. 原理

间接免疫荧光分析法是以 H-Y 抗体作为一抗，以用 FITC 标记的山羊抗鼠 γ 珠蛋白作为二抗，将上述两种抗体依次与胚胎共同培养时，雄性胚胎上的抗体先与一抗结合，一抗再与二抗结合，通过洗涤将未结合到胚胎上的二抗洗去。由于二抗用 FITC 标记，故在荧光显微镜下显荧光。显荧光者则为 $H\text{-}Y^+$胚胎，不显荧光者则为 H-Y 抗原阴性（$H\text{-}Y^-$）胚胎。这是一种非损害性胚胎性别鉴定法，鉴定过的胚胎都可存活，可按需要的性别进行胚胎移植。

2. 操作方法

取 8-细胞至桑椹胚期胚胎，经含 10%（*V*/*V*）吸附过的灭活 H-Y 抗血清的 Whitten

氏液培养 90min 后，将胚胎移入新鲜 Whitten 氏液中洗涤 1 次，然后移入含 10%（*V*/*V*）FITC-山羊抗鼠 γ 珠蛋白的 Whitten 氏液中，再培养 90min。用 Whitten 氏液洗涤 1 次，接着用装有 FITC 激发器的倒置荧光显微镜在 20 倍下逐一评价胚胎。如果胚胎中一个或更多的分裂球上有相互联系的荧光集中区，且荧光清晰明亮，可定为荧光胚胎，即 $H\text{-}Y^+$ 的雄性胚。如果胚胎中无荧光，或荧光不清晰可定为无荧光胚胎，即 $H\text{-}Y^-$ 的雌性胚。利用该法鉴定的胚胎，雄胚者有 78%产雄鼠，雌胚者有 81%产雌鼠。在牛中，有近 90%的雌性鉴定准确率，猪为 80%的雌性鉴定准确率，绵羊为 85%的雌性鉴定准确率。

（三）囊胚形成抑制法

1. 原理

将 H-Y 抗血清与桑椹胚共培养一段时间，具有 H-Y 抗原的雄性胚胎则被 H-Y 抗体所抑制，不能形成囊胚腔；无 H-Y 抗原的雌胚则不被 H-Y 抗体所抑制，可在培养过程中继续发育形成囊胚。以此可将雄胚与雌胚分开，然后洗去 H-Y 抗体，在新鲜培养液中继续培养，使两种胚胎继续发育后移植或不经培养直接移植。经这种方法鉴定的胚胎移植后的存活力与正常胚胎无异，是一种比较实用的方法。

2. 操作方法

取晚期桑椹胚，用含 10%牛血清的 mBMOC-3 液洗涤 3 次，将大鼠 H-Y 抗血清先以雌大鼠脾细胞吸附，然后以被检动物的脾细胞吸附，并灭活。将上述处理过的 H-Y 抗血清与含 10%牛血清的 mBMOC-3 培养液按 1∶1 配成抑制培养液，将该抑制培养液在灭菌石蜡油下制成 25μl 的小滴。然后将洗过的晚期桑椹胚移入小滴中，每滴 4～5 枚，在 37℃、5% CO_2、饱和湿度条件下培养 6h，用立体显微镜观察囊胚形成情况。将形成囊胚者（雌性胚）直接移植或冷冻保存。未形成囊胚者，用含 10%牛血清的 mBMOC-3 继续培养 6h，能重新发育形成囊胚者判为雄性胚胎，可直接移植或冷冻保存。判断为雌性的胚胎移植后产生了 80%的雌鼠，判为雄性的胚胎移植后产生了 90%的雄鼠。用含大鼠 H-Y 抗体的培养液，分别培养小鼠、兔、山羊、绵羊和牛的桑椹胚，通过核型分析证明，发育未受 H-Y 抗体影响的牛胚胎有 80%～90%具有 XX 核型，而发育受阻的胚胎约有 80%具有 XY 核型（严云勤等，1995）。

三、$H\text{-}Y^+$精子与 $H\text{-}Y^-$精子的分离

许多研究证实，只有 Y 精子才能表达 H-Y 抗原。因而，利用 H-Y 抗体检测精子质膜上存在的 H-Y 抗原，再通过一定的分离程序，就能将精子分离成为 $H\text{-}Y^+$（Y 精子）和 $H\text{-}Y^-$（X 精子）两类。将所需性别的精子进行人工授精，即可获得预期性别的后代。

（一）免疫亲和柱层析法

用兔抗鼠 IgG（第二抗体）与琼脂糖-6MB（sepharose-6MB）小球偶联构筑分离柱，将待分离精子与大鼠抗 H-Y 血清（第一抗体）进行预培养，然后洗涤预培养的精子以除去过量的抗体。将洗涤后的精子用于免疫亲和柱层析，其中 $H\text{-}Y^+$精子能与柱内抗体包

被的琼脂糖小珠结合，而 H-Y⁻精子则可被大量的缓冲液冲洗下来。当洗脱至显微镜下看不到精子时，收集 H-Y⁻精子进行精子 DNA 分析或人工授精。然后用过量的非免疫血清洗脱结合到层析柱上的 H-Y⁺精子，直到显微镜下看不到精子为止，收集 H-Y⁺精子用于进一步分析或受精。

用此法分离的小鼠精子，经人工授精后，H-Y⁻组获得 4.2%的雄鼠（对照组为 46.6%），H-Y⁺组获得 92%的雄鼠，效果极为明显。以此法分离绵羊的 H-Y⁺和 H-Y⁻精子，用以 FITC 标记的抗鼠二抗结合，并进行荧光显微镜检查。发现不被层析柱吸附的精子有 70%～80%为 H-Y⁻，结合到层析柱上而后被洗脱下来的有 75%～78%为 H-Y⁺。而对照组则有 43%～44%为 H-Y⁺、56%～57%为 H-Y⁻，附睾精子和射出的精子具有同样的趋势。

（二）直接分离法

向家兔阴道内输入 H-Y 抗血清，15min 后进行人工授精，获得了 74%的雌性仔兔，而未先输入 H-Y 抗血清的对照组，雌兔率为 44.4%。

有人用小鼠 H-Y 抗原对大鼠进行免疫，将制备的 H-Y 抗体与牛精液“作用”后进行人工授精，获得 81.0%的雌性犊牛。将效价为 1∶32 的兔 H-Y 抗血清输入发情母兔阴道内，10～15min 后自然交配，其中两只妊娠母兔最终产下 3 只仔兔，均为雌性。

（三）免疫磁力法

用 H-Y 单克隆抗体结合 Y 精子上的 H-Y 抗原，再加二抗包裹的超磁化多聚体小珠，振荡培养后，Y 精子-单抗复合体即结合到二抗磁珠上，当用磁体对样品处理时，磁化了的磁珠（含 Y 精子）则黏附在试管壁上，上清液中的精子便是所需要的 X 精子。

一抗为对 IgG 的 H-Y 单克隆抗体（McAb12/49），二抗为山羊抗小鼠抗体。将 10μl 1∶32 稀释的 McAb12/49 添加到悬浮在 250μl 的 PBS 中的 10^6 个精子里，室温下培养 20min，再加一抗并培养到 10min 时，轻轻混悬样品。培养结束后，向每个样品添加 1ml PBS，并以 900*g* 离心 4min。去上清，精子小团在 1ml PBS 中再悬浮，再次以 900r/min 离心 4min。每一小团在 250μl 中悬浮，然后加入 10μl 1∶8 稀释的二抗，同时向每份样品中添加洗过的超磁化多聚体小珠（dyna beads-M450，dynal INC）。培养后用光学显微镜检查，每份样品计数 100 个精子，以确定精子与小珠结合的百分比，样品随后用磁体（MPC-1，Dynal INC）作用 2min。磁体使磁化了的颗粒黏附在试管壁上，使上清液易于用吸管吸出，上层清液中 98%以上就是所需要的 X 精子。

四、X 染色体相关酶法鉴定胚胎性别

X 染色体相关酶法是通过测定早期胚胎中与 X 染色体连锁相关酶的活性来鉴定胚胎性别的一种方法。

（一）原理

雌性动物有两条 X 染色体，雄性动物有一条 X 染色体和一条 Y 染色体。为了维持不同性别之间的基本平衡，在胚胎发育早期，雌性的每个细胞中一条 X 染色体是失活的。

尽管其失活时间不确定，但初步认为在这条 X 染色体失活之前，必然有一个时期，即在这段时间里，两条 X 染色体均有活性，并进行转录。此时的雌性胚胎中，X 连接酶活性是雄性胚胎中的两倍。这些酶主要包括 6-磷酸葡萄糖脱氢酶、次黄嘌呤磷酸核糖转移酶、腺嘌呤磷酸转移酶等。

（二）检测方法

主要通过上述 X 连接酶如 6-磷酸葡萄糖脱氢酶（G6PD）与底物着色反应颜色来鉴别胚胎性别。

方法如下：将胚胎培养在含底物 6-磷酸葡萄糖、辅酶Ⅱ、NADP 及亮甲酚蓝染料的混合培养基中 15～20min。由于 G6PD 的作用，NADP 还原为 NADPH。后者的存在使培养基的蓝色变浅。根据变浅的程度，衡量胚胎中 G6PD 的水平。胚胎移植结果显示，雌性准确率为 72%，雄性为 54%。从小鼠 8-细胞胚胎中，取出单个卵裂球检测与 X 染色体连锁的次黄嘌呤磷酸核糖转移酶，以及与常染色体连锁的腺嘌呤磷酸核糖转移酶的活性。由于是根据着色反应的颜色变化鉴定胚胎性别，因而存在较大的主观性和不确定性。

五、分子生物学方法

利用分子生物学方法进行植入前胚胎性别鉴定具有准确、高效、快速且重复性好等优点。目前，实际应用的主要有 Y 染色体特异性 DNA 探针检测法、荧光原位杂交（fluorescence *in situ* hybridization，FISH）法、LAMP 和 PCR 法等。

（一）Y 染色体特异性 DNA 探针检测法

1989 年，澳大利亚学者首先成功采用 PCR 方法扩增牛 Y 染色体特异性的 DNA 片段，鉴定奶牛胚胎性别，准确率达 90%以上。国内有学者利用该技术对牛胚胎进行性别鉴定，准确率达到 100%。但该方法需要的胚胎细胞数量多，而且取样后胚胎的活力大幅下降，影响了胚胎移植效果。

采用巢式 PCR，经过 2 次扩增可使扩增产物的量增加，准确率更高。利用 Duplex PCR 技术扩增 *SRY*，对羊的早期胚胎进行性别鉴定，准确率 87.5 %。为了避免由于扩增失败对结果的误判，大多采用多重 PCR 方法，同时扩增 X 染色体和 Y 染色体特异性的序列；或是 X 染色体和 Y 染色体限制性酶切多态位点；或是 X 染色体和 Y 染色体特异性的多态片段，并同时扩增常染色体序列作为对照。

该方法具有特异性强且准确率高等优点，然而这些特定的序列通常具有种间特异性。因此，对每种动物都必须研制不同的探针，这个过程较繁杂。如果利用同位素标记则需使用大量的胚胎细胞，而且需要较长的时间；如果利用生物素标记，所需要的时间较短，但是该技术难度较大，可鉴定的胚胎数目较少，在生产实践应用中也受到一定限制。

（二）荧光原位杂交法

荧光原位杂交法即 FISH 技术，是从 DNA 探针技术基础上发展起来的。以 Y 染色体的特异基因为探针，利用 FISH 技术对胚胎进行检测（Whyte et al.，2007）。由于 FISH

技术可使用体细胞杂交探针与 X 和 Y 探针结合检测性染色体中的非整倍体变异，因而具有高效、快速的优势（图 6-9）。但由于需要使用放射性物质，该方法在生产实践中不宜推广。

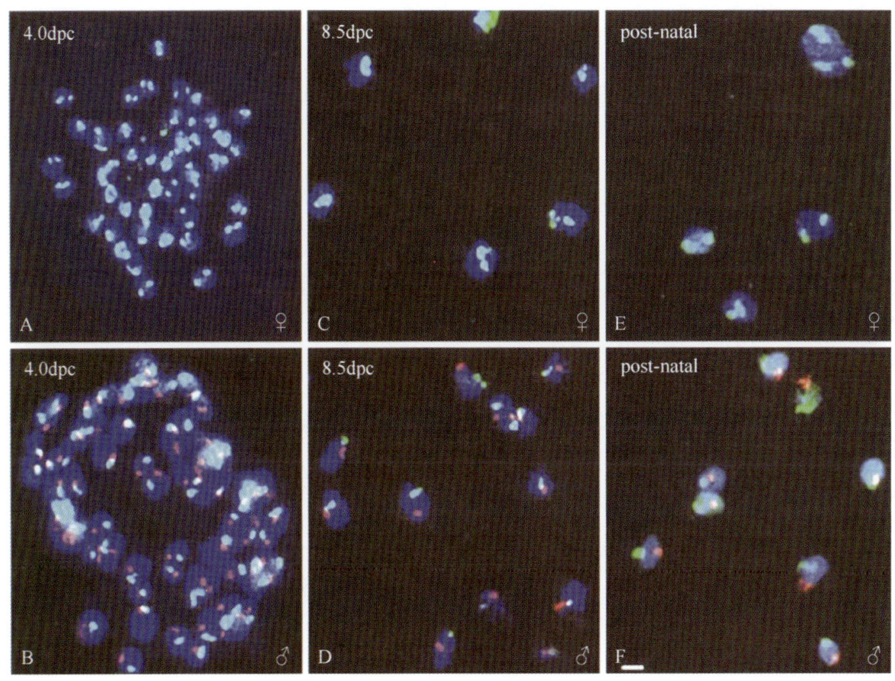

图 6-9　小鼠胚胎着床前后和出生后细胞荧光原位杂交（FISH）性别鉴定

与 X 染色体原位杂交的 FITC 标记的 DNA 探针显示为绿色；与 Y 染色体原位杂交的 Cy3 标记的 DNA 探针显示为红色

（三）LAMP 检测技术

环介导等温扩增（loop mediated isothermal amplification，LAMP）是一种全新的基因扩增法。由于双链 DNA 在 65℃左右即处于动态平衡状态，其中任何一条引物对双链 DNA 的互补部位进行碱基配对时，一条链就会脱落变成单链。LAMP 法就是利用 DNA 的这一特性，对目标基因的 6 个区段设定雄性特异性的引物及雌雄共同引物（4 种），在 65℃的恒温条件下对胚胎细胞中的雄性特异性核酸序列和雌雄共有核酸序列进行扩增反应，然后通过反应过程中获得的副产物焦磷酸镁形成的白色沉淀的浑浊度，达到对早期胚胎性别进行鉴定的目的。利用此法对牛早期胚胎进行检测，其性别鉴定率达到 100%。LAMP 反应是相当灵敏的，只要混入极少量的目的基因以外的 DNA 或其他检品的扩增产物，就可能造成误判（罗应荣等，2005）。

六、*SRY*-PCR 法

根据 *SRY* 基因的核心序列设计特异性引物，借助于 PCR 技术可以对动物细胞或胚胎进行性别鉴定。从组织、细胞或胚胎中提取 DNA，然后用 *SRY* 基因的一段碱基作引物，用胚胎细胞中的 DNA 为模板进行 PCR 扩增，最后用 *SRY* 特异性探针进行检测。出现阳性反应者，胚胎为雄性；出现阴性反应者，胚胎为雌性。由于 PCR 极为灵敏，所以只要从胚胎中取出几个细胞就可以进行性别鉴定，这对性别鉴定后胚胎移植的妊娠率没有影响。由于 *SRY* 基因在哺乳动物中具有高度的保守性，因此相同引物可以鉴别不同动物，该方法的准确率高达 95%～100%。

利用 PCR 技术对胚胎进行鉴定的主要操作步骤包括：①收集胚胎或从一个胚胎中取出几个卵裂球；②根据 Y 染色体上的性别决定基因或特异性片段设计引物，同时设计一对雌雄个体共有基因引物作为内对照，避免假阳性的发生；③PCR 扩增；④电泳检测，能同时扩增出 Y 染色体上相应片段和雌雄个体共有基因片段的胚胎即雄性胚胎，而只能扩增出共有基因片段的胚胎即为雌性胚胎。

胚胎卵裂球分离（embryo biopsy）技术如下。

（1）透明带溶洞法

本法适于致密化之前的各期胚胎。先在透明带上溶解出一个洞，然后将吸管自溶洞插入，吸出一个卵裂球。

（2）透明带切开法

先在无 Ca^{2+}和 Mg^{2+}的 PBS 中进行预处理，再用玻璃针在透明带上切口，然后用另一微细吸管自切口处插入。吸出一个或几个卵裂球。该法适于致密化前胚胎，对致密桑椹胚可以采用胚胎分割的方法进行。

（3）滋养层小包分离法

在 ICM 对侧的透明带上，先切开一个口，之后培养 24h，滋养层细胞则在透明带开口处向外生长，突出一个小包。通过显微外科手术，用微刀或细玻璃针将滋养层小包分离下来，用于 DNA 抽提。

SRY-PCR 法鉴定胚胎性别，快速而又准确，准确率达 100%，是最有前途的商业性胚胎性别鉴定方法。

七、其他方法

除以上介绍的方法外，性别控制还可以通过控制母畜的环境、受精时间及生殖道 pH 等来实现。文献报道，因为 Y 精子头小且圆，体积也小，因此在相同动力下比 X 精子运动快。Y 精子对酸性环境的耐受能力比 X 精子较差，而其对碱性环境的耐受能力则比 X 精子强。所以可以通过控制受精环境的 pH 达到性别控制的目的。当母畜生殖道的 pH 低于 7.0 时，Y 精子的活力减弱，其运动缓慢，因而失去了较多与卵子相结合的机会，所以后代雄性犊或羔数量较少。但当母畜生殖道的 pH 大于 7.0 时，Y 精子的活力增强，因此有较多的机会与卵子相结合，所以后代雄性犊或羔较多（于涛等，2015；胡明信等，2006）。

第三节　X 精子、Y 精子分离技术

家畜性别控制最有效的途径是能够将 X 精子与 Y 精子完全分离，再分别利用 X 精子或 Y 精子进行配种，获得所需性别的动物。由于 X 精子与 Y 精子在结构上存在一些细微差别，从理论上讲，将 X 精子与 Y 精子完全分开是可能的。Lush 于 1925 年最早进行了 X 精子与 Y 精子分离研究，他试图根据携带 X 染色体和 Y 染色体精子密度有差异的原理，用离心法分离兔子的 X 精子和 Y 精子。但是，用分离的精子授精所产生的后代性别比例却没有改变。其后的半个多世纪以来，利用类似的方法来分离精子的报道有很多。层析分离法、沉积分离法、自由流动电泳法、逆流传递电流法和白蛋白液柱分离法等“物理分离法”，均用于分离 X 精子与 Y 精子。这些方法都是以 X 精子和 Y 精子之间存在的物理差异为依据，如密度、质量、形态、大小、活力和表面电荷等。尽管也有一些似乎成功的报道，但缺乏可靠性、重复性和有效性。目前，最科学和最可靠的分离精子的方法是根据 X 精子和 Y 精子的 DNA 含量存在差异的原理，利用改良的流式细胞仪分离 X 精子和 Y 精子。表 6-1 列出了 X 精子和 Y 精子存在的不同点。

表 6-1　X 精子和 Y 精子的不同点

项目	不同点	评定
DNA	X 精子较多	可以测定，并已得到证明
大小	X 精子的头部较大	头部的大小有很大差异，但不能确切证明 X 精子头部就大
质量与密度	X 精子重且密度大	仅根据性染色体大小的不同所做的推测
F 小体鉴定	Y 精子中存在 F 小体	没有确切证据，依品种不同而异
活力	Y 精子速度快	用 F 小体法判断 Y 精子在人子宫黏液中运动的速度不同，但不确定
膜电荷	X 精子比 Y 精子带负电荷多	精子表面带负电荷，没有确切证实 X 精子和 Y 精子上存在电荷差
细胞膜表面	H-Y 抗原	在 X 精子、Y 精子上均有，尚不清楚在量的方面有无差异
特异 DNA	存在于 Y 染色体上	已确定共存在

1910 年，Guyer 首先发现哺乳动物性染色体。1944 年，Avery 等发现了 DNA 是遗传信息的携带者。20 世纪 60 年代后期，流式细胞仪问世。1976 年，Gledhill 等首先利用流式细胞仪测定 X 精子和 Y 精子的 DNA，以分析 X 精子和 Y 精子可能存在的基因改变。通过对多种动物精子染色体长度的测定，发现 X 精子和 Y 精子中的 DNA 含量都存在差异（平均差异为 6.6%）（Otto et al.，1979）。1982 年，Pinkel 等利用流式细胞仪测定已固定的小鼠精子细胞核，发现 X 精子和 Y 精子 DNA 含量的差异为 3.2%。1983 年，Garner 等利用同一技术测得牛的 X 精子和 Y 精子 DNA 含量的差异为 3.6%～4.0%。1986 年，Johnson 等改良了普通的流式细胞仪，使其专门适用于分离活精子。直至 1989 年，Johnson 等首先报道用流式细胞仪成功分离出兔子活的 X 精子和 Y 精子，并用分离的精子授精产下后代。

在 X、Y 性控精液分离理论与分离技术研究及其性控精液应用方面，作出主要贡献的是以美国科罗拉多州立大学的 George E. Seidel Jr.院士领衔的研发团队。1981 年，Warwick Land Co.的总裁 William Goddard 在美国科罗拉多州立大学投资建立一个实验

室，专门研究精子与性控问题。George E. Seidel Jr.和 Rupert Amann 与 Warwick Land Co.共同组织了一次研讨会。在这次会议上，大家得到的共识是，在过去若干年间尽管投入了大量人力、物力和财力，但所获甚少。虽然有 100 多项专利声称能成功将 X 精子与 Y 精子分开，但其分离效率并不比几个世纪之前人们的分离手段高明（Amann and Seidel，1982）。自此之后，Johnson 博士、Garner 博士、Seidel 博士、Welch 博士和 Lu 博士（卢克焕）等一批学者聚集在科罗拉多州立大学专门从事性控精液研究，建立了有效的精子分离技术（Johnson，2000；Johnson and Welch，1999；Garner and Seidel，2008；Seidel，2003；Seidel and Schenk，2008；Lu et al.，1999，2010；Garner，2006；Garner and Seidel，2008；Garner et al.，2012；Suh et al.，2005）。

精子性别鉴定已经从研究进入商业应用，以流式细胞仪分选 X 精子与 Y 精子的技术已经应用于家畜生产（卢克焕，2002；李喜和，2009，2013）。迄今为止，在多个物种上已经生产了数百万个预选性别的子代，包括牛、羊、马、水牛、猪、兔、狗、家猫、麋鹿、海豚及非人灵长类如大猩猩、黑猩猩、狒狒和狨猴等。现有的精子分选程序得到的后代性别的准确性在 85%～95%（Rens et al.，1996，2001；Hollinshead et al.，2004；Presicce et al.，2005；Puglisi et al.，2006；Grant and Chamley，2007；Rath and Johnson，2008；De Graaf et al.，2009；Sørensen et al.，2011）。

一、分离精子的理论基础

携带 X 精子和 Y 精子的常染色体是相同的，而性染色体的 DNA 含量几乎总是有所差异，这一差异奠定了利用流式细胞仪进行 X 精子和 Y 精子分离的理论基础，可作为区分 X 精子和 Y 精子的标志。

（一）X 精子和 Y 精子的特性

在哺乳动物中，决定动物性别的关键是其所携带不同的性染色体。例如，黄牛的正常二倍体有 60 条染色体，其中公牛为 58 条常染色体、1 条 X 染色体和 1 条 Y 染色体；而母牛为 58 条常染色体和 2 条 X 染色体。当经过减数分裂形成单倍体的配子后，X 精子携带 X 染色体，它与卵子受精后产生雌性后代；Y 精子携带 Y 染色体，它与卵子受精后产生雄性后代。

研究表明，所有哺乳动物的 X 精子的染色体通常比 Y 精子的大，且所含的 DNA 也比 Y 精子多（表 6-2）。人的 X 精子染色体的 DNA 含量比 Y 精子的多 2.8%～3.0%。其

表 6-2　部分哺乳动物 X 精子和 Y 精子 DNA 含量的差别

动物	DNA 含量差别（%）	动物	DNA 含量差别（%）
马	4.1	火鸡	0
人	2.9	绵羊/山羊	4.2/4.3
兔	3.0	灰鼠	7.5
猪	3.6	田鼠	9.2
牛	3.8	狗	3.9

他动物X精子和Y精子DNA含量的差异分别是兔为3.0%、粟鼠为7.5%、田鼠为9.1%～12.5%、牛为3.8%、野猪为3.8%、羊为4.2%、狗为3.9%、麋鹿为3.8%、马为3.7%、非洲象为4.0%、狒狒为4.2%、黑猩猩为3.4%和长颈鹿为4.4%（Dean et al.，1978；Keeler et al.，1983；Cui，1997；Johnson，2000；Maxwell et al.，2004；Garner，2006；Grant and Chamley，2007；Gosálvez et al.，2011）。

（二）性控精液分离技术的出现

Garner 和 Seidel（2008）曾对性控精液技术的商业化发展做过系统总结。简单地说，20世纪80年代初期，根据X精子与Y精子DNA质量的差异，由美国农业部的Lawrence Johnson 博士牵头，对性别控制精子分离的程序进行改进，使精子在分离后仍然保持活力和生殖能力。1991年，Johnson 博士的"利用流式细胞仪分离哺乳动物的X精子与Y精子的技术"获得美国发明专利。

第一个获得美国政府批准进行性控精液开发的是XY公司（XY Inc.)。XY公司在科罗拉多州立大学建立了实验室，对性控分离程序做了进一步的改进，形成了可以进入商业应用的技术体系。在2002年，XY公司将第一个XY性控精液生产许可证卖给了英国的Cogent公司。在2007年，XY公司被转卖给了Texas的一个集团，该集团极大地扩张了性控精液技术的商业化，并不断地提高精液处理程序和所需设备。虽然Lawrencec Johnson 的专利已经过期，但是该技术的各种提高版本和衍生版本仍归属于美国或者其他首先发明国家。目前，绝大多数与性控精子技术有关的、已投入商业的知识产权归属于Texas的集团公司。世界各地的公司购得这项技术的使用权，从事动物的性控精液分离的商业应用。

（三）荧光染料 Hoechst 33342 的特性

Hoechst 33342是一种相对安全的活细胞荧光染料，分子式为 $C_{27}H_{28}N_{60}·3HCl$，相对分子质量为615.99。它能穿透活细胞的细胞膜，以非嵌入（non-intercalate）方式特异地结合到DNA双链小沟的腺嘌呤和胸腺嘧啶密集区域，即主要通过氢键、范德华力和电场相互作用力与DNA结合。精子上的Hoechst 33342在激光的照射下能定量地激发出荧光。该染料的特殊性在于不仅能渗透进入活精子膜，而且在适当浓度时对精子活力、受精后的胚胎和动物后代的发育都不会造成显著影响（Penfold et al.，1998）。

（四）流式细胞技术分离精子的原理

分离精子时，通常先将精子稀释到1.5亿/ml，加入40μg/ml的Hoechst 33342，在35℃水浴中染色60min。染色后的精子通过流式细胞仪时，在细微的进样管液流中排成单列，高速射出喷嘴后，逐个与激光交截。精子上的荧光染料Hoechst 33342被氩离子紫外激光（350nm）激发，产生蓝色激发光（460nm）。由于X精子所含DNA比Y精子多，结合上比较多的Hoechst 33342，所激发出的荧光就比Y精子强。放射出的信号通过仪器和计算机系统扩增，根据荧光强度的差别分辨出哪个是X精子、哪个是Y精子。同时，由于喷嘴产生高频率震动，高速喷射出的液流形成了包含单个X精子或者Y精子的微小液滴（Garner，2006；Hamano，2007）。当液滴被充上正电荷或者负电荷后，在电场力的引导下，分别落入不同的收集容器中，X 精子和 Y 精子得以分离（图 6-10）。

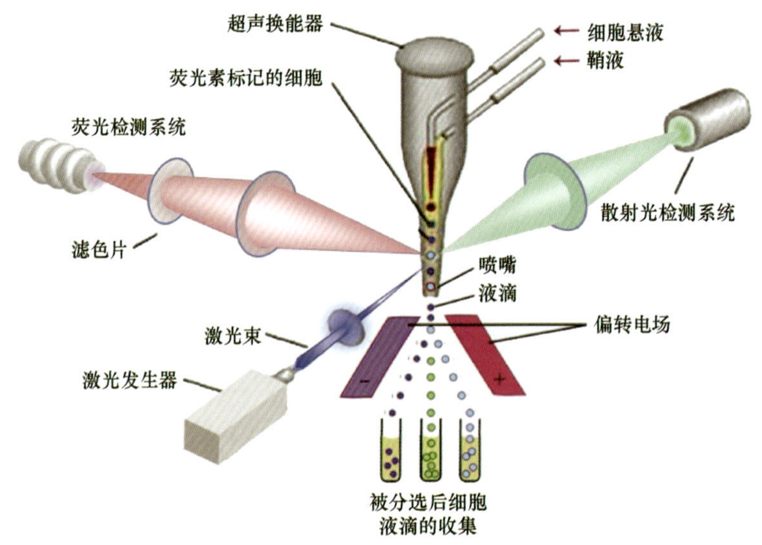

图 6-10　哺乳动物 X 精子与 Y 精子分离原理示意图

分离精子的准确率和分离速度的关键在于精子通过流式细胞仪接受激光照射时姿态的一致性，即精子的定向效率。由于哺乳动物的精子形状不对称，激光从不同的角度照射激发荧光量存在差异。若精子通过流式细胞仪时定向不一致，X 精子和 Y 精子之间 DNA 含量微小的差别被掩盖，探测器收集到的荧光信号就没有显著差异（Sharpe and Evans，2009；Jain et al.，2011；Seidel，2014）。而哺乳动物的精子是不对称的，尤其是反刍动物的精子头部是椭圆形并呈稍扁状。由于精子核被细胞质高度地包裹着，精子被激光束激发时，从精子边缘发射出的荧光则比半透明的扁平面更光亮。因此，当精液样品通过检测系统时，只有一部分定位正确的精子被准确分离，而定位不正确的另一部分则被判为模棱两可的精子而被弃掉（图 6-10）（Garner and Seidel，2008）。

普通的流式细胞仪的定向是随机的，当包含精子的液流从喷嘴射出时，只有大约 10%的精子定向正确。目前，效率最高的精子定向系统是由 Rens 等发明制作的椭圆内腔喷嘴，其精子定向效率可达 70%，能正确辨别并分离的精子数目大大提高。这一发明成果后来由美国的 XY 公司获得，再经过改进后制成陶瓷喷嘴，安装在高速流式细胞仪 MoFlo SX 中，实现了 X 精子和 Y 精子的高速分离（卢克焕，2002）。

二、精液分离速度

在精子分离过程中，最大的影响因素是分离速度。最受限制的步骤是精子通过导管时，每个精子都必须被测量和单独分离。大部分系统配置有两条管道，像双缸系统一样同时运行。多年以前，用组装 4 条管道的类似四缸系统尝试进行精子分离，但最终没有应用于商业用途。每次伴随着精子通过探测器并输出，到底有多少精子能被精确的测定，存在着一个物理限制。在理想的条件下，每秒钟有 3 万精子可以被测定，此时通过速度约为 80km/h。但测定的实际百分比依赖于精子质量和目标准确度。在分离过程中，虽然精子质膜受损的、已经死亡或即将死亡的精子会被丢弃，但是分离器依然会耗时去评估它们。

从精确度上看，一般分离可以达到 75%～90%的精确度。虽然也能够达到 95%以上的精确度，但是分离速度较慢，其价格也更昂贵。1995 年，每 1000 个精子通过流式细胞分离仪可产生 20～40 个分离纯化的精子，每小时只能分离 X 精子和 Y 精子各 36 万个，效率低。目前，改良后的高速流式细胞分离仪，在分离精确度保持相对稳定（90%左右）的前提下，每小时可分离 X 精子、Y 精子 1100 万个。精子分离速率从最初的 200～300 个/s，发展到 5000～7000 个/s，效率提高了 30 多倍。需指出的是，精确值通常存在一个置信度区间，所以机器通常配置的比宣传的精确度稍高。例如，宣传的精确度为 91%，但是获得目标性别率可能从 89%延伸至 93%（Garner and Seidel，2008；Seidel，2014）。

实际上，在精子分离过程中，由于有大量精子因无法被设备正确识别而遭弃。例如，以 90%的分离效率来说，每秒钟将有 32 000 个精子被测定。在鉴别分离过程中，将有 3000 个死亡或将死精子被弃，1000 个精子因为技术问题（精液小滴中有 2 个精子或 2 个小滴前后出现的时间间隔太近而无法正确识别等）、8000 个精子因其方向不能被精确测量，还有 4000 个精子因不能被准确测定其 X 精子或 Y 精子的差异而无法分辨。在这个例子里，每秒只有 16 000 个精子被准确分类，即每个性别有 8000 个精子，这说明精液中每个性别只有 50%的精子可以被正确分离出来。但问题还远不止这些。由于在分离过程中，需要将精子稀释成很低的浓度，其中离心过程会损失不少精子；还有一些精子因为要进行质量检测而牺牲掉。通过分离程序后，每小时只能得到浓度为 200 万性控精子的 14 管冻精，效率非常低（Seidel，2014）。

虽然性控精液的价格很高，但仍有不少种公牛的所有者拒绝对其公牛的精液进行性控处理，原因之一是因为在分离过程中超过 75%的精子被弃置。在目前的产业标准中，性控精液的每剂精子含量仅有 200 万个精子，这个数目远低于非性控精子 1000 万个精子的剂量。在生产性控精液时，一个很重要的条件是在精液采集之后，应该在合理的时间段内完成分离过程。研究表明，在得到精液后的 7h 内完成精子分离是可行的。精液在体外等待的时间越长，精子的死亡率就越高。分选前后对精子的各项处理，如添加抗生素、Hoechst 333242 染色、离心处理、加入抗冷冻剂、分选后的装管、冷冻等，都会导致精子活力下降。因而，性控精液处理过程所致的精子数量和质量降低，既提高了精液的生产成本，也影响了精液的受精效率（张明和卢克焕，2003；陆阳清等，2005）。另外，与正常精子相比，性别分离精子解冻后的活力和顶体完整率低，在雌性生殖道中保持受精能力的时间要短得多，因而要提高性控精液的配种效率，还需要辅助其他繁殖技术，如准确排卵技术或深部输精技术等。

三、分离精子准确率的评价方法

评价分离精子的准确性，可通过两方面来进行：一是受精前评定，即在实验室分析分离精子的纯度；二是受精后评定，即通过后代的性别比例评定。

在实验室中，受精前评定分离精子样本的准确率主要有以下 3 种方法。

（一）荧光原位杂交法

该法即利用 Y 染色体特异核酸探针与精子上的特定序列杂交，而后标定荧光物质，在荧光显微镜下直接观察并区分 X 精子和 Y 精子。该方法特别适用于 X 精子和 Y 精子 DNA 含量差别很微小，流式细胞仪不能保证准确性的情况。例如，人的精子，用 FISH 法分析分离精子的纯度要优于流式法，因为人的 X 精子和 Y 精子的 DNA 含量差异仅为 2.9%，流式法不能一直保持所要求的精确性（图 6-11）。此外，FISH 法还提供了使用独立的技术来评价分离精子有效性的机会，这一点优于依赖昂贵仪器设备的流式细胞仪分析法。但该方法的缺陷是耗费时间长，且试剂的价格较高。

图 6-11　流式细胞仪检测到的水牛 X 精子和 Y 精子 DNA 含量差别双峰（陆阳清等，2005）

（二）定量 PCR 鉴定法

该法即通过常规的分离精子方法先将单个精子分离进入 96 孔板的每一个孔，利用特定引物分别进行 PCR 扩增，检测扩增得到的 100 个孔中含有 X 精子还是 Y 精子的比率，确定分离样本的精子纯度。定量 PCR 鉴定法具有准确性高的特点，但缺点是花费时间较长，一般要花 6h 来完成分析工作。因此，用该法分析分离精子的准确率益处不大。

（三）流式细胞仪重分析法

该法原理是先用超声波对分离精子处理 2～10s，去除精子尾巴，仅留下精子头部，增加精子的定向效率；而后用 Hoechst 33342 进行重新染色，再次使精子 DNA 充分着色；最后通过流式细胞仪重新检测分离精子样本的 DNA。利用高斯曲线拟合确定分离精子样本中不同 DNA 含量的精子的比例，即 X 精子和 Y 精子的比例（图 6-12）。实验表明，分离精子重分析法与 FISH 及 PCR 法分析得到的结果没有显著差异。流式细胞仪重分析方法具有高效、准确、可靠和快速等优点，在用流式细胞仪分离家畜精子的日常研究和生产中，一般均采用该方法。

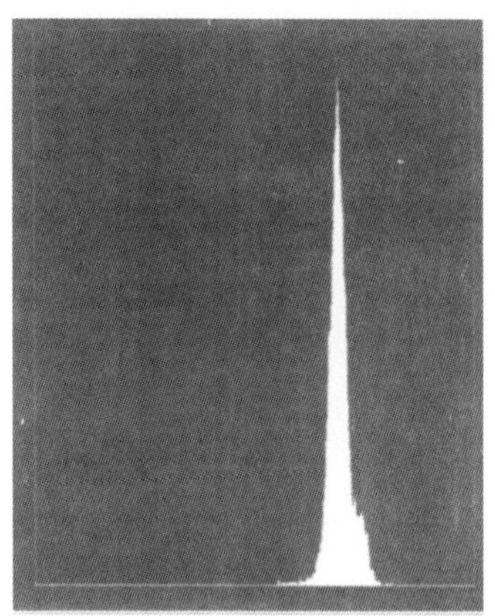

图 6-12　流式细胞仪分离精子重分析法
所示 90%纯度的水牛 Y 精子样本（陆阳清等，2005）

四、性控精液的产犊准确率

Johnson 等（1989）用流式细胞仪分离的兔 X 精子、Y 精子进行人工授精，X 精子出生后代有 94%是母兔；Y 精子授精的后代有 81%是公兔。1998 年，Abeydeera 等用分离的猪 X 精子进行授精，性别准确率为 97%；Y 精子输精后全部产下雄性仔猪，性别准确率为 100%（Abeydeera et al.，1998）。在 1997～1999 年，Seidel 研究小组使用了 1370 头青年母牛，其中 1000 头接受分离精子输精，370 头为对照组。所产犊牛准确率 Y 精子为 90%，X 精子为 83%（Seidel and Garner，2002；Suh et al.，2005；Seidel and Schenk，2008）。据 XY 公司统计，利用分离的 X 精子冷冻精液对 10 787 头青年母牛进行了人工授精，受胎率达到 53%，性别准确率 85%以上。

2001 年，大庆市田丰生物工程有限公司在我国率先进行精液分离研究，于 2003 年 11 月诞生我国第一头性控犊牛。2004 年，内蒙古赛科星繁殖生物技术（集团）股份有限公司、天津 XY 种畜有限公司先后从美国引进精子分离设备和技术，进行奶牛性控精液的实验研究和规模化生产。到 2012 年，全国拥有 36 台 XY 精液分离仪（流式细胞分离仪），分布在内蒙古赛科星繁殖生物技术（集团）股份有限公司、北京奶牛中心种公牛站、山东奥克斯畜牧种业有限公司、河南鼎元种牛育种有限公司、洛阳市白马寺种公牛站和新疆天山畜牧生物工程股份有限公司等，用于生产荷斯坦、娟姗等奶牛，褐牛、西门塔尔、蒙贝利亚等肉奶兼用牛，以及和牛和安格斯等肉牛的性控精液。据不完全统计，上述 6 家公司在 2012 年共生产分离的性控精液 116.3 万剂以上，其中荷斯坦奶牛 84 万剂，占生产总量的 72.2%，其他牛精液生产占总数量的 27.8%左右。到 2013 年年底，我国已累计实施奶牛性控配种 30 万头，出生母犊率 93%以上（李喜和，2013）。

第四节　性控精液的应用

X 精子与 Y 精子的成功分离，对于动物生产或基础研究均具有重要意义。人们可以按照意愿选择生产公畜或者母畜，如用于奶业生产就选择生产母畜，如用于肉类生产，就选择生产公畜；可以避免牛胚胎移植异性胚胎导致的孪生不育；可增加所希望的性别动物的比例，提高选种强度；利用单一性别精子开展与性别有关的基础研究或伴性遗传机制研究（Parati et al.，2006）。

一、分离精子的人工输精

在家畜品种改良和优良种畜扩繁方面，人工输精（artificial insemination，AI）结合胚胎移植大幅提升生产效率。20 世纪 90 年代初期，流式细胞仪问世之前，精子分离速度较慢，单位时间内分离得到的精子数很有限，故分离精子用于牛的 AI 是不实际的。如今每小时可分离 X 精子和 Y 精子各 1100 万个，结合子宫深部输精等 AI 技术，分离精子的 AI 应用已经成为现实。

Seidel 实验室利用性控精液设计了 11 个实验，主要比较不同授精剂量、授精部位、冷冻分离精子与新鲜分离精子和不同输精员授精后对怀孕率的影响（Andersson et al.，2006；De Graaf et al.，2009；Carvalho et al.，2010）。结果显示：①冷冻分离精子与新鲜分离精子授精后的妊娠率没有差异；②在 6 个授精剂量对比实验中，分离冷冻精子的授精剂量为 100 万～150 万个精子与 300 万个精子的妊娠率也没有差异；③冷冻分离精子授精后的怀孕率为对照组的 80%～90%，而对照组的授精剂量比分离精子实验组的多 7～20 倍；④将冷冻分离精子输入子宫角与输入子宫体的妊娠率没有差异；⑤用 X 精子授精后所产犊牛的性别准确率 X 精子为 83%，Y 精子为 90%。从分离精子所获得的妊娠率、产犊情况、初生体重及随后的生长发育来看，性控精子与非性控精子的结果一致。

二、性控精液的体外受精

1993 年，英国剑桥动物生物有限公司（ABC）用分离的精子进行牛体外受精研究并获得成功。把分离的 X 精子和 Y 精子分别和卵子进行体外受精，并将获得的预选性别胚胎移植到 9 头受体母牛，其中 4 头怀孕并分别产下 3 头母犊牛和 3 头公犊牛，其性别准确率均达到 100%。随后，该公司又将分离的 Y 精子进行体外受精，并将获得的胚胎冷冻后再移植到 106 头受体母牛（每头接受 2 枚胚胎），共产下 37 头公犊牛（占 90%）和 4 头母犊牛（占 10%）。

然而，由性控精液获得的胚胎的活力要低于正常对照组胚胎。用分离精子进行体外受精后，只有 7%的受精卵发育至可供冷冻和移植的一级囊胚，胚胎移植后的产犊率仅为 19%。还有的实验结果显示，分离精子体外受精后的囊胚发育率不仅比正常精子的低（17% vs 35% ），而且发育迟缓 0.5～1 天。正常精子受精后 7 天的囊胚发育率为 44%，而分离精子的囊胚发育率仅有 18%。绝大多数（82%）分离精子的受精卵直至受精后 8～9 天才发育成囊胚，而正常精子的绝大部分（85%）则在受精后 7～8 天就发育到囊胚阶段（赵晓娥等，2001；张明等，2006）。美国 XY 公司研究人员在成分确定的培养液（chemically defined medium，CDM）中比较了非必需氨基酸对分离和非分离精子的影响后发现，非必需氨基酸对促进受精卵的分裂及随后的胚胎发育有显著作用。这一结果不仅克服了分离精子体外受精后胚胎发育迟缓的现象，而且使分离精子体外受精后的胚胎卵裂率、囊胚发育率及囊胚的细胞数也达到了非分离精子的水平（张明和卢克焕，2003）。

三、性控精液在奶牛生产中的应用

（一）加快奶牛扩繁

常规冻精对奶牛进行人工授精产犊雌雄比例相当，影响了奶牛的扩繁速度。而使用奶牛性控冻精，可使受配怀孕母牛产母犊率达到 90%以上，极大地提高了母犊繁殖率（图 6-13）。利用优质种公牛的性控精液，对高产优质母牛进行输精，大规模扩繁高产奶牛，可加快优质种牛的选育与培育（罗应荣等，2005；王建国等，2009；邱海芳等，2010）。

图 6-13　性控精液生产的荷斯坦奶牛

（二）生产性控胚胎

应用性控精液对超排供体母牛进行 2～3 次输精，头均获得可用性控胚胎 5 枚以上。研究证明，采用低剂量（10 万～20 万）性控精液鲜精进行输精，可以获得高剂量输精同样数量的可用胚胎（曾有权等，2006a，2006b；郝海生等，2014）。

四、性控冷冻精液存在的问题

（一）性控冻精的受精能力低于常规冻精

Lu 等（1999）进行的体外受精实验表明，分离冷冻精液的囊胚发育率要明显低于对照组。Andersson 等（2006）发现，与来自相同公牛的非性控精液相比，使用性控精液授精的母牛妊娠率不足 50%。DeJarnette 等（2008）使用来自 3 头公牛的不同浓度（分别为 2.1×10^6 个、3.5×10^6 个和 5.0×10^6 个）的分选精子输精后也得到了类似的结果。在性控冻精和常规冻精人工输精的对比研究中，性控精液输精后的妊娠率为对照组的60%～80%，妊娠后1～2个月的流产率，性控精液比对照组高1%～2%。这些数据表明，使用性控精液进行人工授精会导致母牛的妊娠率降低。使用非性控精液输精时，通常使用的授精剂量是每毫升 20×10^6 个或者更高（4.0×10^7 个精子）（Frijters et al.，2009；Gosálvez et al.，2011）。

DeJarnette 等（2010，2011）比较了普通精液与性控精液的精子浓度（2.1×10^6 个/ml 与 10×10^6 个/ml）对荷斯坦母牛的妊娠率的影响。与普通精液相比，即使 10×10^6 个/ml 浓度的性控精液的妊娠率也低于 2.1×10^6 个/ml 浓度的普通精液的妊娠率。Frijters 等（2009）比较了浓度为 2.1×10^6 个/ml 和 15×10^6 个/ml 性控精液的输精效果，发现这两种浓度的精液的妊娠率没有差异。Seidel 和 Schenk（2008）使用性控精液在母牛两侧子宫角授精的效果并没有比子宫体授精效果好。由于性别分选精子生产效率有限，公牛性控精液的正常商业剂量是每毫升只有 10×10^6 个精子，2.1×10^6 个精子的授精剂量是牛人工授精的最低剂量。这些结果表明，精子分选过程对授精后母牛妊娠率的影响可能要比精子剂量更大；性控精子是影响怀孕率的一个主要因素而不是精子剂量。

在性控精液的分离过程中会用到 Hoeehst 33342 荧光染料，并经过激光照射及一定电压的正电荷和电场辐射及高速喷射，均会对精子造成一定程度的损伤。有研究者利用精子染色质结构分析法，检测了流式细胞仪分离过程对精子 DNA 完整性的影响。与正常精子相比，如果精子不染色、不进行激光照射，只是通过流式细胞仪，分离精子的 DNA 完整率降低 1.8%；如果只进行激光照射，不染色，则 DNA 完整率降低 3.8%；如果既染色又进行激光照射，则 DNA 完整率降低 6.0%。在流式细胞仪分离精子过程中，分选的化学应力和机械应力联合高速离心，使精子的死亡和损伤增加到 18.6%；在分离加压的同时进行激光照射，精子活力下降 25.4%（Suh et al. 2005；Garner，2006；Gosálvez et al.，2011）。

分选后的离心也给精子带来了压力，也会导致脂质过氧化反应增加。精浆提供的自然防御氧化的能力，被分选过程中的鞘液稀释而丢失了。液氮罐中储存精子会增加膜脂质本身的过氧化反应，活性氧加剧了对精子存活的损伤（Bilodeau et al.，2002；Klinc and Rath，2007）。

（二）成本高

在常规的人工授精技术操作中，每支冷冻精液通常含有 10×10^8 个有效精子。即使是利用更先进的低剂量子宫深部人工授精技术，分离精子的每个剂量通常也要 2×10^6～3×10^6 个。按目前的常规情况，每小时只能分离得到 11×10^6 个左右的 X 精子或 Y 精子，这就造成了分离精子的价格和商业化成本偏高。

五、受精环境对哺乳动物性别形成的影响

（一）精氨酸对性别的影响

1978 年，日本学者黑木常春将精氨酸制剂用于控制牛的性别，认为授精当时母体生

殖道中的精氨酸含量与性别形成有关，并申请了专利。具体做法是将精氨酸溶于生理盐水中，配制成高（10%以上）、中（5%）、低（2.5%）浓度的溶液，在输精前20～30min，往母畜生殖道中注入1ml。结果表明，注入中浓度溶液时产母犊多，注入低浓度溶液时，产公犊多（Kurykin et al.，2007；Hayakawa et al.，2009）。我国的研究者也进行了重复研究，也表明将精氨酸作为牛冷冻精液的解冻稀释液或在牛配种前将精氨酸注入牛阴道深处确实能够起到一定的控制性别的作用，提高了产母犊率。

为什么精氨酸会影响性别选择？有研究认为，Y精子的特点为头小而圆、体积也小，在相同的动力下比X精子运动快；但寿命短，尤其是对疲劳和酸的耐受力较差。X精子与之相反。因此，改变受精环境pH，可达到性别控制的目的。向子宫颈内注入精氨酸后，可使pH降低0.12左右，这说明精氨酸有使生殖道的pH变酸的趋势。X精子、Y精子在母畜生殖道中的移动速度，受生殖道内酸碱度大小的影响。当母牛生殖道内的黏液偏酸或接近中性时，Y精子移动缓慢，而X精子泳动加快，有利于受精卵成为XX型合子，进而发育成雌性；当母牛生殖道内偏碱时，Y精子泳动较快，受精卵多为XY型合子，形成雄性。输精前30min，向母牛生殖道内注入5%精氨酸，使生殖道的pH偏酸或近中性，有利于X精子泳动加快，从而形成雌性，所以产母犊率提高（张丽等，2007）。

（二）葡萄糖对性别的影响

葡萄糖的代谢在胚胎发育过程中起着重要的作用。在培养液中添加葡萄糖，体外受精胚胎的雄性多于雌性，并且雄性胚胎发育快于雌性。这可能是与X染色体连锁的基因，尤其是次黄嘌呤磷酸核糖基转移酶基因（HPRT）有关。*HPRT*参与氧自由基解毒作用，其活性受到葡萄糖的抑制。参与能量代谢过程中的6-磷酸葡萄糖脱氢酶控制着葡萄糖进入磷酸戊糖途径。在卵裂早期，雌性胚胎的两条X染色体都具有活性，并且X染色体基因的表达量大约是雄性胚胎的两倍。在体外条件下，X染色体连锁基因的表达的不平衡，可能是附植前雌雄胚胎发育差异的原因。一些研究表明，在体外培养条件下雌性胚胎对不适宜的环境比较敏感。

（三）输精时间及卵子成熟状态对性别的影响

有人在研究绵羊输精时间与性别比例之间的关系时发现，如果在排卵前5h输精，得到的后代多为雌性；而如果在排卵后5h输精，后代多为雄性，性别比例差异显著。Dominko和First（1997）认为受精时卵子的成熟状态对胚胎性别有很大的影响，如果在卵子彻底成熟的状态下受精，那么雄性胚胎将多于雌性胚胎。

精卵相互作用时间对胚胎性别有影响。Lechniak等（2003）研究了牛精子在体外受精之前，孵育不同时间对胚胎性别比例的影响。结果发现，精子提前孵育24h产生的胚胎中，雌性数量显著多于提前孵育6h和0h组。精卵共孵育6h组的胚胎中，雄性明显多于雌性，公母比例为2.23∶1，与理论比1∶1差异显著。

（四）激素对性别的影响

James（2006）经过20多年的资料积累，提出了假说：出生时性别比例在一定程度上是由怀孕时双亲的激素水平决定的。在人中，如果受孕时双亲的睾酮和雌激素水平很高，那么后代雄性个体多；如果受孕时双亲的促性腺激素和孕激素水平很高，那么后代雌性个体多。

参考文献

郝海生, 任晶晶, 赵学明, 等. 2014. 性控分离精子凋亡程度对牛体外受精的影响. 畜牧兽医学报, 45: 893-900.

胡明信, 罗应荣, 吴学清, 等. 2006. 奶牛性控胶囊与性别控制效果试验研究. 中国奶牛, 12: 25-28.

江玲霞, 李纪委, 李美丽, 等. 2009. 哺乳动物的性别决定相关基因的作用机理. 生物技术通报, (1): 40-44.

李喜和. 2009. 家畜性别控制技术. 北京: 科学出版社.

李喜和. 2013. 家畜繁育生物技术研究开发与产业化推广应用. 中国农业科技导报, 15: 64-71.

李箫, 翁静. 2015. 哺乳动物性别决定相关基因及其调控机制. 生殖医学杂志, 24(3): 245-250.

李云龙, 刘春巧. 2005. 动物发育生物学. 济南: 山东科学技术出版社.

卢克焕. 2002. 哺乳动物性别控制研究进展. 中国兽医学报, 22: 411-414.

陆阳清, 张明, 卢克焕. 2005. 流式细胞仪分离精子法的研究进展. 生物技术通报, (3): 26-30.

罗应荣, 黄河, 李鑫, 等. 2005. 奶牛胚胎性别控制技术的试验研究进展. 中国畜牧兽医, 32: 32-35.

邱海芳, 刘炳义, 刘榜, 等. 2010. 性别控制技术在家畜育种中的应用. 中国畜牧兽医, 37: 113-115.

王建国, 钱松晋, 周文忠, 等. 2009. 奶牛性控冻精应用研究. 中国奶牛, (1): 29-30.

严云勤, 李光鹏, 郑小民. 1995. 发育生物学原理与胚胎工程. 哈尔滨: 黑龙江科学技术出版社.

杨海, 胡建宏, 李青旺. 2012. 哺乳动物性别决定与性别控制研究进展. 广西农业科学, (18): 144-147.

杨海, 李青旺, 胡建红, 等. 2011. 实时精子分离系统对猪精子冷冻品质的影响. 西北农林科技大学学报(自然科学版), 39(10): 53-57.

于涛, 马梦婷, 陈晓利, 等. 2015. 奶牛宫颈粘液 pH 值与后代性别相关性分析. 草食家畜, (1): 40-43.

曾有权, 陆阳清, 牛金涛, 等. 2006a. 流式细胞仪在猪性别控制中的应用初探. 安徽农业科学, 34(18): 4594-4596.

曾有权, 杨华, 卢克焕. 2006b. 精子分离及其在畜牧业中的应用. 畜牧与兽医, 38: 58-61.

张丽, 杜卫华, 张爱玲, 等. 2007. 受精环境对哺乳动物性别形成的影响. 遗传, 29(1): 17-21.

张明, 卢克焕. 2003. 用分离精子进行性别控制研究的现状. 中国生物工程杂志, 23(7): 58-61.

张明, 陆阳清, 卢克焕. 2006. 牛分离精子对其 IVF 胚胎染色体影响的研究. 中国生物工程杂志, 27(1): 98-101.

张秀华, 陆春梅. 2008. 哺乳动物性别决定的分子模型与性别鉴定方法研究. 安徽农业科学, 36(29): 12706-12708.

赵晓娥, 马保华, 屈晓君, 等. 2011. 牛性控精子体外受精及受精卵的体外培养. 农业生物技术学报, 19(6): 1070-1074.

Abeydeera LR, Johnson LA, Welch GR, et al. 1998. Birth of piglets preselected for gender following in vitro fertilization of *in vitro* matured pig oocytes by X and Y chromosome bearing spermatozoa sorted by high speed flow cytometry. Theriogenology, 50: 981-988.

Amann RP, Seidel Jr GE. 1982. Prospects for sexing mammalian sperm. Boulder: Colorado Associated University Press.

Andersson M, Taponen J, Kommeri M, et al. 2006. Pregnancy rates in lactating Holstein-Friesian cows after artificial insemination with sexed sperm. Reprod Dom Anim, 41: 95-97.

Arango NA, Lovell-Badge R, Behringer RR. 1999. Targeted mutagenesis of the endogenous mouse Mis gene promoter: *in vivo* definition of genetic pathways of vertebrate sexual development. Cell, 99: 409-419.

Biason-Lauber A, Konrad D, Navratil F, et al. 2004. A WNT4 mutation associated with Müllerian-duct regression and virilization in a 46, XX woman. N Engl J Med, 351(8): 792-798.

Bilodeau JF, Blanchette S, Cormier N, et al. 2002. Reactive oxygen species-mediated loss of bovine sperm motility in egg yolk Tris extender: protection by pyruvate, metal chelators and bovine liver or oviductal fluid catalase. Theriogenology, 57: 1105-1122.

Bowles J, Cooper L, Berkman J, et al. 1999. Sry requires a CAG repeat domain for male sex determination in *Mus musculus*. Nat Genet, 22: 405-408.

Carvalho JO, Sartori R, Machado GM, et al. 2010. Quality assessment of bovine cryopreserved sperm after sexing by Flow Cytometry and their use in *in vitro* embryo production. Theriogenology, 74: 1521-1530.

Chassot AA, Rane F, Gregoire EP, et al. 2008. Activation of beta-catenin signaling by Rspo1 controls differentiation of the mammalian ovary. Hum Mol Genet, 17: 1264-1277.

Cui KH. 1997. Size differences between human X and Y spermatozoa and prefertilization diagnosis. Mol Hum Reprod, 23: 11-20.

De Graaf SP, Beilby KH, Underwood SL, et al. 2009. Sperm sexing in sheep and cattle: the exception and the rule. Theriogenology, 71: 89-97.

Dean PN, Pinkel D, Mendelsohn ML. 1978. Hydrodynamic orientation of sperm heads for flow cytometry. Biophys J, 23: 7-13.

DeJarnette JM, Leach MA, Nebel RL, et al. 2011. Effects of sex-sorting and sperm dosage on conception rates of Holstein heifers: is comparable fertility of sex-sorted and conventional semen plausible? J Dairy Sci, 94: 3477-3483.

DeJarnette JM, McCleary CR, Leach MA, et al. 2010. Effects of 2.1 and 3.5×10^6 sex-sorted sperm dosages on conception rates of Holstein cows and heifers. J Dairy Sci, 93: 4079-4085.

DeJarnette JM, Nebel RL, Marshall CE, et al. 2008. Effect of sex-sorted sperm dosage on conception rates in Holstein heifers and lactating cows. J Dairy Sci, 91: 1778-1785.

Dominko T, First NL. 1997. Timing of meiotic progression in bovine oocytes and its effect on early embryo development. Mol Reprod Dev, 47: 456-467.

Flaherty SP, Matthew CD. 1996. Application of modern molecular techniques to evaluate sperm sex selection methods. Mol Hum Reprod, 2: 937-942.

Fonseca AC, Bonaldi A, Bertola, et al. 2013. The clinical impact of chromosomal rearrangements with breakpoints upstream of the SOX9 gene: two novel *de novo* balanced translocations associated with acampomelic dysplasia. BMC Med Genet, 14: 50.

Frijters ACJ, Mullaart E, Roelofs RMG, et al. 2009. What affects fertility of sexed bull semen more, low sperm dosage or the sorting process? Theriogenology, 71: 64-67.

Garner DL, Evans KM, Seidel GE. 2012. Sex-sorting sperm using flow cytometry/cell sorting. Methods Mol Biol, 927: 279-295.

Garner DL, Gledhill BL, Pinkel D, et al. 1983. Quantification of the X- and Y-chromosome-bearing spermatozoa of domestic animals by flow cytometry. Biol Reprod, 28: 312-321.

Garner DL, Seidel Jr GE. 2008. History of commercializing sexed semen for cattle. Theriogenology, 69: 886-895.

Garner DL. 2006. Flow Cytometric sexing of mammalian sperm. Theriogenology, 65: 943-957.

Gilbert SF. 2000. Developmental Biology. 6th edition. Sunderland: Sinauer Associates.

Gosálvez J, Ramirez MA, López-Fernández C, et al. 2011. Sex-sorted bovine spermatozoa and DNA damage: Ⅰ. static features. Theriogenology, 75: 197-205.

Grant VJ, Chamley LW. 2007. Sex-sorted sperm and fertility: an alternative view. Biol Reprod, 76: 184-188.

Hamano K. 2007. Sex preselection in bovine by separation of X- and Y-chromosome bearing spermatozoa. J Reprod Dev, 53: 27-38.

Hayakawa H, Hirai T, Takimoto A, et al. 2009. Superovulation and embryo transfer in Holstein cattle using sexed sperm. Theriogenology, 71: 68-73.

Hoivik EA, Lewis AE, Aumo L, et al. 2010. Molecular aspects of steroidogenic factor 1 (SF-1). Mol Cell Endocrinol, 315: 27-39.

Hollinshead FK, O'Brien JK, Gillan L, et al. 2004. Birth of lambs of a predetermined sex after *in vitro* production of embryos using frozen-thawed sex-sorted and re-frozen-thawed ram spermatozoa. Reproduction, 127: 557-568.

Jain A, Yathish HM, Jain T, et al. 2011. Efficient production of sexed semen by flow cytometry: a review. Agricultural Review, 32: 36-45.

James WH. 2006. Are there preconceptional determinants of mammalian sex? A response to Boklage (2005). Hum Reprod, 21: 2486-2490.

Jeays-Ward K, Hoyle C, Brennan J, et al. 2003. Endothelial and steroidogenic cell migration are regulated by WNT4 in the developing mammalian gonad. Development, 130(16): 3663-3670.

Johnson LA, Flook JP, Hawk HW. 1989. Sex preselection in rabbits: live births from X- and Y-sperm separated by DNA and cell sorting. Biol Reprod, 41: 199-203.

Johnson LA, Flook JP, Look MV. 1986. Flow cytometry of X- and Y-chromosome-bearing sperm for DNA using an improved preparation method and staining with Hoechst 33342. Gamete Res, 17: 203-212.

Johnson LA, Welch GR. 1999. Sex preselection: high-speed flow cytometric sorting of X- and Y-sperm for maximum efficiency. Theriogenology, 52: 1134-1323.

Johnson LA. 2000. Sexing mammalian sperm for production of offspring: the state of the art. Anim Reprod Sci, 60-61: 93-107.

Kashimada K, Koopman P. 2010. Sry: the master switch in mammalian sex determination. Development, 137, 3921-3930.

Keeler KD, Mackenzie NM, Dresser DW. 1983. Flow microfluorometric analysis of living spermatozoa stained with Hoechst 33342. J Reprod Fertil, 68: 205-212.

Klinc P, Rath D. 2007. Reduction of oxidative stress in bovine spermatozoa during flow cytometric sorting. Reprod Dom Anim, 42: 63-67.

Koopman P, Gubbay J, Vivian N, et al. 1991. Male development of chromosomally female mice transgenic for Sry. Nature, 351(6322): 117-121.

Koopman P. 1995. The molecular biology of SRY and its role in sex determination in mammals. Reprod Fertil Dev, 7: 713-722.

Koopman P. 1999. Sry and Sox9: mammalian testis-determining genes. Cell Mol Life Sci, 55(6-7): 839-856.

Kurykin J, Jaakma U, Jalakas M, et al. 2007. Pregnancy percentage following deposition of sex-sorted sperm at different sites within the uterus in estrus synchronized heifers. Theriogenology, 67: 754-759.

Lechniak D, Strabel T, Bousquet D, et al. 2003. Sperm pre-incubation prior to insemination affects the sex ratio of bovine embryos produced *in vitro*. Reprod Domest Anim, 38: 224-227.

Libbus GL, Perreault SD, Johnson LA, et al. 1987. Incidence of chromosome aberrations in mammalian sperm stained with Hoechst 33342 and UV-laser irradiated during flow sorting. Mutat Res, 182: 265-274.

Lu KH, Cran DG, Seidel Jr GE. 1999. *In vitro* fertilization with flow cytometrically-sorted bovine sperm. Theriogenology, 52: 1393-405.

Lu Y, Zhang M, Lu S, et al. 2010. Sex-preselected buffalo (*Bubalus bubalis*) calves derived from artificial insemination with sexed sperm. Anim Reprod Sci, 119: 169-171.

Machado AZ, Da Silva TE, Frade Costa EM, et al. 2012. Absence of inactivating mutations and deletions in the DMRT1 and FGF9 genes in a large cohort of 46, XY patients with gonadal dysgenesis. Eur J Med Genet, 55: 690-694.

Matson CK, Murphy MW, Sarver AL, et al. 2011. DMRT1 prevents female reprogramming in the postnatal mammalian testis. Nature, 476: 101-104.

Maxwell WMC, Evans G, Hollinshead FK, et al. 2004. Integration of sperm sexing technology into the art tool box. Anim Reprod Sci, 82-83: 79-95.

Maxwell WMC, Long CR, Johnson LA, et al. 1998. The relationship between membrane status and fertility of boar spermatozoa after flow cytometric sorting in the presence or absence of seminal plasma. Reprod Fertil Dev, 10: 433-440.

McClelland K, Bowles J, Koopman P. 2012. Male sex determination: insights into molecular mechanisms. Asian J Androl, 14: 164-171.

McLaren A, Simpson E, Tomonari K, et al. 1984. Male sexual differentiation in mice lacking H-Y antigen. Nature, 312: 552-555.

Muscatelli F, Strom TM, Walker AP, et al. 1994. Mutations in the DAX-1 gene give rise to both X-linked adrenal hypoplasia congenita and hypogonadotropic hypogonadism. Nature, 372(6507): 672-676.

Otto FJ, Hacker U, Zante J, et al. 1979. Flow cytometry of human sperm. Histochemistry, 62: 249-254.

Parati K, Bongioni G, Aleandri R, et al. 2006. Sex ratio determination in bovine semen: a new approach by quantitative real time PCR. Theriogenology, 66(9): 2202-2209.

Peippo J, Vartia K, Kananen-Anttila K, et al. 2009. Embryo production from superovulated Holstein-Friesian dairy heifers and cows after insemination with frozen-thawed sex-sorted X spermatozoa or unsorted semen. Anim Reprod Sci, 111: 80-92.

Penfold LM, Holt C, Holt WV, et al. 1998. Comparative motility of X and Y chromosome-bearing bovine sperm separated on the basis of DNA content by flow sorting. Mol Reprod Devel, 50: 323-327.

Pinkel D, Lake S, Gledhill BL, et al. 1982. High resolution DNA content measurements of mammalian sperm. Cytometry, 3: 1-9.

Presicce GA, Verberckmoes S, Senatore EM, et al. 2005. First established pregnancies in Mediterranean Italian buffaloes (*Bubalus bubalis*) following deposition of sexed spermatozoa near the utero-tubal junction. Reprod Dom Anim, 40: 73-75.

Puglisi R, Vanni R, Galli A, et al. 2006. *In vitro* fertilisation with frozen-thawed bovine sperm sexed by flow cytometry and validated for accuracy by real-time PCR. Reproduction, 132: 519-526.

Rath D, Johnson LA. 2008. Application and commercialization of flow cytometrically sex-sorted semen. Reprod Dom Anim, 43: 338-346.

Rens W, Welch GR, Houck DW, et al. 1996. Slit-scan flow cytometry for consistent high resolution DNA analysis of X- and Y-chromosome bearing sperm. Cytometry, 25: 191-199.

Rens W, Yang F, Welch G, et al. 2001. An X-Y paint set and sperm FISH protocol that can be used for validation of cattle sperm separation procedures. Reproduction, 121: 541-546.

Seidel GE Jr, Garner DL. 2002. Current status of sexing mammalian spermatozoa. Reproduction, 124: 733-743.

Seidel GE Jr, Schenk JL. 2008. Pregnancy rates in cattle with cryopreserved sexed sperm: effects of sperm numbers per inseminate and site of sperm deposition. Anim Reprod Sci, 105: 129-138.

Seidel GE Jr. 2003. Economics of selecting for sex: the most important genetic trait. Theriogenology, 59: 585-598.

Seidel GE Jr. 2014. Update on sexed semen technology in cattle. Animal, 8s1: 160-164.

Sekido R and Lovell-Badge R. 2008. Sex determination involves synergistic action of SRY and SF1 on a specific Sox9 enhancer. Nature, 453: 930-934.

Sharpe JC, Evans KM. 2009. Advances in flow cytometry for sperm sexing. Theriogenology, 71: 4-10.

Sinclair AH, Foster JW, Spencer JA, et al. 1988. Sequences homologous to ZFY, a candidate human sex-determining gene, are autosomal in marsupials. Nature, 336(6201): 780-783.

Sørensen MK, Voergaard J, Pedersen LD, et al. 2011. Genetic gain in dairy cattle populations is increased using sexed semen in commercial herds. J Anim Breed Genetics, 128: 267-275.

Suh TK, Schenk JL, Seidel Jr GE. 2005. High pressure flow cytometric sorting damages sperm. Theriogenology, 64: 1035-1048.

Takasawa K, Kashimada K, Pelosi E, et al. 2014. FOXL2 transcriptionally represses Sf1 expression by antagonizing WT1 during ovarian development in mice. FASEB J, 28: 2020-2028.

Tanaka SS, Nishinakamura R. 2014. Regulation of male sex determination: genital ridge formation and Sry activation in mice. Cell Mol Life Sci, 71: 4781-4802.

Vidal VP, Chaboissier MC, de Rooij DG, et al. 2001. Sox9 induces testis development in XX transgenic mice. Nat Genet, 28: 216-217.

Whyte JJ, Roberts RM, Rosenfeld CS. 2007. Fluorescent in situ hybridization for sex chromosome determination before and after fertilization in mice. Theriogenology, 67: 1022-1031.

Wilhelm D, Englert C. 2002. The Wilms tumor suppressor WT1 regulates early gonad development by activation of Sf1. Genes Dev, 16: 1839-1851.

Zanaria E, Muscatelli F, Bardoni B, et al. 1994. An unusual member of the nuclear hormone receptor superfamily responsible for X-linked adrenal hypoplasia congenita. Nature, 372(6507): 635-641.

（李光鹏）

第七章　配子与胚胎保存

配子（gamete）指精子与卵子。配子和胚胎冷冻通常是指在超低温度下保存配子与胚胎的技术。配子与胚胎冷冻保存技术已经在畜牧学、繁殖学、医学等领域得到广泛应用。精液冷冻解决了家畜精液长期保存的问题，使精液利用不受时间、地域和种畜生命期的限制，有利于高效地利用优秀种公畜的遗传资源，保证了大量母畜的配种需要，加速了品种改良和育种工作，并降低人工授精的成本。通过冷冻保存卵母细胞，不但可以建立雌性动物的基因库，还可以充分利用丰富的冷冻卵母细胞资源，使体外受精及克隆等技术的研究应用不受时间和地域的约束。胚胎的有效冷冻保存是加快胚胎移植技术产业化的重要组成部分，可代替活畜进行远距离的运输，不受时间和空间的限制。胚胎冷冻的优势在于，它克服或减轻了活畜由疾病、自然灾害及战争等因素造成的存活困难，免于灾难性群体消亡导致的遗传绝迹。配子与胚胎冷冻是动物基因库的重要组成部分。

第一节　胚胎的短期保存

从广义上说，胚胎保存（preservation of embryo）就是把胚胎暂时保存起来而不使其失去活力。要达到这个目的，通常有 4 种方法：一是在正常发育温度（37℃）培养保存；二是在异种动物活体内保存；三是低温（0～10℃）保存；四是超低温冷冻保存。前两种方法，胚胎处于适宜温度，细胞继续分裂，胚胎不断发育，保存只是暂时的。从狭义上说，胚胎保存是指把胚胎放在低于正常发育温度下，胚胎细胞的新陈代谢和分裂速度减慢，甚至完全停止，使胚胎的发育处于暂时停顿状态；一旦恢复到正常发育温度，胚胎又能再继续发育。

一、异种动物体内保存

（一）异种动物体内保存的可行性

把一种动物的胚胎移入另一种动物的输卵管或子宫内，短期保存后再取出，移植到同种动物合适的受体内，让其产仔，这就是胚胎的体内短期保存或称为异种动物体内保存或称为中间受体保存（或培养）。

研究表明，并不是任何一种动物的胚胎都能在另一种动物的输卵管或子宫内存活。例如，雪貂、鼬鼠和黑鼠的胚胎可以在兔的输卵管内存活和发育，在子宫则不能。反之，兔的胚胎在上述三种动物的输卵管或子宫内均不能发育，而且很快退化。鼬鼠和水貂的胚胎可以彼此交换移植，在数日内仍能正常发育。兔桑椹胚期胚胎可在牛子宫内保存两天，发育到囊胚。现有证据表明，兔的输卵管比较适于其他动物胚胎的发育。牛早期胚胎（1-～8-细胞期）可在结扎的兔输卵管中保存 3～4 天，移植后能产犊；羊 2-细胞胚胎在移植到假孕 1 天的兔输卵管后，至少可存活 5 天，移植到受体母羊后产下羔羊；马的桑椹胚和早期囊胚在兔输卵管中保存 2 天后，移植产驹；猪的 8-～16-细胞胚胎在兔输卵管内保存 1～3 天后仍存活。尽管如此，异种胚胎在兔输卵管中的保存时间也是有限的。延长保存时间，存活率明显下降。羊的 2-细胞、4-细胞期胚胎在兔输卵管中保存 3 天后，存活率最高，5 天时下降，到第 7 天时只有 5%存活。因而，异种动物体内保存胚胎的保存时间是有限的，超出这个限度，胚胎会由于缺乏进一步发育的条件而退化（Maurer and Beier，1976；严云勤等，1995）。

兔输卵管保存异种胚胎效果较好的原因，有人认为可能与兔输卵管特有的分泌机能有关。兔输卵管能分泌一种黏蛋白，包在受精卵或胚胎外面，可以保护胚胎抵抗不利于胚胎发育因素的影响。兔输卵管液的化学组成、能源物质和氨基酸的组成及蛋白质分类的比例等，也可能有利于异种动物胚胎的发育（Maurer and Beier，1976）。

近年来，更多的研究者利用兔输卵管进行异种胚胎活体培养，作为鉴定胚胎活力的一种方法。尤其是经冷冻后或显微操作后的胚胎，往往先放到中间受体（兔）输卵管内培养一段时间，观察其发育情况，决定是否移植，以提高移植产仔率。

（二）异种动物体内保存的具体操作方法

将经过工程处理的胚胎，植入同种或异种动物输卵管或子宫，其大致操作方法如下。

1. 用琼脂包埋胚胎

把经过胚胎工程操作过的胚胎，移到 1%琼脂液中，用口径适宜的微细管把胚胎连同少量琼脂液一起吸入。当琼脂凝结后再将其压出，胚胎就被封入圆柱形琼脂小柱（0.15mm×0.5mm）中，每个琼脂小柱放置 3～5 个胚胎（图 7-1A）。再把这个琼脂小柱封入较大的 1.2%琼脂圆柱（0.7mm×2.5mm）内（图 7-lB）。

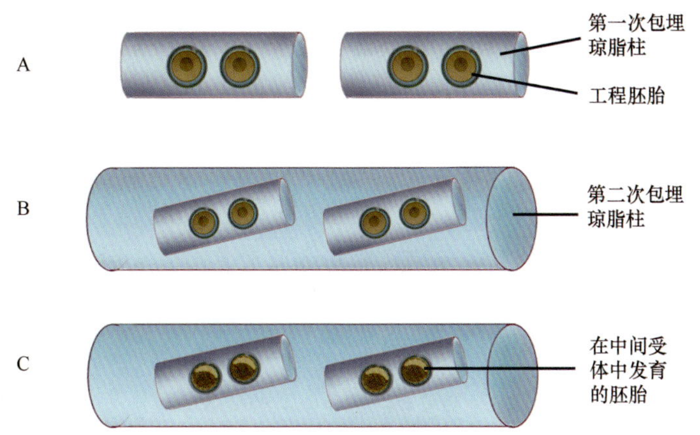

图 7-1 胚胎琼脂包埋操作后进行中间受体培养

A. 把胚胎包埋于 1%琼脂；B. 再用 1.2%琼脂包埋 A；C. 中间受体培养后回收的胚胎琼脂柱

2. 把含胚胎的琼脂柱移入中间受体

选择适宜的中间受体，剖开腹腔，暴露输卵管或子宫，结扎输卵管与子宫的接合部，用微吸管把含胚胎的琼脂柱吸入，自输卵管伞口插入，注入输卵管中后部。抽出吸管后，将输卵管等送回腹腔，缝合。经 4～5 天后，再取出输卵管，冲出胚胎。在正常情况下，胚胎将进一步发育（图 7-1C）。琼脂柱的使用，是保证胚胎不被丢失或不被消化。但也有人将胚胎不经琼脂包埋，直接移入中间受体。

（三）禽受精卵作为中间受体

为寻找一种既简单可行又效果良好的哺乳动物尤其是家畜胚胎的运输和保存方法，人们考虑用鸡蛋作为胚胎的中间寄主。早期实验是用未受精鸡蛋保存牛胚胎，未能成功。于是就采用受精鸡蛋。禽受精卵孵育早期胚胎的最佳位置是羊膜腔，因为鸡胚就是在这里发育的。

用鸡受精卵培养的胚胎大多能继续发育，移植后已产羔羊或犊牛。其操作方法很简单：在蛋壳上打一小孔，把胚胎放入，然后封口。Blakewood 等（1989）将 14 枚 4-细胞期的山羊胚胎，放在鸡胚羊膜腔里培养 72h，将回收到的 12 枚胚胎移植后，有 2 只（2/4）受体母羊妊娠，产下 6 只（50%）健康羔羊。在鸡胚羊膜腔里培养体外受精的牛胚胎，培养 6 天后发育到囊胚阶段，将其移植后产下牛犊。用禽受精卵作为哺乳动物早期胚胎的中间受体，有可能成为胚胎短期保存和胚胎运输的可选途径。

二、胚胎的低温保存

胚胎的低温保存（storage at low temperature）一般是指在 0～10℃保存胚胎的一种

方法。此时，胚胎卵裂暂停，新陈代谢速度显著减慢，但尚未完全停止。细胞的一些成分，特别是酶类处于不稳定状态。因此，保存胚胎的时间有限。然而，该法最大的优点是操作简便、设备简单。对于短期保存或短途运输非常有利，也更适于牧场应用。

在基因注射和核移植操作中，低温保存一段时间，可使胚胎迟缓发育，得到供体核与受体胞质同步化的机会，提高核移植的成功率。业已证明，哺乳动物胚胎的短期低温保存，对于获得适当的同步受体、保证供体胚胎发育和受体子宫内膜高度同步化具有重要意义。

（一）胚胎低温保存的研究现状

首次进行这一技术研究的是美籍华裔科学家张明觉博士（1947 年、1948 年），将兔胚胎在 0～10℃保存 96h 后，移入受体母兔产仔成功。表 7-1 和表 7-2 分别列出了哺乳动物卵母细胞和胚胎的低温保存研究情况。

表 7-1　哺乳动物卵母细胞的低温保存

动物	保存液	保存温度（℃）	保存时间	存后发育
兔	BRS+兔血清	24	12h	37%受精
兔	BRS+兔血清	0	24h	40%受精
兔	BRS+兔血清	10	24h	78%受精
兔	BRS+兔血清	0～10	31h	移植产仔率为 3%～11%
小鼠	卵黄+枸橼酸钠+LSS	0～5	6h	移植产仔
小鼠	球蛋白、枸橼酸钠+LSS	2～3	3h	移植产仔
仓鼠	卵培养液	4	15～20min	81%受精
仓鼠	HEPES 缓冲培养液	4	24h	95%受精
仓鼠	HEPES 缓冲培养液	4	48h	75%受精
猪	杜氏 PBS	30	1h	41%成熟至 MⅡ期
猪	杜氏 PBS	20	1h	1%成熟至 MⅡ期
牛	杜氏 PBS	4	1h	62%成熟至 MⅡ期

注：BRS 为林格氏缓冲液；LSS 为洛克氏液

资料来源：李光鹏和张心田，1993

（二）影响胚胎低温保存的因素

胚胎的低温保存效果受多种因素影响，如保存温度、胚胎发育阶段、保存液、保存方法、保存时间等。

1. 保存温度

不同动物的胚胎对温度的反应不同。小鼠、兔和羊的胚胎冷到 0℃仍能存活，而猪的早期胚胎则不能存活。而且，同一动物不同时期的胚胎对低温的敏感性也不一致。目前认为，低温保存一般以 5～10℃较好。各种哺乳动物的适合温度分别为：小鼠 5～10℃、兔 10℃、绵羊 10℃、山羊 5～10℃、猪 15～20℃、牛 0～6℃。

表 7-2　哺乳动物胚胎的低温保存

动物	胚胎时期	保存液	保存温度（℃）	保存时间（h）	存后发育
小鼠	2-细胞	杜氏 PBS	5	1	移植产仔
小鼠	8-～12-细胞	KRB	10	2	移植产仔
小鼠	2-细胞	杜氏 PBS	5	2	7%至囊胚
小鼠	桑椹胚	PBS+0.5mol/L 蔗糖	0	3	62%至囊胚
小鼠	桑椹胚	PBS+0.75mol/L 蔗糖	0	5	28%至囊胚
小鼠	1-细胞	Whitten 氏液	4	1	3%至囊胚
小鼠	2-细胞	Whitten 氏液	4	2	69%至囊胚
小鼠	8-细胞	Whitten 氏液	4	3	85%至囊胚
小鼠	桑椹胚、囊胚	Whitten 氏液	4	6	75%至囊胚
大鼠	桑椹胚	PBS+0.5mol/L 蔗糖	0	4	25%至囊胚
大鼠	桑椹胚	PBS+0.5mol/L 蔗糖	0	5	15%至囊胚
大鼠	桑椹胚	PBS+0.5mol/L 蔗糖	0	3.4	移植产仔
兔	2-细胞至囊胚	兔血清	0～10	4	移植产仔
兔	囊胚	盐液+兔血清	10	1	移植产仔
兔	8-～32-细胞	盐液+血清+明胶	10	6	移植产仔
兔	8-～32-细胞	盐液+血清+2%甘油	10	7	移植产仔
兔	8-～32-细胞	盐液+胚泡液	10	7	移植产仔
兔	8-～32-细胞	盐液+尿囊液	10	7	移植产仔
兔	8-～32-细胞	卵黄+枸橼酸钠	10	7	移植产仔
兔	8-～32-细胞	盐液+血清+明胶	10	14	移植产仔
兔	桑椹胚	LSS+兔血清	6～12	8	移植产仔
兔	桑椹胚	杜氏 PBS	4	7	移植产仔
兔	桑椹胚	杜氏 PBS	4	14	44%至囊胚
兔	桑椹胚	杜氏 PBS	4	15	28%至囊胚
兔	桑椹胚	台氏液	4	3	移植产仔
兔	桑椹胚	TCM199	4	3	移植产仔
绵羊	2-～4-细胞	羊血清	4～8	3	移植产仔
绵羊	8-细胞	羊血清	0～8	1	移植产仔
绵羊	8-细胞	羊血清+LSS	10	5	移植产仔
绵羊	6-～12-细胞	羊血清+LSS	8～11	3	移植产仔
绵羊	6-～12-细胞	羊血清+LSS	8～12	4	移植产仔
绵羊	6-～12-细胞	羊血清	20～21	2	移植产仔
山羊	2-～16-细胞	Ringer 氏液+血清	10～11	21～27	移植产仔
山羊	4-～16-细胞	Ringer 氏液+卵黄枸橼酸钠	7～10	22～27	移植产仔
山羊	桑椹胚	PBS+25%血清	5	24～48	移植产仔
猪	8-细胞	PBS	15～20	2	培养发育
牛	1-～12-细胞	牛血清	10	3	卵裂
牛	囊胚	杜氏 PBS	0	2	移植产仔
牛	囊胚	杜氏 PBS	4	3	移植产仔
牛	囊胚	杜氏 PBS	10	1	53%扩展囊胚
牛	囊胚	杜氏 PBS	20	1	67%扩展囊胚
马	囊胚	杜氏 PBS	4	1	移植产仔

资料来源：李光鹏和张心田，1993，略有调整

2. 胚胎发育阶段

胚胎发育时期与保存后的存活率密切相关。小鼠 2-细胞与 4-细胞胚胎的低温保存活力要比 8-细胞以后各期胚胎的存活力低。但也有人认为，在不太低的温度（5～10℃）下保存胚胎，早期（2-～8-细胞期）比晚期有更高的存活率。

3. 保存液

用于胚胎低温保存的保存液种类很多（表 7-2），保存液的不同直接影响胚胎活力。兔胚胎的适应面较广，且均能获得很好的保存效果。小鼠保存液多用 PBS、杜氏 PBS 和 Whitten 氏液；绵羊的保存液多用羊血清等；牛和马胚胎的保存液多用杜氏 PBS。近几年来，各种动物胚胎的低温保存广泛采用改良的杜氏 PBS 作为保存液，效果良好。

4. 保存方法

一般来说，低温保存要求的降温速度不是很严格，但快速降温对胚胎发育有害。需要根据不同动物种类采用适当的降温速度。当用血清或血清加培养液保存胚胎时，兔用 0.01℃/min、小鼠 0.05℃/min、羊 1℃/min、牛 10℃/min 为宜。每种动物的适宜保存方法与程序需要从实验中获得。

第二节　程序化超低温冷冻保存技术

冷冻保存一般指 0℃以下到–70℃或–80℃（干冰–79℃）中保存胚胎。而超低温冷冻保存则是在极低温度（液氮–196℃、液氦–269℃）中保存动物胚胎。处于超低温下的胚胎，其新陈代谢完全停止，因而可以达到长期保存的目的。Whittingham 在 1971 年与 1972 年连续报道将小鼠胚胎在–196℃冷冻保存获得成功，并于 1977 年又报道冷冻、解冻后小鼠卵母细胞受精后产仔。随后，人们对实验动物、家畜、人等的卵母细胞和胚胎进行冷冻保存研究，在牛、兔、绵羊、大鼠、山羊、猪、人等的胚胎冷冻保存方面均取得成功。

超低温冷冻保存（cryopreservation）的最大优点是可以长期保存，不影响胚胎活力。但是，冷冻程序要复杂得多。冷冻和解冻速度、保存液的种类、抗冷冻剂的种类和浓度与抗冷冻剂的洗脱等都直接影响冷冻后的胚胎活力。若其中任何一个环节处理不当，都会造成胚胎损伤或死亡。超低温冷冻保存技术可分为程序化慢速冷冻技术和玻璃化冷冻技术，本节介绍程序化超低温冷冻保存技术，下一节介绍玻璃化冷冻技术。

一、超低温冷冻保存的原理

（一）冷冻与解冻过程的物理损伤

超低温冷冻保存实际上是一个脱水过程，其冷冻保存最关键的是减少因细胞内冰晶形成而引起的损伤。当外界温度降到 0℃以下时，培养液中的细胞会受到物理损伤（细胞内结冰）和化学损伤（溶质效应）两方面的损害。当细胞内、外溶液的渗透压不相等时，水就会通过细胞膜渗出或透入，以保持内外渗透压的平衡。在冷冻过程中，当温度下降到溶液的冰点时，细胞外溶液的水首先结冰，细胞内的水最初处于过冷状态（到达冰点而未结冰）。由于结冰而使细胞外溶质浓度升高。这样，细胞内过冷溶液和细胞外升高浓度的溶液之间的渗透压就失去平衡。要达到平衡，要么水从细胞内流出，要么水就在细胞内结冰，这取决于冷冻的速度。如果冷冻速度很慢，细胞膜两侧的渗透压差和化学能差会导致细胞质水分跨膜向细胞外渗透并继续结冰，引起细胞内进行性脱水，细胞内的水就会有足够的时间完全渗到外面，细胞内不能形成冰晶。如果温度下降很快，超过了细胞膜可承受的渗透能力（膜的渗透性与温度有关），细胞内的水就来不及渗出而在细胞内结冰。当冰晶十分细小时并不造成损害，只有大的冰晶才会对细胞膜和内部结构产生机械损伤。当快速冷冻时，细胞内的水分来不及流出就在细胞内形成冰晶。冷冻的速度越快，生成的冰晶越小。当速度极快时，可以使细胞内生成的冰晶小到足以无害的程度。但是这些细小的冰晶在解冻时却会由于重结晶（冰晶在固体状态时会不断生长）而对细胞造成伤害。重结晶在–100℃时进行得很慢，但在–50℃以上就进行得较快。冰晶越大，造成的损伤也越大，甚至使损伤不能恢复，最后导致死亡，这就是冷冻过程的物理损伤（physical lesion）。

（二）冷冻与解冻过程的化学损伤

在解冻过程中，如果缓慢升温，冰晶融解过程中会吸收大量热能，导致温度骤然下降，胞内自由水重新形成冰晶而致死细胞。在解冻尤其是缓慢解冻时，往往会由于重结晶而造成细胞死亡。随着细胞外部冰晶逐渐增大，自由水不断减少，细胞外液渗透压升高，且有较高的化学能。从冰点缓慢降温到细胞完全脱水，往往需要几个小时或更长时间，细胞一直处于高浓度的溶质中。如果不加入抗冷冻剂，细胞同样也会受到损害，这就是冷冻过程的化学损伤（chemical lesion）。因此，迅速升温可使重结晶的小晶体数目减到最少，也可使细胞在高浓度溶质中的时间大大缩短。冷冻过程伤害并不是来自暴露于超低温本身，而是来自降温或复温的温度转换过程。

由上可知，造成细胞冷冻损伤有两个因素：一是细胞内冰晶形成，由于水分来不及渗出，细胞内形成大量冰晶，对细胞造成致死性损伤；二是溶质效应，细胞在高浓度的溶液中暴露的时间过长而遭受损伤。

（三）诱发结晶（植冰）

溶液在温度到达冰点时不结冰，待降到冰点以下一定温度时才结冰，这种现象叫过冷现象（supercooling phenomenon）。在稍低于溶液冰点时，撒入晶母或强行冷却可以使溶液结冰，防止过冷现象的发生。这种促使溶液结冰的方法，就称为诱发结晶或植冰（seeding）。

在胚胎超低温冷冻过程中，如果不进行植冰，往往会产生过冷现象。溶液在冰点下任一温度都可能结冰。这样对胚胎可能造成两种损伤：一是溶液在结冰时要释放潜热，使温度升到冰点。如果溶液在结冰时的温度离冰点很远（如–15℃以下），则由于潜热的释放使溶液温度迅速上升，接着又急剧下降，细胞往往就在温度的这种剧烈变化中死亡。二是分子的运动和温度相关。当溶液在较高温度（冰点附近）下结冰时，水分子还处于相当活跃的运动状态，来不及排列成整齐的冰晶，生成的结晶就小，对细胞影响不大。倘若出现过冷现象，溶液在过冷状态下较低的温度（–15℃或更低）结冰，则水分子由于运动速度放慢，可以逐渐排列成整齐的晶块，生成大的冰晶，对细胞造成严重的损伤。

为防止过冷现象的发生，可在适当的温度（一般是低于溶液冰点几摄氏度）诱发结晶。研究表明，诱发结晶对胚胎的存活十分重要。一般地，在–7～–3℃诱发结晶是适宜的。不同动物诱发结晶的适宜温度分别为小鼠–5～–3.5℃、兔–5～–4℃、羊–6～–5℃、牛–7℃左右。

二、冷冻保护剂

某些化合物，通过稀释溶液中的溶质浓度，减少冷冻和解冻过程对细胞造成的损伤，可以保护细胞抵抗低温对细胞产生的损害，如细胞内结冰、脱水、溶质浓度提高和蛋白质变性等，这类化合物称为抗冷冻剂或称为冷冻保护剂（cryoprotectant）。根据能否渗透进入细胞，可将冷冻保护剂分为渗透性和非渗透性两种。此外，一些新的防冻剂，如海藻糖、抗冻蛋白及细胞骨架稳定剂和抗氧化剂等能增强抗冻能力的材料，也可用于卵母细胞和胚胎的冷冻保护。

（一）渗透性冷冻保护剂

渗透性冷冻保护剂（permeable cryoprotectant）又被称为细胞内冷冻保护剂（intracellular cryoprotectant），它们分子质量小，容易透过细胞膜渗入细胞内部。常用的渗透性冷冻保护剂有甘油（glycerol，GL）、二甲基亚砜（DMSO）、丙二醇（propylene glycol）、乙二醇（ethylene glyeol，EG）、乙酰胺（acetamide）、甲醇（methyl alcohol）和丁二醇（butylene glycol）等。渗透性冷冻保护剂多是一些小分子物质，其保护机制是在细胞冷冻悬液完全凝固之前，渗透到细胞内，在细胞内外产生一定的摩尔浓度，降低细胞内外未结冰溶液中电解质的浓度，从而保护细胞免受高浓度电解质的损伤。同时，细胞内水分也不会过分外渗，避免了细胞过分脱水皱缩。在使用渗透性冷冻保护剂时，需要进行一定时间的预冷，在细胞内外达到平衡以起到充分的保护作用。目前使用较多的是DMSO、甘油、乙二醇和丙二醇等。

用丙二醇、DMSO与GL分别对GV期和MⅡ期的山羊卵母细胞或胚胎进行冷冻保存，发现不同种类的保护剂对卵母细胞发育效果有显著影响，丙二醇的效果优于DMSO和优于GL。Wani等（2004）用相同浓度的EG、DMSO、丙二醇和GL作为冷冻保护剂，对水牛未成熟卵母细胞进行冷冻。结果表明，GL的效果显著低于其他抗冻剂组。从卵裂率和4-细胞发育率看，丙二醇、DMSO与GL在对牛MⅡ期卵母细胞冷冻方面没有区别；而对于GV期卵母细胞，GL和丙二醇优于DMSO。朱捷等（1995）在猪卵母细胞的研究表明，PROH的毒性最低，GL的毒性较大。

（二）非渗透性冷冻保护剂

非渗透性冷冻保护剂（non-permeable cryoprotectant）又被称为细胞外冷冻保护剂（intercellular cryoprotectant），一般是一些大分子物质，不能渗透到细胞内。非渗透性冷保护剂主要包括聚乙烯吡咯烷酮（polyvinylpyrrolidone，PVP）、蔗糖（sucrose）、葡萄糖（glucose）、半乳糖（galactose）、乳糖（lactose）、海藻糖（trehalose）、聚蔗糖（saccharosan）、葡聚糖（dextran）、聚乙二醇（polyethylene glycol，PEG）、牛血清白蛋白（BSA）、胎牛血清（FCS）、果糖（fructose）及羟乙基淀粉（hydroxyethyl starch）等。

由于非渗透性冷冻保护剂的分子质量较大，很难透过细胞膜，但能溶于水。可分为大分子物质和小分子糖类。大分子物质能够促进溶液玻璃化状态的形成，而小分子糖类则可调节细胞内外渗透压。大分子物质可以优先同溶液中的水分子结合，降低溶液中自由水的含量，改变渗透压引起细胞脱水，使冰点降低，减少冰晶的形成。同时，由于其分子质量大，使溶液中电解质浓度降低，从而减轻溶质损伤。在解冻时，提供一个高渗环境，可防止水分进入细胞太快而引起细胞膨胀致死。

在研究过程中，人们发现若同时使用 2 种或 3 种冷冻保护剂，可以减少每种抗冻剂的特殊毒性，能有效提高冷冻保护的效果。其中至少一种是渗透性的，而另一种或两种是非渗透性的。例如，EG 和 DMSO 是比较常用的组合方式，虽各有缺点，但混合后既提高了抗冻剂的渗透性，又缓解了 DMSO 的化学毒性，玻璃化状态形成得比较彻底。

（三）抗冻蛋白

抗冻蛋白（anti-freeze protein，AFP）最早发现于极地海洋鱼类，是一种具有特殊功能的蛋白质。在低温（–40℃）和超低温（–196℃）下能与细胞膜相互作用，封闭离子通道，阻止溶质渗透，从而保护膜的完整性。AFP 的优点是在高浓度下对细胞无毒副作用，分子质量大，不影响细胞的渗透压，且可以溶解在缓冲液或玻璃化液中。一般认为抗冻蛋白的冷冻保护功能是由于它的结构可抑制重结晶。

（四）细胞骨架稳定剂

细胞骨架由微丝、微管和中间纤维 3 部分组成，分布于整个细胞质中，维持细胞的形态，调节细胞运动功能。微管组成的纺锤体的作用是保证染色体的正常分离。在细胞冷冻保存过程中，细胞骨架及胞内超微结构都会受到不同程度的损伤。表现为细胞膜的破坏及微绒毛的减少或消失，以及线粒体、高尔基复合体和内质网等细胞器的损伤。如果微管与微丝系统受到破坏，将无法形成正常的纺锤体结构，引起细胞减数分裂或有丝分裂的异常，细胞增殖将受到影响，胚胎的异倍体率提高，阻碍胚胎的发育。如果能够在冷冻、解冻操作过程中，稳定与保护细胞骨架系统，使之不受到破坏或严重影响，将会有助于卵母细胞或胚胎的冷冻存活效率与质量。

细胞松弛素 B（CB）是一种常用的微丝抑制剂，也是细胞骨架稳定剂，可以阻止肌动蛋白的聚集，使细胞膜柔软更富弹性，避免由人为操作导致的细胞损伤。CB 也可以增加细胞骨架的弹性，降低卵母细胞和胚胎在冻融过程中，由于细胞骨架变硬而引起的骨架变形和损伤。

紫杉醇（taxol）是一种可以促进微管聚合和稳定已聚合微管的药物。通过降低微管聚合所需的微管蛋白临界浓度值，以加快微管聚合的速度。在较高浓度时，能使 α-和 β-微管蛋白二聚体结合得更紧密，并加强微管的交联；低温时，能避免微管解聚，从而稳定微管的结构。

（五）抗氧化剂

在细胞培养过程中，持续不断产生的代谢自由基会直接或间接地发挥强氧化剂作用，给细胞带来一定的损伤，如细胞膜及细胞内亚显微结构成分的膜（如线粒体膜、内质网膜、高尔基复合体膜、溶酶体膜等）的损伤。线粒体是细胞产生 ATP 能量的中心，而线粒体功能障碍可能会导致卵母细胞或胚胎发生碎裂化，阻碍胚胎发育。细胞内强氧化物质的存在，对线粒体膜或对其生产 ATP 的能力产生破坏作用，进而对细胞增殖和存活产生负面影响。如果加入一些抗氧化剂，则可以有效防止对细胞膜系统的氧化作用。当在培养液中添加抗氧化剂后，能有效防止受精卵的碎裂，使囊胚发育不受影响。

抗坏血酸、β-巯基乙胺（cysteamine）、β-巯基乙醇（mercaptoethanol）、半胱氨酸、胱氨酸、褪黑素等均可作为抗氧化剂，用于卵母细胞与胚胎的冷冻保存。这些物质均可诱导细胞中谷胱甘肽（GSH）的合成。GSH 具有抗氧化作用和整合解毒作用，半胱氨酸上的巯基为其活性基团，易与某些毒素（如自由基、碘乙酸、芥子气及铅、汞、砷等重金属）等结合，而具有整合解毒作用。GSH 在卵母细胞中的主要功能是参与抗氧化作用和抗活性氧的毒害作用，在卵母细胞成熟、受精和早期胚胎发育过程中均起重要作用。

咖啡因（caffeine）是环化核苷酸磷酸基双脂酶的抑制剂，使环磷腺苷水平上升，可提高并延长精子的活率。咖啡因对卵母细胞抗氧化及早期胚胎发育是有益的。在培养猪和绵羊卵母细胞时，加入咖啡因可以通过抑制 P34（cdc2）的磷酸化而保持细胞 MPF 的活性，从而改善卵母细胞的质量（Matos et al.，1996）。

三、冷冻保存的方法

程序化超低温冷冻保存方法是利用程序降温仪，按照预先设计的降温程序将卵母细胞所处的环境降至一定温度，然后将其放入液氮中保存。程序化冷冻法有慢速冷冻法、快速冷冻法、一步冷冻法和超快速冷冻法等。

（一）慢速冷冻、慢速解冻法

这是最早建立起来的一种哺乳动物胚胎冷冻方法。以低于 1℃/min 的速度降低到 –40℃或–70℃（小鼠）、–120～–60℃（牛），再投入液氮，解冻速度也不超过 25℃/min。该法的优点是脱水完全，细胞内不易形成冰晶。但比较费时，冷冻保护剂对胚胎作用时间较长。

（二）慢速冷冻、快速解冻法

先慢速冷冻至–80℃左右，再投入液氮。以25℃/min以上的速度解冻。解冻时，冷冻样本直接放到室温或37℃水浴中。该法的优点是脱水完全，但解冻时恢复太快，渗透压的急剧变化容易引起胚胎死亡。这种方法并不常用。

（三）快速冷冻、快速解冻法

把胚胎慢速降温到–35～–30℃，投入液氮。解冻在室温或37℃水浴中进行。该方法能较好地克服胚胎脱水和细胞内冰晶形成之间的矛盾，获得较高的存活力。解冻后用一步法的蔗糖液洗脱，效果更好。

（四）一步冷冻法

一步冷冻法是由慢速冷冻法改进而来，省去了洗脱冷冻保护剂的步骤。其要点是冷冻细管里的冷冻液和稀释液是分开的。细管里装有培养液、含胚胎的冷冻液、稀释液（蔗糖液）。该法比较适于冷冻胚胎运输。

（五）超快速冷冻法

将胚胎或卵母细胞在适当的冷冻保护剂混合液中做短暂处理后，直接投入液氮。该方法已在小鼠、大鼠和兔中获得成功应用。

四、冷冻保存的操作程序

自Whittingham等（1972）成功地冷冻保存小鼠胚胎之后，其他动物卵母细胞或胚胎的冷冻保存，基本上是参照小鼠胚胎冷冻方法略加改进而相继成功的。下面介绍Whittingham等（1972）采用的冷冻程序。

（一）操作要点

1）选择冷冻保存液。根据不同动物、不同发育时期的胚胎，选择适宜的冷冻保存液。

2）选择冷冻保护剂。根据所用的冷冻方法及胚胎情况，选择一种或几种冷冻保护剂。

3）植冰。根据不同动物与不同发育时期的胚胎，选择适当的植冰点。

4）慢速致冷。以0.5℃/min的速度，冷却至–40℃或–70℃。

5）保存。把冷至–40℃或–70℃的样本直接投入液氮（–196℃）中。

6）解冻。小心去除冷冻保护剂，以免引起渗透休克（osmotic shock）。

（二）具体操作方法

以小鼠胚胎冷冻保存为例。

1. 材料准备

（1）常用的冷冻保存液

— 简单的生理盐液 PBS；
— 修正的杜氏 PBS（PBl）；
— HEPES 缓冲的胚胎培养液（M2）。

（2）冷冻容器的选择和准备

— 冷冻所用小容器：塑料螺口小管、玻璃试管（75mm×10mm）、安瓿（1～2ml）。

为便于处理，卵丘-卵母细胞一般冷冻于玻璃试管中。使用的安瓿等最好是一次性的。洗涤过的管，壁上如有划痕，对胚胎有害。

— 灭菌处理：先用玻璃笔标记，印迹干后，在 150℃下热灭菌 90min（安瓿）。

（3）样本冷却（cooling）

— 把胚胎移入冷冻保存液，利用一次性皮针将 0.15ml 的 M2 液移入标记的安瓿中。再把胚胎吸到上述 M2 液中（约 30 枚/样本）。

转移胚胎时，口吸管在吸取胚胎之前先加 1～2 个小气泡作为标志，避免随胚胎吸入过多的液体。

— 冷却：在加入冷冻保护剂之前，在冰池中冷却到 0℃。

2. 冷冻保护剂的配制与添加

以 DMSO 为例。

（1）配制

DMSO 的浓度在 1.0～2.0mol/L 时，冷冻小鼠胚胎具有较高的成活率。低于 1.0mol/L 或高于 2.0mol/L 对胚胎均不利，建议使用的 DMSO 浓度为 1.5mol/L。

（2）3.0mol/L 的 DMSO 配制程序

— 吸 7.87ml 的 PBl 或 M2 入一试管中；
— 加 2.13ml 的 DMSO；
— 轻轻混合，以防止其中的 BSA 失活；
— 用孔径为 0.22μm 的微孔滤膜除菌。

（3）DMSO 的加入

1）小鼠卵母细胞或 1 -细胞至桑椹胚期胚胎冷冻时，DMSO 的加入程序为：
— 冷却 3.0mol/L 的 DMSO 至 0℃；
— 将胚胎吸至含 0.15ml M2 液的安瓿中，并冷至 0℃（约 10min）；
— 加入 0.15ml 的 3.0mol/L DMSO；

— 彻底混匀；
— 在放入植冰室前静置 15min。
2）小鼠囊胚冷冻时，DMSO 的加入程序为：
— 将 3.0mol/L 的 DMSO 冷却至室温；
— 室温下把胚胎吸至含 0.15ml/L M2 的安瓿中；
— 加入 0.01ml 的 3.0mol/L DMSO；
— 彻底混匀；
— 静置 5min；
— 加入 0.01ml 的 3.0mol/L DMSO；
— 彻底混匀；
— 静置 5min；
— 加入 0.01ml 的 3.0mol/L DMSO；
— 彻底混匀；
— 冷至 0℃；
— 进入植冰室前静置 15min。

3. 植冰

1）加入 DMSO 平衡后，把封闭好的安瓿从 0℃冰室转移到–6～–5℃的冷恒温室中。

2）静置 2min。

3）用预先已在液氮凹面冷却的眼科镊子尖部去接触安瓿。玻璃上一出现霜，就立刻移开镊子，进行植冰。注意：不要使安瓿致冷过度。

4）把安瓿放回植冰室，可使胚胎内融合的潜热进一步释放出来。

5）约 5min 后，观察样本上已形成冰，把它移到与植冰室等温的冷室中。

如果样本仍未植冰，再重新冷却。如再不成功，可能是由于冷室温度偏高或 DMSO 浓度过高所致。将冰室温度降低 1℃再试一次。

对植冰室的要求：只要能保持–5℃或–6℃ 15min 以上的环境，都可作为植冰室。

4. 慢速致冷

冷冻胚胎的存活状态取决于冷冻前胚胎细胞内水分的去除程度。在这一过程中，致冷速度是关键的。悬浮液中出现冰晶后，随着细胞外溶质浓度的提高，细胞内水分渗出胚胎；随着温度的降低，胚胎中的水分进一步析出，卵裂球皱缩。水分的丢失率取决于细胞膜对水的渗透性和细胞表面积与细胞体积的比率。理想的致冷速度是细胞内的渗透压与细胞外溶液的渗透压相当。

（1）致冷速率

与其他类型的细胞相比，哺乳动物胚胎需要相对较低的冷却速率。在 1.5mol/L 的 DMSO 的冷冻液中，致冷速率为 0.3～0.5℃/min 是比较适宜的。小鼠胚胎一般慢速致冷至–40℃或–70℃，卵母细胞一般致冷至–70℃时，直接投入液氮。

（2）致冷过程

1）把样本放入冷冻仪中。待融合的潜热释放之后，把安瓿悬于冷冻室，没入冷冻剂中。

2）调整致冷速度。调整冷冻仪，使致冷速度为 0.3～0.5℃/min。

3）冷冻至–40℃或–70℃时直接投入液氮。根据所用条件，当冷至–40℃或继续冷至–70℃时停止慢速致冷，直接投入液氮中保存。

5. 解冻

解冻（warming 或 thawing）速度取决于慢速致冷的最终温度。当致冷至–40℃时，需要较快的解冻速度。如致冷至–70℃以下时，解冻需要慢速。

（1）致冷至–40℃时的解冻

当胚胎以 0.3～0.5℃/min 冷至–40℃，再投入–196℃时，解冻速度应大于 500℃/min。可以直接将样本投入 40℃的温水中解冻。

（2）致冷至–70℃时的解冻

此时，比较适宜的解冻速度是 4～20℃/min，常用以下两种方法：

1）电热板法。自液氮中取出的样本放到一个加热速度为 20℃/min 的电热板上进行解冻。

2）间接解冻法。将一个 35mm 口径、200mm 高的蒸馏瓶投入液氮冷却后，再取出悬于室温下。把取出的样本放于蒸馏瓶中解冻，这样可获得 10℃/min 的解冻速度。

6. DMSO 的去除

1）取出胚胎。解冻后，把安瓿顶尖敲掉，静置 5min，使样本达到室温。加 1ml 的 M2 液（室温）入 0.3ml 样本中，混匀。在 1min 后，用 1ml 的吸管把胚胎转移到培养皿中。仔细冲洗安瓿和吸管，使胚胎完全冲出。

2）洗涤。用微细吸管吸取胚胎分别在 2ml 的 M2 液中充分洗涤 2～3 次。

3）解冻后的胚胎可继续进行培养，或进行胚胎移植操作等。

7. 安全措施

操作（使用）液氮之前，谨记下述安全措施。

1）戴好保护手套。金属冷冻盒的放入和取出，会粘到皮肤上，一定要戴好宽松适中的手套。

2）保护好眼睛和皮肤。充入或倒出液氮时，液氮会逸出，一定要保护好眼睛和皮肤。

3）检查安瓿，确保安全。安瓿封闭不好，液氮进入会引起爆炸。冻前一定要仔细检查，确保封闭严密。在从液氮中取出安瓿及解冻初期，一定要一直戴着脸盔，至少应戴护目镜，并请附近人员注意保护。

五、冷冻胚胎解冻后的活力鉴定

目前常用的鉴别冷冻—解冻后胚胎活力的方法有以下几种。

（一）台盼蓝染色

本法精确度较差，但作为初步筛选还是可行的。死细胞着色，而活细胞是不着色的。

（二）胚胎培养

解冻后的胚胎继续在 37℃、5% CO_2 培养箱中培养，视其继续发育的能力判定胚胎活力（图 7-2）。

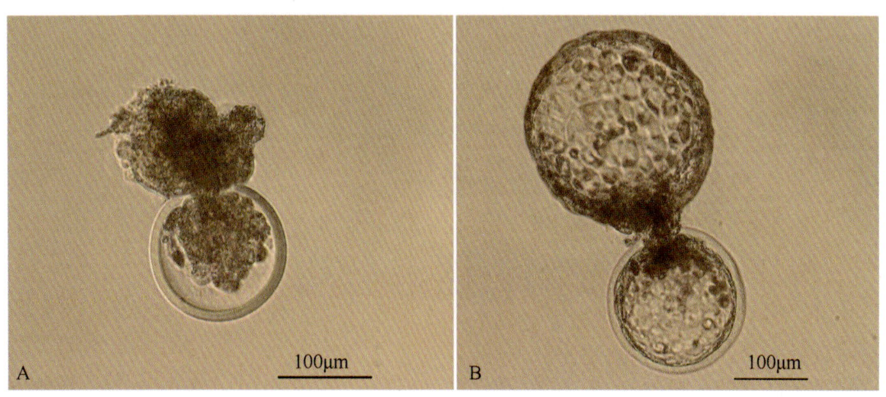

图 7-2　解冻后胚胎的培养

A. 解冻初期的胚胎呈凝缩状态；B. 培养 3h 后，胚胎呈孵化形态

（三）胚胎移植

把冷冻—解冻后的胚胎移植到同期发情的受体母畜中，观察妊娠与生产情况。这是最直接、最准确的冷冻胚胎活力鉴定方法。

六、程序化胚胎冷冻研究进展

（一）牛胚胎冷冻保存

1. 冷冻保护剂

牛胚胎冷冻最常用的冷冻保护剂是甘油、乙二醇和 DMSO，其中 DMSO 和乙二醇比甘油更易渗入细胞内。乙二醇和 1,2-丙二醇具有稳定性好、降低冰晶形成量、比 DMSO 的毒性低等优点。一般而言，DMSO 的浓度为 1.0～1.5mol/L、甘油浓度为 1.0～4.0mol/L，都能使胚胎冷冻—解冻后成活。

2. 降温速度的控制

目前，慢速冷冻的致冷过程可以采用程序化胚胎冷冻仪进行精确控制，如澳大利亚CryoLogic公司生产的CL8800胚胎冷冻仪。在工作过程中，温度能精确保持一致，每个样品管内部及不同样品管之间的温度也都能精确保持一致。无论是冷却还是升温，其速率都可根据不同要求而变化。冷却速率可高达8℃/min，温度能够保持在可控温范围内的任一点上。所有温度控制都可预先编程，也可临时设定（连接计算机时）。当冷冻罐温度超过或低于指定温度1.5℃时，系统会自动发出一个听觉的或视觉的报警信号。系统仅需要少量的液氮。无须使用液氮钢瓶，也完全不涉及酒精等其他易挥发或可燃液体（图7-3）。

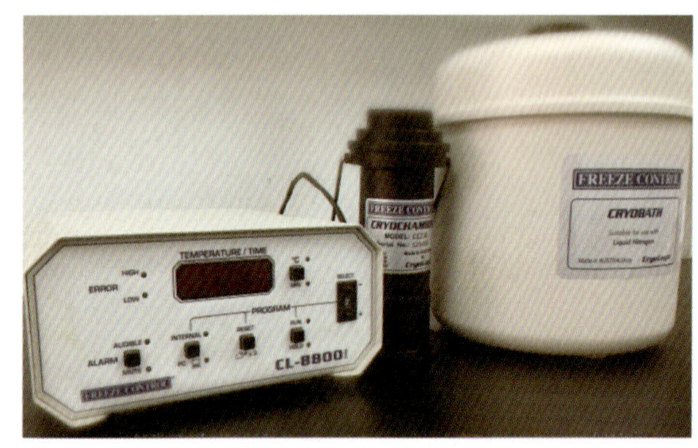

图7-3　澳大利亚CryoLogic公司生产的CL8800胚胎冷冻仪

3. 诱发结晶

在冷冻之前，将胚胎放入防冻液中平衡一定时间，然后进入冷冻程序，降温至–7～–4℃时进行诱发结晶（图7-4）。诱发结晶是从水相向冰相转变的过程，这种转变首先在细胞外液发生，由此引起悬浮液中盐浓度的增加。一旦冰晶形成，随着细胞外溶质浓度的升高，细胞内水分流出，细胞逐渐收缩，到–15℃时，胚胎体积降到原体积的50%，在–20℃时降到约40%。

图7-4　降温至–7～–4℃时进行诱发结晶

4. 冷冻方法

用 1.5mol/L DMSO 防冻液冷冻牛胚胎，以 1℃/min 从室温降到–7℃，再以 0.3℃/min 降到–40℃，最后以 0.1℃/min 降到–60℃，投入液氮。投入液氮前的温度因研究者而异。有人认为，在–25℃和–35℃之间投入液氮，胚胎存活无差异。但以 1℃/min 从室温降到结晶温度，在–35℃时投入液氮比其他温度投入液氮有更高的存活率。当按 0.3℃/min 降到–35℃、–38℃和–43℃时投入液氮，比在–19℃或–50℃投入液氮有更多的胚胎存活。但有的研究者认为，当以 0.3℃/min 降到–35℃，然后以 0.1℃/min 降到–38℃或按 0.3℃/min 将胚胎降温到–38℃时投入液氮，其妊娠率无差异。牛的桑椹胚和囊胚不受温度大幅波动的影响，当以 1000℃/min 从 37℃降到 0℃时，并不影响其冻后存活。

5. 解冻方法

在解冻胚胎时，用缓慢的方法冷冻的胚胎（缓慢降温到约–60℃）需缓慢解冻（约 20℃/min），在较高温度（–40～–30℃）投入液氮的胚胎需迅速解冻（约 300℃/min），才能获得高的存活率。用 1.5mol/L DMSO 冷冻牛胚胎，以 0.5℃/min 降到–30℃，再以 1℃/min 降到–68℃，用 20℃解冻的存活率为 81%，比用 37℃解冻有更高的存活率。但也有人指出，以 0.3℃/min 将胚胎降到–30℃和–36℃之间，直接投入液氮，只有迅速解冻（360℃/min）胚胎才能存活；当胚胎在–42℃或以下时投入液氮，无论是缓慢解冻还是快速解冻胚胎均能存活。

在解冻时，必须将冷冻保护剂以浓度递减的方式去除以后才能进行胚胎移植。可以在细管中预先装入 0.25mol/L 的蔗糖溶液，解冻后在细管内脱除防冻剂。在细管内冷冻—解冻的胚胎，可以用一步法稀释直接移植。将牛胚胎放入甘油中 4h，然后用一步法或多步法除去甘油，一步法的胚胎存活率显著高于多步法。

6. 直接冷冻

直接冷冻即在室温下，用 1.5mol/L 甘油+1.0mol/L 蔗糖液使胚胎预先脱水。将胚胎装入已装有冷冻液的预冷细管（–30℃），再将其置于 30℃下 30min（降温速度约 12℃/min），然后投入液氮。该法省去了细胞外液的诱发结晶或程序控制降温过程。牛扩张囊胚可以在室温下置于 1.4mol/L 甘油，然后置于 2.8mol/L 甘油+0.25mol/L 蔗糖 PBS 中 2min 使其脱水，迅速冷冻，也得到较好的效果。之后，将此法改进为将细管垂直放在液氮罐颈部 5min，然后投入液氮保存的方法。

（二）绵羊胚胎冷冻保存

Willadsen 等（1976）比较了 1.5mol/L DMSO 和 1.5mol/L 甘油的防冻效果，发现用甘油作防冻剂有更多的胚胎存活，但不同发育阶段的胚胎有差异，桑椹胚的存活率为 50%，而囊胚的存活率为 93%。此外，用 1.5mol/L DMSO、乙二醇、丙二醇比用 1.4mol/L 甘油使冷冻胚胎更易存活。用 1.5mol/L 乙二醇与 1.4mol/L 甘油作冷冻保护剂冷冻的绵羊胚胎，存活率分别为 63%和 23%。

防冻剂的加入方法对胚胎存活影响不大，将 1.5mol/L 乙二醇一步或两步加入，不影响胚胎存活。但诱发结晶时的温度极为重要，在–2.5℃、–5℃或–7.5℃诱发结晶时，绵羊胚胎存活无差异，但在–10℃诱发结晶时无胚胎存活。绵羊胚胎以 1℃/min 降到诱发结晶温度（–7℃），再以 0.3℃/min 降到–35℃，然后以 0.1℃/min 降到–38℃或以 0.3℃/min 从诱发结晶后降到–30℃，投入液氮，妊娠率为 35%～55%。有人用 10%乙二醇 PBS 冷冻保存绵羊胚胎，解冻后脱去防冻剂或不脱除防冻剂移植，妊娠率分别为 28%和 50%。说明乙二醇作为防冻剂时，解冻时不脱除对胚胎并无不良影响。

（三）山羊胚胎冷冻保存

Bilton 和 Moore（1976）用慢速冷冻、慢速解冻法冷冻山羊胚胎获得成功。其方法是：将 7 天的早期囊胚在含有 25%血清的 PBS（0.3ml）中悬浮并移入试管，37℃分步加入 2mol/L 甘油 0.3ml，使甘油最终浓度为 1.0mol/L。以 1℃/min 的速度由 37℃降到 6℃，在 6℃静置 40min。在干冰酒精中，以 0.2～1.4℃/min 的速度降到–60℃。中途在–25℃植冰，由–60℃直接投入液氮中。解冻速度为 1.4～8.0℃/min，由–50℃升至 0℃，再以 0.6℃/min 升至 37℃。以 10 倍的 PBS 稀释，使甘油浓度降至原来的 1/4 以下，再以 PBS 洗数次，短期培养后移植。

用 1.4mol/L DMSO 或 1.4mol/L 甘油溶液作冷冻保护剂冷冻山羊胚胎时，都能获得高的存活率。当用 10%甘油作为防冻剂，以 1℃/min 降温至–7～–6℃诱发结晶，平衡 10min，再以 0.3℃/min 降温到–36℃投入液氮保存，解冻后以 0.5mol/L 蔗糖一步脱除保护剂，移植妊娠率为 60%（23/38），移植胚胎产羔率为 40%（29/73），胚胎最长保存期为 819 天。

玻璃化冷冻山羊胚胎也获得成功。用 25%甘油+25%丙二醇和 25%甘油+25%乙二醇两种冷冻保护剂冷冻山羊胚胎，分别获得了 42%和 33%的妊娠率，胚移产羔率分别为 5%和 29%。

（四）猪胚胎冷冻保存

猪胚胎在无保护剂存在的情况下，15℃时就丧失活力。胚胎发育阶段不同，对低温的敏感性有差异。虽然猪的扩张囊胚对低温有足够的耐受力，但冷冻—解冻后的胚胎移植效率为零。当用 1.5mol/L DMSO 冷冻猪胚胎，以 1℃/min 从室温降到–5℃，诱发结晶，再以 0.3℃/min 降到–20℃投入液氮，解冻后培养，发现有 48%的囊胚扩张，有 47%的囊胚孵化，但不能移植产仔。Dobrinsky（1997，2001）报道，冷冻—解冻后的猪胚胎细胞膜降解、细胞核受损、微丝不能重新聚合。冷冻保存过程对猪桑椹胚和早期囊胚造成了不可逆的损伤。

在防冻液（10%甘油+11% DMSO 和 10%丙二醇）中加入 10%蛋黄，以检查它们对猪胚胎冷冻的影响，以 1℃/min 从 25℃降到–7℃诱发结晶，再以 0.3℃/min 降到–36℃投入液氮保存。用 37℃水浴解冻，以 0.5mol/L 蔗糖液脱去防冻剂，移植给 6 头母猪，有 1 头受体母猪产下 1 仔。

（五）马胚胎冷冻保存

对 6～7 日龄的马胚胎进行冷冻保存时，可以选用 1.0～1.32mol/L 的甘油作为冷冻保护剂。以 1～4℃/min 从室温降至–7～–6℃诱发结晶，然后以 0.1～0.3℃/min 降温至–38～–26℃投入液氮。在 25℃或 37℃水浴中解冻后，移植妊娠率为 20%～53%。

（六）兔胚胎冷冻保存

把 8-～16-细胞的兔胚胎在冷冻保存液（PBS+50%兔血清+1.5mol/L DMSO，装入冷冻细管）中，37℃平衡 15min；再以 1℃/min 速度降到–76℃之后直接投入液氮中。解冻时，从–80℃以 4℃/min 升到 0℃；在 37℃时分级稀释 DMSO。用含有 50%兔血清的 Ringer 氏液洗两次，经培养至囊胚时移植入同期发情受体，移植产仔成功。利用两步法，在–30℃时预处理 30～240min，冷冻保护剂为丙二醇，获得较高成功率（严云勤等，1995）。

第三节　玻璃化冷冻保存技术

在了解了慢速冷冻的原理与技术及存在的缺点后，为了进一步提高冷冻效率和效果，Rall 和 Fahy 于 1985 年发明了玻璃化冷冻保存技术。玻璃化冷冻具有慢速冷冻不具备的优点：降温速度快，可以使细胞快速通过低温敏感区；不需要昂贵的程序化降温仪；节省时间，节约成本，简单易行；尤其适合少量样品的冷冻。在成功玻璃化冷冻小鼠胚胎以后，该技术在牛、羊、猪等多种家畜胚胎上相继成功。1990 年，玻璃化冷冻人胚胎获得成功，并且成功诞生婴儿。目前，玻璃化冷冻技术已经广泛应用于人类与动物卵母细胞与胚胎的冷冻保存。

一、玻璃化冷冻保存的原理

玻璃化冷冻是指在含高浓度冷冻保护剂（6mol/L 以上）的溶液中，经过短暂处理后，直接从 0℃以上的温度投入液氮（–196℃）中，降温速度远高于程序化冷冻，是一种超速冷冻方式。在这个急速降温的过程中，液体的黏度增加，黏度达到临界值时发生凝固化，即由液态变为半固态再过渡为固态，呈透明状态，故称作玻璃化（vitrification）。高浓度的冷冻保护剂溶液称为玻璃化液。玻璃化液中的高浓度渗透性冷冻保护剂可以通过细胞膜渗透，短时间使细胞内、外冷冻保护剂的浓度达到平衡，抑制降温过程中细胞内冰晶的生成。玻璃化液中的非渗透性冷冻保护剂在细胞外发挥作用，不能进入细胞。非渗透性冷冻保护剂的高分子物质，在冷冻过程中使细胞外液呈过冷状态，降低溶质浓度从而起到保护作用，并在急速降温过程中黏性增加，在细胞外液形成玻璃化状态。而小分子糖类可降低细胞外液的溶质浓度，减少阳离子进入细胞的数量，还能增加溶液的渗透压，使细胞内部的水分能充分脱出，同时也有助于渗透性冷冻保护剂的渗入。因此，经高渗透压溶液平衡后，直接投入液氮中，细胞内、外都形成玻璃化状态而得以使细胞长久保存。

二、玻璃化冷冻保存的操作要求

玻璃化溶液有三种特性。首先，必须含有一种或多种高浓度低渗透性低温保护剂；其次，每种溶液需要一种生理盐水；第三，加入大分子物质，提高溶液达到过冷和玻璃化的性能。最早使用的玻璃化溶液组成是：在改进的杜氏PBS中加入20.5%（*w*/*V*）DMSO、15.5%（*w*/*V*）乙酰胺、10%（*w*/*V*）丙二醇和6%（*w*/*V*）乙二醇，冷冻小鼠8-细胞胚胎获得成功。以后，人们又建立了其他玻璃化溶液，如20%甘油+25%丙二醇、40%乙二醇+30%水溶性聚蔗糖+0.5mol/L蔗糖等。这些玻璃化液冷冻小鼠胚胎均获得良好结果（严云勤等，1995）。

由于玻璃化溶液中含有很高浓度的低温保护剂，因而平衡操作（时间、温度）对胚胎存活率至关重要，需要采取分步平衡以防止胚胎中毒。保护剂先在室温和较低浓度下平衡5～10min，然后在4℃下平衡10min，达到最终玻璃化浓度。在大多数情况下，玻璃化溶液是用1.0mol/L蔗糖液分两步稀释脱除，然后将胚胎转移到等渗液里。

三、玻璃化冷冻方法

自玻璃化法对小鼠胚胎冷冻保存成功以来，玻璃化冷冻技术便成为低温生物学领域的研究热点。但高浓度的玻璃化液也会对卵母细胞造成剧烈损伤，影响冷冻效果。于是人们不断改进方法，采用容易实现玻璃化，并且对卵母细胞损伤较小的玻璃化液及大幅度提高制冷速率，相继发明了细管法、微滴法、固体表面玻璃化法、电子显微镜铜网法、开放式拉长麦管法、冷冻环法、玻璃微细管法和封闭式拉长塑料细管法等多种方法。

（一）细管法

Rall和Fahy（1985）首先采用细管（straw）法对小鼠8-细胞胚胎玻璃化冷冻保存成功。但塑料细管导热性能差，细管法的冷冻降温速度最高只能达到2000℃/min。Kasai等（1990）采用细管一步法，以乙二醇-聚蔗糖-蔗糖（EFS）为玻璃化液冷冻保存小鼠桑椹胚，存活率达到98%。兔桑椹胚冷冻—解冻后的囊胚发育率为100%，移植妊娠率达75%，产仔率高达65%（Kasai et al.，1992）。Zhu等（1993，1996）研发了细管二步法，以EFS和丙三醇-聚蔗糖-蔗糖（GFS）为玻璃化液对小鼠扩张囊胚冷冻保存，存活率高达94%。

（二）微滴法

微滴（droplet）法是用巴氏细管将含卵母细胞的微量玻璃化液滴在处于液氮的泡沫载体上，解冻时直接将微粒浸入解冻液中晃动解冻。Kim等（2007）用微滴法冷冻未成熟的牛卵母细胞，冻后成熟率为65.6%，显著低于对照组（92.4%）；冷冻组的受精率（78.6%）与对照组（82.0%）差异不显著；分裂率和囊胚率分别为55.7%和2.3%，显著低于对照组（84.4%和34.7%）。

（三）固体表面玻璃化法

固体表面玻璃化（solid surface vitrification，SSV）法是在微滴法的基础上改进而来的一种新方法。此法将包有锡纸的金属块作为冷冻载体，使其部分浸入液氮中，其表面温度可达到–180～–150℃，然后将含有卵母细胞的玻璃化溶液微滴，滴在金属块表面即可。此法利用冷金属表面热交换增加的优势，极大地提高了冷冻速度，而且清洁的金属表面有利于微滴的无菌操作。用 SSV 法冷冻牛卵母细胞，冷冻组的卵裂率和囊胚率为85%和 27%，与对照组差异不显著。用 SSV 法冷冻猪未成熟及成熟的卵母细胞，解冻后经体外受精，GV 期有 53%发育成熟，分裂率（20%～26%）、囊胚率（3%～9%）显著低于对照组（60%和 20%）。采用此法冷冻体外成熟的水牛卵母细胞，存活率及孤雌激活囊胚率分别为 83.9%和 13.6%，显著高于细管法冷冻的结果。

（四）电子显微镜铜网法

电子显微镜铜网（electron microscopic grid，EMG）法以电子显微镜铜网作为承载工具，将卵母细胞在玻璃化液中短暂处理后，以非常小的体积（<1μl）滴在电子显微镜铜网上，直接投入液氮，冷冻速度达 3000℃/min；若以–210℃液氮作为冷源，冷冻速度可达 24 000℃/min。尽管该法可极大地提高冷却速率，尽快通过危险温度区域，但由于操作过程较复杂，限制了该方法的广泛应用。

（五）开放式拉长麦管法

开放式拉长麦管（open pulled straw，OPS）法是由 0.25ml 细管加热变软后拉制而成，其内径为 0.8～1mm、管壁厚 0.08mm。冷冻时将 OPS 的细小端浸入含有卵母细胞的冷冻液小滴（1～2μl），利用虹吸作用将预先在玻璃化液中平衡好的卵母细胞和微量玻璃化液吸入管后，直接投入液氮中保存。解冻时将 OPS 细端浸入解冻液，1～2s 后卵母细胞由于沉降作用而离开 OPS。此法冷冻和解冻速度高达 20 000℃/min，是细管法的 10倍，而且卵母细胞与冷冻保护剂接触时间极短（–180℃以上小于 30s），降低了冷冻损伤。

（六）冷冻环法

冷冻环（cryoloop）法是以尼龙环（直径为 0.5～0.7mm）作为承载工具，并固定在带有冷冻瓶盖的不锈钢管上。冷冻时将卵母细胞移到尼龙环玻璃化液薄膜上，然后投入浸在液氮中的冷冻管内，并利用磁性操纵杆拧紧固定。利用该方法，成功冷冻了小鼠、牛、羊、马、恒河猴和人等卵母细胞和胚胎，该法具有 OPS 降温速度快的优点。Begin和 Bhatia（2003）用冷冻环法冷冻山羊的卵母细胞，存活率达 89%。Succu 等（2007，2008）冷冻绵羊体外成熟卵母细胞，体外受精后的卵裂率为 21.4%，但无囊胚形成。

（七）玻璃微细管法

玻璃微细管（glass micropipette，GMP）法是用毛细玻璃管拉制成直径为 0.3mm 玻璃微细管作为冷冻工具。GMP 的直径小而重量较大，且玻璃的导热性能比塑料好，克服了 OPS 在冷冻时飘浮在液氮面上的缺点。但在超低温条件下，GMP 容易断裂造成胚胎丢失。采用 GMP 法冷冻牛卵母细胞，体外培养 22h 的受精卵裂率达 52.4%，与对照组（68.4%）无显著差异。

（八）封闭式拉长塑料细管法

封闭式拉长塑料细管（closed pulled straw，CPS）法是以封闭式拉长塑料细管作为卵母细胞冷冻载体。CPS 法冷冻后存活率显著高于 OPS 法，具有存活率高、纺锤体形态保存好等优点。

四、玻璃化冷冻保存具体操作

下面以 Rall 和 Fahy（1985）所使用的方法为例，介绍玻璃化法冷冻保存胚胎的具体操作。

（一）玻璃化液的配制

表 7-3 给出了玻璃化液（VSl）和 HEPES 缓冲的盐液（HBl，用于稀释 VSl）的成分。

表 7-3 VSl 和 HBl 的组成

化学成分	VSl		HBl	
	含量（g/L）	含量（mmol/L）	含量（g/L）	含量（mmol/L）
缓冲盐液				
NaCl	8.000	136.90	8.000	136.90
KCl	0.200	2.68	0.200	2.68
$MgCl_2 \cdot 6H_2O$	0.050	0.25	0.100	0.50
KH_2PO_4	0.120	0.88	0.136	1.00
$CaCl_2 \cdot 2H_2O$	0.010	0.07	0.120	0.90
丙酮酸钠	—	—	0.036	0.33
HEPES	4.766	20.00	4.766	20.00
葡萄糖	1.000	5.56	1.000	5.56
BSA	0.750	—	3.000	—
青霉素钾盐	—	—	0.060	—
酚红	0.010	—	0.010	—
冷冻保护剂				
DMSO	20.502	2.62	—	—
乙酰胺	154.970	2.62	—	—
丙二醇	100.00	1.30	—	—
聚乙二醇（相对分子质量 8000）	60.00	6.0% *w*/*v*	—	—

注：VSl pH 为 7.8～8.0；HBl pH 为 7.2

（二）玻璃化液中的胚胎平衡

1. 平衡液配制

用 HBl 配制三种 VSl 稀释液：

1）25%VSl，VSl∶HBl=1∶3；

2）50%VSl，VSl∶HBl=l∶l；

3）90%VSl，VSl∶HBl=9∶1。

把 50%和 90%的 VSl 冷至 0℃。

2. 胚胎平衡

胚胎平衡其步骤如下。

1）用口吸管把胚胎移入 3ml 的 25%的 VSl 中，轻轻转动，使之完全混合。

2）静置 15min。

3）把上述胚胎悬浮液放在冷室（2～4℃）10min。

在冷室中继续以下步骤。

4）连同少许 25%的 VSl，把胚胎移入 3ml 预冷的 50%的 VSl 中。用微吸管轻轻吹匀。（如果胚胎呈漂浮状态，把吸管在 50%VSl 中清洗一下，再把胚胎吸到盘底）。

5）10min 后，把胚胎移入 90%的 VSl 中并混匀。

6）约 5min 后，把已经皱缩的胚胎移到含有 2cm 高 90%VSl 的冷冻细管中。

7）封闭冷冻细管，用塑料封袋机把冷冻细管两头封闭好。

（三）冷冻

把胚胎移入 90%VSl 液中 10min 后，将胚胎悬液放到液氮中冷冻，使其玻璃化。唯一的要求是冷冻速率快到足以防止冰晶化（crystallization）。一般有三种方法：直接投入液氮（约 2500℃/min）；投入液氮蒸气（–150℃）或放到液氮瓶的颈部（约 200℃/min）；先放入冷却异戊烷中，逐渐冷至–120℃（约 20℃/min），再投入液氮。

玻璃化样本必须保存于玻璃化转化的临界温度（–120℃）以下，长期保存最好直接投入液氮。

（四）解冻

玻璃化法的解冻速度必须快（>200℃/min），以防止因脱玻璃化影响胚胎存活。一种较适宜的方法是将标本转入 4℃冷水中解冻。不能用热水，因热水会引起化学毒性。

（五）去除冷冻保护剂

在玻璃化液被稀释至 25%的 VSl 浓度之前，整个操作过程不能超过 4℃。

1. 逐步稀释法

1）4℃解冻后，晾干细管，把内容物倒入含有 3ml 预冷（4℃）的 50%的 VSl 培养皿中，再用 50%的 VSl 清洗细管，混匀，静置 10min。

2）用微吸管将胚胎转移到 25%的 VSl（4℃）中，混匀，静置 10min。

3）把胚胎悬浮液拿出冷室，在室温静置 10min。

4）把胚胎转移到 3ml 的 12.5%的 VSl，混匀，静置 10min。

5）把胚胎转移到 PBl 或 M2 中，静置 10min。

2. 蔗糖稀释法

1）把胚胎及冷冻液倒入含有 3ml 的 1.08mol/L（4℃）的蔗糖液（用 PBl 配制）的培养皿中。混匀，静置 10min。

2）把胚胎悬液移出冷室，静置 10min。

3）把胚胎转入 PBl 或 M2 中。

（六）解冻后胚胎的活力鉴定

解冻后胚胎的活力鉴定方法同本章第二节。

（七）冷冻保存记录

有人推测，胚胎至少可以在液氮中保存 2000 年以上。但应当注意的是，应有一套监测装置及时监测液氮水平，防止液氮过少，保存失效。而且应当建立起冷冻胚胎档案，尽可能详细地记录有关资料，至少应包括以下内容。

— 保存日期；
— 保存的安瓿/冷冻细管数；
— 每管保存的卵母细胞或胚胎数；
— 胚胎发育时期；
— 保存方法，如冷冻或玻璃化；
— 样本在液氮中的位置；
— 需要使用的解冻和稀释方法；
— 冷冻液、冷冻保护剂最终浓度，致冷速率，投入液氮前的最后温度等；
— 胚胎来源即供体动物的遗传学资料。

详细记录有关资料，对分析和研究及改进冷冻方法、提高冷冻效果、研究卵母细胞和胚胎的低温生物学等具重要意义。

五、影响玻璃化冷冻效果的可能因素

（一）玻璃化液对细胞的毒性作用

由于冷冻保护剂均为大分子的有机化合物，处于较高浓度的玻璃化液对细胞有较大的毒性作用。因而，应该尽可能在短时间内、温度低的环境中完成在玻璃化液中的操作，以尽量减少液体对样本的侵害。不同种类的防冻剂形成玻璃化的能力和对胚胎的毒性也不一样。因此，选用毒性低、形成玻璃化能力强的冷冻液是个关键环节。大量研究表明，选用不同种类的防冻剂组合成玻璃化冷冻液，能达到降低防冻剂对胚胎的毒害作用，提高玻璃化冷冻的效果。在已经实验过的冷冻保护剂中，比较公认的毒性较低的是 EG。Kasai（2002）所研制的一种新型冷冻液 EFS40，就是利用 EG 为主体防冻剂，添加聚蔗糖和蔗糖配制而成的（40% EG+0.3mol/L 蔗糖+18% Ficoll 的 DPBS 溶液）。用 EFS40 冷冻保存的小鼠桑椹胚，解冻后的发育率达 98%。小鼠胚胎在 40%的 EG 中停留 20min 后，其存活率仍可达到 84%（Shaw et al.，1997）。采用 EG 作为抗冻保护剂，多数以 10%的浓度预处理 5min 或 20%的浓度预处理 3min，在多种动物胚胎冷冻中均可取得较好的效果。但如果 EG 浓度达到 40%，则对牛胚胎冷冻不利。当牛囊胚暴露于 EFS40 中 1～3min，解冻后的胚胎存活率由 77%降低至 7%（Tachikawa et al.，1993）。

玻璃化冷冻操作时的环境温度也是影响冷冻效果的关键因素。当以 1.0mol 蔗糖溶液解冻时，在 0℃的蔗糖溶液中停留 30min 对胚胎活力没有显著影响；但当在 25℃下停留 30min 后，胚胎存活率不足 50%。

（二）冷冻液渗透压的影响

细胞必须在可耐受的渗透压范围内添加和脱除抗冻保护剂，才能保证冷冻的成功。否则细胞并非是“冻”死的，而是“胀”死的。当将红细胞从等渗液（300mOsm）移入低于 150mOsm 的低渗液时，可导致细胞过度膨胀、细胞膜破裂、胞质外流、细胞崩解；但在 150mOsm 到 1200mOsm 的渗透压范围内，可基本保持细胞膜的完整性；当高于 1200mOsm 时，可对细胞膜造成一定的损伤，导致胞内 K^+等外流及胞内非渗透性离子（Na^+、Cl^-、K^+等）浓度升高，对细胞造成“盐害”。这说明红细胞可耐受的最大渗透压为 1200mOsm。为了解胚胎细胞对渗透压的耐受性，Kasai（2002）进行了胚胎毒性实验，他将小鼠胚胎放入渗透压达 17 000mOsm 的 40% EG 或 VSl 中处理 15min 后，仍有 80%以上的胚胎保持活力，该渗透压远高于红细胞的 1200mOsm 的临界值。这说明，胚胎细胞比红细胞拥有更强的抗高渗能力，但低渗更容易导致细胞过度膨胀，致使细胞崩解。因而，在玻璃化冷冻过程中，抗冻保护剂的选择可以宽松一些，而在脱除抗冻保护剂时，必须使解冻液的渗透压控制在细胞的低渗耐受范围内。在冷冻时，可以允许将细胞一步放入高渗的抗冻保护剂中；但在脱除抗冻保护剂时，需要采用严格的逐步脱除法，逐步降低渗透压，以减少对细胞的渗透压损伤。

（三）冷冻速度的影响

影响胚胎玻璃化冷冻保存效果的两个关键因素是防冻剂和冷冻速度。只有在最大冷冻速度和最低防冻剂浓度之间达到平衡，要在一定的冷冻速度下尽快形成玻璃化状态，才能获得好的冷冻效果。降温速率越快越好，既能迅速通过降温的危险区域，也能有效降低高浓度冷冻保护剂的毒害作用。最初，胚胎的冷冻载体是 0.25ml 或 0.5ml 的密封细管，直接投入液氮中。为提高胚胎的冷冻速度，人们发明了 OPS、冷冻环法等。这些新型冷冻载体都极大地提高了冷冻速度，不同程度地提高了玻璃化冷冻效果，其中以 OPS 法最受欢迎。OPS 法的冷冻速度可达 20 000℃/min 以上，可以防止冷冻损伤、降低防冻剂的毒性和渗透性损伤。即使对常规慢速冷冻法不易成功冷冻保存的细胞，如卵母细胞、猪胚胎、体外受精胚胎、经过显微操作的胚胎等，OPS 法也取得了较好的效果。

（四）卵母细胞和胚胎发育阶段的影响

除了冷冻保护剂、冷冻载体及冷冻处理方法会影响冷冻效果外，卵母细胞和胚胎的发育阶段也是影响冷冻效果的重要因素。一般来说，体外成熟的卵母细胞的水通透性远大于体内成熟卵母细胞和未成熟卵母细胞。不同发育阶段的胚胎对保护剂的渗透性有明显不同，随着胚胎发育阶段升高，胚胎的渗透性逐渐增加。GV 期卵母细胞与 MⅡ期卵母细胞的体积没有变化，但对水的通透率和对保护剂的渗透性却存在显著差异，这反映了卵母细胞的成熟变化，改变了质膜的渗透性。

卵母细胞与早期胚胎对渗透压的变化更为敏感，胚胎发育后期可以耐受较快的渗透压变化。当将胚胎由等渗液移入半等渗液后，8-细胞到囊胚期的胚胎几乎不受影响，而1-细胞和 2-细胞胚胎的存活率显著降低。在甘油中，卵母细胞收缩后体积几乎没有恢复，说明卵母细胞对甘油几乎是不渗透的；但发育至桑椹胚时，胚胎对甘油的渗透性显著增加。与多细胞的胚胎相比，卵母细胞一旦损伤便难以存活；而胚胎在冷冻保存过程中，部分细胞损伤或死亡后，剩余的细胞仍有可能完成正常的胚胎发育。

值得注意的是，不同物种间的卵母细胞或胚胎对抗冻保护剂的渗透性和低温敏感性是不同的。猪卵母细胞对低温最为敏感，至今未见冷冻猪卵母细胞获得后代的报道。因为猪的卵母细胞中含有大量的脂滴，在脂肪变性的温度范围内（–5～15℃）易受到低温损伤。虽然温度降低对 GV 期卵母细胞的渗透性影响要弱于 MⅡ期卵母细胞，但解冻后的 GV 期卵母细胞，经体外成熟培养后，纺锤体形态异常率显著增加，表明冷冻保存处理对 GV 期卵母细胞的后期发育能力有显著影响。而且，同一物种不同个体之间的卵母细胞与胚胎对低温的敏感性也存在差异。Van den Abbeel 等（1997）测量了同一个人的8 个卵母细胞，发现其对水的透过率、对保护剂的通透率，都处于一个很大的范围内，反映了不同个体或同一个体不同卵母细胞间存在差异。

因此，在进行卵母细胞与胚胎冷冻保存时，需要综合考虑各种因素，制定合理的技术方案，并及时分析实验结果，改进实验方案，以取得良好的冷冻效果。

六、玻璃化冷冻保存技术研究进展

无论是程序化冷冻，还是玻璃化冷冻，小鼠胚胎都获得了理想的冷冻效果，从 2-细胞至囊胚的各发育阶段的胚胎均适合冷冻。在家畜胚胎中，牛胚胎的冷冻效果好于羊胚胎，而猪胚胎冷冻效果较差。囊胚的玻璃化冷冻效果要好于桑椹胚。体外生产胚胎的冷冻效果不及体内来源的胚胎。与小鼠胚胎相比，家畜胚胎细胞中含有更多地脂滴颗粒；相对于体内来源的胚胎，体外生产的胚胎中也含有更多地脂滴，大量脂滴的存在增加了胞质对温度降低的敏感性，导致了胚胎的冷冻耐受性差；而且，体外培养胚胎的质量远不如体内发育胚胎。在现有条件下，尚不能有效鉴定体外发育的桑椹胚的质量。Vajta等（1996）报道，经形态学标准挑选认为适于冷冻的桑椹胚，即使不经过冷冻，也仅有60%可以发育至囊胚。猪胚胎因为含有较其他动物更多的脂肪滴，冷冻效率远低于小鼠、牛和羊的胚胎。

在室温下，将牛桑椹胚和早期囊胚放入 10%甘油+20% 1,2-丙二醇的 PBS 中平衡 10min，再移入含有 25%甘油+25% 1,2-丙二醇玻璃化液的 0.25ml 冷冻细管中，缓慢投入液氮保存，可获得较好的冻存效果。对囊胚进行玻璃化法冷冻，可先在室温下将胚胎放入 3.4mol/L（25%）甘油 PBS 中 13min，然后移入 3.4mol/L 甘油+0.25mol/L 蔗糖的 PBS 中 7min，再将胚胎移入 4℃预冷的含有一小滴 3.4mol/L 甘油+3.4mol/L 1,2-丙二醇 PBS 的细管中，在 30s 内将细管投入液氮。

Saha 等（1996）采用三步法处理牛囊胚期胚胎。第一步，在 10% EG 的 mPBS 液中处理 5min；第二步，在 10% EG+0.3mol/L 海藻糖的 mPBS 溶液中处理 5min；第三步，在 40% EG+0.3mol/L 海藻糖的玻璃化液中处理 lmin。前两步是在室温下进行的，第三步是在冰浴上操作的。解冻时，从细管中取出直接放入 mPBS 脱毒，获得了 80%的存活率。当冷冻牛囊胚时，将玻璃化液调整为 40% EG+11.3% 海藻糖+20% PVP 的 mPBS 液；解冻后，有 84.1%的囊胚再扩张和 68.2%孵化；将 5 枚解冻胚胎移植入 5 头受体牛后，产下了 3 头牛犊。1996 年，Vajta 等采用 12.5%（*V*/*V*）的 EG 与 12.5%的 DMSO 作为预处理液，冷冻牛囊胚；使用操作液（holding medium）直接解冻，获得了 80%多的囊胚再扩张率（Vajta et al.，1996）。Pugh 等（2000）采用 10% EG 作为预处理液冷冻牛扩张囊胚，用 BM 液（H199+0.4% BSA）作为解冻液，获得了 91.3%的囊胚再扩张率；蔗糖或半乳糖溶液均可作为解冻液。

2006 年，Campos-Chillon 等以 3.5mol/L 的 EG 作为预处理液，分别处理牛桑椹胚和囊胚 1～3min 进行冷冻，采用含 0.5mol/L 半乳糖的 HCDM2 液进行管内解冻。结果发现，处理 1min 的桑椹胚获得了最高的冷冻后发育率（57%）；而处理 3min 的囊胚的发育率最高（80%）（Campos-Chillon et al.，2006）。中国农业大学朱世恩教授实验室在进行牛卵母细胞和胚胎冷冻保存研究时，直接采用高浓度的抗冻保护剂处理卵母细胞，使细胞脱水，再直接投入液氮冷冻（朱世恩等，2002）。此时细胞内和细胞外均充斥着高浓度的玻璃化液，在急速降温的过程中，细胞内外都不形成冰晶，直接形成玻璃化的形态，从而达到冷冻保存细胞的效果。他们把牛囊胚在低浓度的渗透性抗冻保护剂中进行预处理，使保护剂充分渗入胞内（25% VSl 中处理 15min）；随后，经 EG20（20%乙二醇的 DPBS 溶液）预处理 3min 后，分别以 EG40（40%乙二醇的 DPBS 溶液）、ES1（40%乙二醇+0.3mol/L 蔗糖的 DPBS 溶液）、ES2（40%乙二醇+0.5mol/L 蔗糖的 DPBS 溶液）或 ES3（40%乙二醇+0.8mol/L 蔗糖的 DPBS 溶液）处理 30s；解冻液均为 DPBS。解冻后各组胚胎的再扩张率分别为 90.3%、93.3%、86.6%和 75%。当玻璃化液中的蔗糖浓度高于 0.8mol/L 时，解冻后胚胎的存活率显著降低，说明玻璃化液中高浓度的蔗糖会增加玻璃化液的毒性。

利用 OPS 技术冷冻猪成熟卵母细胞，解冻后进行体外受精，卵裂率为 10.4%；用 OPS 法冷冻猪囊胚，冻后胚胎存活率达 67%，并获得了后代仔猪；用微滴冷冻法保存的胚胎存活率达到 91.3%。经 CB 或紫杉醇处理 10～30min，可以提高猪卵母细胞玻璃化冷冻效果。利用离心处理猪 1-细胞胚胎，再通过显微操作去除脂滴，冷冻保存后，60%以上的胚胎继续发育。Nagashima 等（2007）将猪桑椹胚和早期囊胚的脂滴去除后，经程序化冷冻或玻璃化冷冻后，胚胎继续发育率在80%以上；将解冻后胚胎移植后，顺利产仔。这些结果说明，脂滴含量减少后，可以增强胚胎对低温的耐受性。国内学者冯书堂和刘殿奎（1993）首次报道在–20℃下短期冷冻保存猪胚胎并移植产仔；张德福等（2006）应用 OPS 技术冷冻猪胚胎并移植产仔。

Al 等（2010）比较了程序化慢速冷冻和 OPS 玻璃化冷冻对羊不同时期胚胎保存效果，发现冷冻后囊胚存活率分别为42%和64%，OPS 法冷冻囊胚移植后妊娠率和产羔率达到100%和93%，而慢速冷冻法仅有58%和50%。Zhu 等（2001）以 EPS40 作为冷冻液，采用细管玻璃化冷冻保存羊囊胚，发现两步平衡的效果好于一步法，胚胎的存活率和孵化率显著提高。Hong 等（2007）研究不同冷冻液（EPS30、EPS40、EDFS30 和 EDFS40）、平衡时间（0.5～2.5min）和冷冻方法（一步细管法、两步细管法与 OPS 法）对波尔羊胚胎冷冻保存效果的影响，结果发现胚胎在10%的 EG 中平衡 5min+EPS40 中 2min 的两步细管法，或在10% DMSO 中平衡 30s+EDFS30 中 25s 的 OPS 法的冷冻保存效果最好，冷冻胚胎经移植后产羔率与未冷冻胚胎相近。Shirazi 等（2010）比较了羊的4-细胞、8-细胞、16-细胞、桑椹胚和囊胚的冷冻保存效果，发现较高发育阶段的胚胎具有较强的冷冻耐受性，囊胚冷冻后发育率最高。Al 等（2010）采用 OPS 法玻璃化冷冻羊桑椹胚、囊胚和孵化囊胚并进行移植，桑椹胚移植后无一妊娠，而囊胚移植妊娠率和产羔率显著高于孵化囊胚。

2005 年，Eldridge-Panuska 等用细管法玻璃化冷冻马胚胎，管内解冻后，直接移植到受体母马，获得了62%的妊娠率。在玻璃化冷冻中，由于胚胎与高浓度的冷冻保护液接触的时间比较短，在很大程度上降低了冷冻对胚胎的损伤（Eldridge-Danuska et al., 2005）。

第四节　卵母细胞的冷冻保存

自 1977 年 Whittingham 等首次成功冷冻小鼠 MⅡ期卵母细胞后，多种动物的卵母细胞冷冻保存均获得成功。在小鼠、牛、兔和人的冷冻卵母细胞经体外受精移植后均获得了后代。与胚胎冷冻相比，卵母细胞冷冻效果较差，尤其不适合慢速程序化法冷冻。牛 GV 期卵母细胞的低温敏感区为 13～20℃、MⅡ期卵母细胞的低温敏感区为 10℃；猪卵母细胞在–5～15℃就会发生低温损伤。卵母细胞的低温敏感区可能是卵母细胞的脂滴相变温度。玻璃化冷冻可以使卵母细胞在冷冻过程中快速通过这一区域，因而玻璃化冷冻技术是卵母细胞冷冻保存的首选方法。

卵母细胞的冷冻保存与精子和胚胎的冷冻保存一样，具有许多潜在的应用价值。把优良品种动物废弃卵巢中的大量卵母细胞冷冻保存，像建立“精子库”和“胚胎库”那样，建立“卵子库”，不仅可为胚胎生物技术提供材料，还可为家畜遗传资源的保存和长距离国际运输提供一条可能途径；也为稀有动物、濒危动物和其他有价值的雌性个体（如基因工程个体）的遗传资源的长期保存带来希望。

一、卵母细胞的冷冻损伤

（一）冷冻损伤的类型

1. 低温损伤

低温会导致细胞质膜损伤、细胞器结构异常、脂肪滴分布变化及有丝分裂或减数分裂纺锤体微管发生不可逆的变化，低温损伤通常发生在 5～15℃区间（Aman and Parks，1994；Martino et al.，1996）。慢速冷冻过程更容易造成此类低温损伤，而玻璃化冷冻则可以避免因经过危险温区所造成的低温损伤。因而，玻璃化冷冻是目前唯一能够成功冷冻保存牛、羊与马等动物卵母细胞的冻存技术（Berthelot et al.，2001；Ledda et al.，2006）。

2. 细胞骨架

（1）多重星状体的形成

在玻璃化冷冻中，高浓度的冷冻保护剂与超速冷冻降温操作，会导致解冻卵母细胞受精后，在雄原核附近形成多重星状体，出现异常纺锤体结构，阻碍了纺锤体迁移和原核的发育，延迟卵裂发生，影响囊胚的形成（Hara et al.，2012；Moussa et al.，2014）。其原因可能是在冷冻过程中卵母细胞的细胞质受到了影响，使卵不能维持精子星状体的唯一性，而促使形成多重星状体。

（2）破坏细胞骨架

由于卵母细胞的体积要比一般的细胞大得多，因而其骨架系统（微管、微丝和中间纤维）更容易受到冷冻—解冻处理的损伤。冷冻保存时，渗透压的急剧变化可能破坏了细胞骨架，导致卵母细胞萎缩变形。卵母细胞在冷冻—解冻过程中会发生微管微丝解聚、纺锤体异常、染色体异常、皮质颗粒分布或胞外分泌改变及细胞质膜破裂（Boiso et al.，2002；Eroglu et al.，1998；Chen et al.，2001）。Gomes 等（2012）观察到，减数分裂不同时期的卵母细胞纺锤体的解聚/再聚合平衡状态与温度和时间呈相关性。在室温、4℃及玻璃化冷冻后复温培养下的卵母细胞，TⅠ期比 MⅠ期、MⅡ期纺锤体的解聚程度低。

保持好解冻后卵的 MⅡ期纺锤体的正常状态，取决于解冻后的时间间隔、冻存方法及物种的不同。成熟和未成熟的卵母细胞进行玻璃化冷冻都会使细胞角蛋白（cytokeratin）的结构受到影响，最有可能导致卵母细胞的死亡（Valojerdi and Salehnia，2005；Xia et al.，2013）。在玻璃化冷冻过程中，使用细胞骨架稳定剂 CB 和紫杉醇得到的结果存在争议。使用细胞骨架稳定剂后，有报道认为小鼠、牛、猪和羊的卵母细胞的发育能力得到改善；但也有报道认为在牛、猪和兔卵母细胞中没有得到改善（Shi et al.，2006）。

3. 透明带

在卵母细胞冷冻保存中，发现冷冻保护剂会引起卵母细胞短暂的钙离子增加，因此诱发皮质颗粒胞吐作用提前发生，足以导致透明带变硬，给精子穿透和受精带来损害（Larman et al.，2006）。

4. 线粒体

线粒体在细胞内的分布与微管的分布有关，微管系统对 ATP 的再分配起着重要作用。在人和牛的研究中，都发现玻璃化冷冻会影响线粒体的功能。冷冻保存会损害微管功能，导致线粒体的异常分布，从而改变了细胞内 ATP 的分布。冷冻能导致线粒体发生膨胀、线粒体畸形及内外膜的破裂。卵母细胞 ATP 含量降低会导致卵母细胞发育不良（Cobo et al.，2008；Turathum et al.，2010）。

（二）卵母细胞与胚胎冻存的比较

1. 大小差异

由于卵母细胞表面或体积比较大，其渗水性低。冷冻处理时，由于尚存水分而产生细胞内冰晶体，对细胞造成损害（Agca et al.，1998）。在卵母细胞中，水和抗冻保护剂通过简单的扩散跨质膜缓慢迁移。长时间与冷冻保护剂溶液的接触和两步处理法对细胞脱水更为必要，还可以让冷冻保护剂得到充足的渗透。相反，在桑椹胚和囊胚中，水分子的运动和冷冻保护剂是迅速通过膜通道渗透的，所以单步处理和短时间的接触即可达到良好的效果。另外，在降温和复温前，卵母细胞和冷冻保护剂作用时的温度是至关重要的，而在桑椹胚和囊胚中，由于膜通道扩散的速度受温度影响较小，渗透方面对温度要求不是太高（Moussa et al.，2014）。

2. 含水量差异

卵母细胞比胚胎中的水分含量高。但是囊胚腔的液体可能会形成冰晶体造成冷冻损伤。

3. 卵母细胞比胚胎更难冻存

第一，卵母细胞体积过大，不易充分脱水；第二，在胚胎冷冻过程中，一些细胞损伤死亡后，剩下的细胞仍有可能进行正常的胚胎发育，而作为单一细胞的卵母细胞，损伤后不易存活；第三，卵母细胞不易冷冻成功可能与其含有大量脂滴有关；第四，冷冻后的卵母细胞在成熟过程中，会发生与细胞骨架相关的细胞器重排、极体放出、微绒毛运动等活动；第五，冷冻引起细胞膜系统的损伤，从而影响与膜有关的生理生化活动。

（三）卵母细胞冷冻保存的成功实验

Moussa 等（2014）总结了成功冷冻保存卵母细胞的一些实验，这些研究的主要成果如下。

1. 为避免冰晶体的形成，降温前的平衡是必要的

无论是冷冻稀释液还是冷冻浓缩液，都要进行超短平衡。延长第 1 次冷冻保护液的平衡时间，随即进行短时间的第 2 次平衡。一种观点认为，平衡时间越短，卵母细胞和胚胎的玻璃化效果越好；另一种观点却认为，卵母细胞与玻璃化溶液接触时间过短，卵母细胞间的水分可能无法完全被冷冻保护剂取代，会造成卵母细胞内的某些细胞器受损，因而缩短平衡时间会导致玻璃化保存后卵母细胞存活率和囊胚形成率降低。

2. 冷冻保护剂要既高渗又低毒

EG 因其高渗低毒，被认为是一种良好的冷冻保护剂。DMSO 可提高 EG 的渗透性，对纺锤体聚合有良好的效果，因此在卵母细胞玻璃化时起到保护作用。在猪卵母细胞冻存研究中，EG 通常与 DMSO 结合使用；在牛和人的卵母细胞的玻璃化冷冻研究中，EG 和 PROH 组合比在 EG 中加 DMSO 的效果好。

在低温保存介质中加入低毒、非渗透性的冷冻保护剂，以促进脱水，从而最大限度地减少了玻璃化溶液的毒性影响。海藻糖或蔗糖可抵消因冷冻保护剂渗透作用对卵母细胞存活的影响。冷冻中，逐步加入冷冻保护剂或逐渐增加其浓度，以及在升温解冻过程中逐步去除这些化合物，使渗透压影响最小化。

3. 卵母细胞的除脂

卵质中大量脂滴的存在，对冷冻具有高度敏感性。通过机械去除脂滴，用化学试剂还原脂质或在培养液中添加左旋肉碱，可以降低冷冻对卵母细胞的损伤。

4. 加快冷冻速度可以提高玻璃化效果

借助细微的载体工具，如电子显微镜铜网、OPS、尼龙环、冷冻帽（cryotop）、半麦管（hemi-straw）、冷冻管尖（cryotip）或铝制薄片（aluminum sheet）等，使玻璃化溶液体积最小化，从而加快降温和复温的速度。

二、卵母细胞冷冻保存操作

（一）小鼠卵母细胞冷冻方法

Carroll 等（1993）通过缓慢降温过程对卵母细胞进行冷冻。冷冻液为 M2 溶液+1.5mol/L DMSO 溶液。

方法一：

1）在冰浴下提前将含有 3mol/L DMSO 的 M2 冷冻液预冷至 0℃。

2）准备数个含 0.15ml 冷冻液的冷冻管。

3）将卵母细胞移入含 0.15ml 冷冻液的冷冻管（5～10 个/管）中，放置 10min。

4）把冷冻管移入–7℃的植冰室中。

5）以 0.5℃/min 速度降温至–80℃，之后投入液氮。

6）解冻时，在空气中缓慢解冻，约 20℃/min 的速度升温，直到达到室温。之后用 1ml 的 M2 溶液在室温下稀释 DMSO 的浓度。约 5min 后，即可进行接下来的工作。

方法二：

1）将卵母细胞转移到 2ml 含有 1.5mol/L DMSO 的提前预冷的 M2 冷冻液中。

2）将卵母细胞吸入 0.25ml 的麦管（20～30 个/管）中，吸入液体大约有 0.2ml 与步骤“1“相同的冷冻液，4℃平衡 10～12min。

3）4℃平衡完之后，将装卵子的麦管放入程序化冷冻仪（Planar，Sunbury-on-Thames，UK）中，冷冻仪提前预冷至 0℃。

4）以 2℃/min 的速度降温至–7℃，1min 之后植冰；5min 之后，以 0.3℃/min 的速度降温至–40℃；之后以 10℃/min 的速度降温至–150℃。

5）投入液氮。

6）解冻时，迅速从液氮中取出，在空气中暴露 30s，之后迅速投入 30℃的水浴中，直到冰全部溶解。

7）5min 之后，将 0.8ml 的 M2 溶液加入解冻的液体中；10min 之后，将卵母细胞转移至另外一个 2ml 的 M2 溶液中。

8）10min 之后，评价卵母细胞的存活率。

（二）人卵母细胞冷冻方法

Wang 等（2013）将卵丘细胞去除后，对成熟的 MⅡ期卵母细胞做如下冷冻操作。

1）所有的操作都是在室温（22～25℃）下进行的。

2）将卵母细胞放入成熟液中静置 1min。

3）放入 20μl 平衡液（ES）2min，平衡液由 7.5%的 EG+7.5%的 DMSO 组成。

4）再次放入另一个 20μl 平衡液（ES）滴中 5min。

5）平衡之后，将卵移到具有 3 个 20μl 玻璃化冷冻液（VSl）滴，每个滴里放置 10～20s，冷冻液组成包括 0.5mol/L 蔗糖+15% EG+15mol/L DMSO。

6）将胚胎吸入麦管，迅速投入液氮。

（三）牛卵母细胞冷冻方法

1）用 0.1%的胰酶去除卵丘细胞。

2)用 TCM199+20% FBS 洗 3 次卵母细胞，之后将卵移到 TCM199+20% FBS+4% EG 溶液中平衡 12～15min。

3）平衡之后，5～10 个卵子一组，在玻璃化冷冻液中清洗 3 次。玻璃化冷冻液组成：35% EG+5% PVP+0.4mol/L 海藻糖+TCM199+20%FBS，25～30s。

4）将胚胎或者直接加入海藻糖溶液里，或者在不锈钢的容器表面滴里，冷却到–180～–150℃，之后投入液氮。

5）解冻时，从液氮拿出直接放入 0.3mol/L 的海藻糖溶液中 3min。之后用于体外受精等操作。

（四）羊卵母细胞冷冻方法

1）取一个四孔板进行玻璃化冷冻的操作，其中四孔板的 1 号孔和 2 号孔加入 T20 液体（TCM199+2.0mmol/L L-谷氨酰胺+0.2mmol/L 丙酮酸钠+50g/ml 庆大霉素+2% FBS），3 号孔加入 T20+20%的冷冻保护剂，4 号孔加入 T20+33%的冷冻保护剂。冷冻保护剂可以是含有 1mol/L 蔗糖的 T20 加 15%～20%的 EG 或 DMSO 或 EG 与 DMSO 的混合物。

2）将准备好的卵母细胞放入四孔板的 1 号孔或 2 号孔，平衡 5min。

3）将卵母细胞放入 3 号孔，平衡 5min。

4）将卵母细胞移入 4 号孔，20s。

5）用吸管将 4 号孔的卵母细胞吸出，控制体积不要超过 2μl，迅速投入液氮（Bhat et al.，2013）。

三、卵母细胞冷冻保存进展与存在的问题

（一）研究进展

1. 牛

成熟卵母细胞（MⅡ期）较未成熟卵母细胞（GV 期）对冷冻保存具有更强的抗冻能力，因为成熟卵母细胞的细胞骨架柔韧性较强，在冷冻过程中不易受损伤（Allwoth and Albertini，1993）。牛成熟卵母细胞在冷冻—解冻并受精后，囊胚发育率可达 25%，移植后可得到试管牛。有研究者用开放式拉长麦管（OPS）冷冻牛未成熟的卵母细胞后，再经体外成熟、体外受精和胚胎移植，产下牛犊。谭世俭和 Callesen（2002）用 OPS 法冷冻体外成熟牛卵母细胞，解冻后体外受精，卵裂率为 48.2%，囊胚率为 22.8%。Albarracín 等（2005a）用 OPS 冷冻未成熟及成熟牛的卵母细胞，解冻后经体外受精，分裂率分别为 13.5%和 27.5%，囊胚率分别为 0 和 2.5%。Albarracín 等（2005b）又用 OPS 法冷冻 GV 期及 MⅡ期牛卵母细胞，解冻后体外受精分裂率分别为 9.9%和 12.6%。

Zhou 等（2014）采用两步法玻璃化冷冻技术，在牛卵母细胞冷冻方面做了尝试。第一步用 EG 预处理、第二步用渗透性较差的甘油作为玻璃化液。结果表明：①未经保护剂处理、未经冷冻处理的对照组卵母细胞，孤雌激活后的囊胚发育率为 38.6%；②经保护剂处理但未经冷冻处理的毒性组卵母细胞，孤雌囊胚发育率为 38.5%；③经 EG20（25℃）5min、Gly50（4℃）30s，并直接投入液氮的玻璃化冷冻卵母细胞，解冻后存活率为 84.76%，孤雌激活囊胚发育率为 23.6%（表 7-4）。由于卵母细胞体积过大、冷冻时不易充分脱水，在冷冻过程中容易遭受损伤，使得卵母细胞冷冻保存成功率仍然偏低（朱士恩等，2002）。Papis 和 Shimizu（2000）系统地研究了微滴法玻璃化冷冻牛卵母细胞的冷冻效果，获得了 76%的卵裂率、30%的囊胚率。

表 7-4　卵母细胞玻璃化冷冻和解冻后对孤雌激活胚胎发育的影响

分组	卵母细胞	存活率（%）	卵裂率（%）	囊胚发育率（%）
对照组	132	100^{a}	$84.09\pm2(111/132)^{a}$	$38.62\pm0.75(51/132)^{a}$
毒性组	103	$93.20\pm1.56(96/103)^{b}$	$82.29\pm2.27(79/96)^{b}$	$38.54\pm1.47(37/96)^{a}$
玻璃化冷冻组	105	$84.76\pm2.86(89/105)^{c}$	$74.16\pm2.1(66/89)^{c}$	$23.60\pm1.06(21/89)^{b}$

注：同列 a、b、c 之间的差异 $P<0.05$

资料来源：Zhou et al.，2014。有修改

2. 羊

羊卵母细胞经玻璃化冷冻—解冻后，体外受精卵的卵裂率可达 70%，发育到囊胚的比例可达 17%（Succu et al.，2008）。Succu 等（2007）采用 OPS 法、冷冻环法和冷冻帽法比较了绵羊卵母细胞冷冻效果，体外受精后以冷冻帽法组卵裂率最高，达 42.8%，但囊胚发育率则以冷冻环法组最高，为 12.5%。Berlinguer 等（2007）采用冷冻环法玻璃化冷冻绵羊羔羊卵母细胞，体外受精后获得了 41.7%的卵裂率及 7.4%的桑椹胚率。Isachenko 等（2001）对羊未成熟卵母细胞进行了冷冻保存尝试，采用 OPS 法玻璃化冷冻保存绵羊 GV 期卵母细胞，解冻后有 32.6%可以发育到 MⅡ期。Bogliolo 等（2007）采用冷冻帽法对绵羊未成熟卵母细胞进行冷冻，解冻后发育至 MⅡ期卵母细胞达到 31.2%。Ebrahimi 等（2010）比较了冷冻帽法、SSV 法、玻璃细管法对绵羊未成熟卵母细胞的冷冻保存效果，发现以冷冻帽法冷冻效果最好，解冻后卵母细胞成熟率达 48.8%。但目前尚未见到将冷冻保存未成熟卵母细胞所获得的体外胚胎进行移植并产生后代的报道（莫显红等，2011；赵驻军等，2012）。

Begin 和 Bhatia（2003）用 SSV 法冷冻保存山羊 MⅡ期卵母细胞，解冻后发现卵母细胞存活率为 86%；而用直接覆盖玻璃化（direct cover vitrification，DCV）冷冻法冷冻山羊成熟卵母细胞，解冻后发现卵母细胞存活率为 74%，和 SSV 法差异不显著。有研究者用 SSV 法冷冻绵羊 GV 期卵母细胞，解冻后 74.8%的卵母细胞形态正常，细胞恢复率 75.7%，体外受精率为 39.3%，说明用 SSV 法可以使绵羊卵母细胞解冻后继续生长发育。采用程控降温慢速冷冻法分别冷冻 GV 期、成熟培养 10h 和 24h 的山羊卵母细胞，解冻后进行孤雌激活，卵裂率分别为 39.8%、52.2%和 69.9%，桑椹胚发育率分别为 4.1%、14.4%和 33.7%，说明慢速冷冻法对卵母细胞结构和功能损伤较大，使之后期发育比较困难。许丹宁等（2012）研究发现，用常规程序化冷冻和 OPS 玻璃化冷冻法冷冻山羊 GV 期卵母细胞，其成熟率分别为 21.3%和 29.9%，受精率分别为 6.3%和 9.1%，表明用 OPS 玻璃化冷冻法较常规程序化冷冻法效率高。

不同玻璃化冷冻方法对卵母细胞存活有不同影响。Begin 和 Bhatia（2003）用 SSV 法和冷冻环法进行山羊卵母细胞的超低温冷冻，SSV 法的卵母细胞存活率为 60%，冷冻环法取得了 89%的成活率。冷冻环所形成的玻璃化冷冻薄膜含有的冷冻液体积在 1μl 左右，且直接与液氮接触，提高了冷冻过程中的降温速率，是一种比 OPS 法降温速度更快的玻璃化冷冻方法。

McEvoy 等（2000）分析了牛、羊和猪成熟卵母细胞内脂肪组分，发现猪卵母细胞内的脂肪含量极显著高于其他物种，其中以甘油三磷脂的百分含量最为丰富。Vajta 等

（1996）利用 OPS 玻璃化冷冻方法对猪 MⅡ期卵母细胞进行冷冻，并经体外受精获得了10.4%的胚胎卵裂率。Fujihira 等（2005）用浓度 5.0μg/ml 的 CB 处理 30min 或者用浓度 7.5μg/ml 的 CB 处理 10～30min，对猪卵母细胞的玻璃化冷冻有保护作用，并且用浓度 7.5μg/ml 的 CB 处理 30min 的卵母细胞的玻璃化冷冻效果最好。Park 等（2005）研究发现，经过离心和显微操作去除猪卵细胞内的脂滴后，无论应用程序冷冻法或玻璃化法，还是用丙二醇、甘油或乙二醇作为防冻剂，均在解冻后获得了比普通方法高的囊胚发育率等。Fuchinoue 等（2004）报道，紫杉醇可以促进人 GV 期的卵母细胞冷冻—解冻后的成熟和进一步的发育。

（二）卵母细胞冷冻存在的问题

1. 卵巢来源与质量参差不齐

由于目前家畜卵母细胞主要来源于屠宰厂屠宰母畜的卵巢，质量参差不齐，而且成熟发育阶段差异较大，直接导致卵母细胞冷冻保存效果不稳定、重复性差。

2. 卵母细胞自身结构功能有特殊性

由于卵母细胞结构功能的特殊性，其冷冻水平远低于胚胎。目前建立的各种玻璃化冷冻保存方法均不能获得令人满意的保存效果。此外，卵母细胞冷冻损伤机制尚不明确，仍需要进行深入探讨。

3. 卵母细胞质量评价体系不完善

在卵母细胞选择方面，冷冻时所选用的卵母细胞只是通过肉眼来判别其质量好坏，没有一种客观的检验手段，以至于可能肉眼判别的质量好的卵母细胞已经死亡，对之后的解冻效果及培养效果影响较大。此外，对卵母细胞的冷冻效果没有一个统一的标准，从而无法判断冷冻方法和抗冻保护剂选择的适当性。

4. 玻璃化操作水平尚未实现标准化

玻璃化冷冻方案多种多样，极不统一，较大程度上限制了该方法的推广。首先，解冻程序不统一，研究者对分步解冻法与一步解冻法各执己见，让使用者无从参考；其次，在玻璃化液中的处理时间不确定，缺乏规范与统一性，预处理时间从 1～20min 均有报道，玻璃化液中的处理时间从 30s～3min 均有采用；第三，玻璃化冷冻技术对操作人员专业技术水平要求较高，目前对冷冻保存操作人员并没有一个专业的培训，不同操作人员之间，对于卵母细胞玻璃化冷冻保存的效果存在一定差异。因此，如何实现卵母细胞玻璃化冷冻保存程序的标准化，仍是未来需要解决的一个重要课题。

第五节 精液的冷冻保存

精液冷冻（semen freezing）技术就是利用干冰（–79℃）或者液氮（–196℃）等作为冷冻源，将精液经过稀释与平衡等处理后，完全抑制精子的新陈代谢，使精子处于暂时或者一定时间内的休眠状态。需要时，可以升温解冻，解冻后精子又恢复其正常的受精能力。精子冷冻技术的出现，引起了动物繁殖与人类辅助生殖技术的迅速发展。可以减少公畜的饲养量，节约成本；冷冻精液应用方便，不受时间及地域的限制，有利于大规模、多地域开展畜禽品种改良；可建立遗传资源库，有利于保护家畜或珍稀濒危物种。

一、精液的冷冻过程及其对精子的损伤

精液冷冻保存主要包括降温、脱水、冷冻和解冻等过程。同时精液的冷冻保存应该在精子具有正常活力时进行，尽量避免冷冻—解冻对精子造成损伤（Soede，1998）。

（一）降温导致的损伤

精液在降温过程中，精子细胞外的水先开始形成冰晶，从而使未结冰的精子内部溶质浓度增高，以致在精子内部形成高渗溶液。这时由于细胞内外水分的浓度差及冰和水表面的蒸汽压差的关系，细胞内部的水分经过细胞膜向细胞外渗透结冰速度越慢，细胞内部水分向外的渗透性越强，致使细胞本身造成脱水状态，原生质变干，电解质浓度增高，酸碱度失去平衡，因而细胞遭受抑制而死亡，即溶质效应。无论冷冻过程中的降温还是解冻过程中的升温，都必须采取快速越过的方法，使冰晶来不及形成便直接变为液化或玻璃化（Anel et al.，2003）。只有限制冰晶形成，才会减少对精子的危害作用。同样，精子从低温恢复到体温的过程也要遭受与冷冻相同的打击，造成精子活力因温度的反复变化而下降（周佳勃等，2002）。因此要在精液稀释液中加入抗冻剂，采用快速冷冻、快速解冻方法，使精液迅速越过精子致死危险温区，降低冰晶的形成，使精子得以存活。

精液温度从体温降低到接近于冰点或从低温恢复到体温的过程对精子具有非常严重的影响，温度的反复变化对精子活率造成不可逆的下降。低温打击会引起精子质膜（包括顶体膜）的损害和精子代谢功能的改变，这种改变很可能是由细胞膜的结构和组成发生重组所导致（叶贵凯，1997）。在冷冻过程中，温度的降低引发细胞膜上磷脂类物质的向温性发生转移，即从液相结晶转向固相的凝胶状态，从而导致细胞膜结构更加顺序化，更具有刚性（Long et al.，1999）。精子质膜上存在不同种类的磷脂，其特定的相位转移温度是造成细胞膜组成成分发生重排和细胞膜表面脂类物质发生分离而形成侧向移行的原因之一。这种侧向移行可能会产生脂类非双分子层结构的微区，也可能改变细胞内围绕蛋白质的环境（谢成侠，2002）。在解冻时，这些变化诱发了质膜和顶体膜的融合，同时影响了蛋白质的活性，导致细胞膜对水和溶质的通透性发生根本性变化（Amann et al.，1993）。

低温打击对精子质膜的损害主要体现在对顶体膜的损害上。研究表明，降温造成精子细胞内物质状态发生分离移行的程度，主要取决于细胞膜组成成分的结合程度，如胆固醇与磷脂的比例、脂类非双分子层物质的浓度、饱和碳氢化合物和细胞膜上蛋白质与磷脂的比例等。由于不同动物精子质膜的组成不同，因而降温对不同动物精子的影响程

度也有所差异（马美湖，1986）。猪精子对温度的改变特别是降温非常敏感，羊、马和牛的精子的敏感性次之，犬和猫的精子有一定的敏感性，而兔、人和禽类精子对低温打击的敏感性较差（Johnson et al.，2000）。

控制降温速度及在精液稀释液中增加冷冻保护剂，可以阻止低温打击的发生。叶常竹等（1988）研究证明，如果以每小时≤10℃的速度使牛精液从体温降到 5℃，同时在稀释液中添加牛奶或卵黄等保护性物质，低温打击程度和对细胞损伤的严重性就会降低。关于卵黄和牛奶中的有关成分保护细胞膜的精确机制仍然不是十分清楚，有研究报道卵黄的保护机制是依赖于卵磷脂和低密度脂蛋白组成成分，而牛奶保护精子则主要依赖于蛋白质片段的存在。虽然卵磷脂不能改变细胞质膜固有的化学组成成分和物理结构，但能够降低降温对精子造成的损伤。

当精液温度从体温降低到 4℃时，精子细胞的代谢活动受到抑制，对营养物质的消耗减少，延长了细胞的生命周期。从精子代谢角度而言，要使细胞内的生化反应受到遏制，只要把精液降温到–130℃以下，就可以抑制精子的代谢活动（Curry et al.，2000）。

（二）冷冻导致的损伤

在精液的冷冻过程中，当温度降低到大约–5℃时，细胞内外的水分都不会形成结晶而处于过冷状态。当精液温度处于–10～–5℃时，冰晶首先在细胞外的电解质中形成，而细胞内的水分仍然保持过冷状态而未形成冰晶。随着精液温度的进一步降低（–10℃），细胞外的水分开始形成冰晶，而细胞内的水分也即将固化。在温度降至–60～–10℃时就会在细胞内形成冰晶而致死细胞。在解冻过程中，如果缓慢升温，这一温度范围仍可以形成冰晶而致死细胞。冰晶的机械性刺激会对细胞固有结构产生一系列损害（Yi et al.，2002；Maxwell and Johnson，1997）。从细胞脱水角度考虑，冷冻过程中细胞的降温速度必须缓慢到允许细胞脱水的完全发生，以避免细胞内水分的固化。足够快的脱水可以避免细胞暴露在新形成的高渗环境中，而严重的脱水会导致由于大分子物质变性和细胞膜的极端收缩、塌陷且难以恢复的溶液损伤（Fraser，1995）。另外，由于冰晶形成后，精子细胞所占据的空间异常狭小，细胞周围冰晶存在也会造成一种机械性伤害，并且这种机械损伤是不可逆的。在精液冷冻时，最理想的冷冻速率就是在细胞外的水分尽快结冰而细胞内的冰晶尚未形成的前提下，将精液长期保存。

不同家畜的精子，其理想降温速率不同。人的精子以 1～10℃/min 为宜，牛的精子以 50～100℃/min 为最好，而猪的精子以–30℃/min 最佳（Kumar et al.，2003）。牛精子冷冻过程中冷冻液的温度在–15℃到–60℃时，降温速度应该≥50℃/min，或者只能在冷冻快结束时降温速度可变为 30～40℃/min（Byrne et al.，2000；Anel et al.，2003）。羊精子冷冻的过程一般可设定为–5～4℃区间，以 20℃/min 的速率下降；–110～–5℃区间，以 55℃/min 的速率下降；–140～–110℃区间，以 25℃/min 的速率下降，最终放入液氮（Byrne et al.，2000；Leboeuf et al.，2000）。

与冷冻保护介质的类型和浓度相同，决定最理想冷冻速率的重要特征，在于细胞表面积与其体积的比例、细胞膜对水的渗透能力、冷冻保护介质和细胞膜对物理压力的倾向等（Maxwell and Johnson，1997）。不同品种家畜的精子由于在细胞形态、体积、细胞器的大小和组成等方面的差异，在冷冻保存时应依据自身特点制定适宜的冷冻方案。

（三）氧化性的损伤

活性氧（ROS）是细胞代谢中产生的不稳定代谢物。正常情况下，由于体内含有多种抗氧化物质，其产生和消除处于动态平衡。但在冷冻过程中精子会产生过多的活性氧，其氧化自由基（O^{2-}）的强氧化能使精子质膜的不饱和脂肪酸被氧化，导致精子的脂膜流动性降低，最终导致精子细胞质膜功能损伤。

二、精液稀释液中的添加剂

在冷冻过程中，稀释液中添加冷冻保护介质，对于精子避免细胞内冰晶的形成非常重要，同时冷冻保护介质的应用也可以限制溶质效应对精子活力的影响。

（一）甘油

在精液冷冻时，应用最广泛的冷冻保护介质是甘油。甘油是一种渗透性保护剂，它与一些非渗透性的冷冻保护介质相似，主要在细胞脱水引起渗透压改变的细胞外发挥作用，起到降低冷冻过程中细胞内水分含量的作用。甘油可以渗透进入细胞内部，对细胞内的影响则是通过它有渗透进入细胞膜的能力，缓解细胞内由脱水而造成的渗透压的变化进行调节。甘油与水分在细胞内的相互替换对于保持细胞的体积、离子和大分子的相互作用及降低水的凝固点非常必要。

（二）咖啡因

在体外预处理精子时，稀释液中加入咖啡因能显著提高精子的活力和体外受精率。在应用流式细胞仪分离的精子进行体外受精时，咖啡因是保证体外受精效果的关键（桑润滋，2002）。咖啡因提高精子受精能力的机理在于抑制磷酸二酯酶的活性，引起精子内 cAMP 浓度升高，有利于精子发生顶体反应，促进获能。但咖啡因对受精卵的早期胚胎发育不利，文国艺（2000）将咖啡因加到获能液中，然后通过离心方式去掉咖啡因，既可以增强精子的受精能力，又可以避免咖啡因对胚胎发育的不良影响。

（三）己酮可可碱

己酮可可碱（pentoxifylline，PF）是目前受到重视的一种精子体外处理剂，可明显改善质量较差精液和冷冻—解冻后精子的活力，不但应用广泛，而且效果较好（Tesarik et al.，1992）。PF 不但能刺激精子的运动，而且在一定时间后还能较好地保持被刺激精子的直线运动。采用人精子穿金黄地鼠卵技术检测 PF 对人精子受精力的影响发现，PF 对精液品质常规检查正常、但受精力低下的精子具有明显增强精子受精力的作用，并提出通过 PF 体外刺激精子可以提高不明原因的不育症患者人工助孕技术的成功率（岳利民等，2000）。

（四）生殖激素

精浆中含有 $PGF_{2\alpha}$，精液冷冻时其稀释液中加入一定的 $PGF_{2\alpha}$ 能够提高精子的受精能力。孕酮可以诱导精子发生顶体反应。孕酮是通过使环境中的钙离子迅速内流进入精子而发生顶体反应（Thomas et al.，1997）。吴无畏和高晓平（1996）研究证明，适当浓度的孕酮对人精子穿卵能力有显著的促进作用，增加人工授精的成功率。雌激素对精子的运动起重要作用。公猪精液中含有大量雌激素，能够刺激子宫内膜合成和释放 $PGF_{2\alpha}$，进而使子宫平滑肌收缩增强，有利于精子运动，提高受精力。

（五）细胞因子

血小板活化因子（PAF）是一种具有广泛生物学活性的甘油磷脂，是一种独特的乙酰化的磷脂。自 20 世纪 70 年代发现以来，已被证明与哺乳动物排卵、受精、附植前胚胎的发育、胚胎附植、妊娠乃至分娩等有关。研究证实，兔精子可以产生 PAF，外源性的 PAF 可以提高人精子的活力，这使得人们对 PAF 与雄性生殖的关系产生了浓厚兴趣。此后，研究者相继在多种动物的精子中检测到 PAF，并发现 PAF 是精子质膜的脂质类成分之一，具有诱发质膜囊泡化的特性，是人精子顶体反应的内源诱导者，其含量与精子受精能力的高低存在显著相关，能够提高小鼠、兔卵母细胞的体外受精率（Harper，1989；John et al.，1990）。近几年来，研究者发现 PAF 可以提高精子的活力，增加精子的运动速度，并且用 PAF 体外预处理精子后，有助于提高人工授精和体外受精的效率（Huo and Yang，2000）。

（六）维生素

Sinha 等（1995）在冷冻精液的稀释液中加入 25mmol/L 的维生素 C（抗坏血酸）后，精子活力由原来的 37.5%提高到 46.3%。在波尔山羊冻精稀释液中，添加维生素 C 制作细管冷冻精液，解冻后的精子活力由原来的 34%提高到 47%（赵晓娥等，1999）。维生素 E 具有抗氧化作用，能维持精子膜的功能，也能提高精子的受精力。维生素 B 族也能提高精子的受精力（郭年藩，1995）。应用维生素 B_{12} 注射液稀释的精液，能够使精子较长时间保持旺盛的活力和前进速度（周占琴等，1998）。用添加维生素 B_{12} 的解冻液作为奶牛冻精的解冻液，母牛总受胎率达 91.9%，比对照组提高 11%。因此，维生素在精子冷冻中的应用能有效地改善精子的受胎率（马堆喜，1998）。

（七）氨基多糖类

肝素是一种常用的诱导动物精子体外获能的物质，与精子结合以后，可以引起钙离子进入精子细胞内部，导致精子获能和顶体反应的发生，进而提高受精率，并促进原核的发育（张嘉宝和董伟，1991）。透明质酸是一种线性大分子氨基多糖类物质，能够引起许多动物的精子发生获能和顶体反应。透明质酸广泛存在于雌性动物的生殖道，在精子的体内受精过程中，可能影响精子的运动能力、获能、顶体反应、精卵结合等。在体外处理精子过程中，韩毅冰等（1997）探讨了透明质酸对新鲜和冷冻—解冻猪精子活率、获能、顶体反应及体外受精率的影响，表明透明质酸能够显著增加精子体外培养的精子活率。

三、牛冷冻精液生产操作过程

冷冻精液生产环节包括：精液采集→精液检查→精液稀释→分装印字→降温平衡→冷冻→冻精质检→包装→储存→使用（销售）。目前牛冷冻精液的主要生产方式是细管冻精，其次是颗粒冻精。

（一）精液采精

采精场地要保持宽敞、平坦、安静、清洁。室内附设喷洒消毒和紫外线照射杀菌设备，每周至少消毒一次。采精应安排在早饲以后进行。采精前须剪掉过长的阴毛，用温水冲洗阴茎、包皮，再用无菌生理盐水冲洗干净。台牛的后躯，特别是尾根、外阴、肛门等部位应保持清洁。将公牛牵近台牛时，应等待 3～5min，在采精员引导下令其空爬，使之有充分的性准备，待性欲高昂时采精。

将各种准备好的器械提前消毒、杀菌。假阴道（图 7-5）在使用前需安装内胎、洗涤、消毒、晾干、注水、涂润滑剂、调节温度和压力。注入相当于假阴道内外壳间容积 2/3 的温水来维持内部温度，在采精时保持 38～40℃。集精杯保持 34～35℃。用消毒的液状石蜡或凡士林涂抹假阴道表面增加润滑度。

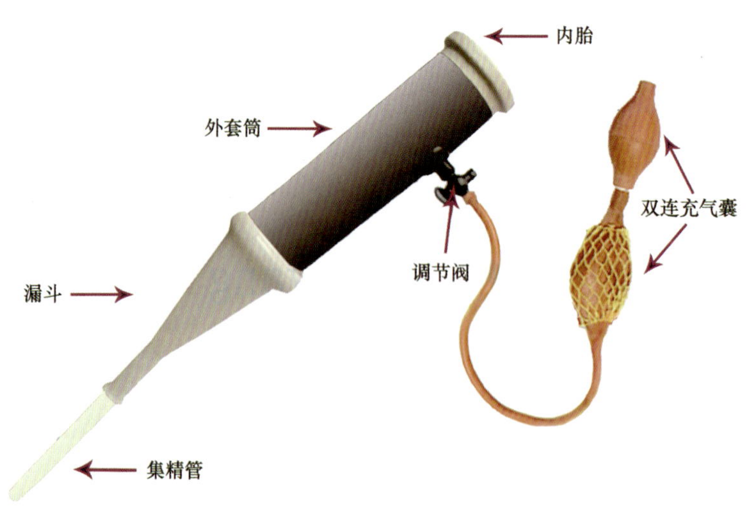

图 7-5　假阴道采精器

采精时，将假阴道与公牛阴茎伸出的方向成一直线，靠紧并固定于台牛尻部，采取立式采精方式。待阴茎勃起充分时迅速将阴茎导入假阴道内，动作要求迅速、准确。射精时将假阴道集精管一侧端向下倾斜，以便精液流入集精管内（图 7-6）。

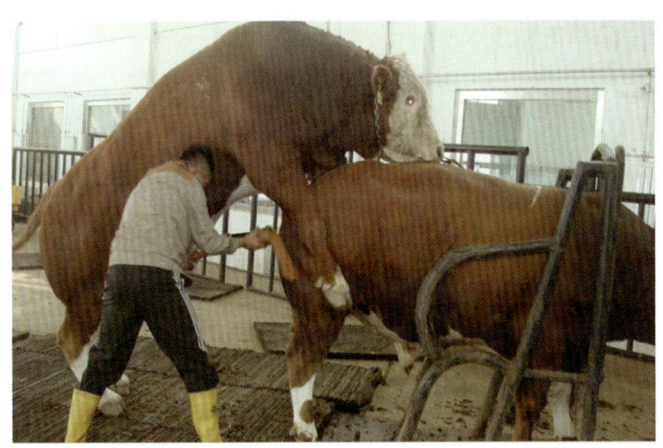

图 7-6　种公牛采精操作

根据种公牛的年龄、体况和季节等影响因素，对育成公牛从 14 月龄开始采精，隔周采精 1 次；24 月龄以上的成年公牛每周采精 2 次，或根据具体情况决定采精频率。

（二）精液检查

牛正常精液呈乳白色或乳黄色，水牛为乳白色或灰白色；外观呈云雾运动状，如精液密度大、活力强，精液翻腾呈漩涡云雾状；精子密度正常在 10 亿左右；活力检测常规方法是在显微镜视野内观察精液中成直线运动的百分率，现在还有计算机辅助精液分析系统来评价精子活动能力，在很大程度上克服了评价的主观性。

（三）精液稀释

1. 牛冷冻精液稀释液

主要有卵黄-糖类-甘油液、奶类-甘油液、卵黄-柠檬酸钠-甘油液等。

1）12%的蔗糖 75ml，甘油 5ml，卵黄液 20ml；

2）12%的乳糖 75ml，甘油 5ml，卵黄液 20ml；

3）2.9%柠檬酸钠液 73ml，卵黄液 20ml，甘油 7ml。

2. 精液稀释方法

将经过检测合格的精液与配好的稀释液以 1∶1 比例直接倒入采精瓶并摇匀，在 34℃水浴锅中平衡 10min；计算出需要的稀释液计量，将其倒入单独的容器；然后将经过 10min 平衡的精液缓慢倒入存放在水浴锅中的稀释液中。

（四）细管包装

将稀释好的精液进行灌装打印。根据精液量，设置 0.25ml 细管打印数量，编码、打印。打印后要检查牛号和日期，灌装、封口。

（五）降温平衡和冷冻

采用逐渐降温法，在 1～1.5h 内使稀释精液的温度降到 4～5℃，并平衡 2～4h。放置平衡并封装后的细管精液时，应注意细管摆放方向，把棉塞封口端靠近操作者，超声波封口端远离操作者，入冷冻仪时也应如此放置。按预先设定好的最佳冷冻曲线程序，自动完成冷冻过程。当冻精细管数量不足时，要填充备用塑料管和细管架，以保持最佳冷冻曲线程序自动完成冷冻过程，确保冻精质量。

在精液冷冻过程中，要求温度必须直线下降，不得回升。特别是不得进入精子冷冻–60～–10℃的危险温区，否则将使精细胞内出现冰晶而造成精子死亡。

（六）封装

当细管温度降至–138℃时，打开冷冻仪盖子，将冻制好的细管冻精取出，快速以 25 支包装单位装入特制的塑料拇指管内，迅速浸入液氮中待检。

（七）冷冻后活力检测

如同精液冷冻一样，冷冻精液在融解过程中同样也要顺利通过危险区，避免对精子造成冰晶损伤。目前常用的解冻温度为 38℃左右，解冻 20s 即可。解冻后检查精子活力。用纸将解冻后的精液细管擦干，将精液滴在载玻片上进行镜检，解冻后精液活力应保持在 35%以上。有效精子数的国家标准（《牛冷冻精液》GB 4143—2008）是每剂前进运动精子数不少于 800 万个。前进运动精子数是评价冻精产品质量的一项重要指标，该项指标不仅与受胎率有关，而且关系到冻精产量及优秀种公牛遗传资源的利用率。

（八）冷冻精液的保存

经抽样解冻、检查合格后，按品种、编号、采精日期、型号标记、包装，转入液氮罐。冻精应贮存于液氮中，贮存冻精的低温容器应符合《液氮生物容器》（GB/T 5458—2012）标准规定。设专人保管，每周定时加一次液氮，保证冻精始终浸在液氮中。贮存冻精的容器每年至少清洗一次并更换新鲜液氮。

四、羊冷冻精液生产操作过程

（一）采精

找一只健康的、体格大小与公羊相似的发情母羊作台羊。先将台羊固定在采精架上，台羊的后躯，特别是尾根、外阴、肛门等部位应洗涤，擦干保持清洁。在牵引公羊到采精现场后，不要让它立即爬跨台羊，要控制几分钟，再让它爬跨，这样不仅可增强其性反射，也可提高所采精液质量。公羊采精前，须剪掉过长的阴毛，用温水冲洗阴茎和包皮，再用灭菌生理盐水冲洗干净。将各种器械提前消毒、杀菌准备好。假阴道在使用前要洗涤，安装内胎、消毒、晾干、注水、涂润滑剂、调节温度和压力。

注入相当于假阴道内外壳间容积 1/2～2/3 的温水来维持内部温度，水温 50～55℃，以采精时假阴道温度达 40～42℃为目的。注入水和空气来调节压力，应以充气后内胎外口呈现内三角且不凸出为佳。用消毒的液状石蜡或凡士林涂抹假阴道表面增加润滑度，其涂抹度以假阴道长度的 1/2 为宜。

采精时，采精人员用右手握住假阴道后端，固定好集精杯，并将气嘴塞朝下，蹲在台羊的右后侧，让假阴道靠近公羊臀部。当公羊跨上台羊背上的同时，迅速将公羊的阴茎导入假阴道内，切忌用手抓碰摩擦阴茎。当种公羊后躯急速向前用力一冲，即已射精。此时，顺公羊动作向后移开假阴道，并迅速将假阴道竖起，集精杯一端向下，然后打开活塞上的气嘴，放出空气，取下集精杯，盖好。送精液处理室待检。

在良好的饲养管理条件下，1.5 岁以后的育成羊，其活重达到成年羊体重的 60%～70%时可以开始繁殖配种；24 月龄以上的成年公羊每天采精 2 次，每次射精 2 次，每次采精时隔 40min 以上。

（二）精液检查

采精后，将精液倒入有刻度的玻璃管中，观察射精量。肉眼可以看到由精子活动所引起的翻腾滚动云雾状。精子的密度越大，活力越强者，其云雾状越明显。正常羊精液呈乳白色或乳黄色，刚采的正常精液略有腥味。

采精后，用滴管搅匀并从中取一滴，滴在载玻片上进行镜检，同时利用密度仪测密度，对活力≥70%（0.7 级）的精液进行稀释。显微镜恒温台或保温箱温度不得低于 30℃，室温不得低于 18℃。

（三）精液稀释

1. 羊冷冻精液稀释液

（1）颗粒精液稀释液

A 液：取 10g 乳糖，加双重蒸馏水 80ml，鲜脱脂奶 20ml，卵黄 20ml。

B 液：取 A 液 45ml，加葡萄糖 3g，甘油 5ml。

（2）安瓿精液稀释液

A 液：取葡萄糖 3g，加柠檬酸钠 3g，加双重蒸馏水至 100ml，取溶液 80ml，加卵黄 20ml。

B 液：取 A 液 44ml，加甘油 6ml。

（3）细管精液稀释液

A 液：取葡萄糖 3g，加柠檬酸钠 3g，加双重蒸馏水至 100ml，取溶液 80ml，加卵黄 20ml。

B 液：A 液 94ml，加甘油 6ml，再加硒 60mg。

以上各种稀释液每 100ml 另加青霉素 10 万单位、链霉素 100mg。所用的稀释溶液（卵黄除外）需过滤并在水浴中煮沸消毒，甘油单独水汽消毒。稀释液现配现用。

2. 精液稀释方法

精液采出后应尽快稀释，未经稀释的精液很难存活较长时间。如使用多只公羊的混合精液，或采精时间过长时，需对先采的精液进行预稀释（先加少量的稀释液）。

颗粒精液及安瓿精液采用两次稀释法，细管精液采用一次稀释法。

一次稀释法：按稀释比例要求，一次稀释并分装和封口，裹 8 层纱布置 3～4℃冰箱内降温平衡 3h。

两次稀释法：先以不含甘油的 A 液将精液稀释至最终浓度比例的 50%，然后裹 8 层纱布置 3～4℃冰瓶或广口瓶内降温平衡（颗粒精液为 1～2h，安瓿、细管精液为 2～3h）后，再用等量的含甘油的 B 液作第 2 次稀释。

每次稀释时，都应在等温下（精液与稀释液等温）下完成。稀释液沿瓶壁缓缓倒入，不要将精液倒入稀释液中。稀释后将精液容器轻轻转动，混合均匀，避免强烈振荡。

（四）细管包装

将稀释好的精液进行灌装打印。在玻璃安瓿或塑料细管上加印精液编号及冷冻日期等标记。

安瓿精液：经第 2 次稀释后的精液，立即在 3～4℃下进行分装和火焰封口。

细管精液：用 5ml 注射器，在室温下分装于 0.25ml 细管内，并随即用塑料珠或聚乙烯醇粉封口。细管精液不宜过满，封口后中间应保留一定空隙，以防解冻时细管爆裂。

（五）降温平衡和冷冻

精液的降温平衡与冷冻处理方法基本同牛精液处理。

（六）封装

当细管温度降至–144℃时，打开冷冻仪盖子，将冻制好的细管冻精取出，快速以 25 支包装单位装入特制的塑料拇指管内，迅速浸入液氮中待检。

（七）冷冻后活力检测

解冻后精液活力应保持在 35%以上。有效精子数的国家标准（GB 4143—2008）是每剂前进运动精子数>1500 万个。

（八）冷冻精液的保存

同牛精液处理。

五、猪冷冻精液生产操作过程

以 0.5ml 细管冷冻精液生产为例，介绍猪精液冷冻生产操作。

（一）实验室准备

实验室设备、桌面、地面等保持清洁卫生，无灰尘、无直射阳光、无刺激性气味，室温维持在 20℃左右，通风良好。进入实验室的工作人员需换上干净的工作服、鞋、帽。

器械消毒：烧杯、过滤纱布、玻璃棒、镊子等采用高温干燥箱消毒；0.5ml 细管、量筒、温度计等洗净晾干后，用紫外线照射 30min 消毒。

（二）采精

参照农业部颁布的《猪人工授精技术操作规程》（NY/T 636—2002）中的采精方法，采用手握法采精，取浓稠部分，显微镜下检查精子活率。鲜精活率要求不低于 0.7 级，检查活率时要求载玻片和盖玻片都应 37℃预热。畸形率不能超过 18%。

（三）冷冻精液细管制作

1. 配制稀释液

BTS 液：每 100ml 双蒸水中加葡萄糖 3.7g，EDTA 0.125g，碳酸氢钠 0.125g，二水柠檬酸钠 0.6g，氯化钾 0.075g，抗生素（青霉素∶链霉素=1∶1）0.01g。共配 300ml。

TCG-海藻糖液：每 100ml 双蒸水中加葡萄糖 1.1g，柠檬酸 1.48g，Tris（三羟甲基氨基甲烷）2.42g，调 pH 至 6.21。

9%的甘油 TCG-海藻糖液：取 20ml TCG-海藻糖液加甘油 1.8ml，配成含甘油 9%的甘油 TCG-海藻糖液。

2. 精液检查

（1）鲜精

活力在 0.7 级以上，密度达到密级方可使用。所谓密级是指显微镜下观察，精子充满整个视野，精子之间所留空隙不足一个精子的长度，这种密度每毫升精液中约含精子 3 亿个以上。

（2）第 1 次稀释

采精过滤后用 BTS 液按体积做 1∶1 稀释。

（3）包装与运输

第 1 次稀释后的精液置于消毒后的玻璃瓶中，用纱布包裹，置于黑塑料袋或温箱中，交付运输。在运输过程中防止光线照射和剧烈振动，运送时间不得超过 1h。

3. 在实验室处理精液

1）初次平衡。

送至实验室的精液置于 17℃冰箱平衡 1～2h，视气温与运输时间而定。气温低，运输时间长，在 17℃冰箱中平衡 1.0～1.5h 即可；气温高，则需平衡 2h。

2）室温调整到 16℃。

3）离心浓缩。从 17℃冰箱中取出经初次平衡的精液，分装后置于离心管中，在离心机中 2000r/min 速度离心 8min。

4）再稀释平衡。取出离心管，弃除上清液，余 1/4 量体积。使用 TCG-海藻糖液和卵黄液按体积比以 1∶1 作稀释，将稀释精液置 0～4℃冰箱中平衡 2h。使用含 9%甘油-卵黄-海藻糖稀释液与平衡后精液按体积进行 0.5∶1 稀释，使甘油最终浓度为

3%。可用稀释精液，量取3%的甘油略做稀释后加入稀释液中，使甘油最终浓度为3%或稍低于3%。

5）分装。将含甘油的精液稀释液分装于 0.5ml 的塑料细管中，用聚乙烯醇粉快速密封管口，并将细管均匀置于冷冻支架上。

6）第3次平衡。将分装好的细管再置于0～4℃冰箱中平衡1h。

4. 精液的冷冻

将液氮倒入有盖的平底器皿中，让液氮蒸发平静后，从4℃冰箱提取精液管，分批放置在距离液氮面3cm左右的冷冻架上，熏蒸15min，细管精液全部冷冻后装入液氮罐。

5. 冻精的解冻

1）开启水浴锅调水温至37℃。

2）开启精液检查恒温板，调整温度至37℃，将镜检精液的载玻片和盖玻片放在恒温板上，加热至37℃待用。

3）先打开液氮罐，将装有冷冻精液的提桶提出至液氮罐颈口下，用消毒的镊子夹取 1～2支细管冷冻精液，迅速投入37℃水浴锅中，经20s水浴解冻后迅速取出。剪开两头封口，挤出1～2滴已解冻的精液于载玻片上预热片刻，盖上盖玻片，在150～400倍显微镜检查。

4）活力评定。在显微镜下观察到呈直线前进运动的精子的百分数，评定等级。记录其百分比，0.3级以下废弃不用。

5）凡评定为0.3级以上的精液方为合格精液，储存备用。

（四）冻精的保存与管理

贮存冻精的液氮罐要定期检查，当液氮量降到1/3～1/2容积时，要及时补充液氮。如发现贮存罐耗氮太快或罐壁出现白霜，表明液氮罐保温性能丧失，要及时转移冻精。

贮存的冻精每月进行一次全面的品质检查。每年须清洗一次液氮罐，更换陈旧液氮。清洗时，先用中性洗涤液刷洗，再用 40～50℃温水冲洗，晾干水分，然后用 75%酒精消毒后使用。

六、精液冷冻保存的发展趋势

在发现了甘油对精子的冷冻保护作用后，精液的冷冻保存技术取得了突破性进展，已经建立了如牛、绵羊、山羊和马等家畜的标准精液冷冻保存方案。在家畜中，以牛精液冷冻效果最好，使用冷冻精液与新鲜精液的配种效果无明显差异。在马中，由于品种之间存在较大的差异，不同品种精液在经过冷冻保存后，精子受到的损伤程度各不相同，这是马精液冷冻保存中遇到的关键问题之一（Bamba and Cran，1988）。猪精子具有一定的特殊性，其保存效果与其他动物的精液相比还有较大的差距，还未形成一套完整的保存体系和方法。虽然绵羊精液的冷冻保存研究报道很多，但绵羊冷冻精液的受胎率还不高（吴海荣和阿布力孜·吾斯曼，2012）。

对于不同的家畜品种，由于应用不同的方法和冷冻保护剂导致结果差异较大，建立适宜于不同品种家畜的冷冻方法，仍然是研究人员面临的一个具有挑战性的问题（曹礼等，1991；卜书海等，2002）。因此，今后的研究工作应该从细胞水平深入分子水平，找出冷冻保存后精子功能损伤的原因，逐渐优化精液保存冷冻程序，提高冷冻精液的受胎率。

参 考 文 献

卜书海, 李青旺, 王立强, 等. 2002. 不同解冻方法对奶牛冻精活率的影响. 西北农林科技大学学报, 30(5): 40-43.

曹礼, 邢喜生, 牛子成, 等. 1991. 猪浓缩冻精制作试验研究. 养猪, (3): 22-23.

陈大元, 石其贤, 宋祥芬, 等. 1989. 大熊猫与金黄地鼠体外异种受精的研究. 动物学报, 35(4): 376-379.

陈大元, 宋祥芬, 冯文和. 1992. 大熊猫精液冷冻颗粒的解冻液研究. 动物学杂志, 27(3): 63.

陈大元. 2000. 受精生物学: 受精机制与生殖工程. 北京: 科学出版社.

冯书堂, 刘殿奎. 1993. 猪冷冻(–20℃)胚胎在我国移植成功. 畜牧兽医学报, 24(1): 41-44.

郭年藩. 1995. 绵羊精液冷冻保存技术研究综述. 国外畜牧科技, 22(3): 22-27.

韩毅冰, 邹纯霞, 秦鹏春, 等. 1997. 透明质酸对猪精子活率、获能、顶体反应及体外受精穿透率的影响. 中国兽医学报, 17(6): 600-605.

李光鹏, 许晓霁, 张心田. 1994. 小鼠早期胚胎在 6℃不同贮液中的保存研究. 动物学杂志, 29(3): 50-51.

李光鹏, 张心田. 1993. 哺乳动物卵母细胞和胚胎的低温保存. 动物学杂志, 28(3): 55-59.

梁素丽, 李向臣, 白修云, 等. 2007. 哺乳动物卵母细胞冷冻保存研究进展. 安徽农业科学, 35(20): 6128-6130.

刘伯宗, 王光亚, 马保华. 1995. 奶山羊胚胎一步冷冻试验. 畜牧兽医学报. 26(5): 418-419.

刘海军, 张美佳, 侯蓉, 等. 2001. OPS 玻璃化冷冻对山羊卵母细胞超微结构的影响. 西北农林科技大学学报(自然科学版), 29(3): 9-12.

马堆喜. 1998. 牛冻精不同解冻液的受胎效果. 中国奶牛, 80(1): 37.

马美湖. 1986. 猪精液冷冻保存研究进展. 黑龙江畜牧兽医, (5): 32-36.

莫显红, 李俊杰, 桑润滋, 等. 2011. 牛羊卵母细胞玻璃化冷冻保存的研究进展. 黑龙江畜牧兽医, (4): 26-28.

秦鹏春, 石惠芝. 1997. 猪精子冷冻损伤的研究. 猪与禽, (1): 33-36.

桑润滋. 2002. 动物繁殖生物技术. 北京: 中国农业出版社.

孙青原, 刘国艺, 徐立滨, 等. 1994. 牛卵泡卵母细胞冷冻保存后发育潜力的研究. 中国兽医学报, 14(4): 341-345.

孙青原. 1993. 牛卵母细胞冷冻保存的研究进展. 国外畜牧科技, 20(6): 8-10.

谭世俭, Callesen H. 2002. OPS 法玻璃化冷冻牛卵母细胞和囊胚. 广西农业生物科学, 21(1): 1-7.

文国艺. 2000. 咖啡因预处理解冻精液对牛体外受精的影响. 西南农业学报, 13(2): 95-98.

吴海荣, 阿布力孜·吾斯曼. 2012. 绵羊精液冷冻保存研究进展. 中国草食动物, 32(1): 63-66.

吴无畏, 高晓平. 1996. 孕酮对人精子受精能力的影响. 男性学杂志, 10(2): 71-74.

谢成侠. 2002. 猪精液冷冻技术的研究. 中国兽医学报, 16(4): 290-293.

许丹宁, 黄运茂, 田允波, 等. 2012. 山羊卵母细胞冷冻保存技术研究. 东北农业大学学报, 43(9): 102-106.

严云勤, 李光鹏, 郑晓民. 1995. 发育生物学原理与胚胎工程. 哈尔滨: 黑龙江科学技术出版社.

叶常竹, 王玉珍, 朴顺官, 等. 1988. 猪精液冷冻技术的研究与应用简报. 黑龙江畜牧兽医, 6: 11-13.

叶贵凯. 1997. 低温保存不同稀释液的精液品质. 贵州农业科学, 25(5): 54-55.

岳利民, 何亚平, 张金虎. 2000. 磷酸二酯酶抑制剂己酮可可碱对人精子受精力的影. 华西医科大学学报, 31(4): 473-474.

张德福, 刘东, 吴华丽, 等. 2006. 猪胚胎开放式拉长细管玻璃化冷冻研究. 生物工程学报, 22: 845-849.

张德福, 刘东, 吴华丽. 2005. 家畜精液冷冻保存技术研究进展. 国外畜牧学-猪与禽, 25(4): 28-30.

张嘉宝, 董伟. 1991. 咖啡因和肝素、钙离子载体对家畜冷冻精子体外获能的协同作用. 中国兽医学报, 11(1): 72-75.

赵晓娥, 王光亚, 王希朝. 1999. 布尔山羊精液保存条件的研究. 动物医学进展, 20(2): 31-33.

赵驻军, 蔡文涛, 温兵强. 2012. 羊卵母细胞冷冻保存研究进展. 畜牧与兽医, 44(6): 91-93.

周佰成, 王志刚, 刘丑生, 等. 2007. 细胞松弛素 B 对绵羊 GV 期卵母细胞玻璃化冷冻效果的影. 中国畜牧兽医, 34(3): 74-94.

周佳勃, 岳奎忠, 孙兴参, 等. 2002. 猪精液冷冻技术的研究. 中国兽医学报, 22(3): 295-299.

周占琴, 武和平, 陈小强. 1998. 布尔山羊精液保存技术研究. 西北农业学报, 7(2): 15-19.

朱璧科, 王光亚, 王建辰. 1990. 家兔胚胎一步冷冻试验. 西北农业大学学报, 18(2): 93-94.

朱捷, 张忠诚, 刘泽泉. 1995. 猪卵母细胞在玻璃化冷冻液中的培养效果. 中国畜牧杂志, 31(5): 8-9.

朱士恩, 曾申明, 吴通义, 等. 2002. OPS 法玻璃化冷冻牛卵母细胞的研究. 中国农业科学, 35(6): 700-704.

Agca Y, Liu J, Peter A, et al. 1998. Effect of developmental stage on bovine oocyte plasma membrane water and cryoprotectant permeability characteristics. Mol Reprod Dev, 49: 408-415.

Aitken RJ. 1995. Free radicals, lipid peroxidation and sperm function. Reprod Fertil Dev, 7: 659-668.

Al YA, Gauly M, Holtz W. 2010. Open pulled straw vitrification of goat embryos at various stages of development. Theriogenology, 73(8): 129-145.

Albarracín JL, Morató R, Izquierdo D, et al. 2005a. Vitrification of calf oocytes: effects of maturation stage and prematuration treatment on the nuclear and cytoskeletal components of oocytes and their subsequent development. Mol Reprod Dev, 72: 239-249.

Albarracín JL, Morató R, Rojas C, et al. 2005b. Effects of vitrification in open pulled straws on the cytology of *in vitro* matured prepubertal and adult bovine oocytes. Theriogenology, 63: 890-901.

Allwoth AE, Albertini DF. 1993. Meiotic maturation in cultured bovine oocytes is accompanied by remodeling of the cumulus cell cytoskeleton. Dev Boil, 158: 101-112.

Aman RR, Parks JE. 1994. Effects of cooling and rewarming on the meiotic spindle and chromosomes of *in vitro*-matured bovine oocytes. Biol Reprod, 50: 103-110.

Amann RP, Hammerstedt RH, Veeramachaenni DN. 1993. The epididymis and sperm maturation: a perspective. Reprod Fertil Dev, 5: 361-381.

Anel L, De Paz P, Alvarez M, et al. 2003. Field and *in vitro* assay of three methods for freezing ram semen. Theriogenology, 60: 1293-1308.

Bamba K, Cran DG. 1988. Further studies on rapid dilution and warming of boar semen. J Reprod Fertil, 82: 509-518.

Barbas JP, Mascarenhas RD. 2009. Cryopreservation of domestic animal sperm cells. Cell Tissue Bank, 10: 49-62.

Begin I, Bhatia B. 2003. Cryopreservation of goat oocyte and in vivo derived 2- to 4-cell embryos using the cryoloop(CLV)and solid surface vitrification(SSV)methods. Theriogenology, 59: 1839-1850.

Berlinguer F, Succu S, Mossa F, et al. 2007. Effects of trehalose co-incubation on *in vitro* matured prepubertal ovine oocyte vitrification. Cryobiology, 55: 27-34.

Berthelot F, Martinat-Botté F, Perreau C, et al. 2001. Birth of piglets after OPS vitrification and transfer of compacted morula stage embryos with intact zona pellucida. Reprod Nutr Dev, 41: 267.

Bhat M, Yaqoob S, Khan F, et al. 2013. Open pulled straw vitrification of in vitro matured sheep oocytes using different cryoprotectants. Small Ruminant Res, 112: 136-140.

Bilton RJ, Moore NW. 1976. *In vitro* culture, storage and transfer of goat embryos. Aust J Biol Sci, 29: 125-129.

Blakewood EG, Jaynes JM, Johnson WA, et al. 1989. Using the amniotic cavity of the developing chick embryo for the *in vivo* culture of early-stage mammalian embryos. Poult Sci, 68(12): 1695-1702.

Bogliolo L, Ariu F, Fois S, et al. 2007. Morphological and biochemical analysis of immature ovine oocytes vitrified with or without cumulus cells. Theriogenology, 68(8): 1138-1149.

Boiso I, Marti M, Santaló J, et al. 2002. A confocal microscopy analysis of the spindle and chromosome configurations of human oocytes cryopreserved at the germinal vesicle and metaphase Ⅱ stage. Hum Reprod, 17: 1885-1891.

Byrne GP, Lonergan P, Wade M, et al. 2000. Effect of freezing rate of ram spermatozoa on subsequent fertility *in vivo* and *in vitro*. Anim Reprod Sci, 62: 265-275.

Campos-Chillon LF, Walkeretal DJ, de la Torre-Sanchez JF. 2006. *In vitro* assessment of a direct transfer vitrification procedure for bovine embryos. Theriogenology, 65(6): 1200-1214.

Carroll J, Wood M, Whittingham D, et al. 1993. Normal fertilization and development of frozen-thawed mouse oocytes: protective action of certain macromolecules. Biol Reprod, 48: 606-612.

Cetin Y, Bastan A. 2006. Cryopreservation of immature bovine oocytes by vitrification in straws. Anim Reprod Sei, 92(1-2): 29-36.

Chen SU, Lien YR, Cheng YY, et al. 2001. Vitrification of mouse oocytes using closed pulled straws(CPS) achieves a high survival and preserves good patterns of meiotic spindles, compared with conventional straws, open pulled straws(OPS)and grids. Hum Reprod, 16: 2350-2356.

Cobo A, Perez S, De los Santos M, et al. 2008. Effect of different cryopreservation protocols on the metaphase Ⅱ spindle in human oocytes. Reprod Biomed Online, 17: 350-359.

Cross NL. 1998. Role of cholesterol in sperm capacitation. Biol Reprod, 59: 7-11.

Curry MR, Kleinhans FW, Waston PF. 2000. Measurement of the water permeability of the membranes of boar, ram and rabbit spermatozoa using concentration-dependent self-quenching of an entrapped fluorophore. Cryobiology, 41: 167-173.

Dobrinsky JR. 1997. Cryopreservation of pig embryo. Reprod Fertil, 52: 301-312.

Dobrinsky JR. 2001. Cryopreservation of pig embryos: adaptation of vitrification technology for embryo transfer. Reprod Suppl, 58: 325-333.

Ebrahimi B, Valojerdi MR, Eftekhari-Yazdi P, et al. 2010. IVM and gene expression of sheep cumulus-oocyte complexes following different methods of vitrification. Reprod BioMed Online, 20(1): 26-34.

Einarsson S. 1984. Deep freezing of boar spermatozoa. World Rev Anim Production, 9: 45-51.

Eldridge-Panuska WD, Caracciolo di Brienzab V, Seidel GE Jr. et al. 2005. Establishment of pregnancies after serial dilution or direct transfer by vitrified equine embryos. Theriogenology, 63(5): 1308-1319.

Eroglu A, Toth T L, Toner M, et al. 1998. Alterations of the cytoskeleton and polyploidy induced by cryopreservation of metaphase Ⅱ mouse oocytes. Fertil Steril, 69: 944-957.

Fahy GM, Macfarane DR, Aagell CA. 1984. Vitrification as an approach to cryopreservation. Cryobiology, 21: 407-426.

Fraser LR. 1995. Ion control of sperm function. Reprod Fertil Develop, 7: 905-925.

Fuchinoue K, Fukunaga N, Chiba S, et al. 2004. Freezing of human immature oocytes using cryoloops with taxol in the vitrification solution. J Assist Reprod Genet, 21: 307-309.

Fujihira T, Nagai H, Fukui Y, et al. 2005. Relationship between equilibration times and the presence of cumulus cells, and effect of taxol treatment for vitrification of in vitro matured porcine oocytes. Cryobiology, 51: 339-343.

Fuku E, Kojima T, Shioya Y, et al. 1992. *In vitro* fertilization and development of frozen-thawed bovine oocytes. Cryobiology, 29: 485-492.

Gomes C, Merlini M, Konheim J, et al. 2012. Oocyte meiotic-stage-specific differences in spindle depolymerization in response to temperature changes monitored with polarized field microscopy and immunocytochemistry. Fertil Steril, 97: 714-719.

Graham JK, Foote RH, Parrish JJ. 1986. Effect of dilauroylphosphatidylcholine on the acrosome reaction and subsequent penetration of bull spermatozoa into zona-free hamster eggs. Biol Reprod, 35: 413-424.

Gupta MK, Uhm SJ, Lee HT. 2007. Cryopreservation of immature and *in vitro* matured porcine oocytes by solid surface vitrification. Theriogenology, 67(2): 238-248.

Hara H, Hwang I S, Kagawa N, et al. 2012. High incidence of multiple aster formation in vitrified-warmed bovine oocytes after *in vitro* fertilization. Theriogenology, 77: 908-915.

Harper MJ. 1989. Platelet-activating factor: a paracrine factor in preimplantation stages of reproduction? Biol Reprod, 40: 907-913.

Hong QH, Tian SJ, Zhu SE, et al. 2007. Vitrification of goat morulae and early blastocysts by straw and open-pulled straw method. Reprod Domestic Anim, 42: 34-38.

Huo LJ, Yang ZM. 2000. Effects of platelet activating factor on capacitation and acrosome reaction in mouse spermatozoa. Mol Reprod Dev, 56: 436-440.

Isachenko V, Alabart J L, Nawroth F, et al. 2001. The open pulled straw vitrification of ovine GV-oocytes: positive effect of rapid cooling or rapid thawing or both? Cryo Letters, 22: 157-162.

John EP, Shelley H, Charles E. 1990. Platelet-activating factor activity in the phospholipids of bovine spermatozoa. Biol Reprod, 43: 806-811.

Johnson LA, Weitze KF, Faiser P, et al. 2000. Storage of boar semen. Anim Reprod Sci, 62: 143-172.

Kasai M, Hamaguehi Y, Zhu SE, et al. 1992. Hight survival of rabbit morulae after vitrification in an ethylene glycol based solution by a simple method. Biol Reprod, 46: 1042-1046.

Kasai M, Komi JH, Takakamo A, et al. 1990. A simple method for mouse embryo cryopreservation in low toxicity vitrification solution without appreciable loss of viability. J Reprod Fertil, 89: 91-97.

Kasai M. 2002. Advances in the cryopreservation of mammalian oocytes and embryos: development of ultrarapid vitrification. Reprod Med Biol, 1: 1-9.

Kim DH, Park HS, Kim SW, et al. 2007. Vitrification of immature bovine oocytes by the microdrop method. J Reprod Dev, 53(4): 843-851.

Kobayashi S, Takei M, Kano M. et al. 1998. Piglets produced by transfer of vitrified porcine embryos after stepwise dilution of cryoprotectants. Cryobiology, 36: 20-31.

Kong I K, Lee SI, Cho SG, et al. 2000. Comparison of open pulled straw(OPS)vs glass micropipette (GMP)vitrification in mouse blastocysts. Theriogenology, 53: 1817-1826.

Kumar S, Millar JD, Watson PF. 2003. The effect of cooling rate on the survival of cryopreserved bull, ram, and boar spermatozoa: a comparison of two controlled-rate cooling machines. Cryobiology, 46: 246-253.

Larman M G, Sheehan C B, Gardner D K, et al. 2006. Calcium-free vitrification reduces cryoprotectant-induced zona pellucida hardening and increases fertilization rates in mouse oocytes. Reproduction, 131: 53-61.

Leboeuf B, Restall B, Salamon S. 2000. Production and storage of goat semen for artificial insemination. Anim Reprod Sci, 62: 113-141.

Ledda S, Bogliolo L, Succu S, et al. 2006. Oocyte cryopreservation: oocyte assessment and strategies for improving survival. Reprod Fertil Dev, 19: 13-23.

Long CR, Maxwell WM, Johnson LA, et al. 1999. The relationship between membrane status and fertility of boar spermatozoa after flow cytometric sorting in the presence or absence of seminal plasma. Reprod Fertil Dev, 10: 433-440.

Martino A, Pollard J W, Leibo S, et al. 1996. Effect of chilling bovine oocytes on their developmental competence. Mol Reprod Dev, 45: 503-512.

Matos DG, Fumus CC, Moses DF, et al. 1996. Stimulation of glutathione synthesis of *in vitro* matured bovine oocytes and its effect on embryo development and freezability. Mol Reprod Dev, 45: 451-457.

Maurer RR, Beier HM. 1976. Uterine proteins and development *in vitro* of rabbit preimplantation embryos. J Reprod Fertil, 48(1): 33-41.

Maxwell WM, Johnson LA. 1997. Chlortetracycline analysis of boar spermatozoa after incubation, flow cytometric sorting, cooling, or cryopreservation. Mol Reprod Dev, 46: 408-418.

McEvoy TG, Coull GD, Broadbent PJ, et al. 2000. Fatty acid composition of lipids in immature cattle, pig and sheep oocytes with intact zona pellucida. J Reprod Fertil, 118(1): 163-170.

Medeiros CM, Forell F, Olivera AT, et al. 2002. Current status of sperm cryopreservation: why isn't better? Theriogenology, 57: 327-344.

Moawad AR, Fishera P, Zhu J. 2012. In vitro fertilization of ovine oocytes vitrified by solid surface vitrification at germinal vesicle stages. Cryobiology, 65: 139-144.

Moussa M, 舒娟, 张雪洪, 等. 2014. 哺乳动物卵母细胞和胚胎冷冻保存研究进展: 现存问题与未来展望. 中国科学: 生命科学, 44: 663-675.

Nagashima H, Kobayashi K, Yamakawa H, et al. 1991. Cryopreservation of mouse half-morulae and chimeric embryos by vitrification. Mol Reprod Dev, 30: 220-225.

Nagashima H, Hiruma K, Saito H. et al. 2007. Production of live piglets following cryopreservation of embryos derived from in vitro-matured oocytes. Biol Reprod, 76(5): 900-905.

Okazaki T, Shimada M. 2012. New strategies of boar sperm cryopreservation: development of novel freezing and thawing methods with a focus on the roles of seminal plasma. Anim Sci J, 83: 623-629.

Otoi T, Tachlkawa S, Kondo S, et al. 1993. Developmental capacity of bovine oocytes frozen in different cryoprotectants. Theriogenology, 40: 801-807.

Papis M, Shimizu Y. 2000. Factors affecting the survivability of bovine oocytes vitrified in droplets. Theriogenology, 54: 651-658.

Park KE, Kwon IK, Han MS, et al. 2005. Effects of partial removal of cytoplasmic lipid on survival of vitrified germinal vesicle stage pig oocytes. J Reprod Dev, 51: 151-160.

Polge C. 1956. Artificial insemination in pigs. Vet Pec, 68: 62-76.

Pugh PA, Tervit HR, Niemann H. 2000. Effects of vitrification medium composition on the survival of bovine in vitro produced embryos, following in straw-dilution, in vitro and in vivo following transfer. Anim Reprod Sci, 58: 9-22.

Rall WF, Fahy GM. 1985. Ice-free cryopreservation of mouse embryos at -196 degree C by vitrification. Nature, 313(6003): 573-575.

Roca J, Carvajal G, Lucas X, et al. 2003. Fertility of weaned sows after deep intrauterine insemination with a reduced number of frozen-thawed spermatozoa. Theriogenology, 60: 77-87.

Roudebush WE, Gerald MS, Cano JA, et al. 2002. Relationship between platelet-activating factor concentration in Rhesus Monkey(*Macaca mulatta*)spermatozoa and sperm motility. Am J Primatol, 56: 1-7.

Saha S, Otoi T, Taki M. et al. 1996. Normal calves obtained after direct transfer of vitrified bovine embryos using ethylene glycol, trehalose, and polyvinylpyrrolidone. Cryobiology, 33: 291-299.

Schellander K, Peli J, Sehmoll F, et al. 1994. Effects of different cryoprotectants and carbohydrates on freezing of matured and unmatured bovine oocytes. Theriogenology, 42: 909-915.

Shaw JM, Kuleshova LL, MacFarlane DR, et al. 1997. Vitrification properties of solutions of ethylene glycol in saline containing PVP, Ficoll dextran. Cryobiology, 35: 219-229.

Shi WQ, Zhu SE, Zhang D, et al. 2006. Improved development by taxol pretreatment after vitrification of *in vitro* matured porcine oocytes. Reproduction, 131: 795-804.

Shirazi A, Soleimani M, Karimi M, et al. 2010. Vitrification of *in vitro* produced ovine embryos at various developmental stages using two methods. Cryobiology, 60: 204-210.

Sinha MP, Sinha AK, Singh BK. 1995. Effect of methylxanthines on motility and fertility of frozen-thawed goat semen. Theriogenology, 44: 907-914.

Smith TT. 1998. The modulation of sperm function by the oviductal epithelium. Biol Reprod, 58: 1102-1104.

Soede NM. 1998. Oestrus expression and timing of ovulation in pigs. British Pig Sci, 39: 187-194.

Succu S, Bebbere D, Bogliolo L, et al. 2008. Vitrification of *in vitro* matured ovine oocytes affects *in vitro* pre-implantation development and mRNA abundance. Mol Reprod Dev, 75: 538-546.

Succu S, Leoni GG, Berlinguer F, et al. 2007. Effect of vitrification solutions and cooling upon *in vitro* matured prepubertal ovine oocytes. Theriogenology, 68: 107-114.

Suzuki T, Nishikata Y. 1992. Fertilization and cleavage of frozen thawed bovine oocytes by one-step dilution method in vitro. Theriogenology, 37: 306-309.

Tachikawa S, Otoi T, Kondo S, et al. 1993. Successful vitrification of bovine blastocysts derived by *in vitro* maturation and fertilization. Mol Reprod Dev, 34: 266-271.

Tervit HR, Goold PG. 1984. Deep-freezing sheep embryos. Theriogenology, 21(1): 268.

Tesarik J, Thebault A, Testart J. 1992. Effect of pentoxifylline on sperm movement characteristics in normozoospermic and asthenozoospermic specimens. Hum Reprod, 7: 1257.

Thomas CA, Garner DL, DeJarnette JM, et al. 1997. Fluorometric assessments of acrosomal integrity and viability in cryopreserved bovine spermatozoa. Biol Reprod, 56: 991-998.

Turathum B, Saikhun K, Sangsuwan P, et al. 2010. Effects of vitrification on nuclear maturation, ultrastructural changes and gene expression of canine oocytes. Reprod Biol Endocrin, 8: 70.

Vajta G, Hohn P, Kuwayama M, et al. 1998. Open pulled straw(OPS)vitrification: a new way to reduce cryoinjuries of bovine ova and embryos. Mol Reprod Dev, 51: 53-58.

Vajta G, Holm P, Greve T, et al. 1996. Factors affecting survival rates of *in vitro* produced bovine embryos after vitrification and direct in-straw rehydration. Anim Reprod Sci, 45(3): 191-200.

Valojerdi MR, Salehnia M. 2005. Developmental potential and ultrastructural injuries of metaphase Ⅱ(MⅡ)mouse oocytes after slow freezing or vitrification. J Assist Reprod Gen, 22: 119-127.

Van den Abbeel E, Camus M, Van Waesberghe L, et al. 1997. A randomized comparison of the cryopreservation of one-cell human embryos with a slow controlled-rate cooling procedure or a rapid cooling procedure by direct plunging into liquid nitrogen. Hum Reprod, 12: 1554-1560.

Van Wagtendonk-de Leeuw AD, Den Daas J, Rall WF. 1997. Field trial to compare pregnancy rates of bovine embryo cryopreservation methods: vitrification and one-step dilution versus slow freezing and three-step dilution. Theriogenology, 48: 1071-1084.

Vazquez JM, Martinez EA, Roca J, et al. 2005. Improving the efficiency of sperm technologies in pigs: the value of deep intrauterine insemination. Theriogenology, 63: 536-547.

Wang CT, Liang L, Witz C, et al. 2013. Optimized protocol for cryopreservation of human eggs improves developmental competence and implantation of resulting embryos. J Ovarian Res, 6: 15.

Wani NA, Maurya SN, Misra AK, et al. 2004. Effect of cryoprotectants and their concentration on *in vitro* development of vitrified-warmed immature oocytes in buffalo(*Bubalus bubalis*). Theriogenology, 61: 831-842.

Whittingham DG, Leibo SP, Mazur P. 1972. Survival of mouse embryos frozen to –196 degrees and –296 degree C. Seience, 178: 411-414.

Whittingham DG. 1971. Survival of mouse embryos after freeing and thawing. Nature, 233: 125-126.

Whittingham DG. 1977. Fertilization in vitro and development to term of unfertilized mouse oocytes previously stored at –196℃. J Reprod Fertil, 49: 89-94.

Willadsen SM, Polge C, Rowson LE, et al. 1976. Deep freezing of sheep embryos. J Reprod Fertil, 46(1): 151-154.

Xia W, Fu XW, Zhou GB, et al. 2013. Cytokeratin distribution and expression during the maturation of mouse germinal vesicle oocytes after vitrification. Cryobiology, 66: 261-266.

Yamada C, Caetano HV, Simoes R, et al. 2007. Immature bovine oocyte cryopreservation: comparison of different associations with ethylene glycol, glycerol and dimethylsulfoxide. Anim Reprod Sei, 99: 381-388.

Yi YJ, Im GS, Park CS. 2002. Lactose-egg yolk diluter supplemented with N-acetyl-D-glucosamine affect acrosome morphology and motility of frozen-thawed boar sperm. Anim Reprod Sci, 74: 187-194.

Zhou Y, Fu X, Zhou G, et al. 2014. An efficient method for the sanitary vitrification of bovine oocytes in straws. J Anim Sci Biotechnol, 5(1): 19.

Zhu SE, Kasai M, Otoge H, et al. 1993. Cryopreservation of expanded mouse blastocysts by vitrification in ethylene glycol-based solution. J Reprod Fertil, 98: 139-145.

Zhu SE, Sakurai T, Edashige K, et al. 1996. Cryopreservation of zona-hatched mouse blastocysts. J Reprod Fertil, 107(1): 37-42.

Zhu SE, Zeng SM, Yu WL, et al. 2001. Vitrification of *in vivo* and *in vitro* produced ovine blastocysts. Anim Biotechnol, 12: 193-203.

（李光鹏、苏广华、张　立）

第八章 配子与胚胎发生的表观遗传学

一直以来，人们认为基因通过蛋白质决定着生命体的表型。但随着对生命现象认识的不断深入，一些生命现象却无法用经典的孟德尔遗传理论进行解释，如同卵双生的双胞胎具有完全相同的基因组，在同样的环境中长大后，但在性格与健康等方面却有较大的差异。基因组 DNA 序列没有改变，但表型却有差异，这种差异被称为表观遗传变异（epigenetic variation），发生此类的现象被称为表观遗传现象（epigenetic phenomenon），由此衍生出的学科，称之为表观遗传学（epigenetics）。经典遗传学研究基因序列如何影响生物学功能，而表观遗传学主要研究发生“表观遗传现象”的原因与维持的机制。表观遗传学兴起于 20 世纪 80 年代，研究内容主要有两部分：一部分为基因组时空选择性表达的调控，包括 DNA 甲基化、基因印记、组蛋白修饰和染色质重塑；另一部分为基因转录后调控，包括基因组中非编码 RNA、内含子及核糖开关等。一个细胞整体的表观遗传状态称之为表观基因组（epigenome），描述不同细胞产生不同表型的一系列表观遗传特征称之为表观遗传密码（epigenetic code）。

生命的发生与维持和种系的保持与延续，除受到基因组基因调控外，非基因因素与环境因素等也对物种的性状产生重要的影响。这些非基因因素对生物的表型、遗传与生命活动所产生的作用均属表观遗传学研究的范畴。本章将对配子发生与胚胎发生过程中的表观遗传调控进行重点阐述。

第一节　表观遗传学原理

胚胎和个体发育是一个时空顺序调控的复杂过程。基因的转录和功能的准确时空调控，是上述过程得以进行的基础。在此过程中，除受基因组基因严格调控外，基因或蛋白质的表观修饰同样发挥着至关重要的作用。在细胞内，表观遗传修饰有多种方式，如DNA 甲基化（DNA methylation）、组蛋白修饰（histone modification）、基因组印记（genomic imprinting）、母源效应（maternal effect）、基因沉默（gene silencing）、X 染色体失活（X chromosomal inactivation）、位置效应（position effect）和 RNA 编辑（RNA editing）等。

一、DNA 甲基化与去甲基化

（一）DNA 甲基化

1. 真核生物 DNA 甲基化修饰系统

在真核生物中，DNA 的甲基化反应可分为两种：维持甲基化（maintenance methylation）和从头甲基化（*de novo* methylation）。甲基化模式的建立和维持受 DNA 甲基转移酶（DNA methyltransferase，DNMT）和甲基化结合蛋白（methyl-binding protein，MBD）的调控。

根据结构和功能，可将 DNA 甲基转移酶分为 3 类：DNMT1、DNMT2 和 DNMT3。DNMT 的 C 端均有高度保守的催化结构域，直接参与 DNA 甲基化修饰；N 端是调节结构域，介导核定位及调节与其他蛋白质的相互作用。在 DNA 复制过程中，新合成的 DNA 链最初不存在甲基化，是由 DNMT1 识别亲代单链上已甲基化的 CpG 位点，之后催化互补单链相应位置的胞嘧啶（C）发生甲基化，从而完成新合成链的甲基化。DNMT2 分布广泛，但仅含有 C 端保守的催化结构，缺乏 N 端的调节结构域，仅有较弱的甲基转移活性。DNMT3 家族包括 DNMT3a、DNMT3b 和调节因子 DNMT3L，参与 DNA 的从头甲基化过程。DNA 的从头甲基化不依赖 DNA 复制，可将甲基直接引入非甲基化的碱基，建立新的甲基化。DNMT3a 主要位于异染色质，而其二聚体（DNMT3a2）定位于常染色质，参与胚胎发育中的基因组印记修饰。DNMT3b 甲基化修饰着丝粒远端高密度 CpG 重复序列，发挥短时间甲基化功能。DNMT3L 协同 DNMT3 参与从头甲基化修饰。在行使功能时，DNMT3a 与 DNMT3L 形成一个四聚体，DNMT3a2 位于中间位置，DNMT3L2 位于外侧，两者通过 C 端相接触，该结构增强了 DNMT3a 与 S-腺苷甲硫氨酸（S-adenosylmethionine，SAM）的结合（Jia et al.，2007）。DNMT3L 与 H3 组蛋白 N 端形成复合体，将有活性的 DNMT3a2 锚定于核小体上，有利于 DNMT3 参与染色质重塑。

在哺乳动物中，DNA 甲基化结合蛋白和甲基化 CpG 结合蛋白家族（methyl-CpG

binding protein，MeCP），即 MBD1、MBD2、MBD3、MBD4、MeCP2，与甲基化 DNA 序列特异结合，改变染色质构象，保证基因表观遗传调控非酶催化位点活性。

2. DNA 甲基化过程

DNA 甲基转移酶以 S-腺苷甲硫氨酸作为甲基供体，将甲基转移到胞嘧啶第 5 位的碳原子上（图 8-1）。结构基因含有很多 CpG 结构，2CpG 和 2GpC 中两个胞嘧啶的 5 位碳原子通常被甲基化，且两个甲基基团在 DNA 双链大沟中呈特定三维结构。基因组中 60%～90%的 CpG 都被甲基化，未甲基化的 CpG 成簇的组成 CpG 岛，位于结构基因启动子的核心序列和转录起始点。DNA 甲基化可引起基因组中相应区域染色质结构变化，使 DNA 失去限制性内切核酸酶的切割位点及 DNase 的敏感位点，高度螺旋化染色质，使 DNA 失去转录活性。

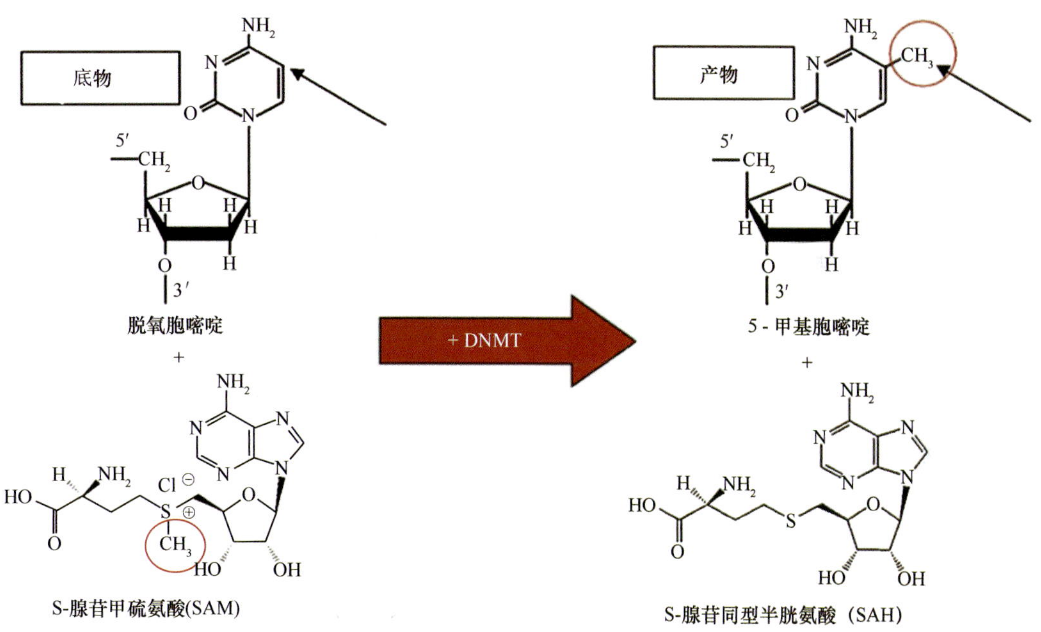

图 8-1　DNA 甲基化过程

DNA 甲基化主要形成 5-甲基胞嘧啶（5-mC）及少量的 N6-甲基腺嘌呤（N6-mA）和 7-甲基鸟嘌呤（7-mG）。当 DNMT 结合 DNA 后，被修饰的胞嘧啶从 DNA 双螺旋中翻转，突出双螺旋之外，并嵌入酶的袋形催化结构域内。与此同时，碱基对氢键断裂，邻近碱基间堆积作用缺失。甲基转移酶活性部位的保守氨基酸序列中，半胱氨酸残基的硫醇基对底物 C6 位碳进行亲和作用，并形成共价键激活。由于 SAM 的甲基基团结合于 S 原子上，分子极不稳定，在酶的作用下甲基从 SAM 转移至被激活的 C5，随着 C5 位上质子的释放与共价中间物的转变，最终完成 DNA 甲基化修饰过程（Villar-Garea and Esteller，2003）。

3. DNA 甲基化与基因表达调控

DNA 甲基化可在转录水平调控基因的表达。甲基化 DNA 可直接或与甲基化结合蛋白相互作用，间接影响转录因子的结合活性。E2F、AP2、MYC 和 YY1 等就是一类依赖于 CpG 与 DNA 结合的转录因子。当启动子区的 CpG 发生甲基化时，阻碍了这类转录因子与启动子的结合而降低基因转录。DNA 的大沟是转录因子与 DNA 结合的重要部位，但当该部位的 DNA 被甲基化时，5-甲基胞嘧啶会伸入 DNA 双螺旋的大沟，从而影响与转录因子的结合。另外，一些 MBD 也参与了基因的沉默，它们含有两个结构域：一类是 MBD 结构域，与甲基化或半甲基化的 DNA 发生作用；另一类是转录抑制结构域（TRD），与多种转录抑制因子发生作用，抑制基因表达活性。这些调控因子大多数都可与染色质重构复合物相互作用，如可与组蛋白去乙酰化酶复合物相互结合，使组蛋白去乙酰化，促进染色质结构的致密化，从而达到抑制基因表达的作用。

4. DNA 甲基化与其他表观遗传修饰的关系

研究发现，核小体在染色质中的分布与 DNA 甲基化的分布有关。核小体存在部位的 DNA 甲基化水平较高，而且 DNA 甲基转移酶倾向于把核小体序列作为靶序列，说明 DNA 甲基转移酶和核小体相互作用的保守性。核小体组蛋白 N 端赖氨酸残基的甲基化和乙酰化修饰对于 DNA 的甲基化也具有调节作用。组蛋白 H3 的 N 端第 9 位赖氨酸三甲基化（H3K9me3）被认为是 DNA 甲基化的必要条件。如将粗糙脉孢菌中的 H3K9 特异性甲基化酶进行突变，将导致基因组甲基化水平降低，并且这种低甲基化水平仅由 H3K9me3 修饰所诱导。H3K27 甲基化复合物 EZH2 也可与 DNA 甲基转移酶相互作用，调控特异位点的 DNA 的甲基化。此外，MBD 和甲基转移酶都可以与组蛋白乙酰化修饰蛋白相互作用，影响 DNA 甲基化状态。目前也发现一些蛋白质具有 DNA 甲基转移酶和组蛋白乙酰化识别结构域，推测这些蛋白质可以通过识别组蛋白乙酰化信号来调节 DNA 甲基化酶的功能，从而影响 DNA 甲基化。

非编码 RNA（miRNA 或 lincRNA）也参与了 DNA 甲基化调节。例如，miRNA 调节了拟南芥 *HD-ZIP* 基因启动子区 CpG 岛的甲基化，miR-143 抑制 DNMT3a 的表达。miRNA 也参与调节 DNA 甲基转移酶的转录，在小鼠中，当缺乏 Dicer 酶时，引起胚胎干细胞中的 *miR-290* 表达下调和靶基因 *Rbl2* 的表达上调，Rbl2 进而抑制 DNMT3a 和 DNMT3b 的表达，导致细胞基因组甲基化水平降低。

（二）DNA 去甲基化

DNA 去甲基化（demethylation）包括主动去甲基化（active demethylation）和被动去甲基化（passive demethylation）。主动去甲基化是在去甲基化酶的作用下，利用核苷酸切除和连接步骤而进行的核苷酸替代过程，而被动去甲基化则是由于 DNA 复制而造成的甲基化丢失。

直到 2009 年，人们发现了 DNA 羟甲基化方式，才认识到去甲基化的分子机制。DNA 羟甲基化是近年来新发现的一种调节 DNA 甲基化的方式，该过程的产物 5-羟甲基胞嘧啶（5-hydroxymethylcytosine，5hmC）作为一种新的 DNA 碱基修饰形式，被喻为基因组中的“第六种碱基”。5hmC 最早发现于 T4 噬菌体中，当时对于 5hmC 的研究主要围绕在其对噬菌体 DNA 的保护作用。哺乳动物基因组中的 5hmC 最早发现于 1972 年，由于其在大多数细胞中含量较少而没有探索其生物学功能和意义。2009 年，两个研究小组报道了在小鼠的神经元细胞和胚胎干细胞中存在大量的 5hmC，由此展开了对这种“第六种碱基”的研究热潮。

羟甲基化修饰是通过 TET（ten-eleven translocation）蛋白家族实现的，TET 蛋白属于 2-氧化戊二酸（2OG）和 Fe^{2+}依赖性双加氧酶（2OGFeDO）。TET 家族蛋白有三个成员，即 TET1、TET2 和 TET3。TET 蛋白含有一个富含半胱氨酸的区域（cysteine-rich region）和一个 C 端催化结构域（C-terminal catalytic domain）。除了 TET2 蛋白外，其他成员都含有一个 N 端的 CXXC 型锌指结构域。该结构域存在于多种染色质相互作用的蛋白质，可选择性结合未甲基化 CpG 二核苷酸。

在发生羟基化时，TET 蛋白分子以氧作为底物催化 2-氧化戊二酸氧化脱羧，使 5mC 转化成 5hmC。5-羟甲基胞嘧啶作为去甲基化途径的关键中间体，行使表观遗传修饰的监管职能。TET 蛋白还可以氧化 5hmC 为 5-醛基胞嘧啶（5-formylcytosine，5fC）和 5-羧基胞嘧啶（5-carboxylcytosine，5caC），而 5caC 和 5fC 能进一步被胸腺嘧啶 DNA 糖基化酶（thymine-DNA glycosylase，TDG）识别并切除，所产生的脱碱基位点，可以通过碱基切除修复（BER）途径进行修复，产生未修饰的胞嘧啶（Gong et al.，2012）。AID 和 APOBEC 家族的脱氨酶，也已被证明可以使 5hmC 脱氨基，产生 5-羟甲基尿嘧啶（5-hydroxymethyluracil，5hmU），形成 U：G 错配，再经 DNA 剪切修复途径修复（图 8-2）。

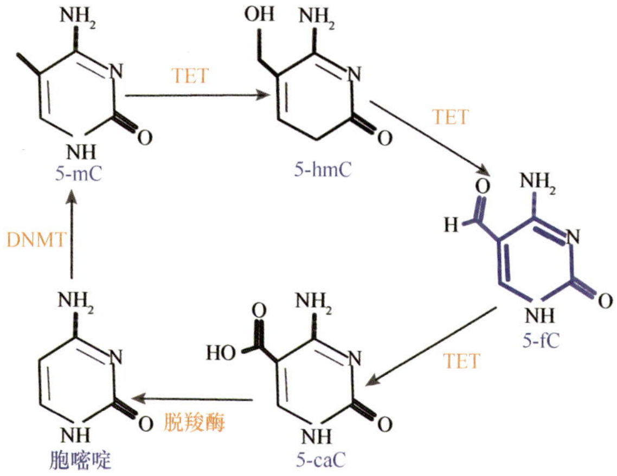

图 8-2　TET 家族蛋白调节的 DNA 去甲基化

二、组蛋白修饰

在真核细胞中，染色质的基本组成单位是核小体，由 4 种核心组蛋白（H2A、H2B、H3、H4）构成，DNA 缠绕其上，并通过组蛋白 H1 与下一个核小体连接，构成染色质。

组蛋白的 N 端结构域游离于核小体的核心结构之外，可同其他调节蛋白和 DNA 发生相互作用。基因的转录和染色质高级结构的调控都与组蛋白密切相关，N 端的氨基酸残基经常受到其他因子的作用，产生乙酰化、甲基化、磷酸化、ADP 核糖基化、泛素化、羰基化等修饰，改变核小体的结构，影响或调节基因的转录活动（图 8-3）。

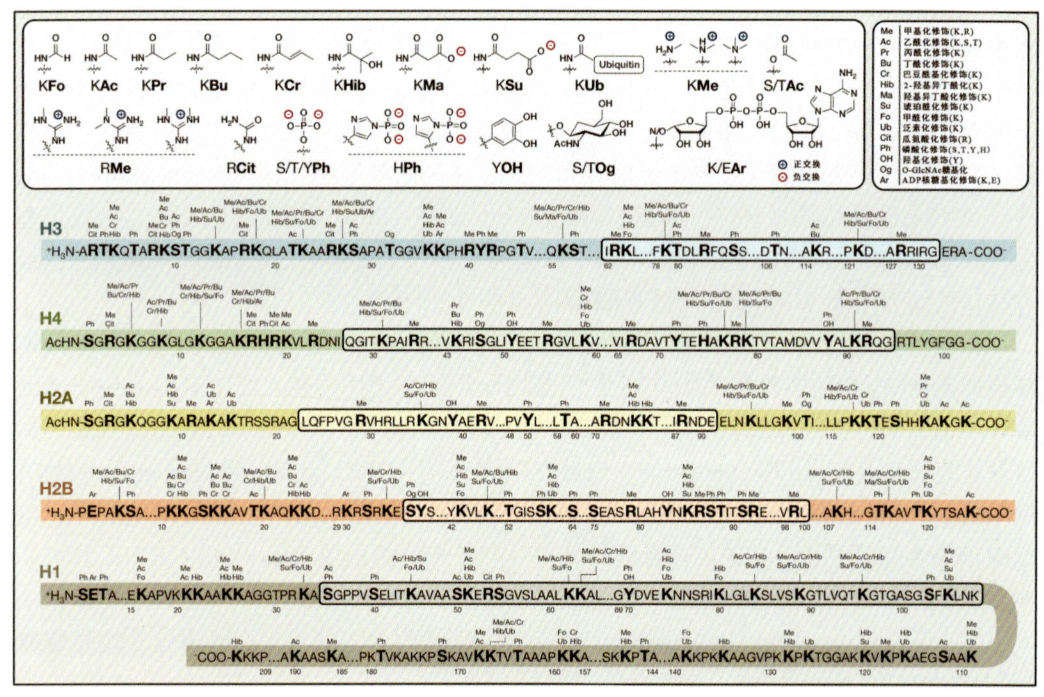

图 8-3 组蛋白共价修饰示意图（Gong et al.，2012）

（一）组蛋白乙酰化与去乙酰化

1. 组蛋白乙酰化

组蛋白乙酰化（histone acetylation）是最早被发现的与转录有关的组蛋白修饰方式，它通过组蛋白乙酰化转移酶（histone acetyltransferase，HAT）实现。一般情况下，组蛋白乙酰化有利于 DNA 与组蛋白八聚体的解离，松弛核小体结构，从而使各种转录和协同转录因子能与 DNA 位点特异性结合，激活基因的转录。在组蛋白乙酰化过程中，HAT 将乙酰辅酶 A 的乙酰基转移到组蛋白 N 端赖氨酸侧链的 ε-氨基上。通过中和电荷的方式减弱组蛋白与 DNA 之间或核小体与核小体之间的相互作用，引起核小体及染色质构象的变化，影响核小体结构的稳定性。组蛋白乙酰化后可以招募其他转录调节因子或复合物进入相应基因位点，从而影响转录（Hebbes et al.，1988；Rice and Allis，2001）。组蛋白 H3 和 H4 是重要的乙酰化修饰目标蛋白，它们 N 端的 H3K9、H3K14、H3K18、H3K23、H4K5、H4K8、H4K12 和 H4K16 赖氨酸残基是重要的修饰位点。

根据在细胞中所处的位置，可以将 HAT 分为 A、B 两类：A 类存在于细胞核，参与基因的转录调控；B 类位于细胞质中，参与新合成的核心组蛋白的乙酰化。根据结构和性质，HAT 分为三大家族，即 GNAT 家族（Gcn 5-related N-acetyltransferase）、MYST 家族（MOZ、Ybf2/Sas3、Sas2、Tip60）和 p300/CBP。

2. 组蛋白去乙酰化

与组蛋白乙酰化相对应的是组蛋白去乙酰化（histone deacetylation），由组蛋白去乙酰化酶（histone deacetylase，HDAC）调节。根据与酵母组蛋白去乙酰化酶的同源性、细胞内定位和组织分布特异性，可将 HDAC 分为 4 个亚族：Class Ⅰ、Class Ⅱ、Class Ⅲ和 Class Ⅳ。Class Ⅰ亚族（HDAC1、HDAC2、HDAC3 和 HDAC8）与酵母的 RPd3（reduced potassium dependency-3）同源，广泛表达于各种组织，主要定位在细胞核中，发挥抑制基因转录的功能。Class Ⅱ亚族（HDAC4、HDAC5、HDAC6、HDAC7、HDAC9 和 HDAC10）与酵母的组蛋白脱乙酰基酶Ⅰ（histone deacetylase Ⅰ，Hda Ⅰ）同源，特异性地分布于心脏、平滑肌和脑等组织器官中。根据催化结构域的数量，Class Ⅱ亚族又分为 Class Ⅱa（HDAC4、HDAC5、HDAC7 和 HDAC9）和 Class Ⅱb（HDAC6 和 HDAC10）。Class Ⅱa 与其他 HDAC 家族成员一样，只含有一个催化结构域，而 Class Ⅱb 成员含有两个催化结构域。Class Ⅲ亚族与酵母沉默信息调节因子 2（silent information regulator 2，Sir2）同源性较高而被命名为 Sirtuin，包括 SIRT1、SIRT2、SIRT3、SIRT4、SIRT5、SIRT6 和 SIRT7，它们都依赖于 NAD^+发挥催化活性。Class Ⅳ亚族仅含有 HDAC11，在结构上有不同于 Class Ⅰ和 Class Ⅱ成员的独特特征。Class Ⅰ、Ⅱ和Ⅳ亚族的 11 个 HDAC 都是锌离子依赖性的金属蛋白酶（Peserico and Simone，2011）。

在细胞核内，组蛋白乙酰化与去乙酰化过程处于动态平衡，由 HAT 和 HDAC 共同调控。HAT 使组蛋白发生乙酰化，使核小体松弛、DNA 疏松，激活基因的转录；HDAC 使组蛋白去乙酰化，与带负电荷的 DNA 紧密结合，使染色质致密卷曲，抑制基因的转录。

（二）组蛋白甲基化

组蛋白甲基化由组蛋白甲基转移酶（histone methyl-transferase，HMT）调节。HMT 家族包括两大类：一类包含 SET 结构域；另一类没有 SET 结构域，命名为 DOT1 家族。具有 SET 结构域的 HMT 能够催化赖氨酸单、双或三甲基化，甲基化可发生在组蛋白的赖氨酸和精氨酸残基侧链的 N 原子上。赖氨酸残基能够发生单、双、三甲基化，而精氨酸残基能够单、双甲基化。

组蛋白赖氨酸甲基转移酶以硫腺苷甲硫氨酸（AdoMet）依赖的方式催化赖氨酸的 ε-氨基发生单、双或三甲基化修饰。组蛋白 H3 的第 4、第 9、第 27 和第 36 位的赖氨酸，H4 的第 20 位赖氨酸，以及 H3 的第 2、第 17、第 26 位的精氨酸及 H4 的第 3 位精氨酸都是甲基化的常见位点。组蛋白精氨酸甲基化是一种相对动态的标记，H3 和 H4 精氨酸甲基化与基因激活和沉默相关，而赖氨酸甲基化似乎是基因表达调控中一种较为稳定的标记。例如，H3 第 4 位的赖氨酸残基甲基化与基因激活相关，而第 9 位和第 27 位赖氨酸甲基化与基因沉默相关。此外，H4 第 20 位的赖氨酸的甲基化与基因沉默相关，H3K36 和 H3K79 的甲基化与基因激活有关（Martin and Zhang，2005）。但应当注意的是，甲基化个数与基因沉默和激活的程度相关。赖氨酸不同位点的甲基化及相同位点甲基化的数目，对基因的表达既有抑制作用也有促进作用（Berger，2007；Wang et al.，2007）。而且，不同位置的甲基化，其意义不一样。例如，H3K9 甲基化在启动区抑制基因表达，而在编码区激活基因表达；而且 H3K9 甲基化对表达的调控作用也具有基因的依赖性（Martin and Zhang，2005）。组蛋白甲基化还可影响可变剪接。例如，H3K36me3 在成纤维生长因子受体不同剪切型之间存在不同修饰形式，当组蛋白标记水平发生改变时，相应的可变剪接水平也发生了改变（Pal et al.，2011）。

（三）组蛋白磷酸化

组蛋白磷酸化（histone phosphorylation）是指在磷酸激酶等相关酶的作用下，把 ATP 的磷酸基转移到组蛋白氨基酸残基上的过程。组蛋白磷酸化主要发生在丝氨酸（Ser）、苏氨酸（Thr）和酪氨酸（Tyr）上。丝氨酸磷酸化的主要作用是变构蛋白质以激活蛋白质的酶活力。而酪氨酸磷酸化除了在变构及激活该蛋白质的酶活力之外，更重要的功能是为结合蛋白提供一个结构基团，以促进与其他蛋白质相互作用而形成多蛋白复合体。多蛋白复合体的形成再进一步促进蛋白质的磷酸化，由最初蛋白质磷酸化所产生的信号一步步放大并传递下去（Burke and Zhang，1998）。因此，酪氨酸磷酸化和多蛋白复合体的形成构成了细胞信号转导的基本机制，几乎所有的多肽细胞生长因子都是通过此途径来激活细胞，刺激细胞生长（Hans and Dimitrov，2001）。因而，催化蛋白质酪氨酸磷酸化的酪氨酸激酶（tyrosine kinase）成为信号转导和控制细胞生长的关键分子。

组蛋白的 H3S10、H3S28、H3T3、H3T11、H4S1、H2AS1、H2AS10 及 H2BS32 是磷酸化修饰的重要位点。在有丝分裂期间，H3T3 的磷酸化决定了激酶 Aurora B 在染色体上的定位，对细胞完成正确的分裂至关重要。如果定位发生错误，细胞分裂就会出现障碍，可能导致染色体无法平均分配到子代细胞，影响染色体的整倍性，可能转化为肿瘤细胞（Ghenoiu et al.，2013；Kelly et al.，2010）。H3T3 位点的去磷酸化受蛋白磷酸酶 PP1 的作用，同时亚单位蛋白 Repo-Man 对 PP1 的去磷酸化作用进行调控。H3T3 的磷酸化与去磷酸化的动态协调调控，T3 才会在适当的位置被适度的磷酸化，从而调控 Aurora B 的定位，以准确的方式完成有丝分裂（Qian et al.，2011）。

在有丝分裂过程中，H3S10 的磷酸化受到 Aurora B 激酶调控。H3S28 受到丝裂原应激激活蛋白激酶（mitogen and stress-activated protein kinase，MSK）的磷酸化调节（Sharma et al.，2015）。当 DNA 受到损伤时，H4S1 可以被酪蛋白激酶 2（casein kinase 2，CK2）磷酸化，抑制 H4 组蛋白 N 端的乙酰化，使染色质发生凝集（Utley et al.，2005）。

组蛋白磷酸化也影响染色质的结构和功能。携带负电荷的磷酸基团中和了组蛋白上的正电荷，改变组蛋白与 DNA 结合的稳定性。有丝分裂 G_2 期初始阶段 H3S10 磷酸化，影响基因转录的起始和有丝分裂期染色体凝集时形态结构的改变。H3S10、H3S28、H3T3 和 H3T11 的缺乏，造成减数分裂Ⅰ期和Ⅱ期中 X 染色体着丝粒失活，致使 X 染色体不分离。H3S28 磷酸化还可以调节依赖 RNA 聚合酶Ⅲ的转录。此外，组蛋白磷酸化修饰影响核小体的装配（North et al.，2011）。

（四）组蛋白泛素化

泛素（ubiquitin，Ub）是含76个氨基酸残基高度保守的蛋白质，分子质量为8500Da。泛素分子氨基端1～72位点的氨基酸残基形成一个紧密折叠的球状结构，羧基端的4个氨基酸残基随机盘绕。泛素分子羧基末端甘氨酸的羧基与组蛋白赖氨酸的氨基相互结合，形成异构肽键。组蛋白泛素化的过程需要泛素激活酶（ubiquitin-activating enzyme，E1）、泛素接合酶（ubiquitin conjugating enzyme，E2）和泛素-蛋白质连接酶（ubiquitin-protein ligase，E3）调节完成。E1在ATP的参与下，使其半胱氨残基与泛素羧基末端甘氨酸残基形成高能硫酯键，构成泛素-E1偶联物并将泛素激活。活化后的泛素通过转酯作用，被转移至E2的活性半胱氨酸残基上，之后转移到相应E3上形成高能泛素-E3-偶联物。E2有直接将泛素转移到靶蛋白的赖氨酸的功能，但是特异性识别的泛素调节路径，需要特异的泛素连接酶E3来完成特异靶蛋白的修饰，建立泛素羧基与赖氨酸氨基的异肽键，或者转移到靶蛋白的泛素上，形成多泛素链。多聚泛素化需要以上3种酶的共同作用（Glickman and Ciechanover，2002）。

除了在芽殖酵母中没有发现泛素化的组蛋白H2A（ubiquitinated-H2A，uH2A）外，多数真核生物中H2A总量的5%～15%被泛素化，并且具有多聚泛素化现象。H2A泛素化能够促进组蛋白H1与核小体结合，使多梳家族蛋白（polycomb group protein）沉默。H2B泛素化的数量仅占其总量的1%～2%，但真核生物中广泛存在。H2B的泛素化位点定位于羧基端的赖氨酸残基，如哺乳动物的K120位点和芽殖酵母的K123位点。H2B泛素化对转录既有促进作用，又有抑制作用，主要是通过其调控的组蛋白甲基化来实现的。泛素偶联酶Rad6可使H2BK123发生泛素化，这也是H3发生甲基化的信号，如H3K4的甲基化。H2B泛素化也可以促使H3K79发生甲基化（Guo et al.，2016）。H2BK123与H3K79在核小体内的位置相当接近，这也可能是H2BK123调节H3K79甲基化的原因之一（Schulze et al.，2009）。H2B泛素化能够参与许多细胞活动，如基因沉默、DNA修复、DNA损伤导致的突变和减数分裂等。

（五）组蛋白苏素化（histone sumoylation）

在生物体内一些蛋白质结构具有泛素同源性，它们是一类泛素类似物（ubiquitin-like modifier，UBL），具有类似泛素化的修饰功能，也被称为苏素化，如Rubl（Nedd8）、Apg8、Apgl2和小泛素相关修饰物（small ubiquitin-related modifier，SUMO）等。另一类是泛素结构域蛋白（ubiquitin-domain protein，UDP），具有与泛素相似的结构域，如Parkin、RAD23和DSK2等（Larsen and Wang，2002）。

SUMO家族是一类高度保守的蛋白质家族，分子质量约11 000Da，在结构上与泛素存在一定相似性。该家族蛋白氨基酸序列虽然在一级结构上仅与泛素有18%的相似性，它是二级和三级结构却非常相似。它们的羧基端具有双甘氨酸残基，且位置与泛素羧基端类似。但是，泛素与SUMO相比，氨基末端缺少一个10～25氨基酸长度的柔韧延伸，并且二者的表面电荷分布也完全不同，这提示它们可能具有不同的功能。同泛素化类似，SUMO修饰也是蛋白质羧基端的甘氨酸残基与组蛋白赖氨酸的ε-氨基之间形成一个异肽键。修饰的具体路径也与泛素化修饰十分相似，涉及多个酶的级联反应，如活化酶、结合酶及连接酶等（Dohmen，2004）（图 8-4）。

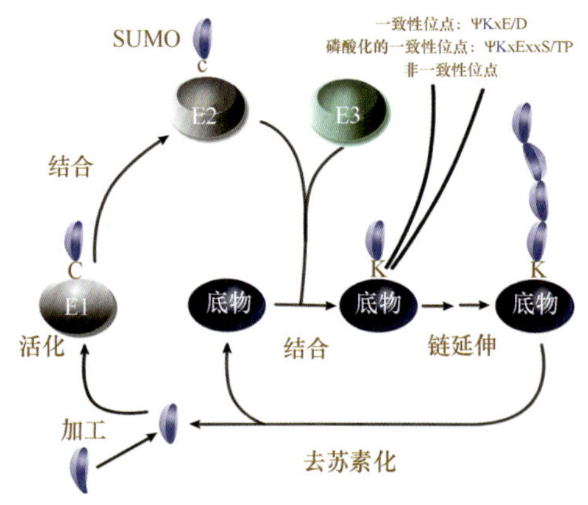

图 8-4　组蛋白苏素化修饰示意图

三、染色质重塑

（一）染色质重塑概述

染色质的结构改变与基因的转录、DNA 复制、DNA 修复、DNA 重组、基因表达等基本生物学过程紧密相关。引起染色质动态变化的因素主要有两种：一是 ATP 依赖的染色质重塑；二是不依赖于 ATP 的 DNA 甲基化、组蛋白修饰等。细胞内一系列特定的染色质重塑复合物在调控 DNA 与蛋白质的相互作用中发挥重要作用。这些染色质重塑复合物利用 ATP 水解产生的能量，通过滑动、重建、移除核小体等方式，改变组蛋白与 DNA 的结合，使其他调控因子易于接近目标 DNA（Runge et al.，2016）。

根据不同重塑复合物具有的特异亚基和各自特异的 ATP 酶亚基结构域的不同，它们分为 SWI/SNF、ISWI（人类包括 RSF、hACF/WCRF 和 hCHRAC 等）、CHD 和 INO80 四个家族。重塑复合物的 ATP 酶结构域因其含有 7 个解旋酶（helicase）特征的模体，所以又都同属于解旋酶超家族 2（helicase superfamily 2，SF2）。除 ATP 酶亚基外，重塑复合物还包括其他多个亚基，这些亚基在重塑染色质过程中起辅助作用。重塑复合物通过 ATP 酶亚基与不同的辅助亚基的组合，行使不同的生物学功能。

所有的重塑复合物都具有如下特性：①复合物与核小体的亲和力远大于 DNA 与核小体的亲和力；②拥有识别组蛋白共价修饰的结构域；③通过 DNA 依赖性的 ATP 酶活性结构域，破坏组蛋白与 DNA 的接触，这也是染色质重塑因子所必需的调控元件；④拥有可以调控 ATP 酶结构域的蛋白质；⑤具有与转录因子相互作用的结构域或蛋白质（Clapier and Cairns，2009）。

重塑复合物所含有的不同 ATP 酶结构域，决定了它们的底物特异性、作用机制特异性及参与不同的生理功能。重塑复合物通过改变与组蛋白结合的 DNA 超螺旋的构象，使调控蛋白容易接近核小体 DNA，进一步改变核小体的构象等。

（二）SWI/SNF 复合物的功能

SWI/SNF 是第一个在酵母中发现的染色质重塑复合体，由 8～14 个蛋白质亚基组成，分子质量约 1.14MDa，ATP 酶催化亚基是 Swi2 和 Snf2 亚基。酵母、果蝇和人的 SWI/SNF 复合物类似，该复合物有两种不同形式，即 BAF（BRGl/hBRM-associated factor，也称为 SWI/SNF-A）和 PBAF（polybromo-associated BAF，也称为 SWI/SNF-B）。BAF 与酵母的 SWI/SNF 复合物相似，而 PBAF 更像酵母的染色质重塑复合物（chromatin remodeling complex）。BAF 复合物以 BRM（brahma homologue，也称为 SMARCA2）或 BRG1（BRM/SWI2 related gene 1，也称为 SMARCA4）作为 ATP 酶催化亚基，同时包含 ARID1A 亚基（也称为 BAF250A 或 SMARCFl 或 ARID1B）。而 PBAF 复合物仅含 BRG1 亚基作为 ATP 酶催化亚基，同时含有 BAF180 亚基（也称为 PBRM1）。BAF 和 PBAF 复合物都包含于其组装和催化活性相关的核心亚基 SNF5（也称为 SMARCB1 或 INI1 或 BAF47）。SWI/SNF 复合物还包括 10～12 个 BAF 作为辅助因子。虽然 SWI/SNF 复合物高度异质化，但是 BAF 却基本相同，都包括 BAF170、BAF155、BAF60、BAF57、BAF53 和 BAF47。最小的具有重塑活性的催化单位由 BRG1、BAF155、BAF170 和 BAF47 组成（Geng et al.，2001）。这些复合物可以与 HDAC 或 HMT 结合发挥不同功能（Guo et al.，2016）（图 8-5）。

（三）ISWI 复合物的功能

ISWI 最初发现于果蝇胚胎。ISWI 重塑复合物家族以 ATP 酶 Iswi 作为催化核心，Iswi 由 N-端的 Swi2/Snf2 ATP 酶结构域、HAND、SANT、ADA2（adaptor 2）、N-CoR（nuclear receptor co-repressor，核内受体辅助抑制因子），TFⅢB（transcription factor ⅢB）、SLIDE（SANT-like ISWI）和 AID（Acfl interaction domain）结构域组成，但缺乏 bromo 结构域（Grune et al.，2003）。ATP 依赖的染色质重塑复合物的主要功能是参与转录激活和抑制，不同染色质重塑复合物调控各自不同的基因，产生特定的生物学活性。由于 ISWI 含有数量众多的亚基类型，ISWI 复合物可以靶向于所有可能的位点，可与组蛋白修饰复合物及基础转录因子如 cohesin、NuRD 等组成复合物。所有包含 ISWI 的复合物都具有移动核小体的能力。目前，共发现 19 种 ISWI 家族复合物（图 8-6）参与调节各种生命活动（Yadon and Tsukiyama，2011）。

（四）CHD 复合物的功能

CHD 蛋白家族最早发现于小鼠，随后在果蝇等其他生物中也发现了相关的蛋白质。该家族有 9 个成员，CHD 1～9（图 8-7）。该复合物蛋白的 N 端存在一个染色质修饰元件（Chromo 结构域），中间区域有一个 SNF2-like 的 ATP 酶结构域。Chromo 结构域直接与 DNA 或 RNA 结合，或与甲基化组蛋白 H3 相互作用，调节染色质结构，在染色质结构重塑与基因转录调控中发挥作用。在酵母和人中，Chromo 参与转录起始的 H3K4 甲基化修饰过程，酵母 CHD1 蛋白还提高基因 3′端的 H3K4me3 水平。SNF2-like 的 ATP 酶结构域在调控染色质组装和转录、DNA 修复和复制、发育和分化等过程中发挥作用。

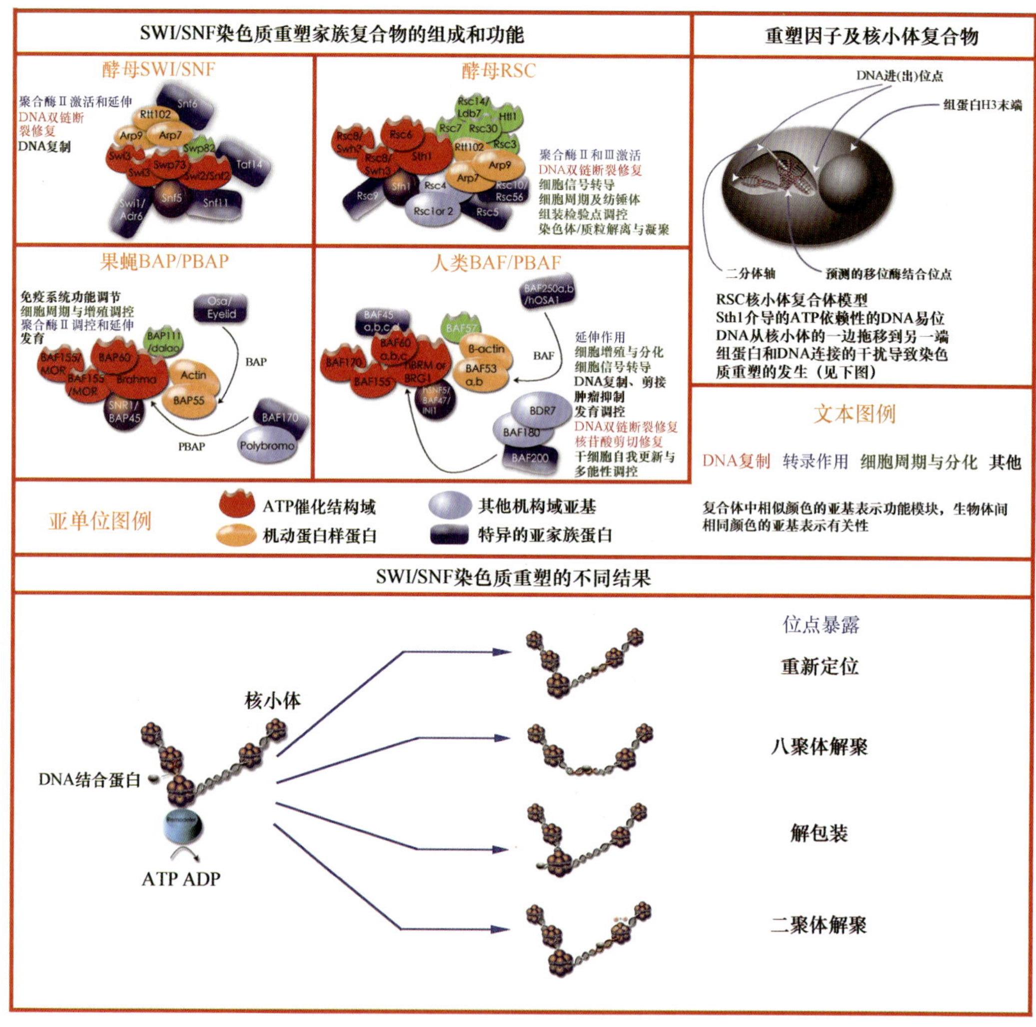

图 8-5 SWI/SNF 复合物组成与功能示意图（Kasten et al.，2011）

CHD 家族分为三类亚家族。第一类亚家族包括酵母及高等真核生物的 CHD1 和 CHD2 复合物，它们的 C 端含有一个 DNA 结合结构域，偏好与富含 AT 的 DNA 模板结合。第二类亚家族没有 DNA 结合域，主要包括 CHD3、CHD4 和 CHD5 复合物（或称 Mi-2α 和 Mi-2β），其 N 端有一对 PHD（plant homeo domain）锌指结构域，与染色质重塑相关，识别甲基化的组蛋白多肽。第三类亚家族包括 CHD 6～9 复合物，该类复合物 C 端包含一对 BRK（Brahma and Kismet）结构域、一个 SANT-like 结构域、CR 结构域及一个 DNA 结合结构域（DNA-binding domain）。BRK 结构域可能与高等真核生物特有的染色质元件互作，且与高等真核生物的功能特异性相关。CR 结构域仅在 CHD9 复合物中发现，功能尚不明确。第三类亚家族的 DNA 结合结构域偏好结合富含 AT 的 DNA 模板（Marfella and Imbalzano，2007；Stanley et al.，2013）。

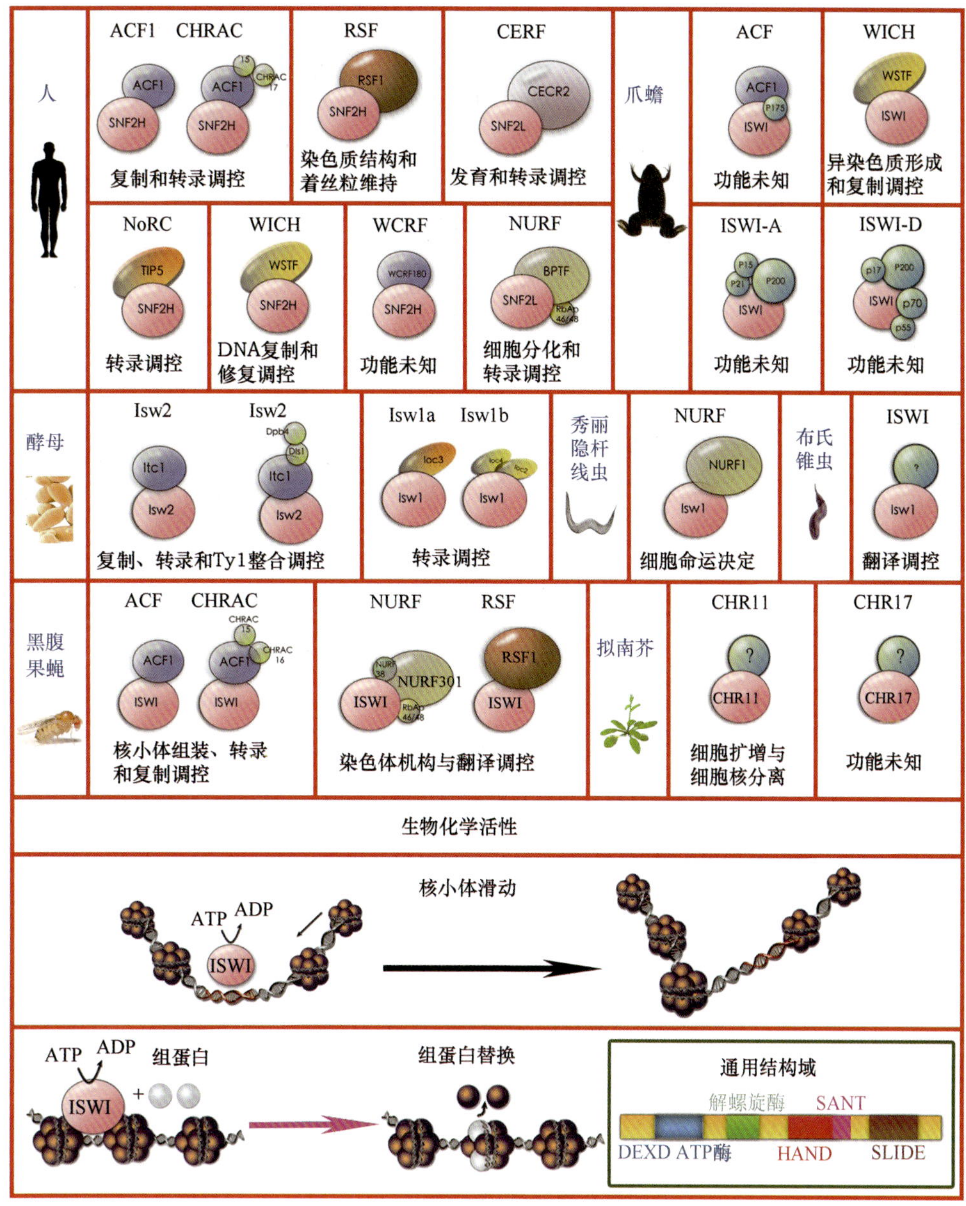

图 8-6　ISWI 复合物组成与功能示意图

人的 CHD1、CHD2、CHD3、CHD4 和 CHD7 复合物在组织中广泛表达，而 CHD5 仅在神经组织中高表达，CHD9 在骨髓中高表达。CHD1 复合物通过结合于染色质的特异区域，保持染色质的活性，调控基因的转录。果蝇的 Chd1 定位于染色质解旋区和转录活跃区（Bouazoune et al.，2002），异染色质区和分裂期细胞的着丝粒区域没有 Chd1 蛋白的定位（Marfella and Imbalzano，2007；Stokes and Perry，1995）。目前，其他 CHD 家族成员的功能还不是很清楚（Sims and Wade，2011）。

CHD家族蛋白的结构	复合物成员				重塑机制及生物功能
亚家族1：CHD1/CHD2 Chromo Chromo ATPase DNA binding 与组蛋白H3K4me3相结合		酵母	果蝇	人	
	CHD1	SAGA/SLIK complex（CHD1）	单体	单体	核小体间隔 ATP ADP+Pi
	CHD2		单体	单体	染色体组装 NAP1 Core histones ATP ADP+Pi CHD1：小鼠胚胎干细胞多能性维持 CHD2：哺乳动物发育、DNA损伤应答和抑制肿瘤
亚家族2：CHD3-5/Mi-2 2PHD结构域与组蛋白H3结构模型		果蝇		人	核小体滑动 ATP ADP+Pi CHD5：乳腺癌、结肠癌核神经外胚层肿瘤中的潜在肿瘤抑制因子
	NuRD				
	dMec				
	CHD5	未知		未知	
亚家族3：CHD6~9		果蝇		人	机制未知 CHD6：定位于转录位点并被DNA损伤诱导 CHD7：在CHARGE综合征中的突变优先结合远端的调控元件 CHD8：参与小RNA和beta链环蛋白调控的基因表达，抑制p53功能 CHD9：调控成骨细胞中的基因表达
	CHD 6/7/8			CHD6-2-3MDa complex	
	CHD9	未知		未知	

图 8-7　CHD 复合物组成与功能示意图

（五）INO80 复合物的功能

INO80 复合物包括 INO80 和 SWR1 两种形式，分别由 15 个和 14 个亚基组成（图 8-8）。与 SNF2 超家族的 ATP 酶/解旋酶结构域不同，INO80 和 SWR1 的 ATP 酶/解旋酶结构域被一个长的间隔区分割。Ino80 亚基由 1489 个氨基酸组成，是 INO80 复合物的组装骨架和 ATP 酶的核心组成部分（Bao and Shen，2007；Shen et al.，2003），与 DNA 依赖性的 Snf2/Swi2 ATP 酶相似。酵母的 INO80 复合物由 Ino80、Rvb1、Rvb2、Arp4、Arp5、Arp8、actin、Nhp10、Anc1/Taf14、Ies1、Ies2、Ies3、Ies4、Ies5 及 Ies6 共 15 个亚基组成。人的 INO80 复合物包括 Ino80、Rvb1、Rvb2、Arp4、Arp5、Arp8、Ies2、Ies6 的同源物及 5 个特殊亚基组成。酵母 SWR1 复合物由 Swr1、Swc2/Vp372、Swc3、Swc4/Eaf2/God1、Swc5/Aorl、Swc6/Vps71、Swc7、Yaf9、Bdf1、Act1/actin、Arp4、Arp6、Rvbl 和 Rvb2 组成。从酵母到人，Rvb1 和 Rvb2 在 INO80 中都是必需的，且高度保守。Rvb 蛋白是 INO80 复合物染色质重塑不可缺少的亚基，Rvb 蛋白的缺失导致 INO80 复合物中 Arp5 的丢失（Shen et al.，2003）。

INO80 具有 DNA 依赖的 ATP 酶活性，以及 3′→5′解旋酶活性，它还可以与自由 DNA 结合。INO80 复合物可以对特定的基因进行正或负调控。例如，INO80 对磷酸盐调节基因 *Pho5* 启动子具有抑制作用，对另一磷酸盐调节基因 *Pho84* 起激活作用。INO80 复合物也参与 DNA 损伤反应。哺乳动物 DNA 发生双链断裂时，H2AX 组蛋白变体发生磷酸化（γ-H2AX），该蛋白质的磷酸化对于 DNA 损伤后的准确修复非常重要。INO80 可通过 γ-H2AX 在损伤位点进行募集，建立染色质重塑与 DNA 断裂修复之间的联系。INO80

与γ-H2AX 的相互作用需要 Nhp10 和 Ies3 的参与（Morrison et al.，2004；van Attikum et al.，2004）。总之，INO80 复合物通过调控 DNA 双链断裂位点附近的 DNA 修复蛋白，发挥多种 DNA 修复作用。

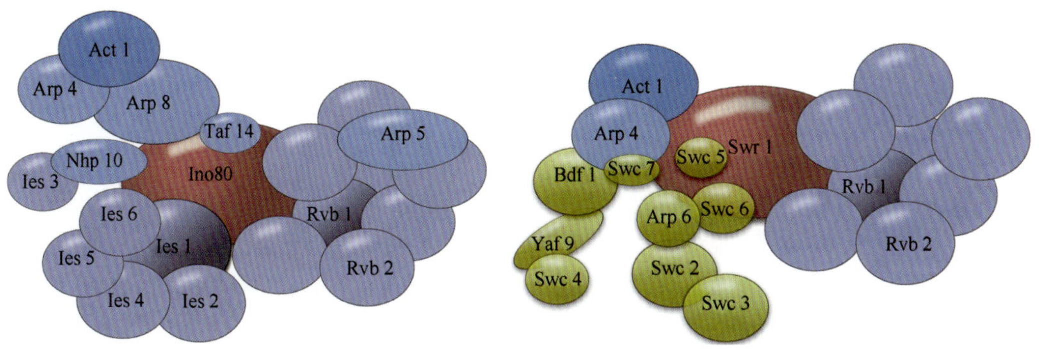

图 8-8　INO80 复合物结构示意图

（六）染色质重塑模式和机制

染色质重塑复合物可以通过滑动核小体、移除或置换核小体等改变核小体构象，解除组蛋白与 DNA 的接触联系，实现染色质的重塑。所有的染色质重塑 ATP 酶都是 SF2 家族的成员，也都属于 ATP 依赖的 DNA 转位酶（Yodh，2013）。

1. 核小体滑动

SWI/SNF 复合物的作用是调节核小体形成间隔均匀的串珠结构。SWI/SNF 通过消耗 3 个或 4 个 ATP 水解产生的能量，将核小体从其最初位置移动 52bp。SWI/SNF 复合物调节的核小体在同一 DNA 分子上的滑动称之为顺式滑动；将核小体转移到其他的 DNA 分子上称为反式滑动。顺式滑动是染色体重塑复合物主要的催化方式（图 8-5）。与 SWI/SNF 复合物类似，ISWI 复合物调控核小体均匀分布，有利于建立染色质高级结构。ISWI 作为二聚体发挥作用，仅能够将核小体移动 9bp，消耗 1 个 ATP（Gangaraju and Bartholomew，2007）（图 8-6）。

2. 核小体移除和置换

SWI/SNF 通过创建 DNA 环，消除了核小体和组蛋白伴侣间的联系，促进组蛋白二聚体或整个八聚体的移除。组蛋白与 DNA 联系的减少，促进了组蛋白八聚体的分离，形成两个 H2A-H2B 二聚体和一个 H3-H4 四聚体。DNA 的移动促使核小体分离，以二聚体或八聚体的形式释放（图 8-5）。核小体的移除降低了启动子区核小体的比率，提高基因的转录活性（Bruno et al.，2003；Mizuguchi et al.，2004）。

SWR1 复合物催化核小体 H2A 与 H2AZ 变体之间的交换，H2AZ 与转录激活的启动子相关。与 SWI/SNF 类似，SWR1 作用于 DNA 与 H2A-H2B 二聚体，直接驱动第一个 H2A-H2B 二聚体从八聚体分离，进一步诱导 H2AZ-H2B 或 H2A-H2B 的组蛋白八聚体重组，促使 SWR1 催化第二个 H2A-H2B 二聚体的交换（Raisner et al.，2005）。

3. 改变核小体构象

核小体的滑动或通过改变核小体的位置，使紧密包裹核小体区域的 DNA 得以暴露；或通过 ATP 水解产生的能量，形成稳定的大小约为 100bp 的 DNA 环，而使 DNA 暴露。核小体位置的滑动、DNA 的暴露，改变了核小体构象（Yodh，2013）（图 8-5 和图 8-6）。

4. 组蛋白游离末端的作用

组蛋白游离的末端氨基酸残基通过与重塑复合物的互作，调节染色质重塑。ISWI 识别组蛋白 H4 的一个重要区域 $R_{17}H_{18}R_{19}$，在 ATP 酶的作用下，使核小体排列成均匀间隔的串珠状。SWI/SNF 复合物在催化核小体串翻转时，需要与组蛋白末端氨基酸相互作用。同时，组蛋白氨基酸末端的修饰也影响重塑复合物的募集和稳定性。H3K9me3 修饰可以促进 ISWI 的募集，而 H3K4me3 修饰可以促进核小体重塑因子（NURF）的 PHD 的募集。此外，SWI/SNF 与核小体的稳定作用关系，需要组蛋白乙酰化修饰。H4K8 的乙酰化和组蛋白 H3 形成的球状结构有利于 SWI/SNF 的募集（Clapier et al.，2002；Maatouk et al.，2006）。

四、假基因

假基因（pseudogene）最初被称为“垃圾 DNA”，它们在序列结构上与编码基因非常类似，但是不能编码有功能的蛋白质，往往存在于真核生物的多基因家族中，常用 ψ 表示。1977 年，Jacq 等从非洲爪蟾中克隆了一个结构与 5S rRNA 非常相似的序列，该序列在 5′端有 16bp 的缺失和 14bp 的错配，不能转录为 mRNA，后来将这段与 5S rRNA 同源的序列称为假基因。根据其来源，可分为保留了间隔序列的复制假基因（如珠蛋白假基因家族）和缺少间隔序列的已加工假基因。DNA 序列突变导致基因表达阻断是形成假基因的关键。例如，基因组 DNA 重复、不均等重组导致的编码区或调控区突变，这种为重复假基因（Balakirev and Ayala，2003）；cDNA 重组回基因组时发生突变或失去正常功能，这样形成的假基因称为加工假基因或返座假基因（Vanin，1985）。此外，一些线粒体 DNA 也会整合入基因组中，丧失功能后也形成假基因（Wang et al.，2007）。

在人类基因组中，仅约 2%的 DNA 具有编码蛋白质功能，剩余 98%的序列中存在大量假基因。假基因与其功能基因在染色质上的排列并非共线性关系，而是散布于有活性的功能基因之间。这些假基因保留了祖先功能基因的残余拷贝，为进化和基因组动态学研究提供了非常宝贵的材料及重要线索。并且研究表明，假基因也并不是全无功能。有些假基因转录后在 RNA 水平上参与基因的表达调控，假基因也可以被重新激活，产生新的有功能的基因（Frohlich and Vogel，2009）。

假基因可以产生小 RNA。目前发现的小 RNA 有三类，即 microRNA（miRNA）、小干扰 RNA（siRNA）与 Piwi 蛋白互作的 RNA（Piwi-interacting RNA，piRNA）。在小鼠中，卵母细胞中的假基因能够产生 siRNA 而调控其同源基因的表达（Tam et al.，2008；Watanabe et al.，2008）。动物的生殖细胞系中还存在 miRNA 和 piRNA。miRNA 在各种

组织中普遍表达，piRNA 主要在生殖细胞和性腺体细胞中表达。piRNA 抑制反转录转座子活性，有维持基因组稳定性和参与调节雄性生殖细胞成熟的功能。siRNA 可以作用编码蛋白基因的有义链，也可作用无义链（Tam et al.，2008）。在小鼠卵母细胞中，作用无义链的 siRNA 来自蛋白质编码基因产生的假基因（Tam et al.，2008）。

核仁小分子 RNA（snoRNA）是一类存在于核仁中的小分子非编码 RNA，在真核细胞中广泛分布。snoRNA 具有保守的结构元件，可以通过无义介导的 mRNA 降解（nonsense-mediated mRNA decay，NMD）机制将其清除。NMD 调控那些含有终止密码子假基因转录本的降解。2005 年，Mitrovich 等在线虫中发现，snoRNA 能够从假基因的内含子转录出来，而逃避 NMD。因此，转录的假基因可以作为 snoRNA 的载体对其进行保护（Mitrovich and Anderson，2005）。

目前，越来越多的研究证实，一些假基因是具有转录活性的。DNA 元件百科全书（ENCODE）计划研究表明，在人类基因组中，至少有 20%的假基因具有不同程度的转录活性；重复假基因和加工假基因都可以转录；但是“垃圾 DNA”区转录物的功能还不清楚（Willingham and Gingeras，2006）。Khachane 等在剔除人类基因组数据库和不同数据库中相互重叠的冗余数据后发现，人类基因组约含有 15 000 个假基因，具有转录活性的约占 11.7%（1750 个）；3%～6%的假基因在反义方向（antisense direction）上转录，这可能阻止假基因转录物与其同源基因转录物之间互补杂交。相比人类基因组，在小鼠基因组中，具有转录活性的假基因不到 2%（Khachane and Harrison，2009）。由于假基因在进化上高度保守，因此序列保守性是推断基因组序列有无功能的重要指标。通过同源性搜索结合共线性分析发现，人和猕猴之间有一半以上的转录假基因保持共线保守，而人和小鼠之间的保守性仅为 3%。比对表达序列标签（EST）显示，*Rps27* 假基因（核糖体蛋白 S27 的假基因）是在人和小鼠之间保守的转录假基因，*Rps27* 假基因还可能会表达成蛋白质，这一点与人类基因组包含 80 个（非 79 个）核糖体蛋白基因的假说相吻合（Balasubramanian et al.，2009）。某些假基因的转录可能比其同源功能基因的转录更活跃，但空间表达及转录时的剪切方式可能与功能基因不同。例如，肿瘤抑制基因 *Pten* 和假基因 *Ptenp1* 在不同组织中的转录有差异（Guo et al.，2016）。

五、非编码 RNA

非编码 DNA 序列是在基因组中不具有编码蛋白质功能的那些 DNA。但是，越来越多的证据表明，非编码 DNA 虽不表达蛋白质，但可以通过转录成 RNA 而发挥功能。非编码序列中包括非编码基因、启动子、内含子、5′非翻译区（UTR）、3′非翻译区和基因间区。基因间区包括转座元件的缺陷拷贝、假基因等被详细注释的序列片段及剩余部分。

非编码 DNA 序列的转录产物，即非编码 RNA（non-coding RNA，ncRNA）。非编码 RNA 是不参与蛋白质编码的 RNA 的总称，包括 rRNA、tRNA、snRNA、snoRNA、siRNA、miRNA 和 piRNA 等。根据长度可以划分为两类，即小于 50nt，包括 miRNA、siRNA 和 piRNA，50～500nt 的是 rRNA、tRNA、snRNA 和 snoRNA。非编码 RNA 通过与 DNA 或染色质、RNA、蛋白质相互作用，调控染色质结构，调节基因的转录和翻译，参与细胞分化、个体发育、遗传和表观遗传等重要生命活动。几乎所有的表观遗传行为，如 DNA 甲基化、基因印记作用、组蛋白甲基化与乙酰化等均受到非编码 RNA 的调控。

非编码 RNA 参与转录后的基因沉默。RNA 干扰（RNA interference，RNAi）现象是由非编码 RNA 介导的细胞内 mRNA 发生特异性降解过程，导致靶基因的翻译沉默。在植物中，siRNA 能从一个植物转移到另外的植物体内，引起目标 mRNA 的降解。siRNA 是一种外源 ncRNA，呈双链结构，长为 21～23nt，与所作用的靶 mRNA 具有同源性，可人工导入细胞或者通过病毒感染进入细胞。siRNA 双链的 3′端各有 2～3 个突出的核苷酸，是细胞识别真正的 siRNA 和其他双链 RNA 的结构基础，也对靶点识别的特异性起一定的作用。siRNA 介导的 RNAi，首先由内切核酸酶（RNaseIII家族的核糖核酸酶）将双链 RNA 加工成大小 21～23nt 3′端带有两个突出碱基的 siRNA；然后由 siRNA 中的反义链指导与 Argonaute 蛋白形成核蛋白体，该核蛋白体称为 RNA 诱导的沉默复合物（RNA-induced silencing complex，RISC）；在 ATP 参与下，RISC 内的 siRNA 解链成单链，引导 RISC 寻找互补的 mRNA；在内切酶的作用下，使 mRNA 降解，起到特异地抑制基因表达的效果。在 siRNA 的形成过程中，Dicer 发挥重要作用。Dicer 属于 RNase III家族中不常见的成员，具有高度的保守性，含有解旋酶活性及 dsRNA 结合域和 PAZ 结构域。

siRNA 介导的基因沉默具有高效性和浓度依赖性，可以在比单纯反义或正义 RNA 低几个数量级的浓度下发挥作用，并且 RNAi 效应的强度随着其浓度的增高而增强。siRNA 的作用是特异的，siRNA 碱基错配会降低其干扰效率，而且不同位置碱基的错配所引起的效率减低也不同。如中央位置碱基发生错配，就会严重降低 RNAi 效应；而 3′端的碱基错配对 RNAi 效应的影响较小。此外，3′端倒数第二个碱基在 RISC 与靶 mRNA 结合时起到极为重要的作用，因此该处不能出现碱基错配。siRNA 作用有位置效应，即同一基因不同区段的 siRNA 对该基因的沉默效率有所不同。dsRNA 对 mRNA 的结合部位有碱基偏好性，相对而言，GC 含量较低的 mRNA 被沉默效果最好。siRNA 具有时间效应，它们不能长期发挥作用，一般为 2～3 天（Worby et al.，2001）。

与外源性的 siRNA 不同，miRNA 是一种长度为 21～25nt 的内源性单链 RNA 片段，广泛存在于真核生物体内。miRNA 从产生到成熟经历三种形式的变化：初级 miRNA（pri-miRNA）、前体 miRNA（pre-miRNA）和 miRNA。它们在细胞核内被转录，从长的初级 miRNA 生成 70nt 的前体 miRNA，然后被运送出核，在细胞质中被 Dicer 切割，变为成熟的 miRNA。

大多数 miRNA 由基因间的 DNA 序列编码，在 RNA 聚合酶II的作用下进行转录，转录方向与相邻的基因往往相反。另外，还有基因 miRNA，它们位于基因的内含子中，会随着 mRNA 的转录而转录，并包含在 mRNA 的前体中。这一类 miRNA 的转录方向与对应的 mRNA 转录方向一致，因此一般认为此类 miRNA 的表达和对应的 mRNA 一样具有组织特异性。聚集呈簇的多个 miRNA 往往来自同一个 pri-miRNA 转录物。RNase III内切酶和 dsRNA 结合域搭档蛋白（dsRBD）是从 pri-miRNA 转变为 pre-miRNA 的关键蛋白。在哺乳动物细胞核中，pri-miRNA 被 Drosha 和 dsRBD DGCR8 加工成 60～70nt

的 pre-miRNA。产生的 pre-miRNA 有一个茎环结构，3′端有一个 2nt 的悬臂，5′端是磷酸基。生成的 pre-miRNA 在 Ran-GTP 依赖的核/细胞质转运蛋白 Exportin 5 作用下，从核内运输到细胞质中。Ran 是一个能带动 RNA 和蛋白质并顺利通过核孔（nuclear pore）的 GTPase。Exportin 5 与 Ran-GTP 及 pre-miRNA 形成异三聚体，通过核孔进入细胞质；然后 Ran-GTP 转变为 Ran-GDP，释放 pre-miRNA。在细胞质中，Dicer 与 dsRBD 搭档蛋白 TRBP 或 LOQS（哺乳动物中是 TRBP，果绳中是 LOQS）切割 pre-miRNA，产生结构类似于 siRNA、长度为 21～25 个核苷酸的二聚体 miRNA，即 miRNA*（双链 miRNA）。miRNA 与 miRNA*在 RNA 解旋酶作用下，产生 miRNA，miRNA 与核蛋白复合物形成 RNA 诱导的沉默复合物（miRNP/RNA-induced silencing complex，miRNP/RISC），发挥降解或者翻译抑制作用（van Rooij and Olson，2012）（图 8-9）。

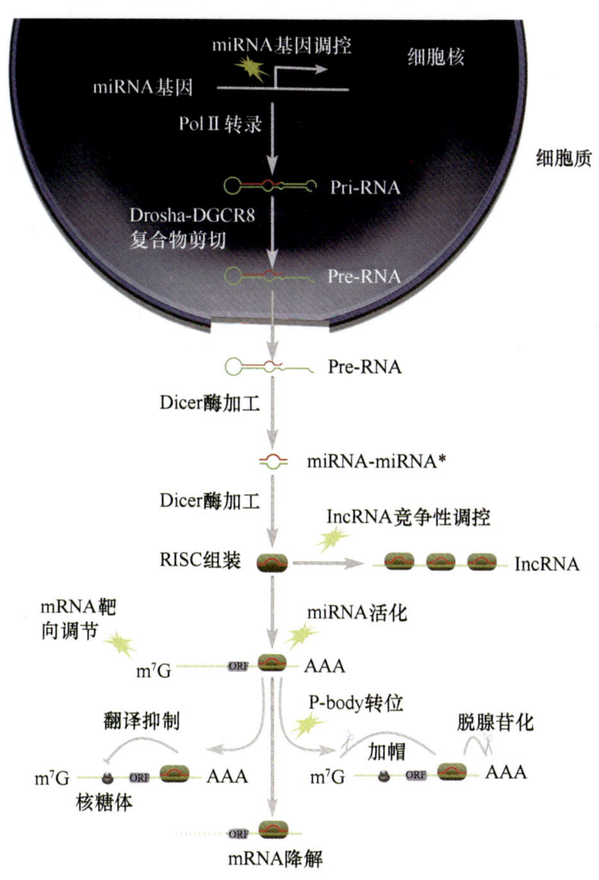

图 8-9 非编码 RNA 的合成与修饰示意图

成熟的 miRNA 组装成 RNA 诱导的沉默复合物后，通过碱基互补配对的方式识别靶 mRNA。根据互补程度的不同，指导沉默复合物降解靶 mRNA 或者阻遏靶 mRNA 的翻译（van Rooij and Olson，2012）（图 8-9）。miRNA 的多样性与进化保守性，决定了其在生理生化功能上的重要性与普遍性。miRNA 的组织特异性和时序性（即只在特定的组织和发育阶段表达），意味着它在细胞生长和发育过程中起多种调节作用。例如，miRNA

参与发育、病毒防御、细胞增殖和凋亡、脂肪代谢、激素分泌、肿瘤形成等各种各样的细胞过程。目前，只有少数 miRNA 的功能已经明确，许多 miRNA 的功能还尚待深入研究。

第二节　配子发生过程中的表观遗传现象

表观遗传修饰对哺乳动物的早期胚胎发育和出生后行为起非常关键的作用。哺乳动物配子发生及胚胎发育过程受到多种表观遗传修饰的调节，包括配子基因印记的去除与重建，X 染色体的激活与失活，胚胎基因组 DNA 甲基化、去甲基化及组蛋白的动态修饰等（Surani et al.，2007；Sasaki and Matsui，2008；Watanabe et al.，2008）（图 8-10）。

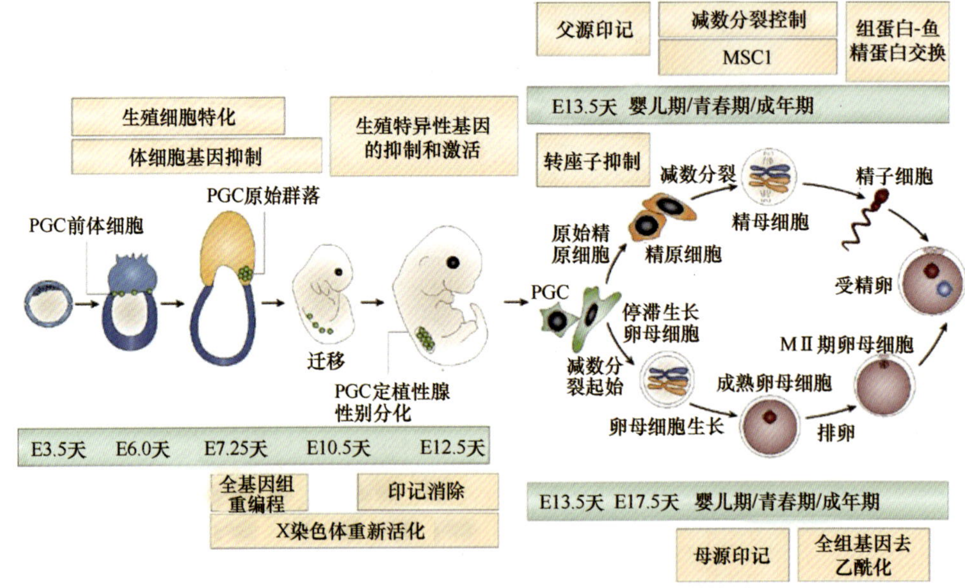

图 8-10　生殖细胞发生及胚胎发育过程中的表观遗传事件

PGC：原始生殖细胞；MSC：间充质干细胞

一、PGC 分化过程存在广泛的表观遗传修饰

在哺乳动物原肠形成过程中，细胞通过与其周围组织相互作用，外胚层一部分多能性细胞形成原始生殖细胞（primordial germ cell，PGC）。在小鼠 7～7.5 天原肠后端的胚外中胚层中有 8～20 个 PGC；在原肠作用结束时，数量增加到 50～80 个；8.5 天时，PGC 位于后肠内胚层和尿囊基部，总数约为 125 个；从第 8 天开始迁移，9.5 天迁移至背肠系膜；在 10.5～12.5 天时，沿背肠系膜迁移至生殖嵴，在此过程中细胞分裂 5～6 次，数量增加到 4000 个。由于生殖嵴中纤连蛋白含量很少，所以 PGC 一旦到达生殖嵴后就定居其中。

（一）迁移过程中的 PGC 表观遗传修饰

目前认为，原始生殖细胞表观遗传修饰的转变主要发生在其迁移的过程。在 PGC 刚形成（7.25 天）时，DNA 甲基化、H3K9 二甲基化（H3K9me2）、H3K27 三甲基化（H3K27me3）水平都类似于周围的体细胞（图 8-11）。随后，H3K9 甲基化消失（7.5 天），DNA 甲基化水平也明显下降（8.0 天），H3K27me3 则明显升高（9.5 天）（Seki et al.，2007）。这种变化可能是通过 H3K27me3 的升高弥补 H3K9me2 水平的下降来维持 PGC 基因组的转录抑制，也可能是将来配子获得多能性的必要过程。胚胎干细胞多能性的维持，需要 H3K27 和 H3K4 甲基化同时存在于编码发育关键转录因子的基因中（Ooi et al.，2007；Spivakov and Fisher，2007）。因此可以推测，H3K27 甲基化的富集及其他转录抑制修饰的丢失，是为了让基因组进入类似于多能性细胞的状态。

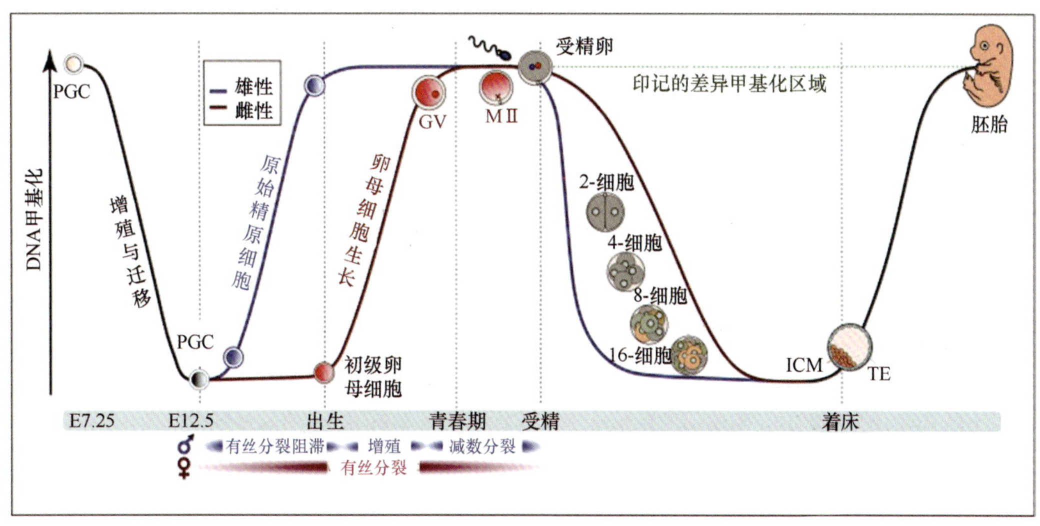

图 8-11　生殖细胞发生过程中的 DNA 甲基化变化示意图

（二）迁移后的 PGC 表观遗传调控

当 PGC 迁移至生殖嵴后，基因组持续进行表观遗传修饰。DEAD4（DEAD Box polypeptide 4，也称为 Mvh）、Sycp3（synaptonemal complex protein 3）和 Dazl（deleted in azoospermia-like）开始表达。分析证实，虽然 8.0dpc 小鼠 PGC 基因组 DNA 甲基化水平明显下降，但是这些基因仍然维持甲基化状态；当 PGC 完成迁移，这些基因发生去甲基化并开始表达（Maatouk et al.，2006；Smallwood and Kelsey，2011）（图 8-11）。Ancelin 等（2006）报道 B 淋巴细胞诱导成熟蛋白 1（B lymphocyte induced maturation protein-1，BLIMP1）与蛋白质精氨酸甲基化转移酶 5（protein arginine methyltransferase 5，PRMT5）结合，抑制 PGC 前体细胞中生殖细胞特异基因的表达；同时，BLIMP1-PRMT5 复合物也调控迁移后 PGC 基因的表达。在 PGC 迁移过程中，BLIMP1-PRMT5 复合物定位于细胞核，调节 H2A 和 H4 的甲基化。当 PGC 迁移到生殖嵴后，BLIMP1-PRMT5 复合物位于细胞质，H2A 和 H4 的甲基化也消失；BLIMP1-PRMT5 复合物下游调控因子 Dhx38

（DEAH box polypeptide 38）开始表达。因此，组蛋白精氨酸甲基化抑制了 PGC 成熟前生殖细胞基因的表达。

（三）PGC 印记的消失

1. 哺乳动物印记基因的特点

同一种染色体或基因的改变，由不同性别的亲本传给子代时会引起不同的表型，这种依赖于亲本起源的特殊等位基因的表观修饰过程，称之为基因组印记（genomic imprinting）。当这类基因产生不同于正常的表型时，称该基因被“印记”（imprinted）了。

在哺乳动物中发现的印记基因大都具有如下几个特点：①很少单独存在，大约有80%以上都与其他的印记基因呈簇排列；②所有的印记基因都有一个或几个印记控制区（imprinting control region，ICR），即差异甲基化区（differentially methylated region，DMR）；③在印记基因的 DMR 内，有富含 CpG 的区域，即 CpG 岛；④基因印记是可以逆转的；⑤DNA 甲基化是哺乳动物 DNA 印记最常见的复制后调节方式。

在胚胎发育过程中，PGC 是产生雄性和雌性生殖细胞的前体细胞。PGC 在迁移和增殖过程中消除印记，而在随后的精子、卵母细胞发生过程中，重新建立生殖细胞自身的印记，并将新的印记模式遗传给后代（Smallwood and Kelsey，2011）。但是，精子和卵母细胞基因印记建立的过程和时期是不同的。精子印记的建立存在于整个精子发生过程中，而卵母细胞印记的建立主要发生在减数分裂前期的卵母细胞生长期。

2. PGC 印记的去除

小鼠胚胎发育的第 11.5 天，PGC 迁移至生殖嵴，经历广泛的表观遗传重编程，去除来自双亲的印记。印记的去除是一个快速的过程，小鼠所有印记的丢失在一天内完成（Hajkova et al.，2002）。基因印记的丢失主要是印记位点的去甲基化，同时伴随其他区域的去甲基化。印记基因甲基化的去除，在不同发育时期，发生在不同的甲基化位点。

研究证实，孤雌胚胎可以在体外发育到囊胚。但是，印记基因表达的异常或表达不平衡，抑制了胚胎的进一步发育。通过基因工程方法对印记基因进行操作，可以获得只具有母型基因组的成年个体（Kawahara et al.，2007）。在雌性体细胞中，两个 X 染色体有一个处于失活状态，使雌雄个体基因组具有相同的染色体剂量，失活的 X 染色体在生殖细胞发生过程中被重新激活。以前的研究认为，X 染色体激活与印记去除有关，但近期研究表明 X 染色体激活发生在 PGC 迁移过程（De Napoles et al.，2007）或更早的时期（Inoue et al.，2010）。因此，X 染色体激活是一个长期的过程，并且在 PGC 迁移结束后完成。虽然 PGC 要经历印记的丢失，但不是所有印记基因都发生去甲基化。例如，IAP 反转录转座子家族（intra-cisternal A particle retrotransposon family）依然维持甲基化。在小鼠和人中，这些未被去除的表观遗传印记易受到环境的影响，它们参与适应性的进化及疾病的遗传。

生殖细胞在完成印记去除后，随即开始建立新的印记。新印记的建立开始于性别决定时期，同时 PGC 开始分化形成雌雄配子。发育 12.5 天小鼠胚胎，雌雄生殖嵴开始有明显的形态差异，并且卵母细胞发生被抑制于减数分裂前期（13 天），而精子发生被抑

制于有丝分裂 G_1 期。研究证实，来自中肾的视黄酸信号决定了生殖细胞进入减数分裂的时间（Bowles et al.，2006）。

二、雌雄生殖细胞印记的重建

（一）雄性生殖细胞印记的重建

大多数印记基因 DMR 的甲基化具有顺式阻遏效应，可以导致自身等位基因失活。但也有一些印记基因 DMR 的甲基化却会诱导自身等位基因的活化，这种 DMR 的诱导作用依赖于阻遏因子/边界元件，如 CCCTC 序列特异性结合因子 CTCF 因子。在小鼠中，发现了一个与 *H19/Igf1* 基因 ICR 结合的调控因子（命名为 BORIS），特异性地在睾丸中表达，能够在分化的生殖细胞中重建甲基化。BORIS 与体细胞的 CTCF 因子具有类似结构。雄性特异的DNA从头甲基化，既要求体细胞的CTCF失活，又要使睾丸特异的BORIS基因活化；随着 BORIS 和 CTCF 基因上游调控序列甲基化的消除和重建，形成了特异性的精子发生甲基化调节模式（Klenova et al.，2002）。

生殖细胞印记的重建需要甲基转移酶 DNMT3a、DNMT3b 和 DNMT3L 的参与。DNMT3a 在雄性生殖细胞甲基化重建过程中起关键作用，在 *Dnmt3a* 基因突变的雄性动物中，精原干细胞的约 2/3 的印记基因的甲基化位点不完全甲基化，各级生精细胞完全缺失，精子发生过程严重受阻（Kaneda et al.，2004）。DNMT3b 则只参与 Rasgrf1（RAS protein-specific guanine nucleotide-releasing factor 1）位点的甲基化（Kaneda et al.，2004；Rybouchkin et al.，2006）。虽然 DNMT3L 没有甲基转移酶活性，但所有雄性 DNA 甲基化印记的建立都需要 DNMT3L 的参与。DNMT3L 与 DNMT3a 或 DNMT3b 结合形成复合物激活这些酶的活性。作为 DNMT3a 的重要协作因子，DNMT3L 通过 DNMT3a 刺激 DNA 从头甲基化的完成。*Dnmt3L* 敲除鼠表现出与 *Dnmt3a* 突变类似的表型。在 *Dnmt3a* 与 *Dnmt3L* 双突变小鼠中，染色质凝集不完全，同源染色体不能形成正常的联会复合体，精子发生被阻滞在偶线期和粗线期，生精细胞大量凋亡（Webster et al.，2005）。

精母细胞从曲细精管基膜脱落和凋亡，可能与精母细胞与支持细胞之间失去正常旁分泌联系有关。使用亚硫酸盐处理测序，分析了在 *Dnmt3L* 失活基因组中 *H19* 和 *Rasgrf1* 两个基因的差异甲基化区的甲基化情况，发现突变组中的这 2 个基因都处于非甲基化状态。在 *Dnmt3L* 雄性突变体精子发生的第一个周期中，只能观察到细线期、偶线期和粗线早期的精母细胞。随后，在曲细精管内只能观察到部分细线期精母细胞和精原干细胞，大多数曲细精管中只有支持细胞存在，精母细胞大量凋亡脱落。研究表明，*Dnmt3L* 的突变引起组蛋白修饰的异常，在突变体的细线期、偶线期和粗线期精母细胞中，存在乙酰化的 H4 组蛋白，而野生型则不存在乙酰化 H4；二甲基化的 H3K9 存在于野生型精母细胞，而突变体没有检测到。在 *Dnmt3L* 失活的雄性生殖细胞基因组中，长散在细胞核元件 1（long interspersed nuclear element1-1，LINE-1）依然处于超甲基化状态（Bourc'his and Bestor，2004）。由此可见，雄性生殖细胞印记的建立，发生于整个生殖细胞发生过程，DNMT3L 在调控基因印记中起关键作用。

（二）雌性生殖细胞印记的重建

在生长早期的卵母细胞中就观察到 DNA 甲基化印记（Inoue et al.，2010）。基因组 DNA 印记开始于第一次减数分裂前期的双线期，完成于完全生长的卵母细胞。DNMT3a 和 DNMT3L 参与了卵母细胞基因印记的建立（Bourc'his and Bestor，2002），而 DNMT3b 并没有参与印记过程。分析 DNMT3a-DNMT3L 复合物结构发现，DNA 内的 10 个核苷酸位点是该复合物主要的作用底物，这些序列存在于许多基因的印记区（Jia et al.，2007）。DNMT3L 还参与了基因印记区 H3K4 的非甲基化（Ooi et al.，2007）。在卵母细胞发生过程中，X 染色体的失活也受到 DNMT3a-DNMT3L 的调控（Kaneda et al.，2004）。

三、精母细胞减数分裂过程中的表观遗传修饰

1990 年，Gatewood 通过高效液相层析技术，纯化出人类精子染色体核心组蛋白 H2A 及其变体 H2A.X、痕量的 H2A.Z 变体、H4、H3.1、H3.3 和 H2B 等（Gatewood et al.，1990）。Zalensky 等（2002）从人的精子中分离鉴定出人精子特异组蛋白 H2B（human testis/sperm-specific histone H2B，hTSH2B），这种特异的组蛋白定位于成熟精子的核区，并且这种组蛋白具有端粒结合功能，可能与受精后染色体解凝聚有关。从这些组蛋白变体的功能可以推测，其他还没有被发现的组蛋白变体在受精或受精后，可能也具有重要的表观遗传功能。Gardiner-Garden 等（1998）首次检测到人类精子中 β 球蛋白家族的多个成员，发现在胚胎卵黄囊中，具有活性的 ε 和 γ 球蛋白在核小体区与组蛋白结合，而没有活性的 β 和 δ 球蛋白则不与组蛋白结合。

在细线期的精母细胞中，组蛋白 H4K5、H4K8、H4K12 和 H4K16 位点发生乙酰化；到偶线期，组蛋白 H3K9 在 X 与 Y 染色体中都处于乙酰化状态；当发育到粗线期时，H4K5 和 H4K8 发生超乙酰化，而 H4K12 和 H4K16 则去乙酰化，H3K9 去乙酰化并被甲基化，X 和 Y 染色体在假常染色体区配对，形成固缩状的 XY 小体，同时伴随 RNA 聚合酶 II 的排出和重新结合；到了双线期，精母细胞中的 H4K16 发生乙酰化，而 H4K5、H4K8 和 H4K12 去乙酰化，H3K9 一直维持甲基化状态。在整个精子发生过程中，H3K4 和 H3K9 一直处于甲基化状态，直到圆形精子形成时恢复乙酰化。H4K8 在 M II 期发生乙酰化，H4K12 和 H4K5 在圆形精子期恢复乙酰化。粗线期 X 染色体的许多基因的表达受到抑制，到精子细胞时才恢复表达（Khalil et al.，2004）。

H3K9 甲基转移酶对于精子减数分裂的启动及正常进行具有重要作用。如果双敲除 H3K9 甲基转移酶 *Suv39h1* 和 *Suv39h2*，会导致染色体不稳定，联会复合体推迟形成，减数分裂受到严重抑制（Webster et al.，2005）。在粗线期，组蛋白 H3 和 H4 的去乙酰化和 H3K9me2 甲基化，使几乎所有与染色体结合的 RNA 聚合酶 II 都被排出；到精子细胞形成时，RNA 聚合酶 II 再与染色体结合。PRDM9（PR domain-containing 9）是一个 H3K4 三甲基转移酶，在减数分裂早期的生殖细胞中特异表达；*Prdm9* 的缺失，严重影响了染色体的联会和同源染色体重组。因此推测，PRDM9 诱导的 H3K4me3 对于染色体特异结构的维持具有重要作用（Grey et al.，2016）。SCMH1（sex comb on midleg homologue 1）作为一个 PRC1（polycomb repressive complex 1）家族成员，对于组蛋白修饰及减数分裂的进行起重要作用。正常精母细胞 PRC1 家族蛋白对于 XY 小体 H3K27me3 修饰具有调控作用。当 SCMH1 突变，H3K27me3 修饰发生异常，减数分裂被抑制于粗线期后期（Takada et al.，2007）。

在精子中，组蛋白、过渡核蛋白（transition nuclear protein，TNP）和鱼精蛋白（protamine）维持着染色体的正常形态。在减数分裂后期，染色体结构经历了一个重组过程，大多数组蛋白被 TNP 替换；然后，TNP 再被鱼精蛋白替换。组蛋白经过磷酸化和乙酰化修饰后，使得染色体结构变得疏松，有利于蛋白质间的替换。TNP 构成了哺乳动物精子染色体组成蛋白的 90%。在小鼠中，主要有两种过渡蛋白 TNP1 和 TNP2。TNP 对于长形精子细胞中的 DNA 链的断裂具有修复功能，说明 TNP 在维持精子 DNA 的完整性上具有重要作用（Caron et al.，2001）。Zhao 等（2013）发现了一种 TNP 功能缺陷，可以导致其他 TNP 不能正常替换组蛋白，而使 TNP 异常滞留；如果干扰 TNP 基因，染色体就不能正常凝集（Caron et al.，2001）。将 TNP 基因缺陷的精子移植入卵母细胞后，发现受精率没有太大的变化，但囊胚发育率极低（Shirley et al.，2004）。因此，TNP 不仅在精子的组蛋白、鱼精蛋白替换过程中起作用，在胚胎发育过程中也发挥着重要作用。

哺乳动物鱼精蛋白是睾丸特异表达的蛋白质，调控精子细胞核 DNA 凝聚，使精子染色体处于高度浓缩状态，保护精子染色体在受精过程中免遭破坏。鱼精蛋白是一个富含精氨酸和赖氨酸的多肽，它可能起源于 H1 组蛋白，大多数哺乳动物精子中只含有一种鱼精蛋白（Prm1），并在不同物种中表现出高度的保守。在少数哺乳动物如人和小鼠中，还存在另一种鱼精蛋白（Prm2）。Prm1 和 Prm2 要经过磷酸化、去磷酸化及二硫键的修饰，最终形成成熟的鱼精蛋白，定位在细胞核内。如果将控制鱼精蛋白磷酸化的钙调素依赖蛋白激酶基因进行突变，则出现精子发生缺陷，导致雄性不育。Prm1 和 Prm2 对精母细胞减数分裂染色体的浓缩有调控作用，Prm1 mRNA 的过早翻译会导致染色体提前浓缩，精子头部发育异常。如将 Prm2 缺陷的精子细胞进行胞质内注射受精，大多数卵母细胞能被激活，但仅有极个别胚胎能发育到囊胚，说明 Prm2 对于维持精子染色体的完整以及早期胚胎发育是必要的（Lee et al.，2010）。在精子细胞中，并不是所有的组蛋白都会被鱼精蛋白替换，而是有 15%以上的组蛋白仍存在于精子细胞中。鱼精蛋白基因和印记基因 *Igf2* 是主要的组蛋白富集区。已经发现，一个特异的 H3K9me1/2 去甲基化酶，JHDM2A（JmjC-domain-containing histone demethylase 2A），在特异的激活 *Tnp1* 和 *Prm1* 表达中起到重要作用（Okada et al.，2007）。

四、卵母细胞减数分裂过程中的表观遗传修饰

（一）组蛋白 H1

在哺乳动物卵母细胞中，组蛋白 H1 存在多种亚型，它们在不同发育时期形成不同的结合模式，并在特定阶段相互替换，H1FOO 为卵母细胞中特异的连接组蛋白亚型。在卵原细胞中，存在与体细胞类似的“体细胞型”连接组蛋白；进入减数分裂后，“体细胞型”组蛋白的合成下降，其他类型的连接组蛋白如 H1（o）、H1oo 等在生发泡（GV）

期卵母细胞中合成。卵原细胞有丝分裂的结束激发了连接组蛋白的相互转换，直至受精卵分裂到一定阶段时，胚胎染色质的装配又恢复到有丝分裂状态，部分或全部 H1（o）和 H1oo 再次被“体细胞型”组蛋白替换，H1 的合成又恢复到与 DNA 复制同步的状态（Fu et al.，2003）。H1oo 位于 GV 期卵母细胞凝集染色质、MⅡ期卵母细胞的染色体、第一极体及第二极体排出前的中期染色体上。在成熟精子的头部没有检测到 H1oo，而在受精后膨胀的精子头部及第二极体中检测到 H1oo。在整个胚胎发育时期，均有 H1oo 的表达。推测，H1FOO 对于维持卵母细胞染色体稳定及对于合子基因激活具有重要作用（Ohgane et al.，2001）。

（二）母源性物质

在小鼠中，生长中的卵母细胞的染色质不发生凝集（NSN 核）。随着卵母细胞的进一步生长，染色质变得凝集，在核仁周围形成一个异染色质环，这种构象的细胞核称为 SN 核。在人和小鼠卵中，这种染色质构象的转变与基因组状态的转变密切相关。NSN 核具有高的转录活性，而 SN 核转录受到明显抑制（De La Fuente，2006）。在卵母细胞成熟后，卵胞质内富集了大量的母源性物质，这些母源性因子指导了受精卵最初的卵裂。颗粒细胞与卵母细胞间的间隙连接对于调节 GV 期卵母细胞染色质的重构具有重要作用。颗粒细胞对卵母细胞蛋白的磷酸化具有调控作用（De La Fuente et al.，2004）。

（三）组蛋白乙酰化与去乙酰化

H4K12 在卵母细胞减数分裂过程中发生去乙酰化，但在有丝分裂中没有发现同样的现象。类似的现象也发现于卵母细胞减数分裂中的组蛋白甲基化修饰（Sarmento et al.，2004）。研究发现，减数分裂过程是一个去乙酰化过程。不同组蛋白不同修饰位点，在减数分裂的不同时期发生去乙酰化（Guo et al.，2016），并且不同物种的减数分裂的组蛋白去乙酰化的动态变化模式并不保守（Tang et al.，2007）。吴侠（2008）研究显示，在牛卵母细胞减数分裂过程中，在 GV、GVBD、MⅠ、AⅠ、TⅠ和 MⅡ期，H4K5ac、H3K9ac、H3K18ac 和 H4K8ac 都发生明显的去乙酰化（图 8-12）。但在绵羊和猪卵母细胞减数分裂过程中，H3K9ac 存在于整个卵母细胞减数分裂过程。在猪中，非磷酸化的 HDAC 在 GV 期占主导地位；但在 GVBD 及 MⅡ期，磷酸化的 HDAC 占主要地位；在成熟过程中，HDAC 逐渐由非磷酸化向磷酸化形式转变（Guo et al.，2016）。由此可见，组蛋白的去乙酰化对于卵母细胞成熟具有重要意义。当使用组蛋白去乙酰化酶特异性抑制剂曲古霉素 A（Trichostatin A，TSA）处理卵母细胞时，SN 期的核染色质发生去凝集，高浓度的 TSA 会导致猪卵母细胞 GVBD 受阻（Guo et al.，2016）。在牛中，使用低浓度的 TSA 就能将卵母细胞抑制于 MⅠ期。

有研究证实，HDAC 调控组蛋白乙酰化修饰，可以将异染色质结合蛋白定位到特异的染色体区域（De La Fuente et al.，2004）。ATRX 是一种染色体重构蛋白，在减数分裂过程中，ATRX 特异的结合到凝集染色体的中心粒异染色质区。当用 TSA 处理卵母细胞，干扰了 ATRX 与染色体的结合后，染色体发生异常排列，说明 HDAC 在调控卵母细胞染色体稳定性、构象转变及恢复减数分裂中具有重要作用。

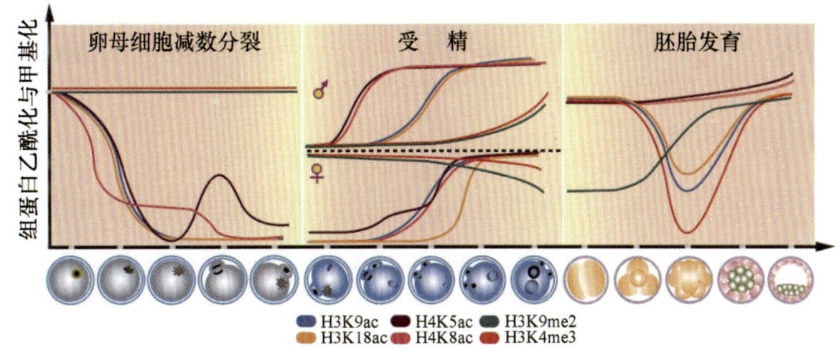

图 8-12　牛卵母细胞成熟和早期胚胎发育过程中的组蛋白修饰动态变化示意图

（四）组蛋白甲基化

组蛋白甲基化参与基因调控、异染色质形成及 DNA 修复等多种染色体调控过程，组蛋白不同位点、不同形式的甲基化修饰对于基因及染色体构型的调控作用不同。组蛋白 H3K4 二甲基化（H3K4me2）和 H3K4 三甲基化（H3K4me3）被认为是基因激活的标志，定位于染色体基因转录活性区域，H3K4me2 分布于整个活性基因，H3K4me3 特异的定位于活性基因的 5′端（Seki et al.，2007）。H3K9 甲基化与 DNA 甲基化水平相关，H3K9me2 特异的定位于异染色质，H3K9me3 则特异的存在于着丝粒异染色质区（Spivakov and Fisher，2007）。在体细胞中，H3K4me2 和 H3K4me3 在染色体上的定位与基因的转录活性密切相关。在基因表达活性区域，H3K4 甲基化和 H3K9、H3K14 乙酰化同时存在；而在非转录活性区，则不存在 H3K4 甲基化和 H3 乙酰化。在牛卵母细胞减数分裂中，H3K4me3 的表达存在于减数分裂的各个阶段，并且没有明显信号强度的变化（图 8-12）。组蛋白 H3 的去乙酰化没有影响到 H3K4me3 的动态变化（Okada et al.，2007）。小鼠卵母细胞组蛋白甲基化酶表达显示，大部分 HMT 在 GV 和 MⅡ卵母细胞中下调或者消失，HDM 在 MⅡ卵母细胞消失。组蛋白 H3K9me1、H3K9me2 定位于常染色体基因沉默区域及一些特殊的异染色质区，而 H3K9me3 与高度凝集的异染色质结构的形成有关。在小鼠，印记基因 DNA 甲基化，发生于 10～15 天胎儿的生长卵母细胞中（De La Fuente，2006），此时也检测到 H3K9me2 的活性明显增加，H3K9me2 存在于整个减数分裂过程中（Ooi et al.，2007）。

五、DNA 羟甲基化修饰

（一）原始生殖细胞

在哺乳动物体细胞中，胞嘧啶的甲基化程度是相对稳定的（Feng et al.，2010）。但是在胚胎发育期间会发生广泛的表观重编程，尤其是在 PGC 发生时期和胚胎植入时期（Seisenberger et al.，2013；Smith and Meissner，2013）。在 PGC 到达生殖嵴后，雌雄原始生殖细胞在 14.5dpc 停止增殖，此时的雌性生殖细胞进入减数分裂前期并最终停滞于双线期。Yamaguchi 等（2013）发现，在 8.75～12.5dpc，PGC 中的 5mC 水平持续减少；5hmC 水平开始增加，在 10.75dpc 达到峰值，其后下降。在 PGC 发育期间，TET1/2 蛋白高表达而 TET3 蛋白不表达，可能预示着原始生殖细胞中的羟甲基化主要由 TET1/2 蛋白介导。

（二）配子发生

在小鼠中，5hmC 产生于卵母细胞发育阶段，存在于成长阶段的卵母细胞异染色质区域和完全成熟的卵母细胞中。5hmC 主要位于与受 DNMT3L 影响的独立甲基化区域，如长末端重复序列（LTR）反转录转座子。表明在生长阶段的卵母细胞中产生的 5hmC，主要负责受精后基因组的去甲基化。RT-PCR 分析表明，TET3 在第 10 天的胎儿的卵母细胞中的表达开始显著增加，并在生发泡中表达水平最高（Sakashita et al.，2014）。与此相反，TET1/2 在卵母细胞中未检测到。这些数据与 5hmC 检测结果是一致的。而 Yamaguchi 等（2012）等发现，TET1 参与小鼠卵母细胞减数分裂的调节。如果 TET1 缺乏会造成减数分裂存在缺陷，最终雌性生殖细胞数量会明显减少并且生育能力降低，说明 TET1 蛋白能通过去甲基化来激活减数分裂相关基因的表达（Yamaguchi et al.，2012）。利用条件性敲除技术敲除了 PGC 中的 *TET3* 基因，结果在发育成的卵母细胞中检验不到 5hmC 信号，并且受精卵中的 5mC 信号强度不会减弱，说明在卵母细胞中去甲基化的关键酶是 TET3 蛋白（Lagutina et al.，2011）。还有研究表明，母源基因表达的 TET3 蛋白，在受精卵中帮助雄原核进行羟甲基化（Lagutina et al.，2011；Wossidlo et al.，2011）。Gan 等（2013）对 8 个类型生殖细胞 5hmC 的分布进行分析，在精子发生过程中，5hmC 的含量先减少后增加，在精子细胞中 5hmC 的含量最少，因为二倍体比单倍体生殖细胞的 5hmC 含量高。而在支持细胞中 5hmC 含量最高。相对应的 TET 蛋白家族的表达也和 5hmC 水平变化一致。在所有类型细胞中，TET1/2 比 TET3 的表达水平都低得多，可以得出很可能 TET3 是雄性生殖细胞中羟甲基化的关键酶。比较 5hmC 在各个基因组区域分布发现，在外显子中 5hmC 水平最高，其次是 3′UTR、启动子、内含子和 5′UTR，在间隔区域最低。5hmC 在编码蛋白的基因和接近启动子的部分富集，在基因间隔区和转录起始位点减少。而且，5hmC 水平和每个染色体中的基因数量和各种转录正相关，证明了在精子发生过程中的 5hmC 对于基因的激活起主动监管作用（Ohgane et al.，2001）。

综上所述，生殖细胞的发生受多种表观遗传调控蛋白的调节，突变或敲除这些蛋白质将导致早期生殖细胞的缺失，抑制减数分裂的进行或使其过早凋亡。这些重编程因子，或者参与生殖细胞基因组的重编程，或者激活生殖细胞的基因表达，或者参与建立特殊的染色体状态，但这些蛋白质的具体功能及作用机制还需要进一步研究。此外，可靠的实验技术是探讨表观遗传机制的前提。条件敲除已广泛应用于表观遗传调节蛋白及其基因在体细胞、生殖细胞及胚胎发育中的功能研究，高通量分析技术也逐步应用于基因与染色体相互作用的研究，这些技术将在进一步了解生殖细胞发生过程中的表观遗传调控及其机制中发挥重要作用。

第三节　胚胎发育过程中的表观遗传学修饰

在受精卵形成和早期胚胎发育过程中，发生了染色质重塑、组蛋白修饰、DNA 甲基化、印记基因及X染色体失活等一系列表观遗传修饰。

一、胚胎早期发育过程中的基因组DNA甲基化修饰

有证据显示，受精使精子与卵母细胞基因组发生了广泛的重编程，实现了父母本基因组的重塑，在短期内使胚胎获得了发育的全能性。在精子入卵后，精子的组蛋白迅速被卵胞质中的组蛋白替换，雄性基因组发生快速的去甲基化，而雌性基因组甲基化水平则没有变化（Zaitseva et al.，2007）。但是，在受精过程中，并不是所有物种的雄原核都经历类似的去甲基化过程，在一些物种中只发生部分去甲基化，还有一些物种不发生雄原核基因组去甲基化（Zaitseva et al.，2007）。由于这种去甲基化过程发生在DNA复制前，所以称之为主动去甲基化（active demethylation）。

与主动去甲基化不同，基因组的被动去甲基化（passive demethylation）与DNA复制相关。之所以发生去甲基化，是因为在DNA复制过程中，卵母细胞特异性的DNA甲基转移酶（DNMT1o）不能定位于目标DNA，胚胎没有能力维持新合成DNA的甲基化。通过DNMT1o特异抗体染色发现，在8-细胞之前，该蛋白只定位于细胞质；当胚胎发育至8-细胞时，DNMT1o进入细胞核内（Chung et al.，2003）。在不同物种中，胚胎发生被动去甲基化的模式也不相同（图8-13）。

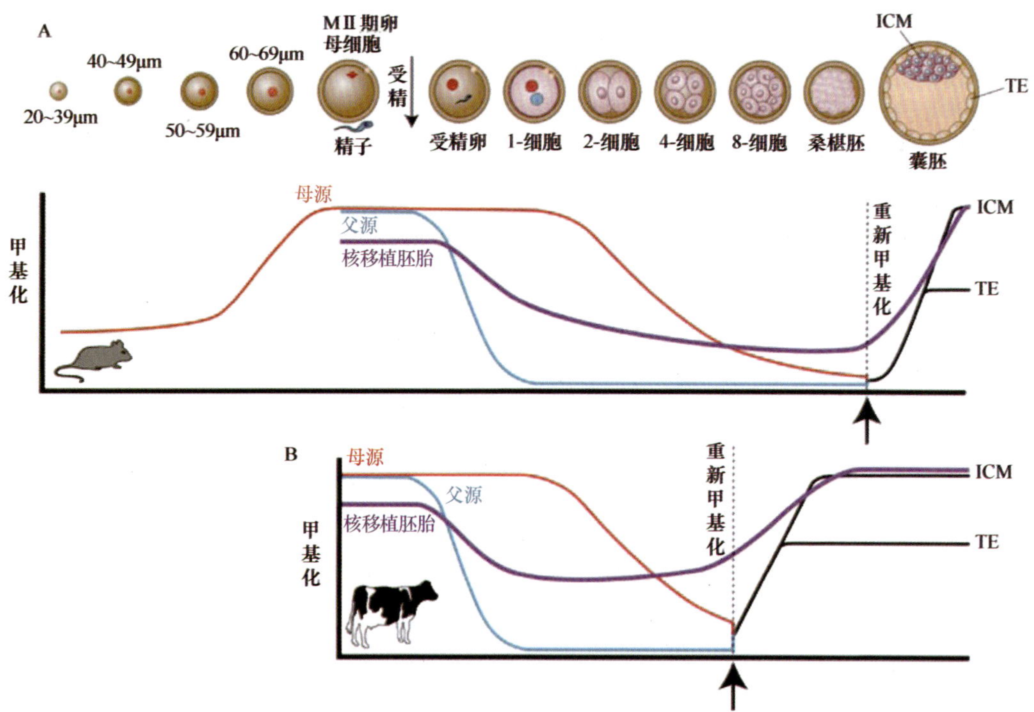

图8-13　胚胎发育过程中DNA甲基化变化示意图

在小鼠和牛1-细胞胚胎，父源基因组即完成去甲基化，达到最低水平，这种低的甲基化状态在牛持续到8-细胞胚胎，而小鼠则持续到桑椹胚；相对父本基因组，母本基因

组的去甲基化过程相对较缓慢，从2-细胞期开始，小鼠和牛胚胎的母源基因开始缓慢的去甲基化，分别在桑椹胚和8-细胞胚胎达到最低。随后，父母源基因组同时开始重新甲基化修饰（Santos et al.，2003；Inoue et al.，2010）。人胚胎DNA甲基化水平在4-细胞或8-细胞达到最低，然后开始增加；猪和兔的胚胎则不发生被动去甲基化过程（Lagutina et al.，2011）。

在小鼠囊胚中，ICM的DNA甲基化水平高于TE细胞（Dean et al.，2001）。Fulka等（2006）研究发现，猪胚胎早期发育过程中没有明显的被动去甲基化；在囊胚中，ICM的甲基化水平有所增加。与小鼠和猪不同，牛囊胚ICM和TE不存在DNA甲基化的明显差异（Santos and Dean，2004）；而在人和猴中，囊胚TE的甲基化水平高于ICM（Lagutina et al.，2011）。

二、胚胎发育过程中的DNA羟甲基化修饰

（一）受精过程

基因组分析发现，雌雄配子中的CpG甲基化程度是不同的，精子约有90%的甲基化，而卵母细胞约有40%的甲基化（Kobayashi et al.，2012；Smith et al.，2012）。在受精后，配子中的DNA甲基化标记在胚胎发育期间逐渐去除。雌雄配子的去甲基化机制有所不同，雄原核在DNA复制之前主动去甲基化，5mC含量会迅速下降（Mayer et al.，2000；Oswald et al.，2000；Santos-Rosa et al.，2002）；母源基因组是在卵裂期间被动去甲基化。通过免疫荧光检验发现，雄原核中随着5mC信号含量的降低，5hmC、5fC和5caC信号有着明显的增加（Iqbal et al.，2011）（图8-14）。研究发现，TET3蛋白在卵母细胞和受精卵中高度表达，TET1、TET2蛋白在受精卵中表达较低。在合子中的雄性原核会消耗母本的TET3蛋白，使5mC转化成5hmC（Wossidlo et al.，2011）；并且5mC的氧化过程是父本基因组中去甲基化的一个关键步骤，因为如果缺乏TET3蛋白会抑制父本基因的去甲基化进程。在去甲基化过程中，5hmC、5fC和5caC随着卵裂的发生逐渐被未修饰的胞嘧啶取代。综上说明，在受精卵中，雄原核的去甲基化是与DNA复制耦合的被动过程。

在胚胎发育早期，母本基因组不发生去甲基化，可能是因为存在于母源染色质中的PGC7，该因子可以抑制TET3蛋白结合到母源染色质和父源的印记位点上。如果缺乏PGC7，雌原核就会像雄原核一样发生羟甲基化修饰（Matoba et al.，2013）。

（二）胚胎发育

受精之后，母源基因组随卵裂的进行发生被动去甲基化。在小鼠中，*Tet1/2*在内细胞团和胚胎干细胞中高度表达，而*Tet3*则在卵母细胞和受精卵中高表达（Gong et al.，2012；Wang et al.，2007）。随着胚胎干细胞的分化，TET1/2蛋白含量会迅速下降。因此，可以认为TET1/2蛋白可能与胚胎干细胞的全能性有关。在*Tet1*基因敲除的小鼠胚胎干细胞中，5hmC含量明显减少，多潜能基因表达下降，细胞开始分化（Miyashita et al.，2001）。如敲除*Tet3*基因，则会阻碍父源的*Oct4*和*Nanog*基因去甲基化，并延迟

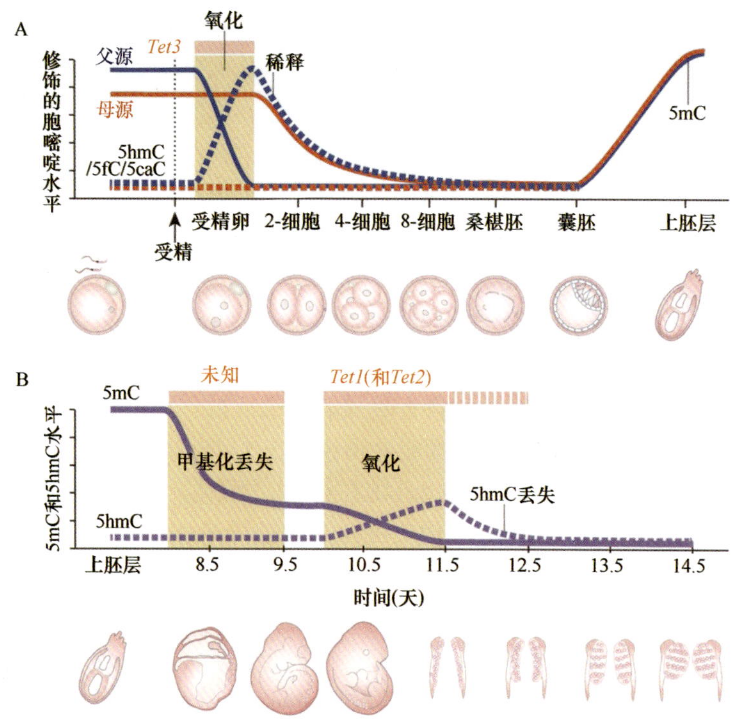

图 8-14　胚胎发育过程中的组蛋白羟甲基化修饰示意图

父源 *Oct4* 基因在早期胚胎中的激活（Lagutina et al.，2011）。对 *Tet1* 基因敲除小鼠进行四倍体补偿后，小鼠发育正常，仅在出生时体型稍小（Yamaguchi et al.，2012）。在 *Tet2* 基因缺失的小鼠中，尽管生长与生育能力均表现正常，但是对造血干细胞有影响，往往会产生髓系恶性肿瘤（Quivoron et al.，2011）；*Tet2* 缺失小鼠的骨髓和脾脏中的 5hmC 水平明显下降，而 5mC 水平趋于上升（Lagutina et al.，2011；Wang et al.，2011）。这些结果说明，TET2 可以通过调节 DNA 甲基化来调控有关造血功能关键基因的表达。在 *Tet1/2* 双敲除小鼠中，仍有一部分小鼠可以存活，而其他胎儿在妊娠中期相继死亡。如果上调 *Tet1/2* 双敲除小鼠的 *Tet3* 基因，*Tet3* 补偿有助于提高双敲小鼠的存活率（Dawlaty et al.，2013）。而如果敲除母源 *Tet3* 基因，则会导致小鼠胎儿的死亡（Lagutina et al.，2011），表明 TET3 是胎儿发育所必需的调控者（Kohli and Zhang，2013）（图 8-14）。

三、胚胎发育过程中的组蛋白修饰变化

（一）组蛋白的乙酰化

在精子进入卵母细胞后，精子的鱼精蛋白迅速被卵母细胞质中的组蛋白所替换（van der Heijden et al.，2005）。Adenot 等（1997）研究表明，雄原核迅速富集了高水平的乙酰化组蛋白，而雌原核乙酰化修饰则呈现渐进增强的过程。吴侠（2008）证实，在牛精卵融合后，卵胞质中的乙酰化组蛋白 H3 和 H4 迅速富集到雄性染色体，随后强的乙酰

化信号出现于雄原核；而在卵母细胞的细胞核向原核发育的过程中，H4K5ac、H3K9ac、H4K5ac 和 H4K8ac 等的信号由弱变强，雌原核也表现为强的乙酰化修饰（图 8-15）。由此可以推测，精子的鱼精蛋白在被组蛋白替代过程中，乙酰化的组蛋白直接整合到雄性基因组，而雌性染色体乙酰化过程是一个逐渐的过程。在牛胚胎中，乙酰化的组蛋白存在于胚胎的各个时期，组蛋白 H3K9ac 和 H3K18ac 在 8-细胞期明显减弱，桑椹胚期增强；H4K8ac 和 H4K5ac 在胚胎发育的不同阶段都具有较强的荧光信号。在合子基因组激活前的细胞间期，H4K8ac 与 H4K5ac 定位于细胞核周边；在有丝分裂期，H4K8ac 定位于凝聚染色体的末端，H4K5ac 信号明显减弱；H3K18ac、H4K8ac 和 H4K5ac 在囊胚滋胚层的染色较内细胞团强（图 8-15）。

研究显示，小鼠雄原核较雌原核具有较强的转录活性。当用组蛋白去乙酰化酶抑制剂处理卵母细胞后，雌原核的转录活性明显增强。在 1-细胞后期，合子基因组开始被激活；在 2-细胞期，发生 H4K5、H4K8、H4K12 发生乙酰化，并与 RNA 合成酶Ⅱ一样，定位于细胞核周边。H4K5 和 H4K12 的乙酰化是胚胎母源合子转变所必需的。

（二）组蛋白的甲基化

在小鼠受精卵中，组蛋白 H3K4 特异甲基转移酶被激活，使 H3K4 逐步被甲基化。H3K4me1 存在于雌雄染色体，而 H3K4me2、H3K4me3 则只在雌原核中被检测到（van der Heijden et al., 2005）。随着原核的膨大与 DNA 复制，雌雄原核都获得了 H3K4me3 修饰，但是雄原核较弱（Nishioka et al., 2002）（图 8-16）。在牛受精卵中，在雄原核形成之前，没有检测到 H3K9me2 和 H3K4me3 荧光信号；而原核形成后，雄性染色体组蛋白逐渐被甲基化；而在卵母细胞的原核形成过程中，组蛋白的甲基化水平一直较高。

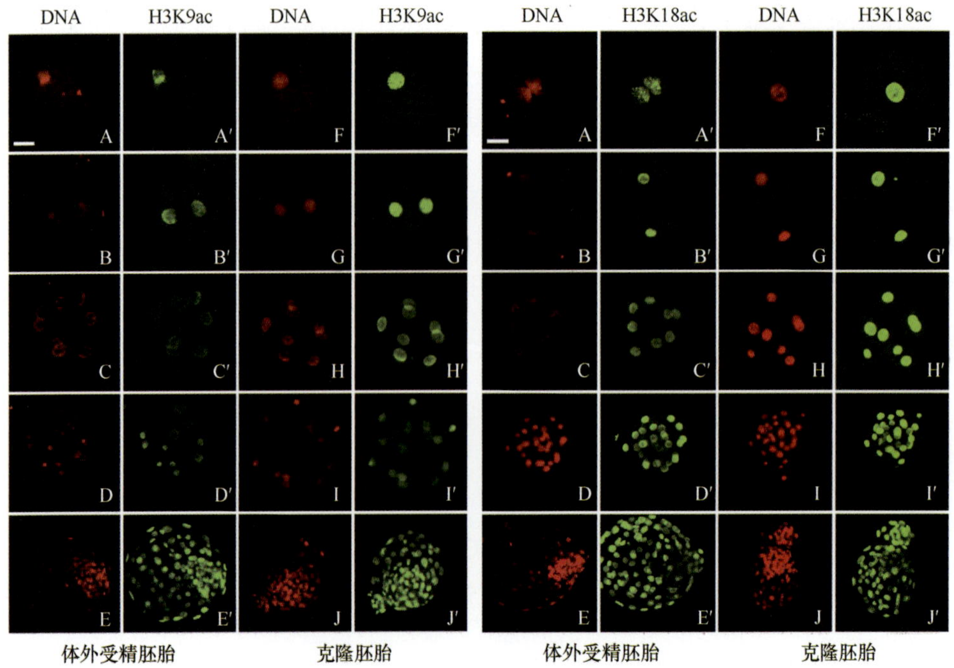

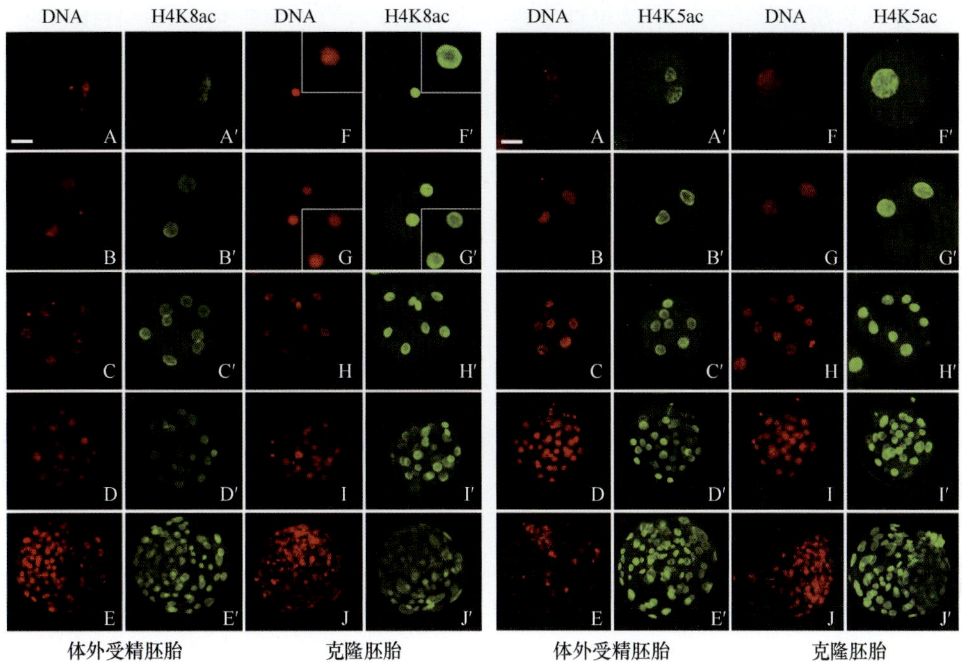

图 8-15 牛体外受精及克隆胚胎中组蛋白乙酰化修饰的动态变化（Wu et al., 2010）

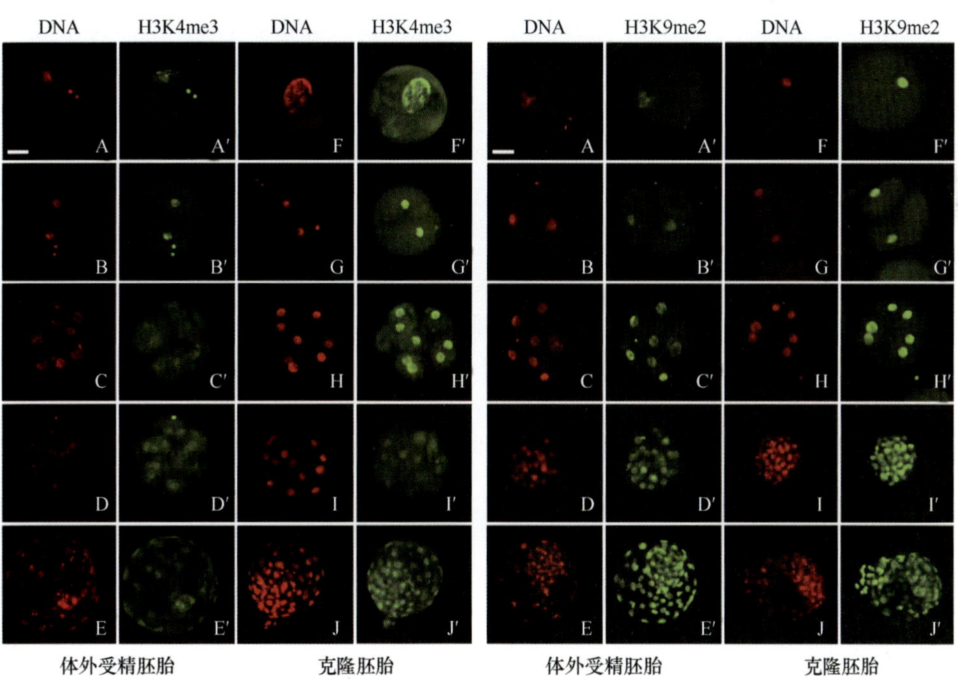

图 8-16 牛体外受精及克隆胚胎中组蛋白甲基化修饰的动态变化（Wu et al., 2010）

在小鼠 1-细胞胚胎中，只在雌原核被检测到 H3K9me2；当将组蛋白未甲基化的雄原核移植入 GV 或 MⅡ卵后，H3K9 的甲基化明显增加。甲基转移酶在未受精卵中具有活性，受精后酶活性消失，所以雄性染色体的 H3K9 没有被甲基化修饰，H3K9 的这种不对称的甲基化修饰持续到 2-细胞期，并且这种低水平的 H3K9 甲基化与雄原核低水平的 DNA 甲基化相关；这种甲基化修饰可以被蛋白合成抑制剂所抑制（Balasubramanian et al.，2009）。在牛受精卵中，雄原核的组蛋白甲基化也随原核的形成而逐渐恢复，但是在 1-细胞期没有发现与小鼠类似的结果。因此可以推测，牛受精过程中的组蛋白甲基化也与 DNA 去甲基化有关。在胚胎发育过程中，组蛋白的甲基化模式存在种属特异性。

比较小鼠体外受精与体内受精不同时期胚胎的组蛋白乙酰化、甲基化与磷酸化的动态变化发现，体外受精与体内受精的胚胎具有类似的动态变化。囊胚滋胚层细胞的 H4 组蛋白的乙酰化水平高于内细胞团，而滋胚层的 DNA 甲基化水平低于内细胞团 DNA 甲基化水平。

在牛囊胚中，滋胚层与内细胞团具有相同的 DNA 甲基化水平，但是组蛋白乙酰化则存在内细胞团弱、滋胚层强的特点；H3K9 甲基化随胚胎的发育明显增加，且该位点的甲基化变化与胚胎基因组 DNA 甲基化平行（Gong et al.，2012）。

四、克隆胚胎中的表观遗传修饰

在克隆胚胎发育过程中，经历了一系列细胞核重编程变化，各种表观遗传修饰在核移植完成后立即发生。首先，体细胞停止自身特有基因产物的表达；其次，供体核受卵母细胞胞质的影响初始化一系列和发育有关基因的表达；再次，从供体细胞继承而来的遗传特征从染色体中被清除。与正常受精胚胎一样，克隆胚的重编程同样涉及染色质重塑、组蛋白修饰、DNA 甲基化、印记基因表达、X 染色体的失活和端粒长度的恢复等。

与正常胚胎相比，克隆胚胎的细胞核重编程存在不同程度的异常，但在相关报道中关于克隆胚胎中不同基因重编程的结论并不一致。在体细胞核进入成熟卵母细胞胞质后不久，H1 组蛋白被卵母细胞特有的 H1oo 取代，随后发生核膜破裂、染色体聚集。卵母细胞在激活后完成类似减数分裂的过程，细胞内形成两个与正常受精卵形态相似的原核。从 2-细胞到 4-细胞阶段，体细胞的 H1 组蛋白重新出现并取代 H1oo。尽管克隆胚的两个原核与正常受精胚的原核在形态上相似，但两者区别很大。正常受精卵将父源和母源的染色体分别安排在雄原核和雌原核中，两原核在表观遗传修饰上存在差异；但克隆胚的两个原核中不同来源染色体是随机分布的，也可能不存在像正常受精卵中两原核的表观遗传修饰差异，这种区别对克隆胚发育有多大影响还不清楚。哺乳动物卵母细胞中组蛋白去乙酰化酶处于非常低的表达水平，有利于保持组蛋白的乙酰化状态和与组蛋白结合基因的转录活化状态，这对正常受精卵没有影响，因为雌雄原核中的基因在第一个细胞周期期间处于基因表达沉默状态，但这种组蛋白去乙酰化酶的低水平状态会造成克隆胚的两个原核中继续维持体细胞特异基因的转录活化状态，不利于供体核本身基因表达程序的终止和胚胎化基因表达程序的启动，从而影响重编程（Wang et al.，2007）。然而，卵母细胞又高表达组蛋白乙酰基转移酶 HAT1，有利于染色体重构和沉默基因的活化，如早期多能基因 *Oct4*，这对 DNA 甲基化和染色体重构是必需的（Zhao et al.，2013）。

克隆胚中组蛋白乙酰化状态是否有变化已有一些报道，有些研究认为克隆胚胎组蛋白乙酰化存在异常，但这些变化是否影响克隆胚胎的细胞核重编程还有待进一步研究。

（一）克隆胚胎的甲基化异常

体细胞核移植中，核供体来源于高度分化的体细胞。供体基因组特异性表观遗传修饰的擦除和胚胎基因组表观遗传修饰的重建和特异性基因的激活是支持早期胚胎发育的关键。克隆胚胎必须经历彻底的去甲基化才可能获得正常发育的能力。不少研究表明，与受精胚胎相比，大部分克隆胚胎表现出 DNA 甲基化的异常（图 8-13）。体细胞基因组在核移植后不容易受卵母细胞中去甲基化酶的作用，其 DNA 甲基化水平仍然接近于体细胞，明显高于正常胚胎的水平。克隆胚胎的 DNA 甲基化异常，不仅表现在被动去甲基化水平较低，而且 DNA 重新甲基化发生的时间也比正常胚胎早，易发生过早的甲基化（Bourc'his et al.，2001）。Chung 等（2003）报道，克隆胚胎中的 DNMT1 和 DNMT1o 的表达和定位都存在异常。在正常胚胎中，DNMT1o 定位于 2-细胞、4-细胞期胚胎的细胞质中；当发育至 8-细胞时，DNMT1o 转位到细胞核内，并被激活。但在克隆胚胎中，只有部分的 DNMT1o 转位到细胞核内，并且出现体细胞的 DNMT1 的异常表达。与正常胚胎相比，克隆囊胚的 DNA 甲基化和组蛋白乙酰化差异显著，尤其在滋养层细胞中常出现 DNA 异常的超甲基化（Chung et al.，2003）。Ohgane 等（2001）在小鼠体细胞克隆过程中发现，与正常小鼠相比，克隆小鼠的甲基化图谱及基因印记发生了变化，而且不同个体之间的变化不同，这种变化好像是随机的。

在克隆胚胎中，存在着广泛的印记基因的甲基化异常。通过对胰岛素样生长因子 2 基因（*Igf2*）和胰岛素样生长因子 2 受体基因（*Igf2r*）等印记基因检测发现，异常胎鼠的多种组织和巨大胎盘中有多种印记基因表达异常，部分印记基因表达减少，另一些则表达增加（Gong et al.，2012）。在克隆牛中也发现类似情况，死亡犊牛的各种组织中的 *Igf2*、*Igf2r* 等印记基因表达异常，而存活克隆牛的印记基因表达基本正常（Li et al.，2007）。这些研究结果表明，印记基因表达异常可能是造成胎儿异常与胎盘过度生长的原因；印记基因的异常可能与克隆过程中供体细胞核重编程不完全有关；印记基因异常可能是导致克隆动物高死亡率的原因之一。

克隆胚异常 DNA 甲基化还见于印记基因的调控异常。体细胞核移植胚胎中不存在印记基因的异常调控，但胎盘中印记基因的表达量是对照胚胎的 3 倍以上（Inoue et al.，2010）。但当使用干细胞作为供核体细胞时，并没有发现克隆胚印记基因表达异常（Ohgane et al.，2001），来自干细胞的克隆胚胎基因的表达模式更像正常胚胎（Brambrink et al.，2006）。这些结果说明，由于干细胞具有发育的全能性，在卵母细胞中更容易被重编程；体细胞来源于高度分化的组织，具有自身的印记特点，在卵母细胞中不易被完全重编程，因而导致了两种克隆胚胎印记水平的差异。

（二）克隆胚胎中的组蛋白修饰

克隆胚胎不但存在 DNA 甲基化修饰的异常，其组蛋白修饰也与正常受精胚胎有所不同。小鼠 2-细胞克隆胚胎与对照胚相比，组蛋白的乙酰化水平存在差异；而且这种差异还与供体细胞的类型有关。乙酰化形式的组蛋白 H4 定位于 1-细胞、2-细胞核周边，与转录活性及合子基因组激活相关（Worrad et al.，1995）。在克隆牛的原核期胚胎中，组蛋白不同修饰位点乙酰化水平明显高于受精胚胎；当发育到 2-～8-细胞时，H4K8 与 H4K5 主要定位于受精胚胎的细胞核周边，而 H4K5ac 在克隆胚胎中没有相同的定位（图 8-15）。组蛋白 H4 在克隆胚胎原核和卵裂过程中的异位表达，可能是克隆胚胎细胞核异常重编程的表现（Brevini et al.，2007）。

免疫荧光分析发现，组蛋白 H3 的乙酰化水平在牛的克隆与受精胚胎发育过程中有差异。在受精卵的 2-细胞到 8-细胞胚胎中，H3K9ac、H3K18ac 明显减弱；到桑椹胚时，H3K9ac 信号有所恢复，H3K18ac 则明显增强（Wu et al.，2010）（图 8-15）。这种差异可能与 p300 的活性有关，p300 的一个特征是具有 HAT 的活性，通过募集 p300 相关辅助因子（PCAF）对靶组蛋白进行乙酰化，多种转录因子的乙酰化调节都与 p300 有关（Schiltz et al.，1999）。随着牛受精胚胎的发育，组蛋白 H3 乙酰化酶 p300 的转录物逐渐降低，8-细胞时表达最低，囊胚期又升高（Vigneault et al.，2004）。虽然 H3K9ac 和 H3K18ac 在克隆胚胎与体外受精胚胎具有类似的 8-细胞减弱、桑椹胚增强的动态变化，但是并没有正常胚胎变化的明显。因此推测，克隆胚胎发育过程中组蛋白 H3 乙酰化重编程并不完全（Wu et al.，2010）。Shi 等（2008）在兔中证实，H4K12ac 在克隆囊胚与正常囊胚中的定位不同，但经 TSA 处理后的克隆囊胚，H4K12ac 与正常胚胎修饰相同。

组蛋白不同位点的甲基化具有不同的甲基化形式，不同的甲基化形式引起了生物功能的不同。H3K4me3 与转录活性相关（Santos-Rosa et al.，2002），H3K9me2 则定位于基因沉默的常染色体，与印记基因的失活相关（Noma et al.，2001）。分析这两个位点在克隆与体外受精胚胎中的动态变化显示，8-细胞期克隆胚胎存在较强的 H3K4me3 信号，体外受精胚同时期的 H3K4me3 信号变得很弱或完全消失；到桑椹胚与囊胚时，两种来源胚胎的 H3K4me3 均表达较弱（图 8-15）。而 H3K4 甲基化调控基因表达与组蛋白 H3 乙酰化密切相关（Ohgane et al.，2001）。分析小鼠和人的 H3K4me2、H3K4me3 定位与 H3 乙酰化的关系显示，在基因组的 504 个 H3K4me3 修饰位点中，有 495 个位点同时被乙酰化修饰（Ooi et al.，2007）。在牛中，体外受精胚胎的组蛋白 H3 乙酰化与 H3K4me3 具有类似的动态变化；在克隆胚胎中，组蛋白 H3 的乙酰化与 H3K4me3 均处于异常的高水平状态。克隆胚胎在发育过程中，组蛋白乙酰化修饰的异常也影响了组蛋白的甲基化修饰（Wu et al.，2010）。

DNA 甲基化与 H3K9 甲基化密切相关。H3K9me2 主要定位于常染色体的转录沉默区，H3K9me3 则特异的存在于异染色质区域（Fuks et al.，2003）。在受精胚胎中，H3K9me2 信号在 2-细胞胚胎较弱，到 8-细胞时增强，但在克隆胚胎的各个发育阶段均维持高水平。在异染色质区域，克隆胚基因组与供体核有相同的 DNA 甲基化水平，克隆胚的甲基化水平在整个植入前胚胎阶段都明显高于正常胚胎；在常染色质区域，在 8-细胞之前，克隆胚胎基因组的甲基化水平显著高于受精胚胎（Bourc'his et al.，2001）。因此推测，克隆胚胎的 H3K9me2 的异常高水平可能与克隆胚基因组 DNA 去甲基化不完全有关（Khachane and Harrison，2009；Santos et al.，2003）。当体细胞基因组被激活后，体外受精囊胚与克隆囊胚具有相似的组蛋白甲基化强度及表达模式，说明供体核基因组的激活过程经历了广泛的组蛋白甲基化修饰的重编程（Wu et al.，2010）（图 8-16）。

以上研究表明，与受精胚胎相比，克隆胚不仅存在组蛋白修饰程度的差异，也存在组蛋白修饰定位异常，这些现象与供体基因组 DNA 的去甲基化不完全及供体染色质转录活性异常有关。使用组蛋白去乙酰化酶抑制剂处理体细胞或重构胚后，组蛋白乙酰化的强度和定位更接近于正常胚胎，能够明显提高克隆胚胎的发育率（Enright et al.，2003；Wang et al.，2007）。该结果表明，克隆胚胎组蛋白乙酰化与甲基化修饰等方面的异常可以通过一些针对性的处理得以改善。

（三）X 染色体失活

在 XY 型性别决定的生物中，雌性（XX）动物比雄性动物（XY）多一条 X 染色体，不同的物种采取不同的补偿机制来平衡 X 染色体基因的表达剂量。在雌性哺乳动物的基因组中，其中的一条 X 染色体被随时失活以达到与雄性等量的基因表达水平。通常情况下，X 染色体的失活发生在早期胚胎发育阶段，一旦发生失活，体细胞中的 X 染色体会终生保持失活状态，不会随着细胞有丝分裂而变化。尽管 X 染色体失活一直是研究热点，但其失活机制并不十分清楚。目前的研究表明，X 染色体上存在一个失活中心（X-inactivation center，Xic），存在 X 染色体失活特异性转录物（X-inactive-specific transcript，Xist），后者对 X 染色体失活具有重要作用。Xist 是一条 17kb 的非编码 RNA，包裹着 X 染色体，促使 DNA 出现甲基化等表观修饰过程，最终导致 X 染色体失活（Avner and Heard，2001）（图 8-17）。

有研究分析发现，克隆牛组织中的 *Xist* 基因的甲基化程度降低。在死亡胎儿的胎盘中，X 染色体是随机失活的；而在存活的克隆牛中，倾向于优先失活父本 X 染色体。不完全的重编程可能会导致克隆牛出现异常的表观遗传修饰，影响随机或者印记 X 染色体的失活。Inoue 等（2010）将体细胞未失活 X 染色体上的 *Xist* 敲除，再进行核移植，发现克隆小鼠的出生率比对照组提高 8～9 倍。敲除未失活 X-染色体上的 *Xist*，很大程度上可以将克隆胚胎的基因表达恢复到正常状态。Matoba 等（2013）发现，将特异性抑制 *Xist* 的干扰载体注射到孤雌激活及克隆的小鼠胚胎后，可以显著下调桑椹胚期细胞 *Xist* 的表达，并可使克隆小鼠的出生率提高 10 倍。

（四）端粒长度的变化

端粒是染色体末端的重复性结构，在 DNA 复制的过程中，由于 DNA 聚合酶是由 5′ 到 3′合成的，这样 5′端的端粒每次有丝分裂都会减少 200bp 的长度。由于端粒的长度有限，所以导致细胞有丝分裂的次数有限。已知有些组织或细胞含有能使端粒修复的端粒酶，如原生殖细胞和 ES 细胞有比较高的端粒酶活性，可以使细胞无限分裂。克隆动物端粒的长度，自多莉羊诞生以来一直是人们关注的焦点。与正常动物相比，克隆动物的端粒长度有较大不同。Shiels 等（1999）的研究表明，多莉羊的端粒比正常的羊短了 20%，由于供体羊年龄和细胞体外培养造成端粒的缩短在克隆过程中并没有被修复。但是，在用牛的成纤维细胞和类 ES 细胞开展的克隆实验中，却发现端粒的长度得到了恢复甚至延长。Miyashita 等（2001）在比较了多种类型供体细胞来源的克隆牛端粒后，

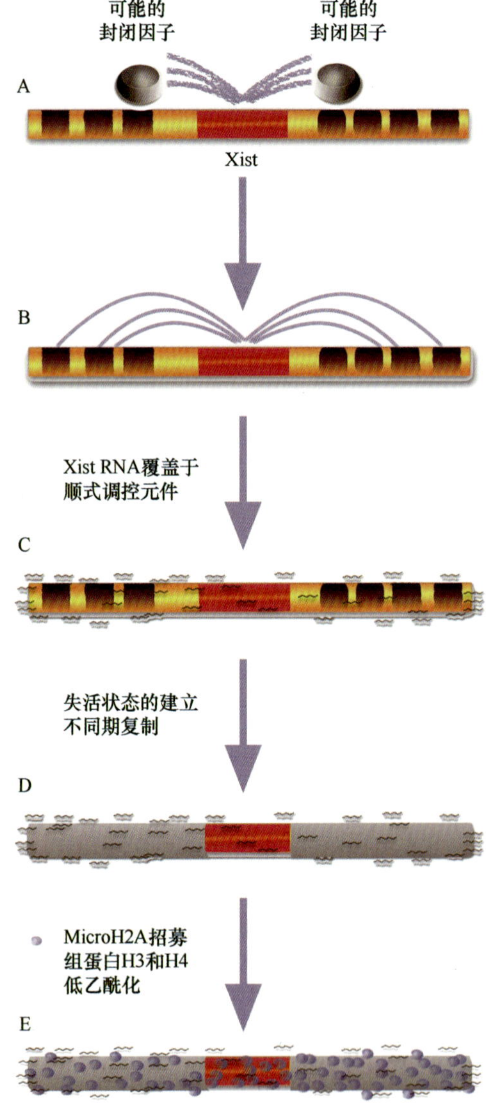

图 8-17 X 染色质失活机制示意图

发现细胞类型对端粒的长度有影响，来自上皮细胞的克隆牛的端粒最短。最近的研究发现，在小鼠和牛的克隆胚胎中，端粒长度的恢复主要集中在胚胎从桑椹胚到囊胚转化的过程中，这时的胚胎有高的端粒酶活性（Marion and Blasco，2010）。

多数研究者认为，克隆动物存在的诸多问题与体细胞核移植后供体核重编程不完全、与胚胎发育相关的基因表达异常有关。在克隆动物的囊胚中，出现基因组表观遗传修饰异常的比例很高，包括组蛋白修饰、DNA 甲基化、印记基因表达、X 染色体失活等。在克隆动物中经常发生的一些病理缺陷，如胎盘的巨大和水肿、尿囊肿大和羊水过多、胎儿巨大、畸形、器官异常等，都可能是由细胞核重编程的异常引起。因而，深入探讨细胞重编程机制、探索促进重编程的技术措施，提高克隆效率，仍是今后体细胞克隆研究的重点。

五、异种核移植胚胎的核重塑

当一个高度分化的体细胞被植入卵母细胞胞质后，在胞质重编程因子的作用下开始重编程，使已经分化的细胞重新回到合子的细胞核状态，使其能够支持克隆胚胎发育，直至克隆动物出生。细胞重编程过程实际上就是体细胞核染色质的重塑过程。在这一过程中，发生了大量复杂的表观遗传修饰事件。对于异种克隆而言，异种间的核质作用与重编程机制更加复杂，不确定因素更多，待揭示的问题更多，这也是异种克隆效率目前尚无法突破的原因所在。

（一）核结构变化

核重塑主要研究核重编程过程中供体核中染色质、核仁和核膜等核组成与结构上的一系列变化。G_0/G_1 期的供体细胞移植到未激活的卵母细胞后，会出现如核膜破裂（nuclear envelope breakdown，NEBD）、早熟染色体凝集（premature chromosome condensation，PCC）和核膨大等形态上的变化。在猪和牛胚胎基因激活后，rRNA 的转录大量增加。在牛同种核移植当中，PCC 过程并不是必要的，尽管融合后再激活的策略能使 46.5%～91.2%的核移植胚发生 PCC，但其囊胚发育显著低于未发生 PCC 的融合同时激活的基因组（严云勤等，1995；陈大元，2000）。而在恒河猴核移植研究中，常规核移植操作后的供体核的核膜仍然完整、NEBD 不完全，导致重构胚发育阻滞；通过在操作液和融合液中消除钙镁离子，防止卵母细胞预先激活的方法，能促进体细胞核移植后 NEBD 和 PCC 的发生，从而促进核移植胚胎的囊胚发育率（Mitalipov et al.，2007）。所以，重构胚发生 NEBD 和 PCC 这些形态变化，在不同物种间可能是不一样的。电镜观察发现，在牛-猪和猪-牛异种核移植胚胎中，均没有发生 PCC 过程，融合后 2h 的异种重构胚的染色质凝集程度明显小于孤雌激活胚胎；但在融合后 4h 以后，异种克隆胚胎的染色质形态与孤雌激活胚胎一致（严云勤等，1995；陈大元，2000）。在异种克隆胚胎的核重塑过程中，可能不需要 PCC。但核重塑是重构胚的表观重编程、基因组激活的前奏，其在异种克隆中的作用还有待进一步研究。

（二）核仁重塑

核仁是核糖体 RNA（rRNA）合成和剪切及核糖体亚基合成的场所，由纤维中心（fibrillar center，FC）、致密纤维组分（dense fibrillar component，DFC）、颗粒组分（granular component，GC）构成。纤维中心是 rRNA 基因的储存位点，转录主要发生在 FC 和 DFC 的交界处。初始转录首先出现在 DFC，并在那里进行加工，之后进入 GC，GC 也是核糖体亚基成熟和贮存的位置。在同种核移植研究中发现，核仁蛋白的异常表达导致异常的核仁发生、胚胎基因组激活失败和发育阻滞（Lee et al.，2008）。对 ZGA 时期的克隆胚胎的细胞核进行超微结构观察时发现，在恒河猴-牛异种核移植胚胎中，有 68.2%的胚胎出现异常的核仁结构，而核膜、线粒体和高尔基体等超微结构与同种克隆胚胎、体外受精胚胎没有区别。这说明牛去核卵母细胞对恒河猴体细胞核的核仁发育的支持能力不完全（Wang et al.，2011）。另外对核移植胚胎中核仁复合体蛋白的表达和定位检测发现，体外受精和牛同种克隆胚胎中，上游结合转录因子（upstream binding transcription factor，UBTF）和纤维蛋白聚集成簇状，核仁素和核仁磷蛋白在 ZGA 时期成环状结构。恒河猴-牛异种克隆胚胎中，这些成分仅是零星分布成小点状，而且这些蛋白质的表达量都明显降低。这一结果表明核仁成分的蛋白质异常调节导致了异常核的形成，进而导致了异种克隆胚胎发育异常和发育阻滞（Wang et al.，2011）。核仁的形成只是胚胎基因组激活进程中的一小部分，是一个必需但不充分的条件。但两者是相互牵制，紧密联系的。用牛、猪和兔子卵母细胞对不同哺乳动物的体细胞进行重编程研究发现，形成核仁的蛋白质本应由供体核在胚胎基因组激活时期转录所生产的，但在异种核移植胚胎中，重构胚的核仁前体是由卵母细胞的成分构成的，受体胞质控制了重构胚核仁形成的时间和细胞期。核仁形成的成功与否，取决于供体和受体二者核仁形成过程中所需成分是否一致和相容（Lagutina et al.，2011）。对 1-细胞期异种克隆胚检测发现，牛-猪及猪-牛异种核移植胚胎的核和核仁形态与受体类似，但 UBTF 没有能够分布到异种重构胚原核的核仁上（Gupta et al.，2013）。这一结果表明 UBTF 的定位是物种特异的，这可能是属间核移植胚胎发育阻滞的原因。rDNA 的转录是由 UBTF、上游保守序列（upstream conserved sequence，UCS）、TATA 结合蛋白（TATA binding protein，TBP）等转录因子介导，而激活 TBP 需要一个磷酸化的蛋白质，这个蛋白质具有种属特异性，在人中是 SL1，而在鼠中是 TIF-1B。以上研究表明，异种重构胚在融合后及胚胎基因组激活前的发育过程中，都有可能存在核结构的异常，其中可能原因是供体和受体间核的组成成分特异性、核重塑机制特异性，或是转录机制的特异性。这方面还需要开展更多的研究，来进一步确认核及核仁在受体胞质中的发育是否存在种的特异性，进而了解异种胚胎基因组重编程和发育异常的原因。

（三）基因组甲基化

核重编程涉及基因组 DNA 甲基化/去甲基化，这些甲基化发生在 CpG 岛上。DNA 甲基化是基因组完成遗传修饰和基因组功能调节的主要手段，任何特定细胞 DNA 甲基化模式的建立都是甲基化、去甲基化动态变化的过程。在小鼠中，精子入卵后，精子的鱼精蛋白即被卵质中的组蛋白替换；父源 DNA 以主动方式去甲基化，母源以被动方式去甲基化；到囊胚时，重新甲基化。在异种克隆中，大猩猩-牛异种克隆胚胎的全基因组去甲基化过程依赖于受体胞质的调节，而不是供体核的调节；与同种克隆胚胎相比，大猩猩-牛异种克隆胚胎中仅发生部分去甲基化。虽然牛卵母细胞能够对大猩猩供体核的全基因组和特定基因进行部分表观重编程，但并没有达到牛同种克隆胚胎重编程的效果。Hua 等（2012）在研究牛-羊异种克隆时发现，异质性会对 *Oct4* 和 *Sox2* 等多潜能基因的甲基化造成影响。与同种克隆胚胎相比，牛-羊异种克隆胚胎的 *Oct4* 和 *Sox2* 基因启动子区域的甲基化程度明显提高。因此，相对于全基因组的甲基化变化，异种克隆胚与同种克隆胚的主要差异，表现在某些基因启动子去甲基化的过程。可能就是这些不正常的甲基化修饰，导致异种克隆胚胎发生严重发育阻滞。

（四）组蛋白乙酰化

近年来，研究者发现组蛋白去乙酰化抑制剂（如 TSA、Scriptaid 等）能够显著提高小鼠、猪和牛的克隆效率，可能是通过改变染色质结构，使供体核由体细胞型转变成合子型的结构，从而提高供体核的重编程效率（Enright et al.，2003；Rybouchkin et al.，2006；Zhao et al.，2009）。但 TSA 没能提高人-兔异种克隆胚胎的发育率（Shi et al.，2008）。而使用 TSA 处理豹猫（*Prionailurus bengalensis*）体细胞 48h 后，再移植到家猫去核卵母细胞中，豹猫-家猫异种克隆胚胎在家猫输卵管的囊胚率和囊胚细胞数显著提高（Lee et al.，2010）。

异种克隆技术是研究细胞重编程的重要方法之一，异种克隆胚胎的基因表达、核重编程、核 DNA 与线粒体 DNA 的关系及代谢途径等方面的差异，可能是阻碍异种克隆胚胎发育的一些原因。

综上所述，无论是体内受精胚胎、体外受精胚胎，还是克隆胚胎或孤雌激活胚胎，在发育过程中均发生了染色质重塑、DNA 修饰、组蛋白修饰、印记基因修饰及 X 染色体失活等表观修饰变化。正确的基因时空调节与准确的表观修饰变化，共同塑造了正常个体发生；任何基因表达的错乱或表观修饰的偏差，都会导致个体发生的失败。

第四节　表观遗传系统的生物学意义

表观遗传学是现代系统遗传学的一个重要分支学科，涉及生理学、发育生物学、细胞生物学、分子生物学和生物信息学等，是涵盖包括营养学在内的环境科学与经典孟德尔遗传学为主的交叉科学。表观遗传的现象很多，如 DNA 甲基化、组蛋白乙酰化、基因组印记、X 染色体失活和 RNA 编辑等。对表观遗传现象的研究不仅可以使我们了解生命的发生发育本质，揭开异彩纷呈的万花世界，而且可以探析许多复杂疾病的发病机制，为开发以基因组表观修饰为靶标的治疗药物提供理论基础。就未来畜牧业而言，表观遗传学的研究不仅能加深我们对环境因子变化对畜禽重要生理机能、经济性状表型的表现及其可遗传性的分子调控机理的科学认知，而且也将推动基于环境调控的畜禽遗传、生理健康、产品品质等新思路、新方法、新技术的建立与应用。

一、表观遗传学与疾病

（一）DNA 甲基化与人类疾病

DNA 甲基化是种天然的 DNA 修饰方式，真核生物细胞中，甲基化只发生在基因组 CpG 二核苷酸的胞嘧啶 5′碳原子。DNA 甲基转移酶以 SAM 作为甲基供体，将甲基转移到胞嘧啶第 5 位的碳原子上。正常情况下，人类基因组非编码序列的 CpG 二核苷酸相对稀少，且总是处于甲基化状态；而 100～1000bp 且富含 CpG 二核苷酸的 CpG 岛，则总是处于未甲基化状态，并且与 56%的人类基因组编码基因相关。在人类基因组中，CpG 岛约为 28 890 个，大部分染色体每 1Mb 就有 5～15 个 CpG 岛，平均每 1Mb 含 10.5 个 CpG 岛。CpG 岛的数目与基因密度有良好的对应关系。由于 DNA 甲基化与生长发育和肿瘤疾病密切相关，特别是 CpG 岛甲基化所致抑癌基因转录失活问题，DNA 甲基化已经成为表观遗传学和表观基因组学的重要研究内容。

目前，表观遗传修饰与肿瘤发生的相关研究较多。肿瘤细胞的表观遗传修饰包括特异基因或基因组 DNA 的异常甲基化和组蛋白异常修饰等。肿瘤细胞基因组总体低甲基化主要分布在 DNA 重复序列中，如微卫星 DNA、长散布元件与 Alu 顺序等（Ooi and Bestor，2008），这种广泛的低甲基化会造成基因组不稳定，从而造成大量异常基因高表达。抑癌基因、抑癌基因、血管生成抑制基因与 DNA 修复基因等启动子区 CpG 的高甲基化，造成细胞基因表达的混乱、组蛋白修饰异常、染色质构象高度紊乱等。在肿瘤细胞中，至少存在 400 个高甲基化启动子区域。肿瘤细胞的基因组总体甲基化水平较低，致使基因组不稳定、易突变，利于癌基因的高表达，这也是细胞癌变的必要条件。

Reelin 是一种正常神经递质、记忆和突触可塑性所必需的蛋白质。在精神分裂症患者大脑中，Reelin 降低了 50%，证实 Reelin 基因的低活性是与基因启动子区域的超甲基化有关；超甲基化可以抑制精神疾病患者大脑 Reelin 的表达（Veldic et al.，2007）。GABAA 是 γ-氨基丁酸 GABA 的受体，可能与孤独症的发生有关。孤独症患者大脑中 GABAA 受体由正常的双等位基因表达变为单等位基因表达，表达量减少。DNA 低甲基化对动脉粥样硬化（atherosclerosis，AS）的恶化作用是促使血管平滑肌细胞（smooth muscle cell，SMC）增殖及纤维沉积。外周血的低甲基化可使参加免疫和炎性反应的细胞过度增殖，从而加重 AS 时的炎性反应。AS 还伴随 DNA 或组蛋白超甲基化现象，AS 的巨噬细胞 DNA 和 H4 组蛋白均出现了超甲基化，表明基因沉默和异染色质生成是 AS 的早期特征和成因。人类雌激素受体 α（estrogen receptor α，ERα）DNA 超甲基化与 AS、老年病和其他心血管疾病密切相关（Lee et al.，2010）。

（二）组蛋白乙酰化、去乙酰化与人类疾病

组蛋白乙酰化与基因活化及 DNA 复制相关，组蛋白的去乙酰化与基因的失活相关。正常细胞中，组蛋白乙酰化转移酶（HAT）和组蛋白去乙酰化酶（HDAC）的作用保持乙酰化的动态稳定，并参与染色质转录活性的调节。乙酰化酶家族可作为辅激活因子调控转录，调节细胞周期，参与 DNA 损伤修复，还可作为 DNA 结合蛋白参与 DNA 转录。去乙酰化酶家族调控基因转录、基因沉默、细胞周期、细胞分化和增殖及细胞凋亡等。在肿瘤细胞中，也存在组蛋白修饰异常变化（Dawson and Kouzarides，2012）。

Rubinstein Taybi 综合征表现为智力低下、面部畸形、拇趾粗大、身材矮小，是由于编码 CBP 蛋白质（CREB-binding protein）基因突变引起的。CBP 是组蛋白乙酰化转移酶家族中的成员之一，是 cAMP 应答元件结合蛋白的辅激活蛋白，通过乙酰化组蛋白使 DNA 启动区子暴露并与 cAMP 应答元件作用开始转录。CBP 和 P300（E1A binding protein P300）均可抑制肿瘤的形成，在小鼠瘤细胞中发现了 CBP 的突变，在结肠和乳房瘤细胞系中确定了 P300 的突变。另外一种组蛋白乙酰化酶 ZNF220 的异常，与人的急性进行性髓性白血病相关密切相关。甲基化 CpG 结合蛋白 2（MeCP2）可募集去乙酰化酶到甲基化的 DNA 区域，使组蛋白去乙酰化导致染色质浓缩，MeCP2 的突变导致 Rett 综合征，患者出生即发病、智力发育迟缓、伴孤独症。若阻碍去乙酰化酶的功能，则可抑制癌细胞的增殖和分化，可用于急性早幼粒细胞性白血病，急性淋巴细胞性白血病和非何杰金氏淋巴瘤的治疗。

（三）染色质重塑与人类疾病

根据水解 ATP 的亚基不同，可将染色质重塑复合物分为 SWI/SNF 复合物、ISW 复合物及其他类型的复合物。这些复合物及相关的蛋白质均与转录的激活和抑制、DNA 的甲基化、DNA 修复及细胞周期相关。*Atrx*、*Ercc6*、*Smarcal1* 均编码与 SWI/SNF 复合物相关的 ATP 水解酶。*Atrx* 突变引起 DNA 甲基化异常导致数种遗传性的智力迟钝疾病，如 Juberg-Marsidi 综合征、Carpenter-Waziri 综合征、X 连锁 α-地中海贫血综合征、Smith-Fineman-Myers 综合征和 Sutherland-Haan 综合征，这些疾病与核小体重新定位异常，引起的基因表达抑制有关。*Ercc6* 的突变将导致 Cerebro-Oculo-Facio-Skeletal 综合征和 B 型 Cockayne 综合征，前者表现为出生后发育异常、神经退行性变、进行性关节挛缩、夭折；后者表现为紫外线敏感、骨骼畸形、侏儒、神经退行性变等症状。这两种疾病对紫外诱导的 DNA 损伤缺乏修复能力。*Smarcal1* 的突变导致 Schimke 免疫性骨质发育异常，表现为多向性 T 细胞免疫缺陷，SMARCAL1 蛋白可能调控和细胞增殖相关基因的表达。*Brg1*、*Smarcb1* 和 *Brm* 编码 SWI/SNF 复合物特异的 ATP 酶，这些酶通过改变染色质的结构使成细胞纤维瘤蛋白（retinoblastoma protein，RB 蛋白）顺利行使调节细胞周期、抑制生长发育及维持基因失活状态的功能，这三个基因的突变可导致肿瘤形成。

染色质重塑异常引发的人类疾病，是由于重塑复合物中的关键蛋白发生突变，导致染色质重塑失败，即核小体不能正确定位，使修复 DNA 损伤的基础转录装置不能接近 DNA，从而影响基因的正常表达。如果突变导致抑癌基因或调节细胞周期的蛋白出现异常，将导致肿瘤的发生。乙酰化酶的突变导致正常基因不能表达；去乙酰化酶或与去乙酰化酶相关基因的突变，均能引发肿瘤发生。

（四）基因组印记与人类疾病

基因组印记是一种特别的非孟德尔遗传现象，即来自双亲的等位基因在传递给子代过程中差异性表达。主要修饰模式包括 DNA 甲基化与组蛋白乙酰化修饰等。基因组印记常与一些先天性疾病相关，也与肿瘤发生和易感性有关。

目前发现的印记基因大约 80%成簇存在，由位于同一条链上的顺式作用位点调控，该调控位点被称作印记中心（imprinting center，IC）。父方和母方的基因印记在生殖细胞形成前期将全部被消除，父方等位基因在精母细胞形成精子时产生新的甲基化模式，在受精时甲基化模式还将发生改变；而母方等位基因在卵子发生时形成甲基化模式。因此，在受精前来自父方和母方的等位基因具有不同的甲基化模式。印记基因的存在反映了性别的竞争，从目前发现的印记基因来看，父方促进胚胎发育，母方则限制胚胎发育速度。亲代通过印记基因影响其下一代，具有性别行为特异性，以保证本方基因在遗传中的优势。

研究发现，许多印记基因对胎儿发育和出生后的生长发育有重要的调节作用，对行为和大脑的功能也有很大的影响。基因组印记异常表达引发伴有复杂突变和表型缺陷的多种疾病，如贝克威斯韦德曼氏综合征、Prader-Willi/Angelman 综合征等。印记基因的异常同样还可以诱发癌症。

1. 基因组印记与脐疝-巨舌-巨人症综合征

人类基因组中 11 号染色体短臂 15.5 区域（11p15.5）上的 *Igf2* 和 *Cdkn1c* 两个印记基因错误表达，引发贝克威斯韦德曼氏综合征（Beckwith Wiedemann syndrome，BWS），其患者表现为胎盘过度增生，巨舌、巨大发育，儿童期易发生肿瘤，即脐疝-巨舌-巨人症综合征（BWS）。*Igf2* 为父本表达的等位基因，*Cdkn1c* 为母本表达的等位基因。父本单亲二体型（uniparental disomy，UPD）是引发 BWS 的主要原因，即 *Igf2* 基因双倍表达，*Cdkn1c* 基因不表达；次要原因是母本的 *Cdkn1c* 等位基因发生突变。极少数病例是由于母本的染色体发生移位造成 *Cdkn1c* 基因失活和（或）造成母本的 *Igf2* 基因表达。其他一些印记基因，在胚胎发育过程中的过量或缺失表达也可导致类似于 BWS，如原来母本表达的 *Ipl* 基因的不表达或母本的 *Ascl2* 基因逃避印记，都将导致胎儿的过度发育。这表明，父本表达的等位基因对胎儿生长有促进作用，而母本表达的等位基因对胎儿发育起到限制作用（Murrell et al.，2004）。

2. 基因组印记与 Prader-Willi/Angelman 综合征

Prader-Willi 综合征（Prader-Willi syndrome，PWS）和 Angelman 综合征（Angelman syndrome，AS）是两种临床上明显不同的神经遗传性疾病。PWS 和 AS 均为染色体 15q11～13 缺陷。PWS 的表型为肥胖、身材矮小、轻度智力发育迟缓、促性腺激素分泌不足的性腺机能减退和手足异常等。AS 表现为共济失调、过度活跃、严重智障、少语和表情愉悦等。AS 又称愉快木偶综合征或安琪儿。

PWS 是由于印记突变，导致父本印记基因 *Snpnp* 在大脑中过度表达。母本的 *Ube3a* 基因缺失或被抑制，导致该基因编码泛素蛋白连接酶在脑中高表达诱发 AS。父本表达的 *Snrnp* 基因第 1 外显子（4kb）的缺失可导致 PWS；而在其上游进一步缺失，则可导致 AS（AS 在 *Snrpn* 基因的第 1 外显子的上游 2kb），说明这两个区域就是印记中心所在的位置。PWS 的共同缺失区与 AS 的并不重叠，因此认为 IC 具有双重结构。如果缺失父本染色体上的 PWS 印记中心，将导致 *Snrnp* 基因及附近的父本表达的等位基因被抑制；而缺失父本染色体上的 AS 印记中心，则没什么变化；但若缺失母本染色体上的 AS 印记中心，将致使 *Ube3a* 被抑制而导致 AS（Francke，1998）。

3. 基因组印记与肿瘤

基因组印记的本质仍为 DNA 修饰和组蛋白修饰，印记相关的蛋白质发生突变将引发表观遗传疾病。染色体失活、印记丢失不仅影响胚胎发育，并可诱发出生后发育异常，易发肿瘤。如果抑癌基因有活性的等位基因失活，便会提高肿瘤发生的概率。与印记丢失相关的疾病有成神经细胞瘤、急性早幼粒细胞性白血病、横纹肌肉瘤和散发的骨肉瘤等；与基因组印记异常有关的肿瘤有横纹肌肉瘤、卵巢癌、神经胶质瘤等；与 *Igf2* 基因印记丢失相关的肿瘤有肾母细胞瘤（wilms' tumor，WT）等。

基因组印记相关疾病，常常是由于印记丢失导致两个等位基因同时表达，或突变导致有活性的等位基因失活所致。如调控基因簇的印记中心发生突变，将导致一系列基因不表达，引发复杂综合征。在正常人群中，*Igf2* 是只在父系表达的印记基因，母系的 *Igf2* 等位基因处于静止状态；*H19* 只有母系等位基因表达，父系的处于静止状态。当 *Igf2* 变为双等位基因表达时，表达产物增加，促成肿瘤细胞的异常生长。印记基因的 *H19* 在染色体的位置与 *Igf2* 相邻，其基因产物 RNA 对细胞生长起抑制作用，且它的失活与癌症的发生有关（Steenman et al.，1994）。WT 是一种孩儿期的肾脏恶性肿瘤，其发生是由于 11 号染色体短臂上 *Igf2* 和 *H19* 两个基因异常表达，约有 40% WT 的 *Igf2* 父系母系等位基因同时表达。这种静止的基因被重新活化表达的现象，被称为印记丢失（loss of imprinting，LOI）（Rainier et al.，1993）。

4. X 染色体失活与人类疾病

在哺乳动物中，雌性有两条 X 染色体，而雄性只有一条 X 染色体，雌性细胞质中某些物质能使两条 X 染色体中的一条异染色质化，只有一条染色体具有活性，这样使得雌雄动物 X 染色体上的基因产物的计量是平衡的，这个过程就称计量补偿效应。X 染色体失活遵循 n–1 法则，不论有多少条 X 染色体，最终只能随机保留一条的活性。对有多条 X 染色体的个体研究发现，有活性的染色体比无活性的染色体提前复制，复制的异步性和 LINE-1 元件的非随机分布具有密切联系。在胚胎发育早期，首先父本 X 染色体（paternal X chromosome，Xp）失活，染色体发生组蛋白修饰，具有抑制细胞分裂作用的 Pc-G 蛋白（polycomb group protein，Pc-G）表达，然后 Xp 在细胞内又选择性恢复活性，最后父本或母本 X 染色体再发生随机失活。

Wiskott-Aldrich 综合征（WAS）是一种罕见的 X 连锁隐性遗传性疾病，表现为免疫缺陷、湿疹、伴血小板缺乏症。*Wasp* 基因突变是诱发 WAS 的主要原因，连锁分析将致病基因定位于 Xp11.22。因为染色体随机失活导致女性为嵌合体，携带有 50%的正常基因，通常无症状表现，该病患者多为男性。女性患 WAS 主要原因，在于不对称 X 染色体失活，即携带有正常 *Wasp* 基因的染色体过多失活。

5. 非编码 RNA 与人类疾病

非编码 RNA（ncRNA）在基因表达中发挥重要作用，并参与细胞分化、个体发育、遗传和表观遗传等活动。几乎所有的表观遗传行为，如 DNA 甲基化、基因印记作用、组蛋白甲基化、乙酰化等均受到 ncRNA 的调控。ncRNA 可分为长链非编码（lncRNA）和短链非编码 RNA 。lncRNA 在基因水平、染色体水平发挥顺式调节作用。短链 RNA 在基因组水平对基因表达进行调控，可介导 mRNA 的降解、诱导染色质结构的改变，决定着细胞的分化命运，还对外源的核酸序列有降解作用以保护本身的基因组。常见的短链 RNA 为小干涉 RNA（siRNA）和微小 RNA（microRNA 或 miRNA），非编码 RNA 参与转录后的基因沉默。

ncRNA 对防止疾病发生有重要作用。在细胞分裂时，短链 RNA 异常将导致染色体无法在着丝粒处形成异染色质，导致细胞分裂异常。如果干细胞发生这种情况，可能诱发癌症。染色体着丝粒附近有大量的转座子，转座子可在染色体内部转座导致基因失活而引发多种疾病甚至癌症。然而，在着丝粒区存在大量有活性的短链 RNA，它们通过抑制转座子的转座而保护基因组的稳定性。lncRNA 错误表达也与许多疾病机制密切相关。在基因组中，随着大部分正常序列转录，突变的基因也被转录，潜在影响着大量的 lncRNA。因此，基因组中大部分的突变发生在非编码区和间隔区。

研究发现，一系列 microRNA 与人类白血病和癌症患者中染色体畸变有紧密关系。microRNA 引起染色体畸变后，影响许多 lncRNA 的表达，造成癌症和其他疾病的发生。与精神分裂症和其他神经精神疾病紧密相关的一对染色体易位（1；11）（q42.1；q14.3）会直接影响 1 号染色体上的两个基因 *Disc1* 和 *Disc2* 的表达。*Disc1* 是蛋白质编码基因，而 *Disc2* 是个反义非编码 RNA 编码基因，*Disc1* 与 *Disc2* 相互调控。有研究表明，在精神分裂症患者 *Disc1* 基因序列中存在大量的 SNP，可能是与 DISC2 调控失调有关。Daughters 等（2009）发现 lncRNA 基因的一级序列的微量扩增与 SCA8 型脊髓小脑性共济失调有关。以上研究表明，患者体内染色体重排会影响 lncRNA。

ncRNA 对基因、染色体活性的调节与基因组的稳定性、细胞分裂、个体发育都有至关重要的作用。RNA 干扰是研究人类疾病的重要手段，通过其他物质调节 RNA 干扰的效果，以及实现 RNA 干扰在特异的组织中发挥作用，是未来 RNA 干扰的研究重点。

二、环境对表观遗传学的影响

表观遗传是时间和空间（物理、化学、生物因素）共同参与修饰而产生的个体适应外界环境的机制，这种机制更加灵活，且具有可逆性。生物通过重编程消除原有的表观遗传标记，产生适应新环境的表观遗传标记。

单卵双生（同卵双生）（monozygotic twin）的遗传物质组成相同的，是研究遗传物质的效应的最佳对象。有研究发现，在单卵双生中存在大量的表观遗传差异（epigenetic difference），表明了时间和环境在不断影响着人类细胞中的表观遗传学修饰。Fraga 等（2005）检测了 40 对单卵双生子基因组中 DNA 甲基化和组蛋白乙酰化两种主要表观遗传修饰，有 65%的单卵双生子的表观遗传学特性基本保持一致，35%的单卵双生双生子存在显著的区别。年龄与差异程度、双生子间的分开时间长短、医疗经历之间有着明显的联系。随着时间的推移，环境因素似乎对表观基因组（epigenome）有着更重要的影响。研究表明，双生子的差异性甲基化发生在启动子的 CpG 岛上，可能会对基因的表达有影响。年纪越小，差异性越小，在 3 岁年纪的双生子中，基因表达的特征基本保持一致，50 岁的双生子中差别就很大了。

三、表观遗传学在动物繁殖领域的应用前景

超数排卵、体外受精、体细胞克隆与胚胎移植等技术是动物繁殖的重要手段。但是研究显示，超数排卵处理可能干扰卵泡发育进程。在经超排处理获得的人卵母细胞中，*H19* 基因出现异常甲基化，*Peg-1* 基因的甲基化丢失，超排处理可能引起母本印记紊乱。体外受精技术绕过了正常受精和卵子激活的多个步骤，培养条件的理化因素均有可能干扰精子与卵子及胚胎的印记基因的消除、重建与维持。体细胞克隆技术已经发展多年。

然而，供体核 DNA 甲基化和组蛋白乙酰化模式的异常变化，可能是造成克隆效率低的主要原因。

在我国，虽然若干家畜品种拥有优良的繁殖性能或生产性能，但是其他经济性状可能不如畜牧业发达国家的良种。性状调控基因往往不是单基因控制，受环境因素影响较大。目前，DNA 甲基化已被作为一种新的分子遗传标记手段，应用于相关性状的辅助选择标记。更好地了解 DNA 甲基化和组蛋白修饰等表观作用机制，将有助于指导动物育种工作。

总之，通过阐明配子发生、胚胎发育与胎儿发生过程中的表观遗传作用机制，可预防和治疗因表观修饰错误引起的人类疾病，不断提高优生优育与生殖健康水平。通过调节雌雄配子与胚胎发生条件，减少内源性因素与环境因素对配子和胚胎的表观遗传影响，可提高和推动现代繁殖生物技术的应用效率。

参 考 文 献

陈大元. 2000. 受精生物学：受精机制与生殖工程. 北京：科学出版社.

吴佚. 2008. 牛体外受精胚胎及克隆胚胎发育过程中组蛋白修饰表观遗传重编程的研究. 内蒙古大学博士学位论文.

严云勤, 李光鹏, 郑世民. 1995. 发育生物学原理与胚胎工程. 哈尔滨: 黑龙江科学技术出版社.

Adenot PG, Mercier Y, Renard JP, et al. 1997. Differential H4 acetylation of paternal and maternal chromatin precedes DNA replication and differential transcriptional activity in pronuclei of 1-cell mouse embryos. Development, 124(22): 4615-4625.

Ancelin K, Lange UC, Hajkova P, et al. 2006. Blimp1 associates with Prmt5 and directs histone arginine methylation in mouse germ cells. Nat Cell Biol, 8: 623-630.

Avner P, Heard E. 2001. X-chromosome inactivation: counting, choice and initiation. Nat Rev Genet, 2: 59-67.

Balakirev ES, Ayala FJ. 2003. Pseudogenes: are they “junk” or functional DNA? Annu Rev Genet, 37: 123-151.

Balasubramanian S, Zheng D, Liu YJ, et al. 2009. Comparative analysis of processed ribosomal protein pseudogenes in four mammalian genomes. Genome Biol, 10: R2.

Bao Y, Shen X. 2007. INO80 subfamily of chromatin remodeling complexes. Mutat Res, 618: 18-29.

Benetti R, Gonzalo S, Jaco I, et al. 2008. A mammalian microRNA cluster controls DNA methylation and telomere recombination via Rbl2-dependent regulation of DNA methyltransferases. Nat Struct Mol Biol, 15: 268-279.

Berger SL. 2007. The complex language of chromatin regulation during transcription. Nature, 447: 407-412.

Bouazoune K, Mitterweger A, Langst G, et al. 2002. The dMi-2 chromodomains are DNA binding modules important for ATP-dependent nucleosome mobilization. EMBO J, 21: 2430-2440.

Bourc’his D, Bestor TH. 2002. Helicase homologues maintain cytosine methylation in plants and mammals. BioEssays, 24: 297-299.

Bourc’his D, Bestor TH. 2004. Meiotic catastrophe and retrotransposon reactivation in male germ cells lacking Dnmt3L. Nature, 431: 96-99.

Bourc’his D, Le Bourhis D, Patin D, et al. 2001. Delayed and incomplete reprogramming of chromosome methylation patterns in bovine cloned embryos. Curr Biol, 11: 1542-1546.

Bowles J, Knight D, Smith C, et al. 2006. Retinoid signaling determines germ cell fate in mice. Science, 312: 596-600.

Brambrink T, Hochedlinger K, Bell G, et al. 2006. ES cells derived from cloned and fertilized blastocysts are

transcriptionally and functionally indistinguishable. Proc Natl Acad Sci USA, 103: 933-938.
Brevini TA, Cillo F, Antonini S, et al. 2007. Cytoplasmic remodelling and the acquisition of developmental competence in pig oocytes. Anim Reprod Sci, 98: 23-38.
Bruno M, Flaus A, Stockdale C, et al. 2003. Histone H2A/H2B dimer exchange by ATP-dependent chromatin remodeling activities. Mol Cell, 12: 1599-1606.
Burke TR Jr, Zhang ZY. 1998. Protein-tyrosine phosphatases: structure, mechanism, and inhibitor discovery. Biopolymers, 47: 225-241.
Caron N, Veilleux S, Boissonneault G. 2001. Stimulation of DNA repair by the spermatidal TP1 protein. Mol Reprod Dev, 58: 437-443.
Chung YG, Ratnam S, Chaillet JR, et al. 2003. Abnormal regulation of DNA methyltransferase expression in cloned mouse embryos. Biol Reprod, 69: 146-153.
Clapier CR, Cairns BR. 2009. The biology of chromatin remodeling complexes. Annu Rev Biochem, 78: 273-304.
Clapier CR, Nightingale KP, Becker PB. 2002. A critical epitope for substrate recognition by the nucleosome remodeling ATPase ISWI. Nucleic Acids Res, 30: 649-655.
Daughters RS, Tuttle DL, Gao W, et al. 2009. RNA gain-of-function in spinocerebellar ataxia type 8. PLoS Genet, 5: e1000600.
Dawlaty MM, Ganz K, Powell BE, et al. 2013. Tet1 is dispensable for maintaining pluripotency and its loss is compatible with embryonic and postnatal development. Cell Stem Cell, 9: 166-175.
Dawson MA, Kouzarides T. 2012. Cancer epigenetics: from mechanism to therapy. Cell, 150: 12-27.
De La Fuente R, Viveiros MM, Burns KH, et al. 2004. Major chromatin remodeling in the germinal vesicle(GV)of mammalian oocytes is dispensable for global transcriptional silencing but required for centromeric heterochromatin function. Dev Biol, 275: 447-458.
De La Fuente R. 2006. Chromatin modifications in the germinal vesicle(GV)of mammalian oocytes. Dev Biol, 292: 1-12.
De Napoles M, Nesterova T, Brockdorff N. 2007. Early loss of Xist RNA expression and inactive X chromosome associated chromatin modification in developing primordial germ cells. PLoS One, 2: e860.
Dean W, Santos F, Stojkovic M, et al. 2001. Conservation of methylation reprogramming in mammalian development: aberrant reprogramming in cloned embryos. Proc Natl Acad Sci USA, 98: 13734-13738.
Dohmen RJ. 2004. SUMO protein modification. Biochim Biophys Acta, 1695: 113-131.
Enright BP, Kubota C, Yang X, et al. 2003. Epigenetic characteristics and development of embryos cloned from donor cells treated by trichostatin A or 5-aza-2'-deoxycytidine. Biol Reprod, 69: 896-901.
Feng S, Cokus SJ, Zhang X, et al. 2010. Conservation and divergence of methylation patterning in plants and animals. Proc Natl Acad Sci USA, 107: 8689-8694.
Fraga MF, Ballestar E, Paz MF, et al. 2005. Epigenetic differences arise during the lifetime of monozygotic twins. Proc Natl Acad Sci USA, 102(30): 10604-10609.
Francke U. 1998. Imprinted genes in the Prader-Willi deletion. Novartis Found Symp, 214: 264-275.
Frohlich KS, Vogel J. 2009. Activation of gene expression by small RNA. Curr Opin Microbiol, 12: 674-682.
Fu G, Ghadam P, Sirotkin A, et al. 2003. Mouse oocytes and early embryos express multiple histone H1 subtypes. Biol Reprod, 68: 1569-1576.
Fuks F, Hurd PJ, Wolf D, et al. 2003. The methyl-CpG-binding protein MeCP2 links DNA methylation to histone methylation. J Biol Chem, 278: 4035-4040.
Fulka J, Fulka H, Slavik T, et al. 2006. DNA methylation pattern in pig *in vivo* produced embryos. Histochem Cell Biol, 126(2): 213-217.
Gan H, Wen L, Liao S, et al. 2013. Dynamics of 5-hydroxymethylcytosine during mouse spermatogenesis. Nat Commun, 4: 1995.
Gangaraju VK, Bartholomew B. 2007. Mechanisms of ATP dependent chromatin remodeling. Mutat Res, 618: 3-17.
Gardiner-Garden M, Ballesteros M, Gordon M, et al. 1998. Histone- and protamine-DNA association:

conservation of different patterns within the beta-globin domain in human sperm. Mol Cell Biol, 18(6): 3350-3356.

Gatewood JM, Cook GR, Balhorn R, et al. 1990. Isolation of four core histones from human sperm chromatin representing a minor subset of somatic histones. J Biol Chem, 265(33): 20662-20666.

Geng F, Cao Y, Laurent BC. 2001. Essential roles of Snf5p in Snf-Swi chromatin remodeling in vivo. Mol Cell Biol, 21: 4311-4320.

Ghenoiu C, Wheelock MS, Funabiki H. 2013. Autoinhibition and Polo-dependent multisite phosphorylation restrict activity of the histone H3 kinase Haspin to mitosis. Mol Cell, 52: 734-745.

Glickman MH, Ciechanover A. 2002. The ubiquitin-proteasome proteolytic pathway: destruction for the sake of construction. Physiol Rev, 82: 373-428.

Gong ZJ, Zhou YY, Xu M, et al. 2012. Aberrant expression of imprinted genes and their regulatory network in cloned cattle. Theriogenology, 78: 858-866.

Grey C, Barthes P, Chauveau-Le Friec G, et al. 2016. Mouse PRDM9 DNA-binding specificity determines sites of histone H3 lysine 4 trimethylation for initiation of meiotic recombination. PLoS Biol, 9: e1001176.

Grune T, Brzeski J, Eberharter A, et al. 2003. Crystal structure and functional analysis of a nucleosome recognition module of the remodeling factor ISWI. Mol Cell, 12: 449-460.

Guo X, Deng L, Deng K, et al. 2016. Pseudogene PTENP1 Suppresses Gastric Cancer Progression by Modulating PTEN. Anticancer Agents Med Chem, 16: 456-464.

Gupta MK, Das ZC, Heo YT, et al. 2013. Transgenic chicken, mice, cattle, and pig embryos by somatic cell nuclear transfer into pig oocytes. Cell Reprogram, 15: 322-328.

Hajkova P, Erhardt S, Lane N, et al. 2002. Epigenetic reprogramming in mouse primordial germ cells. Mech Dev, 117: 15-23.

Hans F, Dimitrov S. 2001. Histone H3 phosphorylation and cell division. Oncogene, 20: 3021-3027.

Hashimoto H, Vertino PM, Cheng X. 2010. Molecular coupling of DNA methylation and histone methylation. Epigenomics, 2: 657-669.

Hebbes TR, Thorne AW, Crane-Robinson C. 1988. A direct link between core histone acetylation and transcriptionally active chromatin. EMBO J, 7: 1395-1402.

Hua S, Lu C, Song Y, et al. 2012. High levels of mitochondrial heteroplasmy modify the development of ovine-bovine interspecies nuclear transferred embryos. Reprod Fertil Dev, 24(3): 501-509.

Inoue K, Kohda T, Sugimoto M, et al. 2010. Impeding Xist expression from the active X chromosome improves mouse somatic cell nuclear transfer. Science, 330: 496-499.

Iqbal K, Jin SG, Pfeifer GP, et al. 2011. Reprogramming of the paternal genome upon fertilization involves genome-wide oxidation of 5-methylcytosine. Proc Natl Acad Sci USA, 108: 3642-3647.

Iyer L M, Tahiliani M, Rao A, et al. 2009. Prediction of novel families of enzymes involved in oxidative and other complex modifications of bases in nucleic acids. Cell Cycle, 8: 1698-1710.

Jia D, Jurkowska RZ, Zhang X, et al. 2007. Structure of Dnmt3a bound to Dnmt3L suggests a model for de novo DNA methylation. Nature, 449: 248-251.

Kaneda M, Sado T, Hata K, et al. 2004. Role of de novo DNA methyltransferases in initiation of genomic imprinting and X-chromosome inactivation. Cold Spring Harb Symp Quant Biol, 69: 125-129.

Kasten MM, Clapier CR, Cairns BR. 2011. SnapShot: Chromatin remodeling: SWI/SNF. Cell, 144: 310e311.

Kawahara M, Wu Q, Takahashi N, et al. 2007. High-frequency generation of viable mice from engineered bi-maternal embryos. Nat Biotechnol, 25: 1045-1050.

Kelly AE, Ghenoiu C, Xue JZ, et al. 2010. Survivin reads phosphorylated histone H3 threonine 3 to activate the mitotic kinase Aurora B. Science, 330: 235-239.

Khachane AN, Harrison PM. 2009. Assessing the genomic evidence for conserved transcribed pseudogenes under selection. BMC Genomics, 10: 435.

Khalil AM, Boyar FZ, Driscoll DJ. 2004. Dynamic histone modifications mark sex chromosome inactivation and reactivation during mammalian spermatogenesis. Proc Natl Acad Sci USA, 101: 16583-16587.

Klenova EM, Morse HC 3rd, Ohlsson R, et al. 2002. The novel BORIS + CTCF gene family is uniquely involved in the epigenetics of normal biology and cancer. Semin Cancer Biol, 12: 399-414.

Kobayashi H, Sakurai T, Imai M, et al. 2012. Contribution of intragenic DNA methylation in mouse gametic DNA methylomes to establish oocyte-specific heritable marks. PLoS Genet, 8: e1002440.

Kohli RM, Zhang Y. 2013. TET enzymes, TDG and the dynamics of DNA demethylation. Nature, 502: 472-479.

Kondo Y. 2009. Epigenetic cross-talk between DNA methylation and histone modifications in human cancers. Yonsei Med J, 50: 455-463.

Kriaucionis S, Heintz N. 2009. The nuclear DNA base 5-hydroxymethylcytosine is present in Purkinje neurons and the brain. Science, 324: 929-930.

Lagutina I, Zakhartchenko V, Fulka H, et al. 2011. Formation of nucleoli in interspecies nuclear transfer embryos derived from bovine, porcine, and rabbit oocytes and nuclear donor cells of various species. Reproduction, 141: 453-465.

Larsen CN, Wang H. 2002. The ubiquitin superfamily: members, features, and phylogenies. J Proteome Res, 1: 411-419.

Lee E, Kim JH, Park SM, et al. 2008. The analysis of chromatin remodeling and the staining for DNA methylation and histone acetylation do not provide definitive indicators of the developmental ability of inter-species cloned embryos. Anim Reprod Sci, 105: 438-450.

Lee HS, Yu XF, Bang JI, et al. 2010. Enhanced histone acetylation in somatic cells induced by a histone deacetylase inhibitor improved inter-generic cloned leopard cat blastocysts. Theriogenology, 74: 1439-1449.

Li S, Li Y, Yu S, et al. 2007. Expression of insulin-like growth factors systems in cloned cattle dead within hours after birth. Mol Reprod Dev, 74: 397-402.

Maatouk DM, Kellam LD, Mann MR, et al. 2006. DNA methylation is a primary mechanism for silencing postmigratory primordial germ cell genes in both germ cell and somatic cell lineages. Development, 133: 3411-3418.

Maiti A, Drohat AC. 2011. Thymine DNA glycosylase can rapidly excise 5-formylcytosine and 5-carboxylcytosine: potential implications for active demethylation of CpG sites. J Biol Chem, 286: 35334-35338.

Marfella CG, Imbalzano AN. 2007. The Chd family of chromatin remodelers. Mutat Res, 618: 30-40.

Marion RM, Blasco MA. 2010. Telomere rejuvenation during nuclear reprogramming. Curr Opin Genet Dev, 20: 190-196.

Martin C, Zhang Y. 2005. The diverse functions of histone lysine methylation. Nat Rev Mol Cell Biol, 6: 838-849.

Matoba S, Inoue K, Kohda T, et al. 2013. RNAi-mediated knockdown of Xist can rescue the impaired postimplantation development of cloned mouse embryos. Proc Natl Acad Sci USA, 108: 20621-20626.

Mayer W, Niveleau A, Walter J, et al. 2000. Demethylation of the zygotic paternal genome. Nature, 403: 501-502.

Mitalipov SM, Zhou Q, Byrne JA, et al. 2007. Reprogramming following somatic cell nuclear transfer in primates is dependent upon nuclear remodeling. Hum Reprod, 22: 2232-2242.

Mitrovich QM, Anderson P. 2005. mRNA surveillance of expressed pseudogenes in C. elegans. Curr Biol, 15: 963-967.

Miyashita N, Kubo Y, Yonai M, et al. 2001. Cloned cows with short telomeres deliver healthy offspring with normal-length telomeres. J Reprod Dev, 57: 636-642.

Mizuguchi G, Shen X, Landry J, et al. 2004. ATP-driven exchange of histone H2AZ variant catalyzed by SWR1 chromatin remodeling complex. Science, 303: 343-348.

Morrison AJ, Highland J, Krogan NJ, et al. 2004. INO80 and gamma-H2AX interaction links ATP-dependent chromatin remodeling to DNA damage repair. Cell, 119: 767-775.

Murrell A, Heeson S, Cooper WN, et al. 2004. An association between variants in the IGF2 gene and Beckwith-Wiedemann syndrome: interaction between genotype and epigenotype. Hum Mol Genet, 13: 247-255.

Nishioka K, Chuikov S, Sarma K, et al. 2002. Set9, a novel histone H3 methyltransferase that facilitates transcription by precluding histone tail modifications required for heterochromatin formation. Genes Dev, 16: 479-489.

Noma K, Allis CD, Grewal SI. 2001. Transitions in distinct histone H3 methylation patterns at the heterochromatin domain boundaries. Science, 293: 1150-1155.

North JA, Javaid S, Ferdinand MB, et al. 2011. Phosphorylation of histone H3(T118)alters nucleosome dynamics and remodeling. Nucleic Acids Res, 39: 6465-6474.

Ohgane J, Wakayama T, Kogo Y, et al. 2001. DNA methylation variation in cloned mice. Genesis, 30: 45-50.

Okada Y, Scott G, Ray MK, et al. 2007. Histone demethylase JHDM2A is critical for Tnp1 and Prm1 transcription and spermatogenesis. Nature, 450: 119-123.

Ooi SK, Bestor TH. 2008. The colorful history of active DNA demethylation. Cell, 133: 1145-1148.

Ooi SK, Qiu C, Bernstein E, et al. 2007. DNMT3L connects unmethylated lysine 4 of histone H3 to de novo methylation of DNA. Nature, 448: 714-717.

Oswald J, Engemann S, Lane N, et al. 2000. Active demethylation of the paternal genome in the mouse zygote. Curr Biol, 10: 475-478.

Pal S, Gupta R, Kim H, et al. 2011. Alternative transcription exceeds alternative splicing in generating the transcriptome diversity of cerebellar development. Genome Res, 21: 1260-1272.

Peserico A, Simone C. 2011. Physical and functional HAT/HDAC interplay regulates protein acetylation balance. J Biomed Biotechnol, 2011: 371832.

Pfaffeneder T, Hackner B, Truss M, et al. 2011. The discovery of 5-formylcytosine in embryonic stem cell DNA. Angew Chem Int Ed Engl, 50: 7008-7012.

Popp C, Dean W, Feng S, et al. 2010. Genome-wide erasure of DNA methylation in mouse primordial germ cells is affected by AID deficiency. Nature, 463: 1101-1105.

Qian J, Lesage B, Beullens M, et al. 2011. PP1/Repo-man dephosphorylates mitotic histone H3 at T3 and regulates chromosomal aurora B targeting. Curr Biol, 21: 766-773.

Quivoron C, Couronne L, Della Valle V, et al. 2011. TET2 inactivation results in pleiotropic hematopoietic abnormalities in mouse and is a recurrent event during human lymphomagenesis. Cancer Cell, 20: 25-38.

Rainier S, Johnson LA, Dobry CJ, et al. 1993. Relaxation of imprinted genes in human cancer. Nature, 362: 747-749.

Raisner RM, Hartley PD, Meneghini MD, et al. 2005. Histone variant H2A. Z marks the 5' ends of both active and inactive genes in euchromatin. Cell, 123: 233-248.

Rice JC, Allis CD. 2001. Histone methylation versus histone acetylation: new insights into epigenetic regulation. Curr Opin Cell Biol, 13: 263-273.

Robertson KD, Jones PA. 2000. DNA methylation: past, present and future directions. Carcinogenesis, 21: 461-467.

Runge JS, Raab JR, Magnuson T. 2016. Epigenetic regulation by ATP-dependent chromatin-remodeling enzymes: SNF-ing out crosstalk. Curr Top Dev Biol, 117: 1-13.

Rybouchkin A, Kato Y, Tsunoda Y. 2006. Role of histone acetylation in reprogramming of somatic nuclei following nuclear transfer. Biol Reprod, 74: 1083-1089.

Sakashita A, Kobayashi H, Wakai T, et al. 2014. Dynamics of genomic 5-hydroxymethylcytosine during mouse oocyte growth. Genes Cells, 19: 629-636.

Santos F, Dean W. 2004. Epigenetic reprogramming during early development in mammals. Reproduction, 127: 643-651.

Santos F, Hendrich B, Reik W, et al. 2002. Dynamic reprogramming of DNA methylation in the early mouse embryo. Dev Biol, 241: 172-182.

Santos F, Zakhartchenko V, Stojkovic M, et al. 2003. Epigenetic marking correlates with developmental potential in cloned bovine preimplantation embryos. Curr Biol, 13: 1116-1121.

Santos-Rosa H, Schneider R, Bannister AJ, et al. 2002. Active genes are tri-methylated at K4 of histone H3. Nature, 419: 407-411.

Sarmento OF, Digilio LC, Wang Y, et al. 2004. Dynamic alterations of specific histone modifications during

early murine development. J Cell Sci, 117: 4449-4459.
Sasaki H, Matsui Y. 2008. Epigenetic events in mammalian germ-cell development: reprogramming and beyond. Nat Rev Genet, 9: 129-140.
Schiltz RL, Mizzen CA, Vassilev A, et al. 1999. Overlapping but distinct patterns of histone acetylation by the human coactivators p300 and PCAF within nucleosomal substrates. J Biol Chem, 274: 1189-1192.
Schulze JM, Jackson J, Nakanishi S, et al. 2009. Linking cell cycle to histone modifications: SBF and H2B monoubiquitination machinery and cell-cycle regulation of H3K79 dimethylation. Mol Cell, 35: 626-641.
Seisenberger S, Peat JR, Reik W. 2013. Conceptual links between DNA methylation reprogramming in the early embryo and primordial germ cells. Curr Opin Cell Biol, 25: 281-288.
Seki Y, Yamaji M, Yabuta Y, et al. 2007. Cellular dynamics associated with the genome-wide epigenetic reprogramming in migrating primordial germ cells in mice. Development, 134: 2627-2638.
Sharma AK, Khan SA, Sharda A, et al. 2015. MKP1 phosphatase mediates G1-specific dephosphorylation of H3Serine10P in response to DNA damage. Mutat Res, 778 : 71-79.
Shen X, Ranallo R, Choi E, et al. 2003. Involvement of actin-related proteins in ATP-dependent chromatin remodeling. Mol Cell, 12: 147-155.
Shi LH, Miao YL, Ouyang YC, et al. 2008. Trichostatin A(TSA)improves the development of rabbit-rabbit intraspecies cloned embryos, but not rabbit-human interspecies cloned embryos. Dev Dyn, 237: 640-648.
Shiels PG, Kind AJ, Campbell KH, et al. 1999. Analysis of telomere length in Dolly, a sheep derived by nuclear transfer. Cloning, 1(2): 119-125.
Shirley CR, Hayashi S, Mounsey S, et al. 2004. Abnormalities and reduced reproductive potential of sperm from Tnp1- and Tnp2-null double mutant mice. Biol Reprod, 71: 1220-1229.
Sims JK, Wade PA. 2011. SnapShot: chromatin remodeling: CHD. Cell, 144: 626-626 e621.
Smallwood SA, Kelsey G. 2011. *De novo* DNA methylation: a germ cell perspective. Trends Genet, 28: 33-42.
Smith ZD, Chan MM, Mikkelsen TS, et al. 2012. A unique regulatory phase of DNA methylation in the early mammalian embryo. Nature, 484: 339-344.
Smith ZD, Meissner A. 2013. DNA methylation: roles in mammalian development. Nat Rev Genet, 14: 204-220.
Spivakov M, Fisher AG. 2007. Epigenetic signatures of stem-cell identity. Nat Rev Genet, 8: 263-271.
Stanley FK, Moore S, Goodarzi AA. 2013. CHD chromatin remodelling enzymes and the DNA damage response. Mutat Res, 750: 31-44.
Steenman MJ, Rainier S, Dobry CJ, et al. 1994. Loss of imprinting of IGF2 is linked to reduced expression and abnormal methylation of H19 in Wilms' tumour. Nat Genet, 7: 433-439.
Stokes DG, Perry RP. 1995. DNA-binding and chromatin localization properties of CHD1. Mol Cell Biol, 15: 2745-2753.
Surani MA, Hayashi K, Hajkova P. 2007. Genetic and epigenetic regulators of pluripotency. Cell, 128 : 747-762.
Tahiliani M, Koh KP, Shen Y, et al. 2009. Conversion of 5-methylcytosine to 5-hydroxymethylcytosine in mammalian DNA by MLL partner TET1. Science, 324: 930-935.
Takada Y, Isono K, Shinga J, et al. 2007. Mammalian Polycomb Scmh1 mediates exclusion of Polycomb complexes from the XY body in the pachytene spermatocytes. Development, 134: 579-590.
Tam OH, Aravin AA, Stein P, et al. 2008. Pseudogene-derived small interfering RNAs regulate gene expression in mouse oocytes. Nature, 453: 534-538.
Tang LS, Wang Q, Xiong B, et al. 2007. Dynamic changes in histone acetylation during sheep oocyte maturation. J Reprod Dev, 53: 555-561.
Utley RT, Lacoste N, Jobin-Robitaille O, et al. 2005. Regulation of NuA4 histone acetyltransferase activity in transcription and DNA repair by phosphorylation of histone H4. Mol Cell Biol, 25: 8179-8190.
van Attikum H, Fritsch O, Hohn B, et al. 2004. Recruitment of the INO80 complex by H2A phosphorylation links ATP-dependent chromatin remodeling with DNA double-strand break repair. Cell, 119: 777-788.

van der Heijden GW, Dieker JW, Derijck AA, et al. 2005. Asymmetry in histone H3 variants and lysine methylation between paternal and maternal chromatin of the early mouse zygote. Mech Dev, 122: 1008-1022.

van Rooij E, Olson EN. 2012. MicroRNA therapeutics for cardiovascular disease: opportunities and obstacles. Nat Rev Drug Discov, 11: 860-872.

Vanin EF. 1985. Processed pseudogenes: characteristics and evolution. Annu Rev Genet, 19: 253-272.

Veldic M, Kadriu B, Maloku E, et al. 2007. Epigenetic mechanisms expressed in basal ganglia GABAergic neurons differentiate schizophrenia from bipolar disorder. Schizophr Res, 91: 51-61.

Vigneault C, McGraw S, Massicotte L, et al. 2004. Transcription factor expression patterns in bovine *in vitro*-derived embryos prior to maternal-zygotic transition. Biol Reprod, 70: 1701-1709.

Villar-Garea A, Esteller M. 2003. DNA demethylating agents and chromatin-remodelling drugs: which, how and why? Curr Drug Metab, 4: 11-31.

Wang F, Kou Z, Zhang Y, et al. 2007. Dynamic reprogramming of histone acetylation and methylation in the first cell cycle of cloned mouse embryos. Biol Reprod, 77: 1007-1016.

Wang K, Otu HH, Chen Y, et al. 2011. Reprogrammed transcriptome in rhesus-bovine interspecies somatic cell nuclear transfer embryos. PLoS One, 6: e22197.

Watanabe T, Totoki Y, Toyoda A, et al. 2008. Endogenous siRNAs from naturally formed dsRNAs regulate transcripts in mouse oocytes. Nature, 453: 539-543.

Webster KE, O'Bryan MK, Fletcher S, et al. 2005. Meiotic and epigenetic defects in Dnmt3L-knockout mouse spermatogenesis. Proc Natl Acad Sci USA, 102: 4068-4073.

Willingham AT, Gingeras TR. 2006. TUF love for "junk" DNA. Cell, 125: 1215-1220.

Worby CA, Simonson-Leff N, Dixon JE. 2001. RNA interference of gene expression(RNAi)in cultured Drosophila cells. Sci STKE, 2001(95): pl1.

Worrad DM, Turner BM, Schultz RM. 1995. Temporally restricted spatial localization of acetylated isoforms of histone H4 and RNA polymerase Ⅱ in the 2-cell mouse embryo. Development, 121: 2949-2959.

Wossidlo M, Nakamura T, Lepikhov K, et al. 2011. 5-Hydroxymethylcytosine in the mammalian zygote is linked with epigenetic reprogramming. Nat Commun, 2: 241.

Wu X, Li Y, Xue L, et al. 2010. Multiple histone site epigenetic modifications in nuclear transfer and *in vitro* fertilized bovine embryos. Zygote, 19: 31-45.

Yadon AN, Tsukiyama T. 2011. SnapShot: Chromatin remodeling: ISWI. Cell, 144: 453-453.

Yamaguchi S, Hong K, Liu R, et al. 2012. Tet1 controls meiosis by regulating meiotic gene expression. Nature, 492: 443-447.

Yamaguchi S, Hong K, Liu R, et al. 2013. Dynamics of 5-methylcytosine and 5-hydroxymethylcytosine during germ cell reprogramming. Cell Res, 23: 329-339.

Yodh J. 2013. ATP-Dependent Chromatin Remodeling. Adv Exp Med Biol, 767: 263-295.

Zaitseva I, Zaitsev S, Alenina N, et al. 2007. Dynamics of DNA-demethylation in early mouse and rat embryos developed *in vivo* and *in vitro*. Mol Reprod Dev, 74: 1255-1261.

Zalensky AO, Siino JS, Gineitis AA, et al. 2002. Human testis/sperm-specific histone H2B(hTSH2B). Molecular cloning and characterization. J Biol Chem, 277: 43474-43480.

Zhao J, Ross JW, Hao Y, et al. 2009. Significant improvement in cloning efficiency of an inbred miniature pig by histone deacetylase inhibitor treatment after somatic cell nuclear transfer. Biol Reprod, 81: 525-530.

Zhao X, Ren J, Du W, et al. 2013. Effect of vitrification on promoter CpG island methylation patterns and expression levels of DNA methyltransferase 1o, histone acetyltransferase 1, and deacetylase 1 in metaphase Ⅱ mouse oocytes. Fertil Steril, 100: 256-261.

（吴 侠）

第九章 组学大数据解析生殖发育调控

高通量测序技术的革命性突破及各类组学技术的广泛应用，使生命科学研究快速进入大数据时代。基因组学、转录组学、表观组学、蛋白质组学、代谢组学、疾病表型组学及特色物种基因组注释等前沿生物技术的应用，在 DNA、RNA、非编码 RNA、蛋白质与代谢途径等多维度、多层次准确检测与分析遗传信息，对生命的认识和思考上升到一个全新的水平。生命体表型的产生受到多层次协同调控，单纯的实验生物学或单层次组学数据分析，都有其片面性与孤立性，很难揭示表型产生的本质机理。面对大规模组学数据，生物学专家与生物信息学专家只有联合起来，才有可能进行有效和正确的解读和分析，才有可能做到比较准确的预测和判断，才有可能探知大数据所反映的生物学本质，才有可能更有效地指导生物学验证。

以组学数据为标志的大数据生命科学，正带动研究人员破解生物的发育特征、发育机制、人类疾病的分子本质与精准医疗等（图 9-1）。

生命科学数据：多组学、多技术、多物种、多维度

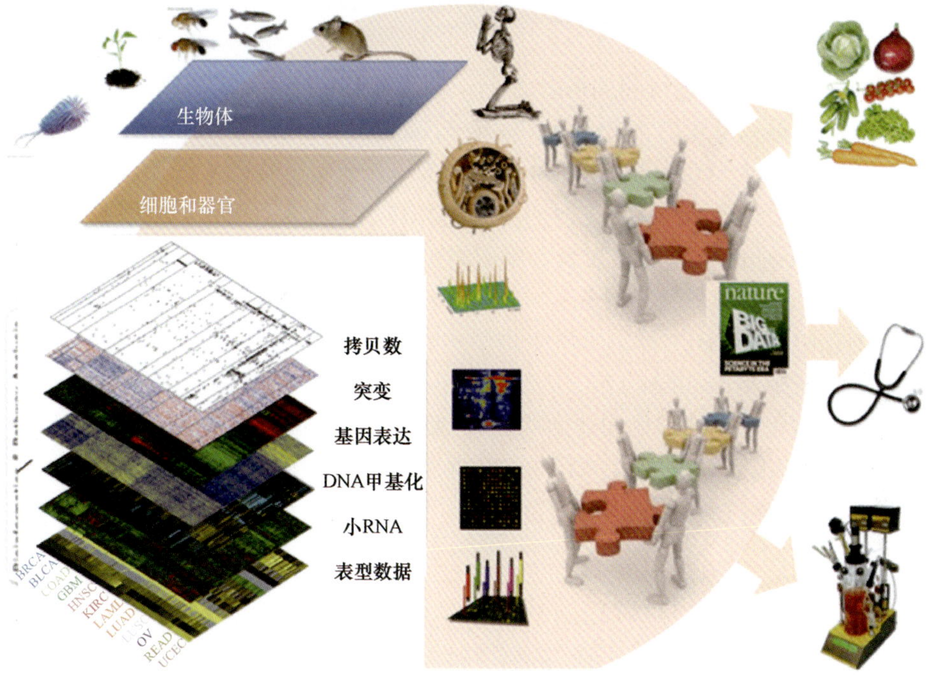

图 9-1　多层次协同调控的大数据生命科学研究

第一节　大数据与生命科学

生命科学领域里，以 DNA 双螺旋结构的提出为起点，在 20 世纪后期出现了飞跃式的发展。几个具有重大意义的技术革新，如基因组的一代测序、二代测序和各种组学技术等大大加快了生命科学领域数据的产生速度。2003 年人类基因组计划的完成，向利用基因信息进行疾病诊断、治疗和预防的目标迈出了第一步。随着更多生物全基因组图谱的完成，DNA 元件百科全书（encyclopedia of DNA element，ENCODE）研究成果的发布及各类组学技术的广泛应用，标志着生命科学已步入后基因组时代，已进入大数据时代。

一、大数据时代

2008 年 9 月，*Nature* 杂志率先出版了《大数据专刊》，大数据的影响已触及自然科学、社会科学和工程科学等多个领域。国际数据公司的研究结果表明，2011 年全球产生的数据量高达 1.82ZB。2012 年 5 月，联合国发布了《大数据与人类发展：挑战与机遇》白皮书，指出大数据是一个历史性机遇，人们可以使用极为丰富的数据资源对社会经济进行前所未有的实时分析，帮助政府更好地响应社会和经济运行。大数据受到越来越多的重视。欧美国家许多高校纷纷成立了数据科学研究机构，开设了数据科学课程。*Nature* 和 *Science* 也分别于 2008 年和 2011 年推出了大数据专刊，对大数据带来的挑战进行讨论。2014 年 6 月 13 日，*Science* 杂志刊载了由美国科学促进会（AAAS）科技出版顾问 Mike May 撰写的题为 *Big Biological Impacts from Big Data* 等一系列评论，明确宣示科学研究已进入大数据时代。

“大数据”已成最炙手可热的概念之一。从字面上理解，大数据意味着大量的数据。概括起来，大数据包括 4 层含义（4V）：第一，数据量（volume of data）不断增大，常常在 PB 级以上，新一代测序技术让每个样本都能产生兆兆位的数据。每个人体组织样本至少都能产生超过 100Gb 和 30Gb 的基因组和转录组数据。第二，处理数据的速度快（velocity of processing），更新速度快，实时数据流的时效性要求高，需要快速处理不断增加的数据量。第三，数据类型多变（variability of data source），即多变性。美国国家生物技术信息中心（NCBI）、欧洲分子生物学实验室（EMBL）和日本 DNA 数据库（DDBJ）等系列通用数据库及 UniProt（http://www.uniprot.org）等专业数据库存在异质性，数据类型不同（结构化、半结构化和非结构化），数据来源不同。第四，单位数据的低价值（low value of the data），值密度的高低与数据总量的大小成反比，尽管利用密度低，却常常蕴藏着新知识或具有重要的预测价值。

二、大数据处理算法和软件

面对来源和类型不同的大数据，尚缺乏统一的处理与利用标准。每一个研究组用来储存数据的软件可能都不一样。这些数据的格式也千差万别，很多时候连实验设计都不一样，所以得到的结果也有差异。如何处理这些不同格式的数据，专业技术人员改进或开发出相应的大数据算法和软件。例如，进行全基因组关联分析（genome-wide association study，GWAS）这样的全基因组比对工作。通过对健康人群的基因组和患病人群的基因组进行比对，就可以找出与疾病相关的遗传指纹。再如，糖尿病或前列腺癌等疾病背后的遗传基础都非常复杂，多个基因可能也只会带来很小的一点影响，这些基因的作用彼此之间还有叠加效应，如果要发现这种微弱的信号，那就必须利用大数据对上万，甚至数十万人的数据进行比较，才有可能发现有价值的线索。

线性混合模型（linear mixed model）就是一种能够有效解决上述问题的数据分析方法。该方法能够有效去除假阳性信号，但是需要强大的运算能力，是被分析数据量的三次方。如果被分析的数据增加 10 倍，那么运算能力需要增加 1000 倍。如果只需要分析几十个人的数据还没太大问题，但要对上万人的基因组数据进行梳理，就需要更专业的数据分析和软件开发师的加入。加拿大渥太华大学利用 Lyons 开发基因组数据库和用来分析数据的软件，对 30 多种开花植物的全基因组进行了分析，重建出 1.2 亿年之前所有开花植物共同祖先的基因组结构，即找出所有开花植物的共有基因组结构，而不是简单的共有 DNA 序列。最近，他们对现代双子叶植物里是否存在基因的双拷贝或三拷贝进行了分析和比较，最终推断出开花植物的祖先共有 7 条染色体，含有 2 万～3 万个基因，这个基因组要比现在很多植物的基因组小得多。

表 9-1 列出了一些可以用于大数据比对与分析的软件。这些软件的功能主要集中在 4 个方面：将测序结果与参考序列比对，进行碱基识别及发现多态性，将配对测序结果

或非配对测序结果从头组装，基因组浏览和注释。

表 9-1　用于分析数据的软件及生物信息学工具

软件名称	软件功能	下载地址
Bowtie	比对	http://bowtie-bio.sourceforge.net/manual.shtml
BWA	比对	http://bio-bwa.sourceforge.net/
Cross_match	比对	http://www.phrap.org/phredphrapconsed.html
ELAND	比对	http://www.illumina.com/
Exonerate	比对	http://www.ebi.ac.uk/～guy/exonerate
MAQ	比对及变异检测	http://maq.sourceforge.net
Bamtools	比对	http://github.com/pezmaster3/bamtoo/s
RMAP	比对	http://rulai.cshl.edu/rmap
SHRiMP	比对	http://compbio.cs.toronto.edu/shrimp
SOAP	比对	http://soap.genomics.org.cn
SSAHA2	比对	http://www.sanger.ac.uk/Software/analysis/SSAHA2
TopHat	比对	https://ccb.jhu/edu/software/tophat/index.shtml
Edena	序列组装	http://www.genomic.ch/edena
SHARCGS	序列组装	http://sharcgs.molgen.mpg.de
SSAKE	序列组装	http://www.bcgsc.ca/platform/bioinfo/software/ssake
VCAKE	序列组装	http://sourceforge.net/projects/vcake
Velvet	序列组装	http://www.ebi.ac.uk/%7Ezerbino/velvet
Freebayes	碱基识别	https://github.com/ekg/freebayes
Gaphite	突变检测	https://github.com/dillonl/graphite
ssahaSNP	突变检测	http://www.sanger.ac.uk/Software/analysis/ssahaSNP

三、生物大数据的特征和应用

以高通量测序仪器、单细胞检测装备和实时动态图像系统为代表的新一代生物分析平台，为生物学研究提供海量数据。截至 2014 年 8 月底，在美国国立卫生研究院（National Institutes of Health，NIH）运行了 30 多年的基因序列数据库 GenBank 里，已经收纳了 1.67 亿条基因序列，约合 1540 亿 bp 的数据。

（一）生物大数据的特征

生物大数据有其自身的高维度性（high dimension）、高度复杂性（high complexity）和高度不确定性（high uncertainty）（图 9-2）。具体而言，第一，生物学大数据对样本的多重分析角度、多组学数据和多样本量等方面均具有高维特点，为发掘蕴含于高维数据中的深刻规律提供了基础；第二，不同组学数据的系统性整合、不同样本的比对与结果的统计验证等，均需要基于大数据进行建模并归纳生物学规律，反映了生物学研究目标和过程的复杂性；第三，生物学研究中样本在来源、处理方法与存储格式上的差异性（heterogeneity），导致研究对象的高度不确定性和不吻合性，需要智能化的数据模型来加以深入分析。

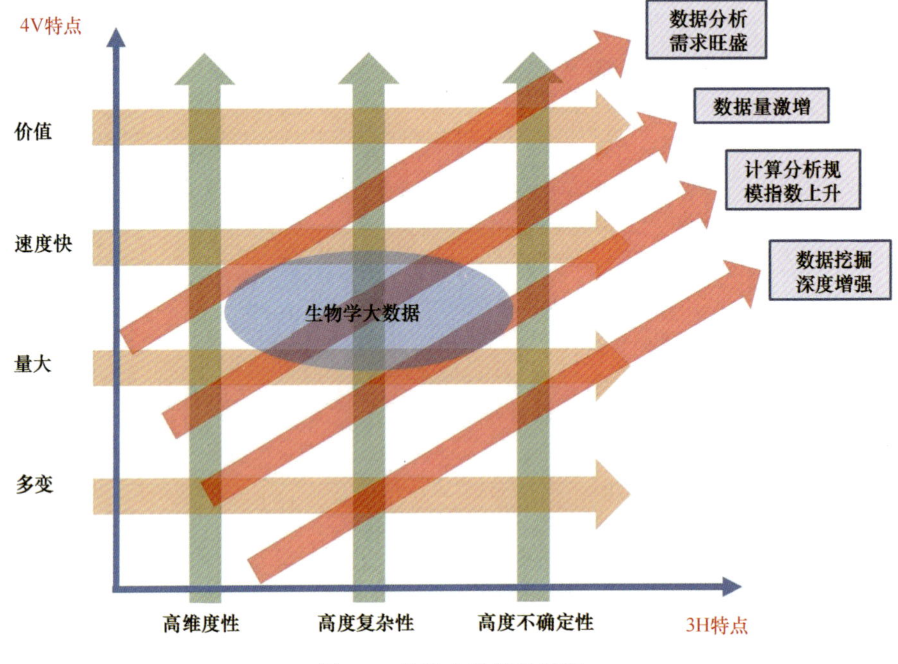

图 9-2 生物大数据的特征

（二）生物大数据的应用

生物学是一个涉及物质、能量、信息等多层次的非线性交叉学科。例如，严重威胁人类健康的慢性病多为复杂性疾病，受到基因、环境及其交互作用的影响，其病因学研究将产生大量的数据，预示着病因学研究的复杂性。再如，基因组测序成本从数百万美元降低至不足一千美元，可以对数百万个 DNA 同时进行测序，可以对一个物种的转录组和基因组进行细致全面的分析，促使了海量测序数据的加速产生。

在大数据时代，不仅可以开展独立组学分析，还可以开展多组学关联研究。从分子水平上的基因组学、表观组学、转录组学、蛋白质组学、代谢组学和宏基因组学，到个体行为、群体行为和环境的表型组学等，可以进行全面系统的分析。通过整合各类临床数据，对疾病的发生与发展提供全面、全新的认识，可以准确地预测个体患病风险和预后，有针对性地实施预防和治疗。

在药物研发方面，利用某种疾病患者人群的组学数据，可以快速识别有关疾病发生、预后或治疗效果的生物标志物，从而有助于识别生物靶点和研发药物。同时，充分利用海量组学数据、已有药物的研究数据和高通量药物筛选，能加速药物筛选过程。通过采集未知病原样本，对病原进行测序，并将未知病原与已知病原的基因序列进行比对，从而判断其为已知病原或与其最接近的病原类型，据此推测其来源和传播路线、开展药物筛选和相应的疾病防治。

生物学大数据将改变医学实践模式，改善医药卫生服务质量，最终有利于实现个体化治疗和群体性预防的医学目的，从“概念”走向“价值”，成为“智慧健康”的基础。生物学大数据将能够产生新的知识，用信息改变医学实践，最终改善人类健康和公共卫生。

在生殖与发育调控方面，组学大数据研究有望揭示自配子发生开始的个体发育过程，综合转录组学、表观组学、蛋白质组学等数据，揭示胚胎发生不同阶段的调控信息与调控机制。在生物育种方面，组学大数据可以全面了解动物性状的调控网络，揭示主效调控基因，挖掘性状分子标记，指导精准基因编辑和分子育种。

四、大数据“干”实验生物学

面对来自多维度、多层面的组学数据，如何快速准确地通过系统的数据挖掘方法，建立合理的模型分析并解释这些生物大数据，从中获得反映生物总体运行规律的结论，进而准确追踪各类生命活动现象内部的分子本质，成为大数据生命科学研究中的一大难题，也成为生物学研究的新瓶颈。

基于爆炸式增长的测序数据、结构数据及图像数据等海量生物学大数据，科研人员可以直接以这些大数据为材料，通过数学与信息学方法开展研究。即利用大数据开展“干”实验科学研究，而无须去做真实的实验（“湿”实验）。“干”实验生物学得益于计算机运算能力与数据存储能力的发展，是大数据组学背景下出现的新研究方式，即“干”生物学（图 9-3）。

图 9-3　大数据时代的“干”实验生物学

NIH 投入 9600 万美元支撑大数据分析工作。美国科学基金会（National Science Foundation）成立了一个 iPlant 协作组织（iPlant Collaborative），催生出一大批从事数据分析工作的所谓“植物生物学家”。美国斯坦福大学通过对大量的数据进行运算，搜集、使用并分析各个公开数据库里现有的信息，在糖尿病、肥胖症、移植排斥反应及新药开发等方面产生了一系列重大研究成果。例如，研究人员通过整理人类基因组序列数据库、肿瘤基因组序列（cancer genome readout）数据库、脑扫描成像（brain imaging scan）数据库及糖尿病、阿尔茨海默病等多种疾病相应的生物标志物数据库（biomarker），发现了一些新的、存在于这些基因之间的相互联络方式。对与药物和疾病相关的基因表达谱公共数据库的大数据分析后，发现了一些能够加重病情或缓解病情的药物。再如，美国哥伦比亚大学使用基因表达公共数据库里的数据，筛选与迟发型阿尔茨海默病患者和正常人脑组织的基因表达相关数据，通过大数据分析发现了一个新的分子，该分子能够部分决定携带了 *APOE4* 基因的人是否会患上阿尔茨海默病。

五、大数据生物学的发展趋势

（一）“干”与“湿”结合是生物学研究未来的发展趋势

大数据研究的一个重要发展趋势就是由假设驱动向数据驱动的转变。人们已经从大数据和对数据挖掘的过程中获得了许多宝贵信息。这些信息涉及生物分子的发现模式、生物学文献中的文本挖掘、数据整合和基因组序列的概率模型等。这些资源帮助了很多研究项目，包括提出研究方案及设计大型实验。

受学科与学识限制，绝大多数生物学工作者对生物信息学和计算生物学的理论与应用所知甚少，面对庞大的数据，他们渴望有人帮助阅读和解析，能够给予理论上的预判。虽然拥有一定的生物学知识，但生物信息学和计算生物学领域的学者们对生命科学理论与本质的认识也并不是很强。当遇到某些或某个具体现象或具体事件时，往往止于浅层次的认识。大家的共识则是，干生物学研究不能代替传统的“湿式”实验室，但能够极大地助推“湿”生物学的开展。“湿”生物学研究必须与“干”生物学高度融合，才有可能在一些重大理论与机制问题上获得突破。在生殖生物学与发育生物学研究领域，国内外若干著名实验室已经证明，“干”生物学研究与“湿”生物学验证的联合攻关是取得重大研究突破的根本保证。

以计算机进行数据分析为主的“干”生物学与以实验验证为主的“湿”生物学二者的结合，是生物学研究领域未来的发展趋势。

（二）“干”生物学研究遇到的挑战

作为一个新兴领域，大数据也伴随着一些争议。大数据中变量类型更多、更复杂，而随着变量的增加，获得假阳性关联的概率也会增加。须考虑数据的代表性和数据纯度，实现生物学数据的标准化和规范化。数据标准化是数据共享的前提，只有标准化的数据才能有效融合与整合，从而发挥大数据的价值。

“干”生物学研究面临的最大挑战就是如何获得最大量的数据。生物学领域具有海量数据，如何共享、规范、管理和利用是关键。数据共享是应用生物学大数据的前提，打破数据孤岛，实现生物学数据共享，避免数据只为少数人或单位使用。许多公共资助机构已开始要求所资助研究的数据必须在一定范围内共享。生物学领域数据特别庞大，产生和更新速度更快，其存储方式不仅影响数据分析效率，也影响数据存储的成本。我国已积累了海量的生物学数据，如何利用才是关键，这在一定程度上也依赖于大数据技术的发展。生物学和信息科学的复合型人才的缺乏，是国内外生物学大数据面临的一个困境，因而需要大力推动计算机科学和生物学交叉学科教育，培养复合型人才。

在对海量数据进行挖掘的同时，隐私泄露存在巨大风险。数据安全与隐私保护日益受到关注和重视，相关政策和立法亟待加强，相应的技术发展将发挥重要作用。生物学大数据已经成为战略性产业，许多国家已经将大数据上升为国家战略。

第二节　大数据生物信息技术

一、生物信息学的多学科本质

组学分析已经对分子生物学的发展起到越来越大的作用，也使得对基因组学的认识和思考上升到一个新的水平。当高度自动化的测序仪每天产生数百万兆字节的新数据时，需要“生物信息学”进行分类、处理与分析。

生物信息学（bioinformatics）是一门集数学、计算机科学及生物学等多学科交叉的新兴热点学科，实质就是利用信息科学与技术解决生物学问题（表 9-2）。其内涵包含了分子大数据的获取、加工、存储、分配、分析和解释等。依据分子生物大数据的类型，基因组、转录组、蛋白质组等不同水平层次的数据，跨层次的转录调控、转录后调控和表观遗传修饰等，利用生物信息学技术进行横向、纵向与交叉的整理与分析。一方面要组织好生物大数据的储存和获取，一方面要开发优良的算法和工具软件对生物大数据进行分析，同时还要利用这些生物大数据和工具来产生新的生物学认识，为开展“湿”实验生物学提供依据和指导。

表 9-2　生物信息学与计算生物学的差异比较

	生物信息学	计算生物学
定义	研究、开发和应用计算机工具和方法，扩展生物学、医学和健康知识应用的科学，包括获得、储存、组织、存档、分析或使这些材料形象化	开发和应用数据分析及理论的方法、数学建模和计算机仿真技术等
相异点	典型交叉学科，涉及的学科包括数学、统计学、化学、物理学、生物学和计算机科学等；以生命科学中的现象和规律作为研究对象，以解决生物学问题为最终目标，数学和计算机仅仅是解决问题的工具和手段；研究领域广泛，已渗透到现代生物学的每一个领域	作为组织和分析生物学资料的第一步，它通常先建立数据库，如大量有序和一致的资料库，这通常要和计算机程序联系起来，并用来存储所有类型的生物记录，如 DNA 或蛋白质序列的记录。为了处理这些资料，需要不断开发特定的软件，以更新、查询、检索和储存这个系统中的资料组分。现在很多这样的数据库是相互联系的，通过简单的查询就可以得到完整且详细的信息

二、生物信息技术的发展概况

（一）生物信息学的发展阶段

生物信息学旨在揭示“基因组信息结构的复杂性及遗传语言的根本规律”，是自然科学中生命、数学、物理、计算机等相关学科的有机结合。并利用这些学科知识来解决生物学问题，同时改进对生物学现象的理解。

生物信息学的发展主要经历了三个阶段。最初的前基因组时代，其研究方向主要集中在生物数据库的构建、检索工具的开发和应用及对 DNA 和蛋白质序列的比对和分析。第二阶段为基因组时代，这个阶段的工作主要集中在对核苷酸序列的测定、分析及发现新基因，还包括基因网络和交互界面的大量数据库的开发和应用及对基因组序列信息的提取分析等。第三阶段，随着人类基因组图谱的绘制完成，生物信息学的发展进入当前的后基因组时代（又叫大数据时代）。这个时期主要的工作包括转录组学、表观组学、蛋白质组学、代谢组学、疾病表型组学及物种基因组注释等。

基因组包含了一个生命体的全部遗传信息，是全面揭示物种复杂性与多样性的源泉。遗传信息的获取是进行基因组、转录组、表观组、代谢组、蛋白质组和基因表型组等研究的基础，随着二代、三代测序技术的发展，基因组、转录组的遗传信息能够被准确地检测，从而为生物信息学的研究提供了丰富的资源，同时对生物信息学的技术革新带来了前所未有的机遇和压力。

（二）国际生物信息学的发展

由于生物信息学对于生物学基础研究、实验研究及生物学应用具有重大的意义，国际上的一些发达国家非常重视，纷纷成立了相应研究机构。美国、日本和欧洲的许多国家相继成立了生物信息中心。国际核苷酸序列数据库合作组织（The International Nucleotide Sequence Database Collaboration，INSDC）（www.insdc.org）覆盖了 DDBJ、EMBL 和在 NCBI 的 GenBank，可以免费和不受限制地利用他们的信息。GenBank 是 NIH 位于 NCBI 中的遗传序列数据库，这一综合性的数据库包含超过 26 万种已鉴定的生物和已经公布的最终 DNA 序列数据。EMBL 的核苷酸序列的数据库，也被称为 EMBL 银行，它包含欧洲的主要核苷酸序列资源。DDBJ 只是 DNA 数据库银行，大部分 DNA 和 RNA 序列资源主要来源于研究者的个人提交，或者来自不同类型的测序计划。近些年，人类基因组等计划顺利完成，生物分子数据量呈爆炸性增长，现有生物信息数据库中的数据量迅速膨胀，数据库的复杂程度也在不断增加，如核酸序列数据库、蛋白质序列数据库、大分子结构数据库、基因组信息数据库等。同时不断涌现出新的生物信息数据库，新的数据库反映了现代生物科学研究内容的拓宽和现代生物技术的发展，如基因表达数据库。有一些新数据库则是对原有数据库加工处理以后形成的二级数据库，这些数据库为特殊的应用服务，如蛋白质结构分类数据库。

除了政府和大学科研机构之外，各种专业研究机构和私有公司如雨后春笋般地涌现出来，各大生物技术公司和制药企业内部都相继成立了生物信息学研发部门，重点从事基因组学、蛋白质组学、药物基因组学或生物芯片的研究和开发工作，而这些领域的研究和应用完全依赖于生物信息学。目前，美国政府支持新药研究的投资基金总量已经超过了政府对生物学研究的总投入，而其中相当一部分用于生物信息学和基因组学研究。与此同时，国际生物信息学产业和市场逐步形成。近几年，生物信息学产业出现新的局面，一些国际上规模比较大的 IT 企业进入生物信息学领域，展开了激烈的竞争，如 IBM、Motorola、HP、Compaq、SGI、Linux、Hitachi 等。这些 IT 行业的巨头不仅想占据生物信息学领域中计算机和网络的硬件市场，而且还想争取生物信息学技术的软件市场。由于对生物信息学的需求是如此迅猛，即使是像美国这样的发达国家也面临着生物信息学人才供不应求的局面。

（三）我国生物信息学的发展

我国生物信息学研究与开发工作发展迅猛，从 20 世纪 80 年代初的个别单位开展一些计算生物学和理论生物学的工作，发展到今天在国际上有着举足轻重的地位。北京大学物理化学研究所建立 PDB 数据库的中国节点，北京大学生物信息中心建立生物信息学服务器和 EMBL 数据库的中国节点。国内生物科学研究对生物信息学的需求市场非常广阔，近几年开展生物信息学研究和服务的机构或公司快速增加。华大基因通过先后完成了国际人类基因组计划“中国部分”（1%）、国际人类基因组单体型图计划（10%）、水稻基因组计划、家蚕基因组计划、家鸡基因组计划、抗重症急性呼吸综合征（SARS）研究、炎黄一号等多项具有国际先进水平的科研工作，在 *Nature* 和 *Science* 等国际一流的杂志上发表多篇论文，成为国际上最大的测序公司，为中国和世界基因组科学的发展作出了突出贡献，奠定了中国基因组科学在国际上的领先地位。针对个性化计算分析服务的国内计算测试中心，也在国内各大高校和科研院所迅速建立起生物云计算平台。

基于云计算的系统不同于本地化的存储和分析数据，它将强度很大的工作程序化地按需分派到成百上千的远程服务器上。早期采用云计算基因组学的科研人员不得不自己编写软件，但如今计算机专家和服务器公司开始设计更加人性化的界面，进一步推广这一技术。

与国际上发达国家相比，我国的生物信息学人才培养是当务之急。一方面要培养生物学与信息科学的复合型人才，另一方面需要加强对现有从事基因研究的科技人员进行生物信息学的培训（图 9-4）。目前，中国科学院和国内一些著名大学已经开始较大规模地培养生物信息学专业人才。十年前，国内仅有十几所高校开始培养生物信息学研究生，现在生物信息学课程已经成为研究生科研教学的必修课程，同时也拓展为本科教学的选修或必修课程。我国生命学科较强的各类高校基本上全部增设了生物信息学方向的研究生培养方案。浙江大学、武汉大学、华中科技大学、哈尔滨医科大学、南方医科大学、苏州大学、南方科技大学等十几所高校已经增设了生物信息学本科专业。因此，生物信息学已经生命科学研究的一门必备学科。

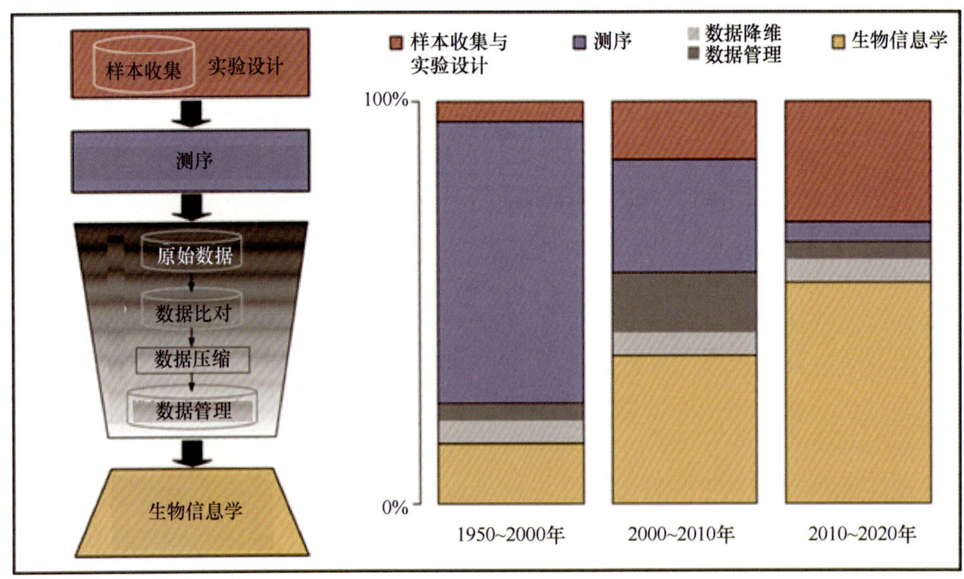

图 9-4　生物大数据分析各环节市场需求的发展趋势

总之，人类基因组计划推动了生物信息学的发展，使得在过去的 20 年中生物信息学研究和应用发生了根本性的改变（图 9-4）。

第三节　大数据调控网络分析方法

一、系统生物学与模块化调控

系统生物学（systematic biology）是研究生物系统组成成分构成及其相互关系与动态发生，以系统论、实验科学与计算方法进行整合研究的一门交叉生物学科。系统生物学不同于以往仅仅关心某个基因和蛋白质的分子生物学，并且研究细胞信号传导和基因调控网路、生物系统组成之间相互关系的结构和系统功能。作为后基因组时代的新型学科，系统生物学与基因组学、蛋白质组学等各种“组学”的不同之处在于，它是一种整合型大科学。首先，它要把系统内不同性质的构成要素（基因、mRNA、蛋白质、生物小分子等）整合在一起进行研究，实现从基因到细胞、到组织、到个体的各个层次的整合。系统科学的核心思想是“整体大于部分之和”。系统特性是不同组成部分、不同层次间相互作用而形成的新性质；对组成部分或低层次分析并不能真正地预测高层次的行为。

经典的分子生物学研究是一种垂直型研究，即采用多种手段研究个别基因和蛋白质。首先是在 DNA 水平上寻找特定的基因，然后通过基因突变或基因过表达等手段研究基因的功能；在基因研究的基础上，研究蛋白质的空间结构、蛋白质的修饰及蛋白质间的相互作用等。基因组学、蛋白质组学和其他各种“组学”则是水平型研究，即以单一的手段同时研究成千上万个基因或蛋白质。而系统生物学的特点，则是把水平型研究和垂直型研究整合起来，成为一种“三维”的研究。此外，系统生物学还是典型的多学科交叉研究，它需要生命科学、信息科学、数学、计算机科学等各种学科的共同参与。

系统生物学通过计算机模拟和计算来定量地描述、预测和控制生物系统的功能、表型和行为，从各个组学实验平台产生的大量数据和信息中发现隐含其中的规律并形成假设，以挖掘新的信息。模拟分析是用计算机来验证所形成的假设，并对体内、外的生物学实验进行预测，最终形成可用于各种生物学研究和预测的虚拟系统。在基因组序列的基础上，完成由生命密码到生命过程的研究，这是一个逐步整合的过程，由生物体内各种分子的鉴别及其相互作用的研究，到途径、网络、模块，最终完成整个生命活动的路线图。一个细胞所包含的“相互关系”可能高达上千，可以形成一个非常复杂的生物网络。细胞的调控网络是常见的生物网络之一，它是由一组或多组基因、蛋白质、小分子及它们之间的相互调控作用构成的一种复杂生化系统。作为系统生物学的主要研究对象之一，基因调控网络能从系统角度全面揭示基因组的功能和行为。将基因调控网络研究与实验相结合，就有可能预测生物体组织、器官等对外界物理化学刺激的反应，从而将生物学从描述性的科学转化为定量研究的科学（图 9-5）。

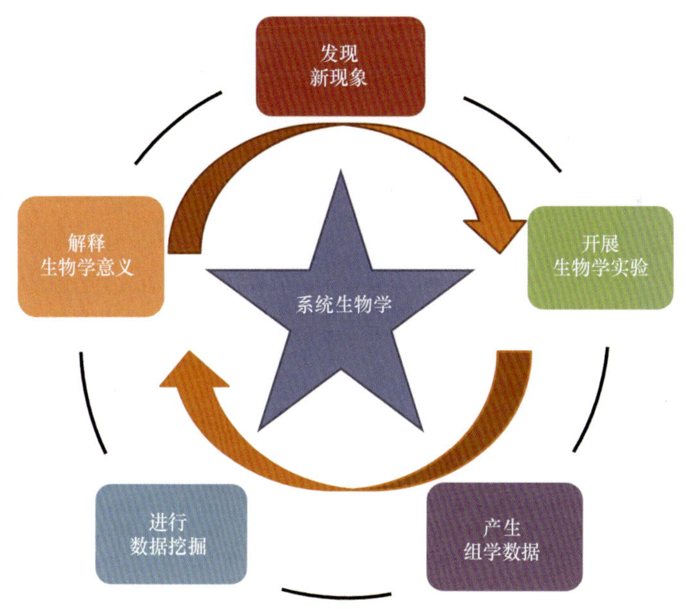

图 9-5 大数据时代生命科学的系统生物学研究模式

一般的基因调控网络都是极其庞大的。例如，在大肠杆菌的转录调控网络中，有节点约 420 个（基因数目），边约 520 条（基因之间的相互作用），其中自调控边 40 条。对于如此复杂的调控动力学性质，仅仅靠观察和描述的方法很难理解。因此需要对庞大的调控网络进行约减，以达到对调控网络进行建模分析的目的。研究表明，基因调控网络具有层次性、模块性、小世界性和无标度性。模体是由 3～5 个基本元素构成的、具有一定拓扑结构的网络最小功能单元，它在真实网络中出现的次数远大于在对应的随机网络中出现的次数。模块是由多个模体构成的、具有一定生物学功能和动力学特性的组织结构。模体和模块是分析网络组织结构特征及研究转录调控机制的重要部分。网络的模块化可以在一定程度上帮助我们有效地理解整个网络的动力学性质。基因模块的识别和分析可以帮助研究人员了解某些未知功能基因的功能，并可以用于指导基因调控网络的构建；通过模块层次的分析研究，可以构建以模块为基础的全基因组范围内的调控网络，可以了解所识别的模块中及模块间存在怎样的调控关系，应该形成何种类型的网络模式，进而可以构建更为清晰的调控网络，有利于调控网络的定性描述和加深对调控机制的理解。

二、基因模块聚类识别方法

目前研究得最多和最为广泛的还是基于基因表达数据的基因表达模块识别和分析，最常用的方法是聚类分析。将层次聚类方法应用到基因聚类分析，*K* 均值、自组织映射（SOM）等传统聚类方法也逐渐被引入基因聚类分析中。随着对基因表达数据聚类分析研究的深入，人们发现由于基因表达数据本身含有很多噪声且维数较高，传统的聚类算法在基因聚类分析中所取得的效果并不明显。因此，不少研究者尝试从不同的角度对传统聚类算法进行改进。

对基因表达模块的分析是基于这样的假设：共表达的基因往往具有相似的功能，参与相同的细胞过程；共表达的基因往往也是共调控的基因。随着大量的基于实验的生物学数据库如 Gene Ontology 数据库、蛋白质相互作用数据库、转录因子数据库等的出现，很多研究者尝试将这些数据结合到聚类方法中，并取得了较好的效果。例如，用 GO 知识来指导基因表达数据的聚类，构造模块聚类算法，可以发现与实验条件高度相关的特征功能模块。Kustra 等（2006）发展的基于 GO 知识的相似性，并将其与 Pearson 相关系数相结合，构造了融合的距离度量。他们的结论也表明，结合全面的、可靠的生物学知识库进行基因表达数据的聚类分析可以改进聚类的效果，得出更具有生物学意义的基因表达模块。除了通过直接对基因表达数据进行聚类来识别和分析基因表达模块外，也有研究者尝试通过结合多种生物学知识到基因表达数据，然后构造基因相关网络，进而通过对这些网络进行聚类分析来识别和分析基因表达模块。

（一）加权基因共表达网络分析方法

基因共表达网络（gene co-expression network）分析基于高通量的微阵列（microarray）技术。作为一种挖掘和呈现基因在不同样本中表达形式的有效方法，应用基因表达芯片得到实验数据，鉴定高度共表达的基因模块、模块的特征值或模块中包含的关键基因（即与基因网络中的其他基因联系最紧密，在基因网中起关键作用的基因），提炼模块信息，探索基因模块或模块中的关键基因和研究人员关注的样本特征间的关联关系。

加权基因共表达网络分析（weighted gene co-expression network analysis，WGCNA）算法是一种构建基因共表达网络的典型系统生物学算法，该算法基于高通量的基因信使 RNA（mRNA）表达芯片数据，被广泛应用。在基因共表达网络中，每个节点代表一个基因，在不同样本中存在表达共性的基因处于同一个基因网络。而基因间的共表达关系，一般由它们之间的表达相关系数衡量。一般而言，构建共表达模块的基本思路是：首先根据组学数据直接计算每个基因或调控单元之间“邻接度（adjacency）”，并且构建不同的模块，之后根据特定的生物学参数筛选合适的模块。早期胚胎发育进程具有严格的时空特异性，动态调控涉及包含基因表达、蛋白质、DNA 甲基化修饰、染色质空间结构等多维分子的协同作用。分子共调控网络是描述复杂生命系统的最直接、最有力的工具之一，其中节点对应系统中的基因或者蛋白质，两节点之间的连线则表示分子之间的相互作用。

1. 选择相关度参数

共表达权重网络是一个无向有度的网络，一般分为两种网络：

A：unsigned 网络中，邻接度为 $S_{ij} = |cor(i,j)|^{\beta}$

B：singed 网络中，邻接度为 $S_{ij} = |(1+cor(i,j))/2|^{\beta}$

式中，$cor(i, j)$表示基因 i 和基因 j 之间的相关系数，通过对每个相关系数进行 β 次方的幂指数的运算，将邻接度进行加权。而对于一个“无度”，基因与基因之间的相关度只能是 0 或者 1。0 表示两个基因没有联系，而 1 表示有联系。

2. 网络构建步骤

步骤 1：数据前处理。对基因表达数据做背景校正和标准化后，过滤异常和变异小的基因。

步骤 2：网络模块构建共分 5 步，如图 9-6 所示。

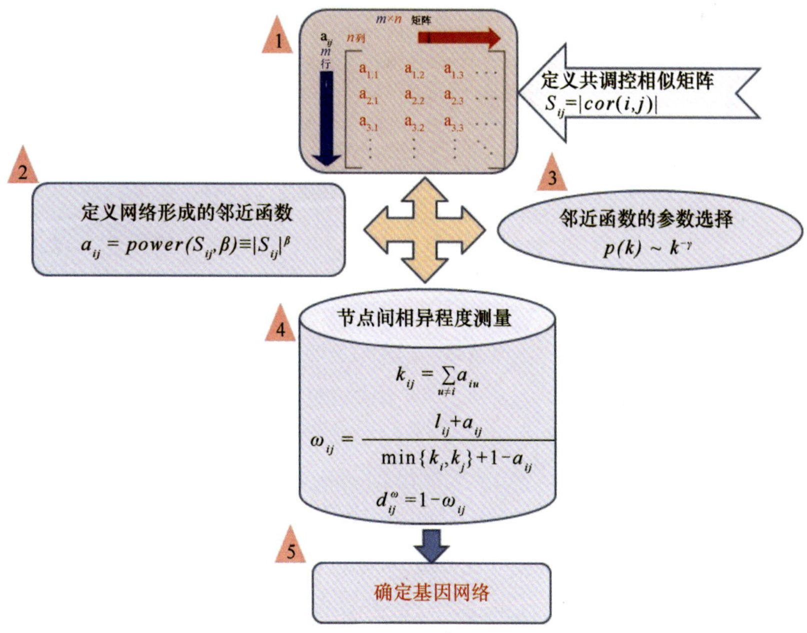

图 9-6　基于权重共表达基因模块分析路线图

步骤 3：网络模块分析。网络模块是指相互紧密关联的基因的组合。在模块检测时，首先将上述邻接行列矩阵（它是拓扑结构相似性的度量）转化成拓扑结构的不相似性，再用聚类分析检测模块，然后用 t 检验分析基因重要性来确定模块是否与发育进程有关联。

步骤 4：模块向量基因（module eigengene）。模块向量基因指模块表达矩阵的第一主成分基因。它被认为是模块中最具代表性的基因，因而有重要生物学意义。模块向量基因可以通过对表达数据的奇异值分解得到（X=UDVT）：X 是指定模块的基因表达数据。向量基因网络是一个非常有效的研究系统生物学的工具。

步骤 5：模块协同分析和关键调控基因识别。通过计算基因 i 与模块内的向量基因的关联得到模块联盟，$MM(i)=|\mathrm{cor}(x(i), \mathrm{module})|$。我们主要考虑 MM 值，然后考虑基因重要性确定关键调控基因。

步骤 6：结合外部生物学参数选择模型。结合样本表型和生理指标信息，如样本的表型参数和生理指标信息；结合每个基因信息，如 p 值、q 值等。

步骤 7：研究每个模块（module）的生物学意义。用 DAVID 功能注释生物信息学芯片分析系统进一步对基因模块进行京都基因与基因组百科全书（Encyclopedia of Genes and Gnomes，KEGG）信号通路富集分析。

3. 特异调控模块分析和可视化

用 VisAnt 程序分别对重要模块的基因做信号转导通路分析和可视化分析（图 9-7），或者生成 Cytoscape 类型的输入数据，方便后期作图。

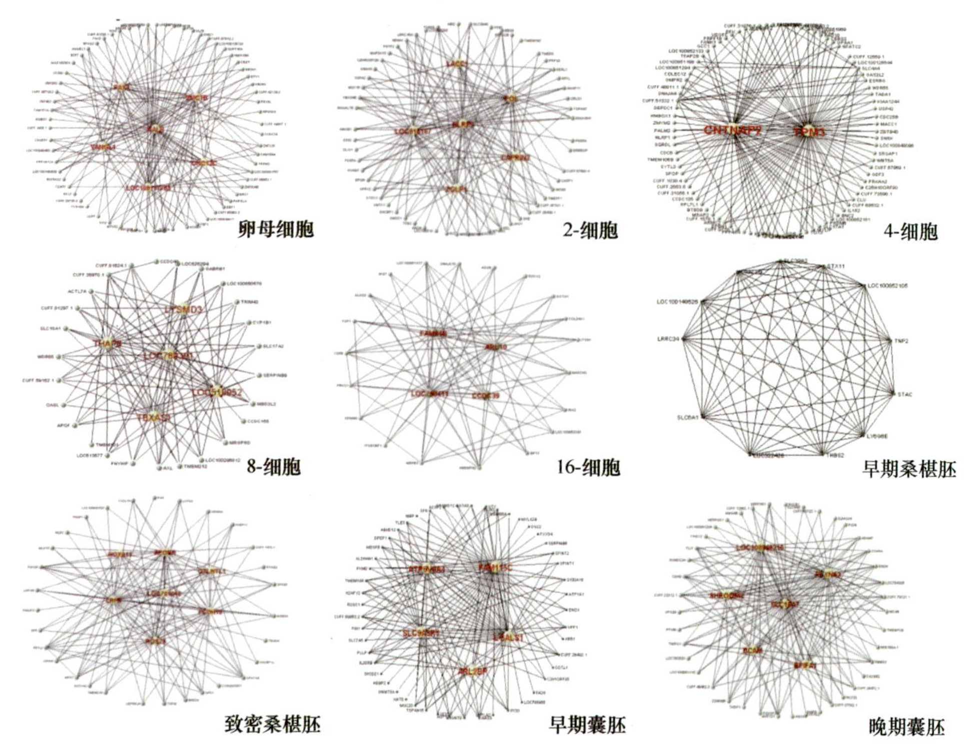

图 9-7　共表达基因模块在不同发育阶段的动态变化模式

（二）协同共现类型分类讨论

在高等真核生物中，转录因子间的协同互作是重要的基因表达调控机制。转录因子（TF）的数量远少于基因表达模式，只有多个转录因子的协同作用才能灵活而精准地调控复杂生物过程基因表达，如对特定环境胁迫的响应和组织的发育等。协同作用的转录因子是转录调控网络的核心。转录因子结合位点（TFBS）的共现为研究转录因子的协同作用提供了重要的线索。此外，TFBS 也是联系转录因子与目标基因的桥梁，是转录调控网络构建的基础。

因此，挖掘 TFBS 共现的规律，寻找协同作用的转录因子是构建转录调控网络的重要内容。基于分析得出的靶基因不同调控区域上的模块结果，全面分析协同调控共线特征，挖掘协同互作的共现性模式（图 9-8）。

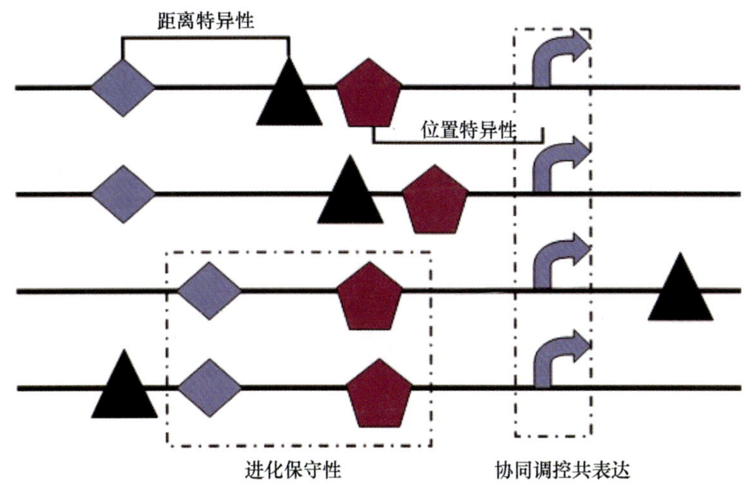

图 9-8　基因调控元件靶基因协同共现性调控模式

1. 进化保守性

序列进化保守性与编码序列一样。具有重要功能的调控模块受到选择压力，其进化速率比非编码序列要慢，是进化保守的。保守的调控元件之间具有类似的协同保守性效应。

2. 距离特异性

对于不同调控区域，大部分配对模体间的距离都小于 100bp。配对模体间的相对距离对下游基因的表达模式有很大的影响，距离的改变会降低它们对基因表达的协同作用效果。在不同的环境下，某些配对的基因调控和 DNA 甲基化模块表现出不同的距离和方向偏好性，且距离特异性与保守性相关。

3. 位置特异性

基因调控和 DNA 甲基化模块多聚集于基因组特定的位置上，如启动子、内含子、UTR、基因间等区域，且与转录因子起始位点（TSS）相隔特定的距离，而这种偏好性可以辅助识别新的模体。基因调控和 DNA 甲基化模块在基因组上的位置与其生物学功能有关，在不同的位置上具有不同的功能。

4. 协同调控共表达

在基因组同一或不同区域具有相同基因调控和 DNA 甲基化模块组成的基因，通常参与同一特定的生物过程，且具有相似的表达模式。利用基因表达谱数据对共现的基因调控和 DNA 甲基化模块进行聚类拟合，发现聚类中的基因调控和 DNA 甲基化模块倾向于协同调控一组类似基因，而这些基因的功能高度相关，参与高度特异的细胞生物过程。

（三）离散量理论与离散增量计算方法

离散量（diversity measure）又称多样性增量，最早 Laxton 在对生物物种地理分布研究中引入。在生物地理中，生物物种地理分布的调查数据就是典型的离散源，这些数据可以直接引入离散量的概念并直接运算获得分析结果。在数量分类学的信息分类中，就是以离散量作为信息。离散量对生物聚类的共表达研究具有同样重要的意义，许多重要的生物学概念和应用都基于离散量。

1. 离散量定义

对于由 s 维状态空间 X:$\{n_1, n_2, \cdots, n_i\cdots, n_s\}$，其中 n_i 表示第 i 个状态在空间内出现的个数，根据 Shannon 熵的定义，该状态空间的信息的不确定度为：

$$H(X) = -\sum_{i=1}^{s} P_i \log_b P_i$$

这里 $N = \sum_{i=1}^{s} n_i$ ； $P_i = n_i/N$，P_i 表示第 i 个状态在空间内出现的个数。

根据 Laxton 对离散量的定义和离散量概念的阐述，离散量定义为：

$$D(X) = -\sum_{i=1}^{s} n_i log_b P_i$$

$$= -\sum_{i=1}^{s} n_i log_b \frac{n_i}{N} = NlogN - \sum_{i=1}^{s} n_i log_b n_i$$

式中， $N = \sum_{i=1}^{s} n_i$ ，如果 n_i=0，规定 $n_i \log_b n_i = 0$ 。

根据信息量和离散量的定义，两式有如下关系：

$$H(X) = -\sum_{i=1}^{s} P_i \log_b P_i = -\sum_{i=1}^{s} \frac{n_i}{N} \log_b \frac{n_i}{N} = \frac{1}{N} D(X)$$

即 $D(X) = N \cdot H(X)$

通过上述变换可以发现，离散量和信息量都是从信息的角度对状态空间的一种描述，度量的基础是根据信息度量的对数函数。但这两个概念的意义不同，信息量是对一个信息符号不确定性的度量，也是对状态不确定性或紊乱性的一种描述，而离散量是对整体不确定性多少的度量，即离散多少的度量。信息量大，表示不确定性的程度大，但是有的离散量并不一定多；反过来，离散量多并不意味着紊乱性程度大。另外，在分支系统的研究中，生物演化关于信息量不可逆原理，它与简约性原理一样成为重构生物演化关系的依据，其信息的概念是通过离散量来体现的。

2. 离散增量计算方法

大多数生物样本的基因表达值或表观修饰状态都可以用具体数值定量描述，且都是离散形式的数据，现假设如果有两个离散源：

$$X:[n_1,n_2,\cdots,n_i\cdots,n_s]$$

$$Y:[m_1,m_2,\cdots,m_i\cdots,m_s]$$

定义离散增量（increment of diversity，ID）为：

$$ID(X,Y)=D(X+Y)-D(X)-D(Y)$$

这里，$D(X+Y)\geqslant D(X)+D(Y)$，则很容易得到离散增量的非负性 $ID(X,Y)\geqslant 0$。

离散增量还可以表示为：

$$ID(X,Y)=D(M,N)-\sum_{i=1}^{s}D(m_i,n_i)$$

式中，$M=\sum_{i=1}^{s}m_i$，$N=\sum_{i=1}^{s}n_i$。

这里

$$D(M,N)=(M+N)\ln(M+N)-M\ln M-N\ln N$$

$$D(m_i,n_i)=(m_i+n_i)\ln(m_i+n_i)-m_i\ln m_i-n_i\ln n_i$$

当 m_i 或 n_i 其中之一为 0 时，则 $D(m_i, n_i)$=0；当 M 与 N 一定，$D(m_i,n_i)=0(i=1,2,\cdots,s)$ 时，离散量达到极大值 $D(M, N)$，所以离散量的取值范围是：$0\leqslant ID(M,N)\leqslant D(M,N)$。

离散量还可以定量的表示样本的相似性，离散量值越小，说明两组样本 X 与 Y 之间的相似性越大。

离散增量最初是用来对不同的生物学样本进行聚类，如果将离散量理论用于分类，则首先构造标准离散源。根据预测类别的多少，分别构建相同数目的标准离散源。离散增量预测算法已被广泛用于生物信息学的分类研究，取得了很高预测结果。由离散增量的定义可知，两个离散源之间的离散增量值越小，说明这两个离散源生物样本的相似程度越大。因此根据离散增量理论和生物数据基因表达/表观修饰特有的数值离散化特点，可采用该参数构建基因表达或表观修饰共表达模块聚类。

第四节　组学技术概述

组学技术包括基因组学、表观组学、转录组学、蛋白质组学和代谢物组学等技术，用于整体水平上阐明生命的发生、发育、新陈代谢、形态多样性等若干生物学基本问题。

一、基因组测序技术

（一）第一代测序技术

DNA 测序是一项解读 DNA 中 4 种核苷酸（A、T、C、G）特异排列的工作，通过解读 DNA 上特异核苷酸序列，认识其所编码的基因和基因外调控单元的含义。DNA 测序技术诞生于 20 世纪 70 年代。根据核苷酸在某一固定点开始，随机在某一个特定的碱基处终止，产生 A、T、C、G 四组不同长度的一系列核苷酸，然后在尿素变性的 PAGE 胶上电泳进行检测，从而获得 DNA 序列。这是最早应用的 DNA 测序技术，即第一代测序技术，主要用于解码 DNA 片段的碱基组成信息。人类基因组计划就是利用第一代测序技术完成的。

后来，陆续发明了荧光标记技术、毛细管阵列电泳（capillaries arrays electrophoresis）及杂交测序技术等方法。毛细管阵列电泳技术也可视为 Sanger 测序方法的自动化时代。

全基因组鸟枪法结合第一代测序技术，已成功组装了多种全基因组的高精度基因图谱，如人类和果蝇基因组的测序工作，证明了它在测定大基因组上的可行性和有效性。然而由于鸟枪法是随机测序，且需要对基因组进行高冗余测序，这势必增加了测序周期和费用。经过数年的技术改进，使用了计算机技术和新的算法，大大加快了拼接的速度，但第一代测序技术在测序通量、速度及成本方面也已达到了极限。因其对电泳分离技术的依赖，使其难以进一步提升分析速度、并行化程度和微量化，难以进一步降低测序成本，于是新的测序技术应运而生。

（二）第二代测序技术

第二代测序技术是在毛细管阵列电泳测序技术基础上的一次革命性改变，是循环阵列合成测序的技术群，可实现对几十万到几百万条 DNA 分子同时测定，单次运行（run）数据量为兆碱基对，故而被通称为高通量测序技术。

第二代测序中的主流测序技术是由美国 454 Life Sciences 公司在 2005 年开发的 GS20（又称 Roche/454 焦磷酸测序）和“Genome Sequencer FLX”（GS FLX，GS20 的改进型）测序仪（图 9-9）。该技术实现了比全基因测序（WGS）大 100 倍的处理量，GS FLX 测序仪较适合于以基因组尺寸较小的微生物为研究对象。

随后，美国 Illumina 公司在 2006 年推出 Illumina/Solexa 聚合酶合成测序。2007 年初，该公司应用 Genome Analyzer 测序仪的“DNA 簇”和“可逆性末端终结”技术，达成自动化样本制备及基因组数百万个碱基大规模平行测序，具有高准确性、高通量、高灵敏度和低运行成本等突出优势。

Illumina Genome Analyzer 的测序原理是“边合成边测序”，测序仪平均读取碱基的长度为 35bp，一次可读取 10 亿个碱基/芯片（图 9-10）。其测序费用仅是 GS FLX 的 1/10。但由于序列读取长度较短，因此测序后数据的装配需要有强大的生物信息学分析能力作为支撑。

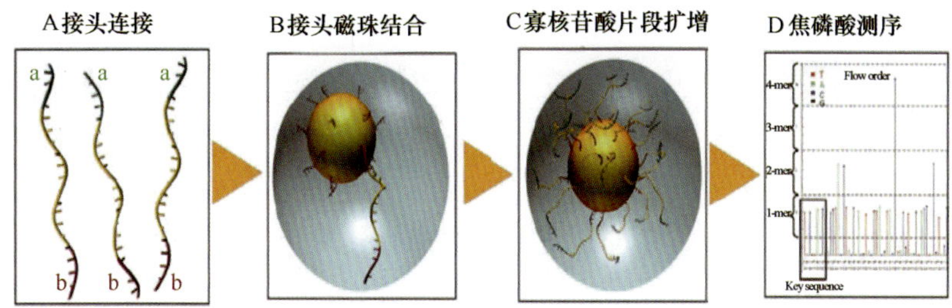

图 9-9　GS FLX 测序流程

图 D 中，4-mer：4-联体；3-mer：三联体；2-mer：二联体；1-mer：一联体；Flow order：槽顺序；Key sequence：核心序列
A. 建立单链 DNA 文库：将基因组 DNA 随即打断后在单链 DNA 两端加上接头；B. emPCR：每一个带接头的 DNA 片段与一个磁珠结合，并在小油滴的包裹下进行 PCR 扩增；C. 磁珠的表面布满了上百万条与文库构建时加入的接头互补的寡核苷酸序列，因此可以保证每一个待测序片段与磁珠表面的寡聚核苷酸杂交上；D. 焦磷酸测序

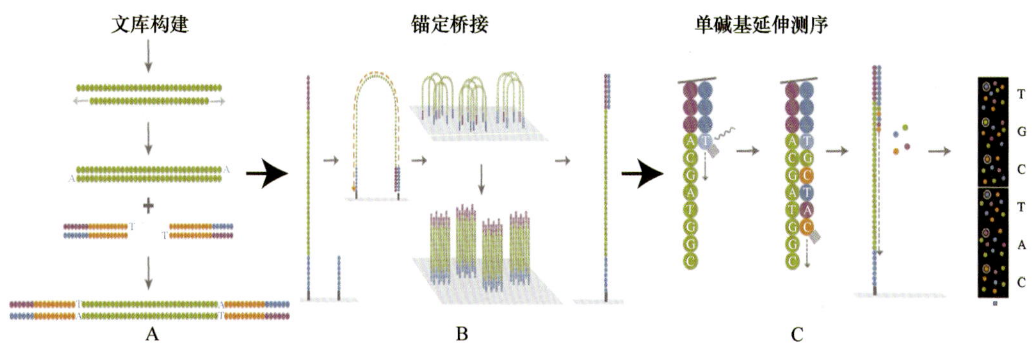

图 9-10　Illumina Genome Analyzer 测序流程

A. 测序文库的构建：将基因组 DNA 随即打断后在单链 DNA 两端加上接头；B. 锚定桥接；C. 单碱基延伸测序

2007 年 10 月，美国 Applied Biosystems（ABI）公司推出了 SOLiD System（sequencing by oligonucleotide ligation and detection system）测序系统。与其他新一代聚合酶测序方法不同的是，它是利用 DNA 连接酶的逐步连接（stepwise ligation）技术在连接过程中读取序列（图 9-11）。SOLiD System 以样本建库（片段库，matepair 库）、以四色荧光标记寡核苷酸进行连续裂解合成为基础，利用 emPCR 在微珠上进行 DNA 扩增。再将微珠固定在载玻片上，用连接法读取碱基序列，解析数据。其测序的平均读取碱基长度为 35bp。该系统的另一特点是采用末端配对分析和双碱基编码技术，在测序过程中对每个碱基判读两遍，从而减少原始数据错误，提供内在的校对功能。这一特点使得 SOLiD System 成为目前准确度最高的新一代基因测序仪。

上述三种二代测序技术的原理各不相同，其数据量产出、数据质量和单运行成本也不一样。Roche/454 焦磷酸测序方法运行速度快，序列读段最长，但其通量最低和准确率也不好；但对于基因组从头拼接和转录组测序，它仍是最理想的选择。ABI/SOLiD 连接酶测序技术的优势，在于其无与伦比的通量和超精确检测模块，测序通量大于 20Gb/次，但读长最短（50bp），其创新之处在于双碱基校正技术的应用，在测序过程中对每个碱基判读两遍，从而减少原始数据错误，提供内在的校对功能。双重检测评价使 15 倍覆盖度时的准确度可以达到 99.999%，超过 98%的可定位碱基的质量值高于 45，是新

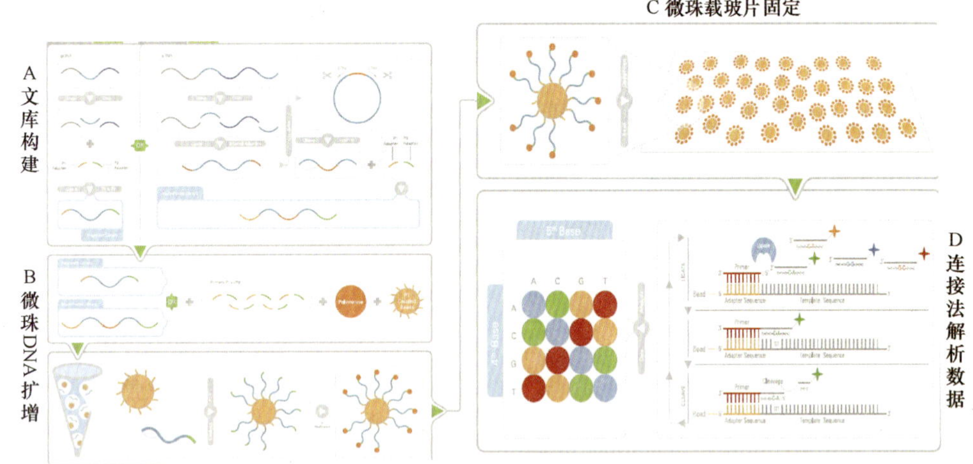

图 9-11 SOLiD System 的测序流程

A. 构建测序文库；B. 利用 emPCR 在微珠上进行 DNA 扩增；C. 将微珠固定在载玻片上；D. 用连接法读取碱基序列，解析数据

一代基因分析技术中准确度最高的测序技术。Illumina/Solexa 测序仪可扩展超高通量、需要较少样品量、简单快速、自动化等优势，使其迅速成为目前使用最广泛的测序技术。Illumina/Solexa 公司目前拥有三种测序平台，分别为 HiSeq 2000、HiSeq 1000 和 Genome Analyzer。Genome Analyzer 系统每次运行后，可获得超过 20Gb 的高品质过滤数据。经优化后，通量还有望上升到 95Gb，相当于人类基因组的 30 倍覆盖度。该系统需要的样品量低至 100ng，能应用在很多样品有限的实验中。另外，系统提供了最简单和简洁的工作流程，在很短时间内便可完成样品文库制备和得到高精确度的数据。

（三）第三代测序技术

新一代测序技术的发展均以提高测序通量与读序长度、降低测序成本、简化测序步骤为目标。在所有上述第二代测序技术中，序列都是在荧光或者化学发光物质的协助下，通过聚合酶将碱基连接到 DNA 链上释放出的光学信号来确定具体碱基类型。昂贵的光学仪器、频繁光学图像处理及大量的试剂耗材等增加了测序的复杂性，使得成本增加。第三代单分子测序技术正在努力通过直接读取序列信息，不使用化学试剂。例如，采用具有足够高的分辨率的非光学显微镜成像技术直接区分 4 种碱基。单分子测序技术能够直接观察和测定核苷酸序列，它将是非光学影像技术、纳米技术、石墨烯和碳纳米管等多项技术的结晶（图 9-12）。例如，非光学显微镜成像或原子力显微镜分别采用高分辨率和原子力分辨检测技术，直接读取空间线性排列的具有不同物理结构特征的 4 种碱基；纳米孔单分子测序技术则根据 4 种碱基通过直径为 1nm 的生物孔时产生的电流特异性判断碱基类型；石墨烯和碳纳米管则利用碳原子排列和碳纳米管的电物理特性及其导电性的读取 DNA 碱基。

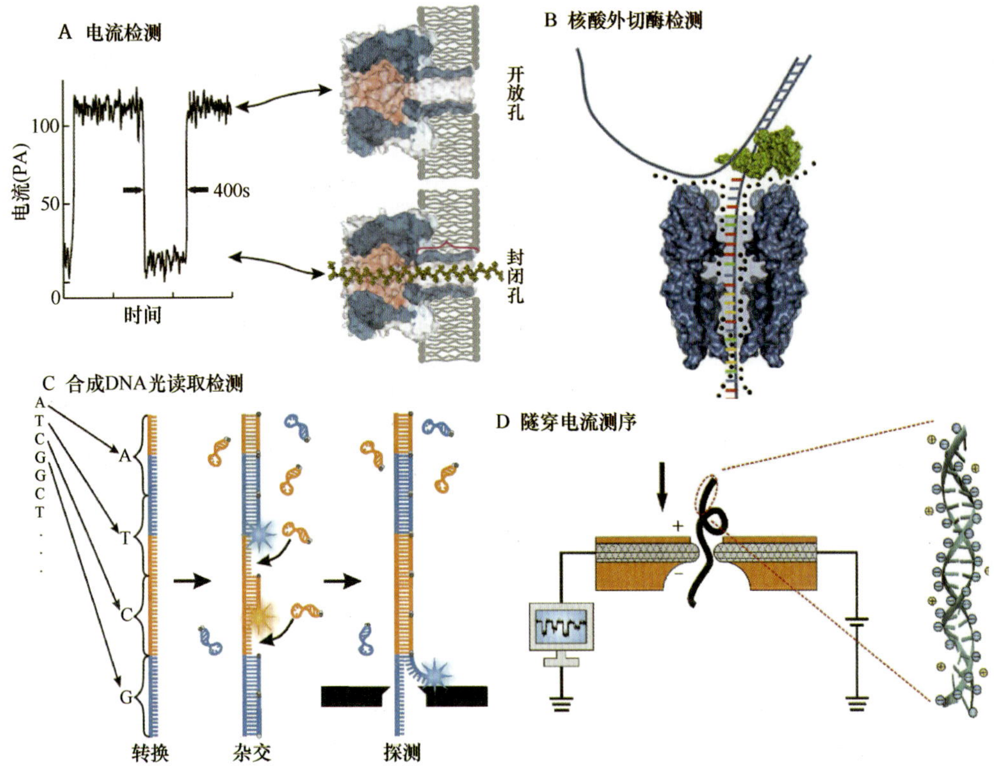

图 9-12　4 种纳米孔测序技术示意图

A. 借助核酸链堵塞纳米孔时引起的电流强度改变来测序。图左侧是典型的电流强度图，从图中可见，纳米孔通道通畅时（右上图）和被 DNA 链堵塞时（右下图）的电流强度是有明显区别的，但是无法区分堵塞纳米孔通道的 12bp 核苷酸的组成。B. 核酸外切酶测序。图中淡蓝色的核酸外切酶通过深蓝色的接头连接在 α 溶血素纳米孔的顶端，外切酶逐个切下 DNA 链末端的 dNMP（金色），然后 dNMP 进入纳米孔中，通过红色的氨基化环糊精配体，引起相应的电流改变，从而被检测出来。C. 使用合成 DNA 和光读取技术测序。待测 DNA 链中的每一个核苷酸都被替换成更长的由橙色和蓝色碱基组成的寡聚体，每一个待测核苷酸都被 12bp 的寡聚体替代。将这种转换后的新 DNA 链与分子信标杂交，杂交链在通过纳米孔时分子信标会脱落，释放出荧光，读取这些荧光就可以推测出原始 DNA 链的序列。D. 借助横向隧穿电流测序。纳米孔中装载有橙色的电极和黑色的后门，当 DNA 链通过纳米孔时，横向的隧穿电流会发生变化，并且每一种核苷酸都有其各自独特的横向电流，因此可以借助这些电流来测序

第三代单分子测序技术最具代表性的包括 HeliScope 单分子测序仪、单分子实时合成测序法和新型纳米孔测序法等。其中新型纳米孔测序法（nanopore sequencing）样本处理极其简单，并且无须 DNA 聚合酶或者连接酶等，该技术根本无须纯化的荧光素试剂，也无须进行 DNA 扩增。其采用电泳技术，借助电泳驱动单个分子逐一通过纳米孔来实现测序。由于纳米孔的直径非常细小，仅允许单个核酸聚合物通过，因而可以在此基础上使用多种方法来进行高通量检测。此外，纳米级别的孔径保证了检测具有良好的持续性，所以测序的准确度非常高。对于 1000 个碱基的单链 DNA 分子、RNA 分子或者更短的核酸分子而言，无须进行扩增或标记就可以使用纳米孔测序法进行检测，测序速度快、费用低（图 9-13）。Oxford 纳米孔测序技术比其他测序技术更有可能实现 1000 美元基因组目标。

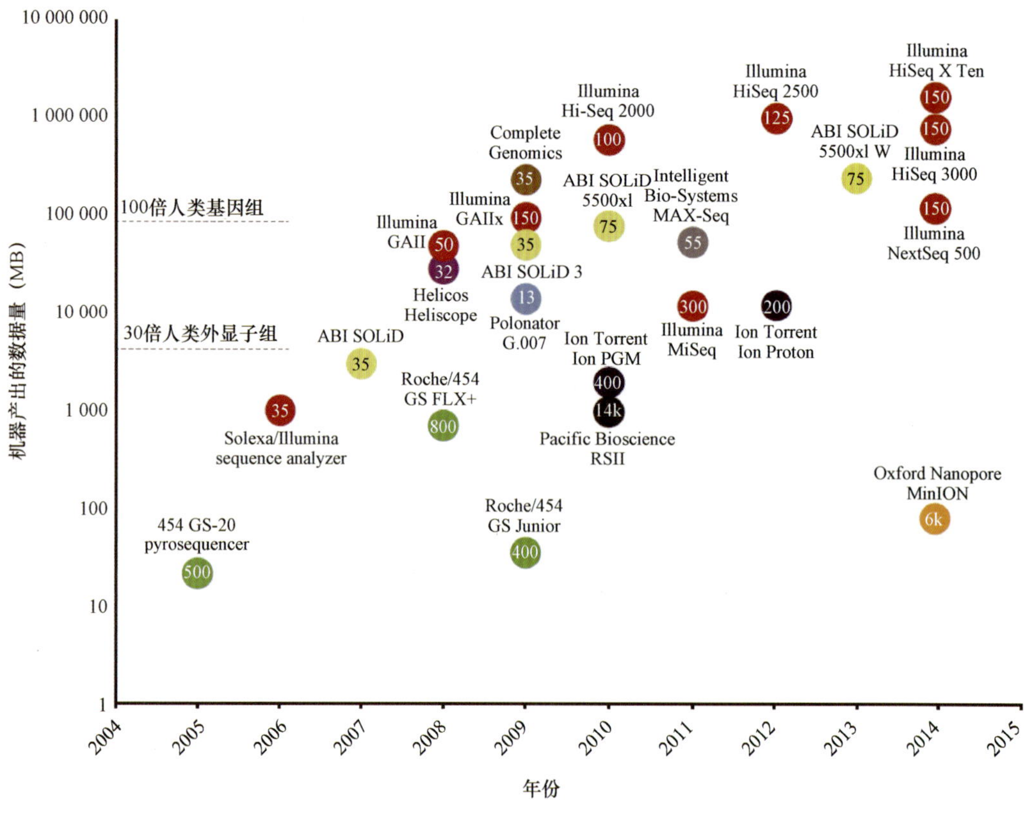

图 9-13　新一代测序仪的比较情况

二、基因组研究策略

通过对物种基因组序列进行系统的研究，可以获得该物种的基因组和重要功能基因的序列信息，阐述该物种的进化史，了解该物种生长发育和适应环境的分子机制。从研究策略层面上来讲，基因组研究大致可以分为全基因组 *de novo* 测序、全基因组重测序、简化基因组测序和泛基因组（pan-genome）构建 4 个方面。

（一）全基因组 *de novo* 测序

全基因组 *de novo* 测序也称为从头测序，它不依赖任何现有的序列资料，而直接对某个物种的基因组进行测序，然后利用生物信息学分析手段对序列进行拼接、组装，从而获得该物种的基因组序列图谱。1990 年以来，利用 Sanger 测序技术完成了人类基因组计划与多种重要模式动植物基因组计划。然而，对于全面解析众多具有重要科研和经济价值的动植物基因组序列信息来说，速度慢、通量低和成本高的 Sanger 测序技术远远满足不了需求。于是高通量测序技术被应用到全基因组 *de novo* 测序中，熊猫的基因组是第一次完全采用高通量测序技术完成大型物种的全基因组 *de novo* 测序。随后，大规模物种全基因组 *de novo* 测序陆续完成（表 9-3）。

表 9-3　截至 2013 年 10 月已经测序的动物基因组

中文名	发表时间	期刊	分类	基因组大小
小家鼠	2002.12	*Nature*	鼠科	2.5Gb
红鳍东方豚	2002.12	*Science*	鲀科东方鲀属	380Mb
大鼠	2004.04	*Nature*	啮齿目鼠科	2.75Gb
黑斑鲀	2004.01	*Nature*	鲀科	340Mb
鸡	2004.12	*Nature*	雉科原鸡属	1.06Gb
黑猩猩	2005.09	*Nature*	猩猩科黑猩猩属	2.7Gb
狗	2005.12	*Nature*	犬科犬属	2.5Gb
海胆	2006.11	*Science*	海胆纲	1Gb
姥鲨	2007.04	*PLoS Biology*	软骨鱼纲银鲛目	0.91Gb
猕猴	2007.04	*Science*	猴科猕猴属	2.87Gb
短尾负鼠	2007.05	*Nature*	负鼠科短尾负鼠属	3.4Gb
青鳉鱼	2007.06	*Nature*	青鳉属	700Mb
猫	2007.11	*Genome Research*	猫科猫属	2.7Gb
鸭嘴兽	2008.05	*Nature*	鸭嘴兽科鸭嘴兽属	1.84Gb
文昌鱼	2008.06	*Nature*	文昌鱼科文昌鱼属	520Mb
古猛犸象	2008.11	*Nature*	象科猛犸象属	4.7Gb
牛	2009.04	*Science*	牛科牛属	2.87Gb
马	2009.11	*Science*	马科马属	2.7Gb
熊猫	2010.01	*Nature*	熊科大熊猫属	2.25Gb
金小蜂	2010.01	*Science*	膜翅目金小蜂科	295Mb
水螅	2010.03	*Nature*	水螅科水螅属	1.05Gb
非洲爪蟾	2010.04	*Science*	负子蟾科非洲爪蟾属	1.7Gb
珍珠鸟	2010.04	*Nature*	文鸟科梅花雀属	1.2Gb
人类体虱	2010.07	*PNAS*	人虱属	110Mb
火鸡	2010.09	*PLoS Biology*	吐绶鸡科吐绶鸡属	1.1Gb
红毛猩猩	2011.01	*Nature*	猩猩科	3.09Gb
袋獾	2011.06	*PNAS*	袋獾属	3.3Gb
巨蟒	2011.07	*Genome Biology*	爬行纲	1.4Gb
大西洋鳕鱼	2011.08	*Nature*	鳕形目鳕属	830Mb
澳大利亚袋鼠	2011.08	*Genome Biology*	有袋目袋鼠科	2.9Gb
绿蜥蜴	2011.09	*Nature*	爬行纲有鳞目	1.78Gb
裸鼹鼠	2011.01	*Nature*	啮齿目裸鼹鼠属	2.6Gb
食蟹猴和中国恒河猴	2011.01	*Nature Biotechnology*	猴科猕猴属	2.85Gb
猪蛔虫	2011.01	*Nature*	蛔虫属	272Mb
鲶鱼	2011.12	*BMC Genomics*	鲶科鲶属	1Gb
鳄鱼	2012.01	*Genome Biology*	爬行纲鳄目	2.5Gb
马氏珠母贝	2012.02	*DNA Research*	珍珠贝科珠母贝属	1150Mb
大猩猩	2012.03	*Nature*	猩猩科	3.04Gb
三刺鱼	2012.04	*Nature*	刺鱼目刺鱼科刺鱼属	463Mb
倭黑猩猩	2012.06	*Nature*	猩猩科黑猩猩属	2.7Gb

续表

中文名	发表时间	期刊	分类	基因组大小
虎皮鹦鹉	2012.07	*Nature Biotechnology*	鹦鹉科虎皮鹦鹉属	1.2Gb
牦牛	2012.07	*Nature Genetics*	牛科牛属	2.66Gb
北极熊	2012.07	*PNAS*	熊科棕熊属	2.53Gb
勇地雀	2012.08	*GigaScience*	地雀属	1.07Gb
牡蛎	2012.09	*Nature*	软体动物门牡蛎科	559Mb
姬鹟	2012.1	*Nature*	鹟科姬鹟属	1.13Gb
骆驼	2012.11	*Nature Communications*	骆驼科骆驼属双峰驼种	2.38Gb
家猪	2012.11	*Nature*	猪科猪属	2.6Gb
五指山猪	2012.11	*GigaScience*	猪科猪属	2.6Gb
蝙蝠	2012.12	*Science*	狐蝠科；蝙蝠科鼠耳蝠属	2.00Gb；1.94Gb
家山羊	2012.12	*Nature Biotechnology*	牛科羊亚科山羊属	2.92Gb
鸽子	2013.01	*Science*	鸠鸽科鸽属	1.3Gb
树鼩	2013.02	*Nature Communications*	树鼩科树鼩属	3.2Gb
七鳃鳗	2013.02	*Nature Genetics*	七鳃鳗科	816Mb
四种绦虫	2013.03	*Nature*	扁形动物门绦虫纲	115～141Mb
游隼和猎隼	2013.03	*Nature*	隼科隼属	1.2Gb
西部锦龟	2013.03	*Genome Biology*	沼泽龟科锦龟属	2.59Gb
山松甲虫	2013.03	*Genome Biology*	鞘翅目小蠹科	208Mb
月光鱼	2013.03	*Nature Genetics*	花鳉科剑尾鱼属	750～950Mb
地山雀	2013.03	*Genome Biology*	山雀科地山雀属	1.1 Gb
斑马鱼	2013.04	*Nature*	鲤科鱼丹属	1.4 Gb
腔棘鱼	2013.04	*Nature*	矛尾鱼科	2.86Gb
中华鳖和绿海龟	2013.04	*Nature Genetics*	鳖科中华鳖属；海龟科海龟属	2.21Gb；2.24Gb
藏羚羊	2013.05	*Nature Communications*	牛科藏羚属	2.75Gb
北京鸭	2013.06	*Nature Genetics*	鸭科鸭属	1.2Gb
太平洋蓝鳍金枪鱼	2013.06	*PNAS*	鲭科金枪鱼属	800Mb
地山雀	2013.07	*Nature Communications*	山雀科地山雀属	1.08Gb
扬子鳄	2013.08	*Cell Research*	短吻鳄科短吻鳄属	2.3Gb
中国仓鼠	2013.08	*Nature Biotechnology*	仓鼠科	2.33Gb
布氏鼠耳蝠	2013.08	*Nature Communications*	蝙蝠科鼠耳蝠属	2Gb
东北虎	2013.09	*Nature Communications*	猫科豹属	2.4Gb

（二）全基因组重测序

全基因组重测序在基因组水平鉴定了大量具有重要育种价值、影响重要经济性状的候选基因。典型的例子有瑞典的 Anderssion 课题组（Rubin et al.，2010），采用高通量基因组测序技术，对家鸡及其野生祖先红原鸡进行了全基因组重测序，共发现了超过 7Mb 的单核苷酸多态性（single nucleotide polymorphism，SNP）位点、1300 个缺失和若干选择性清除。刺激甲状腺的荷尔蒙受体基因在该研究的所有家鸡中均发生了选择性清除，而该基因在脊椎动物的代谢调节及生殖时间中发挥着重要作用。这可能是驯化动物的一个典型特征。因为驯化动物没有野生种群中所见的季节性生殖的严格调控，而在肉鸡群体中发现的选择性清除与生长、食欲和代谢调控等途径相关；通过对欧亚不同家猪品种基因组重测序的分析，鉴定了在几千年的人工选择过程中造成家猪体长和脊椎数目高于野猪的 3 个重要候选基因及控制猪不同毛色的重要候选基因。2012 年，美国伊利诺伊大学的 Larkin 等（2012）报道了两头奶种公牛的基因组重测序结果。其中一头名为 Pawnee Farm Arlinda Chief，另外一头名为 Walkway Chief Mark，是 Chief 的子代。在几十年的奶牛人工育种过程中，这两头种公牛共有约 60 000 个后代，其后代目前仍是美国牛奶生产的主力。通过基因组重测序方法，鉴定了奶牛基因组中控制重要性状的基因，包括抗病能力和产奶量，这些优良基因已通过北美的奶牛育种活动传播到大量用于牛奶生产的奶牛基因组中。确定了染色体中控制重要性状的区域，这些区域在群体进化中受到较大的选择性压力。同时初步揭示了奶牛基因组进化的过程，显示外在因素对这些重要基因的选择作用，如一些影响奶牛对传染病抵抗能力的基因。这两头种牛的基因组约占目前北美荷斯坦奶牛群体基因组的 7%左右。

另外，有两个值得借鉴的对于地方优良品种进行研究的例子分别是：日本东京农业大学的 Kawahara-Miki 等关于日本和牛的基因组重测序结果（Kawahara-Miki et al., 2011），发现了 6.3Mb 的 SNP，其中有 13%的 SNP 是新发现的，并发现共有 11 713 个蛋白质编码基因存在错义突变。通过与欧洲牛的系统进化分析，进一步表明日本和牛具有特殊的系统进化历史。Lee 等（2013）发表了韩牛（Hanwoo）的基因组重测序结果，发现了 4.7Mb 的 SNP 和 0.4Mb 的小片段插入/缺失（small indel），其中有 58%的 SNP 和 87%的小片段插入/缺失是韩牛所特有的。

以上典型例子和其他大量相关研究都充分证明大量的农业经济动物长期以来受到很大的人工选择压力（如牛奶产量、奶脂含量、饲料利用率和生长速度等），其基因组中积聚了大量的遗传学信息，通过基因组重测序的分析，可以有效地鉴定出相关重要经济性状的候选基因，不仅有益于深入认识复杂性状的遗传学机制，更有助于后期的分子育种实践。

（三）简化基因组测序

新一代大规模平行基因分型技术的出现使得对重要和复杂的数量性状基因座（quantity trait locus，QTL）精细定位和图位克隆（map-based cloning）变得更加容易。在特定作图群体的 QTL 区域开发高密度的遗传标记，是对经济性状重要基因精细定位和图位克隆的基础。SNP 是最丰富的遗传变异形式，存在于任何不同基因型之间，常被用于 QTL 定位研究。随着商业化高密度 SNP 芯片及分型技术的发展，全基因组关联分析（GWAS）凭借先进的高通量分型技术和高效的统计方法，已经逐步取代常规的 QTL 定位方法，成为鉴定动物数量性状基因最有效的策略。GWAS 可将位于显著性区域内部的基因和显著位点附近的基因作为候选基因，通过细胞水平等方法对其功能进行验证，确定其是否为真正的致因基因。以奶牛为例，其重要经济性状 GWAS 研究开始于 2008 年，包括乳蛋白、产奶量、乳脂、双胎率、体型评分、初生重和妊娠期、抗病、体细胞数、繁殖性状。GWAS 可将显著 SNP 位点连锁区段内的基因作为位置候选基因，进而通过功能基因组学技术对其功能进行验证。然而，目前 GWAS 发现的变异仅能解释畜禽数量性状的小部分遗传变异。其可能的原因是，这些芯片上的位点只包含基因组中80%的常见变异，而稀有变异在数量性状形成过程中发挥着更重要的作用。另外，芯片是验证已知突变的手段，但它不能揭示新生突变。鉴于 GWAS 研究策略的不足，利用高通量测序技术进行特定样本全基因组重测序，逐渐成为畜禽数量性状研究的主流。与芯片（验证已知突变）不同，高通量测序技术通过个体基因组的完全测序，可以发现样本全部的 SNP、插入缺失和结构变异等位点。

（四）泛基因组构建

2005 年，Tettelin 等提出了微生物泛基因组（pan-genome）概念，泛基因组包括核心基因组（core genome）和非必须基因组（dispensable genome）（Tettelin et al.，2005）。其中，核心基因组指的是在所有菌株中都存在的基因；非必须基因组指的是仅在部分菌株中存在的基因。2009 年，我国华大基因研究院采用新的全基因组组装策略，对多个人类个体基因组进行拼接，发现了个体独有的 DNA 序列和功能基因，并首次提出了“人类泛基因组”的概念，即人类群体基因序列的总和。鉴于泛基因组研究的成本和实验规模要求较高，截至 2013 年，泛基因组研究仅在微生物、藻类、拟南芥和人中有所尝试，其设计构思和解释的科学结果有着极高的理论深度。

泛基因组测序不仅可以获得多个基因组，完善该物种的基因集，还可以获得种群甚至个体特有的 DNA 序列和功能基因信息，为系统进化分析及功能生物学研究奠定基础。选择不同品种材料进行泛基因组测序，可以研究物种的起源及演化等重要生物学问题；选择野生种和家养种等不同特性的种质资源进行泛基因组测序，可以发掘重要性状相关的基因资源，为科学育种提供指导；选择不同生态地理类型的种质资源进行泛基因组测序，可以开展物种的适应性进化、外来物种入侵性等热门科学问题的研究。

三、转录组技术

遗传学中心法则表明，遗传信息在精密的调控下通过信使 RNA 从 DNA 传递到蛋白质。RNA 被认为是 DNA 与蛋白质之间生物信息传递的重要桥梁，转录组学正是一门从 RNA 水平上研究细胞中所有基因转录及转录调控规律的学科。转录组研究从微阵列技术、基因表达系列分析（serial analysis of gene expression，SAGE）技术与大规模平行信号测序（massively parallel signature sequencing，MPSS）技术的低通量模式，发展到转录组测序（RNA-seq）的高通量模式。转录组测序及分析技术可用以解决新基因的深度发掘、低丰度转录物的发现、转录图谱绘制、可变剪接的调控、代谢途径确定、基因家族鉴定及进化分析等问题。

基因芯片是最早开发也是目前应用较广的高通量转录组检测技术。该技术成本适中，数据分析软件较多，方法较为成熟。然而该技术只限用于已知序列，无法检测新的 RNA。由于杂交技术灵敏度有限，难以检测低丰度的目标和重复序列，也很难检测出融合基因转录或多顺反子转录等异常转录产物。

与芯片杂交平台相比，RNA-seq 技术具有诸多独特优势：①精确的数字化信号，RNA-seq 技术可直接测定每个转录物片段序列，可以检测单个碱基差异、基因家族中相似基因及可变剪接造成的不同转录物的表达。②高灵敏度，RNA-seq 技术能够检测到细胞中少至几个拷贝的稀有转录物。③全基因组分析，RNA-Seq 无须预先针对已知序列设计探针，即可对任意物种的整体转录活动进行检测，这对非模式生物的研究尤为重要。同时能够检测未知基因，发现新的转录物，并精确地识别可变剪切位点 SNP、UTR（Cloonan and Grimmond，2008）。④更广泛的检测范围，RNA-seq 技术不存在传统微阵列杂交的荧光模拟信号带来的交叉反应和背景噪声问题，能覆盖高于 6 个数量级的动态变化范围，能够同时鉴定和定量稀有转录物和正常转录物。⑤重复性好，RNA-seq 技术的重复性比芯片要高（Cloonan and Grimmond，2008；Nagalakshmi et al.，2008），而且起始样品比芯片技术要少得多，尤其适用于来源极为有限的生物样品分析。

目前，转录组技术已应用于牛、猪、羊、鸡等动物主要经济性状分子机理的研究。2005 年以来，各类动物转录组研究文献数量逐年递增，2010 年后文献发表数量增长较快。其中转录组技术在牛中的应用最多，主要集中在奶牛生产中泌乳调控、营养调控及疾病发生机理的探讨等方面。研究人员应用牛寡核苷酸基因芯片技术对 8 头经产荷斯坦奶牛泌乳周期中不同时间点乳腺组织进行转录组分析。奶牛整个泌乳周期共发现 6382 个差异表达基因，泌乳 60 天、120 天与产前 30 天相比差异表达基因的数目最多(>3500)。产前 15 天和产后 1 天，产后 120 天和 240 天两个阶段差异表达基因的变化最大。KEGG 通路分析结果表明，乳腺组织中“半乳糖代谢”、“糖基磷脂酰肌醇锚定的生物合成”和“PPAR 信号通路”受到泌乳时期的显著影响。泌乳期间奶牛整体代谢增加，尤其是碳水化合物和脂质的合成增加。蛋白质合成及 RNA 与 DNA 代谢受到抑制，蛋白质的利用增加。泌乳周期免疫细胞的活性/迁移和染色体修饰受到抑制，乳腺的免疫功能增强，通过抑制 MHC 成分的表达来阻止敏感病原菌的入侵。这些结果表明，奶牛泌乳周期中代谢（尤其是脂和葡萄糖的代谢）、免疫反应、表观遗传学、蛋白质合成和血管生成等过程受到严格的转录组调控（Bionaz et al.，2012）。

在猪中，用 Solexa 测序技术对肌肉生长速率存在差异的脂肪型猪（蓝塘猪）和瘦肉型猪（长白猪），从 35 天胎儿期到出生后 180 天共 10 个时期的骨骼肌表达谱进行测序，比较了不同猪种不同时期肌肉发育过程中的表达谱变化和表型变化。研究发现，品种间的肌肉发生存在明显差异。蓝塘猪的初级纤维在 35 天就已出现，而长白猪在 49 天时才发现。表达谱分析发现，与肌肉发育相关的基因在蓝塘猪的 49 天胎儿期、长白猪 63 天胎儿期上调，在两个品种的 77 天胎儿期均下调。肌肉发育相关的信号通路也大多数在胎儿期的 35 天到 77 天之间上调。出生后表达量有变化的基因，大多与肌肉收缩及肌肉代谢相关。从两个猪种的 10 个不同的肌肉发育阶段中，共鉴定出 595 个差异表达的、可能与肌肉发育密切相关的基因。从 49 天到 77 天胎儿期，是品种间肌肉类型差异形成的关键阶段。*GSK3B*、*IKBKB*、*ACVR1*、*ITGA* 和 *STMN1* 等基因可能调控了蓝塘猪比长白猪更早的肌肉发生。肌肉发育抑制因子在蓝塘猪中的高表达，肌肉发育促进因子在长白猪的高表达，可能跟长白猪的肌肉发育速度更快有关。此外，部分与脂肪发育有关基

因如 *CEBP* 家族、*FABP3* 在猪背最长肌中高表达，而且在蓝塘猪的表达量更高，提示它们可能与肌内脂肪的沉积有一定关系。而同样是脂肪发育关键调控因子的 *PPAR* 家族和 *FABP4* 的表达量却很低，因此推测肌内脂肪与皮下脂肪的发育可能受到不同的调控系统控制。这项研究提出了一个新的模型：成肌决定因子 *MyoD* 和生肌增强因子 *MEF2A* 可能通过抑制 *CEBPδ*、*CEBPγ* 和 *FABP3* 等基因的表达来抑制胚胎期肌内脂肪的发育，进而实现对肌肉与肌内脂肪发育的平衡控制；同时 *Myf5* 和 *MEF2C* 在整个肌肉发育过程中都发挥作用，并且这两个因子具有协同的作用，而 *MEF2D* 调控肌肉的生长与成熟过程（Zhao et al.，2011）。

四、表观遗传组技术

DNA 甲基化（DNA methylation）、组蛋白修饰（histone modification）与非编码 RNA（ncRNA）调控是表观遗传学最受关注的三个研究领域。表观遗传学刚开始兴起时主要以研究单个对象的表观遗传修饰为主，如单（多）基因/位点甲基化技术、染色质免疫共沉淀技术、多种单（多）个非编码 RNA 检测技术。之后，基于全基因组水平上的表观遗传修饰芯片检测技术发展起来，如甲基化 DNA 免疫共沉淀芯片技术、甲基化敏感性限制酶芯片技术、染色质免疫共沉淀芯片杂交技术和 miRNA 微阵列芯片技术等。二代测序技术的出现，使得应用高通量测序技术检测基因组上的表观遗传修饰成为主流技术平台，如甲基化 DNA 免疫共沉淀测序技术、甲基化敏感性限制酶测序技术、甲基化 DNA 富集结合高通量测序技术、染色质免疫共沉淀测序技术、小 RNA 测序技术和单细胞长链非编码 RNA 测序等技术，均已在各类表观遗传研究中使用。

（一）单（多）基因/位点甲基化技术

这是对特定基因（位点）进行 DNA 甲基检测的方法。

1. 亚硫酸氢盐基因组测序分析法（bisulfite genomic sequencing analysis）

该法可精确至单个碱基的甲基化水平，即依据 DNA 序列中的胞嘧啶与 5mC 在亚硫酸氢盐处理后，氨基转换能力不同将亚硫酸氢盐基因组转换测序法应用于 DNA 单碱基甲基检测的研究中。

2. 甲基化特异性 PCR（methylation-specific PCR，MSP）分析法

这是一种分析基因 CpG 岛中 DNA 甲基化模式的方法。

3. 亚硫酸氢盐焦磷酸测序法（bisulphite pyrosequencing）

这是一种通过合成技术测序的方法，用亚硫酸氢盐对基因组 DNA 进行转换处理，用同位素标记的特异性引物进行 PCR 扩增获取产物，经富集后利用另一条焦磷酸测序引物，在焦磷酸测序测序平台上对所扩增的目的区域进行甲基化水平的定量检测，此法能够对杂合 DNA 甲基化水平进行精确定量，但缺点在于不能确定单个等位基因的甲基化水平。

4. 基于闭管 PCR 的 DNA 特异位点甲基化分析法

比较普遍应用是甲基化敏感的高分辨率熔解曲线分析法、甲基荧光法，以及基于实时甲基化特异性 PCR 熔解曲线分析法。

5. 基于高效液相色谱的单核苷酸引物延伸甲基化定量方法

该方法基于单核苷酸引物延伸与高效液相色谱技术，能对特定的 DNA 区域利用少量的 PCR 产物进行甲基化定量分析。

（二）全基因组甲基化分析技术

1. 高通量亚硫酸氢盐测序技术（high-throughput bisulfite sequencing method）

该技术对经亚硫酸氢酸处理的基因组 DNA 进行 PCR 扩增，然后利用测序技术进行分析，是唯一能获得碱基对甲基化水平的全基因组甲基化分析方法。

2. 限制性标志基因组扫描法（restriction landmark genome scanning，RLGS）

这是一种高分辨率的双向电泳分析全基因组甲基水平的检测技术。该方法利用同工酶，如 *Msp* Ⅰ与 *Hpa* Ⅱ，对甲基化敏感差异的特性来对分析样本之间在全基因 DNA 水平的甲基化差异，其缺点在于对甲基化敏感差异的限制性酶切位点在基因组上的分布并不均匀。

3. DNA 甲基化免疫共沉淀技术（methylated DNA immunopreciptitation，MeDIP）

基因组 DNA 经片段化，然后利用 5-甲基胞嘧啶（5mC）抗体对高甲基化的 DNA 片段进行富集，然后结合第二代高通量测序技术对富集的 DNA 片段进行测序，从而在全基因组范围内对甲基化位点的甲基化水平进行检测的方法。

4. 甲基化 CpG 岛回收测定技术（methylated-CpG island recovery assay）

此方法基于 MBD2b/MDB3L1 对甲基化的两链 DNA 的高亲和力特性来富集甲基化 DNA，能够检测单甲基化 CpG 位点低密度甲基化水平。这种方法可以与甲基芯片，以及新一代高通量测序技术结合起来进行全基因组甲基化分析。

5. 基于发光计量技术的全基因组 DNA 甲基化分析（global DNA methylation analysis using the luminometric methylation assay）

该法将甲基化敏感的限制性内切酶与焦磷酸测序技术相结合来对整个基因组的酶切位点数，以及特异位点的甲基化水平进行测定。

（三）单（多）个非编码 RNA 检测技术

非编码 RNA 有 SiRNA、miRNA、piRNA 及长链非编码 RNA。近年来还发现了 miRNA、endo-siRNA 和 piRNA 等调控型的小分子非编码 RNA。作为细胞的调控因子，非编码 RNA 在调控基因的转录和翻译、细胞分化和个体发育、遗传和表观遗传等生命活动中发挥着重要的组织和调控作用。

目前，检测单（多）个非编码 RNA 的实验方法有很多，其核心在于构建非编码 RNA 的 cDNA 文库，得到非编码 RNA 的 cDNA 文库以后，通过克隆测序和直接测序来鉴定文库中的非编码 RNA，常用的非编码 RNA 的表达检测技术有表达文库克隆、Northern blot 和实时荧光定量 PCR 等技术。

（四）全基因组水平非编码 RNA 分析技术

全基因组水平非编码 RNA 分析就是从全基因组入手鉴定出所有的非编码 RNA，其分析技术主要有基于限制性内切酶的凝胶技术、基于芯片平台和基于二代测序平台的检测技术。

2000 年以后发展起来的基于覆盖全基因组的高密度芯片，被广泛使用的非编码 RNA 检测技术。这种技术不用构建 cDNA 文库，更不用做克隆，就可以检测到大量低丰度的非编码 RNA。基于 Solexa 测序的非编码 RNA 高通量分析技术，即 RNA 测序（RNA-seq）可以鉴定出全基因组范围内各种非编码 RNA 的不同类型的转录物，具有覆盖面更广和准确性更高等优势。

五、蛋白质组技术

蛋白质组（proteome）作为全景式研究蛋白质的科学和技术是揭示生命现象和规律的必由之路，已成为 21 世纪生命科学与生物技术的重要战略前沿。与基因组学、转录组学相比，蛋白质组学从蛋白质的整体水平，以更深入、更接近生命本质的层次发现和探讨生命活动的规律及其重要生理与病理现象的本质。

国际上蛋白质组研究进展十分迅速，许多国家都成立了蛋白质组研究的相关机构和组织，并开展了不同的蛋白质组研究计划或项目。1996 年，澳大利亚建立了世界上第一个蛋白质组研究中心。2001 年 4 月，美国成立了国际人类蛋白质组研究组织。随后，欧洲、亚太地区也相继成立了区域性蛋白质组研究组织，并试图以合作的方式融合各方面力量，完成人类蛋白质组计划。韩国政府将蛋白质组研究列入“21 世纪前沿研发计划”，并于 2002 年专门启动一项为期 8 年，有 15 个大学和医院参加的蛋白质组研究计划，针对多种疾病开展蛋白质组研究。2002 年，日本文部科学省启动了“蛋白质 3000 计划”，目的是开展结构蛋白质组的研究。2003 年，美国国立卫生研究院（NIH）在未来 15 年的发展纲要——NIH 线路图（NIH roadmap）中，提出了 28 个主题计划，其中有 2 个是蛋白质组方面的计划，其余计划中间接涉及蛋白质组研究接近一半。2006 年，美国国立标准与技术研究所（NIST）和 NIH 癌症研究所（NCI）又联合启动一项为期 5 年，总预算 1.04 亿美元的癌症蛋白质组计划，致力于发展蛋白质组学技术，提高相关疾病的早期诊断和治疗水平。

2002 年，我国科学家在国际上率先提出了“人类肝脏蛋白质组计划”，并提出了蛋白质组“两谱、两图、三库”的科学目标，获得了国际学术同行的认同与响应（He，2005）。2004 年，科技部启动了重大专项“中国人类肝脏蛋白质组计划”，国内 70 余家实验室共同参与了该计划。2006 年初我国发布了《国家中长期科学和技术发展规划纲要（2006—2020 年）》，明确提出要将蛋白质组学研究作为重点发展方向。

目前，蛋白质组技术主要有：①双向凝胶电泳（2-DE）技术；②高效液相色谱技术；③高效毛细管电泳技术；④质谱技术。

2006 年，Massicotte 等应用放射性同位素 35S 结合 2-DE 技术研究体外成熟 2-细胞、4-细胞和 8-细胞期的牛胚胎蛋白表达模式，分别鉴定到 291 个、373 个和 252 个蛋白质，其中 70 个、83 个和 28 个蛋白质分别特异地存在于 3 个时期的胚胎中；123 个蛋白质存在于所有的 3 个时期中，可能是候选母源性蛋白质（Massicotte et al.，2006）。2009 年，Gupta 等通过半定量质谱方法，比较了猪孤雌激活和体外受精胚胎的蛋白质组，共鉴定出 377 个蛋白质，分析表明孤雌激活和正常体外受精胚胎在分子事件上存在巨大的差异（Gupta et al.，2009）。

六、单细胞测序技术

单细胞测序技术能够在单个细胞的水平对基因组进行高通量测序分析，分析相同性状不同细胞的遗传异质性。单细胞测序技术的内容主要包括单细胞分离、全基因组扩增和转录组扩增 3 个方面。

（一）单细胞分离技术

单细胞的分离技术有梯度稀释（serial dilution）法、显微操作技术、荧光激活细胞分选（fluorescence activated cell sorting，FACS）、微流控（microfluidics）技术和激光捕获显微切割（laser capture microdissection，LCM）等。FACS 技术借助流式细胞仪，用激光束激发单行流动的与荧光素标记抗体相结合的细胞，根据激发的荧光信号对细胞进行分选，是现在最常用的单细胞分离技术。显微操作技术则通过显微操作仪直接挑取单个细胞。梯度稀释法是通过将细胞进行梯度稀释，最终得到单个细胞。微流控技术是在微米级通道内分离、捕获单个细胞。激光捕获显微切割是在不破坏组织结构、保存要捕获的细胞、保证其周围组织形态完整的前提下，直接从冰冻或石蜡包埋组织切片中精确地分离单个的细胞。

（二）单细胞全基因组扩增技术

单细胞全基因组扩增（whole genome amplification，WGA）的原理是通过将单个细胞溶解得到微量基因组 DNA 进行高效地扩增，获得高覆盖度的单细胞基因组的技术。准确地获取单个细胞遗传信息的前提是获得高覆盖度的基因组，然后才能进行下一步测序。基于热循环以 PCR 为基础的全基因组扩增技术，有简并寡核苷酸引物 PCR（degenerate oligonucleotide primed PCR，DOP-PCR）技术、连接反应介导的 PCR（ligation mediated PRC，LM-PCR）技术和扩增前引物延伸反应（primer extension pre-amplification，PEP）技术。最新的技术是基于等温反应但不以 PCR 为基础的全基因组扩增技术，如多重置换扩增（multiple displacement amplification，MDA）技术、基于引物酶的全基因组扩增（primase-based whole genome amplification，pWGA）技术、基于多次退火环状循环的扩增（multiple annealing and looping-based amplification cycle，MALBAC）技术，结合 MDA 扩增技术和 PCR 扩增技术的优势，通过利用特殊设计的引物，巧妙地使扩增子的结尾通过互补而成环，进而在一定程度上防止了基因组 DNA 的指数性扩增，明显降低了扩增偏倚性，并显著提高覆盖度。

（三）单细胞转录组扩增技术

单细胞转录组扩增，需要通过 PCR 将 mRNA 反转录成 cDNA。mRNA 在细胞内的拷贝数目要多于 DNA，单细胞转录组扩增的关键在于如何高效、低偏倚地将 mRNA 反转录并形成双链 DNA。有的方法是对整个转录子进行测序，有的方法只对转录子的 5′和 3′端进行测序。SMART 是目前常用的一种 mRNA 全长扩增技术，该技术依然用多聚 T 碱基作下游引物开始反转录，但使用的反转录酶是 SMARTscibeRT 酶，会在转录的末端延长出几个超过模板的 C 碱基，转录出的 cDNA 可以用带 3 个 G 碱基的上游引物进行扩增。单细胞标记反转录（single-cell tagged reverse transcription，STRT）技术则利用生物素将 cDNA 固定在磁珠上，并引入阅读标记。Phi29 DNA 聚合酶扩增（Phi29 DNA polymerase amplification，PMA）技术利用 Phi29DNA 聚合酶的链置换和连续合成特性，对环化的 cDNA 进行高效扩增；半随机启动的基于 PCR 的 mRNA 转录组扩增（semi-random primed PCR-based mRNA transcriptome amplification，SMA）技术则利用带有发卡结构的寡核苷酸作引物。这些技术都可以获得 mRNA 的全长信息，但最低起始量、检测灵敏度、稳定性不尽相同，使用的研究范围也不一致。

第五节　配子发生的组学研究

一、精子发生的组学研究

精子发生是一个独特复杂的细胞分化过程，生精细胞经历了有丝分裂、减数分裂和精子形成三个阶段。精子发生过程包含了一系列细胞活动事件，例如减数分裂中的染色体重组、联会复合体的形成、姐妹染色单体的分离、分裂周期中的关键点、精子变态与精子形成等。这些生理活动均受阶段特异性、具有严格时空关系的基因与蛋白质的调控。

（一）精子发生的转录组学分析

为了比较不同发育时期睾丸组织的基因表达时序，从转录组水平研究精子发生过程中基因时空调控机制。龚未等（2013）应用高通量转录组测序技术（RNA-seq），获得了 2.11 亿条长度为 35bp 的序列，鉴定出 18 837 个基因，并且发现表达量最高的基因均与精子发生相关。这些基因可能分别参与启动减数分裂和精子形成。出生后 6 日龄和 4 周龄小鼠比较时，后者有 1722 个基因表达显著上调，2712 个基因表达显著下调；4 周龄和 10 周龄小鼠比较时，后者有 190 个基因表达显著上调，185 个基因表达显著下调。研究表明，睾丸发育过程中有大量与精子发生和体细胞发育相关的基因按一定时空顺序表达。研究结果加深了人们对睾丸发育的分子调控机制的认识，也体现了新一代测序技术在转录组研究中的巨大优势。

（二）睾丸与精子发生的蛋白质组学分析

利用 iTRAQ 技术结合液相色谱质谱技术构建了成年小鼠睾丸蛋白差异表达图谱，鉴定出 20 个差异表达蛋白，其中 18 个为睾丸高表达蛋白，这些差异蛋白主要参与有丝分裂、减数分裂、细胞增殖、分化、衰老、凋亡及精子发生等细胞发育过程（王黎熔等，2010）。在精子发生研究方面，高效液相结合质谱技术鉴定出了 2116 个高表达蛋白与精子发生有关，其中有 299 个蛋白质只在睾丸中表达，155 个为新发现蛋白质。根据位置划分，有 982 个细胞质蛋白，515 个细胞核蛋白，467 个细胞膜蛋白，227 个线粒体蛋白，114 个内质网蛋白，84 个高尔基复合体蛋白，20 个溶酶体蛋白。有 31 个蛋白质来自 26S 蛋白酶通路，说明了 26S 蛋白酶通路在精子发生中的作用（Guo et al.，2010；Huang et al.，2005）。

在猪中，从蛋白质组学及交叉组学的角度，分析了精子发生机制。利用双向电泳和质谱技术研究了不发育时期猪的睾丸发育情况，建立了猪的睾丸蛋白质图谱，一共得到 264 个蛋白质点，其中的 108 个蛋白质点在各个时期表达显著不同，有 39 个蛋白质点随着年龄增长而上调，41 个随着年龄增长而下调，28 个没有明显规律。用质谱技术鉴定这 108 个蛋白质点，得到了 90 个蛋白质，其余的 18 个蛋白质点是数据库中没有的蛋白质。最后运用 GO 软件分析其中的 69 个具有确定基因序列的蛋白质的功能。在细胞成分方面，有 41%的蛋白质与细胞核和线粒体有关；在分子功能方面，有 45%的蛋白质与整合金属原子和蛋白质有关；有 41%的蛋白质与催化反应有关（黄德伦等，2013；陈凌声等，2014）。

在研究牛的繁殖性能方面，在不育组与可育组的睾丸组织中，共检测到 963 个蛋白质点。在高生殖性能与低生殖性能公牛的蛋白质组中，分别发现了 3569 个和 3799 个蛋白质；在高生殖性能的公牛中有 74 个和 51 个蛋白质分别显著上调和下调，GO 和 pathway 分析证实这些蛋白质与精子发生密切相关（陈凌声等，2014）。

（三）精子发生的小分子 RNA 分析

在减数分裂和精子发生过程中，小 RNA 具有多种生物学功能，miRNA 可能参与精子发生中有丝分裂、减数分裂及后减数分裂阶段的基因表达调节。例如，piRNA 主要参与调节雄性生殖细胞减数及后减数分裂的过程，在精子发生中起抑制反转录转座子（retrotransposon）的作用。通过比较小鼠 7 日龄睾丸和 1 月龄睾丸中 892 个 miRNA，在 19 个表达有差异的 miRNA 中，14 个在 7 日龄睾丸中表达量较高。在睾丸组织中发现了 141 个 miRNA，约 2/3 的以集群方式位于染色体上，睾丸特异 miRNA 占 60%。

2016 年，中国科学院上海生命科学院国家蛋白质科学中心吴立刚研究组发现，miRNA 表达始于受精后不久，相比于卵母细胞 miRNA，在受精过程中由精子带入受精卵中的成熟 miRNA 相对少见。有趣的是，在 1-细胞和 2-细胞胚胎中，来自受精卵的 miRNA 的 3′单和寡腺苷酸化显著增高，这有可能保护了 miRNA 免于在这一时期发生大量降解。此外，生物信息学分析结果显示，miRNA 的功能从卵母细胞至 2-细胞期受到抑制，而在 2-细胞期以后再度活化，由此参与了这个时期的胚胎发育调控（Yang et al.，2016）。

二、卵子发生的组学研究

哺乳动物卵母细胞在生长发育过程中有许多独特的现象和规律，原始生殖细胞进入生殖嵴后进行增殖，分化为卵原细胞，随后进入卵母细胞发生期。经历了原始卵泡、初级卵泡、次级卵泡与成熟卵泡，卵母细胞由初级卵母细胞发育成为次级卵母细胞。卵母细胞成熟阶段发生了生发泡破裂（GVBD）、染色质浓缩、纺锤体形成、MⅠ期与 MⅡ期等事件。从形态上，对这些事件与过程都基本了解；在分子与基因调控方面，也有了一些认识，但大多是不系统的。组学技术的应用，有希望全面解析卵母细胞发生、发育与成熟的调控机制。

（一）卵泡发生的转录组学分析

从刚出生、出生后 4 天和出生后体外培养 6 天的大鼠卵巢中提取 RNA，进行表达谱的基因芯片分析，发现在卵原细胞与原始卵泡期之间有 88 个基因表达上调，44 个表达下调；在原始卵泡与初级卵泡期之间有 148 个基因表达上调，50 个表达下调。从出生后 12 天的小鼠卵巢中分离出原始卵泡、初级卵泡和次级卵泡进行了全基因组表达谱分析，发现了一系列与细胞增殖、凋亡、细胞骨架等有关的差异表达基因。为了建立早期生长卵泡的培养体系，Hasegawa 等（2009）分别取第 7 天、10 天、13 天、16 天和 19 天的小鼠卵巢组织进行 DNA 芯片分析，找出了一些早期卵泡生长所必需的调节因子。在 GV 期、体内成熟 MⅡ期和体外成熟 MⅡ期卵母细胞中，分别有 12 219 个、9735 个和 8510 个基因处于活性状态。通过对比分析 10 位年龄小于 36 周岁的女性和 5 位 37～39 岁女性的卵母细胞基因表达差异发现，有 342 个基因显著差异，它们集中在细胞周期调控、染色体重塑、姐妹染色单体分离、氧化压力及泛素化等功能上。

在相同的促性腺激素刺激下，不同卵泡的发育结局却不同，有的成熟并排卵，有的退化闭锁，说明卵泡生长、发育、募集及优势卵泡的选择，除了促性腺激素作用外，还受卵巢内细胞旁分泌与自分泌的调控。通过对人卵泡液的蛋白质进行分析发现，不仅同一个体不同的成熟卵泡液在蛋白质组成上无显著差异，不同个体的成熟卵泡液的蛋白质组成也无显著差异；但成熟卵泡液和未成熟卵泡液间蛋白质组成差异显著，成熟卵泡液中表达量较高的蛋白质，在未成熟卵泡液中含量显著降低，有些只有极低水平表达。研究认为，不同发育阶段的不同蛋白质表达模式反映了其生理状态，同时某些特异性蛋白质成分可以作为卵泡液成熟的标记。对 6 位接受体外受精-胚胎移植治疗的患者的 44 个成熟卵泡进行蛋白质组学分析，共分离出约 600 个蛋白质点，发现 3 种新蛋白质，分别是硫氧还蛋白氧化酶前体 1、甲状腺素运输蛋白和视黄醇连接蛋白。另外，在卵泡液中检测出其他一些新型蛋白质，这些蛋白质可能参与了卵泡发生、激素分泌调节等功能。

（二）卵母细胞发育的蛋白质组学分析

早在1977年，Schultz等应用放射性同位素35S 标记结合双向电泳方法研究小鼠卵母细胞发育过程中的蛋白质表达变化，发现在卵子GVBD后蛋白质发生明显表达变化，且和卵母细胞发育的其他形态学，如纺锤体形成或极体排出无必然联系（Schultz and Wassarman，1977）。不同的蛋白质具有不同的合成效率，卵子胞质和核质的融合触发许多蛋白质合成的变化，并促使小鼠卵母细胞在体外培养条件下完成减数分裂成熟。在研究体外成熟条件下牛卵母细胞蛋白质的合成模式时发现，体外成熟牛卵母细胞蛋白质的合成分为3个阶段：成熟初期（0～4h）、GVBD向MⅠ期转变期（4～16h）及MⅠ期结束后（16～24h）。其中，成熟初期合成的蛋白质有15%贯穿整个卵子成熟过程。卵子在减数分裂成熟过程中的第4～8h期间具有较高的蛋白质合成数量，并一直维持到MⅠ期（8～12h），随后蛋白质合成逐步下降直至保持稳定（陈凌声等，2014）。

2004年，Ellederova等应用双向电泳结合基质辅助激光解吸电离质谱技术，对不同发育阶段的猪卵母细胞蛋白质组进行研究。发现抗氧化蛋白、泛素硫酯酶L1及精胺合成酶等蛋白质，在猪卵子成熟过程中始终保持较高的丰度。其中抗氧化蛋白在维持细胞内氧化还原反应平衡、抗氧化方面发挥重要作用。此外，还鉴定到一批与能量代谢相关的蛋白质，表明卵母细胞在为后续的受精过程所需的能量代谢做准备（Ellederova et al.，2004）。2006年，Massicotte等通过MALDI-TOF-MS与2-DE技术对牛卵母细胞进行研究，共鉴定到550个蛋白质点，发现卵子成熟过程中有30%～50%的蛋白质发生了磷酸化修饰（Massicotte et al.，2006）。微管蛋白β链（TBB）、细胞周期蛋白E2（CCNE2）、蛋白二硫化合物异构酶（PAID3）和硫氧还蛋白过氧化物酶（PDX2）等4个蛋白质在体外培养过程中表达显著变化。初步揭示出CCNE2和PDX2可作为卵母细胞减数分裂成熟的分子标志物。2007年，Vitale等研究了不同时期小鼠卵母细胞的差异蛋白质，发现在GV期和MⅡ期卵母细胞中，共有12种蛋白质存在表达差异（Vitale et al.，2007）。Susor等（2007）比较体外培养条件下猪卵母细胞蛋白质合成的变化，发现16个蛋白质点在成熟过程中表达存在显著差异，其中4个表达上调，大部分表达均呈现下调趋势。质谱鉴定还发现泛素羧基端水解酶L1（UCH-L1）在MⅡ期卵母细胞中表达显著上调。2008年，Ma等构建了小鼠MⅡ期卵母细胞蛋白质表达图谱，共分离得到869个蛋白质点，其中90个蛋白质点对应于53个蛋白质表现为磷酸化修饰（Ma et al.，2008）。这些蛋白质主要参与染色体重构、母源性物质储存及卵裂球分裂等过程。2009年，张平通过与反相高效液相色谱-串联质谱技术，从2700个小鼠MⅡ期卵母细胞中鉴定了625种蛋白质，并从中筛选到76个在卵子和受精卵中具有高mRNA表达的母源性蛋白质，包括许多从未被报道过的蛋白质（Zhang et al.，2009）。2011年，Kim等研究了GV期和MⅡ期猪卵母细胞差异表达蛋白质，共发现16种蛋白质表达上调，12种蛋白质表达下调（Kim et al.，2011）。其中PRDX2、GST和SPSY等在内的7种可能参与氧化还原调节和c-AMP信号通路的蛋白质，在MⅡ期卵母细胞中表达上调。潘秋庄（2013）利用双向电泳和质谱技术对水牛非成熟卵泡及成熟卵泡的卵泡液进行分析，共发现13个10种蛋白质差异点，这些蛋白质分别是锌指蛋白 674、过氧化物酶-2、溶酶体运输调节因子、驱动蛋白、醛糖还原酶、牛纤维蛋白原晶体结构、转甲状腺素蛋白、核苷二磷酸激酶、α-氨基己二酸半醛脱氢酶和抑制素 α 链前体。

为了研究卵母细胞和卵丘细胞间相互作用机制，Memili 等（2007）应用液相色谱-串联质谱技术（LC-MS/MS）研究牛 GV 期卵母细胞和卵丘颗粒细胞的蛋白质组。在卵丘细胞和 GV 期卵母细胞中，分别鉴定到 4395 种和 1092 种蛋白质，其中 858 种为共同蛋白质。GO 分析发现，卵丘颗粒细胞中的蛋白质主要参与细胞信号传导、分子运输、代谢和能量前体生成等多个过程（Peddinti et al.，2010）。

（三）细胞重编程因子的挖掘

成熟卵母细胞和未分化的胚胎干细胞中含有重编程因子（包括蛋白质、RNA、小分子等），这些分子具有重编程体细胞的能力。2010 年，Wang 等应用 LC-MS/MS 技术，在小鼠 GV 期与 MⅡ期卵母细胞和受精卵中，分别鉴定到 2781 种、2973 种和 2082 种蛋白质（Wang et al.，2010）。不同的蛋白质组成成分与不同时期细胞的特点有一定关系。例如，MⅡ期卵母细胞比其他时期的细胞含更多的特异性转录因子和染色质重构因子，表明这些蛋白质可能与精子或体细胞表观遗传重编程有密切关系。2011 年，Pfeiffer 等通过 1-DE 结合 LC-MS/MS 技术，研究小鼠 MⅡ期卵母细胞和未分化 ES 细胞蛋白质组，提出重编程因子应具备核定位、核染色质修饰及催化活性等 3 个特点。他们分别在 MⅡ期卵母细胞和 ES 细胞中鉴定到 3699 个和 4723 个蛋白质，其中 28 个共同鉴定的蛋白质可能具有重编程的能力（Pfeiffer et al.，2011）。

在 RNA 表观修饰方面，中国科学院动物所周琪院士领导的团队首次绘制了小鼠胚胎干细胞、诱导多能性干细胞、神经干细胞和睾丸支持细胞转录组的 m6A 修饰图谱，发现了 m6A 修饰在多能与分化的细胞系间的分布差异，发现了在一些决定细胞特异分化的 RNA 分子上的细胞类型特异的 m6A 修饰。研究发现，m6A 修饰区域富集的特征序列具有与重要的调控非编码 RNA 与 microRNA 的种子区序列互补配对的偏好性。多层次的细胞与分子生物学实验证明，microRNA 可以通过序列互补的方式，引起 mRNA 相应位点区域 m6A 修饰的产生。该研究成果揭示了 microRNA 通过序列互补调控 mRNA 甲基化修饰形成这一全新的作用机制，以及 m6A 修饰在促进体细胞重编程为多能性干细胞中的重要作用。

同济大学高绍荣研究团队结合二次重编程系统和高通量测序技术，绘制了在重编程的不同阶段细胞内全基因组水平上，Oct4 及核心组蛋白修饰结合图谱。研究者将重编程过程中转录因子结合、表观遗传修饰及基因转录组的多组学数据进行了系统分析。研究表明，Oct4 的结合受到了基因组上预先设置的表观遗传修饰的影响，揭示了重编程过程中增强子区域的高度动态的变化（张颖等，2009）。

三、胚胎内生殖细胞遗传图谱解密

精子和卵子都是高度分化的细胞，但精卵结合后形成的受精卵和早期胚胎却都是具有发育全能性的，这表明卵子受精后染色体上原有的表观遗传修饰发生了改变，启动了新的基因表达模式。中国科学院北京基因组研究所的刘江实验室研究指出，精子的表观遗传学信息会影响到子代的胚胎发育（图 9-14）。他们利用高通量表观组学测序，解释了 DNA 甲基化事件在哺乳动物中的显著差异，证实当父亲的遗传物质被除去时，基因组仍能将自身重塑至正确状态，而母源基因在经历 DNA 甲基化重编程后，成为决定胚胎发育最重要的位点。例如，许多的 Hox 基因决定了身体发育模式及造血过程中的细胞分化，它们在母源遗传物质中甲基化，在父源遗传物质中去甲基化，并且都存在于胚胎中。

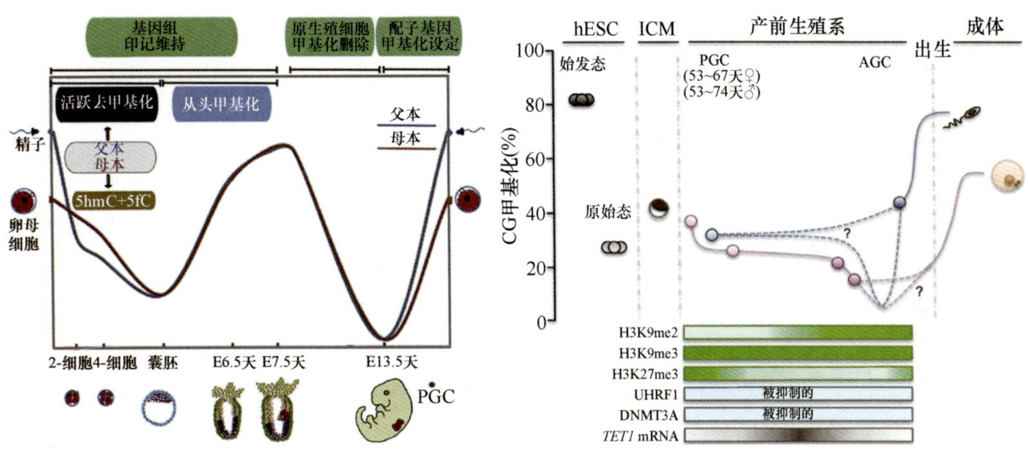

图 9-14　生殖细胞在胚胎早期发育进程中表观遗传信息动态变化（左图引自 Wang et al.，2014；右图引自 Gkountela et al.，2015）

人类“胚胎内生殖细胞”极为独特，它是第三代精子或卵子的前身，同时也是人类唯一可将亲代基因讯息传递给后代的细胞。已知人类第一代母体妊娠早期，即开启第三代的基因讯息传递，关键就在于怀孕后的第 1～3 个月时“胚胎内生殖细胞”的发展。然而，对于生殖细胞如何扮演关键角色，仍了解甚少。最近，中国科学院植物研究所与微生物学研究所陈柏仰等以人体的“胚胎内生殖细胞”为研究对象，通过全基因组重亚硫酸盐测序（WGBS）和 RNA 测序（RNA-seq）获得了单碱基分辨率的生殖细胞甲基化组，利用复杂的生物数据统计程序，精确计算出人类妊娠早期（1～3 个月）子宫内的胚胎，启动“胚胎内生殖细胞”基因传递的动态过程，清楚呈现妊娠初期该生殖细胞处于极易受伤害状态。通过分析胚胎内生殖细胞在母体子宫妊娠第 50 天到第 137 天去甲基化的过程，发现胚胎内生殖细胞的甲基化会进行重建，约在第 113 天时甲基化下降至约 20%，而一般体细胞为 70%～80%的甲基化，此时的生殖细胞因缺乏甲基化的保护处于极容易受损害的阶段。这个精密的去甲基化模式，说明了个体的胚胎内生殖细胞之品质，早在第一代母体子宫内就已决定，以致影响到日后第三代的个体的发育。同时，这个图谱也清楚显示出人类妊娠初期是胚胎内生殖细胞最脆弱的阶段，应避免负面因素的影响（抽烟、喝酒、环境污染等）。

四、配子发生相关数据库

除了基因表达谱和蛋白质组数据库外，互联网上有很多雄性生殖相关的专业网站。结合这些在线网站提供的资源和分析方法，可以更好地帮助我们研究精子发生调控。Mammalian Reproductive Genetics 提供了与生殖相关的基因和文献信息（目前主要包含小鼠和大鼠数据）。Spermatogenesis Online 收集了多个物种与精子发生相关基因的详细信息。ReCGiP 提供了以猪为主的生殖相关候选基因。GermSAGE 收集了雄性生殖细胞的转录组数据，主要来自小鼠 A 型精原细胞、粗线期精母细胞和圆形精子细胞的基因表达系列分析。K-SPMM 提供了小鼠支持细胞、精原细胞、精母细胞和精子细胞的启动子区域的详细信息。GermOnline 整合了高通量表达数据、样品注释、蛋白-DNA 结合数据、蛋白质-蛋白质相互作用数据、基因组注释和同源基因等信息，主要涉及生殖细胞发育、减数分裂、配子和有丝分裂细胞周期。

配子发生过程中包含了多种激素调控，生殖细胞与体细胞之间复杂的信号转导。由于调控和转录无处不在，再加上各种能够对基因进行修饰的非编码 RNA 的存在，以及我们本身对基因表达认识的局限性，基因表达规律比我们预想的更复杂。随着多维度组学的不断丰富，配子发生的分子调控机制将会逐渐被解开。

第六节　哺乳动物胚胎发育多层次协同调控

哺乳动物胚胎发育是一个极其复杂而神秘的过程，有关发育调控的分子机制所知甚少。受精卵经历卵裂，首先发生母源基因调控向合子基因调控转变，继而发生胚胎极性化变化，形成致密化的桑椹胚，使胚胎形成一个内外有别的微环境，进而发生第一次细胞分化，即内细胞团与滋养层的分化。在囊胚进入子宫后，胚胎快速扩张，透明带消失，与子宫内膜发生识别并建立联系，胚胎植入子宫，开始了胎儿的发育历程。首先是三胚层分化，建立各个器官原基，形成器官雏形，在相互作用与诱导之下，一级、二级、三级及多级器官结构形成，最终形成具有正常生理功能作用的器官与系统。

从细胞分化与基因差异表达方面看，哺乳动物胚胎发育分化是由多层次内外因素协同作用、在时间和空间上高度协调的顺序调控过程。发生合子的第一次有丝分裂、合子基因组激活、第一次细胞分化、第一次细胞命运决定等，都是基因与蛋白质在特定阶段严格时空时序调控的结果。从表观遗传修饰角度，发生了大量核基因组 DNA 的去甲基化，伴随着胚胎发育过程又会发生全基因组重新甲基化。基因调控具有很强的模块性，基因功能的发挥都是通过这些模块来得以实现。如果在关键的时间节点出现胚胎基因组关键调控模块启动/关闭异常，则发生胚胎发育阻滞。

哺乳动物胚胎发育基因调控结构具有层级化和模块化的特点，近几年多维度组学技术在胚胎发育研究方面，取得了一系列突破性进展，产生了大量的组学数据。许多涉及胚胎发育的程序性基因模块，已经通过计算生物学手段进行整合和分析，通过不同层析的调控模块结构理解和胚胎发育的调控机制挖掘，极大降低了推断过程的复杂度，加快了胚胎发育调控机制研究的步伐（图 9-15）。

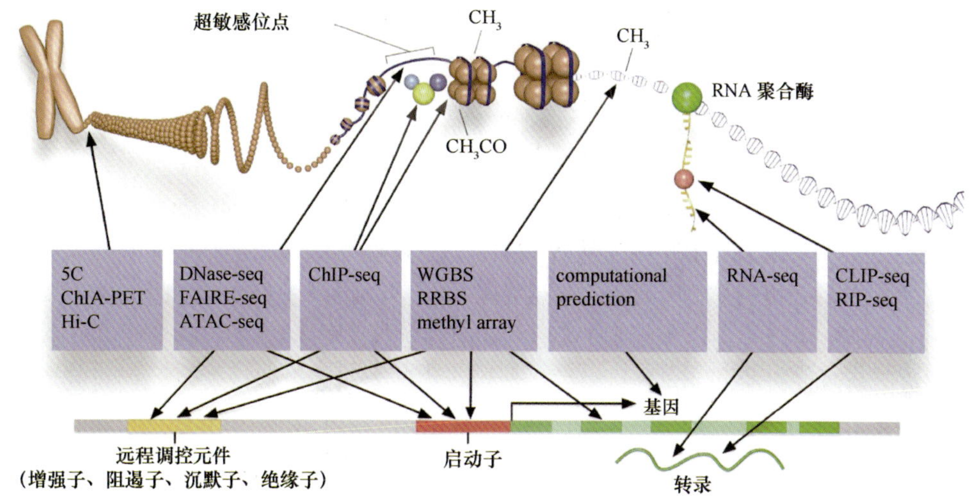

图 9-15　ENCODE 的多层次研究方法

5C：碳拷贝染色质构象捕获（carbon-copy chromatin conformation capture，5C）技术；ChIA-PET：双末端标签染色质交互作用分析（chromatin interaction analysis by paired-end tag sequencing）技术；Hi-C：高通量/高分辨染色体构象捕获（high-throughput/resolution chromosome conformation capture）技术；DNase-seq：脱氧核苷酸酶Ⅰ超敏位点测序（DNaseⅠhypersensitive sites sequencing）技术；FAIRE-seq：甲醛辅助分离调控元件测序（formaldehyde-assisted isolation of regulatory elements sequencing，FAIRE-seq）技术；ATAC-seq：利用转座酶探究可接近性染色质高通量测序（assay for transposase-accessible chromatin with high throughput sequencing）技术；ChIP-seq：染色质免疫沉淀高通量测序（chromatin immunoprecipitation sequencing）技术；WGBS：全基因组重亚硫酸盐测序（whole genome bisulfite sequencing）技术；RRBS：简化代表性重亚硫酸盐测序（reduced representation bisulfite sequencing）技术；methyl array：甲基阵列技术；computational prediction：计算预测技术；RNA-seq：转录组测序技术；CLIP-seq：交联免疫沉淀结合高通量测序（crosslinking immunoprecipitation and high-throughput sequencing）技术；RIP-seq：RNA 免疫共沉淀结合高通量测序（RNA-immunoprecipitation and high-throughput sequencing）技术

一、关键基因表达模块的精确化开启是早期胚胎正常发育的关键

受精激发了储存在卵母细胞内的 mRNA 翻译，启动第一次卵裂。从卵裂开始，早期胚胎发育过程始终伴随着 mRNA 的不断合成与降解。与哺乳动物早期胚胎发育相关的 mRNA 有两类：一种是储存于卵母细胞中的母源 mRNA，另一种是胚胎发育后期合子基因组转录的 mRNA。精子入卵后，雌雄原核融合形成受精卵，母源 mRNA 控制受精卵最初的几次卵裂。随后，合子基因组激活，起始核基因组 mRNA 转录，在一段时间内，母源与合子基因同时调控胚胎发育，母源调控能力由强减弱并最终消失，合子基因组逐渐控制以后的整个胚胎发育过程。由母源调控向合子调控的顺利过渡是胚胎能够正常发育的关键。

在胚胎早期发育过程中，基因调控具有很强的模块性，生物学功能的发挥往往都是通过这些模块来实现的，是有严格时空激活特异性的精细化调控发育进程。众多调控因子或功能基因在时间上和空间上程序化的差异表达过程，是哺乳动物植入前胚胎发育的分子基础。寻找差异表达基因，揭示基因组在时空上的表达和调控模式，成为近几年组学生物信息学研究的重点。差异表达基因不仅表现为表达基因的种类改变，还表现为基因表达量的改变。高等生物大约有 10 万个不同的转录物，然而在任一细胞中表达的仅约占总数的 15%，即产生约 15 000 种 mRNA 片段，而且在不同发育阶段、不同生理状态和不同类型的细胞中的表达也不尽相同。

受研究方法与实验材料等因素的影响，过去对于哺乳动物胚胎发育的基因表达谱的研究非常有限。近几年，单细胞基因组测序及胚胎极微量 RNA 扩增技术的成功，哺乳动物植入前早期胚胎发育的分子机制被逐步揭开。Kurimoto 等（2006）通过基因芯片技术，首次以单细胞分辨率在转录组水平分析了 3.5dpc 小鼠的内细胞团，看起来同质的胚胎细胞已经能够在转录组水平分为两群细胞，分别具有类似原始内胚层和类似上胚层细胞的表达谱。北京大学汤富酬实验室建立了 scRNA-Seq 技术分析小鼠的内细胞团，并跟踪分析了内细胞团转变为体外培养的胚胎干细胞的过程，发现细胞在转变过程中发生了一系列包括基础代谢、microRNA 和可变剪接在内的转录组全局改变。他们还发现在细胞转变过程中，抑制性的表观遗传调控基因表达上调，同时激活性的调控基因表达下调。2013 年，同济大学医学院联合南京医科大学的刘嘉茵及美国加州大学范国平等采用单细胞 RNA-seq 技术，揭示了人类和小鼠早期胚胎的遗传程序，对人胚胎早期发育各阶段全基因组 RNA 转录谱系统分析，发现在胚胎发育早期各阶段中，存在着父源或母源的单等位基因表达差异（图 9-16）。同时运用加权基因共表达网络分析（WGCNA）显示，

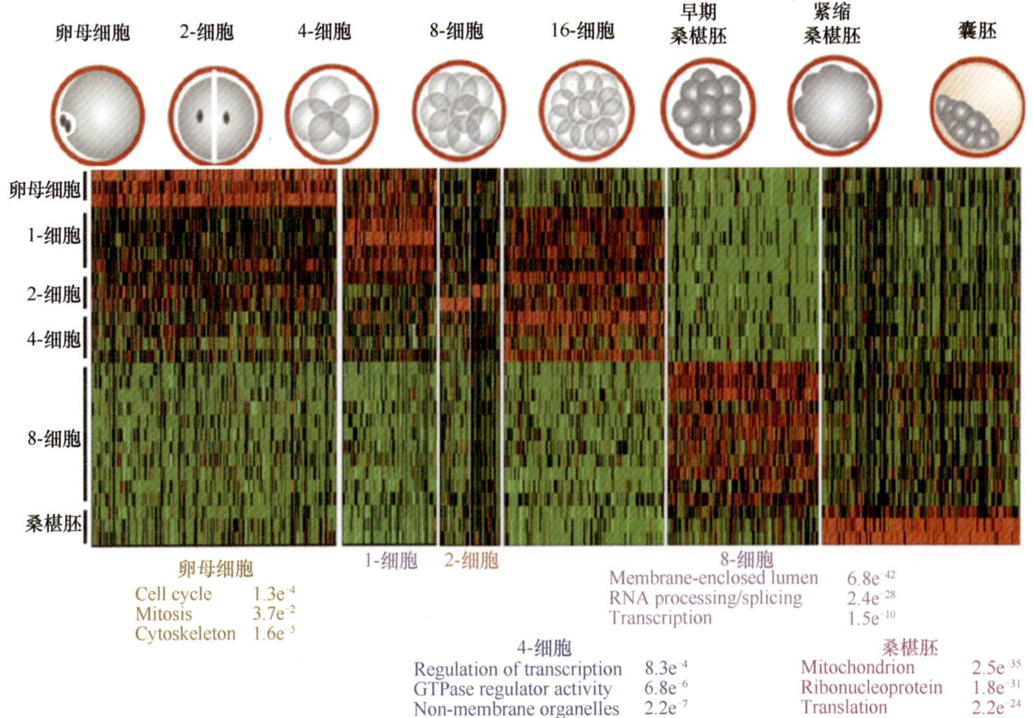

图 9-16 人植入前胚胎早期发育的基因表达模式谱（引自 Xue et al.，2013，有改动）

胚胎早期发育各阶段中的细胞周期、基因调控、蛋白质翻译及代谢通路的转录变化，是以分步进行的方式按顺序激活，并明确了该机制在物种间存在保守性，证明了哺乳动物早期胚胎发育进化上的共性。随后，汤富酬等绘制出了更完整的人类植入前胚胎和胚胎干细胞的转录组图谱，对不同发育阶段的早期胚胎的 90 个单细胞及人类胚胎干细胞系的 34 个单细胞进行了详尽的分析(Guo et al., 2013; Yan et al., 2013; Guo H et al., 2014)。从转录谱、可变剪切模式、lncRNA 动态表达等多方面，构建了世界上最完整的人类胚胎发育基因表达图谱，发现了 2700 多个全新的 lncRNA，其中许多 lncRNA 表达具有发育阶段特异性，很可能参与了植入前胚胎发育过程中的细胞命运决定。

早期胚胎何时做出第一次细胞命运决定，是一个未解决的问题。人们一直认为，哺乳动物胚胎在细胞增殖到足够数量形成子群之后，才开始分化为细胞类型。Shi 等(2015)采用单细胞测序分析表明，小鼠胚胎在受精 2-细胞阶段就已经出现细胞命运决定。这一发现可能会颠覆关于“胚胎细胞何时开始分化为细胞类型”的科学共识。该研究组通过对不同发育阶段单细胞 RNA 测序数据基因的分析，发现在 2-细胞和 4-细胞阶段，有几十个基因彼此之间会发出明确的信号，例如一些 Wnt 信号通路关键基因。Cao 等（2014）利用高通量测序和转录组信息分析手段，研究了猪着床前胚胎和猪体细胞克隆胚胎在不同发育阶段的基因表达模式，比较了猪、小鼠和人着床前胚胎的基因表达差异，挖掘了猪着床前胚胎特异的基因表达调控网络。Jiang 等（2014）发表了牛体内胚胎植入前早期发育的基因调控模式，发现约一半以上的基因会在发育的不同时间段被及时激活，涉及 100 多个功能通路，有 2845 个基因存在显著差异，他们提出了 12 个时序特异性的基因共表达调控通路（图 9-17）。通过 RNA-seq 高通量测序揭示了牛早期胚胎发育过程中的时序性的基因表达模块和相关功能通路（Chitwood et al.，2013；Mamo et al.，2012；Driver et al. 2012；Huang and Khatib，2010）。

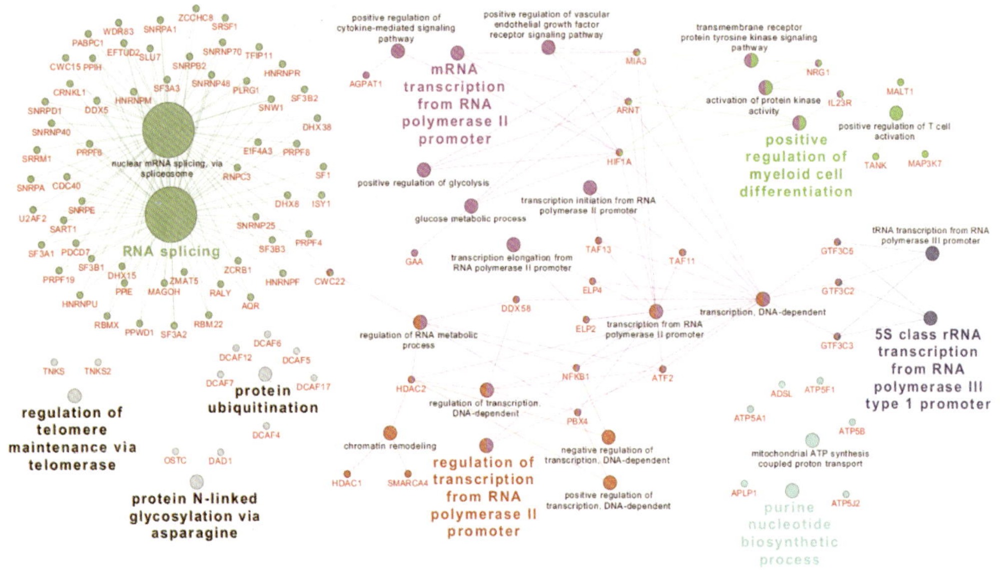

图 9-17 哺乳动物早期胚胎发育基因共表达模块化识别与生物学功能（引自 Graf et al.，2014a）

基因仅是遗传信息的携带者，而生命活动的本质却是不同功能蛋白质在时间和空间上有序和协同作用的结果。2015 年，Demant 等通过差异蛋白质组学技术研究了牛早期胚胎发育过程中的 1072 种定量蛋白表达谱，发现了 87 种在 MⅡ期卵母细胞、合子期、2-细胞、4-细胞 4 个发育阶段存在显著表达差异的蛋白质，建立了相关蛋白质表达模式。分析了体外发育来的桑椹胚和囊胚，发现 140 个蛋白质存在显著表达差异，其中翻译起始因子蛋白和蛋白磷酸化相关酶类表达量明显上升，揭示了牛胚胎发生过程早期时序化开启与细胞分化事件相关的分子通路（Demant et al.，2015）。

通过对早期胚胎发育整体基因表达模式进行样本聚类，内蒙古大学李光鹏实验室系统研究了牛早期胚胎发育的全基因表达模式后，发现从样本整体基因表达状态看，牛胚胎早期发育相关基因被分成了两个大类（图 9-18），分别是 8-细胞时期前和 8-细胞时期后，可以看出胚胎在 8-细胞时期基因表达情况发生了巨大变化，该时期被定义为母源基因降解和合子基因组激活的关键转折点。利用基因共表达网络对早期胚胎发育基因表达与样本表型相关性进行分析，从整体基因表达与表型相关性来看，卵母细胞和合子的样本比较接近，2-细胞和 4-细胞时期样本表达比较相近，8-细胞时期可以作为母源—合子基因组转换的转折时期，桑椹胚和囊胚时期属于合子基因组激活后的胚胎分化前状态（Zuo et al.，2014，2015）。

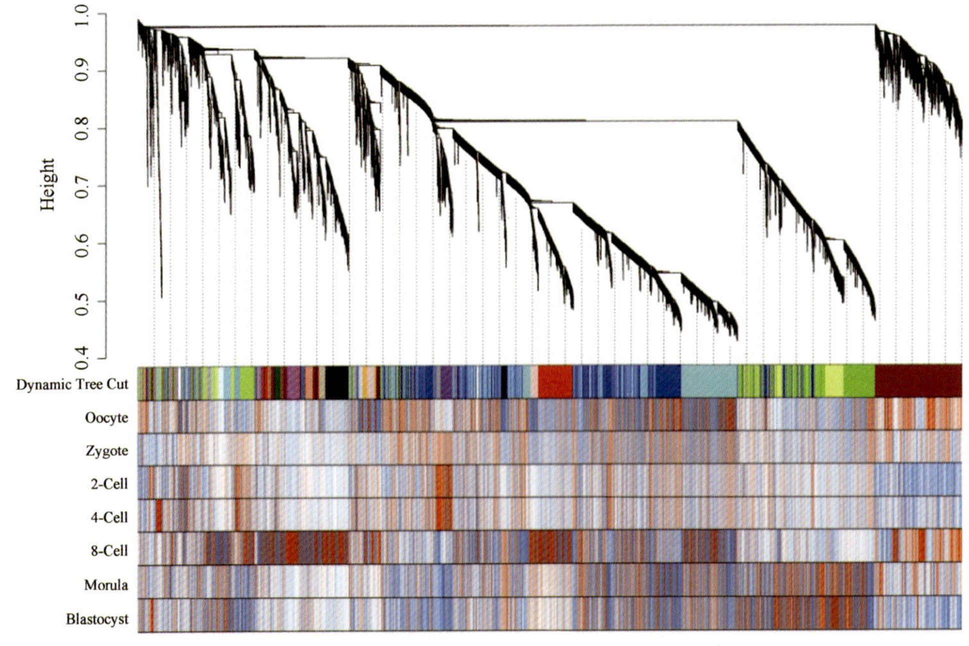

图 9-18 早期胚胎发育基因表达模式图谱及其与发育关键节点关联性研究

通过基因共表达网络分析，对所有基因进行 Cluster 聚类，得到 30 多个具有显著差异性的基因表达模块，多个涉及牛早期胚胎发育程序性调控模块被识别出来，且具有很强的时空特异性和组织特异性。进一步对 37 个反映不同发育时期特征的基因共表达模块的基因数和模块的显著性进行了分析，发现大部分被识别出的基因调控模块能够很好地反映出模块基因集的功能相似性，并且多个关键发育节点的基因表达模块具有极显著的特点，进而初步构建出牛早期胚胎发育关键功能通路的程序化开启激活途径，初步建立了牛植入前胚胎发育的分子进程（图 9-19）。

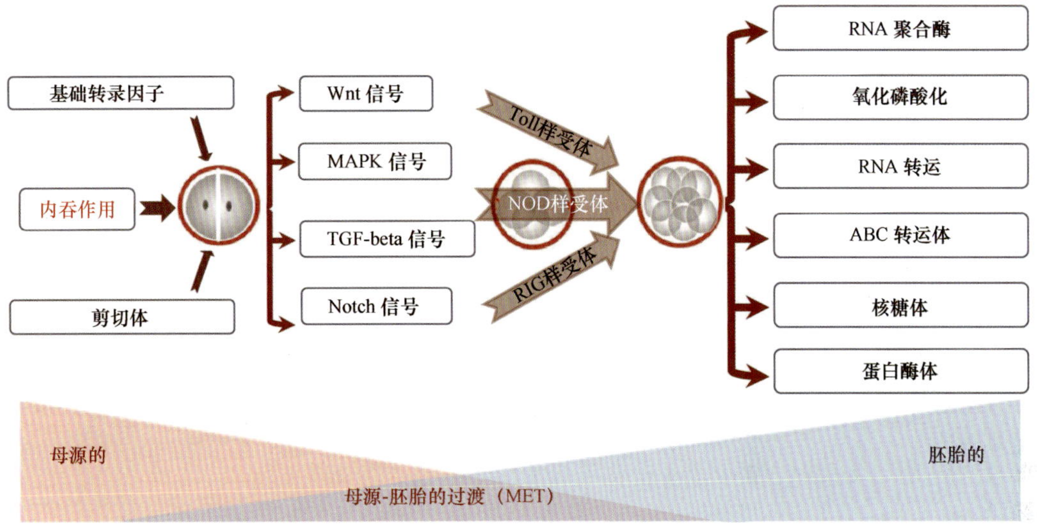

图 9-19　关键分子通路在早期胚胎发育进程中的程序化激活途径

2014 年，内蒙古大学的研究人员利用高通量表达谱芯片数据对牛-牛同种克隆胚胎和普氏原羚-牛异种克隆胚胎的 8-～16-细胞时期胚胎基因表达差异进行系统分析，首次从高通量“组学”层面的生物信息学分析，从转录调控通路、核质互作关系，母源 mRNA 降解等多个方面系统分析了目前异种克隆胚胎早期发育阻滞的一些分子机理，最后对一些基因利用 qPCR 进行验证，实验结果与理论结果一致（Zuo et al.，2014）。通过对同种与异种克隆来源的 8-～16-细胞期胚胎、供体细胞、受体卵母细胞及不同细胞类型之间进行差异分析，显示虽然两类胚胎的命运差别很大，但与其他细胞类型相比，两类早期发育胚胎相似性最接近，证实了胚胎早期发育过程具有独特的基因表达模式。还发现胚胎发育过程存在类似的基因表达谱，但与同种克隆胚胎相比，发生发育阻滞的异种克隆胚胎中很大一部分重编程相关基因没有被激活，基因表达活性明显下降，导致了克隆合子核基因组激活的失败和后期的发育阻滞。如果比较两类胚胎的相似性，发现重编程相关基因组中存在 309 个共表达基因，这些基因也是合子基因组激活启动胚胎早期分化所必需的基因。通过功能富集分析，发现这些与胚胎发育相关的基因涉及内膜、核质、转录调控、RNA 合成和代谢等通路，它们在早期胚胎发育过程中起到关键的作用。研究人员比较分析后发现与同种克隆胚胎相比，异种克隆胚胎在线粒体内膜转运蛋白通路相关基因的表达存在明显下调，这直接影响了胚胎基因组的成功激活，该通路的异常表达可能是引起异种克隆胚胎发育阻滞的一个重要原因（图 9-20）。

二、非编码 RNA 调控早期胚胎发育

近 10 年来，人们发现了很多种类的新型非编码 RNA，并揭示了一些非编码 RNA（ncRNA）在基因调控网络中发挥的重要作用。人类基因组中研究最清楚的是编码蛋白

质的基因。然而，这些编码基因的外显子只占整个基因组的 1.5%，即使算上非编码区（UTR）比例也不过 2%。近年来，越来越多的研究表明，基因组中非编码蛋白质区段同样发挥着重要的作用。非编码 RNA 是所有不被翻译成蛋白质的功能性 RNA 的统称。ncRNA 对基因的表达调控是近年来的研究热点。各类 ncRNA 分子参与调节了胚胎发育、干细胞的维持、细胞的增殖分化、器官发生、剂量补偿、表观遗传调控和基因印记等基本的发育生物学事件。

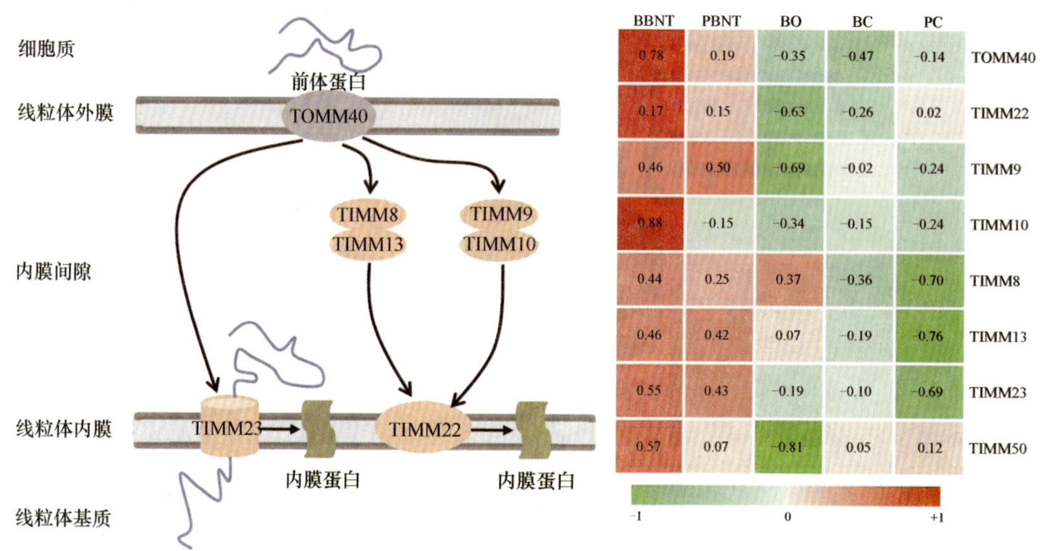

图 9-20 同种-异种克隆合子基因组激活线粒体内膜转运膜蛋白（TIMM）差异表达
（引自 Zuo et al.，2014）

按照分子的大小，ncRNA 可简单地分为小 ncRNA、中等 ncRNA 和大 ncRNA。小 ncRNA 主要包括 21nt 左右的 microRNA（miRNA）、siRNA 和 24～30nt 的 piRNA。中等 ncRNA 为 50～500nt 的分子，包括 tRNA、snRNA、snoRNA 和 scRNA 等经典而且研究得较为深入的 ncRNA。500nt 以上属于大 ncRNA。目前，ncRNA 领域的研究主要集中于 miRNA 和 lncRNA，小 ncRNA 主要与 Argonaute 蛋白家族的不同成员结合形成 RNP 复合物，参与调节转录或转录后水平沉默基因的表达。miRNA 的前体转录后经 Dorsha 和 DGCR8 等蛋白组成的复合物剪切加工，形成具有茎环结构的 miRNA 前体（pre-miRNA）并运输出核；pre-miRNA 再由 Dicer 加工产生成熟的 miRNA，成熟的 miRNA 与 Argonaute2 结合形成 RISC 复合物，通过碱基互补识别靶 mRNA 分子，并使之降解或抑制其翻译。

miRNA 在胚胎发育过程中具有非常重要的作用。在斑马鱼，注射 miR-430 能部分地恢复突变胚胎的脑的发育，miR-430 的靶基因中大多数为母源效应因子。对 miRNA 在肌肉组织发生的功能研究较为清楚，miR-1、miR-133 和 miR-206 是 3 个从线虫到人都特异表达于肌肉中的 miRNA，它们的表达都受到肌源性转录因子的调节。这些“肌肉 miRNA”在肌肉发育、肌细胞凋亡、肌肉组织代谢和肌肉肥大等方面都起着非常重要的作用。miR-1 和 miR-133 促进了中胚层的发育，许多在外胚层和内胚层中高表达的基因在中胚层中被这两个 miRNA 所抑制。然而，在肌肉细胞命运决定之后，miR-1 和 miR-133 的功能则相反。HDAC4 能抑制 MEF2 的促分化活性，miR-1 通过下调 HDAC4 的表达促进骨骼肌细胞的分化。

已发现的 miRNA 中，有约 70%在神经系统中表达。miR-124 是哺乳动物脑中表达量最高的 miRNA，生物信息学预测了大量的 miR-124 靶基因。HeLa 细胞转染 miR-124 后，有 132 个预测的靶基因表达量下调，大多数下调的靶基因确实在脑中有表达，并且表达量比其他组织低，表明 miR-124 在脑中调节了大量基因的表达。

lncRNA 是指一类含有 200 个核苷酸以上的非编码 RNA，在哺乳动物细胞基因组中广泛转录。例如，它们可以转录自基因的上游区域，如启动子相关长链 RNA（promoter associated long RNA，PALR）、增强子 RNAR（enhancer RNA，eRNA）、基因间区域或与基因形成天然反式转录物（nature antisense transcript，NAT）。许多此类 ncRNA 具有时空表达特异性，提示它们在特定的生物学过程中起作用。

最新 ENCODE 数据分析表明，人类基因组中含有 9000 多种 lncRNA。对不同发育阶段的人的早期胚胎与胚胎干细胞进行单细胞测序，共检测出 22 687 个母源表达基因，其中包括 8701 条 lncRNA。在植入前胚胎中发现了 2700 多种全新的 lncRNA，其中许多 lncRNA 的表达具有发育阶段特异性，很可能参与了植入前胚胎发育过程中的细胞命运决定。在胚胎干细胞中，一些 lincRNA 的敲除会影响细胞中的基因表达，进而影响干细胞的多能性。研究人员还编撰了一份 lincRNA 目录，其中涉及 8000 多个人的 lincRNA。通过对目录的分析发现，lincRNA 是组织特异性的，而且比蛋白编码基因要特异得多。基于这种高度特异性，lincRNA 成为不同细胞亚群的优异描述符。北京大学研究人员发现了 43 例人特有的蛋白编码基因，这些基因在猴、黑猩猩等物种中的对应区域并不编码蛋白质，其转录产物是以 lncRNA 的形式存在。这些区域在序列上具有 GC 富集的特征，可能为新基因形成并维持稳定的开放读码框提供了基础。借助群体遗传学分析发现，这些新基因正经历着显著的负向自然选择作用，提示它们正在发挥重要的生物学功能，提出了新功能蛋白的长非编码 RNA 起源机制（Hou et al.，2013；Fan et al.，2015）。

lncRNA 不仅可以作为小 RNA 的前体，还可通过结合 miRNA 参与细胞中 miRNA 调控网络。miRNA 在细胞内主要通过降低 mRNA 稳定性和抑制蛋白质翻译，抑制靶基因的蛋白质水平。细胞中一个基因往往受多个 miRNA 调节，一个 miRNA 也可调控多个基因的表达。ceRNA 假说认为，细胞内存在的 lncRNA 上含有种类和数量不等的 miRNA 结合位点，含有相同 miRNA 结合位点的 RNA 被称为 ceRNA。ceRNA 可以相互竞争结合同种 miRNA，其中一些 RNA 竞争性结合 miRNA，可降低自由分布的 miRNA 浓度，从而在一定程度上降低被 miRNA 调控的基因的抑制程度。细胞中的每条 ceRNA 都可能含有大量且不同的 miRNA 结合位点，可以竞争结合多种 miRNA，同时由于每种 miRNA 可以调控多种不同的靶基因，因此每条 ceRNA 可以通过 miRNA 的调控网络实现与多种基因调控的“交叉对话”。在这一过程中，lncRNA 可以像“海绵”一样，吸附不同 miRNA 分子，参与 miRNA 网络调控。同样地，如果 lncRNA 序列中含有多个蛋白质结合位点，该 lncRNA 还可以吸附相应的蛋白质，从而调控蛋白质的定位和功能。

三、表观遗传修饰通过有序地开启/关闭基因表达来调控早期胚胎发育

DNA 序列不是唯一的遗传信息，除了基因组 DNA 外，表观遗传信息在调控基因表达方面同等重要。表观遗传修饰是指在不改变 DNA 序列的情况下，发生的一种可影响基因表达的基因组变化。像 DNA 一样，当细胞分裂时某些表观遗传修饰可以被忠实地复制，使得子细胞中能够保留来自亲代的这一信息。这确保了沿着细胞谱系向下一代以一种稳定的方式维持基因表达。已有研究发现，miRNA、组蛋白修饰和 DNA 甲基化等表观遗传标记在胚胎发育中呈动态变化，并起重要作用。DNA 甲基化是一种重要的表观遗传修饰方式，能够调控基因表达、基因印记和胚胎的发育过程。

2014 年，我国学者采用高通量测序法首次绘制了人类早期胚胎中的全基因组 DNA 甲基化动态修饰图谱（图 9-21）。研究人员对卵子、精子、受精卵及处于包括囊胚期和植入后阶段在内的各个发育阶段的胚胎进行了研究。结果指出，人类精子的全基因组 DNA 高度甲基化，卵子的 DNA 则中度甲基化。然而，受精卵和 2-细胞胚胎却丧失了很大部分的甲基化，当胚胎发育到囊胚期，甲基化水平仍然很低。胚胎植入后，在细胞向组织特异性方向分化过程中，DNA 甲基化快速上升至分化细胞的水平。同时，研究人员还分析了甲基化修饰的 DNA 不同序列区域情况，探究了在面临整体去甲基化时，印记基因、CpG 岛和转座子等区域的表观修饰状态（Guo H et al.，2014；Guo F et al.，2014；Guo et al.，2015）。在人类早期胚胎 DNA 甲基化组的大规模去甲基化过程中，相比于进化上更年轻、更活跃的转座子，进化上更古老的转座子重复序列上的 DNA 去甲基化程度更彻底。Okae 等（2014）通过亚硫酸氢盐 DNA 全基因组甲基化方法，对人类配子和早期胚胎进行研究，绘制了人类早期胚胎发育亚硫酸氢盐 DNA 甲基化全基因动态表观修饰图谱。结果表明，在囊胚期之前，父源基因组处于整体去甲基化状态，而母源基因组去甲基化程度相对较弱，揭示了印记基因、基因内部及基因组重复元件在早期胚胎发育进程中的调控模式。

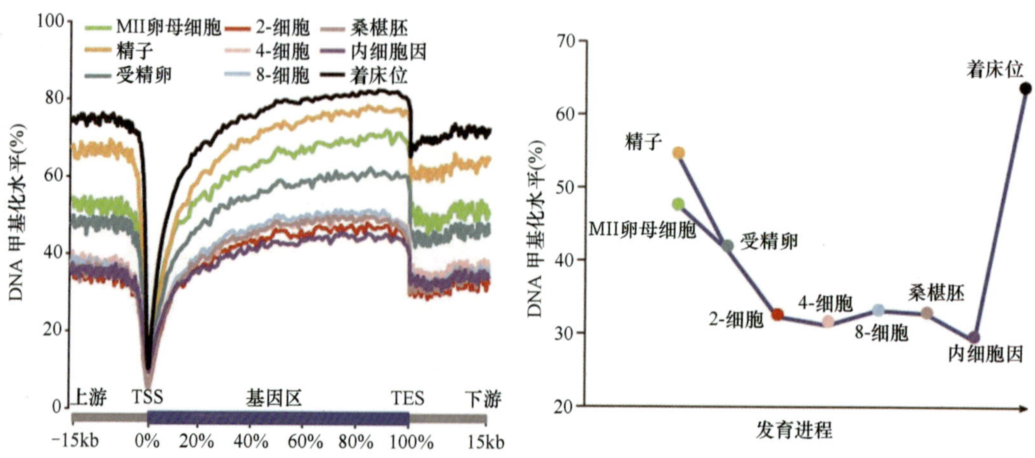

图 9-21 人类早期胚胎中的全基因组 DNA 甲基化动态修饰图谱（引自 Guo H et al.，2014）

TSS：转录起始位点；TES：转录终止位点

2016 年，Lu 等（2016）开发出一种 liDNase-seq 方法，绘制出小鼠从 1-细胞到桑椹胚期着床前胚胎的核酸内切酶超敏位点（DNase Ⅰ hypersensitive site，DHS）图谱。他们证实 DHS 景观是逐步建立的，在 8-细胞阶段显著增长。在受精后，父本染色质快速重编程至与母本染色质相似的水平，而印记基因的编程与母本存在一些偏倚。在 2-细胞期，转录因子 Nfya 促成了受精卵基因组激活和 DHS 形成，Oct4 则促成了在 8-细胞期获得的 DHS。该研究揭示出了早期发育过程中动态染色质调控景观，并确定了一些对哺乳动物胚胎中 DHS 建立极为重要的关键转录因子。

早期的动物胚胎会经历广泛的重编程和染色质重塑，使得终末分化的生殖细胞能够转变为全能/多能细胞。然而，关于着床前发育过程中哺乳动物染色质改变结构及调控转录程序的机制有待研究。目前还不清楚染色质动态是否与其他的表观遗传重编程事件如整体 DNA 去甲基化有关联。并且，对于顺式调控元件在早期发育中所起的作用也知之甚少。基因转录的关键调控元件通常坐落在染色质开放区域，2016 年，在斯坦福大学开发的少量细胞染色质开放区域定位技术（ATAC-seq）的基础上，清华大学颉伟实验室绘制出了小鼠胚胎早期发育中开放染色质和基因调控元件的精确动态调控图谱，研究人员发现胚胎中来源于父母本的两套染色体在 2-细胞时期已经建立了相似的染色质开放区域。除了在基因启动子，这些区域还特异地集中在基因组的重复序列和基因转录的终止位置。这些发现暗示着在胚胎早期发育过程中存在着更为丰富的调控方式。这项工作不仅发现了哺乳动物早期发育过程中染色体动态变化的特征及可能的调控元件和转录因子，还揭示了在这个过程中染色质和转录调控元件不同于体细胞的特殊作用模式。

四、染色质 DNA 空间局域构象是关键转录因子调控基因表达和表观遗传修饰基因组 DNA 的充分条件

基因转录起始及表观遗传修饰主要依赖 Protein-DNA 的相互作用，在关键调控或修饰区域内的双链 DNA 序列应处于解链状态，需要形成一定的局部空间结构，并在多种蛋白酶因子的辅助之下才能被 RNA 聚合酶准确识别并与核心 DNA 元件相结合。这就使得这些调控比其他区域具有更开放的局部结构和更低的双链稳定性，所以关键基因周围的染色质能否形成特有的物理结构特征是该基因被开启/修饰的充分条件。

大量的 DNA 晶体结构实验数据库（NDB）研究表明，DNA 具有明显的非均匀结构，DNA 结构依赖于其序列顺序，包含遗传信息的线性序列显示了序列依赖的空间和能量密码。通过螺旋结构的变化，DNA 控制它与调控蛋白的结合，识别与核小体的装配方式，或组成三维结构调控基因表达。因此基于 DNA 三维空间的物理结构参数能够全面的描述启动子物理柔性。DNA 的三维结构分别可通过三个空间局域角度参数（Tilt、Roll 和 Twist）和三个空间局域距离参数（Rise、Slide 和 Shift）来表征（图 9-22）。通过几何坐标研究转录起始区域的物理结构柔性，能够更深入的发现启动子特有的规律。如果结合全基因组 DNA 物理结构特征（DNA 弯曲、DNA 柔性、结合自由能等）研究调控早期胚胎发育的相关基因周围的染色质三维结构特征及更高层次的染色质疏

松及活性特征，通过多尺度特征融合研究早期胚胎发育过程染色质时序性空间开放程度，可以深入研究转录因子蛋白和表观修饰因子的全基因组靶基因 DNA 准确定位，从而为精准化调控基因表达模块活性提供重要依据。

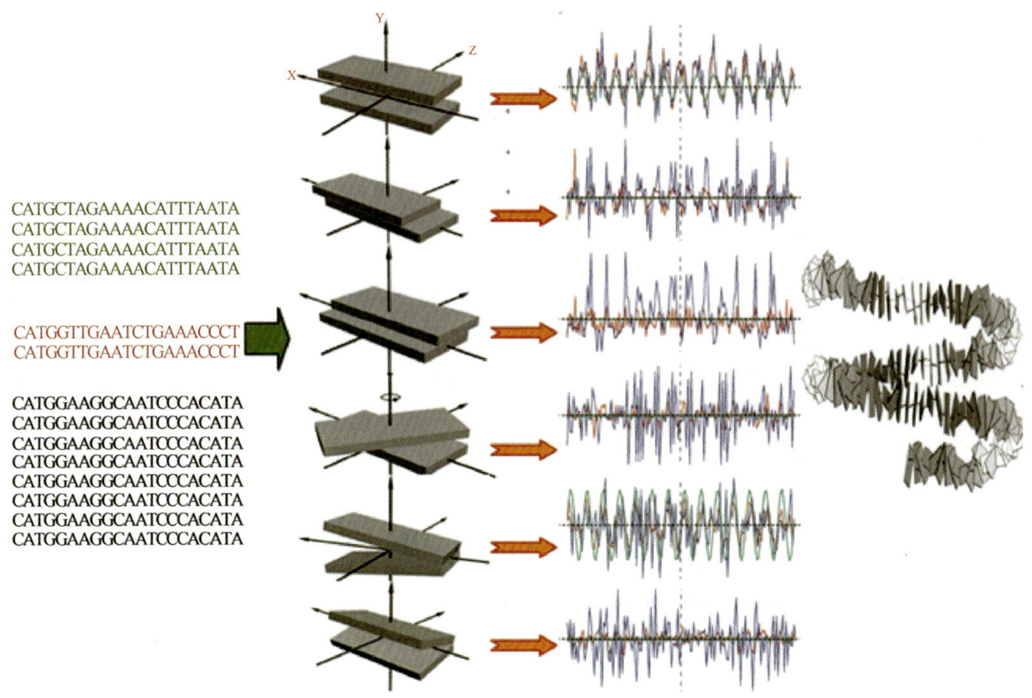

图 9-22　基于三维几何结构柔性描述 DNA 序列

参 考 文 献

陈凌声, 徐平, 石德顺, 等. 2014. 哺乳动物卵母细胞及早期胚胎蛋白质组学研究进展. 生物工程学报, 30(7): 1018-1025.

陈润生. 1999. 生物信息学. 生物物理学报, 15(1): 5-12.

邓大君. 遗传. 2014. DNA 甲基化和去甲基化的研究现状及思考. 36(5): 403-410.

杜玲, 刘刚, 陆健, 等. 2014. 中国畜牧兽医. 高通量测序技术的发展及其在生命科学中的应用. 41(12): 109-116.

龚未, 潘林林, 林强, 等. 2013. 基于新一代测序方法的小鼠睾丸出生后发育的转录组研究.中国科学, 43(2): 137-150.

黄德伦, 黄愉淋, 付强, 等. 2013. 蛋白质组学在哺乳动物睾丸和精子发生中的应用. 基因组学与应用生物学, 32(2): 272-275.

李嘉平, 张先文, 陈信波. 2012. 转录因子结合位点共现研究进展. 中国生物工程杂志, 32(9): 87-94.

林楠, 冯云. 2012. 代谢组学预测卵子质量与胚胎发育潜能研究进展. 中国实用妇科与产科杂志, 28(7): 544-546.

刘春东, 王宇祥, 王宁, 等. 2011. 脂肪组织蛋白质组学研究进展. 生命科学, 23(8): 796-803.

刘同奎. 2006. 系统生物学-21 世纪生物学的主流研究方法. 现代生物学进展, 6(12): 1-2.

宁康, 陈挺. 2015. 生物学大数据的现状与展望. 60(5-6): 534-546.

潘秋庄. 2013. 水牛卵泡液蛋白质组学研究. 广西大学博士学位论文.

潘星华, 朱海英, Sadie ML. 2011. 单细胞基因组学分析的技术前沿. 33(1): 17-24.

沈圣, 屈彦纯, 张军. 2014. 下一代测序技术在表观遗传学研究中的重要应用及进展。遗传, 36(3): 256-275.

施苏雪, 薛凌, 宋亚曼, 等. 2012. 线粒体蛋白质组学研究进展. 生命科学, 24(10): 1082-1088.

王黎熔, 王静, 王富强, 等. 2010. iTRAQ 技术鉴定小鼠睾丸发育差异表达蛋白的研究. 临床检验杂志, 28(6): 441-443.

原佳沛, 张浩文, 鲁志. 2013. 新型长链非编码 RNA(lncRNA)的生物信息学研究进展, 生物化学与生物物理进展, 40(7): 634-640.

张平. 2010. 小鼠 MII 期卵母细胞蛋白质组学研究. 南京大学博士学位论文.

张颖, 史芳瑜, 高绍荣, 等. 2009. 异源 Oct-4 基因启动子在猪、兔和小鼠早期胚胎中的时空表达. 生物化学与生物物理进展, 2009(9): b1180-1185.

赵岐. 2014. 生物信息学研究现状及发展趋势. 医学信息学杂志, 33(5): 2-6.

赵庆红, 杨菁. 2013. 代谢组学研究及其在胚胎早期发育潜能中的应用. 生殖医学杂志, 22(6): 468-472.

周晓光, 任鲁风, 李运涛, 等. 2010. 下一代测序技术: 技术回顾与展望. 中国科学, 40(1): 23-27.

朱忠旭, 陈新. 2015. 单细胞测序技术及应用进展. 基因组学与应用生物学. 34(5): 902-908.

Bionaz M, Thering BJ, Loor JJ. 2012. Fine metabolic regulation in ruminants via nutrient-gene interactions: saturated long-chain fatty acids increase expression of genes involved in lipid metabolism and immune response partly through PPAR-α activation. Br J Nutr, 107(2): 179-191.

Branton D, Deamer DW, Marziali A, et al. 2008. The potential and challenges of nanopore sequencing. Nat Biotechnol, 26: 1146-1153.

Cabili MN, Trapnel C, Goff L, et al. 2011. Integrative annotation of human large intergenic noncoding RNAs reveals global properties and specific subclasses. Genes Dev, 25: 1915-1927.

Cao S, Han J, Wu J. et al. 2014. Specific gene-regulation networks during the pre-implantation development of the pig embryo as revealed by deep sequencing. BMC Genomics, 15: 4.

Chen T, Hao YJ, Zhang Y, et al. 2015. m(6)ARNA methylation is regulated by microRNAs and promotes reprogramming to pluripotency. Cell Stem Cell, 16(3): 289-301.

Chitwood JL, Rincon G, Kaiser GG, et al. 2013. RNA-seq analysis of single bovine blastocysts. BMC Genomics, 14: 350.

Cloonan N, Grimmond SM. 2008. Transcriptome content and dynamics at single-nucleotide resolution. Genome Biol, 9(9): 234.

Coenen K, Massicotte L, Sirard MA. 2004. Study of newly synthesized proteins during bovine oocyte maturation *in vitro* using image analysis of two-dimensional gel electrophoresis. Mol Reprod Dev, 67: 313-322.

Dalloul RA, Long JA, Zimin AV, et al. 2010. Multi-platform next-generation sequencing of the domestic turkey(*Meleagris gallopavo*): genome assembly and analysis. PLoS Biol, 8(9): e1000475.

Demant M, Deutsch DR, Fröhlich T, et al. 2015. Proteome analysis of early lineage specification in bovine embryos. Proteomics, 15(4): 688-701.

Driver AM, Peñagaricano F, Huang W, et al. 2012. RNA-Seq analysis uncovers transcriptomic variations between morphologically similar *in vivo*- and *in vitro*-derived bovine blastocysts. BMC Genomics, 13: 118.

Ellederova Z, Halada P, Man P, et al. 2004. Protein patterns of pig oocytes during *in vitro* maturation. Biol Reprod, 71(5): 1533-1539.

Elsik CG, Tellam RL, Worley KC, et al. 2009. The genome sequence of taurine cattle: a window to ruminant biology and evolution. Science, 324: 522-528.

Fan X, Zhang X, Wu X, et al. 2015. Single-cell RNA-seq transcriptome analysis of linear and circular RNAs in mouse preimplantation embryos. Genome Biol, 16: 148.

Frei RE, Schultz GA, Church RB. 1989. Qualitative and quantitative changes in protein synthesis occur at the 8-16-cell stage of embryogenesis in the cow. J Reprod Fert, 86: 637-641.

Gandolfi F, Milanesi E, Pocar P, et al. 1998. Comparative analysis of calf and cow oocytes during *in vitro* maturation. Mol Reprod Dev, 49: 168-175.

Ghazalpour A, Doss S, Zhang B, et al. 2006. Integrating genetics and network analysis to characterize genes related to mouse weight. PLoS Genetics, 2: 8.

Gkountela S, Zhang KX, Shafiq TA, et al. 2015. DNA demethylation dynamics in the human prenatal germline. Cell, 161: 1425-1436.

Graf A, Krebs S, Heininen-Brown M, et al. 2014a. Genome activation in bovine embryos: review of the literature and new insights from RNA sequencing experiments. Anim Reprod Sci, 149: 46-58.

Graf A, Krebs S, Zakhartchenko V, et al. 2014b. Fine mapping of genome activation in bovine embryos by RNA sequencing. Proc Natl Acad Sci USA, 111: 4139-4144.

Guo F, Li X, Liang D, et al. 2014. Active and passive demethylation of male and female pronuclear DNA in the mammalian zygote. Cell Stem Cell, 15(4): 447-458.

Guo F, Yan L, Guo H, et al. 2015. The transcriptome and DNA methylome landscapes of human primordial germ cells. Cell, 161(6): 1437-1452.

Guo H, Zhu P, Wu X, et al. 2013. Single-cell methylome landscapes of mouse embryonic stem cells and early embryos analyzed using reduced representation bisulfite sequencing. Genome Res, 23(12): 2126-2135.

Guo H, Zhu P, Yan L, et al. 2014. The DNA methylation landscape of human early embryos. Nature, 511(7511): 606-6010.

Guo X, Shen J, Xia Z, et al. 2010. Proteomic analysis of proteins involved in spermioge-nesis in mouse. J Pro Res, 9(3): 1246-1256.

Gupta MK, Jang JM, Jung JW, et al. 2009. Proteomic analysis of parthenogenetic and *in vitro* fertilized porcine embryos. Proteomics, 9: 2846-2860.

Guttman M, Donaghey J, Carey BW, et al. 2011. LincRNAs act in the circuitry controlling pluripotency and differentiation. Nature, 477: 295-300.

Hasegawa A, Kumamoto K, Mochida N, et al. 2009. Gene expression profile during ovarian folliculogenesis. J Reprod Immunol, 83(1-2): 40-44.

He F. 2005. Human liver proteome project: plan, progress, and perspectives. Mol Cell Proteomics, 4(12): 1841-1848.

Hou Y, Fan W, Yan L, et al. 2013. Genome analyses of single human oocytes. Cell, 155(7): 1492-1506.

Huang SY, Lin JH, Chen YH, et al. 2005. A reference map and identification of porcine testis proteins using 2-DE and MS. Proteomics, 5(16): 4205-4212.

Huang W, Khatib H. 2010. Comparison of transcriptomic landscapes of bovine embryos using RNA-Seq. BMC Genomics, 11: 711.

Huang Y, Li Y, Burt DW, et al. 2013. The duck genome and transcriptome provide insight into an avian influenza virus reservoir species. Nat Genet, 45: 776-783.

International Chicken Genome Sequencing Consortium. 2004. Sequence and comparative analysis of the chicken genome provide unique perspectives on vertebrate evolution. Nature, 432: 695-716.

Jiang Z, Sun J, Dong H, et al. 2014. Transcriptional profiles of bovine *in vivo* pre-implantation development. BMC Genomics, 15: 756.

Kastrop PMM, Bevers MM, Destrée OHJ, et al. 1990. Analysis of protein synthesis in morphologically classified bovine follicular oocytes before and after maturation in vitro. Mol Reprod Dev, 26: 222-226.

Kawahara-Miki R, Tsuda K, Shiwa Y, et al. 2011. Whole-genome resequencing shows numerous genes with nonsynonymous SNPs in the Japanese native cattle Kuchinoshima-Ushi. BMC Genomics, 12: 103.

Kim J, Kim JS, Jeon YJ, et al. 2011. Identification of maturation and protein synthesis related proteins from porcine oocytes during in vitro maturation. Proteome Sci, 9: 28.

Kurimoto K, Yabuta Y, Ohinata Y, et al. 2006. An improved single-cell cDNA amplication method for efficient high-density oligonucleotide microarray analysis. Nucleic Acids Res, 34(5): e42.

Kustra R , Shioda R, Zhu M. 2006. A factor analysis model for functional genomics. BMC Bioinformatics, 7: 216.

Larkin DM, Daetwyler HD, Hernandez AG, et al. 2012. Whole-genome resequencing of two elite sires for the

detection of haplotypes under selection in dairy cattle. Proc Natl Acad Sci, 109(20): 7693-7698.
Lee KT, Chung WH, Lee SY, et al. 2013. Whole-genome resequencing of Hanwoo (Korean cattle) and insight into regions of homozygosity. BMC Genomics, 14: 519.
Li R, Fan W, Tian G, et al. 2010. The sequence and de novo assembly of the giant panda genome. Nature, 463: 311-317.
Locke DP, Hillier LW, Warren WC, et al. 2011. Comparative and demographic analysis of orang-utan genomes. Nature, 469: 529-533.
Lorthongpanich C, Cheow LF, Balu S, et al. 2013. Single-cell DNA-methylation analysis reveals epigenetic chimerism in preimplantation embryos. Science, 341: 1110-1112.
Lu F, Liu Y, Inoue A, et al. 2016. Establishing chromatin regulatory landscape during mouse preimplantation development. Cell, 165(6): 1375-1388.
Ma H, Morey R, O'Neil RC, et al. 2014. Abnormalities in human pluripotent cells due to reprogramming mechanisms. Nature, 511: 177-183.
Ma M, Guo X, Wang F, et al. 2008. Protein expression profile of the mouse metaphase Ⅱ oocyte. J Proteome Res, 7: 4821-4830.
Mamo S, Mehta JP, Forde N, et al. 2012. Conceptus-endometrium crosstalk during maternal recognition of pregnancy in cattle. Biol Reprod, 87(1): 6, 1-9.
Massicotte L, Coenen K, Mourot M, et al. 2006. Maternal housekeeping proteins translated during bovine oocyte maturation and early embryo development. Proteomics, 6: 3811-3820.
May M. 2014. Big biological impacts from big data. Science, 10: 1126, 1289-1300.
Memili E, Peddinti D, Shack LA, et al. 2007. Bovine germinal vesicle oocyte and cumulus cell proteomics. Reproduction, 133: 1107-1120.
Miller W, Drautz DI, Ratan A, et al. 2008. Sequencing the nuclear genome of the extinct woolly mammoth. Nature, 456(7220): 387-390.
Nagalakshmi U, Wang Z, Waern K, et al. 2008. The transcriptional landscape of the yeast genome defined by RNA sequencing. Science, 320(5881): 1344-1349.
Okae H, Chiba H, Hiura H, et al. 2014. Genome-wide analysis of DNA methylation dynamics during early human development. PLoS Genet, 10(12): e1004868.
Peddinti D, Memili E, Burgess SC. 2010. Proteomics-based systems biology modeling of bovine germinal vesicle stage oocyte and cumulus cell interaction. PLoS One, 5(6): e11240.
Pfeiffer MJ, Siatkowski M, Paudel Y, et al. 2011. Proteomic analysis of mouse oocytes reveals 28 candidate factors of the "reprogrammome". J Proteome Res, 10: 2140-2153.
Rubin CJ, Zody MC, Eriksson J, et al. 2010. Whole-genome resequencing reveals loci under selection during chicken domestication. Nature, 464(7288): 587-591.
Schultz RM, Wassarman PM. 1977. Biochemical studies of mammalian oogenesis: protein synthesis during oocyte growth and meiotic maturation in the mouse. J Cell Sci, 24: 167-194.
Service RF. 2013. Biology's dry future. Science, 342: 186-189.
Shapiro E, Biezuner T, Linnarsson S. 2013. Single-cell sequencing-based technologies will revolutionize whole-organism science. Nat Rev Genet, 14: 618-630.
Shapiro MD, Kronenberg Z, Li C, et al. 2013. Genomic diversity and evolution of the head crest in the rock pigeon. Science, 339: 1063-1067.
Shendure J, Ji H. 2008. Next-generation DNA sequencing. Nat Biotech, 26: 1135-1145.
Shi J, Chen Q, Li X, et al. 2015. Dynamic transcriptional symmetry-breaking in pre-implantation mammalian embryo development revealed by single-cell RNA-seq. Development, 142(20): 3468-3477.
Smith ZD, Chan MM, Humm KC, et al. 2014. DNA methylation dynamics of the human preimplantation embryo. Nature, 511: 611-615.
Susor A, Ellederova Z, Jelinkova L, et al. 2007. Proteomic analysis of porcine oocytes during *in vitro* maturation reveals essential role for the ubiquitin C-terminal hydrolase-L1. Reproduction, 134: 559-568.
Tang F, Barbacioru C, Bao S, et al. 2010. Tracing the derivation of embryonic stem cells from the inner cell mass by single-cell RNA-Seq analysis. Cell Stem Cell, 6: 468-478.

Tang F, Barbacioru C, Wang Y, et al. 2009. mRNA-seq whole-transcriptome analysis of a single cell. Nature Methods, 6: 377-382.

Tettelin H, Masignani V, Cieslewicz MJ, et al. 2005. Genome analysis of multiple pathogenic isolates of *Streptococcus agalactiae*: implications for the microbial "pan-genome". Proc Natl Acad Sci, 102(39): 13950-13955.

Venter JC, Adams MD, Myers EW, et al. 2001. The sequence of the human genome. Science, 291: 1304-1351.

Vera-Rodriguez M, Chavez SL, Rubio C, et al. 2015. Prediction model for aneuploidy in early human embryo development revealed by single-cell analysis. Nat Commun, 6: 7601.

Vitale AM, Calvert ME, Mallavarapu M, et al. 2007. Proteomic profiling of murine oocyte maturation. Mol Reprod Dev, 74: 608-616.

Wang L, Zhang J, Duan J, et al. 2014. Programming and inheritance of parental DNA methylomes in mammals. Cell, 157: 979-991.

Wang S, Kou Z, Jing Z, et al. 2010. Proteome of mouse oocytes at different developmental stages. Proc Nat Acad Sci USA, 107: 17639-17644.

Wei L, Yu J. 2008. Bioinformatics in China: a personal perspective. PLoS Comput Biol, 4: e1000020.

Wu J, Huang B, Chen H, et al. 2016. The landscape of accessible chromatin in mammalian preimplantation embryos. Nature, 534(7609): 652-657.

Xue Z, Huang K, Cai C, et al. 2013. Genetic programs in human and mouse early embryos revealed by single-cell RNA sequencing. Nature, 500: 593-597.

Yan L, Yang M, Guo H, et al. 2013. Single-cell RNA-Seq profiling of human preimplantation embryos and embryonic stem cells. Nat Struct Mol Biol, 20(9): 1131-1139.

Yang QY, Lin JM, Liu M, et al. 2016. Highly sensitive sequencing reveals dynamic modifications and activities of small RNAs in mouse oocytes and early embryos. Science Advances, 2(6): e1501482.

Yim HS, Cho YS, Guang X, et al. 2014. Minke whale genome and aquatic adaptation in cetaceans. Nat Genet, 46: 88-92.

Zhan X, Pan S, Wang J, et al. 2013. Peregrine and saker falcon genome sequences provide insights into evolution of a predatory lifestyle. Nat Genet, 45: 563-566.

Zhang P, Ni X, Guo Y, et al. 2009. Proteomic-based identification of maternal proteins in mature mouse oocytes. BMC Genomics, 10: 348.

Zhao XM, Ren JJ, Du WH, et al. 2014. Effect of mouse cumulus cells on the *in vitro* maturation and developmental potential of bovine denuded germinal vesicle oocytes. Zygote, 22(3): 348-355.

Zhao X, Mo D, Li A, et al. 2011. Comparative analyses by sequencing of transcriptomes during skeletal muscle development between pig breeds differing in muscle growth rate and fatness. PLoS One, 6(5): e19774.

Zuo YC, Gao Y, Su GH, et al. 2014. Irregular transcriptome reprogramming probably causes the developmental failure of embryos produced by interspecies somatic cell nuclear transfer between the Przewalski's gazelle and the bovine. BMC Genomics, 15: 1113.

Zuo YC, Su GH, Wang SS, et al. 2016. Exploring timing activation of functional pathway based on differential co-expression analysis in preimplantation embryogenesis. Oncotarget, 7: 74120-74131.

Zuo YC, Su WX, Zhang SH, et al. 2015. Discrimination of membrane transporter protein types using K-nearest neighbor method derived from similarity distance of total diversity measure. Mol BioSystems, 11: 950-957.

（左永春、李光鹏）

第十章　动物的发情周期与同期发情

发情周期又称动情周期（estrus cycle），是有胎盘类雌性动物的一种生殖生理变化活动。由生殖内分泌激素诱导产生，在生理周期或非妊娠条件下，雌性动物每间隔一定时期，出现一次发情行为。通常将这次发情开始至下次发情开始，或这次发情结束至下次发情结束的时间间隔，称为发情周期。

动物的交配行为与体内各种激素水平，都随发情周期的变化而变化。动物进入发情期后，在行为上表现为吸引和接纳异性；在生理上表现为排卵、准备受精和妊娠。卵巢卵泡趋向成熟，继而排卵；卵泡分泌的雌性激素引起性欲，接受雄性动物的爬跨；同时出现生殖管道的黏膜充血、水肿，黏液增多，子宫颈开放等生理变化。出现发情行为和生殖生理变化所持续的时间为发情期（oestrum）。各种动物发情期的长短不同，两次发情期之间的时期为间情期或发情间期（dioestrum）。发情期和发情间期有规律的交替出现，这种周期性的变化即为发情周期。有的动物为季节性发情，它的发情期较长，一年只能出现一次，如狐、熊等。有些动物则一年出现多次发情周期，为全年多发情周期动物，没有明显的乏情期（anestrus）或乏情季节，如猪、鼠等（狄冉等，2015）。

发情调控是指在雌性动物繁殖生理的基础上，人为地调整动物的繁殖进程而提高繁殖效率的一种手段，包括同期发情（estrus synchronization）和诱导发情（estrus induction）。同期发情是现代畜牧业生产中发展起来的繁殖控制技术，是由诱导发情演化而来。所谓同期发情（或称同步发情）就是人为地改变目标群体的发情周期，使群体内个体的发情周期在时间上同步。诱导发情是对因生理（非繁殖季节、产后乏情）和病理（持久黄体、卵巢萎缩、幼稚型卵巢）原因不能正常发情的性成熟动物，用激素和管理措施使之发情的技术。

第一节 生殖激素

生殖激素（reproductive hormone）是指那些作用于动物生殖系统，并以调节生殖过程为主要生理功能的激素。繁殖活动是一个极其复杂的过程，与体内生殖激素的变化密切相关。哺乳动物体内的大部分激素都在一定程度上与生殖活动有关。有些生殖激素直接影响着某些生殖生理活动，而有些生殖激素则间接地通过维持整体的正常生理状态而保证正常的繁殖机能。

生殖激素主要有促卵泡素、促黄体素、孕酮、雌激素、前列腺素、促性腺激素释放激素等。这些激素在体内有规律地进行分泌，进而调控一系列繁殖活动。生殖激素的分泌受到下丘脑-垂体-性腺轴（HPGA）的调节，激素之间的相互关系复杂，一旦分泌激素的腺体的活动失去平衡，就会造成生殖机能紊乱，从而导致繁殖力下降甚至丧失。

一、生殖激素的作用特点

生殖激素有其自身的作用特点：①量小但生理效应强，极少量的生殖激素就能引起较强的生理效应；②具有明显的特异性，各种生殖激素均有特定的靶器官和靶组织；③不同生殖激素之间具有协同作用和拮抗作用；④不同生殖激素在不同种类动物体内的生物学效应不同（李光鹏和旭日干，2016）。

二、主要的生殖激素

（一）促卵泡素

促卵泡素（FSH）是一种糖蛋白激素，由腺垂体分泌。FSH 可以促进卵泡的生长和发育，能促进卵泡内膜细胞分化、颗粒细胞增殖和卵泡液的分泌。FSH 可在促黄体素的协同作用下刺激卵泡成熟和排卵，此外还可以促进颗粒细胞分泌雌激素进而刺激子宫发育。研究表明，FSH 和促黄体素在山羊黄体期和早期卵泡内的释放，均呈现出波动式变化。在卵泡发育早期，FSH 在血液内的平均含量和单位时间波动次数，显著高于黄体中期。比较高繁殖力、常年发情的小尾寒羊和低繁殖力、季节性发情的细毛羊发现，小尾寒羊在各月份、4 个季节和全年的血浆中的 FSH 浓度，均高于（$P<0.0001$）细毛羊；小尾寒羊发情期血浆 FSH 的基础浓度、峰值、谷值、排卵前峰值均高于（$P<0.05$）细毛羊；发情期的小尾寒羊和细毛羊 FSH 的分泌呈现两个明显的峰，第 1 个峰与排卵前 LH 峰一起出现，第 2 个 FSH 峰出现在发情后 1 天；小尾寒羊的 2 次 FSH 峰均值高于（$P<0.01$）细毛羊（张英杰等，2001）。高水平的 FSH 可能是造成小尾寒羊高繁殖力的原因之一，

不同季节、不同繁殖时期高水平的 FSH 是影响绵羊高繁殖力的重要因素（孙晓萍等，2013；狄冉等，2015）。

（二）促黄体素

促黄体素（LH）又称为黄体生成素，是一种糖蛋白激素，由腺垂体分泌。LH 可以促进卵泡成熟、排卵和排卵后颗粒细胞黄体化，维持黄体细胞分泌孕酮；刺激卵泡膜细胞分泌雄激素，进而被颗粒细胞摄取而芳构化为雌二醇。下丘脑促性腺激素释放激素（GnRH）以不同的脉冲模式调控 LH 的分泌和释放，而 LH 分泌在很大程度上受到性腺激素的反馈调节。不同品种绵羊体内 LH 水平的上升时间不同。小尾寒羊在各月份、4 个季节和全年的血浆 LH 浓度均极显著高于低繁殖力和季节性发情的细毛羊；小尾寒羊发情期血浆 LH 的基础浓度、峰值与排卵前峰值，均显著高于细毛羊。对小尾寒羊超排处理后，其排卵期间血清的 LH 水平略高于对照组。Veiga-Lopez 等（2006）对 Manchega 绵羊的研究表明，LH 的分泌模式不影响排卵数，但影响胚胎存活力。如果 LH 峰启动迟、持续时间短，胚胎会有较高的成活率；如 LH 峰发生早、持续时间长，则胚胎成活率降低。相关分析表明，未排卵卵泡的数量与 LH 峰持续时间成负相关，未排卵期的基础 LH 浓度与胚胎成活率及受精率成正比；母羊表现迟 LH 峰时，则有更好的受精率及胚胎存活率。因为从排卵卵泡选择到排卵前 LH 峰间隔时间越长，卵泡发育越充分和成熟，这可能是 LH 分泌规律影响繁殖力的机制。

LH 的分泌在动物整个发情周期内具有明显的规律性。LH 在卵泡期内的分泌量基本保持稳定，直至排卵前其分泌量才有明显增加，形成排卵前峰。LH 排卵峰对于触发排卵起关键作用。在排卵结束后，LH 的分泌量又逐渐减少。在整个黄体期，LH 分泌基本稳定在较低水平，仅仅在黄体期中期出现一次小的分泌峰。

LH 与 FSH 协同作用，促进卵泡的最后成熟并诱发排卵，并使颗粒细胞变成黄体细胞，最后形成黄体，并分泌雌激素和孕激素。LH 可增加卵巢的血流量，引起卵巢充血，这个过程可能在卵巢组织胺或前列腺素的释放后发生。增加卵巢血流量，可使甾体激素分布到全身血液循环中（孙晓萍等，2013；狄冉等，2015）。

（三）雌激素

雌激素（estrogen）是由卵巢分泌的类固醇激素，不仅可以促进雌性动物性器官的正常发育，而且有助于维持雌性动物的正常性机能。雌激素可以刺激卵泡发育，诱导发情行为，在分娩时还可以刺激子宫颈、阴道等组织，使其松软肿胀、易于开张，有利于分娩。雌激素可与催乳素协同促进乳腺发育和乳汁分泌。当动物接近性成熟时，卵泡的内分泌机能在垂体促性腺激素的直接作用下开始活动，促进第二性征的出现，进而维持其雌性特征。Drouilhet 等（2010）对法国 Lacaune 绵羊高繁殖力 *Fec L* 基因（多胎等位基因）研究表明，与野生型（+/+）母羊相比，纯合型（L/L）母羊中直径超过 3mm 有腔卵泡的数量更多；用醋酸氟孕酮阴道海绵栓使成年个体同期发情，在去除海绵栓时，两种基因型母羊的雌二醇浓度相近，6h 后 L/L 母羊的雌二醇浓度比+/+母羊高三倍以上；在卵泡期的前 36h 内，L/L 母羊的雌二醇平均浓度也比+/+母羊高三倍以上。

发情时，雌激素含量会有所增加，以利于卵泡的正常发育，并使母畜在发情末期排卵。雌激素的分泌量在配种后显著减少，此后黄体开始形成并分泌孕酮，作用于生殖道，促进胚胎的着床和维持妊娠。雌激素和孕酮在雌性动物的发情周期中交替作用，引起生殖系统的明显变化，而雌激素在发情前期和发情期占据主导地位。发情前 4～6 天，由于 FSH 和 LH 对卵巢的刺激作用，促使雌二醇开始分泌，血液中雌二醇水平有所升高。由于雌二醇的作用，下丘脑释放 GnRH，进一步促进垂体对 LH 的大量释放，产生 LH 峰。总体来看，雌二醇一般在发情前 2 天和发情开始后 2 天出现峰值；低浓度水平的雌二醇可以抑制 FSH 和 LH 的分泌，从而影响卵泡的正常发育。

（四）孕酮

孕酮（progesterone，P4）又称为黄体酮、孕甾酮、黄体甾酮或黄体激素，由黄体和胎盘分泌，属于类固醇激素。孕酮对母畜发情具有“启动”作用，促使乏情母畜从卵巢相对静止状态转变为活跃状态，促进卵泡发育成熟，刺激排卵行为，使母畜表现出性欲及性兴奋，接受公畜交配。

在整个妊娠过程中，孕酮直接或间接抑制子宫对前列腺素（prostaglandin，PG）的释放，黄体继续分泌孕酮，从而促进胚胎的正常生长发育。在动物成功受孕后，孕酮能够维持子宫黏膜不断增生，使子宫腺体不断增加，促进腺体持续分泌，抑制催产素的释放和子宫肌肉的自发性活动，以利于维持妊娠。此外，孕酮还能刺激乳腺发育，对垂体促性腺激素具有负反馈调节作用。

（五）前列腺素

前列腺素是存在于动物和人体中的一类由不饱和脂肪酸组成的、具有多种生理作用的活性物质。前列腺素最早发现存在于人的精液中，当时认为这一物质是由前列腺释放的，因而定名为前列腺素。现已证明精液中的前列腺素主要来自精囊，全身许多组织细胞都能产生前列腺素。前列腺素在体内由花生四烯酸合成，结构为一个五环和两条侧链构成的 20 碳不饱和脂肪酸。按其结构不同，前列腺素又被分为 A、B、C、D、E、F、G、H 和 I 等几种类型。$PGF_{2\alpha}$是众多天然前列腺素中的一个，对动物黄体有明显的溶解作用。子宫内膜产生的前列腺素通过子宫静脉时，被卵巢动脉吸收从而到达卵巢。

（六）促性腺激素释放激素

促性腺激素释放激素（GnRH）是下丘脑分泌的一种十肽分子，能调节动物性腺发育，促进性激素生成和分泌。GnRH 主要功能是促使垂体前叶释放 FSH 和 LH。向雌性动物注射 GnRH，可以引起超数排卵。GnRH、孕激素和前列腺素三者联合使用，能实现绵羊同期发情，提高绵羊的受孕率和产羔率。以 GnRH 的激动剂（阿拉瑞林）抗原主动免疫绵羊，可促进绵羊体内 GnRH 抗体的生成，进而促进 FSH 的合成与释放，抑制母羊 GnRH 和 LH 的合成与分泌，且随着注射剂量和注射次数的增加，这种作用更加明显，但对血清雌二醇无明显影响。

三、各生殖激素之间的相互关系

在动物的繁殖周期内，环境因素和体内因素的共同刺激引起下丘脑分泌 GnRH，从而使下丘脑-垂体-性腺轴进入功能状态。GnRH 引起垂体前叶分泌 FSH 和 LH，FSH 和 LH 进入血液并运输到卵巢中，与卵巢上特异受体结合，促进卵泡生长、成熟和排卵。成熟卵泡分泌雌二醇，作用于中枢神经系统，刺激母畜的发情行为；作用于下丘脑和垂体，促使 LH 出现分泌峰。在 LH 分泌峰的作用下，成熟卵泡发生排卵行为。此时对母畜进行配种，精子与卵子结合形成受精卵，受精卵在子宫着床后母畜进入妊娠阶段。排卵后的卵泡进一步发育形成黄体，黄体分泌的孕酮维持妊娠过程的正常进行。当分泌的孕酮量达到一定水平时，会对下丘脑和垂体起负反馈作用，抑制垂体前叶分泌 FSH。当卵泡不再继续发育时，雌性动物也就不会发情。如果排出的卵母细胞未能受精，子宫内膜则会分泌前列腺素 $F_{2\alpha}$（$PGF_{2\alpha}$），引起黄体逐渐退化与萎缩，孕酮分泌量急剧下降。低水平的孕酮又促进 LH 的释放，使垂体又开始分泌 FSH，使母畜进入新的发情周期。

第二节　动物的发情周期与发情调控

一、家畜的发情周期

母畜性成熟以后，卵巢发生一系列周期性变化。卵泡开始发育，卵母细胞成熟、排卵并有黄体生成，继之以黄体发育或退化，至下一轮卵泡开始生长发育。发情时，母畜允许公畜爬跨、交配。在繁殖学上，把母畜允许交配之日，即发情当天作为发情周期的开始，记为发情“0”天。从发情 0 天开始，直到下一次发情，这一段时间称为一个发情周期。从排卵、黄体发育到黄体退化的这一段时期称为“黄体期”（luteal phase）。从黄体退化开始，新的卵泡群开始迅速生长、成熟，直到再次发情的那段时期称为“卵泡期”（follicular phase）。多数家畜为季节性多次发情（seasonal polyestrous）动物，如山羊、马、驴、绵羊，及寒冷地区的牛等。猪和非特别寒冷地区的牛则为常年发情（perennial oestrus）动物。

在正常繁殖条件下，绵羊、山羊和猪初情期为 6～7 月龄，牛为 12 月龄，马为 15～18 月龄。初情期与体重的关系比与年龄的关系更密切。奶牛达到初情期时，体重是其成年牛体重的 30%～40%，而肉牛则是成牛体重的 45%～55%；绵羊初情期的体重约是成年体重的 50%。营养水平也影响初情期，良好的饲养条件能促进生长，使母畜提前进入初情期。气候因素，尤其是光照周期是影响初情期的关键因素。在自然条件下，如果是季节性繁殖动物，那么初情期年龄取决于出生季节。1 月出生的母羔到达初情期要在 8 月龄以上，而 4 月出生的羔羊，到 6 月龄时就进入初情期。初情期的出现意味着性成熟的开始，并不意味着就进入繁殖期。生产实践中最好是待母畜达到体成熟阶段或性成熟期的中期再用于繁殖。表 10-1 列出了几种动物的发情周期、发情持续时间与排卵时间。

表 10-1　家畜的发情周期、发情持续时间和排卵时间

动物	发情周期（天）	发情持续时间	排卵时间（h）
绵羊	16～17	24～36h	发情开始后 24～30
山羊	19～22	32～40h	发情开始后 30～36
猪	19～20	48～72h	发情开始后 35～45
牛	21～22	18～19h	发情结束后 10～11
马	19～25	4～8 天	发情结束前 24～48
骆驼	19～24	7～15 天	交配后 30～48

二、实验动物的发情周期

同家畜一样，实验动物的发情周期存在种间差异，而且初次繁殖的情况也不尽相同。表 10-2 列出几种雄性实验动物初次繁殖时的有关情况。表 10-3 反映了几种雌性实验动物的发情周期、排卵时间、季节性的种间差异。

表 10-2　几种雄性实验动物的初配年龄、体重和精液特征

种类	繁殖开始		射出精液量（ml）		精子浓度（亿个/ml）	
	月龄	体重	范围	平均	范围	平均
猫	9	3.5kg	0.01～0.3	0.04	1.5～28	14
狗	10～12	差异较大	2～25	9.0	0.6～5.4	1.3
豚鼠	3～5	450g	0.4～0.8	0.6	0.06～0.2	0.1
家兔	4～12	差异较大	0.4～6	1.0	0.5～3.5	1.5

表 10-3　几种雌性实验动物性周期的类型和主要特征

种类	性周期类型	性周期长度	发情持续时间	排卵时间
狗	春、秋季发情	间隔 4～8 个月发情一次，发情前期 7～9 天	6～14 天	发情期后第 2～3 天
豚鼠	多次发情	15～19 天	6～15h	发情开始后 10h
仓鼠	多次发情	4 天	4～23h	发情初期
小鼠	多次发情	4～5 天	9～20h	发情开始后 2～3h
大鼠	多次发情	4～6 天	9～20h	发情开始后 8～11h
猫	多次发情（春、秋季节性）	15～28 天	4～6 天	交配后 24～36h
家兔	多次发情	7～15 天	3～5 天	交配后 10.5h

三、动物季节性发情的调控

动物的发情与繁殖周期除与动物的营养及其体况相关外，气候与温度也起着重要作用。在温带地区，由于气候季节性变化明显，许多动物表现为生长、繁殖、毛发生长及能量代谢等的季节性变化。影响动物繁殖的季节性环境因素，包括光照周期（日照长度）、气温和食物供应等，其中光照周期是主要的影响因素。根据动物对不同季节光照周期长短的繁殖反应差异，可将受季节性日照长短变化影响比较明显的动物分为两类：长日照

繁殖动物和短日照繁殖动物，它们统称为季节性繁殖动物。长日照繁殖动物主要有马等，短日照繁殖动物主要有山羊和一些绵羊等。也有许多动物繁殖季节性不明显，能够常年发情的家畜，如猪、牛、小尾寒羊等。动物繁殖活动对不同季节光照周期变化表现出的良好适应性，其实质是动物具有的不同遗传因素对生存环境的适应能力（黄冬维和储明星，2011）。

（一）季节性发情调控

下丘脑-垂体-性腺轴系统的生殖激素的季节性变化又受到光照周期的调控。季节性繁殖可能的生理途径是：光照刺激作用于视网膜并转化为神经冲动，神经冲动经由下视丘及动物体内主要的生物钟视交叉上核作用于松果体；松果体分泌褪黑素，再经过复杂的神经内分泌过程来调节下丘脑 GnRH 的脉冲式释放，进一步通过 HPGA 中一系列生殖激素来调控季节性繁殖活动。

褪黑素（melatonin，MLT）是由松果体分泌的一种吲哚类激素，化学名称为 *N*-乙酰基-5-甲氧基色胺（*N*-acetyl-5-methoxy tryptamine）。MLT 主要在松果体细胞中合成，其他合成部位还有小脑、视网膜、副泪腺、唾液腺、肠的嗜铬细胞及红细胞等。MLT 合成受环境和光照的影响。此外，Ca^{2+}和 cAMP 也能调节 MLT 的合成与分泌，近紫外光也可影响松果体合成 MLT。MLT 的合成有明显的昼夜节律性变化，白天低，夜间高。夜间将动物处于光照下，即使短期光照，MLT 的合成也受抑制，浓度急剧下降。夜间光照不但抑制 MLT 的合成，也改变合成的节律性。MLT 对生殖系统的影响，因动物的种类、生理状况不同而表现出促进、抑制或无作用的多重情况。MLT 是光照信息同生殖系统协调关系中的重要激素信号。光照对繁殖机能的调节，依靠 MLT 介导传递到下丘脑-垂体-性腺轴，调节生殖机能活动。在不同季节，下丘脑 GnRH 分泌的脉冲频率是不同的，这主要是因为日照变化引起 MLT 分泌模式的变化，从而导致 GnRH 神经元对雌激素的负反馈敏感性下降（马友记等，2007）。

许多神经肽也参与了这一过程。例如，下丘脑分泌的 Kisspeptin 能够强效刺激 GnRH 的分泌，并且 Kisspeptin 神经元能直接伸入 GnRH 细胞中，这在雌激素的负反馈调节中具有重要作用（赖平等，2012）。下丘脑 A14/A15 多巴胺能细胞群是雌激素敏感神经元，也能抑制 GnRH 和 LH 的分泌，而甲状腺激素则是控制繁殖期终止的重要因子。但这些调节因子位于下丘脑的不同区域，它们可能通过一种协同机制对繁殖活动的季节性调控发挥作用。

在动物的繁殖机能调控中，由下丘脑分泌的 GnRH 处于核心地位。由于 GnRH 释放到垂体门脉系统中存在量的变化，才引起动物繁殖出现季节性。下丘脑的 GnRH 脉冲式分泌，进一步激活垂体的 LH 脉冲式分泌。GnRH/LH 脉冲的频率影响动物繁殖机能，表现在卵巢周期中卵泡期的增量调节，雌激素诱导排卵前，该频率达到最大的波动。在非繁殖季节，卵巢进入静止期，GnRH/LH 分泌循环将终止，其最显著的特点是雌激素对 GnRH 分泌的负反馈效应增加。光照变化引起 MLT 分泌模式的变化，导致了 GnRH 神经元对雌激素负反馈的敏感性下降，进一步引起 GnRH 分泌量的变化（图 10-1）。

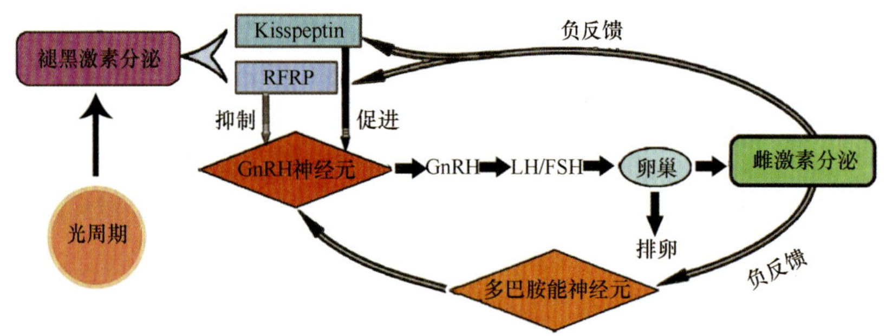

图 10-1　繁殖活动季节性变化的综合机制（仿自赖平等，2012）

RFRP（RFamide-related peptide）是促性腺激素抑制激素（GnIH）基因，编码成熟肽 RFRP1 和 RFRP2、抑制 GnRH 神经元的活动

（二）繁殖期与非繁殖期 GnRH 和促性腺激素的分泌模式

繁殖活动的季节性变化主要依靠 GnRH 和 LH 的脉冲频率来调控。繁殖期下丘脑 GnRH 分泌水平的提高，是卵巢产生排卵活动的基础。在不同季节，GnRH 分泌的脉冲频率是不同的。在繁殖期开始时，雌激素诱导 GnRH 和 LH 峰在排卵期前达到最大值，在繁殖期末期，降至最低，随后卵巢进入静止期。而在非繁殖期，GnRH 和 LH 分泌的脉冲频率较低，而且激素水平也较低。在繁殖期，雌激素分泌水平逐渐上升，在排卵前达到峰值；血清中孕酮水平在 LH 峰出现时有所增加。在非繁殖期，雌激素分泌水平较低；孕酮分泌水平明显偏低，且没有周期性的脉冲变化。促性腺激素的释放也存在季节性的变化。

1. Kisspeptin/GPR54 信号通路

Kisspeptin 是一种由 *Kiss1* 基因编码产生的神经肽，通过与其受体 GPR54 结合发挥生理作用。GnRH 神经元能表达 GPR54，这些神经元是 Kisspeptin 的直接靶标。GPR54 的突变能导致人类和小鼠生殖功能的完全丧失。因此，Kisspeptin/GPR54 信号系统对于正常的生殖活动是必需的，在正调控中发挥作用。此外，Kisspeptin 神经元是性激素的直接靶标，kiss1 mRNA 的表达受雌激素的调控。

Kisspeptin 的表达受光周期的影响。短日照抑制 Kisspeptin 的表达，长日照刺激 Kisspeptin 的表达。Kisspeptin 表达水平随光周期的变化，可能是由褪黑素分泌模式的改变而引起的。Kisspeptin 神经元能与 GnRH 细胞直接接触，这些细胞能将性激素反馈效应（主要是雌激素的正、负反馈效应）传递到 GnRH 神经元。Kisspeptin 神经元在繁殖的季节性调控中发挥着重要的作用（黄冬维和储明星，2011；Pinilla et al.，2012）。

Kisspeptin 主要通过两种机制参与季节性繁殖的转换，即类固醇依赖效应和非类固醇依赖效应。卵巢被切除的母羊与卵巢完好的母羊相比，其一年中 LH 脉冲频率显著降低。而对卵巢切除的母羊皮下埋植雌激素后，繁殖期 GnRH 和 LH 的脉冲频率与非繁殖期相比显著升高，这是光周期在非繁殖期通过增加雌激素负反馈效应，从而抑制促性腺轴的典型的类固醇依赖效应。Kisspeptin 的表达与雌激素的负反馈效应有一个显著的季节性变化，这是繁殖活动发生周期性转变的基础。为了证实 Kisspeptin 细胞及 Kisspeptin

在哺乳动物季节性繁殖中的作用，对非繁殖期母羊静脉注射 Kisspeptin 后，刺激了 GnRH 和 LH 分泌，激活了卵巢功能，促使雌激素分泌增加，启动了大脑中的雌激素正反馈回路，随后诱导产生了排卵前的 LH 峰及排卵现象。有足够的证据显示，Kisspeptin 神经元系统参与了繁殖活动的季节性调控（图 10-2）。

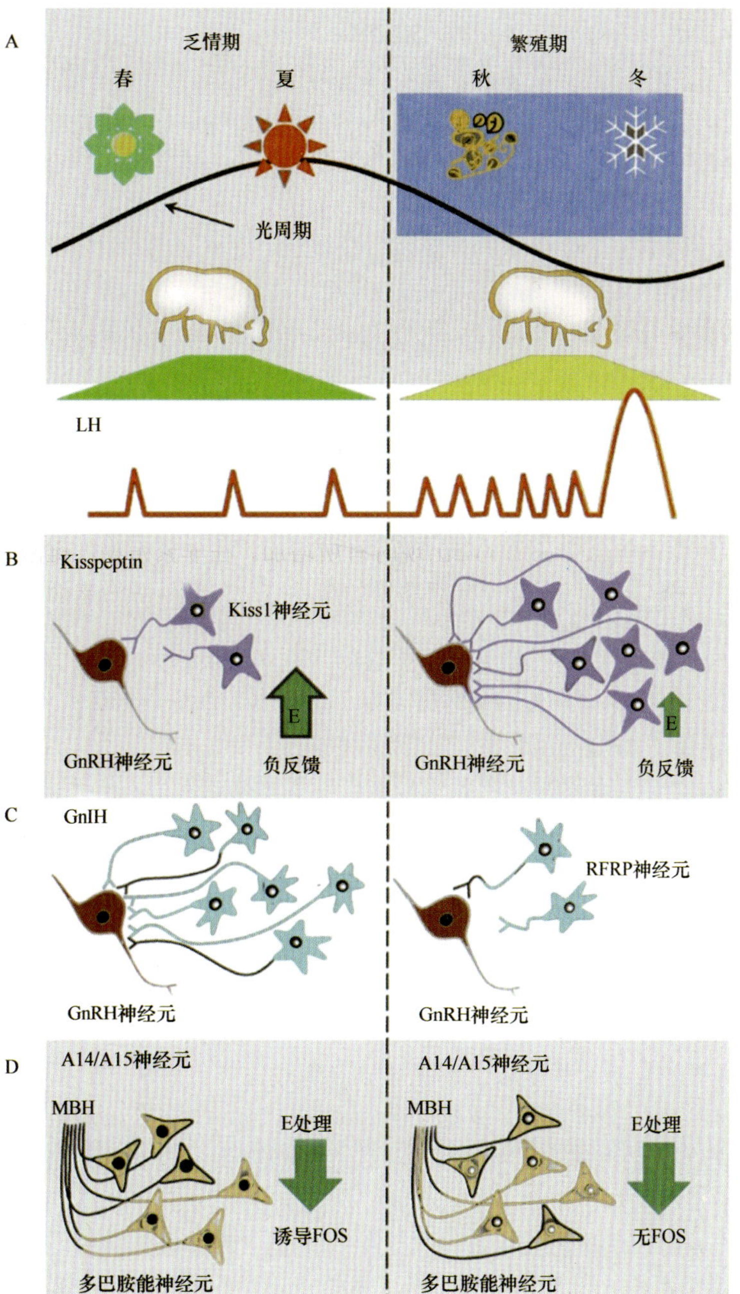

图 10-2　LH、Kisspeptin、GnIH 和多巴胺能神经元的季节性变化（仿自黄冬维和储明星，2011）

FOS：核蛋白转录因子；MBH：下丘脑内侧基底部（mediobasal hypothalamus）

2. 促性腺激素抑制激素

这是一类能抑制动物促性腺激素分泌的激素，因此被称为促性腺激素抑制激素（gonadotropin inhibitory hormone，GnIH）。哺乳动物的 GnIH 表达于下丘脑背内侧核，也被称为 RF-酰胺相关肽（RF-amide related peptide，RFRP）。研究发现，大部分的 GnRH 细胞与 RFRP-3 细胞纤维体直接接触，RFRP-3 对小鼠的 GnRH 神经元有直接的抑制作用。在大鼠中，将 RFRP-3 反义寡核苷酸注入第三脑室后，下丘脑 RFRP-3 蛋白的表达减少，而 LH 的浓度却升高；同样，口服 RFRP-3 也能抑制 GnRH 神经元的活性，这表明下丘脑 RFRP-3 含量与促性腺激素浓度是负相关的。此外还发现，位于下丘脑的 RFRP-3 细胞能表达雌激素受体，并对雌激素做出响应。因为垂体中也存在 RFRP-3 受体的表达，且 RFRP-3 能与 GnRH 神经元直接接触，这就表明哺乳动物 RFRP-3 很有可能在下丘脑和垂体两个水平上，参与了性类固醇的负反馈作用。然而，RFRP 神经元在季节性繁殖中的信号通路，及其与其他神经元之间的相互作用机制，目前还不清楚（黄冬维和储明星，2011）。

3. 促甲状腺激素和甲状腺激素

促甲状腺激素（thyroid stimulating hormone，TSH）是腺垂体分泌的可促进甲状腺生长和机能的激素。甲状腺激素（thyroid hormone）主要包括四碘甲腺原氨酸（T4）和三碘甲腺原氨酸（T3）。T4 和 T3 均有生理活性，区别在于作用时间和强度。T4 活性低、起效较慢，但持续时间长；T3 活性高、起效快，但持续时间短。研究表明，绵羊切除甲状腺后，光照周期对性腺系统的影响被阻断，其季节性发情状态将一直持续；若对其脑室内注射 T4，则绵羊可恢复对光照周期信号的反应，继而进入休情状态。绵羊 T3 水平可随季节不同发生变化。因此，TSH 和甲状腺激素参与了绵羊季节性发情的调控。在哺乳动物繁殖的季节性调控中，甲状腺激素发挥了重要的作用。甲状腺激素可能调控了繁殖期的终止，而与繁殖期的启动没有关系。在西伯利亚仓鼠、叙利亚仓鼠、大鼠和山羊中，都证实甲状腺激素活性对繁殖季节的转变至关重要。甲状腺激素可能参与了多巴胺能 A14/A15、Kisspeptin 及 GnIH 神经系统的调节。

4. 多巴胺能 A14/A15

最初在绵羊中发现多巴胺能细胞群 A14/A15 参与季节性繁殖调控。A14/A15 细胞的损伤会破坏繁殖的季节性循环。多巴胺则是通过与多巴胺能 D2 受体结合，进而抑制 GnRH 的分泌。在非繁殖期，全身性注射或在 A14/A15 区局部注射多巴胺能受体拮抗剂，可导致母羊 LH 脉冲频率的升高，而在繁殖期则没有变化；在繁殖期，注射多巴胺能激动剂后，抑制了母羊 LH 的释放；在非繁殖期则没有作用。尽管 A14/A15 多巴胺能神经元并不表达雌激素受体，但这些作用是依赖于雌激素的。有研究发现，雌二醇对 GnRH/LH 脉冲频率的抑制作用，需要来自下丘脑腹侧区的多巴胺能神经信号的输入，说明脑部的多巴胺能细胞作为雌激素敏感神经系统，抑制了 GnRH 和 LH 的分泌（图 10-2）。

综上所述，繁殖的季节性变化受多种内分泌神经肽系统的调控。在繁殖期开始时，神经内分泌刺激因子分泌上调，神经内分泌抑制因子分泌下调。RFRP-3 和 Kisspeptin 在下丘脑-垂体-生长激素轴（HPGH）调控的季节性繁殖过程中发挥着重要的调节作用。然而，Kisspeptin/GPR54、MLT、GnRH 和 RFRP-3 等因子之间是如何组成的调控网络，以及它们之间是如何协同调节生殖功能随光照周期的季节性转变的机制，目前尚不完全清楚。

第三节　发情周期内卵泡发育过程与发育模式

当动物能够释放配子并表现出一系列完全的性行为时，说明该动物已达到初情期（puberty）。初情期开始时，促性腺激素分泌增加。在公畜中，睾酮分泌由很低的水平逐渐增加到成体的水平。每次 LH 脉冲间隔 1h 后，睾酮分泌就有一个短暂的上升。睾酮的分泌随初情期的进行而增加，最终保持在较高的水平。在母畜中，初情期雌激素或动情素（estrin）分泌逐渐增加，促进卵泡发育。在 FSH 和 LH 达到成体水平后，卵泡才发育完全，卵母细胞恢复减数分裂并排卵（杨增明等，2005）。本节简要介绍有关卵泡发育与卵子发生的现象及其机制。

一、哺乳动物卵泡发育和卵子发生

（一）卵泡发育

卵泡是哺乳动物卵巢上的基本发育单位。卵子的发生是在卵泡内进行的，即卵泡为卵子发生提供一个微环境。卵泡按发育阶段可分为原始卵泡、腔前卵泡（窦前卵泡）和有腔卵泡（窦状卵泡）。卵泡的形成和发育受自身因素和内分泌激素的双重调控。卵泡的形成及其最后生长及排卵的发生，则完全依赖于 FSH 和 LH 的共同作用。FSH 刺激卵泡的发育和未成熟卵的募集，在卵泡募集和闭锁的平衡调控中起重要作用。LH 则控制优势卵泡的发育、选择和排卵，在卵泡中、晚期还有诱导其他小卵泡凋亡的作用。

在动物出生时，其卵母细胞的数量就已确定。以牛为例，刚出生时约有 15 万个原始卵泡，均处于第一次减数分裂前期的双线期。出生后卵母细胞的数量随着年龄的增长而不断减少，多数卵泡中途发生闭锁凋亡。初情期前，卵泡虽能发育，但不能成熟排卵，当发育至一定程度时，便退化萎缩。初情期后，卵巢上的原始卵泡经过一系列的发育阶段，最终可成熟排卵。在每一个发情周期中，一个或数个中等大小的卵泡比其他卵泡生长得快，这些卵泡在发育成熟的同时，子宫内膜也相应增厚。单胎动物在一个发情周期中最后只有一个卵母细胞能成熟并排卵（ovulation），而其他同时生长的卵泡则退化，变成了闭锁卵泡（atretic follicle）。最终排卵的卵泡称为优势卵泡或主卵泡（dominant follicle）。一般认为优势卵泡摄取了相对较多的激素，从而得以更快的生长，最终脱颖而出。

优势卵泡与其同时生长的卵泡，到排卵前的 1～2 天，差异并不显著。在临近排卵时，卵泡有一个加速生长过程，通常称之为“排卵前的膨胀”。典型的牛的排卵前膨胀，发生于性周期的第 18～21 天。此时的卵泡已成为成熟卵泡（Graafian follicle 或 mature follicle），卵泡膨大，突出于卵巢表面，有时成熟卵泡的体积甚至大于卵巢本身。经直肠用手触摸时能感觉到卵泡十分饱满而富有弹性。

哺乳动物的卵母细胞成熟不是一个持续过程，而是一个间断的过程。在成年动物的卵巢中，一个卵泡或卵泡群在一个时期内生长、成熟和排卵，即完成一个性周期。间隔一定时间即发情间期后，另一批卵泡有规律的相继生长、成熟和排卵。

（二）卵泡发育波

一个发情周期中卵巢上卵泡的发育呈现周期性的变化，称之为卵泡发育波（follicular wave）。以牛为例，有的母牛在整个发情周期有两个卵泡发育波，有的母牛在整个发情周期有三个卵泡发育波。卵巢上卵泡和黄体的出现是一个动态的变化过程，成熟卵泡和黄体的生长，存在一个明显的周期性交替过程。

在牛发情周期的大部分时间，卵巢上都存在着直径 4～8mm 的卵泡。这些卵泡在发育过程中分为选择期和优势期。选择期是指从大量不依赖促性腺激素的小卵泡中选择某些卵泡进入促性腺激素依赖期，被选择的卵泡发育进入优势期，这些卵泡具有发育成熟的能力。在发情周期中，一般有 2～3 批卵泡具有发育成熟的潜力。

以牛为例，在发情周期的第 20 天或第 21 天，卵巢上的卵泡发育成熟，卵泡破裂、卵子排出，排卵卵泡形成红体。在成熟卵泡排卵后，一批新的卵泡开始发育，出现第 1 次卵泡发育波，这些卵泡发育到一定程度后停止发育，并发生闭锁。在发情周期的第 9 天或第 10 天，出现第 2 次卵泡发育波，卵泡发育到一定程度后再次发生闭锁，至发情周期第 15 天或第 16 天，第三批卵泡开始发育，形成第 3 次卵泡发育波。如果排出的卵子没有受精，孕激素作用被解除，此时的卵泡可继续发育，至第 21 天达到成熟，进入下一个排卵周期（ovulation cycle）。

（三）排卵和黄体生成

大多数动物的排卵是自发的，也有一部分动物需要刺激才能排卵，如家兔、雪貂、猫，及某些鼬科动物和骆驼科动物。接近成熟的卵泡由于卵泡液不断增加，体积变大，卵泡壁变薄，卵泡部分突出于卵巢表面，突出部分的卵泡膜出现卵圆形透明小区，称小斑。此时，卵泡液及卵泡壁的胶原酶活性增强，分解卵泡壁及卵巢的白膜，小斑处首先破裂，卵细胞及周围的放射冠随卵泡液一起排出，完成排卵过程。

发情牛的卵泡变化明显，随发情过程的进行，卵泡壁由厚变薄，手感由硬变软，有一触即破的感觉。排卵后，卵泡壁塌陷形成皱襞（猪和牛在排卵前成熟卵泡壁即已出现皱襞）；由于卵泡膜的血管损伤出血，使塌陷的排卵卵泡内充满血液及一些浆液性含纤维的液体，形成一个血凝块，手感比较软，呈血红色，称之为红体。

随着基膜的崩解，卵泡内膜的血管增生，并深入血管内层，血液逐渐被吸收。在垂体前叶分泌的 LH 的作用下，卵泡的膜细胞和颗粒细胞开始发生黄体化变化。内膜细胞增生并肥大，向卵泡腔内迁移，形成体积较小的膜性黄体细胞；颗粒细胞增大变成多角形，胞质内出现类脂颗粒，形成体积较大的粒性黄体细胞。此时红体转变为黄体（corpus luteum)。黄体细胞增殖时的营养最初来源于红体，随后由伸进黄体细胞间的血管供应。膜性黄体细胞多位于黄体内有结缔组织形成的小梁周围或黄体周缘。黄体细胞成团或索状排列，富含毛细血管的结缔组织分布其间，卵泡外膜包在黄体的外周形成黄体被膜。

黄体的形成自排卵后开始，先形成红体，至第 3 天，红体变为新黄体。新形成的黄体呈棕褐色，至周期第 7 天为浅黄色，第 14 天为金黄色，以后变为橘黄色，最后变为棕红色。到第 16 天时，黄体体积达到最大。牛成熟黄体的直径大于成熟卵泡直径，为 20～25mm。成熟的黄体为球形或椭圆形，通常稍突出于卵巢表面。如果母牛妊娠，黄体将在整个妊娠期继续维持其大小和分泌功能，此时称为妊娠黄体（pregnant corpus）。如未妊娠，黄体则停止发育并逐渐退化，至第 16 天时明显退化，这种黄体称为周期性黄体（periodic corpus luteum）。黄体退化后，在卵巢上留下一个暗红色的残迹，往往可以维持数月之久。发情期的母牛一般无明显的黄体，仅有质地较硬的退化黄体，但个别牛可能黄体形态仍然较大，但此时的黄体已无功能。

（四）黄体的功能

黄体是内分泌器官，可分泌孕酮及少量雌激素。一般认为，孕酮是由粒性黄体细胞分泌，雌激素由膜性黄体细胞分泌。黄体的主要功能是合成和分泌孕酮，孕酮对生殖调控具有重要作用，可促使子宫腺分泌子宫乳及乳腺发育，为维持妊娠做好准备。在发情周期的黄体期，高水平的孕酮能抑制子宫收缩并刺激子宫内膜。孕酮对子宫内膜腺体的生长和发育的促进，对大多数哺乳动物的妊娠维持来说是必不可少的。孕酮还可刺激乳腺中乳腺小叶和腺泡的生长和发育。

黄体除了产生孕酮和雌激素以外，还能产生其他激素。已发现的有催产素、松弛素、后叶激素运载蛋白、前列腺素及胰岛素生长因子等。

（五）黄体退化

母畜的发情周期从卵巢的机能和形态变化可分为卵泡期和黄体期两个阶段。卵泡期是在周期性黄体退化，继而血液中孕酮水平下降之后，卵巢中卵泡迅速生长发育，最后成熟并导致排卵的时期，有时母畜也伴随着行为上的一系列变化。在发情周期中，卵泡期之后，排卵卵泡发育成黄体，随即出现一段较长的黄体期。黄体期内，在黄体分泌的孕激素作用下，卵泡发育成熟受到抑制，母畜性行为处于静止状态，不表现发情，在未受精或未妊娠情况下，黄体维持一定时间后退化，随后出现另一个卵泡期。黄体的退化是卵泡期到来的前提条件。相对高的孕激素水平可抑制发情，一旦孕激素水平下降到最低限，卵泡即开始生长发育并表现发情。正常发情周期中牛的黄体在发情后 14～16 天开始退化，绵羊在 12～14 天开始退化。

二、卵泡发育和卵子发生有关的候选基因

目前许多基因与卵泡发育和卵子发生有关。这些基因有 *ER*（雌激素受体）、*FSH*、*LH*、*PRL*（促乳素）、*SS*（生长抑素）、*BMP*（骨形态发生蛋白）、*IGF*（胰岛素样生长因

子)、*EGF*(表皮生长因子)、*FGF*(成纤维细胞生长因子)、*GDF*(生长分化因子)、*TGF*(转化生长因子)、*PDGF*(血小板衍生生长因子)及其受体基因和 VEGF(血管内皮生长因子)等。随着动物全基因组测序工作的完成和全基因组序列的公布,又发现了许多参与卵泡发育和卵子发生调节的新基因。例如,*Cx31*(连接素 31)、*Cx43*(连接素 43)、透明带蛋白(*ZP1*、*ZP2*、*ZP3*)、FIG(生殖系因子)、*c-mos*(丝氨酸-苏氨酸激酶因子)、*Mater*(母体抗原因子基因)、*HOX* 及其辅因子基因、*Zar1*(合子捕获因子 1)、*ADAMTS-1*(蛋白激酶)、*Pin1*(脯氨酸异构酶)、*Per1*(节律基因)、*BCL6*(原癌基因)、*LDL*(低密度脂蛋白)、核酸蛋白基因、*AMH*(抗苗勒氏管素)等。

由于长期遗传进化和人工选择,不同种哺乳动物或同种哺乳动物的不同品种之间调控卵泡发育或排卵的基因发生了一定变化,或者其表达调控受到了改变,使繁殖力出现相应的差异。优势卵泡的选择机制在基因水平上已有一些研究进展,在绵羊上也发现一些调控卵泡发育和排卵的关键基因。目前,已有一批影响绵羊繁殖能力的 SNP 位点被发现,并在大规模群体中得到了验证,这些位点主要位于 *BMPR-IB*、*BMP15* 和 *GDF9* 基因上。这些位点影响绵羊繁殖能力的具体调控机制仍有待于进一步研究。

第四节　诱 导 发 情

诱导发情(inducing estrus)是对因生理(非繁殖季节、产后乏情)和病理(持久黄体、卵巢萎缩)原因不能正常发情的性成熟动物,用激素和管理措施使之发情的技术。利用外源激素,如促性腺激素、溶解黄体的激素和某些生理活性物质(如初乳)及环境条件的刺激,促使乏情母畜卵巢从相对静止状态转变为机能活跃状态,以恢复母畜的正常发情和排卵。一些畜种,如母马和母羊因季节因素在一定季节内不出现发情;一些畜种,如猪、黄牛和水牛则由于哺乳的原因在一段时期内不出现发情。这些母畜的不发情均属于生理性的乏情。在此期间,它们垂体分泌的 FSH 和 LH 量不足以维持卵泡发育和促使排卵,因而卵巢上既无卵泡发育,也无黄体存在。如果卵巢上的黄体长期不消退,称为持久黄体(persistent corpus luteum)。持久黄体会抑制母畜的正常发情,此种情况则属于病理性乏情。生理性乏情和病理性乏情在内分泌机理上是不同的。

诱导发情不但可以控制母畜发情时间、缩短繁殖周期、增加胎次,提高产仔数和繁殖力,而且还可以调整母畜的产仔季节,使奶畜一年内均衡产奶,使肉畜按计划出栏,按市场需求供应畜产品,从而提高经济效益。诱导发情可以使母畜在任何季节发情,所以可以根据母畜生长发育情况确定适宜配种年龄,克服过早或过晚繁殖而影响生长发育或带来经济损失。

一、发情调控理论

由于季节、环境和哺乳等原因,母畜垂体分泌的 FSH 和 LH 不足,不能使卵泡发育。此时,卵巢上既无卵泡发育,也无黄体存在,因而造成母畜在一段时间内不发情。当利用外源激素(如促性腺激素、溶解黄体激素)及环境条件的刺激,乏情母畜的卵巢就会从相对静止状态转变为机能活跃状态，从而恢复卵泡发育、排卵与母畜发情。对处于发情周期任一阶段的母畜，均可采用外源激素破坏黄体或造成“人工黄体期”。在预定的时期内，结束黄体功能或促使卵泡发育，就可以达到对发情周期进行人为调控的目的。要达到母畜发情周期的人为调控，首先要明确的问题是母畜所处的生理状态是繁殖季节还是非繁殖季节，然后确定诱导发情方法（王建辰等，1998）。

二、乏情期动物的诱导发情

对于乏情期的动物可采用诱导发情技术调控发情。

（一）季节性乏情动物的诱导发情

季节性乏情（anestrus）主要是由日照等原因所造成，可通过以下几种途径诱导母畜发情。

1. 激素处理的诱导发情

（1）促性腺激素释放激素

由下丘脑分泌的 GnRH 容易在体内失活。而人工合成的 GnRH 类似物具有较强的生物活性和较长的半衰期。“促排Ⅰ号”、“促排Ⅱ号”和“促排Ⅲ号”等都是我国研制生产的激动剂产品，其生物学活性较天然 GnRH 高出 10～15 倍。对乏情母羊注射 250mg GnRH 激动剂后，卵巢上直径小于 2.0mm 的卵泡数量明显减少，直径超过 5.0mm 的卵泡数量明显增加，其中最大卵泡内雌激素浓度明显升高。

（2）促性腺激素类

用来诱导发情的促性腺激素主要有 FSH、LH、孕马血清促性腺激素（pregnant mare serum gonadotropin，PMSG）与人绒毛膜促性腺激素（human chorionic gonadotropin，hCG）等。PMSG 具有类似 FSH 与 LH 的双重活性，但以 FSH 的作用为主。因此，PMSG 对于雌性动物不仅起到促进卵泡发育的作用，同时具有一定的促排卵和黄体形成的功能。PMSG 在动物体内消失的速度较慢，一次注射即可诱使母畜发情，操作比较方便，而且比 FSH 便宜得多。如果结合孕激素使用，发情效果更好。

（3）孕激素

尽管孕酮对卵泡的生长发育不存在促进作用，但与促性腺激素联合使用能诱导发情，是实际生产中最常用的方法。在乏情期，使用孕酮海绵栓置于母畜阴道内，11～12 天后撤栓，并同时注射 PMSG（即 PMSG +孕酮海绵栓法），可以有效诱导母畜发情和排卵。通常情况下，孕激素的用药时间较长。常用的投药方法是皮下埋植法和阴道栓法。

2. 改变光照期

季节性发情的绵羊（如蒙古羊）在长日照过渡到短日照后开始表现出发情。春、夏是母羊的非发情季节，在此期间利用人工缩短光照时间可以诱导发情。人工模拟秋季的光照期，每日光照 8h、黑暗 16h，在处理 7～10 周后开始发情。母马在非发情季节内，通过延长光照可以促进卵巢机能提早恢复。在马厩内离地面 2.5m 高处悬挂 200～400W 的灯泡，从日落开始延长 5～6h 的光照时间，母马可以在翌年 1 月下旬到 2 月下旬提前进入发情期。如每天用 400W 灯光对种公马做长光照处理，也可以得到和母马类似的效果，得到正常品质的精液。

3. 公畜刺激

在与公羊隔离的母羊群里，于发情季节到来之前，将公羊放入母羊群，可以刺激母羊提前发情，此即“公羊效应”。用同样方法也可以产生“公猪效应”“公牛效应”等。用人工合成的公猪外激素喷洒于乏情期的母猪鼻端，即可诱使其在数日内发情。

（二）哺乳期乏情动物的诱导发情

大部分母畜在产后相当长的时期内，卵巢机能处于静止状态，不表现发情。因而产后出现第一次发情的时间很不一致，这就需要通过人为措施，缩短产后第一次发情的间隔时间，使之尽早配种受孕。

1. 母牛

可在产后 2 周开始，采用孕激素预处理 10 天左右，再注射 1000IU 的 PMSG 诱导母牛发情。或采用牛初乳 20ml，同时注射新斯的明（neostigmine）10mg，可以诱发 80%～90%的母牛发情并排卵。发情母牛配种时，可再肌肉注射 10μg 的 LH。

2. 母猪

母猪在哺乳期间通常是不发情的，只是在仔猪断奶后才出现正常发情。因此，对哺乳母猪早期断奶诱发发情，已成为现代养猪业中提高母猪繁殖率的重要措施。哺乳母猪在产后 1 个月断奶，将仔猪进行人工哺乳。这样母猪在 1 周左右即可发情。在断奶时注射 PMSG，则可得到更好的发情效果。如果在哺乳期内实行间断断奶，即从哺乳 21 天开始，每天限制母猪与仔猪相处哺乳 12h，3 天后再注射 PMSG，则可促使母猪在哺乳期内发情排卵。对哺乳母猪施行早期断奶，可以使从分娩到发情配种的间隔时间大为缩短，达到 2 年产 5 胎的效果。但是仔猪断奶时间越早，断奶至发情出现的间隔时间就越长。

3. 母羊

哺乳期羊可用孕激素+PMSG 方法进行诱导发情处理。产后 1 个月以上的泌乳母山羊，在耳背皮下埋植 60mg 的 18-甲基炔诺酮（18-methylnorethindrone）药管，维持 9 天；在取除药管前 48h，肌肉注射 15IU/kg 体重的 PMSG；与此同时，再以 2mg 溴隐亭（bromocriptine）间隔 12h 进行 2 次注射，可以诱发 90%以上的发情率。产后泌乳母羊诱导发情，可以有效缩短产羔间隔，最大限度地发挥母羊的生产性能，提高养殖的经济效益。

（三）病理性乏情动物的诱导发情

病理性乏情主要原因是卵巢机能减退或持久黄体。卵巢机能减退多发生于管理不善、营养不良、使役过度的母畜或高产奶牛。对这种不发情母畜，可以使用 PMSG 或 FSH 等促性腺激素诱导母畜发情。持久黄体主要由于子宫疾患造成内分泌紊乱，可使用前列腺素等药物溶解持久黄体，停止孕激素的分泌，以促使卵泡发育。

1. 持久黄体母畜的诱导发情

对于这类母畜的诱导发情，使用 $PGF_{2\alpha}$ 配合促性腺激素效果良好。用 $PGF_{2\alpha}$ 和孕激素对母牛进行诱导发情处理，2～3 天内的发情率可达 70%～90%。$PGF_{2\alpha}$ 是控制持久黄体乏情母畜发情非常有效的药物。

2. 卵巢机能处于静止状态母畜的诱导发情

对卵巢机能处于静止状态，既无卵泡发育，也无功能性黄体存在的长期乏情的母牛，需要使用促性腺激素如 PMSG 或促黄体激素释放激素（LHRH），刺激卵巢机能、促进卵泡发育；或使用孕激素并配合促性腺激素，诱使母畜发情。

三、催产素诱导发情

催产素（oxytocin，OT）是一种神经内分泌激素，长期以来认为其作用是促进子宫收缩和排乳。20 世纪 50 年代末期，有人用 OT 缩短了青年母牛的发情周期，以后又发现 OT 能溶解山羊和绵羊的黄体，使许多科学家对 OT 溶解黄体的机理产生了极大兴趣。1980 年以后，又在牛、绵羊和妇女黄体中发现了高浓度的 OT，以及在牛卵巢中存在着 OT 运载蛋白（oxytocin neurophysin，OTN），逐渐揭示了 OT 对母畜发情的诱导作用。

（一）催产素对卵巢的生理作用

一般认为，垂体后叶分泌的 OT 主要对分娩和泌乳起作用。而卵巢分泌的 OT 则可能是发情周期的调节剂。离体实验证明，OT 在小剂量时具有促黄体作用，大剂量则有溶黄体作用。在体实验表明，发情周期早期连续给予大剂量 OT，能抑制牛、羊黄体的形成。用 OT 进行免疫则能使绵羊发情周期延长 3.7 天±1.5 天。此外，给青年母牛在发情期早期注射 OT 能促进其排卵，这提示 OT 可能有促进 LH 释放的作用。

（二）催产素诱导发情的机理

催产素诱导发情是通过黄体溶解途径发挥作用的，有以下三种假说。

1. 内源性 OT 溶黄体假说（以绵羊为例）

①黄体期末期，由于降低了孕酮对子宫的抑制作用，17β-雌二醇刺激子宫内膜形成 OT 受体；②内源性 OT 激活了新合成的 OT 受体，二者相互结合；③OT 与其受体结合后，子宫很快分泌 $PGF_{2\alpha}$，继而肺循环中的前列腺素 $F_{2\alpha}$ 代谢物（prostaglandin $F_{2\alpha}$

metabolite，PGFM）增加，外周血中 PGFM 水平也相应升高；④$PGF_{2\alpha}$进入卵巢后，引起黄体的孕酮分泌量开始下降；⑤在 $PGF_{2\alpha}$作用下，OT 同时从黄体中释放出来，OT 又反过来加强子宫 $PGF_{2\alpha}$的分泌，从而成了子宫-卵巢的反馈回路；⑥黄体中释放的 OT 很可能降低了 OT 受体的活性，故 OT 受体约隔 6h 更新一次，随后由子宫内膜持续 1h 释放 $PGF_{2\alpha}$，后者一日数次的阵发性释放，使黄体最终得以溶解。

2. 外源性 OT 溶黄体假说

外源性 OT 可能是通过刺激子宫内膜产生 $PGF_{2\alpha}$，从而间接地溶解黄体。支持这一假说的证据是：①在发情周期早期，对牛、绵羊和山羊连续给予大剂量 OT 可使发情周期变短。但切除子宫的母牛或口服甲氯灭酸（PG 合成酶抑制剂）的山羊注射 OT 则不能缩短发情周期。②山羊注射 OT 后 30min，外周血浆中 PGFM 出现突发性分泌波峰，但每次注射 OT 前，口服 500mg 甲氯灭酸的山羊，则未发现这种分泌形式，其 PGFM 基础水平极显著低于前者的水平。

3. OT 局部溶黄体假说

牛和妇女黄体细胞离体培养时，每毫升培养液中加入 4～40mIU（小鼠单位）OT 可增加孕酮的分泌，加入 400～800mIU 时，则明显抑制孕酮的分泌，但对黄体细胞的数量和活力均无影响。提示小剂量 OT 有促进黄体作用，而大剂量 OT 可能作用于细胞生物合成的水平，有直接溶黄体的可能性。

（三）发情诱导的方法

根据 OT 的溶黄体作用，在青年母牛发情周期的第 3～6 天，每天皮下注射 OT 100IU，结果使发情周期由原来的 21.4 天缩短为 10.4 天。对成年泌乳牛，于周期的第 1～6 天每天上、下午各注射 200IU 的 OT，可使 66%的牛的周期缩短到 13.8 天。对于山羊的诱导发情，每天早、晚各皮下注射 5IU 的 OT，可使发情周期由原来的 19.5 天±0.3 天缩短到 6.8 天±0.5 天。OT 诱导产后水牛发情，能够显著提前产后第一次发情时间，缩短产犊间隔。

四、褪黑素诱导发情

（一）原理

纬度较高地区的大多数羊是在春季产羔，因为这时的气候和食物条件最有利于新生羔羊的成活和以后的生长发育。羊判断季节变化主要是日照长度，或称为光照周期。一般认为，视网膜感受到日照长度的季节性变化，并把这种光信号变成神经冲动，先后经由上交叉神经核和颈上神经节送往松果体。松果体对所接受的神经信号发生反应，主要是在夜间分泌褪黑素。因而，光照是调节松果体活动的原始因素。光照（light，L）抑制松果体的活动，黑暗（dark，D）则刺激松果体产生褪黑素。随着一昼夜光照和黑暗的交替及一年中长日照和短日照的交替，羊褪黑素的分泌呈现明显的周期性变化，即血浆褪黑素水平白天低而夜间高，长日照期间褪黑素分泌少而短日照期间分泌多。褪黑素水平的高低使羊区分白天和黑夜，褪黑素分泌持续时间的延长和缩短使羊识别日照的短与长。

若将动物长期饲养在一个固定不变的光照长度下，动物就会逐渐地变得对该光照长度不敏感，该光照长度所诱发的各种反应将最终停止。光照长度的不断变化使动物保持对光照长度的敏感性。然而，羊是根据光照长度的变化方向（即光照时间的延长和缩短），而不是根据光照长度的变化幅度来识别日照的短与长而影响繁殖活动。所以，光照长度的变化方向要比变化幅度更为重要。每天仅照明 1h 就可以形成以 24h 为周期的褪黑素节律。在短日照期间，如果羊在夜间接受 1h 光照，这种夜间光照干扰，就使褪黑素降低到白昼水平，导致卵巢静止。这样，每次黑暗期间都被动物反应成为一个夜晚，夜间光照干扰产生了长日照效果。

（二）发情诱导的方法

可以用人工照明的方法来延长光照时间，模拟长日照；用给予褪黑素的方法，模拟短日照。将两种处理方法结合起来，就能实现在非繁殖季节使公羊处于活跃的精子发生状态，同时诱导母羊处于发情状态。从时间上协调起来，就可以达到在非繁殖季节繁殖的目的。通过这种操作，可以诱使母羊 2 年产 3 胎。

1）每天给羊注射或饲喂少量褪黑素，是一种模拟短日照的有效方法，可以诱发羊的繁殖季节提前到来。

2）褪黑素皮下埋植可以使血浆褪黑素水平持续地升高，产生有效的短日照信号。

3）阴道褪黑素海绵栓、瘤胃褪黑素释放控制装置，都可用作持续释放褪黑素的手段，从而模拟短日照。

为了使羊对褪黑素处理发生短日照反应，必须对母羊进行一段时间的长日照处理。如果过早地进行褪黑素处理，反而不能诱导发情周期提前。母羊一旦因褪黑素处理提前进入发情季节，这些羊在下一年中就在更早的时间对褪黑素处理发生反应，而使繁殖季节进一步提前。

用褪黑素处理可以代替短日照处理。但是，处理后血浆中褪黑素必须达到一定水平，以及这种水平所必须维持的最短时间，才能得到理想处理效果。一般而言，褪黑素至少要在夜间水平上维持 5 个星期。不论使用哪种褪黑素处理方法，都可以产生短日照效应，即提前和延长卵巢功能活动。如果辅以公畜效应处理，可有助于获得良好排卵效果。

第五节　同 期 发 情

同期发情又叫同步发情（synchronization of oestrus），是指通过激素药物处理，将群体母畜从不同步发情周期调整到同一进程，使它们在预定的时间内集中发情。在特定时间批量获得同期发情动物的常用方法有两种：一种是当群体数量足够大时常用的自然选择法；另一种是通过药物调控的人工同步法。通常所说的同期发情主要指后者。

一、同期发情的原理

在母畜群中，各个母畜的卵巢卵泡活动周期不尽一致。要达到同期发情的目的，需要借助外源性激素进行干预，使已经处于生长期的卵泡抑制，同时使尚未开始活动的卵巢启动起来，使被处理的母畜卵巢按照预定的要求发生变化，促使群体母畜卵巢的生理机能处于相同阶段，为同时发情创造一个统一的生理内分泌基础。

一般采用两种手段对母畜进行同期发情处理：一种方法是给一群母畜同时施用孕激素药物，抑制其卵巢卵泡的生长发育，经过一定时期后同时停药。解除了外源孕激素抑制之后，此时卵巢上的周期黄体已经退化，群体母畜的卵泡开始同步发育，从而引起母畜同期发情。采用孕激素抑制母畜发情实际上是人为地延长其黄体期，起到了延长发情周期、推迟发情期的作用，为下一个发情周期创造一个共同的起点。另一种方法则是注射前列腺素，加速功能性黄体的溶解与消退，使卵巢提前摆脱体内高水平孕激素的控制，从而群体母畜卵巢卵泡同时开始发育，达到同期发情目的。在这种情况下，实际上是缩短了母畜的发情周期，使母畜的发情期提早出现。

两种方法所用的外源激素性质和作用虽不同，但都是使母畜摆脱体内激素对卵巢的控制，在同一时间内引起群体母畜的卵泡同步发育，从而达到同期发情的目的。

二、同期发情的药物

用于同期发情的药物，根据其性质可分为三类：第一类是抑制卵泡发育的制剂（孕激素类），使血液中保持一定的孕激素含量，造成人为的黄体期，从而达到卵泡的发育和成熟受到暂时性人工抑制；当卵泡的发育状态大致处于同一时期时，解除人工抑制，母畜就可以发情排卵。第二类是溶解黄体的制剂（前列腺素），人为中断黄体的发育，使孕酮水平下降，诱使卵泡发育趋向一致。第三类则是促使卵泡发育成熟、排卵的制剂（促性腺激素类）。前两类是同期发情的基础药物，第三类是配合前两类药物使用的，是为了促使母畜同期发情有更好的准确性和同期性。

（一）抑制卵泡发育的制剂（孕激素类）

孕酮、甲孕酮、氟孕酮、氯地孕酮、甲地孕酮及 18-甲基炔诺酮等均属此类药物，它们能够抑制垂体 FSH 的分泌，形成人为的黄体期，因而间接地抑制了卵巢卵泡的发育和成熟，使母畜不出现发情。这类药物的用药期分为长期（16～21 天）和短期（8～12 天），一般不超过一个正常发情周期的时间。其用药方式有：

1. 口服法

每日将一定量的药物均匀拌入少量精料中，单个饲喂，经一定时期同时停药。这种方法可用于舍饲母畜，但较费时、费工。群体饲喂会造成个体摄入剂量不准确。

2. 注射法

每日定量将药物注入皮下或肌肉，经一定时期停止。此法剂量准确，但操作重复而繁琐。

3. 埋植法

将成形的药剂或装有药物的带孔小管，埋植于动物皮下，经一定时间取出，处理过程中药物被缓慢吸收，可成群处理。

4. 阴道栓塞法

将海绵栓塞经灭菌后，浸吸一定量药液，塞于母畜阴道深部子宫颈附近，药液逐渐被阴道黏膜吸收，经过一定时间取出。一般用于牛、羊的同期发情处理，但不适于猪。

（二）溶解黄体的制剂（前列腺素类）

溶解黄体的制剂主要有 15-甲基前列腺素 F2α（$PGF_{2\alpha}$）、氯前列烯醇（cloprostenol）。由于前列腺素具有显著的溶解黄体的作用，因此用于同期发情处理时，只限于正处在黄体期的母畜。猪在进入发情周期的 10 天前，牛、羊和马在新生黄体期第 4～5 天前，均对前列腺素不敏感。只有在发情周期的黄体中后期，才可被前列腺素迅速溶解。采用子宫内灌注的用药效果要好于肌肉注射法。一般情况下，经药物处理 2～3 天后，有 40%～75%的母畜集中表现发情，因为在群体母畜中总有一部分的母畜是处于非黄体期。如果要获得全群母畜发情的效果，可在第一次用药后 10～12 天，再用前列腺素处理一次。

（三）配合强化制剂（促性腺激素类）

促性腺激素主要有 FSH、LH、PMSG 与 hCG 等。通常应用于同期发情的药物，都需要配合促性腺激素作为强化剂，以增强同期化和提高发情率。促性腺激素类制剂很少单独应用于同期发情处理，如在黄体期使用，因卵巢上有功能性黄体存在，母畜体内孕酮水平高，配种后精子和卵子的运行和受精过程受到影响；在卵泡期使用，只能使处于发情前期母畜的发情得到促进和加强，并不能达到同期化的目的。因此，一般是在应用抑制卵泡或黄体生理机能正常发育的基础上，当群体母畜卵巢处于相同生理阶段时，再使用促性腺激素，可以提高发情同期化的效果。

在实际操作中发现，使用孕激素同期发情的母畜，其第一情期的配种受胎率较低，但第二情期的受胎率达到正常水平。这可能是由于孕激素能影响精子在母畜生殖道内的运行，并使其活力受到影响，无法完成受精。在停用孕激素后，下一个发情周期到来之前，配合应用 PMSG，将促进受胎率的提高。

三、同期发情方法

（一）自然选择同期发情

自然选择同期发情即不经任何药物处理，依靠动物自身的性周期规律，通过对动物行为的观察、生理指标（激素变化、阴道黏液等）的测定，用雄性动物试情等方法，选择处于发情期动物，从而作为批量人工授精、活体采卵或胚胎移植的母体。这种方法既省时又省力，且能避免药物处理带来的副作用。但该法的使用至少要有 200 头（只）以上的空怀母畜，才能保证每天有足够数量用于配种的母畜。这一方法适于中型或大型牧场。

（二）人工同期发情

同期发情的方法主要有 $PGF_{2\alpha}$ 处理法、孕激素处理法、孕酮+$PGF_{2\alpha}$ 处理法、PMSG 处理法、孕酮+PMSG 处理法和 GnRH+PG 处理法等。下面介绍几种动物的人工同期发情的方法。

1. 羊

（1）注射前列腺素

成年母羊或初产母羊肌肉注射氯前列烯醇 0.1～0.2mg/只，可诱导母羊发情。

（2）阴道栓塞法

取一块海绵，直径和长度要根据羊个体的大小而定，一般为 2cm×3cm，在海绵上预先系上细线。将海绵浸入孕酮植物油溶液（其中含孕酮 150～300mg，或甲地孕酮 40～50mg），制成阴道海绵栓。用导管将栓塞送至接近子宫颈外口处，线的另一端引到阴门外 4～5cm，便于处理结束时拉出。或者使用商业发泡硅橡胶制成的羊用孕酮缓释阴道栓（CIDR、PRID）。放置阴道栓 9～11 天取出，取出当日，肌注 PMSG 200～400IU。次日即可发情。

2. 牛

（1）注射前列腺素

在发情周期的第 7～14 天，用输精导管向子宫颈注入 $PGF_{2\alpha}$ 10～20mg。近年来，用 $PGF_{2\alpha}$ 类似物如氯前列烯醇处理效果亦好。肌肉注射时，剂量为 0.5～0.6mg/头。

（2）阴道栓塞法

取一块海绵，直径和长度要根据牛个体的大小而定，一般为 4cm×6cm，在海绵上预先系上细线。将海绵浸入孕酮植物油溶液（其中含孕酮 500～1500mg，或甲孕酮、甲地孕酮 150～250mg），制成阴道海绵栓；用导管或长柄钳将栓塞送至阴道近子宫颈外口处，线的另一端引到阴门外 6～8cm，便于处理结束时拉出。或者使用商业发泡硅橡胶制成的牛用孕酮缓释阴道栓（CIDR、PRID）。放置阴道栓 11～12 天取出，取出当日，肌注 800～1000IU PMSG。

（3）皮下埋置法

应用孕激素药物进行母牛同期发情，还可采用 18-甲基炔诺酮药管作皮下埋植，同时再肌注雌激素等药物，经 11～12 天后除去药管。为了提高效果，也可以配合应用促性腺激素。

无论采取何种同期处理方法，只要同期发情率稳定在 75%～90%，受胎率达到 50%～60%，或相当于当地自然发情的受胎率，这种同期发情技术就可应用于生产实践中。

3. 猪

猪的同期发情与牛、羊相比难度较大。青年母猪与经产母猪的同期发情方法也有差别。

（1）未进入初情期的青年母猪的同期发情

使用促性腺激素+$PGF_{2α}$处理法。每 4～6 头青年母猪进行组群，在初次发情前 20～40 天，每头母猪一次注射 200IU hCG 和 400IU eCG 或 PG600（含有 400IU 的 PMSG 和 200IU 的 hCG 的混合物）。一般在注射 3～6 天后，母猪表现发情，但发情时间差异较大。要提高第二个发情期的同期发情率，应在第一次注射促性腺激素 18 天后注射 $PGF_{2α}$ 或氯前列烯醇 0.2～0.3mg，3 天后母猪表现发情，而且发情时间趋于一致。

（2）初情期后母猪的同期发情

在猪群中，对处于发情周期第 12～17 天的母猪，同时注射 0.3～0.4mg 氯前列烯醇，一般在注射后第 3 天和第 4 天母猪表现发情。

（3）经产母猪的同期发情

在母猪断奶后 24h 内注射 PMSG，初产母猪的剂量是 1000IU，经产母猪为 800IU；在注射 PMSG 后 80h 再注射 hCG，可使受胎率提高到 80%以上。PG600 对于周期不正常母猪的发情和排卵十分有效。通常在注射 PG600 后 110～120h，母猪就会发情排卵。

四、影响同期发情的因素

家畜的同期发情受若干因素影响，除激素类药品的种类、质量、投药方式外，还受动物的年龄状况、营养状况、生理状况、同期发情时所处的季节和环境等因素影响。同期发情技术的效果必须依据发情时间的集中程度、发情率及配种后的受胎率等多种因素来综合评定。在同期发情的各种方法中，药物剂量、处理时间、体重等因素对发情效果都产生重要影响。即使同一种方法、使用相同药物，对于不同品种动物也会产生不同的效果。因此，在进行同期发情处理时不能照搬通用模式，应先做预实验，认真观察分析，找出合适的处理方法。

（一）季节和环境

温度和湿度是影响母畜发情的重要因素。严寒和高温通常不利于母畜发情，即使发情，效果也不好。虽然牛为非季节性发情动物，但母牛对高温环境特别敏感，高温可以抑制动物的发情。在高温季节如果湿度也高，不利于机体的散热，更加剧了高温对发情的抑制程度。因而，在酷夏和严冬季节不宜进行同期发情与配种及胚胎移植工作。

（二）饲养管理水平

动物的发情直接受动物的营养水平与体况的影响。适宜的饲养管理水平，保持母畜良好体况，有利于母畜的发情。过肥或过瘦、营养不良等均不利于母畜发情。饲养条件差等因素会造成排卵迟缓。饲草匮乏、品质低下是造成营养性乏情的重要原因。营养不良的母畜常出现不发情和卵巢静止。在药物作用下，即使有发情表现也不排卵，或不能形成功能黄体而分泌维持妊娠所需的激素水平。因此，待同期发情处理的母畜应提前精心饲养，供给营养全面的饲草料，加强饲养管理。

（三）生理及繁育状况

同期发情受动物的生理及繁育状况影响。以牛为例，诱导育成牛同期发情率高于断奶经产牛和哺乳期牛，断奶经产牛的同期发情率高于哺乳期牛。哺乳期牛由于哺乳不仅发情率低，而且发情可用率也很低。产犊超过 3 个月同期发情率高于产犊不足 3 个月的牛。在实践中通过直肠检查发现，哺乳期牛及产犊不足 3 个月的牛即使发情，大部分的牛也不排卵。

五、发情鉴定

母畜发情时，既有外部表现，也有内部变化。通过发情鉴定，准确判断母畜发情所处的阶段及排卵时间，确定适宜的配种或输精时间，提高母畜的受胎率。

（一）外部行为观察

1. 牛的发情观察

牛持续发情时间较短，一般仅为 20h 左右。因此，对母牛的发情观察需要时间和耐心，每天至少观察 4 次，每次应在 1h 以上。特别是对产后首次发情的母牛更应注意，因为此时多数母牛发情症状不明显，不易被察觉到。

（1）发情前期表现

发情前期的母牛，精神不安，离群，从阴道流出黏液并有性欲要求，对外界刺激很敏感，食欲减退，喜欢闻嗅其他母牛后躯，有时追爬其他牛，但不接受爬跨，外阴轻微肿胀潮红，乳畜奶量有所下降。

（2）发情中期表现

母牛表现为拱背、举尾、频尿、哞叫、愿意接受爬跨，外阴部肿胀、皱褶消失、潮红、湿润，有大量的稀薄透明黏液流出。

（3）发情后期表现

母牛拒绝爬跨，但仍试图爬其他牛。外阴部肿胀开始消失，皱褶稍有恢复，阴门有时流出少量而黏稠的液体。

在检查牛群时，有时会见到发情后的母牛有排血现象，多见于处女牛和体况好的成年母牛，一般这是一种正常的生理现象，可不予理会。

2. 羊的发情观察

母羊的发情观察多采用试情公羊的爬跨行为确定。即将去势公羊或遮挡住生殖器的公羊放进待观察的母羊群中，如果母羊允许公羊爬跨，该母羊即处于发情状态。

（二）阴道检查法

将开膣器插入母牛阴道，观察阴道黏膜的色泽、黏液性状及子宫颈口开张情况等，判断母牛发情程度。此法还不能很准确地判断母牛的排卵时间，所以在生产上只能作为母牛发情鉴定的辅助方法。

一般情况下，母牛在发情初期，插入开膣器时有阻力，阴道黏膜为粉红色，无光泽，有少量黏液，子宫颈外口微张。在发情盛期，阴道黏膜潮红，有强光泽和滑润感，处女牛的黏液中常带有血丝，子宫颈口充血、肿胀、松弛并开张。在发情末期，阴道黏膜色泽变淡，黏液量少而黏稠，宫口开始闭合。

（三）直肠检查法

操作者戴上一次性长臂手套并涂上肥皂水，伸入直肠内，隔着肠臂用手触摸卵巢。根据卵泡的发育情况判断是否发情、发情程度或是否妊娠。可通过直肠检查法（直检）并结合发情外观征状判断母牛卵泡发育程度及排卵时间，以确定配种时间。

（四）生殖激素鉴定法

通过激素测定技术（放射免疫测定、酶联免疫测定等）对母牛体液（血浆、血清、乳汁、尿液等）中的生殖激素（FSH、LH、雌激素和孕激素）进行测定，依据发情周期中生殖激素的变化规律判断发情。

（五）pH 测定法

发情母牛阴道黏液的 pH 呈现一定的变化。在发情盛期为中性或偏碱性，黄体期偏酸性。母牛宫颈液的 pH 一般在 6.0～7.8，在 6.6～6.8 时输精受胎率较高。

（六）异常发情鉴定

1. 安静发情

多见于产后带犊母牛及产后第一次发情和营养不良的牛或高产奶牛。对这些牛要进行特别仔细的观察，结合直肠检查判断卵泡的发育情况，以确定配种时间。

2. 孕后发情

母牛妊娠后，虽然表现有性欲，但卵泡一般不发育。孕后发情与正常发情不同，不仅在外部表现上有明显差异，而且直检时也有本质区别。多见孕后发情牛追爬其他发情牛，但拒绝其他牛爬跨，直检时有妊娠特征。

六、提高母畜繁殖率的措施

（一）做好详尽的记录

完整准确的繁殖记录对于做好母畜的发情鉴定至关重要。一般的记录内容有母畜的出生日期、初情时间及其体重、配种时间、孕检情况和产犊（羔）日期等。通过详细记录各项内容，根据母畜的发情规律，即可预见下次发情时间，以利于发情观察。

（二）加强饲养管理

根据母畜的体况和营养状态，需要及时调整饲料配方，当达到符合诱导发情和配种状态时再实施繁殖计划。

（三）最佳配种时间

适宜的输精时间是根据各种母畜排卵时间、精子运行速度、精子到达受精部位（输卵管壶腹部）的时间、保持受精能力的时间及卵子维持受精能力的时间等综合因素决定的。

据观察，母牛从开始发情到接受爬跨为7h左右；母牛的发情表现持续时间在10～30h，平均21.6h；从发情开始到排卵的时间范围为17.0～45.0h，平均29.4h。母牛的排卵发生在发情结束后10h左右。如果以站立发情开始计算，应在表现站立发情后11～16h输精较为适宜。一般来说，早晨发现母牛发情，当天下午或傍晚输精；下午发情特别是傍晚发情的母牛，于次日早晨输精。为了提高受胎率，一个情期采用2次输精为宜，其间间隔8～10h。

综上所述，动物的发情与排卵受内在和外在多种因素的影响。了解发情周期的发生机制，掌握动物繁殖行为与规律，对于研制动物的人工同期发情技术具有极其重要的指导意义。掌握动物同期发情技术，不仅可以缩短母畜的繁殖周期，提高家畜繁殖力，而且可以充分利用优良种畜，组织大规模繁殖生产，从而促进家畜遗传改良进程和畜牧业生产效率。

参 考 文 献

狄冉, 郭晓飞, 刘秋月, 等. 2015. 生殖激素对绵羊繁殖性能影响的研究进展. 家畜生态学报, 36(9): 1-6.
黄冬维, 储明星. 2011. 动物季节性繁殖分子调控机理研究进展. 遗传, 33(7): 695-706.
赖平, 王凭青, 张宝云, 等. 2012. 哺乳动物季节性繁殖的神经内分泌调节机制. 遗传, 34(3): 281-288.
李光鹏, 旭日干. 2016. 动物解剖学、组织学与生殖生物学简明教程. 呼和浩特: 内蒙古大学出版社.

马友记, 李发弟, 张利. 2007. 褪黑素对动物生殖调控机理的研究进展. 中国草食动物(专辑): 86-88.

孙晓萍, 刘建斌, 杨博辉, 等. 2013. 绵羊生殖激素及其在非繁殖季节的应用. 安徽农业科学, 41(35): 13584-13586.

王建辰, 章孝荣, 王光亚, 等. 1998. 动物生殖调控. 合肥: 安徽科学技术出版社.

杨增明, 孙青原, 夏国良. 2005. 生殖生物学. 北京: 科学出版社.

张英杰, 刘月琴, 储明星. 2001. 小尾寒羊高繁殖力和常年发情内分泌机理的研究. 畜牧兽医学报, 32(6): 510-516.

Drouilhet L, Taragnat C, Fontaine J, et al. 2010. Endocrine characterization prolific Lacaune sheep homozygous for the FecL/L mutation. Biol Reprod, 82: 815-824.

Pinilla L, Aguilar E, Dieguez C, et al. 2012. Kisspeptins and reproduction: physiological roles and regulatory mechanisms. Physiol Rev, 92: 1235-1316.

Veiga-Lopez A, Cocero MJ, Dominguez V, et al. 2006. Follicular wave status at the beginning of the FSH treatment modifies reproductive features in superovulated sheep. Reprod Biol, 6: 243-264.

（张　立、李光鹏）

第十一章 胚胎移植

以胚胎移植为基础的胚胎工程技术是生物工程领域的先进技术，对畜牧业的发展起到了极大的推动作用。我国胚胎工程技术的发展已有 60 多年的历史，已达国际先进或领先水平。随着动物繁殖理论与现代生物技术的发展，同期发情、超数排卵、性别控制、配子与胚胎冷冻、胚胎移植等技术已日臻完善。优化与高效胚胎移植技术的应用，加速了优良家畜的扩繁和品种改良。

第一节 胚胎移植的生理学基础与基本原则

一、胚胎移植

胚胎移植（embryo transfer）是指一头（只）雌性动物（供体）发情排卵并经配种后，在一定时间内从其生殖道（输卵管或子宫）取出胚胎，或者是由其他方式获得的胚胎（体外受精胚胎、克隆胚胎或转基因克隆胚胎等），移植到自然发情或经同期发情处理的受体母畜的输卵管或子宫，外来胚胎在受体子宫着床并继续生长发育，并最终产下后代的过程，即通常所说的“借腹怀胎”。超数排卵和胚胎移植技术通常联合应用，合称超数排卵和胚胎移植（multiple ovulation and embryo transfer）技术，简称 MOET 技术。

人们研究胚胎移植已有 100 多年的历史。英国剑桥大学 Walter Heape 于 1890 年 4 月首次成功进行了兔的胚胎移植。他将 4-细胞期的安哥拉兔胚胎移植到一只已交配过的比利时野兔的输卵管内。这只比利时野兔最终出生 6 个仔兔，其中 4 只是比利时兔，另外 2 只是安哥拉兔。这个实验证明了移植胚胎在受体动物体内完全可以正常发育。该实验的成功，极大地影响了繁殖生物学和畜牧业的发展。

20 世纪 30 年代以后，胚胎移植的研究越来越多。实验动物和家畜如绵羊（1934 年）、山羊（1949 年）、猪（1951 年）、牛（1951 年）和马（1973 年）等都相继获得了胚胎移植后代。胚胎冷冻技术的出现，是胚胎移植技术的一次飞跃。1975 年，在美国科罗拉多州丹佛市召开第一届国际胚胎移植学会暨成立大会，标志着胚胎移植技术正式成为国际动物繁殖领域公认的现代生物技术。这些主要事件概括于表 11-1。

表 11-1 胚胎移植和有关技术发展历史概括

研究者，年份	事例	动物
Heape，1890	首次胚胎移植成功	家兔
Beidl 等，1922	胚胎移植成功	家兔
Nicholas，1933	胚胎移植成功	大鼠
Warwick 和 Berry，1949	胚胎移植成功	绵羊和山羊
Kvansnickii，1951	胚胎移植成功	猪
Willett 等，1951	胚胎移植成功	牛
Marden 和 Chang，1952	首次胚胎洲际运输（保存在 10℃）	家兔
Alberta 胚胎移植公司，1971	首次成立家畜胚胎移植公司	牛
Whittingham 等，1972	经长期冷冻．胚胎发育产仔	牛
国际胚胎移植学会，1975 年 1 月	国际胚胎移植学会成立	
Steptoe 和 Edwards，1978	体外受精、胚胎移植	首例试管婴儿
Illmensee 和 Hoppe，1981	首次胚胎细胞核移植	小鼠
Willadsen，1986	胚胎克隆	绵羊
Wilmut，1996	体细胞克隆	绵羊

我国的动物胚胎移植研究首先在家兔（1973 年）获得成功，之后在羊（1974 年）和牛（1978 年）陆续获得成功。1976～1977 年，低温（10℃）下分别保存 1 天和 5 天的家兔和绵羊胚胎，经移植后成功获得仔兔和羔羊；1979 年，超低温冷冻保存 8.5 天的家兔胚胎，解冻并移植后得到后代；1980 年，超低温冷冻保存的绵羊胚胎经移植后产羔；1982 年，超低温冷冻保存 374 天的牛胚胎经移植后产犊；1982 年，马胚胎移植也获得成功；1984 年，山羊体外胚移植成功。随后，胚胎分割、胚胎细胞核移植、嵌合体、体细胞核移植、干细胞嵌合体与转基因等技术，均应用于动物胚胎工程中，最终通过胚胎移植技术产下动物。我国家畜胚胎移植发展简史见表 11-2。

表 11-2 我国家畜胚胎移植发展简史

研究者（年份）	事例	家畜
陈玉琦，1973	胚胎移植成功	家兔
中国科学院遗传与发育生物学研究所，1974	胚胎移植成功	绵羊
中国科学院遗传与发育生物学研究所，1976	胚胎低温 10℃保存产仔	家兔
谭丽玲等，1976	胚胎低温 10℃保存产羔	绵羊
广东牛卵移植协作组，1978	手术法胚胎移植成功	奶牛
中国科学院遗传所，1979	–196℃保存胚胎产仔	家兔
王建辰等，1980	胚胎移植成功	奶山羊
王运京等，1980	非手术法胚胎移植成功	奶牛
中国农业科学院北京畜牧兽医研究所，1980	–196℃保存胚胎产羔	绵羊
姚振沅等，1982	–196℃保存胚胎产犊	奶牛
马玉斌，1982	胚胎移植成功	马
旭日干，1984	体外胚移植产羔	山羊
王光亚等，1987	冷冻胚胎产羔	奶山羊
张涌等，1987	胚胎分割移植成功	奶山羊
谭丽玲等，1989	鲜胚分割同卵双生产犊	奶牛
郭志勤等，1989	冻胚分割同卵双生产犊	奶牛
谭丽玲等，1989	鲜胚分割四分胚产犊	奶牛
郭志勤等，1992	鲜胚分割四分胚产羔	绵羊
陈大元等，2002	体细胞克隆	牛

二、胚胎移植技术的生理学原理

（一）动物发情后生殖器官的孕向发育

在发情后的最初一段时期（周期性黄体期），不论是否受精，生殖系统均处于受精后的生理状态之下。在这一阶段，从生理现象上看，妊娠与未妊娠并无区别。生殖系统的变化是相同的，生理状态也是完全一致的。所以，动物在发情后的最初几日，其生殖器官有明显的孕向变化，输卵管与子宫处于可以接受胚胎的状态。如果发生受精，在孕激素的作用下，生殖系统则继续保持妊娠状态，直至分娩；如果没有发生受精，生殖系统这种类似妊娠的状态也会保持数日之久。以牛为例，发情而未受精的子宫系统可以保持类似正常受孕状态 10 天以上。在这段时间内，如果把处于同期发育状态的胚胎移入子宫内，子宫内膜环境可以接受移植入的胚胎，完成胚胎植入，建立妊娠。因而，胚胎移植成功的前提是所移植胚胎的发育阶段必须与受体动物生殖器官的生理环境同步。

（二）早期胚胎的游离性状态

在相当长的一段时间内，附植之前的胚胎游离在输卵管或子宫腔内，它的发育主要靠自身贮存的营养物质。处于游离状态的胚胎有透明带的保护，可以免受生殖管道内的化学或物理损伤。胚胎一般是从排卵侧的输卵管进入子宫并着床。但胚胎也可以从一侧子宫角迁移到另一侧子宫角，这种现象叫作胚胎的子宫内迁移（embryo migration in the uterus)。大多数动物的胚胎均可以在子宫内发生迁移，马的胚胎在子宫内迁移率较高，可达 50%以上。绵羊胚胎的迁移率在排一个卵时为 4%～8%；当一侧卵巢排两个卵时，迁移率达 90%。牛胚胎的迁移率低，约为 0.3%。猪胚胎在两侧子宫角迁移，使胚胎在两侧子宫着床的数量几乎相同。因而，在胚胎移植时，尤其是多胎动物，可以将几枚胚胎仅从一侧输卵管或子宫移入，胚胎通过自身迁移，即可完成在左右子宫角内的分布并着床。

（三）胚胎移植与免疫排斥

胚胎必须与受体的子宫内膜建立起生理和组织上的联系，才能保证胚胎或胎儿的正常发育。移植受体只提供适宜的子宫环境，不会对胚胎产生基因组方面的影响。已经有研究证明，同一物种之间进行胚胎移植操作不会发生免疫排斥（immunological rejection）反应，这是胎盘屏障和妊娠时母体对胚胎的免疫豁免（immune privilege）双重效应的结果。异种动物之间胚胎移植会发生强烈的免疫排斥反应，导致胚胎无法着床，因而胚胎移植无法在异种间进行。妊娠免疫耐受有多种学说，各种学说都有一定依据，但都未能彻底解释这一问题。胚胎移植的受胎率较自然繁殖低，是否与妊娠免疫耐受有关，还无充分的证据。自我及非我识别学说，即免疫系统区分在发育过程中的“自我”和后来进入的“非我”，并耐受“自我”而攻击“非我”。该学说是在肯定免疫系统对自身抗原进行识别的前提下，认为胚胎不是感染性异物，不具有病原相关分子识别信号，所以母体不排斥胚胎。

自然选择条件下产生的物种，不会编码对同种移植物特异性成分进行识别的受体，其免疫系统应能在其生存环境下抵御危及种系延续的异物入侵。所以，免疫识别编码首先应能满足对病原性寄生物特异性成分的识别及对自身组织突变的识别。胎生方式的存在本身即可证明，即使存在妊娠母体对胚胎遗传异质性的识别，也不会产生损及胎儿的排斥反应（林其德，2006；李青旺和胡建宏，2011）。

（四）胚胎着床

移植后的胚胎能否顺利着床是胚胎移植技术能否成功的关键。胚胎着床（implantation）是胚胎与子宫内膜上皮相互识别和相互作用的过程。胚胎着床的成功与否，主要取决于胚胎质量和子宫内膜容受性（endometrial receptivity）。子宫内膜蜕膜化（decidualization）是正常着床和妊娠的一个重要特征，是着床的关键。蜕膜化实际上就是胚胎滋养层与蜕膜样的子宫内膜接触，产生的母胎界面免疫耐受、血管增生重建、容许胚胎植入的过程。到目前为止，已证实有多种分子参与子宫内膜的蜕膜化过程，包括细胞因子、信号转导分子、转录因子、生长因子、黏附分子、血管活性因子与免疫因子等。蜕膜作为一个免疫屏障，形成母胎界面免疫微环境，与自然杀伤（NK）细胞、Th1/Th2 细胞因子、非典型组织相容性白细胞抗原等共同作用，使胎儿免受母体的排斥。蜕膜中自然杀伤细胞-滋养层细胞之间的相互作用是母体免疫系统识别胎儿同种抗原的细胞基础。

正常情况下，哺乳动物的胚胎仅在一个极短的时间内有机会植入母体子宫内膜上，即囊胚的滋养层达到侵入状态，子宫内膜达到接受状态；且只有两者同步发生，囊胚才会着床成功。胚胎着床一般分 3 个步骤：①胚胎开始贴附到子宫壁，称为附着，此时不稳定，滋养层细胞表面的微绒毛与子宫内膜顶端的吞饮泡结合；②稳定贴附，其特征是胚泡和子宫内膜的相互作用加强；③滋养层细胞侵入子宫基质，子宫上皮重新生长覆盖植入位点。最后一个过程建立了子宫胎盘循环，使滋养层细胞与母体血液联系起来。有关胚胎着床或植入的发生机制等内容详见有关书籍（杨增明等，2005；李光鹏和旭日干，2016）。

（五）妊娠识别及妊娠建立

孕体（conceptus）是妊娠时由胎儿、胎膜和胎水（尿囊液和羊水）构成的综合体。在妊娠初期，孕体是一个单一的胚胎（扩展囊胚或称胚泡）。妊娠识别（recognition of pregnancy）是妊娠初期孕体产生的激素将自己存在的信号传递给母体，母体根据此信号产生一定的反应，即对胎儿的存在进行识别。妊娠建立是孕体与母体彼此联系和相互作用，并通过激素的媒介和其他生理因素被固定下来。妊娠的识别发生在胚胎附植之前，早于周期黄体消失的时间。不同物种妊娠识别发生的时间：猪为 11～13 天、牛为 16～17 天、绵羊为 13～14 天、马在 15 天左右。可以说，胚胎附植是母体与孕体之间建立组织密切联系的过程，而妊娠识别则是建立生物化学联系的过程。

妊娠建立、妊娠维持与妊娠终结的分娩是母体和孕体共同参与的生理活动。甚至可以说，孕体在很大程度上起着主导作用，特别是对妊娠的建立和分娩。孕体是发动因素，起着决定性的作用。所以，母体和孕体的关系并不是养育者和被养育者的主动与被动关系。

三、胚胎移植的基本原则

在胚胎移植操作过程中，必须遵循移植前后所处环境的同一性原则，包括生理上的一致性和解剖部位上的一致性。即受体和供体在发情时间上的一致性、胚胎在移植前与移植后所处空间环境的一致性。胚胎发育的日龄也必须与受体发情排卵期的日龄相一致。

（一）受体和供体在分类学上的相同属性

受体和供体属同一物种、亚种，或为近缘种之间，胚胎移植才能获得成功。在分类上关系较远的不同物种，由于胚胎（胎儿）组织结构、发育需要的条件（营养和环境）和发育速度（附植的时间和妊娠期）差异太大，胚胎移植后胚胎不能存活或只能存活很短的时间。例如，将绵羊、猪或牛的早期胚胎移植到兔的输卵管内，虽然可以存活数日，但无法实现着床。可能是物种之间存在的免疫排斥反应使胚胎或胎儿发育受阻。

（二）生理上的一致性

受体动物一定要与供体动物在发情与生殖生理状态上保持一致，即同处相同的生理时期，供受体动物的生殖器官的发育状态一致。供体与受体的发情同步差异越大，胚胎移植的妊娠率越低。在操作时，多采用同期发情手段，批量处理受体动物，使其同时进入发情状态，再将处于同一发育时期的胚胎进行移植，可以提高胚胎移植效率。

（三）解剖部位上的一致性

胚胎的移植部位要与移植前胚胎所处的位置相一致。取自输卵管的胚胎，应移植到受体动物的输卵管；来自子宫的胚胎，应移植到受体的子宫内，即需要保持移植前后胚胎所在生殖管道的空间环境的一致性。胚胎的发育伴随着它在输卵管、子宫内位置的变化，不同发育阶段的胚胎，对母体输卵管或子宫环境的要求很严格。如果胚胎移植在空间位置上发生错乱，胚胎与发育环境发生错配，往往导致胚胎不能着床或死亡。

（四）胚胎收集的期限

胚胎收集和移植的期限（胚胎的日龄），不能超过周期黄体的寿命。因此，通常在供体发情配种后 3～8 日内收集胚胎，并进行移植。

（五）胚胎的质量保证

在移植的全部过程中，避免胚胎受到不良因素（物理、化学或微生物）的影响。移植前，对胚胎活力与质量要进行鉴定、评定等级与估计受胎能力。

四、胚胎移植的内容

胚胎移植过程主要包括供体的选择、饲养管理、超数排卵、发情鉴定、配种、胚胎收集、胚胎质量鉴定、胚胎冷冻；受体的选择、饲养管理、同期发情、发情鉴定、胚胎移植及移植后受体的饲养管理、妊娠诊断、孕期管理与生产等内容。

五、胚胎移植的意义

（一）提高优良母畜的繁殖力，加快品种改良

人工授精技术的应用极大地开发了优良公畜的繁殖能力。利用胚胎移植技术手段，采用超数排卵技术可获得大量卵子，经过体外或体内受精得到大量优良胚胎，这不仅使优良母畜的遗传资源得到开发，提高母畜的繁殖力，同时也能加速动物品种改良速度。目前，胚胎移植技术已经成为优良家畜繁殖的主要手段之一。

（二）濒危动物的拯救与保护

濒危动物，其种群数量急剧下降，近亲繁殖严重，繁殖力减退。若采取适当的措施，利用有限的雌性动物获得较多的卵子，辅以体外受精，便可得到较多的胚胎，再将这些胚胎移入同种或近缘种动物的生殖器官内，可以获得目的动物。通过这一途径可使目前的濒危动物得到拯救与保护。

（三）诱导双胎

对单胎动物来说，给已配种的母畜移植一枚胚胎，或给未配种的受体母畜移植 2 枚

胚胎，可使母畜生产双胎。

（四）保存遗传资源

通过胚胎冷冻保存，建立优良品种及地方良种胚胎基因库，对实施保种工程有着重要意义。

（五）品种资源引进

胚胎可长期保存和远途运输，胚胎移植也不受时间和地域的限制，这为品种资源的引进和交换及减少疾病传播等提供了更好的选择。

（六）胚胎生物工程技术的重要组成部分

胚胎移植是动物胚胎生物工程技术所必需的技术手段和终端步骤。胚胎生物工程技术包括体外受精、胚胎分割、胚胎嵌合、细胞核移植技术等，所有这些技术最终都必须通过胚胎移植手段来获得健康存活的目的动物。

第二节　供体动物的超数排卵

超数排卵（superovulation）简称“超排”，是以外源性促性腺激素诱发动物卵巢的卵泡发育并排出具有受精能力的卵子的过程。在自然状态下，卵巢中99%以上的有腔卵泡均发生闭锁而退化，仅有不到1%的有腔卵泡能够发育成熟和排卵。因而，超数排卵就是利用超过体内正常水平的外源性促性腺激素，使将要闭锁的有腔卵泡发育成熟进而排卵的过程。

一、供体选择与饲养管理

（一）供体选择

选择供体的首要条件是其遗传学价值。要求选择体型外貌良好、遗传性状稳定且谱系清楚、生产、繁殖与抗病性能好、生殖机能正常且对超数排卵有良好反应的健康母体作为供体。在选择供体畜群时，必须考虑畜群的健康状况，要进行传染病的检疫、预防注射和体内外寄生虫的驱虫工作。

以牛为例，供体牛一般应符合以下条件。

1）品种优良、生产性能好、遗传性稳定、谱系清楚。

2）体质健壮、生殖器官正常、无遗传和传染性疾病。

3）繁殖机能正常、无流产史，无阴道炎、子宫内膜炎、卵巢囊肿等疾病。

4）年龄在16月龄到8周岁为宜，产犊牛产后90天以上且断奶，有两次以上正常发情记录。

（二）供体的饲养管理

选择好供体之后，就要尽快确定供体的发情周期，需要安排专人每天观察发情情况，摸清动物的发情周期，之后根据多数动物的发情表现，安排同期发情处理。运输、饲养管理条件的改变及气候的异常变化等均可影响动物发情。供体畜群在经过适应性饲养期以后，至少要连续观察两个情期才能进行超排处理。

供体的营养状况对超排效果和胚胎质量有很大影响，过肥或过瘦都影响胚胎生产。因此，必须根据畜群的体质与营养状态调整日粮标准，通过饲养管理来保持供体畜群的适宜体况。在某些特殊地区，还应注意青绿饲料、维生素 A 和微量元素的补充。供体畜群的适当运动也很重要。

供体的饲养管理，特别需要注意以下事项。

1）保持供体饲养环境特别是棚舍温度适宜、卫生、干燥，避免应激反应。

2）制定合理的供体日粮配方。

3）满足供体清洁饮水的需要。

4）超排前 8 周加强对供体的饲养管理。

（三）饲养设施

可根据不同地区、饲养管理要求等确定饲养设施。一般需设置畜栏和保定架，以便检查和挑选供体。如果畜群较大，还要考虑防疫、检疫设施。另外还需要有充分的运动场地。

二、超数排卵处理

超数排卵的效果受动物的遗传特性、体况、营养、年龄、季节、发情周期阶段、产后时期长短、卵巢功能及激素制品的质量和用量等诸多因素的影响。不同品种或不同个体对超排的反应差异较大，效果很不一致。供体在经过 1 次超排处理后，应恢复 1～2 个周期才可进行下一次超排。在生产了 2～3 次胚胎后，除非特殊需要，应让母畜配种妊娠，通过妊娠来调整和恢复正常生殖内分泌机能。

应用于牛羊超排的激素主要有 PMSG、FSH、LH、$PGF_{2\alpha}$及其类似物和孕激素等。

PMSG 在体内的半衰期长，使用方便，超排过程仅需注射一次。然而，由于 PMSG 的半衰期过长，会导致卵巢的过度刺激及对排卵、受精和随后的胚胎发育产生不利的影响。因此，一般不采用 PMSG 对家畜进行超排处理。

目前，广泛应用于母畜超排的激素是 FSH。用于超排的 FSH 均是从屠宰家畜的脑垂体中提取的。脑垂体同时分泌 FSH 和 LH，因此商品 FSH 制剂中都不同程度地含有 LH。不同厂家或同一厂家不同批次的 FSH 制剂中 LH 含量差异很大，导致超排效果有时不稳定。FSH 的半衰期为 2～5h，超排时每天需注射 2 次，剂量逐日递减。日本学者 Yamamoto 等（1994）报道，将 FSH 用 30%的聚乙烯吡咯烷酮（PVP）溶解后，它在牛体内的半衰期可以延长至 3 天。将 30mg FSH 溶解于 10ml 30%的 PVP 溶液中，一次肌肉注射，可简化超排程序，提高超排效果。这可能是由于 PVP 是一种大分子物质，能对 FSH 起包被和缓释的作用（张立等，2007b）。

（一）牛的超数排卵

供体牛在超排处理前，应至少连续观察两个发情周期。如果发情周期不规则，则需要多观察几个周期。周期正常的供体牛，在确认生殖器官正常后进行超排处理。在牛的每个发情周期中，有 2 个或 3 个卵泡发育波。采用孕酮或者雌激素抑制优势卵泡的发育，诱导下一个卵泡发育波的产生，在第二个卵泡发育波发生的当天（发情后第 9～10 天）对牛进行超数排卵处理，可促使更多的卵泡同时发育，提高供体牛的超排效果。

超排处理的母牛，排卵持续的时间较正常发情牛长。有实验表明，超排母牛卵泡的排卵期可持续长达 24h 之久。因此，超排后供体的配种次数和配种所用的精液剂量也要增加。可在观察到发情后的 12h 进行第一次输精，隔 12h 再输精一次，一般输精 2～3 次。输精超过 3 次仍持续发情的牛，往往存在卵泡囊肿的问题。

牛超数排卵方法推荐如下。

1. 超数排卵激素

FSH：①国产 FSH，10mg/瓶；②加拿大进口 FSH（Folltropin-V），400mg/瓶（20ml）。FSH 的推荐剂量见表 11-3。

表 11-3　FSH 的推荐剂量

	奶牛	肉牛
经产牛	12～15mg（中科院制剂） 300～400mg（Folltropin-V）	10～12mg（中科院制剂） 250～350mg（Folltropin-V）
育成牛	8～12mg（中科院制剂） 200～300mg（Folltropin-V）	6～8mg（中科院制剂） 200～250mg（Folltropin-V）

PG：①国产氯前列烯醇，0.2mg/支（2ml）；②进口氯前列烯醇，5mg/支（20ml）。

CIDR：含有孕激素的阴道栓（黄体酮 1.38g）。

2. 超数排卵方法

（1）FSH 减量注射法

将母牛发情或放 CIDR 之日记为发情周期的 0 天。在母牛发情周期或放 CIDR 的 9 天或 10 天，每天早、晚各注射 1 次 FSH，间隔 12h。连续注射 4 天，剂量递减（表 11-4）。在 FSH 注射第 3 天，同时肌注 2.0～2.4mg $PGF_{2\alpha}$ 或 0.6mg 氯前列烯醇。根据不同厂家的激素确定适宜剂量。重复超排间隔时间一般为 45～60 天。

表 11-4　牛 FSH 超数排卵连续 4 天注射法

	0 天	9 天	10 天	11 天	12 天	13 天	14 天
早	发情	FSH 2.8ml	FSH 2.3ml	FSH 1.8ml + 0.6mg PG	FSH 1.3 ml	发情、AI	AI
晚		FSH 2.8ml	FSH 2.3ml	FSH 1.8ml	FSH 1.3ml		AI

注：①本表以 FSH 总剂量 328mg 为例，(2.8+2.3+1.8+1.3）×2×20=328mg；②FSH 为进口（每瓶 400mg），用 20ml 生理盐水稀释；③第五针注射 FSH 时，同时肌注国产氯前列烯醇 0.6mg，或进口氯前列烯醇 3.0ml；④AI 表示人工授精

（2）PMSG 处理法

在母牛发情的 10～11 天，一次性肌注 PMSG 2500～3000IU，48h 后肌注 $PGF_{2\alpha}$ 2.4mg。发情后约 18h，肌注等量的抗 PMSG 抗体。

（二）绵羊和山羊的超数排卵

绵羊和山羊每个情期一般排卵 1～3 枚；而经过超排后，可获得 6～60 枚可用卵母细胞。外源的促性腺激素，诱发腔前卵泡群体数量的增加和多个优势卵泡的形成。优势卵泡的选择基本取决于两个方面：一是个体血液中的促性激素水平，二是卵泡内的激素受体的表达量。

绵羊的发情周期平均为 16 天（14～20 天），山羊平均为 21 天（16～24 天），绵羊的发情期为 16～35h，山羊为 24～48h。绵羊的排卵一般发生在发情开始后 24～27h，山羊的排卵发生在发情开始后 30～36h。排双卵时，两卵排出的间隔时间平均为 2h。

羊超数排卵方法推荐如下。

1. 超数排卵激素

（1）国产激素类

FSH，100IU/支，宁波市激素制品有限公司生产；LH，200IU/支，宁波市激素制品有限公司生产；氯前列烯醇，0.2mg/支，上海计划生育科学研究所生产。

（2）进口激素类

CIDR（含孕激素 0.3g 的阴道栓塞），FSH 可使用国外生产的同类优质产品。

（3）推荐剂量

国产 FSH 剂量：绵羊：90～200IU；山羊：90～160IU。
国产 LH 剂量：根据 FSH 的注射剂量，肌注 80～120IU。
国产 PG 剂量：各品种的绵羊和山羊肌注 0.1～0.15mg/次。

2. 超数排卵方法

（1）自然发情或 PG 同期法

绵羊以母羊发情之日作为发情周期的 0 天，在母羊发情周期的第 13 天或 13.5 天（周期在 17.5 天的羊，从第 13.5 天）开始，每天早、晚各注射 1 次 FSH，中间间隔时间 12h，连续 3 天，递减注射（表 11-5）。

山羊以母羊发情之日作为发情周期的 0 天，在发情周期的第 15 天开始，每天早、晚各注射的 1 次 FSH，中间间隔时间 12h。连续 3 天，递减注射（表 11-5）。

（2）孕激素法

绵羊在放入 CIDR 之日作为 0 天，在放入 CIDR 的第 13 天开始超排（表 11-5），在注射第 6 针 FSH 时取出 CIDR。

表 11-5　绵羊（山羊）FSH 3 天注射法超数排卵

发情周期天数		13（15）	14（16）	15（17）	16（18）	17（19）
时间剂量	早	FSH 30IU	FSH 25IU	FSH 20IU+PG 0.08mg	发情、AI LH 120IU	发情、AI
	晚	FSH 30IU	FSH 25IU	FSH 20IU（取出 CIDR）	发情、AI	发情、AI

注：括号中的数字为山羊 FSH 注射发情周期天数，FSH 总剂量 150IU。①AI 表示人工授精；②FSH（100IU/安瓿）和 LH（200IU/瓶）用生理盐水稀释；3）在第 5 次注射 FSH，同时肌肉注射 PG；4）确定超排处理羊发情后立即注射 LH 同时配种。如果 FSH 未注射完供体羊已发情，停止注射 FSH，立即注射 LH 同时配种

山羊以放入每一个 CIDR 之日为 0 天，在放入 CIDR 的第 13 天，更换第二个 CIDR，在放入第一个 CIDR 的第 15 天开始超排（表 11-5）。在注射第 6 针 FSH 时取出 CIDR。

3. 羔羊超数排卵

出生后 4～8 周龄羔羊卵巢上的卵泡发育数量，既不受出生季节和体重影响，也没有成年羊卵巢上卵泡优势化的现象。利用 FSH 对 1～2 月龄羔羊进行超数排卵，每次可获得 80～160 枚可用卵母细胞。在自然状态下，母羊妊娠 135 天时，胎儿卵巢中开始出现有腔卵泡。在羔羊出生之后，卵巢有腔卵泡数量随着日龄的增加而增加，于羔羊出生后 4～8 周龄达到高峰。以后，随着青春期的到来卵泡数目开始减少，同时伴随着卵泡闭锁的出现；到 33 周龄时，卵泡数量保持相对的稳定。

在 4～8 周龄时，利用 FSH 对羔羊进行超数排卵，可获得最多数量的卵母细胞。当对 3 月龄羔羊进行超排处理时，卵巢上发育的卵泡数却骤然下降。因此，4～8 周龄羔羊卵巢及其卵泡的发育可能是一个关键阶段。

（三）实验动物超数排卵

1. 小鼠

成年小鼠在非妊娠和非哺乳期间，任何时间都可发情，性周期为 4～5 天。超排一般选用 20～30g 的母鼠，用 PMSG 超排较为方便。可于第 1 天下午 4 时左右腹腔注射 5IU 的 PMSG，第 3 天下午 4 时左右腹腔注射 5IU 的 hCG，并和雄鼠同笼饲养自然交配。第 5 天清早观察，如有阴道栓形成，即可供采胚。依据所需胚龄大小收集胚胎。

2. 家兔

在良好的饲养条件下，母兔卵巢内的卵泡可连续发育，有较长期的发情征兆，也有较稳定数量的卵泡可以排卵。如果不给母兔配种，卵巢中的卵泡仍然维持膨大，有效期可达 12～16 天。然后开始退化，并由新的生长卵泡所代替。在繁殖季节，除了老化的卵泡正在退化、生长卵泡正在发育的过渡期外，卵巢中总维持一定数量的有效卵泡。母兔在换毛、哺乳和营养不良时，卵泡发育停止，这时不接受交配。无效交配、注射促排卵药物或母兔相互爬跨，均可引起假孕。假孕期可持续 16～17 天。在假孕期，母兔不

再接受交配；假孕期结束时，母兔也有筑窝和扯毛现象。

家兔超排可在非假孕期的任何时间进行，但以阴道呈现粉红色时效果较好。超排时，PMSG 100～150IU 静脉注射，一般可在 3～4 天内发情配种。间隔 3～4h 复配一次，可提高排卵率。在接受交配后，静脉注射 hCG 25～75IU 或 LH 20～30IU，诱使排卵。一般情况下，自然交配可诱导排卵。FSH 同样可用于兔的超排，剂量为 20～30IU，但需要连续皮下或肌肉注射 3～4 天。

三、超数排卵遇到的问题

（一）超排反应存在个体效应

实践中发现，经超排处理的母畜群中，约有 1/3 供体的超排效果较为理想，1/3 的供体反应一般，1/3 的效果较差（不排卵或卵巢没有反应）。主要是由于母畜自然发情周期的长度存在差异。不但个体之间有差异，而且同一个体每次发情周期的长度也不是恒定不变的，所以每次超排不一定能与所有母畜卵巢机能相吻合，超排效果差异很大。由于动物处在黄体期、黄体退化初期、退化末期或退化期等不同时期时卵泡发育的程度不尽相同，外源激素对不同时期的卵泡的作用不一样，因而引起的超排效果也不同。

（二）超排后卵母细胞不受精

经超数排卵获得的卵子受精率和受胎率均低于自然排卵卵母细胞的受精率和受胎率。如将超排所得的羊卵母细胞与自然排卵的卵母细胞在不含激素的培养液中进行培养，在超排组中，有 28%的卵母细胞的蛋白质合成过程发生了改变，而自然排卵组的卵母细胞蛋白质合成情况与活体卵巢生长卵泡内的卵母细胞相同。其原因可能是由于激素处理后，引起母畜体内的类固醇激素水平升高，高浓度雌激素改变了卵子和胚胎在输卵管、子宫内的生存环境，影响了卵子受精和胚胎的发育（图 11-1）。

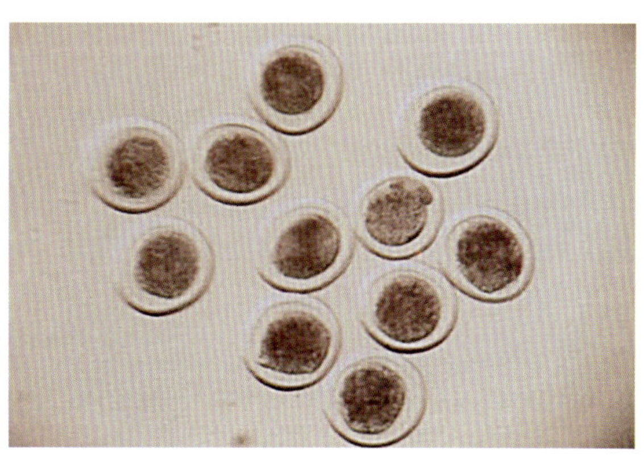

图 11-1　牛超排后第 7 天未受精的卵母细胞

（三）超排后黄体早衰与退化

由于激素比率的失调或使用促排卵激素不当引起的未成熟卵泡排卵，使卵巢不能形成发育良好的黄体，或造成黄体过早退化（图 11-2）。黄体的形成与发育取决于排卵前卵泡的内外生化环境。只有充分发育成熟的卵泡排卵以后，才能形成发育良好的黄体。黄体早期退化多发生于排卵的第 5 天以后，在黄体退化以前收集胚胎，可望获得较高的收集率。如应用 PMSG 对山羊超排后，在发情后第 4 天收集胚胎，胚胎的收集率显著高于在发情第 6～7 天时的收集率。发生这种现象的原因可能是由于黄体过早退化，孕酮分泌量急骤下降。如在配种后的第 3 天在阴道内放置孕酮海绵栓，可防止因黄体早期退化而引起的胚胎退化。

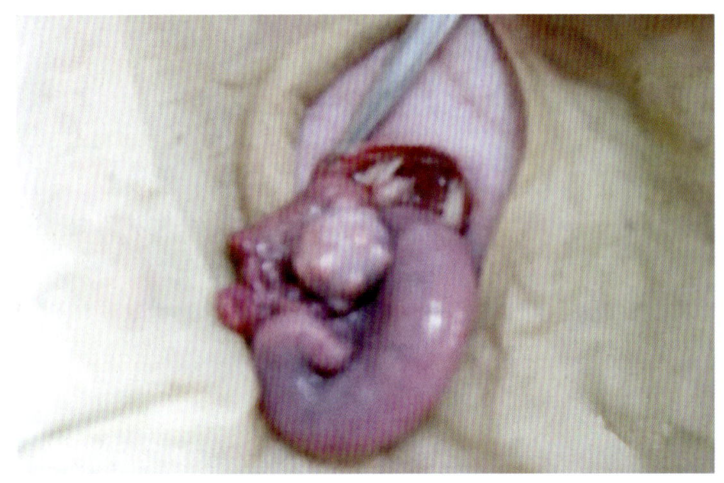

图 11-2　山羊超排后第 7 天的退化黄体

（四）超排后不排卵或卵泡囊肿

供体动物的发情周期不恒定，超排激素中的 FSH/LH 比例不适当、激素剂量过大都有可能导致卵巢中不排卵的大卵泡数量增多，或造成卵泡囊肿。当未排卵的大卵泡多于黄体数时，会造成受精受阻或受精失败。

（五）外源激素干扰了内源生殖激素的平衡

在牛中，超排后如能表现发情，则内源性的 LH 足以诱导大多数卵泡排卵。增加外源的 LH 或 hCG 似乎也不能提高超排效果。不适当的注射 LH 可能促使非成熟卵泡排卵，或导致排卵后仍有大量卵泡继续发育，从而造成超排失败。对血浆促性腺激素测定表明，在配种时注射 LH，血浆中出现两个 LH 峰：第一个是外源 LH 在血浆中的反应；第二个是自然的排卵前峰。还有研究表明，用促性腺激素诱导动物发情后，给予排卵剂量的 hCG（500～1500IU），会减少雌二醇的分泌和抑制排卵前内源性 LH 峰的出现，导致排卵障碍和卵巢囊肿（Ziecik et al.，1988）。因此，牛在超数排卵时，使用 LH 或 hCG 促排并无必要，通常弊多利少。

第三节 人工授精与胚胎收集

人工授精（artificial insemination，AI）技术是指借助专门器械（输精枪等），将精液输入发情雌性动物的生殖道内，代替动物自然交配，达到受孕目的一种繁殖技术。为了提高繁殖效率，在家畜生产中多采用 AI 技术。超数排卵与 AI 技术联合使用，可以获得数倍于自然受精的胚胎数，实现优良家畜的快速规模化扩繁。

一、母牛发情鉴定

关于母畜的发情鉴定已在本书第十章做了较为详细的介绍。由于发情鉴定在超数排卵、人工输精和体内胚胎生产过程中是很关键的一步，本节将对母牛的发情鉴定做进一步的阐述。

母牛发情期短，排卵一般发生在发情结束后 4～16h。由于发情母牛的外部表现较为明显，所以在生产实践中常采用外部观察法，结合阴道检查法与直肠检查法进行发情鉴定。在大型奶牛场，也使用计步器进行发情鉴定，即将计步器固定在母牛的前肢或颈链上，通过计算母牛的活动情况判断其是否发情。母牛在发情后活动频繁，发情母牛每小时步数比不发情母牛高 2～4 倍，计步器鉴定发情的准确性为 60%～100%。随着智能化技术的发展，一些更先进、更准确的智能设施应用于家畜发情检测，也应用于观察动物健康与产奶等方面。

（一）发情早期

母牛外阴部湿润且有轻度肿胀，食欲不佳，躁动不安，常伴随哞叫。同时追随其他母牛，嗅闻其他牛外阴部，并企图爬跨其他牛，但不愿接受其他牛爬跨。

（二）发情中期（站立发情期）

由发情早期进入站立发情阶段，一般为 6～18h。阴门红肿，由阴道中流出牵缕性透明黏液，愿意接受其他牛爬跨。此阶段的母牛表现为食欲差，不停哞叫，目光锐利，两耳直立，走动频繁，伴有体温升高。以手按压十字部，母牛表现凹腰，高举尾根部。因接受爬跨，致使尾根部被毛蓬乱，此时适宜输精。

（三）发情后期

继站立发情阶段后，一部分母牛仍继续表现发情行为，这一阶段可持续 17～24h。主要表现为黏液量减少，白而混浊，有干燥的黏液附于尾部。发情母牛被其他母牛闻嗅或有时闻嗅其他母牛，但不大愿意接受其他母牛爬跨。此期，外阴部的充血肿胀度明显消退，之后母牛行为恢复正常。

二、人工授精技术

（一）人工授精操作流程

以牛为例，人工授精的流程是：准备工作→母牛发情鉴定→器械消毒→解冻精液→镜检活力达 0.35 以上→适时对发情母牛输精。

（二）冻精解冻与输精

1. 冻精解冻

在保温杯中装入适量 38～39℃的洁净水。于液氮罐中迅速夹取细管冻精一支，在空气中停留 10s，然后浸入保温杯热水中 10～15s，取出。用无菌棉球将细管上的水珠擦干，用细管剪把细管封闭的一端剪掉，装入输精枪。输精枪装好输精保护外套后，即可进行输精操作。

2. 人工输精

在超数排卵第 8 次注射 FSH 之后，每隔 6h 观察一次供体牛的发情情况，每次观察 0.5h 以上。以母牛稳定站立接受其他牛爬跨作为发情的准确时间（图 11-3）。

图 11-3　中间被爬跨的牛为发情牛

在观察到供体接受爬跨后进行第一次输精，间隔 10～12h，进行第二次和第三次输精。用于输精的冷冻精液，解冻后精子的活率不应低于 35%，宜现用现解冻，输入两侧子宫角或子宫体。要做到输精适时和操作规范（图 11-4），输精适时期见表 11-6。

（三）输精操作规程

普遍采用直肠把握输精法。输精前，通过直肠检查，进一步确认是否发情，并检查卵泡发育情况，尽量做到适时输精。

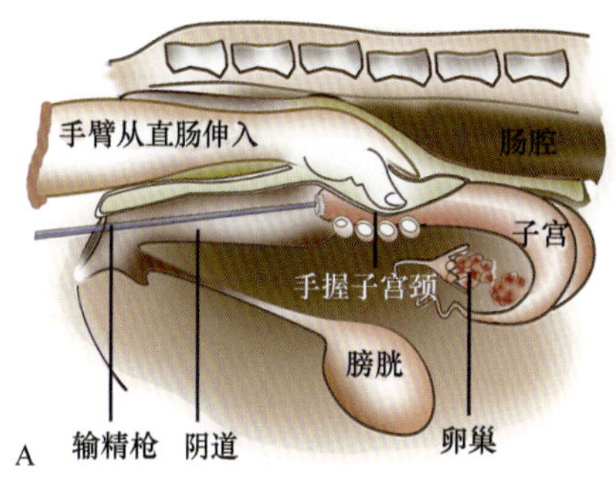

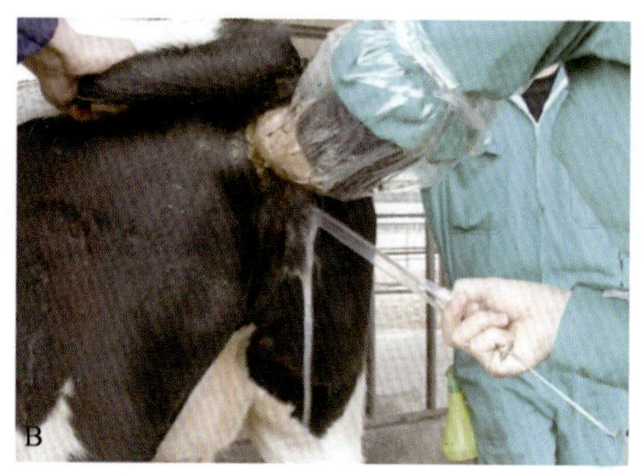

图 11-4　牛的人工授精

A. 人工输精示意图；B. 人工输精操作

表 11-6　输精适时期

发情阶段	发情前期	站立发情期			发情后期	排卵
		初期	中期	末期		
母牛表现	拒绝爬跨	接受爬跨	接受爬跨	接受爬跨	拒绝爬跨	
输精	过早	早	适时	最适	已晚	过晚

1）在具体操作时，一定要仔细检查输精器械，严格对器械和手臂进行消毒，并使用消毒过的一次性手套。依次用消毒液、清水清洗母牛外阴，并用灭菌巾擦干。

2）按规范取出冻精解冻，并尽量缩短解冻与输精之间的时间。输精时，输精枪与母牛后躯垂直方位向上 45°的位置插入阴道 5～10cm，将输精枪抬起与母牛躯干水平的方向，插入至子宫颈外口，慢慢将输精枪导入子宫体或有卵泡发育侧子宫角大弯处，缓慢推动输精枪活塞，把精液输入。注意输精时不得触摸卵巢。

3）使用性控冻精配种时，由于性控精液的精子密度与活力低于普通精液，因而需要采用子宫角深部输精。对成年母牛配种时，配种前要进行清宫。注意不要损伤子宫内膜，以免影响受精率。输精时要做到轻插、适深、慢推、缓出，防止精液倒流。

三、胚胎收集

胚胎收集就是把胚胎从供体的输卵管或子宫中冲洗出来。动物种类不同，其胚胎早期的发育速度有所差异。因而，首先要了解不同动物的胚胎在输卵管与子宫中的发育时程。

（一）受精卵在体内的发育时序

1. 受精卵在输卵管中的发育

卵母细胞受精后，在输卵管中分裂数次，之后进入子宫，并在子宫内继续完成胎儿发育过程。各种动物卵母细胞受精后的发育时期及时间见表 11-7。

表 11-7 各种动物卵母细胞受精后发育时期及时间 （单位：h）

动物	卵裂开始（P.C.）	2-细胞	4-细胞	8-细胞	16-细胞	桑椹胚	囊胚
小鼠	24	24～38	36～40	50～60	60～70	70～84	96
大鼠	12～20	24～42	36～40	50～60	60～72	70～84	96
兔	24	24～26	36～54	60～72	72～80	84～96	96～120
牛	30	40～50	44～65	46～80	72～141	120～144	144
山羊	30	30～48	60	72～80	98	120～140	144
绵羊	36	36～45	40～60	48～60	67～72	100～120	132
猪	24～51	51～66	66～72	72～90	90～110	110～114	120
马	24	27～33	50～60	72	72～96	98～106	144

注：P. C.表示交配后

2. 胚胎进入子宫、着床、妊娠时间和产仔情况

不同动物的胚胎进入子宫、着床、妊娠时间和产仔数均有差异（表 11-8）。胚胎一般是从排卵侧的输卵管进入子宫并着床的。

表 11-8 各种动物的胚胎在子宫中的发育、着床、妊娠和产仔情况

动物	胚胎进入子宫		囊胚发育（P.C. 天）				植入时间（天）	妊娠期（天）	产仔数
	发育时期（细胞数）	时间（P.C.）（h）	早期囊胚	囊胚	扩展囊胚	孵化囊胚			
小鼠	桑椹胚期	72	3～4	4	4	4～5	5	19～21	6～10
大鼠	桑椹胚期	90～98	3～4	4	4	4～5	5～6	21～23	6～9
兔	囊胚期	72～75	3	3	4～6	7	7	26～36	3～10
牛	8～16	72～96	5～6	6～8	7～9	8～10	30～35	275～285	1
山羊	8～16	72～98	5～6	6～7	7～8	7～9	13～18	146～151	1～4
绵羊	8～16	48～96	4～5	5～6	6～7	8～9	17～18	144～152	1～4
猪	4～8	72～75	4～5	5～6	5～7	6～8	11	112～116	4～20
马	囊胚期	96～120	5～6	6～7	7～8	8～9	56～63	329～345	1

（二）胚胎收集方法

胚胎收集方法可分为离体生殖道收集、手术收集和非手术收集。实验动物多采用离体生殖道收集法，牛采用非手术收集法，羊或其他中小型动物多采用手术收集法。收集时间可依据所需要的胚胎发育阶段来确定。

1. 离体生殖道收集法

离体生殖道收集法主要用于小鼠。采用颈椎脱臼法杀死小鼠、剖腹。用小剪刀除去附着在子宫和输卵管上的韧带和脂肪，用生理盐水将血液洗净，以免血液或脂肪混入冲卵液，妨碍捡卵。当取受精卵时，可直接将输卵管壶腹部剪开，胚胎即可释放到收集液中。如收集进入子宫的胚胎，将两侧子宫角分开，从宫管结合部剪去输卵管，用冲卵液分别反复冲洗两侧子宫角即可。

2. 手术收集法

羊、猪和兔等动物通常采用手术法收集胚胎。不同动物的手术收集方法基本相同，手术部位略有差异。现主要以羊为例介绍手术收集法的主要器材和方法。

（1）供体的术前准备

在胚胎收集手术前一日或当日，可用腹腔镜观察供体羊的卵巢反应情况。对卵巢反应良好、适宜手术的供体，在术前一日空腹。否则，由于腹压太大，会造成手术困难和供体生殖器官损伤。

（2）冲胚主要器材

手术台、剃毛刀、创布、止血纱布、剪毛剪、手术刀柄、手术剪、止血钳、巾帕钳、持针器、肠钳（带乳胶管）、手术刀片、缝合针、镊子、120mm 表面皿、180mm 表面皿、6～8 号头皮针（尖端磨钝）、18～20 号针头（尖端磨钝）、直径 2～3mm 透明硅胶管、8～10 号冲卵管、10ml 注射器、20ml 注射器、35mm 培养皿等。

（3）冲胚液及所需药品

杜氏磷酸盐缓冲液（DPBS）（表 11-9）、酒精、碘酊、新洁尔灭、0.9%生理盐水、青霉素、全麻药和解麻药（山羊必用）等。

表 11-9 杜氏磷酸盐缓冲液（DPBS）配方

成分	含量
NaCl（g/L）	8.00
KCl（g/L）	0.20
Na_2HPO_4（$Na_2HPO_4 \cdot 12H_2O$）（g/L）	1.50（2.916）
$CaCl_2$（$CaCl_2 \cdot 2H_2O$）（g/L）	0.10（0.132）
KH_2PO_4（g/L）	0.20
$MgCl_2$（$MgCl_2 \cdot 6H_2O$）（g/L）	0.10（0.2133）
丙酮酸钠（g/L）	0.036
葡萄糖（g/L）	1.00（1.10）
青霉素（IU）	125
链霉素（IU）	0.5

配制说明：所有成分必须是分析纯以上的化学制剂、所用水是电阻值超过 18MΩ 的超纯水、需过滤灭菌、低温冷藏（4～5℃），现用现配；配制成的 PBS 的 pH 为 7.2～7.6，渗透压为 270～290mOsm

（4）麻醉、保定及手术部位

羊可采用 2%的利多卡因或 2%的普鲁卡因腰椎麻醉，或用静松灵进行全身麻醉，麻醉后子宫处于松弛状态，便于进行各种操作。局部麻醉不可靠，手术过程中羊只易发生骚动，影响手术进行，且易造成生殖器官损伤。

羊采用前低后高半仰卧姿势（前半身侧卧，后半身仰卧）保定。手术切口选在腹下腹股沟内侧与乳房之间，做 3～5cm 与腹中线平行的切口。切口后端不可超过乳头投影与畜体纵轴的垂线。切口位置过后时血管较多，过前则距子宫和卵巢较远，不易将子宫和卵巢拉出切口。如切口位置选择正确，切口部的组织依次为皮肤、皮下组织、腹外斜肌腱膜、腹内斜肌腱膜与腹直肌交界部和腹膜。此处组织最薄，血管分布少，便于切开与缝合。如果切口靠内或偏外，会遇到腹内斜肌或腹直肌，切开时出血较多且缝合困难。

猪可用静松灵进行全身麻醉。由于猪的卵巢系膜和子宫角长，可采用侧卧保定，腹侧切口。兔可用 1%戊巴比妥钠 0.4～0.5ml 耳静脉注射做基础麻醉，再用乙醚吸入至全麻状态，侧卧保定，在股前三指乳腺上 3～4cm 处做长 2～3cm 的纵向切口。

（5）手术方法

1）手术部位剪毛，范围约 20cm×20cm。用肥皂水清洗手术部位，同时用剃毛刀剃净毛茬，再用清水洗净。

2）用 0.1%的新洁尔灭消毒手术部位。

3）用 2%～5%碘酒消毒。

4）用 70%酒精棉球对手术部位脱碘。

5）盖上创巾，用巾帕钳固定。创巾以能覆盖颈部以后的躯体、后肢及尾部为宜，尽量避免被毛及污物落入术部。创巾过小，起不到保护作用。

6）逐层切开腹壁皮肤、筋膜和肌层。腹壁肌层切开后，用有齿镊子夹住腹肌腱膜和腹膜向上提起，避开血管，用剪刀或手术刀切开。切开时要在羊只不骚动时进行，要特别小心，切勿损伤肠管。

7）切开腹膜后，将中指和食指伸入腹腔，在骨盆腔前沿膀胱之下触摸子宫角，并用两手指夹住子宫角。先把子宫角牵引到腹壁创口之外，然后顺着子宫角和输卵管把卵巢引出。检查卵巢反应情况并做好记录。特别注意，不可直接抓住卵巢向外拉，因排卵后不久或黄体正在发育中的卵巢极为脆弱，稍加挤压就可能破裂和出血，这是造成术后粘连的主要原因。如卵巢发生破裂和出血，可用冷生理盐水冲洗，使血管收缩，能起到一定的止血作用。由于生殖器官的浆膜层很脆弱，为避免过度刺激浆膜层及术后粘连，要求手术者戴乳胶手套进行操作。

兔在切开腹膜后，用镊子拉住创口一侧，使创口张开，用无齿镊子拨动肠道和系膜，找到输卵管或子宫角，轻轻拉出创口，再改用手指操作。

8）创口缝合：腹膜连续缝合，肌层结节缝合，除去血凝块，放消炎粉，结节缝合皮肤。羊和兔由于手术部位皮肤很薄，皮下组织疏松，缝合后易造成创口皮肤内翻，影响术后创伤愈合，所以要对内翻的皮肤进行认真整理。

（6）冲胚方式

1）由输卵管冲向伞部。

方法：用 6～8 号头皮针从宫管连接部的子宫端导入输卵管峡部，将集液管（可用一根长 15～20cm、外径 2～3mm 的硅胶管）从输卵管伞口插入 2cm 左右，集液管远端与 120mm 表面皿相接。事先用 10ml 注射器抽取 5～8ml 冲卵液，与头皮针连接。插入进液针头时，左手掌心向上，以拇指和食指捏住子宫角前端。右手持针管将进液针头插入子宫角尖端，用左手拇指和食指固定针头并捏住子宫角，以防止冲卵液倒流入子宫腔。左手中指、无名指和小拇指握住针管前端，以右手缓缓推动针管活塞，使冲卵液经子宫角尖端与宫管结合部冲入输卵管，胚胎即通过输卵管经集液管流入表面皿中。插入针头时，针头斜面向上，先插入浆膜层，沿子宫肌层向前推进一段距离后，再进入子宫腔内，这样可防止冲卵液从针孔溢出。插针时要避开血管，以免引起出血和术后粘连。推进针管活塞时不可用力过猛，要时刻注意子宫尖端的膨胀情况，防止子宫角前端过度胀大而破裂（图 11-5A）。该法适于牛、绵羊、山羊和兔等。

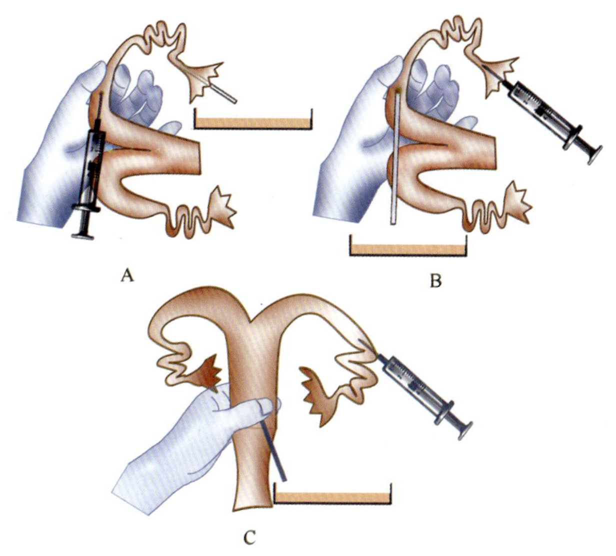

图 11-5　家畜手术收集胚胎的方法

A. 由输卵管冲向伞部；B. 由伞部冲向子宫-输卵管连接部；C. 子宫冲洗法

2）由伞部冲向输卵管-子宫连接部。

方法：吸取 15～20ml 冲洗液从伞部插入冲洗，通过输卵管，经子宫-输卵管连接部，进入子宫角上部（图 11-5B）；在距子宫角适当长度处用肠钳夹住子宫，把连有冲卵管针头从预先扎的针孔插入。冲洗液自伞部注入后，用手朝着挟住的子宫角的方向捋顺，导出冲洗液，进入收集皿。冲胚时，随时调整出液针头，保证冲洗液流出畅通。

由于猪、马及骆驼的输卵管-子宫连接部有阀门样结构，液体不能从子宫回流到输卵管，因而该法适于猪、马和骆驼。

上述两种方法适合于从输卵管采集 2-～4-细胞期胚胎（图 11-6）。

3）子宫冲洗法。

方法：用 18～20 号针头在子宫角基部扎一小孔，然后将 8～10 号冲卵管从此孔导入子宫角大弯处，给冲卵管气囊充气（充气量 2～5ml），拔出冲卵管内芯。在宫管连接部用 6～8 号针头扎入子宫角，用 20ml 注射器与针头连接，把冲胚液注入子宫腔。用 180mm 表面皿接收冲胚液（图 11-5C）。

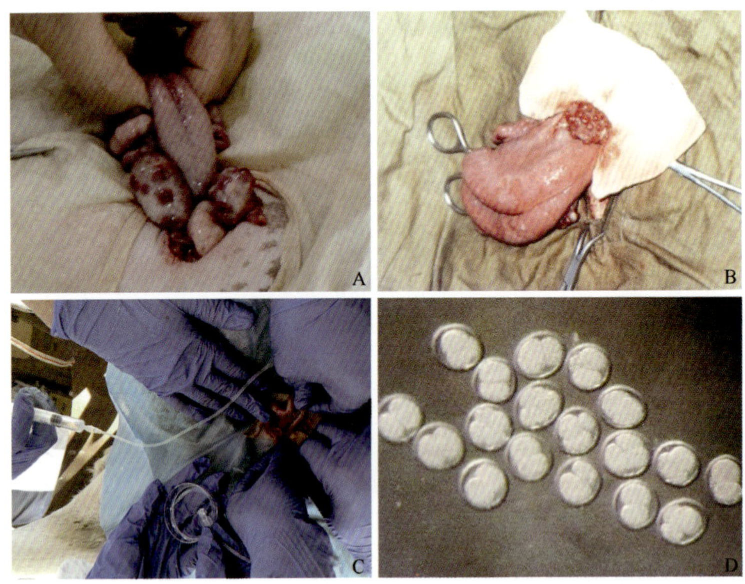

图 11-6 山羊（A）与绵羊（B）超排 72h 时的黄体，输卵管冲胚（C）和得到的 2-～4-细胞期的胚胎（D）

该法适用于各种动物。在供体发情后 5.5～7.0 天，从子宫采集到的胚胎为早期桑椹胚、紧缩桑椹胚、早期囊胚、囊胚和扩张囊胚（图 11-7）。

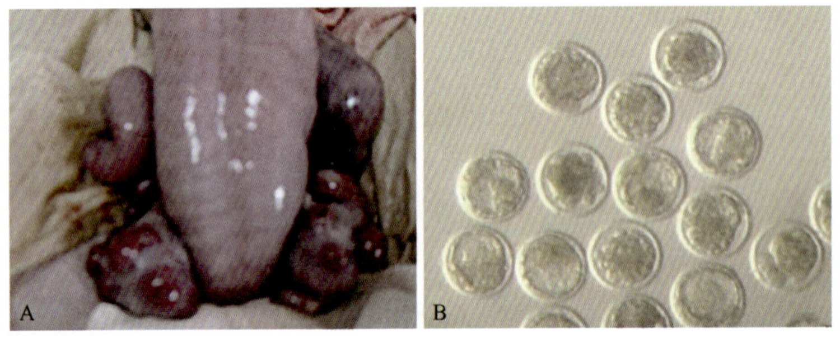

图 11-7 绵羊 6.5 天黄体（A）及子宫角冲得的胚胎（B）

注入冲卵液时，要注意子宫角膨胀和收集液回流情况，如子宫角膨胀过大或出液不畅，要调整冲卵管；不可用力推进液体，以防子宫破裂。收集液流出通畅时，子宫所受的张力也小，且收集率高。羊子宫收集的用液量为每侧 20～25ml，兔 15～20ml，猪 30～50ml。无黄体退化现象和大卵泡的情况下，胚胎收集率可达 80%以上，有时可达 100%。一侧子宫角冲洗完毕后，冲洗另一侧。两侧冲洗完毕，检查针孔，确认无出血现象后，向子宫内注入青霉素等消炎药，将子宫送回腹腔。

从子宫收集胚胎引起的手术粘连发生率较输卵管收集时低，子宫角的轻度粘连对妊娠的影响较小，可以在妊娠后子宫扩张的过程中得到恢复。输卵管收集时，术后一旦发生粘连（多发生于输卵管伞和卵巢之间），将影响卵子接收和精子上行；如双侧同时发生，可能造成终生不育。

3. 非手术收集法

牛一般采用非手术法收集胚胎，操作方法如下。

（1）冲胚前的准备

冲胚前空腹禁水 12h，以减轻腹压和瘤胃的压力。将供体牛保定于栏内，排空直肠中的粪便，检查每个卵巢上的黄体数量。消毒冲胚器械。

（2）主要器材

冲胚管（16～20 号）、冲胚管内芯、子宫颈扩张棒、宫颈黏液吸除器、三通管、硅胶管、注射器（5ml、10ml、20ml 和 50ml）、集卵漏斗、100mm 培养皿、35mm 培养皿、500ml 集卵杯、高压灭菌锅、剪毛剪、镊子、胶布、毛巾和棉球等。

（3）主要药品

杜氏磷酸盐缓冲液（DPBS）或购自 GIBCO 公司（美国）等的 PBS 粉剂直接用超纯水配制，酒精、碘酊、0.1%新洁尔灭、2%利多卡因、生理盐水、青链霉、链霉素等抗生素或预防子宫炎药物等。

（4）冲胚时间

供体超排发情后 7 天±0.5 天冲胚。

（5）主要步骤

1）将供体牛保定，用 2%利多卡因在荐椎和第一尾椎结合处进行尾椎硬膜外麻醉，利多卡因用量宜每头 5ml。

2）麻醉后将牛尾固定，清除直肠宿便，对外阴及阴部进行清洗消毒。

3）用子宫颈扩张棒扩张子宫颈，然后插入宫颈黏液器将黏液抽出，随后把带内芯的冲胚管慢慢导入子宫角，当冲胚管达到子宫角弯曲处，拔出内芯 5cm 左右，再把冲胚管往子宫角前端推进，至冲胚管到达子宫角前端 1/3～1/2 处。

4）冲胚管先充一定气体，待确定气囊位置后，再充气（8～20ml）至冲胚管固定为宜。

5）抽出冲胚管内芯，连接冲胚导管。

6）用 50ml 注射器每次吸取 30～50ml 冲卵液，注射器可直接连接冲卵管进行冲胚；如用三通导管，应夹住输出管，将冲胚液从输入管注入子宫角，然后夹住输入管，使收集液从输出管流到集卵杯（500ml 容量），反复冲洗。每个子宫角用 300～500ml 冲胚液。

7）集卵杯内的收集液在温室（18～25℃）下，用集卵漏斗过滤，最后保留 10ml 左右液体，倒入 100mm 培养皿中，拣胚（图 11-8）。

8）两侧子宫角冲胚完成后，将气囊空气放出，冲胚管抽至子宫体，注入青霉素、链霉素等抗生素或预防子宫炎的药物，肌肉注前列腺素或类似物。

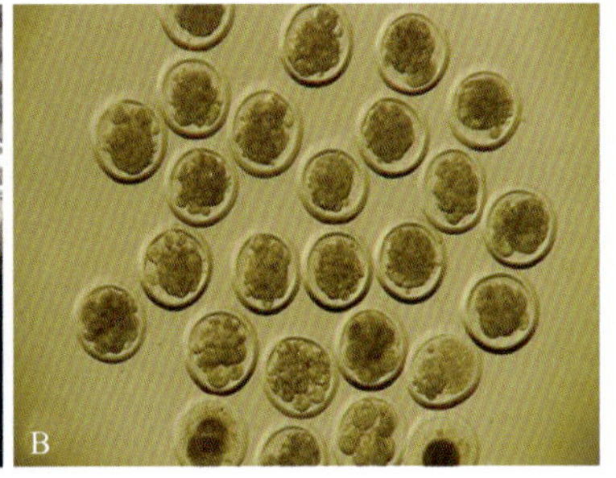

图 11-8 牛发情第 7 天非手术冲胚及得到的胚胎

四、拣胚技术

从供体的输卵管或子宫内收集的胚胎，在移植给受体或冷冻之前，必须保存在合适的培养液中，尽量减少环境因素与人为因素对胚胎的影响。

（一）胚胎操作液配制

通常使用含 1%～20% FCS 的改良 DPBS 作为胚胎洗涤液、短期保存液和培养液。改良 DPBS 的成分与配制方法见表 11-10。配制完毕后，调 pH 为 7.1～7.2、渗透压为 290～310mOsm。分装密封后，在 4℃冰箱中可保存 3～4 个月。临用前，按需要量加入灭活犊牛血清，一般洗涤液为 1%～5%，培养液为 20%。

表 11-10 改良杜氏磷酸盐缓冲液（DPBS）配方

成分	相对分子质量	含量（mmol/L）	称量（g）	三蒸水（ml）
NaCl	58.44	136.89	8.00	
KCl	74.65	2.68	0.20	
Na_2HPO_4	141.96	8.09	1.15	
KH_2PO_4	136.09	1.47	0.20	800（Ⅰ液）
牛血清白蛋白*			3.00	
葡萄糖	180.16	5.56	1.00	
丙酮酸钠	110.04	0.33	0.036	
抗生素**			0.2	
$CaCl_2$	110.99	0.9	0.10	100（Ⅱ液）
$MgCl_2\cdot 6H_2O$	203.31	0.49	0.10	100（Ⅲ液）

*加入犊牛血清可不加牛血清白蛋白；**可用硫酸新霉素、庆大霉素或青霉素、链霉素。Ⅰ液、Ⅱ液、Ⅲ液分别配制，然后混合

（二）拣胚和胚胎洗涤

从输卵管或子宫内收集的冲胚液中常含有大量的生殖道分泌物和脱落的上皮细胞，甚至还可能有污染的微生物或子宫内感染的病原。所以，胚胎拣出后要充分洗涤，进行净化处理。然后，对胚胎质量进行形态学鉴定。

1. 拣胚

将收集液在室温下（25℃）静置15～20min后，轻轻抽去上清液；也可将收集的冲胚液经0.75μm孔径的过滤器滤过后，倒入100mm培养皿中，尽快在实体显微镜下拣出胚胎（图11-9）。拣胚可用1～10μl微量取样器或拣卵吸管。

图11-9　拣胚操作

2. 胚胎的净化处理

将捡出的胚胎移入新鲜的改良DPBS中洗涤5～6次。用吸卵管吸取和转移胚胎时，要尽量减少吸卵管内带入下一个液滴的液体量（小于5μl），并尽量去除附着于胚胎上的污染物。操作过程要轻巧迅速，避免损伤胚胎。把净化处理后的胚胎，放入含有新鲜DPBS的液滴中，进一步做质量鉴定。选出可用胚胎进行移植，或冷冻保存。

（三）拣卵吸管的制作

选取长8cm左右、外径4～6mm的厚壁硬质玻璃管，把玻璃管中央部分在酒精喷灯上转动加热，待玻璃管软化呈暗红色时，迅速离开火焰，两手与玻璃管保持直线，均匀用力拉长。使中央拉长部分的外径达到1.0～1.5mm，从中间割断；将断端在小火上烤钝，尖端内径250～300μm即符合要求。外径过细容易折断，过粗吸取胚胎时吸入的液量过多，使用不便。中央部分的粗细，可以用拉长的时间和力量大小来控制。

吸管拉制好以后，尖端向上竖放在洗液中浸泡一昼夜，取出后先用纯净水冲洗，再用蒸馏水冲洗后烘干，包装备用。在洗液中浸泡时不可平放或倒放，否则吸管内常有多量气泡不能排出，洗液不能充分与吸管内壁作用。烘干时也要竖立放置，以利水分排出。烘干包装好的吸管，临用前干烤灭菌。在吸管粗端接一段带有细菌滤器的乳胶管，就可以用来吸取胚胎。

五、胚胎质量分级

动物经过超数排卵激素处理后，其卵巢内卵泡的发育程度并不完全一致，不同卵泡的排卵时间和卵母细胞受精时间也不尽相同。因此，从输卵管或子宫内收集到的胚胎，它们的发育程度并不完全一致。在冲出的胚胎中会出现不同发育阶段的胚胎、未受精卵或退化的胚胎。这就需要对胚胎进行形态学鉴定，对胚胎质量进行分类。如图 11-10 所示，初学者往往未能将受精卵和紧缩桑椹胚区别开。此时，可以提高放大倍数，改变反光镜角度，仔细观察细胞结构。已经退化的未受精卵，细胞质凝缩，卵周隙较大，看起来很像一个致密桑椹胚。而正常的致密桑椹胚，卵周隙较大，透明带内为一团细胞，将入射光角度调节适当时，可见胚内细胞间的界线。如果卵周隙很大，细胞松散且大小不一，细胞界线不清晰或者形态不规则，则为退化或变性胚。

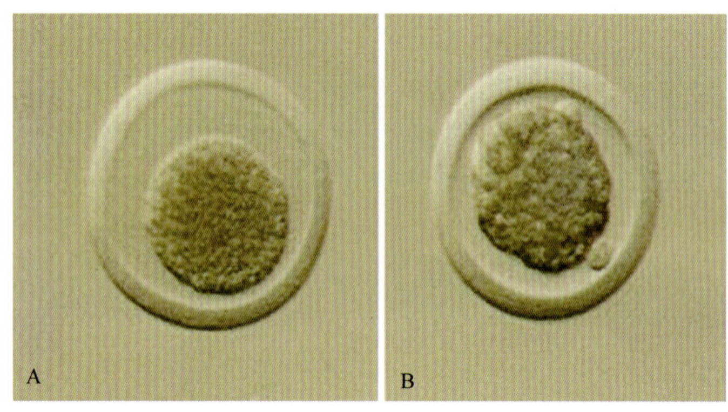

图 11-10 退化的未受精卵（A）与紧缩桑椹胚（B）

鉴定胚胎的方法有多种，已在第三章第六节“胚胎质量评价”中有详细介绍。下面针对体内胚胎鉴定做简单介绍。

（一）形态学鉴定

形态学鉴定简便易行，对胚胎无侵害，但主观性较强，需要有丰富的经验。一般应考虑如下特征：①胚胎的发育阶段和组成胚胎的细胞数；②胚胎的形态，胚内细胞大小的变化及匀称性；③细胞质的结构及颜色，胚内是否出现空泡、细胞碎片，有无脱出的细胞；④胚胎的大小是否正常；⑤透明带的形态和完整性。

一个理想的胚胎，发育阶段要与收集时应达到的胚龄一致，胚胎呈球形，卵裂球结构紧凑；卵裂球之间的界线清晰可见，细胞大小均匀排列规则；颜色一致，既不很亮又不太暗；细胞质中含有一些均匀分布的小泡，没有细颗粒或不规则分布的空泡；除致密桑椹胚外，有较小的卵周隙，形态规则；透明带完整，无皱纹和萎陷；胚内没有细胞碎片。鉴定时，要用拣卵针拨动胚胎，从不同侧面观察，才能辨明细胞数和胚内结构。当胚胎发育时间落后于采胚时应达到的胚龄，则胚胎本身可能发育停滞或退化。总体结构不正常、退化和破碎的胚胎及空透明带均应剔除。

（二）胚胎质量分级

以牛为例，卵母细胞受精后，胚胎发育大致分为几个阶段：1-细胞期、2-细胞期、4-细胞期、8-细胞期、早期桑椹胚（EM）、致密桑椹胚（CM）、早期囊胚（EB）、囊胚

（B）、扩张囊胚（EXB）和孵化囊胚（图 11-11 和图 11-12）。

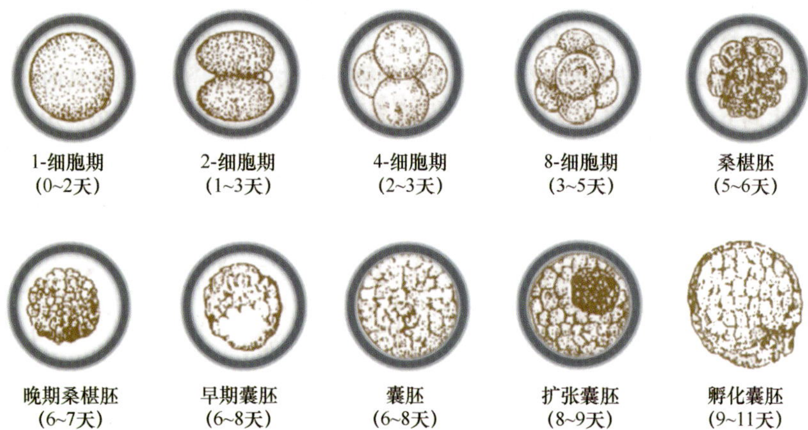

图 11-11　牛胚胎发育过程

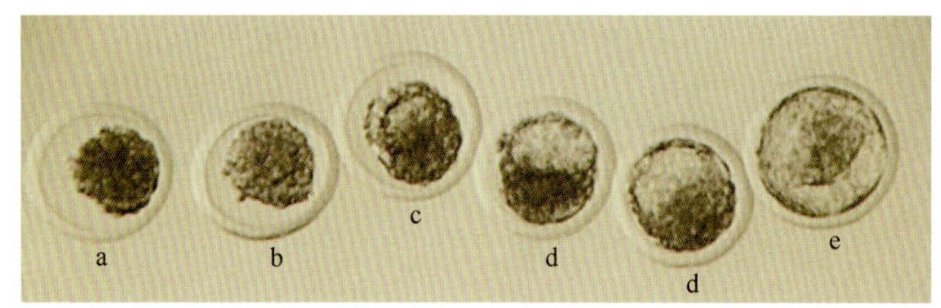

图 11-12　牛不同发育阶段的桑椹胚与囊胚

自左至右依次为致密桑椹胚（a）、致密桑椹胚（b）、早期囊胚（c）、囊胚（d）和扩展囊胚（e）

胚胎质量鉴定一般在 60～100 倍体视显微镜下进行。根据胚胎形态及发育状态将胚胎依次分为 A、B、C 和 D 四级。

A 级：透明带完整无缺陷、薄厚均匀，胚龄与发育阶段相一致，卵裂球轮廓清楚，透明度适中，细胞密度大，卵裂球均匀，无游离细胞或极少，退化变性细胞少于 10%（图 11-13）。

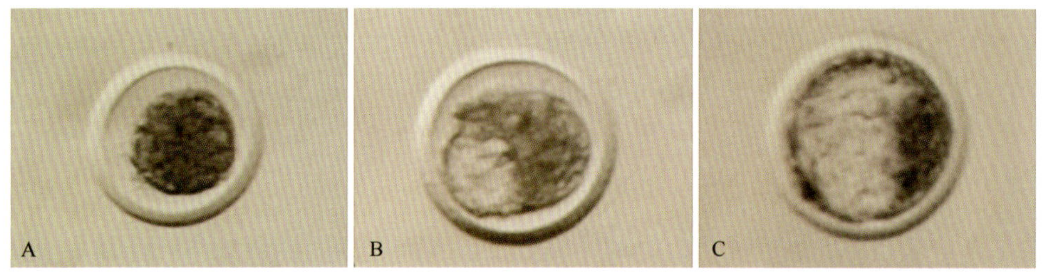

图 11-13　A 级胚胎

A. A 级致密桑椹胚（CM1）；B. A 级早期囊胚（EB1）；C. A 级囊胚（B1）

B 级：透明带完整无缺陷、薄厚均匀，发育阶段基本符合胚龄，轮廓清楚，明暗度适中或稍暗或稍浅，细胞密度较小，卵裂球较均匀，有小部分游离细胞，变性细胞比例为 10%～20%（图 11-14）。

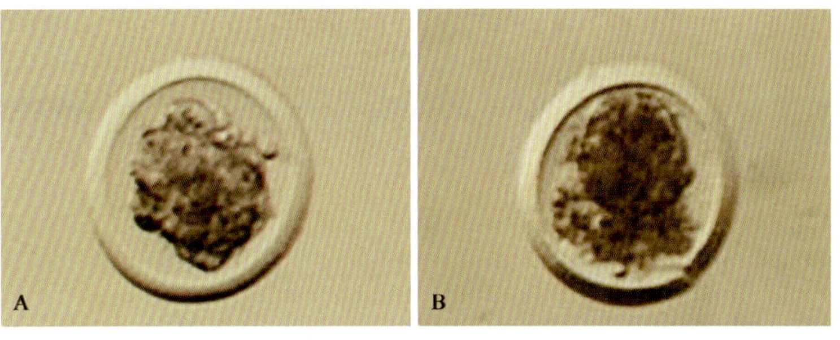

图 11-14　B 级胚胎

A. B 级早期桑椹胚（M2）；B. B 级致密桑椹胚（CM2）

C 级：透明带完整或有缺陷，轮廓不清楚，色泽过暗或过淡，细胞密度小，突出细胞占一多半，细胞变性率为 30%～40%（图 11-15A）。

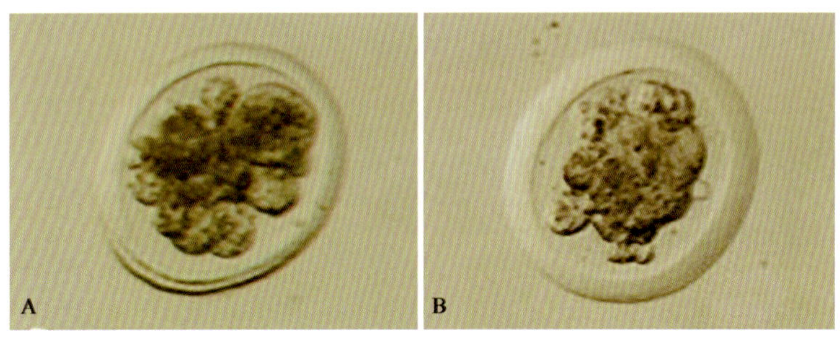

图 11-15　C 级和 D 级胚胎

A. C 级早期桑椹胚（EM3）；B. D 级退化胚

D 级：透明带完整或有缺陷，胚胎发育停滞、变性、卵裂球少而散，为不可用胚胎（图 11-15B）。

第四节　受体动物的同期发情处理

受体动物就是接受移植胚胎的母畜。作为代孕母体，承担着孕育健康后代的重任。因而，对受体选择、受体饲养管理、同期发情处理、妊娠维持与幼畜生产等都极为重要。

一、受体选择

受体动物自身的生产性能并不重要，但必须是无生殖系统疾病的适繁个体。考虑到移植成功率和分娩的难易，年龄和体型过小的青年母畜及年龄过大的个体均不宜用作受体。

受体畜群同样要进行检疫、防疫和驱虫。受体应进行生殖器官检查和发情观察。生殖器官的机能状态和发情时间，对移植的胚胎有直接影响。生殖道的生化和组织学特性，在发情周期的不同阶段变化很大。发情后第一天，输卵管能为受精卵提供理想的发育环境，而这一天的子宫环境对受精卵却是致死性的。因此，受体与供体发情不同步或发情周期与正常平均值相差过大的个体不能用作受体。

二、受体饲养管理

1）受体单独组群、编号、饲养，保持环境相对稳定，避免应激反应。

2）受体在移植前 5 周，注射维生素 A、维生素 D、维生素 E 针剂，补充微量元素，如硒、锌等。

3）受体在移植前 8 周开始补饲，加强饲养管理（图 11-16）。

图 11-16 受体牛饲养管理

受体畜群的饲养管理应和供体畜群等同，一般要求保持中等以上营养水平。对妊娠受体可适当增加日粮，以满足妊娠需要，防止流产。应做好分娩时的接产和仔畜护理工作。

三、同期发情处理

在发情周期的不同阶段，生殖器官的内分泌环境、生化和组织学特性对不同发育阶段的胚胎有不同的影响。所以胚胎应移植在与供体处于相应发情周期阶段的受体生殖道的适当部位才能继续发育。在胚胎移植时，要对受体进行同期发情处理。

发情同期化就是按胚胎发育阶段来选择适宜的子宫环境。进行牛和羊胚胎移植时，供体和受体的发情时间差允许在±1 天内，但以同一天或受体晚一天的成功率较高，否则会使移植成功率严重降低。鲜胚移植时，受体的同期发情处理要和供体的超排处理同时进行。依据动物种类的不同，每头（只）供体可按 6～12 头（只）准备受体的数量。

受体母畜的同期发情处理，可根据动物种类和实际情况，选用以下药物和方法。

1. 前列腺素处理法

受体在发情周期的第 9 天以后，注射 $PGF_{2\alpha}$ 或其类似物，通常可在注射 $PGF_{2\alpha}$ 后 36～

96h 内发情。使用 $PGF_{2\alpha}$ 诱导同期发情时，如不能确定受体的发情周期，可采用两次注射法。第一次全部注射，凡卵巢上有功能黄体的个体，即可在注射后发情，选出发情个体作受体。其余受体间隔 10～12 天进行第二次注射。

2. 孕激素处理法

（1）牛孕激素加 PG 法（CIDR+PG 法）

在任意一天放入 CIDR（CIDR 为含孕激素的缓释阴道栓）。放置 CIDR 日定为 0 天，在第 7～9 天注射 PG，第 9～11 天取出 CIDR 观察发情（图 11-17）。

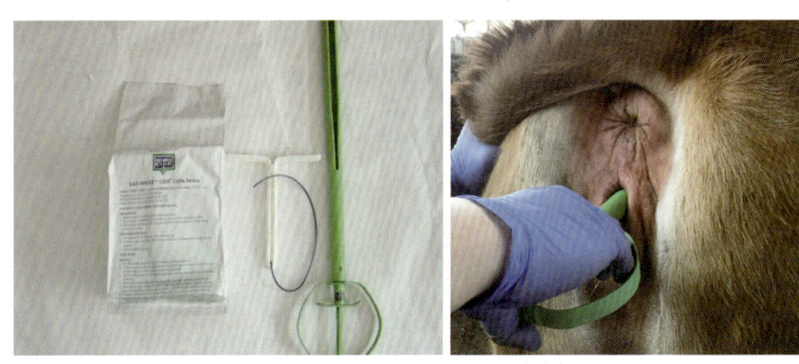

图 11-17　牛用 CIDR 阴道内放置

（2）牛孕激素加雌激素法

处理的第一天，注射雌二醇 5mg，同时埋植孕酮或放置 CIDR，处理 9～12 天，取出埋植物或 CIDR 后，2～4 天内可发情。

（3）羊孕激素加 PMSG 法

每日肌注孕酮 10～20mg，或放置 CIDR。绵羊处理 12～14 天，山羊处理 12～18 天，在处理的最后一天或撤除 CIDR 的前一天给予 PMSG 200～250IU，一般可在停止注射孕酮或撤除 CIDR 后的 1～3 天内发情。

（4）猪孕激素法

口服孕酮 18 天，停药后 2～3 天可发情。

第五节　胚胎移植的技术程序

动物胚胎移植过程大致可分为这几个环节：同期发情→超数排卵→胚胎收集→胚胎检测→胚胎保存→胚胎移植。移植用的胚胎可以来自体内发育胚胎，也可以是体外生产的胚胎、克隆胚胎或转基因克隆胚胎等。胚胎移植技术包括手术法移植和非手术法移植。

一、手术法移植

（一）器械与药品

所需器械与药品：手术台、剪毛剪、剃毛刀、手术刀柄、止血钳、巾铂钳、持针器、手术刀片、缝合针、缝合线、创布、纱布、16 号针头（尖端磨钝）、35mm 培育皿、移植器、针头式细菌滤器、5ml 一次性注射器、酒精、碘酊、新洁尔灭、生理盐水和青霉素等。

（二）胚胎移植

按照胚胎发育阶段与运行位置相吻合的原则，从输卵管收集的胚胎要移入输卵管；从子宫收集的胚胎要移入子宫角的前 1/3 处。

1. 术前准备与手术

按外科剖腹术的要求，将所有手术器械、缝合针与线等浸泡在 0.1%新洁尔灭液中备用，创布、纱布均需提前高压消毒灭菌，做好术前准备。

手术移植的基本过程与手术冲胚相似。手术部位在离乳房前端约 2cm 处，腹中线两侧均可。如果术前已确定卵巢上有功能黄体，手术部位可选在黄体侧。熟练的操作者只在受体动物的腹壁的选定部位切开一小口，中指伸入腹腔，把子宫角勾在中指内侧，拇指在腹壁外按压，中指紧贴腹壁内侧向切口方向移动，就可把子宫角勾出。如果术前未进行腹腔镜检查，切口就要做大一些，以便拉出卵巢检查黄体。子宫角移植也可用腹腔镜进行移植。

2. 输卵管移植

（1）吸取胚胎

用移植器先吸一段约 0.5cm 长的保存液，吸一段长约 0.3cm 的空气，然后吸取含胚胎的保存液 0.5cm，吸 0.2cm 空气，然后再吸取 0.3cm 保存液。

（2）胚胎移入输卵管

将有黄体侧的输卵管轻轻用手导出，把伞部拨开，找到喇叭口。然后将装有胚胎的移植器由喇叭口插入管内 2～3cm，轻轻将胚胎推出即可。将输卵管与卵巢送回腹腔内。在操作过程中不能触碰卵巢。

3. 子宫移植

1）为方便胚胎移植针顺利穿过子宫壁、进入子宫腔，先用一根尖端磨钝的 16 号针头，在选择好的位置扎一小孔，确定已经穿过子宫壁，进入子宫腔。选择扎孔的位置是在黄体侧子宫角前 1/3 的无血管处。

2）将装有胚胎的移植器自穿孔处插入，摆动移植器，确定在子宫腔后，轻轻将胚胎推出（图 11-18）。

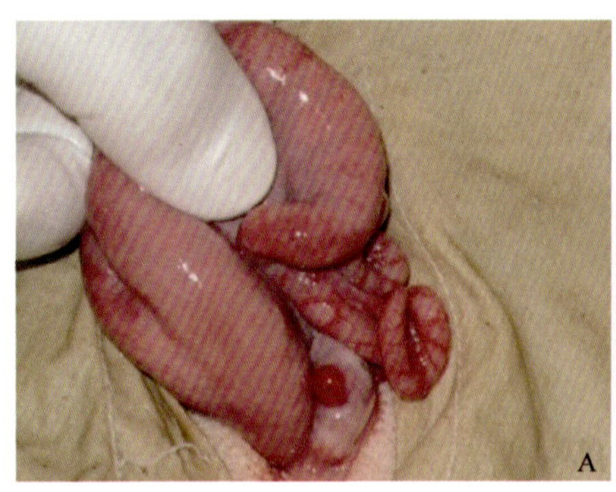

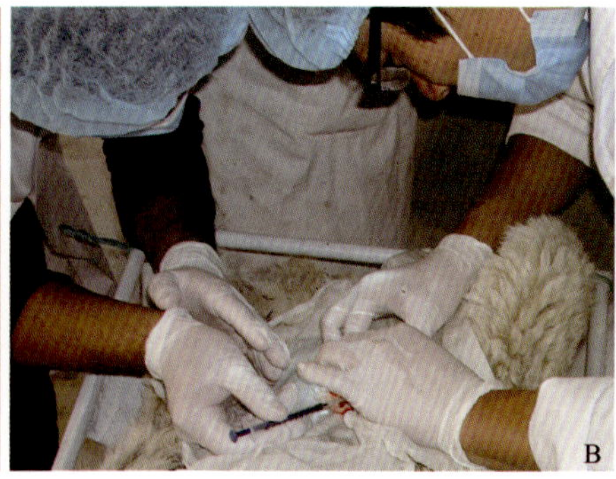

图 11-18　羊手术法胚胎移植

A. 受体母羊卵巢及排卵点；B. 输卵管移植

注意：无论是子宫移植还是输卵管移植，都要避免注入空气。

4. 创口缝合

采用两层缝合法进行创口缝合，即先将腹膜与肌肉层缝合，再做皮肤节结缝合。针间距为 0.5～1cm。在肌肉与皮肤间撒适量青霉素等消炎粉，以防创口感染。

5. 参照表 11-11 做好受体胚胎移植记录。

表 11-11　胚胎移植记录表

序号	受体耳号	年龄	品种	发情时间	移植时间	冻胚	鲜胚	胚龄质量与数量	地点	返情情况	产羔（犊）情况	备注

（三）实验动物手术法移植

1. 小鼠

腹腔注射 0.3～0.4ml 的 0.5%戊巴比妥钠，对受体小鼠进行麻醉，伏卧保定。在腰椎两侧剪毛消毒。用镊子提起髋结节前腰椎两旁的皮肤，用眼科剪将皮肤和腹壁剪一个约 0.5cm 的小口。如位置正确，卵巢会由创口突出，再用无齿镊子顺输卵管拉出子宫角。

在子宫角无血管处，先用钝针头扎穿子宫壁，把装有胚胎的微细玻璃吸管，沿扎孔插入子宫壁。在确认已经进入子宫腔后，将胚胎轻轻推入。然后将该侧子宫角送入腹腔，缝合创口。由于小鼠的两侧子宫角互不相通，所以另一侧还要以同样的方法进行移植。

移植用的微细吸管，可用胚胎吸管改制。

2. 兔

兔的两侧子宫角也不相通，也需分别移植。但不必两侧做切口，可经一侧切口沿子宫体引出另一侧子宫角。移植的基本过程与胚胎收集相似，可用羊的移植器械和方法。

二、非手术法移植

（一）羊的非手术法移植

羊的非手术法移植是在受体母羊发情后 6～7 天进行，需要腹腔镜和配套的操作器械（图 11-19）。受体羊术前饥饿 12～24h，在乳房前 6cm 处的中线两侧各 2cm 处，分别做两个小切口，插入腹腔镜头和固定钳。在腹腔镜的监视下，判断黄体并用固定钳固定宫管结合部；再从乳房前 6cm 处的中线上，插入一套长 7cm、内口径 7mm 的套管针，拔出针芯，伸入 18 号长针刺入子宫角，然后送入胚胎。如果技术不熟练，可以通过内窥镜找到有黄体的一侧子宫角，用固定钳将子宫角夹出腹腔外，然后用移植器将胚胎移入子宫角前 1/3 处。

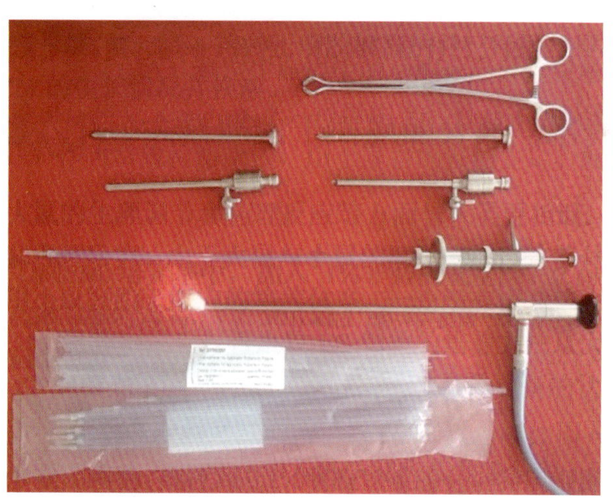

图 11-19　腹腔镜及胚胎移植相关器械

（二）牛的非手术法移植

Sugie（1965）创建的牛绕过子宫颈非手术法移植（图 11-20），为牛胚胎移植的实际应用作出了巨大贡献。后来，有研究者通过子宫颈的方法进行牛非手术法移植使其成功产犊，使牛的非手术法移植得以普遍应用（Brand et al.，1976，1978；Boland et al.，1975）。非手术法移植是在受体母牛发情后 6～8 天进行的（图 11-21）。

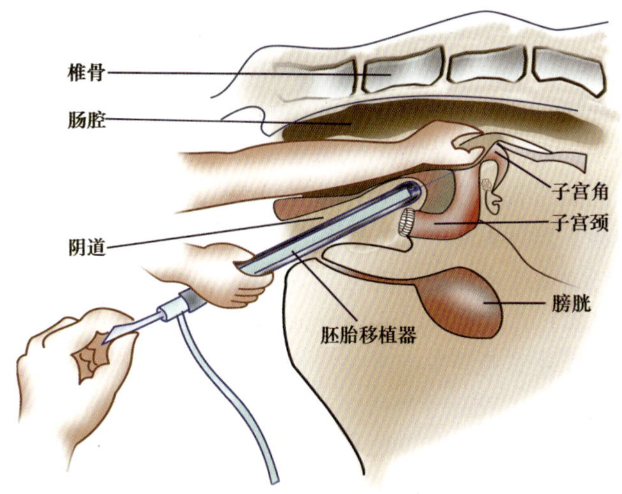

图 11-20　牛绕过子宫颈非手术法移植示意图

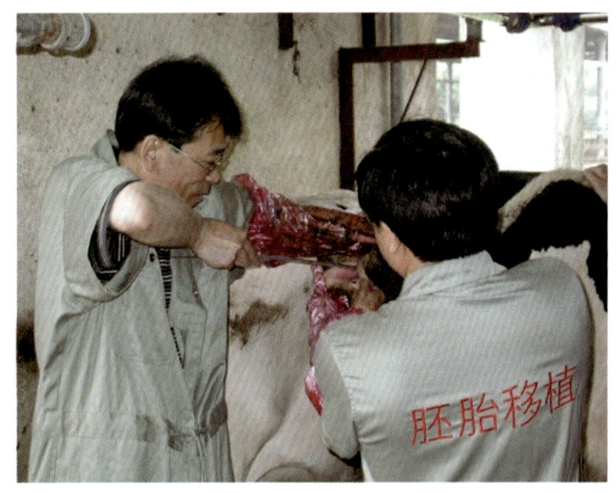

图 11-21　牛通过子宫颈非手术法胚胎移植

1. 器械与药品

移植枪、塑料硬外套管、隔离无菌外套、剪毛剪、2%利多卡因、碘酊棉球、70%酒精棉球、5ml 一次性注射器、无菌纸、生理盐水棉球等。

2. 操作步骤

1）受体牛在发情后 6～8 天均可进行移植（发情之时定为 0 天）。移植前对受体牛进行直肠检查，有发育黄体的母牛用于移植。

2）在第 1 尾椎与荐椎间，用 2%利多卡因进行硬膜外麻醉，清洗消毒外阴部。

3）对照供体牛采胚记录和合格受体牛发情记录，受体牛和胚胎胚龄相吻合。

4）解冻胚胎，将解冻后的胚胎装入 0.25ml 塑料细管（一步细管法不需要重新装管）。

5）将细管装入移植枪，注意移植枪的前端保持无菌。

6）把装有细管的移植枪套上硬外套，再套上无菌隔离外套。

7）将胚胎移植到受体牛有黄体侧的子宫角。

8）做好受体牛移植记录。

3. 胚胎发育时期与受体牛移植时间的对应关系

如表 11-12 所示，确定不同时间发情的受体母牛，需要移植相应发育阶段的胚胎，尽量保证胚胎发育时期与受体发情时间相吻合。

表 11-12　胚胎发育时期与受体牛移植时间的对应关系

胚胎发育时期	受体牛移植时间（发情之日为 0 天）（天）
桑椹胚（EM、CM）	6.0～6.5
早期囊胚（EB）	6.5～7.0
囊胚（B）	7.0～7.5
扩张囊胚（EXB）	7.5～8.0

三、妊娠检查

（一）观察胚胎移植后受体母畜发情

一般在移植后第 12～15 天，观察受体母牛是否出现发情现象。若出现发情特征，则表明此次胚胎移植失败。如果未出现发情，仍需要继续观察 2～3 个情期，如一直未出现发情，则初步确定受体牛已经妊娠。

（二）妊娠检查

牛的妊娠检查可通过直肠检查或 B 超进行。牛胚胎移植后 40 天左右，可通过经直肠触摸子宫的粗细和软硬程度来判断妊娠情况。如果发生妊娠，可明显感觉到子宫角变粗变大，有饱满感；如果没有妊娠，子宫仍为细小状。直肠检查是确定牛是否妊娠的最直接、最方便的方法，但需要有熟练的技术和丰富的操作经验。在妊娠检查过程中，会遇到假妊娠的情况，可能是由于激素处理的副作用或子宫炎症引起的子宫变化，而非由妊娠引起，应仔细辨认。牛在妊娠 90 天后，子宫向腹腔沉降，通过直肠可以感觉到胎儿的浮动，有时可触摸到子叶，同时可感觉到孕脉。妊娠检查也可在胚移后 40 天左右通过 B 超进行。

四、妊娠受体的饲养管理

加强妊娠受体母畜的饲养管理，确保胎儿正常发育和顺利出生。管理措施包括：①保证环境适宜和稳定，严禁过度使役和鞭打，避免应激反应，防止流产；②日粮要合理搭配，满足孕畜对蛋白质、矿物质和维生素的充足供应和平衡；③要提供干净、清洁的饮水，并保证饲料的卫生和安全；④到妊娠后期，要适当限制过多能量摄入，避免胎儿巨大难产；⑤做好妊娠检查与孕期管理等记录。

第六节　影响胚胎移植成功率的因素

影响动物胚胎移植的因素很多，如供体动物品种、年龄状况、营养状况、生理状况；激素类药品的种类、用药时间、方式、剂量；受体动物质量、受体与供体发情同步化、胚胎质量、胚胎移植时所处的季节和环境等（Hafez and Hafez，2000；Bearden et al.，2004；Lucy et al.，2010）。任何一个环节出现问题，都可导致胚胎移植失败。

一、供体方面

（一）供体动物状况

1. 品种

不同品种动物的超数排卵效果都存在着差异，不同个体对相同药物的敏感性也有差异，超排后的排卵数目和胚胎数目均有差异。通常，肉牛的超排效果要好于奶牛。同样用 3000IU 的 PMSG 处理荷斯坦奶牛与肉牛（海福特、安格斯），平均排卵数分别为 7.3 枚和 12.2 枚。因此，在超排时应依不同品种设计个体化的激素处理方案。

2. 育成母畜与经产母畜

经产牛的身体及生理状况已成熟，发育的卵泡数和排卵数较多，可收集到的胚胎数比育成牛要多。但有时育成牛平均可用胚数和胚胎可利用率均比成年牛高，原因可能是育成牛子宫内环境好，有利于卵子受精和胚胎发育；而经产牛的子宫内环境较差，繁殖疾病及泌乳状态等都可能会引起胚胎质量下降。在生产实践中，如用经产牛作为供体，一定要严格选择并了解经产牛的产犊历史、胎次、年龄与胎衣排出情况等。

3. 饲养管理及营养水平

超排的效果与供体的营养水平直接相关。用于胚胎生产的供体动物需加强饲养管理，在进行胚胎生产前 2 个月开始补饲，使营养呈上升水平，以提高供体自身的营养水平、增强体质。如果饲养管理不当，营养水平偏低，一方面容易造成排出的卵母细胞质量低而影响受精，另一方面由营养不足引起胚胎质量下降、发育迟缓或退化。

以产奶为目标的奶牛，其日粮一般为高蛋白、低能量，即蛋白质水平一般为 17%，但这种日粮不利于奶牛生产出更多的胚胎。为了使奶牛多生产胚胎，应降低日粮的蛋白质水平，增加能量水平。最理想的办法是在超排处理前 2 周时，将蛋白质水平降至 12%，同时补饲大麦、玉米等高能量饲料。此外，在超排前适当补充复合维生素制剂，也有利于提高奶牛的超排效果。一般要求供体动物的膘情处于中等偏上水平，偏瘦或偏胖均不利于生产出高质量的胚胎。

4. 超数排卵的时间选择

在前面的有关章节中，我们已经提到卵巢中卵泡的生长发育与成熟呈现“卵泡波”

周期性发生模式。每个卵泡波中的发育卵泡数是由 FSH 决定的。正是这个“波”中的卵泡数，决定了超排处理后的排卵数。卵巢动力学研究发现，多数动物的每个情期中有 2 个或 3 个卵泡发育波。从超数排卵日期选择而言，在第一个卵泡波开始的当天（发情后 1～2 天），或第二个卵泡波发生的当天（发情后第 9～10 天），对母畜进行激素处理，可以促使更多的卵泡同时发育，能够排出最多数量的卵母细胞，提高胚胎数量。

5. 供体动物的卵巢生理状况

进行超排处理时，发现卵巢上有卵泡存在的母畜，超排后发情不正常率比较高。这可能是由于这些卵泡为优势卵泡，超排处理诱发了这些优势卵泡的排卵并形成黄体；这些新生黄体对注射的 PG 不敏感，不能将其溶解；同时黄体分泌孕激素抗衡雌激素，从而抑制了发情活动，导致发情不正常。对于出现上述现象的母畜，需要等下一个情期进行超排处理。

6. 激素剂量

超数排卵时，促卵泡激素的剂量应考虑母畜的年龄、胎次、泌乳状态、营养水平、体重等因素。在超排之前，对选取的母畜进行综合分析，然后制定超排激素使用方案与激素剂量。不同厂家、不同批号的激素生物活性常有很大差异，使用时应先进行小型实验，以确定其效果和剂量。激素的使用量均有一个适宜的范围。如果激素剂量偏高，可导致卵巢过度增大，或抑制卵泡排卵，或影响卵子质量与受精能力，最终影响可用胚胎的质量和数量；若激素剂量偏低，容易造成卵巢不启动，卵泡不发育，从而无法获得胚胎。

7. 应激反应对超数排卵的影响

环境等因素的改变会引起动物应激反应。在超数排卵处理期间，如遇气候发生突然变化，急剧降温、高温或连阴雨雪等，可造成母畜不发情或排卵障碍，从而影响超数排卵效果。

（二）胚胎状况对移植妊娠率的影响

1. 胚胎日龄

对羊的研究表明，受体母畜的妊娠率随胚胎日龄增加而相应地提高。在绵羊和山羊中，将 2-～4-细胞胚胎移入输卵管、8-细胞至囊胚阶段的胚胎移入子宫角效果较好；而且，2-～4-细胞期胚胎的输卵管移植妊娠率低于 8-细胞以上胚胎子宫移植的妊娠率；2-～8-细胞期胚胎移植的妊娠率低于桑椹胚子宫角移植的妊娠率。输卵管移植是在受体发情后 60～78h 进行，此时卵巢排卵形成的红体很脆弱，容易出血。如手术过程稍有不慎，就可能破坏红体，影响妊娠。移植桑椹胚和囊胚时，红体已变为黄体，且黄体已经开始分泌激素，这也是造成 2-～8-细胞胚胎移植妊娠率低于桑椹胚和囊胚的原因之一。

牛最适宜移植的胚胎阶段为致密桑椹胚或早期囊胚，猪最适宜移植的胚胎阶段为 5～6 日龄的囊胚，马最适宜移植的胚胎阶段为 4～6 日龄的胚胎。

2. 胚胎来源及质量

不论何种方式得到的胚胎，在移植前一定要仔细检查胚胎的质量。尽量移植 A 级和 B 级胚胎，以提高移植成功率。就牛而言，体外受精胚胎的产犊率只有体内受精胚胎的 70%～80%；克隆胚胎的产犊率不足体内受精胚的 20%；而转基因克隆胚胎的产犊率可能不足体内胚的 10%。

3. 胚胎在体外停留的时间

胚胎从供体动物取出后，往往要在体外停留一段时间。在体外持续的时间与移植成功率有关。若干实验已经证实，随胚胎在体外停留时间的延长，胚胎活力下降明显。鲜胚在体外保存时间越短越好，若超过 2h 则对胚胎的妊娠率产生明显的影响。另外，胚胎在体外所处的环境温度对其活力也有影响，30℃左右的环境要比 5～15℃的环境好。

4. 移植胚胎的数量

移植的胚胎数与妊娠率有很大关系。牛羊双胚移植比单胚移植效果好。猪移入的胚胎不能少于 4 枚，一般要移植 12 枚以上。

二、受体方面

除健康条件外，受体动物的繁殖能力、生产能力和母体效应等直接影响胚胎移植的效率和出生动物的健康状况。

（一）受体发情同期化程度

受体动物子宫内膜的发育程度，必须与供体胚胎发育时期相适应，这是胚胎移植成功的关键所在。对于发情同期化程度的要求，牛比羊更加严格。供、受体发情相差±1 天，妊娠率明显下降。对于体外培养的胚胎或冻胚，一般应选择比胚龄晚 6～12h 发情的母体作为受体。因为胚胎移入受体后，需要一段恢复适应期，方能继续正常发育。

（二）受体繁育状况对同期发情的影响

同期发情程度受母畜繁育状况与产犊（羔）时间的影响。研究表明，用 2 次 PG 法分别同期处理舍饲加放牧的育成牛、断奶经产牛和哺乳期牛，同期发情率分别为 82%、69 %和 16%。育成牛诱导同期发情率极显著高于断奶经产牛和哺乳期牛，断奶经产牛的同期发情率也极显著高于哺乳期牛；产犊超过 3 个月的母牛的同期发情率，显著高于产犊不足 3 个月的牛。出现这种现象，可能与幼畜的吮乳刺激造成的生理性乏情及生殖系统的营养供应缺乏有关。在实践中还发现，哺乳期牛及产犊不足 3 个月的牛即使发情，绝大多数的牛也不排卵。

（三）受体母畜饲养管理状况

移植前，应对受体母畜加强管理，给予充足的营养，移植后更需要仔细调养。营养搭配不合理、饲养管理不科学，均会影响受体的体况、发情等生理状况及影响胚胎的着床；即使妊娠，也可能造成流产或胎儿死亡。如动物营养不良，常出现不发情和卵巢静止。在激素作用下，即使有发情表现也不排卵；或不能形成功能黄体，不能分泌能足够维持妊娠所需的激素，降低胚胎移植的妊娠率。

（四）应激反应对胚胎移植妊娠率的影响

饲养环境的改变，包括转圈、更换饲养员、饲草料改变、抓捕、驱赶、药品注射、圈舍周围施工、机器轰鸣与人员骚动等各种引起应激的因素，都会使动物受到恐慌和危险的刺激，引发垂体与卵巢分泌 FSH、LH 与雌激素受到抑制，导致卵泡停止发育，最终影响动物发情和胚胎移植效果。

（五）季节对胚胎移植妊娠率的影响

季节也影响着胚胎移植的结果。夏季炎热的气候对母牛的发情影响很大，高温天气对胚胎着床和生长发育不利，通常会导致母牛的情期不正常，胚胎移植失败。因此，胚胎移植工作尽量避免在夏季炎热时进行。

（六）母体效应

个体表型是由基因型及在整个发育过程中所经历的环境条件决定的。数量遗传学的发展及表型可塑性现象的发现，使人们逐渐认识到个体表型不但表现为基因型与环境相互作用的后果，而且还是一个弹性动态过程。在种群内个体所经历的环境条件能影响子代的表型，包括亲代母体对后代表型的影响即母体效应（maternal effect）。

从营养方面来看，母体效应主要是指母体在营养方面对幼体出生前和出生后的影响。营养状态好的母体产出的后代通常较大，而营养状态差的母体其后代一般较小。母体效应有时会表现得很强烈，甚至可持续 2～3 个世代。胚胎移植后，受体生殖管道的环境可能会影响到胚胎或胎儿的表观遗传修饰，可能会影响移植胚胎发育到期（development to term）的能力。

三、操作技术问题

胚胎移植人员技术的熟练程度与经验影响着胚胎移植的效果。胚胎移植需要技术熟练的专业人员。移植过程要稳、轻、快，尽可能减少对子宫的刺激，防止子宫平滑肌产生不利的逆蠕动。避免损伤子宫，如子宫内膜遭到损伤，则上皮细胞、红细胞、白细胞等进入宫腔，反射性引起子宫自净功能活动增强，胚胎会同组织碎片、各种细胞等一起被排出子宫，同时宫腔内的血液对胚胎有毒害作用，使受胎率大大降低。

总之，胚胎移植是一项系统工程，供受体的选择、饲养管理及超数排卵、冲胚、移植等各个环节都要严格把关。要保证每一个环节万无一失，才能得到理想的胚胎移植效果。

参 考 文 献

李光鹏, 旭日干. 2016. 动物解剖学、组织学与生殖生物学简明教程. 呼和浩特: 内蒙古大学出版社.

李青旺, 胡建宏. 2011. 动物生殖免疫学. 杨凌: 西北农林科技大学出版社.

林其德. 2006. 现代生殖免疫学. 人民卫生出版社.

杨增明, 孙青原, 夏国良. 2005. 生殖生物学. 北京: 科学出版社.

张立, 高雪峰, 等. 2007a. 羊胚胎移植技术规程. 中华人民共和国农业行业标准.

张立, 高雪峰, 等. 2007b. 牛胚胎移植技术规程. 中华人民共和国农业行业标准.

Bearden HJ, Fuquay JW, Willard ST. 2004. Applied Animal Reproduction. 6th Edition. Upper Saddle River: Pearson Prentice Hall.

Boland MP, Crosby TF, Gordon I. 1975. Twin pregnancy in cattle established by non-surgical egg transfer. Brit vet J, 131: 738-740.

Brand A, Gunnink JW, Drost M, et al. 1976. Non-surgical embryo transfer in cattle. II. Bacteriological aspects. *In*: Rowson LEA. Egg Transfer in Cattle. Luxembourg: Commission of European Communities: 57-66.

Brand A, Trounson AO, Aarts MH, et al. 1978. Superovulation and non-surgical embryo recovery in the lactating dairy cow. Anim Prod, 26: 55-60.

Hafez B, Hafez ESE. 2000. Reproduction in Farm Animals. 7th Edition. Philadelphia: Lippincott Williams & Wilkins.

Lucy MC, Pate JL, Smith MF, et al. 2010. Reproduction in Domestic Ruminants VII. Nottingham: Nottingham University Press.

Sugie T. 1965. Successful transfer of a fertilized bovine egg by non-surgical techniques. J Reprod Fertil, 10(2): 197-201.

Yamamoto M, Ooe M, Kawaguchi M, et al. 1994. Superovulation in the cow with a single intramuscular injection of FSH dissolved in polyvinylpyrrolidone. Theriogenology, 41(3): 747-755.

Ziecik AJ, Britt J H, Esbenshade KL. 1988. Short loop feedback control of the estrogen-induced luteinizing hormone surge in pigs. Endocrinology, 122(4): 1658-1662.

（张　立、李光鹏）

第十二章　妊娠、分娩与产后母畜生殖调控

母畜的孕期管理，特别是围产期管理、分娩操作及调控、初生幼畜护理等至关重要，这些环节的任何疏漏都将会导致胎儿流产或幼畜死亡。加强母畜管理、保证孕畜、胎儿健康，保证幼畜存活是提高家畜繁殖率关键的技术环节。

第一节　妊娠与围产期饲养管理

母畜妊娠后，身体会发生一系列的变化，对营养物质的需求不断增加，不但要满足自身需要，还要满足胎儿发育的需要。妊娠期的工作要点主要是加强饲养管理、预防流产和生产应激综合征等发生。

1）加强饲养管理，保证母畜及胎儿的营养需要。适时增加蛋白质饲料的供应量，增加矿物质和维生素；注意调整和维持能量与蛋白质、钙和磷等营养物质的平衡；适当运动，避免应激。

2）加强妊娠期母畜保健工作，预防流产发生。牛流产包括普通性流产、传染性流产、寄生虫性流产等，应根据实际情况有针对性地进行预防与治疗。应避免粗暴驱赶妊娠母畜，以免因撞踢、摔跌等造成机械性流产。在治疗其他疾病时，应选择适当的药物，科学合理用药，减少对胎儿的刺激。需要特别注意的是，对有流产迹象或患有习惯性流产的母畜，应提前做好保胎工作。对已发生流产的母畜要及时处理，以防生殖系统感染造成母畜不孕。

3）预防和减轻妊娠母畜“生产应激综合征”的发生。母畜妊娠后处在高生产、高消耗阶段。特别是奶牛，由于其生产繁殖任务艰巨，会引起血液生理生化改变、免疫功

能降低、抗病力下降等。临床上主要表现为骨骼代谢异常、免疫力下降、围产期疾病增多。防治原则：①妊娠期保障适度营养供给，哺乳期保持营养摄入和输出的平衡，避免出现负氮平衡；②提高机体免疫力，预防骨质疏松；③加强围产期护理；④在治疗妊娠母畜疾病时慎用糖皮质激素，以免造成母畜机体抵抗力进一步下降。

一、妊娠期母畜的饲养管理

（一）饲养水平

对妊娠期母畜饲养管理的好坏，决定着母畜和胎儿的健康及母畜产奶量的高低和幼畜的发育质量。

1. 妊娠前期

在妊娠初期，由于胎儿生长发育较慢，母畜机体代谢强度并没有提高，其营养需求也没有提高。因此，对妊娠初期的母畜一般按空怀母畜进行饲养。

2. 妊娠中期

对牛而言，妊娠2～3个月以后，代谢强度提高20%～40%。随着总代谢率的提高，蛋白质及矿物质的代谢加强。舍饲妊娠母牛要依妊娠月份的增加调整日粮配方，增加营养物质供给量。日粮中供给足够的维生素和微量元素，对于胎儿发育极为重要。如缺乏胡萝卜素，能引起流产、胎衣不下和犊牛弱小。对于放牧饲养的妊娠母牛，应选择优质草场，延长放牧时间，牧后补充饲料等方法加强母牛营养，以满足其营养需求（周明等，1994）。

3. 妊娠后期

在妊娠的后期应加强营养，尤其是妊娠最后的2～3个月，胎儿生长、发育、体重增加很快，营养需求增大，加强营养显得特别重要。此时，妊娠母牛的健康状况和预期生产水平取决于总饲养水平。在生产实践中，通常对妊娠后期的母牛，每天补喂1～2kg精饲料。同时也要防止过度饲养，过肥的妊娠母牛，尤其是头胎青年母牛，容易发生难产。在正常饲养条件下，妊娠母牛保持中等膘情即可。妊娠母牛饲养标准影响产后初乳的营养成分，进一步影响新生犊牛胃肠道菌群和疾病的发病率。优质干草和高质量的青贮是妊娠母牛的主要粗饲料。在产前2～3天，还要增加麦麸等“轻泻”饲料。

怀孕母畜的代谢特点是同化过程超过异化过程，母体和胎儿均需积累一定量的有机物质和无机物质。如果日粮中缺乏矿物质，动物就会停止矿物质的积累，这不仅对怀孕期胎儿的发育不利，也会影响产后犊牛的生长发育（陈清华和贺建华，2003）。

就牛羊而言，与正常受精来源的胎儿相比，生物技术手段来源的胚胎所形成的动物胎儿或幼畜多数存在体质差、出生后存活率低等问题。对于移植有克隆胚胎或转基因克隆胚胎的妊娠母牛或母羊的饲养管理有其特殊性。多年的经验与事实表明，克隆牛或克隆羊胎儿总体上要比常规配种胎儿的发育速度快，胎儿巨大现象比较普遍，难产率比较高。针对这些妊娠母畜，妊娠初期与中期的饲养管理基本与普通妊娠母畜相同；但到妊娠后期，尤其是临产前的一段时间内，要适当减少精料的补给，控制母畜的营养摄入量。要加大妊娠母畜的活动范围，适当加大运动量。通过对妊娠母畜的孕期营养调控，可以减少胎儿巨大综合征和难产的发生。

（二）管理水平

在妊娠期间，严禁饲喂霉烂变质和冰冻的饲料，不饮冰碴水，防止挤压和滑跌。在母畜妊娠期间应注意防止流产、早产。将妊娠母畜与其他畜群分别组群，单独饲养，防止妊娠母畜之间互相挤撞。放牧饲养的妊娠母畜，放牧时不要鞭打驱赶以防惊群；雨天不要放牧和进行驱赶运动，防止滑倒；不要在有露水的草场上放牧，也不要让妊娠母畜采食大量易产气的幼嫩豆科牧草。舍饲妊娠母畜应每日运动 2h 左右，以免过肥或运动不足。临产前几天要注意护理和值班，做好助产和接产准备工作。母畜产犊后应喂给温麸皮水，并加入少量食盐，以补充水分和增加腹压。产后 1 周内，母畜生殖和消化机能均未复原，不宜过多饲喂精料，6～7 天后可按正常需要饲喂。

二、围产期母畜的饲养管理

围产期（perinatal period）指妊娠母畜产前 15 天至产后 15 天，是母畜生产周期中最关键的时期，饲养管理好坏直接影响着一个胎次泌乳周期和母畜的健康。母畜围产期经历着巨大的生理与代谢变化及一系列应激反应。很多饲养者由于不清楚围产期妊娠母畜的生理特征和营养需求，造成一系列疾病和不必要损失。

下面以奶牛为例介绍母畜围产期的饲养管理。

（一）围产期奶牛生理变化特征

奶牛围产期主要生理变化特征包括瘤胃微生物菌群变化、能量负平衡、低血钙、免疫力下降等。

1. 瘤胃微生物菌群变化

进入干奶期（dry period），奶牛以采食粗饲料为主要日粮结构特征，造成瘤胃丙酸的生成量大大减少。因丙酸是刺激瘤胃乳头状突起生长的主要物质，所以导致瘤胃乳头状突起的萎缩和瘤胃黏膜吸收挥发性脂肪酸能力下降。奶牛在干奶期前 7 周瘤胃要减少 50%的吸收面积，而重新饲喂精料后乳头状突起的全部伸长，从 0.5～1.2cm 恢复需要 4～6 周时间。母牛生产后，立即饲喂高精料日粮，容易引起瘤胃酸中毒与蹄叶炎（laminitis）等疾病。因为乳酸产生菌对高淀粉饲粮反应很快，产生大量乳酸，而乳酸转化菌对饲粮的变化反应较慢，需要 3～4 周才能达到有效防止瘤胃乳酸积累的细菌数量。

2. 能量负平衡

在围产前期，由于临近产犊，奶牛的内分泌发生急剧变化，同时胎儿营养需求不断增加，初乳也开始分泌，应激反应剧烈，导致奶牛在分娩前 1 周到产后 2 周内，采食量下降 20%～30%。奶牛血液中非酯化脂肪酸（non-esterified fatty acid，NEFA）水平会显著提高，NEFA 水平提高是奶牛能量负平衡的标志。任何能造成奶牛能量负平衡的因素，都会引起血液中 NEFA 浓度上升，而高 NEFA 水平与脂肪肝、酮病的发生直接相关。产后母牛如果瘤胃功能、采食量不能迅速适应和恢复，将不可避免地出现能量负平衡的问题。能量负平衡将持续影响奶牛产后的泌乳和繁殖性能（张家骅，2004）。

3. 低血钙

奶牛在产后最初几天内，会经历血钙浓度降低过程。低血钙是多种代谢疾病发病的直接原因或诱因，易诱发酮病、胎衣不下、乳房炎等疾病的发生。低血钙还导致奶牛肌肉收缩无力，并损伤神经功能，严重时引起产褥热。

4. 免疫力下降

在围产期阶段，由于特殊的营养与生理状况，往往导致奶牛内分泌的变化和免疫功能抑制，而低血钙和能量负平衡都会加剧免疫力继续下降，包括降低嗜中性粒细胞功能、降低淋巴细胞增殖、减少抗体数量和浆细胞的产生。能量负平衡是降低免疫功能的主要因素之一。另外，长期蛋白质、维生素 A、维生素 E、铜、锌、硒等的缺乏对免疫功能都会产生影响。

（二）围产期奶牛饲养管理

1. 围产前期奶牛饲养管理

这一阶段是以奶牛保健为中心，促进瘤胃微生物与乳头状突起恢复与生长，使奶牛逐渐由粗饲料为主的饲喂模式向高精料模式过渡；激发免疫系统，减少疾病与产后代谢病的发生；减少产后日粮结构改变导致的奶牛生产繁殖应激综合征。

（1）调整日粮结构平稳过渡

瘤胃微生物从高纤维日粮转变到对高淀粉日粮的完全适应，需要 3～4 周的时间，所以于分娩前 15～21 天开始增加精料，料量 5kg/（头·日），其中谷物的添加量可达到 3kg，以促进瘤胃细菌与乳头状突起的生长。

（2）控制食盐饲喂量、严禁饲喂缓冲剂

降低食盐的含量，可以避免母牛产前催奶过急，有利于母牛产后食欲的恢复。产前食盐的喂量，一般由原来的每天 75～100g 降至 30～50g。严禁饲喂缓冲剂，因碳酸氢钠和食盐中含有大量钠离子，围产前期饲喂过多会造成产后乳房水肿和产后瘫痪的比例增加。同时因钠与钾是强致碱性离子，因而会提高日粮阴阳离子差值，容易引起低血钙。

（3）控制日粮中钙含量

乳腺开始泌乳时，奶牛对钙的需求量会骤然增加。据分析，产犊后 10%～50%的牛处于亚临床性的低血钙状态（血钙水平<75mg/L）。一头奶牛产 10kg 初乳，会损失约 23g 钙，相当于血浆里 9 倍的钙量。这些过量的钙只能从小肠吸收或分解骨钙来补充。为了预防产后低血钙症，在母牛临产前 3 周，保证每天有 30g 以上的钙补充，才有可能有效防止产后瘫痪的发生。

（4）控制日粮镁、磷含量

低血镁和低血磷也会造成围产期奶牛产后瘫痪的发生。围产前期给奶牛饲喂含镁量为 0.35%～0.40%的日粮，可以防止产后血镁浓度的降低；每头奶牛每日饲喂 40～50g 磷，可满足磷的需要量。

（5）补充维生素及微量元素

在日粮中，要有足够的维生素 E 和微量元素硒，因维生素 E 和硒有抗乳房炎的作用。产前第 10 天，肌肉注射亚硒酸钠维生素 E 或复合维生素 A、D、E 注射液 20～40ml，既可提高初生牛犊的健壮水平，提高成活率，又会降低乳房炎的发病率，同时降低胎衣不下和产后瘫痪的发生，提高母牛的繁殖率。

（6）加强产前管理

加强产前管理非常重要，要保证足量的有效纤维，防止饲料突变及饲喂任何霉变饲料。产前 15 天，每天 2 次对乳头进行药浴，特别是产前漏奶的奶牛，要坚持药浴，防止乳腺炎发生。保证清洁充足的饮水，加强适量运动和光照，有利于顺产。

2. 围产后期奶牛饲养管理

围产后期即泌乳初期，也称为恢复期。母牛刚刚分娩，机体较弱，对疫病抵抗力降低。尤其是产前过于肥胖的母牛，消化机能减退，产道尚未复原，乳房水肿尚未完全消退，容易引起体内营养成分供应不足。这一时期的主要目标是尽量克服奶牛干物质采食量降低和能量负平衡的程度。提高新产牛日粮营养成分，适应低采食量情况下的实际需要，减少体况损失，尽快恢复体质，减少代谢病的产生。精料增加不宜过快、过多，否则会引起瘤胃酸中毒、真胃移位等一系列问题。围产期良好的饲养管理，能确保奶牛产奶高峰时处于良好的健康状态。

（1）灌服补充液

奶牛产犊后，用大动物灌药器立即灌服营养补充液及温水 20～40kg，尤其是钙和可利用的能量（如丙酸钙、丙二醇等），以保证代谢平衡，满足能量需要。调整和维护微生物体系的代谢平衡，保持和改善奶牛消化吸收功能和免疫协调能力。保证奶牛顺利到达产奶峰值，提高峰期及整个泌乳期产奶量。

(2) 提高钙含量、保证蛋白水平及粗饲料采食量

奶牛分娩后，立即改为高钙日粮，日粮含钙量不低于 150g、磷 100g；由于新产牛干物质采食量不高，且动员体内蛋白质的能力有限，因此提高日粮中蛋白质比例很重要，日粮粗蛋白含量控制为 20%左右。每天给奶牛饲喂 3.5kg 优质苜蓿和燕麦草、全株玉米青贮、多叶饲料等，确保瘤胃充盈状态和健康功能。

(3) 添加过瘤胃脂肪

过瘤胃脂肪补充量控制在 200g/(头·日) 左右，调出产房后逐渐添加到 400g/(头·日) 左右。每日供给奶牛 1～1.5kg 全棉籽，因全棉籽含有高脂肪、高蛋白，并且棉籽壳可以保护脂肪和蛋白质。奶牛采食棉籽后可以通过第一胃到达第四胃或小肠中，直接被吸收利用，提高奶牛的采食量，提高产奶量及乳脂率。另外，由于全棉籽的脂肪含量高，产生的机体增热少，可减缓奶牛在炎热环境下的热应激。

(4) 添加缓冲剂

为稳定瘤胃 pH，防止瘤胃酸中毒，可添加缓冲剂。一般小苏打与氧化镁一起使用，比例以 2～3∶1 效果较好。

(5) 产后母牛监控

主要通过体温、心跳、奶量、粪便、产道恶露排出等情况进行产后监控。每天对新产母牛做一次体检，若有异常及时查明原因进行处治。

奶量检测：如果母牛产后每日奶量比前一日奶量以 3%～5%的速度递增，那就证明牛处在健康状态。相反，如果每日产奶量递减，那么就意味着牛体处在疾病状态。

粪便检测：如果母牛粪便出现稀薄、颜色发灰、恶臭等不正常现象出现，说明瘤胃功能不正常，应适当减少精料，增加粗饲料或药物治疗。

产道恶露：如果母牛有恶露闭塞现象，即产后几天内不见暗红色液态恶露，应及时诊治，以防发生产后败血症或子宫炎等生殖道感染疾病。

新产母牛每天早晚两次用 1%～2%的来苏尔水等消毒剂洗刷后躯，特别是臀部、尾根、外阴部，要将恶露彻底洗净。观察阴门、乳房、乳头等部位是否有损伤，有无产后瘫痪发生征兆等。

(6) 产后乳房护理

产后母牛乳房严重水肿，初乳滞留。首先，用消毒水或温水清洗乳房，再用温热毛巾擦干，把乳房内的陈乳挤出几滴，以便犊牛及时吃到干净卫生的初乳或挤奶。然后检查产后母牛的乳房有无异常、硬块，如果发现有奶孔闭塞、乳房炎、化脓等情况给予相应治疗。

总之，整个围产期都应重视防暑、防寒，搞好牛舍环境卫生，畜舍保持通风和干燥，保证充足清洁饮水。加强围产期各阶段的饲养管理，注重生理变化和营养物质需求，在

饲养方式上保证日粮平稳过渡。

第二节 分娩调控

分娩调控是指在预产期前后，视孕畜的临产表现而采取的辅助分娩技术，主要是诱导分娩（induction of parturition）或人工辅助分娩（assistant delivery）技术。

一、诱导分娩的意义

（一）可控制孕畜分娩时间

诱导分娩可控制孕畜分娩时间，便于进行必要的分娩监护，开展有准备的护理工作，能够减少或避免新生仔畜和孕畜在分娩期间可能发生的伤亡事故。可以将分娩控制在工作和上班时间内，避开节假日和夜间，便于安排人员进行接产和护理，也便于有计划地利用产房和其他设施。

（二）可控制孕畜同期分娩

诱导分娩可控制孕畜同期分娩，可为母畜集中产仔和仔畜同时断乳、同期育肥与集中出栏的规模化生产管理提供技术保障。也可为分娩母畜之间新生仔畜的调换（如窝产仔猪太多和窝产仔猪太少的母猪之间）、仔畜并窝或为孤仔寻找养母提供较大的机会和可能性。同期分娩还有可能做到使放牧家畜生产及泌乳高峰期与牧草的生长旺季相一致。

（三）可减少生产损失

对患妊娠后期疾病（如产前瘫痪、妊娠毒血症、妊娠周期性阴道脱垂和肛门脱垂、产前不食综合征等）的危重病例，或预期怀双胎、胎儿过大等情况下，可通过诱导分娩，再配合其他辅助治疗的措施，避免母子双亡的损失。

（四）可以减轻新生仔畜的初生重

诱导分娩可以减轻新生仔畜的初生重，降低因胎儿过大发生难产的可能性。胎儿过大现象在体外受精、克隆胚胎和转基因克隆胚胎移植后代中十分常见。

二、诱导分娩的原理

根据妊娠和分娩机理，可以通过外源激素处理来中断妊娠和启动分娩，从而达到诱导分娩的目的。人工流产也可以采用类似的方法。自然状况下，孕畜分娩的发动是在胎儿、激素、神经、机械性的伸张等多因素互相协调作用下发生的。妊娠期满后，胎儿垂体分泌大量的促肾上腺皮质激素（ACTH）。ACTH 通过胎盘促使绒毛膜合成大量的雌激素，雌激素又刺激子宫分泌前列腺素（以 $PGF_{2\alpha}$ 为主）。$PGF_{2\alpha}$ 具有强烈的溶解黄体作用，$PGF_{2\alpha}$ 通过子宫静脉转移到卵巢动脉中，造成妊娠黄体的溶解和孕酮水平的下降。$PGF_{2\alpha}$

既能促进催产素的生成，又可促进生成更多的 $PGF_{2\alpha}$，催产素和 $PGF_{2\alpha}$ 两者协同诱导子宫肌细胞膜去极化，引起子宫的传播性收缩，进而触发分娩。

神经系统对母畜分娩并不是完全必需的，但神经系统对分娩过程具有调节作用。例如，胎儿的前置部分对子宫颈及阴道发生的刺激，就能通过神经传导使垂体释放催产素，增强子宫收缩。很多家畜的分娩多半发生在夜晚，这是因为夜间外界光线弱，干扰较少，中枢神经易接收来自子宫及产道的信息。这也说明，外界因素可通过神经系统对分娩发生作用。

诱导分娩常用的外源激素有 $PGF_{2\alpha}$ 及其类似物、糖皮质激素、雌激素、催产素等。使用 ACTH 时，应注意孕畜所处的妊娠阶段。如果使用过早（如孕羊在 130 天之前）或胎儿已经死亡，都不能引起胎儿肾上腺皮质的应答，诱发分娩就不会成功。使用治疗剂量的水溶性短效糖皮质激素，2～5 天后可使孕畜分娩；配合使用少量雌二醇，可能有助于改进诱导分娩的效果。通常不单独使用雌二醇，否则会使子宫和产道过分水肿而增加发生难产的机会。$PGF_{2\alpha}$ 具有收缩平滑肌和溶解黄体的作用，是诱导分娩最为方便、安全和有效的激素。在使用 $PGF_{2\alpha}$ 类似物时，应根据其药效而增加或减少用量。目前，在实际生产中常用氯前列烯醇，它是一种人工合成的 $PGF_{2\alpha}$ 类似物，其溶解黄体的生物活性为 $PGF_{2\alpha}$ 的 10 倍多。

三、诱导分娩的方法

（一）牛的诱导分娩

1. 早期流产处理

在同期发情处理时，为使受体母牛达到好的发情效果，经常对牛群进行 $PGF_{2\alpha}$ 处理，使处于早期妊娠阶段的母牛流产，即先对群体受体牛进行统一的子宫清理。在妊娠 200 天内，牛以黄体为孕酮的主要来源，如果在此阶段注射 $PGF_{2\alpha}$，母牛很快发生流产。

在妊娠 95 天之前，绒毛膜与子宫内膜之间的组织学联系还不紧密，流产后胎膜不破，子宫内膜不流血，母牛内源性 $PGF_{2\alpha}$ 水平不升高。在这一阶段实施外源 $PGF_{2\alpha}$ 诱导流产，效果好，副作用小。所以，这是结束不必要或不理想妊娠的好时机。

2. 诱导分娩

在妊娠 200 天以后，孕牛胎盘可分泌足够维持妊娠的孕酮。此时母牛对 $PGF_{2\alpha}$ 相对不敏感，注射 $PGF_{2\alpha}$ 后不一定流产，需要待其生产。

从妊娠 270 天起，孕牛越接近分娩期，对 $PGF_{2\alpha}$ 越敏感。一次肌肉注射 20mg 地塞米松，母牛一般在处理后 30～60h 分娩。

（二）绵羊和山羊的诱导分娩

1. 绵羊的诱导分娩

在绵羊妊娠 144 天时，注射 12～16mg 地塞米松或倍他米松，可使多数母羊在 40～

60h 内产羔。在妊娠 140 天左右，注射 1.5mg $PGF_{2α}$，亦能使母羊在 3～5 天内产羔。绵羊胎盘从妊娠中期开始产生孕酮，从而变得对 $PGF_{2α}$ 不敏感，因而 $PGF_{2α}$ 诱发分娩的成功率不高。如果用量过大，则会引起大出血和急性子宫内膜炎等合并症。

2. 山羊的诱导分娩

山羊的诱导分娩与绵羊相似，但山羊在整个妊娠期都依赖黄体产生孕酮。给妊娠山羊注射 1.2mg 的 $PGF_{2α}$，母羊在 1.5～3 天内流产或分娩。

（三）猪的诱导分娩

妊娠 110 天的母猪注射 60～100IU ACTH，可使产仔间隙缩短 25%，并可以减少仔猪死亡。在怀孕 109～111 天，连续 3 天每天注射 75mg 地塞米松，或者在 110～111 天连续 2 天每天注射 100mg，或 112 天注射 200mg，均可获得比较理想的效果。

妊娠最后 3 天的母猪注射 5～10mg $PGF_{2α}$，大多数母猪在 22～32h 产仔。如果在注射 $PGF_{2α}$ 后 15～24h 时，再注射 20IU 催产素（OT），数小时后即可分娩，这样能较准确地控制分娩时间；或者先连续 3 天注射孕酮，每天 100mg，第 4 天注射 $PGF_{2α}$，约 24h 后分娩，这样可以将分娩时间控制在较小范围内。

（四）马的诱导分娩

马的妊娠期约为 340 天。到了妊娠末期，当乳房中有较多的初乳、子宫颈比较松软和子宫颈外口可以伸进 1～2 指时，如果胎儿前置、胎势和胎位都正常，注射 40IU 的 OT 后，约 30min 可使母马产驹。更为安全的给药方案是，间隔 15min 注射 5IU OT，注射 3 次之后，将用药量增加到每次 10IU，直到分娩开始为止，这也是给马进行诱发分娩的最好方法。当马子宫颈没有开张时，可先注射雌激素，12～24h 后再注射 OT。从妊娠的第 320 天起，连续 5 天每天注射 100mg 地塞米松，可使母马在 3～7 天后分娩。马在妊娠 30 天内对 $PGF_{2α}$ 非常敏感，处理后很快发生流产并且发情，这时配种也能妊娠。

四、分娩助产

（一）牛的分娩助产

牛的妊娠期为 280 天左右。在预产期前约 30 天，妊娠母牛进入待产区，按照待产母牛的饲喂管理方式进行管理与饲喂。每天定期观察母牛有无临产症状。提前准备好助产用品和器械等，随时准备助产。

1. 正常接产

临产母畜一旦出现趴卧、举尾努责、乳房肿大、乳头滴乳、阴门开张、有黏液流出、子宫颈口开张等临产征兆，应及时准备助产。准备消毒液、助产绳、手术剪、碘酒、消炎粉等。如果发现羊膜已破，羊水流出，应消毒外阴和手臂，检查胎儿胎位，及时助产。

助产时，一方面护理好母牛的产道，不要造成产道撕裂或损伤；一方面抓住小牛的前腿均匀用力，同时注意助产方向。

2. 剖腹产

母牛在分娩过程中，由于胎儿或母体原因（如胎儿过大、畸形、胎位不正或母牛骨盆狭窄等），会出现自然分娩失败的情况。为确保母子平安，需对母牛实施剖腹产手术。

剖腹产选择手术部位时，既要方便胎儿的取出和术后护理，又要有利于手术操作。通常把切口选在右肷窝下或腹白线与右侧乳静脉之间的平行线上，切口长 30～40cm。由于全身麻醉药可通过胎盘屏障进入胎儿体内，对胎儿也产生麻醉或镇静的作用，因此麻醉多采用腰旁神经干传导麻醉和局部浸润麻醉相结合。

手术时，逐层切开皮肤、皮下筋膜、腹外斜肌、腹内斜肌及腹膜。切开腹膜后，双手伸到子宫下方，将胎儿托起，同时向前推移大网膜，充分显露子宫角。子宫壁切口选在血管较少的部位，避开子叶，做一 20～30cm 的切口，要一次全层切透，但不切开胎膜。在子宫切口的前后，分别用 4 把肠钳固定子宫壁。切开胎膜，取出胎儿时，由助手同时向外牵拉子宫，防止羊水流入腹腔。胎儿取出后，将脐带中的血液挤向胎儿处，然后断脐，消毒。

牛犊出生后，应立即提起两条后腿使之倒立，将口腔、鼻腔、气管中的黏液或可能的异物自然排出，并用手彻底清除口鼻腔中的黏液物质，此时可以同时人工辅助挤压胸壁，促其呼吸顺利。

（二）羊的分娩助产

羊的妊娠期约为 150 天。在预产期前一周左右，随时观察母羊的表现。如发现母羊不爱吃草、肷部凹陷、起卧不安、前肢趴地、咩叫、回头观腹，卧息时两后肢向外伸出、乳房膨大、乳头竖立、可挤出黄白乳汁、阴门红肿、有黏液流出等现象时，就可判定母羊即将产羔。应立即牵入产房，准备接羔。

1. 正常接产

一般情况下，应让母羊自己把羔羊顺利地产出，以免造成阴道和子宫感染。羊膜破后不久，羔羊的双蹄及嘴、头顶露出。羔羊脱离母体后，要及时把嘴、鼻、耳中的黏液擦拭干净，以免呼吸时吸入羊水。羔羊身上的黏液要让母羊舔干，以建立母羊和羔羊之间的联系。母性差的母羊如不舔羔羊身上的黏液，可在羔羊身上撒些精饲料，诱使母羊舔食。如果寒冬季节产房里温度过低，要注意用布或卫生纸擦干羔羊，以免羔羊受凉感冒或冻死。要防止异味附着羔羊身体上，导致母羊拒绝哺乳。

产出时，如羔羊包被胎衣，要及时撕破，使羔羊露出。羔羊出生后，一般都是自己扯断脐带，等其扯断后用碘酒消毒。若人工扯断或剪断，脐带扯（剪）断处不能距羔羊腹部太近，要留 4～5cm，之后用碘酒消毒。羔羊站立后，可人工协助吃第一次奶。

2. 难产处理

若羊膜破后 30min 左右仍未产出羊羔时，助产人员需根据情况采取不同的措施进行助产。羔羊过大时，可用剪刀将阴门扩大（产后要立即消毒缝合），再把羔羊两个前腿顺正，趁母羊用力努责时顺势将羔羊拉出，但应避免用力过猛。胎位不正时，如见头不见腿或见腿不见头时，应及时将母羊后躯垫高，助产者手臂消毒，将胎羔推回腹腔，纠正胎儿位置，借母羊努责时顺势拉出。倒生时，应先将后腿拉出，迅速助产。

3. 假死羔羊的处理

羔羊产出后，身体发育正常，心脏仍跳动，但不呼吸，这种情况叫作假死。假死的羔羊主要是过早呼吸而吸入羊水，或者是子宫内缺氧，分娩过程太长及受凉所致。但有时死胎和假死往往不好区分，如果肛门紧闭可能是假死，张开则死胎。羔羊出现假死现象时，立即采取以下两方面的措施使其复苏：一是提起羔羊两后腿，使羔羊悬空并拍击背部、胸部；二是让羔羊爬卧后，用两手有节律的推压胸部两侧，假死的羔羊一般都能复苏。因受凉而造成的假死，应立即移入暖室进行温水浴，水温从 38℃开始，逐渐升到 45℃。浴时羔羊头部露出水面，同时结合腰部按摩，浸 20～30min，待羔羊复苏后，擦干全身。

（三）猪的分娩助产

猪的妊娠期平均为 114 天。对处于围产期的孕猪，应仔细观察，提前做好生产预案和准备，及时应对出现的早产或晚产现象。对于超出预产期的母猪，要仔细观察胎动，或用 B 超检测胎心及羊水多少。当妊娠期接近 120 天（超出预产期一周左右）时，可以考虑催产进行人工诱导分娩，必要时采取剖腹产。在克隆猪方面，由于克隆胚胎之间发育程度上的不一致，代孕母猪生殖激素水平也有差异，所以代孕母猪的预产期也出现差别，分娩时胎儿个体的差异较大。

产房内温度在 20～25℃，湿度在 40%～50%较为适宜。仔猪产下后，用消毒毛巾将口腔黏液擦干净，再擦拭整个身体。然后将脐带中的血液挤向仔猪腹腔，用消毒好的细棉绳结扎脐带，若脐带较粗，需结扎两节以上，断端用碘酒消毒，预防脐带感染。随后用消毒好的断牙钳进行断牙，确保断牙整齐，避免断牙不齐导致的咬伤和口腔溃疡（陈北亨和王建辰，2001）。

第三节　哺乳母畜与初生幼畜的管理

加强哺乳母畜的饲养管理，不仅可以保证幼畜的健康，而且可以促使母畜尽快从妊娠与分娩中恢复健康，进入下一生产周期。初生幼畜，特别经生物技术手段出生的幼畜，在出生后必须精心护理与管理，才可能提高其存活率。

一、哺乳母牛与初生犊牛的管理与护理

（一）哺乳母牛的饲养管理

产犊 10 天内，母牛尚处于身体恢复阶段，要限制精饲料及根茎类饲料的喂量。此时若精饲料给量过多，容易引起母牛食欲不振、消化不良，易加重乳房水肿或发炎；母牛产后 3 天内只喂优质干草，4 天后可给适量的精饲料和多汁饲料；根据乳房及消化系统的恢复状况，逐渐增加给料量，但每天增加精料量不得超过 1kg，当乳房水肿完全消失时，饲料可增至正常。若母牛产后乳房没有水肿，体质健康、粪便正常，在产犊后的第二天，就可饲喂多汁饲料和精料，到 6～7 天即可增至正常喂量。舍饲的哺乳母牛应正确安排饲喂次数，一般以日喂 2～3 次为宜。

头胎母牛产后饲养不当易出现酮病，表现为血糖降低、血和尿中酮体增加、食欲不佳、产奶量下降和神经症状，应给予高度的重视。其原因是饲料中碳水化合物含量不足，而蛋白质含量过高。

放牧的哺乳母牛、充足光照和运动及牧草中所含的丰富营养，可促进牛体的新陈代谢，增强母牛体质，使其繁殖机能恢复较快。经过放牧，牛血液中血红素的含量增加，机体内胡萝卜素和维生素 D 等贮备较多，可提高对疾病的抵抗能力。牧草中含钾多钠少，因此，应在母牛的精料中配合食盐，或在母牛饮水的地方设置盐槽或盐砖，供其自由舔食，以维持体内的钠钾平衡。

（二）初生犊牛的管理与护理

从出生到 7 日龄的犊牛叫作初生犊牛，此时期称为“新生期”。在这一时期，犊牛在生理上发生了很大变化，由原来用胎盘进行氧分交换的胎儿，变成了用肺呼吸的个体；由原来生活在恒温的母体子宫内的胎儿，来到变化多端的自然环境中；由原来靠母体胎盘供应营养物质的胎儿，变成靠自身采食各种营养物质的个体。

在出生后的最初几天，初生犊牛器官机能尚未发育完全，对外界不良环境的抵抗力低，适应能力较弱，呼吸道和消化道黏膜容易被细菌感染，皮肤的保护机能很差，神经系统的反应性还不足。因此，初生牛犊容易受各种病菌的侵袭而引起疾病，以致造成死亡。这段时期也是克隆牛或转基因克隆牛死亡率最高的时期。因此，对初生犊牛必须加强护理，才可保证其存活并健康成长。

1. 犊牛出生后的处理与护理

犊牛出生后，应迅速彻底清除口鼻腔中的黏液；必要时，倒立牛犊，同时有节律地按压胸壁，待犊牛发出第一声叫声后，放下犊牛，尽快揩干犊牛身上的黏液。由于犊牛的体温调节中枢尚未发育完全，调节机能较差，应将犊牛放在室温为 20～25℃的护理室内。用 5%碘酊对脐带消毒，防治脐带发炎。犊牛出生后，如呼吸急促，应立即给犊牛吸氧，待呼吸逐渐平稳后，停止供氧，使其自然呼吸。当犊牛要站立时，应注意保护好头部，不要摔伤。犊牛的救护必须迅速、稳妥，防止出现窒息情况。

2. 犊牛的哺乳与早期饲喂

在出生后的第一天，用奶瓶采取少量多次的方法进行母乳饲喂，逐渐锻炼其吸吮能力，根据犊牛个体情况喂乳 2～3kg（最好初乳）或让犊牛自己吃母乳；以后每天分 3 次饲喂，4～6kg/日。喂乳和喂水时，乳汁和水的温度要保持在 34～36℃，温度不能起伏过大，不让其摄入凉水，以免引起消化不良、腹泻等症状。在喂乳时，新鲜的初乳和乳汁的温度十分关键，不能直接喂冰箱冷藏过的牛奶。牛奶要加热至沸腾消毒（初乳除外），再冷却至适合温度进行饲喂。出生后第八天，按照循序渐进的方式，随犊牛的生长发育，增加犊牛料、饲草，逐渐培养犊牛食草料能力。

二、哺乳母羊与初生羔羊的管理与护理

（一）产后母羊的护理

在分娩的过程中，母羊体能消耗过大，失去水分较多，新陈代谢机能下降，抵抗力减弱。对产后母羊的护理，应注意保暖、防潮、避免受风和感冒；要保持产房干燥、清洁和安静。产羔后 1h 左右，应给母羊饮 1000～1500ml 温水或麸皮盐水，切忌喝冰冷水。喂饲少量的优质干草或其他粗饲料。前 3 天尽量不喂精饲料。饲喂精饲料时，要先少许，再逐渐增多。随着羔羊吃初乳的结束，精料可逐渐增至预定量。

（二）初生羔羊的护理

一般情况下，初生羔羊体质均较弱，适应能力低，抵抗力差，容易发病。哺乳期羔羊的死亡数占整个羊群死亡数的 85%。对于克隆羔羊与转基因羔羊来说，如果护理不当，死亡率会更高。

1. 确保羔羊吃到初乳

产后头 3 天的母羊乳汁称为初乳。初乳的营养价值较常乳要高，不但含有大量对生长及防止下痢不可缺少的维生素 A，而且含有大量蛋白质，特别是清蛋白及球蛋白要比常乳多 20～30 倍；初乳中的营养物质无须经过肠道分解，可以直接吸收；初乳中含有大量的抗体，是新生羔羊获得抗体的唯一来源；同时初乳中镁盐较多，可以刺激肠道发生轻泻作用，促使胎粪排出。因此，羔羊出生后，应尽早让其吃到足够量的初乳。如果母羊（主要是头胎羊）不认羔羊，甚至害怕羔羊，或者在多胎时只偏爱其中的一只或一部分，这种情况可以将母羊固定，人工协助羔羊吮乳。为了避免母羊不认羔羊，注意不要惊动分娩母羊，不要将羔羊颈部及背部的羊水擦净。一般羔羊出生后 4～6h 便开始自行排泄胎粪。如果出生后 24h 仍不见胎粪排出，此时就要采取灌肠办法促使胎粪排出。

2. 羔羊寄养

当母羊乳少或者母羊死亡后，给羔羊找代乳母羊。母羊是用嗅觉来认识羔羊的，所以在寄养时应将代乳母的乳汁抹在羔羊身上，或将羔羊的尿液抹在母羊的鼻端，使气味

混淆，无法区别，然后将羔羊放入代乳母栏内，如此 2～3 天，即可寄养成功。

3. 人工哺乳

如果母羊无乳或死亡，除寻找代乳母羊寄养外，常常需要进行人工哺乳。乳用羊的羔羊，因母羊要挤奶，一般多采用人工哺乳方法培育。

4. 羔羊的补饲

为使羔羊获得更完全的营养物质和促进羔羊消化系统与身体的生长发育，在羔羊出生后 8 天，开始训练吃料。补饲的精料应选择质地疏松易于消化的麦麸、玉米粉或羔羊料等。最初量不宜过多，随吃随添。其补饲量一般是每日每只羔羊从 8 日龄 25g 逐渐增至 3 月龄时 100g；到了 2 月龄后，添加品质好的粗料；4 月龄时随母羊一起食青绿、多汁饲料和柔软的精料。在运动场内，要放置盛有清洁饮水的水槽，让羔羊自由饮用。

5. 羔羊的断奶

发育正常的羔羊，在 3.5～4 月龄即可断奶。若羔羊发育好，一年产两次羔的，断奶时间可适当提早一些；若发育较差或计划留作种用的，则断奶时间可适当延长。断奶的具体方法是：人工哺乳的，逐渐减少哺奶量，最后停止即可；自然哺乳的，逐渐减少哺乳次数，如由原来 1 天 3 次哺乳，减少到 1 天 2 次，然后 1 天 1 次，两天 1 次，一周左右可完全断奶。断奶时，要逐只称重，做好记录。

三、产后母猪与仔猪的管理与护理

（一）产后母猪的管理与护理

母猪分娩后，生殖器官发生了很大变化，抵抗力明显下降。因此，母猪产后要进行妥善护理，让其尽早恢复健康。

1. 饲养方面

分娩时体力消耗很大，体液损失多，母猪表现出疲劳和口渴，因此要准备温热的 1%盐水，供母猪饮用。由于产后母猪的消化机能减弱，应逐步恢复饲喂量。如果母猪消化能力恢复得好，仔猪又多，2 天后可以恢复到分娩前的饲喂量。如果母猪少乳或没乳，必须马上采取措施，进行人工哺乳。

2. 管理方面

母猪分娩结束后，要及时清除污染物，喷洒 2%来苏尔进行消毒，给母猪创造一个卫生、安静、空气新鲜的环境。母猪产后，其子宫和产道都有不同程度的损伤，病原微生物容易入侵和繁殖，给机体带来危害。因此，须细心观察分娩后母猪动态，对常发病如子宫炎、产后热、乳房炎等病症应早发现早治疗。母猪分娩 3 天后，可在运动场自由活动，使其接触阳光，恢复体力，促进消化，提高泌乳量。但活动时间不易太长，防止受凉和惊吓。在分娩后的 7 天内，用 0.1%的高锰酸钾溶液，对母猪的乳房及其周围进行消毒，每天要有规律地对母猪乳房周围进行擦拭和热敷 4 次以上，以促进母猪的泌乳水平。要经常刷洗母猪身体，清理产床，保持母猪身体和产床干净卫生。

（二）仔猪的管理与护理

仔猪出生后，使其尽早吃上初乳，以尽快获得免疫力和丰富的营养，增强抗病能力。有些仔猪出生后不会吃奶，或吮吸的力度不够，无法有效进食，则需人工哺乳。哺乳用的奶瓶要严格消毒，奶的温度要适中。

仔猪对冷敏感，出生后一周内，应该保持环境温度 30℃以上，湿度控制在 50%～60%。做好环境卫生和消毒，避免仔猪发生腹泻等消耗性疾病。同时应尽量减少外界因素对哺乳期仔猪的应激。

第四节　母畜产后生殖器官的生殖机能调控

母畜的产后期调节是决定产仔间隔期最关键的因素，产仔间隔期的长短直接影响母畜繁殖力。因而，应该对母畜产后期的生殖机能状况进行监控，使母畜在产后能尽早配种受孕，缩短产仔间隔。本节以母牛为主介绍其产后生殖调控与管理。

母畜子宫从妊娠及分娩所发生的各种变化恢复到妊娠前的状态和功能称为子宫恢复。在生产前后，生殖器官中变化最大的是子宫。主要表现为：①子宫从受精前的细小状态到妊娠过程中的增大；②胎儿分娩与胎衣排出后，子宫迅速缩小，子宫壁变厚，浆膜上出现大量纵行皱襞；③子宫体积在缩小的同时，子宫黏膜发生更新，黏膜表层变性脱落，子宫腺上皮增生而长出新的黏膜上皮；④产后初期恶露量多，含有血液和胎盘碎屑呈红褐色，以后逐渐颜色变淡，最后停止排出。正常牛产后 30 天左右子宫体积基本恢复正常。

一、影响子宫恢复的因素

子宫恢复速度取决于子宫收缩的频率和力量及子宫肌内胶原蛋白和肌浆球蛋白降解成氨基酸的速度。产后卵巢功能的恢复与子宫的恢复互为相关，卵巢功能恢复早，子宫恢复快；反之，子宫恢复将变慢。因此，在促进产后子宫恢复的同时，要考虑促进卵巢机能的恢复。

（一）生殖激素对子宫恢复的影响

1. 雌激素

雌激素主要由卵泡和胎盘产生，其次卵巢间质细胞和肾上腺皮质也能产生一定量的雌激素。雌激素可以增强子宫收缩力，对子宫恢复有促进作用。分娩启动时，胎儿体内释放大量的皮质醇，该激素促使胎盘合成更多雌激素，产前两天雌激素含量达到最高。雌激素在分娩当天降低近 1/3，产后含量迅速降低，直至产后 23 天一直维持在低水平波动。雌激素能够提高子宫的紧张度，促进黏液的产生，刺激子宫收缩和生殖道开放，促进子宫内容物的排出。

2. 孕酮

孕酮是一种甾体激素，主要由黄体产生，是妊娠期维持妊娠的必需激素。高水平的孕酮，可使子宫收缩受到抑制。健康母牛产后孕酮含量迅速下降，在产后 1 天下降至较低水平，直到产后 17 天又开始上升。有研究表明，产后 20 天、30 天与 40 天子宫恢复正常的母牛的乳汁中孕酮含量低于恢复不良者。母牛产后孕酮分泌紊乱，特别是高水平的持续对母牛产后子宫恢复极为不利，因而孕酮也成为检测产后子宫恢复情况的最有代表性的激素之一。

3. 前列腺素

前列腺素不是一种单一的物质，而是一类具有生物活性的长链不饱和羟基脂肪酸。体内的生物合成是由必需脂肪酸通过前列腺素合成酶的作用，在细胞膜内经环化和氧化产生的。前列腺素是子宫恢复非常重要的一种激素。前列腺素 $PGF_{2\alpha}$ 对子宫平滑肌具有强烈刺激作用，引起子宫平滑肌收缩，并可引起催产素分泌增加。母牛产犊前，$PGF_{2\alpha}$ 分泌急剧增加，产后 2 天达到峰值，然后开始下降，在产后 10～20 天恢复到基础水平。研究表明，产后 $PGF_{2\alpha}$ 大量释放的唯一部位是子宫，而子宫合成 $PGF_{2\alpha}$ 最可能的部位是子宫内膜，母牛子宫内膜有合成 $PGF_{2\alpha}$ 的酶和 $PGF_{2\alpha}$ 合成抑制因子。然而，前列腺素家族的 PGE 却对子宫恢复起着消极的作用。PGE 在母牛子宫内具有抑制外周血液淋巴细胞活性、降低子宫 IgG 和 IgM 浓度的作用，从而降低子宫恢复速度。

4. 催产素

催产素根据来源分为黄体催产素与垂体后叶催产素，二者结构完全相同。催产素最主要的生理功能是刺激子宫收缩。在妊娠后期，催产素浓度很低。在分娩开始时，催产素并不起主要作用；但当胎儿进入产道时，催产素水平急剧升高，促进胎儿分娩。黄体催产素与子宫内膜催产素受体结合，具有诱导子宫 $PGF_{2\alpha}$ 阵发性释放而引起黄体溶解。雌激素有增强催产素受体开放的功能，所以可以推断分娩后由于雌激素的分泌峰促进了催产素与受体结合，进而促进 $PGF_{2\alpha}$ 对子宫收缩作用。随着胎儿排出，催产素含量急剧下降。胎衣排出之前，催产素有一次短暂的升高，残留的催产素生理效应不明显。临床上常常应用催产素来治疗胎衣不下，促进恶露排出。

5. 催乳素

在分娩开始的 48h 之前，催乳素含量并无明显变化，直到产前 36～24h 才突然升高，并达到高峰，产后 48h 又开始降低。催乳素具有刺激阴道黏膜分泌黏液的作用，并使子宫颈松弛，排出子宫内分泌物。

（二）产后卵巢活动与子宫恢复

母牛产后子宫的恢复与卵巢恢复相互影响。卵巢活动对子宫恢复的影响主要表现在，通过激素水平的变化，影响子宫形态恢复、促进子宫内环境的净化、提高子宫免疫力。卵巢周期活动恢复与子宫产后恢复在时间上密切相关，统一于下丘脑-垂体-性腺轴的调节。卵巢活动与子宫恢复是产后母牛启动生殖机能，重建生殖周期的基础。恢复时间晚的牛，其子宫内环境和黄体期黄体功能都不完备，因此受胎率低，产犊间隔延长。子宫内环境与黄体期黄体功能是受胎率高低的主要影响因素。

产后垂体性腺轴仍处于相对静止期，卵巢周期活动还未恢复。这一期间是子宫恢复的主要时期，此时的激素环境也有利于子宫恢复。产后两周，GnRH 分泌基本正常，促进垂体 FSH 和 LH 正常分泌，卵巢开始建立周期性的活动。此时，子宫内膜组织重建速度加快，子宫内容物基本排净。如果子宫恢复延迟，子宫内环境不能得到恢复，会反作用于卵巢使得卵巢活动发生紊乱。

1. 卵巢活动监测

（1）测定体内孕酮水平

母牛体内的孕酮主要来源于卵巢上的黄体。因此，外周血液中的孕酮水平，随繁殖阶段而变化。测定孕酮水平可以作为监测母牛卵巢机能的一种常规方法。

从分娩之日起，每隔 2～3 天次采集血样或乳样，测定孕酮水平，直至产后 60～70 天，监测产后母牛的卵巢活动。

（2）类固醇激素测定方法

用固相放射免疫分析（RIA）测定牛血清中的孕酮浓度，其灵敏度为 0.081ng/ml。ELISA 测定的灵敏度可达皮克（pg）水平，可以用来代替 RIA 测定体液中的激素水平。有些国家已将 ELISA 作为常规检测手段，用于家畜的发情鉴定、妊娠诊断和卵巢机能监测。

2. 激素诱导产后卵巢活动

由于妊娠后期高水平的血浆孕酮和 17β-雌二醇对丘脑下部和垂体的抑制作用，母牛在产后一段时间内，卵巢处于静止状态。在正常情况下，奶牛要到产后 20 天左右，肉牛、水牛及一些地方品种牛则在产后 30～40 天甚至更长时间，血浆孕酮水平才开始升高，出现卵巢周期活动。应用激素处理，诱导产后母牛的卵巢活动，可以缩短产犊间隔期，提高母牛的繁殖力（刘崇立等，1996；章孝荣和王建辰，1990）。

（1）GnRH 及其人工合成的类似物

GnRH 及其人工合成的类似物（如 LRH-A 2、LRH-A 3 等）可诱导 FSH 和 LH 的释放从而诱导排卵。常用的方法是在乳牛产后 20～30 天、肉牛产后 40～60 天，一次注射 100～500μg GnRH（剂量随产品而定）或其类似物，诱导母牛出现卵巢活动。将 GnRH 制成缓释剂，用皮下埋植的方法使 GnRH 缓慢释放出来，是一种有实用价值的方法。

（2）孕酮

孕酮对 LH 有抑制作用，抑制一旦解除就可诱导 LH 脉冲式释放和血中 LH 水平升高，启动卵巢周期。用孕酮制成孕酮释放阴道栓进行处理，经 10～12 天取出，并注射 PMSG 1000～1500IU，隔 2～3 天再注射 hCG，可以较好地促进卵巢活动。

（3）前列腺素

前列腺素具有显著的溶解黄体作用。$PGF_{2\alpha}$与 GnRH 配合作用，比单用 GnRH 效果要好。在母牛产后 20 天和 35 天各注射 GnRH 100μg，然后在产后 47 天给不发情的母牛再注射 25mg $PGF_{2\alpha}$，可促进卵巢活动。

3. 胶原降解对子宫恢复的影响

牛在整个妊娠过程中子宫体积逐渐增大；当分娩后，子宫体积逐渐缩小，直到恢复到正常状态。产后子宫体积变小，子宫平滑肌收缩，内膜水肿，这个阶段子宫壁变厚，称子宫体积的物理性回缩；随后子宫壁逐渐变薄，恢复到正常状态，这可能与子宫体积的生理性回缩有关。子宫生理性回缩，主要表现为子宫内胶原蛋白降解和肌浆球蛋白的降解。羟脯氨酸是胶原蛋白降解产物之一，是动物体内的一种非必需氨基酸，主要存在于胶原蛋白中，约占胶原蛋白氨基酸总量的 13%；羟脯氨酸在其他蛋白质中含量极低，所以羟脯氨酸是胶原蛋白的一种特有氨基酸。血液中羟脯氨酸含量与动物体内胶原代谢关系密切，与产后子宫恢复的速度成正相关（田文儒等，2001；周汉林等，2005）。

4. 其他影响子宫恢复的因素

影响子宫恢复因素很多，如子宫恢复速度随胎次增多而延迟，头胎牛子宫恢复速度最快。挤奶或哺乳能促进催产素的分泌，有利于子宫恢复。哺乳刺激催产素的分泌作用强于挤奶。营养是影响母畜产后子宫恢复的重要影响因素，蛋白质、矿物质元素如钙、磷、铜、硒铬、碘、钴等都可能影响母畜产后子宫的恢复。

二、牛产后子宫机能监测

可以依据以下几种方法对产后奶牛子宫机能进行监测。

（一）通过临床检查监测子宫恢复

主要观察胎衣排出时间、恶露排出时间及排出物的数量、颜色及分泌物黏性等。如果产后 12h 内胎衣未排出，即视为异常（胎衣不下）。产后母牛由于个体在生理机能上的差异，恶露排出时间、数量有所差异。以下是产后不同时间段的子宫状态（龚金贵和陈兆英，1990；王俊东和刘宗平，2004）。

1. 产后 5 天

子宫体积庞大位于腹腔中，子宫颈位于耻骨前缘下方。直肠检查触诊时，有明显纵行皱襞，子宫壁厚而且手感似水肿样。直检时努责明显，排出物红褐色，内含组织碎片（子宫内膜及胎衣残留物），一般无脓性产物。

2. 产后第 10 天

子宫体位于耻骨前缘下方，子宫颈位于盆腔内。子宫壁厚实，表面平整无明显纵行皱襞，手感似水肿。直检时大部分牛已无努责，无排出物。卧地休息时排出物红褐色，无明显气味。如牛发生感染，排出物红褐色含絮状、咖啡色、米汤样。

3. 产后 15 天

子宫位于耻骨前缘，子宫颈位于盆腔内。子宫壁厚实但相对柔软，有收缩反应，收缩后有弹性，部分出现僵硬状态，直检时无排出物。卧地休息时排出物清亮黏稠，部分牛含絮状物。感染牛排出米汤样、灰白色或灰红色黏稠物。

4. 产后 20 天

子宫位于耻骨前缘下方或盆腔内，大部分出现收缩反应，收缩后手感有弹性，稍坚实，直检时无排出物。卧地时排出物清亮，有纤缕性。

5. 产后 25 天

子宫恢复到原有位置（耻骨前缘、盆腔内），首次触及，子宫回缩迅速而明显，收缩后质地柔软而有弹性。

6. 产后 30 天

子宫位置、质地、收缩均已恢复良好。感染牛的子宫位置体积基本正常，但收缩反应缓慢，质地坚实而缺乏弹性。卧地休息时，阴道排出物呈米汤样或清亮黏稠含絮状物。

（二）B 超监测子宫恢复状态

B 超监测可以确定子宫内是否有滞留物，可以监测产后子宫壁厚度和子宫颈直径，了解子宫恢复状态。据报道，产后奶牛在 27～32 天，子宫壁厚度可恢复到 13.0～13.8mm 基本正常状态；子宫颈直径由产后第一天的 81.0～97.0mm，产后 25 天可恢复到 36.14～38.24mm 基本正常状态（田文儒等，1994）。

虽然应用 B 超技术可以清晰地展现子宫恢复的过程，但子宫恢复不仅是其体积的缩小过程，期间还涉及子宫内膜修复及内环境的恢复。

（三）测定子宫内压监测子宫恢复

产后子宫平滑肌的收缩状态是母牛能否健康而快速恢复到正常状态的直接影响因素，对胎衣及恶露的排出起着重要作用。正常的收缩强度与频率，可以降低产后子宫感染的程度。目前，子宫内压监测被普遍用于人类子宫状态和子宫收缩强度的观察。

（四）测定蛋白质降解水平监测子宫恢复

通过测定血液、尿液中的羟脯氨酸，了解产后子宫恢复过程。常见方法有比色法、试剂盒法、氨基酸分析仪法、高效液相色谱法及液质联用法。其中比色法精密度比较低，试剂盒法精密度一般，氨基酸分析仪法、高效液相色谱法及液质联用法精密度高，液质联用测量的精密度最高。

三、促进母牛产后子宫恢复的保健技术

（一）应用抗菌药物促进子宫恢复

抗生素作为治疗子宫感染的药物，已有半个多世纪的历史。在低浓度下，对各种病原性微生物或肿瘤细胞有选择性杀灭、抑制作用。例如，β-内酰胺类抗生素、氨基糖苷类药物、大环内酯类抗生素、四环素类抗生类等，都可通过抑制细菌蛋白质的生物合成，使细胞产生非致死性损失来实现抑菌作用。但使用这些药物时，要注意抗生素残留问题（李增慧和王国仓，2008）。

（二）应用激素促进子宫恢复

1）前列腺素及其类似物是促进子宫恢复的常用激素类药物，这类药物有氯前列烯醇、律胎素等。前列腺素可以促进子宫收缩，清除感染物，增强子宫防御机能，从而促进子宫恢复。

2）催产素是临床上常用的治疗产后子宫疾病的激素，能够增加产后早期子宫收缩力，但其半衰期较短。由于母牛分娩12h内雌激素水平尚未降到基础值，尚可刺激催产素受体开放，此时应用催产素可以促进胎衣排出。如果超过12h，则雌激素水平降低到启动受体阈值以下，再应用外源催产素促进子宫收缩，其作用会大大降低。

3）己烯雌酚能诱发宫颈开张，促进渗出物的排出；可明显提高子宫内的嗜中性白细胞、淋巴细胞和单核细胞的数量，对增强子宫非特异性免疫反应具有重要作用。然而，雌激素的应用会造成环境污染并影响人类健康，在实际生产中已逐渐被淘汰。

综上所述，产后母畜的子宫恢复是一个非常复杂的生理过程，影响因素很多。不同品种及不同母畜的个体差异，使得子宫恢复程度和完成的时间差异较大。

参 考 文 献

陈北亨, 王建辰. 2001. 兽医产科学. 北京: 中国农业出版社.

陈清华, 贺建华. 2003. 奶牛微量矿物元素的营养需要. 中国奶牛, (1): 20-24.

龚金贵, 陈兆英. 1990. 奶牛子宫内压描记试验及胎衣不下与产后子宫活动性关系的初探. 畜牧兽医学报, 21(4): 347-353.

李增慧, 王国仓. 2008. 应用非抗菌素药物治疗荷斯坦奶牛子宫内膜炎试验. 中国奶牛, (4): 31-32.

刘崇立, 王运亨, 周玉云, 等. 1996. 高产奶牛产后乳汁孕酮含量变化与卵巢机能恢复和子宫恢复的关系. 中国畜牧杂志, 32(6): 36-37.

田文儒, 丛霞, Noakes DE. 1994. 奶牛产后子宫及卵巢超声影像学变化规律的研究. 畜牧兽医学报, 25(3): 119-225.

田文儒, 何剑斌, 刘云枫, 等. 2001. 产后奶牛血、尿中羟脯氨酸、甲基组氨酸和3-MEHIS浓度的研究. 东北农业大学学报, (3): 35-40.

王俊东, 刘宗平. 2004. 兽医临床诊断学. 北京: 中国农业出版社.

张家骅. 2004. 家畜生殖内分泌学. 北京: 中国教育文化出版社.
章孝荣, 王建辰. 1990. 应用固相 RIA 和 ELISA 测定血浆孕酮浓度监测黄牛产后卵巢机能. 西北农业大学学报, 18(增刊): 24-31.
周汉林, 莫放, 黄鸿威, 等. 2005. 羟脯氨酸在反刍动物营养研究中的应用. 草业科学, (11): 84-87.
周明, 章孝荣, 张德群, 等. 1994. 淮北地区育龄母牛微量元素营养状况及其与繁殖机能的关系.安徽农业科学, 22(4): 381-382.

（张　立）

第十三章　胚胎干细胞

哺乳动物的个体发生需经历漫长的细胞分化过程，从配子发生、受精、胚胎发育、细胞命运决定、器官发生、形态构建等一系列重大发育事件，最终形成具有明显物种遗传特征的后代。动物生产性能与抗病能力的提高，肉、奶质量的改善、优良品种的培育等，均与个体发生的调控密切相关。人为调控个体发生进程，从而改变后代的生产性能，是生殖工程学的重要组成部分。近年来，性别控制、基因编辑、转基因与干细胞等可以干预个体发育进程的技术，得到了迅速发展，在科研、生产、医疗等领域呈现出广阔的应用前景。胚胎干细胞技术在上述技术体系中占有十分重要的地位。

1868 年，Haeckel 描述了一种未特化或者未分化的新细胞，这种细胞能够产生多种类型的细胞，称之为“stamzelle”，此即干细胞最早的概念。从这种意义上来说，干细胞的概念早已存在，但是真正实现干细胞的体外培养，却是 100 年以后的事情。直到 20 世纪 60 年代，James Till 和 Ernest McCulloch 在进行血液学研究时，发现了干细胞存在的证据。1964 年，Martin Evans、Matthew Kaufmann 和 Gail Martin 的研究，获得了有别于来自癌细胞的稳定和永生的细胞系。在同一年，Lewis Kleinsmith 和 Barry Pierce 第一次从小鼠囊胚中分离出内细胞团细胞，并把这些细胞培养成细胞集落，这应该是最早的胚胎干细胞系。1981 年，Evans 和 Kaufmann 在内细胞团细胞开始发育为卵圆筒期（egg cylinder）时，将细胞分离出来并将其解散为单细胞悬浮液，再把这些细胞转移到成纤维细胞上，由此培养获得小鼠胚胎干细胞。又经历了 17 年，美国威斯康星大学的 Thomson 等于 1998 年获得了 5 种人胚胎干细胞系。

目前，已经发现了 4 种主要的胚胎性干细胞：畸胎瘤来源的胚胎瘤细胞（embryonal carcinoma cell，EC cell）、内细胞团来源的胚胎干细胞、原生殖细胞（primordial germ cell，PGC）来源的胚胎生殖细胞（embryonic germ cell，EG cell 或 EGC）与上胚层来源的上胚层干细胞（epiblast stem cell，EpiSC）（Lanza et al.，2006；裴雪涛，2006）。

第一节　干细胞及其生物学特性

一、干细胞

干细胞（stem cell）是一群既具有自我更新能力，又具有分化能力的细胞。这些细胞既可以通过不断的细胞分裂维持自身细胞群的规模，同时又可以分化成为多种组织细胞，也有人称之为“万用细胞”。根据干细胞的来源，可将其分为胚胎干细胞（embryonic stem cell，ES cell 或 ESC）和成体干细胞（adult stem cell，ASC）或称为组织干细胞（tissue stem cell）。胚胎干细胞来源于早期胚胎或胚胎生殖细胞，具有分化为机体任何一种组织细胞的能力。成体干细胞存在于各种器官组织中，具有自我更新能力，但通常只能分化为以其源头组织细胞的能力。

二、干细胞的生物学特性

（一）胚胎干细胞的生物学特性

胚胎干细胞具有独特的生物学特性。与其他细胞系相比，胚胎干细胞的特点在于：①具有不断增殖分化的能力。在体外培养条件下可以建立稳定的细胞系，并保持高度未分化状态。②具有高度的发育潜能和分化潜能。在体内或体外均可分化出内、中、外三个胚层的细胞，可以诱导分化为各种组织类型的成体细胞；胚胎干细胞具有正常二倍染色体，在嵌合体动物中，能广泛参与包括生殖系在内的多种组织器官的生长发育。③能进行体外培养扩增，还可以对其进行遗传操作，如导入异源基因、报道基因或标志基因，诱导基因突变等。扩增、遗传操作及冻存均不丧失其多能性；冻存的细胞可在需要时随时解冻，继续培养不失其原有特性。

（二）成体干细胞的生物学特征

干细胞在分化为特化细胞之前，常产生一种或几种祖细胞，然后由祖细胞分化产生特化细胞。与胚胎干细胞相比较，成体干细胞有以下几个特点：①成体干细胞体积小，细胞器稀少，RNA 含量较低，在体内环境中处于相对静止状态，在组织结构中位置相对固定。②成体干细胞数量很少，其基本功能是参与组织更新、创伤修复及维持机体内环境稳定。人和动物皮肤中的干细胞含量仅为 7%～8%，脑内的神经干细胞仅占相对静止细胞数的 0.1%～1.0%，骨髓中造血干细胞的比例仅有万分之一。③成体干细胞有其独特的体内微环境。在微环境中，存在对干细胞的增殖和分化起调控作用的多种信号分子。干细胞是自我复制还是分化为功能细胞，取决于所在的微环境和自身的功能状态。④成体干细胞可能是胚胎发育过程中保存下来的未分化的细胞，这意味着成体干细胞与胚胎干细胞可能会有更多的相似性与同源性。

（三）干细胞的可塑性

干细胞的可塑性主要是指成体干细胞的可塑性。成体干细胞具有分化为其他类型组织细胞的能力，这种现象称为干细胞的转分化（transdifferentiation）或可塑性（plasticity）。小鼠骨髓干细胞在体外培养后，具有向骨、软骨和肺基质转化的能力。当把纯化的小鼠造血干细胞注入受伤的创口部位，干细胞能够迁移到肌肉损伤创口，在参与肌肉再生的同时，也参与血管的再生。例如，将小鼠胎儿和成年的神经干细胞移植到经激光照射引起亚致死的小鼠后，移入的神经干细胞除向神经元、星形细胞与少突胶质细胞分化外，还分化为造血细胞，转化为造血细胞谱系。

虽然有越来越多的证据表明干细胞具有可塑性，但是仍存在争议。①细胞自发融合导致“可塑性”。胚胎干细胞在体外与神经细胞或造血干细胞共同培养时，能自发地与神经细胞发生融合或与造血干细胞发生融合，诱导神经细胞或造血细胞“转分化”为胚胎干细胞样的细胞，并表现出胚胎干细胞的表型特征与相应功能。Terada 等（2002）认为，骨髓细胞的多向分化是因为与胚胎干细胞融合所致，而不是骨髓细胞直接转分化的结果。由此推测，由于发生了细胞融合，使所谓的成体干细胞具有了“可塑性”潜能。②有人认为，成体干细胞的转分化是成体组织中存在的胚胎原始干细胞所致。Jiang 等（2002）报道，在成体组织中仍然存在着数量稀少的胚胎样原始干细胞，表达胚胎干细胞的标志如 Oct4、Rex-1 及 SSEA-1 等。他们认为所谓的成体干细胞的“可塑性”，很可能是这些余存的胚胎原始干细胞所为。

三、干细胞的应用

（一）干细胞是良好的发育生物学研究模型

哺乳动物的胚胎在母体子宫内发育，因此很难连续动态地研究其早期胚胎发育、细胞分化、器官原基形成与器官分化等现象。来源于胚胎内细胞团的胚胎干细胞具有发育全能性、无限扩增特性及体外可操作性，是研究早期发育事件的细胞与分子机制的良好模型。

（二）干细胞是临床疾病治疗的研究模型

干细胞治疗代表着当今医疗水平发展的最新阶段，可用于许多常规方法无法医治的疾病治疗。干细胞途径是缺血引起的心肌坏死、恶性肿瘤、帕金森病和胰岛素依赖型糖尿病等极具潜力的治疗手段。以干细胞作为模型，可以开展大量的疾病治疗研究工作。最早的干细胞治疗开始于骨髓移植，20 世纪 60 年代就已经开始了实验性治疗；70 年代，异体骨髓移植已经在治疗血液疾病中得到了广泛利用；80 年代，开始了自体造血干细胞移植的研究。在 1999 年，用骨髓间充质干细胞治疗遗传性骨缺陷病取得了一定效果。2004 年 9 月，意大利一名叫卢卡的患有地中海贫血症的 5 岁男孩，移植了来自其弟弟的胎盘造血干细胞后，卢卡的地中海贫血症得以治愈。

（三）干细胞是生产克隆动物的高效材料

干细胞是动物克隆的优良细胞核供体。1999 年，Wakayama 等用长期传代的小鼠胚胎干细胞克隆出 31 只小鼠，14 只存活，存活率高于普通的体细胞克隆（Wakayama et al., 1999）。通过嵌合体方式，生产基因来源于干细胞的克隆动物，可解决哺乳动物远缘杂交问题。利用干细胞作为核供体，有可能在一定程度上解决克隆动物普遍存在的成活率低、缺陷与易突变等问题。

（四）干细胞是新型药物筛选的良好模型

干细胞是新药物的药理药效、毒理及药物代谢等细胞水平的研究模型，可大大减少药物实验的周期和成本。

四、干细胞研究大事记

1963 年：McCulloch 和 Till 证明老鼠骨髓中存在一种自我更新的细胞。

1968 年：Gatti 等应用骨髓移植成功治疗了一例重症联合免疫缺陷患者。

1978 年：在人脐带血中发现了造血干细胞。

1981 年：Martin Evans、Matthew Kaufman 和 Gail Martin 等从小鼠胚胎内细胞团中获得胚胎干细胞。

1998 年：James Thomson 等培育出人类胚胎干细胞系。

2006 年：Shinya Yamanaka 实验室成功培育出小鼠 iPS 细胞。

2007 年：Thompson 实验室和 Shinya Yamanaka 实验室同时报道，利用 iPS 技术诱导人皮肤成纤维细胞成为几乎与胚胎干细胞完全一样的多能干细胞。

2009 年：Andras Nagy、Keisuke Kaji 等发现了一种不使用病毒即可诱导出人类干细胞的方法。

2009 年：中国学者周琪和高绍荣分别培育出完全由 iPS 细胞来源的、具有繁殖能力的小鼠，首次证明了 iPS 细胞的全能性。

2011 年：巴黎皮埃尔与玛丽·居里大学的吕克·杜艾成功将 2ml 造血干细胞制成的人造血注入捐献者体内，并正常存活，造血干细胞可能在解决血荒问题上发挥重要作用。

第二节　胚胎干细胞的获取和基本特征

胚胎干细胞研究始于畸胎瘤的发现。Barry Pierce 和 Roy Stevens 做出开创性的工作，在 1960～1970 年期间发表了一系列研究成果（Piece and Dixon，1959；Kleinsmith and Pierce，1964；Stevens，1967，1970；Stevens and Varnum，1974；Pierce，1975）。Stevens 将 129 品系小鼠的早期胚胎移植到同品系小鼠的睾丸或肾脏的被膜下后，移入的胚胎增殖成为瘤样结构。从这种瘤样物中，分离得到了畸胎瘤干细胞（teratocarcinoma stem cell）或胚胎瘤细胞。随后的研究发现，EC 细胞参与形成嵌合体的效率很低，仅 1.3%能进行生殖系嵌合。而且发现，绝大多数 EC 细胞的核型不稳定，制作的嵌合胚易形成肿瘤。有些嵌合胚在早期即形成肿瘤，有些在早期虽表现为正常胚胎，但发育到成年个体后又会出现恶性肿瘤。此外，EC 细胞只能用 129 品系小鼠得到，其他品系则不行。这些不足，极大地限制了 EC 细胞的应用，也促使人们去寻找一种更为有效的多潜能干细胞。

20 世纪 80 年代初，Martin Evans 等从小鼠胚胎内细胞团中获得可在体外长期培养的胚胎干细胞。胚胎干细胞是一种高度未分化细胞，它具有发育的全能性，能分化出动物的所有组织和器官，包括生殖细胞。无论在体外还是体内环境，ES 细胞都能被诱导分化为机体几乎所有的细胞类型。自 1981 年成功分离出小鼠 ES 细胞后，在仓鼠、大鼠、兔、猪、牛、绵羊、山羊、水貂、恒河猴、美洲长尾猴及人都分离得到了 ES 细胞或类 ES 细胞（ES-like cell）。而且已经证明，小鼠和人的 ES 细胞可以分化为造血细胞、淋巴细胞、肌细胞、脂肪细胞、软骨细胞、成骨细胞、神经细胞、神经胶质细胞、少突胶质细胞、内皮细胞、黑色素细胞及胰岛细胞等。

一、胚胎干细胞的获取途径

（一）来自内细胞团细胞

大多数的小鼠胚胎干细胞都分离自着床前的早期胚胎，其中从囊胚的内细胞团细胞得到的胚胎干细胞最多。1981 年，第一株小鼠胚胎干细胞就是分离自囊胚内细胞团细胞。小鼠胚胎发育到致密桑椹胚时，胚胎细胞发生分化，这时外层卵裂球变得扁平，相互之间的接触增多，细胞质极化，形成滋养外胚层（trophectoderm，TE）；内侧的细胞成为内细胞团（inner cell mass，ICM）。大约在 4.0dpc，内细胞团中紧挨着囊胚腔排列的一层细胞，分化成原始内胚层（primitive endoderm）或下胚层（hypoblast），而上方的一层内细胞团细胞通常称为上胚层（epiblast）或者原始外胚层（primitive ectoderm）。在 3.5dpc 时，内细胞团中有 10～20 个细胞；在 4.5dpc 时，内细胞团中有 20～25 个细胞。

到目前为止，已成功建系的各种 ES 细胞系基本都来自内细胞团，包括来自受精囊胚、孤雌囊胚及克隆囊胚的内细胞团（Wells，1993）。

通常有两种方法从囊胚中分离内细胞团：第一种方法是全胚培养法，即把囊胚放在ES 细胞培养体系中培养，使其自然发育、孵出并贴壁生长，形成清晰的细胞集落后，将突出的内细胞团挑选出来，进行培养。第二种方法是免疫外科手术法，先用链霉蛋白酶去除囊胚的透明带；用兔抗血清抗体处理后，再经含豚鼠补体的液体处理；经抗原-抗体作用的滋养层细胞变得肿胀松散后，经吹打将其去除；将得到的内细胞团细胞在饲养层上进行培养。

不同种动物分离内细胞团的最佳时间是不同的，小鼠取 3～5 天囊胚、猪取 9～10 天囊胚、羊取 7～8 天囊胚、牛取 6～8 天的囊胚。

（二）来自囊胚之前的早期胚胎

从目前的报道来看，干细胞并非只能从囊胚中得到。Delhaise 等（1996）使用 52 枚 8-细胞期的小鼠胚胎，将其消化成单个卵裂球后培养于饲养层上；5 天后，从这些卵裂球中生长出多个干细胞集落，建立了一个胚胎干细胞系 MSB1；该细胞系具有畸胎瘤形成、三胚层分化与产生嵌合体的能力。Tojo 等（1996）用同样的方法，从 C57BL/6×DBA/2 杂交小鼠的 8-细胞胚胎中，也得到了胚胎干细胞。

1989 年，Eistetter 用 16-～20-细胞时期的胚胎，经 EDTA 处理将细胞解聚后，用于干细胞建系，得到了 7 株干细胞系；将干细胞注入同一品系小鼠体内后，得到了畸胎瘤；在体外可以形成类胚体（Eistetter，1989）。Sukoyan 等（1992，1993）分别从貂的桑椹胚和囊胚中分离出具有形成类胚体和三胚层分化能力的胚胎干细胞。Mitalipova 等（2001）从牛的致密桑椹胚中分离得到了类胚胎干细胞，最好的一株传到 150 代，并且表达 SSEA-1、SSEA-3、SSEA-4 和 c-Kit 等干细胞标记。Tesar（2005）从小鼠囊胚前胚胎中分离得到可嵌合入生殖系的胚胎干细胞。Sayaka 等（2007）对不同发育阶段的小鼠胚胎形成干细胞的能力进行了研究，2-细胞卵裂球的建系率为 50%～69%，早期 4-细胞为 28%～40%，晚期 4-细胞为 22%，8-细胞为 14%～16%。大多数细胞系表现为核型正常，表达多能性干细胞的表面标志，并且能够参与生殖系嵌合。Geens 等（2009）从人的 4-细胞胚胎中分离出卵裂球进行单独培养，最终得到 2 株胚胎干细胞系。

（三）来自着床后的胚胎

2007 年，Tesar 等（2007）和 Brons 等（2007）分别从 5.5～7.5 天的小鼠或大鼠着床胚胎的外胚层中分离得到 ES 细胞，实际上是表皮干细胞（EpiSC）。与 ES 细胞相比，小鼠的 EpiSC 更接近人类的 ES 细胞。传统的小鼠 ES 细胞与人类的 ES 细胞相比，更加“原始”。例如，小鼠 ES 细胞的生长，需要添加白血病抑制因子（LIF）；而人的 ES 细胞无须 LIF，EpiSC 的生长也不依赖于 LIF。EpiSC 与人类 ES 有相似的基因表达方式和细胞表面标记，这种细胞代表了一个较为高级的发育阶段，是介于小鼠胚胎干细胞和成体干细胞之间的一类多潜能干细胞（Bao et al.，2009；Guo et al.，2009）。

Brons 等（2007）从 5.75dpc 的小鼠胚胎和 7.5～7.75dpc 的大鼠胚胎外胚层中，分离得到能够形成克隆的 EpiSC。这些克隆能表达 Oct4、Nanog 和 SSEA-1；传代 40 次后依然没有什么变化。大鼠 EpiSC 克隆的形态与小鼠 ES 细胞的克隆形态完全不同。EpiSC 的克隆呈现扁平状，而小鼠 ES 克隆是较为突出，呈圆形。在细胞消化方面也与小鼠 ES 细胞不同，常用于小鼠 ES 细胞的胰蛋白酶消化液，会导致 EpiSC 的大量死亡，所以要选择比较温和的胶原酶Ⅳ消化 EpiSC。EpiSC 也不同于 EG 细胞，EpiSC 不表达生殖细胞特有的标记，如 Blimp1 和 Stella 等，说明 EpiSC 并不来源于原生殖细胞。EpiSC 能够形成类胚体和畸胎瘤，瘤中有肌肉细胞、软骨细胞、神经元、肝细胞和肠细胞等，呈现三胚层分化特征（Bao et al.，2009；Guo et al.，2009）。

（四）来自原始生殖细胞

最早能清楚分辨出小鼠 PGC 的时间为在胚胎发育 7～7.25dpc 时。在位于胚胎原条后端胚外中胚层内，存在表达碱性磷酸酶和 Oct4 转录因子的 PGC。之后，迁移到内胚层。在原肠作用结束时，PGC 有 50～80 个；在 8dpc 的后肠内胚层和尿囊基部，约有 125 个；8.5dpc 时，PGC 开始迁移，9.5dpc 迁移到背肠系膜；于 10.5～12.5dpc 沿背肠系膜迁移到生殖嵴。在迁移过程中，PGC 经 5～6 次分裂，其数量增加到约 4000 个，到 13.5dpc 时，约有 2.6 万个。在睾丸中，PGC 经过数次分裂，形成精原干细胞，而后进入精子发生过程；在卵巢中，PGC 迅速分裂而形成卵原细胞，进入减数分裂期。

在合适的微环境和多种细胞因子作用下，PGC 可以转化为 EG 细胞。IL/LIF 家族细胞因子、*Oct4* 及 *Nanog* 基因可维持 PGC 的未分化状态。PGC 表面有 LIF 受体、bFGF 受体与干细胞因子（stem cell factor，SCF）受体，SCF、LIF、bFGF 与其受体相结合，激活细胞内相应的信号传导通路，三者联合作用能使细胞内 cAMP 浓度升高，使得 PGC 发育程序发生改变，阻断了其终末分化，刺激其大量增殖，得到 EG 细胞系（Amit et al.，2000）。

以 PGC 为来源获取 EG 细胞的最佳时间为：小鼠取 12.5dpc 的胎儿生殖嵴；大鼠可取 10～15dpc 尿囊与中胚层组织块，12.5dpc 的背肠系膜或 13.5～14.5dpc 的生殖嵴；牛取 29～35 天胎儿生殖嵴。

（五）来自体细胞与 ES 细胞融合

同卵母细胞的胞质一样，ES 细胞的胞质可以启动体细胞核的重新编程。Cowan 等（2004，2005）通过将人的皮肤细胞与胚胎干细胞融合，使核内遗传信息重新编程，从而使体细胞具有多能性或全能性。在细胞融合前，如将 ES 细胞的细胞核去除，再将去核胞质与体细胞融合，结果在融合后的细胞中，不能表达多能性的标记因子。

Kimura 等（2004）对融合细胞的表观遗传研究发现，在 *Oct4* 等基因的启动子区域表达类似于 ES 细胞基因的表观遗传状态，包括组蛋白的乙酰化和甲基化等；体细胞基因组被融合的 ES 细胞重编程。Smith 等（1988）将神经干细胞与 ES 细胞融合后，出现了 *Nanog* 的过表达现象。*Nanog* 是在早期小鼠胚胎和 ES 细胞中表达的转录因子。在小鼠 ES 细胞中，过表达的 *Nanog* 可以在缺少 LIF 的环境中，维持细胞的自我更新。同样，在人的 ES 细胞中，过表达的 Nanog 可以使细胞在没有饲养层细胞的条件下继续生长。说明，融合后的细胞拥有了 ES 细胞的一些遗传特性。

二、胚胎干细胞的研究现状

（一）小鼠胚胎干细胞

1981 年，Evans 和 Kaufman 建立了一种新型的分离多能干细胞的方法（Evans and Kaufman，1981）。在小鼠受精后 2.5 天，切除卵巢并结合激素诱发胚胎延缓着床，收集这些胚胎；用免疫外科手术法分离 ICM，以 STO（一种成系的小鼠胎儿成纤维细胞）为饲养层，首次分离到小鼠 ES 细胞；并以两人名字的第一个字母将其命名为 EK 细胞。同年，Martin（1981）用免疫外科手术法分离小鼠囊胚 ICM，以 STO 和小鼠 EC 细胞条件培养液（PSA-I）为体外分化抑制物，也得到了小鼠 ES 细胞。1984 年，Wobus 等首次用小鼠原代胎儿成纤维细胞（primary mouse embryonic fibroblast，PMEF）饲养层培养并建立了 ES 细胞系（Wobus et al.，1984）。在去掉 LIF 后，ES 细胞可分化为具有三个胚层的类胚体。Bradley 等（1984）将小鼠 ES 细胞注入囊胚，最终得到了能够嵌合到包括生殖嵴在内的各个胚层的嵌合动物，证明了 ES 细胞可以参与到机体各种组织器官的发生和发育。1993 年，Nagy 等将小鼠 ES 细胞注射到 ICM 缺陷的四倍体囊胚中，获得了全部由 ES 细胞发育而来的“ES 小鼠”，此技术又被称为“四倍体补偿”（tetraploid complementation）技术（Nagy et al.，1993）。Matsui 等（1992）经过体外长期培养 PGC，建立了小鼠 EG 细胞系，证明 PGC 可以用作胚胎干细胞建系的材料。原代培养的 EG 细胞可参与生殖系嵌合，形成生殖系嵌合体，能产生功能性配子，生出后代。

Labosdy 等（1994）自 8.5dpc 和 12.5dpc 杂交鼠胚胎中分离得到 4 个有正常核型的 EG 细胞系，将其注入囊胚后获得了生殖系嵌合小鼠。Ogawa 等（2004）通过添加促肾上腺皮质激素建立了一种无血清、无饲养层的小鼠 ES 细胞培养体系，ES 细胞呈克隆状生长，可维持其多能性。Chung 等（2006）在不影响胚胎发育的情况下，从囊胚中取出单个卵裂球并培养建立了 5 个 ES 细胞系和 7 个滋养外胚层干细胞系。

在国内，最早建立小鼠胚胎干细胞系的是中国科学院生物化学与细胞生物学研究所从笑倩和姚鑫（1987），他们于 1987 年从 129XC3H 品系中成功分离出 ES 细胞。之后，北京大学尚克刚等（1992）先后建立了 C57BL/6 品系、129 品系、C57BL/6X129 及昆明白小鼠的 ES 细胞系。

目前，小鼠胚胎干细胞的建系与实验操作，已经成为胚胎工程实验室的常规技术（沈干等，2002）。而且，我国学者已经从小鼠孤雌胚胎或孤雄胚胎中分离得到了孤雌胚胎干细胞系与孤雄胚胎干细胞系（帅领和刘忠华，2013；帅领等，2013；钟翠青和李劲松，2013）。

（二）大鼠胚胎干细胞

在获得小鼠 ES 细胞后的 30 余年间，大鼠 ES 细胞的建系始终没有成功。直到 2008 年，Ying（应其龙）等在研究维持小鼠 ES 细胞多能性信号通路时，发现一条新的信号通路 MEK/ERK，通过抑制 MEK/ERK 信号通路可以维持小鼠 ES 细胞的多能性状态，并建立稳定的小鼠 ES 细胞系（Ying et al.，2008）。在 MEK/ERK 信号通路的启发下，通过添加抑制 GSK3、MEK 和 FGF 受体酪氨酸激酶活性的小分子抑制剂，Ying 等（2008）利用无血清培养体系建立了大鼠 ES 细胞系。这种干细胞系可以长期维持自我更新，具有分化为三胚层组织的能力，得到具有种系嵌合能力的嵌合体动物，是真正的大鼠胚胎干细胞系。2012 年，中国科学院动物研究所的周琪实验室也获得了大鼠胚胎干细胞系（李天达和周琪，2012；王振坤和周琪，2012；Wang Z et al.，2012），成为研制基因修饰大鼠的良好材料（许凯等，2015）。

（三）家畜胚胎干细胞

对于家畜来说，应用体内来源胚胎获得 ES 细胞的费用很高，而且 ES 细胞的分离成功率又非常低，所以许多研究者用体外胚胎（体外受精胚、孤雌胚或克隆胚）来分离 ES 细胞。

1. 猪胚胎干细胞

Piedrahita 等（1990）和 Notarianni 等（1991）获得了传代一年后仍未失其表面标记的猪的类 ES 细胞。虽然模拟了小鼠 ES 细胞的建系路线，但所获得的干细胞系无法与小鼠 ES 细胞相比。所得到的猪类 ES 细胞，体外诱导三胚层分化、体内形成畸胎瘤及生殖系嵌合能力等均很弱。在培养方面，模拟小鼠 ES 细胞的培养体系不能保证猪 ES 细胞保持未分化状态；加入 LIF 也不能维持猪 ES 细胞的多能性状态。直到近期才发现，在培养体系中添加 bFGF，有利于猪 ES 细胞的多能性维持（赵颖等，2010）。

一般认为，6～7 天的囊胚是分离 ES 细胞的最适时间，但 Strojek 等（1990）认为，第 10 天的囊胚才能培养出 ES 细胞克隆，即使是第 9 天的囊胚也不能获得理想的效果。这可能与不同操作者所使用的培养基附加成分及饲养层细胞来源不同有关。Notarianni 等（1990）将猪的囊胚培养在饲养层后，细胞克隆的形成分为两个阶段：第一阶段，最初产生的克隆，是由胞体大、扁平状、半透明的上皮样细胞组成。第二阶段，将这种克隆的细胞打散后接种于饲养层，产生了两种类型的克隆：①上皮细胞克隆，其特点是克隆小、细胞胞体大，类似于滋养层巨型细胞；②胚胎干细胞克隆，此克隆的细胞经传代培养，一年后仍未失去其表型特征，Vimentin 检测为阴性，从而确认是类 ES 细胞克隆。得到的类 ES 细胞可以形成类胚体，可以分化为三个胚层的结构。Wheeler 等（1994）年报道，获得了能参与嵌合体形成的猪 ES 细胞系，利用获得的 ES 细胞进行嵌合体实验，毛皮嵌合体后代占所产仔猪的 72%。

2000 年，Miyoshi 等利用体外受精囊胚分离得到上皮样的猪类 ES 细胞系，传代次数超过 30 代（Miyoshi et al.，2000）。当作为核供体进行克隆时，克隆胚胎能发育到囊胚。2005 年，Brevini 等利用猪的孤雌胚胎也得到了类 ES 细胞系（Brevini et al.，2005）。

在猪的 EG 细胞研究中，Shim 等（1997）用 24～25 天的猪胎儿分离 PGC，建立了 EG 细胞系，并成功得到嵌合体猪。Piedrahita 等（1998）从 25～27 天的猪胎儿生殖嵴中分离得到 PGC，建立了 EG 细胞系，得到了转基因嵌合体猪。从笑倩等（2003）分别用 27 天和 28 天的中国小型猪胚胎的生殖嵴，体外培养建立了两株 EG 细胞系。冯书堂等（2005）利用 EG 细胞产生了嵌合体猪。芮荣等（2004）建立了表达绿色荧光蛋白的猪转基因 EG 细胞系。

2. 牛胚胎干细胞

Saito 等（1992）在含有 LIF 的培养基中培养牛的内细胞团中分离出了生长缓慢的类 ES 细胞，传代 9 个月和 12 个月后，仍保持正常二倍体核型和形态未分化状态。Sims 和 First（1993）采用与小鼠 ES 细胞培养完全不同的方法，用加有硒、胰岛素、转铁蛋白和 5% FCS 的培养液，以低密度悬浮培养法培养囊胚，得到 15 个细胞系，可以聚集生长并形成类胚体，鉴定为类 ES 细胞。利用这些类 ES 细胞进行核移植操作，共得到 651 个重构胚，卵裂率为 70%，囊胚发育率为 23.7%。将 36 枚克隆囊胚移植到受体母牛子宫后，有 13 头受体牛妊娠（妊娠率为 50%），最后出生 4 头牛犊。Cibelli 等（1997）利用克隆胚胎建立牛类 ES 细胞，成功得到 6 头嵌合体。Mitalipova 等（2001）自牛的致密桑椹胚分离培养出 ES 细胞，最高的一株 ES 细胞传了 150 代，表达 SSEA-1、SSEA-3 与 SSEA-4 三种抗原和 c-Kit 受体。Wang 等（2005）报道用 21 枚克隆胚胎、238 枚体外受精胚胎与 101 枚孤雌激活胚胎分别用于分离牛 ES 细胞，得到了 3 株 ES 细胞系，1 株来自体外受精胚胎，2 株来自克隆胚胎。培养出的 3 株干细胞系，能够生长形成与小鼠和人 ES 细胞大小和形状相似的、多层细胞集落，并具有分化为几乎所有组织细胞的能力。

Ozawa 等（2012）在囊胚培养液中添加 CHIR99021 和 PD032591，形成的克隆簇最多可传 19 代（而对照组最多 2 代），碱性磷酸酶（alkaline phosphatase，AP）染色呈阳性；在体外特定条件下可形成类胚体。Furusawa 等（2013）将 7～8 天的牛 IVF 和 SCNT 囊胚置于添加 CHIR99021 和 PD184352 的培养液中培养，分别得到 5 个类 ES 细胞系。细胞集落呈现圆顶形克隆且 AP 染色呈阳性，表达 Oct4、Sox2 和 SSEA-1；体外能够传 10～15 代。嵌合囊胚移植后，对胎儿进行分析表明，牛类 ES 细胞参与了多个器官的形成（崔莉莎等，2014）。

3. 羊胚胎干细胞

Handyside 等（1987）分别用绵羊皮肤成纤维细胞和胎儿成纤维细胞作为饲养层，培养 7 天和 8 天的囊胚分离 ES 细胞，结果只培养出了内胚层样细胞，而无 ES 样细胞出现。1994 年，Tsuchiya 等从绵羊囊胚中分离到生长缓慢，能传到第 4 代的类 ES 细胞群落（Tsuchiya et al.，1994）。Ledda 和 Naitannas（1996）利用胰蛋白酶和胶原酶消化 25～35 日龄的绵羊胎儿组织，得到了大量的单个 PGC，但这些 PGC 的活力有差异。Dattena 等（2006）采用免疫学方法处理绵羊囊胚，分离出 ICM 并培养出克隆，但最多传至 5 代。白昌明等（2008）在添加 LIF 的条件下，将绵羊 ICM 细胞最高传至 10 代。Udy 和 Wells（1996）用大鼠肝脏细胞条件培养基培养山羊的 ICM，传到第 3 代时就开始分化。Lee 等（2000）从 25 天山羊胎儿生殖嵴中，分离得到 PGC 并传至第 4 代。国内也有实验室开展山羊胚胎干细胞方面的研究，但最高传至 10 代，大多数只传代 4～6 代。

虽然在猪、牛和羊中建立了几个类 ES 细胞系，在体内和体外均表现出多能性，但是在形态和表达的标记基因上还存在很大差异。从现有的研究结果看，家畜 ES 细胞的多能性调控基因及调控网络与小鼠、大鼠与人的可能存在较大差异。因而，单纯模拟鼠与人的 ES 细胞培养体系，分离和培养家畜的 ES 细胞，可能行不通。可能还需要在胚胎发生机制方面做深入研究，分析不同物种早期胚胎发育过程中关键基因的调控方式，发现各物种干细胞多潜能性调控与小鼠等物种的区别，揭示不同物种专一或特殊的多能性干细胞调控机制。

（四）灵长类胚胎干细胞

非人灵长类的胚胎干细胞最接近于人类胚胎干细胞。Thomson 等（1995）从猕猴的扩展囊胚中，分离到胚胎干细胞系；1998 年，建立了 R366 猴胚胎干细胞系。将带有 GFP 荧光标记的恒河猴胚胎干细胞注射到 4-细胞或囊胚中，得到了嵌合体恒河猴，但 ES 细胞未能进入生殖系。

基于非人灵长类 ES 细胞所获得的经验，Thomson 和 Marshall（1998）首次报道在体外受精 5 天的人囊胚中成功分离出 hES 细胞，传 30 代以上仍维持不分化状态，成为研究胚胎干细胞的里程碑。人 ES 细胞的基因表达及维持自我更新的机制与啮齿类动物胚胎干细胞存在较大差异（Ware et al.，2014；Theunissen et al.，2014；杨艳艳等，2010；艾宗勇等，2015）。

三、胚胎干细胞的分子标记

长期以来，研究人员一直在寻找确定干细胞的可靠方法，已经发现了一些分化抗原或膜分子可以作为干细胞的标记物，用于分离和鉴定干细胞。但并未找到真正特异的干细胞标记物。一般认为，不同类型的细胞表面，被覆有一些特殊的蛋白分子或受体分子，可以选择性结合或黏附相应的“信号”分子。由于被覆分子结构的多样性与差异性，对信号分子的亲和力不同，因而可以形成许多不同的细胞特异性的标记物。细胞通过这些受体和结合蛋白相互作用以发挥相应的功能，这些细胞表面受体就是干细胞标记物（stem cell marker）。常用的胚胎干细胞标记物有碱性磷酸酶、阶段特异性表面抗原、Oct4、Sox2 和 Nanog 等转录因子（朱向情等，2008）。

（一）碱性磷酸酶

AP 表达于早期胚胎与 ES 细胞中。在已分化的 ES 细胞中，活性明显下降。大多数哺乳动物的 ES 细胞均表现较高的 AP 活性，AP 染色阳性。

（二）阶段特异性表面抗原

ES 细胞为未分化多能性细胞，表达早期胚胎细胞的阶段特异性表面抗原（stage specific embryonic antigen，SSEA）。灵长类 ES 细胞的 SSEA-1 阴性，但表达 SSEA-3、SSEA-4 及高分子糖蛋白 TRA-160 和 TRA-1-81；小鼠 ES 细胞表达 SSEA-1，不表达 SSEA-3 和 SSEA-4；大鼠 ES 细胞表达 SSEA-1 和 IL-6；兔 ES 细胞表达 SSEA-1、SSEA-3

和 SSEA-4；牛 ES 细胞表达 SSEA-4；山羊 ES 细胞表达 SSEA-1。

在原始外胚层细胞和 PGC 的表面，均可检测到 SSEA-1 的表达；山羊的 EG 细胞表达 AP、SSEA-1、Oct4、c-Kit、Nanog 和 TERT；人的 EG 细胞表达 SSEA-1。

（三）Oct4

八聚体结合转录因子 4（octamer-binding transcription factor 4，Oct4），又称为 Pou 结构域 5 类转录因子 I（POU domain，class 5，transcription factor 1，Pou5f1）。在哺乳动物多能性细胞和生殖细胞中表达，与细胞未分化表型密切相关。Oct4 是 POU 家族的一个同源转录因子，在未分化胚胎干细胞的自我更新中起关键作用。因此，Oct4 经常用于标记未分化细胞，其表达被严格调控，如表达异常会引起胚胎干细胞的分化。Oct4 是参与调控胚胎干细胞自我更新和维持其全能性的最重要的转录因子之一。所有哺乳动物的胚胎干细胞都表达 *Oct4* 基因。Oct4 与共转录因子 Nanog 和 Sox2 在维持胚胎干细胞自我更新的同时，调控一系列基因行为以抑制分化。

（四）Nanog

在哺乳动物多能细胞和种系发育中，Nanog 是一个有争议的同源域蛋白。敲除 *Nanog* 基因导致早期胚胎的死亡，而恒定表达可以使胚胎干细胞自发自我更新，因而 Nanog 被认为是多能转录网络的一个核心因子。缺失 *Nanog* 的胚胎干细胞，可以聚集在胚胎种系层并表现多向分化。Takahashi 和 Yamanaka（2006）用表达 Oct4、Sox2、Klf4 和 c-Myc 4 个转录因子的病毒载体，先后使小鼠和人的体细胞重新程序化为多能干细胞。但是，Thomson 实验室用 Oct4、Sox2、Nanog 和 Lin28 也成功地诱导人的成纤维细胞成为多能干细胞，而且他们认为 Nanog 在重编程中起着重要作用（Winker et al.，2010）。

（五）Sox2

性别决定区 Y 框蛋白 2（sex determining region Y-box 2，Sox2），参与调节胚胎发育和细胞命运决定，是维持未分化胚胎干细胞自我更新的一个重要转录因子。Sox2 是 SRY 相关 HMG-box 家族的一员，基因内无内含子，编码蛋白与其他蛋白形成蛋白复合体后起转录启动子的作用。

Sox2 是诱导多能干细胞所需的一个关键转录因子。由于 *Oct4* 的表达，可以诱导 *Sox2* 缺失的细胞产生多能性，因而推论，Sox2 在诱导多能干细胞中的首要作用是控制 Oct4 的表达，但是它们在共表达的同时还维持各自的表达。

四、胚胎干细胞的生物学特性

（一）形态学特征

各种哺乳动物的 ES 细胞都具有与早期胚胎细胞相似的形态结构特征：细胞体积较小；核大、胞质较少，具一个或多个核仁；胞质内细胞器成分少，但游离核糖体较丰富。在体外培养时，呈紧密的多细胞克隆样生长，一个克隆中的细胞紧密地聚集在一起，边缘光滑，形成类似鸟巢样集落，细胞之间界限不明显；克隆周围有时可见单个 ES 细胞和分化的扁平状上皮细胞。就克隆形态而言，人的 EG 细胞集落与小鼠 ES 细胞集落更接近，细胞之间紧密牢固结合、多层密集立体生长，无明显细胞界限；灵长类包括人的 ES 细胞集落则呈鸟巢状，即为相对松散、扁平状集落，集落内细胞界限隐约可见。

（二）核型特征

ES 细胞都具有正常、完整（二倍体）及稳定的染色体核型，在体外培养过程中可以长期维持不变。在 Thomson 等（1998）所建立的 5 株细胞系中，3 株具有正常 XY 核型，2 株具有 XX 核型，其中 H9 细胞系经 6 个月的培养仍维持正常的 XX 核型。Reubinoff 等（2000）建立了 2 株人的 ES 细胞系 HES-1 和 HES-2，两个细胞系在体外培养数十代后，仍能够保持正常的 XY 核型。Amit 等（2000）从体外培养 6 个月的 H9 细胞系中克隆出 2 个 ES 细胞系 H9.1 和 H9.2，这两个细胞系又继续传代培养了 8 个月后，仍保持正常的 XX 核型。Shamblott 等（2001）建立了人的 EG 细胞系，在 5 株 EG 细胞系中，3 株为 XX 核型，2 株为 XY 核型，核型稳定正常，且在体外能够进行三胚层分化。

胚胎干细胞缺乏细胞周期中 G_1 期的检验点（checkpoint），大部分时间都处于 S 期，因而不需外源信号刺激启动 DNA 的复制。在雌性哺乳动物来源的胚胎干细胞内，不存在 X 染色体失活现象。

（三）发育的全能性和多能性

全能性（totipotency）是指干细胞在解除分化抑制的条件下，具有发育为包括生殖腺在内的构成机体的各种组织和细胞的潜力，即胚胎干细胞能发育成完整动物个体的能力。多能性（pluripotency）则是指干细胞具有发育为多种组织的能力，参与部分组织的形成。ES 细胞具有全能性或多能性的基础，是其具有高度分化的潜力。

目前，鉴定 ES 细胞全能性或多能性的方法大体上有以下 3 种。

1. 畸胎瘤

将 ES 细胞注入同种或免疫缺陷小鼠的皮下、睾丸或肾被膜下，观察移植的细胞是否能够形成畸胎瘤（teratoma），形成的畸胎瘤是否拥有来自 3 个不同胚层的细胞类型。典型的畸胎瘤中，含有内胚层、中胚层和外胚层发育的不同组织和细胞类型，如上皮组织、多层鳞状上皮、肌肉组织、平滑肌、横纹肌、神经组织、骨、软骨、气管样结构、神经节结构和腺上皮等。

2. 类胚体

把 ES 细胞在体外进行随机自发的分化或诱导，向不同胚层的细胞分化。在去除饲养层细胞和 LIF 因子后，培养的 ES 细胞不能贴壁，细胞聚集并形成类胚体（embryoid body）。类胚体是由内胚层、中胚层和外胚层性质的细胞无序分化排列所形成的结构。如果在类胚体的培养液中加入特定的分化诱导因子，就可以定向诱导 ES 细胞向特定方向分化。

3. 嵌合体动物

把 ES 细胞注入同种动物的囊胚腔中，ES 细胞就会与内细胞团细胞结合在一起。将嵌合囊胚移植到受体子宫中，ES 细胞就可能会参与胚胎发育，得到包括生殖系在内的嵌合体后代，其遗传特性可进入种系并遗传给下一代。得到具有生殖系嵌合的嵌合体动物已经成为验证真正干细胞的最有力的证据。

4. 四倍体补偿小鼠的制备

小鼠二倍体胚胎经理化诱导可产生四倍体胚胎，四倍体胚胎具有明显的胚外组织限制性分布（发育）特性，最终只分布至胎盘滋养层及卵黄囊内胚层等胚外组织，而基本不参与胎儿及胚外中胚层组织的发育。将 ES 细胞与四倍体胚胎嵌合，使二者的发育潜能互相补偿，就有可能得到完全由 ES 细胞发育而来的个体，这种技术被称为四倍体胚胎补偿技术，得到的小鼠称为 ES 小鼠。由于四倍体胚胎只能发育为胚外组织，因此将外源干细胞注入四倍胚胎后所获得的杂合个体，其身体内的所有细胞将全部来自于外源的干细胞。因而，四倍体胚胎补偿技术也被认为是衡量干细胞多能性的黄金标准。

四倍体补偿技术是近年来兴起的胚胎操作技术，可高效、快捷地获得完全 ES 细胞来源的基因修饰小鼠模型。

（四）端粒酶活性与无限增殖特性

在体外适宜条件下，如在饲养层上或含有分化抑制因子的培养基中，胚胎干细胞可以稳定传代、长期培养，保持高度未分化状态和发育潜能性。端粒酶是增加染色体末端端粒序列、维持端粒长度的一种核糖核蛋白。端粒长度对其复制寿命具有重要作用，端粒酶的表达与细胞系的永生化程度高度相关。随着年龄的增长，染色体端粒变短。大多数体细胞的端粒酶活性都不高，并在增殖 50～80 代后进入老化阶段。如向二倍体细胞中重新导入活性端粒酶，将会延长细胞的复制寿命。

大多数增殖旺盛的细胞，如生殖细胞、胚胎细胞和肿瘤细胞，端粒酶高水平表达。ES 细胞则高表达端粒酶活性，即使长期培养 1 年，传 300 代的 ES 细胞仍表现有高端粒酶活性。表明，ES 细胞的复制寿命要长于体细胞的复制寿命。一般而言，端粒酶活性与端粒长度的维持是相关的，ES 细胞表达高水平端粒酶活性，说明 ES 细胞具有永久性未分化状态。

第三节　胚胎干细胞的分化能力

分化诱导（differentiation induction）是指通过细胞间的相互作用，使细胞发生定向分化的过程。提供或传递刺激的细胞称诱导细胞（inducing cell），接受刺激并发生反应的细胞称反应细胞（responding cell）。按作用机制分为接触性诱导（contacting induction）和非接触性诱导（non-contacting induction）。前者通过表面接触和缝隙连接，引起基因活动和代谢变化或沟通细胞间的信息交换而起作用；后者通过诱导细胞产生大分子物质，在细胞外基质中形成浓度梯度或扩散到反应细胞，诱导定向分化。

自 1988 年证明了白血病抑制因子（LIF）能抑制小鼠 ES 细胞分化后，人们就开始研究 ES 细胞的定向分化。通过将外源基因转入 ES 细胞，研究外源基因的表达及微环境的改变对细胞分化的影响，认为 ES 细胞的分化受内源性因素和外源性因素的共同调节。内源性因素即各种基因及各种转录因子的表达与否等；外源性因素指细胞间的相互作用及细胞外物质的介导作用等。

一、向生殖细胞的定向分化

（一）向雄性生殖细胞方向分化

Toyooka 等（2003）首次证明了小鼠 ES 细胞可在体外分化为精子样细胞。首先，将转入 *GFP* 或 *LacZ* 基因标记的 ES 细胞与分泌 BMP-4 的细胞共培养，利用流式细胞法分离出由 ES 细胞诱导分化的 PGC 后，将该 PGC 与取自 12.5～15.5dpc 的胚胎性腺细胞共同培养。把该混合细胞移植到受体睾丸小管内，移入的 PGC 可在受体睾丸内附植并增殖分化，最终产生分化完全的精子。

Geijsen 等（2004）诱导 ES 细胞形成类胚体，从类胚体中分离出 PGC；分析表明这些 PGC 的 *Igf2r* 与 *H19* 基因的甲基化标记已经消失，与体内发育而来的 PGC 具有相同的表型和生物学特性；继续培养这些 PGC，得到了圆形精子样细胞；通过显微注射，把这些单倍体的精子样细胞注入成熟卵母细胞内，获得了受精卵；约 50%的受精卵发育到 2-细胞，20%的受精卵发育成囊胚。这项研究证明了小鼠的 ES 细胞经类胚体可以诱导分化为具有生殖功能的精子细胞。

Nayernia 等（2006）首先将报道基因 *Stra8-EGFP* 和 *Prm1-DsRed* 转入小鼠 ES 细胞中，再用维甲酸（RA）诱导转染后的 ES 细胞，获得了精原干细胞系；进一步诱导后，形成单倍体雄性配子；将诱导的精子注入卵母细胞后可正常受精，胚胎移植后有 12 只小鼠出生，7 只带有转基因标记。尽管出生的小鼠在形态大小及存活时间上与正常小鼠有一定差别，仍然表明从 ES 细胞体外诱导分化形成的雄性配子可正常受精并发育成个体。

（二）向雌性生殖细胞方向分化

Hubner 等（2003）最早从小鼠 ES 细胞中得到早期生殖样细胞和成熟的卵样细胞。首先将 *gcOct4-GFP* 基因转入胚胎干细胞，经不含饲养层细胞和生长因子的培养基培养 4 天后，能够检测到 *gcOct4-GFP* 阳性；7 天后，约 25%的细胞表达 *gcOct4-GFP*；8 天时，约 40%的细胞表达 *gcOct4-GFP*，同时检测到早期生殖细胞内源性分子标记物 c-Kit。将 *gcOct4-GFP* 阳性细胞分离出来，经分子标记物 c-Kit 和 Vasa 检测，发现存在 3 种细胞。分别是迁移前、迁移中及迁移后未减数分裂的 PGC。继续培养后，这些 PGC 能发育成为卵原细胞，进而发生减数分裂，与其邻近细胞一同形成卵泡样结构。卵母细胞被一个原始的透明带包裹着，表达减数分裂的分子标记。这些卵母细胞经孤雌激活处理后，能够发育成囊胚（Qing et al.，2007）。

Lacham-Kaplan 等（2005）用新生小鼠睾丸制备睾丸细胞条件培养基，半悬浮培养形成类胚体。在培养 6～7 天后，类胚体的形态发生明显的变化，发育成卵巢样结构，直径最大的有 70～80μm。分离这些卵巢样的结构后，出现 15～35μm 直径的卵母细胞样结构，并且周围有 1～2 层扁平的细胞包裹，但没有发现透明带的形成。检测到卵母细胞特异的标记如 Fig-a 和 ZP3 在卵巢结构的表达，但未检测到 ZP1 和 ZP2 的表达。

Novak 等（2006）诱导小鼠 ES 细胞形成了类似卵泡的结构，并发现在这些生殖细胞样的细胞中，尽管联会复合体蛋白-3（synaptonemal complex protein-3，SYCP3）能够表达，但是 SYCP1、SYCP2、STAG3（stromal antigen 3）、REC8（meiotic protein similar to the rad 21 cohesin）和 SMC1（structural maintenance of chromosome-1）不表达。荧光原位杂交发现，这些生殖细胞样的细胞的染色体状态和体细胞中的没有什么差别，但没有形成同源染色体联会。因而推测，这些来源于 ES 细胞的生殖细胞样的结构，不能进行减数分裂而进一步发育。

二、向造血细胞的定向分化

1985 年，Doetschman 等发现在 30%的类胚体中有血岛形成（Doetschman et al., 1985）。随后，相继报道了 ES 细胞能够分化形成包括红细胞、粒细胞、巨核细胞、肥大细胞、淋巴细胞及自然杀伤细胞等各种造血细胞。在类胚体培养过程中，如果用干细胞因子（SCF）、促红细胞生成素（EPO）、IL-2、IL-3、粒细胞集落刺激因子（GCSF）和 Flt-3 配体等结合 BMP-4 进行处理，可以促进造血分化。Chadwick 等（2003）采用类胚体法并结合使用 SCF、Flt-3、IL-3、IL-6、G-CSF 与 BMP-4，诱导人 ES 细胞分化为造血干细胞。

Kaufman 等（2001）将人 ES 细胞与照射过的小鼠 S17 骨髓基质细胞共培养，ES 细胞分化为能表达 $CD34^{+}$、TAL-1、LMO-2 和 Gata2 等标记的典型的造血前体细胞，在含有造血生长因子的培养液中培养后，可形成特征性的髓细胞、红细胞与巨核细胞的集落。将人 ES 细胞移到 OP9 细胞上与之共培养，5 天后可形成红细胞集落、粒细胞-红细胞-巨噬细胞-巨核细胞集落、粒细胞-巨噬细胞集落、巨噬细胞集落等；共培养 9 天后，出现了表达 CD34、Gata1、Gata2、SCL/TAL1 和 FLK1 等标记的造血干细胞。

三、向内皮细胞的定向分化

在正常发育过程中，内皮系统和造血系统的形成有密切联系。体外研究证实，内皮细胞和造血细胞存在共同的前体细胞。Levenberg 等（2002）报道，由 ES 细胞形成类胚体后的第 13～15 天，可以检测到 CD31 和 VE-cadherin 阳性的细胞。同时，CD34 与 Gata2 的表达也呈上升趋势，这与早期内皮细胞的分化模式吻合。分离 CD31 阳性细胞并继续培养，能够分化成熟内皮细胞，在体外能够形成管样结构；借助人工基质形成的支架移植到动物体内后，可以形成有功能的微血管。Yamashita 等（2000）发现，由 ES 细胞分化而来的 $FLK1^{+}$细胞，在 VEGF 诱导下向内皮方向分化；如用 PDGF-BB 诱导则可向周细胞分化。这两类细胞可形成三维血管结构。

沈干等（2002）用 *TGF-β1* 基因转染小鼠 ES 细胞，用 RA 诱导后可使 95%以上类胚体产生内皮细胞的前体细胞，以后迁移分化形成血管样结构。利用悬滴法培养 *TGF-β1* 转染后的 ES 细胞，可以形成许多辐射状血管样结构。

四、向肝细胞的定向分化

2003 年，Rambhatla 等报道了人 ES 细胞分化为肝细胞的方法。用 IMEM 加上 20%的胎牛血清及人胰岛素、地塞米松和 I 型胶原也可将 ES 细胞分化为肝细胞。Lavon 等（2004）将肝特异的白蛋白基因启动子与 *eGFP* 基因融合，再将 *ALB-eGFP* 融合基因转染 hESC。在类胚体培养 20 天后，检测到 *eGFP* 阳性细胞，免疫染色显示这些细胞同时表达白蛋白。

五、向胰岛细胞的定向分化

Lumelsky 等（2001）采用了一种 5 阶段的诱导方法，将小鼠 ES 诱导形成类胚体后，再诱导分化为表达巢蛋白的细胞，最后诱导分化为成熟的胰岛细胞团，在体外能调节胰岛素释放。将这些分化的细胞群移植入糖尿病小鼠皮下，移植鼠能够保持体重，但在体内不能恢复糖尿病鼠的正常血糖水平。Hori 等（2002）采用 Lumelsky 的 5 步诱导方案，但在最终分化阶段加入 3-磷酸肌醇激酶抑制剂代替培养基中的 B27，获得分泌胰岛素的细胞群；移植后提高血中的胰岛素水平，改善了糖尿病大鼠的高血糖状态。将参与胰岛 β 细胞分化的转录因子 Pax4 转入小鼠 ES 细胞中，诱导类胚体向胰岛素分泌细胞分化。Pax4 的转入激活了细胞胰腺基因产生胰岛素，将这些细胞簇移植给糖尿病鼠，可维持血糖的稳定。Soria 等（2000）构建了含有人胰岛素 β 新霉素（insulin/β neo）和磷酸甘油酸激酶-潮霉素抗性基因（phosphoglycerate kinase-hygromycin resistant gene，pGK-Hygro）的质粒，转染入小鼠 ES 细胞中，选择成功转入了重组质粒的细胞，培养类胚体并分化 5～8 天，得到了低胰岛素分泌的细胞克隆；经过 2 周条件培养基的培养，最终获得了分泌胰岛素的细胞系。

六、向心肌细胞的定向分化

在 ES 细胞向心肌细胞定向分化的过程中，其心肌特异性基因、蛋白质、受体和离子通道的表达与胚胎早期的心肌发育过程相类似。在 ES 细胞分化形成的类胚体中，约 5%的细胞为自发搏动的心肌细胞，这说明 ES 细胞具有自发分化为心肌细胞的能力。1996 年，Klug 等报道小鼠 ES 细胞可在体内外被诱导分化为心肌细胞，其诱导分化率可达到 80%～90%（Klug et al.，1996）。经典的诱导方法是将 ES 细胞通过悬滴培养，形成类胚体，然后将类胚体贴壁继续培养，诱导一段时间即可看到类胚体出现自发跳动。在国内，林钊等（2005）和 Xu 等（2002）采用类胚体培养同时添加 0.8% DMSO 诱导，可见自发性、有节律跳动的类胚体出现；最多时可见 70%的类胚体产生跳动。这些细胞表达心肌特异性蛋白如肌球蛋白、肌钙蛋白及心肌特异性转录因子 Gata4、

Nkx2.5 和 MEF-2 等。

七、向神经细胞的定向分化

将 ES 细胞诱导成神经细胞的经典方法是 RA4-/4+方法，即将 ES 细胞悬浮培养 4 天，形成类胚体，进一步经过维甲酸诱导 4 天，即可获得 Nestin 染色阳性的神经干细胞球。利用 bFGF 和特定培养液选择性培养神经前提细胞，再在适合的条件下分化为特定的神经细胞。Vogel（2001）将人 ES 细胞培养形成类胚体后，用含 bFGF 的神经细胞培养基培养后，有 96%的细胞表达神经元标志。Kawasaki 等（2000）建立了 ES 细胞与中胚层来源的基质细胞共培养的系统，得到了多巴胺神经元。选择不同的时间点加入不同的诱导因子，可得到不同类型的神经元和神经胶质细胞。将这些细胞植入帕金森病小鼠体内，可以检测到细胞的嵌入且其病理变化有不同程度的改善。谌宏鸣和谢富康（2002）将 Brn-3a 转录因子的重组表达载体，通过脂质体转染到小鼠 ES 细胞株中进行表达，促使 ES 细胞向神经细胞分化；转染细胞经 1 周培养，70%以上的细胞具有明显的神经细胞样突起，表达神经细胞特有标记分子，说明转录因子 Brn-3a 能诱导 ES 细胞向神经细胞定向分化。

八、向其他细胞的定向分化

（一）皮肤

ES 细胞向皮肤细胞诱导分化的方法主要包括细胞因子诱导和组织细胞诱导等，所涉及的细胞因子有 BMP-4、角质细胞生长因子（keratinocyte growth factor，KGF）及 FGF10 等。在胚胎发育过程中，上皮组织与中胚层组织之间存在非特异性诱导作用。如果将表皮外胚层组织分离出来进行一般性培养，细胞将停止分裂和分化，形态发生也不能进行；若在培养基中加入中胚层组织，上皮组织细胞的增殖将非常活跃，细胞向皮肤细胞分化。

（二）上皮细胞

先将 ES 细胞培养形成类胚体，再添加生长因子诱导细胞向胆管上皮细胞分化。在诱导处理约 10 天后，在类胚体细胞分化群落中出现一种环状结构并有 CK7 和 GGT 表达；13 天时有 CK19 表达；CK7、GGT 和 CK19 三者都随培养时间延长而表达增强；出现立方上皮细胞的形态学特点。

（三）软骨细胞

先将 ES 细胞体外培养成类胚体，经不同的生长因子或多肽等诱导，将类胚体向软骨方向分化。在 ES 细胞分化的第 3～5 天加入 BMP-2 能促使细胞向成软骨细胞分化，软骨细胞可进一步肥大化和钙化。与 BMP 家族类似，TGF-β 和 FGF 家族的细胞因子、磷脂酰肌醇-3-激酶（phosphatidylinositol 3-kinase，PI3K）和 IGF 等均可诱导软骨形成和软骨细胞特异基因的表达。

（四）成骨细胞

ES 细胞诱导成骨细胞主要有三种方法：一是先将 ES 细胞培养成类胚体，再用一些化学物质，如 1,25-二羟维生素 D3、BMP-4、维生素 C、β-磷酸甘油、Dex 和 RA 等诱导类胚体细胞分化为成骨细胞。二是将成骨细胞与 ES 细胞共培养，诱导 ES 细胞分化为成骨细胞。三是在 ES 细胞中转入特异性基因，诱导成骨细胞形成。

第四节　饲养层细胞的制备

ES 细胞和 iPS 细胞的体外培养，既要维持细胞的未分化状态和多潜能性，又要使其无限增殖。一般情况下，ES 细胞和 iPS 细胞的生长都依赖于饲养层细胞。只有在饲养层细胞上或在含条件培养基时，干细胞保持未分化状态；在无饲养层细胞或不含条件培养基时，或在单层细胞培养条件下，干细胞趋向分化。

饲养层（feeder layer）是将具有贴附能力的细胞（如成纤维细胞等），在培养皿中培养，使其贴壁；然后用丝裂霉素 C 或紫外线处理，阻断有丝分裂，使贴壁的细胞保持活力，但不增殖。饲养层细胞分泌的因子如 FGF、LIF 等，有助于 ES 细胞增殖而且能抑制细胞的凋亡和分化。

经常使用的饲养层细胞有三种：STO（一种已建系的小鼠胎儿成纤维细胞）、MEF（小鼠胎儿成纤维细胞）和 HEF（同源胎儿成纤维细胞）。原代小鼠胎儿成纤维细胞比 STO 等细胞更有利于 ES 细胞生长。

下面以小鼠胎儿成纤维细胞为例，介绍饲养层细胞的制备方法。

一、饲养层细胞培养液

常用的饲养层细胞培养液为含高糖的 DMEM、10%（*V*/*V*）FCS、200mmol/L L-谷氨酰胺，加入 1%（*V*/*V*）青/链霉素。

二、原代胎儿成纤维细胞的制备

由于小鼠饲养层细胞在体外培养传代几次后会停止分裂，所以需要不断制备新的原代成纤维细胞。因而需要持续准备怀孕 12.5～14.5 天的小鼠。最好使用 F_1 代杂交鼠或者远交小鼠，因为这些小鼠的每窝仔鼠比较多。

（一）手术器械

将眼科镊、眼科剪、手术镊、手术剪和刀片等手术器械，进行高压灭菌消毒备用。

（二）取胎儿

用颈椎脱臼的方法，处死怀孕 13.5 天的雌鼠。分离出子宫角，用 70%的酒精快速清洗，然后放入含有 PBS 的培养皿中。从胎盘和包膜中分离出胎儿，移入新的含有 PBS

的培养皿，去掉头部和内脏器官，尽量清洗掉血液，置入含有 10ml PBS 的 50ml 的 Falcon 管，以 1500r/min 的转速，离心 3min，去除上清液。

（三）制成组织碎块

以每个胎儿 1ml 的用量，加入 0.5%的 Trypsin/EDTA，混匀后室温消化 3min。用 10ml 的注射器抽吸数次，进一步研碎组织块。之后，加入适量 MEF 培养液，阻断胰蛋白酶的作用。再以 1500r/min 的转速离心 5min，去除上清液。

（四）培养

用 0.1%的明胶，处理培养皿 15～20min。在培养皿中加入适量培养液，将研碎的胎儿组织块铺于培养皿中，置于 37℃、5.0% CO_2 培养箱中进行培养。细胞应于第二天生长到 70%～80%的汇集（图 13-1）。

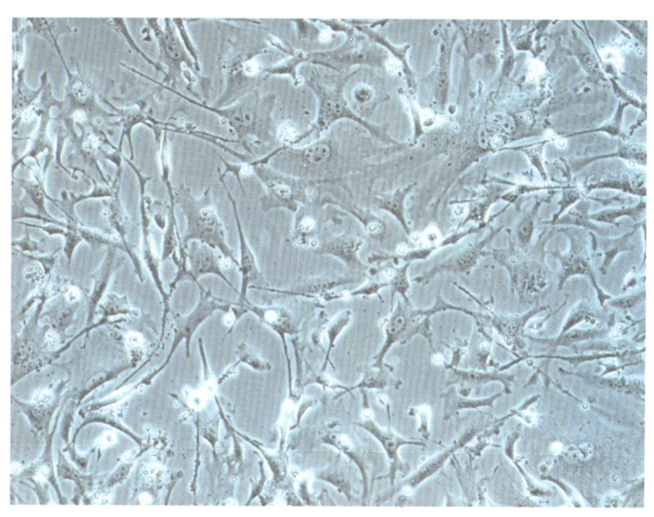

图 13-1　小鼠原代胎儿成纤维细胞体外培养

三、细胞传代和冷冻保存

（一）传代

如果要大量扩增饲养层细胞数量，可以在培养的第二天或第三天进行传代。

1）去除培养液，根据培养皿面积的大小加入适量 PBS，清洗掉剩余的培养液。加入 0.25%的 Trypsin/EDTA，于 37℃培养箱消化 3～5min。

2）轻轻敲打培养皿，使所有细胞都脱离培养皿底壁，并分离成单细胞，加入适量 MEF 培养液阻断胰蛋白酶的消化作用，离心收集细胞。

3）用 0.1%的明胶处理细胞培养皿 15～20min。在培养皿中加入适量培养液，以 1∶5 的比例传代培养。

4）细胞生长 3～5 天后，可以再次传代扩增。

（二）冷冻保存

1）当细胞汇集到 80%以上时，吸除培养液，再用适量的 PBS 清洗掉剩余的培养液。加入 0.25%的 Trypsin/EDTA，于 37℃下消化 3～5min。

2）敲打培养皿，使所有细胞都脱离培养皿底壁，用吸管上下吹打细胞数次，使细胞团块分离成单个细胞，加入适量 MEF 培养液阻断胰蛋白酶的消化作用，离心收集细胞。

3）去除上清，将细胞悬浮于冷的冷冻液中（含有 10% DMSO 的 FBS），置于冰上预冷冻数分钟后，转入–80℃（要注意细胞的逐渐冷却，最好使用专门的细胞冷冻器皿）。

4）1 天后，放于液氮中长期保存。

四、细胞解冻和培养

（一）细胞解冻

将冷冻的细胞管置于水浴锅中迅速解冻，用 70%酒精清洁冷冻管后，将细胞移入几毫升的预热培养液中。

（二）细胞培养

离心收集细胞，去除溶于培养液中的 DMSO，将细胞接种于适当的培养皿中。如果解冻的是 P_0 代细胞，此时就是 P_1 代。当细胞生长汇集达到 80%以上时，可以再次传代，传代比例以 1∶1 至 1∶5 为宜。

五、饲养层的制备

1）制备饲养层

通常使用 5 代以下的细胞制备饲养层。在细胞汇集至 80%以上时，加入丝裂霉素 C。根据所用细胞的不同，确定丝裂霉素 C 的浓度，通常使用的浓度为 10～20μg/ml。

2）于 37℃培养箱培养 2h。

3）去除丝裂霉素 C 后，备用；或者用胰蛋白酶消化细胞，以适当浓度再次接种备用。

4）制备好的饲养层细胞可以保留一个星期，但是要每 3 天换一次培养液。

其他类型细胞的饲养层制备基本同上，只是根据不同的细胞确定不同的接种细胞数量。

第五节　小鼠胚胎干细胞的分离和培养

要从早期胚胎中分离到具有全能性的 ES 细胞，一方面要选择适当胚龄的胚胎，另一方面要采用正确的分化抑制物。适当胚龄的标准是胚胎应含有具有全能性的细胞，这样从中分离出的 ES 细胞才具有全能性。不同动物，早期发育的时间程序不同，用于分离 ES 细胞的胚胎的胚龄也不一样。小鼠 4～6 天的延迟囊胚、3 天的囊胚；猪 7～10 天囊胚；绵羊 7～9 天囊胚；山羊 7～8 天囊胚；牛 7～8 天囊胚；兔 4～5 天囊胚；仓鼠 3 天囊胚，都有可能分离得到胚胎干细胞。

常用的胚胎干细胞分化抑制物有 LIF、bFGF、干细胞因子（stem cell factor，SCF）和表皮生长因子（epidermal growth factor，EGF）等。

一、小鼠胚胎干细胞培养液

DMEM/F12
20% Serum Replacement（SR，Gibco）
0.1 mmol/L β-mercaptoethanol（Gibco）
1% nonessential amino acids（Hyclone）
2 mmol/L glutamine（Hyclone），and 20 ng/ml hbFGF2（Sigma）

二、小鼠胚胎干细胞的分离和培养

（一）小鼠准备

准备体重为 18～23g 的 C57BL/6 小鼠和昆明鼠。

（二）制备原代胎儿成纤维细胞

取 13.5 天的昆明鼠胎儿，用上节所介绍的方法制备原代胎儿成纤维细胞。

（三）囊胚的收集和培养

雄、雌鼠按 1∶2 合笼，次日见阴道栓时记为 0 天；3.5～4 天时冲出囊胚；将囊胚放入提前 24h 接种了经丝裂霉素 C 处理的饲养层细胞中。

培养液为高糖 DMEM（4500mg/L 葡萄糖，不含丙酮酸钠）+10%胎牛血清+4 万单位/L 庆大霉素及终浓度为 0.1mmol/L 的巯基乙醇。在 5% CO_2、37℃培养箱静置培养。

（四）分离内细胞团

囊胚贴壁生长后，ICM 逐渐增殖为圆柱状。用 0.25%胰蛋白酶/EDTA 解离 ICM，接种到铺有饲养层的四孔板内培养，观察各种细胞集落出现。

（五）ES 细胞系的建立

选择 ES 细胞集落，用胰蛋白酶/EDTA 离散后接种到饲养层上，扩增至可传到 3.5cm 培养皿时，计为 0 代。按常规方法 1∶2 隔日传代一次，在第三代以前补加 LIF（图 13-2）。

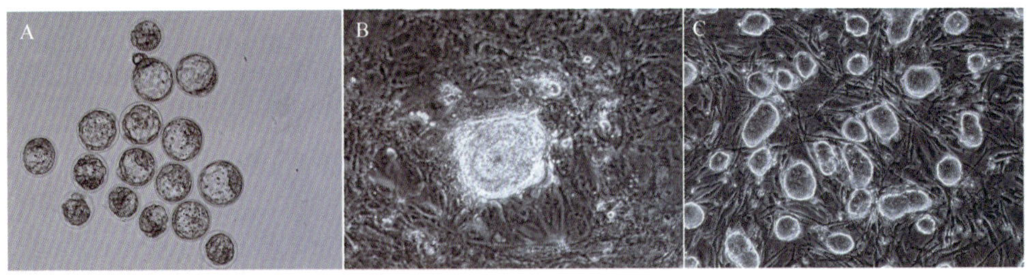

图 13-2　小鼠胚胎干细胞的分离

A. 3.5 天小鼠囊胚；B. 第 6 天的原代克隆；C. 克隆群（200×）

三、小鼠胚胎干细胞的鉴定

（一）碱性磷酸酶（AP）染色

1）将待测细胞用 PBS 冲洗 3 遍后，加入 4%多聚甲醛于室温固定 10min。

2）再用 PBS 清洗 3 遍，加入 AP 底物 NBT/BCIP，室温避光染色 20min～1h。

3）显微镜下观察，待显色适当时去除 AP，用 PBS 冲洗 2 次，每次 5min。

4）将培养皿用锡纸包起避光，在显微镜下观察拍照（图 13-3）。

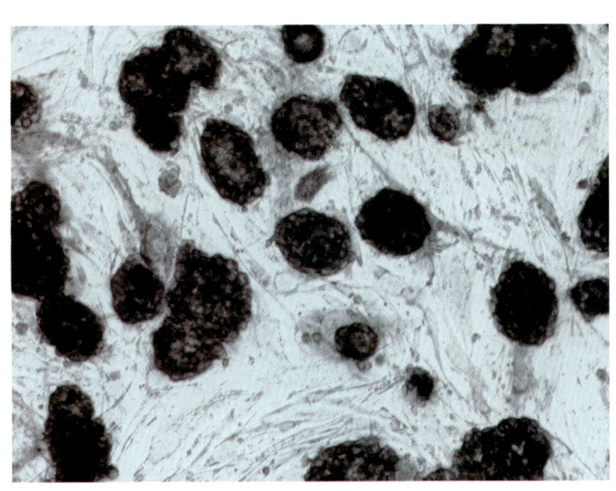

图 13-3　胚胎干细胞的碱性磷酸酶染色

（二）胚胎干细胞的免疫荧光染色

1）将待测细胞用 PBS 在室温清洗 5min。

2）去除 PBS 并加入 0.4%多聚甲醛室温固定 10min。

3）用 PBS 清洗细胞 3 次，每次 5min。

4）去除 PBS 并加入 0.1%～1%的 Triton X-100/PBS 进行渗透处理，Triton X-100 的浓度根据抗体的结合部位而改变。

5）再次用 PBS 清洗细胞 3 次，每次 5min。

6）去除 PBS 并加入适量封闭液（含有 10%胎牛血清或山羊血清的 PBS，根据第二抗体的种类而定)，室温共孵育 30min～1h，以封闭非特异抗原位点。

7）去除封闭液，加入第一抗体 Oct4、SSEA-1、SSEA-4、TRA-1-60 或 TRA-1-81，在 4℃潮湿环境中孵育过夜。

8）用 PBS 清洗细胞 3 次，每次 5min。

9）加入第二抗体如山羊抗小鼠 Alexa568 或山羊抗兔 FITC，在室温共孵育 45min～1h。

10）用 PBS 清洗细胞 1 次，每次 5min。

11）将细胞与适量稀释后的 DAPI 室温孵育 5～10min。

12）用 PBS 清洗细胞 2 次，每次 5min。

13）用适量聚乙烯醇荧光封片剂 DABCO 封片，在 4℃放置 1～2h 后于荧光显微镜下观察（图 13-4）。

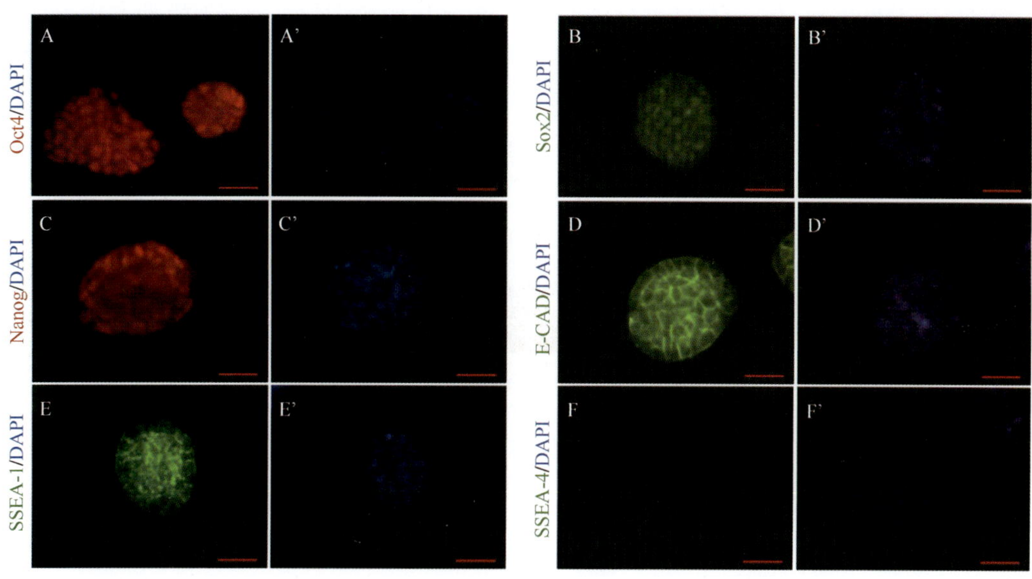

图 13-4　胚胎干细胞标记的免疫荧光染色（400×）

A. Oct4 染色；B. Sox2 染色；C. Nanog 染色；D. E-cadherin 染色；E. SSEA-1 染色；F. SSEA-4 染色。A'～F'. DAPI 染色 DNA

（三）核型分析

1）取培养的对数期生长的干细胞，在培养液中添加 0.2μg/ml 秋水仙素，培养 30min。

2）消化收集细胞，1500r/min 离心 10min，弃上清液。

3）加 37℃预温的 0.075mol/L KCl 低渗液，用吸管轻轻打匀。然后置 37℃恒温水浴中低渗处理 45min。

4）低渗结束前 1min，加入 1ml 新鲜的甲醇：冰醋酸（3：1）固定液，用吸管轻轻打匀，预固定 1min。然后以 1500r/min 离心 10min，弃上清液。

5）再次加入 8ml 固定液，用吸管轻轻打匀，置 37℃恒温水浴中固定处理 30min 后，以 1500r/min 离心 10min，弃上清液。

6）重复以上步骤。

7）最后向细胞中加入 0.5ml 新鲜配制的固定液，用吸管轻轻打匀，制成细胞悬液。将细胞悬液滴在经冰水浸泡的洁净的玻片上，自然晾干。

8）Giemsa 染色 20～30min，经自来水冲洗后，自然晾干，脱色，封片。

9）在显微镜下，计数染色体数目。

（四）类胚体培养与分析

提前准备铺被明胶的六孔板，置于培养箱中 1h 以上，使用前用 PBS 冲洗一遍。将传代后生长一天的 ES 细胞消化后，用类胚体条件培养液重悬于铺有明胶的培养皿中，置于培养箱 40～60min，去掉饲养层细胞；收集悬浮细胞，进行细胞计数，将细胞密度控制在每毫升 1.2×10^5 个细胞。用标准悬滴法制作类胚体，将 25μl 的液滴均匀滴在超低贴壁性的 100mm 皿盖上，每个液滴中约有 3000 个胚胎干细胞，培养皿中加入灭菌水。然后快速而稳定地将皿盖翻过来，覆盖在培养皿上，放置于培养箱中。培养两天后，用口吸管或者冲洗的方式收集类胚体（图 13-5）。

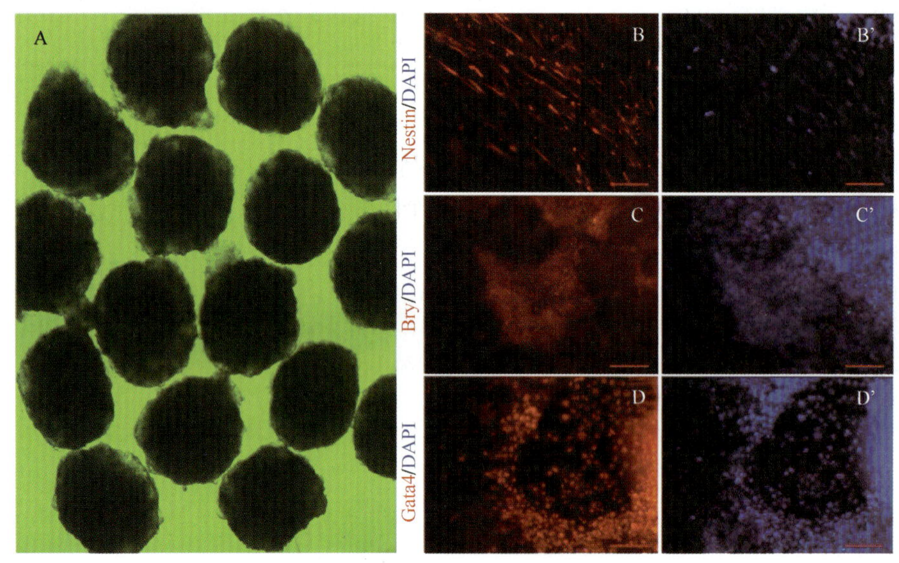

图 13-5　胚胎干细胞形成的类胚体及其鉴定

A. 悬浮培养形成的类胚体（400×）；B. 外胚层标志因子 Nestin 染色；C. 中胚层标志因子 Bry 染色；D. 内胚层标志因子 Gata4 染色；B'～D'. DAPI 染色 DNA。B～D 及 B'～D'为 200×放大

（五）畸胎瘤培育与分析

预先准备严重联合免疫缺陷（severe combined immunodeficiency，SCID）小鼠。收集具有典型未分化形态的 ES 细胞团块，每块 50～100 个细胞，将干细胞注射到健康的 SCID 小鼠（4～8 周龄）的后腿肌肉内，8～12 周后检查。选出皮下触摸到肿块的小鼠，处死后取出瘤样团块，用 10%的中性福尔马林固定 30～60min，常规石蜡包埋、切片、H-E 染色、脱水、透明、封片等。显微镜下观察畸胎瘤的组织分化情况（图 13-6）。

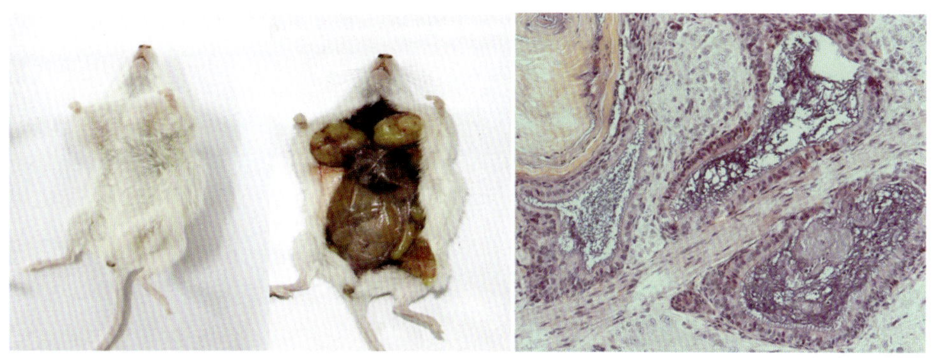

图 13-6 胚胎干细胞畸胎瘤的制备与组织切片分析

（六）培育嵌合体动物

1. 准备干细胞

取正常传代后 2 天的 ES 细胞，吸取悬浮生长的细胞用 0.05%胰酶消化为单细胞悬液，1000r/min 离心 5min，并转移到含有胚胎干细胞培养液的 0.5ml 离心管内，4℃冰箱放置 30min 后使用。

2. 假孕鼠的制备

挑选健康 6～8 周龄性成熟雌性鼠，与同品系输精管结扎雄鼠进行交配，次日见栓记为 0.5dpc。假孕见栓 0.5dpc 可用于发育各个阶段胚胎的胚胎移植，假孕见栓 3.5dpc 仅用于囊胚移植。

3. 囊胚注射

用持卵针（外径约 80μm）固定好囊胚，吸取靠近 ICM 部分，使 ICM 部分大约固定在 9 点位置上。用外径约 15μm 的平口注射针吸取 10～15 个 ES 细胞，从约 3 点位置进针，抵住受体囊胚透明带及滋养层细胞与细胞间的连接处，用 Piezo 给予脉冲，使注射针进入囊胚腔，将供体细胞释放在内细胞团表面。将操作完成后的胚胎移入胚胎培养液中，并放置于培养箱中继续培养。

4. 囊胚移植

显微操作完成的胚胎，在培养箱中继续培养 1～2h，待囊胚腔重新膨胀起来后进行胚胎移植。使用 0.05g/ml 的水合氯醛溶液对假孕鼠进行麻醉。待鼠处于完全麻醉状态后，在背部体侧剪口，找到输卵管/子宫并将其拉出。利用口吸管将待移植的囊胚注入 3.5 天假孕鼠子宫角中。移植后，将子宫、输卵管小心放回大鼠腹腔中，并进行手术缝合。移植后的假孕鼠需放置在 37℃热台上恢复，大约 30min 后鼠自然苏醒。

5. 种系嵌合的鉴定

嵌合体鉴定或嵌合体分析是通过鉴定所选择的不同细胞系的遗传标志在嵌合体中的出现，判定是否不同培养细胞参与了嵌合胚的发育。一般通过毛色可以初步鉴定嵌合情况（图 13-7）。如要鉴定是否是种系嵌合，即鉴定培养细胞是否参与了性腺与配子发育，则需在嵌合体鼠发育到成年（6～8 周）后，将其与健康鼠进行交配，从子代鼠中分析生殖系嵌合情况。

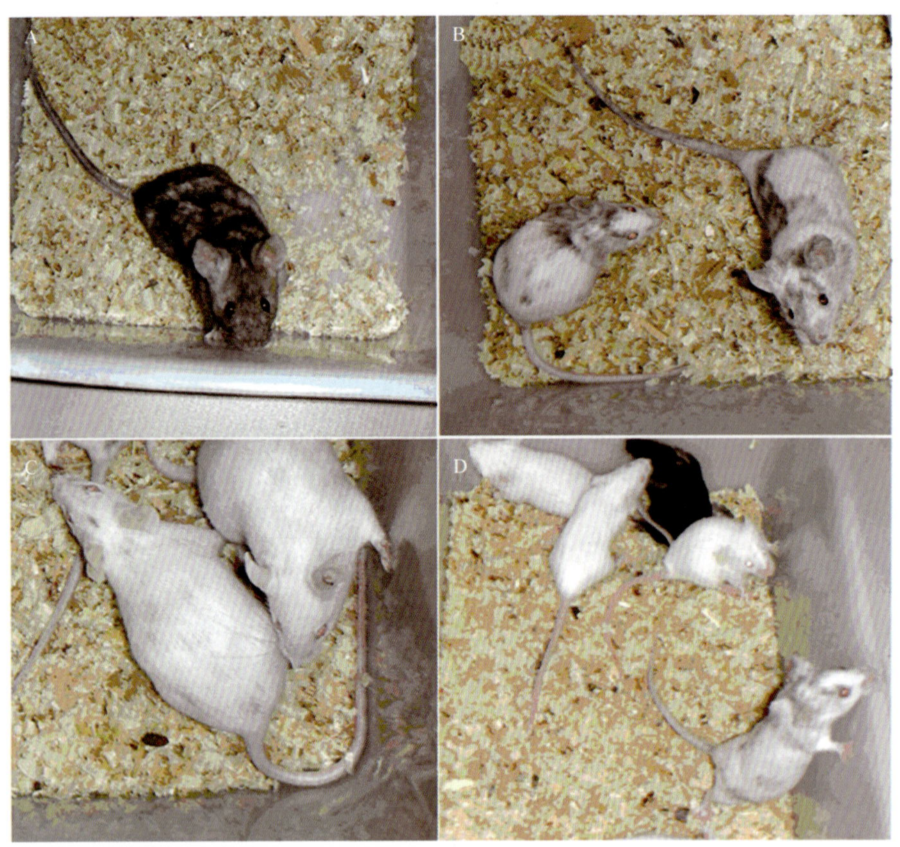

图 13-7　小鼠嵌合体制作

A. 嵌合较好的嵌合体；B. 中等嵌合的嵌合体；C. 嵌合较差的嵌合体；D. 嵌合体及其后代

（七）四倍体补偿小鼠的制备

1. 假孕鼠准备

选 6 周龄以上的自然发情的雌性昆明小鼠与同品系结扎雄鼠 1∶1 合笼，次日观察母鼠阴道内是否存在乳黄色或乳白色胶冻状阴道栓，见栓者记录为见栓 0.5 天。将所有见栓的母鼠一笼饲养，2.5 天后移植。

2. ES 细胞培养及准备

ES 细胞培养在丝裂霉素 C（终浓度 10mg / L）处理过的滋养层细胞上，每天换液。用于囊胚腔注射的 ES 细胞经 0.05%胰蛋白酶-EDTA 消化后，利用差速贴壁法去除饲养层细胞，将 ES 重悬于 DMEM 中，冰上放置备用。

3. 2-细胞胚胎收集及四倍体胚胎的制备

选 8 周龄的性成熟昆明小白鼠于下午 5:00 腹腔注射 10IU PMSG（8:00～20:00 光照），48h 后腹腔注射 10IU hCG，以 1∶1 的比例与雄鼠合笼。次日清晨检查阴道栓，见栓 1.5 天，颈椎脱臼法处死母鼠后取出输卵管，置于添加 0.1%透明质酸酶的 M2 采卵液中，撕开输卵管壶腹膨大部，可以看到包裹着大量卵丘细胞的受精卵呈团状聚集在一起。经透明质酸酶消化 3～4min 后，卵丘细胞脱落，迅速将受精卵从透明质酸酶中移到 M2 采卵液，洗 3 遍后，除去残留的透明质酸酶，将形态良好的合子挑出，置于 KSOM 发育微滴中（50μl），37℃，5%CO_2 培养备用。

挑选形态正常的 2-细胞期胚胎进行电融合，融合液为 0.3mol/L 甘露醇溶液（含 0.3% BSA），待胚胎两分裂球的接触面与电场方向垂直时，开始电融合，设置 30V 直流电压，脉冲时程 35μs，脉冲次数 2 次，将融合过的 2-细胞胚胎用 M2 洗涤 2 次后，移入 KSOM 液中培养，1h 后挑出融合的胚胎，悬滴培养于 37℃，5% CO_2 的培养箱中。

4. 四倍体囊胚注射及胚胎移植（ES 细胞鼠的获得）

在显微注射系统下，持卵针吸住扩展囊胚的内细胞团部位，注射针吸入 15 个左右 ES 细胞，使用 Piezo 从正对内细胞团部位进针，注入囊胚腔。注射后囊胚腔消失；放入覆盖石蜡油的新鲜 KSOM 液滴中，37℃、5% CO_2 培养 1h 左右，将注射后胚胎移植到 2.5 天假孕母鼠子宫中，每侧移植 6～8 枚。代孕母鼠自然分娩。

第六节　大鼠胚胎干细胞的分离与培养

与小鼠相比，大鼠的生理调节和药理反应等方面与人类更相近。因此，大鼠被广泛应用于生理、药理和毒理研究。由于大鼠与小鼠的胚胎干细胞培养体系和维持多能性的信号通路不同，利用小鼠胚胎干细胞的培养体系，一直没有成功建立起真正的大鼠胚胎干细胞。2003 年，Buehr 等利用近似于小鼠 ES 细胞的培养方法从大鼠囊胚中分离得到了从形态上类似于 ES 细胞的细胞，并能够长时间维持自我更新的状态（Buehr et al.，2003）。然而在这些细胞中没有检测到多潜能基因 *Oct4* 和 *Nanog* 的表达，而且不能发育成畸胎瘤和嵌合体动物。直到 2008 年，华人科学家应其龙等发现了不依赖于 LIF，通过抑制 ERK1/2 信号通路就可以维持小鼠 ES 细胞的多能性状态（Ying et al.，2008）。同年，Qilong Ying 和 Austin Smith 两个研究组通过添加小分子抑制剂，抑制 ERK1/2 信号通路，激活 Wnt 及 LIF 信号通路的方法，同时分离得到了具有种系嵌合能力的大鼠胚胎干细胞（Li et al.，2008；Buehr et al.，2008）。

一、小鼠与大鼠胚胎干细胞多能性信号通路

（一）小鼠胚胎干细胞多能性信号通路

小鼠 ES 细胞维持自我更新的多能性信号通路主要有两条：LIF 信号通路和 BMP 信

号通路。这些胞外信号的活化使小鼠 ES 细胞表达重要的多潜能基因 *Oct4*、*Sox2*、*Nanog* 等，从而使 ES 细胞维持未分化状态。在 LIF 维持小鼠 ES 细胞的过程中，LIF 与细胞膜上的二聚体受体 Lif/gp130 相结合，激活细胞质内的 janus 激活激酶（janus-activated kinase，JAK），JAK 可以使信号转录激活因子-3（signal transducers and activators of transcription-3，STAT3）磷酸化。STAT3 的磷酸化以二聚体的形式进入细胞核内，调节一些细胞多能性因子的表达。另外，LIF 介导的细胞信号通路在维持小鼠 ES 细胞的自我更新上具有双向性。除了可以有效地维持小鼠 ES 细胞的多能性，还可以通过负向调控诱导 ES 细胞的分化。

BMP4 信号通路是另外一个维持小鼠 ES 细胞多能性状态的信号通路。BMP4 通过与细胞膜上的受体结合，激活细胞质内的 SMAD4 等因子，从而以异源二聚体的形式进入细胞核中，参与小鼠 ES 细胞的多能性维持。

（二）大鼠胚胎干细胞多能性信号通路

在小鼠胚胎干细胞的建系过程中，添加 MEK/ERK 信号通路的抑制剂，可以抑制 ES 细胞的分化，且不依赖 LIF 信号通路。2008 年，Ying 等利用 SU5402 和 PD184352 两种抑制剂，抑制了 bFGF 信号通路下游的 MEK/ERK 信号通路，阻断小鼠 ES 细胞的分化；同时添加 CHIR99021 抑制了 GSK3 信号通路，从而获得了不依赖于 LIF 信号通路的小鼠 ES 细胞的新的培养体系（Ying et al.，2008）。

在大鼠中，利用 FGF 抑制剂 SU5402、MEK 抑制剂 PD184352 和 GSK3 抑制剂 CHIR99021（3i），或者 MEK 抑制剂 PD0325901 和 GSK3 抑制剂 CHIR99021（2i），阻断了诱导分化的信号通路，使大鼠 ES 细胞保持了自我更新的多能性状态。

二、大鼠 3i 胚胎干细胞培养体系

3i 培养体系是在条件培养液 N2B27 中添加 SU5402、PD184352 和 CHIR99021 三种抑制因子。其中 PD184352 和 SU5402 可以抑制丝裂原活化激酶（MAP kinase/ERK kinase，MEK）和 FGF4，而 CHIR99021 可以特异地抑制糖原合成酶激酶-3（glycogen synthase kinase-3，GSK3）。2i 培养体系则仅添加 MEK 抑制剂 PD0325901 和 GSK 抑制剂 CHIR99021。通过抑制导致大鼠 ES 细胞分化的 GSK3/ERK 信号通路，使大鼠 ES 细胞维持其自我更新的多能性状态。目前，N2B27+2i 的培养体系已广泛应用于各种品系的大鼠 ES 细胞和大鼠 iPS 细胞系的建立。

然而，通过无血清的 N2B27 添加 2i 培养的大鼠 ES 细胞，在转基因的过程中由于缺乏血清的保护，极易发生细胞凋亡，导致转基因效率极低。而在添加血清的 N2B27+2i 的培养体系中，又由于血清中的不确定成分会导致大鼠 ES 细胞发生分化。为此，Kawamata 和 Ochiya（2010）使用 DMEM 作为基础培养液，在添加 20%胎牛血清和 2i 的基础上，又添加了两种抑制因子 Y-27632 和 A-83-01。其中 Y-27632 是一种 Rho 激酶抑制剂（Rho-associate kinase inhibitor），而 A-83-01 是一种 TGF-β 受体抑制剂。该培养体系命名为 YPAC 培养体系。在 YPAC 体系下分离的大鼠 ES 细胞，在多能性水平上与

2i 体系分离的细胞没有显著差异，都具有产生嵌合体及种系嵌合的能力。而且，YPAC 抑制因子的应用可以提高大鼠 ES 细胞的转基因效率。

但是，这种通过抑制 ES 细胞分化而维持细胞多能性状态的 2i/3i 培养体系，仅仅适用于小鼠和大鼠，而不适用于其他物种胚胎干细胞的建立。推测，不同物种的胚胎干细胞所依赖的细胞多能性信号通路可能是不同的，因此建立其他物种的胚胎干细胞仍然需要寻找新的培养体系。

三、具有种系嵌合能力的大鼠胚胎干细胞培养体系

下面重点介绍中国科学院动物研究所周琪院士实验室制作大鼠胚胎干细胞的技术体系（Wang Z et al.，2012；李天达和周琪，2012；王振坤和周琪，2012）。

（一）胚胎收集

1. 超数排卵获取大鼠胚胎

挑选 4～6 周龄健康未成年雌性 SD 品系大鼠，于 17:00 注射 PMSG，48～52h 后注射 hCG，并与同品系 SD 雄鼠进行交配，次日见栓记为 E0.5dpc。

在见栓次日 14:00 断颈法处死母鼠。用无菌手术器械剪取双侧母鼠输卵管，并在胚胎操作液 M2 液中划取卵团，经透明质酸酶中消化 3～5min。将 M2 中清洗后的受精卵移入大鼠胚胎培养液 mR1ECM-2C，并放入 38℃、5% CO_2 培养箱中备用。在见栓后 E3.5dpc 时，断颈法处死母鼠，剪取子宫，用 M2 液冲取双侧子宫获取囊胚。将收集到的囊胚移入 mR1ECM-2C 液，在 38℃、5% CO_2 培养箱中备用。

2. 自然受精囊胚的收集

挑选健康 8 周龄雌性 SD 品系大鼠，利用大鼠发情检测仪 Portable Estrus CycleMonitor EC40 检测大鼠阴道电阻值，挑选仪器示数为 5.0 的母鼠，并与同品系 SD 雄鼠进行交配，次日见栓记为 E0.5dpc。受精卵与囊胚收集过程同上。

（二）大鼠胚胎干细胞系培养

1. 大鼠胚胎干细胞饲养层的准备

取复苏冻存的小鼠 MEF 饲养层细胞，按 $4×10^4$ 个/cm^2 的密度均匀接种于 6 孔培养皿中，于 37℃、5% CO_2 培养箱中培养；次日更换为大鼠胚胎干细胞培养液，放入培养箱中备用。

2. 大鼠胚胎干细胞系的建立

在获取囊胚后，首先使用带有电脉冲（Pizeo）的注射针去掉囊胚的透明带，并将这些无透明带囊胚放入提前铺被有小鼠 MEF 滋养层细胞的四孔板上培养。培养体系为无血清的 N2B27，添加 3nmol/L GSK3 抑制剂 CHIR99021 和 1μmol/L MEK/ERK 抑制剂 PD0325901。培养 2～3 天后，囊胚的内细胞团细胞贴在培养皿底部，并形成明显的克隆

状生长；4～6 天后，细胞克隆逐渐增大，并有单个细胞从克隆外部爬出。此时，用口吸管将细胞克隆挑出，移入新鲜培养液的四孔板中。原代克隆在新的培养皿中继续生长，3～4 天后传代一次，并标记为大鼠 ES 细胞，P_1 代。此后每隔 3 天进行传代（图 13-8）。

在 N2B27-2i 的培养体系中分离得到的 DA 品系大鼠胚胎干细胞，可以稳定传代到 30 代以上，而且仍能保持未分化的状态（图 13-9）。

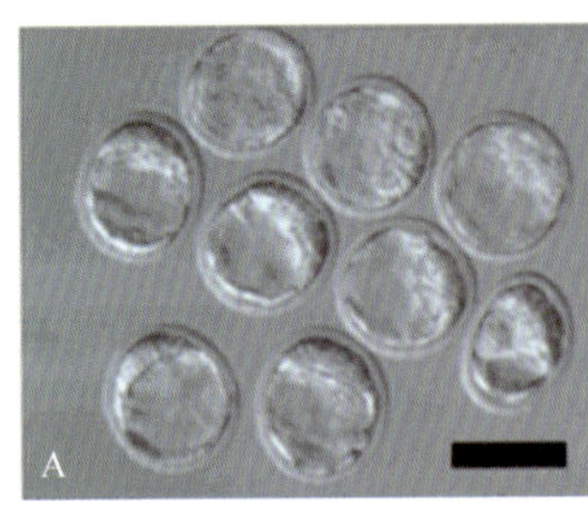

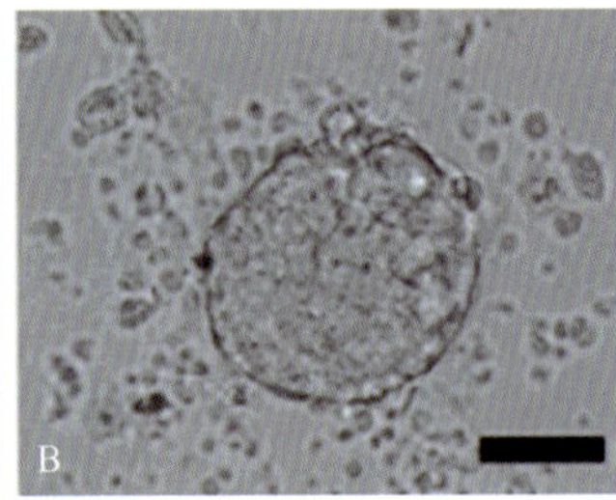

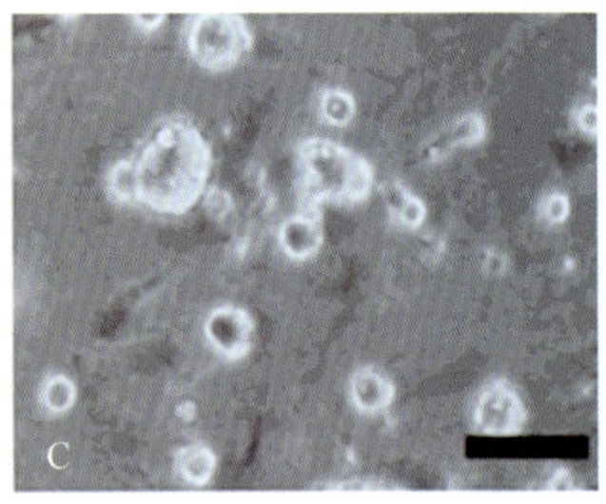

图 13-8　大鼠胚胎干细胞建系过程

A. E4.5 天的囊胚；B. 贴壁生长 4 天后形成的克隆；C. 传 8 代的干细胞

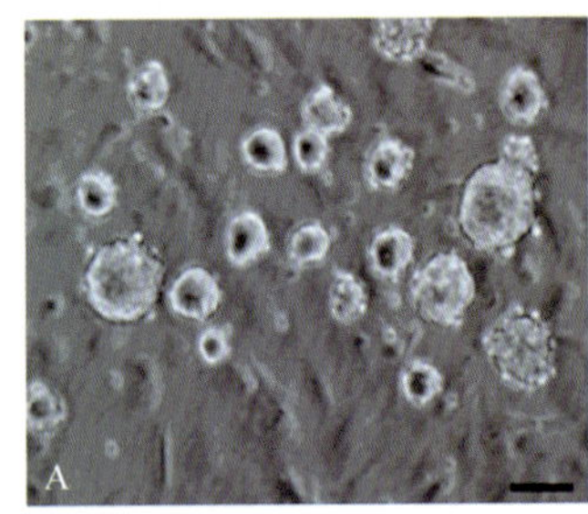

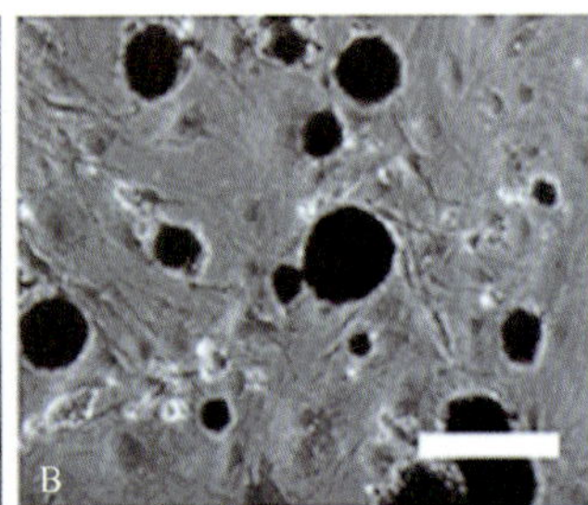

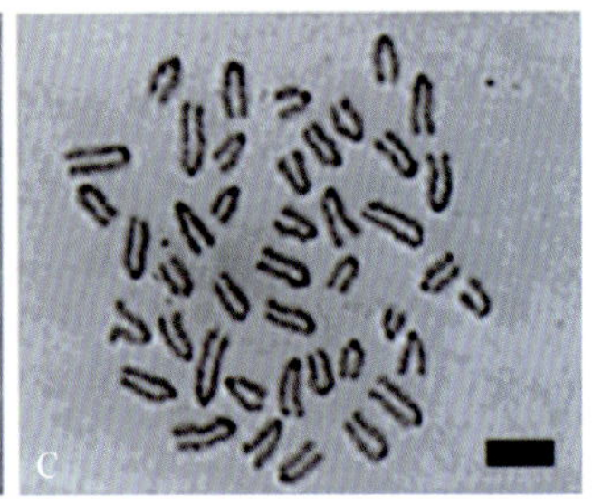

图 13-9　大鼠干细胞鉴定

A. 第 8 代的干细胞；B. 碱性磷酸酶染色；C. 干细胞核型，$2n$=42

（三）胚胎干细胞鉴定

同小鼠 ES 细胞一样，大鼠 ES 细胞的鉴定也包括碱性磷酸酶染色、分子标记检测、核型分析、类胚体分析、畸胎瘤分析和嵌合体动物培育等。相关技术方法基本同小鼠。相关检测结果见图 13-10 与图 13-11。

（四）嵌合体种系嵌合的鉴定

利用较低传代次数的细胞（P_3～P_{10}）进行囊胚注射，制作嵌合体。结果表明，在得到的 10 个细胞系中，有 8 个细胞系可以产生嵌合体动物，且部分细胞系得到了几乎全身棕色的较高嵌合比例。

如图 13-12 所示，在嵌合体大鼠的基因组中特异性表达了 *DA* 和 *F344* 两个遗传背景的基因，而在没有嵌合的动物中仅表达 *F344* 一个遗传背景的基因。因此，该结果证实了在嵌合体动物中，既可以检测到大鼠 ESC 的遗传背景即 DA 品系，又可以检测到受体胚胎的遗传背景即 F344 品系。

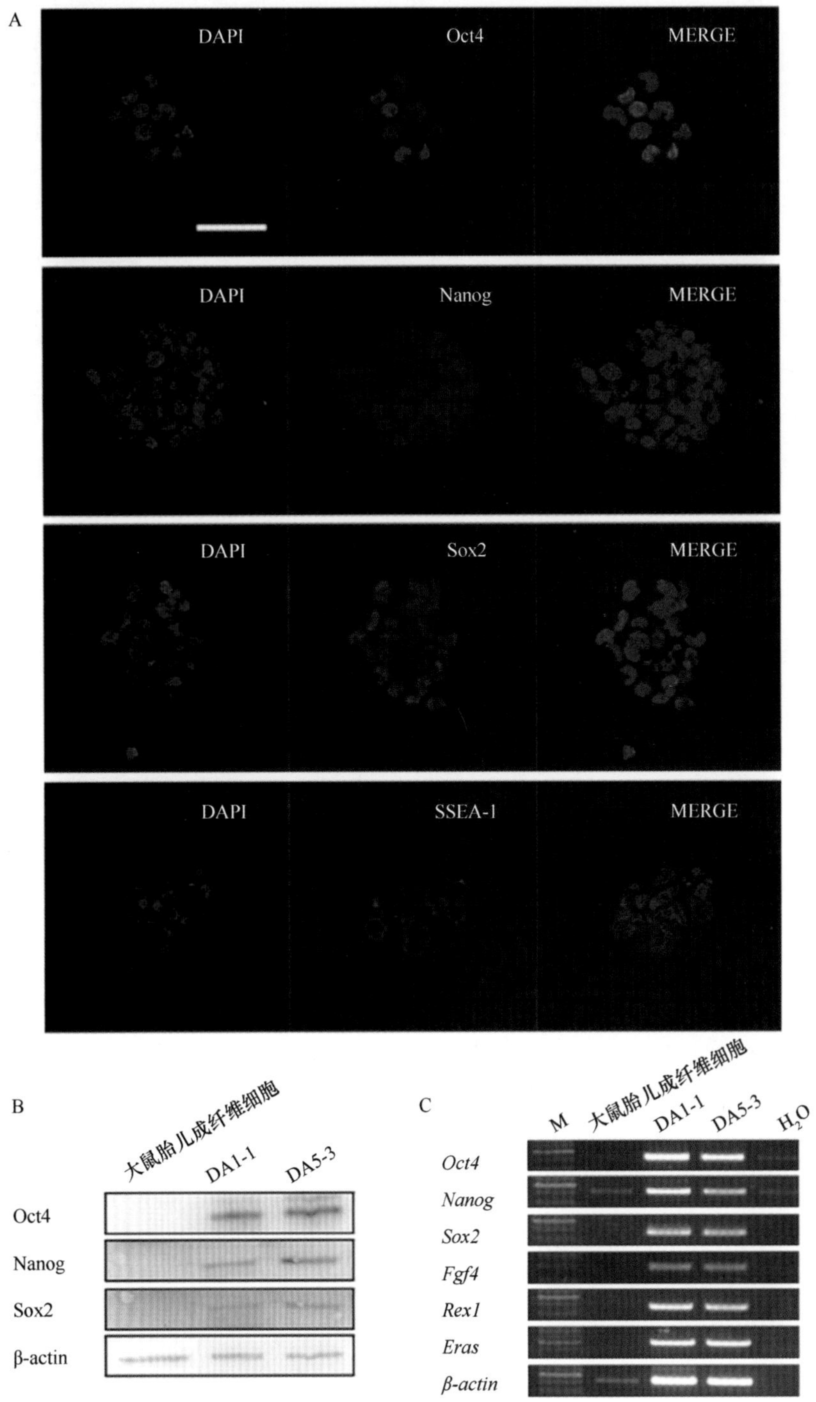

图 13-10　大鼠胚胎干细胞的分子标记检测

A. 干细胞的 Oct4、Nanog、Sox2 和 SSEA-1 的免疫荧光检测；B. Western blot 检测；C. RT-PCR 检测

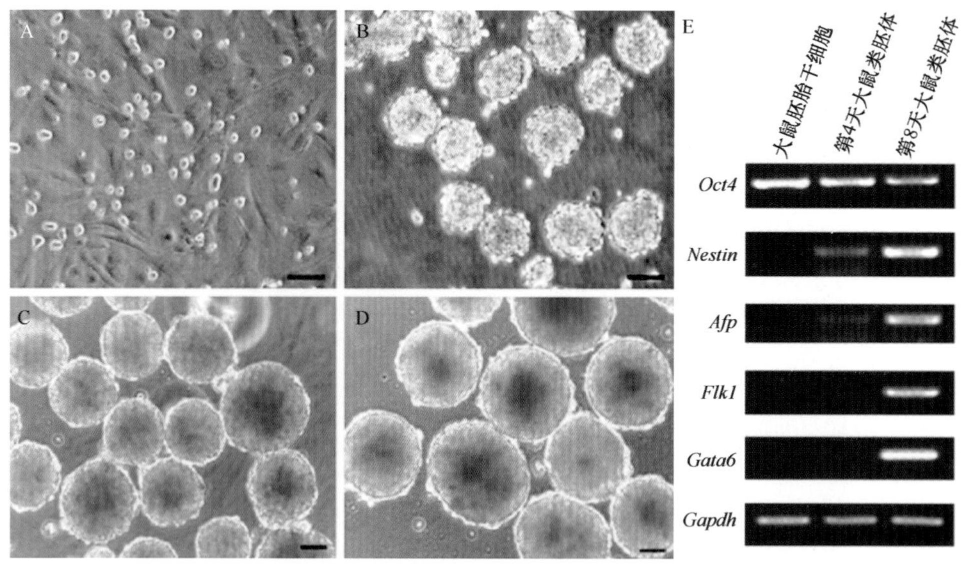

图 13-11 大鼠胚胎干细胞的类胚体培养与鉴定

A. 培养 0 天；B. 培养 2 天；C. 培养 4 天；D. 培养 5 天；E. RT-PCR 显示，类胚体表达三胚层标记

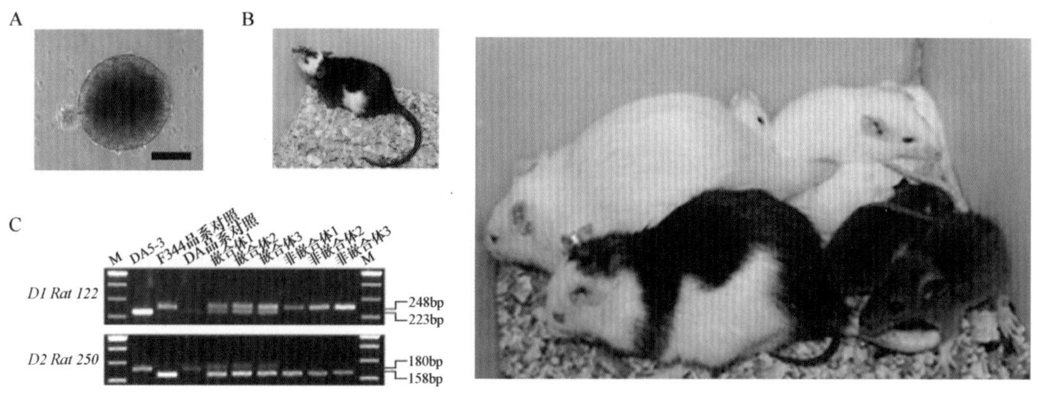

图 13-12 SD 大鼠嵌合体种系嵌合的鉴定（Wang Z et al.，2012）

A. 由大鼠胚胎干细胞形成的类胚体；B. 由大鼠胚胎干细胞形成的嵌合体；C. 嵌合体大鼠基因型检测

在嵌合体大鼠发育到 8 周后，将其与健康的 SD 品系的大鼠进行交配。获得了棕色的子代动物，在共计 41 只出生的嵌合大鼠中，有 40 只发育到了成年，其中雄鼠 27 只，母鼠 13 只。最终获得了 7 只具有种系嵌合能力的嵌合体大鼠，其中 1 只来源于 DA1-1，2 只来源于 DA2-5，另外 4 只来源于 DA5-3，均为雌性。因此，大鼠 ES 细胞成功贡献到了嵌合体大鼠的生殖腺中，即具有种系传递（germline transmission）的能力（李天达和周琪等，2012）。

四、大鼠干细胞的转基因模型应用

由于大鼠体型适中，并且在生理调节和药理反应方面与人类的相关性更优于小鼠，因此大鼠被广泛地应用于生理、药理和毒理研究。大鼠胚胎干细胞研究的意义之一是通过基因打靶技术，对特定基因的定点插入或删除，建立人类疾病如神经障碍、心力衰竭、高血压和糖尿病等的大鼠模型。2010 年，Tong 等利用同源重组技术将大鼠 ES 细胞中敲除了著名的抑癌基因 *Tp53*，并将其注射到囊胚中，最终通过种系嵌合得到了 *Tp53* 基因敲除大鼠（Tong et al.，2010）。2012 年，Yamamoto 等利用相似的方法对蛋白酶激活受体-2（Par-2）进行定点修饰，建立了基因敲除大鼠模型（Yamamoto et al.，2012）。

大鼠干细胞技术与基因定点编辑技术的发展，可以像制备基因修饰小鼠一样，稳定快速地制备基因突变大鼠、多基因同步突变大鼠、条件性敲除大鼠等，从而可以更好更快地开展大鼠基因功能研究和建立大鼠疾病模型（Voigt and Serikawa，2010；Kawamata and Ochiya，2010；许凯等，2015）。

第七节 人胚胎干细胞的分离、培养和鉴定

1989 年，Prea 等从人的畸胎瘤中分离得到了 EC 细胞系，此细胞系能分化成三个胚层的组织（Prea et al.，1989）。1994 年，Bongso 等从 21 个人胚胎中分离得到 19 个内细胞团，其中的 17 个在人输卵管上皮细胞饲养层上形成典型的 ES 细胞集落，呈 AP 阳性，但只维持了 2 代就分化（Bongso et al.，1994）。1995 年，Thomson 等建立了灵长类（猴）的 ES 细胞系（Thomson et al.，1995）；随后 Thomson 等（1998）和 Shamblott 等（1998）分别从人体外受精胚胎和受精后 5～9 周龄的胎儿生殖嵴细胞中，首次建立了 5 个人 ES 细胞系。

到目前为止，国际上已有美国、英国、澳大利亚、新加坡、瑞典、日本、中国、韩国等国家的实验室建立了约 120 株人胚胎干细胞系（hES 细胞系），其中 78 株在美国 NIH 登记注册（谌宏鸣和谢富康，2002；胡智兴等，2009）。hES 细胞的潜在用途是通过定向分化诱导产生各种特化的细胞和组织，将其用来修复或替换丧失功能的组织和器官，治疗如帕金森病、阿尔茨海默病（老年痴呆症）、脊髓损伤、脑卒中、烧伤、心脏病、糖尿病、白血病及关节炎等许多疾病（鲁振宇和糜若然，2010；张哲等，2015）。

一、人组织的饲养层细胞制备

通常选取儿童的包皮成纤维细胞（foreskin fibroblast）制备组织饲养层细胞。包皮组织来自医院行包皮环切术的儿童。

（一）原代培养

用杜氏 PBS 冲洗包皮组织 3～5 遍；用眼科剪去除真皮下附着的结缔组织与毛细血管等；将组织尽量剪碎至 1mm^3 大小，加 0.25%的 Trypsin-EDTA，室温孵育 10min；用吸管上下吹吸组织，待大块组织消失后，加入等量培养基终止消化；1000r/min 离心 3min；加入培养液重悬细胞，按 1×10^5 个/cm^2 密度接种细胞；每天更换 1 次培养液，5～6 天后传代。

（二）传代培养

细胞长满时，用杜氏 PBS 洗一次，加入 0.25% Trypsin-EDTA，37℃孵育 3min，加入等量培养液终止消化；1000r/min 离心 5min；按 1∶4 比例重新接种于新的培养皿中，隔日换液，每 4 天传代 1 次；如此传代扩增至 40 余代。

（三）冻存

1）冷冻液为 10% DMSO、20% FBS 和 70%的 DMEM。

2）当细胞长满时，则准备冻存。

3）吸出培养液，加入 2ml 的 0.25%胰酶和 0.02% EDTA，2～3min 后细胞变成圆形。吸出消化液，加入 DMEM 吹打成单细胞悬液，1000r/min 离心 5min，弃上清。将沉淀的细胞重悬于冷冻液中混匀，装入冷冻管。每个冷冻管装 1.5ml 细胞悬液，有 2×10^6～4×10^6 个细胞。冷冻管上标记好日期、细胞名称、代数。将冷冻管在 4℃放置 30min，经–20℃放置 2h，然后置于–80℃过夜，次日投入液氮中。

（四）制备饲养层

1）将装有饲养层细胞的冷冻管放入 37℃水浴锅中，不断摇动。当有 80%细胞融化后，立即取出，用酒精或丙二醇擦拭冷冻管。

2）将解冻后的细胞液移入装有 10ml 培养液的离心管中，充分混匀，1000r/min 离心 3min，弃上清，用新鲜培养液重悬细胞。

3）将细胞悬液接种在 10cm 大皿上，一般一个冷冻管接种两个大皿，2～3 天细胞长满培养皿，如未长满则不能使用。

4）将培养液弃去，在长满饲养层细胞的培养皿中，加入含 10μg/ml 丝裂霉素 C 的培养液 5ml，于 CO_2 培养箱孵育 1.5h。

5）吸出含有丝裂霉素 C 培养液，PBS 洗 5 遍；用 0.05%胰酶和 0.02% EDTA 消化细胞 1.5min。

6）用 0.1%明胶包被六孔板，作用 30min 后吸出，在超净台上风干，将细胞悬液种植于六孔板中，一般一个大皿接种一个六孔板。

7）细胞贴壁生长 4h 或过夜后，才能用于干细胞的培养。使用前更换干细胞培养液。

二、胚胎干细胞的分离与培养

（一）免疫化学法分离内细胞团细胞

1. 抗血清、补体的制备

（1）血清的制备

采用人绒毛膜癌细胞株 JEG-3 细胞免疫兔，制备抗人绒毛膜细胞的抗血清。

方法如下：取体重 2kg 雄兔 1 只。JEG-3 细胞约 10^7 个，悬浮于 3～5ml PBS，从兔耳缘静脉注入。一天一次，连续三天。在末次注射后的第 15 天，从耳缘静脉抽血 2ml；第 17 天时，从心脏抽血 6ml；第 20 天时，从心脏抽血 12ml。将血液在室温下放置 30min 后，经 1500r/min 离心 15min。吸取血清，在 56℃水浴 30min，灭活补体，过滤除菌，0.5ml/管分装，于–20℃保存。

（2）补体制备

采用豚鼠血清作为补体。选 3 月龄豚鼠 2 只，心脏抽血，每只豚鼠可抽 5～6ml。血样在室温下放置 30min 后，500r/min 离心 2min，吸取血清，过滤除菌，0.5ml/管分装，–20℃保存。

2. 内细胞团的分离

将 5～7 日龄囊胚移入 0.5%的链霉蛋白酶 E（pronase E）液滴中，解剖镜下观察，3～5min 透明带消失。将去除透明带的囊胚，经 DMEM 液清洗后，移入抗血清液滴中孵育 30min，再移入补体液滴中孵育 30min。当外层的滋养层细胞出现明显的膨胀时，将囊胚移入 DMEM 中清洗，然后用细吸管轻轻吹打，即可分离出内细胞团。

（二）机械法分离内细胞团

将囊胚放入培养液微滴中，洗 2～3 遍后，在解剖显微镜下用 1ml 注射器针头机械分割去除透明带和滋养层。将 ICM 接种于明胶被覆的并已经用丝裂霉素 C 处理的饲养层上，每日观察 ICM 的生长情况并换液。

（三）原代克隆的传代培养

1. 培养液

在 Knockout^{TM}DMEM 培养基中，加入 1%非必需氨基酸、0.1mmol/L 巯基乙醇、2mmol/L 氨酰胺、50IU/ml 青霉素、50IU/ml 链霉素、20%的血清替代品（serum replacement）、4ng/ml bFGF 和 1000U/ml LIF。

2. 培养

将分离出的内细胞团细胞，接种到 0.1%明胶包被的有饲养层细胞的四孔板中，37℃、5% CO_2 和 100%湿度条件下培养。每天更换新鲜培养液。

3. 原代培养

10～14 天后，挑出克隆中央细胞致密、未分化的细胞团，用 1ml 的注射器针头，在解剖镜下将细胞团块分成 2～4 块，然后将小细胞团种植于新的饲养层细胞上，每日换液。

（四）hES 细胞常规传代培养

1. 机械法

将细胞集落分切成小块，每小块 50～200 个细胞。用吸管将细胞小团块接种到新饲养层细胞上。这些小细胞团会在 12h 内贴壁，培养 4～5 天后即可传代。

机械法比较有效、可靠，对细胞损失小。不足之处在于费时、集落大小不一。

2. 胶原酶法

在进行人的胚胎干细胞传代时，常采用这种方法。用 0.4ml 的胶原酶Ⅳ消化细胞 10～20min，吹打后将细胞团悬液移入离心管，1000r/min 离心 6min。弃上清液后，用培养液吹打数次，将细胞打散，形成小于 50 个细胞的小团块。然后按一定比例（通常按 1∶3）接种至新的饲养层细胞上。

胶原酶的作用较为温和，细胞存活良好，集落分散程度好，传代后长出的集落大小较为均匀。

3. 胰酶法

用 0.05%的胰酶+0.53mmol/L EDTA 的消化液处理细胞 3min。在显微镜下，可见细胞回缩、发亮，但未浮起。吸出酶溶液，加入含血清的培养液终止消化作用。然后用吸管吹打，将细胞悬液移入锥形离心管，1000r/min 离心 6min。弃上清液，用培养液打散细胞沉淀。再按一定比例接种至新的饲养层细胞上。

经胰酶消化后，细胞集落分散成单细胞和 3～5 个细胞的小团，传代后长出的集落大小均匀。不足之处是消化的时机较难掌握，胰酶对细胞损伤大，细胞易死亡。

4. 传代培养

1）每隔 5～7 天或发现细胞有分化迹象时，按照 1∶3～1∶5 的比例进行传代。在 1～5 代时，用机械法进行传代；6 代以上可用 0.05%的 Trypsin-EDTA 消化细胞，每次传代都要详细记录日期和所传代数。

2）在 hES 细胞传代前一日，使用丝裂霉素 C 处理人包皮成纤维细胞（human foreskin fibroblast，HFF）（HFF）饲养层，方法如前所述，次日换成 hES 细胞培养液。

3）将长满 70%～80%的 hES 细胞用 D-PBS 洗 1 次，机械分离出克隆后，加入 0.05%的 Trypsin-EDTA，在 37℃作用 3～5min。当细胞变圆时，加入等体积的 0.5mg/ml 的胰酶抑制剂，终止消化。

4）收集打散的细胞团，转移至 15ml 的离心管中，离心 1000r/min。再经 D-PBS 洗一次，细胞重悬于 hES 细胞培养液中，按 1∶3～1∶5 的比例接种于前日准备好的接种过 HFF 饲养层细胞的六孔板中。hES 细胞体外培养的形态见图 13-13。

（五）冻存 hES 细胞

1）冻存培养基为高糖型 DMEM，含 20%血清、20% DMSO，用前新鲜配制。

2）当 hES 细胞克隆汇集到 70%～80%时，经 PBS 洗 1 次，将克隆机械分离，加入 0.05%的 Trypsin-DETA 于 37℃作用 3～5min。在细胞变圆时，立即加入等体积的培养液，终止消化。

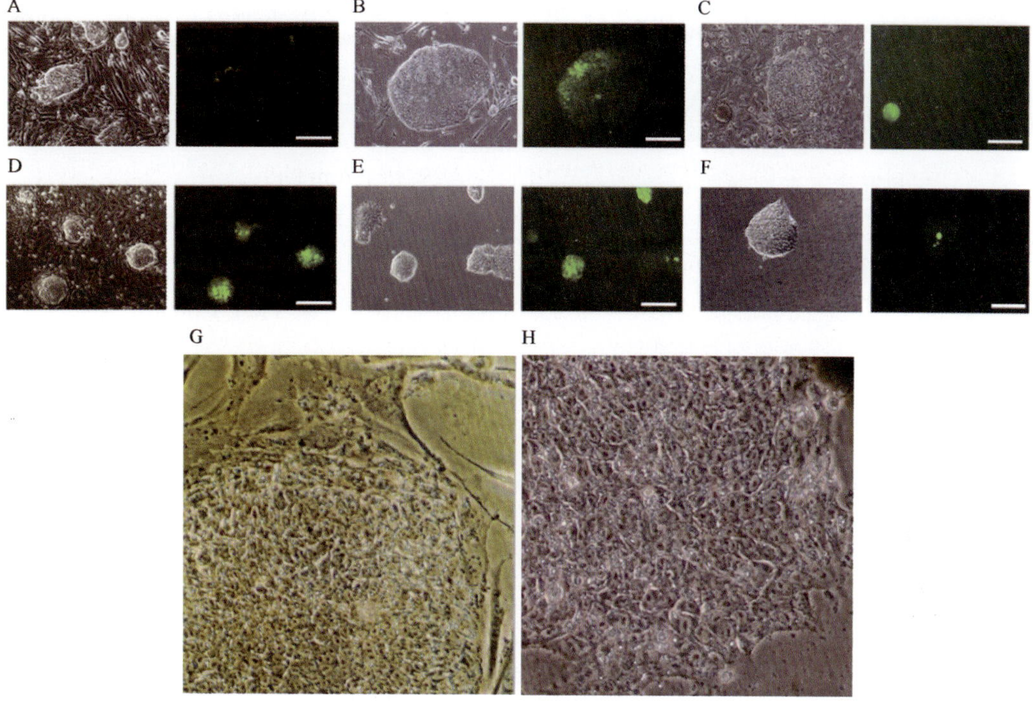

图 13-13　人的胚胎干细胞

A～C. 培养于小鼠胎儿成纤维细胞中的人 ES 细胞（20×）；D～F. 培养于无饲养层的基质上 4 天的人 ES 细胞（20×）；G、H. 人 ES 细胞集落

3）加入含血清的培养液，温和地吹打细胞，收集细胞悬液至 15ml 的离心管中，1000r/min 离心 5min。将来自两孔的 hES 细胞，放入 0.5ml 冻存管，逐滴加入冻存液，每只冷冻管加 1×10^6 个细胞，逐步降温，4℃放置 30min，转入–80℃冰箱中过夜。次日，从降温盒中取出，放入–196℃液氮罐中长期保存。

4）解冻。准备 1000ml 的烧杯 1 个，高压灭菌蒸馏水 500ml。将灭菌蒸馏水在水浴中加温至 38℃，倒入烧杯中。从液氮中取出细胞冻存管，立即浸入温水中并快速搅动直至冰晶融化。将融化的细胞悬液，转移至装有等体积培养液的离心管中，1000r/min 离心 5min，用培养液将细胞沉淀悬浮，每支冻存管的细胞接种 1 个 100mm 培养皿。第二天更换培养液，去除死亡的细胞。

三、hES 细胞的生物学鉴定

（一）碱性磷酸酶染色

1）在染色之前，将 HFF 饲养层细胞接种于 24 孔板，次日将 hESC 接种于细胞上，每日换液，待培养至第 3～4 天见到明显的 hES 细胞克隆时，用 0.01mol/L 的 PBS 洗 1 次。

2）在 10%的甲酸溶液中，固定细胞 30min。

3）用 0.01mol/L 的 PBS 洗 3 次，每次 5min。

4）加入配制好的 AP 作用底物 BCIP（5-溴-4-氯-3-吲哚基-磷酸盐）与 NBT（四唑硝基蓝），放置 24 孔板于摇床上，保持缓慢摇动。

5）30～40min 后，当 hES 细胞克隆呈现明显蓝紫色时，即弃去 AP 作用底物染液。

6）经 0.01mol/L 的 PBS 洗 3 次，每次 5min。

7）在倒置镜下观察并照相。

（二）hES 细胞的特异性标记抗原免疫组化鉴定

对 hES 细胞表面标志物 SSEA-3 和 SSEA-4，肿瘤排斥抗原 TRA-1-60 和 TRA-1-81，转录因子 Oct4 进行免疫组化鉴定。

1）在 HFF 饲养层上生长 3 天的 hES 细胞用 0.01mol/L PBS 洗 5min。

2）经 4%的多聚甲醛，在室温固定 40min，再经 0.01mol/L 的 PBS 洗 3 次，5min/次。

3）经 0.3%的 PBST（含 Tween-20 的 PBS）室温作用 45min，再用 0.01mol/L 的 PBS 洗 3 次，5min/次。

4）用 5%的羊血清，室温下进行封闭孵育 45min，抑制非特异性染色背景产生。

5）吸去封闭液，分别加入一抗（在 0.01mol/L 的 PBS 中加入 0.5%封闭血清为抗体稀释液）。即 1∶200 稀释的小鼠抗 OcM 抗体、1∶100 稀释的大鼠抗 SSEA-3 抗体、1∶100 稀释的小鼠抗 SSEA-4 抗体、1∶100 稀释的小鼠抗 SSEA-1 抗体。4℃孵育过夜。

6）次日，用 0.01mol/L 的 PBS 洗 3 次，5min/次。加入荧光二抗，即 1∶200 稀释的花青染色剂 2（Cy2）标记山羊抗小鼠 IgG；1∶200 稀释的四甲基异硫氰酸罗丹明（TRITC）标记的山羊抗大鼠 IgG；1∶200 稀释的 Texas Red 标记山羊抗小鼠 IgG。室温避光孵育 2.5h，经 0.01mol/L 的 PBS 洗 3 次，5min/次。

7）加入 1∶1000 稀释的 DAPI 细胞核染料，室温避光孵育 10min。经 0.01mol/L 的 PBS 洗 3 次，5min/次。

8）荧光倒置显微镜下观察并照相（图 13-14 和图 13-15）。

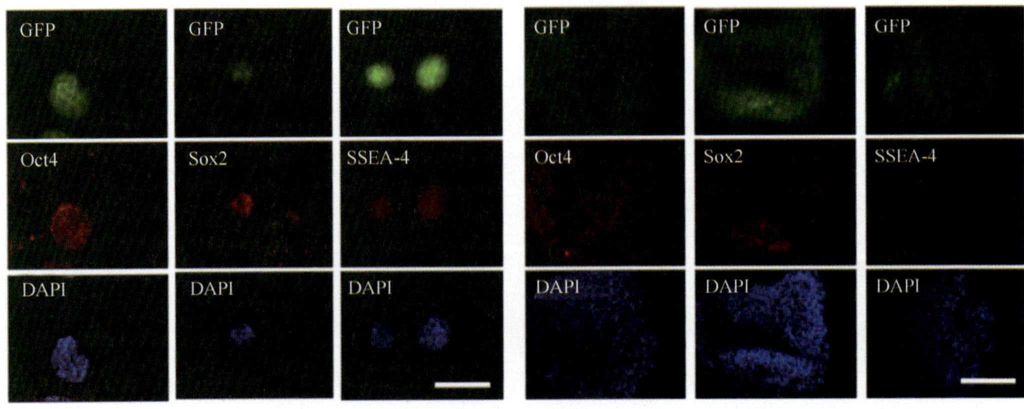

图 13-14　人胚胎干细胞的荧光检测

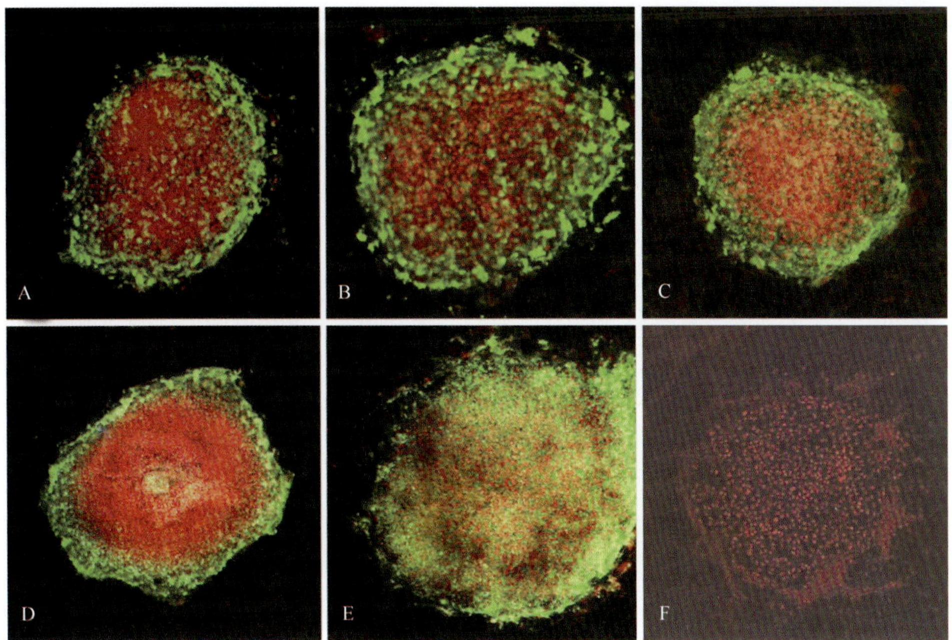

图 13-15　胚胎干细胞标记基因的鉴定

A. SSEA-4（+）；B. SSEA-3（+）；C. TRA-1-60（+）；D. TRA-1-81（+）；E. Oct4（+）；F. SSEA-1（–）

四、无血清无饲养层细胞的干细胞培养体系

在人胚胎干细胞的培养传代过程中，都直接或间接使用了含有动物来源成分的培养介质。如果利用这些干细胞进行临床移植应用，动物源性的物质必然与人体组织细胞接触，既可能会加剧移植排斥反应，也可能引入非人类病原体疾病。因此，在含有异源性物质的培养体系中培养形成的人胚胎干细胞，并不完全适合于临床应用。为此，人们开始研究胚胎干细胞的无血清、无饲养层细胞或无异源物质的培养技术，减少或者消除动物源性成分所带来的干扰，保证临床细胞治疗应用的安全性和有效性。

为了获得真正的无异源物质的培养体系，至少需要解决三个问题。第一，不能使用动物源性饲养层细胞；第二，选择无动物源性的蛋白质；第三，在去除滋养外胚层得到囊胚内细胞团细胞时，不能使用异源性抗体。针对上述几个问题，研究者已经在使用人源性饲养层细胞、无饲养层基质、限定性成分培养基及 3D 培养模型上做了许多尝试。设计与验证无饲养层、无血清、无异源和限定性培养基的培养体系。

（一）基质

用于无饲养层的基质主要有细胞外基质、重组蛋白、聚合物或其与蛋白质、多肽的复合物等。基质胶（matrigel）是一种小鼠肉瘤基膜分离的再生基膜，为Ⅳ型胶原、层黏蛋白、蛋白聚糖、巢蛋白和其他未知生长因子组成的凝胶状混合物。但 matrigel 组分在批次间存在质量差异，且无法排除动物来源的成分，这种培养体系对于临床治疗应用仍存在潜在危险（Hakala et al.，2009；Montes et al.，2009；Priddle et al.，2010）。一些人源性细胞外基质，如包皮成纤维细胞、胎盘、脐血等来源的细胞外基质均有研究应用。从人的间充质细胞中提取的细胞外基质蛋白组分，可支持人胚胎干细胞的未分化扩增。从人的细胞外基质中提取的黏附性蛋白——层粘连蛋白（laminin）和纤连蛋白（fibronectin）等，可与细胞发生特异性结合，不存在异源性病原体污染及异种基因污染等问题。

较为安全的基质物质是重组蛋白。重组蛋白的化学成分稳定，氨基酸序列确定，可以介导细胞与细胞外基质的黏附，不影响细胞的生理活动。目前，常用的重组蛋白基质有 laminin、上皮细胞钙黏蛋白（E-cadherin）、玻连蛋白（vitronectin）和 fibronectin 等。其中，laminin 与 E-cadherin 通过与人胚胎干细胞的结合素受体 α6β1 结合，激发细胞持续自我更新的信号通路。

（二）无血清培养基

目前所用的无血清培养基，通常是在无血清培养基中添加生长因子。细胞生长因子的存在，对胚胎干细胞的自我更新起重要作用。FGFa 调控人胚胎干细胞多能性表面标志物 Oct3/4 的表达；FGFb 通过介导 PI3-K 信号直接参与调节 Wnt 通路下游信号，维持人胚胎干细胞的未分化状态；TGF-β 与 IGF2 协同 FGF 维持人胚胎干细胞在无饲养层培养状态下的细胞内调控平衡（Meng et al.，2010；Wang Q et al.，2012）。

采用上述限定性培养基，可以提高人胚胎干细胞培养的重复性、规模性及可操作性。目前，市场上以重组人血清白蛋白可替代人血清白蛋白的限定性培养基有 TeSR2 和 PSGRO；不含血清蛋白组分的培养基有 Essential 8；TESR-E8 和 X-Vivo 含重组生长因子和高度纯化、药品级别的人血清白蛋白（张哲等，2015）。

（三）3D 培养

到目前为止，有关胚胎干细胞生存与增殖所需的理想环境与条件，尚不得而知。因而，无法设计出适合胚胎干细胞培养的最适条件。通常所用的 2D 培养体系无法模拟体内微环境，培养形成的干细胞并非是真正意义上的全能性的干细胞。随着 3D 技术的发展，利用生物工程 3D 支架进行培养，可能更接近于体内微环境。就目前所知，已有多种基质材料应用于 3D 细胞培养。例如，利用水凝胶结构交联基质金属蛋白酶敏感多肽，与整合素特异黏附配体耦合，培养出的人的胚胎干细胞具有更强的发育多能性。已经证明，PEG 的 3D 支架结构，能够支持人的胚胎干细胞株 H1 和 H9 增殖，支持新建干细胞在无饲养层、含增补血清替代物条件下的扩增、自我更新和分化能力（Jang et al.，2013；Marinho et al.，2013）。在微载体内悬浮培养的干细胞，可以在创造的微环境内，有更好的生存和发育。对 3D 支架微载体的表面进行适当的修饰，可以增加细胞黏附，在 matrigel 基质包被的纤维素磁珠和无血清 mTeSR/Stem Pro 培养基条件下，人胚胎干细胞株可传代 20 多代，而不丧失其多能性（Oh et al.，2009）。Steiner 等（2010）设计的培养体系，可以直接对内细胞团细胞进行悬浮培养，在增补层粘连蛋白、纤连蛋白、bFGF、Activin A 和神经营养因子 BDNF、NT 和 NT4 的无异源限定性培养基条件下，培养出 3 个新细胞株。

第八节　胚胎干细胞的应用及存在问题

自 1998 年汤姆森首次成功分离培养人类胚胎干细胞以来，干细胞相关的基础研究在近 20 年取得了飞速发展。ES 细胞具有在体外增殖并保持未分化状态及其多向分化潜能的生物学特性，使其广泛应用于生物学研究的各个领域，它的潜在医学应用价值已成为世界范围内研究的热点。特别是在建立干细胞库、新药开发与药物筛选、动物模型、细胞组织器官的移植治疗和替代治疗、克隆与转基因动物方面有着广阔的应用前景。近年来，干细胞与再生医学研究获得了突飞猛进的发展，取得了多项重大成果，已成为世界干细胞研究领域中的重要力量。

一、ES 细胞的应用研究现状

（一）干细胞库与新药开发

自建立了首个人类 ES 细胞系以来，国际各大科研院所相继成立干细胞库，作为宝贵的实验资源和遗传资源而备受重视，收集储存各类干细胞系。干细胞库作为干细胞研究和临床转化的核心机构，旨在依照美国《药品生产质量管理规范》(GMP，21 CFR 211)，为国际干细胞研究者和干细胞治疗提供高质量的种子细胞资源，促进全球干细胞合作研究。ES 细胞具有体外无限扩增和分化为所有三胚层细胞的能力，因此 ES 细胞在临床转化中具有比成体干细胞更广泛的应用价值。但由于 ES 细胞具有致瘤性，只能利用其诱导分化获得的细胞进行临床应用。ES 细胞来源的功能细胞的制备过程易于实现标准化，有利于干细胞制剂的规模化生产，并形成质量稳定的产品，因此 ES 细胞来源的功能细胞是最具有成药潜能的细胞。干细胞制剂的应用需要经过组织材料的获得、干细胞的制备、体外细胞质量检测、体内动物实验评价和临床实验，且每一个过程都需要经过细胞质量、安全性和生物学效应等方面严格的检测，才能被称为干细胞制剂并应用于临床治疗。

在新药研发过程中，虽然体外实验不能完全取代体内实验，但细胞实验可以作为其他实验的先导，为以后的体内实验提供药理药代等数据，减少实验所需动物，降低成本。目前药物开发过程中所用的细胞，大都来源于动物细胞或癌细胞，这些细胞不能完全反映人体对药物作用的效果。ES 细胞可以诱导分化成任何组织类型的细胞，在药物开发过程中可以提供大量用于实验的细胞。欧洲共同体建立了一项有针对性的研究项目“*In Vitro* Heart”，旨在开发人 ES 细胞源心肌细胞的体外毒性实验。将人心肌细胞培养与电生理和细胞毒性微传感器平台结合标准化，已达到快速筛选药物的目的。另外，ES 细胞在胚胎毒性测试和肝毒性测试中也取得了很大进展。

（二）移植治疗和细胞替代治疗

干细胞与再生医学研究已成为当今生命科学研究领域的前沿和热点，表现出巨大的临床应用前景和产业潜力，有望解决人类面临的重大医学难题。我国干细胞与再生医学研究获得了突飞猛进的发展，取得了多项重大成果，已成为世界干细胞研究领域中的重要力量。

ES 细胞在特定条件下可向 3 个胚层的组织和细胞分化。外胚层可以分化产生外周、中枢神经系统、上皮系统的细胞等；中胚层可以分化为肌肉、骨、软骨、造血和结缔组织及上皮组织等；内胚层可以分化成胰细胞、肝细胞等。由疾病或外伤导致的细胞损伤都可以通过将 ES 细胞定向分化成的特异性组织细胞或器官来治疗。由于心肌损伤导致的心脏病会使具有完整收缩功能的心肌细胞的数量减少，因此治疗的关键是要增加具有完整收缩功能的心肌细胞数量。Min 等（2002）将经过 GFP 转染培养的 ES 细胞注入由于左冠状动脉前降支结扎造成的心肌梗死（myocardial infarction，MI）引起的损伤心肌上，ES 细胞移植 6 周后，MI 动物心脏功能获得显著改善，且 MI 区域的心肌切片呈 GFP 阳性且有典型的条纹、心肌肌节、肌动蛋白、肌球蛋白重链和肌钙蛋白 I 的强阳性，证实移植的细胞存活和向心肌细胞的分化。这些数据表明，ES 细胞移植是可行的，有望成为治疗心肌梗死等心肌损伤性疾病的新方法。目前，临床上对于烧伤或创伤的患者，主要是通过自身皮肤移植来治疗，但是严重的烧伤或创伤的患者根本无法进行移植治疗。ES 细胞可诱导分化成表皮干细胞用于治疗烧伤或创伤。刘爱军等（2007）将 ES 细胞源性的表皮干细胞移植到小鼠全层皮肤创伤面上，发现不仅能修复缺损表皮，而且有分化为汗腺样、毛囊样结构的潜能。ES 细胞还可以用来治疗丧失正常细胞功能的疾病如退行性病变、遗传性疾病和肿瘤等。帕金森病（PD）是由于脑中多巴胺神经元丢失而导致的慢性中枢神经系统退行性疾病。迄今，无论是药物还是手术治疗都无法根治。而利用细胞替代治疗，将 ES 细胞经体外诱导分化成产生多巴胺能神经细胞，再将这些细胞注入病变区域，就有可能治疗帕金森病。体外诱导 ES 细胞向多巴胺能神经元分化的方法可以采用经典 5 步法，此方法通过模仿体内 ES 细胞的生长分化环境，逐步改变 ES 细胞的培养液成分，添加不同的生长因子和神经营养因子等，诱导 ES 细胞向多巴胺能神经元分化。这种方法简单，对细胞毒性小，且分化成的多巴胺能神经元较纯。许多 I 型糖尿病患者生成胰岛素细胞及其他功能性细胞都被破坏。Lumelsky 等（2001）将 ES 细胞诱导分化成为能分泌胰岛素和其他胰腺内分泌激素的正常的胰岛细胞，注入糖尿病鼠后形成了胰岛样结构。如果将这些 ES 细胞分化成的胰岛样细胞移植入患者体内，就可能使糖尿病从根本上得到治疗。

（三）动物模型

ES 细胞还可用于创建动物模型，通过改变动物基因，建立与人类相似疾病的动物模型，可以准确、快速地筛选出合适的药物。目前这种方法已成为药物筛选的手段之一。近年来，兴起的基因打靶技术是基于同源重组和 ES 细胞之上的一种可以定向改变生物体遗传信息的实验手段，同源重组是两段含有相似核苷酸的 DNA 序列中自发交换遗传信息的过程。基因打靶技术将含有已知序列的 DNA 片段与受体细胞基因组中序列相同或相近的基因发生同源重组，整合到受体细胞基因组中并得以表达的一种外源 DNA 导入技术。ES 细胞常用做基因打靶的靶细胞，利用基因打靶技术将外源 DNA 与 ES 细胞中的相似部分重组或靶向破坏等位基因，创建人类疾病的动物模型。若将修饰过的 ES 细胞注入小鼠囊胚中，形成嵌合小鼠。从而在某些特定基因的研究过程中提供丰富的小鼠模型，有研究人员建立了 500 多个关于癌症、糖尿病、心血管疾病、神经疾病等人类疾病的小鼠模型，这些工作为研究人类重大疾病的发生机制和药物筛选提供了重要模型。

（四）生产转基因动物

随着技术的不断提高，目前可以在细胞水平上筛选出最佳的细胞系，通过定向改变 ES 细胞，使其携带理想的目的基因，再将转基因的 ES 细胞注入受精卵中或将转基因的 ES 细胞与胚胎共培养，使 ES 细胞与正常胚胎形成嵌合体，在下一代中将出现计划中的转基因动物。这种方法无须大量的动物且周期短，极大地提高了动物的生殖效率。Wood 等（1993）将小鼠胚胎与 ES 细胞共同培养，形成嵌合胚，这种方法生产的小鼠 ES 细胞嵌合率很高，大大降低了实验者的时间和精力。转基因动物还可以用来生产基因工程药物，将某些有预防或治疗作用的药用蛋白质的基因提取出来，导入转基因动物中，就可以从转基因动物的乳汁和血液中提取大量的这种药用蛋白质，来满足临床和实验的需求。

二、存在的问题

目前，国际上干细胞临床研究无论从绝对数量，或从早期到中后期研究的数量均呈显著增加的趋势，其中绝大多数是基于间充质干细胞（mesenchymal stem cell，MSC）的研究。截至 2015 年年底，在美国 NIH 临床实验网站（http://www.clinicaltrials.gov）上登记的 MSC 临床研究项目已超过 500 例，而其他类型的干细胞［如 ESC、iPSC 和神经干细胞（NSC）］临床研究进展则缓慢，其总数在 20 例以内。

在干细胞产品研发过程中，如何在产品研发各个阶段确保产品的质量、安全性和有效性，包括有效控制产品的复杂性、多样性和变异性对临床应用的安全性和有效性可能产生的不良影响，是干细胞产品研发成功与否的关键所在。由于存在技术的不规范、达不到标准化，未有合理的技术指导，阻碍了干细胞产品有效应用于临床。与所有快速发展的新兴产业相类似，有效“监管体系”的建立往往滞后于相关产业发展。现阶段世界范围内尚未完成服务于干细胞产品研发的监管体系，包括相关法规、监管、技术性指导原则等。不利于干细胞治疗的快速健康发展。并且尚未制定出适用于不同类型干细胞的评价和管理体系。干细胞存在着多样性和复杂性，尤其随着人 ES 细胞来源功能细胞的临床应用不断增多，不同的细胞类型和不同的适应证均需要不同的评价标准和检测指标。

干细胞在再生医学应用中，还存在着作用机制不清楚，是否会增加肿瘤发生率（安全性）不确定性，移植中的免疫排斥等问题，这些都需要深入研究。

除去现有技术和研究的不足外，影响 ES 细胞应用的最大问题即伦理问题，其关键问题是如何判定人格和生命。儒家学者认为人是有精神心理活动的有形体，胎儿不具备这些活动，所以不能称之为人。也有很多社会伦理学家认为胚胎即意味着新的生命开始，其权利需要得到保护。但更多科学界人士更倾向于 14 天内的胚胎不是人格的生命，不具备神经系统和大脑，不会感觉到疼痛，故而不应给予胚胎完全人权，可以用于生命科学的研究。

参 考 文 献

艾宗勇, 赵淑梅, 李天晴. 2015. 灵长类原始态多能干细胞的研究与挑战. 中国科学(生命科学), 45: 1203-1213.

白昌明, 刘丑生, 王志刚, 等. 2008. 不同培养体系对绵羊类胚胎干细胞分离、传代的影响. 生物工程学报, 24(7): 1268-1273.

谌宏鸣, 谢富康. 2002. Bm-3a 诱导胚胎干细胞向神经样细胞定向分化的研究. 解剖学报, 33(6): 566-570.

从笑倩, 杜忠伟, 芮荣. 2003. 中国小型猪胚胎生殖细胞的培养和建系. 细胞生物学杂志, 25(6): 325-331.

从笑倩, 姚鑫. 1987. 小鼠胚胎干细胞(ES-8501 细胞)建系过程的核型及特性分析. 实验生物学报, 20(2): 237-251.

崔莉莎, 赵学明, 郝海生, 等. 2014. 牛胚胎干细胞研究进展. 畜牧兽医学报, 45(11): 1739-1745.

冯书堂, 从笑倩, 刘立新, 等. 2005. 五指山近交猪胚胎生殖细胞(EG)嵌合体在我国移植产仔. 畜牧兽医学报, 36(3): 311-312.

胡智兴, 吴兰鸥, 郑春兰, 等. 2009. 人胚胎干细胞无血清无饲养层培养体系的建立. 中国组织工程研究与临床康复, 13(45): 8889-8894.

匡颖, 王津津, 卢希彬, 等. 2010. 应用四倍体补偿技术建立血友病 A 小鼠模型. 中华医学遗传学杂, 27(1): 1-6.

李天达, 周琪. 2012. DA 品系大鼠胚胎干细胞系的建立及多能性检测. 东北农业大学博士学位毕业论文.

林钊, 贾竹青, 马康涛, 等. 2005. 定向诱导小鼠 ES 细胞向心肌细胞的分化. 中国生物化学与分子生物学报, 21(2): 262-266.

刘爱军, 黄锦桃, 李海标. 2007. 胚胎干细胞源性表皮干细胞对小鼠全层皮肤缺损的修复. 解剖学报, 38(3): 296-299.

鲁振宇, 糜若然. 2010. 人胚胎干细胞系与人孤雌胚胎干细胞系建立的研究. 天津医科大学博士学位论文.

裴端卿. 2016. 功能性细胞获得的研究进展及应用前景. 中国科学(生命科学), 28(8): 877-882.

裴雪涛. 2006. 干细胞试验指南. 北京: 科学出版社.

芮荣, 邱妍, 胡元亮, 等. 2004. 表达绿色荧光蛋白的猪胚胎生殖细胞分离. 南京农业大学学报, 27 (4): 89-92.

尚克刚, 李子玉, 吴鹤龄. 1992. 建立小鼠胚胎多能干细胞系(ES 细胞系)的几个主要影响因素. 遗传学报, 19(6): 491-496.

沈干, 从笑倩, 杜忠伟, 等. 2002. 小鼠胚胎干细胞分化为血管内皮细胞的永生化研究. 实验生物学报, 35(3): 218-228.

帅领, 刘忠华. 2013. 小鼠孤雌胚胎干细胞的建立与应用. 东北农业大学博士毕业论文.

帅领, 李伟, 赵小阳, 等. 2013. 单倍体胚胎干细胞-哺乳动物基因功能研究的新工具. 中国细胞生物学学报, 35(7): 903-906.

王昱凯, 周琪, 胡宝洋. 人胚胎干细胞来源多巴胺前体细胞治疗帕金森病猴. 生命科学, 2016, (08): 902-906.

王振坤, 周琪. 2012. 大鼠胚胎干细胞系的建立及向神经干细胞分化潜能的研究. 东北农业大学博士毕业论文.

吴景文, 章翔, 胡祥. 2012. 干细胞临床研究现状与展望. 中华外科神经疾病研究杂志. 11(3): 193-196.

肖红, 马玉珍. 2011. 小鼠四倍体补偿技术的初步探究. 内蒙古大学硕士毕业论文.

许凯, 李伟, 周琪. 2015. 基因修饰大鼠模型的研究进展. 生命科学, 279(1): 45-49.

杨艳艳, 白杨, 王雁玲, 等. 2010. 人胚胎干细胞向滋养层分化的研究进展. 中国科学(生命科学), 40: 202-209.

袁宝珠. 2016. 干细胞的"法规-监管-指导原则"体系. 中国科学(生命科学), 28(8): 949-957.

张哲, 曾宪卓, 鲁菲, 等. 2015. 无血清培养人胚胎干细胞的体系研究与进展. 中国组织工程研究, 19(41): 6711-6717.

赵颖, 孔庆然, 刘忠华. 2010. 猪胚胎干细胞研究进展. 中国细胞生物学学报, 32(5): 815-821.

甄珍, 郭英等. 2013. 胚胎干细胞的应用研究. 长春中医药大学学报. 29(2): 319-321.

钟翠青, 李劲松. 2013. 代替精子使用的孤雄单倍体胚胎干细胞的建立. 中国细胞生物学学报, 35: 397-400.

周琪. 2016. 中国及中国科学院干细胞与再生医学研究概述. 中国科学(生命科学), 28(8): 833-838.

朱向情, 陈强, 丁亚楠, 等. 2008. 胚胎干细胞分化的调控因子. 中国组织工程研究与临床康复, 12(29): 5743-5747.

祝贺, 郝捷, 周琪, 王柳. 2016. 临床级干细胞库及干细胞制剂. 中国科学(生命科学), 28(8): 895-901.

Amit M, Carpenter MK, Inokuma MS, et al. 2000. Clonally derived human embryonic stem cell lines maintain pluripotency and proliferative potential for prolonged periods of culture. Dev Biol, 227(2): 271-278.

Buehr M, Meek S, Blair K, et al. 2008. Capture of authentic embryonic stem cells from rat blastocysts. Cell, 135(7): 1287-1298.

Bao S, Tang F, Li X, et al. 2009. Epigenetic reversion of post-implantation epiblast to pluripotent embryonic stem cells. Nature, 461: 1292-1295.

Bongso A, Fong CY, Ng SC. 1994. Isolation and culture of inner cell mass cells from human blastcysts. Hum Reprod, 9: 2110.

Bradley A, Evans M, Kaufman MH. 1984. Formation of germ-line chimaeras from embryo-derived teratocarcinoma cell lines. Nature, 309: 255-256.

Brevini TA, Cillo F, Gandolfi F. 2005. Establishment and molecular characterization of pigs parthenogenetic embryonic stem cells. Reprod Fertil Dev, 17: 235.

Brons TG, Smithers LE, Trotter MW, et al. 2007. Derivation of pluripotent epiblast stem cells from mammalian embryos. Nature, 448: 191-195.

Buehr M, Nichols J, Stenhouse P, et al. 2003. Rapid loss of Oct-4 and pluripotency in cultured rodent blastocysts and derivative cell lines. Biol Reprod, 68(1): 222-229.

Chadwick K, Wang L, Li L, et al. 2003. Cytokines and BMP-4 promote hematopoietic differentiation of human embryonic stem cells. Blood, 102(3): 906-915.

Chung Y, Klimanskaya I, Becker S, et al. 2006. Embryonic and extraembryonic stem cell lines derived from single mouse blastomeres. Nature, 439: 216-219.

Cibelli JB, Stice SL, Kane JJ. 1997. Production of germline chimeric bovine fetuses from transgenic embryonic stem cells. Theriogenology, 47: 241-242.

Cowan CA, Atienza J, Melton DA, et al. 2005. Nuelear reprogramming of somatic cells after fusion with human embryonic stem cells. Science, 309: 1369-1373.

Cowan CA, Klimanskaya I, McMahon J, et al. 2004. Derivation of embryonic stem-cell lines from human blastocysts. New Engl Med, 350: 1353-1356.

Dattena M, Chessa B, Lacerenza D, et al. 2006. Isolation, culture, and characterization of embryonic cell lines from vitrified sheep blastocysts. Mol Reprod Dev, 273: 31-39.

Delhaise F, Bralion V, Schuurbiers N, et al. 1996. Establishment of an embryonic stem cell line from 8-cell stage mouse embryos. Eur J Morphol, 34: 237-243.

Doetschman T, Eistetter H, Katz M, et al. 1985. The *in vitro* development of blastocyst-derived embryonic stem cell lines: formation of visceral yolk sac, blood island myocardium. J Embryol Exp Morphol, 87: 27-45.

Eistetter HR. 1989. Pluripotent embryonal stem cell lines can be established from mouse morulae. Growth Differ, 31: 275-282.

Evans MJ, Kaufman MH. 1981. Establishment in culture of pluripotential cells from mouse embryos. Nature, 292: 154-156.

Furusawa T, Ohkoshi K, Kimura K, et al. 2013. Characteristic of bovine inner cell mass-derived cell lines and their fate in chimeric conceptuses. Biol Reprod, 89: 28.

Geens M, Mateizel I, Sermon K, et al. 2009. Human embryonic stem cell lines derived from single blastomeres of two 4-cell stage embryos. Hum Reprod, 24: 2709-2717.

Geijsen N, Horoschak M, Kim K, et al. 2004. Derivation of embryonic germ cells and male gametes from-embyonic stem cells. Nature, 427: 148-154.

Guo G, Yang J, Nichols J, et al. 2009. Klf4 revertsdevelopmentally programmed restriction of ground state pluripotency. Development, 136: 1063-1069.

Hakala H, Rajala K, Ojala M, et al. 2009. Comparison of biomaterials and extracellular matrices as a culture platform for multiple, independently derived human embryonic stem cell lines. Tissue Eng Part A, 15: 1775-1785.

Handyside A, Hooper M, Kaufman M, et al. 1987. Towards the isolation of embryonal stem cell lines from the sheep. Roux's Arch Dev Biol, 196: 185-190.

Hori Y, Rulifson IC, Tsai BC, et al. 2002. Growth inhibitors promote differentiation of insulin producing tissue from embryonic stem cells. Proc Natl Acad Sci USA, 99: 16105-16110.

Hubner K, Fuhrmann G, Chnstenson LK, et al. 2003. Derivation of oocytes from mouse embryonic stem cells. Science, 300: 1251-1256.

Jang M, Lee ST, Kim JW, et al. 2013. A feeder-free, defined three-dimensional polyethylene glycol-based extracellular matrix niche for culture of human embryonic stem cells. Biomaterials, 34: 3571-3580.

Jiang Y, Jahagirdar BN, Reinhardt RL, et al. 2002. Pluripotency of mesenchymal stem cells derived from adult marrow. Nature, 418: 41-49.

Kaufman DS, Hanson ET, Rachel L. 2001. Hematopoietic colony-forming cells derived from human embryonic stem cells. Proc Natl Acad Sci USA, 98: 10716-10721.

Kawamata M, Ochiya T. 2010. Generation of genetically modified rats from embryonic stem cells. Proc Natl Acad Sci USA, 107: 14223-14228.

Kawasaki H, Mizuseki K, Nishi kawa S, et al. 2000. Induction of midbrain dopaminergic neurons from ES cells by stromal cell-derived inducing activity. Neuron, 28: 31-40.

Kimura H, Tada M, Nakatsuji N, et al. 2004. Histone code modifications on pluripotential nuclei of reprogrammed somatic cells. Mol Cell Biol, 24: 5710-5720.

Kleinsmith LJ, Pierce GB. 1964. Multipotentiality of single embryonal carcinoma cells. Cancer Res, 24: 1544-1552.

Klug MG, Soonpa MH, Koh GY, et al. 1996. Genetically selected cardiomyocytes from differentiating embryonic stem cells from stable intracardiac grafts. J Clin Invest, 98: 216-224.

Li P, Tong C, Mehrian-Shai R, et al. 2008. Germline competent embryonic stem cells derived from rat blastocysts. Cell, 135(7): 1299-1310.

Labosdy PA, Barlow DP, Hogan BL. 1994. Mouse embryonic germ(EG)cell lines: transmission through the germ line and differences in the methylation imprint of insulin-like growth factor 2 receptor(lgf2r)gene compared with embryonic stem(ES)cell lines. Development, 120: 3197-3204.

Lacham-Kaplan O, Chy H, Trounson A. 2005. Testicular cell conditioned medium supports differentiation of embryonic stem cells into ovarian structures containing oocytes. Stem Cells, 24: 266-273.

Lanza R, Gearhart J, Hogan B, 等. 2006. 干细胞手册. 第一卷: 胚胎干细胞. 裴雪涛等编译. 北京: 科学出版社.

Lavon N, Yanuka O, Benvenisty N. 2004. Differentiation and isolation of hepatic like cells from human embryonic stem cells. Differentiation, 72: 230-238.

Ledda S, Naitannas S. 1996. Transplantation of primordial germ cells(PGCs)into enucleated oocytes in sheep. Theriogenology, 45: 288.

Lee CK, Newton G, Scales N. 2000. Isolation and genetic transformation of primordial germ cell (PGC)derived cells from cattle, goats, rabbits and rats. Asian Aus Anim Sci, 13: 587-594.

Levenberg S, Golub JS, Amit M, et al. 2002. Endothelial cells derived from human embryonic stem cells. Proc Natl Acad Sci USA, 99: 4391-4396.

Lumelsky N, Blondel O, Lanng P, et al. 2001. Differentiation of embryonic stem cells to insulin-secreting structures similar to pancreatic islets. Science, 292: 1389-1394.

Marinho PA, Vareschini DT, Gomes IC, et al. 2013. Xeno-free production of human embryonic stem cells in stirred microcarrier systems using a novel animal/human component-free medium. Tissue Eng Part C Methods, 19: 146-155.

Martin GR. 1981. Isolation of a pluripotent cell line from early mouse embryos cultured in medium conditioned by teratocarcinoma stem cells. Proc Natl Acad Sci USA, 78: 7634-7638.

Matsui Y, Zsebo K, Hogan B L. 1992. Derivation of pluripotential embryonic stem cells from murine primordial germ cells in culture. Cell, 70: 841-847.

Meng G, Liu S, Li X, et al. 2010. Extracellular matrix isolated from foreskin fibroblasts supports long-term xeno-free human embryonic stem cell culture. Stem Cells Dev, 19: 547-556.

Min Jiang-yong, Yang Yinke, Converso K L, et a1. 2002. Transplantation of embryonic stem cells improves cardiac function in postinfarcted rats. Journal of Applied Physiology, 92(1): 288-296.

Mitalipova M, Beyhan Z, First N L. 2001. Pluripotency of bovine embryonic cell line derived from precompacting embryos. Cloning, 3: 59-67.

Miyoshi K, Taguchi Y, Sendai Y, et al. 2000. Establishment of a porcine cell line from *in vitro*-produced blastocysts and transfer of the cells into enucleated oocytes. Biol Reprod, 62: 1640-1646.

Montes R, Ligero G, Sanchez L, et al. 2009. Feeder-free maintenance of hESCs in mesenchymal stem cell-conditioned media: distinct requirements for TGF-beta and IGF-II. Cell Res, 19: 698-709.

Nagy A, Rossant J, Nagy R, et al. 1993. Derivation of completely cell culture-derived mice from early-passage embryonic stem cells. Proc Natl Acad Sci USA, 90(18): 8424-8428.

Nayernia K, Nolte J, Michellnaun HW, et al. 2006. *In vitro* differentiated embryonic stem cells give rise to male gametes that can generate offspring mice. Dev Cell, 11: 125-132.

Notarianni E, Galli C, Laurie S, et al. 1991. Derivation of pluripotent, embryonic cell lines from the pig and sheep. J Reprod Fertil Suppl, 43: 255-260.

Notarianni E, Laurie S, Moor RM, et al. 1990. Maintenance and differentiation in culture of pluripotential embryonic cell lines from pig blastocysts. J Reprod Fertil Suppl, 41: 51-56.

Novak I, Lightfoot DA, Wang H, et al. 2006. Mouse embryonic stem cells form follicle-like ovarian structures but do not progress through meiosis. Stem Cells, 24: 1931-1936.

Ogawa K, Matsui H, Ohtsuka S, et al. 2004. A novel mechanism for regulating clonal propagation of mouse ES cells. Genes to Cells, 9: 471-477.

Oh SK, Chen AK, Mok Y, et al. 2009. Long-term microcarrier suspension cultures of human embryonic stem cells. Stem Cell Res, 2: 219-230.

Ozawa M, Sakatani M, Hansen PJ, et al. 2012. Importance of culture conditions during the morula-to-blastocyst period on capacity of inner cell mass cells of bovine blastocysts for establishment of self-renewing pluripotent cells. Theriogenology, 78: 1243-1251.

Piece GB, Dixon FJ. 1959. Testicular teratomas: II. Teratocarcinoma as an ascites tumor. Cancer, 12: 584-589.

Piedrahita JA, Anderson GB, Bondurant RH. 1990. On the isolation of embryonic stem cells: comparative behavior of murine, porcine and ovine embryos. Theriogenology, 34: 879-901.

Piedrahita JA, Moore K, Oetama B, et al. 1998. Generation of transgenic porcine chimeras using primordial germ cell-derived colonies. Biol Reprod, 58: 1321-1329.

Pierce GB. 1975. Teratocarcinoma: introduction and perspectives. *In*: Sherman MI, Solter D. Teratomas and Differantiation. New York: Academic Press: 3-12.

Prea MF, Cooper S, Mills J, et al. 1989. Isolation and characterization of a multipotent clone of human embryonal carcinoma cells. Differentiation, 42: 10-23.

Priddle H, Allegrucci C, Burridge P, et al. 2010. Derivation and characterisation of the human embryonic stem cell lines, NOTT1 and NOTT2. In Vitro Cell Dev Biol Anim, 46: 367-375.

Qing T, Shi Y, Ye X, et al. 2007. Induction of oocyte-like cells from mouse embryonic stem cells by co-culture with ovarian granulose cells. Differentiation, 75: 902-911.

Rambhatla L, Chiu CP, Kundu P, et al. 2003. Generation of hepatocyte-like cells from human embryonic stem cells. Cell Trans Plant, 12: 1-11.

Reubinoff BE, Pera MF, Fong CY, et al. 2000. Embryonic stem cell lines from human blastocysts: somatic differentiation in vitro. Nat Biotechnol, 18: 399-404.

Saito S, Strelchenko N, Niemann H. 1992. Bovine embryonic stem cell-like cell lines cultured over several passages. Roux Arch Dev Biol, 201(3): 134-141.

Sayaka W, Takafusa I, Rinako S, et al. 2007. Efficient establishment of mouse embryonic stem cell lines from single blastomeres and polar bodies. Stem Cells, 25: 986-993.

Shamblott M J, Axelman J, Littlefield J, et al. 2001. Human embryonic germ cell derivatives express a broad range of developmentally distinct markers and proliferate extensively *in vitro*. Proc Natl Acad Sci USA, 8: 113-118.

Shamblott MJ, Axelman J, Wang S, et al. 1998. Derivation of pluripotent stem cells from cultured human primordial germ cells. Proc Natl Acad Sci USA, 95: 13726-13731.

Shim H, Gutierrez-Adan A, Chen LR, et al. 1997. Isolation of pluripotent stem cells from cultured porcine primordial germ cells. Biol Reprod, 57: 1089-1095.

Sims M, First NL. 1993. Production of calves by transfer of nuclei from cultured inner cell mass cells. Proc Natl Acad Sci USA, 90: 6143-6147.

Smith AG, Heath JK, Donaldson DD, et al. 1988. Inhibition of pluripotential embryonic stem cell differentiation by purified polypeptides. Nature, 336: 688-690.

Smith AG, Hooper KL. 1987. Buffalo rat liver cells produce a diffusible activity which inhibits the differentiation of murine embryonal carcinoma and embryonic stem cells. Dev Biol, 121: 1-9.

Soria B, Roche E, Berna G, et al. 2000. Insulin-secreting cells derived from embryonic stem cells normalize glycaemia in streptozotocin-induced diabetic mice. Diabetes, 49: 157-162.

Steiner D, Khaner H, Cohen M, et al. 2010. Derivation, propagation and controlled differentiation of human embryonic stem cells in suspension. Nat Biotechnol, 28: 361-364.

Stevens LC, Varnum DS. 1974. The development of teratomas from parthenogenetically activated ovarian mouse eggs. Dev Biol, 37: 369-380.

Stevens LC. 1967. Origin of testicular teratomas from primordial germ cells in mice. J Natl Cancer Inst, 38: 549-552.

Stevens LC. 1970. The development of transplantable teratocarcinomas from intratesticular grafts of pre- and postimplantation mouse embryos. Dev Biol, 21: 364-382.

Strojek RM, Reed MA, Hoover JL and others. 1990. A method for cultivating morphologically undifferentiated embryonic stem cells from porcine blastocysts. Theriogenology, 33: 901-913.

Sukoyan MA, Golubitza AN, Zhelezova AI, et al. 1992. Isolation and cultivation of blastocyst-derived stem cell lines from American mink(*Mustela vison*). Mol Reprod Dev, 33: 418-431.

Sukoyan MA, Vatolin SY, Golubitsa AN, et al. 1993. Embryonic stem cells derived from morulae, inner cell mass, and blastocysts of mink: comparisons of their pluripotencies. Mol Reprod Dev, 36: 148-158.

Takahashi K, Yamanaka S. 2006. Induction of pluripotent stem cells from mouse embryonic and adult fibroblast cultures by defined factors. Cell, 126: 663-676.

Terada N, Hamazaki T, Oka M, et al. 2002. Bone marrow cells adopt the phenotype of other cells by spontaneous cell fusion. Nature, 416: 542-544.

Tesar PJ, Chenoweth JQ, Brook FA, et al. 2007. New cell lines from mouse epiblast share defining features with human embryonic stem cells. Nature, 448: 196-199.

Tesar PJ. 2005. Derivation of germ-line-competent embryonic stem cell lines from preblastocyst mouse embryos. Proc Natl Acad Sci USA, 102: 8239-8244.

Theunissen TW, Powell BE, Wang H, et al. 2014. Systematic identification of culture conditions for induction and maintenance of naive human pluripotency. Cell Stem Cell, 15: 471-487.

Thomson JA, Itskovitz-Eldor J, Shapiro SS, et al. 1998. Embryonic stem cell lines derived from human blastocysts. Science, 282: 1145-1147.

Thomson JA, Kalishman J, Golos TG, et al. 1995. Isolation of a prim ate embryonic stem cell line. Proc Natl Acad Sci USA, 92: 7844-7848.

Thomson JA, Marshall VS. 1998. Primate embryonic stem cells. Curr Top Dev Biol, 38: 133-165.

Till JE, McCulloch EA. 1961. A direct measurement of the radiation sensitivity of normal bone marrow cells. Radiation Res, 14: 213-222.

Tojo H, Nishida M, Matsuoka K, et al. 1996. Establishment of a novel embryonic stem cell line by a modified procedure. Cytotechnology, 19: 161-165.

Tong C, Li P, Wu NL, et al. 2010. Production of p53 gene knockout rats by homologous recombination in embryonic stem cells. Nature, 467: 211-213.

Toyooka Y, Tsunekawa N, Akasu R, et al. 2003. Embryonic stem cells can form germ cells *in vitro*. Proc Natl Acad Sci USA, 100: 11457-11462.

Tsuchiya Y, Raasch GA, Brandes TL, et al. 1994. Isolation of ICM-derived cell colonies from sheep blastocysts. Theriogenology, 41: 321.

Udy GB, Wells DN. 1996. Low oxygen atmosphere initially increases the survival and multiplication of putative goat embryonic stem cells. Theriogenology, 45: 237.

Vogel G. 2001. The hottest stem cells are also the toughest. Science, 292: 429.

Voigt B, Serikawa T. 2010. Pluripotent stem cells and other technologies will eventually open the door for straight forward gene targeting in the rat. Dis Model Mech, 2: 341-343.

Winkler T, Cantilena A, Métais JY, et al. 2010. No evidence for clonal selection due to lentiviral integration sites in human induced pluripotent stem cells. Stem Cells, 28(4): 687-694.

Wakayama T, Rodriguez I, Perry AC, et al. 1999. Mice cloned from embryonic stem cells. Proc Natl Acad Sci USA, 96: 14984-14989.

Wang L, Duan EK, Sung LY, et al. 2005. Generation and characterization of pluripotent stem cells from cloned bovine embryos. Biol Reprod, 73: 149-155.

Wang Q, Mou X, Cao H, et al. 2012. A novel xeno-free and feeder-cell-free system for human pluripotent stem cell culture. Protein Cell, 3: 51-59.

Wang Z, Sheng C, Li T, et al. 2012. Generation of tripotent neural progenitor cells from rat embryonic stem cells. J Genet Genom, 39: 643-651.

Ware CB, Nelson AM, Mecham B, et al. 2014. Derivation of naive human embryonic stem cells. Proc Natl Acad Sci USA, 111: 4484-4489.

Wells D. 1993. The in vitro isolation of murine embryonic stem cells. Methods Mol Biol, 18: 183-216.

Wheeler MB. 1994. Development and validation of swine embryonic stem cell: a review. Reprod Fertil Dev, 6: 563-568.

Wobus AM, Holzhausen H, Jakel P, et al. 1984. Characterization of a pluripotent stem cell line derived from a mouse embryo. Exp Cell Res, 152: 212-219.

Wood S A, Pascoe W S, Schmidt C, et al. 1993. Simple and efficient production of embryonic stem cell—embryo chimeras by coculture. Proceedings of the National Academy of Sciences of the United States of America, 90(10): 4582-4585.

Xu C, Police S, Rao N, et al. 2002. Characterization and enrichment of cardiomyocytes derived from human embryonic stem cells. Cire Res, 91: 501-508.

Yamamoto S, Nakata M, Sasada R, et al. 2012. Derivation of rat embryonic stem cells and generation of protease-activated receptor-2 knockout rats. Transgenic Res, 4: 743-755.

Yamashita J, Itoh H, Hirashima M, et al. 2000. Flk1-positive cells derived from embryonic stem cells serve as vascular progenitors. Nature, 408: 92-96.

Ying QL, Wray J, Nichols J, et al. 2008. The ground state of embryonic stem cell self-renewal. Nature, 453: 519-523.

Zhao X, Lv Z, Liu L, et al. 2010. Derivation of embryonic stem cells from Brown Norway rats blastocysts. J Genet Genomics, 37(7): 467-473.

（李光鹏、李雪玲）

第十四章　组织干细胞

20 世纪末，有人发现在许多成体组织中存在一些细胞，这些细胞可以在体外被某些细胞因子诱导分化，变为与原组织不同的细胞类型。例如，一些来自肌肉组织的细胞可以被诱导分化成为造血细胞；来自脂肪组织的细胞可被诱导成为神经细胞等。当时人们错误地认为这是组织细胞“横向分化”的结果。事实上，这些现象反映的是一个重大发现，即在成体组织中，仍然存留着一些源自三胚层定向的、组织定向的、未分化的干细胞性质的细胞。在胎儿发生的每个阶段都有少量的细胞，进入 G_0 静止期，既不增殖也不分化，仍然保持干细胞基本特性。这些干细胞性质的细胞一直存在于胎儿发育期及至成年期，留存在机体的各种组织中。在活体动物中，组织细胞的不断更新与代谢，其源泉就是这些源自胎儿器官分化阶段留存下来的干细胞。在体内情况下，如果某个组织受到损伤或发生局部病变，潜在的干细胞则被刺激，进入细胞周期，增殖分化为同组织的细胞，修补受损或病变的组织。在体外条件下，如果给以适当的细胞因子刺激，可诱使这些细胞进入增殖期，并且向所诱导的方向分化，形成不同类型的细胞。

组织干细胞（tissue stem cell）或称为成体干细胞（adult stem cell）是指存在于已经分化的器官组织中的未分化细胞，这些细胞既能够自我更新，又具有向不同类型细胞分化的能力。组织干细胞存在于机体的各种组织与器官中。成年个体组织中的干细胞在正常情况下大多处于休眠状态，在病理状态或在外因诱导下，可以表现出不同程度的再生和更新能力。组织干细胞通常位于特定的微环境中，微环境中的间质细胞能够产生一系列生长因子，与干细胞相互作用，控制干细胞的更新和分化。然而，组织干细胞的分化，更趋向于循着本组织的分化途径进行分化，也进行有限的“多向分化”。例如，造血干细胞的多向分化，趋向于髓系和淋巴系的造血细胞各支系的纵向分化（唐佩弦，2006）。

开启组织干细胞研究大门的是加拿大多伦多大学的两位科学家 Ernest A. McCulloch 与 James E. Till（Till and McCulloch，1961）（图 14-1）。1963 年，McCulloch 和 Till 在总结他们早期的研究时发现，有限数目的骨髓细胞能够在接受放疗的宿主脾脏中产生类红细胞（erythroid cell）和髓样细胞（myeloid cell）克隆集落，这是第一次证实造血干细胞（haematopoietic stem cell，HSC）的存在。这是在获得胚胎癌性细胞和获得小鼠胚胎干细胞之前，人们所知道的唯一的干细胞类型。

图 14-1 James E. Till（左）和 Ernest A. McCulloch（右）

组织干细胞具有可塑性，可以跨系，甚至跨胚层分化为其他类型的组织细胞。例如，骨髓来源的干细胞在特定环境中可向肝脏、胰腺、肌肉及神经细胞分化；肌肉、神经干细胞也可向造血细胞分化。此即“干细胞的可塑性”。组织干细胞具有趋化性，将组织干细胞注入体内后，注入的干细胞明显地集中到受损伤的部位，有明显的趋化定位能力。当组织干细胞到达受损伤的部位后，在局部微环境的诱导下，发生明显的诱导分化，使组织干细胞向损伤组织修复所急需的组织细胞分化，促进损伤组织的修复。这个现象，被称为“局部专一诱导性分化”（site specific differentiation）。

越来越多的证据表明，几乎所有机体的器官组织中都存在干细胞。已经确定的有造血干细胞、神经干细胞、骨髓间充质干细胞、脐血干细胞、肌肉干细胞、脂肪干细胞、成骨干细胞、软骨干细胞、心肌干细胞、牙髓干细胞、肝脏干细胞、胰腺干细胞、胃肠干细胞、内皮干细胞、角膜干细胞、皮肤干细胞、毛囊干细胞、精原干细胞、乳腺干细胞、羊水干细胞、前列腺干细胞、子宫内膜干细胞、肿瘤干细胞等。

在组织干细胞领域，国内学者做了大量工作，涉及多个器官或组织的干细胞。尤其是在人的造血干细胞与神经干细胞方面的研究更为深入，已有大量研究论文和书籍发表，而且临床上已经做了大量有效的尝试。本章仅对在动物中研究较多的间充质干细胞、肌肉干细胞与脂肪干细胞等做详细介绍。

第一节　间充质干细胞

1966 年，Friedenstein 等从骨髓中发现了一类具有自我更新、增殖和多向分化潜能的细胞，并称之为间充质干细胞（mesenchymal stem cell，MSC）。MSC 主要来源于胚胎的中胚层，广泛存在于骨髓、脂肪、脐带与胎盘等多种组织中。其中在骨髓和脐血中含量相对较多。在适当条件下，MSC 可以大量扩增，分化为间充质祖细胞（mesenchymal progenitor cell，MPC）或间充质细胞（mesenchyma cell，MC），并继续分化为脂肪、骨、软骨、血管内皮与成纤维细胞等多种结缔组织细胞。

下面将主要以国内学者的研究为主，重点介绍骨髓间充质干细胞（白小文等，2005；胡学昱等，2005；胡资兵等，2008；马力等，2008；杨芬和杨乃龙，2008；蔡鹏等，2009；徐道华等，2009；杨丽等，2009；李鲁生等，2010；李晓峰等，2011）。

一、骨髓间充质干细胞

骨髓间充质干细胞（bone mesenchymal stem cell，BMSC）存在于骨髓中，占骨髓有核细胞总数的 0.001%～0.1%。

（一）骨髓间充质干细胞的生物学特征

1. 可塑性

BMSC 一方面是造血微环境的重要成员；另一方面在适当的条件下可以分化为中胚层源性细胞，甚至向外胚层及内胚层源性细胞分化，如分化为成骨细胞、软骨细胞、脂肪细胞、肌细胞、肝细胞和神经元样细胞等。

2. 异质性

BMSC 可以同时分化为不同的组织类型细胞，而且生长速度不同；在不同的实验条件下，分化顺序也有不同。

3. 自我更新能力

BMSC 是一种永生性细胞，在体内具有很强的自我更新能力。

4. 快速形成克隆的能力

BMSC 可迅速增殖，10 周内可增殖 50 倍；在适宜环境下可形成神经细胞、星形细胞、成骨细胞、软骨细胞等细胞克隆。

5. 可移植性

BMSC 的自我更新能力和可塑性说明这些细胞具有移植可操作性。

（二）骨髓间充质干细胞培养的基本条件

1. 洁净环境

无毒无菌的培养环境是保证 BMSC 生存的首要条件。在体外培养时，由于失去了体内防御系统的支持，一旦被污染，将导致细胞的死亡。

2. 恒定的温度

人的 BMSC 培养的适宜温度为 36.5℃±0.5℃，偏离这一温度范围，细胞的正常代谢会受到影响。

3. 气体环境

体外环境中的氧气主要参与细胞的三羧酸循环和氧化磷酸化以提供能量，用于合成细胞生长需用的各种成分。二氧化碳主要是用来维持培养基的 pH。

4. 培养液要求

常用低糖 DMEM 加 10%的胎牛血清（FCS），能很好地促进 BMSC 的生长与增殖。成分明确的培养液有如 DMEM/F12 加细胞生长因子等。

虽然尽可能模拟体内的生长环境，但体外培养条件还是远不及体内环境。因此，BMSC 在体外培养时会出现和体内生长不同的特点。

（三）间充质干细胞的表面标记

国际细胞治疗协会（International Society for Cellular Therapy，ISCT）确定了 MSC 标准。

1）在塑料培养皿内贴壁生长，在含血清的培养基内快速增殖。

2）表达 CD73、CD90 和 CD105，不表达 CD11b、CD14、CD19、CD34、CD45 或 CD79a。

3）在体外可以诱导分化为成骨细胞、脂肪细胞、软骨细胞等。

（四）骨髓间充质干细胞的检测

目前，BMSC 的检测方法主要有以下几种。

1. 形态和培养特性检测

不同种属的 BMSC 体外培养，其形态学特征大体一致。主要表现为梭形、纺锤形，少数为多角形。对来自大鼠和人的 BMSC 分析表明，其有三个细胞亚群：大的成熟细胞、小的无颗粒细胞与小的颗粒细胞。在相对静止的培养条件下，大的成熟细胞和小的无颗粒细胞分别占 78.0%和 21.4%，小的颗粒细胞只占 0.6%。

2. 根据标记分子检测

人 BMSC 不表达分化相关的细胞标志，如 I 型胶原、II 型胶原、III型胶原、碱性磷酸酶（alkaline phosphatase，AP）和骨桥蛋白（osteopontin）；也不表达造血干细胞系的表面标志，如脂多糖受体 CD14、CD34，白细胞表面抗原 CD45 和人类白细胞 DR 抗原（HLA-DR）等；但表达 SH2、SH3、CD29、CD44、CD71、CD90、CD106、CD120a、CD124、CD166 和多种表面蛋白等。

3. 根据分化潜能检测

在体外特定的诱导条件下，BMSC 可以分化为骨、软骨、脂肪、肌腱、肌肉、神经、肌质、肝和内皮等多种细胞。根据形态和生物学特性对这些诱导产物进行鉴定。可用遗传标记和终末细胞特异性标记检测相结合的方法追踪细胞的命运。

（五）骨髓间充质干细胞的诱导分化

BMSC 具有多向分化潜能，它在体外可以诱导分化为成骨细胞、软骨细胞、脂肪细胞、肌细胞、肝细胞、神经元样细胞、表皮细胞和血管内皮细胞等。BMSC 与造血干细胞共存时，是构成造血微环境的主要细胞成分，还参与调节机体免疫功能。

目前，BMSC 体外分化诱导的方法主要有两种：一是用抗氧化剂作为诱导剂，如巯基乙醇、二甲基亚砜等；二是用生长因子作为诱导剂，如 PDGF、EGF 和 IGF 等。

1. 向成骨细胞分化

已经证明，可诱导成骨的因子有地塞米松、磷酸甘油、维生素 C、1,25-（OH）$_2$-D3、白细胞介素-6、白细胞介素-11、透明质酸、胰岛素样生长因子结合蛋白及 bFGF、TGF 和 BMP 等。诱导得到的成骨细胞，可通过测定纤维粘连蛋白、骨钙素、钙结晶、碱性磷酸酶等进行鉴定。体外条件下，由 BMSC 分化成的成骨细胞具有免疫原性和免疫调节功能。

体内实验发现，将 BMSC 与生物材料结合或直接植入骨或软骨缺损处，甚至通过血液输入体内，均有向成骨或成软骨细胞分化，加速成骨量、促进骨或软骨修复。Bruder 等（1998）将 BMSC 附载在多孔羟磷灰石陶瓷支架上，植入股骨缺损处，发现股骨缺损面与移植物之间形成了明显的连接面，有薄层状的骨填充在陶瓷孔中，骨基质分泌较高，骨形成数量增多，成骨分化加快。

2. 向软骨细胞分化

在无血清的培养基中，单独或联合添加 TGF-1、BMP、丙酮酸钠、甲状腺素、胰岛素、地塞米松、脯氨酸、牛胰岛素、干扰素、亚硒酸、亚油酸、牛血清白蛋白和 IGF-1 等，可诱导 BMSC 向软骨细胞分化。用 BMSC 和Ⅱ型胶原作用于膝关节软骨缺损部位，出现明显的类似软骨细胞生长，形成了半透明或透明的软骨组织，对修复受损软骨与关节是有效的。

3. 向脂肪细胞分化

地塞米松、1-甲基-3-异丁基黄嘌呤、胰岛素、吲哚美辛、泌乳素等均可诱导 BMSC 分化为脂肪细胞，在细胞内逐渐聚集含脂质丰富的小泡。BMSC 向脂肪分化，除了受脂肪酸合成酶的调控外，还受核受体和转录因子氧化物酶体增殖物激活受体 γ（peroxisome proliferator activated receptor γ，PPARγ）的诱导。BMSC 分化为成骨细胞和脂肪细胞的潜能在一定条件下可以相互转化。

4. 向神经元样细胞转化

用巯基乙醇、二甲基亚砜、叔丁基对甲氧酚等可诱导人和大鼠 BMSC 分化为神经元样细胞和神经胶质细胞。诱导成的细胞在形态上出现类似神经元样的丝状突起，表达神经元特异性烯醇化酶、巢蛋白、神经生长因子受体等。BMSC 在含 bFGF 的 DMEM 培养液诱导分化后，有 68%成为神经元细胞、15%成为星形胶质细胞和 12%成为少突细胞；在加入 FGF-8、脑源性神经营养因子（brain derived neurotrophic factor，BDNF）和胶质细胞源性神经营养因子（glial cell line-derived neurotrophic factor，GDNF）时，有 30%的细胞为多巴胺能神经元、20%的细胞表达 5-羟色胺、50%的细胞表达 γ-氨基丁酸。

5. 向肌细胞和血管内皮细胞分化

在 5-氮胞苷或两性霉素 B 的作用下，BMSC 可分化为肌细胞和肌小管，可以观察到肌母细胞和多核肌管。在 EGF、胰岛素、转铁蛋白、地塞米松、磷酸抗坏血酸等诱导因子作用下，BMSC 可分化为血管内皮细胞，表达内皮细胞标记物，具有成熟内皮细胞的功能。

二、骨髓间充质干细胞的分离与培养

（一）BMSC 的分离方法

1. 贴壁法

贴壁法也称全骨髓法或一步法。此法主要是利用 BMSC 对培养瓶具有较强的黏附能力，而造血系细胞、内皮细胞等不贴壁，在以后的换液中逐渐被弃去，达到分离纯化干细胞的目的。

贴壁法虽相对粗糙，但操作简易，分离到的细胞分化潜能较好，被广泛采用。

2. 密度梯度离心法

密度梯度离心法是根据 BMSC 与骨髓中其他细胞的密度不同来进行分离的。目前广泛采用的是 Percoll 密度梯度离心法。分离时，将骨髓悬液置入 Percoll 分离液（密度为 1.073g/ml）面上，离心，然后收集液面交界处的单核细胞进行接种培养。

不同密度的分离液对 BMSC 的纯度影响极大，这种方法分离培养的 BMSC 大小均匀、纯度较高。

3. 流式细胞仪或免疫磁珠分选法

根据细胞表面的一些特殊标志进行分离。在培养前，BMSC 不表达分化相关标记，如 I 型胶原、II 型胶原、III型胶原、碱性磷酸酶、骨桥蛋白等；细胞贴壁后，均一致表达 SH2、SH3、CD29、CD44、CD71、CD90、CD106、CD120a 和 CD124 等多种表面蛋白，而 CD1a、CD14、CD31、CD34、CD45、CD56 和 ESA 等表达阴性。

由于目前仍未找到 BMSC 特异性的细胞表面标记，该法较少采用。

4. 细胞筛选法

细胞筛选法主要是根据细胞大小来实现分离。利用一种有 3μm 小孔的塑料培养皿从骨髓中筛选 BMSC。

由于 BMSC 在全骨髓中比例很低，约 10 万个有核细胞中含有 1 个 BMSC，单纯采用以上方法难以获得纯的 BMSC，实际操作中常联合以上几种方法。其中，贴壁法联合密度梯度离心法被广泛采用。

（二）大鼠骨髓间充质干细胞的培养

以大鼠为例，介绍 BMSC 的分离与培养。

1. 全骨髓贴壁法

用 2%的戊巴比妥钠麻醉大鼠，用 75%的乙醇全身浸泡消毒 10min。在无菌条件下取股骨及胫骨，用 PBS 清洗 3 次。剪掉股骨和胫骨的骨骺端，露出骨髓腔，用添加青、链霉素的 DMEM 培养液冲出骨髓，反复吹打。将冲出的骨髓制成单细胞悬液，1000r/min 离心 5min，弃上清，重悬以 1×10^9 个/L 的细胞浓度接种于 25cm^2 培养瓶中，置 37℃、5% CO_2 与饱和湿度培养箱中培养。

2. 密度梯度离心法

在无菌条件下取股骨及胫骨，用 PBS 清洗 3 次。低糖 DMEM 培养液冲出骨髓，离心弃上清液，用 4ml 含 0.1%胎牛血清的低糖 DMEM 培养液重悬细胞，然后贴壁缓慢注入含 6ml 密度为 1.073g/cm^3 的 Percoll 分离液，800*g* 离心 20min 后，取中间黄褐色环状云雾层细胞，用 PBS 洗 2 次，以含 0.1%胎牛血清的低糖 DMEM 培养液重悬沉淀，按 1×10^9 个/L 密度接种，于 37℃、5%的 CO_2 与饱和湿度培养箱中培养。

3. BMSC 的传代

原代培养 48h 后，全量更换培养基，以后每 3 天全量换液一次。待贴壁细胞达到 80%～90%融合后，用 0.25%胰酶消化，按 1∶2 比例传代。传代细胞 24h 完全贴壁生长，细胞形态均一、呈梭形生长、细胞生长旺盛。每四五天可传代 1 次，可稳定连续传代 10 代以上。

4. BMSC 的形态学观察

培养后，每日用倒置相差显微镜观察细胞形态变化及生长状况并拍照。调整纯化后的细胞的浓度至 5×10^7 个/L，接种到 12 孔细胞培养板中，每孔接种 0.75ml，以后每 3 天换液。待细胞分布均匀、约 80%汇集时，用 PBS 洗 3 次，甲醇固定 10min，Giemsa 染色 2min，蒸馏水冲洗，显微镜下观察拍照。

骨髓细胞接种于培养瓶后，细胞呈圆形，大小不一，悬浮于培养液中；24h 后部分细胞开始贴壁，呈圆形、梭形或多角形。通过换液去除未贴壁的杂质细胞，可见短梭形、星形细胞分散贴壁生长。培养 3～4 天后，可见放射状排列的细胞集落，伸出长短不一、粗细不均的突起，梭形细胞为主；六七天后，细胞呈集落生长，汇集度 80%～90%，呈漩涡状，同向排列；9～10 天后，细胞排列紧密。

经 Giemsa 染色后，大鼠 BMSC 多呈梭形，细胞质丰富、染成紫蓝色，细胞核染成深蓝色，有一两个核仁。BMSC 在接种第 1、2 天为细胞潜伏适应期；第 3～6 天生长曲线基本为线性曲线，表明这段时间是细胞的对数生长期；第 7 天后，曲线逐渐变得平缓，细胞增殖明显减慢，进入平台期，见图 14-2。

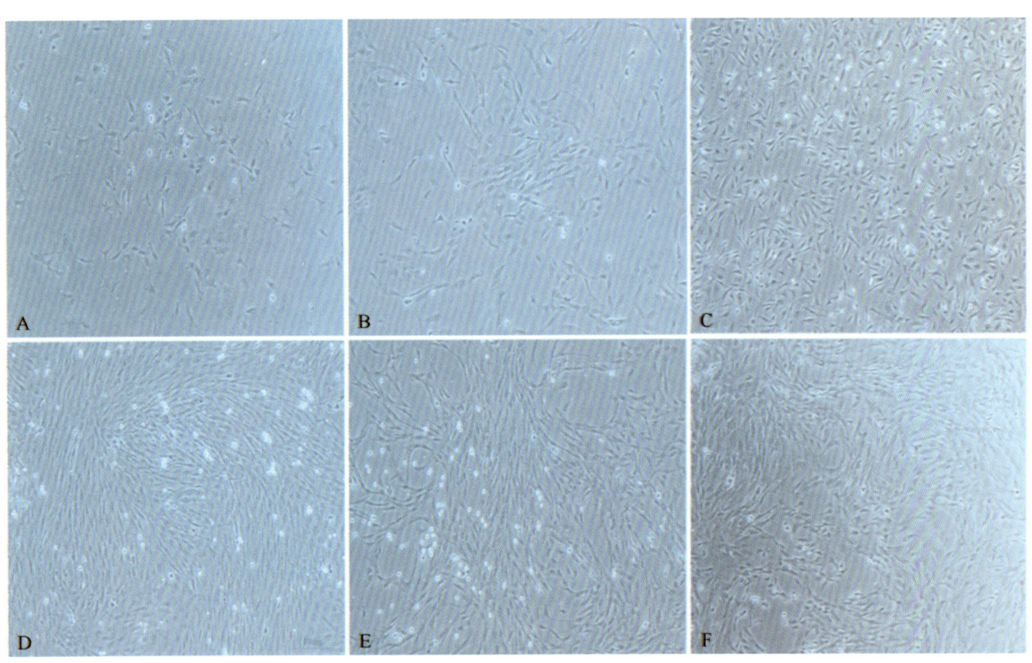

图 14-2　培养不同时间的骨髓间充质干细胞的形态学观察

A. P_1 代传代第 1 天的细胞；B. P_1 代传代第 2 天的细胞；C. P_1 代传代第 3 天的细胞；D. P_1 代传代第 4 天的细胞；E. P_5 代细胞；F. P_{10} 代细胞

5. BMSC 生长曲线测定

将生长状态良好的大鼠骨髓间充质细胞接种于 96 孔培养板，接种密度 5×10^3 个/孔，将培养板移入 5% CO_2 培养箱中培养。每日取一板进行噻唑蓝（methylthiazolyldiphenyl tetrazolium bromide，MTT）比色法检测。选择 492nm 波长，在酶联免疫检测仪上测定各孔光吸收值，记录结果。以时间为横轴、光吸收值（*A*）为纵轴，绘制细胞生长曲线（图 14-3）。MTT 是依据线粒体内琥珀酸脱氢酶活性检测活细胞数量的方法，原理相似的方法还有四氮唑复合物（XTT）比色法、细胞计数试剂盒（cell，counting kit-8，CCK-8）等，均可用于细胞群体的活细胞计数。

6. BMSC 鉴定

（1）流式细胞仪检测细胞表面标记

选取生长状态良好的待测细胞，经 0.25%胰蛋白酶消化后，4℃，1000r/min 离心 5min，用含 1% BSA 的 PBS 清洗细胞 3 次，计数细胞。各管依次加入单克隆抗体 CD34、CD44、CD45、CD90 和 CD105，同时每管样品设同型阴性对照。避光，冰上孵育 45min，用含 1% BSA 的 PBS 洗涤细胞 3 次，以除去未结合抗体，用 500μl PBS 重悬细胞，流式细胞仪进行检测分析。

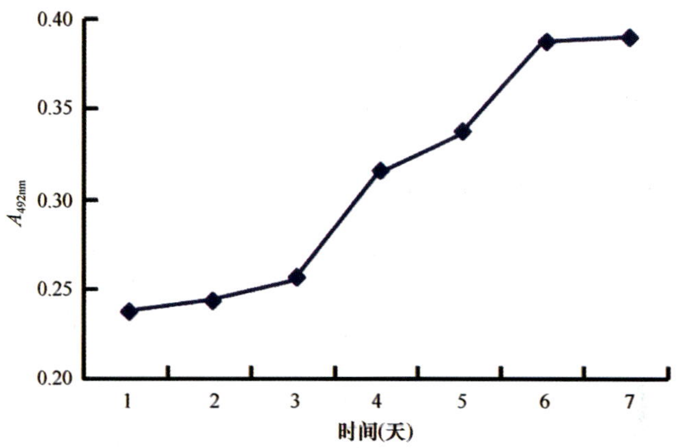

图 14-3　大鼠骨髓间充质干细胞的生长曲线（引自李晓峰等，2011）

（2）BMSC 体外定向诱导分化

选取生长状态良好的待用细胞，按 1×10^8 个/L 浓度接种于 6 孔细胞培养板，待细胞贴壁生长至细胞密度达 80%时，在培养孔中分别加入下列诱导剂：①成脂细胞诱导剂（1mmol/L 地塞米松、10mg/L 胰岛素、50mmol/L IBMX、吲哚美辛 0.2mmol/L）；②成骨细胞诱导剂（1mmol/L 地塞米松、1mol/L β-甘油磷酸钠、50mmol/L 抗坏血酸）。各诱导孔每周换液 2 次，以未加诱导剂的培养孔作为对照。

成脂细胞诱导剂诱导 18 天后，经 4%多聚甲醛（paraformaldehyde，PFA）固定，对诱导分化的脂肪细胞进行油红 O 染色。诱导成功的脂肪细胞内富积脂质、脂滴呈串珠状。脂肪细胞经油红 O 染色呈鲜红色（图 14-4）。

图 14-4　骨髓间充质干细胞的成脂诱导

A. 诱导第 3 天的细胞；B. 诱导第 12 天的细胞；C. 诱导第 20 天的细胞

成骨细胞诱导剂诱导 21 天后，经 4%多聚甲醛固定，对诱导分化的成骨细胞进行碱性磷酸酶、茜素红、Von Kossa 改良法染色。诱导成功的成骨细胞由梭形变为多角形，细胞呈多层性、重叠性排列，细胞间质内含大量矿盐沉积的钙化结节；茜素红染色矿化结节呈现红色；经碱性磷酸酶染色后，细胞质内颗粒呈块状深染颗粒（图 14-5）。

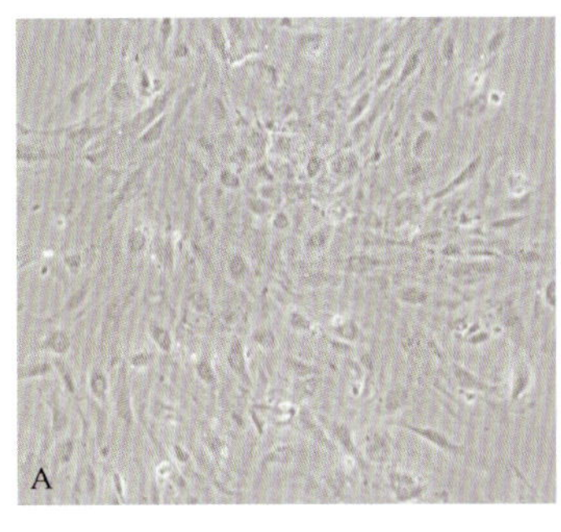

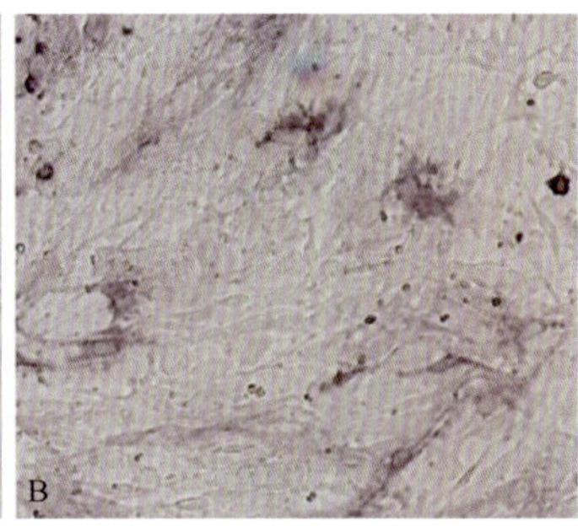

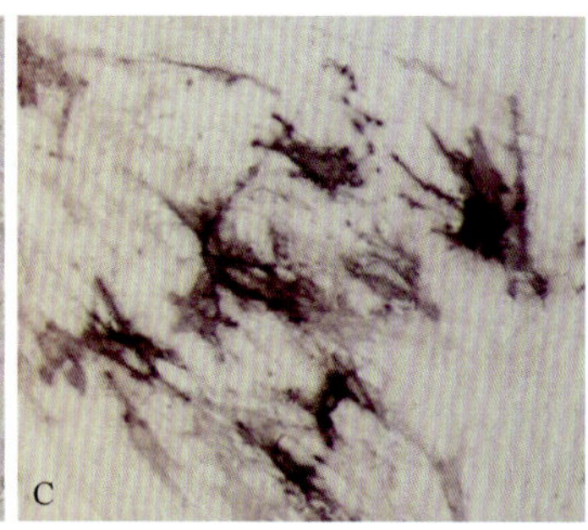

图 14-5　骨髓间充质干细胞的成骨诱导

A. 诱导第 3 天的细胞；B. 诱导第 7 天的细胞；C. 诱导第 15 天的细胞

三、间充质干细胞的应用

（一）在神经系统疾病治疗中的应用

在治疗中枢神经系统疾病中，对帕金森病的相关研究最多。将人的 MSC 在神经元条件培养基中分步培养，能够得到多巴胺能神经元。在对酪氨酸氢化酶（tyrosine hydroxylase，TH）进行检测后，将诱导得到的多巴胺能神经元注入患帕金森病的大鼠模型体内。移植后发现其症状有明显的改善，在移植 4 个月后仍能在大鼠脑部检测到 TH 阳性细胞的存活。这一结果说明，人的 MSC 具有治疗帕金森病的可能性。

在利用脐带血 MSC 研究治疗神经变性疾病时发现，如果将未诱导分化的人脐带 MSC 移植到无免疫抑制的帕金森病大鼠模型脑内并没有发生免疫排斥反应，也无肿瘤或其他不良反应。而且在移植 6 周后，大鼠的疾病症状有所改善。移入的人 MSC 分泌了生长因子和血管生成因子。在脊髓损伤的动物实验中发现，将人 MSC 移植到脊髓完全损伤的大鼠模型的损伤部位，3 周后其运动功能明显改善，同时病变周围皮质脊髓束再生轴突和神经丝阳性纤维数目显著增加；16 周时已经产生了大量细胞因子如神经营养因子、FGF 等，可促进脊髓损伤的修复。

（二）在心血管疾病治疗中的应用

将 MSC 与脐带血来源的内皮祖细胞在拟生态的条件下一起接种到生物支架上，在受到生物效应器的持续刺激后，得到了具有成熟分层、含有功能内皮细胞和细胞外基质的瓣膜。因此，MSC 作为心脏瓣膜移植的来源具有一定的可行性。

（三）在糖尿病治疗中的应用

在糖尿病的临床研究中发现，将人的 MSC 在神经元条件培养基中分步培养，可以得到能够分泌胰岛素的胰岛团样细胞。将这些胰岛团样细胞，在无免疫抑制的情况下移植到糖尿病模型的大鼠体内，12 周后可看到大鼠体内葡萄糖含量恢复正常，无免疫排斥反应，高血糖症和葡萄糖不耐受性也得到了很大的缓解。移植 MSC 后，可以缓解体重减轻的症状，恢复血糖水平。这说明 MSC 在体内也具有分化为胰腺细胞的能力，值得深入探讨。

（四）在癌症治疗中的应用

MSC 对癌细胞具有趋化性，可以向癌组织迁移，并且迁移数量与癌组织细胞数成正比。这一特点可能与肿瘤细胞分泌的一些因子有关，如 VEGF 等。在癌细胞治疗研究中，可以考虑利用 MSC 的这种特性。

（五）在其他疾病治疗中的应用

由于 MSC 还具有分化为其他细胞的能力，将 MSC 移植至肌肉受损的小鼠体内，可在损伤部位发现 MSC 表达肌动蛋白。有研究报道，脐带来源的 MSC 对视网膜病变的小鼠有治疗作用，脐带 MSC 明显减缓了视功能的恶化，恢复了光感受器和视觉功能的作用。另外，MSC 可以在一定程度上控制肝硬化的进展速度。

第二节　肌肉卫星细胞

肌肉卫星细胞（muscle satellite cell）或肌肉干细胞（muscle stem cell）位于肌纤维浆膜和基底膜之间。一般情况下，幼年动物卫星细胞含量较高，如小鼠出生时卫星细胞的含量约 32%，成年鼠中稳定在 1%～5%。在正常情况下，肌肉卫星细胞处于静止状态，但当肌肉损伤时，卫星细胞被迅速激活而进入分裂期，增殖分裂的细胞参与肌肉的修复。在体外，肌肉卫星细胞不仅能诱导分化形成肌管，而且可以分化为成骨细胞、脂肪细胞和神经细胞等。因此，肌肉卫星细胞是研究细胞体外分化的一种良好的模型细胞。

一、肌肉卫星细胞的分离

尽管发现肌肉卫星细胞的存在已经有 50 多年的历史，但其分离与鉴定方法仍然具有不确定性。目前，常用的分离方法主要采用肌束分离培养法，即从动物的四肢分离出肌肉组织，经过胶原酶和胰蛋白酶即双酶消化得到细胞悬液，再将这些细胞悬液直接培养成细胞系。实际上，这样建立起来的细胞系，其细胞成分复杂，除部分是卫星细胞外，成肌细胞、间充质细胞、脂肪细胞等都混杂其中。另一种常用的方法是差速贴壁纯化培养法，该法可以得到较纯的肌肉干细胞。

下面以笔者实验室所培养的大鼠和牛的肌肉卫星细胞为例做一介绍（焦泽华等，2010，2011；赵云杰等，2016）。

（一）牛肌肉卫星细胞的原代培养

1. 样品采集

将胎儿从母牛子宫内取出后，剖开后腿部皮肤，剪下 2～3cm^3 的肌肉组织，迅速保存在添加抗生素的无 Ca^{2+}PBS 或生理盐水中，4℃左右送回实验室。经 PBS 冲洗数遍后，尽可能剔除脂肪、结缔组织、血液等杂物。将肌组织剪成碎块，移入离心管中。用 PBS 液吹打漂洗 3 次并静置 2min，离心后弃去上层液及漂浮组织。加入Ⅳ型胶原酶，37℃消化 5h。离心后去上清液，加入 0.25%胰蛋白酶，37℃孵育 30min；中止消化离心后，去上清。利用培养液（DMEM/F12+20% FBS+1%青/链霉素）重悬细胞，反复吹打后经 200 目细胞筛网，收集滤液以 1200r/min 离心 5min，弃上清，用 2ml 培养液重悬细胞。

2. 培养液的配制

肌肉卫星细胞完全培养液：DMEM 低糖培养液+20% HS（马血清）+10% FBS。

肌肉卫星细胞终止液：DMEM 低糖培养液+20% FBS。

普通细胞培养液：DMEM+10% FBS。

3. 纯化培养

采用 Preplate 差速贴壁法进行细胞纯化。将细胞接种于明胶包被的培养瓶中培养 2h，贴壁细胞为 P1P1；未贴壁细胞悬液转皿培养 12h，贴壁的细胞为 P1P2；未贴壁细胞悬液再转皿培养 24h，贴壁的细胞为 P1P3；未贴壁细胞悬液转皿培养 24h，贴壁的细胞为 P1P4；再次将未贴壁的细胞悬液转皿培养 24h，贴壁的细胞为 P1P5。P1P5 培养 3 天后换液，以后隔天换液 1 次，倒置显微镜下观察。待细胞生长至 70%汇集度后，进行传代培养。经过数次差速贴壁培养的细胞，可以认为是基本纯化的肌肉卫星细胞（图 14-6）。

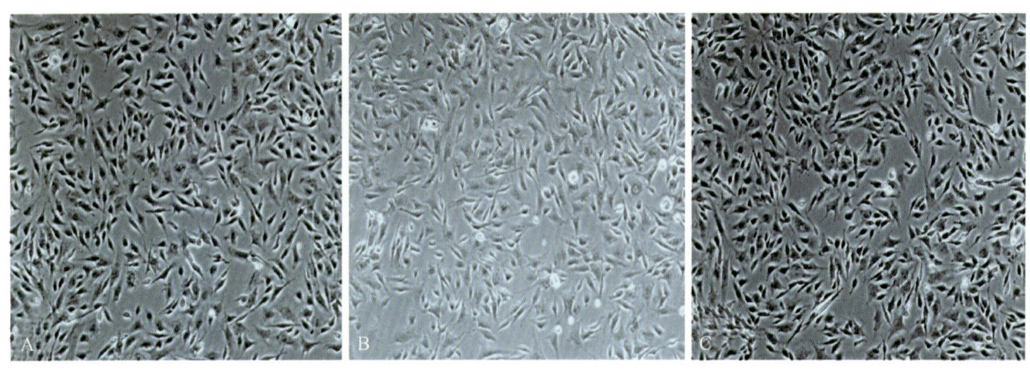

图 14-6 差速贴壁法进行细胞纯化

A. 第 1 天贴壁的细胞 P1P1；B. 第 2 天贴壁的细胞 P1P2；C. 第 3 天贴壁的细胞 P1P3

4. 传代

在细胞生长达到 80%～90%汇集时进行传代。去除培养液，经 PBS 洗 3 次后，加入 0.05%的胰蛋白酶消化 2min 左右，待大部分细胞脱落后，加入培养液终止消化，用移液器吹打使细胞全部脱落。将细胞悬浮液移至 15ml 离心管，1500r/min 离心 5min，弃上清，加入细胞冻存液，分装到 1ml 细胞冻存管中，放入细胞程序冷冻盒，置于–80℃冰箱过夜，次日转入液氮长期保存。

（二）肌肉卫星细胞的复苏培养

取出冻存管，于 37℃水浴中复苏。用 75%酒精擦拭冻存管外表面，将其移入超净工作台。把细胞悬液移入已加入 5ml DMEM 完全培养液的 15ml 离心管中，1500r/min 离心 5min，弃上清；加入 5ml DMEM 完全培养液，重悬细胞后，将细胞悬液移至 100mm 培养皿中，补加 5ml DMEM 完全培养液，置于 37℃、5% CO_2 培养箱中培养，待细胞达到 80%～90%汇集时进行传代。

（三）生长曲线的绘制

选取待测的已长满的生长良好的细胞，制成单细胞悬液，细胞计数。调整细胞浓度为 3×10^4 个/孔，接种在 24 孔培养板中，加入 800μl 培养液，24h 后取细胞计数，依次计数 7 天。以培养时间为横坐标、细胞数为纵坐标，绘制细胞生长曲线图。图 14-7 为培养第 5 代的牛肌肉卫星细胞的生长曲线。

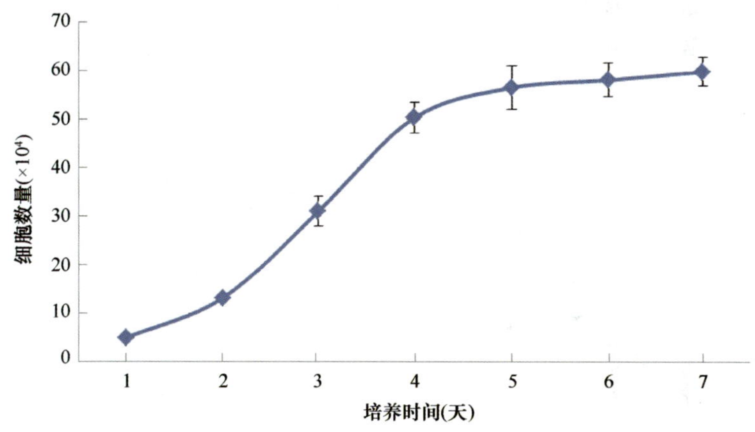

图 14-7　肌肉卫星细胞的生长曲线

二、肌肉卫星细胞的鉴定

同其他干细胞一样，目前尚未发现特异性的肌肉卫星细胞标记基因。用于肌肉卫星细胞鉴定的相关标记基因有多种，*MYOD*、*MYOG*、*CD34*、*MHC*、*PAX3*、*MYF5*、*NCAM-1*、*Foxk1*、*syndecans-3* 和 *syndecans-4* 等都可以作为鉴定卫星细胞的分子标记。通常选取数种标记基因进行 DNA 水平、mRNA 水平或蛋白质水平的鉴定，以确定是否为肌肉干细胞（图 14-8）。

三、肌肉卫星细胞的诱导分化

（一）诱导液的配制

1. 各种诱导液的配制

1）神经诱导培养液：DMEM 低糖培养液+10% FBS+2% DMSO。

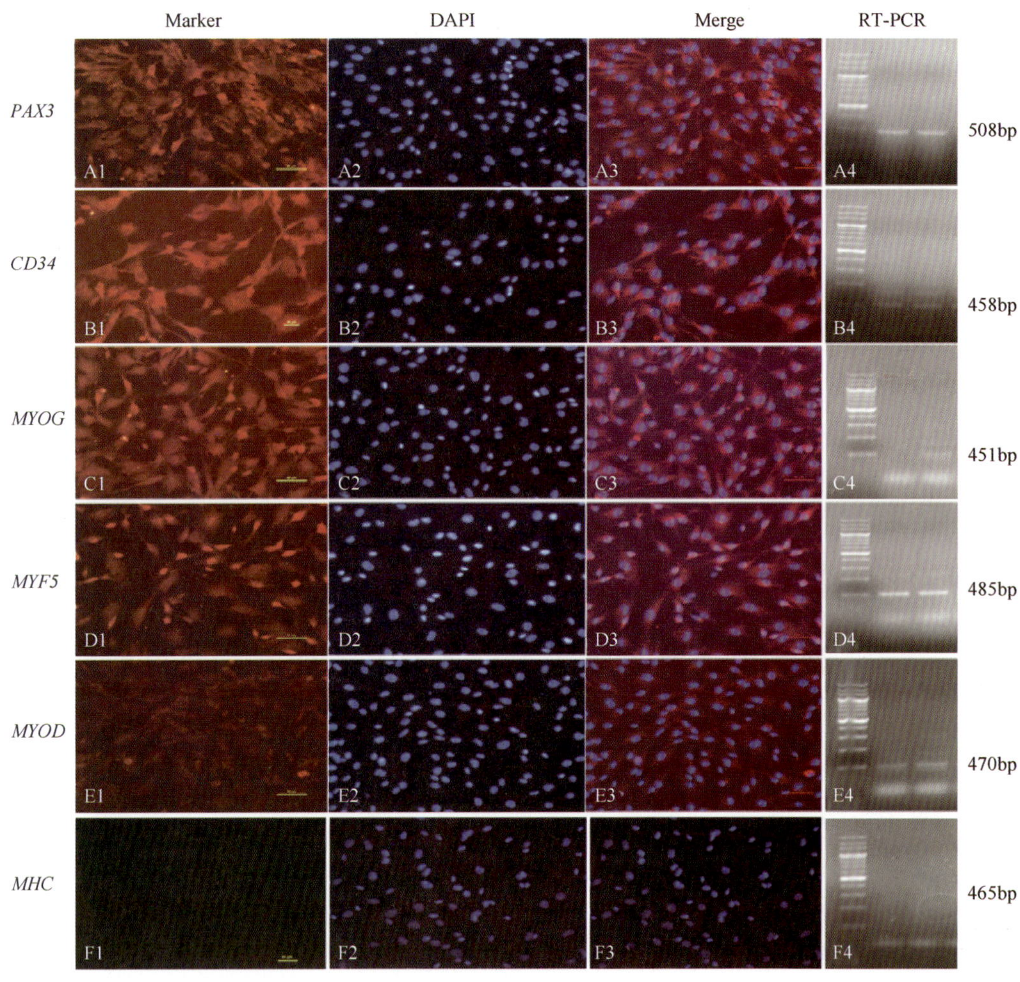

图 14-8　肌肉卫星细胞的鉴定

A1、B1、C1、D1、E1、F1 分别为 *PAX3*、*CD34*、*MYOG*、*MYF5*、*MYOD* 和 *MHC* 的细胞质染色结果；A2、B2、C2、D2、E2、F2 分别为细胞核的 DAPI 染色；A3、B3、C3、D3、E3、F3 是所有染色的叠加；A4、B4、C4、D4、E4、F4 是相关基因的 RT-PCR 结果

2）成肌诱导培养液：DMEM 低糖培养液+2% HS。

3）成骨诱导培养液：DMEM 低糖培养液+15% FBS+1% β-甘油磷酸钠+2%地塞米松+2% 维生素 C。

4）成脂诱导培养液：DMEM 低糖培养液+15% FBS+2%胰岛素+0.1%地塞米松+1%吲哚美辛。

5）胰腺诱导培养液：DMEM 低糖培养液+10% KSR+10-7M RA+10ng/ml bFGF+1% ITS（5mg/L 胰岛素+5mg/L 转铁蛋白+5μg/L 硒）+0.01%硫代甘油+（100×）谷氨酰胺+（100×）丙酮酸钠。

2. 油红 O 染色液配制

1）油红 O 原液：称取 0.5g 油红 O，溶于 100ml 异丙醇，60℃过夜，自然冷却，中性滤纸过滤，常温保存。

2）油红 O 工作液：临用时取油红 O 原液和 4ml 双蒸水，按 3∶2 比例混匀。

3. 双硫腙（diphenyl thiocarbazone，DTZ）染色液配制

1）双硫腙贮存液：称取 10mg 双硫腙溶于 1ml DMSO 溶液中，过滤，配成双硫腙贮存液，常温保存。

2）双硫腙工作液：取 0.1ml 双硫腙贮存液于 PBS 中稀释到 10ml，调 pH 7.8，过滤后使用。

（二）肌肉卫星细胞向神经细胞的诱导

将细胞传到 12 孔板内，待细胞贴壁生长后，加入神经细胞诱导液，每 3 天更换一次培养液，诱导第 9 天后，进行免疫荧光染色及 RT-PCR 检测。

Nestin 免疫荧光染色。用 4%多聚甲醛室温固定细胞样品 40min；PBS 洗 3 次；1% Triton X-100 室温通透 1h，避光 PBS 洗 3 次；PBS+3% BSA+2%脱脂奶粉 37℃封闭 2h；PBS+0.3% BSA 洗 3 次；Nestin 一抗（1∶100）于 3% BSA 的 PBS 中；细胞样品孵育一抗 4℃过夜；PBS+0.3% BSA 洗 3 次，每次 15min；稀释二抗（1∶500）于 0.3% BSA 的 PBS 中；细胞样品孵育二抗 37℃ 2h；PBS+0.3% BSA 洗 3 次，每次 15min；DAPI 细胞核染色，5min；PBS+0.3% BSA 洗 3 次；封片，上镜观察（图 14-9）。

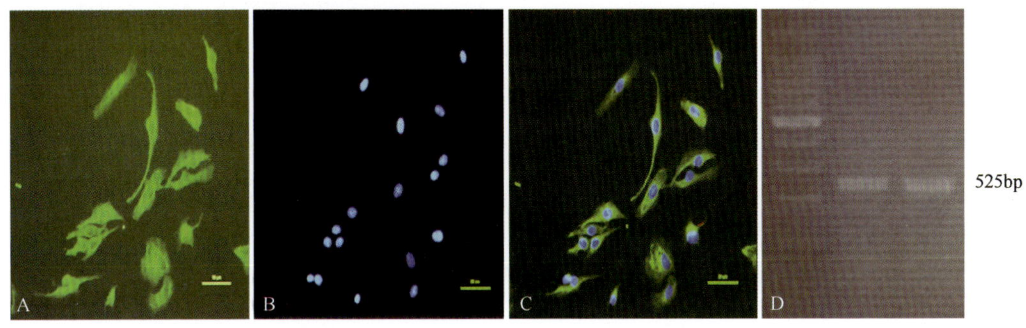

图 14-9　诱导肌肉卫星细胞分化成神经细胞的 Nestin 染色（200×）和 RT-PCR 鉴定

A. Nestin 染色；B. 细胞核的 DAPI 染色；C. Nestin 和 DAPI 染色叠加；D. 分化细胞 mRNA 的 *Nestin* 基因 RT-PCR 电泳图

Nestin RT-PCR 检测。根据已公布的牛 Nestin 基因的序列，设计合成特异性扩增 Nestin 基因的引物，提取诱导的神经细胞 RNA 进行反转录 PCR。

（三）肌肉卫星细胞的成肌诱导

肌肉卫星细胞传到 12 孔板，待细胞贴壁生长后加入成肌诱导液，每 3 天更换一次培养液，6 天后提取分化细胞的 RNA，并进行反转录，以 RT-PCR 检测肌管分化情况（图 14-10）。

（四）肌肉卫星细胞的成骨诱导

将上述传代的细胞传到 12 孔板内，待细胞贴壁生长后加入成骨诱导液，每 3 天更换一次诱导液，第 12 天后，进行碱性磷酸酶染色和 BGP RT-PCR 检测（图 14-11）。

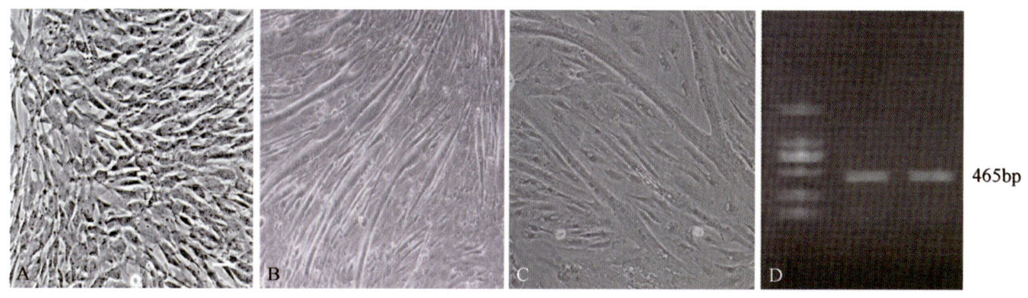

图 14-10　肌肉卫星细胞融合成肌管（100×）和 RT-PCR 鉴定

A. 未分化的肌肉卫星细胞；B、C. 分化得到的融合的肌管；D. 分化细胞 mRNA 的 *MHC* 基因 RT-PCR 电泳图

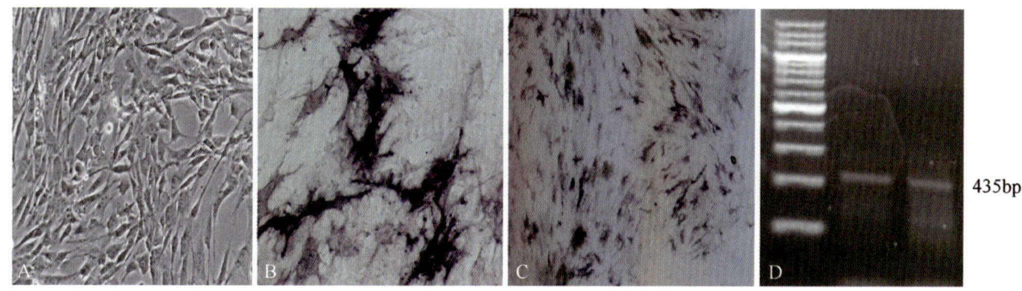

图 14-11　牛肌肉卫星细胞的成骨诱导（100×）和 RT-PCR 鉴定

A. 未分化的肌肉卫星细胞；B、C. 12 天后分化得到的成骨细胞；D. 分化细胞 mRNA 的 *BGP* 基因 RT-PCR 电泳图

（五）肌肉卫星细胞的成脂诱导

将肌肉卫星细胞培养在 12 孔板内，加入成脂细胞诱导液，3 天更换一次培养液，12 天时，进行油红 O 染色并提取细胞总 RNA，反转录后进行 RT-PCR 检测。

油红 O 染色：用 4%的多聚甲醛（PFA）固定培养的细胞 0.5h，PBS 洗 3 次后油红 O 染色 1h，PBS 洗再 3 次后显微镜下观察脂滴的染色情况（图 14-12）。

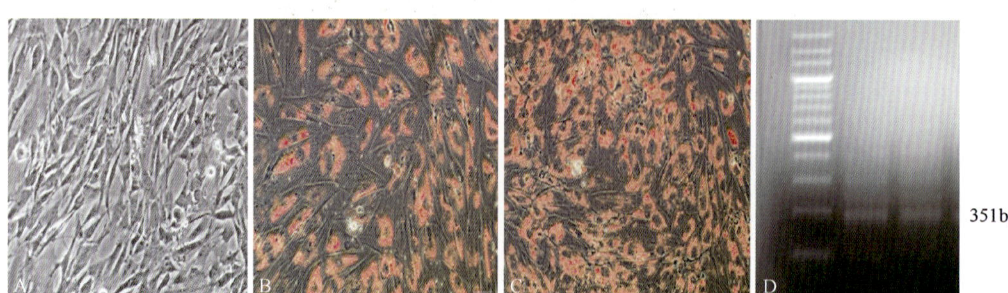

图 14-12　肌肉卫星细胞成脂诱导及油红 O 染色（100×）和 RT-PCR 鉴定

A. 未分化的肌肉卫星细胞；B、C. 脂肪分化后的细胞油红 O 染色阳性；
D. 分化细胞 mRNA 的 *PPARγ* 基因 RT-PCR 电泳图

（六）肌肉卫星细胞向胰腺方向的诱导

将复苏的细胞传到 12 孔板内，待细胞贴壁生长后加入胰腺诱导液，每 3 天换一次液体，从诱导第 9 天开始弃掉诱导液，加入 500μl 含有葡萄糖浓度为 0、15/ml 和 25/ml

的 DMEM 液，2h 后将液体取出，放入标号的 1.5ml 的离心管中，细胞提 RNA，收取的上清液用来做 ELISA，提取的 RNA 做 RT-PCR 检测（图 14-13），实时定量 PCR 检测及 DTZ 染色。

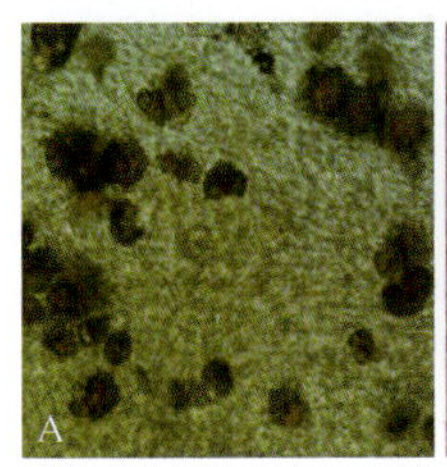

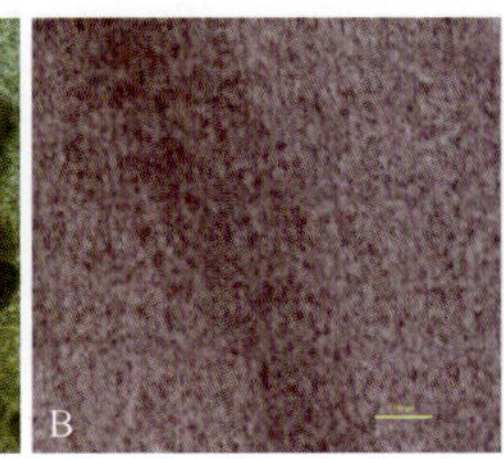

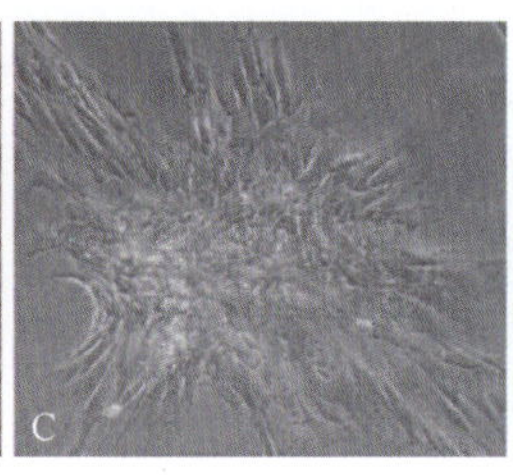

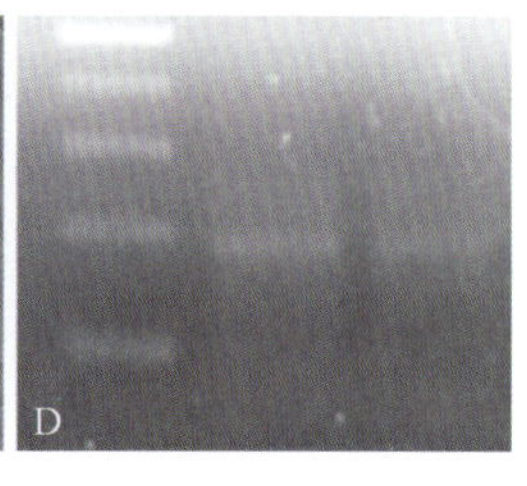

图 14-13　肌肉卫星细胞的胰腺细胞诱导（100×）和 RT-PCR 鉴定

A. 正常胎牛胰岛细胞的 DTZ 染色阳性；B. 肌肉卫星细胞经诱导形成的细胞呈 DTZ 阳性，是胰腺细胞特征；C. 诱导过程中聚集生长的细胞团；D. RT-PCR 检测 *Insulin* 基因的表达

DTZ 染色：用 4%的 PFA 固定培养的细胞 0.5h，PBS 洗 3 次后，DTZ 工作液室温孵育 2h，倒置显微镜下观察细胞的染色情况（图 14-13）。

四、肌肉卫星细胞的发展趋势

肌肉是由两种肌纤维组成的。一种是慢肌纤维，颜色较深，含氧量高，拥有很好的耐力（鸟类就有很多的慢肌纤维，所以可以做长时间飞行）；另一种是快肌纤维，其颜色较浅，是肌肉力量和爆发力的来源。肌肉卫星细胞主要分布于慢肌纤维，从胚胎到成人，随着年龄增加卫星细胞的比例相对减少，到一定程度后终身维持。

机械性损伤或者某些疾病可以激活肌肉卫星细胞，从而开启肌肉再生。首先，肌肉卫星细胞从静止期激活并增殖，大部分卫星细胞分化、融合形成新的肌纤维，或者修复损伤的肌纤维；然后，卫星细胞重新回到静止期，回到基底膜下等待以后的激活。

利用肌肉卫星细胞移植的方法治疗肌营养不良，一直都没有很好的疗效。估计这与免疫抑制治疗的手段不足有关。而高度纯化的肌肉卫星细胞，出现的免疫反应更少，如果用肌肉卫星细胞进行移植，肌细胞更易融合，治疗效果可能有大幅提高。因为供体细胞不易取得，体外培养过程又容易分化，肌肉细胞移植的治疗一直举步维艰。因而，有关肌肉卫星细胞的高效分离与纯化技术、多能性维持的培养体系，特异性的鉴定机制及定向分化技术等将是今后研究的重点和方向。

2003 年，在成年大鼠的心脏中发现一类可以自我更新、多能分化，并形成心肌细胞、平滑肌细胞和血管内皮细胞的肌肉干细胞。把这种细胞注入缺血的心肌后，可以分化成心肌细胞。由此，将这类细胞确认为心肌干细胞。心肌干细胞在心肌中含量非常少，只有万分之一到八万分之一，主要分布于心尖和心房处。

骨髓源性的心肌干细胞，实际上就是骨髓来源的间充质干细胞。在心肌梗死后，在细胞黏附分子、趋化因子和生长因子等共同作用下，改变干细胞与骨髓基质间的相互作用，从骨髓中动员出来，进入外周血液循环，启动早期心肌形成基因；同时表达一定的多能干细胞表面标志，到心肌的局部微环境下可以分化为心肌细胞，也可以分化成内皮细胞和平滑肌细胞。骨髓源性的心肌干细胞和原位的心肌干细胞都可以在心肌坏死后被动员、增殖分化，修补小范围受损的组织。

因而，原位心肌干细胞和骨髓来源心肌干细胞的深入研究，将为心脏疾病的治疗注入新的潜力，为心脏疾病的治疗提供可选择的途径。

第三节　其他组织干细胞

除前面介绍的骨髓间充质干细胞与肌肉卫星细胞外，对其他若干种类型的组织干细胞都有较深入的研究。本节只对其中的几种作一介绍。

一、脂肪干细胞

脂肪组织是动物体内主要的能量储存组织，且对于维持内环境稳定、分泌激素有着重要作用，脂肪组织大量存在于动物体内。在动物腹股沟处、颈部皮下、尾部、内脏等部位的脂肪组织中均能分离出脂肪干细胞（adipose derived stem cell，ADSC）（曹莹等，2005；韩长杰等，2010；相新新等，2010；聂绪强等，2011；任逸众和韩长旭，2011；李江璇等，2015）。

（一）脂肪干细胞的分离和培养

20 世纪 60 年代，Rodbell 和 Jones 从脂肪组织中分离 ADSC。他们切碎鼠的脂肪垫，经过充分仔细的冲洗以去除血细胞，然后用胶原酶进行消化、离心。在所收集到的细胞中，除了 ADSC 外，还包括循环血细胞、成纤维细胞、内皮细胞、前体脂肪细胞或原始脂肪细胞等。2001 年，Zuk 等从人脂肪中首次分离出 ADSC，并证实能向脂肪细胞、软骨细胞、成骨细胞、内皮细胞、心肌细胞等定向分化（Zuk et al.，2001）。

一般而言，ADSC 的分离是在分离脂肪组织后随即进行。来源于人、猴、犬、牛、猪、兔、豚鼠、大鼠、小鼠等的 ADSC，其培养方法基本一致。自腹股沟处，平行切下脂肪组织或通过吸脂手术的抽吸脂肪，在 PBS 中充分清洗，以去除毛发和油滴等。将脂肪组织剪成约 $1mm^3$ 大小，加入 0.1%的 Ⅰ 型胶原酶，37℃水浴摇床消化 40～60min，1000*g* 离心 10min，去上清；用 PBS 或者 D-Hanks 液洗 1 次，再用含 10%FCS 的 DMEM（低糖、2mmol/L 谷氨酰胺和双抗）稀释，将细胞收集培养；24h 后换液，3 天换液 1 次。待细胞长满 80%，用 0.25%胰酶消化传代培养。

初分离脂肪组织通常用 Ⅰ 型胶原酶（collagenase Ⅰ），而采用不同的酶组合（胶原酶、胰蛋白酶、链霉蛋白酶和分散酶等）会获得更好的分离效果，ADSC 易于大量获取，每 1g 脂肪组织中，就可以获得 10^6 个 ADSC。在 ADSC 培养过程中，使用的培养基主要有低糖 DMEM、高糖 DMEM 和 DMEM/F12 等。一般通过不同代数的细胞生长曲线、细胞倍增率和克隆形成率等指标来筛选 ADSC 合适的培养基。

分离的细胞接种 3～4h 后开始贴壁，24～48h 内细胞生长处于停滞期，细胞形态呈小圆形，细胞核居中，可出现双核或多核；48h 后开始伸展生长，呈纺锤形、多角形，胞核位于细胞中央；7～10 天后，细胞呈成纤维细胞样生长；每代细胞之间没有明显的形态学差异。细胞周期分析表明，S 期与 G/M 期的细胞占 15.1%，G_0/G_1 期的细胞占 84.9%。培养 8 天后，可见细胞增长明显加快，贴壁细胞出现梭形及纤维细胞状形态。与培养的 BMSC 在形态学上很难区分。

（二）脂肪干细胞的表面标志

有关 ADSC 特异性表面标志尚无统一认识，不同实验室研究结果不尽相同。ADSC 与 BMSC 的表面标记非常相似，这两类细胞均能够表达 CD29、CD44、CD105、CD49b 和 CD49e，均不表达 CD31、CD34、CD45、HLA-DR 和 CD133。二者的差别在于，ADSC 表达 CD49d 而不表达 CD106，BMSC 表达 CD106 而不表达 CD49d。此外，ADSC 的表面标志蛋白还有 HLA-ABC、CD9、CD10、CD13、CD54、CD55、CD59、CD146 和 CD166。

在鉴定时，多采用流式细胞仪检测和免疫组化染色等从多个方面进行确认。体内外诱导实验是鉴定 ADSC 的黄金标准，尤其是干细胞的成脂、成骨、成软骨的诱导分化是鉴定 ADSC 分化潜能的黄金定律，也是 MSC 经典的分化规律。

（三）脂肪干细胞的分化能力

1. 向骨骼肌方向分化

以 IMDM 为基础培养基，加入 10%的 FCS、5%的 HS 和 50μmol/L 氢化可的松，可诱导 ADSC 向骨骼肌方向分化。在诱导 6 周后，用免疫组化的方法检验肌细胞特异性抗体 MyoD 和骨骼肌肌球蛋白重链的抗体，并用 RT-PCR 验证诱导后的细胞有 MyoD 和骨骼肌肌球蛋白重链基因表达，从而证明 ADSC 可以分化为骨骼肌细胞。

2. 向心肌方向分化

以 RPMI1640 为基础培养基，加入 5-氮杂胞苷诱导培养 1 周后，ADSC 的形态发生了改变；2 周后细胞变为圆形，而对照组仍呈纤维样细胞；3 周后，细胞出现自发性搏动；2 个月后，免疫组化染色证明肌球蛋白重链、α-肌动蛋白（α-actin）和肌钙蛋白 I 阳性，证实了 ADSC 具有向心肌分化的潜能。

3. 向软骨方向分化

向传代 2 次的 ADSC 中加入含 1%的 FCS、6.25 mg/L 的胰岛素、10μg/L TGF-β1 的 DMEM 软骨诱导培养液。培养 4 周后，可以检测到 *aggrecan* 和 *col-Ⅱ*、*col-Ⅹ*等基因表达；阿尔辛蓝（alcian blue）染色呈阳性细胞，证明 ADSC 可以向软骨细胞分化。利用含转铁蛋白、地塞米松、转化生长因子 β 的软骨诱导分化体系也可将 ADSC 向软骨方向诱导。

4. 向神经方向分化

用氯化钾、丙戊酸、丁羟茴醚、氢化可的松和胰岛素等对人的 ADSC 进行诱导，产生了类神经元样的细胞。免疫组化检测显示，GFAP、Nestin、NeuN 均为阳性；Western blot 也检测到相应蛋白质的表达（Safford et al.，2002）。用β-巯基乙醇诱导，也能使 ADSC 向神经方向分化，在处理 30min 后即有 10%的细胞出现神经元样形态，3h 后有 70%的细胞呈神经元样表型。

5. 向脂肪方向分化

在诱导剂（含 10mg/L 胰岛素、1μmol/L 地塞米松、100μmol/L 吲哚美辛、0.5mmol/L 1-甲基-3-异丁基-黄嘌呤）刺激后，ADSC 向脂肪细胞分化，由多能变为脂肪单能定向分化，油红 O 染色和 RT-PCR 检测脂蛋白脂酶的表达，均证明 ADSC 分化为成熟的脂肪细胞（图 14-14）。

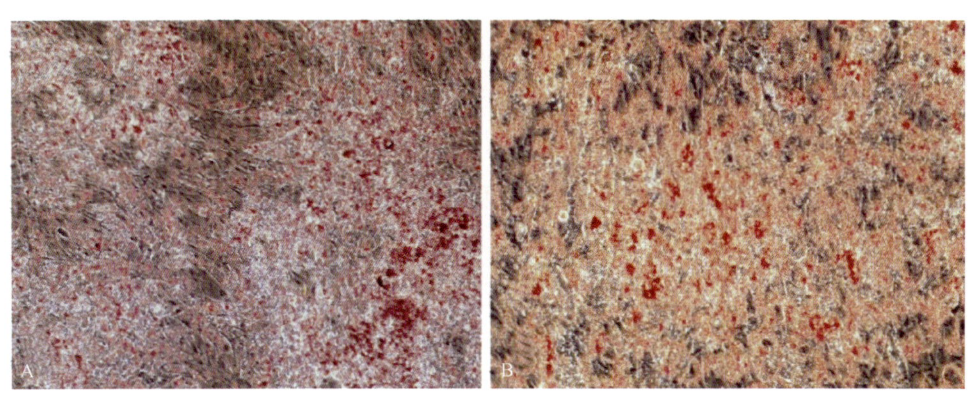

图 14-14 人（A）与大鼠（B）脂肪干细胞成脂的诱导检测，油红 O 染色（100×）

6. 向成骨方向分化

成骨诱导培养基成分为 DMEM、10% FCS、0.1μmol/L 地塞米松、50μmol/L 抗坏血酸、10mmol/L β-甘油磷酸钠。在诱导 2 周后，约有 50%的 ADSC 的碱性磷酸酶呈阳性表达；在 3 周后，Von Kossa 染色出现钙结节，骨桥蛋白、骨形态发生蛋白 2 免疫细胞化学染色阳性，Western blot 检测到骨桥蛋白、骨形态发生蛋白 2 的表达。

7. 向造血方向分化

将 ADSC 与 $CD34^+$造血干细胞联合培养时，能使 $CD34^+$细胞扩增，促使其向 T 细胞、B 细胞方向分化。将小鼠的 ADSC 经尾静脉输注给有缺陷的受体小鼠，受体鼠的造血功能完全恢复。在受体鼠的骨髓、脾脏、外周血均可以检测到供体来源的细胞，阳性的 PCR 结果可以持续到 10 周以上，证明供体来源的细胞在受体小鼠中可以稳定存在。

（四）影响 ADSC 分化的因素

1. 供体因素

虽然不同种属动物来源的 ADSC 都具有自我更新和多向分化的能力，但不同来源的 ADSC 的培养与分化能力有一定差别。小鼠的 ADSC 的分离与分化要优于人的

ADSC。

2. 不同器官与组织部位

同一动物不同组织，乃至同一组织不同部位来源的 ADSC 的分离与建系能力及分化能力亦有所不同。例如，人皮下脂肪组织来源的 ADSC 与网膜脂肪组织来源的 ADSC 的增殖速率相似，但前者的成脂能力优于后者；而内脏脂肪组织来源的 ADSC 的成骨能力优于皮下脂肪组织来源的 ADSC。

3. 性别

有报道认为，性别对 ADSC 的成脂能力有影响，雌性小鼠的成脂能力优于雄性小鼠。雄激素是一种抑制成脂的因素，而雌激素则促进成脂（Ogawa et al.，2004）；而在成骨能力方面，雄性的 ADSC 优于雌性。任何与性别及组织部位相关的微环境，如激素、细胞营养状态都可能影响到 ADSC 的成骨分化。

4. 连续传代

随着传代次数的增加，ADSC 的生长速度下降，倍增时间增加。在第 10 代之前，ADSC 的成脂与成骨能力是稳定的，之后成脂能力下降，成骨能力开始起主导地位。

（五）家畜脂肪干细胞研究概述

1. 猪 ADSC

用 0.1%的 I 型胶原酶处理脂肪组织 1h，用含 10%血清的 DMEM/F12 进行培养，12h 后换液；再用 0.075%的 I 型胶原酶处理 90min，排除其中混杂的红细胞，换入高糖 DMEM 培养 24h，再换成低糖 DMEM 继续培养。猪 ADSC 也可以表达一些与多能性相关的基因，如 *Oct4*、*Sox2*、*Nanog*、*c-Myc*，且这些基因在 20 代之内均可表达。

2. 牛 ADSC

用 0.25%的胶原酶处理脂肪组织 2h，可以得到得 45%的活细胞，细胞贴壁效果好。向 DMEM、DMEM/F12 培养基中添加 bFGF（1ng/ml）、TGF-β1（10ng/ml）或 EGF 5ng/ml），可明显促进细胞增殖。

3. 羊 ADSC

羊 ADSC 的分离方法与猪和牛的基本一致。采样部位有腹股沟处、皮下脂肪组织、膝盖脂肪垫、肾脏部等。刚分离的羊 ADSC 的 CD105 与 CD166 的阳性率分别为 35%和 30%，这两者均是 MSC 标志，说明所得细胞中含有干细胞，但不能确定这些干细胞是 ADSC，需要进行传代纯化，逐步去除杂质细胞。

4. 马 ADSC

马 ADSC 的分离方法基本是采用 I 型胶原酶处理。原代 ADSC 在接种 24h 后贴壁生长并呈现梭形，均匀分布于培养皿，每毫升马脂肪组织中约有 140 000～538 000 个细胞。马 ADSC 的细胞倍增时间比人 ADSC 短，约为 2 天；虽然马 ADSC 的扩增速率稍慢于 MSC，但 ADSC 的获取量要显著高于 MSC。利用鼠抗大鼠 CD90 抗体、鼠抗马 CD44 抗体、鼠抗马 CD13 抗体进行流式检测，发现 1～4 代马 ADSC 均可表达 CD90、CD44，且 CD44 的表达量会随传代次数的增加而提高。

二、脐带血干细胞

脐带血（umbilical cord blood，UCB）中除有造血干细胞（hematopoietic stem cell，HSC）外，还存在多种非造血的干细胞和前体细胞，如 MSC、内皮祖细胞（endothelial progenitor cell，EPC）和非限制性体干细胞（unrestricted somatic stem cell，USSC）等。脐带血是胎儿娩出、脐带结扎并断离后残留在胎盘和脐带中的血液，通常是废弃不用的。1988 年，首次证明脐带血中富含造血干细胞，法国科学家实施了首例脐带血移植，治愈了一名患 Fanconi 贫血病的儿童。自此，脐带血移植得到更加广泛的重视，国内外已竞相建立了众多的脐血库，成为造血干细胞的重要来源（周敦华等，2003；顾东生等，2006）。

（一）脐带血干细胞

1. 造血干/祖细胞（HSC/HPC）

HSC/HPC 是脐带血中含量最丰富的一种干/祖细胞。HSC 常以 CD34 为标记区分为 $CD34^+$细胞群和 $CD34^-$细胞群，其中 $CD34^+$细胞群占 95%以上，$CD34^-$细胞群不到 5%。通常所说的 HSC 指的就是 $CD34^+$细胞群。脐带血中 HSC/HPC 的含量及增殖能力高于骨髓。因而，利用脐带血（50～200ml）就可以替代大量的骨髓进行临床移植。

2. 间充质干细胞

同其他组织中的间充质干细胞一样，脐带血中的 MSC 也具有自我扩增和多向分化特性，可以分化为骨、脂肪、软骨、神经、肝细胞、骨骼肌细胞等，具有组织损伤修复、基因治疗载体和造血干细胞移植等方面的潜力。虽然在脐带血中分离得到了 MSC，但并不是所有的脐带血样本中都能分离出 MSC，脐带血中 MSC 的数量很少。

3. 内皮祖细胞（EPC）

从脐带血中可以分离得到 EPC，这些细胞表达 CD34、CD133 和 VEGFR2，约占 $CD34^+$细胞的 2%，这些 $CD34^+$和 $CD133^+$细胞可以在缺血组织分化成内皮细胞并诱导血管新生。如将新提取的人脐带血 $CD34^+$细胞注入老鼠缺血的肌肉中，能形成新的内皮细胞。体外实验发现，$CD34^+$扩增后，仍有向内皮分化的能力。

4. 非限制性体干细胞（USSC）

在脐带血中，还有一种 $CD45^-$的 HLA class Ⅱ$^-$的细胞，被命名为非限制性体干细胞。大约只有 40%的脐带血样本中可以得到这种细胞，含量很低。经过 6～25 天的培养，平均每份脐带血标本（有核细胞数量在 2.4×10^8～19.4×10^8）得到 4 个克隆。但可以在体外

扩增到至少 10^{15} 个细胞，并保持正常的核型。经诱导，这类细胞可以在体外分化为成骨细胞、软骨细胞、脂肪细胞和神经细胞等。可见，脐带血中除 HSC/HPC 外，其他多种干细胞同样具有很大的临床应用潜力。

（二）脐带血干细胞的分离与培养

脐带血的采集方法有 2 种：从脐静脉中抽取和自胎儿脐带中分离。

1. 从脐静脉中抽取

在新生儿出生以后，取婴儿端 3～8cm 脐带处，用两把止血钳结扎、断脐。在贴近母端止血钳处，消毒并将针头插入脐静脉，采集脐血，进行分离培养。

2. 自胎儿脐带中分离

取截取的一段脐带，放入无菌的 DMEM/F12 培养基的血浆瓶中带回实验室。

（1）分离细胞

1）用含青、链霉素的 PBS 反复冲洗，去除残留的血液。
2）用剪刀将脐带组织切割成直径 1～2mm 大小的组织块。
3）加入 20ml 胶原酶消化，在 37℃间断振荡 2h，混匀。
4）再加入 2.5%胰酶 3～5min 继续消化，37℃，30min。
5）加入血清 3～5ml 终止消化，200μm 滤网过滤，去除未消化的组织。
6）获得的消化液用 PBS 稀释后离心，2000 转/min，18min。
7）弃去上清液，再加入 PBS，离心，2000 转/min，18min。
8）收集离心沉淀，加入 PBS 混匀，1500 转/min，10min。
9）收集离心沉淀细胞组织，培养。

（2）包被培养瓶

在分离细胞的同时，以 PBS 溶解稀释纤维连接蛋白至终浓度为 20μg/ml 后，包被 25ml 的培养瓶，置于 37℃温箱中孵育 2h。临用前，吸出多余的液体，用 PBS 洗涤 2 次。

（3）细胞的原代培养

将分离的细胞按 $10^6/cm^2$ 接种于包被好的培养瓶中。每瓶中加入含 10% FCS 的 DF12 培养基 5ml，添加 10OU/ml 青霉素、100U/ml 链霉素、2mmol/L 的谷胺酰胺、5ng/ml EGF。置于含有 5% CO_2、37℃的饱和湿度培养箱中培养。48h 内禁止移动培养瓶，促进细胞贴壁。48h 后，取出培养瓶，倒置显微镜下观察细胞贴壁及克隆形成情况，并在培养瓶表面标记，每天观察一次。第 4 天进行细胞换液一次，待细胞克隆形成或 80%融合后进行传代培养。

（三）脐带造血干细胞的优点

HSC 来源于骨髓、外周血及脐带血。人们将 HSC 分为三类：长期自我更新的 HSC、短期自我更新的 HSC 和多功能性的 HSC。与骨髓及外周血中的造血干细胞相比，脐血造血干细胞富含更早期的造血干/祖细胞。脐血造血干细胞的免疫原性弱、对异源性抗原产生的抗体少、感染到病毒的可能性低、对供者无损伤及副作用等。

相对于骨髓干细胞，脐带血干细胞移植所引发的后遗症更低，而且干细胞的排斥概率也低。换言之，脐带血的干细胞与人体的配对率很高，与父母的配对概率是 50%，兄妹则是 25%；即使使用非亲属的干细胞来移植，成功率也是比骨髓高。脐带血干细胞的浓度高，约为骨髓细胞浓度的 10～20 倍，且品质优良，细胞的增生能力也比较高。

（四）HSC 与 MSC 共培养与共移植模式

HSC 与 MSC 两种细胞可以分别进行分离与培养，也可以进行单独的移植实验。如果将 HSC 与 MSC 联合应用，在临床上的表现可能更好。在脐带血中，HSC 与 MSC 同时存在，如果能在一次原代实验中同时获得这两种干细胞，并将二者扩增，这不仅是对资源的有效利用，更为以后两种细胞在临床上的联合应用提供同体细胞。

共培养模式，即将 MSC 贴附在微载体表面与 HSC 进行悬浮共培养。细胞支持 HSC 体外扩增的模式主要分两大类：一类为静态共培养；另一类为动态共培养。静态共培养又可分为直接接触与间接接触共培养两种模式。动态共培养可以分为自体悬浮、自体贴壁及异体免疫隔离共培养三种模式。其具体定义如下。

1）直接接触共培养：将 HSC 直接接种到经过照射的基质细胞表面。

2）间接接触共培养：通过膜材料，如用 Transwell 跨井膜将 HSC 与基质细胞隔离开。

3）自体悬浮共培养：自体基质细胞，如 MSC 与 HSC 动态悬浮共培养。

4）自体贴壁共培养：将自体基质细胞，如 MSC 黏附到微载体表面与 HSC 动态悬浮共培养。

5）异体免疫隔离共培养：利用微胶珠或微胶囊的免疫隔离特性，将异体基质细胞，如 MSC 包埋在微胶珠或微胶囊内与 HSC 动态悬浮共培养。

由于 HSC 和 MSC 分别具有悬浮生长和贴壁生长的生物学特性，体外必须同时提供悬浮培养环境与动态贴附表面，才有可能在模拟体内微环境的条件下实现 HSC 和 MSC 的共培养。微载体与适宜生物反应器相结合是解决此问题的可行方法。

三、羊水干细胞

胎儿在母体中发育到一定时期就会产生羊水，羊水主要由母体和胎儿分泌。在胎儿发育过程中，胎儿、胎盘和羊膜等的新陈代谢使相应的细胞脱落，脱落的细胞进入羊水。羊水中存在多种类型的细胞，包括来自胎儿皮肤、呼吸系统、尿液和胎盘表面等组织的脱落细胞，也有来自早期胚胎及羊膜的脱落细胞。

羊水通常出现于妊娠的第 2 周，从羊水中可以分离出羊水干细胞（amniotic fluid stem cell，AFSC），这些细胞表达 Oct4 等干细胞因子，还表达波形蛋白和碱性磷酸酶等（郝嘉等，2010；关婷等，2012；李春等，2013；崔鹏等，2014）。

AFSC 是较其他组织干细胞更原始的一类细胞，其全能性更接近胚胎干细胞。与成人骨髓或脂肪来源的干细胞相比，具有更强的体外增殖与分化能力。AFSC 多次倍增后，仍可保持长端粒和正常核型。

（一）羊水干细胞的分离与培养

1. 获取羊水的时间对 AFSC 的影响

原代培养 AFSC 时，提供羊水样本的孕妇的孕期，直接影响着细胞的贴壁数量及贴壁时间。在孕期的各个时间段均可分离到 AFSC，但所分离出的细胞类型有差异。在 15 周前的羊水中，存在来源于胚胎期卵黄囊的造血祖细胞；在孕晚期获取的羊水中，间充质干细胞可能会多一些。

2. 羊水细胞的分类

根据形态和生长特性，体外培养的羊水细胞可以分为三类：上皮样细胞、成纤维样细胞和羊水干细胞。上皮样细胞通常出现在培养初期，随着培养时间增加，细胞数量逐渐减少；成纤维样细胞被认为来源于间充质组织，通常在培养后期出现；羊水中的 AFSC 细胞，通常体外培养 7 天左右可形成克隆，具有较强的增殖能力和多系分化潜能，这是需要重点关注的细胞。

3. 羊水干细胞的分离

AFSC 来源复杂，贴壁细胞形态较多，缺乏特异性的表面标记基因，因此 AFSC 的纯化较困难。根据其细胞形态、表面标记和潜在的诱导分化能力，AFSC 的分选纯化方法主要有机械分离法、差异贴壁分选法、免疫磁珠分选法和流式细胞仪分选法。要想建立干细胞库，必须经过严格合适的分离方法进行纯化。

（二）羊水干细胞形态及增殖

ADSC 贴壁生长后，为典型的成纤维样细胞，呈漩涡样生长。研究发现，孕早期的 AFSC 在生长时，呈现一种小细胞的球形集落紧凑型生长，这种集落不易分解，随着时间的推移会逐渐变为成纤维细胞样集落。羊水干细胞有很强的自我更新能力，在体外能维持较高的倍增次数。不同的培养体系对 ADSC 的自我更新有影响，模拟羊水生长环境，用不同的生长因子和激素等作为营养因子，可以获得持续增殖强的干细胞。作为细胞寿命的“有丝分裂钟”的端粒，反映了细胞寿命的状态。细胞分裂一次，端粒就缩短一点，端粒长度反映细胞复制史及复制潜能。比较 AFSC、骨髓 MSC 和脐带血 MSC 的端粒长度，发现 AFSC 端粒最长，表明 AFSC 具有更强的增殖能力和活性（Tsai et al.，2006；Joo et al.，2012）。

（三）羊水干细胞表面标记

AFSC 表达胚胎干细胞与间充质干细胞的大部分表面标志。强阳性表达 SSEA-4、Oct4 和 Nanog，弱阳性表达 Tra-1-60，不表达 SSEA-3 和 Tra-1-81 等标记基因。阳性表达 CD29、CD44、CD73、CD90、CD105、CD146、SH2、SH3、ANPEP 和 ITGB，弱

阳性表达 CD14 和 ENG 等。阳性表达上皮细胞标志 Flk-1、CD146 和 vWF，阳性表达巨噬细胞标志基因 CD80、CD86、CD68 和 MHC-Ⅰ，弱表达 MHC-Ⅱ等。

不同实验室分离的 AFSC 的细胞标志不同，这可能与不同孕期的羊水来源有关。

四、毛囊干细胞

皮肤是机体最大的器官，是机体的一道防护屏障，可以防止体内水分、电解质丢失；同时也保护机体不受外界有害物质的侵害。皮肤组织参与机体的很多代谢过程，保持着内环境的稳态。

毛囊由来源于外胚层的上皮细胞和来源于中胚层的真皮细胞构成。皮肤的代谢活动非常旺盛，预示着存在能够使皮肤细胞进行更新的细胞，这类细胞可能就是毛囊干细胞（hair follicle stem cell，HFSC）。还存在一类细胞被称为毛乳头细胞（dermal papilla cell，DPC），在胎儿毛囊发生及出生后毛发周期性生长中起重要作用。

（一）毛囊的结构

毛囊是皮肤的衍生物，位于毛发下段，由表皮下陷形成。毛囊包围毛根，其侧面附有立毛肌，并与皮脂腺相连，同时汗腺也开口于毛囊。毛囊由上皮性毛根鞘及结缔组织鞘所构成。两者之间有玻璃膜。上皮性毛根鞘的细胞起源于表皮，结缔组织鞘起源于真皮。上皮性毛根鞘是由皮肤的表皮层下凹，深入真皮与皮下组织而成，作为表皮的延续部分而包绕毛根。由内向外依次分为鞘小皮、内根鞘和外根鞘（图 14-15）。外根鞘相当于表皮的基底层和棘细胞层（姜怀志等，2009）。在毛根上部，外毛根鞘细胞增殖，并且形成隆起，成为毛发上段的标记；该隆突部位可环绕整个毛根上部或仅限于单侧，即立毛肌附着处。

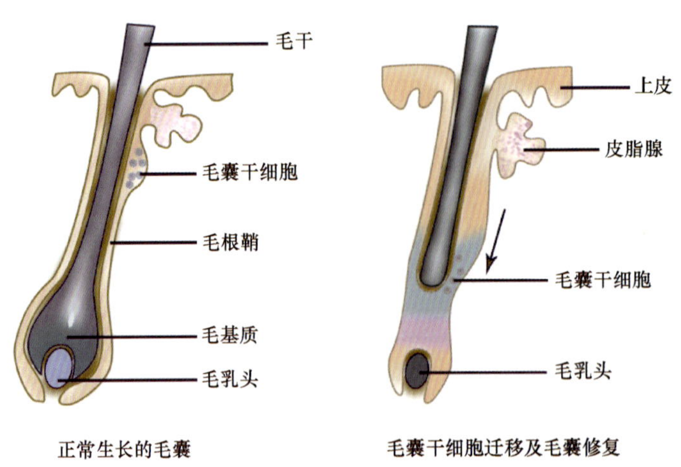

图 14-15　毛囊结构示意图

（二）毛囊干细胞的定位

利用[3H]-TdR 或 BrdU 标记小鼠皮肤时发现，在标记后第 4 周，毛母质细胞已丢失标记，而95%以上的毛囊隆突部细胞仍保持标记。利用双标法追踪毛囊干细胞显示，当用BrdU标记小鼠全部表皮增殖细胞时，双标细胞同时出现在向下生长的毛囊细胞群、毛囊上部及邻近的表皮基底层中（Oshima et al.，2001）。在标记10周后，仅在隆突部可见有BrdU标记细胞。如将触须在毛囊下部三分之一处切断，发现从毛囊上部可以再生出一个新的毛球，隆突部的细胞增殖较少，而位于毛发基质的细胞增殖却非常活跃。这些结果都说明，毛囊干细胞定位在毛囊隆突部（李睿书和王石泉，2007）。因而，目前普遍认为隆突部位是毛囊干细胞存在的主要部位，分离出多种毛囊干细胞（纪明开和程波，2007；原璐等，2009；弓慧敏等，2010；赵奎等，2010；倪振洪等，2010；杨青等，2012；郭婷婷等，2013）。

（三）毛囊干细胞的特征

毛囊干细胞具有组织干细胞的共性，为慢周期性、未分化性、自我更新和体外增殖能力强等特点。在毛囊损伤或其邻近部位受到损伤时，毛囊干细胞可从原定位的隆突部中迁出，参与损伤修复。毛囊干细胞的超微结构及生化特征均表现为未分化细胞的特点，具有自我更新能力和增殖潜能，可分裂产生短暂增殖细胞（transient proliferating cell，TPC）。毛囊干细胞的存在部位隐蔽、安全，血管丰富，营养条件好。

（四）毛囊干细胞的分离方法

常用的毛囊干细胞分离及纯化方法有以下几种（赵奎等，2010；郭婷婷等，2013）。

1. 酶消化法

取皮肤样本，刮去表面脏物，酒精消毒后用含双抗PBS液冲洗。将消毒好的皮肤样本剪成小条，加入Dispase酶在4℃消化12～16h；用眼科镊拔出毛囊，体视显微镜下切取毛囊隆突部并置于胰酶中37℃消化1.5h左右；加入终止液终止消化；1000r/min离心收集细胞，加无血清的KSFM培养液培养。

2. 组织块法

取皮肤样本，刮去表面脏物，酒精消毒后用PBS液冲洗。将消毒好的样本在解剖镜下使皮肤与软骨分开，将皮肤切成小块，按表皮面朝上贴于玻璃平皿中，加适量培养基TCM199+20% NBS+5μg/ml胰岛素+0.5μg/ml氢化可的松+100U/ml青链霉素，置于5% CO_2的培养箱中，37℃、饱和湿度条件下培养。从分离效率与干细胞的形态与活力来看，组织块培养法优于酶消化法，是一种较为理想的毛囊干细胞分离方法。

3. 显微分离技术

将皮肤样品经酒精消毒后，除去皮下脂肪，置于Dispase酶中37℃消化2h，从脂肪端拉出毛囊，收集形态完好且处于生长期的毛囊，体视显微镜下切取毛囊隆突部，用含双抗PBS液漂洗，加入DMEM/F12补充培养基于37℃、5% CO_2培养箱中培养。

4. 酶消化结合差速贴壁法

利用酶消化法将毛囊干细胞进行初选，将收集到的细胞进行离心处理，再收集细胞接种于Ⅳ型胶原包被的培养皿中。收集上层未贴附的角质形成细胞和毛囊真皮成纤维细胞于另一皿中培养，培养液为含 20% FCS 的 DMEM，每 2 天换液一次，收集条件培养基。利用无血清的 DMEM 条件培养液，培养贴附皿底的毛囊干细胞，每 3 天换液一次。差速贴壁法将酶消化法得到的细胞进一步纯化，得到纯度高的毛囊干细胞。

5. 显微分离与免疫磁珠联用法

显微分离技术获得毛囊隆突区细胞，再用免疫磁珠纯化毛囊隆突区细胞中 CD200 阳性的毛囊干细胞。在分选后 48h 后可脱去磁珠。该方法操作简便，单次操作分离细胞数量大且纯度较高，能与细胞培养、流式细胞术、荧光显微镜等技术兼容，见图 14-16。

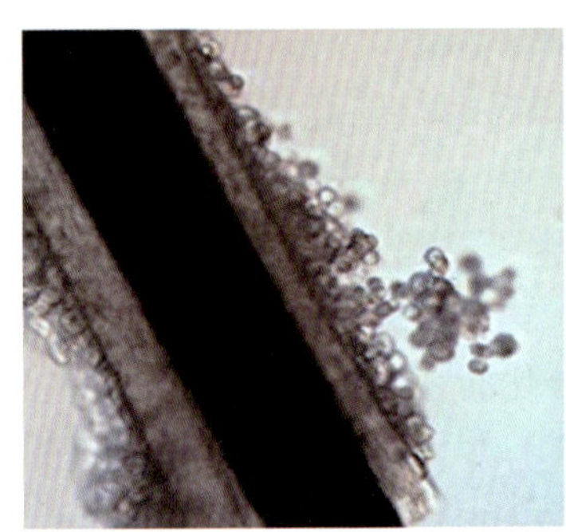
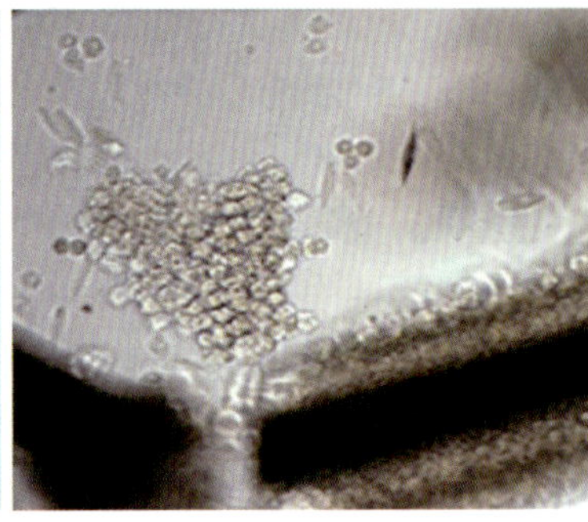
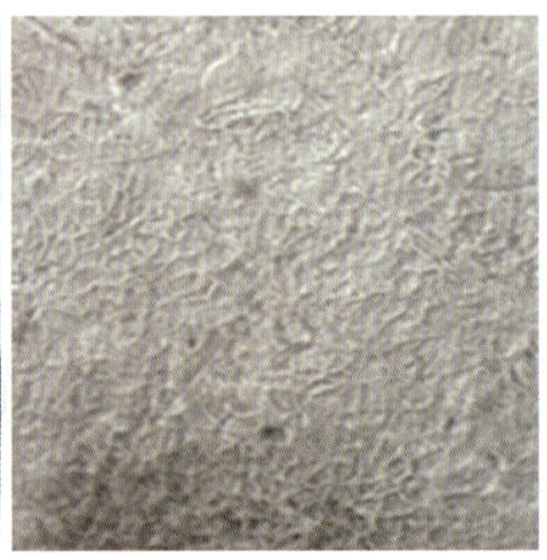

图 14-16　人毛囊干细胞的分离培养（100×）

左：DispaseⅡ消化毛囊组织；中：胰酶消化毛囊组织；右：毛囊干细胞的原代培养。原代培养 6～8 天后，毛囊组织的细胞爬出并贴壁生长，呈铺路石样；在 22 天时，铺路石样的细胞片逐渐扩大，直至长满（引自徐红和李玉林，2009）

（五）毛囊干细胞表面分子标记

毛囊干细胞的表面分子标记比较复杂，因物种、存在部位，甚至细胞分离技术的不同而有差异。体内毛囊干细胞用标记滞留法鉴定，离体毛囊干细胞培养用克隆形成能力来鉴定。已经报道的毛囊干细胞特异性标记主要有 β1-整合素、角蛋白 K15、K19、转铁蛋白受体（CD71）、CD34 及转录因子 p63 等（倪振洪等，2010）。β1-整合素、角蛋白 K15 和 K19 是毛囊干细胞的表达标志物。Tani 等（2000）报道，在毛囊隆突部有低表达 CD71 的细胞，CD71 也可用来鉴别毛囊干细胞。Roh 等（2004）的研究结果表明，快速黏附于胶原Ⅳ型的表皮基底层细胞中，约 65%的细胞表达 P63，表明 P63 可以作为鉴定的分子标志。

角蛋白是表皮细胞的结构蛋白，随着分化程度的不同，表皮细胞表达不同的角蛋白。因而，角蛋白可用于鉴别表皮干细胞、暂时增殖细胞和终末分化细胞。表皮干细胞表达角蛋白 19（keratin 19，K19），TP 细胞表达 K5 和 K14；终末分化细胞表达 K1 和 K10。Lyle 等（1999）发现，毛囊隆突部表皮干细胞表达 K15，而且在干细胞分化过程中，K15 表达量的减少较 K 19 表达量的减少更早，K15 阴性而 K19 阳性的细胞可能是“早期”的 TP 细胞。因此，K15 可能较 K19 对鉴别毛囊的隆突部表皮干细胞更有价值。

（六）毛囊干细胞的分化潜能

将表达半乳糖苷酶的成年小鼠的毛囊的隆突部移植到野生型小鼠胚胎，出生后再将该部位移植到去胸腺小鼠背部。结果发现，不仅该部位毛囊各层细胞表达半乳糖苷酶，表皮角质形成细胞和皮脂腺细胞也同样表达半乳糖苷酶。这些结果证明了隆突部的毛囊干细胞能分化为多种类型细胞（Oshima et al.，2001；Liu et al.，2003；Tumbar et al.，2004）。把 Nestin-GFP 转基因小鼠的毛囊移植到裸鼠受损表皮，发现新生的血管来自移植来的毛囊干细胞，这些表达 estin-GFP 的细胞能分化成神经组织细胞，并具有血管内皮细胞的标志 CD31 和 vWF。将分离得到的毛囊干细胞进行分化实验，能分化成神经细胞、神经胶质细胞、角化细胞、平滑肌细胞和黑色素细胞等（Amoh et al.，2004，2005；姜自玲等，2008）。

Liang 和 Bickenbach（2002）研究了分离出的毛囊干细胞在胚胎发育中的分化情况。他们从 3 天的 eGFP 转基因小鼠中分离出毛囊干细胞和 TP 细胞，将干细胞、TP 细胞和未经分选的表皮基底层细胞分别注入 3.5 天的囊胚腔中。结果，只有注入干细胞的胚胎发育成的小鼠的组织中，存在 GFP 阳性细胞。在 13.5 天的胎儿、13 天的幼鼠和 60 天的成年鼠中，这些细胞存在于由外胚层、中胚层和神经嵴分化而来的多处组织中，且它们的表型有所改变，表达了一些所在组织特有的蛋白质。利用不同成分的培养基诱导毛囊干细胞，发现细胞分别出现钙化和脂质堆积，证明了毛囊干细胞具有分化成成骨细胞和脂肪细胞的可能。

五、肝干细胞

（一）肝干细胞的来源

1937 年，Kinosita 首次提出肝脏中存在可分化为肝细胞的干细胞样细胞。近年来，科学家们证实了肝干细胞的存在及其在肝细胞更新中的作用。肝干细胞（hepatic stem cell，HSC）并非特指某一种类的细胞，而是与肝脏发育及再生有关的各类具有干细胞特性细胞类型的总称。

肝干细胞是多源的，据其起源不同，可分为肝源性肝干细胞和非肝源性肝干细胞。前者包括胆管源性卵圆细胞和小肝细胞等；后者包括胎肝干细胞、骨髓或血液干细胞及胰腺上皮细胞等。存在于肝组织中的肝干细胞，能自我更新，可分化为肝细胞、胆管上皮细胞等多种细胞；在体内的主要功能是负责更新衰老死亡的肝组织细胞，维持肝脏结构和功能的完整性；在病理条件下，肝干细胞可增殖和分化，修复肝组织缺损、肝细胞坏死等。肝源性干细胞在正常肝脏中处于静止状态，当肝脏受到严重损伤，且肝细胞的增殖受到抑制时才会被活化，分裂增殖，分化为肝实质细胞和胆管上皮细胞，使得肝功能得以重建（王璐和刘军，2008）。

1. 肝卵原细胞

在用化学因素诱导肝癌发生时，在肝细胞癌形成的早期，发现一类小上皮细胞，这种细胞大量增殖，能修复受损肝脏。这类细胞体积小、胞质少、核大呈卵圆形，故被命名为卵圆细胞，即肝卵原细胞（hepatic oval cell，HOC）。HOC 高表达甲胎蛋白、白蛋白、OV26、干细胞因子及其受体原癌基因蛋白质 SCF/c-Kit；表达细胞角质素 CK7、CK8、CK18 及 CK19；表达胆管标志 CK1、CK8、CK18、CK19 和 HEA2125；表达神经内分泌标志嗜铬粒蛋白 2A；表达甲状旁腺激素相关肽及表达造血干细胞标志 CD34、c-Kit、Thy1 和 Fit-3R 等。HOC 具有自我复制及双向分化能力，能分化为肝细胞和胆管上皮细胞。HOC 可转化为胰岛分泌细胞和肠上皮细胞等内胚层组织细胞，表明肝卵圆细胞是一种多能肝细胞（王政禄和郑虹，2015）。

2. 小肝细胞

小肝细胞特点是体积小（16～28μm），形态与成熟肝细胞相似，有较小的嗜碱性核，胞质中有空泡，有丰富的线粒体、粗面内质网和糖原颗粒。在体外具有强大的克隆扩增能力，单个克隆在 10 天内可扩增 100 倍。小肝细胞样祖细胞具有分化为肝细胞和胆管上皮细胞的双向潜能，这类细胞表达成熟肝细胞的一些标志，如白蛋白、CK8、CK18 和转铁蛋白等；但不表达卵圆细胞的标志如 OV6、OC2、OC5、OC4 和 OC10，也不表达胆管上皮细胞标志如 CK7、CK19 和 BD1。所以，小肝细胞被认为是不同于肝母细胞、卵圆细胞和完全分化肝细胞的一种独立的有干细胞功能的细胞群。由于这类细胞具有成肝细胞、卵圆细胞和成熟肝细胞的部分表型，因而小肝细胞可能是肝细胞的专能祖细胞。小肝细胞在肝内无确切定位，其来源及定位尚不明。

3. 成熟肝细胞

以往认为成熟肝细胞为终末分化细胞，但近年认为仍具有高度增殖和分化能力。成熟肝细胞来源于肝母细胞，肝母细胞可分化为肝细胞和胆管上皮细胞。成熟的肝细胞高表达细胞色素 P450 和 ALB，并能储存糖原、合成尿素及结合游离胆红素等。分化成熟的肝细胞属于稳定细胞，在生理情况下增殖现象不明显，只有极少数量的成熟肝细胞分裂，参与正常肝组织的更新，当肝脏受损时或给予适当刺激，肝细胞被激活，通过增殖、分化、再生，以完成肝脏结构重建和功能修复（龚雪和刘慧雯，2005）。

4. 胎肝干细胞

胎肝干细胞在早期胚胎肝脏中出现，是一类来源于前肠内胚层、具有自我更新和双向分化潜能的原始细胞，可分化为肝细胞和胆管上皮细胞。胎肝干细胞除表达 ALB 和 CK19 外，还表达造血干细胞相关分子标志物如 CD133 和 CD34 等，及间充质干细胞相关标志物如 CD90 和 CD29 等（周阳和陈嘉勇，2015）。

（二）肝干细胞的分离和分化

肝干细胞的分离方法很多，目前多用两步胶原酶灌流消化法获得胎肝细胞，进一步用密度梯度离心法和离心淘洗技术、荧光激活细胞筛选法及免疫磁珠细胞筛选法进行纯化。后两种方法都是以免疫亲和力技术为基础，细胞被抗体标记后，用免疫磁珠颗粒或流式细胞计数等方法分离（王璐和刘军，2008）。但由于肝细胞的表型标志和发育过程复杂，缺乏特异性的标记物，对肝干细胞的分离和鉴定还有待深入研究（马俊勋等，2005；钟晓刚等，2005；王阁等，2006；李江璇等，2015）。

Taniguchi 等（2000）采用 CD45 及 TER119-APC 两种单抗以荧光激活细胞筛选法筛选 BALB/CA Jcl 小鼠胎肝细胞；Suzuki 等（2000）采用单克隆抗体和荧光激活细胞筛选从胎龄 13.5 天小鼠胎肝的 $CD45^-$、$TER119^-$细胞中筛选出 c-Kit^+、$CD49f^+$细胞；Avital 等（2001）用磁珠分选法从人和大鼠骨髓中分离出能表达 $B2m^-$和 Thy-1^+细胞。将分离得到的干细胞，通过门脉移植到同系受体大鼠体内，能参与肝板的形成并分化为成熟肝细胞；移植入动物体内不同部位后，可定向分化成肝实质细胞、胆管细胞、胰腺及肠上皮细胞等（Avital et al.，2001；Suzuki et al.，2000；王璐和刘军，2008）。

六、胰腺干细胞

糖尿病是一种代谢性疾病，严重时可引起一些并发症，如肾病、视网膜病变及外周血管神经病变等。在 20 世纪 70 年代，大鼠胰岛移植取得成功。2000 年，Shapiro 等从成人捐献者的胰腺分离出以 β 细胞为主的胰岛细胞，然后移植到糖尿病患者体内，使这些患者不需要终身注射胰岛素，取得了惊人的成功（Shapiro et al.，2000）。这就是国际上著名的埃德蒙顿草案（Edmonton Protocol）。根据埃德蒙顿草案，糖尿病患者胰岛 β 细胞的移植治疗至少需要 2 个供体胰腺，加之移植细胞受到患者体内的免疫攻击，有些患者往往需要 2～4 次细胞移植。因此，胰岛 β 细胞的来源成为问题（吴娟利和赵小立，2006）。

（一）胰腺干细胞存在的部位

胰腺干细胞的存在部位存在多种假说。归纳起来可分为三种：仅存在于胰腺导管、仅存在于胰岛中及共存于胰腺导管和胰岛中。

1. 胰腺导管

从发育的角度来说，胰岛是由胚胎胰腺导管上皮细胞演化而来。从人、大鼠和小鼠中均分离出胰腺导管细胞，经诱导分化后均能获得分泌胰岛素的胰岛样细胞团，能表达 CK19、CK20、PDX-1 和巢蛋白（nestin）等胰岛干细胞的标记因子。组织化学分析证明，胰岛样细胞团中有 α 样细胞、β 样细胞和 δ 样细胞（Gao et al.，2003；Ramiya et al.，2000；Ogata et al.，2004）。

2. 胰岛

多个实验室从成体胰岛中分离到胰岛干细胞，它们也表达巢蛋白、Glu-2、CK19 和 Bcl-2 等胰腺干细胞的标记物，体外增殖后，能诱导分化出胰岛素分泌细胞。动物模型实验也能逆转小鼠的糖尿病（Abraham et al.，2002）。

3. 胰岛-胰腺导管

Seaberg 等（2004）从胰腺导管和胰岛中分离出一种胰腺多能性的干/祖细胞，这群细胞有的表达巢蛋白，有的不表达巢蛋白，体外诱导可分化出胰岛细胞外，还能分化出外分泌组织和神经组织。

（二）胰腺干细胞的分离

以大鼠为例。将大鼠麻醉后用 75%酒精消毒，打开腹腔，暴露胰腺。正常胰腺组织呈灰粉色，色泽较暗，分叶多，包绕胆总管。在胆总管肝门处及入十二指肠处分别结扎，用预先制好的“L”型注射器自胆总管注入预冷的胶原酶Ⅴ（0.5mg/ml）。待胰腺充分膨胀后，将胰腺完整摘除，尽可能将附着的脂肪清除干净。在 D-Hank's 液漂洗后加 2 倍体积的胰蛋白酶/EDTA 消化液，放入 37℃水浴中消化 15min，取出，弃上层 2/3 的液体。再加入预热的 37℃胰蛋白酶/EDTA 消化酶（pH 8.0），用吸管反复吹打；静置 3min，500r/min 离心 3min 后，收集混悬细胞液。同样的方法将余下的组织反复消化、离心，最后将收集到的细胞加入预先配好的不同密度的 Percoll 液中，1500r/min 进行离心，分别收集 1.096/1.068g/ml 界面、1.096/1.118g/ml 界面细胞。将获得的细胞加入含 10% FCS 的 RPMI 1640 培养液并于 25ml 培养瓶中培养，24～48h 后观察细胞的生长状态与形态（Choi et al.，2010）。

成年小鼠胰腺组织中的胰腺干细胞是一种嗜碱性的单核细胞，直径约 8μm，细胞核为圆形或肾形、较大、多含 2 个核仁，胞质中不含颗粒。体外培养时，胰腺干细胞贴壁生长，呈多角形上皮样，细胞核较大，多含 2 个或多个核仁。

（三）胰腺干细胞的分子标记

仍未找到公认的胰腺干细胞的特异性细胞表面标记。目前使用的分子标记物中，许多是胰腺发育过程中细胞内表达的蛋白质分子，主要有细胞角蛋白 K19 与 K20、酪氨酸羟化酶（tyrosine hydroxylase）、巢蛋白、葡萄糖转运蛋白 2（glucose transporter 2，GLUT-2）、神经原素 3（neurogenin 3，Ngn3）、胰十二指肠同源异型盒基因 1（pancreatic duodenal homeobox 1，PDX-1）、胰岛因子（islet-1，ISl-1）、β-半乳糖苷酶（β-galactosidase，β-gal）、MSX-2（一种细胞核内转录因子）、CD117（酪氨酸激酶受体）、波形蛋白（vimentin）和 c-Met（肝细胞生长因子受体）等（洪天配，2005；吴娟利和赵小立，2006；效梅等，2008；陈自力等，2014；李小平和郑磊贞，2014）。

（四）胰腺干细胞的鉴定

1. Nestin 阳性细胞的鉴定

用预热 37℃的胰蛋白酶/EDTA 消化液消化细胞，将分离出来的细胞吹打均匀形成单细胞悬液，以 4%的多聚甲醛在 37℃下固定 20min，室温下经过氧化氢孵育 30min 除去内源性非特异染色。将细胞与 1∶100 稀释的羊抗小鼠 Nestin 抗体 37℃孵育 60min，用 pH 为 7.6 的 PBS 洗 5min，然后加入抗羊兔广谱型二抗，37℃孵育 30min。洗涤后，用过氧化物反应底物 DAB 作用 5min，显微镜下观察胰岛干细胞特异性标记物 Nestin 的表达。阳性表达的细胞质染色呈棕黄色。阴性对照以磷酸盐缓冲液代替一抗。

2. 胰岛细胞的双硫棕（DTZ）染色

双硫腙（DTZ）为螯合剂，可与铅、铜、锌等螯合，人和动物（豚鼠除外）的胰岛 β 细胞因含有锌，双硫棕染色呈猩红色，其他胰岛细胞不着色。DTZ 与胰岛干细胞样本，在室温下共培养 5～10min 后，镜检。

3. 胰岛素与胰高血糖素的免疫荧光染色

将诱导分化形成的胰岛进行冷冻包埋，制备冷冻切片。切片用乙醇溶液固定 1min，PBS 液洗 3 次，用 0.1% BSA/PBS 室温下封闭 30min，然后分别加入 1∶100 稀释的抗胰岛素抗体和 1∶100 稀释的抗胰高糖素抗体，室温孵育 45min。PBS 洗 3 次后，加入 1∶100 稀释的荧光标记的二抗，室温下孵育 30min。封片后，在荧光显微镜下观察结果。

七、组织干细胞的发展趋势

（一）组织干细胞的优势

与胚胎干细胞相比，组织干细胞具有许多优势。

1. 组织干细胞的来源丰富

虽然胚胎干细胞具有全能性，理论上应用前景广阔，但却不容易获得。实际上，由于个体间存在不同的主要组织相容性抗原，同种异体胚胎干细胞及其分化细胞用于临床会引起免疫排斥。在小鼠的研究表明，来源于胚胎干细胞的造血细胞在体内无法重建造血机制。而成体干细胞则可从患者自身获得，不存在组织相容性问题。治疗时，可避免长期应用免疫抑制剂对患者的伤害。

2. 安全性

虽然胚胎干细胞能分化成各种细胞类型，但这种分化是“非定位性”的。目前尚不能控制胚胎干细胞在特定的部位，分化成所需要的细胞。而且，胚胎干细胞来源于有肿瘤性质的胚胎，这些干细胞在移植后，也容易引发畸胎瘤。相对而言，成体干细胞所进行的移植是定位移植，要安全得多，并不引发畸胎瘤。

3. 组织干细胞的多潜能分化能力

组织干细胞为多潜能细胞，具有向多种细胞类型分化的能力。从肌肉、肝脏、骨髓中分离的组织干细胞，可以定向诱导分化为骨、软骨、神经细胞、心肌细胞和血管内皮细胞等细胞形式。

（二）机体内组织干细胞的局限性

事实上，生物体之所以有一定的再生能力，其基础就是组织干细胞。例如，动物表皮的再生、血细胞的更新，牙齿、头发、指甲等的生长，就是由相应的组织干细胞持续不断的增殖分化所致。机体内的组织干细胞不断增殖出新的干细胞，或者按一定程序分化，形成新的功能细胞，从而使机体的组织和器官保持生长和衰退的动态平衡。当某种组织或器官受到损伤或者失去功能的时候，这些组织干细胞就可以被动员起来，进入增殖与分化，进行修补和重建。

但是，机体内的组织干细胞的数目有限，当组织或器官受到严重创伤、损失太大时，只依赖于体内的组织干细胞不可能完成创伤修复，体外来源的组织干细胞就成为必需品和必备品。当一个器官损失太大或者总是在不停的损失，就会出现很多瘢痕组织。这些组织虽然还在这个器官中，但却不能行使它们应该行使的功能，这个器官也就失去了它应有的功能。临床上常见的"肝硬化""肺纤维化"等就是这种情况。有时候虽然器官的损失不大，可由于组织干细胞的数量有限，无法及时对损伤的组织进行有效修复，损伤器官的功能会逐渐受到影响，这就是临床上所说的"退行性病变"。这种情况在老龄化机体中经常发生。

（三）组织干细胞的应用前景

组织干细胞的主要应用是在器官修复及功能恢复方面。组织干细胞移植有自体移植（autotransplantation）和异体移植（allotransplantation）。常见的自体移植有骨髓、外周血、脐血的造血干细胞和间充质干细胞的移植等。由于组织干细胞有横向分化的能力，所以可以用一种细胞来修复不同的组织。例如，间充质干细胞就可以分化成骨、软骨、脂肪及血液组织等。用"专门化"的组织干细胞修复"专门"的组织是最佳的选择。例如，用皮肤干细胞修复烧伤受损的皮肤、用牙髓干细胞来修复牙周和牙骨质等。

由于异体移植存在免疫排斥现象及移植物来源的问题，因而异体移植尚存在较大难度，但这也是干细胞研究需要解决的问题。

1. 造血干细胞

造血干细胞是生命之源。整个造血调控的机制是多层次复合网络式的，器官、组织、细胞、分子与亚分子等多层次都可能成为影响造血的因素。所以，造血干细胞的新定义为：造血干细胞是机体内最独特的体细胞群，具有极其高度的自我更新、多向分化、跨系分化与重建长期造血的潜能，以及损伤后再生的能力；此外还具有广泛的迁移和特异性的归巢特性，能优先定位于相应的造血微环境中，并以非增殖状态和缺乏相关抗原的方式存在。

造血干细胞一旦变成早期的造血祖细胞，就立即恢复了对称性的有丝分裂，但自我更新和自我维持的能力也会开始下降。随着造血祖细胞增殖能力的提高，自我更新能力就趋于下降，边增殖边分化，最后完全失去自我更新能力。所以造血祖细胞只能在体内短期的重建造血，而不能长期或永久的重建造血。

正常人体每天各种血细胞的更新量是非常巨大的，以一个体重 70kg 的人计算，每天需要更新 10 亿个血细胞，其中包括 2000 万的红细胞、4000 万的血小板、700 万的粒细胞及其他近 12 个不同系列的血细胞。而这个过程仅靠造血系统内很少量的造血干细胞的自我更新和多向分化，以及造血祖细胞的大量扩增就可以完成。人体内的造血细胞每时每刻都必须要进行扩增，才能保障机体的正常生理功能。

在临床上，造血干细胞移植已经成为一项重要的治疗手段，应用于治疗多种严重疾病。如骨髓造血干细胞的移植可以用于治疗白血病。造血干细胞除了具有重建造血和免疫系统的功能以外，在体外经诱导还可以向非血细胞系列分化。向肝脏细胞、脑的星形胶质和少突胶质细胞、肌肉前体细胞、心肌细胞、毛细血管及小动脉中的内皮细胞和平滑肌细胞分化。造血干细胞研究的另一个热点，就是造血干细胞的体外扩增，可以通过自储微量健康的造血干细胞用于自己的造血移植、成分输血、基因治疗及细胞组织工程。

2. 神经干细胞

神经干细胞是指存在于成体脑中的中枢神经干细胞。其实，在外周也有一些“神经干细胞”称为“神经嵴干细胞”，它们可以分化成外周神经细胞、神经内分泌细胞和施旺细胞，还能横向分化成色素细胞和平滑肌细胞等。

虽然所有的神经干细胞都是从胚胎细胞而来，但与造血干细胞不同，不同类型的神经干细胞可以产生不同种类的神经细胞，分布于不同的位置。例如，只存在于胚胎时期的神经管上皮细胞，可以产生放射状神经胶质细胞和神经母细胞；进而分化出神经元前体细胞和各类神经胶质细胞。

从理论上讲，用神经干细胞治疗神经疾病有三种方式：一是用移植的细胞取代受损的细胞重建神经回路；二是利用移植细胞保护受损的神经细胞，使其免于死亡，长出轴突，并与次级神经元形成突触；三是用移植细胞形成中间神经元，重建神经回路。可以利用神经干细胞、胚胎干细胞、脐带血干细胞、胎儿神经干细胞、成人神经干细胞及骨髓间充质干细胞等进行外源性细胞移植。帕金森病是由于大脑黑质区分泌多巴胺的神经细胞退化造成的一种渐行性退化性疾病，利用胎儿神经干细胞移植治疗帕金森病是可行的。

脑血栓是另一种可用神经干细胞移植治疗的疾病。脑血栓的成因是脑血管的阻塞，因为受影响的区域的不同会引起多种细胞受损。利用胎儿神经干细胞、脐带血干细胞、骨髓间充质干细胞等进行移植，大部分都能改善神经功能、减少中风面积。肌萎缩性侧索硬化症是一种最主要的运动神经元疾病，俗称“渐冻人病”。因为此病侵犯患者的四肢、躯干和延髓的上下运动神经元，导致吞咽困难、肌肉萎缩、肌无力和肌束颤动，就像一个人慢慢地被冻僵了一样。一般发病后的存活年限不超过三年，是一种极为严重的恶性神经系统疾病。利用胚胎干细胞分化成的运动神经元进行移植，有可能对治疗有效果。

神经干细胞可以在体外培养、扩增，进行基因操作，把一些特殊的基因或经过改装、修饰了的基因引入这些细胞的基因组里，再将其植入中枢神经系统。携带特殊基因的神经细胞既可以和宿主的神经元建立突触联系，又可以提供特殊基因的表达产物，达到基因治疗的目的。神经干细胞还可以作为神经系统疾病的药物筛选载体，从正常人脑组织分离获得的神经干细胞具有种属特异性；从患者脑组织分离获得的神经干细胞则具有疾病特异性，它们有均一的遗传背景，有利于药物筛选平台的稳定性和可重复性。而利用神经干细胞在体外诱导分化的特点，还可以进一步筛出促进神经干细胞向特定神经细胞种类分化的药物。

在未来，神经干细胞还需要在以下方面深入研究。首先，不同代的神经干细胞有可能具有不同的生物学特性，必须找出最适宜移植的代数范围，保证移植细胞的状态和成分；其次，不同疾病的发生发展规律是不同的，对于不同的疾病也要掌握最佳的移植时机；第三，移植细胞的数量，并不是越多越好，不同实验室所做的移植数目差异很大，还需要更多实验确定一个最佳数目；第四，在异体移植中，不但移植入的神经干细胞会有反应，也会引起受体神经系统的一系列反应，甚至会影响受体自身的神经干细胞，这些继发性反应也需要研究和关注；第五，不同的移植方法对移植物及受体也会有不同的影响，寻找更加简便，创伤更小，效率更高的移植方法；第六，如何标记移植的细胞，如何检测移植细胞的存活率，如何鉴定移植后功能的重建；最后，如何在移植后帮助功能的重建。

3. 间充质干细胞

间充质干细胞的共性是它们都来源于间充质。间充质是一种尚未特化的结缔组织，是由包括有间充质干细胞在内的多种细胞和细胞外基质组成。间充质干细胞是一种非常好的可用于移植的组织干细胞。

首先，它和造血干细胞一样，主要来源于骨髓，易于获得；其次，容易分离出来，用经典的方法就可以将其分离；第三，间充质干细胞在体外培养不易自动分化（人的间充质干细胞在 12 代以内可以保持核型正常，并保持很强的端粒酶活性）；第四，间充质干细胞的免疫原性很低，在异体移植时不容易发生免疫排斥；第五，间充质干细胞有免疫调节作用，可以调节受体的免疫系统，使受体的免疫系统易于接受；第六，间充质干细胞可以应用于自体移植。

间充质干细胞最早是用于骨和软骨的修复。现代医学主要采用体外培养扩增后的间充质干细胞，与组织工程学的支架材料复合制备出一个复合体，然后再植入缺损的部位。这种治疗在骨和肌腱的修复中已经相当成功。间充质干细胞还可以在体内或体外分化成骨骼肌细胞，因而可以再造肌组织，用于治疗肌萎缩、肌营养不良等疾病。间充质干细胞还可以分化成心肌细胞，用间充质干细胞治疗急性心肌梗死和慢性缺血性心脏病，都取得了不错的效果。间充质干细胞有支持造血的功能，可以分泌很多种可以刺激造血细胞增殖和分化的细胞因子，同时还可以被诱导分化成基质细胞，可以修补由于基质细胞缺乏导致的造血功能障碍。间充质干细胞本身也可以分化成造血细胞，可以用于血液疾病的治疗。

间充质干细胞可以在体外较长期的培养，还很容易被外源基因转染和表达，是一种很好的基因载体。可以将正常基因转入患者自身的间充质干细胞内，经过体外扩增后再回输到患者体内，从而达到治疗某些基因突变引起的遗传性疾病的目的。

在未来，间充质干细胞的研究需要关注几个问题。首先，寻找和鉴定间充质干细胞的特异性细胞表面标志分子；其次，鉴于间充质干细胞良好的分化潜能，寻找不同来源、不同特性的间充质干细胞，扩展它们的分化能力，扩大它们所治疗疾病的适应证，减少不同个体之间的差异，提高诱导分化的效率和方向性。

总之，组织干细胞以其材料易得，而且更具组织专一性的特点，备受研究者与临床应用的关注。随着研究手段和新技术的介入及表面标记、多潜能维持、定向分化等关键问题的解决，组织干细胞将为科学研究与人类医学作出不可估量的贡献。

参考文献

白小文, 闫实, 刘宏胜. 2005. 骨髓基质干细胞在体外向软骨细胞分化. 中华创伤骨科杂志, 7(5) : 442-446.

蔡鹏, 朱绍兴, 苏一鸣, 等. 2009. 全骨髓贴壁法分离培养大鼠骨髓间充质干细胞及其诱导分化. 中国组织工程研究与临床康复, 13(36): 7073-7077.

曹莹, 孟艳, 赵春华, 等. 2005. 脂肪来源组织干细胞分化为内皮细胞的潜能. 中国医学科学院学报, 27(6): 678-682.

陈自力, 孙诚谊, 潘耀振, 等. 2014. 胰岛干细胞分离及诱导分化的实验研究. 中国现代医学杂志, 24(8): 40-45.

崔鹏, 李向臣, 关伟军, 等. 2014. 羊水干细胞研究进展. 畜牧与兽医, 46(8): 111-114.

弓慧敏, 李方华, 万婷, 等. 2010. 毛囊干细胞的研究进展. 中国畜牧兽医, 37 (7): 61-63.

龚雪, 刘慧雯. 2005. 肝干细胞的来源与移植应用. 中国临床康复, 9(26): 186-188.

顾东生, 刘斌, 韩忠朝. 2006. 脐带血干细胞的基础与应用研究. 生命科学, 18(4): 323-327.

关婷, 陈新莲, 魏杨君, 等. 2012. 人羊水干细胞分离方法及其生物学特性研究. 四川大学学报 (医学版), 43(1): 15-18.

郭婷婷, 张世栋, 牛春娥, 等. 2013. 细毛羊毛囊干细胞分离培养方法比较研究. 中国畜牧兽医, 40(7): 148-152.

韩长杰, 杨向群, 张传森. 2010. 脂肪干细胞的免疫学性质. 中国组织工程研究与临床康复, 14(27): 5095-5098.

郝嘉, 游凯, 肖颖彬. 2010. 羊水干细胞的研究现状. 中国胸心血管外科临床杂志, 17(5): 399-403.

洪天配. 2005. 胰腺干细胞研究的现状与展望. 世界华人消化杂志, 13(3): 286-289.

胡学昱, 罗卓荆, 田爽. 2005. 成人骨髓基质干细胞的体外培养及初步诱导分化研究. 中国脊柱脊髓杂志, 15(10): 594-597.

胡资兵, 曾荣, 郭伟韬, 等. 2008. 骨髓间充质干细胞诱导分化特征. 中国组织工程研究与临床康复, 12(43): 8561-8566.

纪明开, 程波. 2007. 毛囊干细胞的研究进展. 国际皮肤性病学杂志, 33(5): 314-316.

姜怀志, 赵艳丽, 陈洋, 等. 2009. 辽宁绒山羊毛囊群结构的研究.中国畜牧兽医, 36(10): 28-30.

姜自玲, 杨力, 连小华, 等. 2008. 角膜缘基质诱导毛囊干细胞角膜上皮样转分化的研究. 第三军医大学学报, 13(1): 1235-1238 .

焦泽华, 段彪, 白春玲, 等. 2010. 脱氧胆酸处理对大鼠肌肉卫星细胞的影响. 中国畜牧兽医, 37(12): 39-42.

焦泽华, 魏著英, 白春玲, 等. 2011. 大鼠肌肉卫星细胞的分离鉴定与诱导分化. 农业生物技术学报, 19(2): 302-307.

鞠晓东, 于长隆, 敖英芳, 等. 2008. 人转化生长因子 β2 基因转染诱导脂肪间充质干细胞向软骨细胞定向分化的实验研究. 中国运动医学杂志, 27(6): 680-683.
李春, 李巍松, 刘虎, 等. 2013. 羊水干细胞在再生医学的研究进展. 中国修复重建外科杂志, 27(10): 1262-1266.
李江璇, 肖丽玲, 饶从强, 等. 2015. 人与大鼠脂肪干细胞提取方法及生物学特性的比较研究. 暨南大学学报 (自然科学与医学版), 36(4): 324-329.
李鲁生, 张涵, 王成俊, 等. 2010. 骨髓间充质干细胞的分离方法和生物学特性. 中国组织工程研究与临床康复, 14(10): 1869-1873.
李睿书, 王石泉. 2007. 毛囊干细胞. 细胞生物学杂志, 29: 457-462.
李小平, 郑磊贞. 2014. 胰腺癌干细胞表面标志物的研究进展. 肿瘤学杂志, 20(12): 1040-1045.
李晓峰, 赵劲民, 苏伟, 等. 2011. 大鼠骨髓间充质干细胞的培养与鉴定. 中国组织工程研究与临床康复, 15(10): 1721-1725.
马俊勋, 方驰华, 张伟, 等. 2005. 成体大鼠肝干细胞分离、培养及形态学观察. 中华肝胆外科杂志, 11(1): 60-62.
马力, 刘大军, 李德天, 等. 2008. 不同分离方法及培养条件对兔骨髓间充质干细胞生长增殖及生物学特性的影响. 中国组织工程研究与临床康复, 12(38): 7401-7406.
倪振洪, 邵勇, 李玉红. 2010. 毛囊干细胞标记物的研究进展. 中国细胞生物学学报, 32(1): 43-48.
聂绪强, 陈怀红, 唐宁, 等. 2011. 脂肪干细胞的共培养及其分化应用概述. 生物工程学报, 27(8): 1121-1131.
任逸众, 韩长旭. 2011. 脂肪干细胞的体外诱导与分化. 中国组织工程研究与临床康复, 15(32): 6068-6071.
唐佩弦. 2006. 干细胞基础研究的新进展. 基础医学与临床, 26(1): 1-11.
王阁, 索金友, 邓婧, 等. 2006. 原发性肝癌不同病理组织类型中肝干细胞的起源分析. 第三军医大学学报, 28(2): 114-116.
王璐, 刘军. 2008. 肝干细胞的分离培养和诱导分化及应用.中国组织工程研究与临床康复, 12(12): 2355-2358.
王政禄, 郑虹. 2015. 肝干细胞及其应用的研究进展实用器官移植. 电子杂志, 3(1): 54-58.
吴娟利, 赵小立. 2006. 胰腺干细胞研究进展. 细胞生物学杂志, 28: 368-372.
相新新, 赵晶, 李茵, 等. 2010. 脂肪干细胞定向分化的影响因素. 生理科学进展, 41(5): 341-346.
效梅, 安立龙, 杨学义, 等. 2008. 人胰腺干细胞建系及移植诱导胰岛治疗大鼠糖尿病. 中国科学 C 辑: 生命科学, 38(8): 699-707.
徐道华, 周晨慧, 刘钰瑜, 等. 2009. 大鼠骨髓间充质干细胞分化成脂肪细胞的定向诱导. 中国组织工程研究与临床康复, 13(1): 125-128.
徐红. 2009. 毛囊干细胞的分离培养与鉴定. 吉林大学硕士学位论文.
杨芬, 杨乃龙. 2008. 两种体外分离成人骨髓间充质干细胞方法的比较. 中国组织工程研究与临床康复, 12(3): 473-476.
杨丽, 张荣华, 谢厚杰, 等. 2009. 建立大鼠骨髓间充质干细胞稳定分离培养体系与鉴定. 中国组织工程研究与临床康复, 13(6): 1064-1068.
杨青, 李秀兰, 张杨, 等. 2012. 表皮干细胞与毛囊干细胞生物学特性的比较. 中国组织工程研究, 16(27): 5034-5038.
原璐, 王春生, 安铁洙. 2009. 毛囊干细胞研究进展. 中国生物工程杂志, 29(1): 75-79.
赵奎, 贾宗菲, 弓慧敏, 等. 2010. 毛囊干细胞的分离方法. 中国畜牧兽医, 37(12): 82-85.
赵云杰, 魏著英, 李欣欣, 等. 2016. 牛肌肉卫星细胞向胰岛素分泌细胞的诱导转分化研究. 农业生物技术学报, 24(2): 224-232.

钟晓刚, 何生, 殷舞, 等. 2005. 肝干细胞作为肝癌靶向基因治疗载体的体内实验研究. 中华医学杂志, 85(36): 2570-2572.

周敦华, 黄绍良, 吴燕峰, 等. 2003. 人体间充质干细胞体外扩增及生物学特性研究. 中华儿科杂志, 41(8) : 607-610.

周阳, 陈嘉勇. 2015. 肝干细胞的研究进展. 世界华人消化杂志, 23(1): 64-70.

Abraham EJ, Leech CA, Lin JC, et al. 2002. Insulinotropic hormone glucagon-like peptide-1 differentiation of human pancreatic islet-derived progenitor cells into insulin-producing cells. Endocrinology, 143: 3152-3161.

Amoh Y, Li L, Katsuoka K, et al. 2005. Multipotent nestin-positive, keratin-negative hair-follicle bulge stem cells can form neurons. Proc Natl Acad Sci USA, 102: 5530-5534.

Amoh Y, Li L, Yang M, et al. 2004. Nascent blood vessels in the skin arise from nestin-expressing hair-follicle cells. Proc Natl Acad Sci USA, 101: 13291-13295.

Avital I, Inderbizin D, Aoki T, et al. 2001. Isolation, characterization, and transplantation of bone marrow-derived hepatocyte stem cells. Biochem Biophys Res Commun, 288: 156-164.

Bruder SP, Kutyh AA, Shea M, et al. 1998. Bone regeneration by implantation of purified, culture-expanded human mesenchymal stem cells. J Orthopaedic Research, 16: 155-162.

Choi JH, Lee MY, Kim Y, et al. 2010. Isolation of genes involved in pancreas regeneration by subtractive hybridization. Biol Chem, 391: 1019-1029.

Gao R, Ustinov J, Pulkkinen MA, et al. 2003. Characterization of endocrine progenitor cells and critical factors for their differentiation in human adult pancreatic cell culture. Diabetes, 52: 2007-2015.

Joo S, Ko IK, Atala A, et al. 2012. Amniotic fluid-derived stem cells in regenerative medicine research. Arch Pharm Res, 35: 271-280.

Liang L, Bickenbach JR. 2002. Somatic epidermal stem cells can produce multiple cell lineages during development. Stem Cells, 20: 21-31.

Liu Y, Lyle S, Yang Z, et al. 2003. Keratin 15 promoter targets putative epithelial stem cells in the hair follicle bulge. J Invest Dermatol, 121: 963-968.

Lyle S, Christofidou-Solomidou M, Liu Y, et al. 1999. Human hair follicle bulge cells are biochemically distinct and possess an epithelial stem cell phenotype. J Investig Dermatol Symp Proc, 4: 296-301.

Ogata T, Park KY, Seno M, et al. 2004. Reversal of streptozotocin-induced hyperglycemia by transplantation of pseudoislets consisting of beta cells derived from ductal cells. Endocr J, 51: 381-386.

Ogawa R, Mizuno H, Watanabe A, et al. 2004. Osteogenic and chondrogenic differentiation by adipose-derived stem cells harvested from GFP transgenic mice. Biochem Biophys Res Commun, 313: 871-877.

Oshima H, Rochat A, Kedzia C, et al. 2001. Morphogenesis and renewal of hair follicles from adult multipotent stem cells. Cell, 104: 233-245.

Ramiya VK, Maraist M, Arfors KE, et al. 2000. Reversal of insulin-dependent diabetes using islets generated *in vitro* from pancreatic stem cells. Nat Med, 6: 278-282.

Roh C, Tao Q, Lyle S. 2004. Dermal papilla-induced hair differentiation of adult epithelial stem cells from human skin. Physiol Genomics, 19: 207-217.

Safford KM, Hicok KC, Safford SD, et al. 2002. Neurogenic differentiation of murine and human adipose-derived stromal cells. Biochem Biophys Res Commun, 294: 371-379.

Seaberg RM, Smukler SR, Kieffer TJ, et al. 2004. Clonal identification of multipotent precursors from adult mouse pancreas that generate neural and pancreatic lineages. Nat Biotechnol, 22: 1115-1124.

Shapiro AM, Lakey JR, Ryan EA, et al. 2000. Islet transplantation in seven patients with type 1 diabetes mellitus using a glucocorticoid-free immunosuppressive regimen. N Engl J Med, 343: 230-238.

Suzuki A, Zheng YW, Kondo R, et al. 2000. Flow-cytometric separation and enrichment of hepatic progenitor cells in the developing mouse liver. Hepatology, 32: 1230-1239.

Tani H, Morris RJ, Kaur P. 2000. Enrish for murine keratinocyte stem cell based on cell surface phenotype. Proc Natl Acad Sci USA, 97: 10960-10965.

Taniguchi H, Suzuki A, Zheng Y, et al. 2000. Usefulness of flow cytometric cell sorting for enrichment of hepatic stem and progenitor cells in the liver. Transplant Proc, 32: 249-251.

Till JE, McCulloch EA. 1961. A direct measurement of the radiation sensitivity of normal bone marrow cells. Radiation Res, 14: 213-222.

Tsai MS, Hwang SM, Tsai YL, et al. 2006. Clonal amniotic fluid-derived stem cells express characteristics of both mesenchymal and neural stem cells. Biol Reprod, 74: 545-551.

Tumbar T, Guasch G, Greco V, et al. 2004. Defining the epithelial stem cell niche in skin. Science, 303: 359-363.

Zuk PA, Zhu M, Mizuno H, et al. 2001. Multilineage cells from human adipose tissue: implications for cell-based therapies. Tissue Eng, 7: 211-228.

（魏著英、李光鹏）

第十五章　精原干细胞

精原干细胞（spermatogonial stem cell，SSC）又称雄性生殖干细胞（male germline stem cell，mGSC），是位于睾丸曲细精管基膜上的一类组织干细胞。SSC 通过自我更新能够维持自身群体数量的稳定，又能发育分化形成精子细胞。与其他组织特异性干细胞相似，精原干细胞数量非常少，仅占啮齿动物睾丸中所有生殖细胞的 0.03%（Tegelenbosch and de Rooij，1993）。研究显示，SSC 在体外适宜培养条件下，可以像胚胎干细胞一样在体内外具有分化产生三胚层在内的所有类型细胞的潜能（Kanatsu-Shinohara et al.，2008；Oatley and Brinster，2008）。精原干细胞具有组织干细胞的特性和胚胎干细胞样的潜能，可以作为研究精子发生、减数分裂的分子调控和细胞重编程的一个理想的体外模型。

第一节　精原干细胞的来源

一、精原干细胞的发生

在胚胎时期，精原干细胞起源于原始生殖细胞（PGC），出生后存在于动物睾丸中的曲细精管基底膜附近。

（一）PGC 的生成

在 4.5 天（E4.5）时，小鼠胚胎内只存在 3 种细胞类型：滋养外胚层（trophectoderm，

TE）细胞、多能性外胚层细胞（epiblast pluripotent cell，Epi 细胞）和原始内胚层细胞（primitive endoderm，PE 细胞）。发育到 5.5 天时，TE 细胞和 Epi 细胞共同形成胚外外胚层（extra-embryonic ectoderm，EXE），并分泌 Bmp4 和 Bmp8b；同时 EXE 和 PE 细胞分化来的脏层内胚层（visceral endoderm，VE）开始分泌 Bmp2。胚胎发育到 6.0～6.25 天时，体内的 Bmp4 分泌达到峰值，Prdm1 阳性的 PGC 前体细胞出现；随后，在胚胎近后端的外胚层细胞，将 PGC 前体细胞包围，为后期的生殖器官发育做准备。在胚胎发育到 7.25 天时，约 40 个细胞组成的碱性磷酸酶阳性 PGC 细胞团出现，PGC 开始向生殖细胞分化。在小鼠，PGC 形成的命运主要受 Prdm14 决定；SOX17 决定人的 PGC 的发育命运（Irie et al.，2015）。

（二）PGC 向 SSC 的分化

在小鼠胚胎发育到 8.5 天时，PGC 中的 H2A/H4R3 甲基化水平明显提高。发育到 10.5 天时，PGC 开始向生殖嵴迁移，并开始向两性生殖细胞分化。在胚胎发育到 11.5 天时，PGC 中的 H2A/H4R3 甲基化水平锐减。发育到 12.5 天时，PGC 中减数分裂标志基因 *Ddh38* 的表达水平开始上调，PGC 分化为两性生殖细胞（Saitou and Yamaji，2012），胚胎的雌雄命运就此决定。

在 PGC 分化为 SSC 前，首先迁徙进入生殖嵴，两性性别分化决定后，生殖嵴的 PGC 会被睾丸小管周肌样细胞和支持细胞前体细胞包围形成精索，形成睾丸中的性原细胞（gonocyte）。性原细胞增殖后，在个体出生前会停止在 G_0/G_1 期；当出生后开始性成熟时，性原细胞会继续增殖，形成 A 型精原细胞，也就是 SSC。性成熟过程中，SSC 大量分化形成精子细胞（图 15-1）（Saitou and Yamaji，2012）。

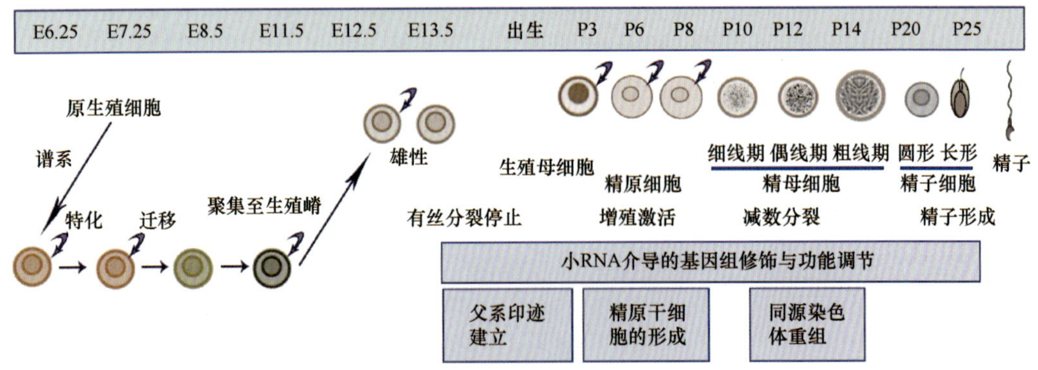

图 15-1 生殖细胞发育分化的模式图

二、精原干细胞的特征

动物睾丸中的精原细胞包括两种类型：分化中的精原细胞和未分化的精原细胞。精原干细胞属于未分化的精原细胞。分化中的精原细胞中有 A1～A4 型、中间型（In）和 B 型精原细胞；未分化精原细胞包括 A_s、A_{pr}、A_{al} 等三种细胞类型。一般认为，A_s 细胞是睾丸中的精原干细胞。A 型 SSC 染色质呈均匀强碱性，核内缺少异染色质，有数目不等的核仁；B 型 SSC 的细胞核中有丰富的异染色质。精原干细胞位于曲精细管生精上皮的最外层，即靠近基膜的部位（图 15-2）。

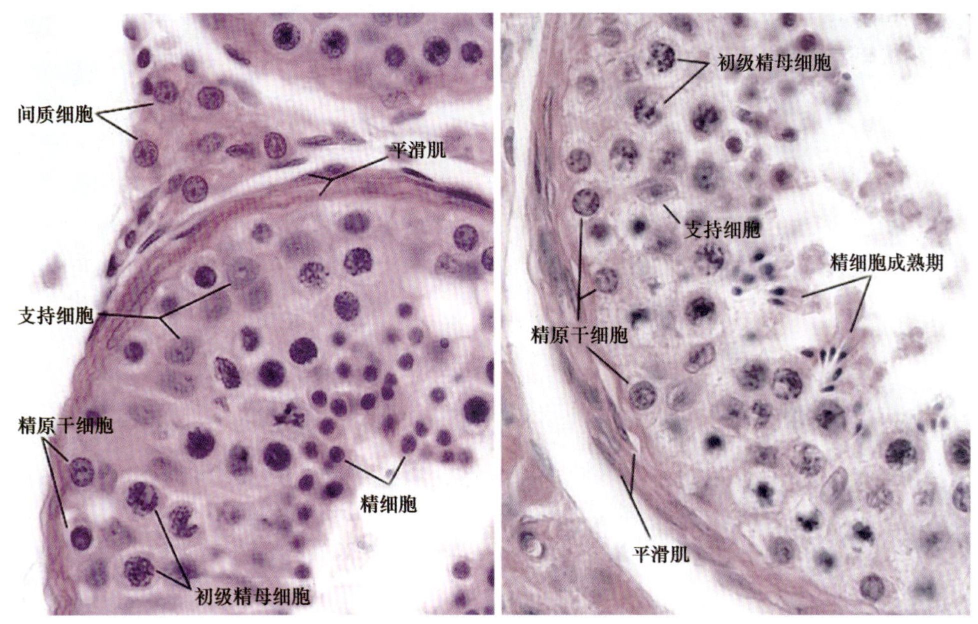

图 15-2 曲精细管切片 H-E 染色图片

A_s 细胞能够以有丝分裂的方式自我更新形成 2 个独立的 A_s 细胞，或者形成 2 个胞质相连的 A_{pr} 细胞。A_s 细胞的增殖过程可以认为是 SSC 的自我更新过程；而 A_{pr} 细胞的增殖过程则开始了 SSC 向精子细胞的分化（图 15-3）（Oatley and Brinster，2012）。研究证实，精原干细胞的自我更新和分化，受多种内源性和外源性细胞因子的调控（Jan et al.，2012）（图 15-3）。两个胞质相连的 A_{pr} 细胞可进一步分化为 4 个、8 个、16 个串联的 A_{al} 细胞，随后通过 A1（16）→A2（32）→A3（64）→A4（128）→In（256）→B 型（512），形成精母细胞（spermatocyte），最后成熟为精子，从而完成一个完整的生精周期（spermatogenic cycle）（图 15-3）（Jan et al.，2012；Oatley and Brinster，2008）。

三、SSC 的分子标记及纯化

了解 SSC 标记，一方面有助于识别和鉴定 SSC，另一方面有助于分离和富集 SSC，使得到 SSC 的效率更高。

目前，解析 SSC 的分子标记及纯化方法主要有以下几种。

（一）流式细胞分选技术

即借助特异性的携带荧光素的抗体结合细胞表面分子后，利用流式细胞仪即荧光活化细胞分选仪（fluorescence activated cell sorting，FACS）的荧光激活及细胞分选功能，将特定细胞分选出来。FACS 结合细胞移植技术，是目前常用的解析 SSC 标记的方法。

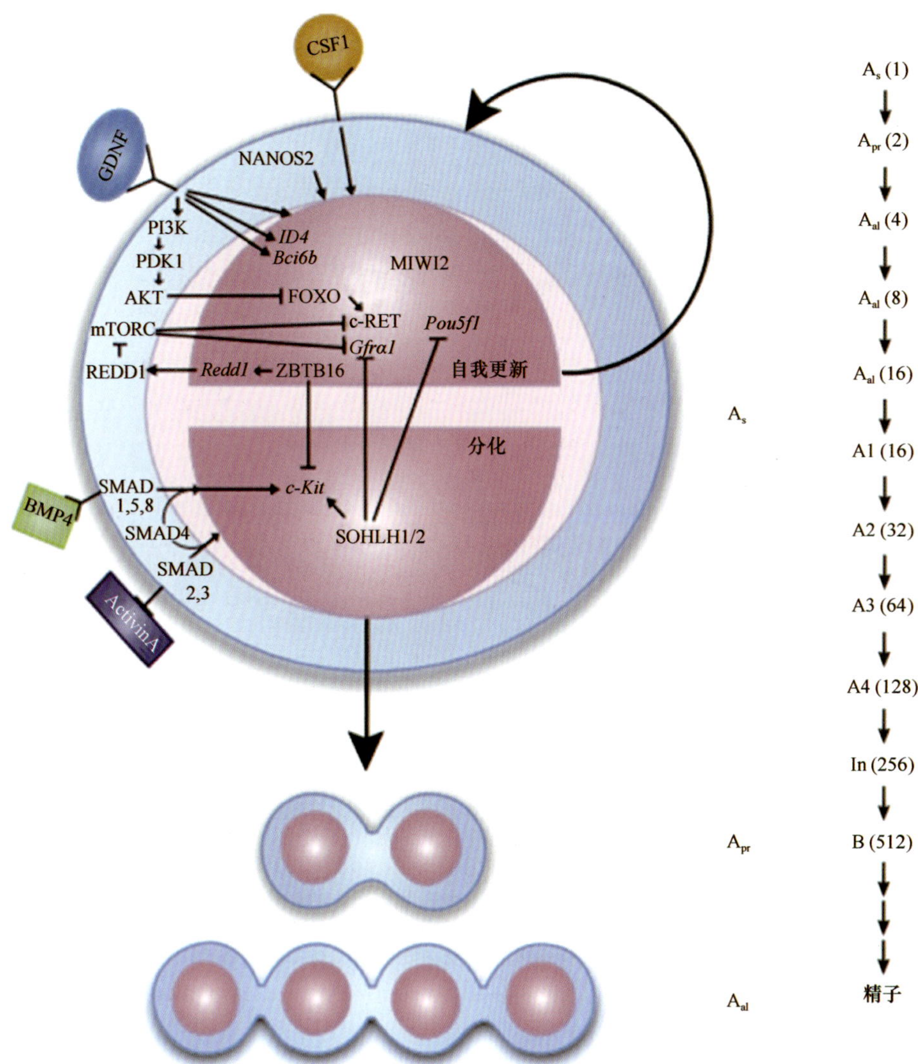

图 15-3 精原干细胞自我更新和向精子细胞分化的示意图（Jan et al.，2012；Oatley and Brinster，2008）

将睾丸细胞悬液用两种荧光素标记的抗体染色，FACS 将两种标记的阳性细胞分离出来，分别移植到生精缺陷动物的睾丸中，检测其相对的 SSC 的特性。Shinohara 等（1999）利用这一技术，证实了 SSC 可以特异性的结合于层粘连蛋白处理的培养板上，从结合的层粘连蛋白细胞中分离出 β1 整合素，使得这个分子成为最早的 SSC 候选标记之一。到目前为止，已鉴定出的小鼠 SSC 的标记有 α6-Integrin（CD49f）、β1-Integrin（CD29）、THY-1（CD90）、CD9、GFRα1、CDH1、αv-Integrin（CD51）、c-Kit（CD117）和主要组织相容性抗原 I 等。联合使用阴性和阳性标记，可以使富集小鼠 SSC 的效率提高 100 倍～200 倍（Kubota et al.，2003；Shinohara et al.，2000）。尽管如此，至今仍没有一个标记是 SSC 独有的特异性标记。即使各种标记的联合使用，也并没有分离出 100%纯度的 SSC。

（二）遗传模型结合细胞移植

先经过磁激活细胞分选（magnetic activated cell sorting，MACS）技术分选出细胞，经过培养后，再将细胞移植到适当的受体，观察分选细胞的行为。这两种技术的联合使用，虽然有助于显示 SSC 的表面分子标记，但却阻碍了 SSC 细胞质和细胞核标记的研究。

利用 SSC 候选标记基因启动子驱动的 GFP 表达的转基因小鼠模型，是一种鉴定 SSC 的有效方法。Scholer 等（1989）报道，Oct4 转录因子表达于性原细胞、新生鼠、青春期鼠和成年鼠中的 A 型精原细胞。Oct4-GFP 小鼠的一个重要特性，就是可以利用 FACS 技术将睾丸中表达 Oct4 的细胞分选出来（Ohbo et al.，2003；Ohmura et al.，2004）。细胞移植证明，Oct4 阳性细胞比阴性细胞具有更强的干细胞特性（Ohmura et al.，2004）。最近，通过转基因和条件性敲除实验证明，神经原素 3（neurogenin 3，Ngn3）表达于最早期的精原细胞中（Yoshida et al.，2004），包括具有干性的 SSC 中（Nakagawa et al.，2007）。Ngn3 并不在全部的移植细胞中表达，也证明了 SSC 群体具有异质性。条件性基因敲入技术证实了 SSC 表达 *Nanos2* 基因（Sada et al.，2009）。

转基因模型证实了维甲酸刺激基因（stimulated by retinoic acid-8，Stra8）在包括 SSC 在内的未分化的精原细胞中表达。携带有 luxoid（lu）突变的雄性小鼠，由于逐渐丧失 SSC，精子发育异常，生育能力低下，最终成为不育症（Buaas et al.，2004）。该突变影响编码转录抑制子早幼粒细胞白血病蛋白（promyelocytic leukaemia zinc-finger，PLZF）的 *Zfp145* 位点。PLZF 在胚胎发育过程中表达，对肢体形成及轴向骨骼形成具有决定性作用。靶向突变 *Zfp145* 位点与 luxoid 位点突变造成的睾丸表型是一致的；PLZF 在睾丸内仅在 As、Apr 及 Aal 等未分化的精原细胞中表达（Costoya et al.，2004）。基因敲除及过表达也证实了胶质细胞原神经营养因子（GDNF）及其受体在干细胞自我更新中的作用。GDNF 信号通路是 SSC 体外扩增所必需的，而且 GDNF 结合可溶性的 GDNF 受体（GDNF family receptor，GFRα1）是 SSC 体外自我更新的最适条件（Kubota et al.，2004a，2004b）。

（三）曲细精管整体免疫荧光染色

除了流式细胞分选、遗传模型及细胞移植外，曲细精管整体的免疫荧光染色也鉴定了许多蛋白在雄性生殖系中的表达谱。在这种方法中，SSC 的标记被认为是只表达于曲细精管基底膜上的细胞中，而且与其他已知的标记具有共表达效应。这一组织学方法在曲细精管整体染色中的说服力更大，因为可以明显区分出克隆的大小（如 A_s、A_{pr}、A_{al}）。表 15-1 描述了各物种 SSC 标记解析的情况。

四、SSC 微环境

SSC 存活于一个特殊的环境中，被称为“干细胞龛”，这个微环境能调控 SSC 的自我更新与分化。一个干细胞龛中包括细胞、细胞外基质及周围调节细胞命运的可溶性因子。SSC 微环境是由曲细精管的基底膜、支持细胞、管周肌样细胞等构成的（Dadoune，2007）（图 15-4）。支持细胞和管周肌样细胞分泌基底膜组分，SSC 则通过细胞表面的黏

表 15-1 不同物种 SSC 的标记解析

细胞标记	动物种类						参考文献
	小鼠	大鼠	人	猪	牛	山羊	
c-Kit	X	X	X		X	X	Shinohara et al.，2000；Tanigaki et al.，2013；von Kopylow et al.，2012；Xie et al.，2010；Bai et al.，2008
α6-integrin（CD49f）	X		X				Shinohara et al.，1999，2000；Orwig et al.，2008
β1-integrin（CD29）	X	X					Shinohara et al.，1999；Kanatsu-Shinohara et al.，2008
Epcam	X						Kanatsu-Shinohara et al.，2011
Pou5f1（Oct4）	X		X	X	X		He et al.，2007；Goel et al.，2008；Mahla et al.，2012
GFRα1	X	X	X	X			Gassei et al.，2009；He et al.，2009；Nagai et al.，2012
Thy1（CD90）	X	X	X	X	X	X	Kubota et al.，2003；Wu et al.，2013；Eildermann et al.，2012；Zheng et al.，2014；Abbasi et al.，2013；Reding et al.，2010
Nanos2	X	X					Tsuda et al.，2003；Suzuki et al.，2007，2009；Sada et al.，2009；Bellaiche et al.，2014
CD9	X	X					Kanatsu-Shinohara et al.，2004
Ngn3	X	X	X				Yoshida et al.，2004，2006；Raverot et al.，2005
PLZF	X	X	X	X	X	X	Buaas et al.，2004；Costoya et al.，2004；Luo et al.，2006；Reding et al.，2010；Song and Wilkinson，2014
Bcl6b	X	X	X	X			Oatley et al.，2006；Yu et al.，2014
Ret	X	X	X				Naughton et al.，2006；He et al.，2007
CDH1	X	X	X	X			Tokuda et al.，2007；Yu et al.，2014
GPR125	X		X				Seandel et al.，2007；Goharbakhsh et al.，2013
UTF1	X						van Bragt et al.，2008
Lin28	X		X				Zheng et al.，2009；Aeckerle et al.，2012

注：X 表示该物种的 SSC 中表达该标记

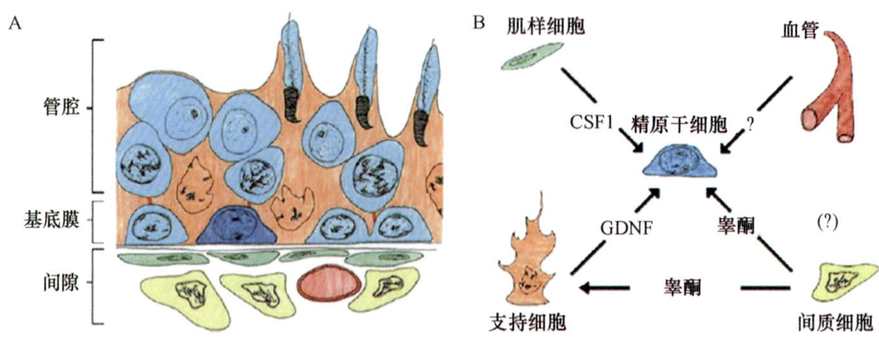

图 15-4 SSC 微环境

A. SSC 的物理微环境；B. SSC 微环境中的生长因子调控

附分子结合，支持细胞提供营养物质并介导细胞外信号来支持 SSC 及分化的生殖细胞。将正常支持细胞移植到缺陷型支持细胞的受体小鼠睾丸中，移入的正常支持细胞能够启动受体睾丸的精子发生，证明了支持细胞对于生殖细胞的分化具有重要作用。

未分化的精原细胞主要定位于曲细精管毗邻血管的区域。SSC 微环境介导调节细胞自我更新与分化的内分泌及旁分泌信号。支持细胞分泌的 GDNF，是调节 SSC 微环境的一个关键因子。GDNF 与 A_s、A_{pr} 及 A_{al} 精原细胞表面的酪氨酸蛋白激酶受体 Ret 和 GFRα1 形成复合体后发挥作用。下游会进一步激活 PI3K/Akt 通路、Src 激酶超家族成员及 Ras/Erk1/2 通路（Braydich-Stolle et al.，2007；He et al.，2008；Oatley et al.，2007；Niu et al.，2015）。管周肌样细胞产生的集落刺激因子 1（colony-stimulating factor 1，CSF1）能够增强 SSC 的增殖（Oatley et al.，2009）。CSF1 最初发现在睾丸间质细胞及管周肌样细胞中表达，而其受体却在青春期及成年睾丸的 THY1 阳性细胞中高表达。

第二节　精原干细胞的分离、培养与鉴定

尽管体外培养和扩增 ES 细胞已经日趋常规化，但建立 SSC 培养技术体系却依然困难。目前，只有啮齿类动物的 SSC 可以在体外培养较长时间，小鼠 SSC 的群体倍增时间是 5～6 天（Kubota et al.，2004a），大鼠是 3～4 天（Hamra et al.，2005）。将培养的细胞移植后，证实这些细胞仍保持干细胞的特性。

SSC 培养受到一些因素的影响。首先，富集细胞的方法（FACS、MACS 或差速贴壁）会导致 SSC 的富集及体细胞的消除，从而促进生殖细胞分化。其次，无血清、成分明确的培养基的使用，需要添加一些细胞必需的生长因子。例如，GDNF 对于啮齿类动物 SSC 的维持与扩增是必不可少的(Kanatsu-Shinohara et al.，2003；Kubota et al.，2004a)。第三，STO 或 MEF 作为饲养层通常是必需的。出生后 5～12 天的小鼠睾丸中 SSC 的含量最高，从这个阶段的睾丸中分离 SSC 的成功率较高。也有从新生鼠（Kanatsu-Shinohara et al.，2003）和成年小鼠（Kubota et al.，2004b）成功培养 SSC 的案例。通过导入反转录端粒酶基因（Feng et al.，2002）或 SV40 大 T 抗原（Hofmann et al.，2005），可以建立永生化的小鼠 SSC 细胞系。

本节简要介绍小鼠、山羊、绵羊和牛 SSC 的分离、培养和鉴定等。

一、小鼠精原干细胞的分离培养与鉴定

（一）动物培养液

1. 实验动物

选取 10 日龄左右的昆白系或其他品系小鼠。

2. 培养液

1）高糖 DMEM 基础培养基。成品或高糖 DMEM 粉，按产品说明配制。

2）小鼠精原干细胞培养液。在 DMEM 基础培养基中加入 15% FBS、1mmol/L β-巯基乙醇、1% 非必需氨基酸（NEAA）、20mmol/L 谷氨酰胺、10ng/ml LIF，0.22μm 的滤

器过滤，分装，4℃保存。

3）消化酶混合液。1mg/ml 胶原酶Ⅰ+10μg/ml DNaseⅠ+1mg/ml 透明质酸酶。

4）0.25%胰蛋白酶消化液。0.25g 胰蛋白酶粉、0.04g EDTA 溶解至 100ml PBS 中，充分搅拌 15min 以上，0.22μm 滤器过滤，分装即可使用。

5）层粘连蛋白（laminin）。可以–20℃长期保存，短期内 4℃保存。将层粘连蛋白铺到皿上室温 1h，即可进行细胞接种。

6）AP 染色液。取 10ml 瓶，称取磷酸萘酚盐 5mg，坚固红 0.1mg，加入 5ml Tris-HCl，用移液器吹打，室温放置 5min 后使用。临用前配制。

（二）小鼠胎儿成纤维细胞饲养层的制作

脱颈椎处死怀孕 12～16dpc 的母鼠，将其体内串珠状子宫取出，PBS 洗 2～3 次，取出胎鼠，把头、内脏、四肢及尾巴去除，将剩余躯体部分剪成匀浆。加入 0.05%胰蛋白酶，37℃培养箱中消化 4～5min，反复吹打，待分散成单个细胞或极小细胞块后，加入 DMEM+10% FBS 溶液中和，离心，去上清。加入 DMEM+10% FBS 溶液重悬细胞，接种细胞至培养皿中，移入 37℃培养箱中培养，隔天或 3 天换一次液。在生长融合至 85%～90%时，吸去培养液，用 0.25%胰蛋白酶消化，DMEM+10% FBS 溶液中和，离心，去上清。加入 DMEM+10% FBS 溶液重悬，传代。2～4 天传代一次。

在 1～3 代的小鼠胎儿成纤维细胞（MEF）培养皿中，加入 10μg/l 的丝裂霉素 C 液，置于 37℃、5% CO_2 培养箱中处理 2.5～3h。吸取丝裂霉素 C 液，用 PBS 液洗 3 次，用 0.05%胰蛋白酶消化细胞，37℃培养箱中消化 5～6min，反复吹打，待细胞分散成单个细胞后，加入 DMEM+10% FBS 溶液中和，离心，去上清。用 DMEM+10% FBS 溶液重悬细胞，接入培养皿或培养板中，6～8h 后备用。

（三）精原干细胞的分离培养

采用两步酶消化加差速贴壁法分离精原干细胞。在两步酶消化和差速贴壁后，选用一种标记蛋白如 CD90，对未贴壁细胞进行免疫磁珠分选，分离出精原干细胞。分选步骤将在羊精原干细胞一节中介绍。

1）收集日龄为 6～12 天雄性小鼠，脱颈椎处死，无菌收集双侧睾丸，加入预冷的含双抗的 PBS 中。

2）体式镜下剥离白膜等，用镊子撕散睾丸，使曲细精管散开。

3）加入消化酶混合液，振荡消化 15min，每隔 5min 吹打数次；用 DMEM+10% FBS 溶液中和，1000r/min 离心 5min，去上清。

4）加胰蛋白酶振荡消化 10min，每隔 5min 吹打数次；DMEM+10% FBS 溶液中和，1000r/min 离心 5min，去上清。

5）加入 PBS 重悬，细胞悬液过 200 目滤网，1000r/min 离心 5min，去上清。

6）加入培养液重悬细胞，将细胞接在普通贴壁皿中，放于 37℃培养箱贴壁差速纯化 12h。

7）将培养皿铺被 laminin，置于室温下 1h；后将 laminin 吸出备用；将未贴壁细胞吸出，置于 laminin 包被过的培养皿中，37℃培养箱培养过夜。

8）将贴壁细胞轻柔消化下来，接种于饲养层培养皿或培养板中，用精原干细胞培养基培养。

（四）小鼠精原干细胞特性鉴定

用Ⅳ型胶原酶和胰酶等将睾丸中的所有细胞消化为单细胞并差速贴壁后，收集未贴壁的精原细胞在饲养层培养皿上培养 6～8 天，会出现细胞成对或排列聚集，有 4～8 个细胞聚集的小克隆（图 15-5A、B）。在第 2 代之后，会形成典型的精原干细胞克隆（图 15-5C、D）。半定量 PCR 检测发现，细胞呈现 Oct4、CD90 与 Nanos2 阳性（图 15-6）。免疫荧光检测时，大部分细胞呈现 GFRα1、CD90、VASA、Nanos2 和 PLZF 阳性，AP 染色阳性（图 15-7）。说明分离的小鼠精原干细胞具备典型的小鼠精原干细胞形态及多能性标记。

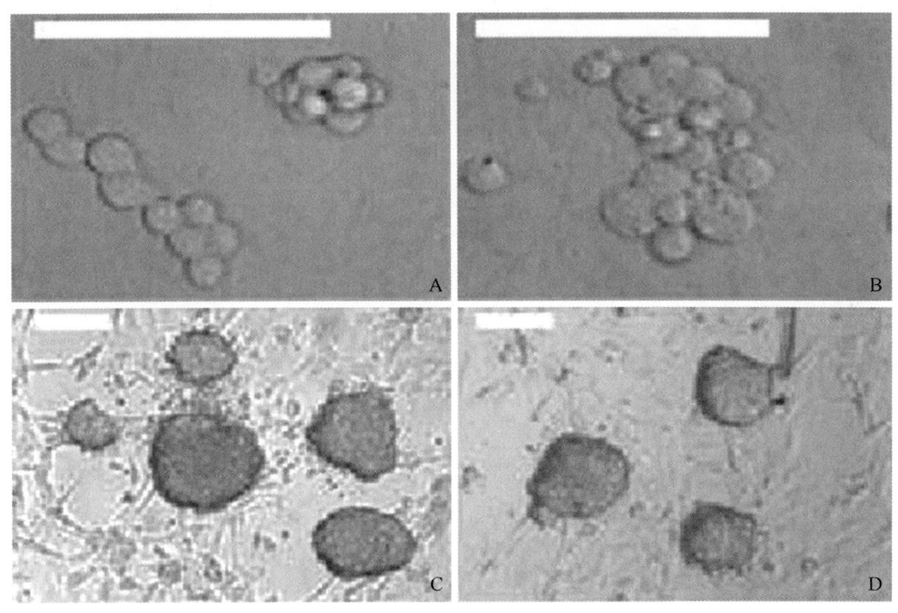

图 15-5　小鼠精原干细胞分离培养后的形态观察

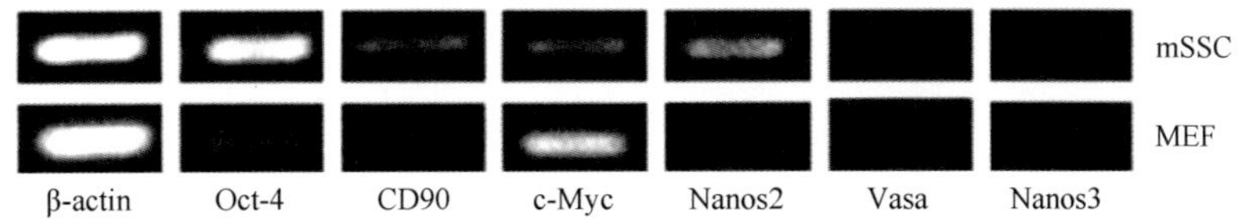

图 15-6　小鼠精原干细胞分离培养后的部分标记基因的核酸水平检测

二、绵羊精原干细胞的分离

（一）动物与培养液

1. 实验动物

选取 1～4 月龄的公羊。

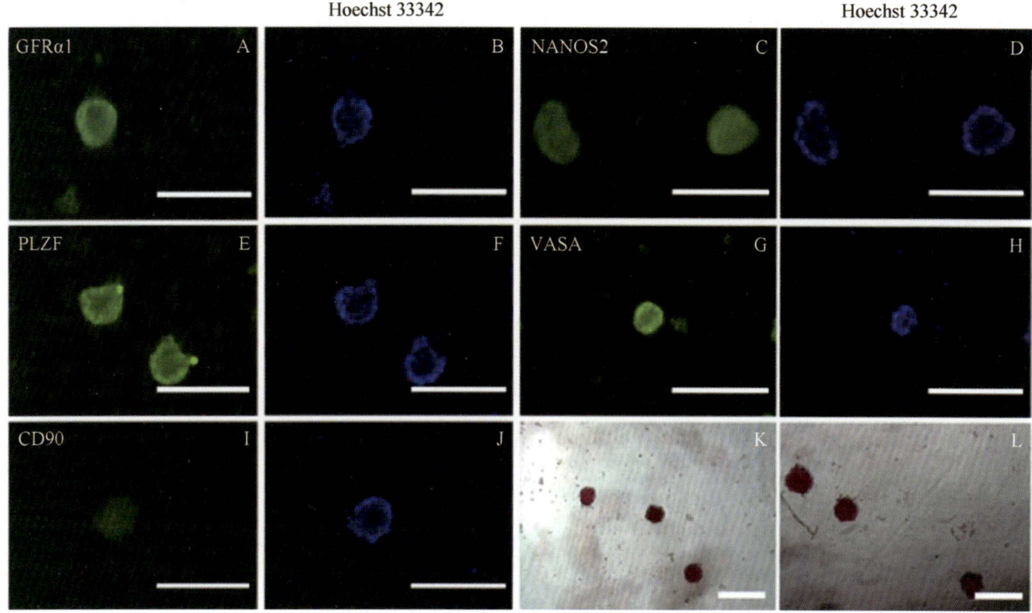

图 15-7 小鼠精原干细胞分离培养后的部分标记蛋白质染色和 AP 染色

2. 培养液

（1）精原细胞原代分离复合消化液

称取 100mg 的胶原酶、1mg 的 DNase、100mg 的分解酶，溶于 100ml 无钙镁 PBS 缓冲液中，0.22μm 滤膜过滤后分装，–20℃保存。

（2）精原细胞基础培养液

含 10% FBS 的奶山羊精原细胞培养液：高糖 DMEM/F12 为基本培养液，添加 10% 的 FBS、0.1mmol/L 的 β-巯基乙醇、2mmol/L 的谷氨酰胺和 0.1mmol/L 的非必需氨基酸。用 0.22μm 滤膜过滤后无菌分装，4℃冰箱保存。

（3）红细胞裂解液

称取 1.8675g 的 NH_4Cl、Tris 0.65g，溶于 250ml 的超纯水中，用盐酸调至 pH 7.2。

（二）精原细胞的分离

1. 睾丸细胞的消化

将取到的睾丸组织经高浓度双抗清洗后转移到细胞培养室，经 75%医用酒精短暂浸泡 1 至 2min。剪开白膜及睾丸组织，取出部分组织浸泡于 PBS 中，反复清洗 3～4 次后，用剪刀剪碎。加入 10 倍体积的 CDD（2mg/ml 胶原酶+20μg/ml DNase+2mg/ml Dispase）37℃消化 30min。加入等体积的 DMEM/F12+10% FBS 中和，2000r/min 室温离心 5min 后弃上清，用 DMEM+10% FBS+2mmol/L 谷氨酰胺+100μmol/L β-巯基乙醇的溶液重新悬浮细胞后，接种于 90mm 培养皿上，37℃、5% CO_2 及饱和湿度条件下培养。

2. 精原细胞的差速纯化

用精原细胞培养液将上步收集的精原细胞重悬，按 1×10^6 密度培养在 10cm 培养板上，差速过夜培养后，收集未贴壁的精原细胞（含有少量的精母细胞和精子细胞），用于后续的磁珠抗体标记法筛选。

3. 磁珠抗体标记分选

将上步中收集的未贴壁精原细胞，经 CD49f 抗体标记的免疫磁珠分选（MACS）。

1）将未贴壁的精原细胞经 1200r/min 室温离心 5min，弃去培养液。

2）离心细胞用 PBS 重悬后计数，按 1×10^7 个/管分装，1200r/min 室温离心 5min，弃去 PBS。

3）离心沉淀细胞用 1% BSA 按 1∶100 稀释的 CD49f 一抗稀释液重悬，室温孵育 1h。

4）孵育细胞 1200r/min 室温离心 5min，收集上层一抗稀释液。

5）细胞沉淀用 80μl MACS 缓冲液重悬。

6）加入 20μl 磁珠标记的二抗工作液，4℃孵育 15min，1200r/min 室温离心 5min。

7）细胞沉淀用 500μl MACS 缓冲液重悬后，1200r/min 室温离心 5min。

8）安装 MACS 分选柱到 MACS 分选磁架。

9）细胞沉淀再用 500μl MACS 缓冲液重悬成细胞悬液，用 500μl MACS 缓冲液润洗 MACS 分选柱，待润洗的 MACS 缓冲液将要流完时，及时缓慢滴加细胞悬液。

10）收集流过分选柱的细胞悬液，即为 CD49f 阴性精原细胞。

11）待细胞悬液完全流过分选柱后，从分选磁架上取下分选柱，再向分选柱中滴加 500μl MACS 缓冲液，收集用助推活塞推出的 MACS 缓冲液，其中即含有 CD49f 阳性精原干细胞。

三、山羊精原干细胞的培养与鉴定

精原干细胞的培养液及差速贴壁培养过程等同绵羊。

（一）CD49f 分选睾丸细胞

利用 CD49f 抗体标记的磁珠对山羊精原细胞进行分选，分选效率为 0.867%。分选得到的大部分细胞较阴性组和未分选组要小（图 15-8）。对所分选到的细胞经 mRNA 和蛋白质水平检测，并对细胞的着色效率进行分析表明，阳性细胞的 CD49f 的着色率为 85%，阴性细胞 34.7%；阳性细胞的 GFRα1 着色率为 79.7%，阴性细胞 37.3%；阳性细胞的 Oct4 着色率为 84%，阴性细胞 39.7%；阳性细胞的 PLZF 着色率为 62.3%，阴性细胞 40%。总体上看，CD49f 阳性细胞的标记蛋白的表达率均明显高于 CD49f 阴性细胞（图 15-9A、B）。利用 RT-PCR 分别对 CD49f 阴性和阳性细胞中的 CD49f、CD90、

VASA 和 PLZF 4 个基因表达进行分析，结果显示阳性细胞中 4 个基因的表达量都明显高于阴性细胞（图 15-9C）。

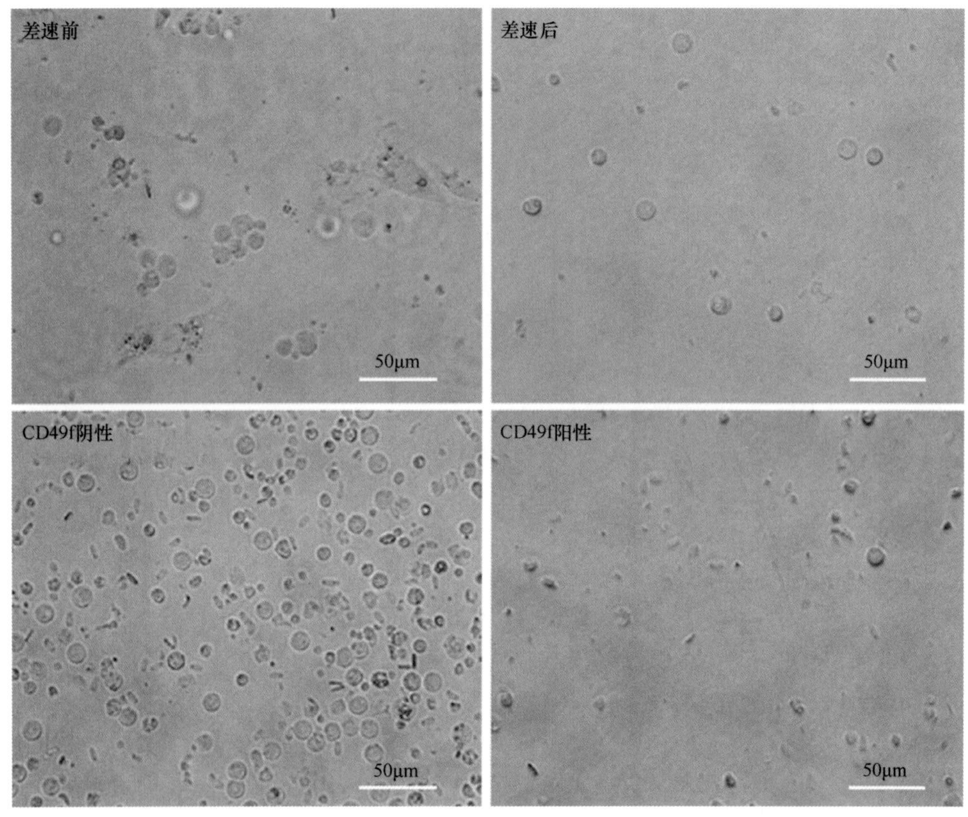

图 15-8 CD49f 分选后所得到的细胞

（二）CD49f 阴性和阳性细胞体外培养后的鉴定

分别将 CD49f 分选所得阴性和阳性细胞，按照相同的细胞密度接种于 MEF 饲养层上，用精原干细胞特异的培养液培养 14 天后，检测两组细胞的增殖能力、形态学及基因表达方面的差异。结果显示，CD49f 阳性细胞比阴性细胞增殖能力强大约 3 倍（图 15-10A）；CD49f 阳性细胞能形成 SSC 样典型克隆（图 15-10B）。基因表达检测显示，CD49f 阳性细胞表达 CD49f 和 PLZF，而阴性细胞却不表达（图 15-11A、B）。RT-PCR 结果显示，CD49f 阳性细胞的 GFRα1、CD90、CD49f、PCNA 和 CDK2 的表达水平显著高于阴性细胞（图 15-11C）。

（三）山羊精原干细胞的培养和传代

对分选获得的典型细胞克隆，采用机械离散法或 TrypLE 消化成单细胞或小细胞团，离心后接种在 laminin 处理的培养板上或 MEF 饲养层细胞上。SSC 培养基为 DMEM/F12+10% KSR+1% FBS+2mmol/L Glu+1% NEAA+100μmol/Lβ-ME+1%脂质提取物+10ng/ml GDNF+50ng/ml GFRα1+2ng/ml bFGF+10ng/ml EGF，每 24～48h 换液 1 次。

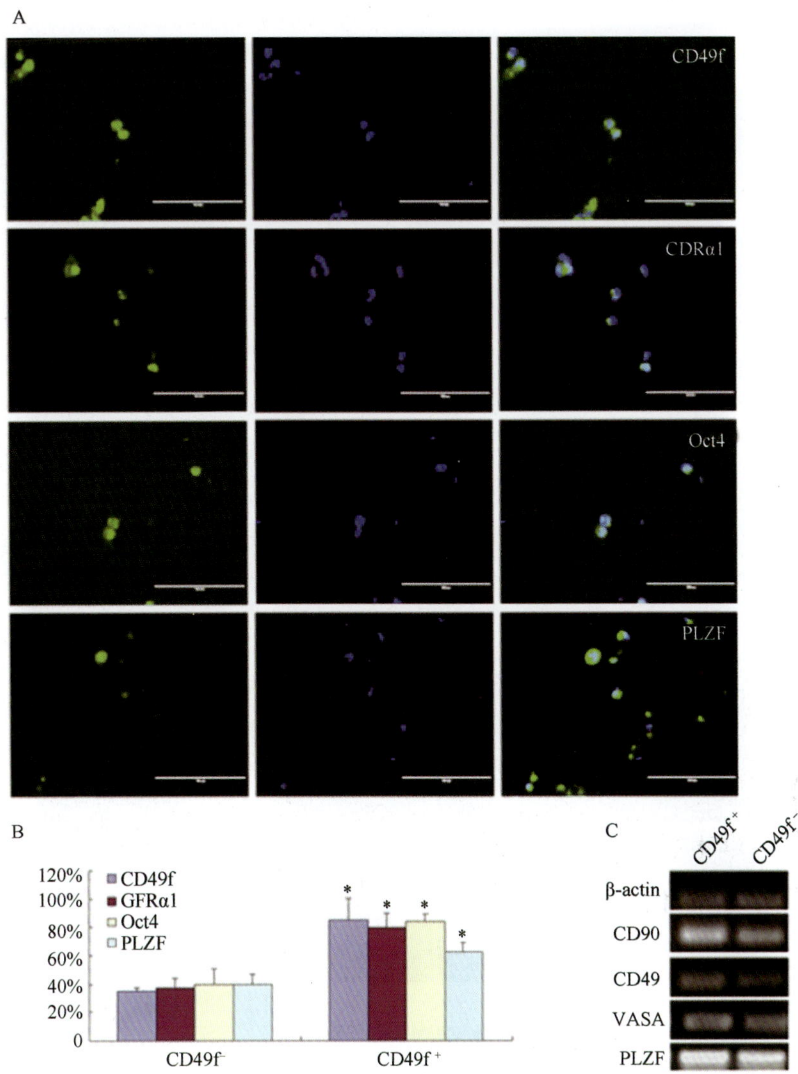

图 15-9　CD49f 分选后所得阴、阳性细胞检测

A. 阳性细胞 CD49f、GFRα1、Oct4 与 PLZF 的免疫荧光染色；B. 统计 CD49f、GFRα1、Oct4 及 PLZF 在阴、阳性细胞中的阳性率；C. RT-PCR 检测阴、阳性细胞的 CD90、CD49f、VASA 和 PLZF 的表达水平

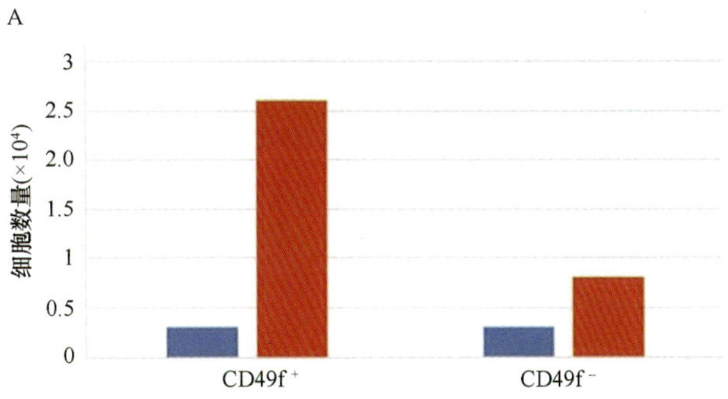

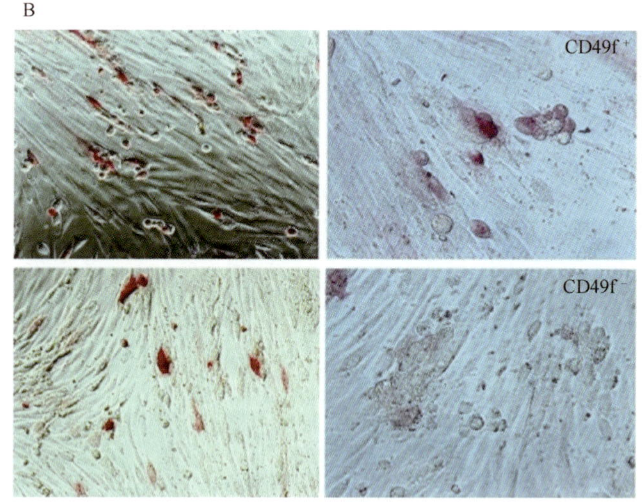

图 15-10 体外培养后 CD49f 阴、阳性细胞的鉴定

A. 细胞计数检测 CD49f 阴、阳性细胞分别接种 3000 细胞培养 2 周后的细胞数；B. CD49f 阴、阳性细胞培养 1 周后形态学及 AP 染色后的差异

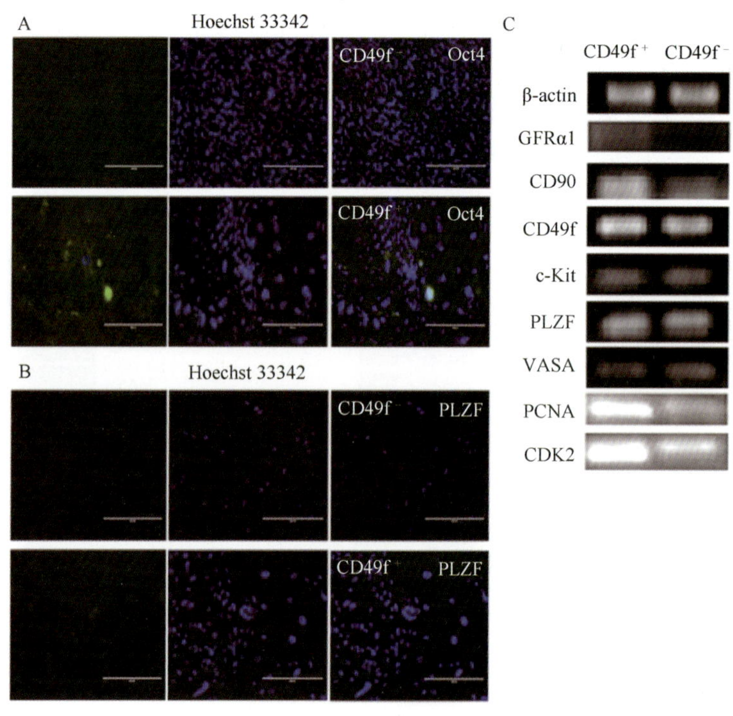

图 15-11 CD49f 阴、阳性细胞培养后的检测

A. 免疫荧光染色检测 CD49f 阴、阳性细胞培养后 CD49f 的表达；B. 免疫荧光染色检测 CD49f 阴、阳性细胞培养后 PLZF 的表达；C. RT-PCR 检测 CD49f 阴、阳性细胞培养后 GFRα1、CD90、CD49f、c-Kit、PLZF、VASA、PCNA 及 CDK2 的表达

定期采用特异标记（GFRα1、PLZF、c-Kit、CD90、CD49f、PGP9.5）进行免疫组化或 RT-PCR 检测培养细胞的生物学特性。其中，GFRα1 为 GDNF 受体。

（四）山羊精原干细胞研究进展

近年来，笔者以奶山羊为对象较为系统地研究了精原干细胞增殖、自我更新和多能性维持等方面的分子机制。研究了 SSC 表面标记如 PRMT5、Dazl、Ngn3 和 Stra8 等的作用；获得了羊雄性生殖干细胞特异性表达的 miR-125a、miR-146-3p、miR-34b-3p、miR-486-5p 和 miR-542-3p 等 miRNA，为研究家畜生殖细胞的发生机制建立了良好的模型。

在骨骼肌发育中起作用的 DNA 结合蛋白 Msx1，在 SSC 发生过程中通过激活 Stra8 和 Scp3，参与减数分裂（Mu et al.，2013）。无精子症缺失样基因（deleted in azoospermia-like，*Dazl*）编码一种生精细胞减数分裂中所需的 RNA 结合蛋白，过表达 *Dazl* 将促进 mGSC 中的 *Boule*、*Stra8* 和 *Scp3* 等基因表达（Niu et al.，2014），参与调控精子发生。Ngn3 在成年山羊睾丸中高度表达，过表达 Ngn3 可抑制减数分裂相关基因 *Plzf* 表达，促进 *CD117* 和 *Stra8* 的表达，诱使精原干细胞分化，启动减数分裂和精子发生（Tang et al.，2014）。Zhu 等（2014）在相关研究的基础上，建立了永生型的山羊雄性生殖干细胞系。

与在小鼠中的情况一样，PLZF、趋化因子（chemokine，C-X-C motif）受体 4（CXCR4）和 mir146a 也参与山羊 SSC 的自我更新。过表达 PLZF 时，可使 mir146a 下调并同时上调 CXCR4；如敲除 *Plzf*，则引起完全相反的结果。表明 PLZF 通过促进 *CXCR4* 的表达与抑制 *mir146a* 表达，促进山羊 SSC 增殖（Mu et al.，2016）。miR-204 通过靶基因 *Sirt1* 调控山羊 SSC 的增殖（Niu et al.，2016b）；miR-544 通过靶基因 *Plzf* 调节 SSC 的自我更新和分化（Song et al.，2015）；*PRMT5* 基因通过促使 *p53* 表达下调而增强了 SSC 的增殖与自我更新（Chu et al.，2015）；CD49f 通过与 Oct4 通路作用和参与组蛋白甲基化修饰，维持雄性生殖干细胞的多能性（Wu et al.，2014；Zheng et al.，2016c）。

Lin28a 是一个保守的 RNA 结合蛋白，在干细胞全能性维持、增殖和自我更新中发挥重要作用。已经证明，Lin28a 可以作为小鼠和山羊 SSC 的表面标记分子。过表达 *Lin28a* 后，促使 *Oct4*、*Sox2*、*GFRα1*、*Plzf* 和 *ETV5* 的表达，发挥维持 SSC 干性能力。Lin28a 通过上调 PCNA、Oct4、Sox2、GFRα1 和 PLZF 的活性，激活 pERK1/2、p-AKT 和 mTORC1 信号通路，促进和维持山羊 SSC 的自我更新（Ma et al.，2016）。TET1（ten-eleven translocation protein 1）是一种 DNA 去甲基化酶，调节 DNA 甲基化和基因转录活动。研究表明，TET1 不仅调节 DNA 甲基化，而且通过结合到基因的启动子或与其他蛋白结合成复合物，参与组蛋白乙酰化，调节精原细胞的表观修饰。TET1 与 PCNA 和 HDAC1 作用调节山羊 SSC 的增殖与自我更新，参与调节 SSC 甲基化与去甲基化过程（Zheng et al.，2016a，2016b）。

褪黑素是生殖系统调控中的重要激素信号，通过下丘脑-垂体-性腺轴调节生殖机能活动。研究表明，褪黑素刺激 *Sirt1* 表达，Sirt1 参与 p53 去乙酰化，继而促进 p53 泛素化降解。p53 去乙酰化水平的降低可使精原细胞提高抗凋亡能力（Li et al.，

2017）。褪黑素通过刺激支持细胞产生 GDNF，进而促进 SSC 的增殖（Niu et al., 2016a）。

四、牛精原干细胞的分离培养与鉴定

（一）干细胞分离培养

1. 实验材料

新生雄性犊牛或成年牛睾丸。

2. 培养液

1）0.1% Ⅳ型胶原酶。称取 100mg 的胶原酶，溶于 100ml 无钙镁 PBS 缓冲液中，0.22μm 滤膜过滤后分装，–20℃保存。

2）精原细胞培养液。含 10% FBS 的高糖 DMEM/F12 为基本培养液，按比例加入终浓度为 0.1mmol/L 的β-巯基乙醇、2mmol/L 的谷氨酰胺和 0.1mmol/L 的非必需氨基酸。用 0.22μm 滤膜过滤后无菌分装，4℃冰箱保存。

3. 犊牛精原干细胞分离

采用两步酶消化结合差速贴壁法分离精原干细胞。

1）将新生犊牛睾丸放入玻璃皿中，用加双抗 PBS 洗涤睾丸 2～3 次，除去附睾、脂肪垫及睾丸白膜。

2）用眼科镊子和剪刀将睾丸实质分成大小一致的小块，在 PBS 中轻轻吹打数次，静置 5～10min，去除上清。

3）将小组织块放入 5ml 离心管中，加入 10 倍体积的 0.1% IV 型胶原酶，将离心管放入 37℃温箱中进行第一步消化。

4）每间隔 5min 振摇一次，消化 20～30min 后，1000r/min 离心 5min，用 PBS 漂洗 2 次，用等体积含血清的精原细胞培养液终止消化。

5）收集终止消化的细胞悬液 1000r/min 离心 5min，去除上清。

6）用无血清培养液漂洗 2 次，去除上清。

7）用精原细胞培养液将上步收集的精原细胞重悬，按 1×10^6 个/ml 密度培养在 10cm 培养皿上，过夜培养。

8）收集未贴壁的精原细胞直接培养，或进行免疫磁珠（CD90）分选，分选方法与山羊精原干细胞相同。

4. 精原干细胞的原代培养及生长特性观察

犊牛的睾丸组织经过两步法消化后，接种于明胶包被的培养皿中差速贴壁培养，4h 以后收集细胞悬液，用 DMEM+1% FBS+10% KSR 培养液重悬后，以 1×10^5 个/cm^2 的细胞数分别接种于 laminin 和 matrigel 预先处理的 48 孔板中，放于 37℃、5% CO_2 培养箱中培养。接种 24h 后，可见较小的 SSC 细胞集落（图 15-12A）；72h 后，使用 TrypLE

酶消化后传代；传代培养4天后，发现laminin组的细胞克隆比较紧密，透光度强；matrigel组的细胞克隆比较松散，类似于比较松散的葡萄串状，且克隆形成率也明显低于laminin组（图15-12B）。

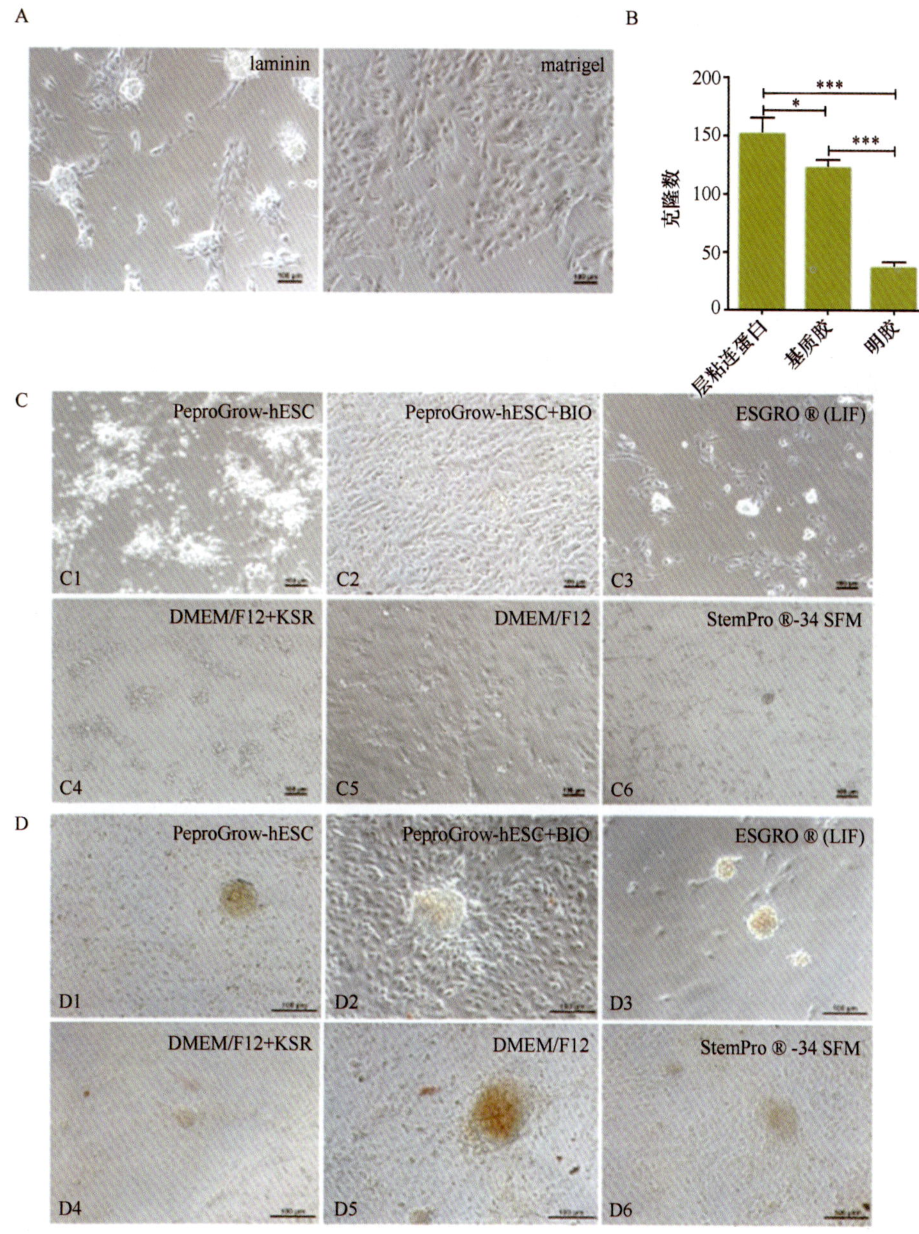

图15-12 不同培养条件下牛SSC

A. laminin和matrigel处理的牛SSC；B. 不同细胞外基质处理对牛SSC克隆数的影响，*表示有差异，***表示有显著差异；C. 不同培养条件下牛SSC；D. 不同培养条件下牛SSC的AP染色

（二）牛精原干细胞的鉴定

纯化后的细胞以5×10^5个/ml 接种至60mm培养皿，37℃、5% CO_2饱和湿度培养，

隔天换液。24h 后，在倒置显微镜下观察圆形精原细胞数，计算精原细胞纯度。以后每天在倒置显微镜下观察精原干细胞生长特性，并统计精原干细胞集落数。使用 PeproGrow-hESC 培养基培养的细胞为扁平的细胞集落（图 15-12C1），细胞透光度比较好，且集落数量较多，间质细胞数量较少，AP 染色呈现阳性（图 15-12D1）；使用 PeproGrow-hESC+BIO 培养基培养的细胞呈现桑椹状细胞集落（图 15-12C2），细胞集落数量多，但间质细胞数量过多，AP 染色呈现弱阳性（图 15-12D2）；使用 ESGRO 培养基培养的细胞呈现类 ES 细胞集落（图 15-12C3），细胞集落透光性强，细胞活力较好，AP 染色呈现弱阳性（图 15-12D3）；使用 DMEM/F12+1% FBS+10% KSR 培养基培养的细胞呈现扁平细胞集落（图 15-12C4），细胞集落松散透光性差，细胞活力较差，AP 染色呈现弱阳性（图 15-12D4）；使用 DMEM/F12+1% FBS 培养基培养的细胞呈现扁平细胞集落（图 15-12C5），细胞集落数量较少且透光性较差，AP 染色呈现阳性（图 15-12D5）；使用 StemPro-34-SFM 培养基培养的细胞少见扁平细胞集落（图 15-12C6），细胞集落数量较少且透光性较差，AP 染色呈现弱阳性（图 15-12D6）。以上结果表明，PeproGrow-hESC、PeproGrow-hESC+BIO 和 ESGRO 比较适合于牛精原干细胞的培养。

采用山羊 SSC 的培养基（DMEM/F12+10% KSR+1% FBS+2mmol/L Glu+1% NEAA+100μmol/Lβ-ME+1% 脂质提取物 +10ng/ml GDNF+50ng/ml GFRα1+2ng/ml bFGF+10ng/ml EGF）或小鼠（ESGRO）或人（PeproGrow-hESC）无血清培养基获得的牛 SSC，经 RT-PCR 和免疫组化检测后，也呈现 CD49F、VASA、c-Myc 与 Oct4 等 SSC 特异标记阳性（图 15-13 和图 15-14）。

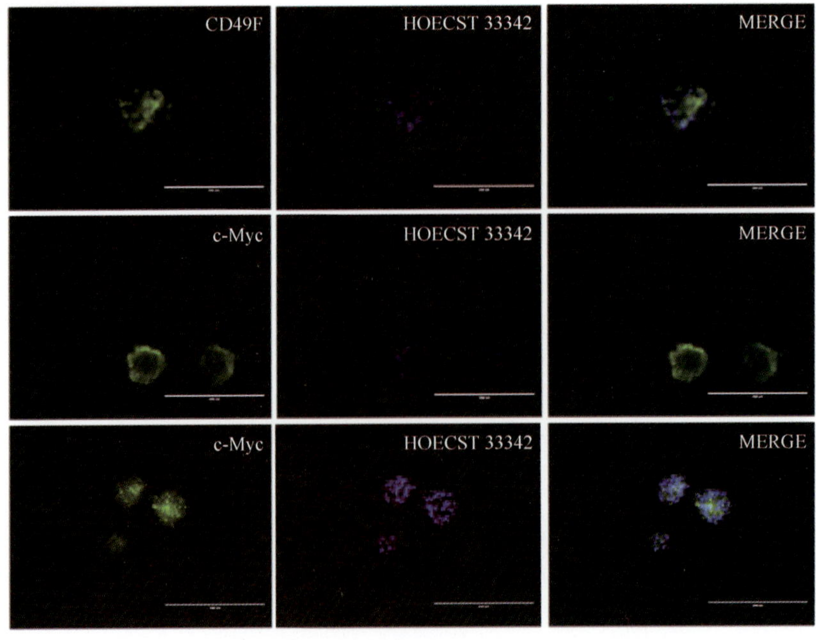

图 15-13 免疫荧光检测牛 SSC 呈 CD49F 和 c-Myc 阳性

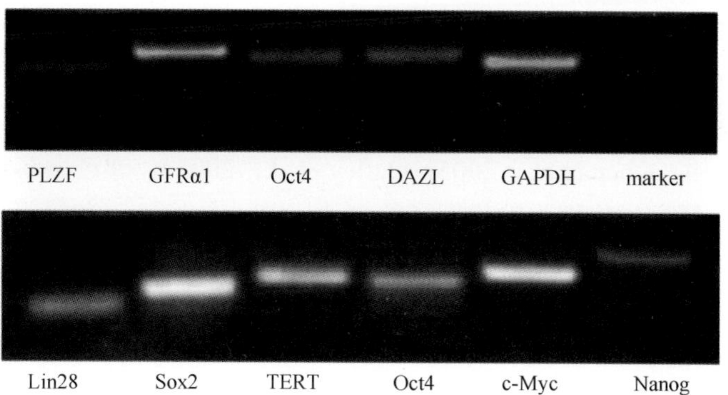

图 15-14　RT-PCR 检测牛 SSC 呈 PLZF、GFRα1、Oct4、DAZL、Lin28、Sox2、TERT 和 c-Myc 阳性

第三节　精原干细胞自我更新的调控机制

精原干细胞在胞外细胞因子的作用下，激活或关闭相关信号通路，通过转录水平调控或转录后水平调控维持精原干细胞的自我更新。

一、影响精原干细胞自我更新的相关因子

在精原干细胞生存的微环境中，存在许多使其维持未分化状态的因子，包括 GDNF、FGF2、CSF1、EGF、Wnt5a、维生素 A 及 Ets 相关分子（Ets related molecular，ERM）等。

GDNF 是第一个被确认的维持精原干细胞自我更新所必需的生长因子。GDNF 由支持细胞分泌，作为配体特异性结合到精原干细胞表面的特异性受体 GFRα1 上。与 GFRα1 结合后，引起 GFRα1 相连的跨膜酪氨酸激酶 Ret 活化（Oatley et al.，2007）。Ret 具有典型的胞内激酶结构域，该激酶结构域有 12 个自磷酸化位点，可以激活多条信号通路，包括 PI3K 通路、MAPK 通路、SFK 通路及 PLC-γ 通路等。通路下游的基因对精原干细胞自我更新具调控作用。

FGF2 由支持细胞、间质细胞和生殖细胞分泌，其作用包括 2 个主要方面。一是作用并促进支持细胞分泌 GDNF 和 ERM 蛋白，这 2 种因子对于维持精原干细胞自我更新有重要作用；二是作为配体，特异性作用于精原干细胞表面的 FGF2 受体（FGFR），FGFR 活化引起 Ras 蛋白活化，继而引起 MAPK 通路的活化。FGF2 与 GDNF 协同促进精原干细胞自我更新（Ishii et al.，2012）。

CSF1 为集落刺激因子，由间质细胞和管周肌样细胞分泌，精原干细胞表面有其受体分布。CSF1 与 GDNF 协同促进 SSC 的自我更新（Oatley et al.，2009）。

表皮生长因子 EGF 由睾丸支持细胞分泌，与 GDNF 协同促进精原干细胞自我更新，但是机制还尚不明确（Oatley and Brinster，2008）。

Wnt5a 是由支持细胞分泌的细胞因子，其受体 Fzd、LRP5/6 分布于 SSC 细胞表面（Golestaneh et al.，2009）。Wnt5a 通过激活其受体从而激活 Wnt 通路。阻断 Wnt 信号通路会导致 SSC 凋亡，向培养基中添加 Wnt5a 可促进 SSC 增殖（Yeh et al.，2011）。

ERM 蛋白也称 Etv5 蛋白。早期研究认为，ERM 是由睾丸支持细胞分泌的蛋白质；后来发现在精原细胞中也表达。敲除 ERM 的小鼠在第一次精子发生波后，SSC/祖细胞消失，只剩下支持细胞，导致唯支持细胞综合征。说明 ERM 蛋白对维持精原干细胞自我更新有重要作用（Chen et al.，2005；Oatley et al.，2007）。通过微芯片分析，ERM 上调多种调控 SSC 微环境的细胞趋化因子的表达（Choong et al.，2004；Christensen et al.，2004）。有证据表明，*Etv5* 直接或间接调控几个自我更新相关的重要调控基因 *Bcl6b*、*Lhx1*、*Cxcr4* 与 *Brachyury*，可以直接激活对自我更新有作用的 miRNA-21 的转录（Niu et al.，2011）。*Etv5* 位于 MAP2K/MAPK 通路的下游，GDNF 和 FGF2 都可以通过不同的方式来激活这个通路从而促进 *Etv5* 的表达。ERM 上调趋化因子 CCL9 的表达，通过 SSC 表面的 CCL9 受体-CCR1 吸引未分化的 SSC（Simon et al.，2010）。ERM 上调另一种趋化因子 CXCL12 及其受体 Cxcr4，是 SSC 自我更新所必需的（Yang et al.，2013a；Wu et al.，2011）。

二、影响精原干细胞自我更新的相关基因

在精原干细胞中，有许多维持其自我更新所必需的基因：一类基因的表达不依赖于 GDNF 调控，另一类基因的表达依赖于 GDNF 调控。

（一）不依赖于 GDNF 调控的基因

PLZF 是第一个被确认的有关精原干细胞自我更新的转录因子（Buaas et al.，2004；Costoya et al.，2004）。PLZF 可以与 GDNF 和 SCF 等通路相互作用（Filipponi et al.，2007；Hobbs et al.，2010），PLZF 通过抑制 mTORC1 来调控 SSC（Hobbs et al.，2010）。*Plzf* 突变小鼠逐渐丧失精子发生的能力。PLZF 与山羊 mGSC 的自我更新也密切相关，且其受 miR-544 靶向作用（Song et al.，2015）。

在精原干细胞上，*Oct4* 基因表达于 A_s-A_{al} 型的精原细胞中，是 SSC 的标记基因（Looijenga et al.，2003；Ohbo et al.，2003）。

Foxo1 特异性标记性母细胞和一部分有干性的精原细胞。*Foxo1* 对于 SSC 稳态自平衡和精子发生均有作用。*Foxo1*、*Foxo3* 和 *Foxo4* 一起缺失将严重影响精原干细胞的自我更新并完全阻止分化。*Foxo1* 的活跃表达可以促进 Ret mRNA 的转录。Foxos 是 PI3k 通路的关键效应器，可能是通过 PI3K 使 *Foxo1* 失活后，Ret 下调从而进入精子发生的分化状态（Goertz et al.，2011）。

Mili（Miwi-like）是 PIWI（P-element-induced wimpy testis）蛋白家族成员。通过与 piRNA 形成复合体而发挥作用。研究发现，Mili 表达于睾丸生殖系干细胞、精原细胞和早期精母细胞的细胞质中，存在于拟染色体富集的区域。*Mili* 敲除的小鼠，首先表现出各级精原细胞有丝分裂能力降低，进而出现 SSC 细胞数量显著下降，导致曲细精管中仅存支持细胞。表明，Mili 蛋白通过与 piRNA 一起对精原干细胞的自我更新发挥重要调控作用（Unhavaithaya et al.，2009）。

Nanos2 是一种 RNA 结合蛋白，对于维持精原干细胞自我更新有重要作用。研究分

析表明，未分化的精原细胞表达 Nanos2，并且可以维持自我更新。条件性敲除出生后小鼠的 *Nanos2* 基因导致储备的 SSC 耗尽。因此，*Nanos2* 是维持精原干细胞自我更新状态的关键性基因（Sada et al.，2009）。

TATA 结合蛋白相关因子 4b（TATA-binding protein associated factor 4b，Taf4b）属于一种 TAF 分子。Taf4b 存在于小鼠 A 型精原细胞中，与 TATA 结合蛋白形成 TFIID 复合物。该复合物对于 RNA 聚合酶Ⅱ转录表达具有调控作用。*Taf4b* 缺失小鼠的曲细精管中只存在支持细胞。将野生型小鼠SSC移植入该型小鼠曲细精管后，可诱使精子发生；*Taf4b* 基因缺失会导致 *Plzf* 基因表达的显著下调（Falender et al.，2005）。

（二）依赖于 GDNF 调控的基因

ERM，即 *Etv5*，前已述及。

Bcl6b 是已被深入研究的肿瘤抑制因子 Bcl6 的同源物。*Bcl6b* 编码一个含有锌指结构的转录抑制因子，可以提高免疫应答（Manders et al.，2005）。最初发现 Bcl6b 在 SSC 上有作用，是由于发现 Bcl6b 在大鼠生殖细胞中富集（Hamra et al.，2004）。之后，发现 *Bcl6b* 在 Thy1 阳性 SSC 中表达，是可以被 GDNF 诱导上调的一系列基因之一（Oatley et al.，2006）；*Bcl6b* 缺失小鼠表现出“渐进式生殖细胞丧失”。使用 siRNA 将 Thy1 阳性的 SSC 中 Bcl6b 短暂敲降后进行移植发现，SSC 减少了 88%。Bcl6b 缺失的 Thy1 阳性 SSC 凋亡率上升，显示其对自我更新和存活有重要作用。像 *Etv5* 一样，*Bcl6b* 位于 MAP2K/MAPK 通路的下游，可能是受 *Etv5* 的调控。Wu 等（2011）通过微芯片分析 *Bcl6b* 缺失的 Thy1 阳性 SSC，发现许多受 *Bcl6b* 正向调控的基因可以编码增殖性调控因子。由此提出一个假设，Bcl6b 是通过调节微环境中细胞间的相互作用而促进 SSC 维持的。让人意外的是，尽管 *Bcl6b* 是 *Etv5* 下游的目标基因，但是 *Bcl6b* 与 *Etv5* 所调节的基因几乎完全没有重合的（Wu et al.，2011）。因此，虽然这两个转录调控子都促进 SSC 自我更新，但是作用的方式有很大不同（Song and Wilkinson，2014）。

Lim 同源盒基因 1（*lim* homeobox 1，*Lhx1*），编码一个大蛋白家族中的一个成员，这个蛋白家族包含 LIM 结构域，这是一个独特的半胱氨酸富集的锌指结构域，是一种转录因子。Oatley 等（2006）通过体外敲降的方式证明了 *Lhx1* 对 Thy 阳性的 SSC 有调控作用，这些敲除的 SSC 在移植入体内后，形成克隆的能力降低。与 *Etv5* 和 *Bcl6b* 相同，*Lhx1* 受到 FGF2/MAP2K1 通路的调控（Ishii et al.，2012）。

Pou3f1（POU domain，class-3 transcription factor 1）也叫 Oct6，在睾丸和大脑中富集表达。*Pou3f1* 基因突变的小鼠，由于神经系统发育中的多种缺陷而在出生后很快死亡，尚不能确定 Pou3f1 对生殖细胞的作用（Bermingham et al.，1996；Ghazvini et al.，2002）。*Pou3f1* 在大鼠生殖细胞中高表达，并且能提高 SSC 活性（Hamra et al.，2004）。小鼠的 Thy1 阳性的 SSC 中，*Pou3f1* 受 GDNF-PI3K-AKT 通路调控。敲除 *Pou3f1*，SSC 数量明显减少，会导致培养的细胞凋亡率上升（Wu et al.，2010）。

在体外培养的 Thy1 阳性细胞中，Brachyury 可以被 SSC 自我更新因子 ERM 与 GDNF 正向调控。*Brachyury* 的敲降将减少 SSC 的数量，表明该基因对精原干细胞自我更新有重要作用。*Brachyury* 的目标基因还没确定，可能是作为 *ERM* 调控的转录因子而发挥作用。

ID4 称为淋巴瘤细胞 DNA 结合抑制因子 4（the inhibitor of DNA binding，ID4）。在小鼠中，ID4 只在部分 A_s 型精原细胞中表达，可以利用 ID4 将 A_s 型精原细胞与 A_{pr} 和 A_{al} 区分开来。在敲除 *ID4* 基因的小鼠中，睾丸曲细精管中仅存有支持细胞。用 RNAi 干扰的技术降低 *ID4* 转录水平并结合细胞移植后发现，*ID4* 表达下调可以显著抑制 SSC 增殖（Oatley et al.，2011）。

三、影响精原干细胞自我更新的相关小 RNA

研究证实，miRNA 在生殖细胞的发生、特化，减数分裂起始，配子形成、成熟等生殖细胞发生过程中发挥着重要作用。

在精子发生过程中，除了编码蛋白基因，转录组中非编码部分也起到积极的调节作用。其中研究最多的是 micro-RNA（miRNA）。miRNA 在成年的小鼠睾丸中大量表达。在精子减数分裂和减数分裂后期阶段，miRNA 与 Dicer 和 Argonaute 蛋白积累（Kotaja et al.，2006）。敲除 *Dicer* 的原始生殖细胞和精原细胞的增殖能力缓慢；在 8 月龄的 Dicer 缺失小鼠的睾丸中，繁殖能力提前终止，精子生成也显著枯竭（Hayashi et al.，2008）。说明 miRNA 在精子发生起始和生育能力的维持过程中起关键作用。图 15-15 中总结了精子发生每个阶段中的验证后的一些 miRNA。

研究发现，一些 miRNA 能够直接参与调控精原干细胞的自我更新和分化。Wu 等（2014）采用 CD49f 磁珠抗体分选精原细胞，深度测序分析了 CD49f 分选出的细胞的 miRNA 表达谱。miR-21 在 CD90 富集的 SSC 中优先表达，抑制 miR-21 会促进 SSC 的凋亡，抑制自我更新，表明 miR-21 对于 SSC 正常的自我更新是至关重要的（Niu et al.，2011a）。miR-20 和 miR-106a 这两个 miRNA 通过靶向 STAT3 和 CCND1，能直接启动 SSC 的自我更新进程（He et al.，2013）。miR-221 和 miR-222 在小鼠未分化的精原细胞中诱导 *Kit* 的表达，促进祖细胞的分化；miR-34c 则在分化的精原细胞中高水平表达，通过抑制维甲酸受体 γ 和多潜能基因 *Nanos2* 的表达，促进精原干细胞向精母细胞分化（Yang et al.，2013b；Yu et al.，2014；Zhang et al.，2012）。

miR-17-92 （miRc1）和 miR-106b-25 （miRc3） 两个 miRNA 簇可能在精子发生过程中起重要调节作用。在 Thy1 阳性富集的精原细胞中，维甲酸诱导的分化使这两个 miRNA 簇表达量显著下调。miRc-1 敲除的小鼠，miRc-3 表达量上调，睾丸小、精子形成减少。表明这两个 miRNA 簇在精子细胞的调控中密切合作（Tong et al.，2012）。

与精子发生有关的 miRNA，如上调生殖系标签基因的 miR-34c（Bouhallier et al.，2010; Yu et al.，2014）、通过结合 Ccnt2 调节早期精子发生的 miR-15a（Teng et al.，2011）、支持细胞中调控 Pten 和 Eps15 翻译的 miR-23b（Nicholls et al.，2011）及结合 TP2 和 Prm2 mRNA 的 miR-469（Dai et al.，2011）都参与精子发生的调控，但这些分子的调控机制尚不清楚。

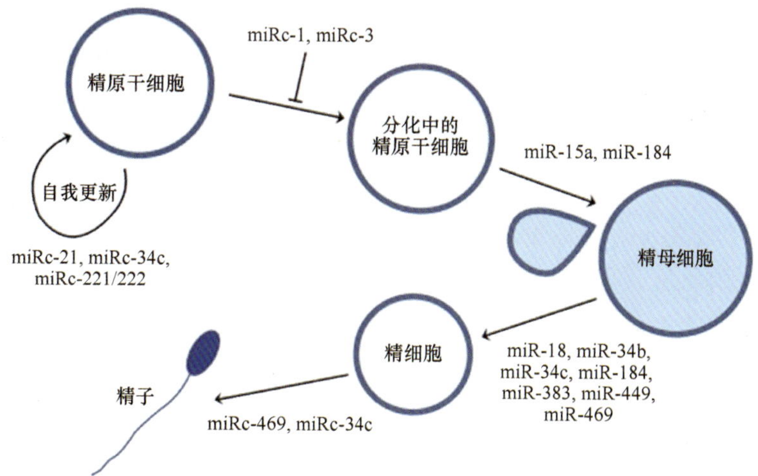

图 15-15　精子发生过程中的功能性 miRNA（Luk et al.，2015）

四、影响精原干细胞自我更新的相关通路

（一）JAK/STAT 信号通路

JAK/STAT 全名为“The Janus Kinase/Signal Transducer and Activator of Transcription”信号通路，是第一个被确认的与 SSC 自我更新与维持活性相关的通路。这条信号通路在果蝇睾丸中被配体 Unpaired（Upd）所激活。在 Upd 缺陷型突变小鼠中，SSC 迅速消失。然而，过表达 Upd 将导致干细胞样细胞积累并阻碍分化（Kiger et al.，2001；Tulina and Matunis，2001）。通过突变 JAK 或 Stat92E 来阻断 JAK/STAT 信号通路将导致 SSC 丧失。相反，通过 Upd 激活 JAK/STAT 信号通路，可使得 SSC 维持自我更新。阻碍 JAK-STAT 信号通路，会导致生殖干细胞向相互连接的精原小球簇分化（Brawley and Matunis，2004）。

（二）Smad 信号通路

Smad 信号通路对于 SSC 自我更新与分化的调控呈现两面性。不同的配体利用不同的 Smad 通路来调控 SSC 自我更新与分化。Smad4/5 能够促进精原细胞的分化。然而，Nodal 通过自分泌信号通路激活 Smad2/3 来调控小鼠 SSC 自我更新。研究发现，Nodal 与其受体在 SSC 上表达，但是不在支持细胞和分化的生殖细胞上表达。Nodal 促进 SSC 自我更新、激活 Smad2/3 磷酸化及 Pou5f1、CyclinD1 与 CyclinE 的表达（He et al.，2009）。

（三）Wnt 信号通路

Wnt 组成一个分泌型糖蛋白大家族，涉及细胞增殖、分化、器官发生及细胞迁移等。β-catenin 依赖的 Wnt 信号通路能够推动多种细胞类型自我更新。Golestaneh 等（2009）报道，Wnt 与它们的受体 Fzs 在精原细胞和 C18-4 SSC 细胞系中表达。在 C18-4 细胞上，

Wnt3a 诱导细胞增殖、形态学改变与细胞迁徙。并且研究发现，β-catenin 在睾丸发育期间被激活。Yeh 等（2011）报道 Wnt5a 是一种细胞外因子，Wnt5a 可以通过 β-catenin 依赖的机制维持 SSC 的自我更新。

（四）Src 信号通路

Src 家族包括 Src、Yes、Lyn 与 Fyn。在神经细胞中，GDNF 以不依赖 Ret 的形式激活 Src 家族激酶（Trupp and Scott，1999）。而在精原干细胞上，Src 家族的激活需依赖 Ret 的介导。在 GDNF 调控的 SSC 增殖中发挥重要作用。GDNF 先与 GFRα1 结合从而激活 Ret，活化的 Ret 激活 Src 家族激酶，进而激活（PI3K）/Akt 通路并最终上调 N-Myc 表达来促进 SSC 增殖（Braydich-Stolle et al.，2007）。通过移植分析，Src 家族激酶通路被确认对于 GDNF 调控的小鼠 SSC 自我更新至关重要（Oatley et al.，2007）。

（五）PI3K-Akt 信号通路

2007 年，Lee 等报道 PI3K/Akt 信号通路与 GDNF 调控的 SSC 自我更新有关（Lee et al.，2007）。使用 PI3K 特异性抑制剂 LY294002 抑制 PI3K 通路，阻碍了 SSC 的增殖。相反，通过转染 myr-Akt-Mer 质粒并且加入 4-羟基他莫昔芬条件性激活 SSC 中的 Akt，可以刺激 SSC 自我更新，并且挽救了缺少 GDNF 导致的 SSC 凋亡。表明，PI3K/Akt 信号通路对于 SSC 自我更新与存活至关重要。PI3K/Akt 信号通路也参与精原细胞的分化。SCF 能结合受体 Kit，进而激活 PI3K/Akt 信号通路。SCF 能促进 A1～A4 型精原细胞增殖（Dolci et al.，2001；Feng et al.，2000）。体内实验表明，SCF 受体 Kit 如果与 PI3K 结合失败，将减少 Akt 激活，将导致 SSC 增殖下降，凋亡上升，最终导致精子发生停滞（Blume-Jensen et al.，2000；Kissel et al.，2000）。总的来说，不同的信号分子通过共用的 PI3K/Akt 信号通路来调节 SSC 的自我更新、存活、增殖及精原细胞分化。

（六）Ras/Raf/MAP2K/MAPK 信号通路

Ras 蛋白是细胞增殖分化的关键调控者。胞外信号调节激酶（ERK）是丝裂原激活蛋白激酶（MAPK）的一个重要成员，涉及增殖、分化、细胞周期等多种细胞功能的调控（Dolci et al.，2001；Yoon and Seger，2006）。通过 MAP2K/MEK 特异抑制剂 PD098059 阻断 MAPK/ERK 通路，导致新生小鼠的雄生殖干细胞增殖轻微下降。研究表明，GDNF 信号使得 SSC 中 Ras/Raf/MAP2K/MAPK 信号通路被激活，是 GDNF 实现维持 SSC 自我更新功能的两条通路之一。有趣的是，在 Kit 表达的精原细胞中，MAPK 通路被 SCF 激活而刺激其增殖（Dolci et al.，2001）。因此，MAPK 通路被不同配体激活来调控 SSC 的增殖与分化。

影响精原干细胞自我更新的信号通路如图 15-16 所示。

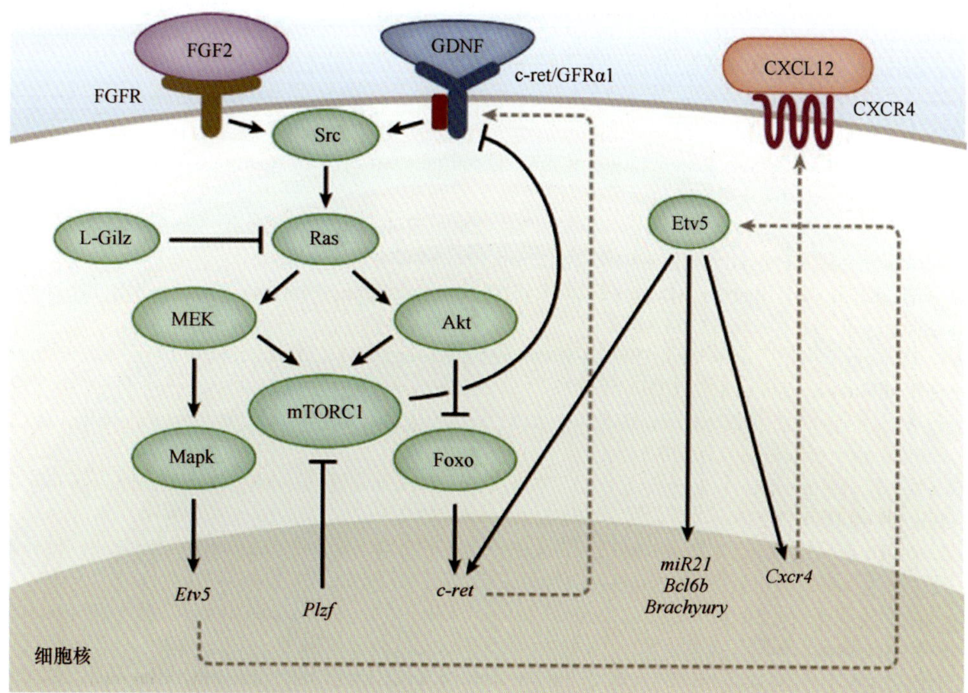

图 15-16 精原干细胞自我更新的信号通路（Kanatsu-Shinohara and Shinohara，2013）

五、表观遗传修饰对精原干细胞自我更新的影响

有关表观遗传修饰对 SSC 自我更新及分化影响方面的研究报道不多。组蛋白去乙酰化酶（HDAC）在干细胞的自我更新与分化中具有重要作用，HDAC 转录下调可以阻碍干细胞自我更新。在 SSC 中，Kofman 等分析了 6 个 HDAC 家族成员 *Hdac2*、*Hdac6*、*Hdac8*、*Hdac9*、*Sirt* 和 *Sirt4* 在自我更新、分化和衰老的 SSC 中的表达情况。在分化和衰老的 SSC 中，*Sirt4* 表达升高，*Hdac2*、*Hdac6* 与 *Sirt1* 表达下降；当用寿命延长药物-雷帕霉素进行处理后，*Hdac2*、*Hdac6* 和 *Sirt1* 表达上升，而 *Hdac8*、*Hdac9* 和 *Sirt4* 表达下降。这些结果显示，HDAC 对于 SSC 的自我更新及干性维持具有重要作用（Kofman et al.，2013）。

参 考 文 献

Abbasi H, Tahmoorespur M, Hosseini SM, et al. 2013. THY1 as a reliable marker for enrichment of undifferentiated spermatogonia in the goat. Theriogenology, 80(8): 923-932.

Aeckerle N, Eildermann K, Drummer C, et al. 2012. The pluripotency factor LIN28 in monkey and human testes: a marker for spermatogonial stem cells? Mol Hum Reprod, 18(10): 477-488.

Bai Y, Ye Z, Zeng F. 2008. Isolation of subtype spermatogonia in juvenile rats. J Huazhong Univ Sci Technolog Med Sci, 28(4): 435-438.

Bellaiche J, Lareyre JJ, Cauty C, et al. 2014. Spermatogonial stem cell quest: nanos2, marker of a subpopulation of undifferentiated A spermatogonia in trout testis. Biol Reprod, 90(4): 79.

Bermingham J, Scherer SS, O'Connell S, et al. 1996. Tst-1/Oct-6/SCIP regulates a unique step in peripheral myelination and is required for normal respiration. Gene Develop, 10: 1751-1762.

Blume-Jensen P, Jiang G, Hyman R, et al. 2000. Kit/stem cell factor receptor-induced activation of phosphatidylinositol 3'-kinase is essential for male fertility. Nat Genet, 24: 157-162.

Bouhallier F, Allioli N, Lavial F, et al. 2010. Role of miR-34c microRNA in the late steps of spermatogenesis. RNA, 16: 720-731.

Brawley C, Matunis E. 2004. Regeneration of male germline stem cells by spermatogonial dedifferentiation *in vivo*. Science, 304: 1331-1334.

Braydich-Stolle L, Kostereva N, Dym M, et al. 2007. Role of Src family kinases and N-Myc in spermatogonial stem cell proliferation. Dev Biol, 304: 34-45.

Buaas FW, Kirsh AL, Sharma M, et al. 2004. Plzf is required in adult male germ cells for stem cell self-renewal. Nat Genet, 36: 647-652.

Chen C, Ouyang W, Grigura V, et al. 2005. ERM is required for transcriptional control of the spermatogonial stem cell niche. Nature, 436: 1030-1034.

Choong ML, Yong YP, Tan AC, et al. 2004. LIX: a chemokine with a role in hematopoietic stem cells maintenance. Cytokine, 25: 239-245.

Christensen JL, Wright DE, Wagers AJ, et al. 2004. Circulation and chemotaxis of fetal hematopoietic stem cells. PLoS Biol, 2: e75.

Chu Z, Niu B, Zhu H, et al. 2015. PRMT5 enhances generation of induced pluripotent stem cells from dairy goat embryonic fibroblasts via down-regulation of p53. Cell Prolif, 48, 29-38.

Costoya JA, Hobbs RM, Barna M, et al. 2004. Essential role of Plzf in maintenance of spermatogonial stem cells. Nat Genet, 36: 653-659.

Dadoune JP. 2007. New insights into male gametogenesis: what about the spermatogonial stem cell niche? Folia Histochem Cytobiol, 45(3): 141-147.

Dai L, Tsai-Morris CH, Sato H, et al. 2011. Testis-specific miRNA-469 up-regulated in gonadotropin-regulated testicular RNA helicase (GRTH/DDX25)-null mice silences transition protein 2 and protamine 2 messages at sites within coding region: implications of its role in germ cell development. J Biol Chem, 286: 44306-44318.

Dolci S, Pellegrini M, Di Agostino S, et al. 2001. Signaling through extracellular signal-regulated kinase is required for spermatogonial proliferative response to stem cell factor. J Biol Chem, 276: 40225-40233.

Eildermann K, Gromoll J, Behr R. 2012. Misleading and reliable markers to differentiate between primate testis-derived multipotent stromal cells and spermatogonia in culture. Hum Reprod, 27(6): 1754-1767.

Falender AE, Freiman RN, Geles KG, et al. 2005. Maintenance of spermatogenesis requires TAF4b, a gonad-specific subunit of TFIID. Genes Develop, 19: 794-803.

Feng LX, Chen Y, Dettin L, et al. 2002. Generation and in vitro differentiation of a spermatogonial cell line. Science, 297: 392-395.

Feng LX, Ravindranath N, Dym M. 2000. Stem cell factor/c-kit up-regulates cyclin D3 and promotes cell cycle progression via the phosphoinositide 3-kinase/p70 S6 kinase pathway in spermatogonia. J Biol Chem, 275: 25572-25576.

Filipponi D, Hobbs RM, Ottolenghi S, et al. 2007. Repression of kit expression by Plzf in germ cells. Mol Cell Biol, 27: 6770-6781.

Gassei K, Ehmcke J, Schlatt S. 2009. Efficient enrichment of undifferentiated GFR alpha 1^+ spermatogonia from immature rat testis by magnetic activated cell sorting. Cell Tissue Res, 337(1): 177-183.

Gassei K, Ehmcke J, Dhir R, et al. 2010. Magnetic activated cell sorting allows isolation of spermatogonia from adult primate testes and reveals distinct GFRα1-positive subpopulations in men. J Med Primatol, 39(2): 83-91.

Ghazvini M, Mandemakers W, Jaegle M, et al. 2002. A cell type-specific allele of the POU gene Oct-6 reveals Schwann cell autonomous function in nerve development and regeneration. EMBO J, 21: 4612-4620.

Goel S, Fujihara M, Minami N, et al. 2008. Expression of NANOG, but not POU5F1, points to the stem cell potential of primitive germ cells in neonatal pig testis. Reproduction, 135(6): 785-795.

Goertz MJ, Wu Z, Gallardo TD, et al. 2011. Foxo1 is required in mouse spermatogonial stem cells for their maintenance and the initiation of spermatogenesis. J Clin Invest, 121: 3456.

Goharbakhsh L, Mohazzab A, Salehkhou S, et al. 2013. Isolation and culture of human spermatogonial stem cells derived from testis biopsy. Avicenna J Med Biotechnol, 5(1): 54-61.

Golestaneh N, Beauchamp E, Fallen S, et al. 2009. Wnt signaling promotes proliferation and stemness regulation of spermatogonial stem/progenitor cells. Reproduction, 138: 151-162.

Hamra FK, Chapman KM, Nguyen DM, et al. 2005. Self renewal, expansion, and transfection of rat spermatogonial stem cells in culture. ProcNat Acad Sci USA, 102: 17430-17435.

Hamra FK, Schultz N, Chapman KM, et al. 2004. Defining the spermatogonial stem cell. Dev Biol, 269: 393-410.

Hayashi K, Chuva de Sousa Lopes SM, Kaneda M, et al. 2008. MicroRNA biogenesis is required for mouse primordial germ cell development and spermatogenesis. PLoS One, 3: e1738.

He Z, Jiang J, Kokkinaki M, et al. 2008. Gdnf upregulates c-Fos transcription via the Ras/Erk1/2 pathway to promote mouse spermatogonial stem cell proliferation. Stem Cells, 26: 266-278.

He Z, Jiang J, Kokkinaki M, et al. 2013. MiRNA-20 and miRNA-106a regulate spermatogonial stem cell renewal at the post-transcriptional level via targeting STAT3 and Ccnd1. Stem Cells, 31: 2205-2217.

He Z, Jiang JJ, Hofmann MC, et al. 2007. Gfra1 silencing in mouse spermatogonial stem cells results in their differentiation via the inactivation of RET tyrosine kinase. Biol Reprod, 77(4): 723-733.

He Z, Kokkinaki M, Dym M. 2009. Signaling molecules and pathways regulating the fate of spermatogonial stem cells. Microscopy Res Tech, 72: 586-595.

Hobbs RM, Fagoonee S, Papa A, et al. 2012. Functional antagonism between Sall4 and Plzf defines germline progenitors. Cell Stem Cell, 10: 284-298.

Hobbs RM, Seandel M, Falciatori I, et al. 2010. Plzf regulates germline progenitor self-renewal by opposing mTORC1. Cell, 142: 468-479.

Hofmann MC, Braydich-Stolle L, Dettin L, et al. 2005. Immortalization of mouse germ line stem cells. Stem Cells, 23: 200-210.

Irie N, Weinberger L, Tang WW, et al. 2015. SOX17 is a critical specifier of human primordial germ cell fate. Cell, 160: 253-268.

Ishii K, Kanatsu-Shinohara M, Toyokuni S, et al. 2012. FGF2 mediates mouse spermatogonial stem cell self-renewal via upregulation of Etv5 and Bcl6b through MAP2K1 activation. Development, 139: 1734-1743.

Jan SZ, Hamer G, Repping S, et al. 2012. Molecular control of rodent spermatogenesis. Biochim Biophys Acta, 1822: 1838-1850.

Kanatsu-Shinohara M, Lee J, Inoue K, N. et al. 2008. Pluripotency of a single spermatogonial stem cell in mice. Biol Reprod, 78: 681-687.

Kanatsu-Shinohara M, Miki H, Inoue K, et al. 2005. Long-term culture of mouse male germline stem cells under serum-or feeder-free conditions. Biol Reprod, 72: 985-991.

Kanatsu-Shinohara M, Ogonuki N, Inoue K, et al. 2003. Long-term proliferation in culture and germline transmission of mouse male germline stem cells. Biol Reprod, 69: 612-616.

Kanatsu-Shinohara M, Shinohara T. 2013. Spermatogonial stem cell self-renewal and development. Annual Rev Cell Dev Biol, 29: 163-187.

Kanatsu-Shinohara M, Takashima S, Ishii K, et al. 2011. Dynamic changes in EPCAM expression during spermatogonial stem cell differentiation in the mouse testis. PLoS One, 6(8): e23663.

Kanatsu-Shinohara M, Toyokuni S, Shinohara T. 2004. CD9 is a surface marker on mouse and rat male germline stem cells. Biol Reprod, 70(1): 70-75.

Kiger AA, Jones DL, Schulz C, et al. 2001. Stem cell self-renewal specified by JAK-STAT activation in response to a support cell cue. Science, 294: 2542-2545.

Kissel H, Timokhina I, Hardy MP, et al. 2000. Point mutation in kit receptor tyrosine kinase reveals essential roles for kit signaling in spermatogenesis and oogenesis without affecting other kit responses. EMBO J, 19: 1312-1326.

Kofman AE, Huszar JM, Payne CJ. 2013. Transcriptional analysis of histone deacetylase family members reveal similarities between differentiating and aging spermatogonial stem cells. Stem Cell Rev Reports, 9: 59-64.

Kotaja N, Bhattacharyya SN, Jaskiewicz L, et al. 2006. The chromatoid body of male germ cells: similarity with processing bodies and presence of Dicer and microRNA pathway components. Proc Nat Acad Sci USA, 103: 2647-2652.

Kubota H, Avarbock MR, Brinster RL. 2003. Spermatogonial stem cells share some, but not all, phenotypic and functional characteristics with other stem cells. Proc Nat Acad Sci USA, 100: 6487-6492.

Kubota H, Avarbock MR, Brinster RL. 2004a. Culture conditions and single growth factors affect fate determination of mouse spermatogonial stem cells. Biol Reprod, 71: 722-731.

Kubota H, Avarbock MR, Brinster RL. 2004b. Growth factors essential for self-renewal and expansion of mouse spermatogonial stem cells. Proc Nat Acad Sci USA, 101: 16489-16494.

Lee J, Kanatsu-Shinohara M, Inoue K, et al. 2007. Akt mediates self-renewal division of mouse spermatogonial stem cells. Development, 134: 1853-1859.

Li B, He X, Zhuang M, et al. 2017. Melatonin ameliorates busulfan-induced spermatogonial stem cell oxidative apoptosis in mouse testes. Antioxid Redox Signal, doi: 10.1089/ars.2016.6792.

Li B, Zhuang M, Wu C, et al. 2016. Bovine male germline stem-like cells cultured in serum- and feeder-free medium. Cytotechnology, 68(5): 2145-2157.

Looijenga LH, Stoop H, de Leeuw HP, et al. 2003. POU5F1 (OCT3/4) identifies cells with pluripotent potential in human germ cell tumors. Cancer Res, 63: 2244-2250.

Luk AC, Gao H, Xiao S, et al. 2015. GermlncRNA: a unique catalogue of long non-coding RNAs and associated regulations in male germ cell development. Database (Oxford), 2015: bav044.

Luo J, Megee S, Rathi R, et al. 2006. Protein gene product 9.5 is a spermatogonia-specific marker in the pig testis: application to enrichment and culture of porcine spermatogonia. Mol Reprod Dev, 73(12): 1531-1540.

Ma F, Zhou Z, Li N, et al. 2016. Lin28a promotes self-renewal and proliferation of dairy goat spermatogonial stem cells (SSCs) through regulation of mTOR and PI3K/AKT. Sci Rep, 6: 38805.

Mahla RS, Reddy N, Goel S. 2012. Spermatogonial stem cells (SSCs) in buffalo (*Bubalus bubalis*) testis. PLoS One, 7(4): e36020.

Manders PM, Hunter PJ, Telaranta AI, et al. 2005. BCL6b mediates the enhanced magnitude of the secondary response of memory CD8+T lymphocytes. Proc Nat Acad Sci USA, 102: 7418-7425.

McLean DJ, Russell LD, Griswold MD. 2002. Biological activity and enrichment of spermatogonial stem cells in vitamin A-deficient and hyperthermia-exposed testes from mice based on colonization following germ cell transplantation. Biol Reprod, 66: 1374-1379.

Mu H, Li N, Wu J, et al. 2016. PLZF-induced upregulation of CXCR4 promotes dairy goat male germline stem cell proliferation by targeting Mir146a. J Cell Biochem, 117(4): 844-852.

Mu H, Wu J, Zhu H, et al. 2013. The function of Msx1 gene in promoting meiosis of dairy goat male germline stem cells (mGSCs). Cell Biochem Funct, 31: 629-635.

Nagai R, Shinomura M, Kishi K, et al. 2012. Dynamics of GFRα1-positive spermatogonia at the early stages of colonization in the recipient testes of W/Wv male mice. Dev Dyn, 241(8): 1374-1384.

Nakagawa T, Nabeshima Y, Yoshida S. 2007. Functional identification of the actual and potential stem cell compartments in mouse spermatogenesis. Develop Cell, 12: 195-206.

Nakaki F, Hayashi K, Ohta H, et al. 2013. Induction of mouse germ-cell fate by transcription factors in vitro. Nature, 501: 222-226.

Naughton CK, Jain S, Strickland AM, et al. 2006. Glial cell-line derived neurotrophic factor-mediated RET signaling regulates spermatogonial stem cell fate. Biol Reprod, 74(2): 314-321.

Nicholls PK, Harrison CA, Walton KL, et al. 2011. Hormonal regulation of sertoli cell micro-RNAs at spermiation. Endocrinology, 152: 1670-1683.

Niu B, Li B, Wu C, et al. 2016a. Melatonin promotes goat spermatogonia stem cells (SSCs) proliferation by stimulating glial cell line-derived neurotrophic factor (GDNF) production in Sertoli cells. Oncotarget, doi: 10.18632/oncotarget.12720.

Niu B, Wu J, Mu H, et al. 2016b. miR-204 Regulates the proliferation of dairy goat spermatogonial stem cells via targeting to Sirt1. Rejuvenation Res, 19(2): 120-130.

Niu Z, Goodyear SM, Rao S, et al. 2011. MicroRNA-21 regulates the self-renewal of mouse spermatogonial stem cells. Proc Nat Acad Sci USA, 108: 12740-12745.

Niu Z, Hu Y, Liao M, et al. 2014. Conservation and function of Dazl in promoting the meiosis of goat male germline stem cells. Mol Biol Rep, 41(5): 2697-2707.

Niu Z, Zheng L, Wu S, et al. 2015. Ras/ERK1/2 pathway regulates the self-renewal of dairy goat spermatogonia stem cells. Reproduction, 149: 445-452.

Oatley JM, Avarbock MR, Brinster RL. 2007. Glial cell line-derived neurotrophic factor regulation of genes essential for self-renewal of mouse spermatogonial stem cells is dependent on Src family kinase signaling. J Biol Chem, 282: 25842-25851.

Oatley JM, Avarbock MR, Telaranta AI, et al. 2006. Identifying genes important for spermatogonial stem cell self-renewal and survival. Proc Nat Acad Sci USA, 103: 9524-9529.

Oatley JM, Brinster RL. 2008. Regulation of spermatogonial stem cell self-renewal in mammals. Annual Rev Cell Dev Biol, 24: 263-286.

Oatley JM, Brinster RL. 2012. The germline stem cell niche unit in mammalian testes. Physiol Reviews, 92: 577-595.

Oatley JM, Oatley MJ, Avarbock MR, et al. 2009. Colony stimulating factor 1 is an extrinsic stimulator of mouse spermatogonial stem cell self-renewal. Development, 136: 1191-1199.

Oatley MJ, Kaucher AV, Racicot KE, et al. 2011. Inhibitor of DNA binding 4 is expressed selectively by single spermatogonia in the male germline and regulates the self-renewal of spermatogonial stem cells in mice. Biol Reprod, 85: 347-356.

Ohbo K, Yoshida S, Ohmura M, et al. 2003. Identification and characterization of stem cells in prepubertal spermatogenesis in mice. Develop Biol, 258: 209-225.

Ohmura M, Yoshida S, Ide Y, et al. 2004. Spatial analysis of germ stem cell development in Oct-4/EGFP transgenic mice. Archives Hist Cytol, 67: 285-296.

Orwig KE, Ryu BY, Master SR, et al. 2008. Genes involved in post-transcriptional regulation are overrepresented in stem/progenitor spermatogonia of cryptorchid mouse testes. Stem Cells, 26(4): 927-938.

Raverot G, Weiss J, Park SY, et al. 2005. Sox3 expression in undifferentiated spermatogonia is required for the progression of spermatogenesis. Dev Biol, 283(1): 215-225.

Reding SC, Stepnoski AL, Cloninger EW, et al. 2010. THY1 is a conserved marker of undifferentiated spermatogonia in the pre-pubertal bull testis. Reproduction, 139(5): 893-903.

Ryu BY, Kubota H, Avarbock MR, et al. 2005. Conservation of spermatogonial stem cell self-renewal signaling between mouse and rat. Proc Nat Acad Sci USA, 102: 14302-14307.

Sada A, Suzuki A, Suzuki H, et al. 2009. The RNA-binding protein NANOS2 is required to maintain murine spermatogonial stem cells. Science, 325: 1394-1398.

Saitou M, Yamaji M. 2012. Primordial germ cells in mice. Cold Spring Harbor Persp Biol, 4(11): a008375.

Schmidt JA, Avarbock MR, Tobias JW, et al. 2009. Identification of glial cell line-derived neurotrophic factor-regulated genes important for spermatogonial stem cell self-renewal in the rat. Biol Reprod, 81: 56-66.

Scholer HR, Hatzopoulos AK, Balling R, et al. 1989. A family of octamer-specific proteins present during mouse embryogenesis: evidence for germline-specific expression of an Oct factor. EMBO J, 8: 2543-2550.

Seandel M, James D, Shmelkov SV, et al. 2007. Generation of functional multipotent adult stem cells from GPR125$^+$ germline progenitors. Nature, 449(7160): 346-350.

Shinohara T, Avarbock MR, Brinster RL. 1999. β_1- and α_6-integrin are surface markers on mouse spermatogonial stem cells. Proc Natl Acad Sci, 96(10): 5504-5509.

Shinohara T, Orwig KE, Avarbock MR, et al. 2000. Spermatogonial stem cell enrichment by multiparameter selection of mouse testis cells. Proc Nat Acad Sci USA, 97: 8346-8351.

Simon L, Ekman GC, Garcia T, et al. 2010. ETV5 regulates sertoli cell chemokines involved in mouse stem/progenitor spermatogonia maintenance. Stem Cells, 28: 1882-1892.

Song HW, Wilkinson MF. 2014. Transcriptional control of spermatogonial maintenance and differentiation. Semin Cell Dev Biol, 30: 14-26.

Song W, Mu H, Wu J, et al. 2015. miR-544 regulates dairy goat male germline stem cell self-renewal via targeting PLZF. J Cell Biochem, 116(10): 2155-2165.

Suzuki A, Tsuda M, Saga Y. 2007. Functional redundancy among Nanos proteins and a distinct role of Nanos2 during male germ cell development. Development, 134(1): 77-83.

Suzuki H, Sada A, Yoshida S, et al. 2009. The heterogeneity of spermatogonia is revealed by their topology and expression of marker proteins including the germ cell-specific proteins Nanos2 and Nanos3. Dev Biol, 336(2): 222-231.

Tang F, Yao X, Zhu H, et al. 2014. Expression pattern of Ngn3 in dairy goat testis and its function in promoting meiosis by upregulating Stra8. Cell Prolif, 47(1): 38-47.

Tanigaki R, Sueoka K, Tajima H, et al. 2013. C-kit expression in spermatogonia damaged by doxorubicin exposure in mice. J Obstet Gynaecol Res, 39(3): 692-700.

Tegelenbosch RA, de Rooij DG. 1993. A quantitative study of spermatogonial multiplication and stem cell renewal in the C3H/101 F1 hybrid mouse. Mut Res, 290: 193-200.

Teng Y, Wang Y, Fu J, et al. 2011. Cyclin T2: a novel miR-15a target gene involved in early spermatogenesis. FEBS Letters, 585: 2493-2500.

Tokuda M, Kadokawa Y, Kurahashi H, et al. 2007. CDH1 is a specific marker for undifferentiated spermatogonia in mouse testes. Biol Reprod, 76(1): 130-141.

Tong MH, Mitchell DA, McGowan SD, et al. 2012. Two miRNA clusters, Mir-17-92 (Mirc1) and Mir-106b-25 (Mirc3), are involved in the regulation of spermatogonial differentiation in mice. Biol Reprod, 86(3): 72.

Trupp M, Scott R. 1999. Ret-dependent and -independent mechanisms of glial cell line-derived neurotrophic factor signaling in neuronal cells. J Biol Chem, 274: 20885-20894.

Tsuda M, Sasaoka Y, Kiso M, et al. 2003. Conserved role of nanos proteins in germ cell development. Science, 301(5637): 1239-1241.

Tulina N, Matunis E. 2001. Control of stem cell self-renewal in Drosophila spermatogenesis by JAK-STAT signaling. Science, 294: 2546-2549.

Tyagi G, Carnes K, Morrow C, et al. 2009. Loss of Etv5 decreases proliferation and RET levels in neonatal mouse testicular germ cells and causes an abnormal first wave of spermatogenesis. Biol Reprod, 81: 258-266.

Unhavaithaya Y, Hao Y, Beyret E, et al. 2009. MILI, a PIWI-interacting RNA-binding protein, is required for germ line stem cell self-renewal and appears to positively regulate translation. J Biol Chem, 284: 6507-6519.

van Bragt MP, Roepers-Gajadien HL, Korver CM, et al. 2008. Expression of the pluripotency marker UTF1 is restricted to a subpopulation of early A spermatogonia in rat testis. Reproduction, 136(1): 33-40.

von Kopylow K, Staege H, Spiess AN, et al. 2012. Differential marker protein expression specifies rarefaction zone-containing human Adark spermatogonia. Reproduction, 143(1): 45-57.

Wu J, Liao M, Zhu H, et al. 2014. CD49f-positive testicular cells in Saanen Dairy Goat were identified as spermatogonia-like cells by miRNA profiling analysis. J Cell Biochem, 115(10): 1712-1723.

Wu X, Goodyear SM, Tobias JW, et al. 2011. Spermatogonial stem cell self-renewal requires ETV5-mediated downstream activation of Brachyury in mice. Biol Reprod, 85: 1114-1123.

Wu X, Oatley JM, Oatley MJ, et al. 2010. The POU domain transcription factor POU3F1 is an important intrinsic regulator of GDNF-induced survival and self-renewal of mouse spermatogonial stem cells. Biol Reprod, 82: 1103-1111.

Wu J, Song W, Zhu H, et al. 2013. Enrichment and characterization of Thy1-positive male germline stem cells (mGSCs) from dairy goat (*Capra hircus*) testis using magnetic microbeads. Theriogenology, 80(9):

1052-1060.

Xie B, Qin Z, Huang B, et al. 2010. *In vitro* culture and differentiation of buffalo (*Bubalus bubalis*) spermatogonia. Reprod Domest Anim, 45(2): 275-282.

Yang QE, Kim D, Kaucher AV, et al. 2013a. CXCL12-CXCR4 signaling is required for the maintenance of mouse spermatogonial stem cells. J Cell Sci, 126: 1009-1020.

Yang QE, Racicot KE, Kaucher AV, et al. 2013b. MicroRNAs 221 and 222 regulate the undifferentiated state in mammalian male germ cells. Development, 140: 280-290.

Yeh JR, Zhang X, Nagano MC. 2011. Wnt5a is a cell-extrinsic factor that supports self-renewal of mouse spermatogonial stem cells. J Cell Sci, 124: 2357-2366.

Yoon S, Seger R. 2006. The extracellular signal-regulated kinase: multiple substrates regulate diverse cellular functions. Growth Factors, 24: 21-44.

Yoshida S, Takakura A, Ohbo K, et al. 2004. Neurogenin3 delineates the earliest stages of spermatogenesis in the mouse testis. Develop Biol, 269: 447-458.

Yoshida S, Sukeno M, Nakagawa T, et al. 2006. The first round of mouse spermatogenesis is a distinctive program that lacks the self-renewing spermatogonia stage. Development, 133(8): 1495-1505.

Yu M, Mu H, Niu Z, et al. 2014. miR-34c enhances mouse spermatogonial stem cells differentiation by targeting Nanos2. J Cell Biochem, 115: 232-242.

Zhang S, Yu M, Liu C, et al. 2012. MIR-34c regulates mouse embryonic stem cells differentiation into male germ-like cells through RARg. Cell Biochem Function, 30: 623-632.

Zheng K, Wu X, Kaestner KH, et al. 2009. The pluripotency factor LIN28 marks undifferentiated spermatogonia in mouse. BMC Dev Biol, 9: 38.

Zheng L, Zhai Y, Li N, et al. 2016a. The modification of Tet1 in male germline stem cells and interact with PCNA, HDAC1 to promote their self-renewal and proliferation. Sci Rep, 6: 37414.

Zheng L, Zhai Y, Li N, et al. 2016b. Modification of Tet1 and histone methylation dynamics in dairy goat male germline stem cells. Cell Prolif, 49(2): 163-172.

Zheng L, Zhu H, Mu H, et al. 2016c. CD49f promotes proliferation of male dairy goat germline stem cells. Cell Prolif, 49(1): 27-35.

Zheng Y, He Y, An J, et al. 2014. THY1 is a surface marker of porcine gonocytes. Reprod Fertil Dev, 26(4): 533-539.

Zhu H, Liu C, Li M, et al. 2013. Optimization of the conditions of isolation and culture of dairy goat male germline stem cells (mGSC). Anim Reprod Sci, 137: 45-52.

Zhu H, Ma J, Du R, et al. 2014. Characterization of immortalized dairy goat male germline stem cells (mGSCs). J Cell Biochem, 115: 1549-1560.

（华进联）

第十六章　诱导干细胞

干细胞作为所有细胞类型的“始祖细胞”，来源于发育早期的胚胎。在胚胎发育过程中，随着时间的持续与空间的变化，卵裂球或者胚胎干细胞在内外因素的作用下，从发育全能性状态逐渐被限制并失去发育潜能，而最终形成分化细胞的过程，称为细胞编程（cellular programming）。一直以来，人们始终认为，细胞编程过程是基因表达逐渐限制的不可逆过程。然而，随着体细胞克隆技术和细胞融合技术的应用，分化的体细胞在适当的条件下可以发生逆转，重新获得发育全能性。分化的体细胞在特定条件下，被逆转重新获得发育全能性的过程，称为细胞重编程（cellular reprogramming）（图 16-1）。

体细胞核移植和细胞融合技术进行重编程时，卵母细胞和多能性细胞中的细胞因子对诱导体细胞获得多能性发挥重要作用。然而，这些细胞中的哪些因子对于重编程是关键的还不清楚。2006 年，日本京都大学的 Shinya Yamanaka 教授提出大胆假设，在体细胞中强制表达与干细胞相关的细胞因子，可以逆转体细胞到多能性状态（Yamanaka and Takahashi，2006）。最终，他们从 24 个候选的转录因子中筛选出 4 个关键因子，并获得

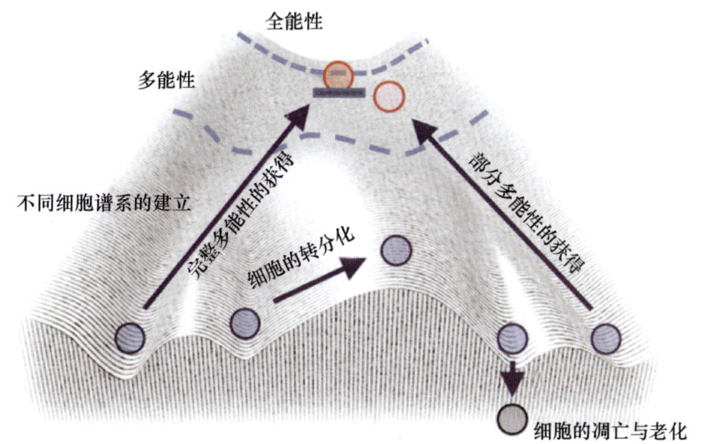

图 16-1　细胞编程与重编程的 Conrad Waddington 模型（Yamanaka，2009）

了一种形态、特性与胚胎干细胞类似的多能性细胞，称为诱导多能干细胞（induced pluripotent stem cell，iPS 细胞）。iPS 技术的建立，使研究人员不再依赖胚胎来源的干细胞作为主要的研究和应用的对象，该技术对于建立患者特异的干细胞和再生医学研究具有重要意义。2012 年，体细胞重编程技术因其在生物学基础研究和再生医学研究中的重要意义，Shinya Yamanaka 与另一位在体细胞重编程领域作出重要贡献的科学家 John B. Gurdon 共同分享了诺贝尔生理学或医学奖。至今为止，iPS 技术已历经 10 年的发展。10 年间，iPS 技术从建立逐渐走向成熟，iPS 细胞从存在缺陷逐步变得愈加接近胚胎干细胞。同时，iPS 技术还带动了细胞转分化研究、药物化学与干细胞生物学交叉等学科的飞速发展。

第一节　诱导干细胞的产生

自从克隆蛙类、鱼类和哺乳类动物相继获得成功以来，科学家们一直在探索是什么原因可以使已经分化的细胞重新回到多能性状态；除卵胞质外，还有哪些手段可以使普通的体细胞实现重编程；在重编程过程中，哪些因子或哪些生物学事件起到关键作用。

一、细胞重编程的方法

细胞重编程是指分化终端的不具有多能性的体细胞，通过不同的方法使其基因表达模式发生变化，在细胞的形态、生长特性及基因表达和基因组修饰水平上产生变化，并获得类似于干细胞或囊胚内细胞团细胞的全能性。

重编程的方法有很多种，包括体细胞核移植、体细胞与干细胞融合和人工将一些调控多能性的因子导入体细胞诱导重编程等。

（一）体细胞核移植

通过将供体细胞注入或融合到去核的成熟卵细胞中，卵胞质将体细胞的染色体重新修饰，使其获得全能性。有关细胞核移植的理论与技术操作在第五章中有详细阐述。

（二）体细胞与干细胞融合

人胸腺细胞与小鼠 ES 细胞融合后，能够获得具有多能性的细胞，而且在体内能够形成畸胎瘤，体外分化也会获得三胚层来源的不同细胞。通过融合的方式使细胞获得多能性，其细胞的重编程水平还有待阐明。这些细胞是否与 ES 细胞具有相同的表达谱和表观遗传修饰还需要进一步研究。有研究人员发现，融合获得的多能细胞的一些基因表观遗传水平与 ES 细胞具有相同的修饰。但是融合细胞的细胞核型存在重大变化，其来自于 ES 细胞的基因组仍旧存在，这是无法避免的问题。

（三）人工诱导细胞重编程

通过体细胞核移植和细胞融合的方法将细胞重编程，都是在未知的条件下获得重编程细胞。在系统研究和分析了移植操作可以促使体细胞重编程的可能原因之后，日本科学家 Shinya Yamanaka 推测卵胞质中的一些干细胞相关的调控因子，可能对于体细胞核的重编程起关键作用。

二、诱导干细胞技术

Yamanaka（2006）选取了 24 个（Ecat1、Dppa5、Fbox15、Nanog、ERas、Dnmt3L、Ecat8、Gdf3、Sox15、Dppa4、Dppa2、Fthl17、Sall4、Pou5f1、Sox2、Rex1、Utf1、Tcl1、Dppa3、Klf4、β-catenin、c-Myc、Stat3 和 Grb2）与干细胞或多能性相关的转录因子，这些因子的基因在胚胎干细胞中都非常活跃，而在体细胞中则几乎完全沉默。

在诱导筛选过程中，Yamanaka 等使用 *Fbx15* 基因座内整合的新霉素抗性基因作为筛选标记。*Fbx15* 是在小鼠胚胎干细胞和早期胚胎中特异表达的基因，如果该基因在体细胞中被激活，就可以认为该体细胞发生了重编程。当利用反转录病毒转染技术，将所选的 24 个候选基因分别导入细胞后，得到的 24 株小鼠成纤维细胞无一表现出多能性。然而，当将 24 个基因同时导入细胞后，奇迹发生了；一部分成纤维细胞拥有了多能干细胞的特性。

随后，Yamanaka 等通过简单的排除法，从 24 个候选基因中选出 10 个特别重要的基因，之后又从这 10 个基因中再精选，尽量减少需要过表达的基因的数量，最后，从 24 个因子中获得 4 个对于诱导多能性干细胞产生最为关键的因子，利用这 4 个因子成功将小鼠胎儿成纤维细胞诱导成为具有干细胞性质的多能性细胞（Takahashi and Yamanaka，2006）。这 4 个因子分别为八聚体结合转录因子 4（octamer-binding transcription factor 4，Oct4）、性别决定区 Y 框蛋白 2（sex determing region Y-box 2，Sox2）、原癌基因蛋白（proto-oncogene protein，Myc）和 Krüppel 样因子 4（Krüppel-like factor 4，Klf4）。

之后，Yamanaka 等利用相同的转录因子，又将成年小鼠的成纤维细胞诱导成为 iPS 细胞，证实该 4 个转录因子不但能重编程胎儿期细胞，对于成体细胞也具有相同作用（Takahashi and Yamanaka，2006）（图 16-2）。由此产生的 iPS 细胞，在形态、基因和蛋白表达、表观遗传修饰状态、细胞倍增能力、类胚体和畸胎瘤生成能力、分化能力等都与胚胎干细胞极为相似。

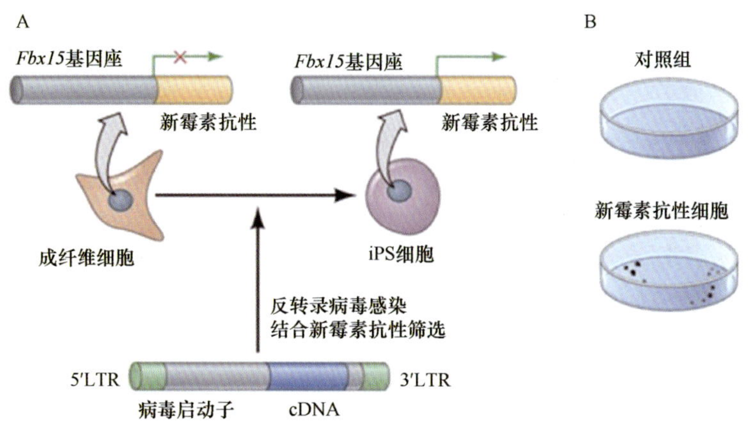

图 16-2　小鼠 iPS 细胞的诱导示意图

iPS 细胞的成功，使人们对体细胞重编程有了更加深刻的认识，这是继体细胞克隆之后的又一里程碑成就。IPS 细胞与体细胞克隆技术已经成为细胞重编程研究的最有效手段（图 16-3）。

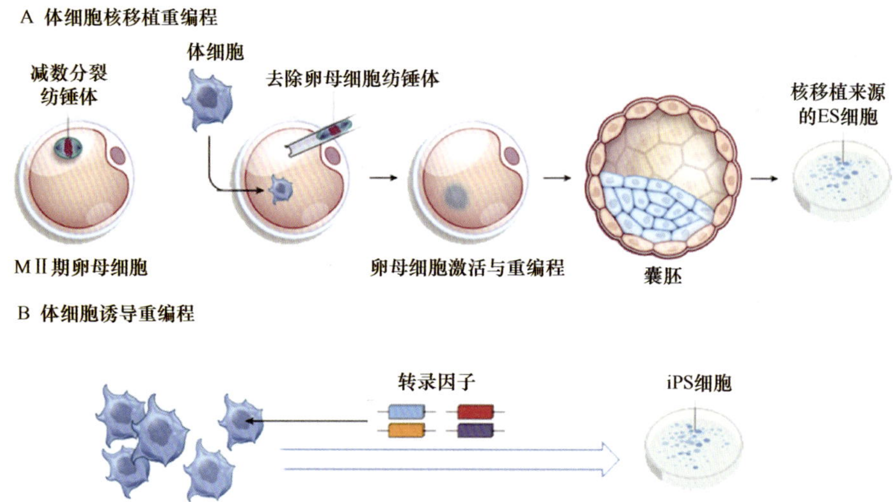

图 16-3　体细胞重编程操作的主要技术方法

三、重编程转录因子

人们把 Yamanaka 实验室使用的 4 个因子称为“Yamanaka 因子”或 OSKM 重编程因子。2007 年 11 月，Shinya Yamanaka 实验室和美国的 James Alexander Thomson 实验室又几乎同时报道，利用 iPS 技术将人皮肤成纤维细胞诱导成为与胚胎干细胞几乎完全一样的多能干细胞（Takahashi et al.，2007b；Yu et al.，2007）。所不同的是，Thomson

实验室使用的是 Oct4、Sox2、Nanog 和 Lin28 这 4 种重编程因子。至此，已经发现 6 个转录因子对 iPS 细胞是至关重要的。

（一）Oct4

Oct4 在早期胚胎卵裂球、内细胞团、表胚层细胞核与生殖细胞中均有表达，主要通过调控下游基因的表达来调节干细胞的多能性。受 Oct4 调节的靶基因包括多能性相关的 Sox2 和 Nanog 等。不表达 Oct4 的胚胎不能完成胚胎的发育，即使发育至囊胚，其 ICM 也不能在体外形成胚胎干细胞。Oct4 下游调节的基因还包括 *Lrh1*、*COUP* *Ⅰ+Ⅱ*、*Genf* 及视黄酸受体、Ⅰ型类固醇生成因子和 Cdx2 受体等。

（二）Sox2

Sox2 是 *Sox*（SRY-related HMG box-containing）基因家族的一员，与胚胎干细胞的多能性和自我更新相关。主要在 ICM、表胚层细胞和生殖细胞中表达。Sox2 通常与其他转录因子协同调节靶基因的表达，如 Sox2 和 Oct4 可以形成二聚体调节 *Fgf4*、*Utf1* 和 *Fbx15* 等基因的表达。Sox2 在干细胞 DNA 上的结合位点也与 Oct4 和 Nanog 重合，进一步说明 Sox2 以协同方式与其他多能性因子协同调节细胞的多能性。

（三）Nanog

Nanog 是维持小鼠胚胎干细胞初始态的重要因子之一，通常与 Oct4 和 Sox2 等转录因子协同调节 ES 细胞的多能性。在体细胞重编程中，Nanog 可以说是干细胞获得多能性的“总开关”，协调其他转录因子调节干细胞的自我更新和分化。Nanog 可以将体细胞重编程中“不完全重编程的 iPS 细胞”变成“完全重编程的 iPS 细胞”，并且只有内源的 Nanog 表达，才能得到完全重编程的 iPS 细胞。

（四）c-Myc

c-Myc 具有多种功能，在细胞周期、增殖、分化和代谢等方面都有作用，在 ES 细胞中可能与干细胞的增殖有关。有报道称，c-Myc 作为 STAT3 的下游靶基因参与小鼠 ES 细胞多能性相关的 LIF-STAT3 信号通路的调控。

（五）Klf4

Klf4 是一种具有锌指结构的转录因子，在早期胚胎、上皮细胞、肾脏、皮肤等组织中都有表达，在调节细胞增殖和分化中起重要作用。过表达 Klf4 会抑制 DNA 合成，阻止细胞增殖。Klf4 对于小鼠胚胎干细胞初始态（naive）的维持和稳定发挥重要作用。在人囊胚中，Klf4 特异表达于内细胞团中，并且对于人胚胎干细胞从始发态（primed）向初始态的转变起重要作用（Takashima et al.，2014）。

（六）Lin28

Lin28 是一个 RNA 结合蛋白，在早期胚胎、人和鼠的 ES 细胞中高表达，在分化的细胞内低表达。Lin28 能够提高一些 mRNA 的稳定性，使 mRNA 在组织中特异表达。Lin28 还可以抑制 microRNA let-7 的功能，间接调节 c-Myc 的表达。所以在体细胞重编程过程中，Lin28 可以用 c-Myc 代替。

山中伸弥（Shinya Yamanaka）博士，现任京都大学 iPS 细胞研究所所长，美国加利福尼亚大学旧金山分校心血管疾病研究所高级研究员。主要从事诱导多能性干细胞诱导方法与重编程机理等的相关研究工作。2012 年因在细胞核重编程研究领域的杰出贡献，获得诺贝尔生理学或医学奖。

第二节　诱导多能干细胞研究进展

最初获得的 iPS 细胞，尽管与胚胎干细胞相比有诸多相似之处。但是，并没有获得嵌合体后代，且 Oct4 和 Sox2 两个关键干细胞转录因子在 iPS 细胞中的表达水平，显著低于在胚胎干细胞中的表达。并且在其他基因表达和表观遗传修饰方面也与胚胎干细胞有一定的差异。最初的 iPS 诱导技术还需要借助病毒介导和药物筛选标记，而病毒载体会整合入细胞基因组内，提高了细胞基因组的变异风险。此外，在 iPS 细胞诱导过程中使用了原癌基因 c-Myc，有可能导致细胞癌变的发生，并且 Yamanaka 因子的重编程机制还是个谜。因此，在获得 iPS 细胞后，干细胞科研工作者开始致力于安全 iPS 技术研制和诱导重编程机理两个方面的研究。

一、iPS 细胞的特性愈加接近胚胎干细胞

为了进一步优化 iPS 细胞的诱导条件，获得更接近于胚胎干细胞的 iPS 细胞。研究人员对 iPS 技术进行不断优化。Hamanaka 等认为，*Fbx15* 基因座作为筛选标记获得的 iPS 细胞，可能并没有发生完全重编程。因此，他们采用 *Nanog* 基因座，利用绿色荧光和嘌呤霉素作为筛选标记，最终获得了具有生殖系嵌合能力的 iPS 细胞（Hamanaka et al.，2011）。与此同时，Wernig 等（2007）采用 *Oct4* 基因座的激活作为筛选标记，同样获得了具有生殖系嵌合能力的 iPS 细胞。然而，他们并没有获得四倍体嵌合小鼠，仅得到了发育到后期的胚胎。之后，利用 *Oct4* 基因座诱导重编程时，发现在含有血清的培养条件下，虽然短期内能形成碱性磷酸酶阳性的干细胞样克隆，但并没有激活内源 *Oct4* 的表达，且很难分离获得完全重编程的细胞；当换为含血清替代物的培养液进行诱导时，虽然干细胞样克隆数明显下降，但是最终获得了无须药物筛选的 iPS 细胞，并且这些细胞具有生殖系嵌合能力（Okita et al.，2007）。然而，这些研究始终没有获得全 iPS 细胞来源的小鼠。

直到 2009 年，我国科学家周琪和高绍荣两课题组分别通过优化 iPS 诱导和分离条

件，最终获得了全 iPS 细胞小鼠，最终证实了 iPS 细胞具有与 ES 细胞一致的多能性（图 16-4A）（Kang et al.，2009；Zhao et al.，2009）。进一步比较具有四倍体补偿能力 iPS 细胞（4*n*-iPSC）和仅具有嵌合能力的 iPS 细胞（2*n*-iPSC）在 microRNA 上的表达差异发现，前者在 Dlk1-Dio3 基因组印迹区具有明显的表达活性，而后者在该印迹区内的多个 microRNA 都处于低表达和不表达状态，并且 2*n*-iPSC 在这个区域的小 RNA 的表达量也明显低于 4*n*-iPSC，同时该区域 *Dlk1*、*Rtl1*、*1110006E14Rik*、*B830012L14Rik* 和 *Dio3* 等 5 个编码基因中，除 B830012L14Rik 外，2*n*-iPSC 也显著低于 4*n*-iPSC。转录物组数据进一步分析显示，Dlk1-Dio3 印迹区的表达可能显著抑制 PRC2 复合物的组装，抑制 PRC2 又促使 Dlk1-Dio3 印迹区维持低的甲基化水平，从而维持了干细胞的多能性的完整。反之，干细胞处于亚多能性状态（图 16-4B）（Liu et al.，2010）。

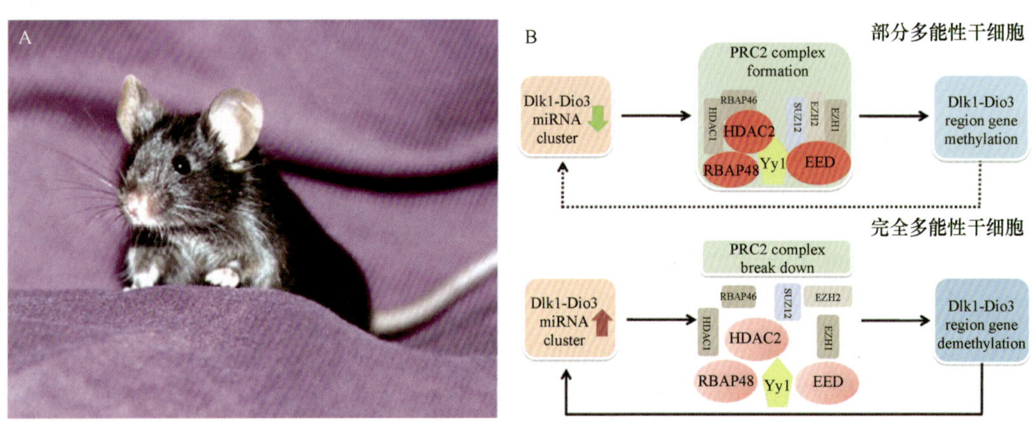

图 16-4 全部由 iPS 细胞发育成的小鼠

A. 全 iPS 细胞小鼠“小小”；B. Dlk1-Dio3 基因组印迹区的甲基化调控

二、iPS 细胞诱导效率的提升

在 iPS 细胞诱导过程中，随时都会发生细胞凋亡、老化或转化等多个生物学事件（图 16-5），影响了向多潜能细胞诱导的效率。使用 Yamanaka 因子诱导时，仅 0.05%～0.1%的细胞可以被重编程为 iPS 细胞，并且使用非整合性载体、RNA 或蛋白质诱导时的效率会更低（Ho et al.，2011）。如此低的效率给 iPS 细胞在生物医药领域的应用带来了很大障碍。为了解决 iPS 细胞效率低的问题，研究人员又在 Yamanaka 因子的基础上，增加了猴病毒 40 大 T 抗原基因（simian virus 40 large T antigen，SV40 LT）和人端粒酶反转录酶基因进行重编程，并且发现这两个因子的加入，可以使 iPS 细胞的诱导效率提高 3～23 倍（Mali et al.，2008；Park et al.，2008）。另外，研究人员发现，在 iPS 细胞诱导过程中多数细胞都发生了凋亡、转化、老化或停滞于重编程的中间阶段，并且抑癌基因 *p53* 及其相关信号通路的激活显著抑制了 iPS 细胞的产生。当诱导过程中沉默 *p53* 的激活时，iPS 细胞的诱导效率可提升 100 倍。

研究显示，活性氧在诱导的早期显著增加。当在诱导过程中，加入维生素 C（vitamin C）等抗氧化剂，可显著提高 iPS 细胞的诱导效率，维生素 C 显著促进部分重编程的细

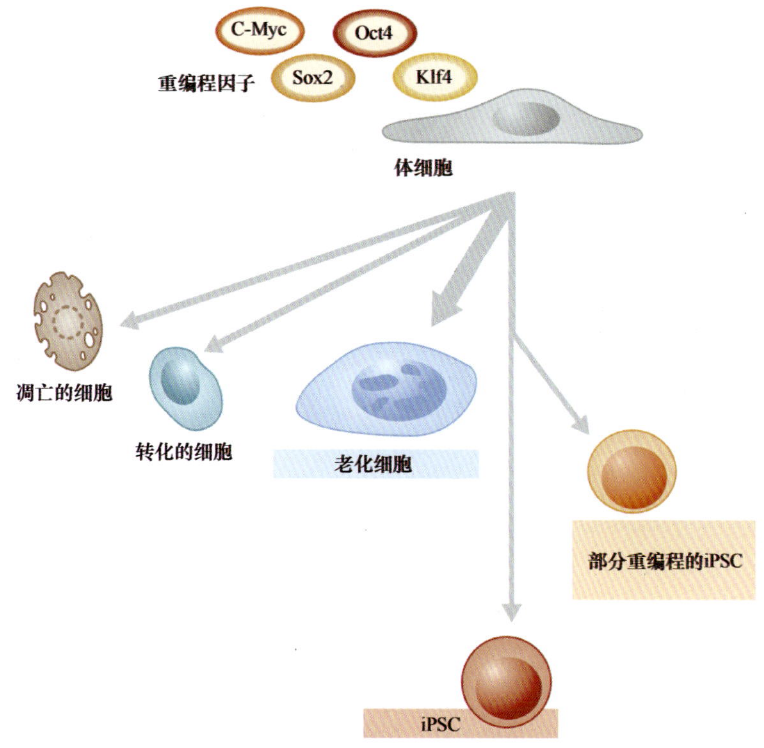

图 16-5 iPS 细胞诱导过程中可能发生的事件

胞进一步转变为完全重编程的 iPS 细胞，且维生素 C 处理后显著降低 p53 和 p21 的表达水平，缓解了重编程过程中衰老的发生。进一步研究显示，重编程过程中，维生素 C 还可以显著激活组蛋白去甲基化双加氧酶的活性，促进 DNA 的去甲基化、间充质向上皮转化（mesenchymal to epithelial transition，MET）的发生（Esteban and Pei，2012）。此外，其他一些与延长细胞寿命、促进细胞存活的小分子化合物或信号通路也可显著提高 iPS 细胞诱导效率。例如，利用 mTOR 信号通路抑制剂、insulin/IGF-1 抑制剂、PI3K 信号通路抑制剂、抗氧化剂姜黄素（curcumin）等都可显著提升 iPS 细胞的诱导效率（Chen et al.，2011）。

细胞表观遗传修饰转变对于 iPS 细胞的产生起到重要的作用。研究显示，组蛋白 H3 第 9 位赖氨酸（H3K9）的甲基化是重编程的重要障碍之一（Chen et al.，2013）。下调重编程过程中 H3K9 和 H3K79 甲基转移酶的活性显著提升 iPS 细胞的诱导效率（Onder et al.，2012）。甲基化结合蛋白 3（methyl-CpG-binding domain protein 3，MBD3）的表达是阻碍 iPS 细胞诱导的重要因素之一，体细胞中敲除该基因可使小鼠 iPS 细胞的诱导效率达到 100%（Rais et al.，2013）。当在 iPS 细胞的诱导过程中使用 BIX-01294（G9a 组蛋白甲基转移酶抑制剂）、RQ108、5-Aza-cytidine（DNA 甲基转移酶抑制剂）、丁酸钠、丙戊酸（valproic acid）、曲古菌素 A（trichostatin A）和 vorinostat（组蛋白去乙酰化酶抑制剂）等小分子化合物处理体细胞时，可使 iPS 细胞的诱导效率提升达 100 倍（Feng et al.，2009）。其中，Valproic acid（VPA）作为这些化合物中的明星分子，被广泛应用于高效的 iPS 细胞诱导实验。

研究发现，下调一些抑制干细胞多能性的相关信号通路，也能显著提升 iPS 细胞的诱导效率。Zhang 等（2011）在重编程体系中加入丁酸钠、SB431542（转化生长因子 β 抑制剂）和 PD0325901（ERK1/2 抑制剂）三种小分子化合物，将成纤维细胞重编程为诱导多能干细胞的效率提升至 0.93%。小分子化合物和转录因子联合使用，还可以加快 iPS 细胞的重编程效率。Shimada 等（2012）将 A83-01（转化生长因子 β 受体抑制剂）、CHIR99021、PD0325901、丁酸钠和 Y-27632（ROCK 信号通路抑制剂）5 种小分子化合物加入重编程体系中，显著加快了人 iPS 细胞的诱导速度，转导后第 6 天即出现胚胎干细胞样细胞，第 10 天出现完全重编程的干细胞。但是，这些抑制剂需要及时去除，否则将导致诱导多能干细胞分化。

三、iPS 细胞诱导的生物安全性

Yamanaka 等研究发现，虽然 iPS 细胞能够参与形成嵌合体，且具有生殖系嵌合能力。但是，有 20%的嵌合体鼠发生了肿瘤。并且，外源重编程因子 c-Myc 的表达被重新激活（Okita et al.，2007）。iPS 嵌合体肿瘤的发生，给 iPS 细胞在临床的应用带来了巨大问题，因此也推动了生物安全性更高的 iPS 诱导技术的发展。

为了减少 c-Myc 的致瘤风险，Nakagawa 等（2010）使用了对细胞癌化能力较低的 Myc 家族其他成员 L-Myc，与 Oct4、Sox2 和 Klf4 组合进行人 iPS 细胞的诱导。结果显示，L-Myc 较 c-Myc 能更有效地诱导获得人 iPS 细胞，并且 L-Myc 可促进具有生殖系嵌合能力小鼠 iPS 细胞的产生，并在后代中没有发现肿瘤。当然，iPS 细胞也可在缺乏 Myc 的条件下被诱导。在缺乏 Myc 时，虽然可以获得形态更加单一的 iPS 细胞克隆，但 iPS 细胞的诱导周期显著增长，重编程效率显著下降（Nakagawa et al.，2008）。

为了减少外源重编程因子在细胞基因组中的整合，避免导致细胞基因组的突变，研究人员通过整合后可切离的 piggyBac 转座子或者含有 loxP 的慢病毒载体，进行 iPS 细胞诱导。并在随后的培养过程中，将外源基因从 iPS 细胞基因组中切除，可获得无外源基因整合的 iPS 细胞（Soldner et al.，2009；Woltjen et al.，2009）。另外，利用非整合性的病毒载体，如腺病毒、仙台病毒、Epstein-Barr 病毒载体，也可以获得无外源基因整合的 iPS 细胞（Stadtfeld et al.，2008；Yu et al.，2009）。Zhou 等（2009）将精氨酸聚合体蛋白转导结构域，连接到 Oct4、Sox2、Klf4 和 c-Myc 蛋白的 C 端，利用经大肠杆菌表达和纯化的这些蛋白质处理小鼠胎儿成纤维细胞，最终获得了蛋白质诱导的多能性 iPS 细胞（protein-induced pluripotent stem cell，piPS 细胞）。通过转录因子蛋白诱导的细胞，可以稳定培养 30 代以上，形态特点、功能与胚胎干细胞无显著差别，具有完整的多能性。之后，Warren 等（2010）又利用人工合成的 mRNA，诱导获得了人 RNA 诱导的多能性 iPS 细胞（RNA-induced pluripotent stem cell，riPS 细胞）。

在 Yamanaka 因子中，虽然已经确定 c-Myc 的致瘤性，但研究显示其他重编程因子也参与癌症相关信号通路的调控。因此，最大限度地减少转录因子的数量，可能会获得更加安全的 iPS 细胞。在 iPS 技术获得成功后，研究人员就不断寻找能够替代 Yamanaka

因子并可成功诱导 iPS 细胞的方法。

小分子化合物筛选技术被广泛应用于替换转录因子的研究中。早期研究发现，BIX-01294 可以代替 Sox2 和 c-Myc，并与 Oct4 和 Klf4 组合诱导神经前体细胞（neural progenitor cell，NPC）成为 iPS 细胞（Shi et al.，2008b）。然而，NPC 本身内源性表达 Sox2。因此，研究人员进一步筛选，发现当使用 BIX-01294 和 BayK8644（L 通道钙激活剂）联合处理细胞时，Oct4 和 Klf4 可诱导小鼠胎儿成纤维细胞成为 iPS 细胞（Shi et al.，2008a）。Ichida 等（2009）也筛选出了在重编程中可替代 Sox2 和 c-Myc 的小分子化合物 E-616452 和 E-616451（转化生长因子 β 抑制剂），以及 EI-275（SRC 家族激酶抑制剂），并证实诱导过程中，提前激活 Nanog 表达是该小分子诱导 iPS 细胞产生的关键。

北京大学邓宏魁教授实验室自 2010 年就开始致力于小分子化合物替换转录因子的研究（图 16-6）。他们发现，当使用 OSK 转录因子并添加 VPA（V）和 CHIR99021（C）诱导时，1×10^4 个小鼠胎儿成纤维细胞，在重编程 15 天后可得到 30 个 iPS 细胞克隆，诱导效率是单纯 OSK 的 30 倍。然后，他们又在该体系中加入 E-616452（6）替换了 Sox2 基因，替换 Sox2 后的诱导效率显著下降，5×10^4 个细胞在重编程 15 天后，仅得到 5～20 个 iPS 细胞克隆。VC6 小分子组合也可以在 Oct4 单独因子诱导中获得 iPS 细胞，但重编程周期却需要 30 天，并且 2×10^5 个细胞仅诱导获得 1 个克隆。随后他们通过小分子筛选发现，组蛋白 H3K4 去甲基化抑制剂反苯环丙胺（tranylcypromine，T）与 VC6 组合时，能够显著促进 Oct4 诱导获得 iPS 细胞，5×10^4 个细胞在重编程 18 天后，可得到 1～15 个 iPS 细胞克隆。至此，他们获得了 VC6T 化合物组合，能够仅在转录因子 Oct4 的参与下获得 iPS 细胞（Li et al.，2011b）。为了获得能够替换 Oct4 的小分子化合物，他们利用小分子化合物文库，筛选了能够在 SKM 条件下诱导获得 iPS 细胞的化合物毛喉素（forskolin，FSK，F）、2-甲基-5-羟色胺（2-methyl-5-hydroxytryptamine，2-Me-5HT）和 D4476。然而，当使用 VC6TF 诱导时，虽然有克隆样细胞产生，但是内源 Oct4 和 Nanog 基因的启动子区依然维持高的甲基化水平。随后，他们使用 Oct4 诱导的重编程系统，又发现表观遗传调节因子 3-deazaneplanocin A（DZNep，Z）可显著提高无 Oct4 条件下 VC6TF 诱导 iPS 细胞的效率。最终，在抑制 GSK3β 和 MEK 信号通路的培养条件下，他们获得了胚胎干细胞样的 iPS 细胞。并且发现，在诱导过程中再添加视黄酸受体的配体，可将 VC6TFZ 诱导效率提高 40 倍。该小分子化合物诱导组合可在多个小鼠细胞系中得到实现，并且该化合物诱导的 iPS 细胞（chemically induced pluripotent stem cell，CiPS 细胞）与 ES 细胞和 OSKM-iPS 细胞有类似的基因表达模式，可 100%产生嵌合体小鼠。然而，CiPS 细胞的产生是一个漫长的过程，需要经历 3 个阶段，平均耗时 48～60 天才能够完成（Hou et al.，2013）。

在这个漫长的诱导过程中，他们细致地观察了细胞形态的变化。在重编程的早期，先出现上皮样的细胞克隆；在随后的诱导过程中，CiPS 细胞几乎 100%产生于这些上皮样细胞。这些上皮样细胞表达胚外内胚层（extra-embryonic endoderm，XEN）相关基因 *SALL4*、*Gata4*、*Sox7*、*Gata6* 和 *SOX17*。在使用 XEN 表面标记 EpCAM 对上皮样细胞分选后，再进一步诱导，CiPS 细胞的获得效率可提升 20 倍，说明原始内胚层样细胞的出现是小分子化合物诱导 iPS 细胞的关键（图 16-7）。视黄酸配体激动剂 AM580（A）和组蛋白 H3K79 甲基转移酶 DOT1L 抑制剂 EPZ004777（E），可显著增加 XEN 的产生。小分子化合物组合 VC6TFZADE 可显著提高 CiPS 细胞诱导效率；进一步将 EPZ004777 换为另一个 DOT1L 抑制剂 SGC0946 后，CiPS 细胞的诱导效率可提升 5 倍，并且显著缩短诱导周期。经过优化的新型小分子化合物诱导体系，可将 CiPS 细胞的诱导缩短至 20～30 天（Zhao et al.，2015）。

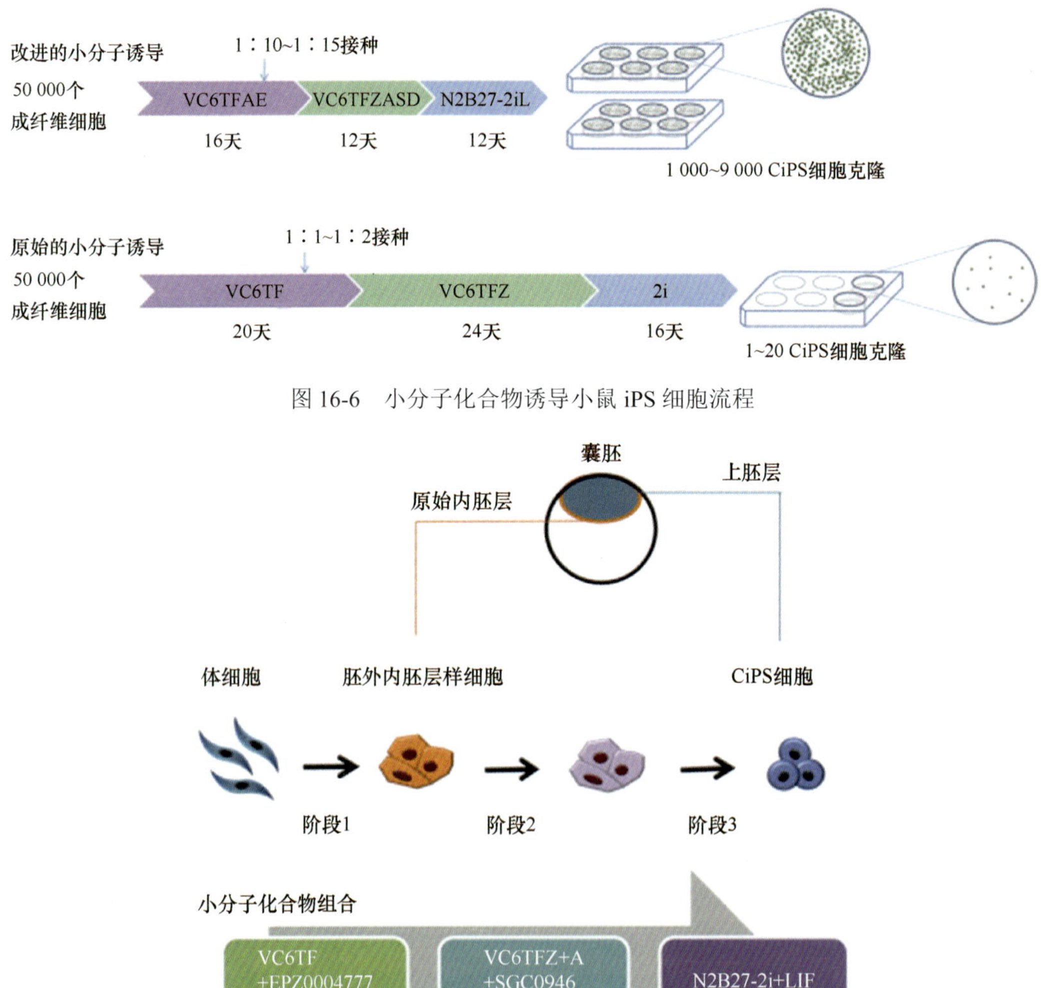

图 16-6　小分子化合物诱导小鼠 iPS 细胞流程

图 16-7　原始内胚层样细胞的出现是小分子化合物诱导 iPS 细胞的关键

综上所述，随着 iPS 技术的不断发展，iPS 细胞诱导的安全性在不断提高，这对于该细胞的临床应用价值具有重要的意义。但是在安全性提高的同时，诱导效率依然比较低。因此，还需要进一步的优化，建立更加高效和安全的 iPS 细胞诱导方法。

四、体细胞诱导重编程的分子机制

（一）抑制或激活信号通路促进 iPS 细胞诱导

细胞外信号分子与细胞膜上的受体相结合，通过细胞内的信号转导通路，作用于细胞核内，调节基因在细胞内的活性，信号通路能够对多能干细胞的状态产生重大的影响。目前已证明许多信号转导通路参与了干细胞多能性的调控，包括 LIF/JAK-STAT3、MEK/ERK、GSK3、TGF-β、p53、Wnt 信号通路的药物等。这些细胞信号通路的激活与抑制，同样促进 iPS 细胞的诱导。

1. 抑制 MEK-ERK 和 GSK3 信号通路促进 iPS 细胞诱导

已经知道，小鼠胚胎干细胞自我更新的维持需要 LIF/JAK-STAT3 和 BMP 信号通路的参与。研究显示，激活 ERK 信号通路能够启动胚胎干细胞的分化（Kunath et al.，2007）；抑制 ERK 信号通路能够抑制 ES 细胞的分化，使细胞能够维持自我更新的状态（Sato et al.，2004）。此外，还有研究表明，GSK3β 信号通路在干细胞维持自我更新上发挥着显著作用，使用 MEK 和 GSK 信号通路的抑制剂培养干细胞，可以省略 LIF 和血清。培养液中添加抑制 MEK 和 GSK3β 信号通路的小分子化合物，不但有利于小鼠细胞 ES 和 iPS 细胞的获得和诱导，而且对于大鼠、人及家畜动物初始态多能干细胞的获得，以及干细胞多能性的维持也具有重要作用。因此，对 MEK 和 GSK3β 两信号通路的抑制，可能是啮齿类、人和家畜中调控多能性维持的保守信号通路。

在 iPS 细胞诱导中，使用 MEK 信号通抑制剂 PD0325901 和 GSK3 信号通路抑制剂 CHIR99021（2i）联合处理，能够有效提高 iPS 细胞诱导的同步性，且能够有效促进 iPS 细胞的增殖生长并抑制其分化（图 16-8）（Li W et al.，2009）。LIF 和 2i 联合诱导还使部分重编程细胞转变为完全重编程的 iPS 细胞（Silva et al.，2008）。MEK 抑制剂 PD0325901 还能够联合 A-83-01 使重编程效率提高到 100 多倍，而 GSK 信号通路抑制剂 CHIR9902 则可提高 50 多倍（Barrett et al.，2008；Liu and Xing，2008；Tojo et al.，2005；Ye et al.，2012；Zhou et al.，2010）。

2. 抑制 TGF-β 信号通路促进 iPS 细胞诱导

TGF-β 是一多功能蛋白，它们在细胞增殖分化和细胞凋亡过程中起非常重要的调控作用。除 TGF-β 以外，TGF-β 超家族还包括活化素（activin）、抑制素（inhibin）、缪勒氏管抑制质（Müllerian inhibitor substance，MIS）和骨形态发生蛋白（bone morpho-genetic protein，BMP）。

目前，越来越多的科学家开始关注 TGF-β 信号通路在重编程中的作用。虽然 LIF 和 BMP 信号通路可以使小鼠 ES 细胞维持自我更新的状态，但人 ES 细胞自我更新状态的维持则依赖于 FGF 和 TGF-β 信号通路（Yu and Thomson，2008），MEK、GSK 和 TGF-β 信号通路影响体细胞诱导重编程（图 16-8）。Lin 等（2009）采用 TGF-β 信号通路抑制剂 SB431542 和 MEK 抑制剂 PD0325901 联合处理 4 种转录因子转染的人成纤维细胞，

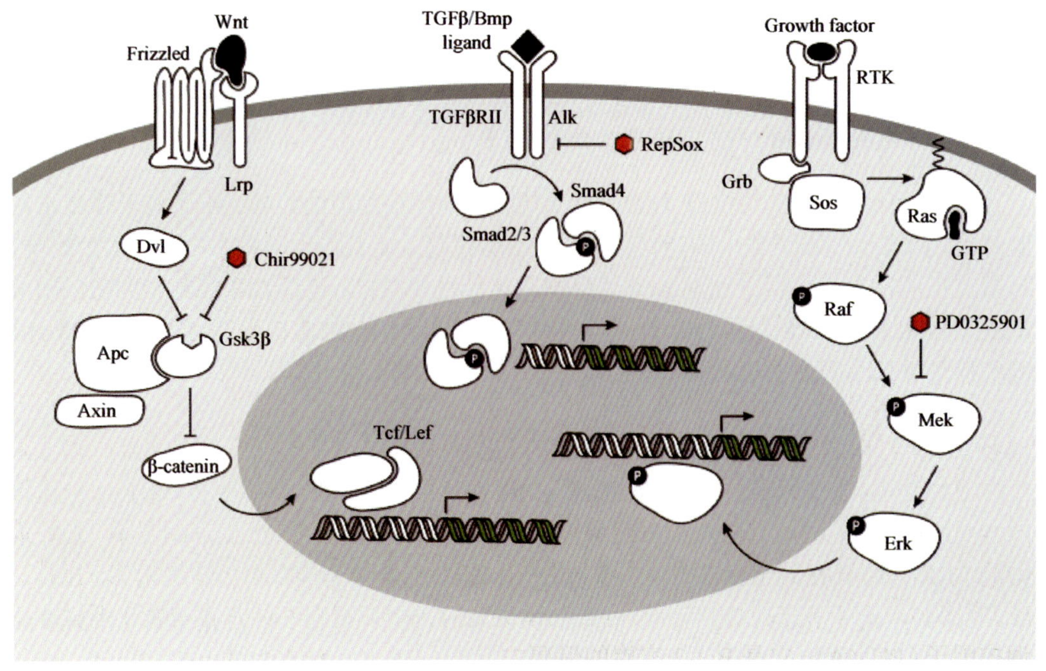

图 16-8 MEK、GSK 和 TGF-β 信号通路影响体细胞诱导重编程

发现用两种因子共同处理后可以得到 45 个 AP 阳性克隆，单独用 SB431542 处理得到两个 AP 阳性克隆，而仅用 PD0325901 处理并没有 AP 阳性克隆出现。SB431542 和 PD0325901 联合处理细胞，可以将重编程效率提高 100 倍以上。Ichida 等（2009）报道 TGF-β 的另一个抑制剂 RepSox 可以替代核心重编程因子 Sox2 和 c-Myc，提高重编程效率。Chen 等（2015）最近报道 SB431542 能够替代 Oct4，通过抑制 FGF/MEK/ERK 信号通路，促进细胞重编程，维持干细胞自我更新状态。上述这些结果，共同揭示了 TGF-β 信号通路抑制剂对于提高重编程效率的功能。

3. 激活 Wnt 信号通路促进 iPS 细胞诱导

Wnt 信号通路是一个非常复杂的蛋白质调控网络，Wnt 分泌蛋白家族在胚胎的发育过程中能够对细胞的分化起决定性作用。Wnt 信号通路对组织干细胞生存的微环境也起到了至关重要的影响作用（Cho et al.，2014；Kumar et al.，2014；Tam et al.，2008）。最近的研究发现，Wnt 能够保持小鼠胚胎干细胞的全能性，影响干细胞的分化，而且还可以使这些细胞具备向各胚层分化的能力（Berndt and Moon，2013）。

当 Wnt 信号通路被激活时，β-链环蛋白进入细胞核与 Tcf/Lef 蛋白相互作用以激活靶基因，促进 iPS 细胞的诱导（Grigoryan et al.，2008）。使用 Wnt3a 条件培养基可以激活干细胞的 Wnt 信号通路，从而促进多潜能基因 *Oct4* 和 *Sox2* 的表达，可将重编程效率提高约 20 倍（Marson et al.，2008）。此外，Lluis 等（2008）研究发现，Wnt3a 信号通路还可以增强细胞融合介导的体细胞重编程，使重编程细胞失去体细胞标志基因，使多潜能基因 *Oct4* 和 *Nanog* 启动子区去甲基化，并具有分化为特定细胞的能力。

4. 抑制 p53 信号通路促进 iPS 细胞诱导

p53 蛋白是目前认为最重要的抑癌基因之一。该基因编码分子质量为 53kDa 的蛋白质，命名为 p53。目前已知，p53 参与调控的基因已超过 160 种，可以在压力信号刺激下，通过诱发细胞凋亡和阻滞细胞周期，阻止细胞的癌化。原癌基因 c-Myc 过表达会诱发 p53 的激活。在体细胞诱导重编程中，重编程因子可以激活 p53 信号通路，进而诱导细胞的老化和凋亡。如降低 *p53* 或者其靶基因 *p21* 的表达，可使 iPS 细胞的诱导效率提升 100 倍。当降低 p53 蛋白表达时，仅 Oct4 和 Sox2 两个重编程因子就能诱导获得 iPS 细胞，并且该细胞具有生殖系嵌合能力（Kawamura et al.，2009）。

Yamanaka 实验室采用 DNA 芯片分析了 34 个 p53 调节的蛋白，证实 p53-p21 信号通路在 iPS 细胞诱导过程中起到关键的抑制作用（Hong et al.，2009；Li H et al.，2009）。进一步研究发现，p53 的上游 Ink4/Arf 位点是肿瘤抑制基因座，编码三个重要的肿瘤抑制因子（$p16^{Ink4a}$，$p19^{Arf}$ 和 $p15^{Ink4b}$）。在重编程过程中，该基因座内相关基因的表达被激活，同时激活 *p53*，而阻碍重编程的进行（图 16-9）。除了 p53 通路直接调控的蛋白质外，许多与 p53 相关的促凋亡基因也与重编程有关，其中一个代表就是 p53 细胞凋亡调控因子（PUMA），它是 Bcl-2 家族的促凋亡蛋白（Nakano and Vousden，2001；Yu et al.，2001）。PUMA 失活有利于重编程进行，但机制却与 p53 和 p21 的不同。p53 的失活虽然帮助细胞逃过了重编程过程中凋亡的命运，从而提高了效率，但产生的 iPS 细胞存在一定的染色质异常。而 PUMA 的缺失则是减少了因诱导产生的 DNA 损伤，促进细胞存活和 iPS 细胞染色体稳定（Li et al.，2013）。

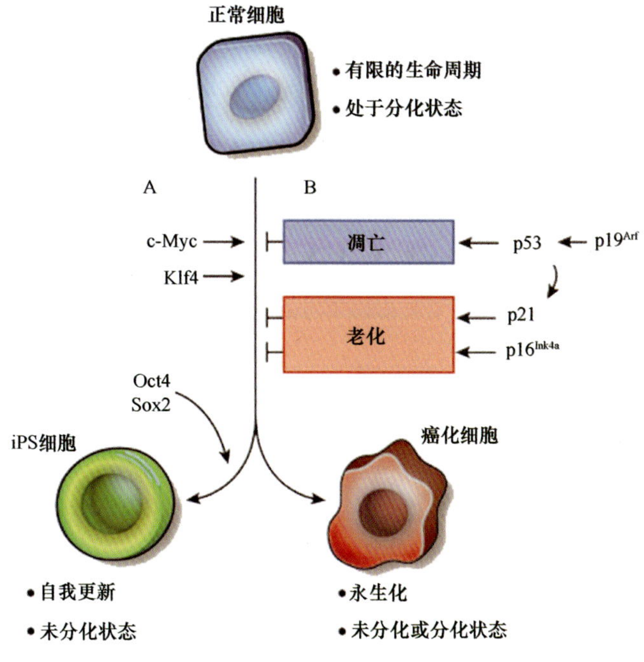

图 16-9　p53 相关信号通路调节 iPS 细胞的诱导

（二）iPS 细胞诱导过程中的表观遗传修饰

在 iPS 细胞诱导过程中，体细胞发生了包括多潜能基因启动子区的去甲基化、组蛋白修饰、染色质重构等一系列表观遗传学的改变，这些改变促使细胞形态与基因调控等方面发生剧烈的变化，从而形成多能性干细胞。

1. iPS 细胞诱导过程中的甲基化修饰变化

甲基化是细胞表观调控的重要方式之一，主要发生在细胞内基因组 CpG 二核苷酸的胞嘧啶，直接影响基因的转录沉默和染色质的形态结构。在重编程过程中，内源多潜能基因（包括 *Oct4* 和 *Nanog* 等）的激活是通过去除它们启动子区域胞嘧啶的甲基化来实现的。这些基因启动子区域不完全的去甲基化，往往存在于只发生部分重编程的细胞中，这就导致这些细胞中多潜能基因不能重激活。Popp 等（2010）对激活诱导胞嘧啶核苷脱氨酶（activation induced cytidine deaminase，AICDA 或 AID）基因敲除的小鼠和野生型小鼠的原生殖细胞的基因组 DNA 进行了甲基化分析，结果表明，AICDA 基因的缺失会影响基因组范围内 DNA 的去甲基化，说明 AICDA 对于表观重编程具有重要功能。进一步研究证实，诱导过程中多潜能基因启动子区域的去甲基化是 iPS 细胞形成的一个重要因素。

通过异种细胞融合方法，将小鼠 ES 细胞和人的成纤维细胞融合，人的细胞核重编程会同步、有效并快速地发生。经过检测，Oct4 与 Nanog 启动子区域的甲基化水平很低。当使用小干扰 RNA 对两种细胞的 AICDA 进行干扰后，再将两种细胞融合，发现 Oct4 与 Nanog 启动子区域被高度甲基化。这些结果说明，AICDA 去甲基化酶基因对细胞多能性维持是必要的。

近几年的研究发现，DNA 羟基化酶 Tet1 通过影响减数分裂的基因表达而调控减数分裂的过程，并且是以 Nanog 依赖行为在细胞多能性的产生中发挥作用（Costa et al.，2013；Yamaguchi et al.，2012）。在重编程过程中，Tet1 比 Tet2 显著上调，而 Tet3 则受到抑制（Polo et al.，2012）。同济大学高绍荣教授课题组研究发现，在 KSOM 和 OSK 诱导系统中，如使用 shRNA 对 Tet1 进行敲除，则严重影响 iPS 细胞的诱导。当过表达 Tet1，并以 KSOM 系统诱导 iPS 细胞时，诱导效率显著提升。Tet1 能够通过 5 羟甲基胞嘧啶的转换，促进 Oct4 的去甲基化和重激活，并且 Tet1 可以替代 Oct4 重编程体细胞（Gao et al.，2013）。此外，Doege 等（2012）发现，Tet2 在多能性诱导的早期使 DNA 去甲基化，从而使染色质上多潜能基因位点上的基因被激活，实现多潜能基因的表达。由此可见，DNA 去甲基化对多能性干细胞的诱导极为关键，在诱导早期就决定了多潜能基因是否能够表达。

2. 重编程过程中的染色质重构

体细胞重编程过程是一个复杂的染色质重构过程。研究表明，在重编程的第三天，与重编程相关或者与发育相关的基因的启动子或者增强子区域，就发生明显的 H3K4me2，诱使细胞的基因表达发生变化。比较 ES 细胞、iPS 细胞、部分重编程细胞及小鼠胎儿成纤维细胞中 10 种组蛋白的修饰水平发现，在 ES 细胞中，H3 组蛋白的乙酰化水平是成纤维细胞的 2 倍；iPS 细胞 H3 组蛋白的乙酰化水平与干细胞接近；部分重编程的细胞的乙酰化水平较低，与成纤维细胞接近。与之类似，ES 细胞和 iPS 细胞中的 H4 乙酰化水平是部分重编程细胞和成纤维细胞中的 2.5 倍；ES 细胞和 iPS 细胞在组蛋白 H4 N 端第 5 位赖氨酸（H4K5）、H3K9、H3K27 等位点，也呈现出显著升高的乙酰化水平。

在体细胞克隆中，组蛋白乙酰化水平的上升能显著促进克隆胚胎的发育。Huang 等（2011）使用去乙酰化抑制剂处理核移植胚胎，胚胎发育率显著提高；以去乙酰化抑制剂用于 iPS 细胞诱导，诱导效率得到提高。Shi 等（2011）使用同样的方法处理小鼠胚胎癌细胞系 F9 和另一类分化程度较高的细胞系 P19，发现处理后的 P19 细胞的多潜能基因 *Fgf4* 显著表达，而在 F9 细胞中则显著减少。另外，如用组蛋白去乙酰化酶抑制剂处理分化的 ES 细胞，能够增加细胞中 *Fgf4* 等多潜能基因的表达；而处理未分化和分化程度较低的 ES 细胞时，则会降低多潜能基因的表达。研究发现，与 F9 细胞相比，P19 细胞的 Fgf4 增强子处的组蛋白去乙酰化酶 1（HDAC1）增多，而且 H4K5 位点乙酰化减弱。同样，在 *Sox2* 和 *Nanog* 等基因中，也存在类似的现象。由此可以得出，提升体细胞的组蛋白乙酰化水平，是促进 iPS 细胞诱导效率的关键。

胚胎干细胞与分化细胞最大的区别是具有高度动态的染色质结构（Meshorer et al.，2006）。随着细胞不断分化，染色质的开放程度不断下降。在使用 Yamanaka 因子进行诱导时，c-Myc 在重编程早期就会与多个调控蛋白进行结合，开放染色质环境；Oct4、Sox2 和 Klf4 在重编程初期很少与其调控基因进行结合。当染色质开放到一定程度时，这些转录因子与其调控位点结合，激活相关的信号通路，进一步促进了染色质开放，最终使细胞获得多能性。因此，体细胞低开放的染色质环境被认为是重编程最重要障碍之一（Hirai et al.，2011；Skene and Henikoff，2012）。

细胞诱导过程，就是使细胞的染色质由封闭状态转变为活跃的活化状态，激活多能性相关基因表达的过程。为了研究开放染色质与细胞多能性的关系，Gaspar-Maia 等（2009）以 Oct4 启动子驱动的表达绿色荧光蛋白的 ES 细胞为模型，使用 shRNA 对 18 种在 ES 细胞中上调并与染色质重构和转录相关的候选基因进行干扰，通过检测 Oct4 启动子的活性和干细胞的生长情况，发现染色质重构子 *Chd1* 是唯一一个受干扰后就影响干细胞表型的基因。*Chd1* 基因是一种染色质重构酶，属于染色质家族蛋白，具有 ATP 酶 SNF 样的解螺旋酶结构域。受 *Chd1* 基因干扰后的 ES 细胞，虽然碱性磷酸酶、SSEA-1 和 Oct4 等均有表达，能维持未分化的状态，但这些干细胞趋向于分化为神经细胞，缺乏分化成为内胚层的能力。为进一步研究 Chd1 的作用，将成纤维细胞、空载体感染的成纤维细胞和 Chd1 干扰的成纤维细胞进行诱导，发现 *Chd1* 基因下调不会影响成纤维细胞的生长，但降低了重编程的效率。这些结果说明，Chd1 调控染色质的开放有利于多能性干细胞的诱导（Gaspar-Maia et al.，2009）。

Hirai 等（2010）将调控骨骼肌发生的 *MyoD* 基因的反式激活结构域和 *Oct4* 基因融合，形成融合基因 M_3O。M_3O 和多顺反子的 *Sox2*、*Klf4* 和 *C-Myc*（简称 SKM）共同对小鼠胎儿成纤维细胞进行诱导，诱导效率提高到 5%。进一步分析发现，M_3O-SKM 诱导后，*Oct4* 和 *Sox2* 基因的染色质发生了重构，重构后的染色质状态与胚胎干细胞一致。经鉴定，由 M_3O-SKM 诱导出的 iPS 细胞，均为完全重编程细胞。

3. microRNA 对体细胞重编程的调控

microRNA 是一类进化上保守的小非编码 RNA，能够通过抑制 mRNA 转录或者诱导 mRNA 降解实现对基因表达的调控。研究表明，特异 microRNA 会在 ES 细胞中高表达，并且在多潜能基因的调控中发挥作用（Judson et al.，2009；Wilson et al.，2009）。基于这一发现，科学家开始尝试使用 microRNA 进行 iPS 细胞的诱导，并取得了很多重要研究结果。2011 年，Anokye-Danso 等使用 ES 细胞中高表达而体细胞中不表达的 microRNA302/367 基因簇，对人和小鼠成纤维细胞进行诱导，这一组合可以快速、有效地重编程人和小鼠的体细胞，而不需要转录因子的参与（Anokye-Danso et al.，2011）。由 microRNA 诱导获得的 iPS 细胞与 Yamanaka 因子获得的 iPS 细胞，具有相似的多能性。然而，慢病毒介导 microRNA 基因簇的表达，给 iPS 细胞的临床应用带来风险。Miyoshi 等（2011）通过直接转染的方法，将 microRNA302 和 microRNA369 导入小鼠脂肪间充质细胞，也获得了 iPS 细胞。Bao 等（2013）对 microRNA 在多能性诱导中所发挥的作用进行了系统总结，并为后续的研究提出了建议。

五、家畜诱导多能干细胞研究概况

经过了多年的发展，从最早的小鼠 iPS 细胞建立以来，iPS 技术已经在猪、牛、绵羊、山羊、马、水牛、牛、狗、兔和雪豹等哺乳动物中均有所进展。不仅如此，在禽类，甚至蝙蝠中也诱导获得了 iPS 样细胞。体细胞诱导重编程技术在多个物种中得以实现，这充分说明了体细胞诱导重编程同体细胞克隆重编程一样，是动物分化细胞普遍存在的特性（图 16-10）。

（一）猪诱导多能性干细胞

由于猪的器官大小、形状及生理等方面与人的器官有较强的相似性，猪诱导多能性干细胞（porcine induced pluripotent stem cell，piPS 细胞）得到了最为广泛的研究。Esteban 等（2009）分别用含人和鼠的 OSKM 因子的反转录病毒体系，将猪胎儿成纤维细胞诱导成 piPS 细胞。研究还发现，加入 2i（ERK 和 GSK3b 信号通路的抑制剂）有助于维持 piPS 细胞的多能性，并使细胞克隆更加致密。使用经典四因子 Oct3/4、Sox2、Klf4 和 c-Myc 或六因子 Oct3/4、Sox2、Klf4、c-Myc、Nanog 和 Lin28 均可获得 piPS 细胞。所获得的 iPS 细胞呈碱性磷酸酶阳性、表达多潜能基因、核型正常、能够形成拟胚体和畸胎瘤等。但是，目前仅 West 等（2010，2011）得到了 piPS 细胞嵌合猪。

piPS 细胞诱导技术也在不断改进。利用猪源性的两因子 Oct4 和 Klf4 或鼠源性的 Yamanaka 四因子，并在添加 LIF 的条件下也诱导出 piPS 细胞。所获得的细胞系在形态和多能性方面，更倾向于小鼠的 ES 细胞，能够向三胚层分化（Cheng et al.，2012）。在无饲养层的条件下，利用三因子（Sox2、Klf4 和 c-Myc）也能将猪脂肪来源的组织干细

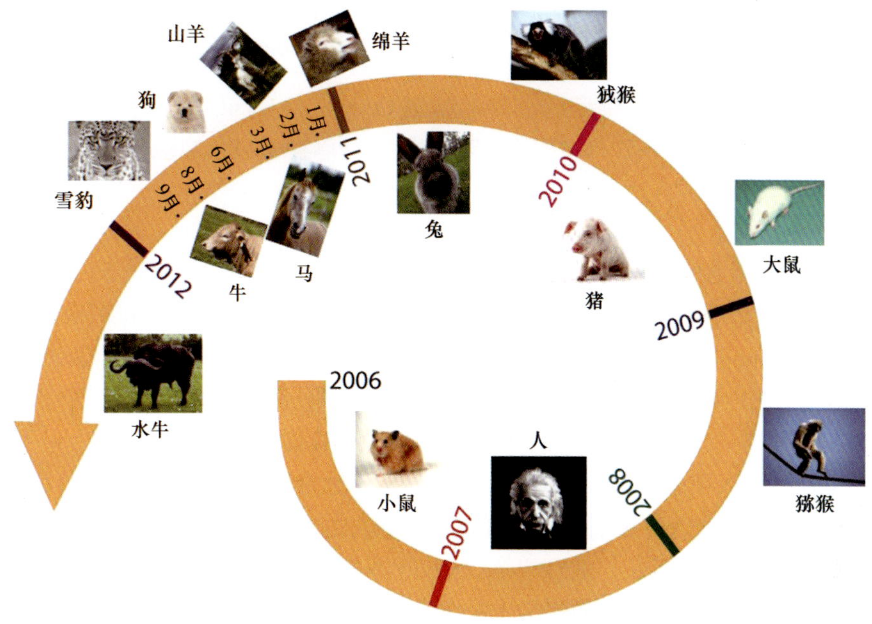

图 16-10　不同物种 iPS 细胞获得的年份

胞，重编程为 iPS 细胞（Zhang et al.，2014）。当利用 Tbx3 和 Nr5a2 两个因子进行诱导时，猪 iPS 细胞的效率显著提高（Wang et al.，2013）。有研究表明，猪 iPS 细胞多能性的维持，需要丁酸钠、SB431542、PD0325901、CHIR99021（GSK3-β 抑制剂）和 forskolin 这 5 个小分子化合物的作用。但也有报道认为，添加 2i（PD0325901 和 CHIR99021）会降低猪 iPS 细胞的建系效率和细胞多能性。这些结果说明，在鼠类中起重要作用的小分子抑制剂，是否适用于猪 iPS 细胞的建立，还有待进一步研究。

Fan 等（2013）将 piPS 细胞作为供体细胞，通过核移植，获得 iPS 细胞克隆猪。但遗憾的是，这些源于 iPS 细胞的克隆猪全部死亡。目前，不同研究人员获得的 piPS 细胞，在外观和细胞表面标记等方面有一定差异，有的与鼠的 ES/iPS 细胞比较接近，有的与人的更相似。

（二）牛诱导多能性干细胞

牛诱导多能性干细胞（biPS 细胞）研究起步较晚。Han 等（2011）利用反转录病毒载体分别将牛 *Oct4*、*Sox2*、*Klf4*、*c-Myc*、*Nanog*、*Lin28*（OSKMNL）、牛 OSKM 和人 OSKM 导入牛胎儿成纤维细胞中，获得了 biPS 细胞；牛 OSKMNL 组合的诱导效率明显高于牛 OSKM 和人 OSKM 组合。进一步研究表明，对于诱导 biPS 细胞，仅 OSKM 是不够的。只用 OSKM 诱导获得的 biPS 细胞不稳定，传代 8～10 次之后就会分化，而用 Nanog 和 OSKM 共同诱导获得的 biPS 细胞更为稳定，表明 Nanog 在 biPS 细胞诱导过程中的有重要作用（Sumer et al.，2011）。

使用诱导型慢病毒载体或 piggyBac 转座子诱导表达系统，可诱导形成类似人干细胞样的 biPS 细胞，当将该诱导干细胞培养于含有 PD0325901 和 CHIR99021 小分子化合物的培养液时，biPS 细胞可以转化为类似小鼠干细胞样的形态，表达多潜能基因，能够在体外分化形成类胚体，并且能够嵌合入胎儿组织中，但是不能形成畸胎瘤（Kawaguchi et al.，2015）。对于水牛 iPS 细胞的诱导，利用 OSKM 与 SV40LT 就可获得长期传代的 iPS 细胞，并且发现 SV40 LT 通过抑制 p53 活性，可以提高 iPS 细胞诱导效率。

（三）羊和马诱导多能性干细胞

2011 年，Li 等使用四环素诱导的慢病毒表达系统，将鼠源 *Oct4*、*Sox2*、*c-Myc* 和 *Klf4* 转染到羊的成纤维细胞中，并将其重编程为多能干细胞，这些 iPS 细胞能够表达 SSEA-4、Oct4、Nanog 和 Sox2 等胚胎干细胞的标记蛋白，但这些 iPS 细胞不表达 SSEA-1、SSEA-3、TRA-1-81 和 TRA-1-60（Li et al.，2011a）。另外一个研究组使用 8 个基因 *Oct4*、*Sox2*、*c-Myc*、*Klf4*、*Nanog*、*Lin28*、*SV40LT* 和 *hTERT* 共转染绵羊体细胞，最终也获得了绵羊诱导多能性干细胞（oiPS 细胞）。得到的 iPS 细胞能够表达 Oct4、Nanog、TRA-1-60、TRA-1-81、Rex1、SSEA-1 和 E-cadherin，但是不表达 SSEA-3 和 SSEA-4（Bao et al.，2011）。上述两个研究组所获得的 iPS 细胞有所不同，但均能够被碱性磷酸酶着色，在体外能分化成为类胚体，在体内能够形成畸胎瘤。

马作为重要的竞技动物，干细胞技术在其运动损伤修复研究中扮演着重要的作用。因此，马诱导多能性干细胞（eiPS 细胞）的研究在马运动损伤研究中具有重要意义。多个研究组也相继得到了 eiPS 细胞，这些细胞多呈现人干细胞样的形态，表达 SSEA-1、SSEA-4、TRA-1-60、TRA-1–81 等多能性标记基因。小分子化合物 SB431542、CHIR99021、PD0325901、A83-01 和 thiazovivin 等对于 eiPS 细胞的产生也有一定的促进作用。

综上所述，iPS 技术在小鼠和人的体细胞诱导研究中进展最快，采取的诱导技术也多样化，获得了大量很有价值的成果。然而，在家畜动物中，由于胚胎干细胞方面的研究没有获得突破，也导致了 iPS 细胞研究的滞后。大家畜诱导多能性干细胞还不能在体外长期传代。此外，不同研究者获得的家畜 iPS 细胞在多潜能基因、分化能力等方面还存在很大差异。要获得在多能性方面类似于啮齿类和人的 iPS 细胞，还有很长的路要走。

六、多能干细胞的状态

从胚胎干细胞、组织干细胞到诱导干细胞，无论是从胚胎中分离还是从组织中分离，或是将体细胞重编程回到干细胞状态，有几个问题始终未能得到合适的答案，即不同来源的细胞是否存在共同的“干性”的本质？从“非干性”到“干性”经历了怎样的过程？这些细胞的“干性”从何而来？如何而来？如何维持？又是如何能够永久存活而不失真？

所有这些问题实质上就是要了解干细胞的本质是什么？干细胞发生与存活的机制是什么？为此，研究者们进行了若干年的探索，取得了突破性的进展。目前可以确定的是，干细胞的存在，特别是在体外的正常生存，受到细胞内多潜能基因与培养系统中的特殊因子的共同作用。无论从形状上还是所依赖的信号通路上，不同来源的胚胎干细胞都存在很大的差异。不同状态的多能性干细胞（pluripotent stem cell，PSC）能够从早期胚胎发育的不同阶段获得。从植入前囊胚 ICM 中分离获得的 PSC 称为 ES 细胞，而从植入后胚胎的表胚层中分离获得的 PSC 称为表胚层干细胞（epiblast stem cell，EpiSC）。

迄今为止，仅在小鼠中获得了 ES 细胞和 EpiSC。由于伦理问题，还无法获得人体外培养的 EpiSC。ES 细胞与 EpiSC 具有不同的多能性状态。与 EpiSC 相比，ES 细胞具有高效的胚胎嵌合能力、未失活的 X 染色质与低表达水平的发育相关基因，它的多能性更类似于 ICM 细胞，也称为初始态或原始态胚胎干细胞（naive ES 细胞），而前者称为始发态胚胎干细胞（primed ES 细胞）。初始态干细胞能在体外无限增殖，表达干细胞特异因子，体外和体内分化形成三个胚层并且可以嵌入内细胞团，参与整个胎儿和生殖细胞的发生（生殖系嵌合）。这些构成了初始态干细胞特性分析的金标准。对人的胚胎干细胞进行系统分析显示，传统培养方法获得的人 ES 细胞与小鼠 EpiSC 状态类似，处于始发状态。

下面简单介绍初始态和始发态干细胞的特征与研究进展。

（一）初始态和始发态多能胚胎干细胞的异同

胚胎干细胞需要与饲养层细胞共培养才能进行正常增殖，并保持未分化状态，这说明饲养层细胞一定分泌了可以维持胚胎干细胞增殖和保持未分化状态的因子。当使用胚胎瘤细胞的条件培养液培养胚胎干细胞时，能够加速干细胞的建系。后来，在共培养液和条件培养液中，鉴定出白血病抑制因子（LIF）。LIF 存在时，胚胎干细胞可以在无饲养层的情况下进行自我更新。饲养层细胞分泌 LIF 作用于胚胎干细胞，后者又促进了 LIF 的分泌，两种类型细胞的协同作用，保证了干细胞的增殖与未分化状态。进一步研究表明，LIF 通过 JAK-STAT 和 PI3K 两条信号通路，维持着胚胎干细胞的多能性。LIF 激活了 STAT3，通过 c-Myc 作用于下游通路；LIF 激活 PI3K 的同时，激活了 Ras 和 Akt，Ras 通过磷酸化 MAPK 调节多潜能基因的表达；而 Akt 的激活抑制了 GSK3β，对多潜能基因的表达起负调节作用。

虽然使用了同样的技术方法，但是所获得的人 ES 细胞与小鼠 ES 细胞则在细胞克隆形态与多能性等方面存在很大差异。人的 ES 细胞是二维贴壁平铺生长，而小鼠的 ES 细胞系是突起式三维生长，有立体感。人 ES 细胞不易进行单细胞传代培养，难以实施基因靶向操作。造成这两种干细胞形态差异的原因，可能反映了二者内源性基因调控方面的差异。目前已经清楚，在小鼠 ES 细胞中发挥关键作用的 LIF，在人 ES 细胞中却无法起作用，而 bFGF 却是人 ES 细胞维持多能性所必需的。bFGF 通过抑制相关因子，促进 ES 的自我更新。在人 ES 细胞中，Activin/Nodal 通过与 Smad2/Smad3 相互作用，维持人 ES 细胞的自我更新。

此外，BMP 信号通路在人和小鼠 ES 细胞自我更新过程中，发挥截然不同的作用。在小鼠，BMP 促使多潜能基因的表达以维持自我更新。在人，如果 BMP 过度表达，会促使 ES 细胞向滋养外胚层分化。这些研究结果表明，虽然多能性关键基因 *Oct4*、*Sox2* 和 *Nanog* 对于维持小鼠和人 ES 细胞同等重要，且细胞都能形成类胚体、畸胎瘤，具有分化为三个胚层的能力，但这两种细胞的内在信号通路却截然不同。说明初始态和始发态干细胞的调控通路存在显著差异（图 16-11）。

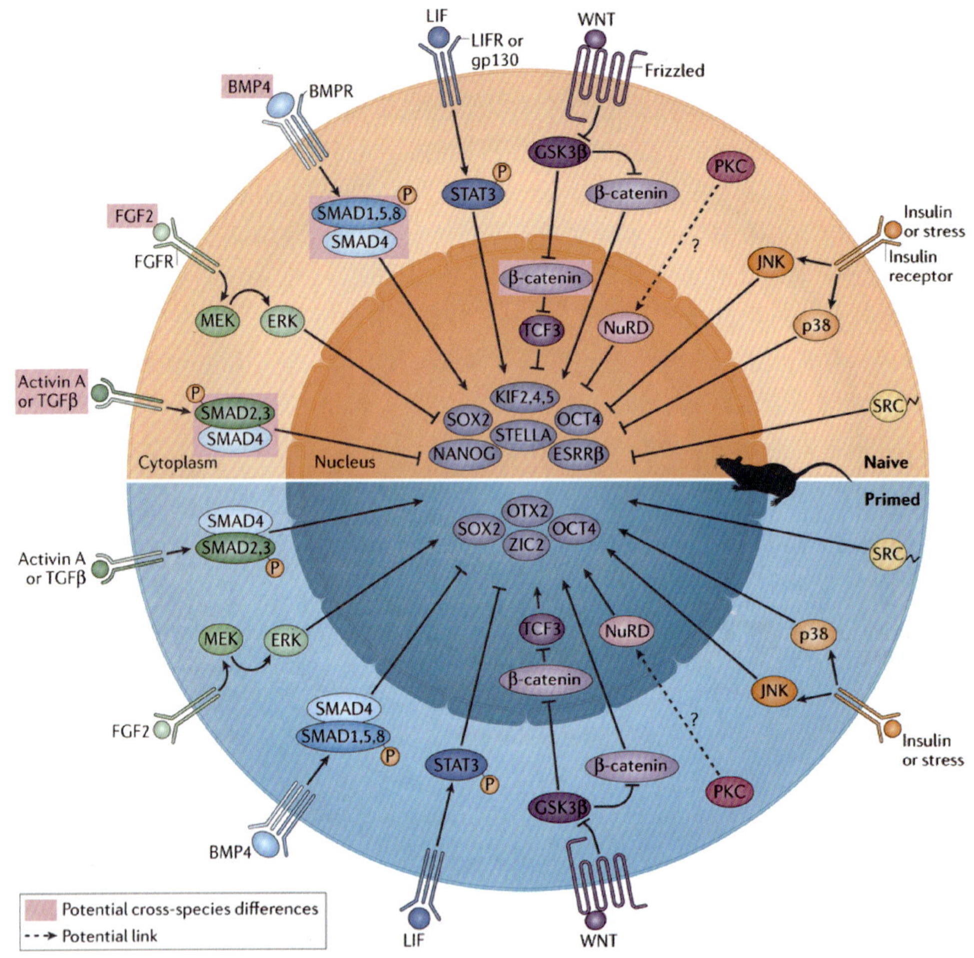

图 16-11 初始态（naive）和始发态（primed）干细胞调控通路的差异（Weinberger et al.，2016）

利用 Oct4-GFP 细胞为模型，研究不同细胞的多能性差异。始发态干细胞中存在 GFP 阳性和阴性两群细胞，且这两群细胞可以相互转化且处于动态的平衡状态。虽然这两群细胞的基因表达都与初始态干细胞有明显的差异，但是一些初始态干细胞调控基因，如 *Klf2*、*Klf4*、*Stella* 和 *Rexl* 等在 GFP 阳性细胞中的表达水平高于阴性细胞；而始发态细胞的某些标志基因，如 *Fgf5*、*Brachyury* 在 GFP 阴性细胞中的表达水平则要高于阳性细胞。初始态和始发态在多能性调控通路上的差别，提示人们这两类细胞的体外培养条件的不同。LIF 和低剂量的 BMP4 对于初始态干细胞的获取及体外培养是必需的，LIF 通过 STAT3 途径维持初始态干细胞的多能性，BMP4 则可以维持初始态干细胞处于未分化状态。而 BMP4 信号可以诱导始发态干细胞形成原始生殖细胞前体，不能够在 LIF/BMP4 条件下获得建系的始发态干细胞。始发态干细胞严格地依赖于 Activin/Nodal 信号通路的调节，其生长依赖于培养液中添加 Activin、bFGF 等生长因子，对 LIF 的作用不敏感。

人 ES 细胞与小鼠 EpiSC 在基因表达方面还存在一定的差异。与小鼠 EpiSC 相比，人 ES 细胞更接近初始状态，因为人 ES 细胞高表达 *E-cadherin*、*Nanog* 和 *Prdm14* 基因，

而低表达 *FGF5*、*N-cadherin* 和 *Rex1* 等基因。人 ES 细胞 DNA 甲基化的分布也类似于 FBS/LIF 条件下培养的小鼠 ES 细胞，而与 FGF2/Activin A 中培养的 EpiSC 有显著差异。此外，在 EpiSC 中，TFE3 定位于细胞质；在 2i/LIF 条件培养的初始态 ES 细胞中，TFE3 定位细胞核；在人 ES 细胞中，TFE3 同时存在于细胞质和细胞核（Weinberger et al.，2016）。

（二）体外培养条件下初始态与始发态干细胞之间的转化

在体外条件下，细胞的初始态和始发态之间是可以转化的。当将培养初始态干细胞的培养环境转变为 FGF2/Activin A 时，初始状态的 ES 细胞会转化为始发状态的 EpiSC。相反，当在 EpiSC 中过表达 *Klf4* 与 *Myc* 基因，且在 FBS/LIF 和 2i/LIF 环境培养时，EpiSC 可以转变为初始状态。其他一些转录因子，如 Nanog、Prdm14 和 Esrrβ 也对于 EpiSC 向初始态的转变起到协同和促进作用。另外，将 5.5～7.5 天小鼠胚胎的表胚层培养于初始态干细胞培养环境，也可以获得初始态的多能干细胞（图 16-12）。

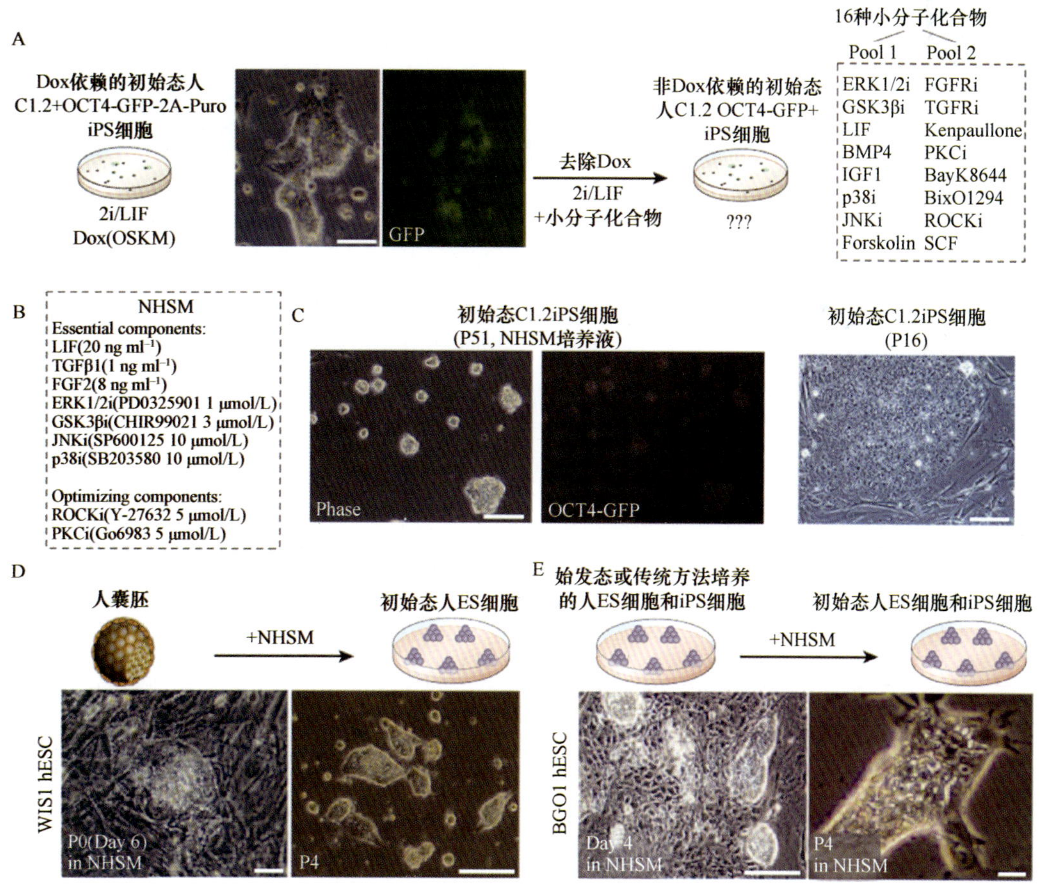

图 16-12　人初始态干细胞的获得

A. 非转基因依赖的人初始态 iPS 细胞的获得策略，标尺=200μm；B. 优化的 NHSM 培养液组分；C. 在初始态人干细胞培养液（naive human stem cell medium，NHSM）培养液中生长的 Oct4-GFP 阳性人 iPS 细胞（左）、始发态人 iPS 细胞（右），标尺=200μm；D. 分离的人内细胞团细胞培养于 NHSM 培养液中 6～8 天形成原始克隆，之后经胰蛋白酶消化后，传代建立初始态的人 ES 细胞；E. NHSM 培养液可反转始发态 BGO1 人 ES 细胞至初始态

分析细胞转变过程中的基因组 DNA 甲基化的变化显示，2i/LIF 条件下培养的初始态干细胞，在基因的启动子、基因内具有低的 DNA 甲基化水平，与 ICM 类似。当细胞转入 FBS/LIF 条件培养时，基因组的整体 DNA 甲基化水平显著增加，但是在基因启动子和增强子区域依然维持低水平的甲基化状态。但培养于 EpiSC 条件时，DNA 甲基化在基因的启动子和增强子区域显著聚集。

当培养体系不能维持干细胞的初始状态时，ICM 细胞将从初始态转变为始发态。比较人的 ICM 细胞与 ES 细胞基因表达谱显示，ICM 细胞与 ES 细胞存在较大的转录差异，仅不到一半的基因在两种细胞中同时表达。说明利用传统体系培养的人 ES 细胞，发生了明显的始发态转化。进一步研究显示，在培养人 ES 细胞过程中，ICM 细胞经历一个中间状态（post-ICM intermediate，PICMI），随机失活一条 X 染色质，形成表胚层样的结构，并转变为始发态。

干细胞稳态需要严格的调控网络和体外培养环境。研究表明，2i/LIF 的培养条件，不能够使人 ES 细胞和 iPS 细胞反转达到初始状态。外源持续表达 Oct4/Klf4、Klf2/Klf4 或 Nanog/Klf4，可以维持人 ES 细胞和 iPS 细胞在 2i/LIF 或 2i/LIF/aPKCi 环境中保持稳态（Hanna et al.，2010；Takashima et al.，2014；Theunissen et al.，2014）。在初始态的人 ES 细胞或 iPS 细胞中，DNA 甲基化水平低，表达类似 CP2 蛋白的转录因子（transcription factor CP2-like protein 1，TFCP2L1）与 Klf4 等初始态干细胞基因。

Gafni 等（2013）利用强力霉素诱导 OSKM 系统获得了 iPS 细胞。在 Oct4 基因座整合入 GFP-2A-PURO 结构域，在强力霉素诱导和 2i/LIF 培养条件下，能够维持小鼠样干细胞形态。去除强力霉素后，iPS 细胞依然能够继续维持初始态干细胞形态和 GFP 表达。当在 2i/LIF 培养液中添加 p38 信号通路抑制剂（SB203580）、JunN-末端激酶抑制剂（SP600125）、PKC 抑制剂（Go6983）、RHO 相关蛋白激酶 1 抑制剂（Y-27632）和低剂量的 FGF2 与 TGF-β1（或 Activin A）时，能诱使初始态人的 iPS 细胞 100%表达 GFP。由此建立了一种新型人初始态干细胞培养系统。利用这一新型培养系统，可以把人的始发态 ES 细胞和 iPS 细胞转变为初始状态，还能有效促进 ICM 在体外维持初始状态。研究人员将这种新型的培养液命名为初始态人干细胞培养液（NHSM）。经 NHSM 培养的人初始态干细胞，具有低的 DNA 甲基化水平，TFE3 定位于细胞核，H3K27me3 富集于胚胎发育基因区，且低水平表达 Otx2、Zic2 和 Cd24 等分化相关基因。将该初始态细胞移植入小鼠桑椹胚后，可以在 10.5～17.5 天的胎儿中发现嵌合的细胞（Gafni et al.，2013）。

在其他的研究中也获得了不同类型的人初始态干细胞培养液。例如，Chan 等（2013）在 2i/LIF 中添加 Y27632、骨形成蛋白受体抑制剂和高剂量的 FGF2 与 TGF-β1，也获得了初始态的人多能性干细胞；Theunissen 等（2014）在 2i/LIF 中添加 Y27632、Activin A 和补充丝氨酸/苏氨酸蛋白激酶 BRAF 和 SRC 信号通路抑制剂，也获得初始态的人多能性干细胞。

综上所述，多能性干细胞的获得与多能性状态的维持极其复杂，初始态与始发态干细胞的维持与相互转化同样极其复杂。揭示干细胞发生与维持的分子机制，优化与创制新型干细胞培养体系，提高干细胞诱导效率，将是本领域的重点研究方向。

第三节　小鼠诱导多能干细胞的制备

小鼠诱导多能干细胞可以从多种终末分化类型的细胞中制备。人们沿用 Yamanaka 的 Oct4、Sox2、Klf4 和 c-Myc 四因子技术路线，成功将小鼠的成体成纤维细胞、胎儿成纤维细胞、肾脏、肌肉、胎肝等来源的细胞、肠上皮细胞、淋巴细胞等多种细胞诱导成为多能干细胞。在此期间，人们又使用这 4 个基因中的 3 个或者 2 个的组合，成功诱导出不同细胞类型来源的 iPS 细胞，并且逐渐使用更优化的转染条件和培养条件，逐渐摆脱病毒感染的方式，进行诱导多能干细胞的制备。

一、培养液、试剂及小鼠

（一）试剂及溶液

1. HBS 配方（AMRESCO）

NaCl（0241-500G）8.0g、KCl（0395-500G）0.37g、$Na_2HPO_4{\cdot}7H_2O$（0348-500G）201.1mg、D-葡萄糖（0188-1KG）1.0g、HEPES（0511-50G）5.0g，加入灭菌 ddH_2O 定容至 500ml，玻璃棒搅拌至完全溶解，用 10mol/L NaOH 调节 pH 到 7 左右，具体依据形成磷酸钙颗粒确定最佳 pH，0.22μm 滤器过滤，分装 10ml/管，–20℃保存。

2. 海美溴铵（hexadimethrine bromide）（Sigma，H9268-5G）

8mg/ml 浓储液（1000×），取 80mg 粉末溶于 10ml 生理盐水中，0.22μm 滤器过滤，分装 100μl/管，–80℃保存。

3. 盐酸多西环素（doxycycline hyclate，DOX）（Sigma，D9891-1G）

20mg/ml 浓储液（10 000×），取 200mg DOX 粉末溶于 10ml 灭菌 ddH_2O 中，0.22μm 滤器过滤，分装 100μl/管，–80℃保存。

4. DPBS（Sigma）

浓储液（10×），取 KCl（P5405-250G）2g、KH_2PO_4（H9268-5G）2g、NaCl（S5886-500G）80g、Na_2HPO_4（S5136-100G）11.5g 溶于 1L 灭菌 ddH_2O 中，高温高压灭菌，4℃保存。工作液，将浓储液与灭菌 ddH_2O 按照 1∶9 混合均匀，高温高压灭菌，4℃保存。

5. 丝裂霉素 C（海正，国药准字 H33020786）

0.4mg/ml 浓储液（50×），取 2mg 丝裂霉素 C 粉末溶解 5ml 灭菌 ddH_2O 中，0.22μm 滤器过滤，分装 500μl/管，–20℃保存。

6. 2mol/L $CaCl_2{\cdot}2H_2O$（AMRESCO，0556-500G）

取 2.94g 溶于 10ml 生理盐水中，0.22μm 滤器过滤，分装 1ml/管，4℃保存。

7. 维生素 C（Sigma，49752-10G）

25mg/ml（1000×），取 100mg 维生素 C 粉末溶于 4ml 灭菌 ddH$_2$O 中，0.22μm 滤器过滤，分装 100μl/管，–80℃保存。

8. 0.1%明胶（VETEC，V900863-100G）

0.1g 明胶粉末溶解于 100ml 灭菌 ddH$_2$O 中，高温高压灭菌，4℃保存。

9. 其他试剂

0.05%胰酶（Gibco，25300-062）、BICP/NBT 碱性磷酸酯酶显色试剂盒（Beyotime，C3206）、0.4% Trypan Blue Stain（Gibco，15250-061）、牛血清白蛋白（北京元亨圣马生物技术研究所，M.W.6800）、4%多聚甲醛（Solarbio，P1110）。

（二）细胞培养液

293T/MEF 培养液：DMEM（Gibco，C11995500BT）、10% FBS（Gibco，16000-044）、1×谷氨酰胺（Gibco，35050-061，100×）、1% 青霉素/链霉素（penicillin/streptomycin，pls，Gibco，15140-122）、1mmol/L 丙酮酸钠（Gibco，11360-070）、1×MEM NEAA（Gibco，11140-050，100×）。

iPS-1 培养液：KnockOut DMEM（Gibco，10829-018），10% FBS，10% KSR（Gibco，10828-028），1×谷氨酰胺，1%青霉素/链霉素，1mmol/L 丙酮酸钠，1×MEM NEAA，1×β-巯基乙醇（Gibco，21985-061，1000×），25μg/ml 维生素 C，103IU/ml LIF 生长因子（ESGRO，ESG1107）。

iPS-2 培养液：KnockOut DMEM，20% KSR，1×谷氨酰胺，1%青霉素/链霉素，1mmol/L 丙酮酸钠，1×MEM NEAA，1×β-巯基乙醇，25μg/ml 维生素 C，103 IU/ml LIF 生长因子。

细胞冻存液：10% DMSO（Sigma，D5879-500ML），20% FBS，70% MEF 培养液。

（三）小鼠品系

1）Oct4-GFP 小鼠（O-G 小鼠）：B6；129S4-Pou5f1tm2Jae/J（Jackson Lab，008214）。

2）RrtTA-ColOSKM 小鼠（D-4Fs 小鼠）：STOCKGt（ROSA）26Sortm1（rtTA×M2）JaeCol1a1tm3（tetO-Pou5f1，-Sox2，-Klf4，-Myc）Jae/J（Jackson Lab，011001）。

3）RrtTA-ColOSKM-OGFP 小鼠（D-4Fs-OG 小鼠）：将 O-G 小鼠和 D-4Fs 小鼠进行杂交，鉴定基因组中在 Rosa26、Collagen 和 Oct4 三个基因座内为纯合子的转基因小鼠。

4）昆明白小鼠。

二、iPS 细胞的诱导

（一）小鼠胎儿成纤维细胞制备

1）将受孕 13.5 天的 O-G 小鼠和 D-4Fs-OG 小鼠采用颈椎脱臼法处死。

2）用 75%酒精棉球擦拭孕鼠腹部，随后用灭菌手术剪小心剪开腹部，用灭菌镊子取出子宫置于新鲜 PBS 中。

3）取出子宫中的胚胎置于新鲜 PBS 培养皿内，每皿一个胚胎，并对每个胚胎进行标号，在 PBS 中清洗 3 遍。

4）去除胚胎头、四肢、尾和内脏，用 PBS 清洗彻底去除血污。将胚胎分别转入新的培养皿内，用眼科剪将其剪碎为组织块状。

5）将剪碎的组织块中加入 0.05%胰蛋白酶，在 37℃、5% CO_2 培养箱内进行消化，每隔 3 min 取出用移液器吹打，能明显见到组织块被吹打成细胞团即停止消化。

6）终止消化后，离心去除酶液，将细胞在 MEF 培养液中清洗两遍后，接种于 10mm 培养皿，置于 37℃、5% CO_2 培养箱中培养，24h 后更换新鲜的培养液。

7）收集各个胚胎的头、四肢、尾和内脏提取 DNA，使用 Sry 基因鉴定胚胎性别。上游引物：CTTTTTCCAGGAGGCACAGA；下游引物：GACAGGCTGCCAATAAAAGC。

8）用于诱导 iPS 细胞的 MEF 控制在第 5 代以内。

（二）细胞饲养层的制备

昆明白小鼠 MEF 制备方法同上。该细胞 5 代以内用于制备饲养层。在 100mm 培养皿内，MEF 长至 100%汇合度时，使用终浓度为 8μg/ml 的丝裂霉素 C，于 37℃、5% CO_2 条件培养箱中培养 2h。PBS 清洗 4～6 遍后，消化收集细胞并冻存。不同规格培养皿中饲养层的接种量如表 16-1 所示。

表 16-1 饲养层接种密度

培养皿规格	培养液（ml）/皿（孔）	生长面积（cm^2）	接种量/皿（孔）
75cm^2 培养瓶	12	75	3.75×10^6
25cm^2 培养瓶	6	25	1.25×10^6
100mm 培养皿	10	56	2.8×10^6
60mm 培养皿	5	21	1.0×10^6
6 孔培养板	4	9.5	4.75×10^5
12 孔培养板	2	4	2.0×10^5
24 孔培养板	1	2	1.0×10^5
96 孔培养板	0.1	0.32	1.5×10^4

（三）病毒的产生与滴度测定

1）将 293T 细胞接种于 100mm 皿中，内含 10ml MEF 培养液。次日，细胞汇合度达到 60%。

2）离心管中加入 100μl 2mol/L $CaCl_2$ 与 400μl ddH_2O 混合。随后，以液滴形式滴入 500μl HBS，轻微混匀后吸入含 10ml MEF 培养基的 100mm 培养皿中，显微镜下观察形成磷酸钙沉淀颗粒状态。颗粒沉淀的形态以细小并且量多为准。摸清 HBS 的滴加速度及振荡速度。

3）离心管中加入 100μl 2mol/L $CaCl_2$，12μg 包装载体，分别加入 10μg pMX-Oct4、pMX-Sox2、pMX-KLf4、pMX-c-Myc、pMX-GFP 表达载体，用 ddH_2O 补至总体积 500μl，

用上一步中摸索好的方式加入 500μl HBS，轻微混匀后滴加入接种了 293T 细胞的培养皿中。

4）转染 20～24h 换为新的 293T 培养液。如为 pMX-GFP 表达载体，此时已可以看到细胞中 GFP 的表达。

5）换 293T 培养液后的 48～56h 收集 293T 细胞的培养液，4℃、500*g* 离心 10min，取上清，2ml/管分装，冻于–80℃。

6)12 孔板中每孔接种 1×10^4 个/ml O-G MEF。每孔分别加入不同稀释比的 pMX-GFP 病毒，分别感染 O-G MEF，并加入终浓度为 8μg/ml 的海美溴铵。感染 24h 后观察或流式分析 MEF 中 GFP 表达强度和比率，GFP 表达率为 70%以上时的病毒滴度用于 iPS 细胞的诱导。

（四）反转录病毒介导的 iPS 细胞的诱导

1）12 孔板中每孔接种 1×10^4 个/ml O-G MEF。

2）细胞接种 24h 后，等量混合 OSKM 四种病毒，接种于含有细胞的培养孔内，加入终浓度为 8μg/ml 的海美溴铵。24h 后，换新鲜病毒液进行第二次感染。

3)二次感染 24h 后换为 iPS-1 培养基，记为感染后第 0 天（post infection day 0，PD0）。此时，细胞形态已开始发生改变，开始变短小。

4）PD2 时换为 iPS-2 培养基。此后，根据细胞的生长状态，每隔一两天换新鲜培养液。在 PD6 时，可以观察到明显的上皮样细胞群。

5）如果为在饲养层进行诱导，在 PD0 时换为 MEF 培养液，PD1 时消化传代细胞，接种于饲养层上，PD2 时换为 iPS-1 培养基。此后，每隔一两天换新鲜培养液。在 PD6～8 时，可以观察到明显的上皮样细胞群。

6）在 PD10～14 时，可以观察到胚胎干细胞样的 iPS 细胞克隆出现，并伴有大量部分重编程细胞出现。

（五）强力霉素介导的 iPS 细胞的诱导

1）12 孔板中每孔接种 3000 个 D-4Fs-OG MEF 细胞。24h 后换为 iPS-1 培养基，并加入 2μg/ml DOX 开始诱导，时间记为 D0。此后，每天需在培养液中加入新的 DOX。根据细胞的生长状态，每隔一两天换新鲜培养液。

2)根据初始诱导细胞的生长状态，细胞可在 iPS-1 培养液中培养 2～5 天后换为 iPS-2 培养液。在 DOX 存在条件下，细胞形态变化较反转录病毒诱导的快。在 D3 时即可观察到大量上皮样细胞存在。

3）DOX 处理 9～11 天即可观察到 iPS 细胞克隆出现，并且在荧光显微镜下观察到部分克隆表达绿色荧光。此时，撤去 DOX。

4）在 D14～18 时，进行 iPS 细胞克隆的分离、传代培养。

（六）iPS 细胞克隆的分离与传代

由于在重编程过程中会出现大量非重编程或部分重编程的细胞。为避免传代过程中非 iPS 细胞的干扰，可以采取挑单克隆法和流式细胞仪分选法进行 iPS 细胞的纯化。

1. 挑单克隆法

在培养孔内，选取干细胞样的 iPS 细胞克隆，进行标记。然后，用口吸管挑取这些克隆，置于预热的 PBS 液滴中洗 3 遍；随后移入预热的 0.05%胰酶液滴中消化，其间不断观察消化状态，待克隆变得松散即可从酶液中吸出，转入干细胞培养液内。然后用口吸管将 iPS 克隆吹散为小细胞团，接种于饲养层上，用 iPS-2 培养液培养。2～4 天后 iPS 克隆长大，使用 PBS 洗两遍，0.05%胰酶消化 3min，1000r/min 离心后，接种传代。

2. 流式细胞仪分选法

由于在重编程中内源 Oct4 启动子被激活，随即 GFP 开始表达。因此，可以利用该标记进行细胞的分选。强力霉素诱导 16～18 天后，细胞用 PBS 洗两遍，0.05%胰酶消化 3min，用 MEF 培养基终止消化，收集细胞，1000r/min 离心，去掉废液。再用 PBS 清洗 1 遍。离心后，500μl PBS 重悬为单细胞，流式分选表达 GFP 的细胞。将分选得到的细胞接种于饲养层上，接种 24h 后换为新鲜的 iPS-2 培养液。小鼠 iPS 细胞的诱导及建系流程如图 16-13 所示。

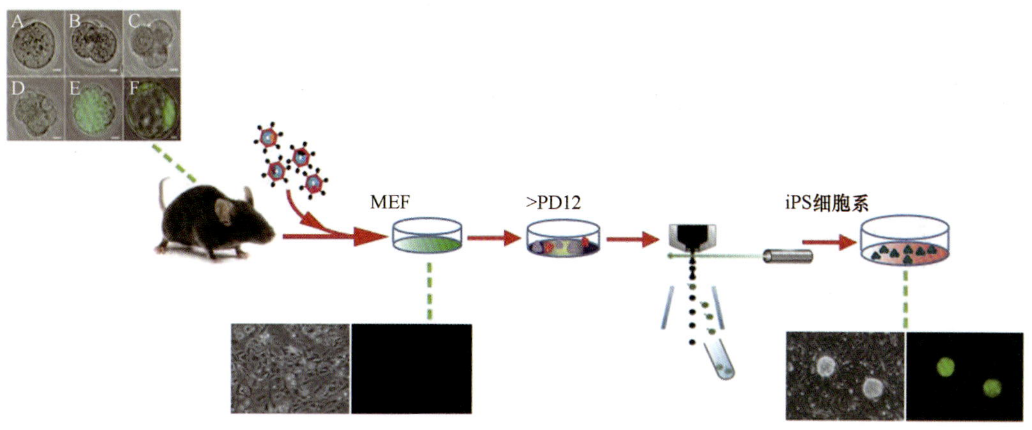

图 16-13　小鼠 iPS 细胞的诱导及建系

三、iPS 细胞的多能性分析

使用至少稳定传代 10 次以上的细胞进行多能性分析。

1. 碱性磷酸酶染色

诱导产生 iPS 细胞克隆后，用 PBS 洗 2 遍，4%多聚甲醛室温固定 30min，随后 PBS 洗 2 遍，用 BICP/NBT 碱性磷酸酯酶显色试剂盒对 iPS 细胞克隆进行碱性磷酸酶染色。将 BICP 溶液（150×）和 NBT 溶液（300×）按比例混入指定体积的碱性磷酸酯酶显色缓冲液中，随后将混合液加入培养孔内，染色 15min，加入 PBS 洗 1 遍，计数染色阳性的克隆数（图 16-14）。

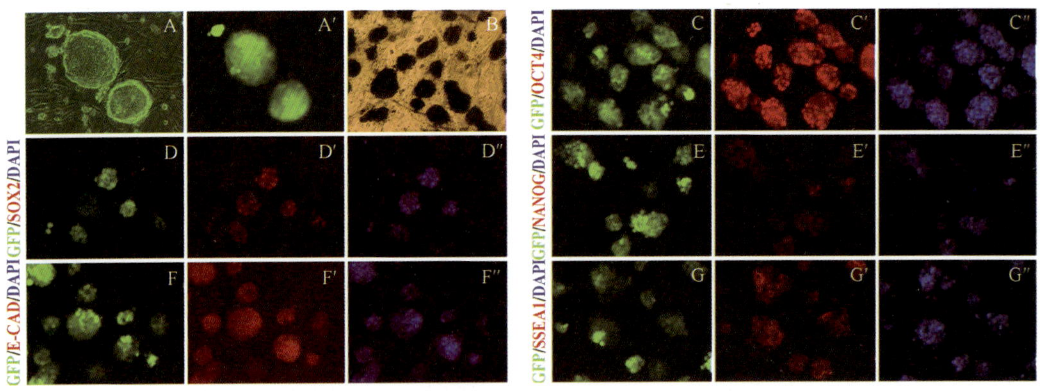

图 16-14　小鼠 iPS 细胞多能性相关标记检测

A. 相差图像（200×）；A′. 荧光图像（200×）；B. iPS 细胞的 AP 染色（100×）；C、D、E、F、G. iPS 细胞表达绿色荧光（200×）；C′、D′、E′、F′、G′. 分别为 iPS 细胞的 Oct4、Sox2、Nanog、E-cadherin 和 SSEA-1 免疫染色（200×）；C″、D″、E″、F″、G″. iPS 细胞核的 DAPI 染色（200×）

2. 多潜能基因免疫荧光染色

将 iPS 细胞克隆用 4%多聚甲醛室温固定 30min，用 PBS 洗 3 遍，0.5%的 Triton-X100 通透 15min，2% BSA 封闭 1h 后用 PBS 洗 3 遍，分别用 Oct4、Sox2、Nanog、SSEA-1、SSEA-4、E-cadherin 一抗 4℃过夜孵育染色后 PBS 洗 3 遍，二抗孵育 2h 后 PBS 洗 2 遍，DAPI 处理 10min 后 PBS 洗 1 遍，观察染色情况（图 16-14）。

3. 外源转录因子及内源多潜能基因的检测

对诱导出的 iPS 细胞的内源性 Oct4、Sox2、Klf4、c-Myc 和总 Oct4、Sox2、Klf4、c-Myc 进行半定量 PCR 检测。

4. 类胚体分化与三胚层特异性基因的检测

消化状态良好的 iPS 细胞，用 MEF 培养基重悬，于 100mm 培养皿盖上做液滴，50μl 一滴，皿中加入适量 PBS，小心翻转含有细胞滴的培养皿盖，盖于培养皿上，放入 37℃、5% CO_2 条件培养箱中培养 5～7 天。待类胚体产生后，轻轻将类胚体转移到 0.1%明胶处理过的培养皿中，皿中含适量 MEF 培养基，1～2 天类胚体贴壁，6～8 天后，通过免疫细胞化学检测外胚层标记 Nestin、中胚层标记 Brachyury 和内胚层标记 Gata4 的表达，或通过半定量 PCR 的方法对类胚体分化出的三胚层相关基因进行检测。内胚层：Gata、Mix、Sox17 和 FoxA2；中胚层：Flt1、Bry 和 TBX1；外胚层：Nestin、nef1、Sox1、βIII-tublin 和 Map2（图 16-15）。

5. iPS 细胞的体内分化能力分析

将状态良好的 iPS 细胞（$>3\times10^6$～5×10^6 个细胞）注射到 Nunu 或 NOD-SCID 免疫缺陷鼠的皮下部位，20～50 天后可观察到畸胎瘤明显长出。收集后体外测量直径在 2～3cm。切分成 4～5mm^3 的小块后，多聚甲醛固定，进行石蜡切片制备，HE 染色，观察畸胎瘤中三胚层的特异性组织结构。

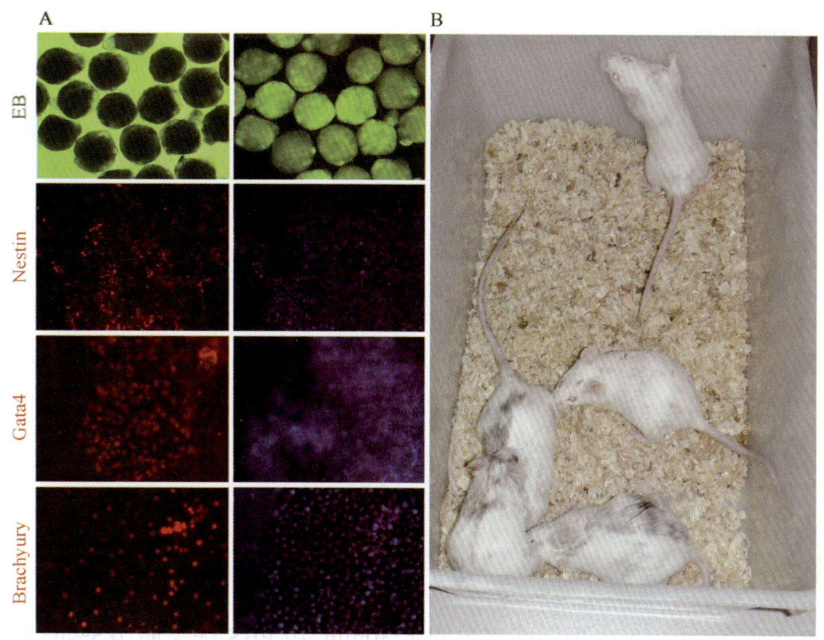

图 16-15 小鼠胎儿成纤维细胞来源的小鼠 iPS 细胞的分化能力

A. 类胚体三胚层分化的染色分析；B. 嵌合体后代

6. 嵌合体制作与分析

通过体外受精或自然交配制备 13.5 天的囊胚，利用显微操作将 12～15 个 iPS 细胞注入囊胚腔内，使细胞与内细胞团发生接触。在培养箱内，待注射后囊胚的囊胚腔恢复后，移植入假孕 2.5 天的小鼠子宫内。收集怀孕 12～14 天小鼠的生殖嵴，显微镜下观察生殖系嵌合能力或观察出生后子代小鼠的毛色嵌合（图 16-15）。

第四节 人诱导多能干细胞的制备

在人的 iPS 细胞制备过程中，Takahashi 等（2007b）使用了与小鼠 iPS 细胞制备相同的 4 个基因，即 Oct4、Sox2、Klf4 和 c-Myc。同时制备出人 iPS 细胞的 Thomson 研究组的 Yu 等（2007），则使用 Nanog 和 Lin28 取代了 Klf4 和 c-Myc，利用 Oct4、Sox2、Nanog 和 Lin28 也诱导出人的 iPS 细胞。

下面笔者将对 Takashi 等（2007b）在人 iPS 细胞中所做的研究和研究方法进行简单介绍。

一、细胞培养液

成纤维细胞培养液：DMEM+10% FBS+p/s

293FT 细胞培养液：DMEM+10% FBS+2mmol/L 谷氨酰胺+1×10^{-4}mol/L 非必需氨基酸+1mmol/L 丙酮酸钠+p/s。

人 iPS 细胞培养液：Primate ES 培养液（ReproCELL，日本）+4ng/ml rhbFGF（bFGF，WAKO，日本）。

Opti-MEM 培养液。

二、需要的细胞株和载体

（一）细胞系

人皮肤成纤维细胞（human dermal fibroblast，HDF）或其他人源细胞；293FT 细胞；SNL 细胞；PLAT-E 细胞。

（二）载体

带有人源 Oct3/4、Sox2、Klf4 或 c-Myc 基因 ORF 的 pMXs 载体；带有鼠源 *Slc7a1* 基因 ORF 的 pLenti6/UbC/V5-DEST 载体（Invitrogen）。

三、人诱导多能干细胞的制备方法

（一）人皮肤成纤维细胞的获取与培养

获得皮肤 6mm 大小的活组织，剪为 0.5～1mm 碎块。将碎块放于培养皿中，用成纤维细胞培养液于 37℃，5% CO_2 条件下培养 7～10 天。使用消化液（0.25% Trypsin/1mmol/L EDTA）37℃消化 3～5min，使细胞悬浮并终止消化，800*g* 离心 5min，进行传代扩增。

待细胞生长至 80%～90%汇合度时，细胞沉淀按照 1∶3 或 1∶5 的比例进行传代。

（二）饲养层的制备

同小鼠，使用 SNL 细胞制备饲养层。

（三）293FT 细胞的培养

1）在 37℃水浴锅中解冻一管 293FT 细胞。

2）70%酒精喷解冻管进行简单灭菌。

3）用 1ml 293FT 培养基与冻存管中液体轻轻混合，转移到含 4ml 293FT 培养基的 15ml 离心管中。

4）室温 200*g* 离心 4min。

5）弃上清，用 5ml 293FT 培养基重悬细胞。

6）利用血细胞计数仪调整细胞密度，以 6×10^6 个/100mm 培养皿接种，过夜培养。

（四）慢病毒的制备和感染

为了提高 HDF 的感染效率，首先将鼠源 *Slc7a1* 基因整合到 HDF 基因组中。

1）观察 293FT 细胞生长状态。

2）使用 Lipofectamine 2000（Invitrogen）对 293FT 细胞转染。使用 0.75ml Opti-MEM 将 3μg pLenti6/UbC-Slc7a1 载体和 9μg Virapower 包装混合质粒稀释备用，再使用 0.75ml

Opti-MEM 将 60μl 脂质体稀释，然后将稀释的 DNA 和脂质体混合后，轻轻混匀，室温孵育 5～10min，使其形成 DNA-脂质体复合物。

3）将 100mm 皿中的培养液更换为 10ml Opti-MEM，将第二步中的 DNA-脂质体复合物均匀地逐滴加入细胞培养皿中，并于 4～6h 后将培养液换为 293FT 培养液。

4）48h 后，收集培养皿中的培养液，并使用 0.48μm 孔径滤器过滤，收集病毒毒粒。病毒毒粒尽量现配现用，也可以在 4℃保存备用，长期保存需要如前一节的步骤浓缩后，于–80℃保存。

5）将 HDF 以 8×10^5 个细胞/100mm 培养皿的浓度传代，培养 1 天后，用于病毒感染。

6）将 HDF 培养液更换为 10ml 添加有 4μg/ml 凝聚胺的病毒毒粒培养液，培养箱内孵育 24h。

（五）反转录病毒的制备和感染

1）同小鼠，制备带有人源 *Oct3/4*、*Sox2*、*Klf4* 或 *cMyc* 基因 ORF 的 pMXs 载体感染毒粒。

2）将表达小鼠 *Slc7a1* 基因的 HDF 在感染前一天，按照 8×10^5 个细胞/100mm 培养皿传代。

3）将 HDF 培养液弃去，然后使用 10ml 等比混合的 4 种病毒毒粒进行感染，同时在感染培养液中加入终浓度为 4μg/ml 的凝聚胺，培养箱内过夜孵育。

4）24h 后，重复步骤 3 一次。

5）24h 后，更换培养液为成纤维细胞培养液。

6）6 天后，将感染后的细胞按照 5×10^4 个细胞/100mm 培养皿的浓度，传代至 SNL 细胞饲养层包被的培养皿中，继续使用成纤维细胞培养液培养。

7）24h 后，将成纤维细胞培养液更换为添加有 4ng/ml bFGF 的 Primate ES 培养液，并每天换液。

8）1 周后可以看到明显的细胞集落出现，30 天后可以将细胞集落挑入 0.2ml Primate ES 培养液中，并吹打成为更小的细胞团，传代于 SNL 饲养层包被的 24 孔板中。该细胞定义为第一代。

（六）hiPS 细胞的传代

将培养液吸去，用 PBS 清洗一次，然后加入适量含 1mg/ml 的胶原酶Ⅳ的 DMEM/F12，37℃孵育 3～5min。当细胞集落边缘开始从培养皿中脱落时，去除消化液，并使用 Primate ES 培养液清洗一次。然后将细胞从培养皿中刮离，转移到 15ml 离心管中，加入适量的 Primate ES 培养液，吹打细胞，使细胞成为更小的细胞团块，然后按照 1∶3 的比例接种到 SNL 饲养层包被的培养皿中。

也可以使用 matrigel（BD Biosciences）代替饲养层。在传代前一天，使用 0.3mg/ml matrigel 在 4℃过夜包被培养板。在培养板使用前，将其恢复至室温，并吸去未凝聚的 matrigel，使用 DMEM/F12 清洗一次。然后将 iPS 细胞接种于培养皿中，并使用添加有

4ng/ml bFGF 的 Primate ES 培养液培养。

四、人 iPS 细胞的鉴定

按照上述方法建立的人 iPS 细胞具有多能细胞的表型，能够表达细胞多能相关基因。碱性磷酸酶染色呈阳性，SSEA-1、SSEA-3、SSEA-4 免疫染色呈现阳性，能够在体外分化形成类胚体，体内形成畸胎瘤（图 16-16）。

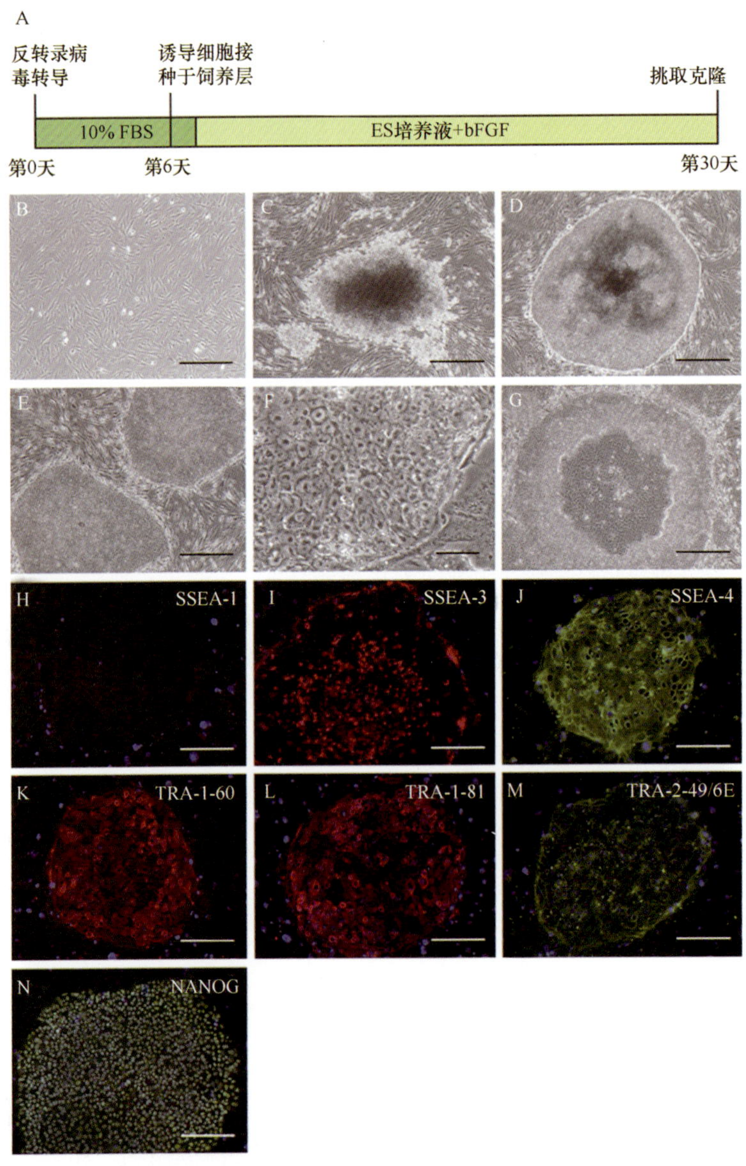

图 16-16　人皮肤成纤维细胞（HDF）在重编程为 iPS 细胞过程中的形态变化

A. 生产 iPS 细胞的时间流程；B. 重编程前的 HDF；C. 典型的非 ES 细胞样的细胞集落；D. 典型的 hES 细胞样的细胞集落；E. 传代至第六代的 iPS 细胞系；F. 放大的局部 iPS 细胞集落；G. 在人 iPS 细胞集落中间区域出现的自发分化细胞。标尺=200μm（B～E，G），20μm（F）。H～N. 免疫染色多能性相关因子，SSEA-1（H）、SSEA-3（H）、SSEA-4（H）、TRA-1-60（K）、TRA-1-81（L）、TRA-2-49/6E（M）和 Nanog（N），标尺=100μm

第五节 猪诱导多能干细胞的制备

猪在免疫学、形态学和生理结构上与人有着诸多类似的特点，饲养和繁殖也较为简单。因此，被作为动物疾病模型广泛地应用于人类疾病的临床研究。同时，猪作为大型家畜在畜牧业生产上有着举足轻重的地位，这都使得猪的干细胞，特别是多能干细胞的建立尤为重要。Yamanaka 四因子依然是猪 iPS 细胞诱导必不可少的重编程因子，并且乙酰化抑制剂丁酸钠（sodium butyrate）、TGF-β 信号通路抑制剂（SB431542）、ERK/MAPK 信号通路抑制剂（PD0325901）、GSK3-β 抑制剂（CHIR99021）和 cAMP 信号通路促进剂（Forskolin）等小分子化合物对于猪 iPS 细胞维持于初始态状态具有一定促进作用。目前仅 West 等（2015）获得了 iPS 细胞来源的猪嵌合体。

本节对 West 等（2015）使用的诱导方法做一介绍。

一、试剂与材料

（一）猪间充质细胞培养及 iPS 细胞培养试剂与材料

1. 慢病毒重编程载体

分别构建 Pou5f1、Sox2、Nanog、Lin28、c-Myc、Klf4 和 TurboGFP 慢病毒载体（viPS™ Vector Kit，Thermo Scientific）。

2. 干细胞重编程培养液

配制 50ml 20%的血清替代物（KSR）。取 38.5ml DMEM/F12 培养液加入无菌瓶中，添加 10ml 血清替代物（KSR）、0.5ml 2mmol/L 谷氨酰胺、0.5ml 的非必需氨基酸（NEAA）、50IU/ml 青霉素和 50μg/ml 链霉素、5μl 的 0.1mmol/L β-巯基乙醇、10μl 10μg/ml FGF2，用 0.22μm 的滤器过滤确保无菌。培养液放在 4℃可保存两周。

3. 成纤维细胞培养液

配制 1000ml 培养液。取 900ml 高糖 DMEM 基础液加入无菌瓶中，添加 100ml FBS、20ml 2mmol/L 谷氨酰胺、10ml 50IU/ml 青霉素和 50μg/ml 链霉素。

4. 间充质细胞（MC）培养液

配制 50ml。取 44.25ml MEM 培养液加入无菌瓶中，添加 5ml FBS、0.25ml 2mmol/L 谷氨酰胺、0.5ml 50IU/ml 青霉素和 50μg/ml 链霉素。

5. 饲养层细胞

制备 Mi-T-MEF 小鼠饲养层细胞（Aruna Biomedical）。

6. 转染试剂

转染试剂为 GeneJammer（Agilent Technologies）。

7. 消化酶

0.05%胰蛋白酶。

8. 洗涤液

含有钙离子和镁离子的 PBS；不含钙离子和镁离子的 PBS。

（二）无饲养层猪 iPS 细胞培养试剂

1. 干细胞培养液

mTeSR1（STEMCELL Technologies）。

2. 细胞外基质

生长因子缩减的基质胶（matrigel，BD Biosciences）。

3. 消化酶

Dispase（1mg/ml，Life Technologies）。

（三）免疫细胞化学试剂

1. 固定液

4%多聚甲醛。

2. 细胞外封闭液（100ml）

将 6ml 的 FBS 加入 94ml 含有钙离子和镁离子的 PBS 中配成封闭液。

3. 高盐缓冲液（1L）

取 14.6g NaCl 加入无菌管，再加入 50ml 1mol/L Tris Base 将 pH 调至 7.4。蒸馏水补齐 1L。

4. 细胞内封闭液（100ml）

将 1g 的聚乙烯吡咯烷酮（PVP）加入无菌管。加 96ml 的高盐缓冲液、3ml FBS、300μl Triton X-100。颠倒充分溶解。存放在 4℃，48h 内使用。

5. 封片液

含有 DAPI 的封固剂（Prolong Gold）。

6. 一抗

细胞外：SSEA-1（Mouse IgM）、SSEA-4（Mouse IgG）；细胞内：Pou5f1（Rabbit IgG）、Sox2（Mouse IgG）。

7. 二抗

Alexa Fluor 594，山羊抗小鼠抗体（goat anti-mouse）IgM；Alexa Fluor 488，goat anti-mouse IgG（山羊抗小鼠抗体）；Alexa Fluor 488，goat anti-rabbit IgG（山羊抗兔抗体）。

二、猪诱导多能干细胞的制备方法

（一）猪间充质细胞重编程

1）向加有 MC 培养液的 12 孔板接入间充质细胞 1.5×10^5 个/孔。

2）24h 后，向 1.5ml 的离心管中添加不含 FBS 和抗生素的 200μl MC 培养液和 8μl 的 GeneJammer。室温孵育 GeneJammer 和培养液混合物 15min。将含转录因子 Pou5f1、Nanog、Sox2、Lin28、Klf4 和 c-Myc 的慢病毒添加到 GeneJammer/培养液混合物中。室温孵育慢病毒、GeneJammer 和培养液混合物 15min。

3）将接种于 12 孔板的间充质细胞换入 300μl MC 培养液，再加入 200μl 含有病毒的转染液。GeneJammer 的浓度应为 1.6%。在 37℃、5% CO_2 培养箱内孵育细胞 6h；6h 后，每孔再补加 500μl 完全 MC 培养液。

4）24h 后，吸去含有病毒颗粒的培养液，用不含钙离子和镁离子的 PBS 洗 2 遍，用胰蛋白酶消化细胞。重新将细胞接种到铺有饲养层的 100mm 培养皿中，使用 10ml 含有 20% KSR 干细胞重编程培养液培养。之后，每天更换培养液。

（二）饲养层条件下分离、培养猪 iPS 细胞

1）每天观察细胞，3 天后可见克隆初步形成。随着克隆的扩大，能够观察 iPS 细胞形态的细胞，细胞核较大，且核质比较高。

2）感染两周后，每隔一天使用巴斯德移液管挑取 iPS 细胞样克隆，持续一周。

3）在解剖镜下，去除那些未重编程细胞的区域，将克隆分割成 10～100 个细胞的小块。

4）分割成小块后，利用口吸管将细胞团转移到铺有饲养层的 35mm 皿中，每个皿放置大约 20 个细胞团。

5）将传代的 iPS 细胞放于 37℃、5%CO_2 培养箱，为确保 iPS 细胞团在培养皿中分布均匀，上下左右地摇动培养皿后放于培养架上。避免培养液发生旋转，而使细胞团聚集，并黏附在一起。

6）细胞传代后，每天更换培养液。

7）传代的细胞克隆，需要培养 3～4 天进行传代。传代的标准为，每个克隆的细胞数为 2000 个左右，且呈现多层或者边缘出现分化迹象。

（三）无饲养层条件下分离、培养猪 iPS 细胞

1）猪 iPS 细胞在饲养层上传代 3～4 次后，将形态典型的猪 iPS 细胞转移到基质胶包被的培养皿内，使用 mTeSR1 培养液进行培养。

2）在传代之前，先将基质胶在 mTeSR1 培养液中 1∶50 稀释，并迅速地加入 35mm 培养皿内，室温孵育 1h。

3）传代时，使用口吸管将所有状态良好的细胞克隆转入 15ml 的离心管内，200*g* 离心 4min。去除上清液，用 5ml 不含钙离子和镁离子的 PBS 重悬，重复离心一次。

4）再次去除上清液，加入 2ml 的胰蛋白酶消化 2min，将克隆块消化为更小的细胞团。用移液管将细胞混合物反复吹打 6～8 次，进一步分散细胞团。

5）加入 2ml 的 mTeSR1 培养液到离心管中，200*g* 离心 4min。去除上清液，用 2ml 的 mTeSR1 培养液重悬细胞。

6)用不含钙离子和镁离子的PBS洗涤铺有基质胶的35mm培养皿2遍。转移mTeSR1重悬的细胞至培养皿内，使细胞均匀分布于培养皿。然后，放于 37℃、5% CO_2 培养箱培养，24h 后可以观察到 iPS 细胞克隆。

7）每天更换新的 mTeSR1 培养液，每 3～4 天传代一次。传代时，细胞汇合度应达到 80%。用不含钙离子和镁离子的 PBS 清洗 1 遍后，加入 1ml dispase（1mg/ml），在培养箱内消化 1min，去除 dispase，用不含钙离子和镁离子的 PBS 清洗培养皿 1 次。

8）加入 1.5ml 的 mTeSR1 培养液，用细胞刮子刮下细胞，将 0.5ml 的细胞悬液加入 3 个新的铺有基质胶的 35mm 皿中，并补加 1.5ml mTeSR1 至 2ml 继续培养。

三、猪 iPS 细胞的鉴定

按照小鼠和人 ES 细胞或 iPS 细胞的鉴定方法，分析猪 iPS 细胞的多能性（图 16-17）。

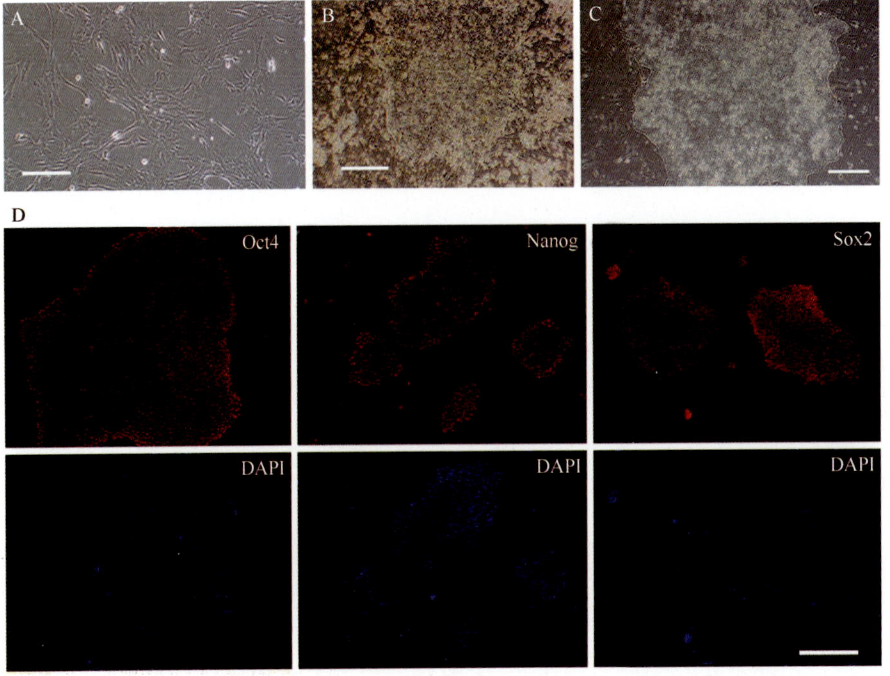

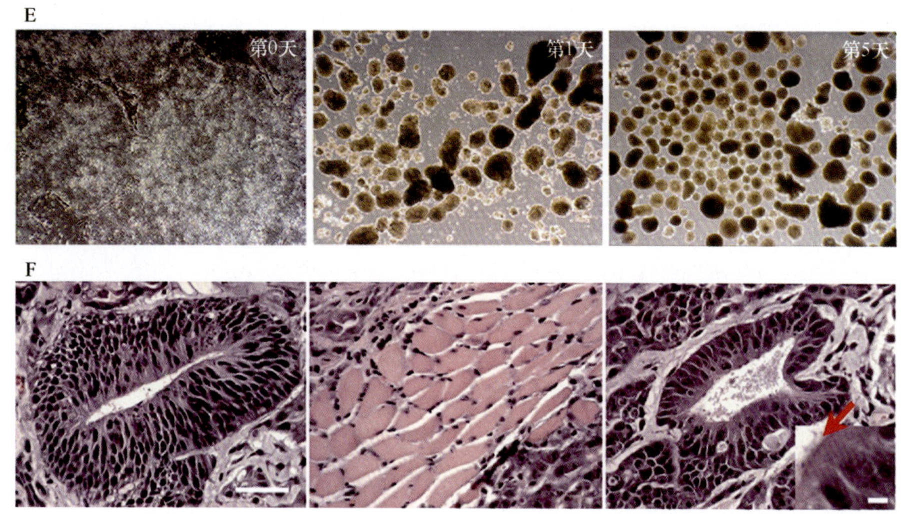

图 16-17　猪的 iPS 细胞及其多能性标记、分化能力鉴定（Ezashi et al.，2009）

A. 猪成纤维细胞；B. 重编程第 3 周猪 iPS 细胞的变化；C. 猪 iPS 细胞克隆；D. 猪 iPS 细胞的多能性蛋白检测；E. 猪 iPS 细胞的拟胚体分化；F. 猪 iPS 细胞嵌合体的 HE 染色

第六节　牛诱导多能干细胞的制备

牛诱导多能性干细胞（biPS）研究虽然有进展，但尚未获得突破，均为类 iPS 样细胞。利用牛 OSKM 体系、人 OSKM 体系或牛 OSKMNL（Oct4、Sox2、Klf4、c-Myc、Nanog 和 Lin28）体系均可诱导出类 iPS 细胞，而且牛 OSKMNL 组合的诱导效率明显高于牛 OSKM 和人 OSKM 组合。但诱导形成的细胞极易发生分化。用 Nanog 和 OSKM 共同诱导获得的 bips 细胞时，iPS 细胞形态可维持更长一段时间（Sumer et al.，2011）。

一、牛羊膜来源诱导多能干细胞的制备

Kawaguchi 等（2015）利用 piggyBac 转座子表达系统，将强力霉素诱导表达的转录因子基因（*Oct3/4*、*Sox2*、*Klf4* 和 *c-Myc*）导入牛羊膜来源细胞（bovine amnion-derived cell，bADC），并在含有血清替代品（KSR）、FGF2 和牛白血病抑制因子（bLIF）的培养液中诱导牛 iPS 细胞，获得了扁平状并类似人胚胎干细胞样的牛 iPS 细胞，这些 iPS 细胞处于始发态（图 16-18）。然而，当将这些 iPS 细胞培养于含 KSR、bLIF、MEK/ERK 抑制剂、GSK3 抑制剂和毛喉素的培养体系时，可以获得形态类似小鼠胚胎干细胞样的牛 iPS 细胞，呈现初始态，且两种状态可以在不同培养环境中发生转换。这两种类型的牛 iPS 细胞都有较强的碱性磷酸酶活性，表达 *Oct3/4*、*Nanog*、*REX1*、*ESRRβ*、*STELLA* 和 *SOCS3* 等多潜能基因，并都能形成类胚体，但不能形成畸胎瘤。

（一）牛羊膜来源细胞的分离

牛羊膜来源细胞的分离。首先从妊娠 50 天雌性牛胎儿中获得羊膜层组织，自绒毛膜和尿囊机械分离羊膜。然后将羊膜剪成小块，于 37℃用含 10% FBS 及 0.3%胶原酶的

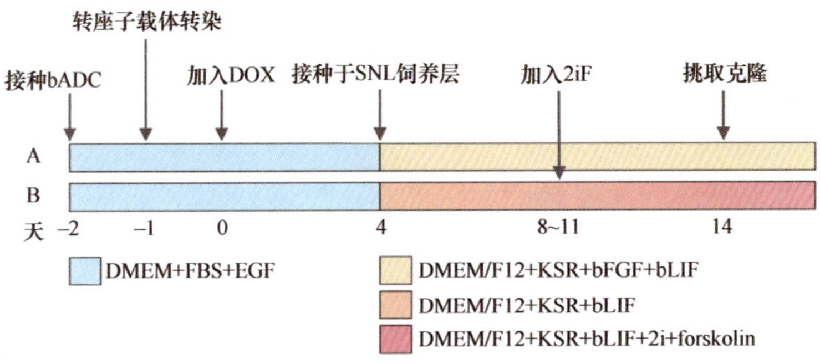

图 16-18 牛羊膜来源细胞使用 DOX 诱导载体重编程为 iPS 细胞

A. 始发态牛 iPS 细胞的诱导；B. 初始态牛 iPS 细胞的诱导

DMEM 中消化 2h。之后，将细胞悬液室温下静置 5min，通过细胞过滤器纯化。再以 200g 离心 5min，将细胞重悬于含有 10% FBS 及青霉素和链霉素的 DMEM 培养基中进行培养。当细胞长满后，传代并冷冻保存。

（二）牛 LIF 的制备

提取牛胎儿成纤维细胞（bFF）总 RNA。反转录获得 cDNA 所使用的特异性引物序列：正链，5′- GGA GAG CTC CAC CAT GAA GGT CTT GGC GGC AGG-3′；反链，5′-AAG GCT AGC CTA GAA CTG GGC CAG GGC CA-3′，扩增牛 LIF 基因插入 pCAGGS 表达载体。使用脂质体转染法将该载体转染到 COS-7 细胞中，并收集条件培养基，过滤，储存在−20℃备用。条件培养基稀释比例为 1∶1000，用于牛 iPS 细胞培养。

（三）bADC 和牛 iPS 细胞的培养

制备基质胶包被的培养皿，并用含 10% FBS 的 DMEM 培养 bADC，培养基中添加 50ng/ml 的 EGF、青霉素和链霉素。用 TrypLE Select 消化细胞，进行扩增培养。

1. 始发态牛 iPS 细胞的培养

始发态牛 iPS 细胞的培养液：以 DMEM/F12 为基础培养液，添加 20%的 KSR、2mmol/L L-谷氨酰胺、0.1mmol/L 2-巯基乙醇、5ng/ml bFGF 和 bLIF 条件培养基（1∶1000 稀释），以及青霉素、链霉素和 2μg/ml DOX。

将 bADC 培养于上述培养液中，于 38.5℃、5% CO_2 的培养箱中培养。每 7 天传代一次。传代时，用巴斯德管将细胞切割，在含有 SNL 细胞饲养层上进行传代培养，饲养层细胞密度为 3～5×10^5 个/35mm 培养皿。

2. 初始态牛 iPS 细胞的培养

初始态牛 iPS 细胞的培养液：在始发态培养液的基础上，去掉 bFGF，再添加 1mol/L MEK/ERK 抑制剂（PD0325901）、3mol/L GSK3β 抑制剂（CHIR99021）和 10mmol/L Forskolin（FK）。

培养起始后，每 4 天传代一次。

（四）bADC 重编程为 iPS 细胞

1）于 35mm 皿中接种 1.25×10^5 个 bADC，在不含抗生素的培养液中培养过夜。

2）脂质体转染法转染细胞。

等量混合 hyPBase 载体（pCAG-hyPBase）、含转录因子的 PB 载体（PB-TET-OKS 和 pPB-TET-c-Myc）、rtTA PB 载体（PB-CAG-rtTA）或者 TagRFP PB 载体（pPBCAG-TagRFP-IH），并加入 2μl 的 Plus 试剂（Invitrogen）、10μl Lipofectamine LTX 转染试剂与 400μl Opti-MEM 培养基混合。随后将 DNA 脂质体混合物滴加到培养皿中。

3）转染 6h 后，更换培养基。

4）转染 1 天后，在培养液中补加终浓度为 2μg/ml 的 DOX。

5）在 DOX 处理 4 天后，用 TrypLE Select 消化细胞，以 1×10^5 个细胞/ml 重新接种到 SNL 滋养层上，以缺少 2i（PD0325901+CHIR99021）和 Forskolin 的 iPS 细胞培养液进行培养。

6）在 DOX 处理 8 天后，对于诱导初始态的 iPS 细胞需加入 2i 和 Forskolin。

7）在 DOX 处理 14 天后，培养液内出现干细胞样克隆。对于初始态的 iPS 细胞，使用 TrypLE Select 消化并进行传代；对于始发态 iPS 细胞，则利用机械方法挑取并传代。把分离的克隆接种至 48 孔板或 4 孔板的 SNL 滋养层上，每隔 1 天或 2 天更换培养液，可培养形成 iPS 细胞克隆（图 16-19）。

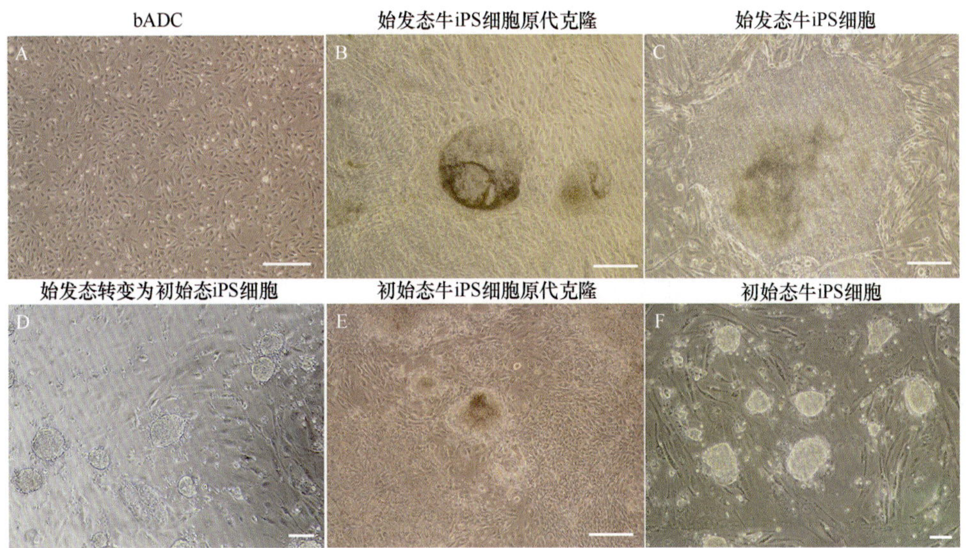

图 16-19　建立在两个不同培养条件下的牛 iPS 细胞

二、biPS 细胞的鉴定

（一）碱性磷酸酶和免疫荧光染色

使用碱性磷酸酶底物显色试剂盒（Vector）进行碱性磷酸酶染色。

免疫荧光染色步骤：将细胞在 3.7%多聚甲醛中室温固定 10min；经 PBS 清洗后，使用含 0.1% Triton-X100 和 5% BSA 的溶液，在室温下通透、封闭 45min；一抗 4℃孵育过夜。使用的一抗有 Oct3/4（1∶25 SC-5279，Santa Cruz Biotechnology）、Nanog（1∶250 AB5731，Millipore）、胶质纤维酸生蛋白（GFAP、1∶100、Z0334、DAKO）、平滑肌特异性肌动蛋白（ASM、1∶1000、MS-113-P0、Thermo）和甲胎蛋白（AFP、1∶100 MAB1368、R & D Systems）。过夜孵育后，用 PBS 洗脱一抗，进而二抗染色。使用的二抗有 Alexa Fluor 594 goat anti-mouse IgG 或 IgM（1∶500，Invitrogen）、Alexa Fluor 594 山羊抗兔 IgG（1∶500，Invitrogen）、Alexa Fluor 488 山羊抗小鼠 IgG 或 IgM（1∶500，Invitrogen）和 Alexa Fluor 488 山羊抗兔 IgG （1∶500，Invitrogen）。用 1μg/ml Hoechst 33342 染细胞核。

（二）biPS 细胞的体外分化

用胰蛋白酶消化初始态 iPS 细胞；用机械切割法分离始发态 iPS 细胞。将细胞重悬于 IMDM 培养液（Iscove's modified Dulbecco'smedium，Invitrogen）内，包含 15% FBS、2mmol/L 谷氨酰胺、1mmol/L 丙酮酸钠、1×NEAA、0.1mmol/L 巯基乙醇、青霉素、链霉素及 2μg/ml 强力霉素。在培养 3 天后，换成无强力霉素的培养液继续培养 3 天。

接种生成的类胚体于明胶包被的培养皿内，并用含 10% FBS 的 DMEM 培养液继续培养 6 天。利用免疫荧光和 PCR 进行检测细胞分化情况。

（三）牛 iPS 细胞核型分析

在 iPS 细胞分别传至 65（始发态）代和 10（初始态）代时，利用 KaryoMAX 秋水仙碱溶液（Invitrogen）处理细胞进行核型分析。

（四）初始态牛 iPS 细胞的嵌合能力分析

将表达红色荧光的初始态 iPS 细胞用于嵌合能力分析。收集体外受精 8-～16-细胞胚胎，在酸性台氏液（pH1.5）中去除透明带。用微针在 4 孔板内制备底部尖且光滑的小窝(WOW)，覆盖 50μl SOF 培养液，其中含 1.5mmol/L 葡萄糖、10% KSR、2μg/ml DOX、LIF 条件培养液、1μmol/L PD0325901、3μmol/L CHIR99021 和 10mmol/L Forskolin。将去透明带的 8-～16-细胞胚胎接种于 WOW 内，并与 20～30 个初始态 iPS 细胞共同培养。培养条件为 100%湿度、38.5℃、5% CO_2、5% O_2 和 90% N_2。在共培养 5 天后，收集聚集好的胚胎进行移植。每头发情 7 天的受体母牛移植 3 枚胚胎。

在妊娠 90 天后，以戊巴比妥钠麻醉受体，分离、切除子宫，并用 PBS 清洗。取出胎儿，分离外胚层组织（脑、皮肤）、内胚层组织（肺、肝脏、胃、小肠、大肠）、中胚层组织（心脏、肾脏、脾脏、肌肉）、生殖腺体（性腺）、胎膜（羊膜）、滋养外胚层（胎盘），使用 TRIzol 提取组织基因组 DNA 进行嵌合鉴定。同时，制备组织切片，并用 anti-Vasa（1∶200、ab13840、Abcam）和 anti-RFP（1∶500、MM-0172-P、MédiMabs）进行染色分析。

第七节　诱导多能干细胞的应用及存在问题

近年来，干细胞治疗疾病是一个新的研究热点，主要应用于因细胞或组织损伤引起的疾病。自体干细胞移植避免了免疫排斥和道德伦理问题，为很多难以治愈的疾病提供了新的治疗途径。胚胎干细胞、组织干细胞与诱导多能性干细胞均可用于临床医疗。作为一种新型的生物治疗产品，所有干细胞研究均遵循一个共同的研发过程，即从干细胞的制备、体外实验、动物实验、临床级别实验，到移植入人体的临床治疗过程。干细胞在心血管疾病、糖尿病、骨髓及软骨损伤、神经系统疾病及恶性肿瘤等治疗方面有广阔的应用前景。然而，随着干细胞治疗技术的发展，其安全性问题也引起了广泛关注。因此，在干细胞应于临床治疗之前，进行严格的安全性评价是很有必要的。

一、诱导多能干细胞的应用

（一）iPS 细胞与疾病模型

与 ES 细胞和组织干细胞相比，自身来源的 iPS 细胞具有来源方便、操作简单的优点，不仅可最大限度地避免免疫反应，而且能够避免伦理问题。迄今，人们已经建立或初步建立了帕金森病、Rett 综合征、脊髓型小脑萎缩症、亨廷顿病、腺苷脱氨酶严重复合型免疫缺陷病、唐氏综合征、脊髓损伤、溶酶体贮积症、糖尿病、血友病 A、肌萎缩侧索硬化症、杜氏肌营养不良症等一系列疾病特异性 iPS 细胞模型或动物模型，并且在有些动物模型上已经开展了 iPS 细胞治疗实验，收到了一些效果，有了良好的开端。

1. iPS 细胞与血液相关疾病

2007 年，人们将镰状细胞贫血小鼠的体细胞重编程为 iPS 细胞，然后通过基因打靶，将 iPS 细胞中的 $h\beta^{S}$-珠蛋白修复为 $h\beta^{A}$-珠蛋白。然后，将修复后的 iPS 细胞分化为造血前体细胞，移植到小鼠模型体内，这些造血前体细胞能够缓解病症。2009 年，将患有范可尼贫血症患者的体细胞重编程为 iPS 细胞，并进行了分化，获得了表型正常的红细胞。将血友病模型小鼠的体细胞重编程为 iPS 细胞后，分化为内皮祖细胞，并移植到血友病模型小鼠的肝脏中，发现患病小鼠的血浆中正常表型的纤维蛋白稳定因子上升了 8%～12%，修复了血友病的表型。

2. iPS 细胞与神经系统相关疾病

帕金森病是困扰中老年人的一个重大疾病，是一种慢性中枢神经退化性失调症。在帕金森病的小鼠模型中，将体细胞诱导为 iPS 细胞后，接着诱导分化为神经祖细胞和多巴胺能神经元，进而将这些细胞移植到胎鼠的脑部，植入细胞能够在宿主的脑部分化为神经胶质细胞和神经元，显著改善患病小鼠的运动能力。

在神经修复方面，人们将反转录病毒诱导的 iPS 细胞移植到脊髓受损的小鼠中，iPS 细胞不会在小鼠体内产生肿瘤；将其分化成神经祖细胞后，移植到受损脊髓，能够使其受损组织再生。

3. iPS 细胞与贫血症

将镰状细胞贫血小鼠的皮肤成纤维细胞诱导成造血前体细胞，移植入模型鼠后，改善了贫血症状。说明自体 iPS 细胞分化后移植，可以治疗镰状细胞贫血与急性心肌缺血。

血友病 A 是由凝血因子Ⅷ基因突变所致，血浆中凝血因子Ⅷ分泌不足而导致出血时间延长和无效凝血。通过导入 Oct4、Sox2 和 Klf4 三种转录因子，将小鼠成纤维细胞诱导产生 iPS 细胞，这些 iPS 细胞在体外可以分化为分泌凝血因子Ⅷ的内皮祖细胞和成熟的内皮细胞。

（二）临床应用

1. iPS 细胞分化为视网膜细胞

在 2013 年，日本监管机构批准了理化研究所发育生物学中心 Takahashi 研究组开展 iPS 细胞的临床预研究。该研究组培养了一名 70 岁的妇女患者的皮肤细胞，然后将细胞重编程为 iPS 细胞，再将这些非特化的 iPS 细胞诱导为视网膜组织。将诱导成的视网膜组织成功移植到该患者。此为世界首例利用 iPS 细胞培育的细胞进行组织移植的手术。

2. iPS 细胞参与牙齿再生

一直以来，来自牙源的组织干细胞是牙齿再生研究主要细胞来源。2009 年，人们成功将成体牙源细胞诱导成 iPS 细胞；2012 年，日本科研人员将小鼠神经嵴细胞诱导成表达部分牙源间充质标记分子的细胞群，开启了 iPS 细胞在牙齿再生研究方面的应用。随后，Arakaki 等建立了一种大鼠牙源性上皮细胞系，并通过与鼠源 iPS 细胞共培养，将 iPS 细胞诱导为类成釉细胞。2013 年，中国研究人员首次发现了由人源 iPS 细胞诱导而来的上皮细胞与小鼠胚胎发育 14.5 天的牙胚间充质重组后，可以形成完整的牙齿样结构。这一研究成果证实了 iPS 细胞参与人类再生牙齿的构建。

3. 体内诱导干细胞进行再生治疗

人们曾经认为，机体的终末分化细胞不具有回到上一个发育阶段类型的能力。但近年来的研究发现，在哺乳动物体内也有受损组织去分化形成多能干细胞的现象。Poss 等（2002）发现，切除 20%心脏的斑马鱼，在 2 个月内可再生成完整的心脏。在果蝇的生殖细胞、两栖动物的肢体再生、哺乳动物的施旺细胞及小鼠的小肠上皮细胞中也都发现了类似的现象。2008 年，Zhou 等用腺病毒感染小鼠，将 3 个特定的转录因子转入小鼠的胰腺分泌细胞中，使得胰腺分泌细胞转分化成了可以制造胰岛素的胰岛 β 细胞（Zhou et al.，2008）。2012 年，日本的 Inagawa 等构建了 3 个与心肌发育有关的转录因子 Gata4、Mef2c、Tbx5 及绿色荧光蛋白的反转录病毒，感染在小鼠心肌梗死的区域的心肌样细胞；被感染细胞在 2～3 周后明显表现出心肌的功能，而小鼠曾经心肌梗死的心脏也部分恢复了功能（Inagawa et al.，2012）。这些结果均表明，体内存在干细胞诱导再生现象。

目前，iPS 细胞的临床应用仍处于探索阶段，诱导的效率和专一性都有待进一步提高。随着高分辨的图形成像技术和单细胞分析等技术的发展，研究诱导与定向分化的技术和手段会越来越成熟、越来越安全，这必将造福人类。

（三）iPS 细胞可提高动物克隆效率

胚胎干细胞作为核供体进行核移植时具有更高的克隆效率，10%～30%的克隆囊胚能够成功发育成新个体，是体细胞的 10～20 倍。而 iPS 细胞与胚胎干细胞在各方面都极其类似，并且研究结果也表明小鼠 iPS 细胞可通过生殖系嵌合遗传到后代。用 iPS 细胞取代胚胎干细胞、利用 iPS 细胞与胚胎聚合和以 iPS 细胞为核供体进行细胞核移植有望快速扩繁优质动物个体。

二、iPS 技术存在的问题

（一）iPS 细胞株间存在差异

对来源于若干个不同个体的人的胚胎干细胞株进行比较分析发现，这些细胞株间的分化能力存在很大区别。同样，不同的 iPS 细胞株间也存在分化能力差异。在利用反转录病毒或螺旋核糖核酸肿瘤病毒作为载体诱导的多能干细胞中，多个载体呈无序状态重组入细胞的基因组中。即使来源于相同个体的 iPS 细胞株间，其遗传背景也不尽相同。iPS 细胞和胚胎干细胞的甲基化水平方面虽然有大量相似之处，但还是存在显著地差异，某些差异甚至是在分化后持续存在的。iPS 细胞之间的差异则体现在细胞中的甲基化标记上，这些甲基化标记代表了来源于体细胞类型的“记忆”效应。

（二）iPS 细胞的诱导效率低

诱导多能干细胞技术的最大问题是其转化效率太低。相关数据显示，iPS 细胞诱导率一般在 0.01%～0.2%范围内。对于提高 iPS 细胞的转化效率，主要集中在细胞核内的调控因子和高通量小分子的筛选方面。研究发现，p53 siRNA 和 UTF1 可显著提高 iPS 细胞的转化效率，将这 2 种因子与传统的 4 个诱导基因一起转染人成纤维细胞时，iPS 细胞的效率可提高 100 倍。另外，培养环境的因素，如氧浓度或抗氧化剂等都可能提高体细胞重编程效率。近年研究还发现，通过敲除核小体重构和去乙酰化抑制复合物中的核心成员 Mbd3/NuRD，细胞的重编程效率接近 100%，这为提高细胞重编程效率提供了新的探索方向。

（三）iPS 细胞的不稳定性与安全性

在看到干细胞治疗疾病的巨大前景时，干细胞应用的安全性问题和研究规范问题应引起高度关注。例如，干细胞是否能够正常增殖和分布、是否会致瘤、是否会发生免疫排斥、是否具有遗传稳定性等。对干细胞进行全面的安全性评估是很有必要的，包括核型、均质性、细菌/病毒/支原体检测、生长活性、免疫学测试、分化潜能/致瘤性、培养基及其他添加成分检测等。

日本冈山大学的研究小组报告说，向诱导液中添加已培育过肺癌、皮肤癌等癌细胞的液体，4 周后将其中未分化的 iPS 细胞移植到小鼠皮下，小鼠全部患上了癌症，其部分癌细胞不断分化，还有一些癌细胞向肺转移。由此，iPS 细胞的遗传安全性迅速成为研究热点。

通过单核苷酸多态性高分辨率分析发现，iPS 细胞相对于其来源的成体细胞发生更多的拷贝数变异，诱导处理过程可能增加染色体变异的概率。在 iPS 细胞中染色体异常显著增加，其拷贝数比亲代成纤维细胞高两倍，与多能性相关的基因和假基因中频繁出现拷贝数变异。iPS 细胞和 ES 细胞有 1000 多个差异甲基化区（DMR），包括在 CG 二核苷酸区的异常甲基化和在非 CG 区的异常甲基化，而后者则是 iPS 细胞特有的表观遗传学特征。而且发现 iPS 细胞中的一些 DMR 能传递给由其分化形成的子细胞。iPS 细胞诱导过程中使用的转录因子 c-Myc 和 Klf4 均是癌基因，病毒插入后可导致肿瘤发生，且未分化的 iPS 细胞自身尚可在体内形成畸胎瘤。

为避免反转录病毒转染系统导致的 iPS 细胞致瘤性，一方面应尽可能减少转入基因的数量，甚至寻找可替代的化学物质，以降低致瘤的风险；另一方面还要深入研究细胞的重编机制，研制更新的更安全的方法建立 iPS 细胞系。

（四）免疫原性

2011 年，加利福尼亚大学圣地亚哥分校的科学家发现，iPS 细胞可能会遭受免疫系统排斥，即便是将细胞注入供体自身体内时，免疫反应有可能会破坏移植物，导致治疗无效。但在 2013 年，来自日本的科学家们利用重编程小鼠干细胞生成了皮肤和骨髓，并将它们移植到基因相同的小鼠体内，证实不会引发强烈的免疫反应。这两项相互矛盾的报道可能涉及所使用的小鼠、实验技术等一些环节。也有研究指出，并非所有的 iPS 细胞及其衍生物都能激发免疫反应，iPS 细胞的免疫原性与胚胎干细胞仍有所区别，其差异性体现在细胞来源的不同及 MHC 分子的不同。iPS 细胞免疫反应是不可忽视的问题，这些争论仍在持续。

中国科学院广州生物医药与健康研究院科学家对人的不同组织来源的三个细胞状态（体细胞、体细胞来源的 iPS 细胞和 iPS 细胞分化获得的神经前体细胞）的免疫原性研究发现，细胞的免疫原性在重编程及分化后仍然具有一定的遗传记忆（图 16-20）。由免疫原性较高的体细胞（皮肤成纤维细胞）到最终获得的神经前体细胞仍具有较高的免疫原性。而由免疫原性较低的体细胞（脐带间充质细胞）到最终获得的神经前体细胞，均保持较低的免疫原性。

三、干细胞技术成为第三次医学革命的主导技术

在 2013 年和 2014 年度国家科学技术奖中，三项干细胞研究成果“干细胞多能性与重编程机制研究”“哺乳动物多能性干细胞的建立与调控机制研究”和“成体干细胞救治放射损伤新技术的建立与应用”分别荣获国家自然科学奖二等奖和国家科学技术进步奖一等奖。这是我国的干细胞基础研究与临床应用研究首次同膺国家科技奖。标志着我国干细胞领域的研究取得突破性进展。让干细胞自此进入普通百姓的视野，点燃了人们

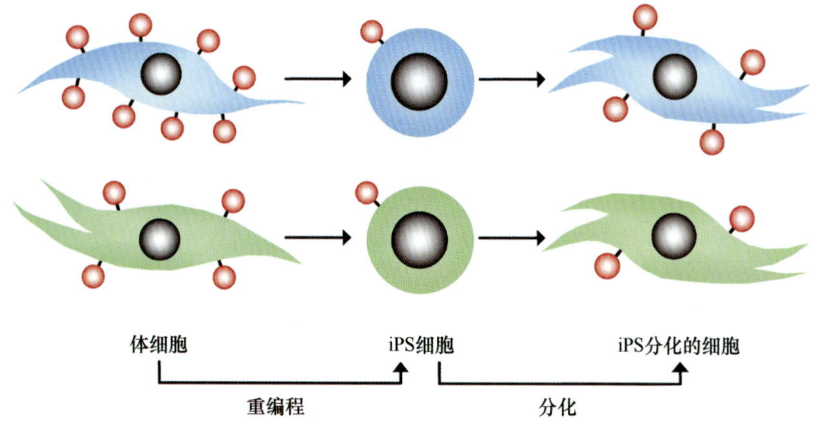

图 16-20 细胞的免疫源性在重编程中可被遗传记忆

对干细胞治疗的热切期盼。随着我国步入老龄化社会，与老龄化相关的重大、难以治愈的疾病如糖尿病、心血管疾病、癌症和阿尔茨海默病等发病率不断攀升。以化学药物和手术治疗为支柱的传统西医学逐渐遭遇玻璃天花板，以干细胞技术为核心、被科学界誉为第三次医学革命的再生医学已是大势所趋，具有超强分化、更新、再生和修复能力的干细胞被寄予厚望。

我国在干细胞科学及转化应用研究领域的起步较早。近 10 年来，973 计划、863 计划、重大新药创制科技重大专项、国家自然科学基金、中国科学院先导专项等国家级的项目均设置了干细胞与再生医学方向，在胚胎干细胞、组织干细胞和诱导多能性干细胞等诸多方面取得了一批标志性成果，整体达到了国际领先水平。

干细胞科学就是一门探讨有机生命体如何从单一细胞发展成为完整的个体，以及如何利用新生细胞代替受损、死亡的成体组织细胞的新兴学科。这门学科在理论上专注于探讨生命的本源和发育问题，在实践中有望利用新生细胞为当前许多危害人类健康的难治性疾病提供有效的治疗手段，因而已成为生命科学最活跃的研究领域之一。而再生医学是指利用生物学及工程学的理论方法创造丢失或功能损害的组织和器官，使其具备正常组织和器官的结构和功能，从而恢复健康的一门交叉医学学科，被誉为继化学药物、手术治疗之后的第三次医学革命，其技术核心正是具有超强分化、更新、再生和修复能力的干细胞。以干细胞技术为主的再生医学逐渐成为我国的高科技主导产业。

参考文献

陈一飞，赖东梅. 2011. 人类及小鼠胚胎干细胞的不同多能性状态. 中国细胞生物学学报，33(10): 1166-1172.

褚海涛，李晓蕾，贾心善. 2013. 诱导多能干细胞的研究现状及展望. 中国组织工程研究，17(23): 4340-4346.

刘菲菲，侯宗柳. 2014. 诱导性多潜能干细胞的研究进展及应用前景. 中国组织工程研究，18(1): 149-154.

马迅，秦洁，许予明. 2014. 诱导多能干细胞的研究进展及其瓶颈. 中国组织工程研究，18(45):

7358-7363.

彭静, 黄聪, 蒋思文. 2014. 诱导多潜能干细胞(iPSCs)的临床应用进展. 科学通报, 59: 763-768.

宋卫华, 刘坤, 赵同标. 2014. 诱导多能干细胞研究进展. 生物技术通报, 30(5): 1-7.

汪文君, 邢文, 周圆, 等. 2014. iPS 细胞技术在血液系统疾病中的研究进展及应用. 中国细胞生物学学报, 36(11): 1567–1572.

王娟, 孔庆然, 王加强, 等. 2011. 干细胞多能性信号调控机制研究进展. 中国细胞生物学学报, 33(10): 1137-1145.

王立宾, 祝贺, 郝捷, 等. 2015. 干细胞与再生医学研究进展. 生物工程学报, 31(6): 871-879.

薛冰华 刘忠华. 猪多能性干细胞研究进展与前瞻. 2015. 生物技术通报, 31(4): 82-91.

赵星, 黄元华, 马燕琳. 2013. 诱导多能干细胞与细胞重编程技术的研究与未来. 中国组织工程研究, 17(49): 8608-8614.

Adhikary S, Eilers M. 2005. Transcriptional regulation and transformation by Myc proteins. Nat Rev Mol Cell Biol, 6: 635-645.

Anokye-Danso F, Trivedi CM, Juhr D, et al. 2011. Highly efficient miRNA-mediated reprogramming of mouse and human somatic cells to pluripotency. Cell Stem Cell, 8: 376-388.

Banito A, Gil J. 2010. Induced pluripotent stem cells and senescence: learning the biology to improve the technology. EMBO Rep, 11: 353-359.

Bao L, He L, Chen J, et al. 2011. Reprogramming of ovine adult fibroblasts to pluripotency via drug-inducible expression of defined factors. Cell Res, 21: 600-608.

Bao X, Zhu X, Liao B, et al. 2013. MicroRNAs in somatic cell reprogramming. Curr Opin Cell Biol, 25: 208-214.

Barrett SD, Bridges AJ, Dudley DT, et al. 2008. The discovery of the benzhydroxamate MEK inhibitors CI-1040 and PD 0325901. Bioorg Med Chem Lett, 18: 6501-6504.

Berndt JD, Moon RT. 2013. Making a point with Wnt signals. Science, 339: 1388-1389.

Boyer LA, Lee TI, Cole MF, et al. 2005. Core transcriptional regulatory circuitry in human embryonic stem cells. Cell, 122: 947-956.

Chan YS, Goke J, Ng JH, et al. 2013. Induction of a human pluripotent state with distinct regulatory circuitry that resembles preimplantation epiblast. Cell Stem Cell, 13: 663-675.

Chen J, Liu H, Liu J, et al. 2013. H3K9 methylation is a barrier during somatic cell reprogramming into iPSCs. Nat Genet, 45: 34-42.

Chen T, Shen L, Yu J, et al. 2011. Rapamycin and other longevity-promoting compounds enhance the generation of mouse induced pluripotent stem cells. Aging Cell, 10: 908-911.

Chen Y, Niu Y, Li Y, et al. 2015. Generation of cynomolgus monkey chimeric fetuses using embryonic stem cells. Cell Stem Cell, 17: 116-124.

Cheng D, Guo Y, Li Z, et al. 2012. Porcine induced pluripotent stem cells require LIF and maintain their developmental potential in early stage of embryos. PLoS One, 7: e51778.

Cho YD, Yoon WJ, Kim WJ, et al. 2014. Epigenetic modifications and canonical wingless/int-1 class (WNT) signaling enable transdifferentiation of nonosteogenic cells into osteoblasts. J Biol Chem, 289: 20120-20128.

Costa Y, Ding J, Theunissen TW, et al. 2013. NANOG-dependent function of TET1 and TET2 in establishment of pluripotency. Nature, 495: 370-374.

Doege CA, Inoue K, Yamashita T, et al. 2012. Early-stage epigenetic modification during somatic cell reprogramming by Parp1 and Tet2. Nature, 488: 652-655.

Esteban MA, Pei D. 2012. Vitamin C improves the quality of somatic cell reprogramming. Nat Genet, 44: 366-367.

Esteban MA, Xu J, Yang J, et al. 2009. Generation of induced pluripotent stem cell lines from Tibetan miniature pig. J Biol Chem, 284: 17634-17640.

Ezashi T, Telugu BP, Alexenko AP, et al. 2009. Derivation of induced pluripotent stem cells from pig somatic cells. Proc Natl Acad Sci USA, 106: 10993-10998.

Fan N, Chen J, Shang Z, et al. 2013. Piglets cloned from induced pluripotent stem cells. Cell Res, 23: 162-166.

Federation AJ, Bradner JE, Meissner A. 2014. The use of small molecules in somatic-cell reprogramming. Trends Cell Biol, 24: 179-187.

Feng B, Ng JH, Heng JC, et al. 2009. Molecules that promote or enhance reprogramming of somatic cells to induced pluripotent stem cells. Cell Stem Cell, 4: 301-312.

Gafni O, Weinberger L, Mansour AA, et al. 2013. Derivation of novel human ground state naive pluripotent stem cells. Nature, 504: 282-286.

Gao Y, Chen J, Li K, et al. 2013. Replacement of Oct4 by Tet1 during iPSC induction reveals an important role of DNA methylation and hydroxymethylation in reprogramming. Cell Stem Cell, 12: 456-469

Gaspar-Maia A, Alajem A, Polesso F, et al. 2009. Chd1 regulates open chromatin and pluripotency of embryonic stem cells. Nature, 460: 863-868.

Grigoryan T, Wend P, Klaus A, et al. 2008. Deciphering the function of canonical Wnt signals in development and disease: conditional loss- and gain-of-function mutations of beta-catenin in mice. Genes Dev, 22: 2308-2341.

Hamanaka S, Yamaguchi T, Kobayashi T, et al. 2011. Generation of germline-competent rat induced pluripotent stem cells. PLoS One, e6: e22008.

Han X, Han J, Ding F, et al. 2011. Generation of induced pluripotent stem cells from bovine embryonic fibroblast cells. Cell Res, 21: 1509-1512.

Hanna J, Cheng AW, Saha K, et al. 2010. Human embryonic stem cells with biological and epigenetic characteristics similar to those of mouse ESCs. Proc Natl Acad Sci USA, 107: 9222-9227.

Hanna J, Wernig M, Markoulaki S, et al. 2007. Treatment of sickle cell anemia mouse model with iPS cells generated from autologous skin. Science, 318: 1920-1923.

Hirai H, Tani T, Katoku-Kikyo N, et al. 2011. Radical acceleration of nuclear reprogramming by chromatin remodeling with the transactivation domain of MyoD. Stem Cells, 29: 1349-1361.

Hirai H, Tani T, Kikyo N. 2010. Structure and functions of powerful transactivators: VP16, MyoD and FoxA. Int J Dev Biol, 54: 1589-1596.

Ho R, Chronis C, Plath K. 2011. Mechanistic insights into reprogramming to induced pluripotency. J Cell Physiol, 226: 868-878.

Hong H, Takahashi K, Ichisaka T, et al. 2009. Suppression of induced pluripotent stem cell generation by the p53-p21 pathway. Nature, 460: 1132-1135.

Hou P, Li Y, Zhang X, et al. 2013. Pluripotent stem cells induced from mouse somatic cells by small-molecule compounds. Science, 341: 651-654.

Huang Y, Tang X, Xie W, et al. 2011. Histone deacetylase inhibitor significantly improved the cloning efficiency of porcine somatic cell nuclear transfer embryos. Cell Reprogram, 13: 513-520.

Ichida JK, Blanchard J, Lam K, et al. 2009. A small-molecule inhibitor of tgf-Beta signaling replaces sox2 in reprogramming by inducing nanog. Cell Stem Cell, 5: 491-503.

Inagawa K, Miyamoto K, Yamakawa H, et al. 2012. Induction of cardiomyocyte-like cells in infarct hearts by gene transfer of Gata4, Mef2c, and Tbx5. Circ Res, 111(9): 1147-1156.

Judson RL, Babiarz JE, Venere M, et al. 2009. Embryonic stem cell-specific microRNAs promote induced pluripotency. Nat Biotechnol, 27: 459-461.

Kang L, Wang J, Zhang Y, et al. 2009. iPS cells can support full-term development of tetraploid blastocyst-complemented embryos. Cell Stem Cell, 5: 135-138.

Kawaguchi T, Tsukiyama T, Kimura K, et al. 2015. Generation of naive bovine induced pluripotent stem cells using piggybac transposition of doxycycline-inducible transcription factors. PLoS One, 10: e0135403.

Kawamura T, Suzuki J, Wang YV, et al. 2009. Linking the p53 tumour suppressor pathway to somatic cell reprogramming. Nature, 460: 1140-1144.

Koscianska E, Baev V, Skreka K, et al. 2007. Prediction and preliminary validation of oncogene regulation by miRNAs. BMC Mol Biol, 8: 79.

Krizhanovsky V, Lowe SW. 2009. Stem cells: the promises and perils of p53. Nature, 460: 1085-1086.

Kumar S, Zigman M, Patel TR, et al. 2014. Molecular dissection of Wnt3a-Frizzled8 interaction reveals essential and modulatory determinants of Wnt signaling activity. BMC Biol, 12: 44.

Kunath T, Saba-El-Leil MK, Almousailleakh M, et al. 2007. FGF stimulation of the Erk1/2 signalling cascade triggers transition of pluripotent embryonic stem cells from self-renewal to lineage commitment. Development, 134: 2895-2902.

Li H, Collado M, Villasante A, et al. 2009. The Ink4/Arf locus is a barrier for iPS cell reprogramming. Nature, 460: 1136-1139.

Li W, Wei W, Zhu S, et al. 2009. Generation of rat and human induced pluripotent stem cells by combining genetic reprogramming and chemical inhibitors. Cell Stem Cell, 4: 16-19.

Li Y, Cang M, Lee AS, et al. 2011a. Reprogramming of sheep fibroblasts into pluripotency under a drug-inducible expression of mouse-derived defined factors. PLoS One, 6: e15947.

Li Y, Feng H, Gu H, et al. 2013. The p53-PUMA axis suppresses iPSC generation. Nat Commun, 4: 2174.

Li Y, Zhang Q, Yin X, et al. 2011b. Generation of iPSCs from mouse fibroblasts with a single gene, Oct4, and small molecules. Cell Res, 21: 196-204.

Lin T, Ambasudhan R, Yuan X, et al. 2009. A chemical platform for improved induction of human iPSCs. Nat Methods, 6: 805-808.

Liu D, Xing M. 2008. Potent inhibition of thyroid cancer cells by the MEK inhibitor PD0325901 and its potentiation by suppression of the PI3K and NF-kappaB pathways. Thyroid, 18: 853-864.

Liu L, Luo GZ, Yang W, et al. 2010. Activation of the imprinted Dlk1-Dio3 region correlates with pluripotency levels of mouse stem cells. J Biol Chem, 285: 19483-19490.

Lluis F, Pedone E, Pepe S, et al. 2008. Periodic activation of Wnt/beta-catenin signaling enhances somatic cell reprogramming mediated by cell fusion. Cell Stem Cell, 3: 493-507.

Mali P, Ye Z, Hommond HH, et al. 2008. Improved efficiency and pace of generating induced pluripotent stem cells from human adult and fetal fibroblasts. Stem Cells, 26: 1998-2005.

Marson A, Foreman R, Chevalier B, et al. 2008. Wnt signaling promotes reprogramming of somatic cells to pluripotency. Cell Stem Cell, 3: 132-135.

Meshorer E, Yellajoshula D, George E, et al. 2006. Hyperdynamic plasticity of chromatin proteins in pluripotent embryonic stem cells. Dev Cell, 10: 105-116.

Mitsui K, Tokuzawa Y, Itoh H, et al. 2003. The homeoprotein Nanog is required for maintenance of pluripotency in mouse epiblast and ES cells. Cell, 113: 631-642.

Miyoshi N, Ishii H, Nagano H, et al. 2011. Reprogramming of mouse and human cells to pluripotency using mature microRNAs. Cell Stem Cell, 8: 633-638.

Nakagawa M, Koyanagi M, Tanabe K, et al. 2008. Generation of induced pluripotent stem cells without Myc from mouse and human fibroblasts. Nat Biotechnol, 26: 101-106.

Nakagawa M, Takizawa N, Narita M, et al. 2010. Promotion of direct reprogramming by transformation-deficient Myc. Proc Natl Acad Sci USA, 107: 14152-14157.

Nakano K, Vousden KH. 2001. PUMA, a novel proapoptotic gene, is induced by p53. Mol Cell, 7: 683-694.

Okita K, Ichisaka T, Yamanaka S. 2007. Generation of germline-competent induced pluripotent stem cells. Nature, 448: 313-317.

Onder TT, Kara N, Cherry A, et al. 2012. Chromatin-modifying enzymes as modulators of reprogramming. Nature, 483: 598-602.

Park IH, Zhao R, West JA, et al. 2008. Reprogramming of human somatic cells to pluripotency with defined factors. Nature, 451: 141-146.

Pei D, Xu J, Zhuang Q, et al. 2010. Induced pluripotent stem cell technology in regenerative medicine and biology. Adv Biochem Eng Biotechnol, 123: 127-141.

Polesskaya O, Cunningham LL, Francis SP, et al. 2010. Ablation of mixed lineage kinase 3 (Mlk3) does not inhibit ototoxicity induced by acoustic trauma or aminoglycoside exposure. Hear Res, 270: 21-27.

Polo JM, Anderssen E, Walsh RM, et al. 2012. A molecular roadmap of reprogramming somatic cells into iPS cells. Cell, 151: 1617-1632.

Popp C, Dean W, Feng S, et al. 2010. Genome-wide erasure of DNA methylation in mouse primordial germ cells is affected by AID deficiency. Nature, 463: 1101-1105.

Poss KD, Wilson LG, Keating MT. 2002. Heart regeneration in zebrafish. Science, 298(5601): 2188-2190.

Rais Y, Zviran A, Geula S, et al. 2013. Deterministic direct reprogramming of somatic cells to pluripotency. Nature, 502: 65-70.

Sato N, Meijer L, Skaltsounis L, et al. 2004. Maintenance of pluripotency in human and mouse embryonic stem cells through activation of Wnt signaling by a pharmacological GSK-3-specific inhibitor. Nat Med, 10: 55-63.

Schmidt EV. 1999. The role of c-myc in cellular growth control. Oncogene, 18: 2988-2996.

Shi G, Gao F, Jin Y. 2011. The regulatory role of histone deacetylase inhibitors in Fgf4 expression is dependent on the differentiation state of pluripotent stem cells. J Cell Physiol, 226: 3190-3196.

Shi Y, Desponts C, Do JT, et al. 2008a. Induction of pluripotent stem cells from mouse embryonic fibroblasts by Oct4 and Klf4 with small-molecule compounds. Cell Stem Cell, 3: 568-574.

Shi Y, Do JT, Desponts C, et al. 2008b. A combined chemical and genetic approach for the generation of induced pluripotent stem cells. Cell Stem Cell, 2: 525-528.

Shimada H, Hashimoto Y, Nakada A, et al. 2012. Accelerated generation of human induced pluripotent stem cells with retroviral transduction and chemical inhibitors under physiological hypoxia. Biochem Biophys Res Commun, 417: 659-664.

Silva J, Barrandon O, Nichols J, et al. 2008. Promotion of reprogramming to ground state pluripotency by signal inhibition. PLoS Biol, 6: e253.

Silva J, Nichols J, Theunissen TW, et al. 2009. Nanog is the gateway to the pluripotent ground state. Cell, 138: 722-737.

Skene PJ, Henikoff S. 2012. Chromatin roadblocks to reprogramming 50 years on. BMC Biol, 10: 83.

Soldner F, Hockemeyer D, Beard C, et al. 2009. Parkinson's disease patient-derived induced pluripotent stem cells free of viral reprogramming factors. Cell, 136: 964-977.

Stadtfeld M, Nagaya M, Utikal J, et al. 2008. Induced pluripotent stem cells generated without viral integration. Science, 322: 945-949.

Sumer H, Liu J, Malaver-Ortega LF, et al. 2011. NANOG is a key factor for induction of pluripotency in bovine adult fibroblasts. J Anim Sci, 89: 2708-2716.

Takahashi K, Okita K, Nakagawa M, et al. 2007a. Induction of pluripotent stem cells from fibroblast cultures. Nat Protoc, 2: 3081-3089.

Takahashi K, Tanabe K, Ohnuki M, et al. 2007b. Induction of pluripotent stem cells from adult human fibroblasts by defined factors. Cell, 131: 861-872.

Takahashi K, Yamanaka S. 2006. Induction of pluripotent stem cells from mouse embryonic and adult fibroblast cultures by defined factors. Cell, 126: 663-676.

Takashima Y, Guo G, Loos R, et al. 2014. Resetting transcription factor control circuitry toward ground-state pluripotency in human. Cell, 158: 1254-1269.

Tam WL, Lim CY, Han J, et al. 2008. T-cell factor 3 regulates embryonic stem cell pluripotency and self-renewal by the transcriptional control of multiple lineage pathways. Stem Cells, 26: 2019-2031.

Theunissen TW, Powell BE, Wang H, et al. 2014. Systematic identification of culture conditions for induction and maintenance of naive human pluripotency. Cell Stem Cell, 15: 471-487.

Tojo M, Hamashima Y, Hanyu A, et al. 2005. The ALK-5 inhibitor A-83-01 inhibits Smad signaling and epithelial-to-mesenchymal transition by transforming growth factor-beta. Cancer Sci, 96: 791-800.

Tsuji O, Miura K, Okada Y, et al. 2010. Therapeutic potential of appropriately evaluated safe-induced pluripotent stem cells for spinal cord injury. Proc Natl Acad Sci USA, 107: 12704-12709.

Wang J, Gu Q, Hao J, et al. 2013. Tbx_3 and $Nr_5\alpha_2$ play important roles in pig pluripotent stem cells. Stem Cell Rev, 9: 700-708.

Warren L, Manos PD, Ahfeldt T, et al. 2010. Highly efficient reprogramming to pluripotency and directed differentiation of human cells with synthetic modified mRNA. Cell Stem Cell, 7: 618-630.

Weinberger L, Ayyash M, Novershtern N, et al. 2016. Dynamic stem cell states: naive to primed pluripotency in rodents and humans. Nat Rev Mol Cell Biol, 17: 155-169.

Wernig M, Meissner A, Foreman R, et al. 2007. *In vitro* reprogramming of fibroblasts into a pluripotent ES-cell-like state. Nature, 448: 318-324.

Wernig M, Zhao JP, Pruszak J, et al. 2008. Neurons derived from reprogrammed fibroblasts functionally integrate into the fetal brain and improve symptoms of rats with Parkinson's disease. Proc Natl Acad Sci USA, 105: 5856-5861.

West FD, Terlouw SL, Dobrinsky JR, et al. 2015. Generation of chimeras from porcine induced pluripotent stem cells. Methods Mol Biol, 1330: 153-167.

West FD, Terlouw SL, Kwon DJ, et al. 2010. Porcine induced pluripotent stem cells produce chimeric offspring. Stem Cells Dev, 19: 1211-1220.

West FD, Uhl EW, Liu Y, et al. 2011. Brief report: chimeric pigs produced from induced pluripotent stem cells demonstrate germline transmission and no evidence of tumor formation in young pigs. Stem Cells, 29: 1640-1643.

Wilson KD, Venkatasubrahmanyam S, Jia F, et al. 2009. MicroRNA profiling of human-induced pluripotent stem cells. Stem Cells Dev, 18: 749-758.

Woltjen K, Michael IP, Mohseni P, et al. 2009. piggyBac transposition reprograms fibroblasts to induced pluripotent stem cells. Nature, 458: 766-770.

Xu D, Alipio Z, Fink LM, et al. 2009. Phenotypic correction of murine hemophilia A using an iPS cell-based therapy. Proc Natl Acad Sci USA, 106: 808-813.

Yamaguchi S, Hong K, Liu R, et al. 2012. Tet1 controls meiosis by regulating meiotic gene expression. Nature, 492: 443-447.

Yamanaka S, Takahashi K. 2006. Induction of pluripotent stem cells from mouse fibroblast cultures. Tanpakushitsu Kakusan Koso, 51(15): 2346-2351.

Yamanaka S. 2007. Strategies and new developments in the generation of patient-specific pluripotent stem cells. Cell Stem Cell, 1: 39-49.

Yamanaka S. 2009. Elite and stochastic models for induced pluripotent stem cell generation. Nature, 460: 49-52.

Ye S, Tan L, Yang R, et al. 2012. Pleiotropy of glycogen synthase kinase-3 inhibition by CHIR99021 promotes self-renewal of embryonic stem cells from refractory mouse strains. PLoS One, 7: e35892.

Yu J, Hu K, Smuga-Otto K, et al. 2009. Human induced pluripotent stem cells free of vector and transgene sequences. Science, 324: 797-801.

Yu J, Thomson JA. 2008. Pluripotent stem cell lines. Genes Dev, 22: 1987-1997.

Yu J, Vodyanik MA, Smuga-Otto K, et al. 2007. Induced pluripotent stem cell lines derived from human somatic cells. Science, 318: 1917-1920.

Yu J, Zhang L, Hwang PM, et al. 2001. PUMA induces the rapid apoptosis of colorectal cancer cells. Mol Cell, 7: 673-682.

Zhang Y, Wei C, Zhang P, et al. 2014. Efficient reprogramming of naive-like induced pluripotent stem cells from porcine adipose-derived stem cells with a feeder-independent and serum-free system. PLoS One, 9: e85089.

Zhang Z, Gao Y, Gordon A, et al. 2011. Efficient generation of fully reprogrammed human iPS cells via polycistronic retroviral vector and a new cocktail of chemical compounds. PLoS One, 6: e26592.

Zhao XY, Li W, Lv Z, et al. 2009. iPS cells produce viable mice through tetraploid complementation. Nature, 461: 86-90.

Zhao Y, Yin X, Qin H, et al. 2008. Two supporting factors greatly improve the efficiency of human iPSC generation. Cell Stem Cell, 3: 475-479.

Zhao Y, Zhao T, Guan J, et al. 2015. A XEN-like state bridges somatic cells to pluripotency during chemical reprogramming. Cell, 163: 1678-1691.

Zhou H, Li W, Zhu S, et al. 2010. Conversion of mouse epiblast stem cells to an earlier pluripotency state by small molecules. J Biol Chem, 285: 29676-29680.

Zhou H, Wu S, Joo JY, et al. 2009. Generation of induced pluripotent stem cells using recombinant proteins. Cell Stem Cell, 4: 381-384.

Zhou Q, Brown J, Kanarek A, et al. 2008. *In vivo* reprogramming of adult pancreatic exocrine cells to beta-cells. Nature, 455(7213): 627-632.

（吴　侠）

第十七章　基因编辑技术

基因组编辑（genome editing）技术是一种可以在基因组水平上对 DNA 序列进行可控改造的遗传操作技术，可以借此对基因组 DNA 进行定点删除、外源 DNA 定向插入、引入点突变、大片段 DNA 删除或置换等。传统的基因组编辑技术为基于同源重组（homologous recombination，HR）的基因打靶（gene targetting）技术，后来科学家们发明了能够针对特定 DNA 序列进行编辑的锌指核酸酶（zinc finger nuclease，ZFN）技术、类转录激活效应物核酸酶（transcription activator-like effector nuclease，TALEN）技术和成簇规律间隔的短回文重复序列/系统关联核酸酶 9（clustered regularly interspaced short palindromic repeat/CRISPR associated system 9，CRISPR/Cas9）。基因打靶技术是基于同源重组的原理，在需要进行打靶的位置通过人工构建同源臂引入外源 DNA 或对内源 DNA 进行删除置换等。新发明的三种基因组编辑工具它们的共同特征是能够在特定位置造成 DNA 双链断裂（double-strand break，DSB），从而触发细胞 DNA 修复机制——非同源末端连接（non-homologous end joining，NHEJ）、微同源末端连接（micro-homologous end joining，MHEJ）或 HR，引起内源基因失活/基因敲除（gene knockout）或外源基因敲入（gene knockin）。通过引入外源 DNA 模版，可以对内源基因组 DNA 进行靶向定点修饰（引入点突变等）。

第一节　基于同源重组的基因打靶技术

一、基因打靶技术简介

基因打靶是利用细胞 DNA 可与外源性 DNA 同源序列发生同源重组的性质，通过外源 DNA 序列与靶细胞内染色体上同源 DNA 序列间的同源重组，将外源 DNA 定点整合在细胞基因组上某一确定的位点，或对某一预先确定的靶位点进行定点突变，从而改变细胞遗传特性。

同源重组的概念是在 20 世纪 70 年代初酵母 DNA 研究中提出来的，在此过程中通过一对同源分子非姐妹染色单体间的断裂重组可以产生新的 DNA 片段。同源重组在进化过程中高度保守，从原核生物到真核生物都有此机制。由于在细菌中首先证实同源基因间重组原理，Joshua Lederberg 获得了 1958 年的诺贝尔生理学或医学奖。与酵母不同的是，哺乳动物除配子发生阶段外，其他细胞中同源重组的概率非常低。因此在进行基因打靶时，通常会引入筛选标记基因以提高效率。

二、基因打靶技术流程

利用基因打靶技术制备基因编辑动物的一般程序如图 17-1 所示。首先构建打靶载体，将外源 DNA 序列和与内源 DNA 序列同源的序列重组到同一载体上；确定供体细胞后，将打靶载体转染入供体细胞中，使外源 DNA 与供体细胞基因组 DNA 中相应部分发生同源重组，将目的 DNA 序列整合到内源基因组中，鉴定获得阳性细胞并以此作为供体细胞利用克隆技术制备基因编辑胚胎；最后把基因编辑胚胎移植入受体动物输卵管或子宫，生产基因编辑动物；最后对获得的基因编辑动物进行包括基因组靶位点变化情况、目的基因表达等鉴定，同时进行个体健康分析。

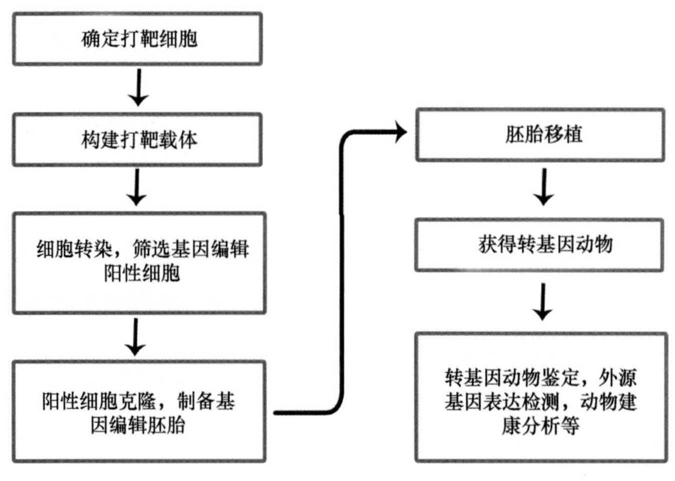

图 17-1　基因打靶流程示意图

（一）供体细胞选择

基因打靶最初的供体细胞是小鼠 ES 细胞。体外定向改造 ES 细胞可使基因的整合数目、位点、表达程度、插入基因的稳定性和筛选工作等均在细胞水平上进行。由于家畜中尚未能建立起 ES 细胞系，限制了对大型哺乳动物 ES 细胞进行基因打靶的应用。随着体细胞克隆技术的发展，人们已能对体细胞进行基因打靶，再通过体细胞克隆技术生产基因编辑大动物。

（二）打靶载体构建

基因打靶载体包含以下几种类型。

1. 插入型载体

顾名思义，插入型载体的作用原理是通过将一段外源 DNA 插入内源靶基因编码序列（CDS）区，从而破坏靶基因读码框造成靶基因失活。

2. 置换型载体

置换型载体是将外源 DNA 两端连入同源序列，发生同源重组时将外源 DNA 置换入细胞基因组中，并将基因组同源区域内的 DNA 和载体上同源区域以外的序列删除的基因打靶载体。

3. “打了就走”载体

通过设计一种含有正负筛选基因并在同源区内携有突变的插入型载体，筛选标记及载体骨架均位于同源区域的中间，正向筛选得到阳性细胞后会发生二次染色体重组，将同源区域以外的序列删除，再经负向筛选得到正确重组的细胞。此方法的优点是可在基因组中引入突变基因，其不足之处在于染色体内的同源重组无法精确控制，可能会导致非突变的同源序列仍留在基因组中。

4. 标记与交换载体

此方法需构建两个打靶载体，进行两步同源重组。第一个打靶载体是置换型载体，两选择基因均位于同源区内。转染细胞后，正向筛选得到阳性重组细胞。第二步构建含有突变目的基因的打靶载体，再次转染第一步得到的阳性细胞，使突变基因替代筛选基因，然后负向筛选得到重组细胞。

5. 双置换载体

与标记与交换载体相似，双置换（double replacement）载体也采用两个打靶载体，进行两步同源重组。不同的是，在设计第一个打靶载体时，缺失一段同源序列，这样进行第一步同源重组后即可获得一个突变位点；第二步再设计一个含突变的打靶载体。因此，应用这种策略可以引入多点突变。

6. 组织特异性基因敲除载体

在条件性基因敲除打靶载体的设计中，常用到 Frt-Flip 系统或 *Cre-loxP* 系统。*loxP* 是一段 34bp 的 DNA 回文结构，Cre 重组酶可识别特异的 *loxP* 位点，并将两个 *loxP* 间的 DNA 序列剪切，在原位点上只留下一个 *loxP*。Flip 是一个来自酵母的重组酶，能将两个 Frt 位点之间的片段删除。*Frt* 与 *loxP* 的结构相同，但序列不同。一般在抗性基因的两侧设计的是 Frt-Flip 重组系统，而敲除目的基因用的是 Cre-loxP 重组系统。

组织特异性基因敲除可以分几步进行。第一步，构建置换型打靶载体。将正向筛选基因插在同源区内，两侧引入 *Frt* 位点，目的基因的两侧分别引入 *loxP* 位点。利用含两个 *loxP* 位点和标记基因打靶载体培育基因敲除小鼠。第二步，在感兴趣的特定组织或细胞中表达 Cre 重组酶。实现这一目的需要构建一个组织特异性启动子引导下的 Cre 重组酶的载体，培育转基因小鼠。第三步，将上述两个品系小鼠杂交，选育出既含有 *loxP* 位点，又在特定的细胞中启动重组酶的小鼠。Cre 重组酶对 *loxP* 位点进行识别，将 *loxP* 位点之间的靶基因切除。同样，对于时间特异性和发育阶段特异性基因打靶来说，主要是通过加入时间特异性和发育阶段特异性启动子来实现。

同源重组的发生依赖于同源序列的长度。在哺乳动物基因组打靶过程中，同源序列长度在 200bp 以下时，重组效率较低；30～40bp 的同源序列长度是发生同源重组的最低长度；当同源序列长度在 300bp～1.8kb 时，重组率与同源序列长度呈正相关。

对于基因打靶重组进入细胞基因组的外源基因来说，需要添加自身的启动子等调控序列以保证其顺利表达。调控外源基因表达的启动子包括组成型启动子和组织特异启动子。常用的组成型启动子包括巨细胞病毒（cytomegalovirus，CMV） 启动子和 CAG 启动子（由巨细胞病毒早期增强子和鸡 β-肌动蛋白启动子组成）及猴病毒 40（Simian virus 40，SV40）启动子等；组织特异性启动子通常会选用组织特异性表达基因的启动子信息，如奶牛乳腺组织 β-酪蛋白特异启动子等。

（三）基因编辑阳性细胞的获得

将构建好的打靶载体通过电穿孔、DNA 磷酸钙共沉淀、脂质体和 PEG 介导等方法转入受供体细胞核内以得到同源重组阳性细胞。由于同源重组效率极低（10^{-7}～10^{-6}），需要选择合适的策略才能筛选出阳性细胞。筛选策略包括正负筛选、启动子缺失筛选和 PolyA 缺失筛选。

正负筛选通常以 *neo* 为正筛选标记基因，以 *HSV-tk* 作为负筛选基因。载体序列正确打靶到基因组后，*neo* 基因正常表达；而 HSV-tk 基因由于在同源臂外侧，不能进入基因组中，载体如果以随机整合的方式插入基因组中则携带 *HSV-tk* 基因。因此，以药物 G418 和 GANC 作双重选择。其中 *neo* 基因的产物使细胞具有 G418 抗性，而 *HSV-tk* 基因的产物则使 GANC 变成毒性核苷酸，从而致死。用 G418 筛选所有能表达 *neo* 基因的细胞，然后用 GANC 淘汰所有 HSV-tk 正常表达的细胞，剩下的细胞为发生了基因打靶的细胞。在基因敲除载体的目的片段中，插入不包含启动子的正向选择基因 *neo*。考虑到 *neo* 基因在转化细胞中的有效表达，一般有两种插入方式：一种是以已知的可阅读框插入目的基因片段中；另一种方法是在 *neo* 基因翻译起始密码子 5′上游引入终止序列。前一种方式将在基因组靶位基因启动子的作用下表达 *neo* 基因融合蛋白，使转化细胞具有 G418 抗性；后一种办法通过核糖体重新启动或翻译起始表达独立的 *neo* 基因产物，转化细胞同样获得 G418 抗性。当打靶基因不能被诱导表达时，可考虑用多聚腺苷酸 A（Poly A）缺失打靶策略。PolyA 缺失筛选的载体设计与启动子缺失的设计类似。PolyA 缺失的正向选择基因 *neo* 位于载体的目的片段中，因 *neo* 基因缺失转录终止信号，其表达在转录水平受到抑制。在同源重组的细胞中，*neo* 基因利用基因组靶位基因的转录终止信号，得到有效表达，从而使阳性细胞获得 G418 抗性；非同源重组的细胞中，因存在 *neo* 的障碍，不能产生 G418 抗性，从而实现同源重组转化细胞的富集。

阳性细胞鉴定一般采用特异 PCR 方法进行鉴定。PCR 引物一端以基因组 DNA 的特定基因序列为模板，另一端以导入的外源基因为模板，这样保证扩增后的片段为同源重组产生的特殊片段。对经 PCR 鉴定的克隆用 Southern 杂交产生特殊带谱的方法，进一步确定同源重组克隆。

（四）基因编辑动物生产及鉴定

获得基因打靶的细胞后，可以通过体细胞核移植、囊胚注射等方法生产基因编辑动物，分析其表型，并在分子生物学水平进行相关鉴定。

三、应用与优缺点

1980 年，Capecchi 将 DNA 直接注射入细胞核，可以显著提高基因转移的效率，并证明同源重组可以发生在外源 DNA 和细胞染色体的同源序列之间。该方法迅速被改进并用于研制转基因小鼠（Capecchi，1980）。与此同时，Smithies 等（1985）提出了同源重组可能用于修复突变基因的概念，并用同源重组技术将一段外源基因插入染色体上 β-球蛋白基因位点。Capecchi（1989）和 Smithies 等（1985）的工作均证实了在体外培养的细胞中，利用同源重组对生物体遗传信息进行定向改造是可能的。

在人工内切核酸酶出现之前，基因打靶技术是进行基因编辑的主要手段，可以定点、定向的对基因组 DNA 进行改造。而其缺点也很明显：同源重组效率低，载体设计构造复杂，有时需要多步细胞转染筛选等，限制了其大规模应用。

第二节　锌指核酸酶（ZFN）技术

一、ZFN 技术简介

同源重组的基因打靶技术效率极低，制约着该项技术的广泛应用。人工内切核酸酶（engineered endonuclease，EEN）的出现，打破了长久以来只能通过基因打靶实现目的基因定点修饰的局面，为基因的精确修饰带来了新选择。

ZFN 又称锌指蛋白核酸酶（zinc finger protein nuclease，ZFPN），是第一代人工内切

核酸酶，能够在基因组靶位点形成 DSB 以触发细胞自身的 DNA 修复机制，能够实现 NHEJ 介导的基因组突变、HR 介导的基因组突变、基因组片段的删除等。

ZFN 由锌指 DNA 结合域（zinc finger DNA-binding domain）与限制性内切核酸酶的 DNA 切割域（DNA cleavage domain）两部分组成。锌指是一类能够结合 DNA 的蛋白质，因为这种蛋白结构域络合了一个 Zn^{2+}，在起作用时的 α-螺旋嵌入 DNA 分子的大沟中，像手指一样指向靶位点，因此称之为锌指结构。细胞转录因子中大约有一半含有锌指结构，较为常用的锌指结构为 Cys2/His2 锌指，由大约 30 个氨基酸包裹一个锌原子构成。其 α-螺旋的第 1、第 3 和第 6 位氨基酸的侧链会与 DNA 形成氢键，因此每个锌指蛋白都能够识别一个特定的三联体碱基。当多个锌指蛋白结合在一起后，就能够识别特异性碱基的 DNA 片段。限制性内切核酸酶 *Fok* Ⅰ 是来源于海床黄杆菌的一种ⅡS 型限制性内切酶，能够识别 GGATG/CCTAC 序列并在识别位点外的 9bp 和 13bp 处进行切割，由两个结构域构成，分别是 N 端的 DNA 识别结构域和 C 端的非特异性切割结构域。经过改造，将锌指 DNA 识别结构域与 Fok Ⅰ 切割结构域融合，形成具有特异序列位点识别功能并进行切割的嵌合酶，可以对 DNA 特定区域进行切割形成 DSB（图 17-2）。有功能的 ZFN 系统包含上下游两个 ZFN 单体，其识别序列之间的间隔区以 5～6bp 为宜。

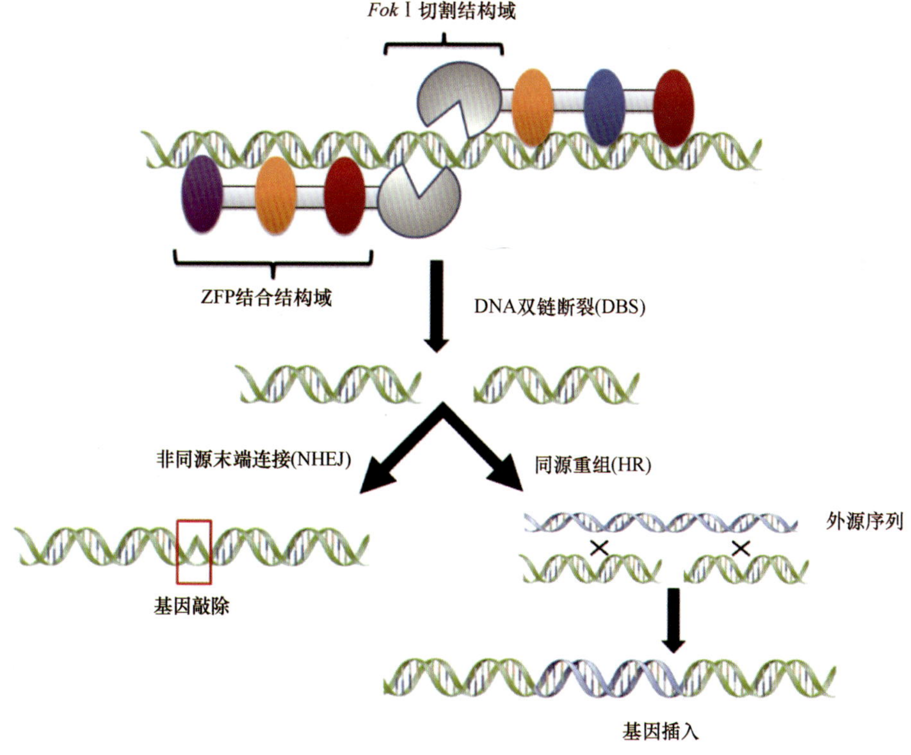

图 17-2　ZFN 作用原理

二、ZFN 技术流程

利用 ZFN 实现基因组编辑的过程包括以下步骤：①从选定的目标序列中寻找合适

的锌指蛋白（zinc finger protein，ZFP）候选靶位点（如果目的是突变基因，一般选比较靠前的外显子中的靶位点），并获取与之高效特异结合的 ZFP；②选择适当的 *Fok* I 结构域；③利用分子生物学方法，将 ZFP 结构域与 *Fok* I 结构域组装为 ZFN；④在体外或细菌、酵母等体系中，检测 ZFN 的切割活性；⑤选择基因组定点修饰方案；⑥将 ZFN 引入生物体或培养细胞，进行基因组定点修饰操作；⑦检验修饰结果和脱靶切割情况等。

（一）ZFP 靶位点的确定和构建 ZFP

通过设计和筛选能够特异识别、结合并切割目标 DNA 序列的 ZFN，理论上可以对任意物种的任意基因组位点，进行基因打靶操作。目前，有少量已知能够同特定靶序列结合的 ZFP，这一部分 ZFP 可以用于直接构建 ZFN。除此之外，大多数 DNA 靶序列尚无直接方法得知何种 ZFP 能与之有效结合，因此需要根据已知的 ZFP 与其靶位点的对应规律，选择合适的靶位点。

1. 从数据库中获得已知的 ZFP 结合位点，直接构建 ZFN

查找已知的 ZFP 信息可以登录 Sundar 等建立的 ZFP 数据库（ZifBase，http://web.iitd.ac.in/~sundar/zifbase），将已知位点之间按照一定的相对方向及间隔长度两两相互组合，形成新的 ZFN 识别靶点。

2. 直接组装方案 1——模块组装方案

Barbas 实验室创建了一个网页搜索平台（http://www.scripps.edu/mb/barbas/zfdesign/zfdesignhome.php），可供使用者设计 ZFP、ZFN 和预测 ZFP 与 DNA 结合的靶位点。该平台覆盖了 ZFP 识别靶序列 DNA 的所有 GNN、大多数 TNN、部分 CNN 和一些 ANN 密码子。基于模块组装（modular assembly，MA）法设计和构建的 ZFP 只是将单个 ZF 随机组合而形成，但是 MA 方案并未考虑 3 个锌指间的前后依赖效应，这一效应有可能对靶位点识别的有效性造成很大影响。

3. 直接组装方案 2——CoDA 方案

2011 年，人们又提出了一种新的 ZFP 构建方案即上下文依赖组装（context-dependent assembly）方案。这种方案在使用时同 MA 方案类似，也是根据靶序列直接组装对应的 ZFP（ZFA），但其靶序列对应的锌指的来源是从 OPEN 方案所获取的 ZFP 中提取相关信息，考虑了上下文依赖效应后所得。

4. Sangamo's 私有方案——双模块组装方案

双模块组装方案的特异之处是将单个锌指扩展为二联锌指单位，可以排除单体锌指的前后依赖效应，同时延长每个 ZFN 单体的识别序列到 12～18nt，降低了脱靶率。

5. 基于 ZFP 文库筛选的方案 1——OPEN 方案

在寡聚文库构建（oligomerized pool engineering，OPEN）方案中，每个锌指并不使用一种固定的氨基酸残基序列，而代之以一个经过了较低选择压初步筛选的、具有一定结合力的锌指预筛库。OPEN 方案的不足之处是严重依赖锌指预筛库（http://www.zincfingers.org/software-tools.htm），目标序列的覆盖范围还不够全面。

6. 基于 ZFP 文库筛选的方案 2——Wolfe's 方案

2008 年，Wolfe 实验室提出了另外一个筛选位点特异性 ZFP 的思路，即利用已知的锌指各特征位置氨基酸残基与其所结合靶序列各核苷酸碱基之间的对应关系，尽量缩小构建 ZFP 文库中氨基酸残基的变动范围。该方案从实用性出发，借鉴了 MA 方案和 OPEN 方案的一些思路，一方面可以部分减轻上下文依赖效应的影响；另一方面与 OPEN 方案相比其建库规模较小，操作上易于实行。

（二）*Fok* Ⅰ切割结构域的优化

通常情况下，一个 *Fok* Ⅰ单体特异识别并结合目标序列，并同另一个特异或非特异结合到远端 DNA 上的单体（可能 DNA 折叠使得两者在空间上相互靠近）相互作用，从而激活其切割活性。由于野生型 *Fok* Ⅰ以同源二聚体的形式发生作用，融合了野生型 *Fok* Ⅰ切割结构域的 ZFN 单体有可能发生自身二聚化导致非特异切割。因此，提高 ZFN 特异性和减少其毒性的主要方法是修饰一对 *Fok* Ⅰ以降低各自同源二聚化的活性，从而降低脱靶效应造成的细胞毒性。此外，对 *Fok* Ⅰ的非二聚化区域的序列进行特定突变也可增强切割效率，这样得到的一系列变体被称为 Sharkey。可将多种突变联合使用，以同时获得高切割效率和高特异性。

（三）检测 ZFN 的切割活性

利用噬菌体展示（phage display）、酵母双杂交（Y2H）、细菌双杂交（B2H）或细菌单杂交（B1H）等筛选报告体系检测 ZFN 的切割活性。

（四）基因编辑动物生产

同基因打靶技术一样，经 ZFN 载体转染的细胞经过筛选鉴定后得到正确编辑的阳性细胞株，以此作为供体细胞进行体细胞克隆生产基因编辑动物。

三、ZFN 技术发展应用及特点

ZFN 技术是首个基于精确位点的基因组编辑技术，它的功能是基于具有独特的 DNA 序列识别的锌指蛋白发展起来的。1986 年，Diakun 等首先在真核生物转录因子家族的 DNA 结合区域发现了 Cys2/His2 锌指模块，到 1996 年 Kim 等首次人工连接了锌指蛋白与内切核酸酶。2002 年，Carroll 实验室率先通过 ZFN 的方法在果蝇中定点突变了 *yellow* 基因。2005 年，Urnov 等发现一对由 4 个锌指连接而成的 ZFN 可识别 24bp 的特异性序列，由此揭开了 ZFN 在基因组编辑中的应用。

到目前为止，ZFN 已经成功应用于黑长尾猴、大鼠、小鼠、中国仓鼠、斑马鱼、果蝇、海胆、家蚕、拟南芥、烟草、玉米、猪、牛及人等多个物种的基因组编辑。不仅可以通过基因编辑细胞-体细胞克隆技术获得基因编辑物种，同样可以采用显微注射受精卵的方式进行基因编辑动物研究。

ZFN 技术的出现，彻底改变了基因打靶在基因编辑领域不可替代的地位，但也有其发展的局限性。ZFN 的识别结构域中存在上下文依赖效应，使得 ZFN 设计和筛选效率大大降低，所以目前尚无法实现对任意一段序列均可设计出满足要求的 ZFN，也无法实现在每一个基因或其他功能性染色体区段都能够顺利找到适合的 ZFN 作用位点。在已经成功运用的 ZFN 的报道中，大多数研究者并不公布其 ZFN 序列。所以，在 ZFN 的筛选和设计方面还存在较大技术困难。另外，由于 ZFN 的脱靶切割会导致细胞毒性，使得其在基因治疗领域的应用出现了一定的局限性。ZFN 对细胞基因组 DNA 的剪切需要两个 *Fok* Ⅰ 切割区域的二聚化，并且需要至少一个识别单元结合 DNA。DNA 识别域虽然具有较强的特异性识别能力，但由于 ZFN 剪切的过程并不完全依赖同源二聚体的形成，所以一旦形成异源二聚体，就很可能造成脱靶效应，并最终可能导致 DNA 的错配和序列改变，产生较强的细胞毒性。当这些不良影响积累过多，超过细胞修复机制承受的范围时，便会引起细胞的凋亡。另外，该手段仍然受到现有生物学领域研究手段的限制，因此在细胞内部操作的精确程度和后果都较难预料。如果 ZFN 引起相关基因突变，则可能会导致一系列意想不到的后果，在与人类健康相关的应用领域，甚至可能引发癌症。

第三节　类转录激活效应物核酸酶（TALEN）技术

一、TALEN 技术简介

TALEN 是一种人工构建的可识别特异 DNA 序列并引起 DSB 的核酸酶，由 TALE 蛋白的 DNA 结合结构域与 *Fok* Ⅰ 内切核酸酶的切割结构域连接而成。它借助于 TAL 效应子（一种由植物细菌黄单胞杆菌属分泌的天然蛋白）来识别特异性 DNA 碱基对，可被设计识别和结合所有的目的 DNA 序列。TALE 结构特征包括 N 端分泌信号、中央的 DNA 结合域、核定位信号和 C 端的激活域。不同 TALE 蛋白中的 DNA 结合域有一个共同的特点，即由数目不同（12～30）、高度保守的重复单元组成，每个重复单元含有 33～35 个氨基酸。这些重复单元的氨基酸组成相当保守，除了第 12 和 13 位氨基酸可变外，其他氨基酸都是相同的。这两个可变氨基酸被称为重复序列可变的双氨基酸残基（repeat-variable diresidue，RVD）。

TALE 识别 DNA 的机制，在于不同的 RVD 能够相对特异地分别识别 A、T、C、G 4 种碱基中的一种。通过对天然 TALE 的研究发现，有 20 多种不同的 RVD，其中 His/Asp（HD）、Asn/Gly（NG）、Asn/Ile（NI）和 Asn/Asn（NN）等 4 种 RVD 占总量的 3/4。根据生物信息学和生物学验证，NI 识别碱基 A、HD 识别碱基 C、NG 识别碱基 T、NN 识别碱基 G/A。RVD 的第 1 位氨基酸与蛋白质骨架结合，起到稳定 RVD 的作用；第 2 位氨基酸则直接与 DNA 的碱基特异识别。此外，天然 TALE 靶 DNA 序列 5′端保守的跟随着一个 T 碱基，所以靶序列总是以 T 碱基开始。通过这些结构特点，可以根据实验目的对 DNA 结合域的重复序列进行设计，得到特异识别任意序列靶位点的 TALE。

两个 TALEN 单体以尾尾相对的方式通过 TALE 特异性结合到靶 DNA 上，非特异性的 *Fok* I 内切核酸酶以二聚体形式对识别位点间的几个核苷酸进行切割断裂。双链断裂通过 HR 和 NHEJ 修复（图 17-3）。

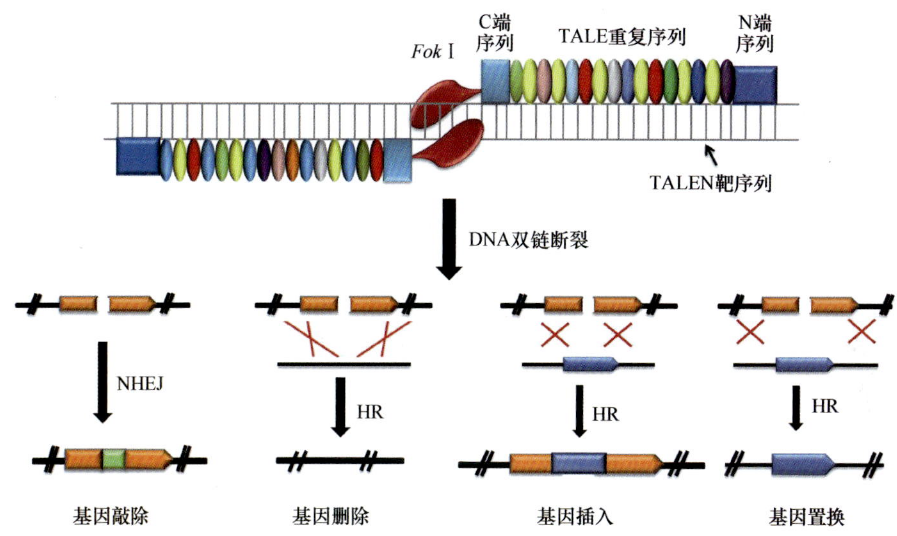

图 17-3　TALEN 技术基因编辑原理示意图

二、TALEN 技术流程

利用 TALEN 技术实现基因组定点编辑的流程包括以下几个步骤。①从选定的目标序列中，寻找合适的 TALE 候选靶位点，选择的 DNA 序列 5′端第 0 个碱基最好为 T。为了能快速获得合适的 TALE 候选靶位点，已经建立了多个在线设计分析软件，如 https://boglab.plp.iastate.edu 和 http://zifit.partners.org/ZiFiT 等。②获取针对靶序列的特异 TALE 序列，这一步是 TALEN 技术最为重要和复杂的一步。③选择合适的 *Fok* I 结构域，利用分子生物学的方法把 TALE 和 *Fok* I 组装在一起构建完整的 TALEN 载体，一个完整的 TALEN 载体除包含 TALE 和 *Fok* I 编码序列外，还包含合适的启动子及筛选标记基因。④对构建的 TALEN 载体进行活性验证，包括测序法和错配酶切除法。⑤将有活性的 TALEN 引入细胞进行基因组定点编辑操作，筛选阳性克隆。⑥克隆技术构建基因编辑胚胎，胚胎移植获得阳性个体并进行后期鉴定分析。

（一）TALEN 靶点的预测与选择

靶点预测可以通过 Bogdanove 实验室提供的 TALEN 靶点预测网站（https://tale-nt.cac.cornell.edu/）进行该序列的靶点预测，也可以先通过 DNA 分析软件找到基因组目标序列的酶切位点，再在酶切位点的两侧人工寻找 TALE 结合位点。TALEN 单体识别位点第 0 位为 T，识别序列长度为 16～2nt，间隔序列以 14～20bp 为宜。确定好靶点后，在 NCBI 网站上分别用单侧靶点序列进行 Blast 比对，确认该序列在所选用的物种的基因组中是单一位点。PCR 扩增靶点序列，再次确定其唯一性。

（二）TALEN 表达载体的构建

1. 全序列人工合成法

根据需要修饰的靶基因序列，直接合成对应 TALE 重复序列的编码序列，并将该序列克隆到 *Fok* Ⅰ表达载体上。它在所有构建 TALEN 表达载体的方法中最为简单快捷。但是，需要合成的序列长达 1～2kb，且包含大量重复序列，容易造成错误。

2. Golden Gate 法

Golden Gate 法是通过 IIS 型限制性内切核酸酶介导的克隆方法。由于 IIS 型限制性内切核酸酶能够特异识别双链 DNA 上的识别位点，并在识别位点下游非特异性地对 DNA 双链进行切割，在 DNA 的 5′端产生黏性末端，而这些黏性末端可以设计成任意的碱基序列，而酶的识别位点会被切掉，不会在克隆的序列中引入酶识别位点。利用这一特点，就可以设计一系列带有 IIS 型限制性内切核酸酶识别位点的载体或 PCR 引物，使得不同 TALE 重复单元经过 IIS 酶切后，形成彼此不同却又可以按照设计的顺序依次两两互补相连的黏性末端，从而将编码不同 TALE 重复单元的 DNA 序列顺序拼接起来。

3. REAL 法

REAL（restriction enzyme and ligation）法是一种基于反复酶切-连接-转化-筛选的组装法。其特点是除了在 4 种基本 TALE 重复单元的 5′端和 3′端分别加上不同黏性末端和 IIS 型限制性内切核酸酶 *Bbs* Ⅰ和 *Bsa* Ⅰ的识别位点外，在 *Bsa* Ⅰ的识别位点下游加入了一个普通限制性内切核酸酶 *Bam*H Ⅰ的识别位点，并将这些片段克隆至适合的载体中作为组装材料。这样在组装时，可以使 *Bsa* Ⅰ和 *Bam*H Ⅰ双酶切含有前一个 TALE 单元的载体，在载体上产生一个 4bp 的特异黏性末端和一个 *Bam*H Ⅰ的黏性末端。同时，选择适合的含有后一个 TALE 单元的载体，使用 *Bbs* Ⅰ和 *Bam*H Ⅰ双酶切，得到 5′端具有 4bp 特异黏性末端，3′端具有 *Bam*H Ⅰ黏性末端的片段。该片段刚好与前一个单元所在载体的 2 个黏性末端互补，将此片段连入前一个单元所在载体后，转化细菌即可得到含双联 TALE 单元的载体，反复进行上述酶切-连接-转化过程，将后续的 TALE 单元依次连入载体中，即可构建出识别靶点序列所需的 TALE 重复序列。由于该方法过于繁琐，随后又推出了 REAL Fast 法，即利用上述方法预先组装出含有不同二联 TALE 单元、三联 TALE 单元、四联 TALE 单元的载体，组装时以含多联 TALE 单元的载体作为基本材料，以减少酶切-连接-转化的次数。

4. 单元组装法

单元组装法是另一种基于酶切－连接的 TALE 结构域组装法。其特点是利用 TALE 重复序列具有串联重复、首尾相接，每个重复单元仅第 12 位和第 13 位氨基酸不同的特点，选择 TALE 重复单元中第 11 位的丝氨酸（Ser）到下一个重复单元的中第 10 位的丙氨酸（Ala）之间的片段作为新的重复单元（又称“替代单元”）。在替代单元 5′端和 3′端，分别采用限制性内切核酸酶 *Spe* I 及其同尾酶 *Nhe* I 的识别位点替代 IIS 型限制性内切核酸酶的识别位点，并在 *Nhe* I 的酶切位点下游加入一个 *Hin*dIII酶切位点。分别将带有上述酶识别位点的 4 种基本的 TALE 替代单元克隆到适合载体上。当需要构建时，就可以利用 *Nhe* I 和 *Hin*dIII将含有第 1 个替代单元的载体切开，并用 *Spe* I 和 *Hin*dIII将第 2 个替代单元片段切出。由于 *Spe* I 和 *Nhe* I 是同尾酶，会产生相同的黏性末端。利用这个黏性末端和 *Hin*dIII产生的黏性末端就可以将第 2 个替代单元片段连入含第 1 替代单元的载体中，经连接并转化细菌后，可得到含双联 TALE 替代单元的载体。由于该载体中仍然含有 *Spe* I 、*Nhe* I 和 *Hin*dIII的识别位点，便可重复上述酶切-连接-转化过程，将后续的 TALE 替代单元依次连入载体中。

5. idTALE 一步酶切次序连接法

idTALE 一步酶切次序连接法，是从天然的 dHax3 TALE 蛋白 cDNA 中直接克隆出 TALE 重复序列来构建载体文库，该文库共有 100 个载体。在构建时，只需根据靶点选择对应的载体进行酶切，酶切后可以较容易地分离回收各片段。将所需的片段回收后与含 *Fok* I 表达的载体一起连接并转化细菌，即可完成载体构建。由于该方法在 24h 内就可完成 TALE 重复序列的构建，方法简单、效率高，所需载体不多。以此原理为基础，多家生物技术公司开发了 TALEN 构建试剂盒。

6. FLASH 法

FLASH（fast ligation based automatable solid-phase high-throughput）法是 Reyon 实验室发明的一种高通量的 TALEN 载体构建方法。该方法使用与 REAL-Fast 法相同的载体为材料，进行组装时，先用 *Bbs* I 限制性内切核酸酶将含有第 1 个 TALE 单元的载体切开并用生物素标记，再利用绑定抗生物素抗体的磁珠将其固定在 96 孔的 PCR 板上，并在 PCR 板孔中用 *Bsa* I 切出黏性末端，再加入用 *Bbs* I 切开的含有适合后续多联 TALE 单元的载体，2 个片段通过互补的 4bp 黏性末端在 DNA 连接酶作用下连接，即完成第 1 次酶切－连接循环，循环进行酶切－连接过程，依次连入所需的 TALE 单元。最后将所获 TALE 重复序列克隆到与 *Fok* I 融合表达的载体上即完成载体构建。该项技术不仅需要特殊的设备，而且需要制备大量载体片段用作组装材料，因此该方法更适于进行大规模 TALEN 表达载体构建的实验室或公司使用。

7. ICA 法

ICA（iterative capped assembly）法与 FLASH 法类似，也是一种基于固相合成的高通量 TALEN 载体构建法，是通过生物素将 DNA 片段固定在磁珠上进行合成的。所不同的是，该方法仅以高保真酶 PCR 扩增得到的含有不同黏性末端的 4 种基本 TALE 单元的 DNA 片段为材料，并用 *Bsm*B I 酶切出黏性末端。由于所需材料简单，且不需要在固相上酶切，仅通过反复进行连接反应即可完成所需 TALE 重复序列的组装，因此该方法具有更高的组装效率。

（三）TALEN 活性检测

如果是选择体外培养的细胞作为受体细胞，将构建好的 TALEN 质粒线性化后，左、右两侧半位点的一对 TALEN 序列按 1∶1 混合，转化受体细胞。培养单克隆细胞后，提取基因组 DNA，采用限制性内切酶（位于 Spacer 内的酶切位点）酶切法检测 TALEN 位点是否发生突变，同时可以估算 TALEN 的突变效率。如果有完整的、未切开的 PCR 条带，则说明靶点可能发生了突变。将未切开的条带切胶回收，连入 T 载体，测序鉴定靶点的突变情况。未切开的 PCR 条带占所有条带的荧光亮度的百分比可大致反映 TALEN 的突变效率。这一步也可以选用直接克隆测序等其他方法代替酶切检测。

如果选择受精卵作为受体，首先通过体外转录合成编码 TALEN 的 mRNA，左、右两侧半位点的一对 TALEN 序列按 1∶1 混合，再将 50～150pg 成对的 mRNA 显微注射到受精卵中，胚胎发育到囊胚阶段后提取基因组 DNA，采用限制性内切核酸酶酶切法和克隆测序等检测突变效率。

（四）阳性细胞筛选鉴定

选取有活性的 TALEN 质粒对转染细胞并经合适的筛选手段（单细胞培养和/或抗生素正向筛选/流式细胞术）得到单细胞株，对其进行 PCR，通过限制性内切酶和测序分析得到阳性细胞株。

（五）基因编辑动物生产鉴定

采用体细胞核移植技术以阳性细胞为供体细胞进行克隆动物生产及鉴定。

（六）常见问题和注意事项

1. TALEN 靶点选择

1）靶位点选择因基因而异。一般而言，靶点靠前比较好，尽量在基因编码序列（CDS）的前 2/3，但是要在 ATG 之后。这样突变等位基因可编码的多肽产物较短，更接近无效突变。

2）选择基因的活性功能域作为靶点，突变关键活性位点后，基因的功能也会随之丧失或衰减。

3）靶点也可选择在内含子和外显子的交界处，以破坏靶基因的剪接。

4）还要注意靶基因是否有多个不同的剪接变体或转录变体，注意需要突变的是某一个剪接变体或转录变体，还是所有的剪接变体或转录变体。

2. TALEN 的脱靶效应

TALEN 技术的特异性很高，脱靶效应（off-target）远远低于 ZFN 技术。可通过前述的 TALEN 靶点预测网站（http://boglabx.plp.iastate.edu/TALENT/），预测特定基因组中潜在的脱靶位点，然后通过深度测序，检测相应的脱靶效应。

三、TALEN 技术应用及特点

1989 年，科学家在植物病原菌黄单胞菌属（*Xanthomonas*）中分离出一类 TALE 蛋白，TALE 蛋白在宿主细胞中能引起植物病变。为了抵抗病毒 TALE 蛋白，植物在进化中也产生了与 TALE 蛋白类似的蛋白用于抵抗病毒 TALE 的毒害。2007 年，Kay 等发现 *Xanthomonas* 致病菌可以把合成的 TALE 蛋白-AvrBs3 注入宿主细胞内，并发现 AvrBs3 能够进入宿主细胞核，然后结合到宿主 upa20 基因的启动子上，激活宿主 upa20 基因的表达。进一步研究发现，植物病原体合成的 PthXo1、AvrXa27 等一系列 TALE 蛋白其发挥作用的方式都与 AvrBs3 类似，能够识别并结合到宿主基因相应的启动子序列上，激活基因表达（Kay et al.，2007）。2009 年，Moscou 等采用生物信息学的方法得到了 TALE 蛋白识别碱基的规律（Moscou and Bogdanove，2009）；Boch 等（2009）则用实验手段破译了这一“密码”，他们发现 TALE 蛋白中第 12 位和 13 位氨基酸组合（天冬酰胺-异亮氨酸-NI、天冬酰胺-丙氨酸-NA、组氨酸-天冬氨酸-HD、天冬酰胺-甘氨酸-NG）可分别高效特异地识别碱基 A、G、C、T，并提出将来可以像 ZFN 一样把它改造成为基因定点修饰的工具。2011 年，Mahfouz 等对天然 TALE 蛋白进行改造，把 C 端的转录激活子替换为 *Fok* Ⅰ内切核酸酶，首次实现了 TALE 蛋白的人工改造，并显示具有良好的预期效果（Mahfouz and Li，2011）。2012 年，我国科学家施一公实验室通过解析 TALE 蛋白的晶体结构，清晰地揭示了 TALE 蛋白特异识别 DNA 的机理。2013 年，Kim 实验室建立了一个全基因组规模的 TALEN 体系，他们系统地选取了人类基因组中高度特异性的序列作为靶点以避开脱靶效应；通过高通量克隆体系，一次性构建了近 2 万个编码蛋白基因的 TALEN 质粒（Kim et al.，2013）。在这项研究中，他们以一种巧妙的方式优化了 TALEN 质粒的结构，以检测插入靶点后质粒对应位置上 eGFP 的表达的方式检测 TALEN 靶点插入成功率。通过研究不同间隔序列下特定靶点插入效率，从而得出最佳 TALEN 体系结构。研究人员以天然的 TALE 蛋白为骨架，构建了针对人、大鼠、小鼠、斑马鱼等不同生物基因的 dTALE（design TALE），并结合 *Fok* Ⅰ内切核酸酶、转录因子及表观遗传修饰酶结合在一起实现对不同物种基因组的定点修饰或调控。

TALE 蛋白不仅可以和 *Fok* Ⅰ连接构成 TALE 核酸酶对特定基因进行切割，还可以和转录因子（TF）、表观遗传修饰酶（epigenetic modification enzyme，EME）等结合组成 TALE-调节蛋白系统，实现基因转录调控。有研究者利用 Golden Gate 组装法，构建针对人内源基因 Sox2、Klf4、c-Myc 和 Oct4 的 TALE-TF，把它们转染进 293T 细胞后，通过 qRT-PCR 检测后，发现 *Sox2* 和 *Klf4* 基因比对照组表达分别上调了 5.5 倍和 2.2 倍。这一结果表明，TALE-TF 可以用于基因表达调控。但是 c-Myc 和 Oct4 基因的表达并没有发生明显的改变，猜测可能与基因所在区域的染色体开放状态有关系。

相比 ZFN 技术，TALEN 使用了 TALE 分子代替 ZF 作为人工核酸酶的识别结构域，极好地解决了 ZFN 对于 DNA 序列识别特异性低的问题。TALE 蛋白与 DNA 碱基是一一对应的，并且对碱基的识别只由 2 个氨基酸残基决定，这相对于 ZFN 的设计要简单得多。但是，在构建过程中，TALE 分子的模块组装和筛选过程比较繁杂，需要大量的测序工作，对于普通实验室的可操作性较低，一般需要求助于外包公司。TALEN 的蛋白质相对分子质量要比 ZFN 大得多，过大的蛋白质分子往往会增加分子操作的难度，去除 TALEN 分子的不必要结构或者缩短识别序列的长度能一定程度地减轻影响，但是却有可能造成识别特异性降低而导致脱靶切割，引起细胞毒性。

第四节 CRISPR/Cas9 技术

一、CRISPR/Cas9 技术简介

CRISPR/Cas9 基因编辑技术是一种全新的用于基因修饰的人工核酸内切酶技术，主要依据细菌的获得性免疫系统改造而来，是一种更简单、更安全的生物（包括人类）细胞基因组编辑新方法。不同于依赖于 DNA 序列特异性结合蛋白模块的合成，CRISPR/Cas9 系统基于 RNA 导向的 DNA 识别机制，通过一段序列特异性向导 RNA 分子（sequence-specific guide RNA）引导核酸内切酶到靶点处，从而完成基因组的编辑。

早在 1987 年，科学家们就发现在细菌中存在一种短的回文序列，这种序列重复的成簇存在。近 20 年之后，科学家们确认该重复序列与细菌的免疫功能有关，初步明确了其发挥作用的机制。紧接着，有研究小组发现 CRISPR 与原核生物的适应性免疫功能有关，这意味着 CRISPR 系统可以根据不同的外源性病毒序列来进行调整。根据 Cas 蛋白的序列保守性、组成情况和在免疫防御过程中对外来遗传信息处理方式的不同，将 CRISPR/Cas 系统分为 3 类，每类又会根据 Cas 蛋白基因的不同分为不同的亚类。研究表明，在靶向外源基因沉默的过程中，除Ⅱ型 CRISPR/Cas 外，其余类型的 CRISPR/Cas 系统发挥作用均需要多种因子的参与。由此推测，Ⅱ型 CRISPR/Cas 系统最适合进行人工改造以应用于基因编辑领域。Ⅱ型 CRISPR/Cas 系统中 Cas 蛋白为 Cas9，该蛋白可以在 gRNA 的引导下独立切割 DNA 双链形成 DSB。

CRISPR 基因座首先在前导序列的启动下转录成前体 CRISPR RNA（pre-crRNA），然后在 Cas 蛋白或是核酸内切酶的作用下，被剪切成一些小的 RNA 单元，这些小 RNA 即为成熟 crRNA，由一个间隔序列和部分重复序列组成。TypeⅡ型 CRISPR/Cas 系统 crRNA 的成熟，除了需要 Cas9 和 RNaseⅢ参与以外，还需要 tracrRNA 参与。成熟 crRNA 与特异 Cas 蛋白形成核糖核蛋白复合物，再结合到外源 DNA 的靶序列上；crRNA 的间隔序列与靶序列互补配对，外源 DNA 在配对的特定位置被 Cas 核糖核蛋白复合物切割。

双链断裂后的修复途径与 ZFN 和 TALEN 相同（图 17-4）：①同源重组修复，在一个具有同源臂的 DNA 模板存在下，细胞能够将含有同源臂的外源基因整合到靶位点的 DNA 序列上；②NHEJ 直接修复断裂的 DNA 双链，该修复机制往往导致 DNA 断裂处碱基的突变，产生插入或缺失（indel）突变。

二、CRISPR/Cas9 技术流程

相比于 ZFN 和 TALEN 技术，CRISPR/Cas9 载体的设计合成要简单得多。由于其为

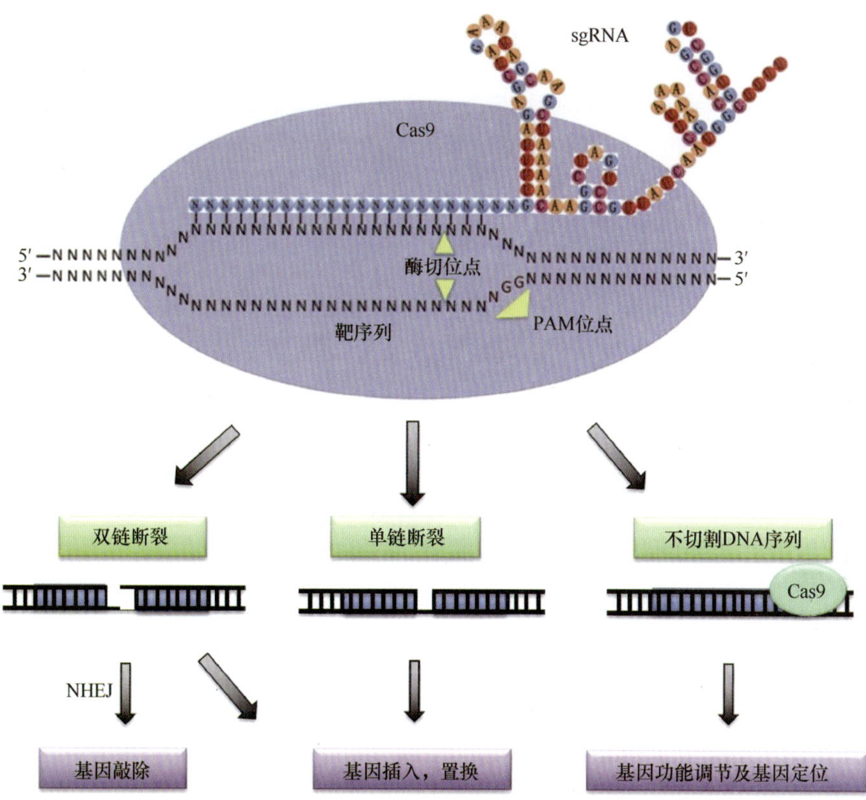

图 17-4　CRISPR/Cas9 系统的基因编辑原理示意图

RNA 介导的识别机制，设计过程中只需构建合适的 gRNA 即可完成，无须复杂的 DNA 识别域构建组装。

（一）gRNA 的设计及有效性确定

gRNA 的长度约为 80 个核苷酸，包含两个区域：gRNA 5′端前 20 个核苷酸对应于靶标 DNA，能结合在靶标 DNA 上，剩余的约 60 个核苷酸（gRNA 长度取决于表达 gRNA 的质粒）形成一个发夹结构，这个结构能帮助 gRNA 与 Cas9 结合，并由此指导与 DNA 的结合。要在靶标 DNA 区域中挑选合适的 20 个碱基对，可在相关的网站进行数据搜索和计算，如德国癌症研究中心的 http://www.e-crisp.org/E-CRISP/designcrispr、麻省理工学院的 http://crispr.mit.edu，还有 http://zifit.partners.org/ZiFiT/ChoiceMenu。另外，也可以筛选整个基因组，找到与靶标位点相似的其他位点。gRNA 位点选择好以后，在此位点的上下游设计合适的 PCR 引物，用于后期的鉴定实验。一般上游引物距离 gRNA 位点 100bp，下游引物距离 gRNA 200bp 左右，最终的 PCR 产物为 300bp 左右即可。gRNA 设计好以后，按照合成引物的方式合成双链 DNA，再连接到适合的载体中。

gRNA 有效性鉴定方法同 TALEN 活性鉴定，转染细胞后提取基因组 DNA，经 PCR 后测序或错配酶确定其有效性。

（二）细胞克隆或显微注射获得基因编辑动物

CRISPR/Cas9 系统高效的基因编辑效率使其不仅可以通过基因编辑细胞-克隆的方式生产基因编辑动物，也可以通过显微注射的方式直接对受精卵进行基因编辑生产基因编辑动物。

1. 转染细胞

将 gRNA 质粒与 pcDNA3.1（+）-Cas9（或者 pCS2-Cas9）共转染到细胞中，48h 后检测突变率或者将细胞单克隆培养，筛选鉴定突变细胞株。或者是购买 Cas9 与 gRNA 在同一载体的质粒，插入 gRNA 片段后采用脂质体或者电穿孔的方法转入细胞中。

2. 显微注射 RNA

在显微注射之前，需要把 gRNA 质粒体外转录成 RNA。用 T7gRNA F 或者 SP6 gRNA F 和 gRNA PCR R 为引物，gRNA 质粒为模板，把 gRNA PCR 扩增出来，提纯好，用 PCR 产物做体外转录［注意使用焦碳酸二乙酯（DEPC）处理过的水溶解 PCR 产物］。可以选择使用 NEB 公司的 T7 体外转录试剂盒（E2040S，NEB）转录 gRNA。转录结束后，DNase Ⅰ（M0303，NEB），37℃反应 15min，去除可能存在的 DNA，并使用酚氯仿抽提小片段 gRNA。将获得的 gRNA 片段和 Cas9 载体按照 1∶1 或 1∶3 的比例混合，调整质粒浓度为 3～6ng/μl。通过原核注射的方法获得基因修饰的胚胎，再经胚胎移植获得基因编辑动物。

细胞筛选鉴定方法同前几个基因编辑手段，显微注射胚胎鉴定需等到动物出生后，选取合适的部位如耳尖、尾尖或血液等进行鉴定。

3. CRISPR/Cas9 基因编辑鉴定

同 ZFN 和 TALEN 技术一样，经 CRISPR/Cas9 技术编辑得到的细胞或胚胎同样通过 PCR+测序方法进行鉴定。

三、CRISPR/Cas9 技术的优化

（一）CRISPR/Cas9 技术的脱靶效应

CRISPR/Cas9 技术能够高效切割目标基因组的靶位点，极大地提高了基因编辑效率。但该系统存在一个主要缺点：一旦进入细胞中，它可以结合并切割额外的非目标位点，有可能造成意外的编辑，完全改变基因表达或是敲除掉某一基因，导致肿瘤形成或其他的问题出现。因此，脱靶效应是 CRISPR/Cas9 的一个关键技术问题。当然，也有人认为 CRISPR/Cas9 的脱靶效应并没有非常严重。Smith 等用 CRISPR/Cas9 打靶的人多能干细胞和诱导的人多能干细胞时发现脱靶效应小到几乎可以忽略（Smith et al.，2014b；Veres et al.，2014）。

CRISPR/Cas9 打靶的特异性与错配碱基在 gRNA 中的位置和数量有关，最多可以耐

受 5 个碱基的错配，远离 PAM 的错配更容易产生脱靶效应。Fu 等（2013，2014）研究认为，当 gRNA 与靶位点匹配碱基数为 15bp 时，CRISPR/Cas9 系统失去活性；匹配序列长度为 17bp 和 18bp 时，脱靶效率大大降低。降低导入细胞的 Cas9 和 gRNA 的量也可以显著的降低脱靶效应，但打靶效率也会降低（Wyvekens et al.，2015）。另外，提高 Cas9 的特异性，降低 Cas9 蛋白活性，减少其在细胞中的活性时间等也是降低脱靶概率的方法。例如，直接向细胞中注射 Cas9-sgRNA 核糖核苷酸蛋白复合物，Cas9 的蛋白活性时间持续较短，从而降低与非靶基因的结合；而将 Cas9 质粒转入细胞中，虽然会长时间的表达 Cas9 和 sgRNA，但同时也增加了基因组的脱靶概率（Lin et al.，2014；Liu et al.，2015）。

（二）CRISPR/Cas9 技术的优化

双切口策略是降低脱靶的重要手段。将 Cas9 蛋白的一个切割结构域进行突变，使其失去活性，这样 Cas9 蛋白只能切割 DNA 的一条单链，产生一个切口。利用结构域突变的 Cas9 蛋白，同时设计一对间隔一定碱基数量的 gRNA，分别切割 DNA 的两条链的不同位置，产生双切口。只有当两个靶位点都存在潜在的脱靶位点且两个潜在脱靶位点相距较近时，才会容易产生脱靶，但是这种概率很小。因此，利用成对的切口酶可以提高 CRISPR/Cas9 的特异性，可有效减低脱靶效应（Ran et al.，2013）。将 Cas9 失活改造成 dCas9，将 dCas9 与 *Fok* Ⅰ蛋白融合，通过 sgRNA 与 dCas9 识别靶序列，而 *Fok* Ⅰ行使切割功能切割 DNA，该系统显著提高了 Cas9 的特异性和切割效率（Wyvekens et al.，2015）。

CRISPR/Cas9 技术是目前研究最为热门的基因编辑技术，在动物、植物及微生物的多个物种中均有应用，多种基于此系统的变种技术不断涌现，为科学家们进行基因编辑研究提供了强有力的工具（项光海和王皓毅，2015；王皓毅等，2016）。

第五节　基因组编辑技术的比较和应用

一、不同基因编辑技术的比较

20 世纪 90 年代建立起来的基因打靶实现了基因的定点修饰，但是较低的打靶效率是阻碍这一技术发展的重要因素。

ZFN 技术是最早被广泛使用的基因组定点修饰技术，各大平台均比较完善，有很多可以直接使用的资源，然而由于其自身的三联属性，其设计比 TALEN 更为繁琐，而且高度依赖于目标序列及其上下游序列，还具有脱靶率高及细胞毒性大等诸多限制性因素。

TALEN 技术曾经是商业化最成功的基因编辑技术，虽然将单个的 TALEN 模块进行组装需要大量的分子克隆和测序操作，十分繁琐，但是很多商业公司可以提供组装好的三联密码子 TALEN 模块，甚至四联密码子 TALEN 模块，这样就大大缩短了构建 TALEN 元件的实验周期。不过也正是因为如此，绝大多数实验室都难以自行完成 TALEN 技术的完整操作，对其推广造成了障碍。

相较于 ZFN 和 TALEN 两种人工核酸酶技术，CRISPR/Cas9 系统是一个天然存在的原核生物 RNA 干扰系统。CRISPR/Cas9 的构建仅仅需要设计与靶序列互补的 RNA 即可，过程相对于 TALEN 更为简单和廉价，普通的实验室也可以自行完成构建，大大提高了基因操作的效率及简便性。CRISPR/Cas9 系统是由 RNA 介导的 DNA 切割，在 RNA 水平上进行分子操作实现精确且瞬时切割，在切割时间的调节上相较于 ZFN 和 TALEN 容易得多（表 17-1）。

表 17-1 基因打靶、TALEN、ZFN 和 CRISPR/Cas9 三种基因定点修饰技术特点的比较

	基因打靶	TALEN	ZFN	CRISPR/Cas9
靶点 DNA 序列的识别区域	靶序列 DNA 同源臂	重复可变双残基（RVD）的重复	锌指（ZF）结构域	CRISPR RNA（crRNA）或向导 RNA（gRNA）
DNA 的剪切	重组酶 RECa，RECbcd	*Fok* I 核酸酶结构域	*Fok* I 核酸酶结构域	Cas9 蛋白
典型核酸酶的构建当时		8～31bp 重复可变双残基的拼接	通过搜索各类 ZF 组合数据库，拼接 3～4 个 ZF 结构	gRNA 的寡核苷酸合成和分子克隆（或 RNA 合成）
所识别的靶位点大小	300bp 以上	（8～31bp）×2	（9bp 或 12 bp）× 2	20bp+“NGG”×1
最小模块识别碱基数量	30～40bp	1bp	3bp	1bp
优点	特异性好，靶向精确	设计较 ZFN 简单、特异性高	平台成熟、效率高于被动同源重组	靶向精确、脱靶率低、细胞毒性低、廉价简便
缺点	打靶效率低	细胞毒性、模块组装过程繁琐、需要大量测序工作、一般大型公司才有能力开展、成本高	设计依赖上下游序列、脱靶率高、具有细胞毒性	靶区前无 PAM 则不能切割、特异性不高、NHEJ 依然会产生随机毒性

但是，CRISPR/Cas9 系统在真核基因组编辑中也存在着一些不足。首先，Cas9 蛋白对于目标序列的切割不仅仅依靠 crRNA 序列的匹配，在目标序列附近必须存在一些小的前间区序列邻近基序（PAM），如果目标序列周围不存在 PAM（目前证明 PAM 序列为 NGG）或者无法严格配对，则 Cas9 蛋白不能行使核酸酶的功能，这也造成了利用 CRISPR/Cas9 不能对任意序列进行切割。其次，目前 CRISPR/Cas9 系统所用的靶向序列仅需十余个碱基对精确配对，这可能降低 CRISPR/Cas9 系统切割的特异性。所有基因组定点编辑技术都存在一个不可避免的问题，即对基因组非特异性位点随机切割造成脱靶效应。CRISPR/Cas 系统的特异性是由 PAM 前 20bp 的 RNA-DNA 相互作用决定的，理论上 CRISPR/Cas 系统脱靶的概率会较高。

二、基因组编辑技术的应用进展

（一）在人类遗传疾病治疗中的应用

基因治疗是基于对细胞内基因修饰的策略来治疗各种疾病。单基因疾病是由于碱基突变引起，可通过恢复基因的表达水平实现疾病的治疗。而多基因疾病的治疗则困难得多。传统的基因治疗手段通过正常基因的导入弥补缺陷基因，但是基因导入的效率又是一个难题。随着病毒载体的发展和应用，研究人员试图通过病毒载体介导基因导入用以对疾病的基因治疗。其中反转录病毒介导的基因治疗首先进入临床。之后，慢病毒、腺病毒、腺相关病毒等也在基因治疗临床中予以实验。例如，反转录病毒介导患有腺苷脱氨酶严重联合免疫缺陷症和 X-连锁重度联合免疫缺陷症的 CD34$^+$骨髓细胞的修饰、慢病毒介导患有地中海贫血症的CD34$^+$骨髓细胞的纠正。

虽然，诸如反转录病毒一类的治疗载体可以将所需目的基因整合到基因组中，持久表达用以代替缺陷基因，但是反转录病毒的整合具有随机性，倘若引起原癌基因的激活引发癌症，那么它的安全性将受到质疑。寻找特异、高效修复的打靶工具在基因治疗领域中备受关注。基因编辑技术的出现和应用为人类疾病的治疗提供有力的手段。近年来，ZFN、TALEN 和 CRISPR/Cas9 技术通过体外纠正致病基因并回输体内用于疾病治疗研究，在杜氏肌营养不良、α1-抗胰蛋白酶缺陷症、帕金森病、X 连锁重度联合免疫缺陷症、镰状细胞贫血、血友病、β-地中海贫血症、遗传酪氨酸血症、白内障遗传疾病等遗传性疾病，获得性免疫缺陷综合征、乙型肝炎等传染性疾病和癌症方面取得许多可喜的成绩，极大地推动了基因治疗领域的发展（季海艳和朱焕章，2015；梁丹等，2015）。

已将基因编辑技术成功应用于临床治疗的案例有：利用锌指核酸酶技术敲除获得性免疫缺陷综合征患者血液 T 细胞或者 CD4 造血干细胞中的人类免疫缺陷病毒受体 CCR5，用于获得性免疫缺陷综合征治疗；通过基因组编辑技术体外修复囊肿性纤维化患者小肠成体干细胞中的致病突变也被证明可行。在小鼠模型中，利用 CRISPR 系统直接靶向肝脏 *Pcsk9* 基因，注射后血浆中 PCSK9 蛋白减少了 90%，胆固醇含量降低了 35%～40%（刘改改等，2015）；来自宾夕法尼亚大学的研究人员开发出了一种双基因疗法，能够将 CRISPR/Cas9 介导的基因靶向系统的关键组分运输到小鼠机体中治疗 B 型血友病（hemophilia B），这是一种血液第九因子缺乏症，该疾病通常由凝血蛋白缺失或缺陷引发；德国的研究人员通过 CRISPR/Cas9 介导的基因靶向系统对癌症中的特定突变进行切除与编辑，为新型癌症治疗技术的开发提供了新的途径。

中国科学院生物化学与细胞生物学研究所李劲松实验室将Cas9的信使RNA和靶向白内障显性突变基因 *Crygc* 的 sgRNA 同时注射到小鼠受精卵中，进行同源重组修复，矫正了小鼠的白内障（Wu et al.，2013）。采用类似的策略，Long 等（2014）将 Cas9 信使 RNA、肌萎缩蛋白基因 sgRNA 和单链寡核苷酸片段同时注射入小鼠受精卵中，获得了对肌萎缩 X 染色体连锁遗传性疾病部分矫正的嵌合体小鼠。Yin 等（2014）利用 CRISPR/Cas9 技术成功对出生后 I 型酪氨酸血症小鼠进行矫正。在体内条件下，Ding 等（2014）用 CRISPR/Cas9 腺病毒载体在小鼠肝脏细胞中敲除 *Pcsk9* 基因，通过 NHEJ 方法造成肝细胞 *Pcsk9* 的突变，效率高达 50%，这足够用于临床治疗。Lin 等（2014）从小鼠的尾静脉注射乙型肝炎病毒（HBV）表达载体模拟乙肝病毒感染，同时注射 CRISPR/Cas9 系统靶向 HBV 表达载体，发现 HBV 表达载体会被清除。证明 Cas9 介导的基因组编辑同样可以用于乙肝治疗。表 17-2 是部分在人类疾病模型中利用基因编辑技术的研究情况。

表 17-2 人类疾病模型中利用基因编辑技术的研究情况

核酸酶	细胞类型	疾病	目的基因	矫正方式	研究者，年份
ZFN	CD4⁺T	获得性免疫缺陷综合征	*CCR5*	破坏 CCR5 阴性细胞	Perez 等，2008
ZFN	CD34⁺HSC	获得性免疫缺陷综合征	*CCR5*	破坏 CCR5 阴性细胞	Holt 等，2010
ZFN	CD4⁺T	获得性免疫缺陷综合征	*Ccr5*	破坏 CCR5 阴性细胞	Tebas 等，2014
ZFN	人肝癌 Huh7 细胞	乙型肝炎	*HBV*	破坏 *HBV* 基因	Cradick 等，2010
ZFN	CD4⁺T	X 连锁的 SCID	*IL2Rγ*	外显子 5 有 1bp 的移码突变	Urnov 等，2005
ZFN	永生化的 B 淋巴细胞	X 连锁的 SCID	*IL2Rγ*	*IL2Rγ* 的 cDNA（外显子 5～8）敲入	Lombardo 等，2007
ZFN	小鼠肝脏	乙型肝炎	*F9*	*hF9* cDNA（外显子 2～8）敲入	Li 等，2011
ZFN	iPS 细胞	唐氏综合征	21 三体	*Xist* 敲入使多出的 21 号染色体失活	Jiang 等，2013
ZFN	iPS 细胞	帕金森病	*a-synuclein*	点突变 *Thr53Ala*	Soldner 等，2011
ZFN	iPS 细胞	镰状细胞贫血	*b-globin*	点突变 *Val6Glu*	Zou 等，2011
ZFN	iPS 细胞	镰状细胞贫血	*b-globin*	点突变 Val6Glu	Sebastiano 等，2011
ZFN	iPS 细胞	代谢性肝病	*A1AT*	点突变 *Lys342Glu*	Yusa 等，2011
ZFN	人支气管上皮细胞	囊胞性纤维症	*CFTR*	点突变 *ΔF508*	Lee 等，2012
ZFN	hiPS 细胞，hES 细胞	血红蛋白尿症	*PIG-A*	外显子 6 突变	Zou 等，2009
ZFN	COS-7，143B (TK−) 细胞 143B (TK−) NARP 细胞	雷氏综合征	*NARP*	点突变 *T8993G*	Minczuk 等，2006
ZFN	成肌细胞	杜氏肌营养不良症	外显子 51、51～53 或 51～60 删失	外显子 50 处（1+3*n*）移码突变	Rousseau 等，2011
ZFN	成肌细胞	杜氏肌营养不良症	外显子 51	外显子 51 删除	Ousterout 等，2014
TALEN	永生化的成肌细胞	杜氏肌营养不良症	外显子 48～50 删失	外显子 50 处（2+3*n*）移码突变	Ousterout 等，2013
TALEN	Jurkat	X 连锁的 SCID	*IL2Rγ*	转录起始位点碱基删除	Matsubara 等，2014
TALEN	骨肉瘤细胞 143B 细胞	线粒体病	*mtDNA*	M14459 点突变	Bacman 等，2013
TALEN	293T，Jurkat	获得性免疫缺陷综合征	*PSIP1*	全基因删除 整合酶编码外显子删除	Fadel 等，2014
TALEN CRISPR	iPS 细胞	获得性免疫缺陷综合征	*CCR5*	*CCR5Δ32* 突变型删除	Ye 等，2014
TALEN	iPS 细胞	代谢性肝病	*A1AT*	点突变 *Lys342Glu*	Choi 等，2013
TALEN	iPS 细胞	大疱性表皮 松解	*COL7A1*	点突变 *Stop613Arg*	Osborn 等，2013
TALEN	iPS 细胞	镰状细胞贫血	*β-globin*	外显子 2 点突变	Ma 等，2013
TALEN	iPS 细胞	血友病	*F8*	内含子 1 点突变	Park 等，2014
TALEN CRISPR	iPS 细胞	红细胞增多症 代谢性肝病	*JAK2* *A1AT*	*JAK2-V617F* 点突变 *Z-AAT* 点突变	Smith 等，2014a

续表

核酸酶	细胞类型	疾病	目的基因	矫正方式	研究者，年份
TALEN	融合的真皮成纤维细胞	遗传性视神经张力障碍	*MT-ND6*	点突变 *Ala72Val*	Bacman 等，2013
TALEN	HT1080，BAEC，NIH3T3，C2C12	肌肉萎缩	*Mstn*	外显子 3	Xu 等，2013
TALEN	iPS 细胞	丙型肝炎	*APOB*	破坏 APOB 阴性细胞	Ding 和 Gebel，2012
TALEN	融合的真皮成纤维细胞	卡恩斯-塞尔综合征	*mtDNA*	破坏突变了的 mtDNA	Bacman 等，2013
TALEN CRISPR	HepG2.2.15 Huh7 细胞	乙型肝炎	*HBV*	*HBV* cccDNA 点突变	Chen 等，2014
TALEN CRISPR	HeLa	人乳头瘤病毒感染和宫颈癌	*E6*，*E7*	*E6*，*E7* 点突变	Hu 等，2014
CRISPR	iPS 细胞	镰状细胞贫血	*β-globin*	*HBB* 点突变	Song 等，2014； Xie 等，2014
CRISPR	iPS 细胞 mdx mice	杜氏肌营养不良症	*Dystrophy*	外显子 45 突变 外显子 23 突变	Li 等，2014； Long 等，2014
CRISPR	SI 和 LI 干细胞	囊胞性纤维症	*CFTR*	外显子 11 替换	Schwank 等，2013
CRISPR	iPS 细胞	巴氏综合征	*TAZ*	chr.X：153，647，923-153，647，944 点突变	Yang 等，2014
CRISPR	人骨肉瘤细胞	骨肉瘤	*CDK11*	外显子 4 突变	Feng 等，2014
CRISPR	Raji 细胞	四型疱疹病毒感染	*EBNA1*，*EBNA3C*，*latent membrane protein-1*	点突变	Wang 和 Quake，2014
CRISPR	HepAD38 HepaRG HBV2.2.15	乙型肝炎	*HBV*	点突变	Kennedy 和 Cullen，2015；Ramanan 等，2015；Seeger 和 Sohn，2014；Zhen 等，2015
CRISPR	$CD4^{+}T$	获得性免疫缺陷综合征	*HIV*	破坏 HIV 的 LTR 区域	Ebina 等，2013 Hu 等，2014；Zhu 等，2015

（二）人类胚胎编辑

研究表明，不同物种动物的发育时程、时空关系及其调控机制均有不同，人类的发育过程及其基因调控机制与其他动物存在极大差异。通过模式动物研究人类发育相关问题是不可能实现的。就遗传疾病而言，人类中 3000 多个基因的突变会导致 4000 多种遗传性疾病的发生，而许多遗传疾病在成年人中无法通过药物进行有效的干预和治疗。利用基因编辑技术在早期胚胎中进行基因矫正与修正突变位点，有可能避免遗传疾病的发生。

在临床上，β-地中海贫血症主要是由于 *Hbb* 基因的突变导致。*Hbb* 基因位于 11 号染色体的 β 球蛋白基因簇中，该基因簇中还包含了 *Hbe*、*Hbg2*、*Hbg1*、*Hbd* 4 个基因，其中 *Hbd* 的碱基序列与 *Hbb* 的序列高度相似。在广东省，最常见的 *Hbb* 突变有 CD14/15（+G）、CD17（AAG>TAG）和 CD41/42（-TTCT）位点突变。2015 年，中山大学的研究人员报道了他们利用 CRISPR/Cas9 技术编辑人类胚胎的研究结果（Liang et al.，2015）。

他们设计和筛选了能在人 293T 细胞中特异打靶和介导精准同源修复的 gRNA 和单链 DNA 修复模板。然后，将 GFP mRNA、化脓链球菌（*Streptococcus pyogenes*）Cas9（SpCas9）mRNA、gRNA 和单链 DNA 修复模板共注射到 86 个人三原核受精卵中。在注射 24h 后，发现有 71 个胚胎存活。在注射 48h 后，将 59 个 GFP 荧光阳性的 1-～8-细胞期的胚胎收集起来，分别进行全基因组扩增和 *Hbb* 打靶位点的序列分析。在成功扩增的 54 个胚胎基因组中，有 28 个胚胎的 *Hbb* 靶位点得到有效的修改，但只有 4 个胚胎（14.3%）的 *Hbb* 位点能够以单链 DNA 为模板精确地修饰 *Hbb*。另有 7 个胚胎（25%）中部分卵裂球基因组 *Hbb* 位点与 *Hbd* 位点之间发生了同源重组修饰。而大部分的胚胎（19 个，67.9%）仅仅通过非同源末端连接的方式修饰了 *Hbb* 位点。该报道表明，CRISPR/Cas9 系统能高效地对人类胚胎进行目标基因打靶，同源性内源基因序列及人工设计的单链 DNA 模板能介导同源重组修饰（Liang et al.，2015）。

上述结果发表后，引起了科学界的很大争议和社会大众的普遍关注。2015 年 12 月，由美国国家科学院、美国国家医学院、中国科学院和英国皇家学会共同举办的人类基因编辑国际峰会在华盛顿召开，国际基因研究领域的顶级科学家就人类胚胎基因编辑问题进行讨论，并达成共识。在适当的法律规范与伦理准则的规制下，可以从以下几个方面开展基础和临床前研究：①在人类细胞中进行编辑基因序列的技术研究；②临床应用所带来的潜在益处和风险的研究；③人类胚胎及生殖细胞的生物学研究。同时，对基因编辑的早期人类胚胎及生殖细胞不得用于妊娠达成共识（梁普平和黄军就，2016）。

2016 年 2 月 1 日，英国人类生育与胚胎学管理局批准 Francis Crick 研究所的分子生物学家 Kathy Niakan 领导的团队用 CRISPR/Cas9 编辑人类胚胎，用于早期胚胎发育调控研究，为深入了解健康人类胚胎受精和发育机制、提高体外受精成功率和减少流产提供理论基础。*Nature*、*Science* 等国际媒体做了重点报道，这也意味着“人类胚胎编辑”科学研究的时代即将开启。2016 年 4 月，广州医科大学的范勇课题组报道，利用 CRISPR/Cas9 和单链 DNA，在人三原核胚胎中修饰人类免疫缺陷病毒的主要受体之一 CCR5 蛋白的基因，并获得了在北欧人中才存在的 CCR5Δ32 突变型等位基因胚胎（Kang et al.，2016）。

华盛顿人类基因编辑峰会与英国批准人类胚胎基因编辑研究都说明了基因编辑技术在人类细胞及胚胎中的研究有利于促进人类生殖健康。人类胚胎发育基因调控机制研究的大门逐渐被打开，探索人类自身生命奥秘的旅程已起步。

（三）在家畜遗传改良中的应用进展

研究者利用基因编辑技术已在家畜生长与经济性状改良和提高抗病能力等方面做了若干有价值的工作。

1. 生长性状改良

家畜生长性状改良中，生长速度、个体大小及瘦肉率等是备受关注的改良热点。在传统的转基因动物中，通过过表达 *GH*、*IGF-1* 等与生长性状相关的主效基因得到了生长速度或瘦肉率有所提升的家畜。在对生长相关基因的研究中，肌肉生长抑制素

Myostatin 是一个十分特别的基因。Myostatin 是一种分泌蛋白，是骨骼肌的负调控因子，它可以抑制骨骼肌细胞的增殖与分化，决定最终肌纤维的数量。*Myostatin* 基因缺失突变的纯合体小鼠，肌肉十分发达，体重比野生型小鼠重约 30%，骨骼肌纤维的数目比野生小鼠增加 80%以上。基于此基因对肌肉发育的显著抑制效应，将 *Myostatin* 基因沉默或敲除成为一种新的育种思路（Luo et al.，2014）。中国农业科学院北京畜牧兽医研究所猪基因工程与种质创新团队已于 2011 年和 2013 年分别获得了 ZFN 和 TALEN 介导的针对 *Myostatin* 基因的基因组编辑猪群体。另外，Yu 等（2011）利用 ZFN 技术敲除了牛体细胞中的 β 乳球蛋白（β lactoglobulin，BLG）基因，通过克隆技术获得了基因敲除牛。

2. 抗病能力改良

动物疾病是大家畜饲养和育种中频繁发生的灾难性事件。利用基因组编辑敲除动物体内的某些与疾病相关的基因或高表达具有抵抗疾病功能的生物活性蛋白，可达到抗病育种的目的。例如，在疯牛病和羊瘙痒病的抗病研究中就使用了消除致病基因的策略。疯牛病是一种朊蛋白类疾病，是由于正常的阮蛋白 PrPC 被其异构体 PrPSC 转化导致的。敲除编码 PrPC 的基因 *PRNP*，从根本上抑制家畜对疯牛病和羊瘙痒病的感染。2007 年，Richt 等获得了 *PRNP* 基因双位点敲除牛，其脑部的 PrPC 蛋白表达明显下降。2011 年，Hauschild 等利用 ZFN 获得了敲除 α-1,3-半乳糖基转移酶基因的转基因猪。

近几年来，我国在家畜基因编辑育种方面取得了突破性进展，已经培育出多种基因编辑猪、牛和羊等育种新材料。西北农林科技大学张涌教授实验室利用 ZFN、TALEN 和 CRISPR/Cas9 技术获得了转溶葡萄球菌素基因牛、溶菌酶基因抗乳房炎转基因牛和抗结核转基因牛等。有关这方面材料可以参看第十九章。

参考文献

季海艳, 朱焕章. 2015. 基因编辑技术在基因治疗中的应用进展. 生命科学, 27(1): 71-82.

梁丹, 吴宇轩, 李劲松. 2015. CRISPR-Cas9 技术在干细胞中的应用. 生命科学, 27(1): 93-98.

梁普平, 黄军就. 2016. 推开人类胚胎基因研究的神秘大门. 生命科学, 28(4): 420-426.

刘改改, 李爽, 张永贤, 等. 2015. 基因组编辑技术在干细胞疾病模型和疾病治疗中的应用. 生命科学, 27(1): 83-92.

王皓毅, 李劲松, 李伟. 2016. 基于 CRISPR-Cas9 新型基因编辑技术研究. 生命科学, 28(8): 867-870.

项光海, 王皓毅. 2015. 靶向核酸酶介导基因编辑技术的发展. 生命科学, 27(1): 12-19.

Bacman SR, Williams SL, Pinto M, et al. 2013. Specific elimination of mutant mitochondrial genomes in patient-derived cells by mitoTALENs. Nat Med, 19: 1111-1113.

Boch J, Scholze H, Schornack S. 2009. Breaking the code of DNA binding specificity of TAL-type III effectors. Science, 326: 1509-1512.

Capecchi MR. 1980. High efficiency transformation by direct microinjection of DNA into cultured mammalian cells. Cell, 22: 479-488.

Capecchi MR. 1989. Altering the genome by homologous recombination. Science, 244: 1288-1292.

Chen J, Zhang W, Lin J, et al. 2014. An efficient antiviral strategy for targeting hepatitis B virus genome using transcription activator-like effector nucleases. Mol Ther, 22: 303-311.

Choi SM, Kim Y, Shim JS, et al. 2013. Efficient drug screening and gene correction for treating liver disease using patient-specific stem cells. Hepatology, 57: 2458-2468.

Cradick TJ, Keck K, Bradshaw S, et al. 2010. Zinc-finger nucleases as a novel therapeutic strategy for targeting hepatitis B virus DNAs. Mol Therapy, 18: 947-954.

Ding D, Gebel K. 2012. Built environment, physical activity, and obesity: what have we learned from reviewing the literature? Health Place, 18: 100-105.

Ding Q, Strong A, Patel KM, et al. 2014. Permanent alteration of PCSK9 with *in vivo* CRISPR-Cas9 genome editing. Circ Res, 115(5): 488-492.

Ebina H, Misawa N, Kanemura Y, et al. 2013. Harnessing the CRISPR/Cas9 system to disrupt latent HIV-1 provirus. Sci Rep, 3: 2510.

Fadel HJ, Morrison JH, Saenz DT, et al. 2014. TALEN knockout of the PSIP1 gene in human cells: analyses of HIV-1 replication and allosteric integrase inhibitor mechanism. J Virol, 88: 9704-9717.

Feng Y, Sassi S, Shen JK, et al. 2014. Targeting Cdk 11 in osteosarcoma cells using the CRISPR-cas9 system. J Orthop Res, 33: 199-207.

Fu Y, Foden JA, Khayter C, et al. 2013. High-frequency off-target mutagenesis induced by CRISPR-Cas nucleases in human cells. Nat Biotech, 31: 822-826.

Fu Y, Sander JD, Reyon D. 2014. Improving CRISPR-Cas nuclease specificity using truncated guide RNAs. Nat Biotech, 32: 279-284.

Holt N, Wang J, Kim K. 2010. Human hematopoietic stem/progenitor cells modified by zinc-finger nucleases targeted to CCR5 control HIV-1 in vivo. Nat Biotech, 28: 839-847.

Hu Z, Ding W, Zhu D, et al. 2014. TALEN-mediated targeting of HPV oncogenes ameliorates HPV-related cervical malignancy. J Clin Invest, 125: 425-436.

Jiang J, Jing Y, Cost GJ. 2013. Translating dosage compensation to trisomy 21. Nature, 500: 296-300.

Kang X, He W, Huang Y, et al. 2016. Introducing precise genetic modifications into human 3PN embryos by CRISPR/Cas-mediated genome editing. J Assist Reprod Genet, 33(5): 581-588.

Kay S, Hahn S, Marois E, et al. 2007. A bacterial effector acts as a plant transcription factor and induces a cell size regulator. Science, 318: 648-649.

Kennedy EM, Cullen BR. 2015. Bacterial CRISPR/Cas DNA endonucleases: A revolutionary technology that could dramatically impact viral research and treatment. Virology, 479-480: 213-220.

Kim YG, Cha J, Chandrasegaran S. 1996. Hybrid restriction enzymes: zinc finger fusions to Fok I cleavage domain. Proc Natl Acad Sci USA, 93: 1156-1160.

Kim YK, Wee G, Park J, et al. 2013. TALEN-based knockout library for human microRNAs. Nat Struct Mol Biol, 20: 1458-1464.

Lee CM, Flynn R, Hollywood JA, et al. 2012. Correction of the deltaF508 mutation in the cystic fibrosis transmembrane conductance regulator gene by zinc-finger nuclease homology-directed repair. BioRes Open Access, 1: 99-108.

Li H, Haurigot V, Doyon Y, et al. 2011. *In vivo* genome editing restores haemostasis in a mouse model of haemophilia. Nature, 475: 217-221.

Li HL, Fujimoto N, Sasakawa N, et al. 2014. Precise correction of the dystrophin gene in duchenne muscular dystrophy patient induced pluripotent stem cells by TALEN and CRISPR-Cas9. Stem Cell Rep, 4: 143-154.

Liang P, Xu Y, Zhang X, et al. 2015. CRISPR/Cas9-mediated gene editing in human tripronuclear zygotes. Protein Cell, 2015, 6: 363-372.

Lin S, Staahl BT, Alla RK, et al. 2014. Enhanced homology-directed human genome engineering by controlled timing of CRISPR/Cas9 delivery. eLife, 3: e04766.

Liu J, Gaj T, Yang Y, et al. 2015. Efficient delivery of nuclease proteins for genome editing in human stem cells and primary cells. Nat Protoc, 10(11): 1842-1859.

Liu X, Wang Y, Tian Y, et al. 2014. Generation of mastitis resistance in cows by targeting human lysozyme gene to β-casein locus using zinc-finger nucleases. Proc R Soc B, 281: 20133368.

Lombardo A, Genovese P, Beausejour. 2007. Gene editing in human stem cells using zinc finger nucleases and integrase-defective lentiviral vector delivery. Nature Bio, 25: 278.

Long C, McAnally JR, Shelton JM, et al. 2014. Prevention of muscular dystrophy in mice by

CRISPR/Cas9-mediated editing of germline DNA. Science, 345: 1184-1188.

Luo J, Song Z, Yu S et al. 2014. Efficient generation of myostatin (MSTN) biallelic mutations in cattle using zinc finger nucleases. PLoS One, 9(4): e95225e95225.

Ma N, Liao B, Zhang H, et al. 2013. Transcription activator-like effector nuclease (TALEN)-mediated gene correction in integration-free beta-thalassemia induced pluripotent stem cells. J Biol Chem, 288: 34671-34679.

Mahfouz MM, Li L. 2011. TALE nucleases and next generation GM crops. Gm Crops, 2: 99-103.

Matsubara Y, Chiba T, Kashimada K, et al. 2014. Transcription activator-like effector nuclease-mediated transduction of exogenous gene into IL2RG locus. Sci Rep, 4: 934-934.

Minczuk M, Papworth MA, Kolasinska P, et al. 2006. Sequence-specific modification of mitochondrial DNA using a chimeric zinc finger methylase. Proc Natl Acad Sci USA, 103: 19689-19694.

Moscou MJ, Bogdanove AJ. 2009. A simple cipher governs DNA recognition by TAL effectors. Science, 326: 1501-1502.

Osborn MJ, Starker CG, McElroy AN, et al. 2013. TALEN-based gene correction for epidermolysis bullosa. Mol Ther, 21(6): 1151-1159.

Ousterout DG, Kabadi AM., Thakore PI, et al. 2014. Correction of dystrophin expression in cells from duchenne muscular dystrophy patients through genomic excision of exon 51 by zinc finger nucleases. Mol Therapy, 23: 523-532.

Ousterout DG, Perezpinera P, Thakore PI. 2013. Reading frame correction by targeted genome editing restores dystrophin expression in cells from Duchenne muscular dystrophy patients. Mole Therapy, 21: 1718-1726.

Park CY, Kim J, Kweon J, et al. 2014. Targeted inversion and reversion of the blood coagulation factor 8 gene in human iPS cells using TALENs. Proc Natl Acad Sci USA, 111: 9253-9258.

Perez EE, Wang J, Miller JC. 2008. Establishment of HIV-1 resistance in $CD4^{+}T$ cells by genome editing using zinc-finger nucleases. Nature Biotech, 26: 808-816.

Ramanan V, Shlomai A, Cox DB, et al. 2015. CRISPR/Cas9 cleavage of viral DNA efficiently suppresses hepatitis B virus. Sci Rep, 5: 10833.

Ran FA, Hsu P, Lin CY. 2013. Double nicking by RNA-guided CRISPR Cas9 for enhanced genome editing specificity. Cell, 154: 1380-1389.

Richt JA, Kunkle RA, Alt D. 2007. Identification and characterization of two bovine spongiform encephalopathy cases diagnosed in the United States. J Veterin Diagn Invest, 19: 142-154.

Rousseau J, Chapdelaine P, Boisvert S. 2011. Endonucleases: tools to correct the dystrophin gene. J Gene Med, 13: 522-537.

Schwank G, Koo BK, Sasselli V, et al. 2013. Functional repair of CFTR by CRISPR/Cas9 in intestinal stem cell organoids of cystic fibrosis patients. Cell Stem Cell, 13: 653-658.

Sebastiano V, Maeder ML, Angstman JF. 2011. *In situ* genetic correction of the sickle cell anemia mutation in human induced pluripotent stem cells using engineered zinc finger nucleases. Stem Cells, 29: 1717-1726.

Seeger C, Sohn JA. 2014. Targeting hepatitis B virus with CRISPR/Cas9. Mol Ther Nucleic Acids, 3: e216.

Smith C, Abalde-Atristain L, He C, et al. 2014a. Efficient and allele-specific genome editing of disease loci in human iPSCs. Mol Therapy, 23: 570-577.

Smith C, Gore A, Yan W, et al. 2014b. Whole-genome sequencing analysis reveals high specificity of CRISPR/Cas9 and TALEN-based genome editing in human iPSCs. Cell Stem Cell, 15(1): 12-13.

Smithies O, Gregg RG, Boggs SS, et al. 1985. Insertion of DNA sequences into the human chromosomal beta-globin locus by homologous recombination. Nature, 317: 230-234.

Soldner F, Laganière J, Cheng AW. 2011. Generation of isogenic pluripotent stem cells differing exclusively at two early onset Parkinson point mutations. Cell, 146: 318-331.

Song B, Fan Y, He W, et al. 2014. Improved hematopoietic differentiation efficiency of gene-corrected beta-thalassemia induced pluripotent stem cells by CRISPR/Cas9 system. Stem Cells Dev, 24: 1053-1065.

Tebas P, Stein D, Tang WW, et al. 2014. Gene editing of CCR5 in autologous $CD4^+T$ cells of persons infected with HIV. N Engl J Med, 370: 901-910.

Urnov FD, Miller JC, Lee YL, et al. 2005. Highly efficient endogenous human gene correction using designed zinc-finger nucleases. Nature, 435: 646-651.

Veres A, Gosis B, Ding Q, et al. 2014. Low incidence of off-target mutations in individual CRISPR-Cas9 and TALEN targeted human stem cell clones detected by whole-genome sequencing. Cell Stem Cell, 15: 27-30.

Wang J, Quake SR, 2014. RNA-guided endonuclease provides a therapeutic strategy to cure latent herpesviridae infection. Proc Natl Acad Sci USA, 111: 13157-13162.

Wu Y, Liang D, Wang Y, et al. 2013. Correction of a genetic disease in mouse via use of CRISPR-Cas9. Cell Stem Cell, 13(6): 659-662.

Wyvekens N, Topkar VV, Khayter C. 2015. Dimeric CRISPR RNA-guided Fok Ⅰ -dCas9 nucleases directed by truncated gRNAs for highly specific genome editing. Hum Gene Ther, 26: 425-431.

Xie F, Ye L, Chang JC, et al. 2014. Seamless gene correction of beta-thalassemia mutations in patient-specific iPSCs using CRISPR/Cas9 and piggyBac. Genome Res, 24: 1526-1533.

Xu L, Zhao P, Mariano A, et al. 2013. Targeted myostatin gene editing in multiple mammalian species directed by a single pair of TALE nucleases. Mol Ther Nucleic Acids, 2: e112.

Yang L, Grishin D, Wang G, et al. 2014. Targeted and genome-wide sequencing reveal single nucleotide variations impacting specificity of Cas9 in human stem cells. Nat Commun, 5: 5507.

Ye L, Wang J, Beyer AI, et al. 2014. Seamless modification of wild-type induced pluripotent stem cells to the natural CCR5Delta32 mutation confers resistance to HIV infection. Proc Natl Acad Sci USA, 111: 9591-9596.

Yin H, Xue W, Chen SD, et al. 2014. Genome editing with Cas9 in adult mice corrects a disease mutation and phenotype. Nat Biotechnol, 32(6): 551-553.

Yu S, Luo J, Song Z, et al. 2011. Highly efficient modification of beta-lactoglobulin (BLG) gene via zinc finger nucleases in cattle. Cell Res, 21: 1638-1640.

Yusa K, Rashid ST, Strickmarchand H. 2011. Targeted gene correction of α1-antitrypsin deficiency in induced pluripotent stem cells. Nature, 478: 391-394.

Zhen S, Hua L, Liu YH, et al. 2015. Harnessing the clustered regularly interspaced short palindromic repeat (CRISPR)/CRISPR-associated Cas9 system to disrupt the hepatitis B virus. Gene Ther, 22: 404-412.

Zhu W, Lei R, Le Duff Y, et al. 2015. The CRISPR/ Cas9 system inactivates latent HIV-1 proviral DNA. Retrovirology, 12: 22.

Zou J, Maeder ML, Mali P, et al. 2009. Gene targeting of a disease-related gene in human induced pluripotent stem and embryonic stem cells. Cell Stem Cell, 5: 97-110.

Zou J, Mali P, Huang X. 2011. Site-specific gene correction of a point mutation in human iPS cells derived from an adult patient with sickle cell disease. Blood, 118: 4599-4608.

（魏著英、苏小虎、李光鹏）

第十八章　转基因小鼠制备技术

小鼠是最常见的实验动物。以小鼠为模型，人们积累了大量与人体生理、病理、药理、毒理、感染、免疫，乃至行为和认知方面的实验资料。小鼠的基因总数、基因结构及染色体特征与人之间有着高度的同源性和同线性，这种进化上的保守性，使得小鼠成为诠释人类基因结构和功能的遗传学研究和基因组学研究，以及生物学、医学与药学等领域研究中最具科学和应用价值的模式生物。

原核注射（pronuclear injection）转基因动物是指将外源基因经显微操作注射到受精卵原核中，将注射后的受精卵或胚胎移植到受体动物的输卵管或子宫得到转基因动物的技术。1980 年，Gordon 等采用显微注射的方法将纯化后的 DNA 直接注入小鼠（*Mus musculus*）胚胎中，获得了第一只转基因小鼠，并对转基因小鼠的生长发育进行了分析（Gordon and Ruddle，1981）。两年后，Palmiter 等利用原核注射技术获得了转有大鼠生长激素基因的“超级小鼠”（Palmiter et al.，1982），从而引发了转基因动物研究的热潮。原核注射法因其在外源基因导入时对 DNA 的大小几乎没有限制，可直接产生转基因动物，因而该法是目前应用最广泛、最成功的制备转基因模式动物的方法（Shen et al.，2013）。

随着动物转基因技术的不断发展，原核注射技术也在不断发展。2010 年，Ohtsuka 等报道了原核注射定向转基因系统（pronuclear injection based targeted transgenesis，PITT），使外源基因在基因组的特定位点整合，能够克服以原核注射法制备转基因小鼠中随机整合的缺陷（Ohtsuka et al.，2010）。此外利用活跃的 piggyBac 转座酶与原核注射结合生产转基因小鼠，获得转基因动物时需要更少的胚胎数量（Marh et al.，2012）。利用 ZFN、TALEN 与 CRISPR/Cas9 等技术，可以大幅度地提高基因编辑效率（Bedell et al.，2012；Gaj et al.，2013；Palpant and Dudzinski，2013）。

不同实验室原核注射制备转基因小鼠的效率差别较大，一般阳性率为 0.5%～10%（Ittner and Gotz，2007）。为了提高原核注射转基因小鼠制备效率，笔者对一些关键环节做了改进，优化了操作程序，使转基因小鼠的阳性率显著提高。本章对改进后的转基因小鼠制备技术进行了阐述，对小鼠、大鼠等常用实验动物的遗传背景及其与基因转移相关的基础资料进行了介绍，以便读者借鉴。

第一节　小鼠的生物学特性与饲养管理

小鼠属啮齿类动物，个体小，饲养管理方便，易于控制，生产繁殖快，而且较其他哺乳动物容易建立品系，并有明确的质量控制标准。目前已拥有千余种近交系（inbred strain）、远交系（hybrid strain）、封闭群（closed colony）或称为远交群（outbred stock）。小鼠的胚胎发育期较短（18～21 天），而生殖期相对较长（2～14 月）。不同品系的小鼠在生殖期内一般可以生产 10 次左右，可出生上百只仔鼠。因此，在各种研究中，小鼠是用量最大、用途最多的实验动物。

一、小鼠的行为习性

小鼠是哺乳动物中体型较小的一类。经过驯化形成的实验动物小鼠性情温顺，胆小怕惊，易于抓捕，一般不会咬人。但在哺乳期或雄鼠打架时，会出现咬人现象。特别提醒的是，经过交配后的雄鼠不能在同一笼具中饲养，否则会互相撕咬生殖器。因而，用于繁殖的雄鼠需独笼饲养，在繁殖时把待交配的雌鼠放入雄鼠笼内，交配后再将雌鼠取出。小鼠对外界环境的变化非常敏感，不耐冷热，对疾病抵抗力差，喜欢黑暗、安静环境，习惯于昼伏夜动，进食、交配等多发生在夜间。因门齿生长较快，需经常啃咬坚硬物品。

二、小鼠的生理学特点

小鼠品系繁多且各有特点，要了解不同品系小鼠的生理和基因组特点，可以在

Mouse Genome Informatics（MGI）（http://www.informatics.jax.org）等数据库中查询。

小鼠的一般生理特点：胎儿产出后母鼠撕破羊膜，咬断脐带，吃掉胎盘。新生小鼠赤裸无毛，皮肤肉红色，眼睛闭合，双耳与皮肤粘连。仔鼠一出生，即能发声，嗅觉与味觉敏感。仔鼠 3 日龄后，脐带脱落，皮肤由红色转为有色（视品系而定），开始长毛和胡须，有色品系仔鼠可以看出毛色。仔鼠 4～6 日龄时，双耳张开耸立；7～8 日龄时，四肢开始伸展，开始爬动，被毛逐渐浓密，下门齿长出；9～10 日龄有听觉，被毛长齐；12～14 日龄睁眼，长出上门齿，开始采食及饮水。到 3 周龄时，可离乳独立生活；4 周龄的雌鼠阴腔张开；5 周龄的雄鼠睾丸降落至阴囊，开始生成精子。体成熟：雌性为 65～75 日龄，雄性为 70～80 日龄；性周期为 4～5 天；哺乳期为 20～22 天。小鼠有产后发情（postpartum estrus）便于繁殖的特点，一次排卵 10～23 个（视品种而定），每胎产仔数为 8～15 只，一年产仔胎数 6～10 胎。小鼠是全年、多发情动物，繁殖率很高，最佳生育期为一年。

小鼠刚出生时，体重在 1.5g 左右。1 月龄后可达 12～15g；1.5～2 月龄时可达 20g 以上。因而，小鼠的繁殖速度快，可以在短时间内繁殖出足够多的实验动物。小鼠的饲料消耗量少，一只成年小鼠的食料量为 4～8g/天，饮水量 4～7ml/天，排粪量 1.4～2.8g/天，排尿量 1～3ml/天。小鼠在罐、盒内饲养时很温顺，但如让其到笼具外，很快就恢复野性。小鼠对外来刺激极为敏感，当哺乳期的雌鼠受到惊吓后，有吃食仔鼠的现象。小鼠对多种毒素和病原体具有易感性，反应极为灵敏。例如，百万分之一的破伤风毒素就能使小鼠死亡，这是其他实验动物所不能比拟的。对致癌物质也很敏感，并且会自发产生肿瘤。

小鼠发育成熟时，体长小于 15.5cm，雌性体重为 18～40g，雄性体重为 20～49g。雌鼠为“Y”形子宫，胸部有 3 对乳头，鼠蹊部有 2 对乳头。有胆囊，胃容量小，肠内能合成维生素 C，寿命 2～3 年。体温 38℃（37～39℃）下，呼吸频率为 163（84～230）次/min，心跳频率为 625（470～780）次/min。

小鼠有多种毛色，有白色（albino）、鼠灰色（agouti）、黑色（black）、棕色（brown）、黄色（yellow）、巧克力色（chocolate）、浅黄褐色（cinnamon）、淡色（ailution）和花斑色（piebeld）等。

三、小鼠的饲养管理

用于转基因的小鼠及用于建系扩繁的小鼠，均应饲养于无特殊病原体（specific pathogen free，SPF）的环境中。对于一些特定的小鼠品系和实验，如裸鼠和重症联合免疫缺陷（severe combined immunodeficiency，SCID）小鼠，需要将其饲养在无菌环境中。

（一）小鼠的基本饲养条件

一个小型动物饲养室的构成，应该包括经正压过滤的数间饲养室和更衣室及准备室。向动物房中移入不能高压消毒的器具和物品时，应预先经紫外消毒或者熏蒸消毒。饲养的笼具应专用，一般大小为 200cm^2 底面积，12cm 高。每笼饲养的成年鼠一般不超过 5 只。笼底垫料应为无刺激性的木屑或其他吸水材料。饲养的环境温度一般应为 20～25℃、湿度在 50%～70%、空气中的氨浓度低于 20×10^{-6}mg/L，照度在 150～300lx，照明时间为 12h（8:00 时开灯，20:00 时关灯），噪声不能高于 70dB。应选用配比合适的饲料，并补充瓜子、胡萝卜等食物。饮用水使用专门设计的水瓶，应该定期更换水瓶防止微生物生长。

（二）日常管理

进入动物房应穿隔离衣、帽、鞋和口罩并佩戴手套。饲养笼具、水瓶、垫料均应高压消毒。饲养室内应定期清扫，换气系统和照明系统应定期检查和维护。所有小鼠都应按照规定，定期更换饲养笼，且应标明品系名、出生日、性别和只数等。

（三）品系特征

在进行转基因研究时，根据实验目的和要求选择合适的小鼠品系。表 18-1 列举了实验室常用品系小鼠的毛色、排卵数和交配率。

表 18-1　常用品系小鼠的毛色、排卵数和交配率

品系	毛色	自然排卵	超排	激素处理后交配率（%）
Balb/cA	白化	11.3	23.1	70
C3H/He	野鼠色	10.1	29.4	80
C57BL/6	黑色	9.1	29.4	50
DBA/2	淡褐色	11.6	45.7	20
B6D2F1	黑色	10.7	35.6	95

在制备转基因小鼠前，应当充分考虑小鼠的遗传背景。多数情况下，使用两个近交系杂交得到小鼠 F_1 代，如（C57B L /6×CBA）F_1、（C57BL/6×DBA/2）F_1。因为杂交品系一般可以获得大量的高质量胚胎，但原代动物的遗传背景容易发生混乱。如果需要纯繁品系，可以使用 C57BL/6 或 FVB/N 合子，但对于显微注射过程比较困难、受精卵发育时间不同步，而且胚胎死亡率较高的品系，胚胎移植后产仔率低于杂交品系。另外，可以使用远交品系（CD1 或 ICR）合子，价格便宜，也容易购买。其中 ICR 或 KM（昆明白）超排效果较好，但胚胎比杂交品系更脆弱。

根据以上选择原则，在用 C57BL/6J 品系小鼠进行转基因显微注射时，所需考虑的基本情况是：①交配数 10 对；②阴栓阳性数 6～10 只；③可得到 120～300 枚受精卵；④可用于注射的受精卵为 100～240 枚；⑤注射后存活的受精卵为 90～200 枚；⑥胚胎移植需要的假孕小鼠 2～5 只。

第二节　小鼠及其他实验动物的品系

一、小鼠的近交系

品系（strain）是来源于共同祖先且有特定基因型的动物群体。近交系（inbred strain）

是指近交程度相当于 20 代以上连续全同胞或亲子交配，近交系数达 98.6%以上、群体基因达到高度纯合和稳定的动物群。按照国家标准要求，近交系的近交系数应大于 99%。在近交系培育过程中，在兄妹交配的情况下，从第 4 代以后，每代近交系数上升 19.1%。而交配 20 代时，近交系数达 98.6%。因而，从理论上说，经过 20 代以上的兄妹交配，近交系动物的绝大多数基因位点都应为纯合子，又称为纯系动物。近交系内所有个体都可追溯到起源于第 20 代或以后代数的一对共同祖先。在这样的个体与同品系内，任何一个个体交配所生的后代也是纯合子。由于近交系动物具有这样的特征，因此采用这种品系动物进行实验时，因隐性基因暴露而影响实验结果一致性的可能性很小。

（一）近交系命名

国际上已规范近交系动物的命名，其规则是根据动物的来源、历史和培育过程，以一系列字母和数字作为品系代码（strain code）来表示。近交系动物通常以一个或数个大写英文字母表示，如 A、DBA 等。也可以大写英文字母加数字命名，如 C57BL、C3H。还有些品系的代码在此规定制定前已广为人知，故沿用至今，如 129、615 等。有时还标注近交代数。通常在品系代码后加括号，先写“F”，后写代数；如 615（F25）表示 615 小鼠，近交代数为第 25 代。

（二）小鼠的近交系特征

小鼠是实验动物中培育品系最多的动物，世界上常用的近交品系小鼠约有 250 多个，均具有不同特征。突变品系小鼠约有 350 多个。

1. 毛色

以色而论，有白色、灰色、棕色、黄色、黑色等。例如，野生毛色小鼠有 C3H、CBA/N 等；黑色小鼠有 C57BL/6、C57BL/10、C58 品系等；灰色小鼠有 DBA/1、DBA/2 品系等；白色小鼠有 A、AKR、BALB/c、RF、SWR 等品系。

2. 肿瘤研究需要培育的品系

有自发瘤品系，如高癌系的 C3H、A，津白Ⅱ号等品系；低癌系的 C57BL/6N、C58、津白Ⅰ号等品系。诱发瘤品系，如乳腺癌小鼠：C3H 等品系；胸腺癌小鼠：DBA（♀）、BALB/C、C57 等品系；肺癌小鼠：A、SWR、BALB/C、C57BL 等品系；肝癌小鼠：C3H、C3He 等品系；白血病小鼠：AKR、C58、C57BL 等品系；卵巢癌小鼠：C3H 等品系。

3. 研究人类疾病需要培育的品系

有研究心血管疾病的小鼠：DBA 等品系；自身免疫性疾病小鼠：NZB/N、NZB×NZW 等品系；脑积水病小鼠：C57BL/6、B10、D2/nSnN 等品系；肾盂积水小鼠：C57L/N、STR/N 等品系；白内障小鼠：STAR/N 等品系；多尿症小鼠：STR/N、STR/lN 等品系；肾脏病小鼠：A/HeN 等品系；腭裂小鼠：A/HeN（自发）、C57BL/6N（诱发）等品系；放射病小鼠：C57BR/CdJN（有抗力）、BALB/CAnN、LACA（敏感）等品系；毒浆原虫病小鼠：BALB/CAnN 等品系；疟疾小鼠：C58/LWN、DBA/1JN（对疟原虫感染有抗力）、C57L/N（疟原虫易感）等品系。

4. 药物和代谢等研究需要培育的品系

有矿物油过敏小鼠：BALB/CAnN 等品系；免疫球蛋白缺乏小鼠：CBA/N 等品系；胰岛素敏感小鼠：C57BR/CdJN 等品系；类固醇代谢障碍小鼠：C57BL/10；维生素 K 缺乏小鼠：CBA/CaHN 等品系；镇静剂实验小鼠：SJL、NZW 等品系。

二、常用小鼠近交品系特征及用途简介

（一）BALB/c

白色基因 AA、bb、cc、DD（图 18-1）；多数个体于 6 月龄以后出现免疫球蛋白增多症；表达组织相容性基因 *H-2d*、*H-1b* 和 *H-3*；在 BALB/cJ 鼠中有高水平的 α 胎蛋白。BALB/c 小鼠乳腺肿瘤发病率低（3%），当用乳腺肿瘤病毒（MTV）诱导时发病率将增高。cd 亚系 9～15 月龄两性小鼠双侧肾上腺癌自发率为 60%～70%，当移植此腺癌细胞于同系或别系小鼠时能抑制小鼠的生长。由于该鼠具有 *Hc1* 等位基因，所以能抑制新型隐球菌，对麻疹病毒、利什曼原虫、曼氏血吸虫敏感，对立克次体引起的发热敏感，对弓形体易感。两性小鼠均有动脉硬化症，血压较高，对弓形体易感。老龄鼠易发生心脏病变，耐旋转能力强。SPF 动物雌雄寿命分别为 561 天和 509 天。易患幼鼠腹泻，两性小鼠均有动脉硬化症。几乎全部 20 月龄的雄鼠脾脏均有淀粉样变。

（二）CBA/Ca

野鼠色 AA、BB、CC 和 DD（图 18-2）。抗核抗体和红斑狼疮（lupus erythematosus，LE）细胞不随年龄增长而变化，对鼠斑疹伤寒沙门氏菌补体 C5 有抵抗力。繁殖鼠中乳腺肿瘤发病率中等，对利什曼原虫感染有抑制作用。

图 18-1　近交系 BALB/c 小鼠

图 18-2　近交系 CBA/Ca 小鼠

（三）C3H/He

此该鼠为鼠灰色但尾尖部总带有白色，白色有时多些、有时少些，但无论如何消除不掉（图 18-3）。野鼠色 AA、BB、CC 和 DD。乳腺癌发病率高，生育或未生育的母鼠的癌肿发病率为 90%左右。经常可见到肺腺瘤与性别无关。我国饲育时有 30%的自发性

乳腺瘤，并对致肝癌物质敏感。该鼠体形小，2 月龄时体重为 17～20g，但繁殖力强。

（四）C57BL/6

雌鼠 57 与雄鼠 52 交配而得 C57BL，用雌鼠 58 与雄鼠 52 交配即得 C58。1937 年分为 C57BL/6（图 18-4）及 C57BL/10 两系。黑色 aa、BB 和 CC。IgG 在 20 月龄前缓慢增加，IgG2b 为高值，IgG1 为低值。无菌饲养较普通饲养者 IgG 绝对量低。IgG 为高值，有的个体 12 月龄后可超过 800μg/ml。细胞免疫力随增龄较少降低，可能与自发肿瘤较少有关。较易诱发免疫耐受性，18 月龄以上小鼠各种肿瘤发病率低；14～30 月龄鼠中肉眼可见黏液瘤，发生率为 6%～61%。老龄鼠淋巴瘤自发率为 20%～25%，雌鼠白血病为 7%～16%，经照射后肝癌发生率高。对狂犬病病毒和 Calmette-Guerin 结核杆菌敏感，对鼠痘病毒有一定抗力。红细胞比容 49.4%，收缩压 117mmHg，强嗜酒性，肝脏中酒精脱氢酶活性极高。雌雄平均寿命为 692 天及 676 天。新生仔中雌性的 16.8%、雄性的 3%为小眼或无眼症。

图 18-3 近交系 C3H/He 小鼠

图 18-4 近交系 C57BL/6 小鼠

（五）C57BL/6N

以 57 号母鼠和 52 号公鼠交配为起源者标为 C57。C57 中毛色固定为巧克力色者称为 C57BR，固定为黑色者称为 C57BL。黑色 aa、BB、CC 和 DD。IgG 在 20 月龄前缓慢增加，IgG2b 为高值，IgG1 为低值。无菌饲养较普通饲养者 IgG 绝对量低。IgG 为高值，有的个体 12 个月龄后可超过 800μg/ml。无菌饲养的 IgM 较高。细胞免疫力随增龄较少降低，可能与自发肿瘤较少有关。较易诱发免疫耐受性。用致癌剂难以致癌，老龄鼠淋巴瘤自发率为 20%～25%，雌鼠白血病为 7%～16%，经照射后肝癌发生率高。对结核杆菌敏感，对鼠痘病毒有一定抗力。雌雄平均寿命为 692 天及 676 天。嗜酒精性高。新生仔中雌性的 16.8%、雄性的 3%为小眼或无眼症，0.6%出现后肢多趾症（图 18-5）。

（六）DBA/1

1909 年，由 C.C.Little 在品系毛分离实验中建立，为最古老的近交品系小鼠。1929～1930 年在亚系间进行杂交，建立了一些新亚系 DBA/1 和 DBA/2。淡棕色 aa、bb、CC 和 dd。对 DBA/2 的大部分移植瘤有抗性，老年雌鼠有乳腺癌发生，经产母鼠的乳腺癌发病率为 61.5%，一年以上的繁殖小鼠中大约有 3/4 发生乳腺肿瘤，在 18 月龄的处雌鼠中有同样的比例。白血病为 8.4%。由于具有 Hc1 等位基因，对新型隐球菌有抗力。雌雄动物的平均寿命分别为 684 天和 487 天。几乎全部繁殖后的雌鼠可见心脏钙质沉着（图 18-6）。

图 18-5 近交系 C57BL/6N 小鼠

图 18-6 近交系 DBA/1 小鼠

（七）DBA/2

淡棕色 aa、bb、CC 和 dd。在普通饲养条件下 3 月龄鼠血清免疫球蛋白量为 1000μg/ml 左右，仅相当 C57BL/6、C3H/He 和 BALB/c 的一半。其中 IgM 值较高，而 IgG 为低值。在 IgG 各亚类中，IgG1 高低，IgG2 最低。雌鼠白血病发病率为 34%，雄鼠为 18%，经产母鼠乳腺癌发生率为 50%～60%，雌雄鼠中均有淋巴瘤生长。对疟原虫、利什曼原虫有抗力，对猫后睾吸虫、曼氏血吸虫较敏感。对白色念珠菌有抗力，由于具有 Hc0 等位基因，对新型隐球菌有抗力。维生素 K 缺乏、氯仿和氧化乙烯引起的死亡率高。肾上腺脂质贮存少，心脏有钙盐沉着。具低嗜酒性及吗啡嗜好。听源性癫痫发作率在 35 日龄时为 100%，55 日龄时为 5%，约一半动物肝脏可出现由巨噬细胞构成的蜡样质的肉芽肿（图 18-7）。

（八）SJL/J

在 1938～1943 年，由 Jax 实验室培育形成，来源于 3 种 Swiss Webster 品系。1955 年开始近交繁殖（图 18-8）。易发生自发免疫性甲状腺炎、γ1 和 γ2 免疫球蛋白增多症。一年以上的小鼠中类何杰金氏病的多型细胞性网织细胞肉瘤发生比率：在 13 月龄的处雌鼠中为 91%，在 13 月龄的繁殖鼠中为 88%，在 12 月龄的雄鼠中为 91%。对慢性全身性 X 射线照射有强的抗力，每胎产仔量较多。

图 18-7 近交系 DBA/2 小鼠

图 18-8 近交系 SJL/J 小鼠

（九）A

1921 年 L. C. Strong 博士用冷泉港 Cold Spring Harbor 白化原种和 Bagg 白化原种杂交后近交培育而成（图 18-9）。毛色白化 aa、bb 和 cc；组织相容性基因 *H-2a*（*A*、*A*/*J*、*A*/*He*、*A*/*SnSf*、*A*/*WySN*）。*H-1*（no a or c），*H-3*（no a or b）。44%的 6 月龄母鼠红斑狼疮细胞和抗核抗体阳性，缺乏补体 C5，对抗原注射的免疫应答良好，干扰素产量低，蛋白激酶补体 C 的活性是其他品系小鼠的一半。乳腺肿瘤发病率中等，肺肿瘤发病率高，原发性肺肿瘤雄性为 6%，雌性为 32%，非生育雌性为 26%。可作为致癌作用的活体测试动物，广泛用于肿瘤学研究。血压低，收缩压仅为 81mmHg，红细胞比容 48%，粒细胞百分率低。对 X 射线高度敏感，可作为致癌作用的活体测试动物。SPF 动物雌雄寿命分别为 512 天和 588 天，嗜酒精性低。老年动物有肾病，可自发淀粉样病变，245 日龄鼠有中度听源性癫痫发生率。

（十）AKR

AKR 最早是洛克菲勒大学以随机交配维持的动物，1928～1936 年 Furth 从宾夕法尼亚州的 Noristown 一位商人处获得“淋巴瘤病”原种，继而选择培育成白血病高发品系。然后引到洛克菲勒研究所 （Rockefeller Institute），随机交配繁殖数代，通过多代近交培育而成的品系（图 18-10）。毛色白化 aa、BB、cc 和 DD；组织相容性基因 *H-2k*，*H-3*（no a or b）。缺乏补体 C5，容易诱发免疫耐受性，对白血病因子敏感，对百日咳组织胺易感因子敏感，干扰素产量高。淋巴细胞白血病 6～8 月龄自发率高达 70%～90%，AKR 和 AKR/Cum 互相排斥彼此自发的淋巴瘤。收缩压为 80mmHg，血液过氧化氢酶活性高，类固醇浓度低。在开放系统中繁殖率低，较难饲养，在无菌和 SPF 环境中繁殖良好，雌雄平均寿命分别为 312 天和 350 天，8～9 月龄易患白细胞增多症，其发生率为雌性 90%，雄性 60%。

图 18-9　近交系 A 小鼠

图 18-10　近交系 AKR 小鼠

（十一）BALB/cBy

起源参见 BALB/c（图 18-11）。毛色白化 AA、bb、cc 和 DD；组织相容性基因 *H-2d*、*H-1b* 和 *H-3c*。对III型肺炎球菌多糖和合成多糖等抗原有较好的免疫反应。乳腺肿瘤发病率低，原发性肺肿瘤发病率为 25%。对放射线敏感；血压较高。老年小鼠心脏有些病变，两性小鼠均有动脉硬化。易患幼鼠腹泻。

（十二）CBA

1920 年由 Strong 用 Bagg 白化雌鼠与 DBA 雄性鼠交配后进行近交培育（图 18-12）。1947 年引到 Andervont 处。毛色为野鼠色 AA、BB、CC 和 DD；组织相容性基因 *H-2k*、*H-1a* 和 *H-3*（no a or b）。易诱发免疫耐受性。乳腺肿瘤发病率 33%～65%，雄性鼠肝细胞瘤发病率 25%～65%，雌鼠中有 15%的淋巴细胞癌。对麻疹病毒高度敏感，抵抗狂犬病毒。对中剂量放射线有抗性，血压较高，对维生素 K 不足高度敏感。连续注射酪蛋白后较 C3H 更易引起淀粉样变症，肾脏的金属结合蛋白酶含量低。SPF 动物雌雄寿命分别为 825 天和 486 天。携带视网膜退化基因，18%的动物有下颚第三臼齿缺失。

图 18-11　近交系 BALB/cBy 小鼠

图 18-12　近交系 CBA 小鼠

（十三）CBA/N

CBA/N（又名 CBA/HN），毛色为野鼠色 AA、BB、CC 和 DD；组织相容性基因 H-2k。CBA/N 小鼠 T 细胞非依赖性 2 型抗原不能引起抗体产生应答。而对 T 细胞非依赖性 I 型抗原呈正常反应（图 18-13）。CBA/N 小鼠的免疫缺陷是由于存在于 X 染色体上的性遗传基因 xid 所引起。CBA/N 小鼠可作为人的湿疹血小板减少多次感染综合征的模型动物，Wiscott-Aldlich 综合征 T 细胞及血小板功能异常，在 CBA/N 小鼠却不存在。带有性连锁隐性 *xid* 基因，这种基因使动物脾脏中的 B 淋巴细胞数目减少，不能产生抗体去应答非胸腺依赖性抗原。B 细胞发育有先天性缺陷，缺少成熟 B 细胞，对某些 B 细胞抗原缺乏免疫应答，但这种动物对与血清蛋白结合的半抗原有良好的血小板生成细胞应答。

（十四）C57BL/10

起源参见 C57BL/6，毛色为黑色 aa、BB 和 CC；组织相容性基因 *H-2b*（图 18-14）。对鼠斑疹伤寒补体 C5 敏感。两性鼠淋巴瘤自发率为 30%。血压低，收缩压 68mmHg。眼损伤比例雌鼠为 20%、雄鼠为 3%。与 C57BL/6J 相比，咬合错位和脑积水发生少。一些动物可出现腿部骨软化。

（十五）C57L

1933 年 J. Murray 获自 C57BR 亚系 22 代的突变种。1938 年引到美国国家癌症研究所（NCI）。毛色为浅棕色（图 18-15）；组织相容性基因 *H-2k*。乳腺肿瘤发生率低。

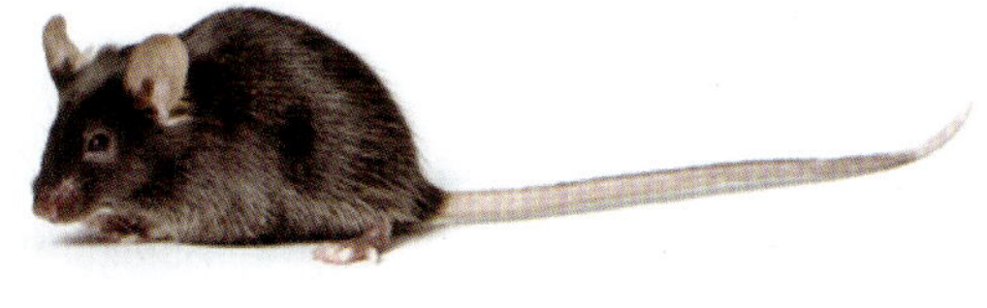

图 18-13　近交系 CBA/N 小鼠　　　　图 18-14　近交系 C57BL/10 小鼠

老年鼠中有垂体瘤发生。繁殖鼠中 B 型网织细胞瘤出现率为 54.5%。对疟原虫敏感，对利什曼原虫感染有抗力。对多房棘及球绦虫有过敏性。红细胞比容为 54.1%，收缩压 97mmHg。SPF 条件下平均寿命雌雄分别为 604 天和 473 天。老龄鼠中先天性卵巢囊肿常见。

（十六）DBA/1

1909 年由 C.C.Little 在品系毛分离实验中建立，为最古老的近交品系小鼠之一。在亚系间进行杂交，建立了新亚系，包括 12（现在称为 1，即 DBA/1）和 212（现称为 2，即 DBA/2）。毛色为淡棕色 aa、bb、CC 和 dd（图 18-16）；组织相容性基因 *H-2d*。对实验性结核感染的易感性高。对鼠斑疹伤寒补体 C5 敏感。对 DBA/2 的大部分移植瘤有抗性，老年雌鼠有乳腺癌发生，经产母鼠的乳腺癌发病率为 61.5%，一年以上的繁殖小鼠中大约有 3/4 发生乳腺肿瘤，在 18 月龄的处雌中有同样的比例。对疟原虫感染有一定抗力。对接种结核杆菌敏感。红细胞计数高，SPF 动物雌雄平均寿命分别为 684 天和 487 天。几乎全部繁殖后的雌鼠可见心脏钙质沉着。

图 18-15　近交系 C57L 小鼠　　　　图 18-16　近交系 DBA/1 小鼠

（十七）MRL/L

MRL/L 小鼠是由 C57BL/6J（H-2b）、C3H/Di（H-2K）、AKR/J（H-2K）及 LG/J（H-2b）4 个品系反复杂交育成的白化小鼠（图 18-17）。从交配的过程推断，基因组成是 LG 占 75%、AKR 占 12.6%、C3H 占 12.1%、C57BL/6 占 0.3%。毛色白化；组织相容性基因 *H-2K*。血液中补体效价随月龄增长而下降。对绵羊红细胞的一次及二次抗体应答反应随月龄增长而显著下降。在 2 月龄时可查出对卵蛋白原的一次和二次 IgG 及 IgE 的应答反应，而到 4 月龄时查不出。有全身性淋巴结显著肿胀，3 月龄时肿胀明显可见，并随日龄增长而增大。有肾炎及血管炎、多呈急性或亚急性肾炎和多发性血管炎。

三、常用小鼠封闭群

（一）CD-1®（ICR）

毛色为白化（图 18-18），该品系来源于 2 只雄性和 7 只雌性白化 Swiss 小鼠。这些 Swiss 小鼠来自瑞士 Centre Anticancereux Romand 的 de Coulon 实验室的非近交品系。1926 年 Rockefeller 研究所的 Clara Lynch 博士引入了这些小鼠。1948 年费城癌症研究所用 Rockefeller 研究所培育出的“Swiss”小鼠培育出 Hauschka Ha/ICR。并且由 Edward Mirand 博士引入 Roswell Park Memorial Institute，命名为 HaM/ICR。繁殖力好，对疾病的抵抗力强，主要用于安全评价、药理学，毒理学、感染及免疫学实验等。常用参数见表 18-2。已成为全世界最广泛使用的动物之一。

图 18-17 近交系 MRL/L 小鼠

图 18-18 封闭群 CD-1®（ICR）小鼠

表 18-2 封闭群 CD-1®（ICR）小鼠参考数据

项目	参数
毛色	白化
成熟期（雄性）	10～12 周
成熟期（雌性）	8～10 周
交配比例	1∶5/1∶10
发情周期	4～5 天
妊娠期	19～21 天
平均每窝产仔数（第一胎）	10 只
平均每窝产仔数（第二胎）	11 只
出生体重	1～2g
离乳体重（雄性）	10～12g
离乳体重（雌性）	8～10g
哺乳期	21 天
平均日饲料消耗量	5g/8 周龄
平均日饮水消耗量	6～7ml/8 周龄
种鼠淘汰周期（雄性）	8～12 月
种鼠淘汰周期（雌性）	8～12 月
饲养温度	21℃±2℃
相对湿度	30%～70%

（二）KM（昆明白）

1926 年美国 Rockfeller 研究所从瑞士引入白化小鼠培育成 Swiss 小鼠。1944 年 3 月 17 日由汤飞凡教授从印度 Hoffkine 研究所引进 Swiss 小鼠，饲养在昆明中央防疫处。由于该小鼠起初引入地是昆明，故称之为昆明小鼠。中华人民共和国成立后中央防疫处迁回北京天坛，更名为卫生部生物制品研究所。1950 年小鼠随之引到北京天坛（北京生物制品研究所现址），当时保种 9 对。1953 年 10 月移至北京东郊，1954 年扩种，相继引到其他单位，现已遍布全国各地。昆明小鼠是我国生产量、使用量最大的远交群小鼠（图 18-19）。基因库大，基因杂合率高，我国学者已从昆明小鼠远交群中先后培育出不少近交系小鼠。经 50 多年的选育，现在昆明小鼠肿瘤自发率极低。不同地区饲养的昆明小鼠封闭群的生长发育与繁殖性能存在一定差异。但其共同特点是抗病力和适应力很强，繁殖率和成活率高。它在我国生物医学动物实验中约为小鼠总用量的 70%。广泛应用于药理学、毒理学等领域研究及药品、生物制品的生产与检定。

四、常用杂交一代小鼠

（一）B6C3F1

杂交系（hybrid mouse），毛色为棕灰色（野鼠色），雌性 C57BL/6 和雄性 C3H 杂交后所生的第一代动物（图 18-20）。常用于药物的安全性和药效性实验，转基因和基因敲除模型制备，组织、器官移植实验。常用参数见表 18-3。

图 18-19 封闭群 KM 小鼠

图 18-20 杂交系 B6C3F1 小鼠

表 18-3 杂交系 B6C3F1 小鼠参考数据

项目	参数
毛色	棕灰色（野鼠色）
成熟期（雄性）	7 周
成熟期（雌性）	7 周
交配比例	1∶2
发情周期	4～5 天
妊娠期	19～21 天
平均每窝产仔数（第一胎）	7 只
平均每窝产仔数（第二胎）	8 只

续表

项目	参数
出生体重	1～2g
离乳体重（雄性）	10～14g
离乳体重（雌性）	10～14g
哺乳期	21 天
平均日饲料消耗量	5g/8 周龄
平均日饮水消耗量	6～7ml/8 周龄
种鼠淘汰周期（雄性）	6～9 月
种鼠淘汰周期（雌性）	6～9 月
饲养温度	21℃±2℃
相对湿度	30%～70%

（二）B6D2F1

杂交系，毛色为黑色，雌性 C57BL/6 和雄性 DBA/2 杂交后所生的第一代动物（图 18-21）。常用于药物的安全性和药效性实验，制备转基因和基因敲除模型，组织、器官移植实验，行为学实验研究等。常用参数见表 18-4。

图 18-21　杂交系 B6D2F1 小鼠

表 18-4　杂交系 B6D2F1 小鼠参考数据

项目	参数
毛色	黑色
成熟期（雄性）	7 周
成熟期（雌性）	7 周
交配比例	1∶2
发情周期	4～5 天
妊娠期	19～21 天
平均每窝产仔数（第一胎）	8 只
平均每窝产仔数（第二胎）	9 只
出生体重	1～2g
离乳体重（雄性）	10～14g
离乳体重（雌性）	10～14g

续表

项目	参数
哺乳期	21 天
平均日饲料消耗量	5g/8 周龄
平均日饮水消耗量	6～7ml/8 周龄
种鼠淘汰周期（雄性）	6～9 月
种鼠淘汰周期（雌性）	6～9 月
饲养温度	21℃±2℃
相对湿度	30%～70%

（三）CB6F1

杂交系，毛色为棕灰色，雌性 BALB/c 和雄性 C57BL/6 杂交后所生的第一代动物（图 18-22）。常用于移植实验，单克隆抗体制备等。常见参数见表 18-5。

图 18-22　杂交系 CB6F1 小鼠

表 18-5　杂交系 CB6F1 小鼠参考数据

项目	参数
毛色	棕灰色
成熟期（雄性）	7 周
成熟期（雌性）	7 周
交配比例	1∶2
发情周期	4～5 天
妊娠期	19～21 天
平均每窝产仔数（第一胎）	4 只
平均每窝产仔数（第二胎）	5 只
出生体重	1～2g
离乳体重（雄性）	10～13g
离乳体重（雌性）	10～13g
哺乳期	21 天
平均日饲料消耗量	5g/8 周龄
平均日饮水消耗量	6～7ml/8 周龄
种鼠淘汰周期（雄性）	6～9 月
种鼠淘汰周期（雌性）	6～9 月
饲养温度	21℃±2℃
相对湿度	30%～70%

五、大鼠近交品系特征及用途

（一）BN（Brown Norway）

近交系（inbred rat），毛色为棕褐色（图 18-23）。1930 年 Wistar 研究所的 King 在野外捕获的野生大鼠，并由 King 和 Aptekman 维持繁育，其中一个大鼠品系发生褐色突变，1958 年 Silvers 和 Billingham 利用它们进行兄妹交配并进行组织相容性选择。对实验性过敏性脑脊髓炎及自身免疫性复合型肾小球肾炎有抗性。雌雄大鼠上皮瘤的发生率分别为 28%和 2%。雌鼠输尿管肿瘤 20%，雄鼠 6%。雄鼠膀胱癌自发率 35%，胰腺腺瘤 15%，脑垂体腺瘤 14%，淋巴网状组织肉瘤 14%，肾上腺皮质腺瘤 12%，髓质性甲状腺癌 9%，肾上腺嗜铬细胞瘤 8%。雌鼠脑垂体腺瘤 26%，输尿管癌 22%，肾上腺皮质腺瘤 19%，子宫颈肉瘤 15%，乳腺纤维腺瘤 11%，胰腺瘤 11%。平均 31 月龄大鼠心内膜疾病的发生率为 7%，先天性高血压为 30%，对戊巴比妥钠中度敏感，其 LD50 为 90mg/kg。该品系繁殖力低，雄鼠平均寿命 29 个月，雌鼠为 31 个月。常见参数见表 18-6。

图 18-23　近交系 Brown Norway 大鼠

表 18-6　近交系 Brown Norway 大鼠参考数据

项目	参数
毛色	棕褐色
成熟期（雄性）	10 周
成熟期（雌性）	8 周
交配比例	1∶1
发情周期	4～5 天
妊娠期	21～23 天
平均每窝产仔数（第一胎）	5 只
平均每窝产仔数（第二胎）	7 只
出生体重	6～8g
离乳体重（雄性）	40～50g
离乳体重（雌性）	35～45g
哺乳期	21 天

续表

项目	参数
平均日饲料消耗量	5g（每 100g 体重）
平均日饮水消耗量	8～11ml（每 100g 体重）
种鼠淘汰周期（雄性）	8～12 月
种鼠淘汰周期（雌性）	8～12 月
饲养温度	21℃±2℃
相对湿度	30%～70%

（二）F344（CDF）

F344 又名 Fischer Rat、CDF 大鼠，近交系，毛色白化（图 18-24）。1920 年哥伦比亚大学研究所 M.R. Curtis 购自当地 Fischer 种鼠用于癌症研究。在 344 号鼠的后代中得到该品系并于同年将其培育成近交系动物。旋转运动性差，血清胰岛素含量低，脑垂体较大，癌症发生的研究中应用较多。常见参数见表 18-7。

图 18-24　近交系 F344 大鼠

表 18-7　近交系 F344 大鼠参考数据

项目	参数
毛色	白化
成熟期（雄性）	10 周
成熟期（雌性）	8 周
交配比例	1∶5
发情周期	4～5 天
妊娠期	19～21 天
平均每窝产仔数（第一胎）	6 只
平均每窝产仔数（第二胎）	6 只
出生体重	6～8g
离乳体重（雄性）	25～35g

续表

项目	参数
离乳体重（雌性）	25～35g
哺乳期	21 天
平均日饲料消耗量	5g（每 100g 体重）
平均日饮水消耗量	8～11ml（每 100g 体重）
种鼠淘汰周期（雄性）	8～12 月
种鼠淘汰周期（雌性）	8～12 月
饲养温度	21℃±2℃
相对湿度	30%～70%
光照周期	12h/12h

（三）Lewis

近交系，毛色白化（图 18-25）。该品系是 20 世纪 50 年代初由 Lewis 博士从 Wistar 品系繁育而成。可诱发过敏性脑脊髓膜炎和自身免疫复合体肾小球肾炎，血清中甲状腺素、胰岛素和生长激素含量高，对诱发自身免疫心肌炎高度敏感，高脂食物容易引起肥胖症，可用于药物诱发关节炎。常见参数见表 18-8。

图 18-25　近交系 Lewis 大鼠

表 18-8　近交系 Lewis 大鼠参考数据

项目	参数
毛色	白化
成熟期（雄性）	10 周
成熟期（雌性）	8 周
交配比例	1∶5
发情周期	4～5 天
妊娠期	21～23 天
平均每窝产仔数（第一胎）	8 只
平均每窝产仔数（第二胎）	9 只
出生体重	6～8g
离乳体重（雄性）	40～60g
离乳体重（雌性）	35～60g
哺乳期	21 天
平均日饲料消耗量	5g（每 100g 体重）

续表

项目	参数
平均日饮水消耗量	8～11ml（每 100g 体重）
种鼠淘汰周期（雄性）	8～12 月
种鼠淘汰周期（雌性）	8～12 月
饲养温度℃	21℃±2℃
相对湿度	30%～70%
光照周期	12h/12h

（四）ACI

1926 年由哥伦比亚大学肿瘤研究所 Curtis 和 Dunning 培育。1945 年 Heston 繁殖到 30 代，1950 年美国 NIH 繁殖到 41 代，最后由 Dunning 育成。近交代数 F>100。黑色，腹部及脚白色（a，h）。雄鼠自发性肿瘤：睾丸为 46%，肾上腺为 16%，脑垂体为 5%，皮肤和耳道及其他类型为 6%。雌鼠自发性肿瘤：脑垂体为 21%，子宫为 13%，乳腺为 11%，肾上腺和其他类型为 6%。34～37 月龄老年雄性大鼠，自发性前列腺癌 17%。该品系大鼠可使 M-961、970、R3234、R3559 肿瘤移植生长。血清甲状腺素含量低。戊基巴比妥钠的 LD_{50} 值高，为 120mg/kg。繁殖力取决于雌鼠基因型，仔鼠矮小，胚胎死亡率 11%，先天性畸形发生率 10%。需长时间驯养，对新环境的适应时间也长。雄鼠平均存活时间 113 周，雌鼠 108 周。28%雄鼠和 20%雌鼠患有遗传缺陷病，有时一侧肾发育不全或肾囊肿，与子宫角缺陷或睾丸萎缩有关。这些畸形都与一种多基因遗传方式有关。

（五）AGUS

Gustafsson 用动物株（Sprague-Dawley）培育的无菌动物，1948 年繁殖 10 代，到 1968 年繁殖 26 代。白化（a，c，H），近交代数 F_{35}。易感染过敏性脑脊髓炎，对深组织阿米巴的感染有相对抗力。尽管动物易受环境影响，但具有良好的繁殖能力。

（六）AS

1930 年，Otago 大学用从英国引入的 Wistar 大鼠繁育，它可能与 GH 品系相关，因而具有组织相溶性。白色（C）。血压不如 GH 品系高，但仍较正常要高，易感染实验过敏性脑脊髓炎，对自身免疫性肾小球肾炎敏感，这与其组织相溶性有关。具有良好的繁殖力。

（七）AUG

由英国 Chester Beatty 研究所 Pollards Wood 予以区分。头部毛色呈浅黄色头巾状(h，p)。近交代数 F_{34}。对实验过敏性脑脊髓炎易感。对自身免疫性甲状腺炎有抗力。

（八）BUF

系美国布法罗 H.Morris 株，1946 年由 Heston 培育，1956 年 NIH 繁殖了 10 代。白

色。36 周龄的雄鼠有 54%发生自身免疫性甲状腺炎，大于 1 年龄的动物有 26%发生自发性自身免疫性甲状腺炎。食入 3-甲基五环碳氢化合物能自发自身免疫性甲状腺炎，而新生期胸腺切除后其发生率几乎达到 100%。对绵羊红细胞缺乏免疫反应。Yoshida 氏腹水瘤 16%，有 Morris 氏肝癌和脑垂体肿瘤生长。在老年动物中，自发性脑垂体瘤 30%，肾上腺皮质瘤 25%，患有甲状腺癌的 2 年龄大鼠存活率为 58%。龋齿发生率低，乙基吗啡的肝脏代谢率低，但苯胺的代谢率高，繁殖率和仔鼠大小中等。

（九）COP

1921 年由哥伦比亚肿瘤研究所 Curtis 培育。头部被毛呈黑色头巾状（a，h）。可产生自发性胸腺肿瘤。吸收小剂量己烯雌酚能使动物产生膀胱结石和乳头瘤而死亡。对乳腺瘤有抗力，脑垂体小。对囊尾蚴虫有抗力。允许 IRS4337 和前列腺癌 R3327 肿癌移植生长，而后者是人类前列腺癌的动物模型。平均寿命 20 月±0.2 月。

（十）F344/N

1920 年由哥伦比亚大学肿瘤研究所 Curtis 培育，1949 年引入 Heston 之后又到 NIH，1950 年 Bethesde 将其繁殖 51 代。白化（a，c，h）。原发和继发性的脾脏红细胞的免疫反应性低。特殊活动性能高，但与远交系 Sprague-Dawley 大鼠比较，其 NADPH-细胞色素 c 还原酶的诱发力低。雌鼠乳腺癌自发率为 41%，脑垂体腺瘤为 36%，雌鼠乳腺癌为 23%，脑垂体腺瘤为 24%，睾丸间质细胞瘤为 85%，甲状腺癌 22%，单核细胞白血病 24%，雌鼠乳腺纤维腺瘤 9%，多发性子宫内膜肿瘤 21%。在无菌条件下肿瘤的发生率：白血病雄鼠 26%，而雌鼠为 36%；乳腺癌雄鼠 12%，而雌鼠为 20%；其他肿瘤雄鼠 9%，而雌鼠 5%。可作为酮体尿症的动物模型，也可作为视网膜退化的模型。该品系为国际上广泛使用的近交系大鼠。不仅自发肿瘤的种类较多，而且可诱导发生膀胱癌、食道癌和卵黄囊癌，可供研究乳腺肿瘤、睾丸间质细胞肿瘤及白血病疾病的良好动物模型。

（十一）F344/ola

使用为最广泛的近交系大鼠，平均寿命为 20～30 月。睾丸间质细胞瘤 68%；乳腺瘤在雌鼠为 41%，在雄鼠为 23%；白血病约为 24%～26%。对诱发高血压的发病有抗性。对绵羊细胞免疫反应低。容易饲养繁殖。

（十二）GH

1930 年来源于英国报道的 Wistar 大鼠，由牛津大学医学研究所培育。1955 年 Snirk 开始研究选择高血压大鼠，繁殖了许多品系，该品系是其中的一种而且在分类上与 AS 品系有关联。白化（C）。高血压，有心肌肥大和血管疾病，与正常血压的品系相比，心率快 20%，体脂肪含量较低，而心脏重量大 50%。GH 品系（但不是 SHR）遗传性高血压可能与肾前列腺素的分解代谢有关。

（十三）IS

来源于野生雄鼠和 Wistar 雌鼠。自 1968 年以来，人们就开始用同种亲缘动物交配方法培育该品系动物。多见有胸腰椎骨畸形并导致脊柱后侧凸，使脊髓管阻塞、脊髓受压，畸形易发生在第 12 胸椎到第 6 腰椎的部位，通常是 2～4 个脊椎受累，但有时可多到 7 个，而且某种个体的畸形发生率高达 90%。

（十四）LEW

来源于 Wistar 原种，最先由 Lewis 繁殖，1954 年 Aptekman 和 Bogden 繁殖到 20 代，到 1958 年 Silvers 繁殖到 31 代。白色（a，h，c）。对实验过敏性脑脊髓炎敏感。极易诱发自身免疫性心肌炎。对诱发自身免疫性复合性肾小球肾炎敏感。易感染实验过敏性脑炎和药物诱发的关节炎。常见淋巴瘤、肾肉瘤、纤维肉瘤 MC-39、ML-1、ML-7、Lewis10 癌和 Lewis3 肉瘤。血清甲状腺素高，血清胰岛素和血清生长激素高。动物的肥胖取决于饮食的高脂肪的含量。雌鼠乙基吗啡的肝脏代谢率高。易驯养，繁殖率高。2 年龄大鼠的存活率为 26%。

（十五）LOU/CN

1972 年 Bazin 和 Becker 用保持在 Catholique deLouvain 大学的各种原种（可能来源于 Wistar）进行交配繁殖。从 28 个谱系中选择出免疫细胞瘤高发系，培育成 LOU/C；以及免疫细胞瘤低发系，培育成 LOU/M。免疫细胞瘤（免疫球蛋白分泌肿瘤）发病率雄性为 31%，雌性为 16%，发病主要出现于盲肠部淋巴结。首次在动物体内发现带有 IgD 类的单克隆蛋白。约 90%的免疫细胞瘤是可移植的，并且保持其分泌特征。

（十六）M520

1920 年由哥伦比亚大学肿瘤研究所 Curits 培育，1949 年 Heston 繁殖到 49 代，1950 年 NIH 繁殖到 51 代。白化（a，c，h）。NIH 品系肾上腺髓质肿瘤发生率为 21%～25%。对 2-乙酰氟胺（2-acetylaminofluorine）诱发肿瘤敏感。胰外分泌腺瘤的发生率低。小于 18 月龄的动物子宫、脑垂体前叶、肾上腺髓质和皮质及间质细胞瘤的发生率在 10%以内；但大于 18 月龄的 12%～50%雌鼠有子宫瘤。65%～85%动物表现出肾上腺髓质瘤、20%～45%为皮质瘤、20%～40%有脑垂体前叶瘤。能使 Jensen 肉瘤和 Yoshida 腹水瘤生长，75%的动物能生长 7974 型肝癌和 130 型肝癌。常见的有 BICR/MI 乳腺瘤、344 成骨瘤、343 癌、Harderian 2226 腺癌、338 癌和 E-2730 肉瘤生长。收缩压低，苯胺肝脏代谢率低，但乙基吗啡的代谢率高，繁殖力强，仔鼠中等大小。易感染囊尾蚴病，极易感染肾炎。

（十七）OM

源于 J. White 非近交 Osborne-Mendel 株动物，1946 年由 Heston 培育，之后 NIH 繁殖了 10 代。白化。自发性甲状腺癌为 33%，大于 18 月龄动物的肾上腺皮质瘤为

94%；18 月龄的脑垂体瘤为 8%～18%，乳腺瘤为 26%～30%；大于 10 月龄动物的视网膜退化症发生率高。收缩压高，动物肥胖取决于饲料中脂肪的含量，繁殖力中等，仔鼠较大。

（十八）PETH

1938 年由 Bourne 引入 Sidman，1966 年由 NIH 繁殖到 9 代，以后又繁殖到 18 代。该品系可能与 RCS 品系有关。粉红色眼睛，头部被毛呈头巾状（a，h，p）。携有视网膜营养不良基因，常引起 3 月龄大鼠白内障。可诱发常见的晶状体反射和持续性玻璃体膜动脉的继发反应，收缩压低。

（十九）RCS

源于伦敦皇家军医学院 Sorsby 株动物，1965 年以前由 Sidman 培育。推测它与 PETH 很相似。粉红色眼睛，头部被毛呈头巾状（a，h，p）。携带视网膜营养不良基因，白内障的发生率为 24%，小眼睛畸形发生率为 4%。复合基因型品系 RCS-P/4 已有繁殖，其中视网膜营养不良的繁殖更慢，仔鼠平均体重为 6.8g，5～6 月龄雌鼠体重为 185g，雄鼠为 275g。

（二十）SHR/ola

源于东京远交系 Wistar 大鼠，1963 年 K. Okamoto 培育。用群体动物中患有自发性高血压的一只雄鼠（血压值为 145～175mmHg）与一只血压升高的雌鼠（血压值为 130～140mmHg）交配繁殖，之后进行兄妹连续交配，以获得自发性高血压动物模型。白化（cc）。该品系中的动物有发生脑血管损伤和中风的趋势。自发性高血压。10 周龄以后动脉收缩压雄鼠为 200～350mmHg，雌鼠为 180～200mmHg。心血管疾病发病率高，但是肾和肾上腺未见器官损伤。对抗血压药物有反应，可作为高血压动物模型用于药物筛选等研究。

六、实验兔品种

兔是一个种属众多的动物。全世界野兔共有 9 属 53 种。家兔是由野生岩石兔驯化而来，经过选种繁育，产生并形成了 60 多个品种、200 多个品系。国际上实验兔品种多达数十种。我国目前常用的品种主要有 4 个（封闭群）。

（一）日本大耳白兔

日本大耳白兔是日本以中国白兔为基础选育而成的皮肉兼用良种兔，用中国兔和日本兔杂交培育而成。1983 年卫生部确定日本大耳白兔为全国卫生系统通用的实验家兔。毛雪白、眼睛红、体型中等。成年体重达 4～8kg，四肢壮实，两耳长大高举。生长发育快，繁殖力强，产仔多，每胎约 8 只。由于耳大、血管清晰，易于采血和注射，繁殖力强，每胎产仔多。体温变化十分灵敏，易产生发热反应，发热反应典型恒定，因此常用于各类生物制剂的热原实验。较易产生抗体，可制备高效价和特异性强的免疫血清，属于刺激性排卵动物，常用于生殖生理、胚胎学研究和避孕药物的筛选等，是较理想的实验用兔（图 18-26）。

（二）新西兰白兔

新西兰白兔，毛纯白，皮肤光泽，体格健壮，耳较厚竖立，性情温和（图 18-27）。繁殖力强，每胎 7～8 只，生长发育快，成年体重可达 4～5kg。已培育成稳定的近交系品系，被广泛用于皮肤实验、热原实验、致敏实验、毒性实验、胰岛素检定、妊娠诊断和人工受胎等。

图 18-26 日本大耳白兔

图 18-27 新西兰白兔

（三）青紫兰兔

由法国育成，分标准型和大型两个品系。每根毛具有三色，即上、中、下分别为黑色、灰白色和灰色（图 18-28）。耳尖及尾面黑色，眼圈、尾底及腹部白色，腹毛基部淡灰色。由于其毛色特殊，酷似南美洲产的毛丝鼠，故据此读音得名为青紫蓝兔。青紫蓝兔外貌匀称，头适中，颜面较长，嘴钝圆，耳中等、直立而稍向两侧倾斜，眼圆大，呈茶褐色或蓝色，体质健壮，四肢粗大，生长发育快，大型品系成年体重可达 4～6kg。繁殖力、泌乳力好，仔兔初生重平均 45g，高的可达 55g，40 天断奶体重 0.9～1kg，3 月龄重 2.2～2.3kg。

（四）中国白兔

中国白兔体型偏小，但全身各部结构紧凑而匀称，头型清秀，嘴端较尖，耳短小而直立，被毛洁白而紧密，眼睛红色（图 18-29）。适应性好，耐粗饲，抗病力强。成年体重达 1.5～2.5kg，体长 35～40cm。仔兔初生重 35～50g；30 日龄断奶体重 300～450g，3 月龄体重 1.2～1.3kg；成年母兔体重 2.2～2.5kg，公兔 1.8～2.3kg，繁殖力较强，主要反映在“血配”受胎率高（80%～90%）。性成熟较早，母兔有乳头 5～6 对，年产仔 5～6 胎，胎均产仔 7～9 只，最多可达 15 只以上。

图 18-28　青紫兰兔

图 18-29　中国白兔

七、实验犬品种

国际上用于医学科学研究的犬主要有比格犬、四系杂交犬、斑点短毛犬、拉布拉多犬、墨西哥无毛犬和拳师犬等。我国繁殖饲养的犬品种也很多，如中国猎犬、西藏牧羊犬、华北犬和西北犬等。华北犬和西北犬广泛用于烧伤、放射损伤与复合伤等研究。

（一）比格犬

比格犬又名小猎兔犬（Beagle），原产英国，是猎犬中较小的一种。1880 年引入美国并大量繁殖。因其有体型小（成年体重为 7～10kg，体长为 30～49cm）、短毛和体质均一、禀性温和、易于驯服和抓捕、亲人、对环境的适应力与抗病力较强、性成熟早（8～12 个月）、产仔数多等优点，被公认为是较理想的实验用家犬，已成为最标准的实验研究型动物（图 18-30）。此种犬多用于长期的慢性实验，广泛用于生物化学、微生物学、病理学、病毒学、药理学及肿瘤学（如癌的病因学和癌的治疗

图 18-30　比格犬

学等）等基础医学研究。而农药的各种安全性实验，特别是制药工业中的各种实验，也多用该犬。

（二）四系杂交犬

四系杂交犬（4-Way Ovoss）是一种外科手术用犬，由两种以上品系犬杂交而成，如灵猩（Greyhound）、拉布拉多犬（Labrador）、萨摩耶德犬（Samoyed）及巴辛吉（Basenji）四品系交配，取拉布拉多较大体躯、极大胸腔和心脏等优点，取萨摩耶德犬耐劳和不爱吠叫的优点。

（三）斑点短毛犬

斑点短毛犬又名大麦町犬（Dalmatian）可用于特殊的嘌呤代谢研究及中性白细胞减少症、青光眼、白血病、肾盂肾炎与 Ehers-Danols 等疾病的研究（图 18-31）。

（四）拉布拉多犬

拉布拉多犬一般用于实验外科、脑科学研究（图 18-32）。

图 18-31　斑点短毛犬　　图 18-32　拉布拉多犬

（五）墨西哥无毛犬

墨西哥无毛犬（Mexican Hairless）由于无毛可用于特殊研究，如进行粉刺或黑头粉刺的研究（图 18-33）。

（六）拳师犬

拳师犬（Boxer）可用于红斑节结狼疮和淋巴肉瘤研究（图 18-34）。

八、实验猪品种

用作生物医学研究用的猪品种有辛克莱猪（Sinclair，血液中胆固醇含量高，只需用球导管在动脉内制造一处伤疤，就会出现典型的粥样硬化病变）、荷马猪（Homel）、汗

图 18-33 墨西哥无毛犬

图 18-34 拳师犬

佛特猪（Hanford）、毕特曼-摩尔猪（Pitman-Moore）、冯·温里布莱猪（Von Willbromd，先天有血友病，可研究血友病用）、乌克坦猪（Yu-Catan，系墨西哥无毛猪，天然可患糖尿病）、聂布拉斯卡猪（Nebraska）、荷曼猪（Hormel）、德国的戈廷根猪（Gottingen）、日本用我国东北的小体型黑猪培育成的欧米尼（Oh-mini）小型猪等。下文将介绍几种常用的实验用小型猪。

（一）明尼苏达-荷曼系小型猪（Minnesota-Hormel strain）

明尼苏达-荷曼系小型猪，于 1943 年由明尼苏达大学荷曼研究所在阿拉巴马州的古尼阿猪（Guineahog）、加塔里那岛的野猪（Catalina Island）和路易斯安那州的毕尼乌兹野猪（Pineywoods）3 种猪的基础上，再导入加巴岛上的拉斯·爱纳-朗刹猪（Ras-n-Lansa）培育而成的小型猪。其血缘成分分别含有上列 4 种猪的 15%、19%、46%和 20%。明尼苏达-荷曼系小型猪毛色有黑白斑，成年猪体重 80kg，遗传性状比较稳定，变异不大。

（二）毕特曼-摩尔系小型猪（Pitman-Moore strain）

毕特曼-摩尔系小型猪是由毕特曼-摩尔制药公司培育成的小型猪。此猪以佛罗里达野猪为基础，与卡迪夫岛的猪等交配后所培育成。毕特曼-摩尔系小型猪以毛色有各种各样斑纹者居多。

（三）海福特系小型猪（Hanford strain）

海福特系小型猪是海福特研究所做皮肤研究用的小型猪，1975 年用白色种的帕洛斯猪（Palouse）和毕特曼-摩尔系小型猪交配改良，再导入墨西哥产的拉勃可种（Labco）育成的小型猪。海福特系小型猪成年体重 70～90kg，白皮肤。

（四）哥廷根系小型猪（Gottingen strain）

哥廷根系小型猪是哥廷根大学用明尼苏达-荷曼系小型猪与越南小型猪（Vietnamese

potbelly swine）交配而成，再用白毛色的德国改良长白种导入显性白色因子培育成的小型猪。成年猪（24 月龄）体重 40～60kg。

第三节　小鼠超数排卵与输精管结扎手术

制备转基因小鼠需要掌握超数排卵、收集受精卵、体外培养胚胎、假孕受体母鼠准备和胚胎移植等一系列有关小鼠繁殖的技术，其中大部分内容已在前面的有关章节中述及，本节仅对部分内容稍加补充。

一、小鼠的交配与超数排卵

（一）自然交配

小鼠的自然交配实际是通过控制环境因素来干预排卵和受精的方法。在一定的明、暗周期下饲养的雌性小鼠，每 4～5 天有一次排卵周期，排卵发生于暗周期开始后 3～5h。同样条件下维持的雄性小鼠，在暗周期的大约中间点时与发情（排卵）的雌性小鼠交配，这意味着可在排卵后 1～2h 受精。

发情中的雌性小鼠阴道颜色、湿润状况、肥厚程度均有明显变化，这些变化可用于判断小鼠是否发情，见表 18-9。

表 18-9　鼠阴道外观在不同发情阶段的特点

发情周期	阴道外观特点
间期	阴道开口小，组织发蓝色，非常湿润
前期	阴道开口大，组织为桃红色、湿润，背唇和腹唇可见许多纵向褶皱
发情期	阴道外观同前期，组织为深桃红色、湿润减少，纵向皱褶更加明显
后期 I	组织发白、干燥，背唇下像发情期肿胀
后期 II	与后期 I 相似，阴唇肿胀进一步减轻、内缩，白色的细胞片贴于内壁（不易与发情后期 I 区分）

阴道液涂片法也可用于小鼠发情周期的鉴定。用移液器或吸管吸取约 30μl 生理盐水于小鼠阴道内，反复抽吸数次，将抽吸得到的液体滴在用多聚赖氨酸预先处理过的载玻片上涂抹均匀，涂片自然干燥后，用甲醇固定 3min。待其干燥后，用 Giemsa 染液染色 5～8min，漂洗后自然干燥，显微镜下观察阴道液涂片的细胞形态（图 18-35）。

在发情前期，阴道液涂片中有核上皮细胞占优势，它们有的是单个的，有的呈片状，并有少量白细胞（图 18-35A）。在发情期涂片中有很多无核的角化鳞状细胞，细胞大而扁平，看不到或很少看到白细胞与上皮细胞（图 18-35B）。在发情后期，阴道腔内角化上皮细胞减少，出现许多白细胞及有核上皮细胞（图 18-35C）。在间情期，白细胞从黏膜内游离出来，阴道液涂片中几乎全是白细胞（图 18-35D）。

交配时，将发情期雌鼠与雄鼠放入同一饲养笼中。交配过一次的雄鼠应放在单独的笼子中饲养。合笼后的第二天早上检查雌鼠有无阴栓（交配栓）的出现（图 18-36）。部分雌鼠形成的阴栓在阴道口内，需翻开阴门检查。有时看不到阴栓，可能是阴栓形成后

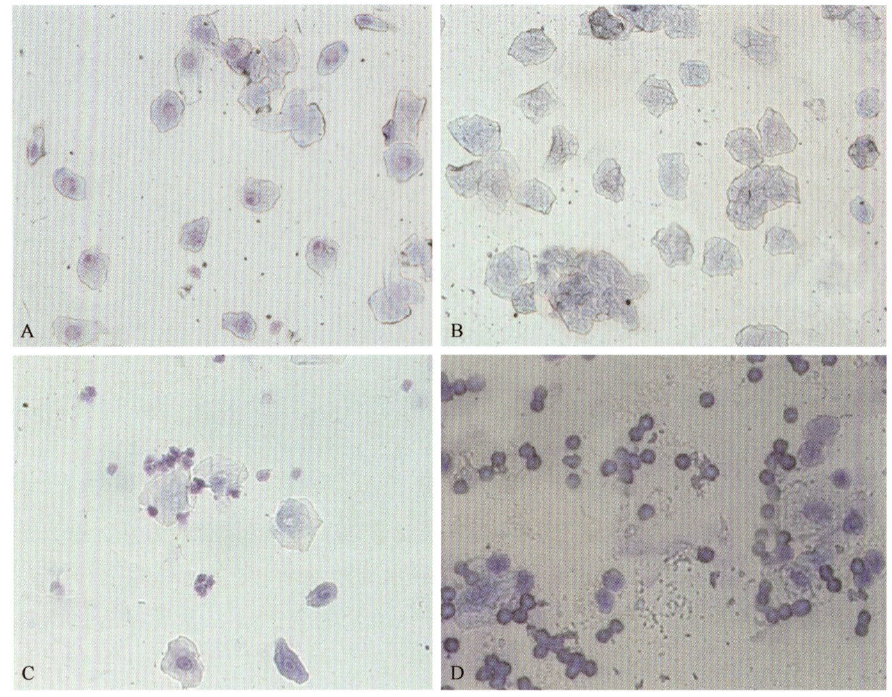

图 18-35 小鼠发情周期不同阶段阴道液涂片

A. 有核角化上皮细胞（发情前期）；B. 无核角化上皮细胞（发情期）；C. 有核细胞和白细胞（发情后期）；D. 白细胞（发情间期）

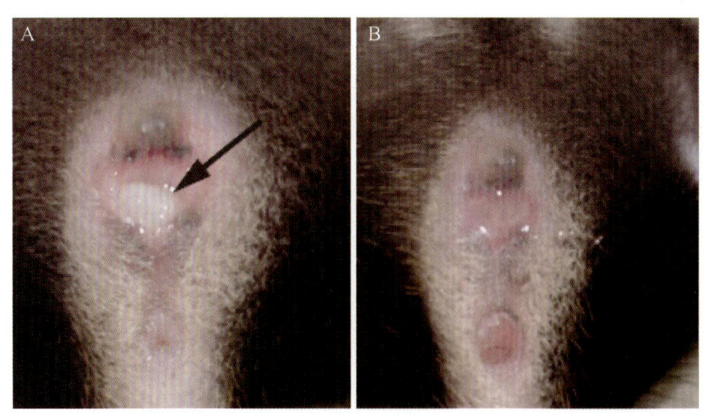

图 18-36 小鼠阴栓的确定

A. 白色团块为阴栓（箭头所示）；B. 未见阴栓

在短时间内自行脱落，或者是没有交配。阴栓由交配雄鼠的副性腺（精囊腺、凝固腺）分泌物及雌鼠阴道分泌物与阴道上皮等遇到空气后形成，开始黏稠，以后迅速变硬，遂将阴道口封闭，可以防止精液倒流，同时也防止其他雄鼠再次交配。正常情况下，阴栓在交配后 12～24h 内自行脱落，所以合笼后第二日晨要早一些检查。

小鼠见栓日为交配第 1 天，记为胚胎的第 0.5 天，也就是 0.5dpc（day past coitus），与雄鼠分笼饲养。按实验要求在规定的时间采集受精卵或者胚胎。此外，有时为了实验的方便，也可以将动物室的明、暗周期完全颠倒，这样小鼠会在白天中午交配。

（二）小鼠的超数排卵

为了增加排卵数，交配前可以给雌性小鼠注射促性腺激素，即诱导超数排卵。常用的激素有 PMSG、hCG 或 FSH、LH。能否充分诱使超数排卵，与小鼠的周龄、体重、给予促性腺激素的剂量与时机及小鼠的品系密切相关。

1. 影响超数排卵的因素

（1）小鼠周龄

小鼠的性成熟对超排卵的数量有重要影响。超排的最适周龄依小鼠品系而有差异。一般用 4～6 周龄小鼠，在这个发育阶段卵泡持续成熟，对 FSH 反应的卵泡数最多。

（2）小鼠的身体状况

雌性小鼠的营养状态及健康状态对卵泡成热也有重要作用。体重轻、生病的小鼠发育缓慢，对整体状况低下的小鼠即使进行超排处理排卵数也较少。

（3）促性腺激素的量

每只雌鼠 PMSG 的常规剂量为 5～10IU，腹腔注射。PMSG 一般为冻干粉，注射时用生理盐水溶解成 50IU/ml 的溶液，分装于 1.5ml 离心管中，保存于–20℃。注射时每只雌鼠约 0.1ml。

hCG 可以代替黄体生成素促使成熟卵泡释放卵子，常规用量为 3～8IU。hCG 一般为冻干粉，注射时用生理盐水溶解成 50IU/ml 的溶液，分装于 1.5ml 离心管中，保存于–20℃。注射时每只雌鼠 0.1ml。

（4）注射激素的时间

注射激素的时间会影响超排卵子的数目及发育状态。一般情况，PMSG 和 hCG 的注射时间间隔应为 42～48h，排卵发生在 hCG 注射后 10～13h。但应注意，hCG 应在内源性 LH 释放前迅速被吸收进入循环系统，通常采用腹腔内注射，一般比 PMSG 注射时间早 30min，这样超排效果最佳。

（5）小鼠品系

不同的小鼠品系超排的反应性不同，根据对超排的反应性对小鼠进行的分类见表 18-10。反应性高者每只可排卵 40～60 枚，反应性低者则排卵 10 枚，甚至没有。

2. 超排操作流程（麻醉也按此方法）

（1）材料

准备 1ml 的注射器，配有 2.45～5.08cm 长的 26 号或 30 号皮下注射针头；PMSG 和 hCG。

表 18-10 外源性激素对不同品系小鼠的超排作用

超排效果好的品系	超排效果差的品系
C57BL/6J	A/J
BALB/cByJ	C3H/HeJ
129/SvJ	BALB/Cj
CBA/CaJ	129/J
CBA/H-T6J	129/ReJ
SJL/J	DBA/2J
C58/J	C57/L
（BALB/cByJ × C57BL/6J） F1	（BALB/CJ × A/J） F1
（C57BL/6J × CBA/CaJ） F1	（C57BL/6J × DBA/2J） F1

（2）操作程序

抓住小鼠的颈部，尽可能地靠近耳朵，尽可能多的抓一些皮肤，以免小鼠转头咬人。但不要抓背部皮肤，避免腹压过高。用注射针头刺破皮肤和腹壁肌并把液体注射到腹腔内。此过程要小心，不要刺伤腹部器官，要稍等一会再将注射针撤出，以免液体渗漏出来，如果渗漏需重新注回相应体积的激素。

（3）时间间隔

要保证动物房内的明暗周期为 12h 黑暗、12h 照明。一般在 16:00 给雌鼠腹腔注射 5～10IU 的 PMSG（视小鼠体重及日龄），46～48h 后腹腔注射 3～8IU 的 hCG。在 hCG 注射后，每只雌鼠与一只雄鼠合笼（若收集 MⅡ期卵母细胞，则不必合笼），第二日晨检查阴栓，未见阴栓的小鼠可以在 12～14 天后用于自然交配或者再次超排，但超排效果可能不如第一次超排的好。

需要注意的是，激素类药品容易被细菌分解，需要将配制好的激素分装至 1.5ml 的离心管中，–20℃保存，且不要超过一个月。

二、输精管结扎术

输精管结扎术用于准备不育的雄性小鼠，在与雌性小鼠交配后，可以提供假孕的雌鼠。各个品系的雄鼠都可被用于输精管结扎手术，结扎后的雄鼠与雌鼠交配以得到假孕雌鼠。尽管假孕母鼠自身产生的卵母细胞已经退化，但其子宫处于胚胎移植的接受状态。按此方法得到的假孕雌鼠，在 11 天内不能恢复正常发情周期。

（一）实验材料

选 6 周龄以上具有良好生殖能力的雄性小鼠、麻醉剂使用巴比妥钠、1ml 一次性注射器、酒精灯、75%酒精、酒精棉球、剃毛刀片、眼科剪、尖头镊子、眼科尖头镊子、缝合针和缝合线（浸泡在 75%酒精中）、白炽灯（或加热垫）与小型体重秤。

（二）手术流程

具体的手术方法有两种：第一种方法是通过腹壁接近输精管；第二种方法是通过阴囊接近输精管，该法的损伤性较小一些。无论用哪种方法，小鼠在术后 10～14 天即可用于交配。术后应检查切除输精管雄鼠的生育能力。正常雌鼠与切除输精管的雄鼠交配后可出现阴栓，但有阴栓的雌鼠不应怀孕。

方法一：

1）稀释好麻醉剂，吸入 1ml 一次性注射器里。称量小鼠体重，按体重腹腔注射麻醉剂。注射后将小鼠放在笼子里，约 5min 后小鼠可被麻醉，手术时间可持续约 30min。

2）腹部向上将小鼠放在手术盘中，75%酒精消毒下腹部，用刀片剃去下腹部手术部位的毛，酒精棉球消毒剃过毛的皮肤。

3）用剪刀剪开皮肤，在下肢上端水平线位置做一个 1.5cm 的横切口，从此切口可以接近两侧的睾丸，如图 18-37A 所示。

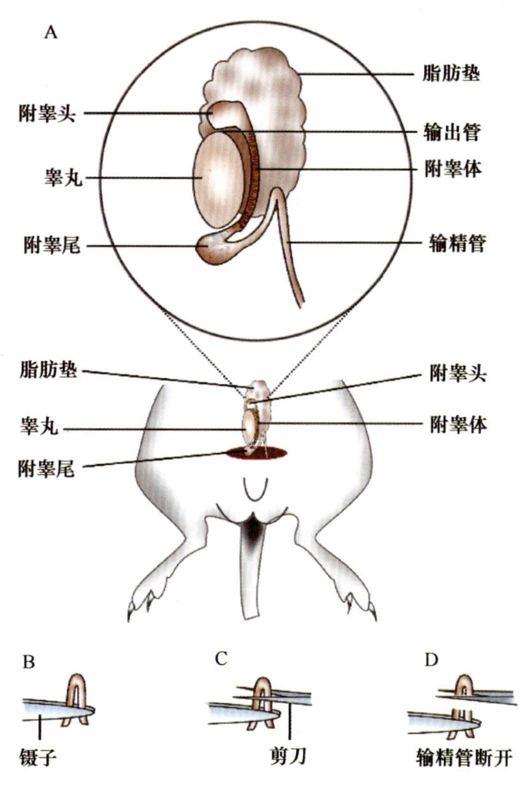

图 18-37　腹腔开口切断输精管

通过腹壁一个切口取出两侧的输精管（A）并将其剪断（C）或烧烙断（D）

4）用钝镊子将一侧的睾丸的脂肪垫拉出切口，此时睾丸、附睾和输精管也将被一同拉出。注意，此时只能触碰脂肪垫。输精管位于睾丸之下，它的旁边有一根血管，易于识别。用眼科镊子夹住输精管（图 18-37B），用小剪刀将其剪断（图 18-37C）或者用另一把烧红的眼科镊子将其烧烙掉 lcm 左右（图 18-37D）。将睾丸小心地放回腹腔。

5）重复以上两步，处理另一侧睾丸和输精管。

6）用缝合线缝合肌层和皮肤。

7）小鼠腹卧位置于纸巾上，再将笼子放在白炽灯下或加热垫上保温，直到苏醒并开始活动，每个笼子放一只结扎雄鼠。

方法二：

操作基本同方法一，将上述步骤 3）、4）改为：

轻压腹腔，将两侧睾丸压回阴囊，沿阴囊中线做一长 1cm 的切口（图 18-38A），定位阴囊包膜之下的两侧睾丸的中间线，在靠近中间隔膜左侧的睾丸包膜上做 0.5cm 的切口（图 18-38E），轻轻将睾丸推向左侧，用一把镊子将输精管牵引出来。用眼科镊子夹住输精管，用小剪刀将其剪断或另一把烧红的眼科镊子将其烧烙掉 1cm 左右。以同样方法对右侧输精管进行结扎。

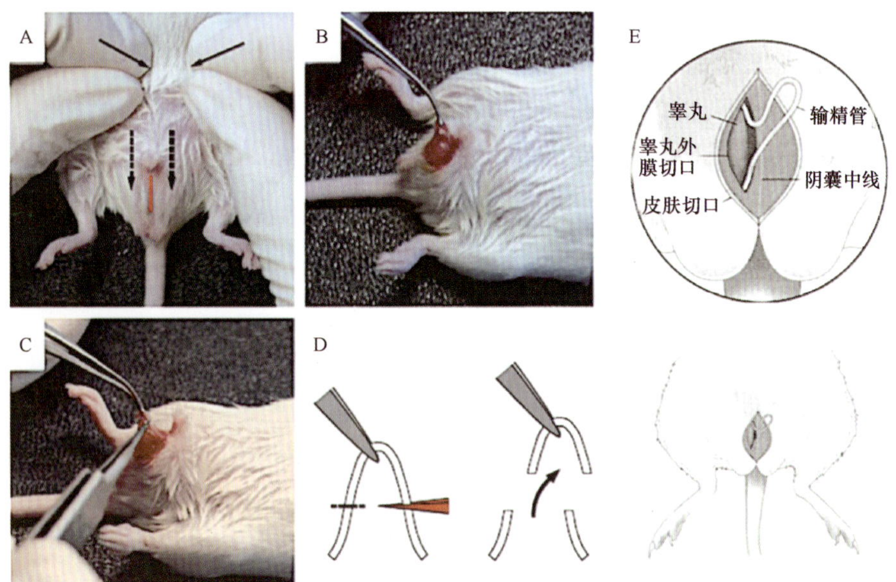

图 18-38　阴囊开口切断输精管

A. 轻压腹腔，将两侧睾丸压回阴囊（红线示阴囊中线）；B. 用镊子将输精管牵引出；C. 用眼科镊子夹住输精管；D. 用烧红的眼科镊子将输精管烧烙掉 1cm 左右；E. 切口演示图

第四节　原核注射技术

原核注射技术是指将外源基因用显微操作系统注射入小鼠受精卵原核内的技术。导入的外源基因可以整合于小鼠基因组中，遗传给子代，成为转基因小鼠（图 18-39）。

原核注射的任何 DNA 均可能以随机方式发生整合。因此，无法对基因整合情况进行精确预测，而且发生整合的基因拷贝数也很难控制。所以，制作成的原代小鼠均具有各自独特的整合位点、拷贝数及整合方式。不论注射的是线形还是环状 DNA 分子，经常会发生多拷贝整合。多数情况下，目的基因仅在一个位点发生整合，但也会在不同染色体上的分离位点发生整合。如果一个原代小鼠中的转基因整合发生在多个染色体上，

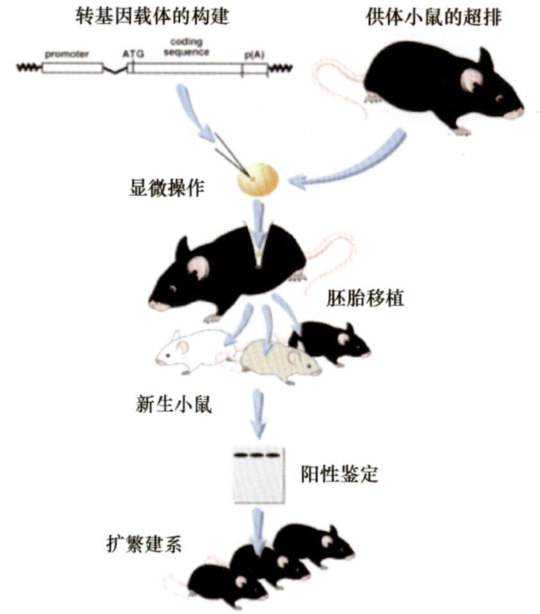

图 18-39 原核注射制备转基因小鼠流程

那么可以从其后代中获得多种不同品系的转基因小鼠。外源 DNA 整合通常发生在显微注射之后不久与第一次卵裂之前。然而，还有 20%～30%的原代小鼠可能会发生整合延迟，发生于第一次卵裂之后，这样就会产生嵌合体。获得整合的外源 DNA 拷贝数在一个到几百个，而且一定程度上受注入 DNA 浓度的控制。目的基因还可能会因为在染色体上的整合位置不同而影响转基因的表达，也可能会因整合到某一个内源基因中从而影响该基因的表达。

一、显微注射 DNA 的准备

（一）原核注射转基因载体的选择

一个典型的转基因小鼠表达载体（图 18-40）主要包括启动子序列、内含子序列（可选）、目的基因和多聚腺嘌呤加尾信号（PolyA）。通过使用广泛性、选择组织特异性或诱导性等不同的启动子，实现外源基因在小鼠的组织广泛性、特异性或特定条件下的表达，从而实现对目的基因功能研究的目的。

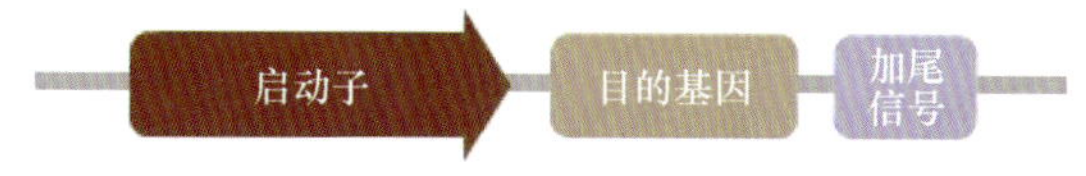

图 18-40 典型的原核注射载体

（二）一般载体的构建

转基因载体的构建与一般质粒构建方法相同。下面以构建 *Fat1* 转基因小鼠靶载体为例，进行简要说明。

1）从线虫中提取 DNA，随后用设计好的扩增引物通过常规 PCR 扩增方法，扩增所需的目的片段 *Fat1*。引物中要同时引入合适的限制性酶切位点，以便将扩增片段回收，连接 T 载体如 *pMD*^{TM}*19*-T Vector 后进行酶切鉴定和测序分析。将测序正确的 *Fat1* 基因插入带有合适启动子的载体中。

2）利用重组和酶切的基因工程方法将 GFP 报道基因构建成为具有 *pCMV-Fat1-IRES-GFP* 质粒。

3）通过测序确定构建的转基因载体序列正确与否。

4）利用设计好的酶切位点进行线性化、制备成表达盒（expression cassette）或者采用环状质粒进行原核注射。

（三）载体的纯化

DNA 的纯度是影响原核显微注射的最关键性因素之一。即使痕量的试剂残留也可能会对受精卵造成损害，在注射后立即发生溶解或者在胚胎着床前后的发育过程中发生停滞，而且有些转基因质粒存在有所谓的“致死性序列”，应在注射前通过酶切去除。一般用于显微注射的质粒 DNA 应在注射前进行酶切，电泳后回收需要注射的片段，每个受精卵中注射的质粒溶液的体积为 2pl，用于注射的质粒 DNA 最终溶解在 TE 溶液中用于注射。

转基因片段的最终纯化有多种方法。DNA 样本中已知杂质的去除及试验操作者的个人习惯将会影响到对纯化方法的选择。另外，某个实验室中应用良好的程序并不一定适合于其他研究人员。所以建议首先要用简单的程序进行预实验。如果怀疑提取的 DNA 不纯，可以使用常规的 CsCl 梯度离心及长时间透析的方法。现在许多公司都提供 DNA 片段回收和纯化的试剂盒，可参考有关公司的产品目录，具体方法也可参考公司产品说明书。

还应注意，在最后制备注射用 DNA 片段时，酶切质粒点样到琼脂糖凝胶上进行电泳分离，所使用的琼脂糖凝胶和电泳缓冲液（running buffer）均要以 TAE（Tris-乙酸-EDTA）[而不是 TBE（Tris-硼酸-EDTA）] 作为缓冲液配制。推荐使用最高纯度的琼脂糖（即超纯琼脂糖）。通常而言，凝胶可以在电泳之前或之后用溴化乙锭（EtBr）染色，然后紫外光下进行 DNA 鉴定。这种方法的敏感性最高，但是 EtBr 具有一定的毒性和高度致畸性，而且对胚胎有损害作用，因此在注射之前必须完全去除。对 DNA 观察需要紫外光照射，这也可能会对 DNA 结构造成潜在的伤害。亚甲基蓝染色后，普通光线下对 DNA 进行观察，不失为一种简单可靠而又不具有毒性的检测方法。另一种方式，可以用 EtBr 对部分凝胶染色，然后以染色部分为对照物回收未染色部分的 DNA。

（四）大片段 DNA 的载体构建

对于长度在几个 kb 以下片段的基因，利用常规技术构建转基因质粒即可。但超过十几个 kb 的基因序列，其序列长度远远大于质粒所能包括的范围。需要利用人工染色体技术构建转基因质粒。细菌人工染色体（bacterial artificial chromosome，BAC）和酵母人工染色体（yeast artificial chromosome，YAC）等大片段均可通过原核注射方法制备转基因小鼠。

大片段 DNA 容易受机械剪切力的影响而发生断裂，不仅发生在 DNA 的制备过程中，也会发生在注射过程中。过长片段的 DNA 常常难以完整片段整合入小鼠染色体。因此，大片段 DNA 的制备过程与注射过程需要非常仔细和温和。需要在低熔点的琼脂糖凝胶中进行 DNA 的抽提，溶解要非常小心，DNA 注射针的口径需要大一些，也可以用一些阳离子多聚物（如多聚赖氨酸等）与 DNA 组成复合物颗粒，减小 DNA 的线性尺度，减小其受剪切力破坏的影响。对于长片段 DNA 的转基因，导入基因的表达受插入位点的影响相对要小。用于转基因 DNA 片段的极限长度，目前还是不清楚。小鼠人工染色体的构建可能是解决长片段 DNA 转移的最好方法。

二、液体配制

（一）培养液的选择

成功的胚胎培养依赖于多种因素，其中胚胎的遗传背景和培养液的成分是最重要的。培养液的选择需依据所开展实验的要求和目的。目前，也很难推荐一种适合所有小鼠品系和不同胚胎操作的特定培养液。一些经典的、经过证明可靠的培养液，均可用于注射后受精卵的培养。

（二）培养液的配制

1. 溶液配制的基本要求

配液时，最好使用一次性无菌塑料容器。需要重视的一个问题是配制培养液的水至少是 2 次蒸馏以上，或者在反向渗透过程后再过滤纯化（如 Milli-Q 系统）。培养液可以保存在干净的塑料容器内。推荐使用商品化的用于组织培养、经过胚胎检测或内毒素检测的纯净水。另外需要注意的是，只能使用最纯级别的化学药品，需要提前测试几种特殊成分，如石蜡油和 BSA。同一厂商生产的同一货号的药品的不同批次间也有差别。笔者推荐 Sigma-Aldrich 公司生产的胚胎级水（W1503）、石蜡油（M8410）和 BSA（A3311 或 A2153）。

2. 溶液配制

以下所列培养液配方和流程均来自美国 Jackson 实验室（The Jackson Laboratory），并根据实际操作略做修改。

（1）配制 M2 培养液

M2 培养液可以很方便从浓储液来配制，配方见表 18-11。

1）配制浓储液 A、B、C 和 D。

i. 称量各组分（除乳酸钠），放入带有刻度的容量瓶内，用超纯水溶解。

ii. 在 10ml 的烧杯内称量乳酸钠，用少量超纯水溶解。

表 18-11 M2 浓储液的成分

名称	组分	Sigma 货号	规格	称量（g）
浓储液 A（10×）200ml	NaCl	S5886	500g	11.068
	KCl	P5405	250g	0.712
	KH_2PO_4	P5655	100g	0.324
	$MgSO_4·7H_2O$	M1880	500g	0.586
	乳酸钠	L7900	100g	8.698
	葡萄糖	G6152	100g	2
	青霉素	P4687	1440～1680U/mg	0.12
	链霉素	S1277	5g	0.1
浓储液 B（62.5×）20ml	$NaHCO_3$	S5761	500g	0.4202
	酚红	P5530	5g	0.002
浓储液 C（100×）10ml	丙酮酸钠	P4562	25g	0.036
浓储液 D（100×）50ml	$CaCl_2·2H_2O$	C7902	500g	1.26
浓储液 E（100×）250ml	HEPES	H6147	100g	14.895
	酚红	P5530	5g	0.025

iii. 将乳酸钠倒入容量瓶内。

iv. 用超纯水洗涤几次烧杯，将洗涤液倒入容量瓶内，用超纯水定容。

v. 用 Millipore 滤器过滤浓储液。

2）配制浓储液 E。

i. 称量 HEPES 和酚红并放入烧杯内。

ii. 加入 100ml 左右的超纯水使之溶解。

iii. 用 0.2mol/L（N）的 NaOH 调 pH 至 7.4。

iv. 将溶液倒入 250ml 的容量瓶内。

v. 用超纯水洗涤烧杯，并将洗涤后的溶液倒入容量瓶内，最后定容到 250ml。

vi. 用 0.22μm 的 Millipore 滤器过滤浓储液。

3）由浓储液配制 M2。

i. 根据需要配制的体积（参见表 18-12），准确量取超纯水并倒入锥形容量瓶内。

表 18-12 由浓储液配制 M2 的配方

	M2 培养液体积（ml）			
使用液	10	50	100	200
A（10×）	1.00	5.0	10.0	20.0
B（62.5×）	0.16	0.8	1.6	3.2
C（100×）	0.10	0.5	1.0	2.0
D（100×）	0.10	0.5	1.0	2.0
E（100×）	0.84	4.2	8.4	16.8
ddH_2O	7.80	39.0	78.0	156.0
BSA（mg）	40	200	400	800

注：BSA 为 Sigma 公司生产，A2153

ii. 用移液管准确定量各种浓储液。

iii. 用溶液或水通过吸吹洗涤移液管 2～3 次。

iv. 检测溶液的渗透压，标准的渗透压在 265～280mOsm。

v. 用含 5% CO_2 和 95%空气的气体，将 M2 培养液冲气 15min 或培养箱中平衡 30min，以调节 pH 到 7.4。

vi. 加入 BSA，使之终浓度为 4mg/ml。轻轻混匀使 BSA 缓慢溶解。不要剧烈摇动液体以避免产生泡沫而导致蛋白质变性。

vii. 如有必要，可以用 0.2mol/L（N）的 NaOH 把 M2 培养液调节 pH 到 7.2～7.4，此时溶液颜色应为浅粉色。

viii. 用 0.22μm 的 Millipore 滤器过滤培养液到无菌的塑料管内。在 4℃可以保存 1～2 周。

4）保存。

在 4℃冰箱内，储液 A、D、E 可以保存最多 3 个月，储液 B 和 C 必须隔周重新配制。所有的储液在–20℃或–80℃冰箱内可以保存更长的时间，但是 1×培养液配制之后，最长可以保存 1～2 周。

（2）配制 KSOM-AA 培养液

1）以配制 100ml 为例，称量除 $CaCl_2$ 和 BSA 外的成分，配方见表 18-13，准确量取超纯水 75ml 并倒入锥形容量瓶内使其溶解。

表 18-13　KSOM-AA 培养液配方

组分	厂商	货号	mg/100ml
EDTA（二钠盐）	Sigma	E6635	0.38
NaCl	Sigma	S5886	559.5
KCl	Sigma	P5405	18.5
KH_2PO_4	Sigma	P5655	4.75
$MgSO_4·7H_2O$	Sigma	M1880	4.95
DL-乳酸钠，钠盐	Sigma	L1375	0.174ml
D-葡萄糖	Sigma	G6152	3.60
$NaHCO_3$	Sigma	S5761	210.0
L-谷氨酰胺	Sigma	G5763	14.5
丙酮酸钠，钠盐	Sigma	P4562	2.2
青霉素 G	Sigma	P7794	6.3
硫酸链霉素	Sigma	S9137	5.0
MEM 必需氨基酸	Gibco	11130-051	1.0ml
MEM 非必需氨基酸	Sigma	M7145	0.5ml

2）在小烧杯中称量 25mg $CaCl_2$（无水），25ml 超纯水溶解，缓慢加入步骤 1）所制的溶液中，定容至 100ml。

3）加入 0.1ml 酚红溶液（1%）。

4）取 0.1ml 溶液在培养箱中平衡 30min，溶液颜色应为橙红色（salmon color）。

5）检测溶液的渗透压，标准的渗透压在 256mOsm。

6）添加 100mg 的 BSA 到溶液中。轻轻混匀使 BSA 缓慢溶解，不要剧烈摇动液体以避免产生泡沫而导致蛋白质变性。

7）用 0.22μm 的 Millipore 滤器过滤培养液到无菌的塑料管内。在 4℃可保存 1～2 周。

三、小鼠受精卵的收集

采集小鼠受精卵时应当尽可能小心，因为小鼠受精卵对温度变化非常敏感，对培养条件要求苛刻，如水的纯度、培养液的组成、pH 与温度等的改变都对培养的受精卵有相当大的影响。在培养箱外及透明质酸酶处理的时间不要过长。理论上，正常的受精卵应当有两个极体，但有些情况下也会出现一个极体分裂或者碎片化，而且这种合子很难在低倍镜下鉴别清楚。一般来说，近交系小鼠的受精卵与杂交种小鼠的受精卵比较更难培养。

（一）动物与材料

1. 雌鼠超排

1）采卵前 3 天的下午 5:00 每只小鼠腹腔注射 PMSG 5IU（Sigma，C8554 或宁波第二激素厂），间隔 46～48h，下午 5:00 腹腔注射 hCG 5IU（Sigma，C1063 或宁波第二激素厂）。注射后的雌鼠，与雄鼠 1∶1 合笼。

2）合笼后的第二天早晨检查阴栓，阴栓阳性的小鼠用来采卵，阴栓阴性的小鼠则另外饲养，用作以后的实验。

2. 器械准备

准备眼科剪、眼科弯镊、尖头镊各 2 把，60mm 和 35mm 培养皿各 1 个，培养液为 M2 和 KSOM-AA。配备有加热板的体视显微镜 1 台。

（二）受精卵采集过程

1. 实验开始前一天晚上的准备

在 60mm 培养皿中，做 25μl 的 KSOM-AA 滴若干并覆盖石蜡油，置于培养箱中平衡过夜。

2. 实验当天的准备

将培养液 M2 放在保温板上加温到 37℃。透明质酸酶溶液提前 30min 从冰箱拿出，平衡到室温。准备 60mm 培养皿，做 5 个 100μl 的 M2 液滴，用油性笔做好标记。再向一个 200μl 的 M2 滴中加入 10μl 的 500IU/ml 透明质酸酶混匀，做 10 个大约 20μl 液滴。

3. 取输卵管

1）将小鼠依次颈椎脱臼处死，仰卧于纸巾上，用酒精消毒小鼠。用眼科剪在小鼠腹部剪开一小口，将内脏拨开，充分暴露位于肾脏下方的卵巢、输卵管和子宫。

2）剪下输卵管，放入培养皿内的 M2 液滴中，并放在恒温板上。从液滴中取出一个输卵管，转移到含有透明质酸酶的液滴中，在 10～15 倍镜下观察，可见到输卵管的膨大部位，以及里面包有卵丘-卵母细胞复合体。

4. 收集受精卵

1）用尖头镊子轻轻撕开输卵管膨大部，被卵丘细胞包裹的受精卵涌出。

2）在显微镜下观察，直到卵丘细胞完全脱离受精卵（30s～5min），在显微镜下用毛细玻璃管将受精卵吸取出来，放入事先准备好的 M2 液滴中，注意尽量不要吸取细胞碎片和其他杂质。重复洗涤受精卵 3 次。在洗涤的过程中，弃去状态明显不佳的受精卵。

3）将受精卵转移到已制作的 KSOM-AA 培养液的液滴中。每个液滴放入 20～40 枚受精卵，放在培养箱中备用。

四、显微操作系统及注射针

在原核注射实验中，最关键的一步是制作合适的注射针。注射针的好坏直接影响注射效果。在注射过程中，如果发现注射针出现问题，应立即更换新的注射针。注射针的制作需要有娴熟的技巧，在实验正式开始前应进行反复练习。

（一）显微注射设备

一台显微操作系统可有多种装配方式。目前，有些显微镜制造商可以提供整套设备，包括所有可能需要的“即装即用型”配件。

显微注射需要的基本设备如下。

1. 倒置显微镜

目镜 10 倍，物镜 10 倍、20 倍和 40 倍。注射时的放大倍数一般为 200～400 倍。使用 Nomarski 微分干涉（differential interference contrast，DIC）或 Hoffman 系统可以清楚地观察原核。需要注意的是，DIC 物镜必须使用玻璃注射皿，而 Hoffman 可以使用一次性的塑料培养皿。

2. 压力控制系统

固定针的控制一般使用气压、油压或水压系统（如 Eppendorf CellTram 压力系统），或者也可使用 5～10ml 注射器通过充液导管或充气导管与固定针连接的自制系统，甚至用口吸管。

注射针的压力：控制注射针中 DNA 的流动最好为自动控制，如 Eppendorf Femto Jet。压力常数（PC）大约设定为 10，可以保持 DNA 缓慢而均匀地流出注射针尖。缓慢而持续的液流，不但可以预防 DNA 黏附到针尖上，而且还能防止注射液向针尖方向回流，以免 DNA 溶液被稀释。注射压力启始值（Pi）设为 30～40。每次实验的参数应当加以调整，才能保证原核在 1s 内发生明显膨胀，但是注射速度不能太快。如果压力设定太小、注射时间太长将会损伤受精卵。另外，如果压力设定太高，DNA 进入原核的速度太快，也将会导致受精卵死亡。

（二）注射针和固定针的制作

购买成品针用于显微操作成本太高，且许多特殊操作的用针只能通过人工拉制。因此，多数实验室均自制显微操作用针。针尖内外径的大小、针尖的长度、锥度、弯度、光滑度等均影响显微注射的成败。

1. 注射针的制作

注射针的质量不仅影响注射效率，且直接关系着注射后受精卵的存活率。

（1）玻璃毛细管的准备

采用硬质且内径具有玻璃丝（可利用虹吸作用装灌 DNA）的玻璃管，如薄壁硼硅酸盐玻璃毛细管，长 10cm、外径 lmm、内径 0.78mm。

（2）拉针

常用的拉针仪主要有两种型号，一种为 Narishige 公司的 P-30。这种拉针仪有三个参数：热度（heater）、主磁（magnet main）、副磁（magnet sub）。热度越高针尖越长、锥度越缓慢、针尖的口径越细，设定在热度值 86.6 较合适；主磁决定针尖的长度，磁力越高针尖越短，设定在 97.6 较合适；副磁是决定针尖口径，磁力越高针尖口径越大，设定为 56.1 较好。还有一个参数即主磁力和次磁力的转换点（main & sub switching point），毛细管均匀拉伸成锥度好且针尖长，笔者认为设为 5mm 较为合适。

另一款更加精细的拉针仪是 SUTTER 公司产的 P-97。这种拉针仪有 4 个参数：热度值（heat）、拉力（pull）、速率（velocity）与充气时间（time），上述参数之间是相互影响的，它们之间的关系如下：

1）增加热度值可以获得长而细的锥形，而且尖端直径很细；

2）增加拉力值可以获得长的锥形，但对针尖直径影响较小；

3）增加速率值可以获得较细的针尖直径；

4）增加时间值可以获得短的锥形，而针尖直径迅速减少；

5）改变压力值需要另外一些程序设定，压力增加可以获得短的锥形，而针尖直径较大。

P-97 拉针仪对于显微操作用针是非常实用的，它可以拉出满足任何实验用显微操作针。

（3）锻针仪锻针

根据操作者的偏好，显微注射针可作 15°～30°的弯曲，也可不打弯。操作过程类似于持卵针制作。

2. 持卵针的制作

（1）拉针

玻璃管（无玻璃细丝）可以用国产或进口玻璃管，使用注射针拉制参数即可。

（2）锻针

采用 MF-900 锻针仪（Narishige）。首先在 5 倍物镜下，将电热丝及事先制作好直径为 100μm 的玻璃珠调至最清晰的位置，将针水平置于毛细管支架上，并使其水平位于玻璃珠的正上方（图 18-41A）；再将物镜转换至 10 倍镜下，水平调节针的位置，使其与玻璃珠接触位置的口径正好为 80～100μm，踩下踏板接通电源，调节电热丝的温度，电热丝和玻璃珠微发红，针与玻璃珠接触面开始微熔化，松开脚踏板断电，电热丝的冷缩会自动向后撤离玻璃管，此时将从与玻璃珠接触点把针拉断，形成一个整齐的断面（图 8-41B）。

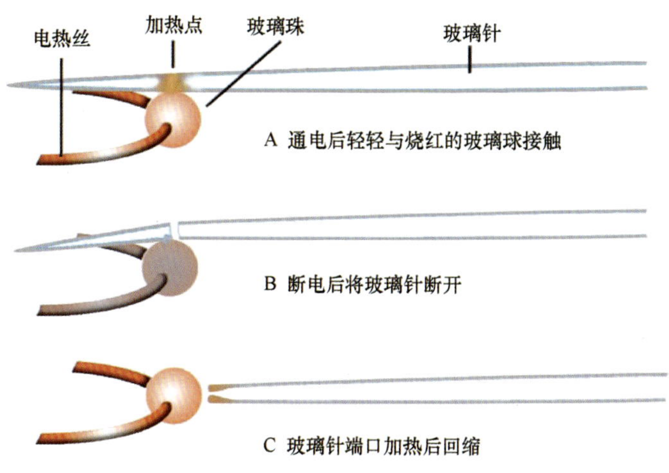

图 18-41 断针过程示意图

（3）持卵针的收口

持卵针需要加热收口使内径合适才不至于伤害卵细胞方便操作。将已经断口的持卵针置于玻璃珠的水平位置，相距 10μm 左右，不可相互接触，缓缓调节电热丝的温度，当电热丝和玻璃珠变橘黄色时，针管口内径慢慢回缩，至内径 10～20μm 时停止加热。此时持卵针内径大小合适，表面光滑（图 18-41C）。

（4）持卵针的打弯

持卵针制作完成后有时需烤弯成一定的角度（15°～30°），方便操作。打弯方法：将制作好的持卵针水平置于毛细管支架上，调清视野，玻璃针放于玻璃珠的上方，并保持一段距离。踩下踏板接通电源，并缓缓调节电热丝的温度，电热丝和玻璃珠变橘黄色时，将玻璃珠缓缓向玻璃针靠近，同时在镜中观察标尺，达到所需角度时，立即松开踏板，即打弯成所需角度的持卵针。

五、原核的显微注射

1）操作滴的制作。取 100mm 培养皿的皿盖，做一宽度约为 2mm 的 M2 操作液条带或者 6 个 20μl 的液滴，覆盖石蜡油，用胚胎转移管将一组受精卵转移到操作滴中。

2）将注射针的钝端没入 DNA 溶液中，利用注射针的虹吸作用完成装针，将装好的注射针安装到操作臂上。

3）将固定针调整到邻近合子的位置，并用负压固定，调节显微镜确定原核位置。原核应当尽可能处于固定针中轴线上。如果偏离轴线，注射针向原核推进时合子可能会发生旋转。

4）当合子处于满意位置时，施加一个合适的负压，使透明带稍吸进固定针内口，但受精卵未发生变形。双原核中任一原核均可用于注射或全部注射，但由于雄原核一般较雌原核大，因而多进行雄原核注射。

5）重新对准备注射的原核进行调焦，确定焦点处于原核中间位置。移动注射针到同一 y 轴位置，即原核所处位置（胚胎“6 点”或“12 点”位置）。并调整针的高度，使针尖完全清晰，此时不能改变焦平面。此步骤为注射针确切注射到原核的重要步骤。

6）不改变垂直位置将注射针移动到“3 点”位置。推动注射针透过透明带，进入卵胞质并接近原核，确定注射针尖端与原核均处于同一焦点，持续推进注射针并进入原核。由于核仁黏性大，因此注射针应尽量避免接触到核仁，当注射针尖端进入原核，利用注射压力装置对注射针施加注射压。

7）如果原核膨胀则表明注射成功，此时将注射针从合子中迅速撤出。如果撤针缓慢，注射液体有可能损伤质膜，并且缓慢撤针次数太多，会使注射针黏附核物质。

8）如果原核不膨胀，可能是注射针堵塞或者卵质膜未被穿透，应重新注射。在注射时，虽然建议注射 1～2pl DNA 溶液，但由于很难控制注入原核的溶液的精确体积，因此一个指导性原则是，直到原核体积发生明显膨大时停止注射，如图 18-42 所示。

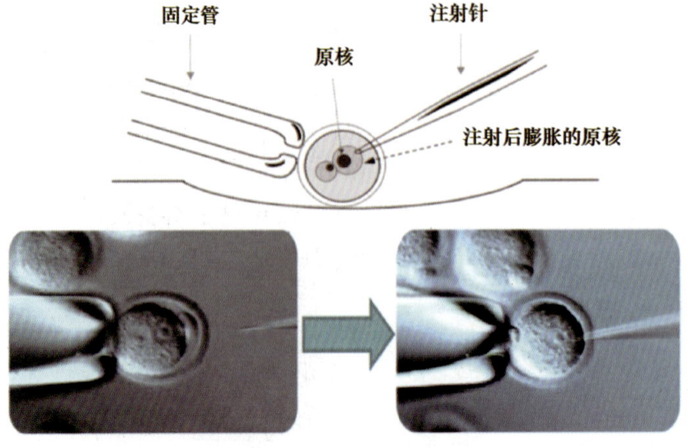

图 18-42　受精卵原核注射

9）注射针撤出后，如果胞质从合子中溢出，则说明该合子已经发生溶解，合子死亡。

10）如果连续注射成功，则可以继续使用同一根注射针。如果发生以下情况，则应考虑换针：①原核非常清晰而连续几个合子无法进针；②注射后连续两个卵子发生溶解；③注射针尖端看起来“较脏”或者核物质黏附在注射针上；④针尖断裂或者针尖直径超过 1μm；⑤注射针堵塞而且多次高压冲洗（FemtoJet 上的“Clean”功能）无法清洗干净。

11）操作滴中所有受精卵注射完毕后，应当立即移回 KSOM-AA 培养液中 37℃培养，然后将新一批受精卵转移到操作滴中进行注射。

12）在显微注射过程中，不可避免的会导致一些合子发生溶解，而且溶解一般发生在注射完成后 5～30min 内。所以，在完成注射后，应及时剔除溶解的受精卵。如果操作正常，一般有 80%的受精卵可以存活。

六、胚胎培养

原核注射后的胚胎培养方法与正常胚胎培养一样。小鼠胚胎一般采用微滴培养法，通常在饱和湿度、37℃、5% CO_2和 95%空气的培养箱中培养。覆盖石蜡油有助于培养液稳定并减少蒸发（蒸发可导致渗透压增加）及减少由培养箱外操作引起的温度和 pH 变化。培养滴（20～30μl）应该在培养前 4～6h 或提前 1 天制作，置于培养箱中平衡。

对于小鼠胚胎，在培养液中发育最好的胚胎/孵育液比例大约是 10 个胚胎/20μl。当胚胎从 HEPES 缓冲的胚胎冲洗液中转移出来后，应该用平衡好的几滴培养液彻底洗涤胚胎，以去除残余的 HEPES。

第五节 胚胎移植与转基因鉴定

在胚胎移植时,1-细胞期到桑椹胚期的胚胎（交配后 0.5～2.5 天）可移植入假孕雌鼠的输卵管内，而 3.5 天的囊胚则应移植入交配后 2.5 天（最迟 3.5 天）的假孕小鼠的子宫内。为使体外操作的胚胎有足够时间与子宫内膜的发育相适应，移植胚胎的发育阶段应稍微早于假孕雌性小鼠的妊娠阶段。无论是输卵管移植还是子宫移植，每只假孕小鼠的移植胚胎数目一般是 15～30 枚。如果移植的胚胎数目过少，可以着床和妊娠的胎数也少，有时只有一两个胎儿，这时有可能因为胎鼠长得过大而在出生时发生困难，而且产仔数过少时母鼠有时会不哺乳。但是，如果移植胚胎数目过多（产仔数 10 只以上时），可能导致部分子鼠不能正常生长发育，也有可能造成移植之后难产。

如果两只代孕雌鼠怀有基因型相同的胚胎，则经输卵管或子宫移植后可以将它们放在同一只笼子里，产仔后它们能够互相照顾双方所产的仔鼠。

一、假孕母鼠的准备

一般选用 6 周龄以上、体重达 25～35g 的雌鼠作为受体雌鼠。通常进行 1 次显微注射实验，最后得到的胚胎可供移植 2～5 只受体小鼠。因此对于一次实验来说，应准备 5

只假孕小鼠，如果按照交配后80%的小鼠是阴栓阳性的比例计算，用6只左右的发情期雌性小鼠与输精管结扎的雄性小鼠交配即可。假孕小鼠的交配用一般的自然交配法，连续3次交配都是阴栓阴性的雄性小鼠应淘汰。一般输卵管移植使用当天见栓的小鼠，记录为Day1；而子宫移植则使用见栓2天后的小鼠，记录为Day3。

特别需要注意的是，在转基因小鼠或基因敲除小鼠实验中，接受移植的受体小鼠经常有胎儿分娩的异常，通常需要剖宫产。因此在准备假孕小鼠的同时，应该为胎儿准备代乳母鼠，即同时用正常雌性小鼠和正常雄性小鼠进行交配获得乳母。

二、输卵管移植

移植成功的要点：一是准备好移植吸管；二是手术时间要短、注意出血要少。需要熟练辨认输卵管的开口部位（输卵管伞），难度较子宫移植大。

（一）移植吸管的制作

取长10cm、外径5mm的硬质玻璃管，用酒精灯外焰加热玻璃管中段。在玻璃管变软时快速用手向两边拉伸，使玻璃管中段变成毛细管。用小砂轮在玻璃管中段外径200μm处截断毛细管，使其比1个胚胎略大，而比2个胚胎略小。

（二）手术器械及药品

纤维光学照明器（必备）、钝尖细镊子、2把眼科镊子、眼科剪刀、1ml注射器、小号弯圆缝合针、缝合线、麻醉用巴比妥钠、75%酒精及酒精棉、2台实体解剖显微镜（一台用于手术，另一台用于胚胎装管）。

（三）操作流程

1. 麻醉受体母鼠

将小鼠称重并经腹腔内注射麻醉剂使其麻醉，然后将小鼠置于100mm塑料培养皿的盖子、纸巾或其他垫子上，便于操作。

2. 注射后受精卵的短暂培养

由于胚胎需在培养箱外停留数分钟，所以在装管前应将胚胎置于M2培养液或其他含HEPES缓冲的培养液中，在体式显微镜下计数注射完成可供移植的受精卵，按每个小鼠单侧输卵管移植10个左右计算。按此数目用采卵吸管转移到1个20μl的M2培养液的液滴中，将培养皿放回培养箱中。

3. 将胚胎装入移植管

用硬玻璃毛细管制作移植管。先在移植管中吸入M2至肩部，然后吸入一个小气泡，再吸入培养液，之后紧跟着一个泡，在吸管的末端约0.5cm长时，吸入10～15枚胚胎及少许培养液（图18-43A）。

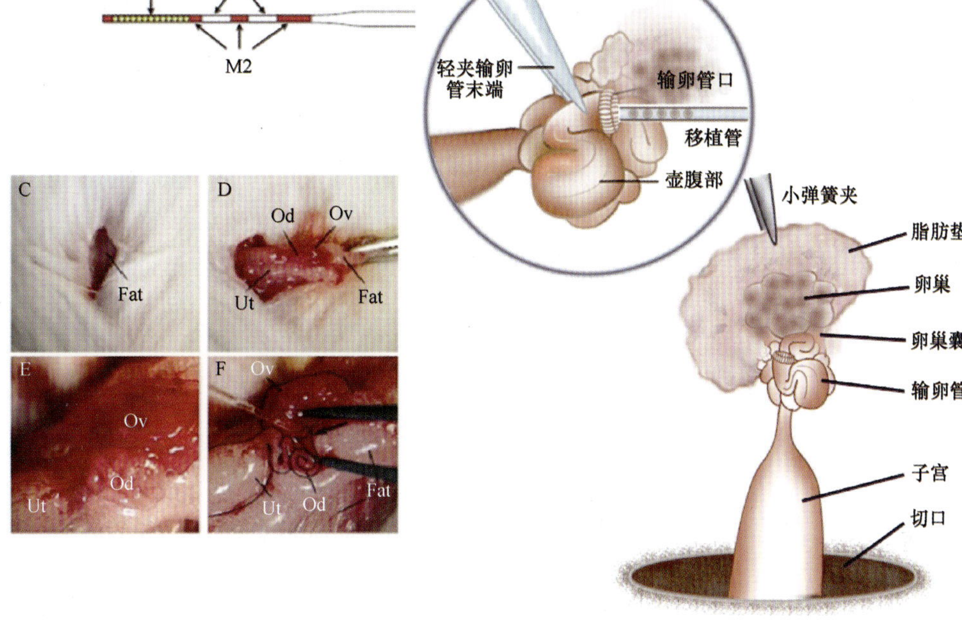

图 18-43 输卵管移植

A. 胚胎移植管；B. 生殖器官定位；C～F. 移植过程。Fat：脂肪垫；Od：输卵管；Ut：子宫；Ov：卵巢

4. 手术拉出输卵管与子宫

经 75%酒精消毒后，在背部近中线、最后肋骨水平上，纵向切开皮肤与腹壁，用钝镊子夹住脂肪体（图 18-43C），从切口拉出卵巢、输卵管和子宫，并小心地移入体视显微镜下。

5. 胚胎移植

卵巢囊是输卵管和卵巢周围的一层有血管分布的透明的膜（图 18-43E），用小弹簧夹子将其固定在体外（图 18-43D），调整好小鼠及输卵管的位置，以便于很容易地将移植管刺入输卵管。用 2 把眼科镊子在输卵管伞部的卵巢囊上撕开一个小口（图 18-43F）；然后把移植管插入伞口处（图 18-43B），吹出胚胎，可在壶腹部观察到 2 个以上的气泡，说明移植成功。

6. 子宫等复位、缝合

将小鼠从显微镜台上取下，将脂肪垫、子宫、输卵管和卵巢等放回体腔。重复以上步骤移植另侧输卵管。缝合体壁，术后将小鼠放置于干净的鼠笼里，用一个 50W 的灯泡保温，或将鼠笼烘片机上，直到其苏醒为止。

三、子宫内移植

囊胚需要进行子宫内移植。每只受体雌鼠可移植 10～15 枚胚胎，如果进行单侧子宫角移植，则每个子宫角最多不超过 8 枚胚胎。移植无透明带 CDl/ICR 小鼠囊胚的成功率较低，所以每只受体雌鼠通常可移植 15～20 枚胚胎。在受体雌鼠短缺的情况下也可移植 24 枚，将其在两个子宫角平均分开。

移植时，左手用钝头小镊子夹住并提起子宫上部（靠近输卵管），右手拇指和食指之间捏住含有胚胎的采卵吸管，同时在食指和中指间捏住 1 个 26 号针头。用针头在子宫靠上部位的壁上扎一小孔，确保针进入子宫腔内而不是只插入子宫壁（图 18-44）。拔出针头，立即将装有胚胎的吸管插入小孔约 5mm，轻轻吹出胚胎，第一个气泡进入子宫腔。同法进行对侧子宫移植。移植结束后，缝合肌层和皮肤，保温至苏醒。

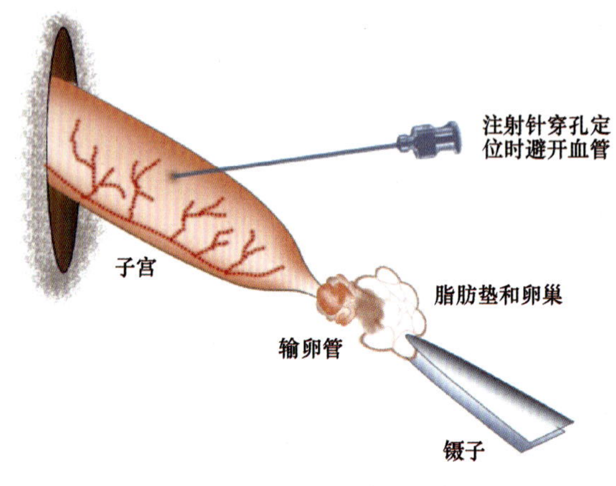

图 18-44　子宫内移植

四、转基因小鼠鉴定

较为常用的鉴定方法有 PCR 法及 Southern 杂交法。Northern 杂交、RT-PCR 检测、Western 杂交和免疫组织化学法可用来检测转入基因的蛋白表达状况。PCR 检测是转基因小鼠鉴定的一个最基本也是最重要的技术手段。由于 Southern 杂交的技术特点，决定了它不适合大规模的鉴定阳性鼠，只能在 PCR 检测鉴定的基础上进一步确定基因是否整合到基因组中。

（一）PCR 检测鉴定转基因小鼠

1. 鼠尾基因组 DNA 的提取

1）取 1.5ml 离心管，加入 120μl EDTA 和 500μl 裂解液。冰浴 10min，待出现雾状沉淀，将鼠尾（1～2cm）置于其中。

2）向上述离心管内加入 17.5μl 蛋白酶 K（proteinase K）。置于 55℃恒温过夜消化。

3）第二天观察鼠尾消化情况，如果仍有大块组织，则再加入 3μl 蛋白酶 K，涡旋振荡，55℃继续消化，直至鼠尾全部消化。

4）8000r/min 离心 8～10min。

5）取新 1.5ml 离心管，加入 200μl 蛋白质沉淀剂。将离心后的上清转移至新离心管中，涡旋 20s，冰上静置 5min。

6）13 000r/min 离心 10min。

7）向 1.5ml 离心管中加入 600μl 异丙醇，将离心后的上清转移至新离心管中，上下轻轻颠倒，直至析出白色絮状沉淀。

8）13 000r/min 离心 5min。

9）弃上清，加入 1ml 70%乙醇，颠倒混匀。

10）13 000r/min 离心 1min。

11）弃上清并小心吸净剩余液体，倒置于吸水纸上干燥 5～10min。

12）加入 80～100μl TE 或无酶水回溶 DNA。

13）4℃过夜，使 DNA 充分溶解。

2. PCR 扩增

将常规的 *Taq* 酶完全解冻后，上下颠倒混匀。于冰浴中配制如表 18-14 所示的反应体系。

表 18-14　PCR 反应体系

名称	体积
ddH_2O	加至 50μl
2×*Taq* Master Mix[1]	25μl
裂解产物[2]	2～5μl
上游引物（10μmol/L）	2μl
下游引物（10μmol/L）	2μl

1 *Taq* Master Mix 中预混有 Mg^{2+}。在实际使用过程中，可使用 25mmol/L $MgCl_2$ 进行调整，调整间隔为每次增加 0.5mmol/L。2 裂解产物加入量不应超过 PCR 反应体系总体积的 1/10

（二）原代转基因小鼠的特点

原核注射获得的转基因小鼠，其目的基因随机整合到基因组中，因此原代转基因小鼠（F_0）将会有不同的整合位点。整合基因的拷贝数在不同的原代转基因小鼠中可能也不同。因此，每一个原代转基因小鼠需要作为一个独立的谱系对待，需要与其他原代转基因小鼠分开繁殖。由于不同的整合位点和拷贝数，每一个原代转基因小鼠可以有不同的表达水平。所以，每个原代转基因小鼠的子代都需要进行转基因遗传和表达检测。

五、纯合子小鼠的培育

产生的原代转基因小鼠几乎均为杂合子，需要进行筛选和纯化以获得纯合子的转基因小鼠。

一般采用传统杂交结合 PCR 技术进行纯合子转基因小鼠选育。将原代（F_0）转基因小鼠与野生型小鼠杂交，产生的后代（不同窝的仔鼠分别统计）为 F_1 代。F_1 代中阳性小鼠同胞进行交配产生的后代为 F_2 代。在 F_2 中，选择数对阳性鼠同胞交配产生的后代

为 F_3 代。根据各窝鼠的整合率及 Southern 的信号，选出假定纯合小鼠。将假定的纯合子小鼠与野生型小鼠杂交产生 F_4 代。根据后代整合率，对假定的纯合子转基因小鼠做出验证。可继续传代以建立稳定的转基因小鼠品系。

如果目的基因有毒性、致畸或胚胎致死性，则有可能无法得到原代转基因小鼠。如果纯合后基因产生毒性或毒性增加，将导致后代健康状况差，丧失生育能力或存活期短等问题。如果发生这些情况，纯合子转基因小鼠不适合用于种系保存。可以采用半合子小鼠代替，半合子能减轻基因毒性效应，但筛选相当工作烦杂。

第六节　原核注射制备转基因小鼠的技术优化

原核注射技术已经是目前制备转基因小鼠最有效的手段，但不同实验室的转基因效率差异较大。效率不高仍是该技术的主要缺点。在制备转基因小鼠过程中，杨磊等（2016）对原核注射的多个方面都进行了改进，尤其是在注射针直径、外源基因浓度、单或双原核注射及胚胎移植等主要步骤上的进行了优化。不同浓度的外源基因对转基因小鼠的阳性率有很大影响。外源基因为 1.0μg/ml、2.5μg/ml、3.0μg/ml 和 4.0μg/ml 浓度时，转基因小鼠阳性率分别为 0.67%、14.9%、30.6%和 21.4%。其中，外源基因浓度在 3.0μg/ml 时，转基因阳性率极显著高于其他各组（$P<0.01$）。采用 3.0μg/ml 的 DNA 浓度进行单或双原核注射时，发现双原核注射组的阳性率显著高于单原核注射组（24.3% vs 18.3%，$P<0.01$）。采用尽可能细的注射针、2～4μg/ml 的 DNA 载体浓度、双原核注射和正确的胚胎移植操作，是获得高效率转基因小鼠的关键。这些经验可能对从事动物转基因技术研究的实验室提供一些有益的借鉴。

一、质粒准备

使用大小分别为 3709bp 的 pCMV-FAT1 和 3696bp 的 pCMV-FAD3 两种外源基因质粒。原核注射前，将环状质粒经 *Dra*III、*Afl* I 和 *Eco*R I 、*Afl* II 限制性内切核酸酶线性化成基因表达盒（图 18-45）。

二、注射针的直径对转基因小鼠效率的影响

在操作过程中，注射针越细，对卵的损伤越小，穿透性也越好（表 18-15），同时转基因阳性率也明显高于粗针组（47.6% vs 12.5%，$P<0.01$）。

三、注射的外源 DNA 浓度对转基因小鼠效率的影响

本研究分别选取了 1.0μg/ml、1.5μg/ml、2.5μg/ml、3.0μg/ml、4.0μg/ml 和 6.0μg/ml 等 pCMV-FAT1 和 pCMV-FAD3 的载体浓度进行原核注射。结果表明，DNA 浓度为 3.0μg/ml 和 4.0μg/ml 时，转基因小鼠的阳性率可以达到 20%以上；而 DNA 浓度为 1.5μg/ml 和 6.0μg/ml 时，转基因效率最低（表 18-16）。

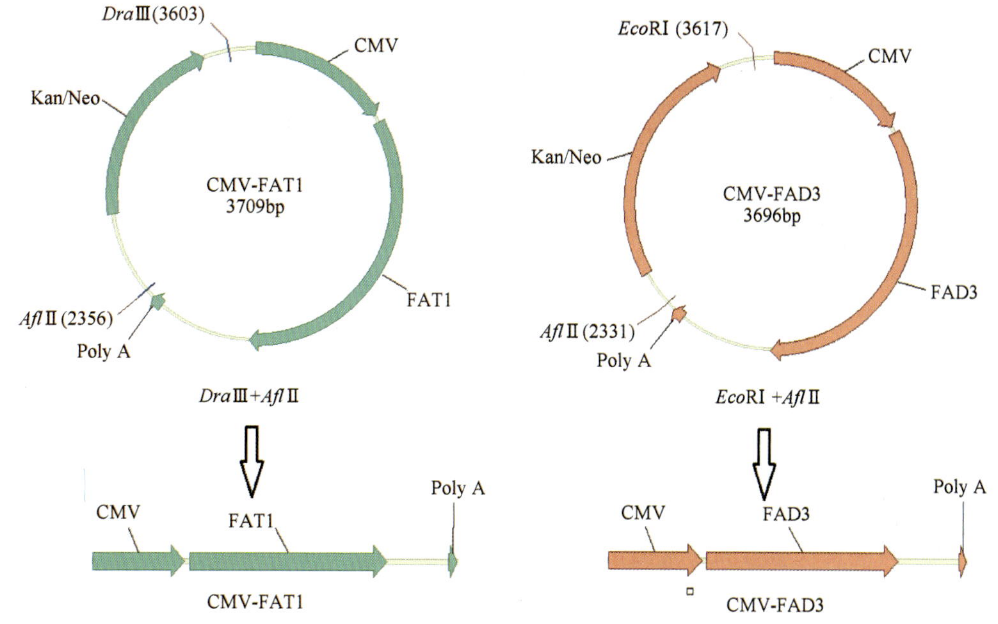

图 18-45　pCMV-FAT1 和 pCMV-FAD3 转基因载体构建过程

表 18-15　不同直径的注射针制备转基因小鼠效率的比较

针尖直径	载体	注射卵数	移植卵数	出生数量	阳性数量	阳性率
细针（≈0.5μm）	pCMV-FAT1	434	430	65	31	31/65（47.7%）[a]
粗针（≈1μm）	pCMV-FAT1	319	270	32	4	32/270（12.5%）[b]

a、b：P<0.01

表 18-16　不同浓度的外源基因对阳性率的影响

基因载体	DNA 浓度（μg/ml）	注射卵数量	移植卵数	出生数量	阳性数量	阳性率
TE	0	70	63	28	—	—
pCMV-FAT1	1.00	620	610	298	2	2/298（0.67%）[e]
pCMV-FAT1	2.50	389	368	134	20	20/134（14.9%）[d]
pCMV-FAT1	3.00	249	204	49	15	15/49（30.6%）[a]
pCMV-FAT1	4.00	320	170	14	3	3/14（21.4%）[c]
pCMV-FAD3	1.50	159	144	73	0	0[f]
pCMV-FAD3	3.00	217	207	53	14	14/53（26.4%）[b]
pCMV-FAD3	6.00	136	78	3	0	0[g]

a、d（P<0.05）；e、a，e、b，e、c，e、d，d、f，c、f，a、f，b、f（P<0.01）；d、c，d、b，a、c，a、b（P>0.01）

四、单或双原核注射对转基因小鼠阳性率的影响

使用浓度为 3.0μg/ml 的 pCMV-FAT1 线性化的外源基因，比较了单原核与双原核注射制备转基因小鼠的效率，结果见表 18-17。双原核注射对胚胎的 2-细胞卵裂率有较大

的影响，而且转基因小鼠的阳性率也显著提高，说明双原核显微注射优于单原核注射。

表 18-17 单或双原核注射的结果比较

实验组	移植卵数	2-细胞卵裂率（%）	产仔率（%）	阳性率（%）
单原核注射	196	86.4 [a]	60.3 [a]	18.3 [a]
双原核注射	268	71.6 [b]	39.5 [b]	24.3 [b]

a、b：$P<0.01$

五、母鼠的假孕时间对转基因小鼠生产的影响

使用浓度为 3.0μg/ml 的 pCMV-FAT1 线性化的外源基因注射受精卵，将发育到 2-细胞期的胚胎分别移植到 0.5 天、1.5 天和 2.5 天的假孕母鼠中。发现 0.5 天与 1.5 天代孕母鼠产仔率没有差异，1.5 天的假孕母鼠产仔率（67.6%）显著高于 2.5 天假孕母鼠（40.1%）；1.5 天代孕组的转基因阳性率也最高（22.5%）（表 18-18）。

表 18-18 母鼠的假孕时间对转基因小鼠生产的影响

交配后时间（天）	移植卵数	受体数	出生数	产仔率	阳性率
0.5	159	11	109	109/159（68.6%）[a]	19/109（17.4%）[a]
1.5	210	15	142	142/210（67.6%）[a]	32/142（22.5%）[b]
2.5	197	15	79	79/197（40.1%）[b]	8/79（10.1）[c]

产仔率 a、b：$P<0.01$；阳性率 b、c：$P<0.05$

六、其他一些影响因素

在原核注射法制备转基因小鼠的过程中，显微注射针的直径对于注射后受精卵的存活起决定性因素，所以显微注射针的粗细要控制好，太粗容易损伤核仁，且细胞质也会从穿刺口处往外流，造成受精卵死亡；太细又影响注射液的注入，且很可能破坏 DNA 结构，同时对胚胎产生很大的注射压力，也会造成受精卵死亡（崔城等，2008）。笔者的实验结果表明，采用针尖约在 0.5μm 的注射针，可以高效的获得转基因阳性小鼠。

在实验过程中，笔者发现 DNA 的浓度对转基因小鼠的研制效率有显著影响。为了获得较适宜的 DNA 注射浓度，笔者采用两种实验方案：一是不同 DNA 浓度、相同外源基因；二是不同外源基因、相同 DNA 浓度。结果显示，原核注射用的 DNA 浓度以 2～4μg/ml 较为适宜，转基因小鼠的阳性率达到 20%以上。由于注射的外源 DNA 对受精卵是有毒性的，DNA 浓度越高，毒性越大。在控制注射量的同时，对 DNA 浓度要有一定的限制（郑敏等，2004；张译捷等，2015）。不同实验室采用的浓度并不相同，这可能是导致不同的阳性率的原因之一（Garrels et al.，2016；Skarnes et al.，2011）。

在原核注射操作过程中，有许多需要注意的环节。根据笔者的经验，显微注射的时间点会直接决定着转基因小鼠的阳性率。根据受精卵的发育特点，最为理想的显微注射时间应该在受精卵有丝分裂的 S 期的前期进行。因为 S 期的受精卵正在进行 DNA 的复

制，S 期或之前注射外源基因，可以使注入的外源基因通过受精卵自身的基因组复制整合到受精卵基因组内（Li et al.，2013）。有研究证明，小鼠胚胎在受精后 12～14h 开始合成新的 DNA。因此，在小鼠胚胎受精后的 11～12h 进行注射是合适的，并且此时雄原核体积较大，雌雄两原核均处于受精卵的边缘，较易注射（马斌斌等，2013）。另外，需要注意控制注射针的针尖粗细和尖部长度。一般采用细针尖进行注射，因为细针对受精卵及原核损小，利于胚胎的后续发育。当注射针刺入原核当中，必须看到原核体积明显膨大才能撤针，撤针速度要尽可能的快，否则会带出核内物质致使受精卵死亡；即便是胚胎没有死亡，这样的受精卵也不会发育到期。当注射针尖口太大，连续使 3 枚卵死亡，或针尖被堵时就必须及时换针。虽然双原核注射法比单原核注射可以获得更高的转基因小鼠阳性率，但是双原核操作难度极大，对操作技术要求更高，并不适于初学者（王勇等，2005；杜宝珠等，2015）。

胚胎移植时，母鼠的假孕时间直接影响着小鼠的生产效率。假孕 1.5 天的母鼠适合于 2-细胞期胚胎的移植，小鼠生产率达到 67%。此外，在胚胎移植的过程中，移卵针的口径和长短需合适，否则会造成受精卵受损或丢失，移卵针口径以正好过一枚胚胎为佳，在手术过程中要尽可能避开血管，防止大量出血妨碍操作。将移卵针准确插入输卵管伞口内，顺着输卵管走势尽可能多深入一些，吹入最少量的液体和气泡，以上因素都会影响受精卵的着床率。

在原核注射的过程中会对胚胎造成一定的损伤，并且注射过外源基因的受精卵在竞争上处于弱势地位，因而移植后代孕母鼠的妊娠率与正常交配的妊娠率相比要低。我们注意到，保证足够量的受体母鼠很重要，可以避免出现注射完受精卵后没有受体可移植的现象。

总之，采用尽可能细的注射针、2～4μg/ml 的 DNA 载体浓度、双原核注射和正确的胚胎移植操作，是获得高效率转基因小鼠的关键。表 18-19 是通过上述优化的原核注射技术获得的多种转基因小鼠。

表 18-19　本实验室已经制备的转基因小鼠

基因载体	小鼠品系	阳性率（%）
pCMV-FAT1	B6D2F1	51.1
pCAG-FAT1	B6D2F1	24.1
pCMV-FAD3	B6D2F1	34.4
pBC-FAD3b	B6D2F1	5.2
pBC-Insulin	B6D2F1	12.5
pU6-shRNA-HDAC2	B6D2F1×KM 杂交 F1	4.3
KO-MSTN	B6D2F1	8.2

原核注射制备转基因小鼠是一项步骤繁杂、需要精细操作、外界影响因素较多的显微操作技术，建立一套高效的标准化操作流程是获得转基因小鼠的前提条件。

参 考 文 献

崔城，张哲，于秉治. 2008. 小鼠受精卵微注射 Cdc25b mRNA 可提高卵裂率并促进受精卵发育. 中国生物化学与分子生物学报, 24(1): 69-77.
杜宝珠, 覃玉凤, 杨晓亮, 等. 2015. CMV 启动子驱动报道基因 EGFP 在转基因猪和转基因小鼠不同组织中的表达效率比较. 农业生物技术学报, 23(10): 1327-1333.
马斌斌, 孟永芳, 谷建锋, 等. 2013. 昆白小鼠受精卵原核注射后微管和微丝的动态变化. 农业生物技术学报, 21(7): 775-782.
王勇, 刘勤, 倪勇, 等. 2005. 通过双原核显微注射提高转基因小鼠研制效率的实验研究. 中国实验动物学报, 13(3): 159-162.
杨磊, 宋丽爽, 刘雪霏, 等. 2016. 原核注射制备转基因小鼠的技术优化. 农业生物技术学报, 24(8): 1278-1284.
张译捷, 王智锋, 陈文彬, 等. 2015. 显微注射制备转基因小鼠的优化. 黑龙江动物繁殖, 23(1): 6-9.
郑敏, 王莉莉, 王美丽, 等. 2004. 转基因小鼠生产过程的优化. 农业生物技术学报, 12(6): 672-675.
Bedell VM, Wang Y, Campbell JM, et al. 2012. In vivo genome editing using a high-efficiency TALEN system. Nature, 491: 114-118.
Gaj T, Gersbach CA, Barbas CF. 2013. ZFN, TALEN and CRISPR/Cas-based methods for genome engineering. Trends Biotech, 31: 397-405.
Garrels W. , Talluri TR, Ziegler M, et al. 2016. Cytoplasmic injection of murine zygotes with Sleeping Beauty transposon plasmids and minicircles results in the efficient generation of germline transgenic mice. Biotech J, 11: 178-184.
Gordon JW, Ruddle FH. 1981. Integration and stable germ line transmission of genes injected into mouse pronuclei. Science, 214: 1244-1246.
Gordon JW, Scangos GA, Plotkin DJ, et al. 1980. Genetic transformation of mouse embryos by microinjection of purified DNA. Proc Natl Acad Sci USA, 77: 7380-7384.
Ittner LM, Gotz J. 2007. Pronuclear injection for the production of transgenic mice. Nat Protocol, 2: 1206-1215.
Li L, Lu X, Dean J. 2013. The maternal to zygotic transition in mammals. Mole Aspect Med, 34: 919-938.
Marh J, Stoytcheva Z, Urschitz J, et al. 2012. Hyperactive self-inactivating piggyBac for transposase-enhanced pronuclear microinjection transgenesis. Proc Natl Acad Sci USA, 109: 19184-19189.
Ohtsuka M, Ogiwara S, Miura H, et al. 2010. Pronuclear injection-based mouse targeted transgenesis for reproducible and highly efficient transgene expression. Nucl Acid Res, 38: e198.
Palmiter RD, Brinster RL, Hammer RE, et al. 1982. Dramatic growth of mice that develop from eggs microinjected with metallothionein-growth hormone fusion genes. Nature, 300(5893): 611-615.
Palpant NJ, Dudzinski D. 2013. Zinc finger nucleases: looking toward translation. Gene Therapy, 20: 121-127.
Shen B, Zhang J, Wu H, et al. 2013. Generation of gene-modified mice via Cas9/RNA-mediated gene targeting. Cell Res, 23: 720-723.
Skarnes WC, Rosen B, West AP, et al. 2011. A conditional knockout resource for the genome-wide study of mouse gene function. Nature, 474: 337-342.

（杨 磊、李光鹏）

第十九章　家畜转基因技术

自然界存在形形色色的物种，其遗传信息均由 4 种碱基（A、G、C、T）以不同的排列方式编码而成，在所有物种中遗传信息的表达过程也基本一致，这是在物种之间进行基因转移的理论基础。以转基因技术为主的基因工程，其实质是通过人工手段，实现物种之间的基因转移。传统的杂交育种只能在同种或近缘种之间转移遗传信息，往往涉及一整套染色体、一条染色体或一个染色体片段。而基因工程技术没有物种限制，可以将任何一个物种的基因转移到另外一个物种的基因组中，每次转移的基因类型和数量可以人为控制。

按照途径可将转基因技术分为人工转基因和自然转基因。人工转基因是将人工分离和修饰过的基因导入生物体基因组中，由于导入基因的表达，引起生物体性状的可遗传修饰，这一技术称之为转基因技术（transgenic technology）。由此产生的生物就是转基因生物（transgenic organism）或基因修饰生物（genetically modified organism，GMO）。自然转基因则是自然界里动物、植物或微生物自主形成的转基因现象，生物的自然突变就是自然转基因的表现形式。按照对象可将转基因分为植物转基因技术、动物转基因技术和微生物基因重组技术。通常所说的“遗传工程”“基因工程”“遗传转化”等均为转基因的同义词。

转基因动物就是将特定的外源基因导入动物受精卵或胚胎，使之稳定整合于宿主动物基因组并能遗传给后代的一类动物。转基因动物所有的细胞均整合有外源基因，并具有将外源基因遗传给子代的能力。通过生长基因、高繁殖力基因、高泌乳基因、瘦肉型基因、角蛋白基因与抗病基因等的基因导入，可以培育出经济性状改良的优良品种。2006年，欧洲批准了用转基因山羊生产的抗血栓药物 Atryn 上市，2009 年美国食品和药物管理局也批准了转基因生产的 Atryn 在美国上市。2015 年，美国政府批准转基因三文鱼上市。2008 年，我国启动实施的转基因生物新品种培育国家科技重大专项就是一项影响深远的动植物生物育种发展战略项目。

与传统生物技术相比，转基因技术带来了很大争议。“转基因”成为 2014 年“科学美国人”中文版《环球科学》杂志年度十大科技热词之一。围绕转基因技术的争论分为支持派、质疑派和中立派，主要是针对生物技术（biological technology，BT）、生物产业（biological industry，BI）、生物经济（biological economics，BE）和生物安全（biological safety，BS）等“4B”问题的争论。争论的根源主要在于对转基因技术的本质认识的差异、对转基因技术社会风险的担忧、转基因技术利益相关者的诉求及技术风险的社会放大效应等 4 个方面。

发展转基因技术应立足于对转基因技术的理性认识，对转基因过程与转基因产品的安全检测，加强物种、细胞、基因、转基因等多方面知识的科普宣传。只有正确认识转基因技术的性质、意义及安全检测措施，才能促进转基因技术的健康发展。

第一节　动物转基因技术发展简史

动物转基因技术是在经典遗传学、分子遗传学、结构遗传学和 DNA 重组技术的基础上，运用基因工程等实验技术手段，将分离得到的外源目的基因或重组基因导入动物受精卵或早期胚胎细胞中，使之整合到宿主细胞基因组内，产生携有外源基因的动物，并能稳定地遗传给下一代的一种生物技术。

一、研究简史

基因工程是生物技术的核心内容。在现代生物技术发展过程中发生了若干重要事件。1917 年，Eryky 首次使用“生物技术”这一名词。1943 年，青霉素进入大规模工业化生产阶段。1961 年，《生物技术与生物工程》杂志创刊。1972 年，Khorana 等合成了完整的 tRNA 基因。1973 年，Cohen 等首次成功开发出转基因技术。1975 年，Kohler 和 Milstein 建立了单克隆抗体技术。1976 年，制定了第一个针对 DNA 重组的技术规则。1980 年，美国最高法院对 Diamond 和 Chakrabarty 专利案做出裁定，认为经基因工程操作的微生物可获得专利。1981 年，第一台商业化 DNA 自动测序仪诞生。同年，第一个单克隆抗体诊断试剂盒在美国被批准使用。1982 年，利用 DNA 重组技术生产的第一种动物疫苗在欧洲获得批准。1983 年，根癌农杆菌 Ti 质粒系统被用于植物转化，同年 PCR 技术问世。1988 年，对肿瘤敏感的基因工程鼠在美国被授予专利。1990 年，美国批准第一个体细胞基因治疗方案。1997 年，第一只体细胞克隆哺乳动物问世。1998 年，美国批准获得性免疫缺陷综合征疫苗进入人体实验阶段。2006 年，人类 1 号染色体全序列公布。2008 年，中国启动转基因生物新品种培育国家科技重大专项。2013 年，高效基因编辑技术 CRISPR/Cas 应用于转基因生物研究。

在转基因生物研究中，给人们带来视觉冲击的是一类转荧光蛋白基因的转基因生物。有许多种生物都能发光，如某些细菌、昆虫和腔肠动物。它们之所以能发光，是因为体内存在某种特殊蛋白质。然而，不同生物的发光蛋白种类与发光机制不尽相同。例如，萤火虫体内的荧光素酶能将荧光素氧化从而发光。而绿色荧光蛋白的发光并不需要有其他因子参与，只要用紫外线照射即可。绿色荧光蛋白极其稳定，因而在生物学研究中也应用得最多。1992 年，绿色荧光蛋白的基因被克隆，之后科学家把该基因转入其他生物体，得到了经改造的会发光的生物体。随后，多种荧光动物陆续出生（图 19-1）。之后，红色荧光蛋白和黄色荧光蛋白也相继被开发利用，培育出不同颜色的荧光生物。荧光蛋白基因作为一种标记基因已经在转基因生物研究中广泛使用。然而，随着对转基因生物安全性的考虑，实际生产中，以荧光蛋白基因为代表的标记基因均被要求删除。相关内容将在本章中有所阐述。

图 19-1　荧光转基因动物

美国科学家 Hammer（1985）和 Pursel（1989）分别将人和牛的生长激素（GH）基因转入猪的基因组，生产出的转基因猪与非转基因猪相比，生长速度和饲料报酬明显提高。除 *GH* 基因外，加拿大的 Fletcher 等将抗冻蛋白基因导入大西洋鲑鱼，使其抗寒能力得以增强。新西兰科学家将小鼠超高硫角蛋白启动子转入绵羊，提高了后者的产毛性能。1987 年，美国科学家从转基因小鼠的乳汁中获得了治疗急性心肌梗死最好的溶血栓药物 t-PA（组织纤维蛋白溶酶原活化因子）。10 多年来，已有数百种产品在小鼠乳腺获得高效表达。其中数种重要医用产品已能从转基因大动物的乳汁中分离生产出来，如山羊乳腺表达抗凝血酶Ⅲ、t-PA 均达到 6g/L，绵羊乳腺表达抗胰蛋白酶（AAT）达到 35g/L，家兔乳腺表达葡萄糖苷酶达到 10g/L，猪乳腺表达第八因子达到 3g/L，奶牛乳腺表达乳转铁蛋白达到 3.5g/L。

乳房炎是奶牛最常见的，也是对奶牛生产危害性最大的一种疾病。金黄色葡萄球菌是引起奶牛乳房炎的主要病原体之一。美国学者 Donovan 等（2005）将编码溶葡萄球菌酶的基因转入奶牛中，所获得的转基因牛可以有效地预防由葡萄球菌引起的乳房炎。疯牛病学名为牛海绵状脑病，朊病毒蛋白体是引起疯牛病的病原体。2007 年，美国学者 Richt 等通过基因打靶技术获得朊病毒蛋白基因缺失的转基因牛，使生产不得疯牛病的牛成为可能（Richt et al.，2007）。

我国的转基因动物研究始于 1984 年——获得了含人 β-珠蛋白基因的转基因小鼠。利用显微注射法，1985 年和 1986 年又分别获得了含人生长激素（MT-hGH）基因的转基因泥鳅和转基因小鼠。1985 年，朱作言等将人 *GH* 基因导入鲫鱼受精卵，得到了生长速度快、耐受性强、肉质好的转基因鱼，该研究成果被 1989 年美国出版的《科学年史》评为近代中国两大重要开拓性科研成果之一。我国科研人员于 1987 年获得了含有大肠杆菌 *galk* 和 *gpt* 基因的转基因小鼠。之后又相继获得了含 *HbgAg* 乙型肝炎表面抗原基因的转基因兔、转基因猪、含促红细胞生成素（EPO）和 *HbgAg* 2 种基因乳腺特异性表达的转基因山羊、含人凝血因子 IX 的转基因山羊、含人血清白蛋白基因的转基因奶牛。2005 年，中国农业大学研究人员利用转基因体细胞克隆技术，分别获得了导入“人乳铁蛋白”“人 α-乳清白蛋白”“溶菌酶”“岩藻糖化蛋白”的转基因牛，这几种蛋白质是人乳中重要的营养物质，具有多种抗菌和抗癌功效，这些成果为开发“人乳化”牛奶提供了方向。2015 年，美国政府批准了转基因三文鱼的上市。近年来，在国家转基因生物新品种培育重大科技专项的支持下，我国转基因动物研究取得了世界瞩目的成就，培育出一大批转基因猪、牛、羊育种新材料。目前，我国的转基因动物研究已处于国际先进水平，部分领域已达国际领先水平。

二、生物转基因技术发展的主要事件

1973 年，美国斯坦福大学的斯坦利·科恩（Stanley N. Cohen）教授首次开发成功转基因技术。

1974 年，科恩（Stanley N. Cohen）将金黄葡萄球菌质粒上的抗青霉素基因转到大肠杆菌内，揭开了转基因技术应用的序幕。

1978 年，诺贝尔生理学或医学奖颁发给发现 DNA 限制性内切核酸酶的纳森斯（Daniel Nathans）、亚伯（Werner Arber）与史密斯（Hamilton Smith）时，斯吉巴尔斯基在《基因》期刊中写道，限制性内切核酸酶将带领我们进入合成生物学的新时代。

1982 年，美国 Lilly 公司首先实现利用大肠杆菌生产重组胰岛素，标志着世界第一个基因工程药物的诞生。

1982 年，Palmiter 等将带有小鼠 MT 启动子的大鼠生长激素基因导入小鼠的受精卵，得到转基因小鼠的成年体重是对照的 2 倍，被称为“超级小鼠”。

1983 年，世界首例转基因植物——抗病毒转基因烟草在美国华盛顿大学培育成功，标志着人类利用转基因技术改良农作物的开始。

1986 年，转基因农作物在美国获得批准进入田间实验。

1992 年，荷兰培育出植入了人促红细胞生成素基因的转基因牛，人促红细胞生成素能刺激红细胞生成，是治疗贫血的良药。

1994 年，美国批准转基因番茄进行商业化生产，这是世界第一例转基因作物被批准上市。

1997 年，转基因作物开始在南美洲和亚洲的一些国家大规模推广种植。

1998 年，欧盟国家通过法律，把转基因农产品作业严格限制在实验室环境或封闭区域之内。

1999 年 5 月，《自然》刊文披露用涂有转基因玉米花粉的叶片喂养君主斑蝶，导致 44%的幼虫死亡。

2005 年，种植转基因作物的国家从最初的 6 个增加到 21 个。

2006 年，全球转基因农作物种植面积首次超过 1 亿 hm^2。

2007 年，种植转基因作物的发展中国家数首次超过了发达国家数，分别为 12 个和 11 个，发展中国家的增长率是工业化国家的 3 倍。

20 世纪 90 年代，中国成功将人工合成的杀虫基因导入棉花主栽品种，成为继美国之后，第二个拥有自主研制抗虫棉的国家。

1998 年，上海交通大学医学遗传研究所培育出第一只转基因羊后，于 1999 年初又成功培育出中国首例转基因牛。

2000 年 8 月 8 日，中国签署国际《生物多样性公约》下的《卡塔赫纳生物安全议定书》。2005 年中国正式成为缔约方。

2001 年 5 月 9 日，国务院第 38 次常务会议通过《农业转基因生物安全管理条例》。

2001 年 12 月 11 日，卫生部部务会讨论通过《转基因食品卫生管理办法》。该办法旨在加强对转基因食品的监督管理，保障消费者的健康权和知情权。

2006 年 2 月 9 日，国务院发布了《国家中长期科学和技术发展规划纲要（2006—2020 年）》，提出到 2020 年我国科学技术发展的总目标，并确立了转基因专项在内的 16 个国家重大科技专项。

2006 年 12 月 26 日，卫生部部务会议讨论通过了《新资源食品管理办法》。

2009 年 11 月 27 日，农业部首次为两个抗虫转基因水稻品种“华恢 1 号”和“Bt 汕优 63”颁发安全证书，也是全球首次为转基因主粮发放安全证书。

2012 年 11 月，中国建立了首个转基因植物核算测量溯源框架。

2013 年 2 月 5 日，卫生部部务会议讨论通过了《新食品原料安全性审查管理办法》。这部法规替代了《转基因食品卫生管理办法》《新资源食品管理办法》，强调了食品原料的安全性，完善了审查管理办法。

三、动物转基因技术发展的主要事件

1869 年，F. Miescher 首次从鲑鱼精子中分离到 DNA。

1980 年，首次培育出世界第一个转基因动物（小鼠）。

1982 年，发明同源重组基因打靶技术。

1982 年，第一个基因工程药物——胰岛素在美国和英国批准使用。

1985 年，第一批转基因家畜（兔、猪和羊）诞生。

1997 年，第一只克隆绵羊“多莉”诞生。

1998 年 12 月，一种小线虫完整基因组序列的测定工作宣告完成，这是科学家第一次绘出多细胞动物的基因组图谱。

1998 年，第一代人工内切核酸酶技术，锌指核酸酶技术诞生。

2001 年 2 月 12 日，中、美、日、德、法、英 6 国科学家和美国塞莱拉公司联合公布人类基因组图谱及初步分析结果。

2010 年，第二代人工核酸酶技术——类转录激活效应物核酸酶（TALEN）技术出现。

2012 年，由 RNA 指导的 CRISPR/Cas9 内切核酸酶对靶基因修饰技术问世。

第二节　目的基因的操作

转基因操作的关键步骤之一是目的基因的选择与克隆。目的基因的操作包括 DNA 片段的选择、DNA 片段与载体分子的连接、重组 DNA 分子导入受体细胞和目的细胞克隆的筛选等 4 个步骤。

一、基因分离

到目前为止，获得目的基因的方法有 3 种：一是直接分离法，从自然界已有的物种中分离，如从基因组 DNA 中分离出目的基因，即从基因文库中筛选出目的基因；二是人工合成 DNA，组成目的基因；三是由 mRNA 反转录得到一种多肽或蛋白质的 cDNA 基因（图 19-2）。

（一）从基因组中分离基因

获得目的基因的第一种方法是从基因组中筛选。对哺乳动物来说，就是从 10^9 以上的基因序列中，分离出一个几千到几万个（大基因）碱基的片段。分离的方法是先建立基因组文库，再从基因组文库中筛选出含有所需基因的片段。

基因组文库（gene library 或 gene bank）是指汇集某一基因组所有 DNA 序列的重组 DNA 群体。高等真核生物染色体基因组文库通常是以 λ 噬菌体作为载体构建。

建立文库之后，利用适当的目的基因片段作探针，以高密度的噬菌斑或菌落原位杂交技术，从大量的噬菌斑或菌落中筛选出含有目的基因的重组体的噬菌斑或菌落，再经过扩增提取其中的重组体，最后即可获得所需要的目的基因片段。

（二）基因的人工合成

人工合成基因的第一步要设计合成基因的碱基顺序。设计的主要依据是所编码的氨基酸的顺序。要考虑真核生物或原核生物的基因特点，原核生物的基因组没有内含子，

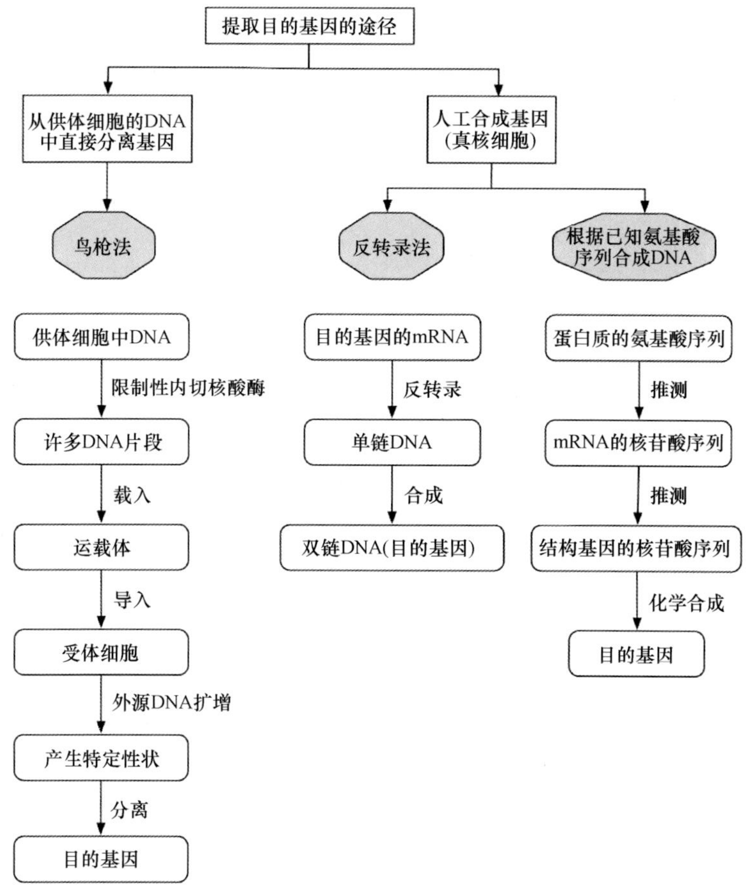

图 19-2　获得目的基因的 3 种方法

也不具有 RNA 加工能力和翻译后加工能力。因而如果将真核生物的基因引入原核生物，就需要去掉内含子。而且所设计的只能是同蛋白质中氨基酸顺序相对应的碱基顺序，以适应原核细胞特点。例如，胰岛素 A 链是 21 个氨基酸，设计的基因碱基顺序是 63 个碱基。除此之外，还应考虑密码子的偏爱性。一个氨基酸的密码子可以有多个，但在某一种生物中常常有一种是最常用的。例如，甘氨酸有 4 个密码子，在人的胰岛素基因中，其密码子是 GGT，而在大肠杆菌中则以 GGC 为主。为使合成的基因能构成重组 DNA 并且能转录和翻译，还需设计一些其他的碱基序列，如起始密码子、终止密码子、内切酶碱基序列等。设计完成后，根据最适的寡核苷酸合成度，将整个基因分为几个待合成片段。在 DNA 合成仪上把这些寡核苷酸合成后，用 DNA 连接酶将它们连成完整的基因序列。

（三）cDNA 基因

cDNA 基因是具有与 mRNA 链呈互补的碱基序列的单链 DNA。其原理是以 RNA 为模板，在适当引物存在下，利用依赖 RNA 的 DNA 聚合酶（反转录酶），合成 DNA。由于 mRNA 只含有一个基因的编码蛋白质的遗传信息，因而合成的 cDNA 可以称为 cDNA

基因，同原来基因 DNA 的区别在于 cDNA 基因没有内含子。获得某一种特定的 cDNA 基因要比人工合成复杂得多。首先以总 mRNA 为模板，用反转录酶合成互补的双链 cDNA，然后连接到载体上，转入宿主后建立的基因文库就是 cDNA 基因文库，再从文库中筛选出所需要的基因。

对于一些基本基因如管家基因，其 mRNA 在不同组织的细胞中均有表达，可以选取易于取得的材料。但有些基因，只在特定组织细胞中表达，就必须用这种特定的组织细胞来分离 mRNA。例如，生长激素的 mRNA 必须从活体动物的脑垂体中分离。从组织中分离出的 RNA，其中 90%以上是 rRNA，mRNA 只占 1%～2%。由于 mRNA 一般都具有 PolyA 尾部，用寡胸腺脱氧核苷酸（dT）可以将 mRNA 从总 RNA 中分离出来。

然后合成 cDNA 和建立 cDNA 基因文库。构建 cDNA 文库的具体步骤如下。

第一步：分离总 RNA，然后从总 RNA 中分离出 mRNA 部分，占总 RNA 的 1%～2%。

第二步：以 mRNA 为模板，经过反转录合成第一条 cDNA。

第三步：将 mRNA-cDNA 杂交分子转变为双链 cDNA 分子。

第四步：将合成的双链 cDNA 重组到质粒载体或噬菌体上。

第五步：将重组分子转入大肠杆菌感受态细胞中进行增殖。

二、利用 PCR 技术扩增目的基因

PCR 技术是目的基因片段简便快速的扩增方法。PCR 反应体系包括模板 DNA、特异性引物、耐热 DNA 聚合酶（如 *Taq* DNA 聚合酶）、dNTP 及含 Mg^{2+}的缓冲液。PCR 技术已成为最基本的分子生物学技术，在此不做赘述（图 19-3）。

三、DNA 重组

得到目的基因之后，需要组成一个可以进入宿主细胞的 DNA 结构，即构建重组 DNA。重组 DNA 是将目的基因（外源 DNA 分子）用 DNA 连接酶在体外连接到适当的载体而组成。

（一）DNA 重组技术常用工具酶

DNA 重组技术一般包括获得 DNA 片段、DNA 片段与载体相连接、将重组 DNA 导入宿主细胞、选出含有所需要的重组体 DNA 的宿主细胞等 4 个步骤。常用的工具酶有：①限制性内切核酸酶，识别特异序列，切割 DNA；②DNA 连接酶，催化 DNA 中相邻的 5′磷酸基与 3′羟基间形成磷酸二酯键，使 DNA 切口封合，连接 DNA 片段；③DNA 聚合酶Ⅰ，a. 合成双链 cDNA 中第二条链、b. 缺口平移制作探针、c. DNA 序列分析、d. 填补 3′端；④*Taq* 酶，催化 PCR，聚合 DNA；⑤反转录酶，a. 合成 cDNA、b. 替代 DNA 聚合酶Ⅰ进行填补，标记或 DNA 序列分析；⑥多聚核苷酸激酶，催化 DNA 5′羟基末端磷酸化，或标记探针；⑦碱性磷酸酶，切除 DNA 5′端磷酸基；⑧末端转移酶，在 3′羟基末端进行同系多聚核苷酸加尾；⑨DNase 酶，切割 DNA；⑩RNase 酶，切割 RNA。

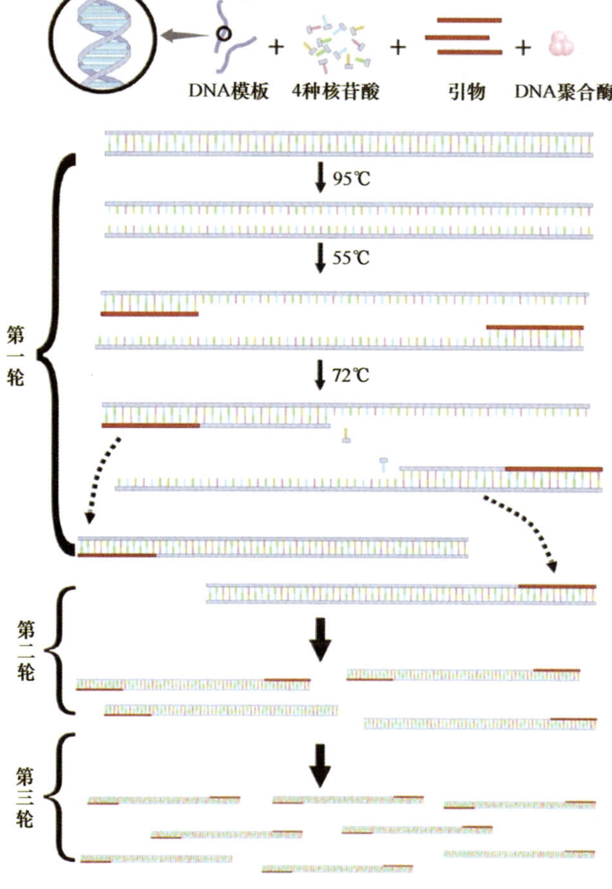

图 19-3　PCR 示意图

（二）载体

载体（vector）是一种具有独立复制能力和能够进入细胞的 DNA，长度一般为几千到几万个碱基。目前常用的载体有细菌和酵母的质粒（plasmid）、λ 噬菌体和病毒。

质粒作为载体的特性之一是可以从一个细胞转移入另一个细胞，也可以从细胞外环境中进入细胞。另一特性是可以接受外来 DNA 的插入，插入 DNA 在一定长度内，仍能保持其自我复制的特性和一个完整质粒的特性。

最常用的质粒是大肠杆菌质粒 pBR322 及其衍生质粒，它具有一个复制起点和一个抗氨苄青霉素基因及一个抗四环素基因，非常便于筛选。*Eco*RⅠ、*Pst*Ⅰ、*Hin*dⅢ、*Bam*HⅠ和 *Sal*Ⅰ等内切酶在 pBR322 上都只有一个切点，而且 *Bam*HⅠ、*Hin*dⅢ和 *Sal*Ⅰ的切点位于抗四环素基因上，*Pst*Ⅰ切点位于抗氨苄青霉素基因上，可在这些位点上插入外源基因。

（三）DNA 重组方法

1. DNA 片段和载体连接

1）黏性末端连接，每一种限制性核酸内切酶作用于 DNA 分子上的特定的识别顺序，许多酶作用的结果是产生具有黏性末端的两个 DNA 片段。

2）平端连接，某些限制性内切酶作用的结果产生不含黏性末端的平端。

3）同聚末端连接，在脱氧核苷酸转移酶（也称末端转移酶）的作用下，可以在 DNA 的 3′羧基端合成低聚多核苷酸。如果把所需要的 DNA 片段接上低聚腺嘌呤核苷酸，而把载体分子接上低聚胸腺嘧啶核苷酸，那么由于两者之间能形成互补氢键，同样可以通过 DNA 连接酶的作用而完成 DNA 片段和载体间的连接。

4）人工接头分子连接，在两个平端 DNA 片段的一端接上用人工合成的寡聚核苷酸接头片段，这里面包含有某一限制酶的识别位点。经这一限制酶处理便可以得到具有黏性末端的两个 DNA 片段，进一步便可以用 DNA 连接酶把这样两个 DNA 分子连接起来。

2. 基因表达载体的构建

（1）目的

使目的基因在受体细胞中稳定存在，并且可以遗传至下一代，使目的基因能够表达和发挥作用。

（2）组成

目的基因＋启动子＋终止子＋标记基因（如抗生素基因）（图 19-4）。

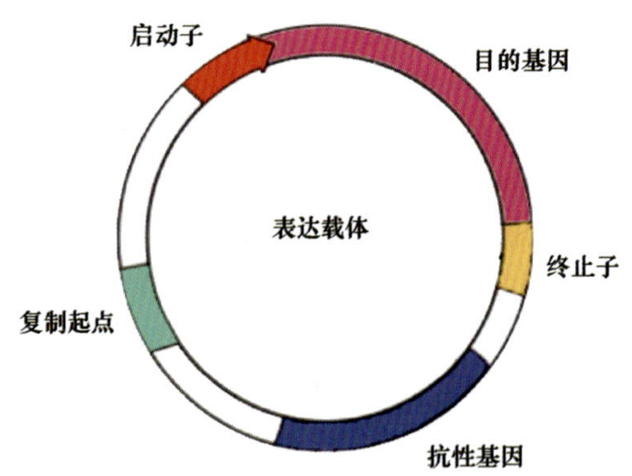

图 19-4　基因表达载体的组成

1）启动子，位于基因的首端，是 RNA 聚合酶识别和结合的部位，驱动基因开始转录出 mRNA。

2）终止子，位于基因的尾端，能使转录在该处停止。

3）由于标记基因与目的基因同时被转入受体细胞，因而可以通过检测标记基因（如抗生素抗性基因）来鉴定受体细胞中是否含有目的基因，从而将含有目的基因的细胞筛选出来。

（3）基因表达载体的构建步骤

基因表达载体的构建步骤见图 19-5。

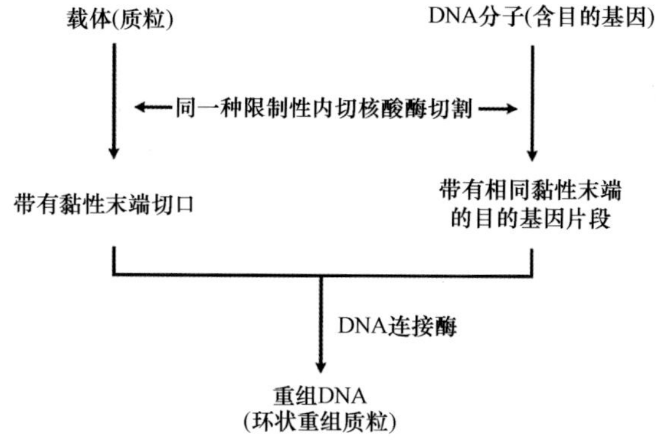

图 19-5　基因表达载体的构建流程

3. 导入宿主细胞

将连接有目的 DNA 的载体导入宿主细胞，常用方法有四种。宿主细胞的种类不同，外源基因及其载体导入的方法也不同（表 19-1）。

表 19-1　外源基因导入细胞的方法

生物种类	植物细胞	动物细胞	微生物细胞
常用方法	农杆菌转化法	显微注射技术	Ca^{2+}处理法
受体细胞	体细胞	受精卵	原核细胞
转化过程	将目的基因插入 Ti 质粒的 T-DNA 上→农杆菌→导入植物细胞→整合到受体细胞的 DNA→表达	将含有目的基因的表达载体提纯→取卵（受精卵）→显微注射→受精卵发育→获得具有新性状的动物	Ca^{2+}处理细胞→微生物细胞壁的通透性增加→重组质粒与感受态细胞混合→感受态细胞吸收 DNA 分子

1）转化，用质粒作载体所常用的方法。

2）转染，用噬菌体 DNA 作载体所用的方法，这里所用的噬菌体 DNA 并未包装外壳。

3）转导，用噬菌体作载体所用的方法，这里所用的噬菌体 DNA 已包装外壳。然而该外壳并不是在噬菌体感染过程中包上，而是在离体情况下包上的，所以称为离体包装。

4）注射，如果宿主是比较大的动植物细胞则可以用注射方法把重组 DNA 分子导入。

4. 筛选

用以上任何一种方法连接起来的 DNA 中，既可能包括需要的目的 DNA 片段，也可能包括并不需要的片段，甚至互相连接起来的载体分子的聚合体。所以宿主细胞的基因转染效率往往较低。

一般通过下列方法进行转基因阳性细胞的筛选。

（1）遗传学方法

把一个带有两个抗性基因氨苄青霉素抗性和四环素抗性的质粒 pBR322 用限制酶 *Bam*H Ⅰ处理，由于 *Bam*H Ⅰ的唯一的识别位点是在四环素抗性基因中，所以经同一种酶处理的 DNA 分子片段就可以连接在该基因中间。在被转化的细菌中选择只对氨苄青霉素具有抗性而对四环素不具抗性的细菌，便可以筛选出带有外来 DNA 片段的载体的细菌。这是一种常用的遗传学方法。

（2）免疫学方法和分子杂交方法

当一个宿主细胞获得了携带在载体上的基因后，细胞中往往就表达出这一基因所编码的蛋白质，因此可以用免疫学方法检测出这种细胞。利用分子杂交方法，同样可以用来检测这一基因的存在。

5. 基因表达检测

在构建重组体 DNA 分子和选择宿主细胞时，还须考虑外源基因的表达问题。要求外源基因在宿主细胞中能准确地转录和翻译，所产生的蛋白质在宿主细胞中不被分解，而且最好还能分泌到细胞外。为了使外源基因表达，需要在基因编码序列的 5′端有能被宿主细胞转录机制识别的启动基因序列及核糖体的结合序列。

以下两种方法常用于使外源基因在宿主细胞中顺利地表达。

1）在载体的启动基因序列和核糖体结合序列后面的适当位置上连接外源基因。例如将兔的 β-珠蛋白基因或人的成纤维细胞干扰素基因分别连接到处于载体上大肠杆菌乳糖操纵子的启动基因后面，可使其在大肠杆菌中顺利表达。

2）将外源基因插入载体结构基因中适当位置上，转录和翻译的结果将产生一个融合蛋白。这种融合蛋白质被提纯后，还要准确地将两部分分开，才能获得所需要的蛋白质。在早期的遗传工程研究中，生长激素释放抑制因子和鼠胰岛素基因的表达都是通过将它们连接在 β-半乳糖苷酶基因中的方式实现的。

第三节　动物转基因操作技术

根据外源基因导入方式的不同，动物转基因的操作方式可分为原核注射法、病毒载体法、精原干细胞法、精子载体法、人工酵母染色体法、体细胞克隆法和 RNA 干扰法等几种。

一、原核注射法

原核注射法（pronuclear injection）因其在外源基因导入时，对 DNA 的大小几乎没有限制，并且整合率较高，可直接产生转基因动物，因而是目前公认的制备转基因小鼠的首选方法。在制备转基因家畜时，往往先制作含目的基因的转基因小鼠来对目的基因的功能进行生理学上的验证。在小鼠中能够正常表达并发挥功能的目的基因，在转入家畜后通常也能发挥作用。有关原核注射制备转基因小鼠的详细过程可参见第十八章。

由于家畜卵母细胞的卵胞质中脂滴含量高，在显微镜下很难清晰地观察到原核。所谓的原核注射，实际操作中已变成卵胞质注射（intracytoplasmic injection）。由此产生的动物，发生假阳性率和嵌合体的概率非常高。因而，原核注射法并不适合于家畜的转基因操作。

二、病毒载体法

反转录病毒（retrovirus）载体法，主要是利用反转录病毒的长末端重复序列（LTR）区域具有转录启动子活性这一特点，将外源基因连接到 LTR，并将之包装成为高滴度病毒颗粒，去直接感染受精卵或着床之前的胚胎，携带外源基因的反转录病毒 DNA 由此整合到宿主细胞的 DNA 中。反转录病毒载体法的优点是外源基因的整合率高，但反转录病毒的衣壳大小有限，使得能被包入其中的载体容量有限，无法插入大的外源 DNA 片段。

慢病毒载体（lentiviral vector）导入法。慢病毒属于反转录病毒科，与其他反转录病毒相比，慢病毒不但能感染分裂细胞，还能感染静止细胞。慢病毒载体携带的外源基因能整合到宿主基因组内并在宿主体内长期稳定表达，基因表达效率高。将目的基因连接到慢病毒载体，用重组病毒载体感染包装细胞制成高滴度的病毒颗粒，再通过以下方法制备转基因动物：①直接将病毒颗粒注射到受精卵的卵周隙，经胚胎移植制备转基因动物；②将病毒颗粒注射到卵母细胞的卵周隙，体外受精后经胚胎移植制备转基因动物；③用病毒颗粒感染动物体细胞，经核移植制备转基因克隆动物；④将慢病毒载体整合到精原干细胞 DNA 上，再经自然交配制备转基因动物（图 19-6）。

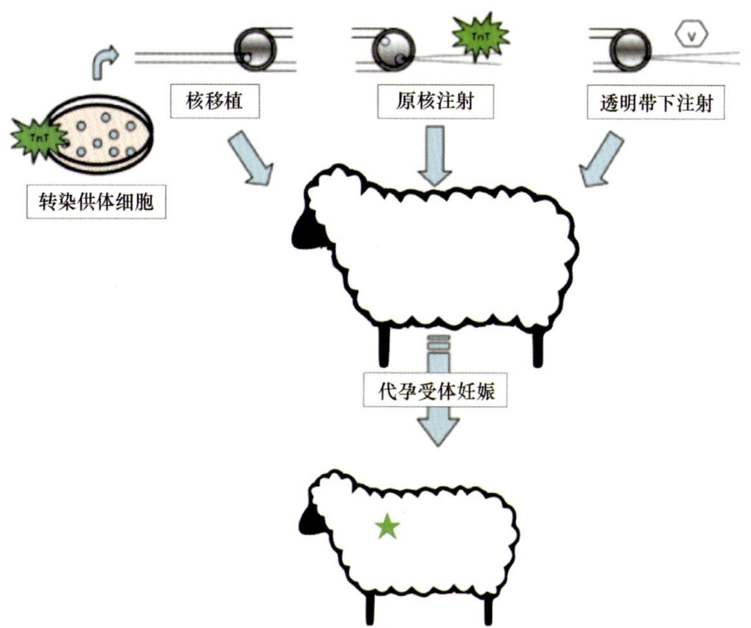

图 19-6　慢病毒载体法制作转基因动物示意图

从实验效果看，病毒载体导入法可显著提高转基因动物制备效率。但携带外源基因的病毒载体在导入受体细胞基因组过程中，有可能激活细胞 DNA 序列上的原癌基因或其他有害基因，存在一定的生物安全问题。因而，从转基因生物安全与食品安全角度考虑，转基因动物育种中不宜使用病毒类载体。

三、精原干细胞法

对精原干细胞进行的基因修饰是可遗传的，通过受精即可传递给后代。Brinster 和 Avarbock（1994）首先实现了供体小鼠的精原干细胞在受体小鼠睾丸中完成精子发生和单倍体的生殖遗传。Nagano 等（2001）在体外用反转录病毒对小鼠精原干细胞进行转染，转染效率为 2%～20%。将转染后的精原干细胞移植入受体小鼠睾丸中，在子代中发现 4.5%的子代小鼠为稳定的转基因小鼠。将携带有增强型绿色荧光蛋白基因（EGFP）的慢病毒载体与体外培养的大鼠精原干细胞混合，然后将其移植到免疫缺陷的小鼠睾丸中，观察发现大鼠精原干细胞在小鼠睾丸内产生了表达 EGFP 的生精细胞，并生成精子，最终生产出转基因大鼠。通过腺病毒携带 GFP 报道基因转染体外培养的山羊精原干细胞，然后将其移植到射线照射处理过的受体山羊睾丸内，转染后的精原干细胞能够定植并生成精子。采精后进行体外受精，转基因胚胎阳性率可达 10%。

目前，常用的精原干细胞移植方法有曲细精管注射法、睾丸输出管注射法和睾丸网注射法。曲细精管注射法（seminiferous tubule injection）是将精原干细胞显微注射到不育动物的睾丸曲细精管内。此方法简单易行，可用于啮齿类动物的种内和种间移植，但由于需注射睾丸 80%以上的曲细精管，故比较费时，并不适用于大型动物。睾丸输出管注射法（testicular efferent duct injection）是将精原干细胞注入全身麻醉的受体动物睾丸输出管中。此法比曲细精管注射法快捷，比睾丸网注射法可靠，几乎所有动物都可以采用该方法，但缺点是对动物睾丸组织损伤较大，需要复杂的仪器设备及熟练的操作人员（图 19-7）。睾丸网注射法（rete testis injection）是直接将精原干细胞注入睾丸网中。这种方法在睾丸网分布浅表的小鼠、大鼠等动物上可行，但对大动物操作起来比较困难。超声波成像引导注射法能够克服这一难题，只需将细胞悬液用注射针穿透阴囊在 3 个或更多位置注入睾丸即可，无须手术。采用该方法已经在猪、牛等动物中实现了精原干细胞的移植。

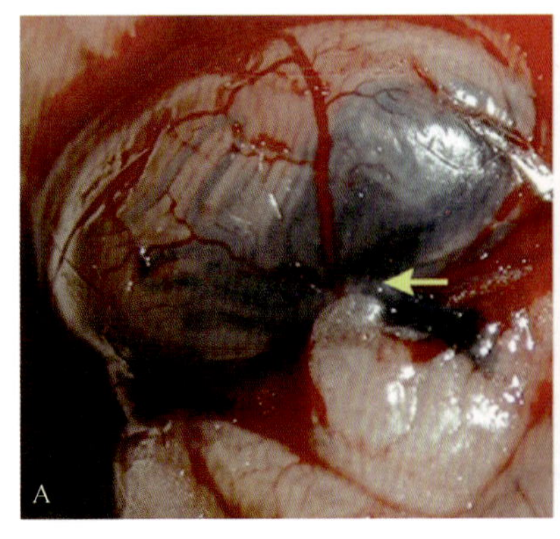

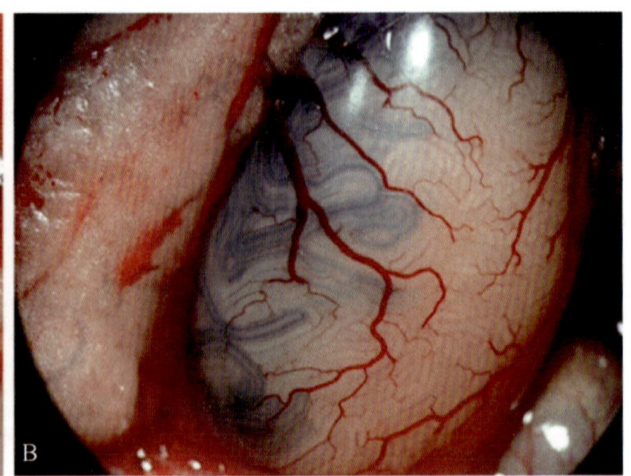

图 19-7　睾丸输出管的注射（引自吴应积等，2005）

A. 小鼠睾丸输出管注射的结果，箭头记号指示睾丸输出管；B. 大鼠睾丸输出管注射结果，睾丸输出管在背面

精原干细胞法转基因的优点在于精原干细胞本身就是生殖细胞，可以大量分裂增殖和自我复制，不断地产生大量的精子；外源基因导入精原干细胞后可遗传；转基因精子可以用于人工授精或者自然交配，不涉及体外胚胎操作和胚胎移植，提高了转基因效率，操作简单，容易推广（图 19-8）。

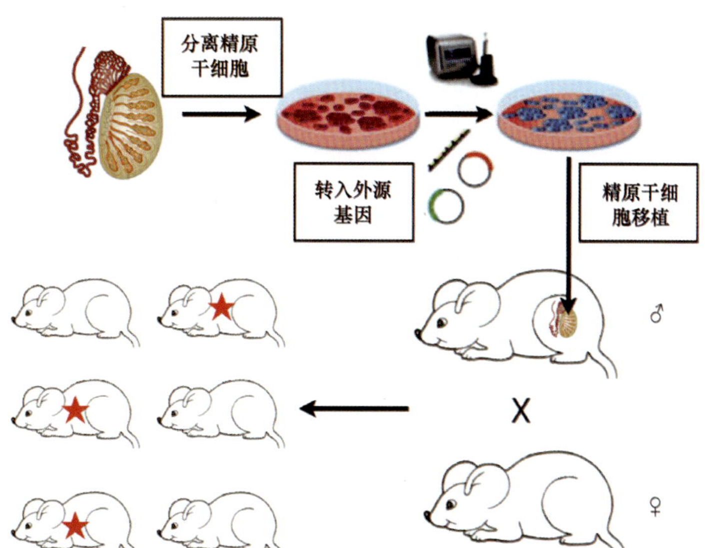

图 19-8 精原干细胞法制作转基因动物示意图

分离培养得到小鼠精原干细胞，经反转录病毒或慢病毒介导将外源基因转染入精原干细胞，将转基因干细胞移植到受体鼠的睾丸内；在移植 3～5 个月后，用受体雄鼠与野生型母鼠交配，获得转基因小鼠后代（陈青和曹文广，2011）

四、精子载体法

将精子（活精子或灭活后的死精子）与转基因载体 DNA 共同培育后，进行体外受精或精子注射操作，或者直接将精子头部注射入卵母细胞。完成受精后，将受精卵移入假孕母体输卵管以获得转基因动物个体。Lavitrano 等（1989）将小鼠精子与环状或线性化的质粒在等渗的缓冲液中孵育后，用于小鼠的体外受精；将 2-细胞期的胚胎移入受体鼠体内，获得了 30%的转基因阳性鼠。可对上述精子载体法进行改进，在与精子共同孵育前，先将外源 DNA 用脂质体包埋，形成脂质体-DNA 复合物，此复合物比较容易和精子质膜融合，更易进入细胞内部（图 19-9）。

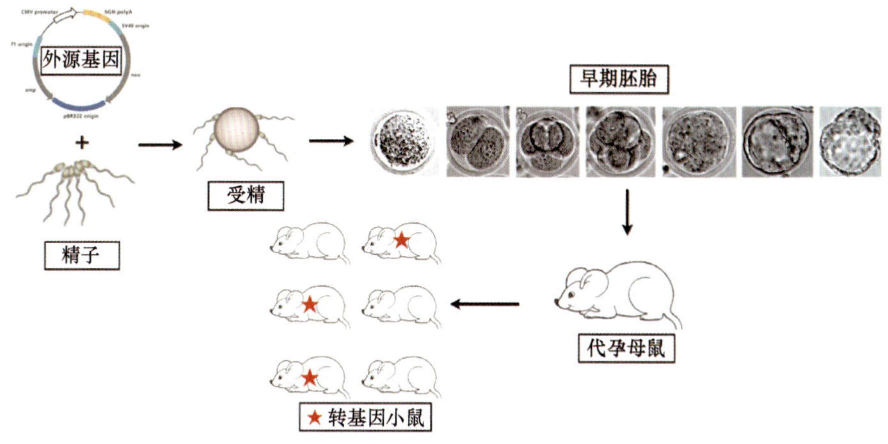

图 19-9 精子载体法获得转基因鼠示意图

利用外源基因转染精子，用携带外源基因的精子与卵母细胞进行受精，再经胚胎移植后，获得转基因小鼠

利用精子载体法进行转基因操作比较简单，陆续有这方面的研究报道（朱才业等，2013；焦明霞等，2014）。但从多年的研究结果表明，该技术的稳定性不高，存在较高的假阳性率。

五、人工酵母染色体法

人工酵母染色体（YAC）具有克隆百万碱基对（Mb）的大片段外源 DNA 的能力，可以保证巨大基因的完整性；保证所用顺式作用因子的完整并与结构基因的位置关系不变（图 19-10）；保证较长的外源片段的整合效率。鉴于基因的完整性，目的基因上下游的侧翼序列可以消除或减弱基因整合的位置效率。

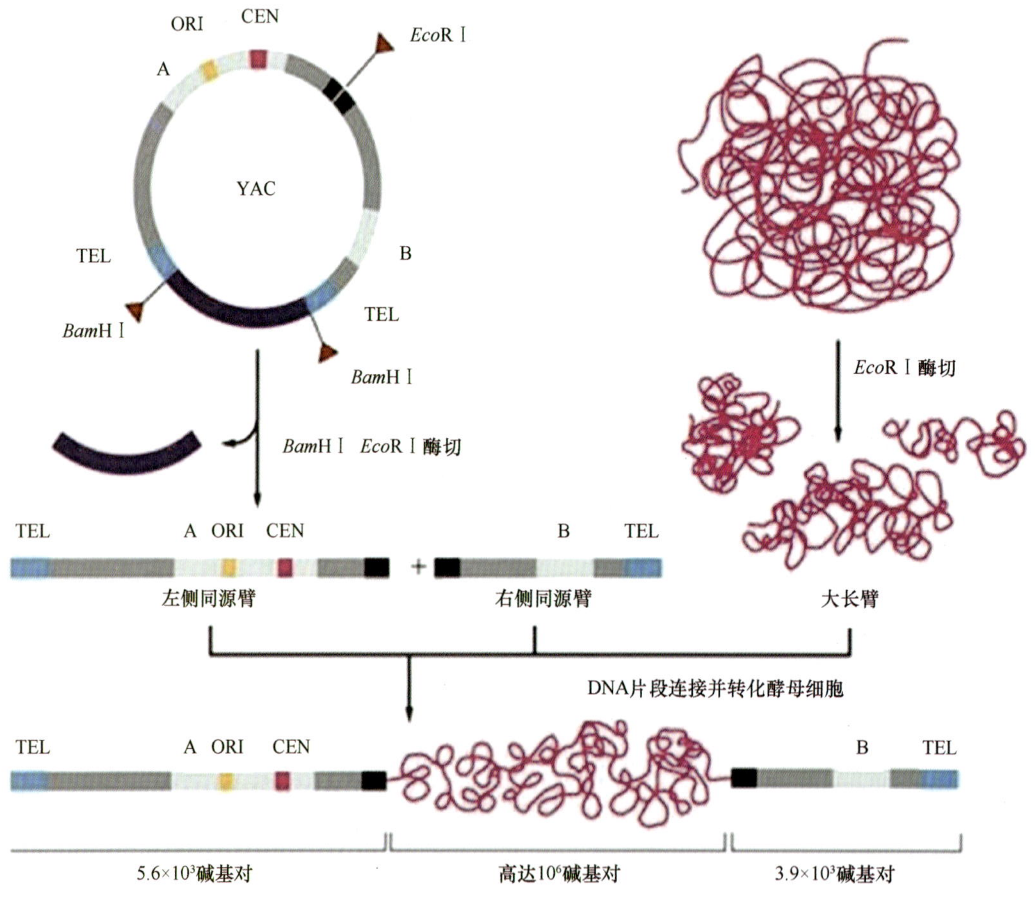

图 19-10 人工酵母染色体插入外源大片段 DNA

用 *Eco*R Ⅰ切割抑制基因内部的位点形成染色体的两条臂，与外源大片段 DNA 在该切点相连就形成一个大型人工酵母染色体，通过转化进入酵母菌后可像染色体一样复制，并随细胞分裂分配到子细胞中去，达到克隆大片段 DNA 的目的。CEN：着丝粒（centromere）序列；TEL：端粒重复（telomeric repeat）序列；ORI：复制起点（origin of replication）

人工酵母染色体法的关键技术包括 ES 细胞转染 YAC 后的体外筛选、阳性 ES 细胞的囊胚腔注射和 YAC 载体的原核注射。

六、体细胞克隆法

到目前为止，转基因体细胞克隆技术是制备转基因家畜最有效的途径。将外源基因转染到体细胞中，经过筛选获得转基因阳性细胞，再利用这些转基因细胞通过克隆技术制备转基因克隆胚胎，最后经胚胎移植获得转基因动物。

该技术的主要优点是，能够实现百分之百的转基因操作，因为所用的供体细胞都是经过筛选的转基因阳性细胞。如果能够利用定点整合的细胞制作克隆胚胎，所生产的转基因动物将免除一系列的基因随机整合带来的位点与拷贝数的不确定性，大大提高转基因动物生产效率。体细胞克隆法制备转基因家畜的基本技术路线见图 19-11。

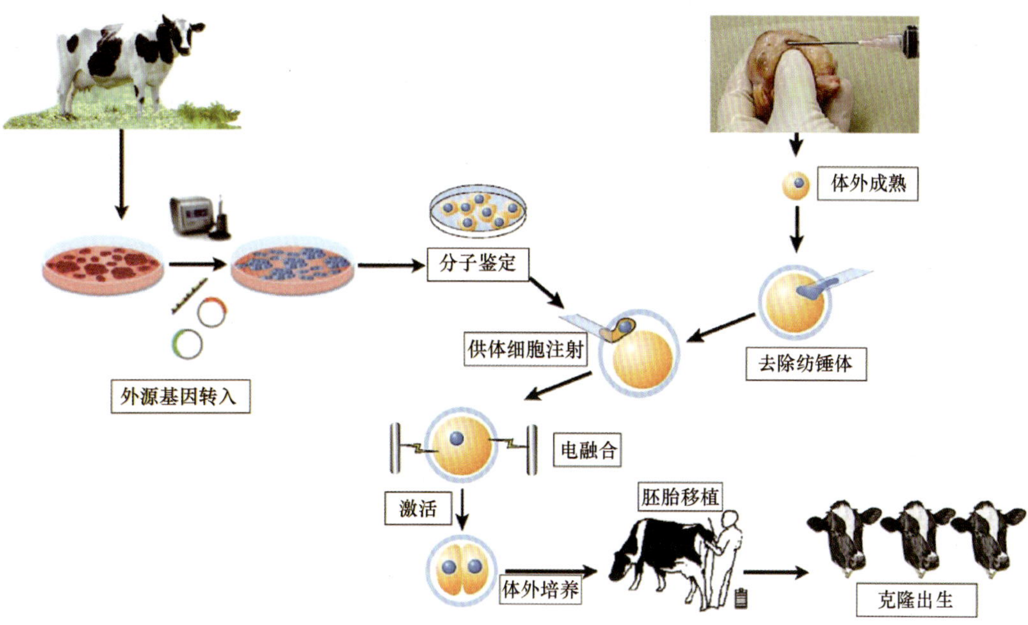

图 19-11　体细胞克隆制备转基因动物示意图

七、RNA 干扰

RNA 干扰（RNA interference，RNAi）是由真核细胞中外源或内源短的双链 RNA（dsRNA）启动并依赖于 RNA 诱导沉默复合体（RISC）活性的转录后基因沉默过程。双链小分子 RNA（siRNA）可通过互补序列特异地结合目标 mRNA，被结合的 mRNA 将不再翻译而使动物表现出特定的性状改变（图 19-12）。利用该方法可以部分地抑制目的内源基因的表达，或通过 mRNA 的降解使目的基因得表达下调，从而实现基因表达调控的时空性和可逆性。2006 年，Pfeifer 等将能使 PrP 基因沉默的 siRNA 序列转入小鼠胚胎，脑细胞含有 siRNA 的小鼠其存活时间比普通小鼠显著延长。但并不是所有的 siRNA 都能起到抑制效果，因此 RNAi 应用的重要问题是如何设计有效的 RNAi 序列，并使其在细胞内长时间稳定表达。

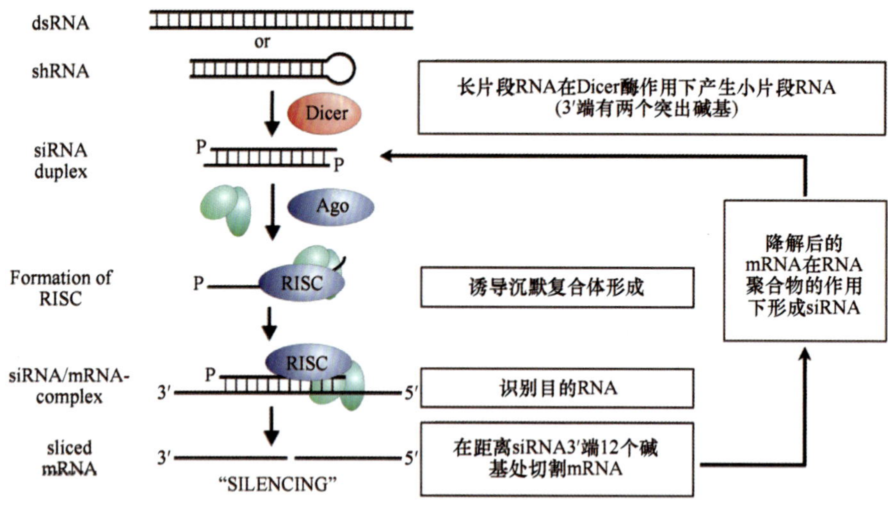

图 19-12 RNA 干扰作用机制

在哺乳动物细胞中，一般采用两种方式诱导 RNAi：一种是体外合成小干扰 RNA（siRNA），转染细胞后诱导目的基因瞬时沉默；一种是利用质粒或病毒性载体表达小发卡 RNA（shRNA），实现细胞内持续稳定诱导 RNAi。shRNA 表达体系的 RNAi 已经在小鼠、大鼠、豚鼠、猪、羊和牛等多种动物中取得成功。Dickins 等（2007）把由四环素诱导的靶向肿瘤抑制蛋白（Trp53）shRNA 的重组逆病毒载体注入小鼠受精卵原核，制备出 RNAi 转基因小鼠。再将这些小鼠与 rtTA（tet-on）转基因小鼠杂交，筛选出双转基因小鼠。在给四环素药物时，就会启动 RNA 干扰；不给四环素时，则停止 RNA 干扰。这个结果证明 RNA 干扰可以实现基因表达的时空、可逆调控。RNAi 可以产生多种亚等位基因，可以不同程度抑制基因表达，这与基因敲除动物不同，能够避免基因敲除可能导致的胚胎致死效应。

第四节 家畜转基因研究概况

转基因技术用于家畜研究，目的有三：一是加快家畜经济生产性状提升，促进家畜改良，培育新品种；二是研制动物生物反应器，生产珍稀药用蛋白；三是培育人类疾病模型动物，为研究人类遗传疾病服务。自 Hammer 等于 1985 年培育出首例转基因猪以后，有关家畜转基因方面的研究取得了若干突破性进展。我国进行转基因动物的研究始于 20 世纪 80 年代中后期，由国家高技术研究发展计划（863 计划）资助。在 2008 年，国家启动和实施了“转基因生物新品种培育科技重大专项”，对于增强农业科技自主创新能力，提升中国生物育种水平，提高中国农业国际竞争力具有重大战略意义。实施这一重大专项的目标，是获得一批具有重要应用价值和自主知识产权的基因，培育一批抗病虫、抗逆、优质、高产、高效的重大转基因生物新品种，提高农业转基因生物研究和产业化整体水平，为中国农业可持续发展提供强有力的科技支撑（刘文杰等，2014）。自专项实施以来，我国的大动物（猪、牛、羊）的转基因研发水平取得了若干重大突破，获得了一批具有自主知识产权与良好性状的转基因猪、牛和羊育种新材料，使我国的大动物转基因研究总体处于国际先进水平，有许多方面已居国际领先地位。

一、转基因猪研究

（一）荧光转基因猪

2002 年，赖良学等将增强型绿色荧光蛋白（EGFP）基因转入猪胎儿成纤维细胞中，通过体细胞核移植方法成功获得 EGFP 转基因猪。2005 年，Webster 等利用精子介导法转入了三种荧光蛋白基因，获得 18 头表达荧光蛋白的转基因猪，其中 8 头猪中表达三种荧光蛋白。2013 年，Miles 等构建了一个标记 20S 蛋白酶体的核心亚基 α-1 型（PSMA1）的 *PSMA1-EGFP* 与功能性精子蛋白酶融合，通过体外受精方法获得了 *EGFP* 转基因猪（吴梦等，2015）。2008 年，东北农业大学刘忠华等以 *EGFP* 基因转染后的阳性细胞作为核供体，成功获得了我国首例 EGFP 转基因克隆猪。

（二）提高生长速度

生长激素基因是转基因研究应用最早的基因，至今已生产出转 *GH* 基因的家禽、鱼类、猪等。1985 年，Hammer 等用显微注射技术把人生长激素融合（MT/hGH）基因注入猪受精卵中，获得了世界上第一头转基因大动物（Hammer et al.，1985）。与同窝非转基因猪比较，生长速度显著提高。1989 年，Pursel 等把牛 GH 基因转入猪胚胎，获得 2 个猪的家系，生长速度提高 11%～14%，饲料转化率提高 16%～18%，并把类胰岛素生长因子 1（IGF-1）基因转入猪中，获得表达 *IGF-1* 的转基因猪，可以加快猪的生长速度（Pursel et al.，1989）。1990 年，中国农业大学培育的转基因猪的生长速度超过对照组 40%；1998 年，培育出转基因猪群，脂肪减少 10%，瘦肉率增加 6%～8%。1992 年，魏庆信等以湖北白猪为实验材料，用构建的融合基因 *OMT*/*PGH* 获得了转基因猪，生长速度提高了 13%，饲料利用率提高了 10%（魏庆信等，1992）。

（三）高繁殖力转基因猪

江西农业大学任军实验室开展了高繁殖力转基因猪培育研究，利用 BAC 将二花脸猪的 FSHα/β 基因转入大白猪基因组内，转基因猪的血清 FSH 水平显著提高，在多种组织中的 FSHα 的 mRNA 表达水平显著提高。转基因猪的睾丸曲细精管中的生殖细胞数显著增多，产精量和精子密度增大，猪的生殖能力没有受到影响（Xu P et al.，2016）。由江西农业大学牵头联合多家单位，成功培育出多种高繁殖力转基因猪的育种新材料，如 *BMPR-IB*、*FSHα/β*、*BMP15* 和 *Hoxa-10* 转基因猪等。利用 *BMPR-IB* 转基因原代公猪进行配种时，表现出较好的产仔性能，平均窝产仔数 13 头。利用 FSHα/β 转基因原代母猪与普通公猪，或用原代公猪与普通母猪相配的平均窝产仔数 12 头，转基因效果显著。

（四）环境友好型转基因猪

2001 年，加拿大圭尔夫大学的 Golovan 等将植酸酶基因转入约克猪的唾液腺中，获得植酸酶转基因猪。这种转基因猪唾液中表达的肌醇六磷酸酶能将食物中的磷吸收利用，粪便中的磷含量相对于野生型非转基因猪减少 75%，大幅降低了粪便中磷含量，减少了对环境的磷污染。2006 年，中国农业大学利用猪腮腺分泌蛋白基因启动子，建立了转细菌植酸酶基因小鼠模型，获得的两组转基因小鼠粪便中磷含量相对野生型小鼠分别减少 8.5%和 12.5%。

2008 年，华南农业大学吴珍芳实验室利用精子携带法共得到 156 头仔猪，其中 31 头为转基因阳性。但当仔猪发育到 70～100 天时，原来的阳性仔猪并没有检测到外源基因的存在，说明他们所采用的精子携带技术获得的转基因猪的阳性表现，只是短时性行为，当猪长大后，外源基因丢失（Wu et al.，2008）。2012 年，该实验室以 piggyBac 转座酶构建载体，利用慢病毒和精子载体法将外源基因 pmGENIE-3 注射到猪受精卵的胞质内，有 8%的注射后受精卵发育成转基因猪（Zhang Y et al.，2012），分析发现得到的转基因猪含有单拷贝基因（Li Z et al.，2014）。最近，华南农业大学牵头联合多家单位培育出腮腺特异表达植酸酶转基因猪，粪磷排放量比非转基因猪显著减少 24.4%，饲料中磷的表观消化率比非转基因猪提高 46.2%；培育的腮腺特异表达木聚糖酶转基因猪，粪氮排放量比非转基因猪显著减少 16.3%；培育的腮腺特异表达甘露聚糖酶转基因猪，粪磷排放量比非转基因猪显著减少 7.0%。这些转基因猪对环保大有裨益，因而称之为“环保猪”。

（五）高免疫力和抗病力转基因猪

疾病是养猪业的大敌，提高猪的免疫力和抗病力至关重要。

中国农业大学李宁实验室在抗病转基因猪研究上取得了巨大进步。该实验室利用 *Pkd2* 基因构建了小型猪模型，*Pkd2* 基因在转基因猪中高表达，转基因猪的 ADPKD、血尿素氮和血清肌酸酐等肾功能指标均正常，可以成为研究人类 ADPKD 的良好模型（He et al.，2013；Ye et al.，2013）。在生猪生产中，大量使用抗生素不仅引起猪的抗药性，而且严重污染环境，影响人类健康。人乳铁蛋白（hLF）和人溶菌酶（hLZ）可以联合抵抗细菌。将人乳铁蛋白和人溶菌酶基因共转染体细胞，通过克隆技术得到了转双基因猪。ELISA 表明，转基因猪表达 6.5g/L hLF 和 1.1g/L hLZ，乳汁中的 hLF 和 hLZ 具有协同抗菌能力（Cui et al.，2015）。对猪肠道及其生活环境检测发现，在猪的肠道、排泄物与环境中未发现 DNA；hLZ 基因对猪肠道微生物菌群无影响（Zhao J et al.，2012）。在 rhLZ 转基因 F_1 代猪的乳汁中，rhLZ 的分泌量为 116.34mg/L±24.46mg/L，高于普通猪的 1500 倍；在体外实验中，转基因猪奶汁中的 rhLZ 水平为 922 726U/ml±26 413U/ml；利用转基因猪的 rhLZ 乳汁饲喂仔猪实验，可抑制仔猪十二指肠大肠杆菌生长，不影响仔猪生长与体重（Lu et al.，2014）。另外，利用体细胞克隆技术获得了 3 头转重组人溶菌酶基因的猪，其中一头猪奶汁中表达 rhLZ 水平为 0.32μg/ml±0.01μg/ml，50 倍于普通猪，转基因猪及其后代仔猪均表现健康（Tong et al.，2011）。

将 rhLF 转基因牛奶饲喂仔猪，饲喂 30 天后，对血清、脾脏和小肠中免疫球蛋白（IgG、IgA、IgM、IgE），组织胺，白细胞介素（IL-1b、IL-2、IL-4、IL-5、IL-8、IL-10、IL-12），干扰素和肿瘤坏死因子等检测表明，rhLF 奶饲喂后显著降低了仔猪腹泻发生率，增强了体液免疫，提高了小肠黏膜的防御能力，而且没有引起食物过敏（Li Q et al.，2014）。

猪繁殖与呼吸综合征（porcine reproductive and respiratory syndrome，PRRS）是猪群发生以繁殖障碍和呼吸系统症状为特征的一种急性、高度传染的病毒性传染病。PRRS 的主要感染途径为呼吸道，空气传播、接触传播、精液传播和垂直传播为主要的传播方式，病猪、带毒猪和患病母猪所产的仔猪及被污染的环境、用具都是重要的传染源。此病在仔猪中传播比在成猪中传播更容易。其临床表现为母猪严重的繁殖障碍，断奶猪普遍发生肺炎、生长迟缓及死亡率增加的症状。在猪群密集、流动频繁的地区更易流行，常造成严重经济损失。近几年，该病在国内呈现明显的高发趋势，对养猪业造成了重大损失，已成为严重威胁我国养猪业发展的重要传染病之一。李宁实验室利用 RNAi 技术研制成 PRRSV 特异性 siRNA 转基因猪，内源性 siRNA 表达显著降低了血清的 HP-PRRSV 滴度，对控制猪 PRRS 发生有很大改善（Li L et al.，2014）。利用表达载体 *pBAC-hLF-hLZ-Neo* 成功培育出原代和 F_1 代转基因猪，原代猪的 rhLZ 的表达量为 2759.6mg/L±265.0mg/L。与非转基因猪相比，rhLZ 奶可以显著抑制 *Escherichia coli* K88 的生长。猪奶中的 rhLZ 可以被仔猪小肠直接吸收，没有发现过敏反应（Lu et al.，2015）。利用 piggyBac 技术构建了含有 3 个 PRRSV 受体基因 CD163、CD169 和 CD151 的表达载体，获得转基因细胞系，证明 3 个受体基因协同作用有助于提高 PRRSV 感染期间细胞的敏感性（Zhang et al.，2016）。

（六）肌肉快速生长与瘦肉型转基因猪

肌肉生长抑制素（myostatin，MSTN）是成年动物骨骼肌自我调节器。*Mstn* 基因缺失的突变纯合体小鼠的体重比正常野生型小鼠重约 30%，肌肉重量约为野生型小鼠的 2～3 倍，骨骼肌纤维的数目比野生型小鼠高 86%。除了促进肌肉组织生长外，*Mstn* 敲除小鼠的脂肪的沉积随年龄的增大明显降低。台湾学者发现基因型 *Mstn*g.435G>A 和 g.447A>G 会影响杜洛克猪的增长，而且发现猪的 *Mstn* 基因启动子的多态性与猪的屠宰性状相关联，*Mstn*g.435A/g 和 g.447G 的基因型能够促进肢体及肌肉的总产量并且降低背膘厚（Tu et al.，2012，2014）。利用这些特点可以在猪育种计划中选择 *Mstn*435G/447A 等位基因来提高平均日增重及体重。

中国农业科学院北京畜牧兽医研究所李奎实验室利用可控性猪 GH 转基因技术生产出转基因猪。在 3 头 F_0 代中，在肌注强力霉素（doxycycline，DOX）后，血清中 pGH 水平显著提高。每天通过食物饲喂一定量的 DOX，连续饲喂 65～155 天，DOX-饲喂组猪的生长速率、饲料转化率和血清 pGH 水平显著提高。DOX-诱导的 F_1 代猪的屠宰率、里脊肉和净肉率显著高于对照组。转基因猪是健康的，具有正常的生殖能力。同时饲料转化率得到提高，生产过程得以提速（Ju et al.，2015）。该实验室利用 CRISPR/Cas9 技术成功地将一段 9kb 的基因在 pH11 位点上实现了定点敲入，敲入的基因表达稳定且高效（Ruan et al.，2015）。吉林大学的研究人员利用 CRISPR/Cas9 技术成功获得了 *Mstn*

基因敲除猪，敲除猪的 MSTN 的蛋白水平显著低于对照的非敲除猪，对背最长肌组织切片显示，敲除猪的肌纤维核显著多于非转基因猪，表明肌肉发育缺失受到 MSTN 的负向调节（Wang K et al.，2015）。

（七）优良肉质转基因猪

猪的肉质是受多个主效基因和候选基因调控的数量性状。氟烷基因、H-FABP 基因和 LPINI 基因都是影响猪肉质的基因。氟烷基因的隐形突变纯合子容易引起猪应激综合征，H-FABP 基因的 3 个酶切位点 *Msp* Ⅰ、*Hase*Ⅲ和 *Hin*f Ⅰ的多态性与肌间脂肪含量也密切相关，LPIN1 基因能影响猪脂肪沉积。2004 年，Saeki 等将菠菜的 *Fad* 基因导入猪的基因组中，成功培育出不饱和脂肪酸含量高的 *Fad* 基因转基因猪，其体内的不饱和脂肪酸要比一般的猪高 20%，从而提高了猪肉的质量。2006 年，赖良学等把秀丽线虫的 *fat-1* 基因导入猪的基因组，培育出富含 ω-3 脂肪酸的转基因克隆猪，其体内 ω-6/ω-3 的比值显著低于野生型（Lai et al.，2006）。国内学者也相继获得表达 *fat-1* 基因的转基因猪，外源基因的生理学效应均有显著表现，转基因猪的肌肉组织及其他主要组织中的 n-6/n-3 比率大幅下降，显著高于非转基因猪（Pan et al.，2010；Ren et al.，2011；Zhang Y et al.，2012）。转基因猪的 n-3 多不饱和脂肪酸（PUFA）的含量提高了 2 倍以上，而且转基因猪的 TNF-α、MCP-1（monocyte chemoattractant protein-1）和白细胞介素-6 的基础表达水平被显著抑制，表明 *fat-1* 猪具有显著的抗炎作用（Liu X et al.，2016）。Tang 等（2011）对 *sFat-1* 转基因猪的小肠不同部位及其排泄物的菌群、有氧菌、厌氧菌、益生菌与有害菌的总量进行分析，与对照猪相比，转基因猪小肠各段及其排泄物中各类菌的总量并没有发生变化，在环境中也无发现外源性 DNA 存在。Tang 等（2014）又利用富含 n-3 的 sFat-1 转基因猪肉添加到饲料中饲喂小鼠，实验组小鼠的血液生化指标、外周 T 淋巴细胞分布、免疫球蛋白，及肠道与排泄物中的细菌数等指标与对照组之间无差异；转基因食物对小鼠的躯体与各个器官的发育无影响；但发现实验组小鼠的肝免疫能力得到显著提升，提示 *fat-1* 产物对小鼠健康无影响，且有益于肝脏的免疫系统。

我国学者还研制出提高肌肉内脂肪含量的 *Fabp4*、*Dgat1*、*Pparγ* 与 *Pgc1α* 等基因的转基因猪，发现 *Pgc1α* 基因显著改善了肌肉颜色及肌肉纤维类型，*Dgat1* 和 *Pparγ* 基因均可显著提高甘油三酯含量和改善脂肪酸组成等肉质性状。

（八）生物反应器

动物生物反应器就是通过培育转基因动物，在其乳腺或血液中生产人类所需要的不同蛋白质。已研制出可以在血液中表达人血红蛋白、人血清白蛋白、人重组红细胞生成素、抗人白细胞免疫球蛋白等转基因猪。Shamay 等（1991）将小鼠编码乳清酸蛋白（WAP）的基因转移给猪，转基因猪的整个泌乳期的乳汁中，WAP 在奶中的浓度为 1g/L。1991 年 6 月美国 DNX 公司成功地获得了能产生大量人血红蛋白的转基因猪，并于 1992 年向美国食品和药物管理局（FDA）申报该新药。Paleyanda 等（1997）在研制的转基因猪乳汁中，人凝血因子的含量为 2.7μg/ml，比人血浆中的含量高 10 倍。郑新民等（2003）用显微注射法把含有猪血清白蛋白侧翼序列的微小人血清白蛋白基因导入猪的基因组中，生产出转人血清白蛋白基因猪。Kurome 等（2006）利用 ICSI 方法把精子与携带有人白蛋白（hALB）基因和 EGFP 基因的 DNA 序列片断共孵化，培育出 1 头含有 hALB 和 EGFP 基因的转基因猪。2006 年，韩国研究者研制出能够从奶汁中获取用于抗癌辅助治疗剂的颗粒性白细胞及巨噬细胞株系刺激因子（GM-CSF）的转基因猪。美国研究者研制出带有人类第九凝血因子及猪乳铁蛋白的双基因转基因猪。在携有牛 α-乳清蛋白的转基因猪中，其整个哺乳期所分泌 α-乳清蛋白的产量提高了 50%，用这种奶哺育的仔猪的生长速率和成活率显著提高。

（九）用于异种器官移植的转基因猪

利用转基因技术改造异种器官的遗传性状，使之能适用于人体器官或组织的移植，是解决移植器官短缺的有效途径。由于猪器官的形状、体积及解剖结构等与人的相似，被认为可能是人类理想的器官移植供体。异种移植面临的主要问题是免疫排斥反应（HAR）。目前主要通过三种途径尝试解决 HAR 问题：一是将人的补体调节蛋白 CD55、CD59 和 CD46 为主的细胞膜表面分子基因转入猪基因组，在不同环节抑制膜表面攻击单位的形成，来保护血管内皮细胞。1995 年，Cozzi 等和 Rosengard 等将人衰退加速因子（human decay accelerating factor，hDAF）、补体抑制因子转移至猪的胚胎中，成功获得表达 *hDAF* 的转基因猪。Lavitrano 等（1989，2013）和 Lavitrano（1997）成功利用精子载体法生产出含 *hDAF* 基因的仔猪。二是改造 HAR 的靶抗原的基因，α-1,3-半乳糖转移酶为 α-1,3 -半乳糖合成所必需，该半乳糖能被人体免疫细胞所识别，引发排斥反应。赖良学等（Lai et al.，2002a）使用 ZFN 技术敲除了猪 α-1,3-半乳糖转移酶基因。三是多基因共转途径在猪体内进行不同基因的共表达来抑制 HAR。2011 年，法国的科研小组将表达 hCD55、hCD59、hCD39 及岩藻糖基转移酶的转基因猪的肾脏移植到狒狒体内，狒狒存活了 2 周。Iwase 等（2014）构建的 α-1,3-半乳糖基转移酶基因敲除（galactosyl transferase gene knock-out，GTKO）的转基因猪可以结合一种或多种人补体调节蛋白（如 CD55、CD46 和 CD59）来免受免疫排斥反应。人血红素加氧酶-1（human heme oxygenase 1，hHO-1/HMOX1）可以通过其较强的抗氧化、抗凋亡和抗炎作用保护移植器官。可溶性人类 TNFRI-Fc（shT-NFRI- Fc）能抑制人肿瘤坏死因子受体对猪细胞的结合，由此防止人肿瘤坏死因子-α 介导的炎症和细胞凋亡。利用这一原理，研究人员成功培育出 *shTN-FRI-FC-F2A-HA-HHO-1* 转基因猪，由 F2A 自我裂解肽生成 shTNFRI-Fc 和 HA- HHO-1 分子，提供保护、防止氧化和炎性损伤。

以基因工程猪为主的异种器官替代品的研究力度始终不减，期待着出现实质性的重大突破。中国农业科学院北京畜牧兽医研究所潘登科实验室创建了敲除 α-1,3-半乳糖基转移酶基因（*α-1,3-GT*）、转人补体调节蛋白 *CD46* 基因的抗超急性免疫排斥的五指山小型猪，并已建立了 *GTKO* 和 *GTKO/hCD46* 转基因猪的自然繁育群体，基本解决了异种移植的超急性排斥。在此基础上，创建了血管特异表达人血栓调控蛋白（human thrombomodulin，hTBM）的 *GTKO/hCD46/hTBM* 转基因猪，国际上已证明用于心脏移植具有良好的抗凝血效果。非人灵长类异种肝移植研究取得重大进展，*GTKO* 基因敲除猪-猴的异种肝移植存活时间达 14 天，创国际领先记录（Feng et al.，2016；Ji et al.，2015；Xu et al.，2015；Zhou et al.，2014）。中国科学院遗传发育所等单位研制了转有人类 *DAF* 和 *CD59* 基因的转基因猪，并在灵长类动物进行异种心脏移植实验。

（十）人类疾病模型转基因猪

猪被认为是很好的人类疾病模型动物，已经成功制备出携带人类老年痴呆病致病基因的转基因猪、白内障猪疾病模型、肺部纤维化囊肿猪疾病模型、糖尿病转基因猪模型、亨廷顿舞蹈症转基因猪及动脉粥样硬化转基因猪模型等。2006 年，Hao 等成功获得了 2 头带有 *eNOS*（内皮型一氧化氮合酶）基因的转基因猪，可以成为研究肌肉代谢和心肺系统中 eNOS 功能的实验模型（Hao et al.，2006）。2009 年，Ramsoondar 等通过 RNAi 干扰技术获得了猪内源性反转录病毒（PERV）基因敲减的转基因猪，为研究 PERV 致病机理提供模型（Ramsoondar et al.，2009）。2011 年，Sommer 等获得了 *ELOVL4* 基因的转基因猪，为研究视网膜黄斑变性的发病机理提供独特的动物模型（Sommer et al.，2011）。

在利用转基因猪培育人类疾病模型方面，中科院广州生物医药与健康研究院赖良学实验室做了大量工作。神经退行性病变疾病如阿尔茨海默病、帕金森病和多聚谷氨酰胺等疾病是由脑细胞中积累的蛋白质的错误折叠引起的。赖良学等通过转基因方法得到了亨廷顿疾病转基因猪模型，观察到由亨廷顿蛋白突变引起的运动障碍和舞蹈样运动（Yang et al.，2010）。2014 年，研制出用于研究人类铜锌超氧化物歧化酶（human copper/zinc superoxide dismutase 1）的猪疾病模型，转基因猪的后肢运动出现障碍，而且运动障碍呈现剂量与年龄依赖性（Yang et al.，2014）。另外，该实验室利用一次性克隆手段得到了转有 2A 多肽的多基因转基因猪（Deng et al.，2012）；将黏液病毒抗性基因（myxovirus resistance gene，*Mx1*）转入猪成纤维细胞中，获得了 Mx1 转基因猪，*Mx1* mRNA 的表达量是非转猪的 15～25 倍，转基因猪具有显著的抗病毒能力（Yan et al.，2014）；利用 Cre-loxP 系统和 VASA 的启动子，将精子发生和生殖细胞生长调控基因 *VASA* 制作出转基因猪，转基因猪的生殖细胞特异性表达 VASA，建立了可用于研究生殖细胞特异基因功能与生殖系统疾病模型（Song et al.，2016）。

高甘油三酯血症（hypertriglyceridemia）是引起冠心病的独立危险因素，其中载脂蛋白（apolipoprotein，Apo）CIII是主效因子之一，与血浆甘油三酯水平直接相关。虽然已经有 ApoCIII转基因小鼠用于研究高甘油三酯血症，但小鼠的脂代谢特征与人的有极大差异。而猪与人之间在脂类代谢和心血管生理学方面存在很大的相似性，ApoCIII转基因猪模型更有利于此类疾病研究。吉林大学研究人员制备的 ApoCIII转基因猪比非转基因猪的血浆甘油三酯水平显著提高（83mg/dL±36mg/dL vs 38mg/dL±4mg/dL）（$P<0.01$），转基因猪血浆甘油三酯的延迟清除率显著提高，而且脂蛋白的酶活性显著降低。该模型对于研究由高血脂引发的动脉粥样硬化症具有重要价值（Wei et al.，2012）。

中科院动物所赵建国实验室利用 TALENs 技术分别将 GGTA1、Parkin 和 DJ-1 基因定点整合入猪特定位点，获得双等位基因敲除猪，建立了可用于研究帕金森病的转基因猪模型（Yao et al.，2014）。南京医科大学戴一凡实验室通过 CRISPR/Cas9 成功得到了无 B 细胞的转基因猪。在 IgM 重链基因的 JH 区进行定点打靶，该区是 B 细胞发育分化控制基因区域。在敲除猪中未能检测到分泌抗体的 B 细胞，说明 IgM 重链基因被完全敲除了，产生了 B 细胞缺如的转基因猪模型（Chen et al.，2015）。第三军医大学魏泓实验室将 Cas9 mRNA 和 *Npc1l1 sgRNA* 共同注射入猪受精卵内，得到了 *Npc1l1* 精确打靶的转基因巴马猪。分析转基因猪的各种组织，并没有发现基因脱靶现象（Wang Y et al.，2015）。

二、转基因牛研究

（一）改善肉质品质

内蒙古大学李光鹏实验室构建了人源化的 *fat-1* 基因表达载体，转染并筛选出转基因阳性细胞，通过克隆技术得到了 *fat-1* 转基因牛。经屠宰分析，转基因牛的肌肉、脂肪、心脏、肝脏、肾脏、脾脏、肺等 10 种器官组织中，ω-3 含量比普通对照牛高 30%～70%，n-6/n-3 之比显著下降，外源基因显著表达。从血液生理生化指标分析，与非转基因牛相比，*fat-1* 转基因牛具有抗肿瘤、促进免疫能力提升的优势。利用转基因牛奶饲喂小鼠后，小鼠的生长、体重与各个器官的重量与对照组小鼠无差异，对于小鼠的繁殖能力也无不良影响（Wu et al.，2012；Guo et al.，2011；Liu X et al.，2014，2016）。

（二）改善奶品质及乳腺生物反应器

动物乳腺是公认的生产重组蛋白的理想器官，抗胰蛋白酶、凝血因子Ⅷ、葡萄糖苷酶、胶原蛋白、血清蛋白等在乳腺中都能表达。应用乳腺生产重组蛋白，一般要求所使用的表达载体的启动子为乳腺特异表达启动子。常用的乳腺特异表达启动子有牛、绵羊、山羊的珠蛋白上游调控区，有牛 β-乳球蛋白基因（bovine β-lactoglobulin，bBLG）启动子、绵羊 β-乳球蛋白基因（ovine β-lactoglobulin，oBLG）启动子、小鼠乳清酸蛋白（mouse whey acid protein，mWAP）启动子、大鼠乳清性蛋白（rat whey acid protein，rWAP）启动子及兔乳清酸性蛋白（rWAP）启动子。

1990 年，美国 Genzyme Transgene 公司用酪蛋白启动子与人乳铁蛋白（human lactoferrin，hLF）的 cDNA 构建了转基因载体，通过显微注射法获得世界上第 1 头名为“Herman”的转基因公牛，该公牛与非转基因母牛生产转基因后代，1/4 后代母牛乳汁中表达了人乳铁蛋白。1999 年，上海交通大学医学院曾溢滔实验室成功培育出了我国第 1 头转人血清白蛋白基因的转基因牛，该成果被评为当年中国十大科技进展（黄永震等，2011；孟庆勇等，2014）。Van Berkel 等（2002）利用牛的 α-s1-酪蛋白启动子与人乳铁蛋白基因组的 6.2kb 片段构建转基因载体，通过显微注射获得转基因牛，转基因牛奶中人乳铁蛋白的含量为 300～2800μg/ml。Brophy 等（2003）培育出转有 β-酪蛋白和 κ-酪蛋白基因的转基因牛，奶中两种酪蛋白的含量分别提高了 20%和 100%。这种牛奶适合于制作奶酪。Kuroiwa 等（2002）对免疫球蛋白（immunoglobulin，Ig）

和朊蛋白（prion protein，PRNP）基因进行依次打靶，获得 Ig 单基因位点和双基因位点失活的转基因牛。

中国农业大学李宁实验室于 2008 年使用人工细菌染色体转人重组乳铁蛋白基因（*rhLF*），获得 2 头表达 rhLF 的转基因奶牛，表达量分别为 2.5g/L 和 3.4g/L（图 19-13）。生化分析表明，分泌的 rhLF 具有与人的同样糖基化模式和蛋白水解能力；具有与自身内源性 rhLF 抑制的铁离子结合能力；具有正常的生物学功能（Yang P et al.，2008）。Xu 等（2011）和 Zhang R 等（2012）报道了来自 3 种不同转基因奶牛，即转 α-乳清蛋白基因、乳铁蛋白基因和溶菌酶基因奶牛的初乳和普通乳的蛋白表达谱，表明转基因奶牛所表达的奶汁的生理生化指标与普通牛相比没有显著差异，均在正常生理指标范围内。但有 37 种蛋白特异表达于转基因奶牛中（Sui et al.，2014）。Lu 等（2016）利用无标记的载体 pBAC-hLF-hLZ 制备出 7 头转基因奶牛，rhLZ 的表达量为 3149.19mg/L±24.80mg/L，经过纯化的 rhLZ 与天然型人溶菌酶一致的分子质量和酶活性，hLF 后代牛的乳汁中表达 hLF。对这些表达 hLF 的后代牛的肉质、血液学、器官/体重和病理学等进行了分析表明，在 hLF 公牛和野生型公牛之间的血液学指标、器官/体重比率无显著性差异。主要器官的病例组织学分析表明，hLF 公牛组织器官无异常性。hLF 和 WT 公牛肉质组成的各项营养指标没有显著差异。表明，hLF 转基因不影响牛肉的品质。

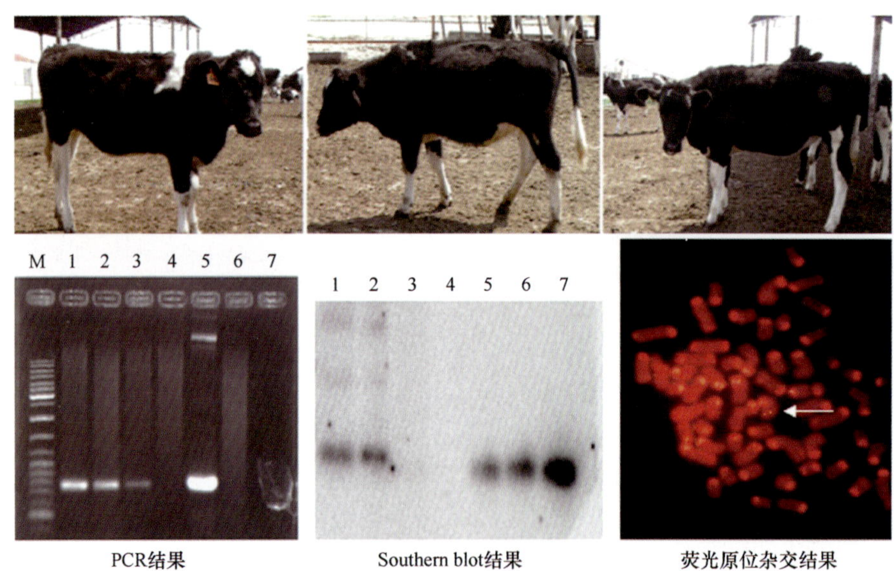

图 19-13 人乳铁蛋白转基因奶牛研制

内蒙古大学李光鹏实验室研制的 *fat-1* 转基因奶牛中，乳汁中的 ω-3 多不饱和脂肪酸含量是普通对照牛的 10 倍以上（图 19-14）。转基因牛健康状况良好，其血液生理生化特征与非转基因牛无显著差异，但其免疫学指标显著好于对照组牛。利用转基因牛的奶饲喂小鼠表明，实验组与对照组小鼠的生长、体重、各个不同器官的重量均无差异。转基因牛奶饲喂的小鼠的免疫生化指标趋好，繁殖能力正常。

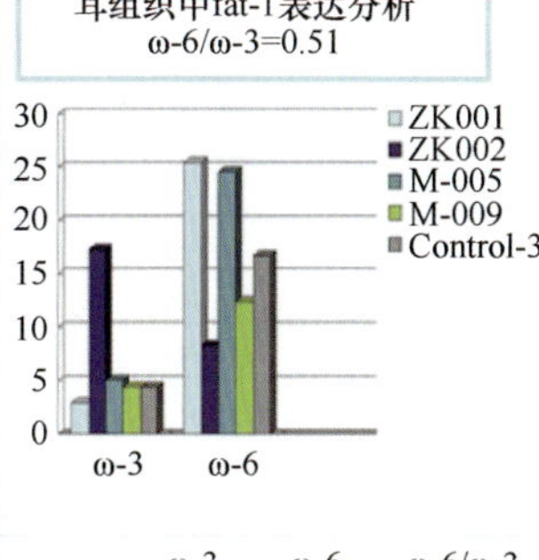

	ω-3	ω-6	ω-6/ω-3
005	5.59	25.45	4.6375
ZK001	3.31	25.4	7.6737
ZK002	18.02	9.23	0.5122
Control	4.78	16.7	3.4937

转基因牛奶汁中fat-1表达分析 ω-6/ω-3=1.04

脂肪酸	ZK001	ZK002 转基因
18:2n-6	2.49	2.08
20:4n-6	0.32	0.02
22:5n-6	0.08	0.01
18:3n-3	0.51	1.59
20:5n-3	0.03	0.16
22:5n-3	0.12	0.23
22:6n-3	0.02	0.05
ω-6 PUFA	2.89	2.11
ω-3 PUFA	0.68	2.03
ω-6/ω-3	4.25	1.04

图 19-14 *fat-1* 转基因奶牛及检测

（三）促进肌肉发育

提高肉畜的肌肉生长性能一直是改良家畜经济性状的一项重要任务。以牛为例，我国几千年的农耕历史，形成了黄牛品种的典型役用性状，前驱发达，后驱呈流线型，臀部肌肉欠发达。黄牛由役用直接转肉用，其产肉性能与国际上著名的肉牛品种相去甚远。在比利时蓝牛和皮埃蒙特牛等少数品种中，部分个体存在明显的双肌臀表型。研究发现，牛双肌臀的出现与 *Mstn* 基因突变有关。MSTN 是一种分泌蛋白，是骨骼肌发生的负调控因子，在发育过程中调控肌纤维形成的最终数目。内蒙古大学和中国农业大学合作利用基因编辑技术对鲁西黄牛的细胞 *Mstn* 基因进行了敲除，所获得的 MSTN 敲除黄牛表现出显著的肌肉生长特性，前驱与后驱肌肉均十分发达，与同龄对照组相比躯体肌肉更加饱满、线条更加明显（图19-15）。该黄牛的生殖能力并没有受到影响，其后代中也表现出明显的肌肉发达的趋势。表明转基因技术或基因编辑技术可以用于新型肉牛的培育。

（四）抗病

疾病防控是畜牧业生产中必须严肃对待的问题，培育具有抗病能力的家畜将有效降低畜牧业的成本和风险。

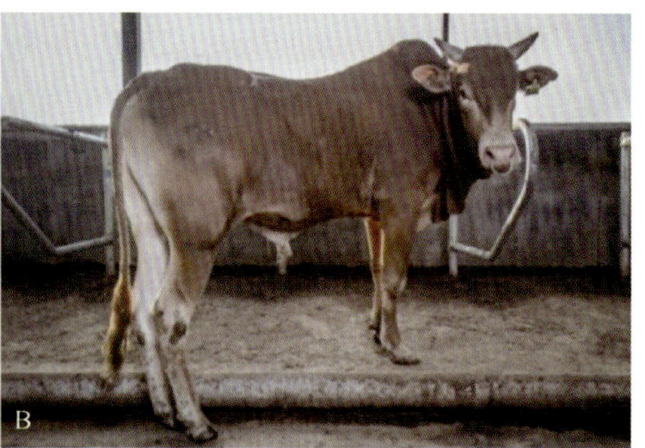

图 19-15 MSTN 基因敲除黄牛及其后代

A. MSTN 基因敲除牛；B. 同龄鲁西黄牛；C. MSTN 基因敲除公牛×鲁西黄牛的后代

1. 抗病毒

抗病毒病的转基因动物研究有以下几种策略：第一种是先找到一种可以抵抗某种病毒的蛋白质，然后将编码该蛋白的基因作为目的基因，使其在转基因动物体内高效表达；第二种是转入表达特定病毒抗原的基因，诱导转基因动物产生相应的抗体而获得抵抗该病毒的能力；第三种是直接使转基因动物表达识别特定病毒的单克隆抗体；第四种是通过干扰病毒侵入机制的方法进行抗病毒；第五种是通过干扰病毒在动物体内的复制或病毒结构基因和调节基因等特定基因的表达，获得抗病毒的动物。

1995 年，中国农业科学院兰州兽医研究所成功建立抗猪瘟转基因动物模型，获得 6 只转核酶基因的家兔，攻毒实验发现有 4 只转基因兔完全或部分抵抗住了猪瘟病毒感染，不产生或无明显发热反应，而对照组则出现特征性的稽留热型。疯牛病和羊瘙痒病是一种朊蛋白（prion protein）类疾病，其病原体 PrPSc 是动物基因组正常表达的朊蛋白 PrPC 的异构体，当作为病原体的 PrPSc 进入体内后会引起 PrPC 转变成 PrPSc，从而使 PrPSc 得到增殖；如果动物体内不表达 PrPC，将使 PrPSc 在体内不能增殖，从而使该动物具有抵抗朊病毒感染的能力。Richt 等（2007）通过基因打靶技术将牛的 PRNP 基因双位点灭活，获得存活了 2 年以上的转基因牛。2009 年，中国农业大学李宁实验室获得了定点敲除 PRNP 基因的敲除奶牛，培育成功抗疯牛病的转基因牛。牛病毒性腹泻病毒（bovine viral diarrhea virus，BVDV）是一种严重危害初生牛犊的 RNA 病毒。

2. 抗菌

乳房炎是严重危害奶牛养殖业的一种传染性疾病，严重影响奶牛产奶量、乳脂率及牛奶品质。金黄葡萄球菌是引起乳房炎的主要病原体之一。目前，不管是疫苗还是抗体都不能有效地抑制或者抵抗这种葡萄球菌。Donovan 等（2005）将编码溶葡球菌酶的基因转入奶牛基因组中获得转基因牛，证明在其乳腺中表达的溶葡球菌酶可以有效预防由葡萄球菌引起的乳房炎，转基因牛葡萄球菌感染率仅为 14%，而非转基因牛对照感染率达 71%。

西北农林科技大学张涌实验室在抗病转基因牛方面的研究工作居国际领先地位。利用 phiC31 整合酶将外源基因定点插入基因组，并利用 Cre 重组酶再将标记基因删除，得到无抗性与标记基因的转基因牛（Yu et al.，2013）；利用 *attB-TK* 融合基因作为副筛选基因，以删除 *phiC31* 的随机介导整合，定点整合于 *pseudo attP* 位点，制备定点整合与安全的转基因牛（Yu et al.，2014）；通过 phiC31 整合酶介导人血清白蛋白基因（HSA）和人 β-防御素 3 基因，以乳腺特异表达载体 *pIACH*（–），其中含有 *phiC31* 整合酶的识别位点 *attB* 位点，克隆出转基因奶牛（图 19-16），牛奶中的重组 HSA 的表达量为 4～8mg/ml，可以成为规模化生产 HSA 的生物反应器（Lu et al.，2015）。利用锌指核酸酶技术将人的溶菌酶基因定点整合入 β-酪蛋白位点，得到了表达人溶菌酶的抗乳腺炎转基因奶牛（图 19-17），转基因牛的抗乳腺炎能力得到大幅提升，成为培育抗乳腺炎奶牛的极具价值的途径（Liu et al.，2014）。为了提高基因打靶效率，在锌指核酸酶一个单体内引入 D450A 点突变，研制了一个链特异性的锌指切口酶，利用该锌指切口酶在牛胎儿

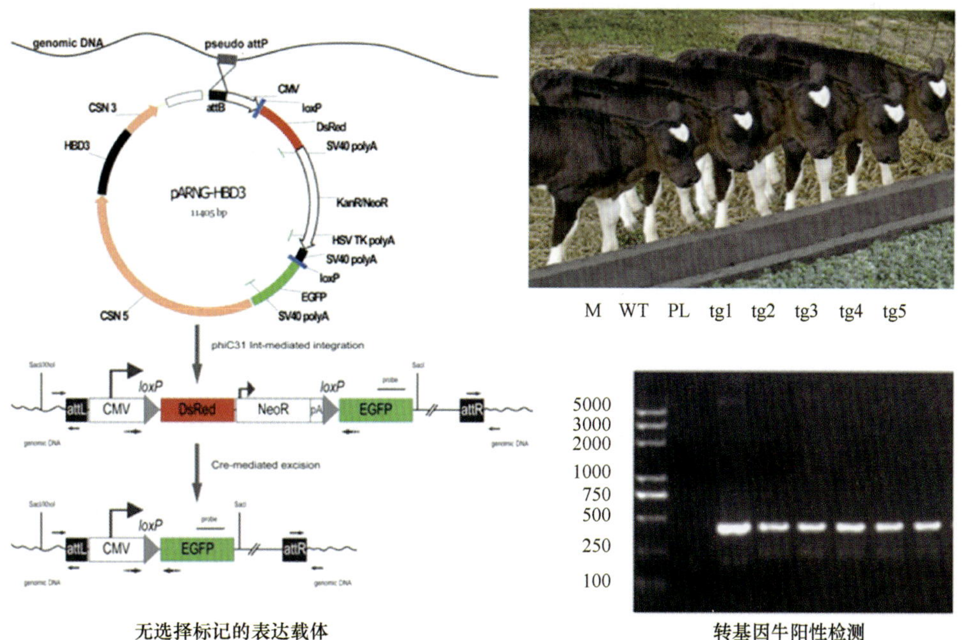

图 19-16　人 β-防御素 3 转基因抗乳腺炎奶牛研制

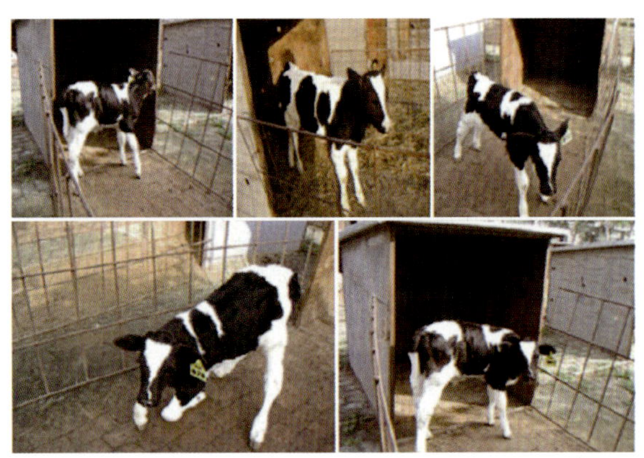

图 19-17　人溶菌酶基因转基因奶牛

成纤维细胞上对牛内源性 β-酪蛋白位点进行基因打靶，并通过同源重组修复途径将外源的溶葡萄球菌素基因定点插入该位点。通过打靶阳性细胞筛选和基因打靶体细胞克隆技术，获得 8 头基因打靶克隆牛。经鉴定，上述基因打靶的克隆牛均在预定位点插入了目的基因，并可在乳腺正确表达溶葡萄球菌素蛋白。体外抑菌实验分析表明，上述基因打靶的克隆牛分泌的牛奶具有杀灭葡萄球菌的功能。该成果发表在 *Nature Communications*（Liu X et al.，2013），不仅创制了一种抗乳腺炎奶牛育种新材料，同时也为农业和生物医药领域带来了一种更高效的转基因新技术。

结核病是由牛结核分枝杆菌（*Mycobacterium bovis*）引起的一种人畜共患病，可由动物传播给人类及在人类之间进行传播。它是全球公共卫生和农业的一种严重威胁。牛结核病在世界各地是广泛分布的，目前在非洲和亚洲的许多不发达地区，并没有有效的计划来消除或控制这种疾病。将胞内抗病原体 1（intracellular pathogen resistance 1，Ipr1）基因进行转基因操作，以得到抗牛结核分枝杆菌的抗结核转基因牛。转基因牛的外周血单核细胞对牛结核分枝杆菌的侵染能力显著增强，转基因牛的抗结核能力得到加强（Wang YS et al.，2015）。小鼠 SP110 基因是结核分枝杆菌（MTB）感染控制过程中一个有希望的候选基因。SP110 可以控制巨噬细胞中的结核分枝杆菌生长，并诱导感染细胞的细胞凋亡。张涌实验室通过 TALEN 切口酶介导，成功实现了 *SP110* 核体蛋白基因的敲入，从而产生了抗结核的转基因牛。体外和体内的转染实验表明，转基因牛能够控制牛分枝杆菌的生长和增殖，打开细胞死亡的凋亡通路，而不是感染后坏死，并有效抵抗结核病患牛在自然界的低剂量结核分枝杆菌传播，能显著减少牛型结核分枝杆菌在牛体内的复制及病理反应，大大减少结核病在奶牛畜群中传播的概率。该成果发表于《美国科学院院报》（Wu et al.，2015）。

张涌实验室随后使用改进型的 CRISPR/Cas9n 系统，成功将一种名为 NRAMP1 的抗结核基因定点整合入牛基因组中，培育出对牛结核病具有增强抗性的活体牛。对得到的 11 头转基因牛犊进行分析表明，*NRAMP1* 已成功地整合至目标位点中；当将牛犊暴露于牛结核分枝杆菌致病菌时，转基因牛表现出增强的细菌抗性；从牛犊中提取的白细胞在体外对牛结核分枝杆菌更具抗性（Gao et al.，2017）。

三、转基因羊研究

克隆羊多莉诞生后不久，英国 PPL 公司的 Schnieke 与罗斯林研究所的 Wilmut 合作，将体细胞核移植技术与细胞转染技术相结合，获得了表达用于治疗血友病的人凝血因子Ⅸ的转基因克隆绵羊。1998 年初，曾溢滔院士实验室获得 5 头整合有人的凝血因子 IX 基因的转基因山羊，乳汁中含有能治疗血友患者的凝血因子 IX 活性蛋白。2000 年，McCreath 等将人 α1-抗胰蛋白酶（α1-antitrypsin，AAT）基因定位整合于绵羊原胶原蛋白[α1（Ⅰ）procollagen，COL1A1] 基因座位的打靶载体转染绵羊胎儿成纤维细胞，选择阳性打靶细胞作为核供体用于体细胞克隆，成功获得了世界上首例基因打靶绵羊（McCreath et al.，2000）。Denning 等（2001）进行 *PrP* 基因敲除转基因羊研究，共获得 4 只 *PrP* 单敲除转基因羊。2006 年，GTC 公司转基因克隆羊生产的药物抗凝血酶Ⅲ（Atryn）在欧洲上市，2009 年在美国上市（张然等，2005；刘明军等，2014；马馨等，2013）。

（一）提高羊的产毛性能

Nancarrow 等（1991）把来自于优质羊毛的一种 A2 蛋白的主要成分（半胱氨酸）基因导入绵羊原核期胚胎，获得的转基因羊产毛率明显提高。将毛角蛋白Ⅱ型中间细丝基因导入绵羊基因组并使其在皮质中特异表达，获得的转基因羊毛光泽亮丽，羊毛中羊毛脂的含量明显提高（Powell et al.，1994；Bawden et al.，1998）。Damak 等（1996）将小鼠超高硫角蛋白启动子与绵羊的 IGF-1 cDNA 融合基因显微注入绵羊原核期胚胎，得到转基因羊的净毛平均产量比非转基因羊提高了 6.2%。Kadokawa 等（2003）对成年转 *GH* 基因绵羊性能进行测定，发现生长速度和羊毛产量都比对照组显著提高。

（二）提高肌肉品质

内蒙古大学李光鹏实验室于 2011 年成功研制出 *fat-1* 转基因杜泊绵羊。转基因羊的肌肉、脂肪、心、肺、肝和肾等器官组织中均显著表达了目的基因，各组织的 n-6/n-3 比率显著低于非转基因羊（图 19-18）。同时还比较了 CMV 与 CAG 启动子对 *fat-1* 基因表达调控。PCR 和 Southern blot 检测显示，在 CMV 启动的转基因羊中，外源基因全长已经整合到了绵羊的基因组中，但在转基因羊的组织中却没有检测到 *fat-1* mRNA 的表达，表明 *fat-1* 基因在转基因绵羊中发生了沉默。而在 CAG 启动的转基因羊中，*fat-1* 基因整合入基因组，并在各组织器官中高效表达。这些结果说明，CAG 启动子适合于 *fat-1* 转基因羊研制（段彪等，2011；Duan et al.，2012；Yang et al.，2017）。Zhang 等（2013）利用密码子优化的线虫 *fat-1* 基因构建表达载体，转染入美利奴羊的胎儿成纤维细胞中，通过徒手克隆技术获得了转基因羊，*fat-1* 基因在转基因羊组织中有效表达。与非转基因羊相比，转基因羊的肌肉与其他主要组织中的 n-6/n-3 比率下降 2 倍以上。

（三）提高羊抗病能力

朊病毒（PrP）是一种对羊极为致命的病毒粒子，能引起羊的瘙痒病（scrapie）等致

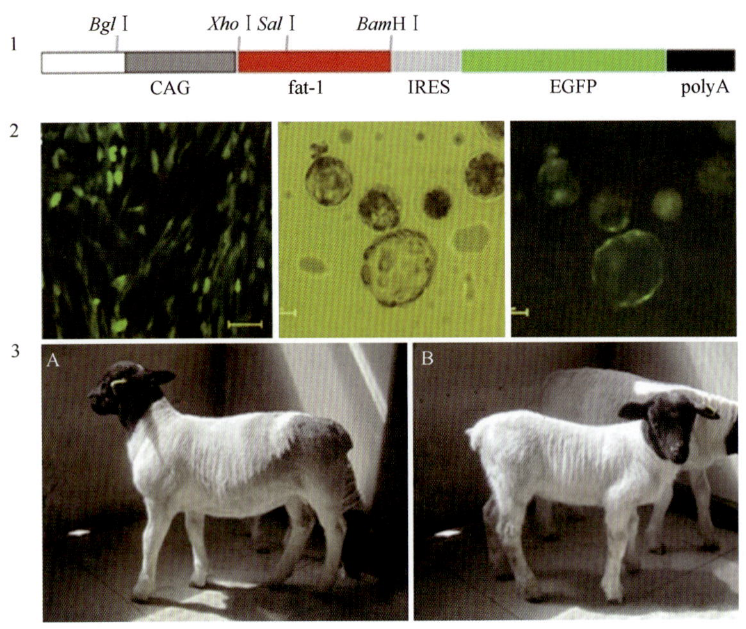

图 19-18 *fat-1* 转基因杜泊羊研制

1. pCAG-fat1 载体；2. 转 pCAG-fat1 细胞系与转基因克隆囊胚；3. 转基因克隆羊，A. N003 一月龄；B. N004 一月龄

命性中枢神经系统机能退化症，已使众多欧洲国家遭受了严重的经济损失。PrP 为单拷贝基因，PrP 敲除小鼠不受朊病毒疾病的感染。因此，如果将羊的 PrP 基因敲除，产生抗 PrP 种群，将对畜牧业生产和人类健康有着积极作用。Denning 等（2001）将绵羊体细胞中的 PrP 基因剔除，经核移植生产出 4 只 PrP 基因敲除羊羔，其中 1 只存活了 12 天。Yu 等（2006）利用基因打靶技术获得敲除了一个 PrP 基因位点的体细胞克隆山羊，经过 3 个月观察，这些基因敲除羊没有异常表现。2012 年，Carvalho 等培育出乳汁中分泌人溶菌酶的转基因山羊，羊奶汁能够显著降低仔猪胃肠道的大肠杆菌等细菌数量，这种山羊奶可以用于防治婴幼儿腹泻等（Carvalho et al.，2012）。

中国农业大学连正兴实验室于 2012 年利用 Toll 样受体 2（Toll-like receptor 2，TLR2）识别入侵的革兰氏阳性菌的特性，构建了山羊的 TLR2 过表达载体（p3S-loxP-TLR2）并培育出转基因羊，该羊能够通过上调溶菌酶的分泌和过滤水肿细胞以清除侵入的细菌，表现出预期的生理与病理效果（Deng et al.，2012）。2013 年，该实验室利用脂多糖（lipopolysaccharide）的受体 TLR4 基因可以识别布鲁氏杆菌，并且启动具有抗原的细胞的活性，影响固有和适应性的免疫能力的特点，通过体细胞克隆技术研制出转入 TLR4 基因的抗布病转基因羊（Deng et al.，2013），所得到的过表达 TLR4 基因的转基因羊产生了明显的抗菌能力，而且发现 TLR4 是通过影响谷胱甘肽的活性，减低过氧化损伤而起到抗布鲁氏杆菌的作用（Deng et al.，2016；Li et al.，2016）。2015 年，连正兴实验室利用 RNA 干扰技术制备了抗口蹄疫病毒（FMDV）转基因山羊。他们选择了 FMDV 的表达病毒 RNA 聚合酶的 *3Dpol* 基因，用 3D-7414shRNA 干扰片段制备了 61 只山羊，其中的 7 只整合了 3D-7414shRNA。转基因山羊的皮肤细胞能显著干扰 *3Dpol* 基因表达。将 FMDV O/YS/CHA/05 毒株感染转基因羊与非转基因羊，发现转基因羊细胞的病毒滴度和病毒拷贝数显著降低，表明通过干扰 *FMDV-3Dpol* 基因可以抑制 FMDV 的复制（Li et al.，2015）。上述研究均表明，利用转基因技术有可能培育出抗布病、抗口蹄疫的新品种羊。

（四）乳腺生物反应器

1. 生产人类药用蛋白

人抗胰蛋白酶（human antitrypsin，α/AT）是一种治疗肺泡纤维化病（肺气肿）的高效药用蛋白，Wright 等（1991）在绵羊乳腺中成功表达了人抗胰蛋白酶，且表达含量高达 35g/L。2006 年，世界上第一个利用转基因山羊乳腺生物反应器生产的基因工程蛋白药物—重组人抗凝血III（商品名为 ATryn）获准上市。ATryn 具有抑制血液中凝血酶活性，预防和治疗急慢性血栓血塞形成，对治疗抗凝血酶缺失症有显著效果。用转基因羊乳腺生物反应器生产人类药用蛋白已取得的主要成果见表 19-2。

表 19-2　转基因羊乳腺生产药用蛋白的研制情况

产品	受体动物	用途	表达量（g/L）	研制公司	研发阶段	潜在市场价值（总量/总价值）
抗凝血酶	山羊	动脉移植	14	GTC	获准上市	80kg/$\$5\times10^9$
蛋白酶抑制因子	山羊	呼吸窘迫综合征	20	GTC	临床 I 期	9000kg/$\$8\times10^9$
蛋白酶原激活因子	山羊	肺栓、心肌梗死	6	GTC	临床 II /III期	75kg/$\$7\times10^9$
路易斯抗体	山羊	乳腺癌、肺癌	14	GTC	蛋白质纯化	800kg/$\$8\times10^9$
抗癌抗体	山羊	结肠癌	0.5	GTC	提高表达量	300kg/$\$3\times10^9$
胰蛋白酶	绵羊	肺纤维囊肿	12	PPL	临床 II /III期	8000kg/$\$8\times10^9$
血纤维蛋白原	绵羊	外科创伤	6	PPL	临床前期	750kg/$\$5\times10^9$

我国在乳腺特异表达转基因羊研究方面也取得卓越成绩。上海医学遗传研究所与复旦大学遗传研究所合作，成功地在转基因羊乳汁中表达了人凝血因子Ⅸ（黄淑帧等，1998）；曾溢滔院士实验室于 1998 年获得了 5 头整合有人的凝血因子Ⅸ基因的转基因山羊，乳汁中含有能治疗血友病患者的凝血因子Ⅸ活性蛋白。扬州大学农学院与中国科学院发育研究所合作，使乙肝病毒表面抗原（HbsAg）在转基因羊乳汁中的表达，他们又研制成功了人促红细胞生成素（EPO）转基因山羊（张靖溥等，1997）。2000 年，中国农业大学李宁实验室获得 4 只转 mAAT 基因转基因山羊。2013 年，新疆畜牧科学院的刘明军实验室利用慢病毒转染技术获得了表达绿色荧光蛋白基因的转基因羊（Liu C et al.，2013）；通过构建慢病毒介导的三顺反子 2A peptide 载体，将三顺反子载体通过慢病毒注入羊合子的卵周隙中，得到转基因羊（Tian et al.，2013）；成功获得在乳腺中表达人胰岛素原的转基因绵羊，最高表达量为 200mg/L。张涌实验室利用 TALEN 技术生产了 β-乳球蛋白敲除公山羊，基因敲除羊与普通公羊相比，鲜精与冻精的精液质量无显著差异（Zhu et al.，2016）。利用基因敲除公羊的精液经体外受精实验，受精率与囊胚发育率与普通精液一致；收集山羊射出精子，并与 DIG-labled DNA 共同孵育，观察了不

同山羊精子的DNA附着率和透膜率(internalizing rate),说明不同羊精子的附着率和(或)透膜率存在差异（Zhao Y et al.，2012）；而且基因敲除公羊是可以遗传的，后代特征明显（Ge et al.，2016）。2016年，中国农业大学与中国农科院北京畜牧兽医研究所合作，利用CRISPR/Cas9系统将turboGFP（tGFP）基因定点敲入Rosa26位点，获得了转基因羊（Wu et al.，2016）。李孟超（2001）研制成功乳铁蛋白基因与蛋白酶抑制因子基因的转基因羊，其乳腺中表达目的基因。

2. 生产生物材料

用动物乳腺生产工业蛋白质是转基因动物应用的一个新领域。蜘蛛丝是目前已知最为坚韧且有弹性的天然动物纤维之一。但由于蜘蛛不能大规模群体饲养，因此不能从蜘蛛中获取大量蛛丝。且由于蛛丝分子质量巨大，很难通过化学合成方法获得蛋白。把蜘蛛丝基因植入酵母菌内，可使酵母菌生产蜘蛛蛋白；将蜘蛛丝基因植入土豆或烟草等植物中，可使植株内蛋白质中富含蜘蛛丝蛋白；将蜘蛛丝基因植入山羊体内，成功培育了羊奶中含蛛丝蛋白的转基因山羊。转基因羊生产的人造蜘蛛丝比钢强4～5倍，因此也被称为“生物钢”。蜘蛛丝制成的“生物钢”可广泛应用于现代纺织、军事、医疗等各个领域，成为新一代高级生物材料。

用蜘蛛丝制造的人工关节韧带、人工肌腱等医用设备和人体组织几乎不会产生排斥反应。这种“生物钢”有蚕丝的质感，有光泽、弹性极强，可以用来制造手术缝线，耐磨服装，还能制成具有防御功能且柔软的防弹衣，在航天、航海、军事和建材等工业市场有广阔的应用前景。由于“生物钢”的优异性能，许多国家都极其重视这一战略技术，我国也将其列入国家863计划之中，并取得了一定进展。

四、转基因家畜存在的主要问题

尽管转基因技术在猪、牛、羊等取得了显著进步，但还存在一系列问题制约着大动物转基因技术的发展和应用。存在的问题主要包括生产周期长、效率低、成本高、目标基因表达不理想及生物安全等。

（一）可用的候选基因不多

迄今为止，我们对家畜基因组的结构、功能和表达的调控机制的认识相对于庞大的动物基因组来说还十分有限。控制家畜重要经济性状的大多是数量性状位点，这些位点调控性状的方式十分复杂，很多性状的主效基因目前并不明确。目前可用于转基因操作的候选基因不多。

（二）随机整合问题

转基因的随机插入，一方面会影响动物自身基因的正常表达，导致转基因动物出现各种类型的发育异常；另一方面目的基因在转基因动物体内的行为很难控制，出现目的基因的表达扰乱动物的生理平衡，或者目的基因在自身或后代中表达不稳定等问题。

定点基因编辑技术的出现，使随机整合问题基本得到解决。但遇到的新问题是需要更多地挖掘可用于定点整合的安全基因插入位点。

（三）生产效率低成本高

转基因家畜生产效率较低，转基因牛、猪、绵羊和兔的生产效率分别只有 0.7%、0.9%、0.9%和 1.5%。体细胞克隆的低效率使得转基因克隆的效率更低。如果使用随机整合载体，目标动物的生产效率更低。因此成功得到一头转基因动物需要很高的成本。利用基因打靶技术，可以定点插入目的基因，筛选得到目的基因正确插入的阳性细胞，核移植后得到的转基因胚胎移植代孕母畜，理论上得到的后代 100%携带目的基因，能大幅减少所需代孕母畜的数量，降低生产成本。

（四）外源基因在宿主基因组中行为的不确定性

外源基因的随机整合很可能引起宿主细胞染色体的插入突变，还可造成插入位点的基因片段的丢失及插入位点的基因位移，同时也可能激活正常情况下处于关闭的基因。其结果导致转基因阳性个体出现不育、胚胎死亡、流产、畸形等异常现象。外源基因受到宿主染色体上整合位点的影响，往往出现低水平表达、异位表达或不表达，影响转基因的表达能力或基因表达的组织特异性，因而使大部分转基因表达水平极低，极少部分表达水平过高。越来越多的证据表明，外源基因进入宿主细胞的基因组后，其行为充满若干不确定性，一方面可能会影响外源基因自身的功能发挥，另一方面也可能引起宿主动物自身的健康问题。

（五）转基因家畜的健康

由于外源基因的插入，转基因家畜的某些内源基因可能会被破坏或正常表达受到影响，引起转基因家畜非目标性状的改变，轻则影响其生产性能，重则影响正常生长发育。目的基因在转基因动物体内的过度表达也会破坏正常的内稳态，从而引起其他生理状态的改变。例如，牛奶中重组人血清白蛋白表达水平在 40g/L 以上的转基因牛，其产奶期明显缩短，而表达水平在 1～2g/L 的转基因牛，其产奶期正常。另外，在制备过程中可能残留一些筛选用的标记或抗性基因，这些基因对于转基因动物来说是多余的，理论上讲对动物健康有潜在的危害。

综上所述，转基因技术体系是一个发展中的体系，随着转基因技术及生命科学的发展而日渐完善。为了能让转基因技术真正造福人类，为了让广大人民更好地接受转基因相关产品，在转基因研究中就必须解决提高转基因效率，控制转基因风险，科学公正地评价转基因产品的问题。

第五节 转基因动物的生物安全

转基因技术打破了不同物种间的天然杂交屏障，实现了物种间的基因转移，丰富了遗传资源，加快了育种进程。然而，在研发过程中，由于诸多未知及不确定因素的存在，可能会带来一些对人、动植物、微生物和生态环境构成潜在危险的问题。近些年来，媒体舆情就反映了民众对基因操作与转基因技术的不了解与误读。对转基因生物及其产品安全性的担忧，严重误导了民众对转基因产品的认知，干扰了科学家们在相关高科技领域既定的研发进程。生物安全已不再是简单的科学问题，而是与国际政治与贸易竞争、宗教和伦理交织的国家民族与普通民众共同关注的社会热点问题。

转基因生物安全强调的是有关转基因生物技术及其产品的安全问题，旨在评估转基因生物技术及其产品在研究、生产、开发和应用过程中，可能对动植物与人类身体健康造成的危害，对遗传资源、生物多样性和生态环境带来的不利影响，以及研究避免这些潜在风险发生的技术方法、程序及法律措施等。

一、转基因动物的生物安全

（一）转基因动物的生态安全性

转基因动物在生态环境方面可能出现的危害或风险主要是植物或水生生物的“基因逃逸”。在植物中存在两种可能的逃逸途径：一是因种苗的散失或残存组织的再生，在野外形成自我繁衍的群体，形成转基因的逃逸群落；二是通过花粉的传播，转基因的近缘物种漂流形成杂交的超级生物，破坏生物多样性与生态环境。特别是那些具备除草剂抗性、病虫抗性、逆境抗性等转基因植物，由于基因流的漂移逐渐导入野生亲缘种或近缘种，使其获得选择优势而变为超级杂草。例如，转基因水稻的花粉漂移到杂草，使杂草后代获得转基因的一些性状（如抗虫、抗除草剂等）后生成超级杂草。而水生生物的“基因逃逸”则主要发生在转基因个体逃离固定的水体后，与同类非转基因个体繁衍所致。

1. 基因水平转移对环境的影响

基因水平转移（horizontal gene transfer，HGT）常见于微生物之间，植物和动物虽然发生 HGT 的现象很少，但也存在 HGT 的可能性。例如，转基因动物可能会通过肠道系统将外源基因转入肠道菌中；转基因动物在饲养过程中可能会通过接触、交配、分娩和泌乳等行为产生 HGT 现象。从现有研究报道看，转基因动物的外源基因不会通过接触、交配、分娩和泌乳等行为发生基因水平转移，但是否会通过肠道微生物发生 HGT，则仍需深入分析。国内多家单位的研究表明，在转基因家畜养殖环境中，并没有检测到转移基因的表达产物。

2. 木马基因效应

木马基因效应（Trojan gene effect）是用来形象地描述转基因的有意或无意释放对环境造成的毁灭性影响。研究表明，快速生长的转基因鱼虽然具有野生鱼无法比拟的繁殖优势，但这种鱼的后代死亡率却很高（约为野生鱼死亡率的 3 倍）。利用计算机进行模拟得出的结论是，如果有 60 尾转基因鱼进入 60 000 尾野生鱼群中，只要 40 代时间就可导致该野生种群灭绝。因此，Muir 和 Howard（1999）将转入的基因比喻为“木马基因

（Trojan gene）”，意指转入鱼体内的外源基因会像特洛伊木马攻克特洛伊城一样，导致野生鱼类种群的灭绝。

事实上，木马基因效应只是根据计算机模拟结果提出的假说。由于生态风险评价的复杂性，至今还没有令人信服的实验证明快速生长的转基因鱼对鱼类种质资源和生态环境具有破坏性。为避免可能的风险问题，将转基因鱼培育成不育的三倍体可能是一种切实可行的手段，因为即使三倍体鱼逃逸到环境中，也不会与其他鱼类杂交而造成基因扩散与污染。

3. 动物逃逸对环境的影响

转基因动物在放牧饲养、散养或逃逸时与同类野生型交配，可以将转入的基因传播出去，从而对生物多样性造成影响。有报道称，转基因动物中昆虫逃逸的可能性是最高的，其次是鱼类，转基因家畜相对来说逃逸的可能性很小。转基因家畜逃逸对环境的影响具有很高的可控性，即可通过物理等控制措施防止其逃逸。

（二）转基因动物的健康安全性

评价转基因动物的健康状况时要考虑以下内容。

1. 基因整合位点对动物健康的影响

在转基因动物生产中，外源基因的随机整合与拷贝数的不确定性，可能会对动物健康带来潜在风险。①掩盖邻近调控元件，发生异常的表达模式（位点效应），包括不表达、过量表达和异常表达等。②当基因碰巧整合进具有重要功能的基因之中时，就干扰了基因的正常表达（沉默整合），从而影响转基因动物的正常发育与代谢。当基因的整合激活了有害基因表达时（毒性整合），会导致胚胎畸形或死亡。

2. 转基因阳性细胞的筛选过程可能改变了细胞的遗传状态

在细胞转染与筛选过程中，一些药物的使用及体外条件的变化，可能导致细胞的遗传或表观遗传特征的变化。当使用这些细胞进行克隆胚胎制备时，可能会导致妊娠胎儿基因组或表观遗传缺陷，引起胎儿流产或出生后的死亡。转基因胚胎的流产率高、先天性畸形增加、出生体重增加、妊娠期延长和产后死亡率高等是转基因动物研制过程中普遍存在的现象，其原因相当复杂。

事实上，随着转基因动物研究的逐渐深入，以上问题目前均可得到控制。基因精确编辑技术的发展，可实现基因的定点整合，从而解决基因随机整合带来的问题；通过改善细胞的体外处理环境，可减少一些不利事件的发生。

3. 转入基因的表达对动物健康的影响

外源基因插入可能会使动物体内严格的基因表达调控发生变化，导致异位或异时表达，从而影响动物健康。插入基因突变或转基因的过表达可能会导致动物出现发育异常、行为异常、泌乳异常等现象。

4. 转基因的非预期性效应对动物健康的影响

非预期性效应（unintentional effect）是指科学家难以预测的、不确定性因素和长期效应。转基因的这种非预期性效应，只能通过长期的实践研究和观察统计来反映。

只有彻底了解转基因对动物健康造成的危害，才能开发出新的技术和方法，从根本上解决这些危害。例如，新出现的基因精确编辑技术，可解决基因随机整合对动物健康造成的危害。转基因的非预期性效应只能经过生物安全的长期研究和分析来规避。

（三）转基因动物的福利问题

动物福利概念由 5 个基本要素组成：①生理福利，即免除饥渴的权利；②环境福利，即让动物有适当的居所；③卫生福利，主要是减少动物的伤病；④行为福利，应保证动物表达天性的自由；⑤心理福利，即减少动物恐惧和焦虑的心情。

按照国际标准，动物被分为农场动物、实验动物、伴侣动物、工作动物、娱乐动物和野生动物 6 类。世界动物卫生组织尤其强调了农场动物和实验动物的福利，指出农场动物是供人食用的，但在成为食品之前，它们在饲养和运输过程中，或者因卫生原因遭到宰杀时，其福利都不容忽视；实验动物是供科研用的，但在科研过程中，要践行善待动物的理念。

转基因动物属于实验动物，在其福利问题上很难同时兑现以上 5 个基本要素，损害它们的健康往往是研究的必经过程。转基因动物的福利研究与转基因动物的健康研究紧密相关，任何影响转基因动物健康的因素，也是影响转基因动物的福利状况的重要原因（如插入突变、转基因的过表达或异位表达、转基因的操作技术等）。

目前，各国都非常重视动物福利问题，尤其是转基因技术对动物福利带来的影响备受关注。在动物痛苦与科研需求之间，目前广获认同的平衡点是 3R 原则，即替代（replacement）：使用低等动物代替高等动物，或不使用活体脊椎动物进行实验；减少（reduction）：把使用动物的数量降低到实现科研所需的最小量；优化（refinement）：通过改善饲养、实验条件等，尽量减少对动物机体的损伤，减轻它们的痛苦和应激反应。

二、转基因动物的食品安全

转基因作物大多作为食品或饲料提供人们或动物食用。因此，转基因食品（genetically modified food，GMF）的安全是社会公众普遍关注的重大问题。GMF 的安全性是转基因生物安全的核心问题，也是影响转基因产品贸易的首要因素（余乾等，2012；张茜等，2011；邹世颖等，2015）。

（一）转基因食品的安全性疑虑

在转基因生物制作过程中，由于存在一些潜在的令人疑虑的问题，因而需要对转基因生物及 GMF 代谢的生化过程、毒理学、致病致畸、生殖功能、免疫学等多方面做安全评估。

1. 毒性问题

人们主要担心的是基因的改变是否会导致有毒物质的产生。例如，担心苏云金芽孢杆菌（*Bacillus thuringiensis*，BT）抗虫植物既然能够抗虫、杀虫，动物或人食用后会不会对机体也产生伤害。实际上，*Bt* 基因的表达产物被昆虫吃进体内后，在强碱性的肠道中被虫自身的蛋白酶消化成再不能被消化的小颗粒。这些小颗粒能聚合成一个小管，嵌入昆虫肠道上皮细胞的表面质膜内形成离子通道，从而导致该虫因肠道被破坏，在一两天内死亡。而哺乳动物的肠道环境是中性偏弱碱性的，也没有 BT 蛋白所能结合的肠道壁细胞。当哺乳动物摄入 BT 蛋白后，被消化成氨基酸，不会造成毒害作用（黄大昉，2007，2015）。

2. 抗药性问题

已有几种转基因作物是用卡那霉素抗性基因作为标记基因，这种基因只要有单一突变也可产生氨基丁卡霉素抗性。而氨基丁卡霉素被认为是人类医药中的“保留”或“急救”抗生素，是国际医药界储备的应急“救危”药物，这种抗生素还未被世界医药界启用（只作为储备急救之用）。因而，基因改造生物（genetically modified organism，GMO）中的卡那霉素抗性基因有可能释放到环境中，动物摄食后进入动物机体内产生抗性。联合国食品法典委员会禁止在食物中使用抗生素，也包括含有耐抗生素标记的转基因农作物。

实际上，目前我国的转基因研究工作，都采取无标记基因、无抗性基因的载体构建方法，在转基因生物中不存在这些危害因素。

3. 免疫力问题

有人推测，转基因生物及其产品有可能引起动物乃至人类的过敏性或免疫力降低，从而对动物及人类的健康产生影响，但这方面的实验证据并不充足。

（二）转基因动物食品安全评价

1991 年，联合国粮农组织和世界卫生组织共同组织了专家讨论会，专门讨论转基因动物的食品安全评价方法。之后，有关食品安全评价问题在国外受到了系统的研究和探讨，并建立了一套标准的评价体系。

1. 转基因动物食品的来源

评价转基因动物食品的首要任务是评价食品的来源和特性：①受体动物的来源和特性；②外源基因的来源和特性；③外源基因的结构和遗传修饰；④转基因动物的安全性；⑤遗传修饰特性；⑥关键成分分析；⑦转基因动物的健康状况。

2. 转基因动物食品的致敏性评价

食品的致敏性是对食品成分的异常免疫反应，产生的副作用包括中度刺激到致死性过敏休克。食品的致敏性通常由免疫球蛋白 E（IgE）抗体家族介导。

转基因动物食品致敏性评价的要点是：①蛋白质来源；②氨基酸序列同源性；③免

疫实验；④生理生化特性等。致敏性分析中除了以上要点外，还包括蛋白质的安全使用史、未来新开发的方法和工具、动物模型的开发、T 细胞抗原决定部位预测、IgE 交叉反应预测与蛋白质三维结构信息预测致敏性等。

事实上，很多传统食品具有致敏性。目前人们已知的致敏性食物不少于 160 种，其中常见的有 8 种，即花生、大豆、牛奶、鸡蛋、鱼、甲壳类动物、小麦和坚果。对于一些易患过敏的人群，这些食物会带来一定的致敏后果，甚至致死。

3. 转基因动物食品的毒性和生物活性评价

在进行转基因之前，首先要考虑插入基因中是否包含表达毒性或抗营养因子的基因。大多化学因子诱导的毒性作用具有一个毒性域值，即实验动物毒性研究中常见的无可见有害作用水平（no observed adverse effect level，NOAEL），即极微量水平。食品安全评价中会建立一个允许日摄入量（acceptable daily intake，ADI）水平，ADI 是衍生于 NOAEL 的一种安全使用域值。

（三）转基因动物食品安全评价的主要原则

1. 实质等同性原则

传统的食品因为经过了几千年的食用历史，通常不会进行毒性评价。在转基因动物食品的毒性和生物学活性研究中，一般根据实质等同性（substantial equivalence）原则。实质等同性的意思是指转基因物种或其食物与传统物种或食物具有同等安全性。对于转基因动物来说，实质等同性是指转基因动物或转基因动物食品与传统的动物或食品在安全性上没有差异。将其与传统的同等产品进行比较，如果其功能和生物学活性与传统食品没有差异，则认为是安全的。当转基因动物中外源基因表达的蛋白质与传统食品中的蛋白质出现差异时，可进一步通过实验动物对其进行口服毒性研究。对于非蛋白质成分的潜在毒性可根据个案分析的原则进行毒物动力学、急性/亚慢性/慢性毒性和致癌性分析、免疫学分析、繁殖和发育毒性分析等。

转基因动物生物安全评价中，实质等同性要比较的主要内容有：①生物学特性。包括各发育时期的生物学特性和遗传、繁殖方式和繁殖能力，迁移方式和能力，建群能力，泌乳能力，形体和健康状况，对人畜的攻击性、毒性等，在自然界中的存活能力，对生态环境影响的可能性。②营养成分。包括主要营养因子（脂肪、蛋白质、碳水化合物、矿物质、维生素等）、抗营养因子（影响人对食品中营养物质吸收和对食物消化的物质）、毒素（对人有毒害作用的物质）、过敏源（造成某些人群食用后产生过敏反应的一类物质）等。

与传统动物相比，除了目的基因外，转基因动物的其他指标没有显著差别就是实质等同性。然而，也有人对实质等同性原则提出异议，认为实质等同性的概念不清楚，容易引起误导。而且建议，要用最终食品的化学成分来评价食品的安全性，而不管转基因作物或转基因食品的整个生产过程的安全性，包括人体健康安全和生态环境安全，只要某一转基因食品成分与市场上销售的传统食品成分相似，则认为该转基因食品同传统食品一样安全，就没有必要做毒理学、过敏性和免疫学实验。但就目前的发展水平而言，科学家还不能通过转基因食品的化学成分准确地预测它的生化或毒理学影响。因此，实质等同性依然被大家广泛采用。目前，转基因动物安全评价中将实质等同性原则与其他评价原则结合起来使用。

2. 个案分析原则

因为转基因生物及其产品中导入的基因来源、功能各不相同，受体生物及基因操作也可能不同，所以必须有针对性地逐个进行评价，即个案分析（case by case）原则。目前世界各国大多数立法机构都采取了个案分析原则。

3. 预先防范原则

虽然尚未发现转基因生物及其产品对环境和人类健康产生危害的实例，但从生物安全角度考虑，必须将预先防范（precautionary）原则作为生物安全评价的指导原则，结合其他原则对转基因动物及其产品进行风险分析，提前防范。

4. 逐步深入原则

转基因动物及其产品的开发过程需要经过实验研究、中间实验、环境释放和商业化生产等环节。因此，每个环节上都要进行风险评价和安全评价，并以上步实验积累的相关数据和经验为基础，层层递进，确保安全性，此即逐步深入（step by step）原则。

5. 科学基础原则

安全评价不是凭空想象的，必须以科学原理为基础，采用合理的方法和手段，以严谨、科学的态度对待。

6. 公正透明原则

安全评价要本着公正透明（impartial and transparent）的原则，让公众信服，让消费者放心。

中国自从 1979 年起出台了一系列有关生物安全的管理办法。其中值得一提的是 2001 年 5 月 23 日，国务院颁发了《农业转基因生物安全管理条例》，该条例涉及转基因动物、植物和微生物的安全管理。

2002 年 1 月 5 日，农业部发布了第 8 号令，颁发了《农业转基因生物安全评价管理办法》，自 2002 年 3 月 20 日起施行。该令的附录 2 为《转基因动物安全评价》，专门对转基因动物的生物安全评价进行了规范和指导，该办法明确规定中国的转基因动物及其产品上市前要经过实验研究、中间实验、环境释放、生产性实验、安全证书等审批程序。

三、转基因动物的安全评价

（一）受体动物的安全性

受体动物的安全性无疑对转基因家畜的安全性产生最直接的影响。一些重大疫病如布病和口蹄疫，以及一些寄生虫病都是人畜共患疾病。在实验开始之前，必须把准备用作受体的母畜在相对净化和隔离的环境下养殖一段时间，进行严格的免疫接种、消毒、卫生等防疫工作。携带人畜共患传染病原或其他传染病原的家畜不能用作受体。

（二）原代转基因动物分析

1. 转基因动物的阳性鉴定

通过常规分子生物学技术就可以快速地从 DNA 和 RNA 水平上对动物进行快速检测，以确定动物是否为转基因阳性。之后，再在蛋白质水平上检测基因的表达情况。

2. 整合位点、拷贝数与旁侧序列的检测

在随机整合的情况下，外源 DNA 插入宿主基因组的方式一般是在同一位点上多拷贝插入，而这样的位点在宿主动物基因组中可能不止一个，并且转基因在插入过程中或插入后就有可能发生重排或缺失。当外源基因以多拷贝的形式插入时，构成重复序列，可能会形成异染色质结构，这种结构可能对外源基因表达的稳定性有一定的影响，甚至使外源基因表达沉默，也可能影响内源基因的表达，使内源基因超表达、低表达或沉默，也可能激活某些原癌基因的表达，对动物本身产生伤害，影响传代的不稳定。

通过绝对定量 PCR 技术或 Southern 杂交技术均可以检测外源基因拷贝数；通过接头介导 PCR 法、序列分析技术等可以鉴定外源基因整合位点；通过相对定量 PCR 技术、序列分析技术可以检测旁侧序列。

为了分析转基因动物的遗传稳定性，需要连续对几代转基因动物进行整合位点、拷贝数与旁侧序列分析，以确定外源基因在遗传过程中是否稳定。经过数代后，同一位点上的拷贝数应趋于稳定。对于稳定的转基因动物生产而言，单拷贝的动物更适合于繁殖传代。

3. 外源基因的表达对动物生理行为的影响

通过分析转基因动物的血液及尿液的生理生化指标，检测外源基因的表达是否影响动物的健康。以 *fat-1* 转基因牛为例，笔者分别收集转基因牛和非转基因牛的血液总 RNA，检测每头牛的血液生化指标，包括肝功的常规指标（AST，谷草转氨酶；ALT，谷丙转氨酶；LDH，乳酸脱氢酶）、肾功的常规指标（CRE，肌酐）、血糖（GLU）、血脂常规指标（TG，甘油三酯；CHO，总胆固醇；HDL，高密度脂蛋白胆固醇；LDL，低密度脂蛋白胆固醇）。获得各项生化指标检测结果后，进一步比较分析转基因牛与非转基因牛及不同年龄段间的差异，从而在血液生化水平上分析 *fat-1* 基因的转入对牛自身健康的影响。

血浆差异蛋白的检测与分析：提取动物血液总 RNA，利用双向电泳或芯片表达谱技术，对差异基因表达进行非监督层次聚类，利用热图的形式分析差异基因的表达模式，判定差异基因主要影响的生物学功能或者通路。

4. 转基因动物肠道微生物菌群组成的检测

作为动物健康重要指标的肠道菌群的构成越来越受到重视。对于反刍动物而言，肠

道菌群的变化可能会影响到饲料转化率。转基因的介入是否会影响到动物的肠道菌群，则需要进行检测与分析。在 *fat-1* 转基因牛中，我们比较了转基因牛与非转基因牛的肠道微生物组成，发现 *fat-1* 基因的整合，引起了牛肠道菌群的构成出现一定变化，但这种变化对于转基因牛的健康是有利的。

5. 生殖激素的检测

拥有正常的繁殖能力是转基因动物生产的基本要求。因而，需要对转基因动物的生殖内分泌活动进行分析。通常利用生殖内分泌分析技术就可以完成这项工作。

6. 转入基因的表达稳定性

外源基因的表达有时会发生改变，这种改变取决于宿主动物的遗传背景与转基因之间互作的程度及转基因由于父系或母系遗传所表现出的印记作用。随着转基因传递代数的增加，转入基因表达水平降低。因此，在一个世代中和经过若干世代的繁衍后，转基因的稳定性应从表达量角度来确定。转基因产物的稳定性应在转基因动物的整个生产期进行监测。转基因 RNA 转录水平包括转录物的大小、相对丰度、RNA 生成的组织和细胞系等角度进行验证。

（三）转基因家畜自身安全性的解决方案

根据《农业转基因生物安全评价管理办法》附录 2《转基因动物安全评价》，转基因家畜自身的安全性可理解为相对于受体家畜，其存活能力、繁殖、遗传及其他生物学特性的改变。从转基因动物生产过程到外源基因的表达，都有一些影响转基因动物自身安全性的因素。特别需要提及的是随机整合载体的使用，整合位点的不确定性可能带来非预期效应，这种不确定性首先影响的是转基因家畜自身的安全性。体细胞核移植技术与基因打靶技术相结合，虽然能实现定位整合（靶向修饰），但其产生的部分克隆动物确实存在健康问题。体细胞核在卵胞质中重编程的不彻底，有可能导致部分转基因动物在解剖结构、生理功能和行为方式上发生异常，进而引起动物发育生长及存活力下降等现象。

要解决上述问题，可从以下两方面考虑：其一，无论是用哪一种方法获得的转基因家畜，都应加强生长发育、繁殖、遗传及各种生物学性状的监测和评估。对于用作生物反应器的转基因家畜，要对动物进行更为彻底的血液生理生化检测、乳腺及乳汁的生化检测；对动物消化系统中的微生物菌群进行检测，基因表达产物是否影响肠道菌群结构变化；还应检测基因表达产物是否产生特定的抗药性等。通过监测和评估，淘汰有异常表现的个体，保留具有正常生长发育态势、繁殖和遗传稳定的个体。其二，改进现有的转基因技术，提高安全性。例如，可采用通过构建无标记基因、无抗性基因、无原核架构成分的表达载体，采用精准基因编辑技术定点敲除或植入目的基因，在细胞水平上对转基因的整合和表达进行预筛选，再通过体细胞克隆技术生产转基因家畜等手段。

（四）转基因家畜的环境安全分析

转基因生物的环境或生态安全风险是通过基因漂移实现的。基因漂移有 2 种方式，即基因的垂直漂移（vertical gene flow）和水平转移（horizontal gene transfer）。

基因水平转移通常指基因在亲缘关系很远的物种之间进行交换和移动，多发生于微生物的物种之间。可能引起转基因家畜基因水平转移的途径有以下几种：①肠道微生物，转基因家畜的外源 DNA 与肠道微生物进行基因交换重组，从而发生转移并形成新的致病微生物；②畜舍内的其他动物，如蚊、蝇、老鼠等，当蚊吸食转基因动物的血液之后，再吸食其他动物的血液，蝇、老鼠食用了转基因动物的排泄物之后，再四处飞行或流窜，从而发生转移；③排泄物，转基因家畜的粪便施放到田地作为肥料，其中可能含有未降解的细胞或细胞碎片。

对于肠道微生物来说，整合在动物基因组的外源 DNA，如果能发生与肠道微生物进行基因交换重组，其实与内源基因是等同的。但肠道微生物是伴随着动物的出现就一直存在的，并未见动物的 DNA 与肠道微生物 DNA 发生交换重组的现象，也不具备这种机制。已知微生物之间可通过转导、转化或接合进行基因转移，但尚无裸露 DNA 在肠胃系统中转入微生物的报道。至于是否媒介动物或排泄物能否引起基因漂移，圈养动物与在农田里生长的植物相比，上述可能引起基因水平转移事件发生的概率要低得多。就转基因生物安全的风险评价而言，风险是危害性及其发生概率的函数，即风险=危害性×发生概率。即使对于植物，目前也还没有充足的证据表明，基因的水平转移会导致转基因逃逸从而带来明显的环境安全问题。中国农业大学和内蒙古大学的研究组分别对人乳铁蛋白转基因奶牛、人乳清蛋白转基因奶牛和 *fat-1* 转基因奶牛的排泄物及圈舍内外环境的样本进行检测，并没有检测到相应的转基因及其产物的存在。

基因的垂直漂移是指通过有性杂交的方式发生于亲缘关系很近或同一物种不同群体之间的基因交换。转基因植物的基因垂直漂移，通常可以通过 3 种不同的媒介来实现，即花粉介导、种子传播介导和无性繁殖器官介导的基因漂移。家畜与植物不同的是，其受精过程是在体内完成的，不存在如转基因植物由于花粉或种子介导的基因漂移问题；同时家畜在自然状态下不能进行无性繁殖，也不存在无性繁殖器官介导的基因漂移。唯一可能造成基因垂直漂移的途径，就是转基因家畜的逃逸。转基因家畜从圈舍内逃出，与非转基因家畜交配，从而造成转基因的逃逸。而防范转基因家畜的逃逸，可以通过如下措施加以控制：①转基因家畜的研发或生产必须在专用的圈舍内进行；②转基因家畜的畜舍与非转基因家畜的畜舍之间要有严格的隔离设施和隔离带；③按照中国《农业转基因生物安全评价管理办法》的规定，制定严格的防止转基因家畜逃逸的管理制度和应急措施。

（五）食用转基因作物后的动物安全性分析

据国际农业生物技术应用服务组织统计，在转基因作物的批准方面，从 1994 年到 2015 年，共有 67 个国家批准转基因作物用于粮食和（或）饲料，涉及 26 种转基因作物。全球转基因作物的种植面积从 1996 年的 170 万 hm^2 发展到 2014 年的 1.815 亿 hm^2，增加了 100 倍。美国是全球最大的转基因作物种植和生产国，美国国家农业统计局（NASS）发布，2015 年全美玉米、大豆和棉花的种植面积分别为 3600 万 hm^2、3448 万 hm^2 和 358 万 hm^2，转基因玉米、大豆和棉花的种植比例分别为 92%、94%和 94%，美国玉米、大豆和棉花已全面普及转基因品种。在 1996～2014 年，全球转基因作物产生的累计经济效益为 1500 亿美元，其中发达国家为 741 亿美元，发展中国家为 762 亿美元。

美国也是转基因作物的消费大国，包括婴儿食品在内，美国市场上的转基因食品已经超过 3000 多种。转基因玉米、大豆和木瓜都是美国家庭餐桌上的“常客”。美国人每年消耗的转基因大豆食品为 587 万吨，而美国人口为 3 亿，所以美国平均每人每年摄入的转基因大豆食品为 19.6kg。中国人每年消耗的转基因大豆食品为 950 万吨，中国人口为 13.5 亿，中国平均每人每年摄入的转基因大豆食品为 7.0kg。也就是说美国人每年吃转基因大豆的数量是中国人的 2.8 倍。

人们已经食用转基因产品 20 年，尚无一例因食用转基因食品而致病的案例。那么，从食品安全的角度，当用转基因产品喂食畜禽后，畜禽的健康状况如何？这些畜禽及其产品作为人类食品时，安全吗？

1. 畜禽的消化道解剖学结构及食物消化过程

评估转基因作物作为畜禽饲料的安全性，需要了解畜禽的消化过程、转基因操作引起的植物变化及这些变化在消化过程中的最终效果。商业上可利用的绝大多数转基因作物是抗虫性的或除草剂耐受性的。现有证据表明，转基因作物中新形成的蛋白质和核苷酸都是极易消化的，畜禽在食用了转基因作物后，绝大部分转基因产物被动物消化，极少部分不易消化的残留的含氮化合物随粪便排出。

（1）畜禽的消化道解剖学结构

畜禽的消化道各不相同，它们消化的方式也各异。一般认为，纤维消化动物（如牛、羊）的消化道要比食肉动物和杂食动物（猪、家禽）的复杂得多。反刍动物如牛和羊有瘤胃、网胃、瓣胃和皱胃 4 个胃室。瘤胃最大，含有由细菌和原生动物组成的巨大的共生微生物种群，这使得反刍动物能够利用大量的纤维。禽类都有储存和浸湿食物的嗉囊，与真正的胃一样能产生消化液的前胃和辅助碾碎食物的砂囊。猪和其他一些杂食动物的消化系统比反刍动物的要简单得多（图 19-19）。

（2）蛋白质的消化

胃上皮细胞分泌的各种胃蛋白酶将蛋白质切割成多肽、朊和小片段的肽。进入小肠后，这些多肽在胰蛋白酶、羧肽酶、胰凝乳蛋白酶和弹性蛋白酶等的作用下，进一步消化为氨基酸。来自小肠的氨基肽酶和二肽酶将尚未消化的多肽分解为氨基酸。通常情况下，98%以上的蛋白质最终都会分解为氨基酸而被小肠吸收。

（3）脂肪的消化

脂肪的消化与吸收比较特殊。由于脂肪不溶于水，而体内的酶促反应是在水溶液中

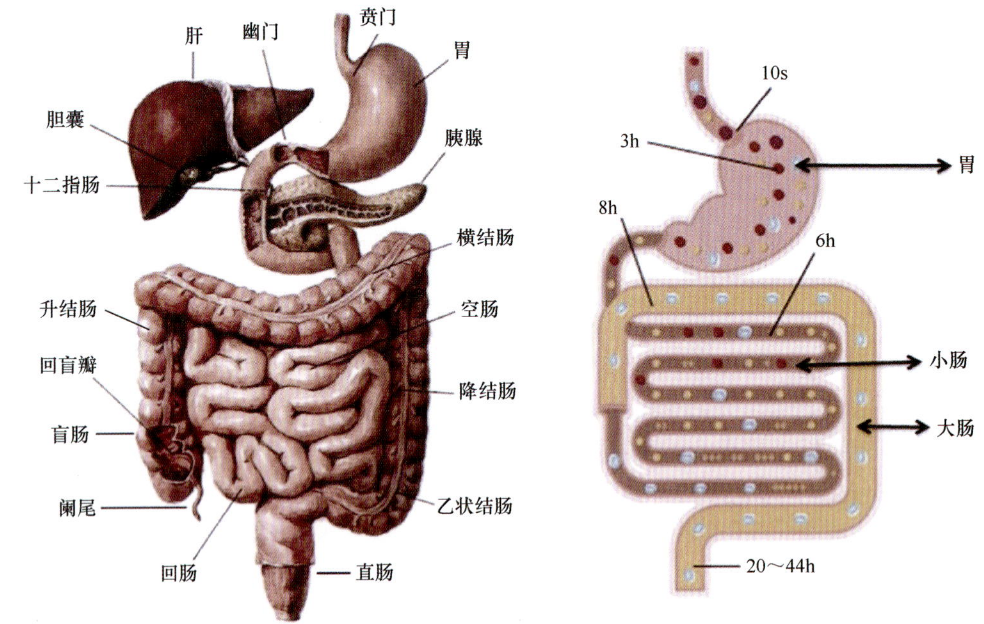

图 19-19 人的消化系统结构（左）与食物在各段消化管中的消化停留时间（右）

进行，所以脂肪必须先乳化才能进行消化和吸收。来自胆囊的胆盐在脂肪消化中起重要作用，能使脂肪乳化成非常细小的乳化微粒。胰液含有脂肪酶，脂肪在脂肪酶的作用下进行分解。分解的产物是甘油二酸酯、甘油一酸酯、脂肪酸和甘油。碳原子数量较少的短链脂肪酸直接被小肠黏膜内壁吸收。长链脂肪酸与胆固醇、脂蛋白、磷脂结合，形成乳糜微粒进入淋巴系统，最后进入血液，运送到身体各个组织。

（4）DNA 和核苷的消化

核酸类物质则在小肠中被核苷酸酶分解为核苷酸、核苷、嘌呤和磷酸。这些单分子核苷酸、核苷、嘌呤、脂分子等最终被小肠上皮细胞吸收，进入血液循环。转基因作物中的外源 DNA 结构与宿主植物 DNA 完全相同，均由 4 种核苷酸组成。实际上，在转基因作物中，外源 DNA 的含量不足宿主植物总 DNA 的 0.0004%。据估计，一头体重 600kg 的奶牛可以消耗 DNA 608 000mg；当喂食含 Bt 玉米的转基因饲料时，每天摄入外源 DNA 的量大约为 DNA 总摄入量的 0.000 24%（约 1.5mg）。在消化道内，所有的 DNA 都将被来自唾液腺、胰腺、肝脏和小肠的分泌细胞分泌的核酸内切酶 DNase Ⅰ 和 DNase Ⅱ 消化。动物所摄取的植物 DNA，85%以上在进入十二指肠前都被分解为小片段的核苷酸和单个分子的核苷等。之后，进入十二指肠和小肠后，这些小的核酸片段和核苷酸等再被消化为核苷、核糖、碱基与磷酸等单分子物质，进而被小肠吸收进入血液。不经消化的核酸类大分子不能直接被消化道吸收利用（图 19-20）。

2. 食用转基因作物的动物体内并没有发现转基因成分

家畜饲料几乎都是植物性的。反刍动物如牛和羊的饲料中，有大约 70%是人类所不能食用的。猪和家禽的饲料中，通常有 50%～70%是人类可食用的。在世界范围内，家

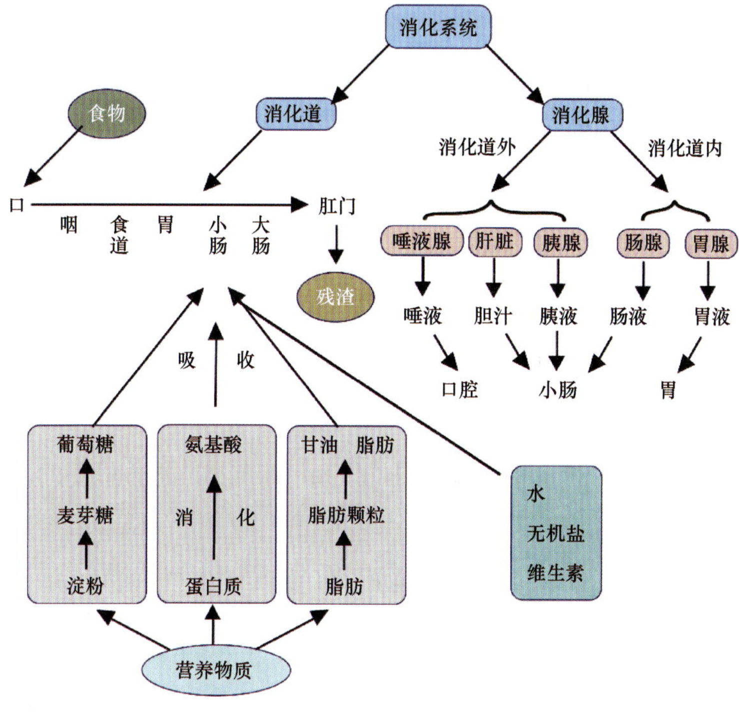

图 19-20 营养物质的消化与吸收

畜差不多消耗了全球 1/3 的谷物及其副产品如大豆粉、棉籽壳等。而现在，转基因作物在动物食用的作物中占了相当大的份额。在家畜消耗的转基因作物中，主要是玉米、大豆、油菜和棉花（棉籽）。因而，对这些转基因作物的安全性和营养价值进行评估是非常有必要的。评估转基因作物及其产品的关键营养成分及毒素的组成，了解在喂食这些作物后是否对动物产品特性产生影响。到目前为止，在饲喂了转基因作物的家畜的组织和体液中，还没有检测出源于外源的 DNA 和蛋白质。

3. 食用转基因作物后畜禽的生长与经济性状分析

利用转基因作物饲喂畜禽，对动物的生长速度、食物摄取、成活率、食物利用总效率、瘤胃挥发性脂肪酸、能量、氮化物、有机物、无氮提取物、脂肪和纤维化合物的可消化性等进行综合评价。用抗虫作物包括 Bt 玉米、Bt 大豆、Bt 棉花和 Bt 马铃薯饲喂肉用仔鸡、产蛋鸡、肉牛、奶牛、猪和绵羊，评价结果等喂食这些 Bt 作物时，对动物的品质、健康状况和养分利用没有不良影响。

当用具有除草剂特性的植物包括草胺膦耐受的油菜、玉米、大豆和甜菜，除草剂 oxynil 耐受的油菜和棉花，以及除草剂磺酰脲耐受的棉花，对肉鸡、猪、奶牛、肉牛和绵羊进行饲喂时，并没有发现这些转基因植物饲料对畜禽的品质、健康状况和养分利用等有生物学相关的差异。含有肌醇六磷酸酶的饲料作物可使畜禽如猪和家禽能够更多地利用作物中肌醇六磷酸所结合的磷，从而减少需要处理的动物废物中磷的总量。肌醇六磷酸含量低的玉米能够明显提高猪对植物中磷的利用效率，能降低添加到食物中的磷酸氢钙供应量，而对猪的生长速率、饮食效率或骨更新的指标血清骨钙素没有引起相关差异。

与非转基因大豆相比，当用油酸含量高的转基因大豆喂猪时，猪的生长速率、食物摄取和饮食效率上没有显著差别。当用含油量高与含赖氨酸高的转基因玉米饲喂小猪时，氨基酸、总能量、粗蛋白和干物质等营养成分的可消化性是相似的。

4. 食用转基因作物后畜禽的肉、奶和蛋的组成

食物的组成会影响家畜肉、奶和蛋的成分。例如，使用蛋白质碳水化合物比越高的饲料喂食正在生长的猪，其身体组成倾向于更高的脂肪瘦肉比。抗虫和除草剂耐受的作物本质上与同类的非转基因品种是相似的。在畜禽组织中并没有检测到转基因作物中的新蛋白质所具有的生物活性。当肉用仔鸡定量食用 Bt 豆粕和传统豆粕时，畜体重量、畜体产量和生化组成上没有差别。食用草甘膦耐受的玉米、棉籽、大豆，或食用 Bt 玉米或 Bt 棉籽的奶牛所产的奶在体细胞数量和脂肪、蛋白质、乳糖、总固体、脱脂固体、脲和不同的脂肪酸的含量上与对照组没有差别。以传统对照玉米品种和 Bt 玉米品种为食的奶牛所产的奶，在干酪制作的几个指标上也没有发现差异。食用草甘膦耐受玉米的肉用仔鸡、猪和肉牛与食用草胺膦耐受玉米的肉牛在畜禽相关的一些指标上没有发现差异。联合国粮农组织、世界卫生组织和美国食物和药品管理局已声明，消费任何来源的 DNA，包括转基因作物中引入的 DNA，不会引起健康和安全问题。

5. 在动物产品中检测植物来源的 DNA 和蛋白质

事实上，很难在肉、奶和蛋中追踪来自被消化蛋白质（内源的和引入）的被吸收的氨基酸，因为这些蛋白质相对较快地分解为氨基酸、氨和碳骨架，以及最终参与转氨作用、生成尿素或合成蛋白质。食用 Bt 和草胺膦耐受玉米的肉用仔鸡的血液、肝脏和肌肉的样品中没有检测到生物技术改造的蛋白质。在食用草甘膦耐受的大豆豆粕的蛋鸡的鸡蛋、肝脏和排泄物的样品中及在食用草甘膦耐受的玉米的猪肌肉组织中均没有检测到外源基因所表达的蛋白质。同样，在饲喂转基因作物的畜禽的血液、皮肤、肌肉、十二指肠和肝脏等组织样本中也没有检测到相应外源基因的 DNA 片段。

6. 基因水平转移

曾经有人提出植物 DNA（内源的或插入的）可能会整合到食用转基因作物的家畜的基因组中。实际上，对于动物而言，水平基因转移是不可能的，因为 DNA 在相对很短的时间（4h）内就被消化了。在动物和人类的基因组中从未检测到任何植物基因或植物基因片段，而且也没有证据表明在食用植物饲料的动物组织中发现植物蛋白的表达。

综上所述，转基因生物安全与食品安全是一个相对概念，很多传统食品实际上对人类也有不同程度的毒性，如蘑菇、河豚、接骨木、蓖麻油、杏仁、樱桃、李子、苹果、大黄、土豆等，还有一些海洋产品与动物内脏等，这些食品中的一些成分具有一定的毒性成分，如人们常吃的苹果，其种子含有氰化物，一个苹果的种子不会毒死人，但是只要吃得多完全有可能中毒死亡。因此，“零风险”的食品是不存在的。

在今后数年间，转基因生物安全是一个科学问题，更是一个创造和谐科研社会环境所必须解决的重要问题。第一，要提升转基因技术的稳定性和可控性；第二，要加强转基因的科普宣传，加强社会对转基因技术的认可度；第三，建立更为完善的转基因生物技术的评价体系，加强对转基因技术应用的监管。正如习近平总书记在中央农村工作会议讲话中所说："转基因是一项新技术，也是一个新产业，具有广阔发展前景。作为一个新生事物，社会对转基因技术有争议、有疑虑，这是正常的。对这个问题，我强调两点：一是确保安全，二是要自主创新。也就是说，在研究上要大胆，在推广上要慎重。转基因农作物产业化、商业化推广，要严格按照国家制定的技术规程规范进行，稳打稳扎，确保不出闪失，涉及安全的因素都要考虑到。要大胆创新研究，占领转基因技术制高点，不能把转基因农产品市场都让外国大公司占领了。"

参 考 文 献

陈青, 曹文广. 2011. 动物转基因新技术研究进展. 中国农业科学, 44(10): 2168-2175.

段彪, 程磊, 苏广华, 等. 2011. ω-3 转基因克隆绵羊诞生. 内蒙古大学学报(自然科学版), (1): 封三.

黄大昉. 2007. 加快发展现代农业, 大力推进转基因生物育种产业化.中国农业科技导报, 9(3): 9-12.

黄大昉. 2015. 转基因农作物育种发展与思考. 生物技术通报, 31(4): 3-6.

黄淑帧, 陈美珏, 黄英, 等. 1998. 乳汁中分泌有活性的人凝血因子Ⅸ的转基因羊的研制. 科学通报, (7): 783-784.

黄永震, 贺花, 陈宏. 2011. 动物转基因技术研究新进展及其在牛育种上的应用. 中国牛业科学, 37(4): 35-40.

焦明霞, 牟彦双, 格日乐其木格, 等. 2014. 精子介导的转基因效率关键影响因素. 中国农业科学, 47(20): 4086-4095.

李孟超. 2001. 首例转基因羊培育成功. 北京农业, (5): 28.

刘明军, 张雪梅, 李文蓉, 等. 2014. 绵羊转基因技术体系构建及研究进展. 中国农业科学, 47(21): 4234-4245.

刘文杰, 赵杰, 许建香, 等. 2014. 转基因动物育种及其产业化发展. 生物产业技术, 2: 48-55.

刘忠华, 宋军, 王振坤, 等. 2008. 体细胞核移植生产绿色荧光蛋白转基因猪. 科学通报, 53(5): 556-560.

马馨, 栾维民, 苏立岩, 等.2013. 山羊转基因技术研究进展. 中国草食动物科学, 33(5): 52-55.

孟庆勇, 刘春城, 王萌, 等. 2014. 牛规模化转基因技术体系构建轨迹和展望. 中国农业科学, 47(21): 4224-4233.

农业部科技发展中心. 2012. 农业转基因生物安全标准: 2011 版. 北京: 中国农业出版社.

农业部农业转基因生物安全管理办公室, 中国农业科学院生物技术研究所, 中国农业生物技术学会. 2012. 转基因 30 年实践. 北京: 中国农业科学技术出版社.

孙武, 萨日娜. 2015. 转基因猪的研究进展. 畜牧与兽医, 47(4): 134-137.

托马斯 JA, 福克斯 RL . 2007. 生物技术与安全性评估. 林忠平译. 北京: 科学出版社.

魏庆信, 樊俊华, 李绍章, 等. 1992. OMT/PGH 基因导入湖北白猪后的整合与表达. 湖北农业科学, (1): 29-32.

魏庆信, 郑新民. 2012. 转基因家畜安全性的解决方案. 湖北农业科学, 51(24): 5562-5564.

吴梦, 刘作华, 林保忠, 等. 2015. 转基因猪研究进展. 中国生物工程杂志, 35(3): 92-98.

许建香, 李宁. 2012. 转基因动物生物安全研究与评价. 生物工程学报, 28(3): 267-281.

杨青平. 2014. 转基因解析. 郑州: 河南人民出版社.

余乾, 赵二虎, 曹礼静. 2012. 转基因动物及其产品的安全评估方法研究进展. 中国生物工程杂志, 32(10): 106-111.

张靖溥, 劳为德, 成勇, 等. 1997. 牛 α-S1-酪蛋白-乙肝病毒表面抗原融合基因在转基因羊中的表达. 生物工程学报, 13(2): 154-159.

张茜, 张金凤, 付文锋, 等. 2011. 安全转基因技术研究进展. 遗传, 33(5): 437-442.

张然, 徐慰倬, 孔平, 等. 2005. 转基因动物应用的研究现状与发展前景. 中国生物工程杂志, 25(8): 16-24.

张淑珍. 2006. 农业转基因生物安全. 北京: 中国农业大学出版社.

张晓鹏, 李宁. 2006. 转基因动物的食用安全性评价.国外医学卫生学分册, 33(4): 250-253.

赵杰, 许建香, 李宁. 2014. 转基因动物生物安全性分析. 生物产业技术, (1): 26-34.

郑新民, 魏庆信, 乔宪凤, 等. 2003. 表达人血清白蛋白转基因猪的研究. 西南农业学报, 16(1): 119-121.

朱才业, 李伟, 朱睿, 等. 2013. 睾丸注射法制备携带徐淮山羊过氧化氢酶体激活增殖受体 γ 基因转基因羊的研究.中国畜牧兽医, 40(6): 153-157.

邹世颖, 贺晓云, 梁志宏. 2015. 转基因动物食用安全评价体系的发展与展望. 农业生物技术学报, 23(2): 262-266.

Bawden CS, Powell BC, Walker SK, et al. 1998. Expression of a wool intermediate filament keratin transgene in sheep fibre alters structure. Transgenic Res, 7: 273-287.

Brinster RL, Avarbock MR. 1994. Germline transmission of donor haplotype following spermatogonial transplantation. Proc Nat Acad Sci USA, 91: 11303-11307.

Brinster RL, Zimmermann JW. 1994. Spermatogenesis following male germ-cell transplantation. Proc Nat Acad Sci USA, 91: 11298-11302.

Brophy B, Smolenski G, Wheeler T, et al. 2003. Cloned transgenic cattle produce milk with higher levels of beta-casein and kappa-casein. Nat Biotechnol, 21: 157-162.

Carvalho EB, Maga EA, Quetz JS, et al. 2012. Goat milk with and without increased concentrations of lysozyme improves repair of intestinal cell damage induced by enteroaggregative Escherichia coli. BMC Gastroenterol, 12: 106.

Chen F, Wang Y, Yuan Y, et al. 2015. Generation of B cell-deficient pigs by highly efficient CRISPR/Cas9-mediated gene targeting. J Genet Genom, 42: 437-444.

Cui D, Li J, Zhang L. 2015. Generation of bi-transgenic pigs overexpressing human lactoferrin and lysozyme in milk. Transgenic Res, 24: 365-373.

Damak S, Su H, Jay NP, Bullock DW. 1996. Improved wool production in transgenic sheep expressing insulin-like growth factor 1. Biotechnology (NY), 14: 185-188.

Deng S, Li G, Zhang J, et al. 2013. Transgenic cloned sheep overexpressing ovine toll-like receptor 4. Theriogenology, 80: 50-57.

Deng S, Yu K, Wu Q, et al. 2016. Toll-like receptor 4 reduces oxidative injury via glutathione activity in sheep. Oxidative Med Cell Long, 2016: 9151290.

Deng S, Yu K, Zhang B, et al. 2012. Effects of over-expression of TLR2 in transgenic goats on pathogen clearance and role of up-regulation of lysozyme secretion and infiltration of inflammatory cells. BMC Veteri Res, 8: 196.

Deng W, Yang D, Zhao B, et al. 2011. Use of the 2A peptide for generation of multi-transgenic pigs through a single round of nuclear transfer. 6(5): e19986.

Denning C, Burl S, Ainslie A, et al. 2001. Deletion of the alpha(1, 3)galactosyl transferase (GGTA1) gene and the prion protein (PrP) gene in sheep. Nat Biotechnol, 19: 559-562.

Dickins RA, McJunkin K, Hernando E, et al. 2007. Tissue-specific and reversible RNA interference in transgenic mice. Nat Genet, 39: 914-921.

Donovan DM, Kerr DE, Wall RJ. 2005. Engineering disease resistant cattle. Transgenic Res, 14: 563-567.

Duan B, Cheng L, Gao Y, et al. 2012. Silencing of fat-1 transgene expression in sheep may result from hypermethylation of its driven cytomegalovirus (CMV) promoter. Theriogenology, 78: 793-802.

Feng C, Li X, Cui H, et al. 2016. Highly efficient generation of GGTA1 knockout pigs using a combination of TALEN mRNA and magnetic beads with somatic cell nuclear transfer. J Integrative Agriculture,

15(7): 1540-1549.

Gao Y, Wu H, Wang Y, et al. 2017. Single Cas9 nickase induced generation of NRAMP1 knockin cattle with reduced off-target effects. Genome Biol, 18(1): 13.

Ge H, Cui C, Liu J, et al. 2016. The growth and reproduction performance of TALEN mediated β-lactoglobulin-knockout bucks. Transgenic Res, 25(5): 721-729.

Golovan SP, Meidinger RG, Ajakaiye A, et al. 2001. Pigs expressing salivary phytase produce low-phosphorus manure. Nat Biotech, 19(8): 741-745.

Guo T, Liu XF, Ding XB, et al. 2011. Fat-1 transgenic cattle as a model to study the function of ω-3 fatty acids. Lipids Health Dis, 10: 244.

Hammer RE, Pursel VG, Rexroad CE Jr, et al. 1985. Production of transgenic rabbits, sheep and pigs by microinjection. Nature, 315: 680-683.

Hao YH, Yong HY, Murphy CN, et al. 2006. Production of endothelial nitric oxide synthase (eNOS) over-expressing piglets. Transgenic Res, 15: 739-750.

He J, Ye J, Li Q. 2013. Construction of a transgenic pig model overexpressing polycystic kidney disease 2 (PKD2) gene. Transgenic Res, 22: 861-867.

Iwase H, Ezzelarab MB, Ekser B, et al. 2014. The role of platelets in co-agulation dysfunction in xenotransplantation and therapeutic options. Xenotransplantation, 21: 201-220.

Ji H, Li X, Yue S, et al. 2015. Pig BMSCs Transfected with human TFPI combat species incompatibility and regulate the human TF pathway in vitro and in a rodent model. Cell Physiol Biochem, 36(1): 233-249.

Ju H, Zhang J, Bai L et al. 2015. The transgenic cloned pig population with integrated and controllable GH expression that has higher feed efficiency and meat production. Sci Rep, 5: 10152.

Kadokawa H, Briegel JR, Blackberry MA, et al. 2003. Reproduction and plasma concentrations of leptin, insulin and insulin-like growth factor 1 in growth-hormone-transgenic female sheep before and after artificial insemination. Reprod Fertil Dev, 15: 47-53.

Kuroiwa Y, Kasinathan P, Choi YJ, et al. 2002. Cloned transchromosomic calves producing human immunoglobulin. Nat Biotech, 20: 889-894.

Kurome M, Ueda H, Tomii R, et al. 2006. Production of transgenic-clone pigs by the combination of ICSI-mediated gene transfer with somatic cell nuclear transfer. Transgenic Research, 15: 229-240.

Lai L, Kolber-Simonds D, Park KW, et al. 2002a. Production of α-1, 3-galactosyltransferase knockout pigs by nuclear transfer cloning. Science, 295: 1089-1092.

Lai L, Park KW, Cheong HT, et al. 2002b. Transgenic pig expressing the enhanced green fluorescent protein produced by nuclear transfer using colchicine-treated fibroblasts as donor cells. Mol Reprod Dev, 62: 300-306.

Lai LX, Kang JX, Li RF, et al. 2006. Generation of cloned transgenic pigs rich in omega-3 fatty acids. Nat Biotech, 24: 435-446.

Lavitrano M, Camaioni A, Fazio VM et al. 1989. Sperm cells as vectors for introducing foreign DNA into eggs: genetic transformation of mice. Cell, 57: 717-723.

Lavitrano M, Giovannoni R, Cerrito MG. 2013. Methods for sperm-mediated gene transfer. Methods Mol Biol, 927: 519-529.

Lavitrano M. 1997. Sperm-mediated gene transfer: production of pigs transgenic for a human regulator of complement activation. Transplantation Proce, 29: 3508-3509.

Li L, Li Q, Bao Y, et al. 2014. RNAi-based inhibition of porcine reproductive and respiratory syndrome virus replication in transgenic pigs. J Biotech, 171: 17-24.

Li Q, Hu W, Zhao J. 2014. Supplementation transgenic cow's milk containing recombinant human lactoferrin enhances systematic and intestinal immune responses in piglets. Mol Biol Rep, 41: 2119-2128.

Li W, Wang K, Kang S, et al. 2015. Tongue epithelium cells from shRNA mediated transgenic goat show high resistance to foot and mouth disease virus. Sci Rep, 5: 17897.

Li Y, Deng S, Zhang X, et al. 2016. Efficient production of pronuclear embryos in breeding and nonbreeding season for generating transgenic sheep overexpressing TLR4. J Anim Sci Biotech, 7: 38.

Li Z, Zeng F, Meng F, et al. 2014. Generation of transgenic pigs by cytoplasmic injection of piggyBac transposase-based pmGENIE-3 plasmids. Biol Reprod, 90: 93.

Liu C, Wang L, Li W, et al. 2013. Highly efficient generation of transgenic sheep by lentivirus accompanying the alteration of methylation status. PLoS One, 8(1): e54614.

Liu X, Pang D, Yuan T, et al. 2016. N-3 polyunsaturated fatty acids attenuates triglyceride and inflammatory factors level in h fat-1 transgenic pigs. Lipids Health Dis, 15: 89.

Liu X, Wang Y, Guo W et al. 2013. Zinc-finger nickase-mediated insertion of the lysostaphin gene into the beta-casein locus in cloned cows. Nat Commun, 4: 2565.

Liu X, Wang Y, Tian Y, et al. 2014. Generation of mastitis resistance in cows by targeting human lysozyme gene to b-casein locus using zinc-finger nucleases. Proc R Soc B, 281: 20133368.

Liu XF, Bai C, Ding X, et al. 2015. Microarray analysis of the gene expression profile and lipid metabolism in fat-1 transgenic cattle. PLoS One, 10(10): e0138874.

Lu D, Li Q, Wu Z, et al. 2014. High-level recombinant human lysozyme expressed in milk of transgenic pigs can inhibit the growth of escherichia coli in the duodenum and influence intestinal morphology of sucking pigs. PLoS One, 9(2): e89130.

Lu D, Liu S, Ding F, et al. 2016. Large-scale production of functional human lysozyme from marker-free transgenic cloned cows. Sci Rep, 6: 22947.

Lu D, Liu S, Shang S, et al. 2015. Production of transgenic-cloned pigs expressing large quantities of recombinant human lysozyme in milk. PLoS One, 10(5): e0123551.

Luo Y, Wang Y, Liu J, et al. 2015. Production of transgenic cattle highly expressing human serum albumin in milk by phiC31 integrase-mediated gene delivery. Transgenic Res, 24: 875-883.

McCreath KJ, Howcroft J, Campbell KH, et al. 2000. Production of gene-targeted sheep by nuclear transfer from cultured somatic cells. Nature, 405: 1066-1069.

Miles EL, O'Gorman C, Zhao J, et al. 2013. Transgenic pig carrying green fluorescent proteasomes. Proc Natl Acad Sci USA, 110: 6334-6339.

Muir WM, Howard RD. 1999. Possible ecological risks of transgenic organism release when transgenes affect mating success: sexual selection and the Trojan gene hypothesis. Proc Natl Acad Sci USA, 96: 13853-13856.

Nagano M, Brinster CJ, Orwig KE, et al. 2001. Transgenic mice produced by retroviral transduction of male germ-line stem cells. Proc Natl Acad Sci USA, 98: 13090-13095.

Nancarrow CD, Marshall JT, Clarkson JL, et al. 1991. Expression and physiology of performance regulating genes in transgenic sheep. J Reprod Fertil Suppl, 43: 277-291.

Paleyanda RK, Velander WH, Lee TK, et al. 1997. Transgenic pigs produce functional human factor Ⅷ in milk. Nat Biotech, 15: 971-975.

Pan DK, Zhang L, Zhou YR, et al. 2010. Efficient production of omega-3 fatty acid desaturate (sFat-1)-transgenic pigs by somatic cell nuclear transfer. Sci China Life Sci, 53: 517-523.

Pfeifer A, Eigenbrod S, Al Khadra S, et al. 2006. Lentivector-mediated RNAi efficiently suppresses prion protein and prolongs survival of scrapie-infected mice. J Clinical Invest, 116: 3204-3210.

Powell BC, Walker SK, Bawden CS, et al. 1994. Transgenic sheep and wool growth: possibilities and current status. Reprod Fertil Dev, 6: 615-623.

Pursel VG, Pinkert CA, Miller KF, et al. 1989. Genetic engineering of livestock. Science, 244: 1281-1288.

Qian L, Tang M, Yang J, et al. 2015. Targeted mutations in myostatin by zinc-finger nucleases result in double-muscled phenotype in Meishan pigs. Sci Rep, 5: 14435.

Ramsoondar J, Vaught T, Ball S, et al. 2009. Production of transgenic pigs that express porcine endogenous retrovirus small interfering RNAs. Xenotransplantation, 16: 164-180.

Ren HY, Zheng XM, Chen HX, et al. 2011. Transgenic pigs carrying a synthesized fatty acid desaturated gene yield high level of omega-3 PUAFs. Agricul Sci China, 10(10): 1603-1608.

Richt J A, Kasinathan P, Hamir AN, et al. 2007. Production of cattle lacking prion protein. Nat Biotech, 25: 132-138.

Rosengard AM, Cary NR, Langford GA, et al. 1995. Tissue expression of human complement inhibitor, decay-accelerating factor, in transgenic pigs. A potential approach for preventing xenograft rejection.

Transplantation, 59: 1325-1333.

Ruan J, Li H, Xu K, et al. 2015. Highly efficient CRISPR/Cas9-mediated transgene knockin at the H11 locus in pigs. Sci Rep, 5: 14253.

Saeki K, Matsumoto K, Kinoshita M, et al. 2004. Functional expression of a Delta12 fatty acid desaturase gene from spinach in transgenic pigs. Proc Nat Acad Sci USA, 101: 6361-6366.

Shamay A, Solinas S, Pursel VG, et al. 1991. Production of the mouse whey acidic protein in transgenic pigs during lactation. J Anim Sci, 69(11): 4552-4562.

Sommer JR, Estrada JL, Collins EB, et al. 2011. Production of ELOVL4 transgenic pigs: a large animal model for Stargardt-like macular degeneration. Br J Ophthalmol, 95: 1749-1754.

Song Y, Lai L, Li L, et al. 2016. Germ cell-specific express ion of Cre recombinase using the VASA promoter in the pig. FEBS Open Bio, 6: 50-55.

Sui S, Zhao J, Wang J, et al. 2014. Comparative proteomics of milk fat globule membrane proteins from transgenic cloned cattle. PLoS One, 9(8): e105378.

Tang M, Qian L, Jiang S, et al. 2014. Functional and safety evaluation of transgenic pork rich in omega-3 fatty acids. Transgenic Res, 23: 557-571.

Tang M, Zheng X, Cheng W, et al. 2011. Safety assessment of sFat-1 transgenic pigs by detecting their co-habitant microbe in intestinal tract. Transgenic Res, 20: 749-758.

Tian Y, Li W, Wang L, et al. 2013. Expression of 2A peptide mediated tri-fluorescent protein genes were regulated by epigenetics in transgenic sheep. Biochem Biophy Res Commun, 434: 681-687.

Tong J, Wei H, Liu X, et al. 2011. Production of recombinant human lysozyme in the milk of transgenic pigs. Transgenic Res, 20: 417-419.

Tu PA, Lo LL, Chen YC, et al. 2014. Polymorphisms in the promoter region of myostatin gene are associated with carcass traits in pigs. J Anim Breed Genet, 131: 116-122.

Tu PA, Shiau JW, Ding ST, et al. 2012. the association of genetic variations in the promoter region of mystation gene with growth traits in duroc pigs. Anim Biotechnol, 23: 291-298.

Van Berkel PH, Welling MM, Geerts M, et al. 2002. Large scale production of recombinant human lactoferrin in the milk of transgenic cows. Nat Biotechnol, 20: 484-487.

Wang K, Ouyang H, Xie Z, et al. 2015. Efficient generation of myostatin mutations in pigs using the CRISPR/Cas9 system. Sci Rep, 5: 16623.

Wang Y, Du Y, Shen B, et al. 2015. Efficient generation of gene-modified pigs via injection of zygote with Cas9/sgRNA. Sci Rep, 5: 8256.

Wang YS, He X, Du Y, et al. 2015. Transgenic cattle produced by nuclear transfer of fetal fibroblasts carrying Ipr1 gene at a specific locus. Theriogenology, 84: 608-616.

Webster NL, Forni M, Bacci ML, et al. 2005. Multi-transgenic pigs expressing three fluorescent proteins produced with high efficiency by sperm mediated gene transfer. Mol Reprod Dev, 72: 68-76.

Wei J, Ouyang H, Wang Y. 2012. Characterization of a hypertriglyceridemic transgenic miniature pig model expressing human apolipoprotein CIII. FEBS J, 279: 91-99.

Wright G, Carver A, Cottom D, et al. 1991. High level expression of active human alpha-1-antitrypsin in the milk of transgenic sheep. Biotechnology (N Y), 9(9): 830-834.

Wu H, Wang Y, Zhang Y. 2015. TALE nickase-mediated SP110 knockin endows cattle with increased resistance to tuberculosis. Proc Natl Acad Sci USA, 112(13): E1530-E1539.

Wu M, Wei C, Lian Z, et al. 2016. Rosa26 -targeted sheep gene knock-in via CRISPR-Cas9 system. Sci Rep, 6: 24360.

Wu X, Ouyang H, Duan B, et al. 2012. Production of cloned transgenic cow expressing omega-3 fatty acids. Transgenic Res, 21: 537-543.

Wu Z, Li Z, Yang J. 2008. Transient transgene transmission to piglets by intrauterine insemination of spermatozoa incubated with DNA fragments. Mole Reprod Dev, 75: 26-32.

Xu J, Pan D, Zhao J, et al. 2015. Metabonomic study of the biochemical profiles of heterozygous myostatin knockout swine. Front Agr Sci Eng, 2(1): 90-99.

Xu J, Zhao J, Wang J, et al. 2011. Molecular-based environmental risk assessment of three varieties of genetically engineered cows. Transgenic Res, 20: 1043-1054.

Xu P, Li Q, Jiang K, et al. 2016. BAC mediated transgenic Large White boars with FSH a/b genes from Chinese Erhualian pigs. Transgenic Res, 25(5): 693-709.

Yan Q, Yang H, Yang D, et al. 2014. Production of transgenic pigs over-expressing the antiviral gene Mx1. Cell Regeneration, 2014, 3(1): 11.

Yang C, Shang X, Cheng L et al. 2017. DNMT 1 maintains hypermethylation of CAG promoter specific region and prevents expression of exogenous gene in fat-1 transgenic sheep. PLoS One, 12(2): e0171442.

Yang D, Wang CE, Zhao B, et al. 2010. Expression of Huntington's disease protein results in apoptotic neurons in the brains of cloned transgenic pigs. Hum Mole Genet, 19(20): 3983-3994.

Yang H, Wang G, Sun H, et al. 2014. Species-dependent neuropathology in transgenic SOD1 pigs. Cell Research, 24(4): 464-481.

Yang P, Wang J, Gong G, et al. 2008. Cattle mammary bioreactor generated by a novel procedure of transgenic cloning for large-scale production of functional human lactoferrin. PLoS One, 3(10): e3453.

Yao J, Huang J, Hai T, et al. 2014. Efficient bi-allelic gene knockout and site-specific knock-in mediated by TALENs in pigs. Sci Rep, 4: 69266.

Ye J, He J, Li Q et al. 2013. Generation of c-Myc transgenic pigs for autosomal dominant polycystic kidney disease. Transgenic Res, 22(6): 1231-1239

Yu G, Chen J, Yu H, et al. 2006. Functional disruption of the prion protein gene in cloned goats. J Gen Virol, 87(Pt4): 1019-1027.

Yu S, Luo J, Song Z, et al. 2011. Highly efficient modification of beta-lactoglobulin (BLG) gene via zinc-finger nucleases in cattle. Cell Res, 21(11): 1638-1640.

Yu Y, Tong Q, Li Z, et al. 2014. Improved site-specific recombinase-based method to produce selectable marker- and vector-backbone-free transgenic cells. Sci Rep, 4: 4240.

Yu Y, Wang Y, Tong Q, et al. 2013. A site-specific recombinase-based method to produce antibiotic selectable marker free transgenic cattle. PLoS One, 8(5): e62457.

Zhang L, Cui Z, Zhou L, et al. 2016. Developing a triple transgenic cell line for high-efficiency porcine reproductive and respiratory syndrome virus infection. PLoS One, 11 (5): e0154238.

Zhang P, Liu P, Dou H, et al. 2013. Handmade cloned transgenic sheep rich in omega-3 fatty acids. PLoS One, 8(2): e55941.

Zhang P, Zhang Y, Dou H, et al. 2012. Handmade cloned transgenic piglets expressing the nematode fat-1 gene. Cell Reprogram, 14: 258-266.

Zhang R, Guo C, Sui S, et al. 2012. Comprehensive assessment of milk composition in transgenic cloned cattle. PLoS One, 7(11): e49697.

Zhang Y, Xi Q, Ding J, et al. 2012. Production of transgenic pigs mediated by pseudotyped lentivirus and sperm. PLoS One, 7(4): e35335.

Zhao J, Xu J, Wang J, et al. 2012. Impacts of human lysozyme transgene on the microflora of pig feces and the surrounding soil. J Biotech, 161: 437-444.

Zhao Y, Yu M, Wang L, et al. 2012. Spontaneous uptake of exogenous DNA by goat spermatozoa and selection of donor bucks for sperm-mediated gene transfer. Mol Biol Rep, 39: 2659-2664.

Zhou Y, Lin Y, Wu X, et al. 2014. The high-level accumulation of n-3 polyunsaturated fatty acids in transgenic pigs harboring the n-3 fatty acid desaturase gene from *Caenorhabditis briggsae*. Transgenic Res, 23(1): 89-97.

Zhu H, Liu J, Cui C, et al. 2016. Targeting human α-lactalbumin gene insertion into the goat β-lactoglobulin locus by TALEN-mediated homologous recombination. PLoS One, 11(6): e0156636.

（李光鹏、白春玲）

第二十章　人类辅助生殖技术

生殖是人类生存延续的永恒主题。自古希腊的希波克拉底时代起就有了对人类生殖器官的最初记载。自古以来，正是配子的正常发生、成熟、输送、结合、种植和生长，使人类得以繁衍和生存，同时发生着进化。随着后现代社会的快速发展，在生产方式进步的同时，人类自身所处的环境也遭受了不小的污染及破坏，传统的生活节奏也被打乱，人类的生殖活动和生育能力正渐渐遭受着困扰，表现为配子发生困难，结合无能，致使生命之旅受阻，生殖活动乏力。辅助生殖技术作为目前解决人类不孕不育的一种医疗手段，近年来日渐成熟，而其借助先进的培养设备、医学耗材及人工合成的液体，模拟了自然生殖过程中的母体环境，使受精发育的关键步骤可以在体外进行，实现了助孕的目的。

辅助生殖技术（assisted reproductive technology，ART）打破了人类千百年来繁衍生息的自然模式，是生殖医学领域的一场技术革命。ART 给不孕不育症患者带来了福音，在一定程度上改变了人类的自然生殖过程，促进了观念上的革命，同时也必然伴随着伦理、健康甚至是刑事问题的产生。随着辅助生殖技术对人类生殖过程干预的不断深入，它所呈现的社会问题也将日益复杂。因此，在不断发展跨学科理论研究应用之余，从伦理、道德和法律等诸多方面对其进行约束和控制，可在利用先进手段为人类造福的同时，保证其始终朝着有利于社会稳定及人类进步的方向发展。

“试管婴儿”是体外受精-胚胎移植（IVF-ET）技术的俗称，是分别将卵子和精子取出后，置于培养液内使其受精，再将胚胎移植回母体子宫内发育成胎儿的过程。最初由英国产科医生帕特里克·斯特普托（Patrick Steptoe）和生理学家罗伯特·爱德华兹（Robert Edwards）合作研究。1978 年 7 月 25 日，全球首例试管婴儿在英国诞生，该技术随即引起了国际科学界的轰动。

2013 年，据国际辅助生育技术监控委员会发布的年度报告显示，自 1978 年首例试管婴儿诞生以来，到 1990 年全球约有 9.5 万名出生婴儿源自该项技术。到 2000 年，试管婴儿已增加至近 100 万，到 2007 年达到 250 万。至 2013 年，全球已有 500 万试管婴儿降临人世。2010 年，该项技术创立者罗伯特·爱德华兹获得诺贝尔生理学或医学奖。目前，试管婴儿技术已经成为一项较为成熟的辅助生殖技术，每年帮助全球数以百万计的不孕夫妇实现了生儿育女的愿望。图 20-1 为人类试管婴儿技术的始创者罗伯特·爱德华兹与世界首例试管婴儿路易丝·布朗（Louise Brown）及路易斯的女儿。

图 20-1　人类试管婴儿的诞生

左上图：人类试管婴儿技术的始创者罗伯特·爱德华兹与世界首例试管婴儿路易丝·布朗；右上图：20 个月大的路易丝·布朗；下图：罗伯特·爱德华兹、路易丝·布朗的母亲、路易丝·布朗与其女儿

由于所涉及领域的单一性，目前只有医学院校相关临床人员能够直接参与人类不孕不育的治疗过程，其他领域的学者鲜有机会了解其中的基本操作。为此，本章简要描述了人类辅助生殖技术的基本过程，使读者对该项应用广泛的生物技术形成初步的了解，揭开试管婴儿技术的神秘面纱。

第一节 人类辅助生殖技术的历史和发展

一、世界人类辅助生殖技术发展简史

公元前 400 年，在希腊学者亚里士多德的著作中已可以找到有关生殖器官的解剖及其功能方面的记载。但由于古人的认知水平及客观条件的限制，相关研究难有作为。到了近代，现代科学技术的发展为我们提供了有利的技术手段去认识自身的生殖过程，针对该领域研究才逐步展开。如今，我们已经有很多的办法对生殖过程进行人为干预，既可以在不同的环节去阻止生殖过程的发生，也可以为有生殖功能障碍的夫妇提供辅助性医疗手段，甚至可将一部分生殖过程在体外进行，这就是我们今天的各种辅助生殖技术。

公元 2 世纪，Talmud 提出人工授精（artificial insemination，AI）的可能性。

1761 年，Spallanzi 成功地为母马人工授精。

1786 年，英国 John Hunter 医生实施了人类第一例人工授精。

1790 年，John Hunter 为严重尿道下裂患者的妻子行配偶间人工授精（artificial insemination with husband’s sperm，AIH）获得成功。

1844 年，William Pancoast 首次施行非配偶间人工授精（artificial insemination by donor）获得成功。

1866 年，Sims 医生实施了人类第一例供精人工授精。

1890 年，John Dickinson 开展了供精人工授精的临床服务。

1954 年，Bunge 首次成功用冷冻供精者精子进行人工授精获得成功。

1843 年，Barry 观察到位于家兔卵子内的精子。

1875 年，Van Beneden 在显微镜下观察并详细阐述了家兔的受精过程。

1878 年，Schenk 开始对家兔和豚鼠进行体外受精的研究，但直到 1950 年也没有成功。

1944 年，Rock 和 Menkin 收集了 133 个卵子进行培养，加入精子后继续培养，但仅有 4 枚卵受精。

1945 年，华裔生物学家张明觉开始了家兔体外受精实验研究。

1951 年，Austin 和张明觉同时发现精子获能现象，这是体外受精研究中的里程碑式的事件。

1954 年，Thibault 首先观察到家兔体外受精成功，受精卵发生卵裂。

1954 年，Bunge 和 Sheman 使用冷冻精子人工授精成功。

1955 年，Shettles 等在人的体外受精胚胎培养液中，加入了少量的输卵管液，部分受精卵发育到桑椹胚期。

1958 年和 1960 年，Gemzell 和 Lunenfeld 分别使用人垂体促性腺激素和人绝经期促性腺激素治疗不孕症，首次成功受孕。

1959 年，张明觉将家兔的体外受精卵移植到受体家兔的输卵管，生出正常的幼兔，世界首例试管动物诞生。

1960 年，Edwards 和 Steptoe 合作进行人的体外受精研究。

1962 年，首次报道了人宫腔内人工授精（intrauterine insemination，IUI）。

1965 年，Edwards 报道由卵巢活检组织内提取的人卵母细胞在体外需要 37h 完成成熟过程。

1969 年，Edwards 和 Steptoe 在体外完成了人工授精及胚胎培养。

1977 年，Edwards 和 Steptoe 成功将体外受精胚胎移入因输卵管堵塞而不孕的 Lesley 的子宫内，并正常发育到足月。

1978 年 7 月 25 日，第一个通过体外受精与胚胎移植方法孕育的婴儿 Louise Brown 诞生。

1978 年 10 月 3 日，印度第一例试管女婴诞生。

1979 年 1 月 14 日，英国第一例试管男婴诞生。

1979 年 6 月 23 日，澳大利亚第一例试管女婴诞生。

1980 年 6 月 6 日，澳大利亚诞生首例试管龙凤胎。

1981 年 12 月 28 日，美国第一例试管女婴诞生。

1982 年 2 月 24 日，法国第一例试管女婴诞生。

1982 年，首次在超声波引导下完成卵泡吸出。

1983 年，人类冷冻胚胎受孕成功。

1984 年，首例配子输卵管内移植（gamete intrafallopian transfer，GIFT）受孕成功。

1986 年，首例合子输卵管内移植（zygote intrafallopian transfer，ZIFT）受孕成功。

1987 年，用宫腔镜介导输卵管内人工授精取得成功。

1988 年，首次报道了经过透明带人工授精受孕成功。

1989 年，人类卵子经玻璃化冷冻保存。

1990 年，第一例经过移植前遗传学诊断（preimplantation genetic diagnosis，PGD）的试管婴儿诞生。

1991 年，首次在临床中应用促性腺激素释放激素（GnRH）拮抗剂抑制 PG。

1992 年，胞质内单精注射（intracytoplasmic sperm injection，ICSI）受孕成功。

1997 年，囊胚移植成功。

1998 年，卵母细胞胞质置换受孕成功。

2001 年，单个胚胎移植获得满意受孕率。

2004 年，第一例经冷冻卵巢组织获取的卵子受精后最终受孕成功。

二、我国人类辅助生殖技术发展历史

中华人民共和国成立初期研究者曾一度开展过鲜精人工授精研究，后来这项工作中断。20 世纪 80 年代起，人工授精在部分地区开展起来。湖南医学院率先在 1981 年建立了精子库，并于 1983 年应用冷冻精子进行人工授精取得成功；1984 年，青岛医学院也建立了精子库。在建立精子库并施行人工授精的同时，IVF-ET 技术也有了长足的发展。继北京医科大学刘斌教授于 1980 年开始的有关体外受精与胚胎移植的基础研究后，人的体外受精与胚胎体外培养实验于 1985 年取得成功；1988 年 3 月 10 日，内地第一例试管婴儿郑萌珠在北京医科大学第三医院张丽珠教授领导的生殖中心诞生；1988 年 6 月 5 日，湖南医科大学诞生了一例试管婴儿；1988 年 6 月 7 日，国内首例赠送胚胎试管婴儿在北京医科大学第三医院诞生；1995 年 12 月 16 日，国内首例冻融胚胎试管婴儿在北京医科大学第三医院诞生；1996 年 10 月 3 日，由庄广伦教授团队实施的国内首例胞质内精子注射试管婴儿在广州中山大学附属第一医院生殖医学中心诞生。

随着交叉学科基础理论的不断发展，人类 IVF-ET 技术开始向着更高层次迈进。2004 年，武汉大学人民医院通过显微技术将一位女性的健康卵胞质与另一女性的卵质置换，并授精成功，诞生了国内首例第四代试管婴儿。近年来，由于人类精子、卵子、组织和胚胎冷冻技术的发展，可将生殖细胞、胚胎和生殖组织进行长期保存。2004 年，意大利诞生了世界首例经过冻卵、冻精、冻胚胎过程的“三冻”试管婴儿；2006 年，我国首例“三冻”试管婴儿在北京医科大学诞生（谭枫和王健，2009）。

辅助生殖技术应用于临床已有 30 多年，从萌芽、快速扩张，到规范前进，历经卵巢刺激（ovarian stimulation，OS）、IVF-ET、ICSI、PGD、IVM 等一系列技术的产生及发展。我国试管婴儿的发展也有着类似的过程，如今已经与国际接轨（庄广伦，2010；章瑜和黄荷凤，2010；乔杰和马彩虹，2012；乔杰，2013），在针对各种不育症的治疗中作出了巨大贡献。表 20-1 是世界各国或地区首例“试管婴儿”的诞生记录。

表 20-1 世界“试管婴儿”诞生记录

出生日期（年.月.日）	国籍	性别	试管婴儿
1978.7.25	英国	女	世界第一例
1978.10.3	印度	女	印度首例
1979.1.14	英国	男	首例男性
1979.6.23	澳大利亚	女	澳大利亚首例
1980.6.6	澳大利亚	1 男 1 女	首例双胞胎
1981.12.28	美国	女	美国首例
1982.1.20	希腊	女	希腊首例
1982.2.24	法国	女	法国首例
1982.6.25	英国	女	第一位试管婴儿的母亲再度生得试管婴儿

续表

出生日期（年.月.日）	国籍	性别	试管婴儿
1982.9.22	以色列	女	以色列首例
1982.9.27	瑞典	女	瑞典首例
1983.5.20	新加坡	男	东南亚第一例
1983.6.8	澳大利亚	2 女 1 男	首例三胞胎
1984.1.16	澳大利亚	4 男	首例四胞胎
1985.4.16	中国	男	台湾首例
1986.6.28	中国	女	香港首例
1988.3.10	中国	女	大陆首例

三、人类辅助生殖技术的主要内容

（一）控制性超排卵

控制性超排卵（controlled ovarian hyperstimulation，COH）是通过药物刺激卵巢超数排卵，以获取适当数量的高质量成熟卵母细胞的过程。常用药物包括有克罗米芬（clomiphene citrate，CC）、人类绝经期促性腺激素（human menopausal gonadotropin，HMG）、促卵泡素（FSH）、促性腺激素释放激素激动剂（GnRHa）、促性腺激素释放激素拮抗剂（GnRH-antagonist）和 hCG 等。

控制性超排卵技术的使用也带来了相应的并发症。为了获取更多的卵子，临床中往往加大治疗周期促性腺激素的用量，导致卵巢过度刺激综合征与多胎妊娠发生率增高。因此，如何更客观地评估卵巢储备，从而在超排卵周期中选择合适的启动剂量最为关键。近年来，GnRH 拮抗剂在控制性超排卵周期的应用，特别是结合 GnRHa 取代 hCG 诱发排卵，对控制卵巢过度刺激综合征有着独特的使用价值。

卵巢微刺激方案，即寻求一种接近自然状态的超排卵方案。使用克罗米芬或来曲唑结合低剂量促性腺激素进行促排，适用于高龄或低反应患者。如果子宫内膜较薄，可进行囊胚冻存，可获得一定的累积妊娠率（庄广伦，2010）。

（二）人工授精

受精是生殖的核心环节。因此，授精方法与技术的进步是辅助生殖技术发展的一条主线。人工授精是通过器械将精子置入女性生殖道内，从而使精子和卵子在体内结合、受精及妊娠的方法。人工授精已有 200 多年历史，是最早被应用的助孕技术。自 1953 年 Bunge 和 Sherman 首次报道使用冷冻精液 AI 成功后，此项技术到 20 世纪 70 年代中期才被广泛使用。AI 按其所使用精液来源的不同，可分为丈夫精液或供者精液两种。按精液使用方法的不同，又可分为新鲜精液和冷冻精液两种。

首例 IUI 于 1962 年进行。IUI 因其操作简单、费用低、并发症少等原因，易于被患者接受，已广泛应用于不孕症的治疗中。除了所用的精液质量之外，IUI 的成功与否还与许多因素有关，例如不孕年限、不孕病理、治疗方法及授精的时机等。对授精时机的选择取决于卵子的质量和子宫内膜的厚度，在患者的卵泡直径、雌二醇（E2）水平及子宫内膜厚度都较为理想的基础上，可在排卵前、后各施行一次 IUI，增加到达输卵管的精子数量，以提高受精概率。故施行 IUI 术前需进行周密的检查和考量。

由于自然周期中卵泡期的长短因人而异，卵泡直径在 14～24mm 的任何时候都有可能排卵，黄体生成激素（LH）峰的波形也不稳定，因此较难判断最佳的授精时机。近年来，有学者采用促排卵方案联合 IUI 技术来提高妊娠率，取得了一定的效果。应用促排卵药物可以比较准确地估计和把握排卵时间，但促排卵治疗对患者的卵巢、乳房、子宫内膜等均具有潜在的影响，并可能增加多胎的风险，所以对于术前能够正常排卵的患者还是建议采用自然周期方案。

（三）体外受精

人工授精只是介导精子在体内与卵子相遇并结合受精，临床应用存在着相应的局限性，且难以对受精的过程进行人为影响。体外受精与胚胎移植相结合，即 IVF-ET 方法的出现才使得人类辅助生殖技术取得了根本性的进步。使用促性腺激素对卵巢进行刺激后，在超声引导下使用细针经阴道后穹窿穿刺取出卵子，将其移入培养皿中，并与 1×10^5～2×10^5 个精子混合，在培养皿中完成受精，并使胚胎发育。待胚胎分裂至 8-细胞或囊胚时期，将胚胎移入子宫，使其在体内完成生长发育并最终娩出。此项技术适用于双侧输卵管堵塞无法进行手术修复或手术失败，而患者子宫内膜及其对脑垂体激素反应正常的人群；也可用于精子密度较低、精子活力差或精液量少者；或者是因宫颈因素或免疫因素所致的不孕等情况。

IVF-ET 包括促排、取卵、体外受精和胚胎体外培养、胚胎移植 4 个阶段。目前主要采用控制性促排卵方案，以实现不受自然周期限制，获取多个健康成熟卵子的目的。标准常规的超促排卵方案包括 3 个基本步骤：①使用 GnRHa 进行垂体降调节，以期阻止取卵前因内源性 LH 分泌所导致的排卵情况，垂体降调节一般需要 10～14 天。②降调节之后给予重组人促卵泡素（r-FSH），开始剂量为 150～300IU/天，注射 10～14 天，之后根据个人的卵巢反应、超声监测的卵泡发育情况和血清 E2 水平进行调整。③当出现 1 个成熟的直径为 18～20mm 的优势卵泡时，给予 hCG 诱导卵子最终成熟。共培养是指卵子和精子在体外受精后，将受精卵置于含有一定浓度共培养细胞生长的条件培养液中实行共培养。该项技术旨在模拟早期胚胎在体内的发育环境，延长体外发育时间，提高了囊胚获得率，因而可以提高 IVF-ET 的成功率，特别是反复种植失败者的妊娠率。

（四）显微受精技术

1988 年，Gordon 等首次报道了利用化学方法在透明带上打孔使精子进入卵内受精的技术（Gordon et al.，1988），后来 Malter 等（1989）在显微镜下采用将部分透明带切除（partial zona dissection，PZD）的方法来解决有些患者精子无法受精的问题。Sakkas 等（1992）开展了 PZD 研究，将精子注入至透明带下，完成精卵受精，即透明带下受精（subzonal insemination，SUZI）。1992 年，比利时人在进行 SUZI 时不小心将一条精子注入了卵浆内，结果卵子受精了，而且卵裂正常。由此他们受到了启发，建立了卵胞质内单精注射方法，并成功诞生了世界首例ICSI试管婴儿。

ICSI技术将单个精子通过显微注射的方法注入卵子细胞质内，使精子和卵子结合受精，形成受精卵并进行移植，是继IVF之后的又一里程碑事件。1996年10月3日，中国首例ICSI试管婴儿在广州中山大学附属第一医院生殖医学中心诞生。受环境污染及精神压力等因素的影响，男性少弱畸形精子症患者明显增加，ICSI辅助受精技术的使用频率也越来越高。无论是自然射出的精液、还是取自附睾、睾丸或逆行射精膀胱内的精子，均可用于注射。ICSI对精子形态的要求相对于IVF也更为宽松，精子可以是完全正常的、也可以是不活动的，甚至是来自曲细精管内的球形精子细胞，都可以实施ICSI辅助受精。因此，ICSI可谓是专为解决上述男性不育症而发明的治疗方法。

目前，ICSI在助孕技术中占有突出地位，ICSI与常规IVF的比例大约为1∶2或2∶3，甚至更高。然而，由于ICSI技术避开了人类生殖的自然选择过程，可能会增加后代出生缺陷的发生概率。建议施行ICSI注射技术应严格掌握适应证，并重视术前的遗传学检查。

（五）移植前遗传学诊断

PGD是以IVF-ET技术为基础，结合胚胎显微操作、遗传学和分子生物学而发展起来的新技术。利用PCR、FISH等，对早期胚胎进行遗传学诊断，判定胚胎是否携带致病基因，从而选择无遗传疾病的胚胎植入子宫，避免遗传病高危夫妇生出遗传病患儿。在胚胎移植前，从IVF发育至6-～8-细胞期的胚胎或囊胚中，分离出1个或2个卵裂球，或直接抽取受精前后的卵母细胞的极体，通过PCR或FISH方法测定特定DNA片段。

目前，PGD主要适用于单基因相关遗传病、常染色体遗传性疾病、性连锁性遗传性疾病及线粒体疾病等30余种遗传疾病的检测。国内首例运用PGD的试管婴儿于2000年4月23日在广州中山医科大学诞生。母亲为血友病携带者，运用PGD技术从7枚胚胎中选出两枚健康的胚胎植入，诞生了一个健康的婴儿。随着对人类基因功能的进一步了解，针对遗传性疾病PGD的发展将有更大的提升空间。

（六）辅助孵化

透明带是包绕卵母细胞和胚胎的无细胞结构，在卵泡早期发育阶段产生。由糖蛋白、糖类及透明带特异蛋白等组成。在胚胎植入子宫内膜之前，自身需要从透明带中逸出，这是种植过程中最关键的一步。

辅助孵化（assisted hatching，AH）是指通过显微操作技术，利用化学、激光或切割的方法在透明带上制作一个小的开口，帮助囊胚孵出，提高胚胎植入率和妊娠率。常规的方法大致分为透明带打孔、透明带薄化和去除透明带等操作。激光辅助打孔系统的出现，可以快速、准确地完成对透明带的打孔或脱除。在体外受精和胚胎培养过程中，特别是年纪较大（>39岁）的女性患者群内，其透明带会出现增厚或逐渐变硬的现象，进而阻碍胚胎植入前的孵化过程，影响胚胎植入和妊娠。对此类胚胎建议实施人工辅助孵化。

（七）配子与胚胎的冷冻技术

配子与胚胎的冷冻是人类 ART 中的重要环节，包括精子冷冻、卵子冷冻及胚胎冻存等。精子的保存技术是男性不育辅助治疗的一大进步。1776 年首次出现了利用雨雪来冰冻精子的报道，冰冻后发现精子仍有活力，开创了低温医学的先河。1866 年，研究者发现精子在–15℃低温环境下经冷冻—解冻后仍有部分存活，因此提出了建立精子库的设想，储存精液，以便用于战死沙场士兵妻子的人工授精。1938 年，Jahnel 在研究性病的过程中发现，将于–70℃低温环境下冷冻了 40 天的精液样本解冻后，仍存有活动的精子。1940 年，Shettles 将精子冻存温度降低至–196℃后，观察了精子的活力。1942 年，Hoagland 和 Pincu 探寻在冷冻精液过程中加入冷冻保护剂对精子活力的保护作用。1945 年，Parkes 认为冷冻精液时使用安瓿比毛细玻璃管要好。直至 1949 年，Polge 等发现利用 10%～15%甘油作为冷冻精子的保护剂，使冻贮精液方法具有了实际应用价值，对人类及动物的人工授精起到了促进作用。到了 1954 年，Sherman 报道了精液最长贮存期已达到 3 个月。同年，Bunge 宣布第一个使用冻贮精液实施人工授精的经自然分娩的婴儿诞生。1955 年，Luyet 等提出两步冷冻精子法（two step cooling）；1962 年，Sherman 发明了液氮蒸气法（liquid nitrogen vapor）冷冻精子，该方法简化了降温冷冻方法，提高了冻贮的效率；1964 年，Sherman 报道在甘油保护剂中再添加卵黄后冻贮的精子有着更高的怀孕率。1973 年，Sherman 用冻贮了 123 个月的精子实施人工授精诞生出健康的婴儿，这证明了长期冻贮精子的可能性，建立人类精子库在技术上已经比较成熟。在 20 世纪 70 年代末，全世界就已建立了超过 40 家冷冻精子库（semen cryobank）。

通常在一个 IVF 周期中，获得的胚胎数量往往多于一次移植所需的胚胎数量，因而将剩余的胚胎冻存，可以增加一次取卵多次移植的机会。冻融技术也可以防止严重卵巢过度刺激综合征的发生，减轻患者的痛苦及经济负担，避免反复进行超促排卵，降低卵巢癌发生的风险性。对于移植困难的患者，可暂时将胚胎冻存，以备后续使用。纯熟的冷冻技术还能为将来胚胎库的建立提供种质资源。

（八）囊胚培养及移植

传统的 IVF-ET 通常选择两至三枚卵裂期胚胎进行移植，成功率并未因此提高，而其引发的高多胎率则始终困扰着生殖医学界。因此，如何改进胚胎培养及评分系统，挑选出最具发育潜能的胚胎，达到移植 1 枚胚胎获得 1 个健康婴儿的最终目的，依然是世界各国生殖工作者共同面临的挑战。

囊胚形成在形态上经历了胚胎致密化、囊胚腔出现及囊胚腔扩张等变化。囊胚期胚胎培养的发展经历了单一培养、共培养和序贯培养三个阶段。目前，序贯培养基本已取代前两种方法。囊胚期的胚胎经过了胚胎发育阻滞阶段（8-细胞期）的筛选，继续生存能力较强，在体外培养 5～6 天后，使胚胎发育与子宫内膜“种植窗”同步。将优质囊胚进行移植更符合生理过程，有利于淘汰无发育潜能的胚胎，缩短了胚胎移植入子宫腔后进一步发育与着床之间的间隔，且子宫收缩逐渐减少，可减少将胚胎排出体外的机会，有利于胚胎着床，减少了胚胎的移植数量，降低了多胎妊娠发生率。此外，还可以为分裂期胚胎活检及 PGD 分析提供时间，也可直接对囊胚的滋养层细胞进行活检，提供较多的细胞来源，提高诊断的准确性。但对于高龄、多次 IVF 失败、卵巢反应差及胚胎质量不佳的患者，囊胚期移植并不能提高妊娠率，因为这些患者得不到或很少得到优质胚胎或囊胚。因此，要在囊胚期移植取得较高妊娠率的前提是患者可以获得优质胚胎（Bolton et al.，1991）。

（九）人类 IVM

能够获得大量优势卵泡是 ART 的主要目标之一。在常规 IVF 中，常用外源性的促性腺激素使自然状态下被优势卵泡抑制的小卵泡得以生长。在人类 IVM 技术中，其策略是将未成熟的卵母细胞在适宜条件下进行体外成熟培养，使其具有受精能力。1991 年，研究人员从因良性肿瘤病变而被切除的卵巢中获取了未成熟的卵母细胞，经体外培养成熟并体外受精后，移植妊娠成功。IVM 技术无论在实验室研究还是临床方面都取得了很大进展。

IVM 技术主要针对一些具有卵子成熟障碍的不育症患者施用。目前，IVM 与 IVF/ICSI 技术结合主要应用于治疗多囊卵巢综合征即卵泡发育不良等疾病，而且已经获得了较高的临床妊娠率。此外，通过实施 IVM 可解决卵巢组织冷冻保存后卵细胞的成熟问题及未成熟卵冷冻保存后的应用问题，可为癌症患者在化疗或放疗之前保存其遗传物质，为促进高龄妇女卵母细胞库的建立奠定基础，为卵母细胞成熟机制的研究提供了体外模式。

（十）卵母细胞的细胞质置换或卵细胞核移植技术

随着年龄的增长，女性的生育能力逐渐下降，尤其在近四十岁时，卵母细胞减少的速度加快，不仅储存数量减少，质量也随着年龄的增长而下降，非整倍体染色体率显著增加。卵母细胞的胞质更趋向退化，退化的胞质会引起胚胎质量显著下降，使出生婴儿的先天畸形率显著增加。为改善这些已经老化的卵子的质量，人们借鉴细胞核移植技术，通过胞质互换或细胞核置换，重建拥有年轻健康卵质的卵母细胞。

1. 卵胞质置换

在细胞核物质不受影响的前提下，通过将年轻女性捐赠者的卵胞质与高龄妇女的卵胞质进行置换，重新构成拥有年轻健康卵胞质的卵母细胞，再通过精子注射技术完成受精，以获得健康婴儿。该项技术不仅可以解决高龄妇女的健康生育需求，而且可以解决具有线粒体遗传疾病妇女的健康生育问题。利用健康胞质取代线粒体异常的胞质，避免因胞质遗传疾病导致的后代健康问题。

2. 细胞核置换

因使用的卵母细胞发育时期的不同，细胞核置换可以分为生发泡移植和纺锤体移植两种方法。生发泡移植（germinal vesicle transfer）是指将初级卵母细胞的生发泡进行置换，即将高龄妇女卵母细胞的生发泡与年轻女性卵母细胞的生发泡进行互换，使高龄妇女的卵细胞核拥有一个年轻健康的细胞质环境，改善卵母细胞质量。将重建的卵母细胞培养成熟后，再进行显微受精，培育健康婴儿。该技术的前期研究，我们已在兔模型中获得成功（Li et al.，2001a，2001b，2001c）。

MⅡ纺锤体移植（MⅡ oocyte spindle transfer）是指在卵母细胞处于MⅡ期时，进行纺锤体置换。把高龄妇女卵母细胞的纺锤体与年轻女性卵母细胞的纺锤体进行互换，使高龄妇女的卵细胞核处于年轻健康的细胞质环境中，改善卵母细胞质量，进而得到健康婴儿。前期研究中，我们在小鼠模型中获得了成功（Wang et al.，2001）。

（十一）多胎妊娠减胎术

ART的广泛应用使多胎妊娠率明显增加。据统计，在ART中多胎妊娠率高达20%～45%。多胎妊娠对母婴孕期的危险性增大，使得孕妇的死亡率及一些如妊娠高血压综合征、早产、产后出血、妊娠期糖尿病等产科并发症及剖宫产率增加。所以，应严格控制促超排卵药物应用的指征，控制胚胎移植数目，尽早确诊多胎妊娠。多胎妊娠一旦发生，多胎妊娠减胎术（multifetal pregnancy reduction）可作为一种补救措施，既可达到生育的目的，又可降低多胎妊娠的风险及不良预后。随着技术的日益完善，早、中妊娠期实施减胎术，总的流产率是相同的，但对于双胎或多胎妊娠，早期减胎的流产率更低。

第二节　人类辅助生殖中的促排原理及配子操作技术

根据适应证不同，辅助生殖技术可分为人工授精和体外受精-胚胎移植技术。根据授精部位不同，人工授精技术可分为IUI、宫颈内人授精（intracervical insemination，CI）、阴道内人工授精（intravaginal insemination，IVI）和输卵管内人工授精（intratubal insemination，ITI）等。但无论采用何种受精方式，获得优质且足够数量的卵母细胞是必要的前提条件。在这一节中，我们主要介绍IVF-ET周期中的促排原理及实验室精子与卵子的处理方法。

一、控制性超促排卵

通常情况下，女性一个排卵周期只排出1枚卵子。控制性超促排卵（controlled ovarian hyperstimulation，COH）是指在激素作用下，使卵母细胞的发育和成熟变为一个可控的过程，进而在IVF-ET周期中获得理想数量的卵子。为了更好地领会控制性超促排卵技术，首先要对月经周期有一个基本的了解。

（一）月经周期

月经周期（menstrual cycle）是指女性子宫内膜在其生殖周期中经历增厚、血管增生、腺体分泌，最后坏死脱落并伴随撤退性出血的周而复始的循环过程。月经周期长短因人而异，平均约为28天，也有21～36天，持续3～7天。通常被分为卵泡期（follicular phase）、排卵期（ovulation）和黄体期或分泌期（luteal phase 或 secretory phase）三个阶段。卵泡期开始于月经来潮的第一天，此时雌激素与孕激素的水平均处于它们的最低值。垂体分泌的 FSH 和 LH 逐渐开始升高，募集了一组卵泡开始生长，最终其中的一个优势卵泡趋于成熟。同时卵泡合成的雌二醇浓度逐渐升高，并于排卵前达到其峰值，进而通过刺激下丘脑脉冲式分泌 GnRH 的频率和水平大幅增加，使得 LH 的分泌达到峰值，并在卵泡期末期触发优势卵泡破裂，最终释放一个卵子（排卵），其他卵泡则退化消失。这一事件通常发生在月经周期的第 14 天，排卵持续约 48h。在之后约 14 天的黄体期内，破裂的卵泡由红体转变成为黄体，并开始合成孕酮和雌二醇。子宫内膜在这两种激素的刺激下，开始为胚胎着床作准备。若无胚胎植入，黄体就会退化并停止分泌黄体酮，导致子宫内膜发生撤退性脱落并出血，其间向脑垂体发送信息促进下一个月经周期的到来。

（二）临床控制性超促排卵使用的促性腺激素

为了在 IVF-ET 周期中获得适当数量的卵子，不同来源的促性腺激素被陆续应用于卵泡刺激方案之中。最早使用的人类促性腺激素主要来源于包含 FSH 和 LH 的垂体提取物，但是由于其具有传染克雅氏病（Creutzfeldt-Jakob disease）的风险而最终被放弃。从绝经期妇女的尿液中提取的人绝经期促性腺激素（HMG）是一种糖蛋白类促性腺激素，由于包含等量的 FSH 和 LH 活性，现在已经成为卵泡刺激的常规用药，可单独或联合其他促性腺激素使用。此外，重组 FSH（reconstituted FSH，recFSH）和重组 LH（recLH），由于其纯度高及半衰期长的特性，也已广泛应用于临床。

（三）控制性超促排卵方案

用于 IVF 的促性腺激素刺激超促排卵通常会联合使用 GnRHa 达到药物性去垂体状态，从而抑制内源性 LH 的分泌，避免卵泡发生过早的黄体化，促进受精及提高胚胎着床率（图 20-2）。使用促性腺激素联合 GnRH 拮抗剂则利用拮抗剂快速竞争性结合 GnRH 受体，缩短促排过程，在排卵后期抑制垂体，可维持垂体部分应答功能，对卵巢储备功能低及高龄患者有良好的效果，已常用于临床（图 20-3）（Depalo et al.，2012）。

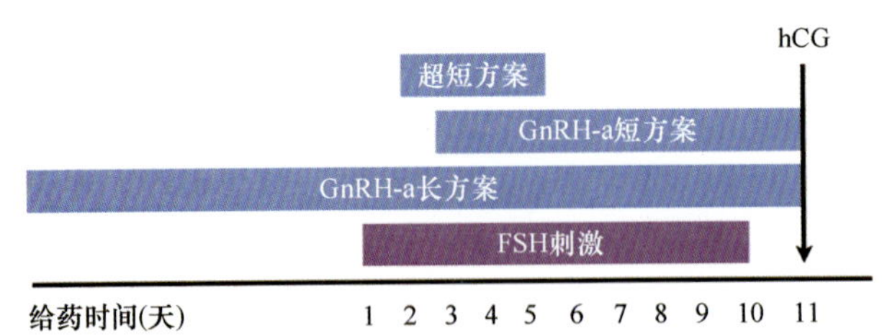

图 20-2　临床上控制性超促排卵方案——GnRHa 促排方案示意图

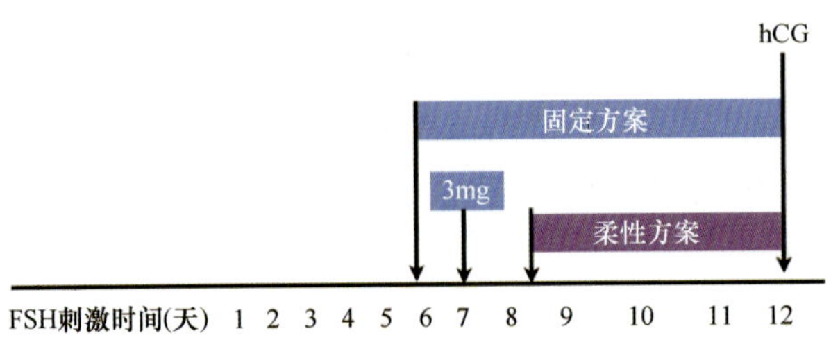

图 20-3　临床上控制性超促排卵方案——GnRH 拮抗剂促排方案示意图

目前，控制性超促排卵方案主要包括“长方案”“短方案”“微刺激方案”及“自然周期方案”等。

二、卵母细胞的采集与培养

通常在 hCG 注射后 34～36h 后，大部分卵母细胞会发育成熟且尚未发生自发性排卵，可以安排患者进行采卵手术。手术期间，患者接受静脉滴注镇静剂。在阴道 B 超引导下，通过负压用取卵针将卵泡液及卵母细胞吸出，在体视显微镜下快速拣取卵子。

（一）主要耗材及试剂

100mm 细胞培养皿（Nunc，150350），四孔细胞培养板（Nunc，144444），血清蛋白替代物（SAGE，3010），人类胚胎受精液（Global fertilization，LGGF-050），矿物油（Global，LGOL-100），磷酸缓冲盐溶液（phosphate buffer saline solution，SAGE 4011），巴斯德吸管（Origio，PP-5.75-90-PL）等。

（二）拣卵

1）将卵泡液缓缓倒入 100mm 细胞培养皿中。

2）在体视显微镜下，快速寻找卵丘-卵母细胞复合体（通常呈现透光的黏液团块外观，也有部分卵子被颗粒细胞稀疏包围）。

3）将其用吸管轻轻吸起，黏附于倾斜的培养皿底部，若外层卵丘细胞附着较多的杂质或血块，可用注射器针尖或巴斯德吸管小心将这一部分卵丘细胞切割去除。

4）将卵丘-卵母细胞复合体移入提前平衡的人胚胎受精液中。在取卵手术结束后，清洗数次，置于 37℃、6% CO_2 和饱和湿度的培养箱中孵育至受精操作。

根据患者对超促排卵过程中使用方案的不同反应，所获的卵子可以停留于生发泡期（GV 期）、第一次减数分裂中期（MⅠ期）及第二次减数分裂中期（MⅡ期）。理论上讲，只有处于 MⅡ期的卵子，才能进行正常的受精和发育。

三、精液的采集及处理

在女性患者进入促排周期前，需要对其配偶的精液质量进行常规分析。世界卫生组织《人类精液检查与处理实验室手册（第五版）》对精子质量评估有详尽的介绍。通过对外观、体积、精子密度、精液黏稠度、前向运动精子比率、畸形精子比率及精液 pH 质等指标的综合分析，最后决定使用哪一种方法（IVF 或 ICSI）对卵母细胞进行授精。精液体外处理的目的在于获得更多形态正常及活动力强的精子，并减少精浆免疫活性细胞、细菌及其他不利于精子获能及受精的有害成分。

对于可以从精液中分离精子的样品，可采用上游法（swim-up）、密度梯度离心法（density gradient centrifugation）或单层梯度离心法（single-layer centrifugation）进行精子洗涤和分离。对于精浆内无精子的男性患者，可以通过施行附睾抽吸或睾丸活检手术获取精子。

（一）上游法

1. 主要耗材与试剂

人类胚胎受精液（Global fertilization，LGGF-050），血清蛋白替代物（SAGE，3010），15ml 锥形离心管（Falcon，352095），巴斯德吸管（Origio，PP-9-90PL）等。

2. 操作方法

适用于精子密度高及活力好的样本。

1）将精液样本用巴斯德吸管反复吹吸，使其充分液化后，与受精液以 1∶1 比例混合，置于锥形试管底部，500*g* 离心 5min。

2）将沉淀吸出，慢慢置于含有 1ml 液体的试管底部，倾斜试管，在 5% CO_2、37℃与饱和湿度的培养箱内上游 30～40min。然后吸取上清，离心后混匀。

上游法的特点为易于操作，但存在精子回收率低、畸形精子筛选能力差及精子易于受到高浓度活性氧干扰等缺点。

（二）密度梯度离心法

1. 主要耗材与试剂

人类胚胎受精液（Global fertilization，LGGF-050），血清蛋白替代物（SAGE，3010），15ml 锥形离心管（Falcon，352099），巴斯德吸管（Origio，PP-9-90PL），90%及 45%的梯度离心液（Irvine，99275）。

2. 操作方法

经典的梯度离心法包括连续梯度与非连续梯度离心，后者常用于人类生殖实验室精子制备，常使用上层 45%与下层为 90%的密度梯度液进行分离。

1）将两种梯度液按 1∶1 体积比小心的置于试管中，使两者的分隔界面清晰可见。

2）再将 1～2ml 液化后的精液小心置于 45%密度梯度液的上方，600*g* 离心 10～15min，也可根据精液体积与质量适当调整离心速度与时间。

3）移除上层离心液及精浆，吸取底部精子沉淀，清洗两次后重悬获得精子悬液。置于培养箱中备用。

与上游法相比，密度梯度离心法可能回收更多形态正常的精子，并显著增加了回收后精子的活力，尤其适于体外受精操作。但当样本呈现明显的少弱精子时，就不适于采用该方法，应转为简单清洗操作配合上游法进行制备。

（三）单层梯度离心法

近年来，使用单层梯度离心法处理初始密度较高的精液样本，同样被广泛应用于人类辅助生殖操作中。具体操作方法与密度梯度离心类似，只是单独采用了 90%浓度的梯度离心液对精子进行分离。处理后精子的形态及活力均有了显著提升。单层梯度离心法以其简单、快速、高效的特性，越来越广泛地应用于常规精子的制备过程。

（四）附睾抽吸及睾丸活检术

对于临床诊断为梗阻性/非梗阻性无精子症的患者，可通过外科手术方法获取精子。手术方法包括显微外科附睾精子抽吸术（microsurgical epididymal sperm aspiration，MESA）、附睾精子抽吸术（percutaneous epididymal sperm aspiration，PESA）、睾丸精子吸取术（testicular sperm aspiration，TESA）及曲细精管精子抽提术（testicular sperm extraction，TESE）等。此外，对于逆行射精的患者也可以从膀胱尿液中回收精子。

使用附睾精子抽吸术取精可能会存在出血、损伤附睾及取精量过少等问题。而显微外科手术取精对患者的损伤较大，耗时更长，且对医生技术的熟练程度要求更高。对于梗阻性无精子症患者，无论从附睾还是睾丸施行抽吸还是经外科手术取精都是可行的，具体使用哪种方式完全取决于生殖医学中心的偏好。取精的方式及部位对于妊娠率并没有显著的影响。无精子症的致病原因（梗阻性与非梗阻性）是影响 ICSI 成功率的重要因素，这是由于非梗阻性无精子症往往伴随着精子发生异常，通常会造成较低的妊娠率和较高的流产率。

睾丸精子吸取术可以被用于部分非梗阻性无精子症患者，但却无法从患有严重精子发生异常的男性睾丸中获得精子。对于这部分患者往往只能使用睾丸曲细精管精子抽提术，但这种方法需要切除一定量的睾丸组织用于取精，可能会影响患者睾丸激素的分泌及功能。手术时，利用显微镜进行观察，可以准确地找到最有可能存在成熟精子的曲细精管，从而减少切除睾丸组织的数量。

1. 主要耗材及试剂

HEPES 缓冲液（Global，LGGH-050），血清蛋白替代物（SAGE，3010），35mm 细胞培养皿（Nunc，153066），胰岛素注射器（BD，326702）等。

2. 操作方法

1）将获取的附睾抽吸液/曲细精管组织置于含有 HEPES 缓冲液的 35mm 培养皿中。经稀释后的附睾抽吸液，可直接于倒置显微镜下观察精子回收情况。曲细精管组织则需要精细的处理。

2）在体视显微镜下，用胰岛素注射器针头小心将组织撕碎，快速判定是否存在精子，并对样品做出分析评估。若精子数量过少，不足以进行 ICSI 注射，或者形态太差，就要在睾丸其他的位置继续进行手术，直到获得足够数量的精子样本。对于镜检后没能发现精子的情况，应将部分睾丸组织进行病理切片组织学观察，通过睾丸生精的状况，诊断睾丸疾病。

3）手术结束后，对所获精子进行清洗回收，将组织碎片、感染源及血细胞含量降至最低水平，并选用最适合的离心力及离心时间保证精子质量不受影响。所回收的样本将用于卵母细胞 ICSI，或直接冷冻作为生殖资源保存。

有数据表明，由非梗阻性无精子症患者所取出的精子经 ICSI 后，胚胎的受精率、临床妊娠率及胎儿出生率均小于拥有正常精子或梗阻性无精子症患者。原因可能为严重非梗阻性无精子症的患者产生的精子，其激活卵母细胞受精并分裂发育的能力有着明显的缺陷。在施行人工助孕之前，须对此类患者进行必要的遗传学筛查及咨询提示。对于手术取精并施行 ICSI 的患者，受孕成功后胎儿是否携有先天性异常、不育，甚至其他疾病则暂无定论。

四、人类体外受精操作流程

人类的体外受精操作流程与动物的体外受精过程基本一致。图 20-4 为人类体外受精操作流程示意图。

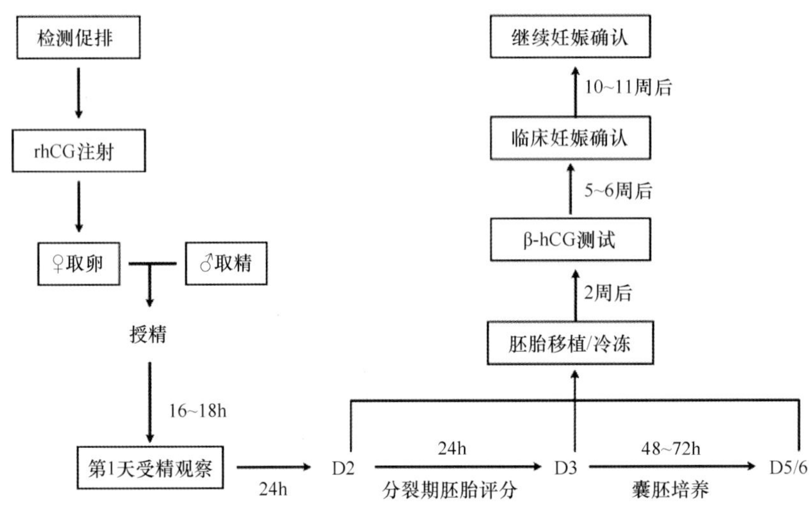

图 20-4 人类体外受精操作流程示意图

第三节 人类辅助生殖技术中的受精操作及胚胎培养

人们一度乐观地认为 IVF-ET 技术可以同时应对男女双方因素造成的不孕，但事实却令人失望。对于男性因素导致的不孕不育治疗，一个 IVF 周期仅仅只能获得约 10%的妊娠率。对于少弱精子症的患者，起初试图通过加大精子浓度来获得高受精率，但最终证明这种努力是徒劳的。原因在于这部分患者的精子往往存在着功能性缺陷。局部透明带切口及透明带下卵周隙精子注射虽然可以提高受精率，也同时带来了多精受精造成的胚胎异常与胚胎致死风险。1992 年，布鲁塞尔自由大学的 Palermo 等首次利用 ICSI 技术，成功获得了试管婴儿，这被誉为辅助生殖技术的又一项重大突破，现在人们通常将其称为“第二代试管婴儿技术”（Palermo et al.，1992）。

根据男女不孕的诱发因素与精子或卵子的质量，临床上决定采用 IVF 或 ICSI 技术。

一、IVF 适应证及操作方法

（一）IVF 适应证

适于使用 IVF 的患者包括：

1. 男性

1）精子质量好，因女性输卵管问题不孕者。

2）部分临床诊断为男性少精子症患者，精子密度低但质量尚可。

2. 女性

1）输卵管堵塞等因素导致精卵相遇困难。

2）排卵障碍。

3）子宫内膜异位症。

4）女方免疫性不孕。

3. 其他

其他不明原因不孕。

（二）常规体外受精方法

1. 主要耗材及试剂

四孔细胞培养板（Nunc，144444），血清蛋白替代物（SAGE，3010），人类胚胎受精液（Global fertilization，LGGF-050），人类胚胎培养液（Global，LGGG-050），矿物油（Global，LGOL-100）等。

2. 主要操作步骤

1）将洗涤后的精子悬液重新计数。

2）在 hCG 注射约 40h 后，将卵母细胞从培养箱中取出。按每枚卵子对应 3 万～5 万个活动精子标准，将精子悬液加入含有 4～6 枚卵子/孔的四孔板内。

3）倒置显微镜下观察孔内精子密度，必要时进行调整。

4）将四孔板置于含 6% CO_2、37℃、饱和湿度的培养箱内过夜培养，也可在受精 3～4h 后将受精卵移入预先准备好的培养液中。

5）受精 16～18h 后，用合适口径的毛细管将卵周的颗粒细胞轻轻机械脱去，清洗受精卵，转入新鲜的胚胎培养液中检查受精情况并继续培养。

技术路线基本同动物的 IVF 操作，可参见本书第二章与第三章。

二、ICSI 适应证及操作方法

（一）ICSI 适应证

1. 少、弱、畸形精子症及精子顶体功能异常

对于 ICSI 技术来说，精子的浓度、运动性及形态基本不影响妊娠率。因此，这项技术只需要少量成活精子即可完成受精，可以帮助少弱精子症患者实现生育。

2. 临界值少弱精子症

相对于常规的体外受精，对于临界值少弱精子症患者实施 ICSI 可以获得更高的受精率。然而，也有研究报道二者之间并没有什么显著性的差异。因此，对于临界值少弱精子症是否应该应用 ICSI 至今仍有争议，是否使用取决于就诊生殖医学中心的偏好。

3. 无精子症

无精子症分为梗阻性和非梗阻性两种类型。梗阻性无精子症患者能够正常的完成精子发生，但由于输精管阻塞等原因无法排出体外，因此可以通过附睾或睾丸取出少量精子来进行 ICSI 助孕。

对于非梗阻性无精子症则相对比较复杂，由于这部分患者具有生精障碍，而造成这一结果的原因往往是可遗传的，如 Y 染色体 DAZ 基因突变引起的生精障碍。因此，对于这部分患者必须进行遗传学筛查，并谨慎进行 ICSI 助孕。

4. 不明原因不孕

有研究显示，大约有 23%的不明原因不孕症患者使用常规 IVF 无法成功受精，而使用 ICSI 则可以明显改善受精率。同时，男性免疫性不孕也可以作为临床施以 ICSI 助孕的指征。

5. 常规体外受精失败

有体外受精失败史的患者，再次进行体外受精的成功率往往会低于 25%。而应用 ICSI 则可能获得相对较高的受精及妊娠率。并且，对体外培养一天的卵母细胞进行 ICSI，部分卵子仍然具有受精和妊娠的能力。因此，对于那些体外受精失败的夫妇而言，ICSI 可以作为同周期的一种补救手段。

（二）主要材料及试剂

HEPES 缓冲液（Global，LGGH-050），血清蛋白替代物（SAGE，3010），60mm 培养皿（Nunc，150288），矿物油（Global，LGOL-100），7% PVP（SAGE，4005-A），透明质酸酶（80 IU/ml，SAGE 4007），显微操作持卵针（Humagen，MPH-MED-30），显微操作注射针（Cook，K-MPIP-3130），巴斯德吸管（Origio，PP-5.75-90-PL），130μm 去卵丘毛细管（Cook，G26711），140μm 去卵丘毛细管（Cook，G26712），170μm 毛细管（JYlab D-170），190μm 毛细管（JYlab D-190）等。

（三）ICSI 的常规技术流程

1. 去卵丘细胞操作皿的准备

在 60mm 细胞培养皿上，用光滑的巴斯德吸管制作几个 HEPES 缓冲液滴，并在最上面的位置准备 1～2 个透明质酸酶液滴，覆盖石蜡油。置于 37℃、饱和湿度培养箱平衡 3～4h。

2. 卵母细胞的准备

1）在 hCG 注射 39～40h 后，将卵丘-卵母细胞复合体置于已平衡的透明质酸酶溶液中，用巴斯德吸管小心吹吸 10～15s，使卵周围大部分的颗粒细胞脱落，将卵母细胞移入下面的 HEPES 缓冲液滴中，冲洗 1 次。

2）用去卵丘针小心的抽吸卵子，将卵周余下的颗粒细胞脱去。在体视显微镜下观察，将已排放第一极体的卵子和其余未成熟卵子分开。

3）清洗后，将成熟卵子与其余未成熟卵子分别移入已平衡的胚胎培养液滴中培养，待用。

3. ICSI 操作皿的制备

1）在 60mm 培养皿盖的中间，制作一个条形的 PVP 操作滴，并在条型滴的上方作一个圆形的 PVP 微滴。

2）在条形的 PVP 侧面，平行制作两排 HEPES 缓冲液微滴。也可在适当的位置制作一个大的 HEPES 缓冲培养液滴，以备因精子活动能力不够而在 PVP 操作滴里无法分辨运动方式的情况。

3）覆盖石蜡油，置于 37℃，饱和湿度的培养箱平衡 3～4h。

PVP 是一种非常黏稠的溶液，它可以减缓精子的运动速度，有利于在注射过程中观察精子的运动方式及畸形程度，且注射过程中精子不易被黏附于管壁内。由于 ICSI 过程中，PVP 或多或少会随同精子一起被注入卵母细胞，有可能对受精率、胚胎发育和囊胚质量产生不利的影响。为了避免这一潜在风险，有些生殖医学中心放弃了对 PVP 的使用。但数据显示，PVP 对 ICSI 周期中胚胎致畸率并无明显的增高，因此仍为大多数的生殖中心所使用。

4. 显微操作仪的设定

目前，很多生殖中心采用 Eppendorf 显微操作系统（Eppendorf TransferMan 4r）进行 ICSI 及胚胎活检操作，并采用“交叉式”方法摆放手动显微注射仪，即右侧的手动显微注射仪控制左边持针器上的持卵针，而左侧的注射仪控制右边持针器上的注射针。油压式显微注射仪具有良好的稳定性，可以进行持卵或精子注射；而油压式精调显微注射仪具有更高的精确度及灵敏性，不但可以用于持卵或精子注射，还可应用于胚胎活检操作。

1）将持卵针插入左侧的持针器中，40 倍视野下，快速调整持卵针方向，使其处于视野中间且呈水平状态。

2）将注射针插入右侧的持针器中，40 倍视野下，快速调整注射针方向，使针尖与持卵针有一定距离，位于同一平面的同一条水平线上。

3）转换物镜，在 200 倍视野下，继续校准持卵针及注射针位置，使它们位于视野中间同一平面且同一条水平线上。校准结束后，升高操作臂等待显微注射。

5. ICSI 操作方法

1）将精子悬液置于条形 PVP 液滴的下方，并将待操作的卵母细胞均匀分布于其左右两边 HEPES 缓冲液滴中，每一个缓冲操作滴中摆放一枚卵子。每次操作的卵母细胞数目取决于 ICSI 操作人员的熟练程度与经验，注射过程中需要尽量减少卵母细胞暴露于培养箱外的时间。

2）精子的选择与制动

在倒置显微镜下（200 倍或 400 倍视野），通过外形、折光性、头部空泡及运动模式等形态学指标对精子进行选择，一般选用在 PVP 中能匀速前向运动且形态良好、头部无明显空泡的精子。将显微注射针降入 PVP 溶液中，用针尖将精子尾部中段压至皿底，并快速对精子尾部进行摩擦打折，使得精子被完全制动。这一操作可以破坏精子的质膜，可能便于注射后精子内容物及与卵母细胞激活相关因子的释放，因此一直被认为是 ICSI 操作中必不可少的关键步骤，并决定了 ICSI 的操作速度。将制动后的精子从尾部慢慢吸入注射针，并将其置于注射针的尖端。

3）卵母细胞的固定

用持卵针轻轻吸住一枚卵子，用注射针小心转动卵母细胞，使第一极体定位于 6 点或 12 点位置，这样的固定方式可以最大限度地避免显微注射针对纺锤体的伤害。也有生殖医学中心偏向于将极体置于 7 点、11 点或 8 点、10 点位置，他们认为这样可以在不破坏纺锤体的同时，能够使注入的精子尽可能与纺锤体接近，以便获得更好的受精效果。

4）显微注射

在注射之前，将注射针靠近卵母细胞的透明带的 9 点钟位置，此时必须确认卵母细胞的赤道处质膜平面、持卵针的开口与显微注射针的针尖置于同一个焦平面上。将尖端带有精子的注射针轻轻向前推进刺入透明带，并进一步刺穿质膜。相对于较容易穿透的透明带，卵质膜具有非常强的韧性，往往会随着注射针的深入而形成一个深沟，此时卵质膜并没有被刺穿，一定要避免将精子释放在沟内。这个深沟通常会深入卵母细胞的中部甚至更深的位置。

一旦卵质膜被刺穿，会看到质膜出现一个快速的回弹，卵胞质在注射针内出现一个明显且快速的回流，此时注射针已进入卵胞质内。偶尔也会出现卵质膜坚韧无法被刺穿的情况，此时，需将注射针轻轻外撤到卵母细胞中部，再从稍稍偏上或偏下的方向再次进针来刺破卵膜。大多数通过轻轻对注射针施加负压来观察是否有少量的卵胞质回吸到针内来判断卵膜是否被刺穿。将精子轻轻从注射针中推出，并尽量减少注入卵胞质内的液体量（图 20-5）。最后，缓慢撤出注射针。将注射的卵母细胞清洗后移入事先平衡好的胚胎培养液中，置于培养箱中进行培养。

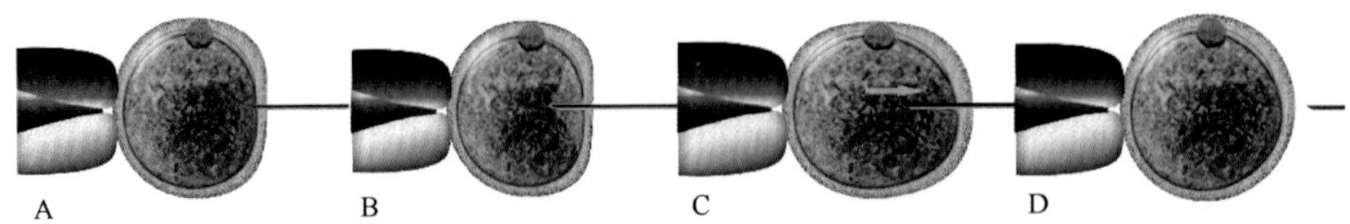

图 20-5 ICSI 操作过程

A. 将吸有精子的注射针置于卵母细胞 3 点位置；B. 将注射针刺入透明带；C. 回抽卵子胞质（箭头）；D. 将精子与回抽的细胞质一起缓缓注入卵母细胞内部

三、胚胎的体外培养及评分

（一）胚胎的体外培养

1. 主要耗材及试剂

血清蛋白替代物（SAGE，3010），60mm 培养皿（Nunc，150288），矿物油（Global，LGOL-100），人类胚胎培养液（Global，LGGG-050）。

2. 操作方法

1）在 60mm 的培养皿中，根据需要制作 10～20 个培养滴，液滴大小为 20～100μl，用石蜡油覆盖，置于 37℃、6% CO_2 与饱和湿度的培养箱内过夜平衡。

2）ICSI 操作结束后，清洗注射后的卵子。取出事先平衡的培养皿，每个微滴放置一枚胚胎。在 16～18h 后，取出培养皿，于倒置显微镜下观察受精情况并记录。

3）施行 IVF 16～18h 后，在 HEPES 缓冲液中将受精卵的颗粒细胞脱去。取出事先平衡的培养皿，将受精卵清洗后置于微滴中单独培养，并在倒置显微镜下观察受精情况并记录。

之后，每 24h 观察胚胎卵裂情况并进行质量评分。根据胚胎发育情况，结合患者子宫内膜及体内激素水平决定胚胎移植时间（受精第 2～5 天）或将其全部冷冻。

体外培养环境任何细微的改变，都会影响受精卵的发育。温度、湿度、pH 的改变、培养液内成分的变化等，无不影响着受精卵的培养结局。目前，商品化序贯培养液被广泛应用于 IVF 实验室，其中含有胚胎生长所需的水分、离子、能量物质、维生素、蛋白质、生长因子等，可以维持胚胎从受精到囊胚一系列阶段的发育。有研究表明，在培养箱内使用 5%～7%浓度的 CO_2 并将 O_2 浓度减为 5%时，该种气相对胚胎生长发育更为有利。

（二）胚胎评分

在人类辅助生殖医疗中，选择单胚移植，避免多胎妊娠在国外已成为趋势。如何选择具有发育潜力的胚胎至关重要。目前的胚胎分级系统主要是根据分裂及囊胚期胚胎形态学进行评估，辅以胚胎发育速度、碎片的分布、卵裂球大小差异等。有些学者还将雌雄原核内核仁的分布及数量、合子的第一次卵裂时间、卵裂球平均与否、2-细胞期是否出现多核、第三次有丝分裂出现时间、囊胚腔形成时间等作为胚胎分级的重要参考指标。胚胎的体外发育极易受到多方面的影响，因此将众多重要参数综合考虑，结合培养条件，制定一套全面的、客观的、能正确反映胚胎质量，提高临床妊娠率的胚胎评分系统，在 IVF-ET 中至关重要。

1. 原核评分

以合子期原核的大小及核仁的数量、大小、排列为基础，对受精卵进行质量评估，制定了原核评分系统。有的实验室也将核膜破裂，受精后有无出现细胞质晕环

（cytoplasmic halo）作为评分基础（Scott et al.，2000）。

原核的“Z型”评分法（图20-6）如下。

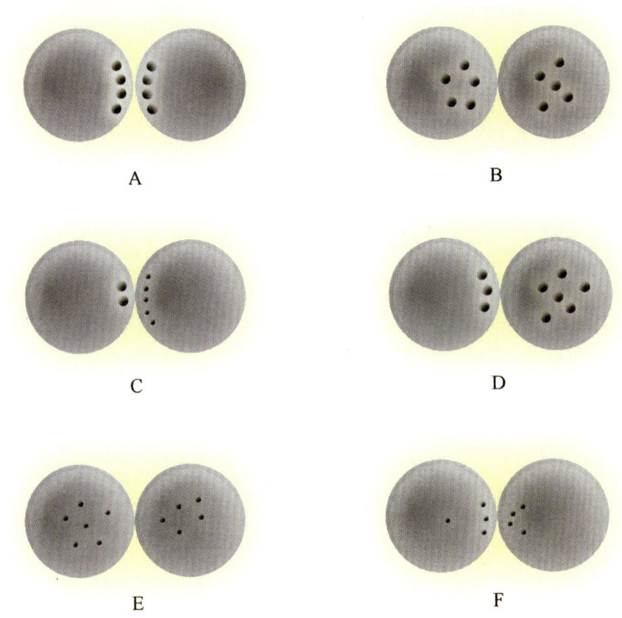

图20-6　Scott Z型原核评分法

Z1型：两原核中核仁数量相同，线性排列于原核连接处（A）；Z2型：原核大小相同，核仁大小及数量相同（3～7枚），但散落于原核内部（B）；Z3型：原核大小相同，核仁大小及数量不同，散落于原核内部（C和D）；Z4型：原核大小不同且相互分开，核仁数目也不等，部分线性排列（E和F）

Z1型：两原核中核仁数量相同，线性排列于原核连接处。

Z2型：原核大小相同，核仁大小及数量相同（3～7枚），但散落于原核内部。

Z3型：原核大小相同，核仁大小及数量不同，散落于原核内部。

Z4型：原核大小不同，相互分开，核仁数目也不等，部分呈线性排列。

其中Z3/Z4型合子原则上被判定为形态异常，但也存在着发育为优质胚胎的潜能。其他的合子评分系统与此大同小异，可以较为直观地反映合子质量。由于观察时间与观察人员的经验等，也存在主观性评估的局限。因此，原核评分需结合卵裂及囊胚期评分系统筛选优质胚胎。

2. 分裂期胚胎的形态学评分

作为一项重要的胚胎分级系统，分裂期胚胎的形态学评分系统已被胚胎学家接受。人的体外受精早期胚胎正常形态如图20-7所示。最典型的形态学评分指标，包括胚胎碎片比率、分布、卵裂球大小的一致性、分裂期卵裂球多核现象及卵裂球数目等。近年来，卵裂球空泡（vacuoles）、细胞质颗粒化及透明带厚度等也被作为预测胚胎活力的评分参考。

Depa-Martynow等（2007）以卵裂球数目及胚胎胞质碎片为指标，提出受精第3天胚胎的4级评分系统。

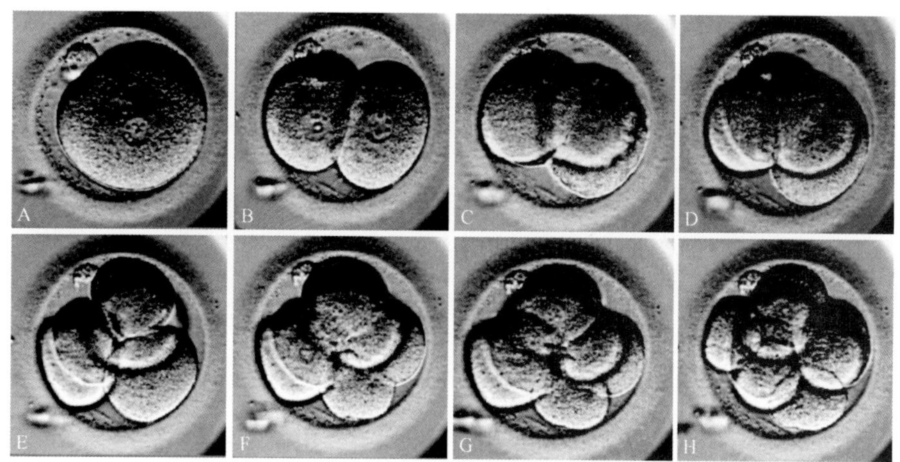

图 20-7　人的体外受精早期分裂胚胎

A. 原核期；B. 2-细胞期；C. 3-细胞期；D. 4-细胞期；E. 5-细胞期；F. 6-细胞期；G. 7-细胞期；H. 8-细胞期

A 级（优质胚胎）：有 7～9 个卵裂球，胞质碎片最多不超过胚胎体积的 20%。

B 级：有 7～9 个卵裂球，碎片多于 20%。

C 级：有 4～6 个卵裂球，少于 20%的胞质碎片。

D 级：有 4～6 个卵裂球，大于 20%的碎片比率。

在实际操作时，不同生殖中心以此为基础，也会对卵裂球数目、碎片比率等指标做出适当的修改。随着培养环境及观测手段的进步，胚胎卵裂速度在胚胎质量评估中起到了重要作用。在受精第二天有 4 个卵裂球、第三天有 8 个卵裂球且胚胎碎片比率小于 10%的胚胎，往往具有更好的发育潜力。在卵裂过程中，伴随少量的碎片是人类胚胎体外发育的普遍现象。

3. 囊胚期胚胎评分系统

在受精 5～6 天后，一部分质量较好的胚胎会发育为囊胚。内细胞团、胚胎滋养层及充满液体的、膨胀的囊胚腔是囊胚的主要形态学指标。Gardner 的囊胚评分系统是目前使用最广泛的囊胚评分系统。该系统依照囊胚腔的膨胀大小及孵化的情况，将囊胚分为 1～6 级，级别越高，胚胎质量越好。同时，依照形态学标准，对内细胞团及滋养层也分别进行评分。

（1）囊胚评分

以囊胚腔的扩张及细胞逸出程度将囊胚分为 1～6 级：

1 级：囊胚腔体积小于胚胎体积的 1/2。

2 级：囊胚继续扩张，囊胚腔体积大于或等于胚胎体积的 1/2。

3 级：囊胚腔将胚胎体积完全占据，为完全扩张囊胚，内细胞团与滋养层界线清晰。

4 级：囊胚腔继续扩大，透明带明显变薄。

5 级：孵化中的囊胚，细胞有一部分从透明带中逸出。

6 级：孵化囊胚，囊胚完全从透明带中孵出。

对于评价为 3～6 级的囊胚，还需要对内细胞团和滋养层评分。评分次序为内细胞团为先，滋养层为后（图 20-8）。

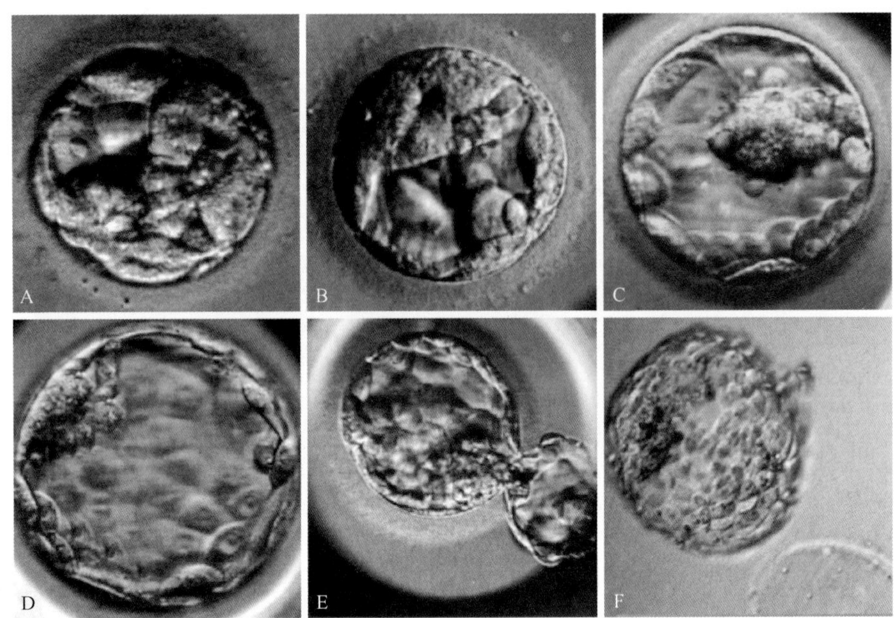

图 20-8 Gardner 囊胚评分系统中的 1～6 级囊胚形态特征

A. 1 级囊胚；B. 2 级囊胚；C. 3 级囊胚；D. 4 级囊胚；E. 5 级囊胚；F. 6 级囊胚

（2）内细胞团评分

Gardner 系统有关内细胞团的评分方法由高到低为：

A 级：内细胞团细胞较多，排列紧密。

B 级：内细胞团包含较少的细胞，排列松散。

C 级：内细胞团只含有很少的细胞。

（3）滋养层评分

Gardner 系统有关滋养层细胞的分级方法由高到低为：

A 级：滋养层细胞较多，呈现致密的细胞排列层。

B 级：滋养层细胞数较少，结构松散。

C 级：滋养层所含细胞数很少。

一枚囊胚的最终评分为 3 项指标的综合考量。

四、精子、卵子及胚胎的冷冻

（一）精子冷冻

冷冻精子技术不但可以在睾丸活检/附睾抽吸中保存患者珍贵的生殖资源，还可以在癌症患者进行化疗前对其生殖力进行储存；也可选择在取卵手术施行以前，将配偶精子进行冷冻，以备取卵手术当日患者由于各种原因无法提供样本。由于精子数量巨大，且几乎不含细胞质，所以可以在冷冻保护剂的作用下做较好的冷冻保存。常用的冷冻保护剂有甘油、蛋黄、白蛋白及蔗糖等。

1. 主要耗材及试剂

1ml 细胞冷冻管（Nunc，2366656），精子冷冻液（Irvine，90128），冷冻支架（Nunc，378441），巴斯德吸管（Origio，PP-9-90PL）等。

2. 精子冷冻操作方法

1）在冷冻前，对精子进行常规分析并记录指标。

2）按 1∶1 体积比将精子冷冻液及精浆混匀，置于细胞冷冻管中，盖紧，并嵌入冷冻支架。

3）于 4℃冰箱中平衡 20min。

4）取出冷冻支架，将其与冷冻管一同悬挂于液氮蒸汽相熏蒸 30min。

5）最后，浸入液氮长期保存。

（二）卵子冷冻

越来越多的女性因为各种原因选择推迟生育年龄，晚婚晚育已成流行趋势，而女性的卵子质量会随年龄的增长而锐减。卵子作为体内最大的细胞，胞质内水分含量大，在冷冻过程中极易出现 DNA 损伤、纺锤体破坏、冷冻保护剂难以渗入、胞质内出现冰晶导致卵子死亡的现象。虽然玻璃化冷冻逐渐取代了慢速冷冻，并在卵子解冻存活率、ICSI 受精率及临床妊娠率上有了较大的提高，关于卵子冷冻技术能否真正为女性最大程度的保存生殖能力的争论，至今仍没有定论。有关配子与胚胎冷冻原理与操作等参见第七章。

1. 主要耗材及试剂

日本加藤公司（KITAZATO）玻璃化冻存试剂套盒（cryotop safety kit-vitrification kit，KITAZATO，91101），包括平衡液（equilibration solution，ES）、冷冻液（vitrification solution 1 and 2，VS1、VS2）、解冻液（thawing solution，TS）、稀释液（dilution solution，DS）、洗液 1 和 2（washing solution 1 and 2，WS1、WS2）。6 孔板（KITAZATO，83003），冷冻载杆（KITAZATO，81111），冷冻支架（Nunc，378441），冷冻套管（MTG，16913/1133），170μm 毛细管（JYlab D-170）等。

2. 主要操作方法

1）在 6 孔板中按顺序加入提前于室温平衡的冷冻液。具体为：ES 20μl、VS1 300μl、VS2 300μl。

2）将待冷冻的卵子用毛细管移入 ES 液中，再沿着孔边缘慢慢加入 20μl ES，室温平衡 3min。

3）沿孔边缘小心注入 20μl ES，平衡 3min。

4）沿孔边缘小心加入 240μl ES，继续平衡 6～9min。整个平衡过程，卵子经缩水到复胀需 10～15min。

5）将卵子转入 VS1 中，上下吹吸清洗，尽量去除残余的 ES，再转入 VS2 中反复清洗。用毛细管将卵子小心摆放于冷冻载杆黑色标记处的前端，并小心移除多余的 VS，使胚胎周围的液体越少越好。整个清洗及装载过程不超过 1min。将冷冻载杆快速浸入液氮中，将外套管套起，用镊子盖紧。最后装入固定在冷冻支架上的套管内，放入液氮罐长期保存。

（三）胚胎玻璃化冷冻

1. 主要耗材与试剂

所用耗材和试剂同卵子冷冻。

2. 操作方法

1）在 6 孔板中按照 ES、VS1、VS2 的顺序加入提前于室温平衡的冷冻液。

2）将待冷冻胚胎置于 ES 中，开始计时。在 8～15min 内，胚胎将经历下沉，缩水及复胀的过程。当形态完全恢复后，将胚胎移入 VS1 中。

3）在 VS1 中小心清洗，尽量除去 ES 液，大约 30s 后，将胚胎移入 VS2 中。继续用毛细管吹吸清洗后，将胚胎小心摆放于冷冻载杆黑色标记处的前端，并尽量移除胚胎周围多余的 VS。这一步骤不要超过 30s。

4）将冷冻载杆快速浸入液氮中，用镊子将外套套起，并摆入固定于冷冻支架的套管中。最后置于液氮罐长期保存。

（四）卵子及胚胎解冻

卵子及胚胎经历玻璃化冷冻后，解冻方法基本相同。

1. 主要耗材及试剂

加藤公司解冻液（KITAZATO，91121），6 孔板（KITAZATO，83003），冷冻载杆（KITAZATO，81111），冷冻支架（Nunc，378441），冷冻套管（MTG，16913/1133），170μm 毛细管（JYlab D-170），IVF 组织培养皿（Falcon，353037）。

2. 操作方法

1）6 孔板中依次加入预先室温平衡的 DS、WS1、WS2 液体。

2）在培养皿中注入 37℃平衡的 TS 液。

3）将载有卵子/胚胎的冷冻载杆除去套管，快速从液氮中取出，将前端浸入 TS 液，开始计时，在体视显微镜下快速找到卵子/胚胎并在 TS 中平衡 1min。

4）1min 后，将卵子/胚胎移入 DS 液中，室温中静置 3min。其间卵子/胚胎的形态趋于恢复。

5）将卵子/胚胎移入 WS1 中 5min，后移入 WS2 中 1min，卵子/胚胎此时形态应完全恢复。小心清洗后将卵子/胚胎转入事先准备好的培养液中继续培养。

（五）精子解冻

1. 主要耗材及试剂

人类胚胎受精液（Global fertilization，LGGF-050），血清蛋白替代物（SAGE，3010），15ml 锥形离心管（BD Falcon，352099），巴斯德吸管（Origio，PP-9-90PL），90%的梯度离心液（Irvine，99275）等。

2. 操作方法

1）将精子冷冻管小心地从液氮中取出，置于室温至混合液完全融解。

2）向锥形离心管内加入 1ml 37℃平衡的 90%梯度离心液体，用巴斯德吸管将混合液置于其上，600*g* 离心 10～15min。

3）移除上层液体，将底部沉淀与 2ml 胚胎受精液混匀，离心清洗两次后制成精子悬液。

五、胚胎移植

在辅助生殖周期中，胚胎发育速度与子宫内膜着床窗的同步性及胚胎自身的发育潜能，决定着移植后的妊娠结局。其中子宫内膜厚度及形态是判断子宫内膜容受性的一项重要指标。在首次进行的周期中，患者如出现子宫内膜生长不佳（一般认为移植前测定为 8～12mm 较为理想）、体内血清雌二醇或孕酮水平过高，或取卵后出现卵巢过度刺激综合征等情况，就可能建议将胚胎进行冷冻保存，等待下一个解冻移植周期；反之，就可以进行鲜胚移植。

1. 主要耗材及试剂

IVF 组织培养皿（Falcon，353037），血清蛋白替代物（SAGE，3010），人类胚胎培养液（Global，LGGG-050），170μm 毛细管（JYlab D-170），1ml 注射器（BD，326702），胚胎移植套管（Cook，K-JETS-7019-SIVF）等。

2. 操作方法

1）使用阴道窥器暴露子宫颈，在阴道 B 超引导下，根据已知宫腔深度，将胚胎移植外套管缓缓置于子宫内合适位置，使其可以引导移植内管进入子宫腔，并注意避免对生殖道的划伤。

2）取出培养皿，将所选用于移植的胚胎小心移入含有 1ml 胚胎培养液的 IVF 组织培养皿中，置于桌面培养箱内等待移植。其余则放入培养箱内继续培养。

3）将 1ml 注射器吸入适量的培养液后，连接于胚胎移植内管的尾端。缓缓推出培养液，浸润并清洗移植内管。

4）回抽注射器，按照空气柱、培养液连同胚胎（胚胎位于液柱前 1/3 处）、空气柱、前端少量培养液的次序，在移植管内芯处装载胚胎。其中，空气柱与液柱长度为 1～1.5cm。

5）将胚胎移植内管通过外管慢慢进入子宫腔内，在阴道 B 超引导下，找到位于移植管内芯前端的空气柱（B 超显示为一个发光点，可以用来指示胚胎位置），选择内膜厚度较好的位置，将胚胎连同少量培养液轻轻注入子宫腔。

6）缓慢撤出移植套管，在组织培养皿中小心冲洗，镜检确定无胚胎被带出后，完成移植。

第四节 胚胎植入前遗传学诊断技术

人类的辅助生殖的目标是通过单个的整倍体胚胎的移植，获得一个健康的孩子。随着分子生物学技术的快速发展，单细胞水平的诊断技术不断丰富，对于存在潜在遗传问题的胚胎进行早期诊断，防止先天性遗传畸形胎儿的发生。在胚胎被移植入子宫之前，分离出一个或几个卵裂球进行遗传学诊断，这种技术称为胚胎植入前遗传学诊断技术（preimplantation genetic diagnosis，PGD）。这种技术又被称为第三代试管婴儿技术。

一、胚胎植入前遗传学活检技术概述

PGD 与 IVF 周期联合进行，卵子、卵裂期胚胎及囊胚均可为 PGD 提供活检材料。其中，卵母细胞的极体以其取材方便、活检过程中不易破坏胚胎结构，是 PGD 检测卵母细胞质量的良好材料。极体活检只能提供母源性遗传信息，无法涵盖父源的遗传缺陷，有其自身的应用限制。

卵裂期胚胎活检在临床上应用广泛。在胚胎体外发育第三天，选取 6-～8-细胞期胚胎，用活检针小心的抽出 1～2 个卵裂球进行 PGD 分析（图 20-9），留下的大部分胚胎继续培养至囊胚，待取得遗传学分析结果后，决定是否进行胚胎移植。卵裂球的 PGD 分析可以检测父母双方来源的染色体异常及基因连锁疾病。但也有研究指出，有 50%～60%受精后第三天的胚胎存在嵌合性。人类胚胎合子基因组通常在胚胎发育第三天启动，合子基因组的启动使一部分可以发育至囊胚的胚胎拥有“自我修复”的功能。卵裂期胚胎活检过程，一次只抽取一至两个卵裂球，很大程度上会导致漏诊或误诊情况。

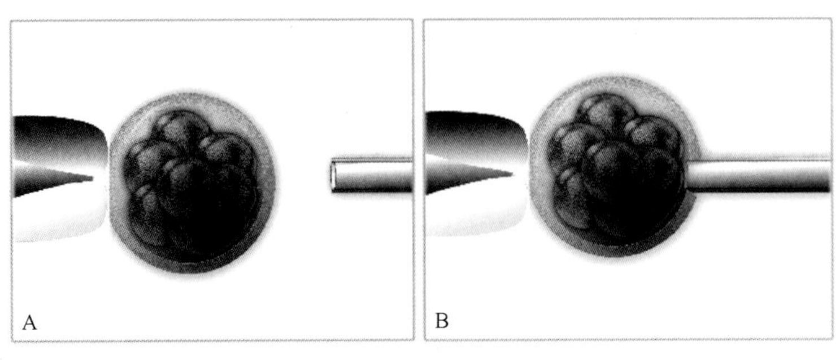

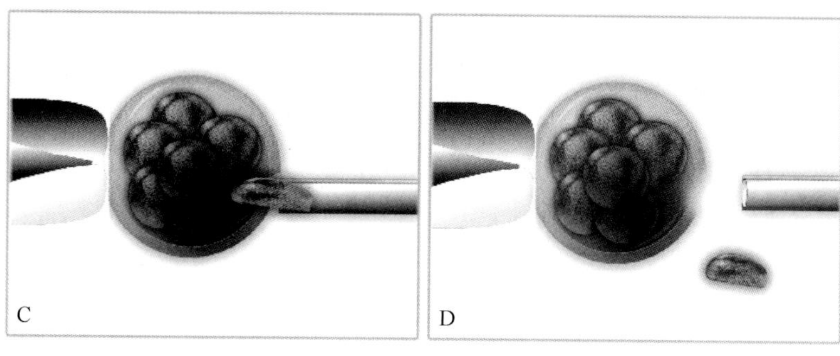

图 20-9 卵裂期胚胎活检

A. 用 Piezo 在待检测卵裂期胚胎透明带上开一个小孔；B. 将活检针从小孔探入透明带内部；C. 轻轻吸住一枚卵裂球；D. 将卵裂球小心地从胚胎上取下来

在稳定的体外培养条件下，有 20%～50%的胚胎可以发育为囊胚。在此过程中，胚胎经历了合子基因组启动，发育途中往往会实现“自我选择”（self-selection）及“自我纠正”（self-correction）功能。因此，囊胚期滋养层细胞的嵌合性风险较卵裂期胚胎低，且此时滋养层细胞数目众多，可以降低活检操作本身对胚胎后续发育的影响（图 20-10）。囊胚滋养层活检技术正愈来愈多的应用于临床实践中。

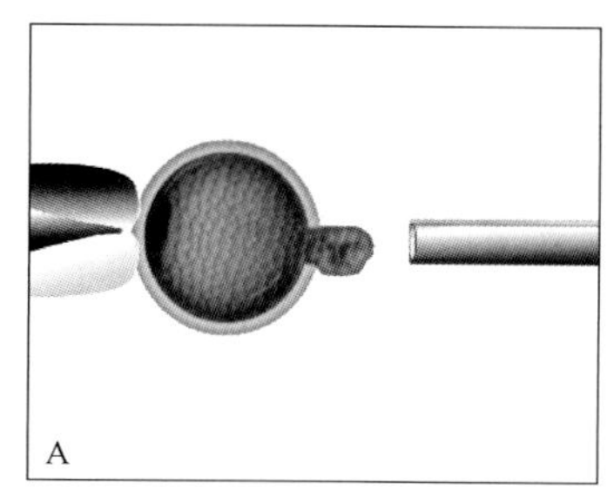

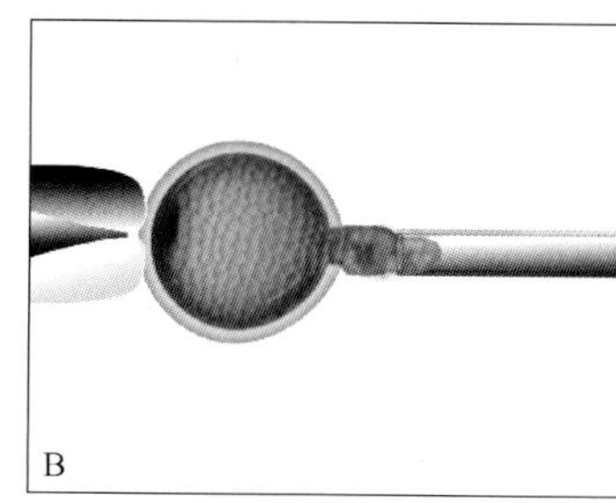

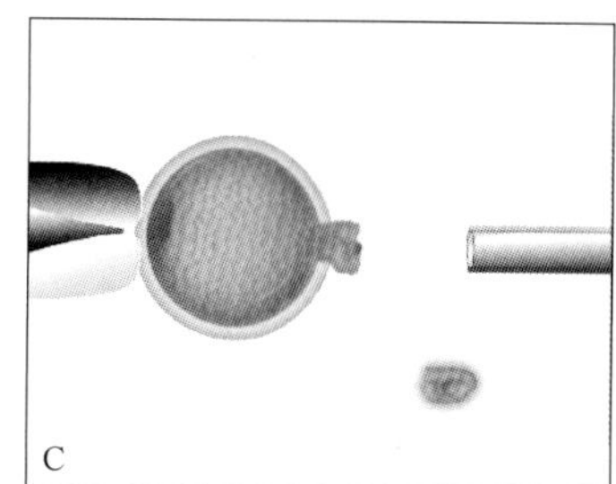

图 20-10 囊胚期胚胎活检

A. 用固定针将囊胚吸住，避开内细胞团，用活检针轻轻吸住滋养层中的 3～5 枚细胞，并向外拉伸；B. 将细胞拉伸至可以清晰见到细胞连接间隙，用激光在间隙处将细胞熔断；C. 活检操作后的胚胎及所取滋养层细胞样本

二、胚胎植入前遗传学诊断的技术方法

到目前为止，是否需要对所有体外受精的胚胎均进行植入前遗传学筛查，在生殖医学界还没有达成一致。临床上通常会选择性的对一部分患者群体进行 PGD，主要包括以下几种情况。

1）患有不明原因反复流产的夫妇。

2）流产胎儿出现复发性染色体非整倍性现象的夫妇。

3）在 IVF 周期中出现反复着床失败的夫妇。

4）患有严重的男性因素不孕症的患者。

5）已经进行胚胎植入前遗传学诊断的夫妇。

6）接受 IVF 治疗且想要进行单胚胎移植的夫妇。

（一）荧光原位杂交的染色体筛查技术

荧光原位杂交（FISH）技术是利用染色体特定区段特异性标记探针分析胚胎染色体异常情况。FISH 是最早被应用于胚胎植入前遗传学筛查的检验技术，可以在 4～10h 内快速完成对样本的检测。FISH 的使用不涉及 DNA 扩增，因此可以避免扩增过程带来的误差。但是，FISH 对探针的选择与灵敏度等有要求，而且对于结果的观察与分析有较强的经验性，可能会造成一些误差，影响 FISH 结果的可信度。此外，FISH 应用于 PGD 最大的限制因素在于其无法实现对所有的 23 条染色体进行完整的整倍性分析。FISH 技术本身的局限性导致了卵裂期胚胎“非整倍性”诊断结果的提高，提示使用 FISH 技术进行非整倍体筛查存在相当大的误差。许多随机性对照实验表明，使用 FISH 技术检测卵裂期胚胎的整倍体/非整倍体后进行胚胎移植，其结果对于提高临床妊娠率并无指导意义。

（二）PCR 分析

1. PCR

基因分型和直接测序是鉴定单基因异常的常用方式。由于进行 PGD 的样本往往只有 1 个或 2 个细胞，因此这些方法的应用都离不开 DNA 的体外扩增，其中最为经典的方法就是 PCR 技术。通过 PCR 把来自单个卵裂球的 DNA 大量扩增，为 PGD 的实施提供充足的 DNA 材料。为了避免外源性 DNA 对检测结果的干扰，用于活检的胚胎一般经由 ICSI 方法进行受精。

2. 实时定量 PCR 技术

实时定量 PCR 技术可以通过与已知的正常对照进行比较，来检测任一给定染色体的拷贝数变化，这一技术可以快速（通常为 4～6h）评价所有 23 条染色体的非整倍性情况。然而，由于实时定量 PCR 只能检测每一条染色体上相对较少数量的位点信息，所以很难做到同时对多个待测样本进行筛查。虽然这项技术可以用来鉴别异倍体，但其无法检测单亲二倍体和结构性的染色体畸变。

（三）芯片技术

人类非整倍体和单倍体胚胎的怀孕率至少占 10%，并且在接近生殖力结束的女性群体中的发生率可超过 50%（Nagaoka et al.，2012）。与年龄相关的缺陷会导致胚胎非整倍性提高和自然流产的增加（Sugiura-Ogasawara et al.，2012）。胚胎的非整倍性是导致反复植入失败的主要原因之一（Margalioth et al.，2006）。

比较基因组杂交微阵列（comparative genomic hybridization array，CGH）芯片技术是一种简单易懂的技术，可以用来对 24 条染色体的异倍体性做出诊断性评估（图 20-11）。因此，临床上逐步趋向于使用比较基因组杂交微阵列芯片技术对染色体进行更为全面的筛查（Simpson，2012；Handyside，2013）。与荧光原位杂交技术相比，CGH 的错误率只有 1.9%（Gutierrez-Mateo et al.，2011）。当利用 CGH 检测卵裂期和囊胚期的活胚时，精确度和效率上并没有差异（Mir et al.，2013）。此外，CGH 可以用来鉴别胚胎染色体中的罗伯逊易位与相互异位的异常，分辨率在滋养外胚层的活组织切片中可达到 6Mb（Alfarawati et al.，2011）。因此，CGH 可用于筛查不同阶段的胚胎活组织的全基因组。

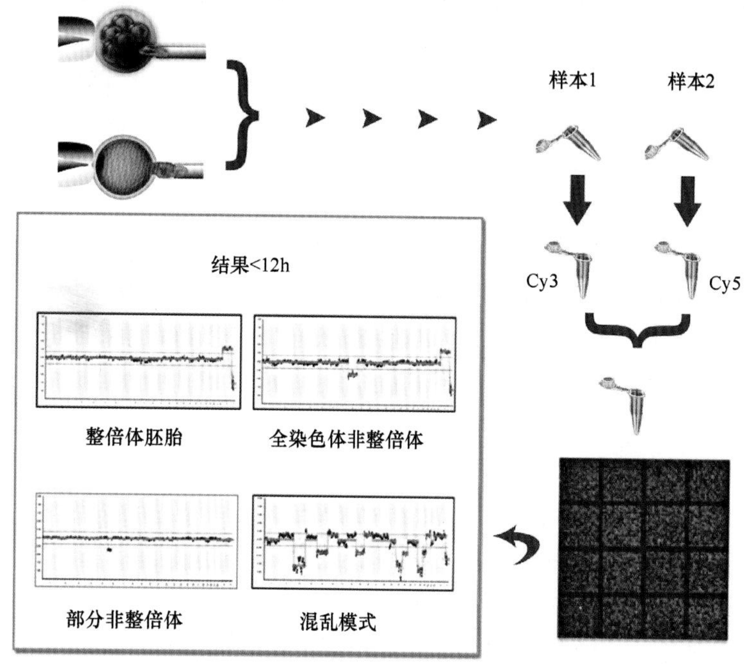

图 20-11 比较基因组杂交微阵列芯片检测染色体异常的流程图

Wells 等（2009）发现，通过 CGH 分析的囊胚期胚胎的妊娠率是 66.7%。对 2858 个卵裂期的活胚检测研究后发现，CGH 更适合于有不良生育史的高龄孕妇。大于 38 岁妇女组的胚胎异倍体率高达 86.3%。当整倍体胚胎植入时，移植率和植入率不受女性年龄影响（Gardner et al.，2015）。

经 CGH 诊断的胚胎，可以进行单个胚胎移植，减少了多胎妊娠发生概率，临床妊娠率显著提高（70.9 %），而且无双胎妊娠。说明了在没有异倍体风险的患者中应用 CGH 技术，能更有效地检测胚胎，大幅降低早期流产率（Yang et al.，2012）。CGH 技术可以用于评估 D3 或囊胚期胚胎的发育潜力，是一种简单高效的途径（Gardner et al.，2015）。

2015 年，Wu 等发明了利用囊胚期细胞培养液中存在的 DNA 检测 α-地中海型贫血的无创 PGD 技术，避免了由于胚胎活检技术本身带来的胚胎损伤，同时保持了检测结果的准确性（Wu H et al.，2015）。2016 年，媒体报道了全球首例接受无创 PGD 的试管婴儿在无锡诞生。

已有研究表明，胚胎培养液中线粒体 DNA 含量与人类胚胎碎片中的含量高度一致。无创胚胎基因检测技术的发展，结合胚胎线粒体含量测定，或许将在未来成为判断胚胎发育潜力最有效的临床指标之一。

（四）二代测序技术

二代测序（next generation sequencing）技术同样可以被用来进行胚胎植入前的遗传

学筛查。这项技术可以对胚胎基因组进行扩增，并将得到的数百万条 DNA 片段序列与参照基因组图谱进行比对，从而对每一条染色体上的特异 DNA 信息进行评价。同时，这项技术还可以检出胚胎基因组中单基因或多基因的突变。因此，二代测序既可以被用来进行胚胎植入前的遗传学筛查，也可以在双亲存在已知遗传突变的情况下，用来进行胚胎植入前的遗传学诊断。

（五）蛋白质组学

蛋白质组大约由超过 100 万个蛋白质构成。然而，蛋白质组的分析需要进行细胞提取或者对胚胎培养液中由胚胎分泌的蛋白质和多肽进行分析。新型质谱分析技术的出现使这些分析成为可能，如表面增强激光解吸电离-飞行时间质谱（surface-enhanced laser desorption/ionization time-of-flight mass spectrometry，SELDI-TOF MS）。蛋白质组学技术可以分析不同性别胚胎的基因表达差异，可以分析胚胎与子宫内膜生理学调控机制。随着微流控系统领域的快速发展，使体外受精实验室对蛋白质组学进行定量和定性分析成为可能（Binder et al.，2014；Katz-Jaffe et al.，2006a，2006b）。

（六）代谢组学

代谢组学被定义为对特定的细胞过程中留下的独特的化学足迹的系统研究，是研究某一时刻细胞内所有代谢物集合组成的科学。凭借这个技术平台，研究者对感兴趣的代谢产物可以进行识别和量化。定量平台包括 RAMAN 和 ^{1}H 核磁共振。限于这些技术的灵敏性，使其暂时不得应用于单个胚胎。在检测方面更灵敏的是近红外光谱（NIR），该项技术能够提供单个胚胎消耗培养基的详细的光谱（Seli et al.，2011）。最近出现了两种新的分析人类胚胎细胞培养基消耗的质谱方法，电喷雾电离质谱和直接注入质谱。两者均为快速的分析方法，都要求最少量的样品制备，都能从单个胚胎的细胞培养基中获得大量的数据。这些方法或许能够成为识别新型生物标记的工具（Gardner et al.，2015）。

1. 靶向代谢组学

靶向代谢组学是对目标明确的代谢产物进行检测分析的方法，特别针对一种或几种途径的代谢产物。通常是验证预先确认的代谢产物或已鉴定的潜在生物标记物的定量信息。靶向代谢组学分析技术具有特异性强、检测灵敏度高和定量准确的特点。越来越多的数据表明，雌性和雄性胚胎在植入前期存在差异。因此，如果对一枚胚胎在一系列条件下进行了分析，那么，在它周围的环境改变时，测量的参数也会随之发生变化。影响人类胚胎代谢因素包括胚胎的发育阶段、胚胎的性别、培养基成分（即营养浓度的差异、白蛋白的来源）、培养基更新的频率、氨的积累和氧气的浓度等。调节胚胎功能最广泛的因素之一可能是氧气，现已证实，培养进程中使用不同氧气浓度可以影响哺乳动物胚胎的基因表达，蛋白质组功能和胚胎自身的代谢活动。

在小鼠胚胎的体外培养中，培养气相中的不同氧气浓度表现出对胚胎氨基酸利用效果的双向影响效应。此外，在囊胚期，培养气相中的氧气浓度升高会抑制葡萄糖的摄取。因此，生物标记物水平的测定受到环境胁迫的影响，这些技术在应用之前有必要对其进行进一步的可行性研究。所以没有一个对胚胎代谢水平的测定可以应用于所有的阶段和所有的培养条件（Wale and Gardner，2010，2012，2013）。Conaghan 等（1993，2013）发现在妊娠过程中，培养于含血清和 20%氧气环境中的 2-8 细胞期人类胚胎，其对丙酮酸的利用率与以后的妊娠率存在相反的关系。

2. 葡萄糖利用

早在 1970 年，Menke 和 McLaren 就已观察到在缺乏氨基酸的培养基中培养的小鼠囊胚失去了氧化葡萄糖的能力。胚胎代谢的改变与其体外发育能力相关。Renard 等（1980）发现，牛的第 10 天的囊胚在培养基中消耗葡萄糖的速度大于 5 μg/h，移植后囊胚摄取葡萄糖的能力则低于这个数值。使用无创的荧光探针法可持续检测移植到雌性受体之前的小鼠第 4 天囊胚的糖摄取量。如果葡萄糖摄取量与乳酸的产生有关，那么通过糖酵解途径可能建立一个间接测量葡萄糖变量的方法。目前，对囊胚阶段的糖酵解水平的测定已经成功地应用于选择具有潜在发育能力的小鼠囊胚（Lane and Gardner，1996，1998）。用代谢标准来鉴定具有适当扩张且形态学良好的小鼠囊胚，移植后其胎儿发育率为 80%；相比之下，代谢异常的胚胎发育率仅为 6%。Gardner 等（2011）通过分析人类胚胎的营养摄取和体外发育间的关系后发现，第四天的人类胚胎葡萄糖的消耗量是那些继续形成囊胚的胚胎葡萄糖消耗量的两倍，还发现第四天和第五天人类胚胎发育的存活率与葡萄糖摄取量呈正相关的关系。此外，有数据表明，发育中的人类的雄性胚胎与雌性胚胎的营养利用率不同，在其他哺乳动物中也存在这种现象。囊胚期胚胎的葡萄糖摄取量与妊娠率的关系与胚胎的评分无关（Gardner et al.，2011；Gardner and Wale，2013）。

在医学领域，葡萄糖含量可在生物体液中检测，同样可在血液和尿液中得以检测。目前只有少数实验室可以通过显微荧光定量的方法来准确定量微升以下体积内的营养差异。随着微流控设备的快速发展，使其可以完成对单个细胞的分析（Urbanski et al.，2008）。鉴于糖代谢与囊胚存活率之间存在的关系，可以通过检测胚胎培养基中葡萄糖的含量来预测优质囊胚形成。

3. 氨基酸利用

胚胎在形成囊胚的过程中对氨基酸的利用模式，与中途停止发育胚胎的利用模式不同。发育良好的胚胎对培养基中亮氨酸的利用较高。可以发育到囊胚的胚胎对丙氨酸、精氨酸、谷氨酰胺、甲硫氨酸和天冬酰胺的利用率也显著升高。天冬氨酸、甘氨酸和亮氨酸的摄入量与妊娠率和婴儿出生率密切相关（Brison et al.，2004）。人类胚胎卵裂期耗氧量的数据表明，胚胎的生存力与耗氧率同其呼吸频率增加有关（Tejera et al.，2012）。

第五节　ART 相关衍生技术的发展

试管婴儿技术出现的短短几十年中，关于提高 ART 周期中胚胎种植率的技术研究日新月异，各种机制研究也层出不穷。单精注射技术旨在最大限度的利用有限的生殖资源为患者制造受孕的希望，但是经单精注射后，部分卵子仍然会出现受精失败的现象。无论从实验技术的进步，还是对胚胎分裂观测手段的革新，直至对卵子胞质质量的探索，一切的努力都是试图利用现代科技，对发育中的胚胎从被动的“评估及筛选”转变为主动的“干预和纠正”。相比于其他学科，试管婴儿技术是一个全新的领域，有着广泛的前景和蓬勃的动力。相关技术研究也在临床实践中不断取得突破性进展。

一、经形态学选择后的卵胞质内单精注射

经形态学选择后的卵胞质内单精注射（intracytoplasmic morphology selected sperm injection，IMSI）是经 ICSI 衍生出来的一项更为精密的精子挑选及注射技术。研究发现，精子头部的前中区域往往存在着空泡结构，同时具有多发性及异质性的特点。有些研究认为，若在 ICSI 中使用头部含有明显空泡的精子进行注射，会使卵子受精率、优质胚胎率及临床妊娠率降低。但临床结果仍存在较多争议。

IMSI 技术在单精注射的基础上使用了高放大倍数的油镜，配合高分辨率成像系统，对精子可达到 6000 倍的实时放大效果，这使研究人员在 ICSI 过程中可以更加精准的判断精子头部畸形程度及空泡的数量及分布。从精子角度入手，尽量避免由于精子畸形因素导致的受精失败，旨在提高 ICSI 过程中的受精及胚胎发育效率。

相对而言，普通单精注射一般使用 200～400 倍的放大效果，在挑选精子过程中，往往存在着对精子头颈部畸形及运动形态较为重视，而对精子头部细节观察不够仔细的缺陷。在 IMSI 技术中，选择头部形态正常，且空泡体积小于精子头部核区体积 4%的精子进行单精注射，其妊娠结果同常规方法相比有显著提高（66% vs 30%）。经过精选的精子可以获得具有良好原核形态、卵裂球均一和高妊娠率的胚胎（Tesarik et al.，2000）。此项技术对于由男性因素引起的不育可能有着更大的应用及治疗优势，同时对实验室设备及人员技术水平要求较高。

二、卵子辅助激活技术

卵子辅助激活（assisted oocyte activation，AOA）技术是正在探索的旨在挽救受精失败，提高受精概率的新技术。在单精注射过程中，即使对注射精子进行了精细的挑选，仍有 1%～3%的患者会出现卵不受精的情况。研究表明，当精子被注入卵子胞质后，除了由于精子头部的染色体解聚异常、卵子纺锤体功能异常及 ICSI 本身出现的操作失误外，精子对卵子的激活失败是导致全卵无法受精的主要原因。

研究表明，精子入卵后，将自身携带的磷脂酶 Cζ（phospholipase Cζ，PLCζ）释放至卵子胞质中，通过三磷酸肌醇（IP_3）途径激活卵子内部钙波的产生，启动卵子的激活过程。卵母细胞内部发生的内质网的重聚、IP_3 受体的增加、胞质内钙离子浓度的增加及钙离子结合蛋白在内质网上的重新分布等一系列变化，决定着卵子在受精后能否被正确的激活（Kashir et al.，2010）。因此，在对不同物种卵母细胞进行孤雌激活及体

细胞克隆胚激活的研究基础上，离子霉素及钙离子载体这两种常用的激活剂开始被应用于人类辅助生殖治疗中。一些研究中心采用鼠卵激活实验对经 ICSI 后出现的卵不受精的情况进行分析，若检测精子经 ICSI 操作后可以使实验鼠卵激活，那么卵子功能方面的缺陷将被作为卵受精失败的主要原因。在 ICSI 后，将这类卵子使用 AOA 方法进行处理，可能会取得较好的受精率。但有研究证实，卵子本身存在的纺锤体功能异常将会导致卵子激活受阻及怀孕率下降，而这种结构型缺陷无法使用 ICSI 结合 AOA 方法进行扭转。同时，此项激活技术是否能够真正模拟精子入卵后引起的钙波现象，如今并无定论。对钙离子激活剂是否对胚胎着床及发育产生后续的负面影响也知之甚少。因此，ICSI 结合 AOA 技术在挽救受精失败中可否被广泛应用于临床，目前仍存在较大的争议，相关的研究也会继续进行下去。

三、实时胚胎发育监测分析培养系统

实时胚胎发育监测分析培养系统（EmbryoScope® Timelapse System）采用先进的实时摄影及培养系统，可以精确地记录胚胎从受精卵到囊胚形成过程中的所有形态变化。相比传统的培养系统，实时胚胎发育监测分析培养系统不但可以实时监控培养气体浓度及温度的变化，对于卵子内部结构异常及胚胎发育过程中的形态变化及动力学参数也可进行精确记录。在整个培养过程中，工作人员不必将胚胎取出就可以对胚胎发育过程进行评分及记录，并根据合适的形态动力学参数选出最具有发育潜力的胚胎进行移植或冷冻。应用实时胚胎发育监测分析培养系统，对胚胎体外发育过程中的分裂异常、卵裂球多核现象、卵裂球碎裂、细胞紧密化延迟、囊胚腔形成延迟等异常发育现象进行精确记录，为提高胚胎着床能力提供多项可靠的形态动力学参数，对预测囊胚发育结果有指导作用。

四、非侵入性胚胎分级体系

胚胎染色体的非整倍性在人类辅助生殖过程中广泛存在。由于样本容量有限，统计数据无法对滋养层细胞胚胎活检技术的生物安全性做出最终判断。研究人员希望利用非侵入性的胚胎发育观测系统记录胚胎发育过程，以找到胚胎发育过程中与染色体倍性相关的形态动力学参数。Campbell 等（2013）发现非整倍体胚胎开始出现囊胚腔的时间与整倍体胚胎明显不同，整倍体胚胎平均需要 95.1h，而非整倍体大约延迟了 6h。在形成明显囊胚腔的时间上，非整倍体的胚胎也出现了明显的滞后，与整倍体胚胎相比（平均时间 105.9h）推迟了大约 5h（平均为 110.9h）。依据胚胎受精后开始形成囊胚腔及形成明显腔室，但未达到扩张囊胚的时间组合，对囊胚出现非整倍体的风险进行评估。这也是第一份将 PGD 结果同胚胎发育形态动力学参数相比较，最终对囊胚倍性做出评估预测的分析研究。今后，探索更多可依赖的卵裂期形态动力学指标组合是推动非侵入性胚胎分级体系建立的基础（图 20-12）。

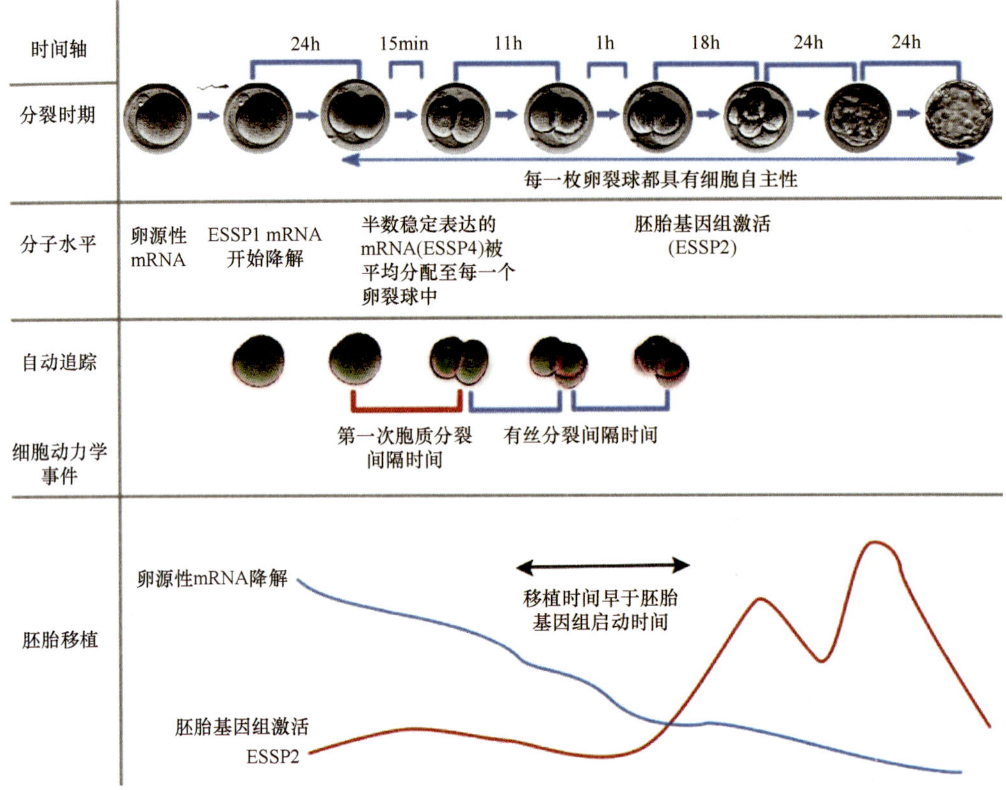

图 20-12 实时胚胎发育监测分析培养系统记录人类胚胎的体外发育过程及动力学指标

五、卵母细胞老化与 IVF-ET 结局

现代社会快节奏、高污染的生活方式，加剧了女性卵子质量下降。吸毒、酗酒、吸烟、过度节食、患有肥胖与糖尿病等，均会对女性卵子发育潜力产生负面影响。近年来，由于育龄女性平均年龄增大而引起的生殖障碍，正成为一项社会性难题。尽管目前无法真正为育龄女性界定“衰老”的具体年龄，一般认为 35 岁之后，女性生育能力会随着年龄增大而逐步递减，在 40 岁后甚至可能出现“断崖式”下滑。

卵子老化会引起卵子形态学及细胞内部结构的一系列改变。在老化的卵子中，经常可以见到较大的透明带间隙，第一极体碎裂或退化，卵母细胞卵周隙内的微绒毛呈现异常的结构性突起，透明带形态改变及变硬等。在卵子内部结构方面，卵子老化会出现纺锤丝排列混乱、拥有三极甚至多极纺锤体、染色体中心体散在分布于胞质之中、细胞骨架结构异常、受精后皮质颗粒胞吐异常、线粒体数量、形态及功能异常等现象。同正常卵子比较，老化卵子在减数分裂过程中，更易出现染色体分离错误，直接导致胚胎发育中的早期发育停滞，降低了胚胎种植率，增大了流产风险，甚至会导致畸形胎儿的产生。

如何提高卵子质量，改善高龄女性在辅助生殖周期中的妊娠结局，已成为 ART 临床研究中的首要问题。已经知道，控制卵母细胞的成熟促进因子（MPF）的活性，可以在一定程度上“逆转”卵子老化的过程。MPF 是维持卵母细胞处于 MⅡ期的重要因子，其活性会随着卵子老化而递减。在动物研究中，向培养液中添加适量的咖啡因可调节 MPF 的活性，改善牛及鼠类卵子的老化现象。Sun 等（2001）研究表明，经使用 5mM 咖啡因持续处理老化鼠卵后，其内部纺锤体形态及皮层颗粒分布同正常卵子相似，提高了单精注射后卵子的受精率，同时降低了胚胎碎裂现象。

Wu YG 等（2015）又提出了一个概念，高龄女性所面临的究竟是卵子老化，还是卵子的生长环境的颗粒细胞的老化。在卵子发育过程中，通过周围环绕的颗粒细胞为自身提供营养，维持内部正常的转录及发育。随着女性年龄的增长，颗粒细胞上的 FSH 受体、芳香化酶及 17β-羟基类固醇脱氢酶的表达减少，而 LH 受体与孕酮受体的表达增加。这使颗粒细胞功能降低，增殖受阻，对 FSH 反应降低，呈现过早黄素化，无法再为卵子发育提供必要的功能支持，直接影响了卵子的发育潜力。在卵巢储备不佳的女性卵泡中，颗粒细胞往往呈现凋亡状态。在高龄女性所产生的颗粒细胞中发现了线粒体 DNA 的缺失。

为了扭转卵子所处生长环境“恶化”导致卵子自身老化的趋势，临床上采用了提前取卵的方案，在超促排卵过程中的优势卵泡达到 16mm 时，即注射 hCG 并在 34～36h 后施行取卵手术。这种处理方法在一定程度上增加了高龄女性在 ART 过程中的临床妊娠率，减少因颗粒细胞黄素化对卵子质量的负面影响。

六、卵子胞质成熟及其对 IVF-ET 结局的影响

在辅助生殖周期中，尽管通过超促排卵技术获得了更多的卵子，并逐步对培养环境及培养媒介进行了多方面的改进，但仍然只有小部分胚胎可以在体外培养中发育至囊胚阶段。卵子胞质成熟是独立于卵子核成熟的重要过程，有研究认为胚胎的发育命运，早在卵子发生过程中就已被决定，卵子的胞质质量是影响 IVF-ET 结局的重要因素。但是，至今仍无法对卵母细胞胞质成熟程度进行系统的衡量。有证据显示，鼠类卵子发育过程中的代谢能力决定着卵子日后的发育潜能。在卵子发生过程中，对代谢底物的可利用能力、质膜与外界进行物质交换的能力及对自身所含酶类的活性调控能力，均对卵子实现自身胞质成熟产生了重要影响，并直接调控着受精之后胚胎的早期发育。

当卵子内线粒体功能受损时，胞质内部会积累过多浓度的 ROS，将直接导致 ATP 含量减少，胞质内谷胱甘肽含量降低，引起卵子内部代谢失调，影响了卵子的发育潜力。卵子内部的糖代谢通过糖酵解和戊糖磷酸两种途径进行。虽然在糖酵解过程中不会提供大量的 ATP，但其产物丙酮酸和乳糖仍可在有氧条件下通过参与三羧酸循环，产生大量的 ATP。在这两种途径中，NADP 与 NADPH 作用广泛，与谷胱甘肽一起决定了卵子内部的氧化还原电位。丙酮酸通过氧化还原反应，形成乳糖；而在戊糖磷酸途径中，通过氧化还原反应使谷胱甘肽在清除细胞内活性氧自由基过程中发挥效应。因此，卵子内部的氧化还原电位可能直接调控着胞质内部糖代谢的顺利进行，进而决定着胞质成熟及胚胎的发育潜力。

七、卵子线粒体功能紊乱与卵子老化

线粒体在卵母细胞及早期胚胎发育中呈现圆形状态，内部嵴的数量较少，含有双链环状 DNA，且不具有内含子及组蛋白修饰，因此极易发生突变。在人类卵子发生过程中，线粒体的数量由最初的约 6000 个增至最后的 30 万～40 万个。有些个体中甚至数量更多，此后不再增加，完全为母性遗传。随着受精后细胞的每一次分裂，平均分配至各个卵裂球中。直到囊胚期，线粒体 DNA 复制开始，才会开始增殖。

线粒体在卵母细胞成熟过程中起着至关重要的作用，直接影响着卵子胞质成熟，其异常甚至会经表观遗传作用影响下一代的健康。无论机体内出现代谢紊乱，还是随着年龄增长，女性卵子都会面临功能减退的命运。在质量不佳的卵子中往往存在线粒体功能紊乱现象。此类卵子或者没有受精能力，或者会在受精后出现胚胎发育阻滞，或者会减少囊胚期细胞数量，影响胚胎着床甚至流产。

线粒体对维持卵母细胞 MⅠ期及 MⅡ期纺锤体的完整性十分重要。在卵子能量代谢过程中，线粒体产生了适量的 ATP，维持了纺锤体微管的动力学，调节了卵子成熟过程中纺锤体的组装及胞质成熟的一系列过程。纺锤体组装错误就会导致减数分裂过程中染色体分布不均衡，产生非整倍体卵子，这也可能是高龄女性在体外受精过程中更易产生非整倍体胚胎的原因之一。线粒体产生的 ATP，对卵母细胞成熟中蛋白的磷酸化/去磷酸化亦有重要的调节作用。在高龄女性的卵子及颗粒细胞中，线粒体功能减退，其异常呼吸作用过程产生的 ROS 亦会对线粒体自身 DNA 造成级联伤害。

近年来，一些研究披露了一个现象，在发育受阻的胚胎中，线粒体功能异常会导致 mtDNA 拷贝数增加。这种现象可能是为了弥补由于线粒体功能缺失导致的卵子内部代谢所需的能量供应不足，继而引起了线粒数目的异常扩增。Diez-Juan 等（2015）透过大量 PGD 检测数据，分析了 290 枚整倍体胚胎卵裂球中平均 mtDNA 含量，证明了卵裂球中 mtDNA 含量同胚胎着床率有着明显的相关性。具有相关阈值内 mtDNA 含量的胚胎，才会有更高的着床及发育能力。

八、临床医学对扭转卵子老化采取的一些措施

虽然对引起卵子老化的具体原因仍不是十分清楚，但现代医学逐渐证实，患有糖尿病或因代谢功能障碍而肥胖的女性卵子内部线粒体功能也遭到了破坏，继而引起了卵子功能受损。这类女性在 IVF-ET 周期中通常具有较低的妊娠率，且容易发生流产。而吸毒、酗酒、过度运动及节食等不良生活习惯、环境污染、长期怀有负面情绪及压力过大，过度悲伤等，会在卵子发生过程中产生氧化胁迫（oxidation stress）作用，也会严重影响卵子的生长发育。因此，直接有效的对抗方法是在日常饮食中，较多地摄取石榴、浆果、深海鱼类及适量咖啡因等含有天然抗氧化剂成分的食物，新鲜果蔬中的维生素 C 可以有效地减少精子头部 DNA 碎裂，同时辅以适量、平衡的运动，保持积极乐观的心态，可以在增强体质之余，减少因负面情绪导致的卵巢组织血液循环不足而出现的“急性应激反应”。

辅酶 Q10（CoQ10）已经被应用于高龄女性 IVF 的促排术前准备中。这是细胞内一种天然合成的重要的抗氧化剂，在线粒体呼吸链中对离子转运起重要作用。在对老龄大鼠的研究中发现，凋亡的颗粒细胞内有关合成 CoQ10 的一些基因表达受阻，直接引起细胞内部线粒体功能失调。在经 CoQ10 添加治疗后，颗粒细胞数量明显增加，提高了卵子质量。服用 CoQ10 后的高龄女性所产生的卵子，其非整倍体的比率相对未服用组降低了 15%，因而 CoQ10 有助于提高高龄女性 IVF 周期中的卵子质量（Ben-Meir et al.，2015）。

另一种为衰老卵子带来动力的方法，是为其注射含有健康线粒体的供体细胞质。由于线粒体遵循严格的母性遗传原则，这种治疗方法不但可以提高 IVF 周期中的卵子质量，也可以使 F_1 代免于继承母亲胞质中功能异常的线粒体。在动物体细胞克隆实验中，虽然证明了卵子对于异体线粒体有着一定的“容受性”，由于胞质移植而引起的胚胎线粒体异质性对 IVF 结局潜在的负面影响，仍需引起重视（Bentov et al.，2011）。将从卵原细胞中分离出的线粒体，注入自体 MⅡ期卵母细胞后，可以避免由于线粒体异质性而引发的遗传风险，同源线粒体注射技术已在模式动物中取得了良好的结果，提高了卵子质量并得到了优质的后代。但作为一项前沿的研究成果，也由于细胞质遗传的不确定性，该项技术在应用与临床之前尚需做更多的研究工作（St John，2002；St John et al.，2010；Fragouli et al.，2015）。

第六节　辅助生殖技术的子代健康分析

在过去 30 多年中，不孕不育治疗得到了革命性的发展，从 1978 年首例试管婴儿 Louise Brown 的诞生，到 1990 年首例 PGD 婴儿的出世，直至 1992 年首例 ICSI 婴儿的降生，ART 技术在不断飞速发展。在 1990 年时，全球还只有大约 9.5 万名试管婴儿，到 2000 年，这个数字已增加到近 100 万，到 2007 年则增加到 250 万，到 2013 年 10 月为止，全球试管婴儿累计诞生已超过 500 万。以美国为例，2002 年经 ART 出生的儿童已经超过了总儿童数的 1%，2010 年统计结果为 1.2%，欧洲国家则高达 3%。在 ART 中，使用 ICSI 的周期数逐年增加，美国则以每年大于 20%的速度增长。ICSI 出生儿所占人口比重越来越大。

采用 ICSI 技术，操作者很容易用精细的玻璃针捕捉一条形态良好的精子并将其直接注射到卵细胞中。在自然生殖中，成万上亿的精子经过激烈竞争，最终才有一条最优秀的精子冲破重重障碍与卵子结合，受精成功并孕育为胎儿。所以，每个经自然生殖过程诞生的生命，其父本的精子都是千万分之一的佼佼者。ICSI 技术显然违背了自然状态下的“激烈竞争”过程，只是随机选取了一个精子与卵子结合。由于没有竞争，也不是自然状态下优选的，所以形成的胚胎出现问题，或由此发育来的胎儿或出生后的个体出现健康问题，也不是没有可能。

实际上，自试管婴儿诞生以来，人们担心的最大问题是他们是否与自然孕育的孩子一样健康及正常，具体包括是否拥有正常的体质、生育力、智商、情商等。2003 年欧盟公布的跟踪调查报告显示，试管婴儿在身体、智力、心理发育及社交能力等方面和自然孕育出生的孩子一样健康。2009 年美国也公布了一项类似结论的报告，试管婴儿在成长过程中和成人后同自然孕育的孩子相比并无实质性差异，都拥有正常的人生。世界上第一位试管婴儿路易斯·布朗于 2004 年 9 月 4 日结婚，并于 2006 年 12 月 20 日生下一名健康男孩。人们惊喜地发现，第一例试管婴儿是健康的、可育的、正常的。由于试管婴儿技术的特殊性，特别是 ICSI 等新技术的使用，使其发生多胎、早产、低出生体重儿和妊娠合并症等的危险性比自然受孕儿更大。理论上，ART 与自然受孕（natural conceived）相比仍存在较多风险。另外，除了患者自身的遗传因素及机体的生理代谢等因素，具体实施 ART 操作的技术人员的资质也不容忽视。操作者审慎的工作态度、技术的熟练程度、操作效率，尤其是显微操作人员的技术熟练程度等都可能影响试管婴儿的健康。

一、不同辅助生殖技术的特点

ART 技术跨越了自然的精、卵结合过程，完全是在人工干预的条件下完成的。常用的 ART 技术方法有 IVF-ET、ICSI-ET、PGD-ET 与卵胞质置换-ICSI-ET 技术。人们又将上述 4 种技术分别称为人类辅助生殖（或试管婴儿）技术的第一代、第二代、第三代和第四代技术。并非一代比一代更强，只是每一代技术适应于相应的适应证，即每一代技术有其相应的患者群。

（一）第一代 ART 即 IVF-ET

正常情况下，育龄期妇女每个月只有 1 个或 2 个卵子发育成熟并排卵。但是，由于体外受精及胚胎移植这两个过程均可能出现各种操作失误，而且将胚胎移植入子宫后，也不能保证其可以正常着床，所以通常情况下一次需要尽可能多的获取卵子。通常的做法是联合使用多种激素促进女方募集更多的卵子，在取卵后 4～5h 将清洗后的精子与卵子一起培养，使卵子受精并在体外发育。移植前根据患者的年龄、既往的孕产史、流产史及胚龄等具体情况，决定移植胚胎的数量，通常需要移植 1～2 枚胚胎。最后，还需要持续注射黄体酮维持妊娠。该技术常常需移植多于一枚胚胎以提高妊娠率，同时辅以辅助孵化技术，因而较易造成多胎妊娠。不仅是双胎较多，有时甚至还会出现三胞胎。多胎妊娠会使发生流产、早产的概率大幅提高。

（二）第二代 ART 即 ICSI-ET

单精注射技术即在显微镜及显微操纵仪的辅助下，将经过制动处理的单个精子注射到一个成熟的卵母细胞胞质内，培养过程与第一代 ART 过程相同。与传统体外受精的主要区别在于，它是直接将精子注入卵母细胞的胞质内以达到受精的目的。该技术主要针对由男性因素（少精、弱精、无精等）引起的不育，同时也可应用于免疫性不孕或者经由传统 ART 或其他辅助方式后受精失败的患者。该技术存在的最大争议是将人为选取的精子与卵子直接结合，没有经过自然选择，有可能导致下一代存在缺陷。对操作人员的技术与专业水平要求较高。

（三）第三代 ART 即 PGD-ET

与常规的 ART 相比，实施 PGD 可以在胚胎发育期间诊断其是否携带遗传疾病，从而筛选出健康的胚胎进行移植，防止将遗传性疾病传递给下一代。从遗传学角度来看，它能帮助人类生育出最为健康的后代，所以第三代 ART 基本上解决了 ICSI 的潜在问题。通过产前诊断不仅能实现优生优育、降低流产率，同时可提高胚胎移植的成功率。

（四）第四代 ART 即卵胞质置换-ICSI-ET 技术

卵胞质置换-ICSI-ET 技术是将年轻的、身体健康的女性卵子的细胞质与质量较差卵子的细胞核重新组合形成一个新的卵母细胞，然后再通过 ICSI 使卵子受精。经过该技术操作成功的胚胎，含有两位母亲的卵子成分和一位父亲遗传物质；两位母亲分别提供细胞核 DNA（主要遗传物质）和线粒体 DNA。出生后的婴儿将拥有三个亲本，即一父两母婴儿。该技术主要适用于由于年龄偏大而导致卵子质量较差的女性，或存在线粒体 DNA 缺陷的女性。

二、ART 子代的安全性与健康

多项研究表明，绝大多数 ART 子代身心、智商、情商、生育能力等均为正常。但由于涉及人类的健康与生存，任何有关健康安全的风险都要认真对待。在针对 ART 子代的多胎妊娠、早产、低出生体重儿发生率、出生缺陷、围产期结局、神经发育障碍及基因印记缺陷等方面进行了大量研究后，结果表明 ART 技术可能存在的一些问题，需要引起普通民众、患者与专业人员的重视。

（一）ART 子代早产及低出生体重发生率

从大量对 ART 子代的追踪报道中可以了解，子代早产及低出生体重（low birth weight，LBW）的发生率较高。从生物学角度来看，ART 中的由多胚移植所引起的多胎妊娠，胎儿之间的生存竞争超出了母体子宫和母体自身的承受能力，作为一种自身的保护措施和生物学本能，母体必然会选择尽早解除危机自身生命的负担，使妊娠周期提前完成，导致早产与低出生体重现象。然而与自然妊娠相比，ART 的单胎儿也存在早产和低出生体重现象。Romundstad 等（2008）发现，经过 ART 治疗（IVF/ICSI）妊娠后，单胎婴儿出现早产的风险是自然妊娠的 2 倍。2009 年，美国国家疾病控制与预防中心报告称，ART 婴儿的 LBW 风险性为自然妊娠的 1.33～1.61 倍。加拿大的一项研究结果显示，ART 子代 LBW 的发生率达自然妊娠的 4 倍。除去多胎因素，ART 组单胎 LBW 的发生率也为对照组的 3 倍（Bowdin et al.，2007）。来自美国的调查报告表明，在排除高比例的双胎妊娠和早产因素外，经 ART 单胎足月分娩的子代中，其 LBW 的发生率也是自然妊娠组的 2.6 倍（Sutcliffe et al.，2006；Doornbos et al.，2007）。但是，比利时的一项统计分析显示，ART 子代的出生体重并没有显著低于自然妊娠婴儿，反而有轻微的升高（Wagenaar et al.，2008）。

ART 影响出生体重及导致早产的机制还不是很清楚。有研究认为，早产与 LBW 的发生率与患者的不孕时间呈现明显的正相关性。如果不孕时间少于 12 个月，早产的发生率为 5.4%；如不孕时间达到 4 年，早产发生率会增至 7.1%。随着不孕患者年龄的增大，发生早产与 LBW 的概率也显著增加（Sunderam et al.，2009）。Romundstad 等（2008）的研究表明，IVF 婴儿比 ICSI 婴儿发生早产和 LBW 的危险性高，推测源自女方的不孕因素（卵管异常、子宫内膜异位症或激素紊乱等）会增加早产和 LBW 的概率。Sutter 等（2006）发现移植双囊胚后出生的单胎，比移植单囊胚后出生的单胎更容易发生早产和 LBW。

另外，ART 的婴儿的剖腹产率要高于自然妊娠婴儿。Laura 等（2007）对美国 1997～1998 年出生的婴儿进行统计表明，自然妊娠出生的孩子的剖腹产率为 19.84%，而 ART 新生儿的剖腹产率为 49.66%。这可能与经 ART 治疗的女方年龄偏大，多胎妊娠率增加且容易发生妊娠期并发症（如妊娠期高血压疾病）等因素有关。而且经由 ART 治疗的夫妇双方常常存在过度紧张和焦虑情绪，尤其是社会经济地位较高的夫妇，因其具有接受严密的监测和干预的条件，这些也会使得剖腹产发生率增加，从而引起 LBW 婴儿出生率增加。

总体上，从现有材料分析，ART 在一定程度上会增加单胎妊娠早产和 LBW 的风险，但其诱发原因尚需进一步明确。

（二）多胎妊娠发生率

研究结果显示，ART 的多胎出生率为 25%～50%，双胎妊娠率高达 43%，明显高于自然妊娠。Reefhuis 等（2009）的一项大样本资料分析表明，ART 子代中双胎、三胎和四胎妊娠率分别占 43%、12%和 1%，明显高于自然妊娠子代相应的发生率。对芬兰部分地区 5 年内出生的 306 名 IVF 子代分析表明，双胎、三胎和四胎的发生率分别为 40.2%、8.2%和 1.3%。Zhu 等（2006）对丹麦的 8602 名 ART 子代进行分析后，也发现了 ART 子代中双胎妊娠率高达 40%。多胎妊娠是引起子代流产、早产、新生儿低出生体重、先天性畸形和新生儿死亡等不良结局的主要危险因素。而且，ART 子代中高发的多胎出生率，也影响了 ART 子代远期预后效果（刘风华和何玲，2013；刘晓红等，2013）。

（三）ART 子代出生缺陷发生率

出生缺陷也称先天异常，是指由于胎儿期发育紊乱引起的形态结构、功能代谢与精神行为等方面的异常，包括先天畸形、智力障碍及代谢性疾病等。早在 20 世纪 80 年代初期，第一代 ART 子代的出生缺陷就已备受国内外关注，在第二代 ART 出现后，则更加受到了重视。澳大利亚、爱尔兰及英国的早期的研究显示，ART 子代的出生缺陷率平均为 2.2%，与一般人群相比，ART 本身并未增加出生缺陷的发生率。一项大样本量、包含 124468 例 IVF/ICSI 子代的分析结果显示，ART 增加了子代出生缺陷的风险，但在 IVF 与 ICSI 技术之间没有明显差异。虽然出生时，IVF 与 ICSI 组间在出生缺陷率上没有差异，但在 3 岁时的随访资料显示，ICSI 组男孩的缺陷率明显高于 IVF 组。ART 婴儿常见的出生缺陷包括尿道下裂等泌尿生殖道的畸形、唇腭裂、神经管缺陷、胃肠道缺陷、骨骼肌的缺陷、染色体异常和心血管缺陷等。此外，ART 婴儿的心脏隔缺损、唇腭裂、食管闭锁、肛门直肠闭锁与尿道下裂等的发病率明显高于自然妊娠婴儿。Hansen 等（2005）综合分析了 25 项研究后发现，在 IVF 或 ICSI 之后，胎儿出现畸形的危险性比自然妊娠增加了 30%，IVF 和 ICSI 之间无明显差别。

我国学者对 15 405 例 ART 子代出生缺陷的分析表明，ART 子代出生缺陷总的发生率为 1.23%，与自然妊娠群体没有差异（1.35%）。仅发现 ICSI 子代出生缺陷的发生率（1.58%），与 IVF（1.11%）相比有升高的趋势。通过对综合了孕产次、遗传特征、母亲年龄与职业等因素的 ART 与自然受孕组间的比较后，得出了 ART 单胎出生儿与自然妊娠单胎出生儿的出生缺陷率无明显差异，且 IVF 与 ICSI 单胎出生儿间的出生缺陷发生率无明显差异的结论。但有些学者却得出相反的结论，认为与自然受孕子代相比，ART 子代具有出生缺陷的风险明显增加。在去除多胎因素及辅助生殖技术本身与出生缺陷存在的弱相关外，高多胎率是引起子代出生缺陷的重要危险因素。ART 新生儿中，子代男婴出生缺陷率要高于女婴（许巍等，2008）。

ART 所致的出生缺陷率的增高，可能与多胎妊娠及父母的某些特征如年龄、不孕不育年限、流产史、接受不孕不育治疗时间、既往健康状况及父母遗传特征有关，而非 ART 技术所致。多胎妊娠和产妇高龄则会使子代出生缺陷的发生明显增加。ART 子代出生缺陷率高于自然受孕子代并不是 ART 本身所导致，可能与母体的某些特征及父方不育因素等有关（柏宏伟等，2013；许巍等，2008；邵小光等，2010；赵倩等，2010；聂冬英等，2013）。

（四）神经系统及认知发育

ART 是否影响其出生儿的神经系统发育，一直是学者们关注的问题。2005 年，一项涵盖了欧洲五国的大型研究，募集了 424 例经 IVF、511 例经 ICSI 和 488 例自然妊娠出生的单胎的 5 岁儿童，出生时的妊娠周期都超过了 32 周。结果发现，这 3 组儿童在认知和运动发育情况方面没有统计学差异（Ponjaert-Kristoffersen et al.，2005）。在荷兰开展的一项针对 8～12 岁儿童的研究中发现，在教育水平、认知能力或在学校表现方面，ART 组与自然妊娠组间无差异（Wagenaar et al.，2008）。Belva 等（2007）对 8 岁的 150 例 ICSI 出生的单胎和 147 例自然妊娠出生的单胎进行比较发现，两组儿童的神经发育情况无明显的差异。以上结果提示，通过 ART 出生的单胎与自然妊娠单胎的神经发育间不存在差异，但前提是 ART 单胎能够正常妊娠，有正常出生重量。然而，也有研究得出了相反的结论。Knoester 等（2008）对 5～8 岁的儿童（ICSI 儿 83 例，IVF 儿 83 例，自然妊娠儿 85 例）进行智商 IQ 评分，发现 ICSI 儿（103）比 IVF 儿（107）和自然妊娠儿 IQ 值（110）低。瑞典的一项关于 5680 例 IVF 儿童分析表明，与正常受孕儿童相比，IVF 儿童在发育迟缓及神经功能受损方面有显著的增高趋势，最主要的神经功能受损是患有脑性麻痹，单胎妊娠则相对风险降低。与正常受孕儿童相比，多胎妊娠 IVF 儿童的脑性麻痹表现出具有显著的统计学意义（章瑜和黄荷凤，2010）。到目前为止，大多数的研究认为，只要通过 ART 出生的孩子是足月单胎儿，那么 ART 对其神经系统和认知发育影响不大。

（五）ART 子代脑瘫发生率

有关 ART 子代脑瘫发生率的研究还存在着争议。人口脑性瘫痪多胎登记调查结果显示，多胎儿脑性瘫痪的发病风险增高。按照出生体重分析发现，在低出生体质量组双胎与单胎之间脑性瘫痪的发病率没有差异，而在出生体质量≥2500g 组双胎是单胎的 3～4 倍。约有 1/4 的双胎在宫内发育不均一，而宫内双胎生长不一致也是导致子代患有脑性瘫痪的危险因素。在一项包含了 5 个国家，多达 100 万个婴儿的研究发现，双胎生长不一致的子代脑性瘫痪的发生率为 0.77%，而生长一致者则为 0.49%，且与生长不一致的严重程度相关（Barnes et al.，2004；Pinborg et al.，2004）。所以，双胎脑性瘫痪发病率的增高不能仅仅归因于早产和低出生体重，其他的内在因素也将产生影响。在双胎中，可能与脑性瘫痪发病相关的潜在的影响因素包括性别差异、双胎生长不一致、双胎间输血、双胎中一胎死亡、绒毛膜炎症及 ART 的应用等。也有研究发现，ART 子代存在患有退缩行为、外在行为减少或抑郁症状及孤独症/自闭症谱系障碍增多的趋势。虽然这些研究结果存在不一致性，但仍提示我们应予以高度重视。

（六）ART 子代胚胎源性疾病

与胎儿在宫内的发育相比较，配子在发生和成熟过程中受到潜在危害的作用时间更长。当胚胎处于表观遗传重编、细胞快速分化及器官形成期时，此时正是受到环境干扰致病的最敏感阶段。近年来，人们将成年期出现的一些疾病的诱因，前移至配子发生和胚胎发育时期，即胚胎源性疾病（embryo-fetal origin of disease，EFOD）。EFOD 是由于配子发生和胚胎早期发育异常而引起的子代异常状态，不仅可表现为宫内发育迟缓和出生缺陷，且与成年期糖尿病、心血管病等疾病的发生相关，甚至可能通过影响子代性腺的发育和功能而引起疾病的隔代遗传。ART 技术包含的一些操作，如超促排卵、侵入性的操作、体外受精、胚胎体外培养和胚胎冻融等步骤，都是诱发子代 EFOD 的潜在高危险因素。这些因素对处于环境干扰致病最敏感的受精及胚胎期的影响，都可能引起表观遗传修饰的改变，从而引起成年期疾病。流行病学调查发现，糖尿病发生率和冠心病死亡率均随着新生儿出生体重的降低而增加。对欧洲、亚洲和北美等地区基于不同性别、不同种族的人口调查显示，LBW 与成年期冠心病、高血压、糖耐量异常和 2 型糖尿病的发生显著相关，并且宫内营养不良造成的 LBW 是引起成人期心血管疾病和糖尿病的独立高危因素（Chen et al.，2009；Duckitt and Harrington，2005）。

（七）ART 子代肿瘤的发生率

儿童期发生肿瘤非常罕见，主要有急性淋巴细胞白血病、视网膜母细胞瘤、神经母细胞瘤和肾母细胞瘤等。ART 与儿童期肿瘤间相关性的报道不多，有些研究在比较了 ART 儿童与自然妊娠儿童肿瘤的发病率后发现，ART 并未增加患有肿瘤的风险性（Bruinsma et al.，2000；Moll et al.，2003）。但有些研究结论持相反意见，认为 ART 增加了儿童患肿瘤的风险性，使急性淋巴细胞白血病和非霍杰金淋巴瘤的发生率升高（Doyle et al.，1998）。Moll 等（2003）研究发现，IVF 儿童中存在 5 例视网膜母细胞瘤的患者，与自然妊娠儿相比，其危险性增加 5～7 倍。推测是由于 ART 影响了基因的印迹表观现象，从而形成印迹缺陷，导致儿童期肿瘤的形成（Marees et al.，2009）。实验过程中的一些侵入性操作，如体外成熟、单精注射与辅助孵化等，可能会对胚胎后期发育产生一些不利的效应。通常认为，对配子和胚胎的体外操作越多，在体外环境中暴露的时间越长，对其危害越大。另外，ART 生育妇女年龄偏大及产次较少，也对儿童期肿瘤的形成起到一定的作用。

另据 Groesser 等（2012）报道，胚胎发育期的遗传组成或引发成年后肿瘤的发生。基因中的遗传突变会在胚胎发育的过程中发生，这种突变会被传递到子代细胞中。也就是说，在胚胎发育过程中，有可能发生突变细胞与正常细胞并存的情况，出现突变细胞镶嵌现象。在胚胎期如果发生基因突变，将容易诱发成年后肿瘤的形成。ART 是否会引起儿童期肿瘤的危险性增加，尚不能得出确切结论。

（八）ART 对胎盘的影响

胎盘是孕期连接胎儿和母体的重要器官，在妊娠过程中起着物质交换和内分泌作用，维持胎儿生长并保护胎儿免受外界损伤。胎盘微血管的生成及其网络构建是母儿物质交换的保证，对于正常妊娠的维持有着十分重要的意义。胎盘发育异常，会引发各种妊娠期并发症，影响胎儿营养的供给，导致一系列不良的妊娠结局。动物实验发现，胚胎经体外培养后常伴有妊娠过程中的胎盘发育异常。人类 ART 子代也伴随出现了胎盘发育异常概率增加的现象，但发生机制不清（章瑜和黄荷凤，2010）。

ART 妊娠期间发生前置胎盘、胎盘早剥、胎盘粘连等与胎盘位置和功能异常有关的并发症的概率显著高于自然妊娠组。在排除多胎因素后，前置胎盘（主要是中央性前置胎盘和部分性前置胎盘）、胎盘粘连、脐带附着异常的发生率仍显著增加，提示 ART 带来的胚胎操作和宫腔操作可能导致胚胎种植、胎盘形成和发育的异常，从而影响胎儿的发育，导致妊娠期并发症的发生和新生儿结局不良。Shevell 等（2005）发现，ART 妊娠期间前置胎盘和胎盘早剥的发生率显著高于对照组，并认为由于 ART 的妊娠和绒毛膜发育起始于体外培养，这种胎盘早期的发育环境改变和本身异常发育会导致这些并发症的发生率增高。Romundstad 等（2006）对同一母亲的 ART 妊娠和自然妊娠情况进行比较，也发现 ART 伴发前置胎盘的概率较高。

胎盘粘连本身是胎盘发育异常的一种表现，可引起母胎界面的物质交换的异常，且与产后出血的发生关系密切，可严重影响母儿健康。脐带附着异常主要包括脐带帆状附着和球拍状胎盘。Cai 等（2006）报道 IVF 双胎妊娠脐带附着异常与胎儿宫内生长受限的发生密切相关。ART 子代胎盘存在发育异常的概率增加，且滋养外胚层对体外操作的敏感性比内细胞团大，所以胎盘发育异常导致的母胎界面物质交换功能异常，可能是导致 ART 妊娠期并发症发生率增高和子代不良结局的一个重要因素。

三、ART 子代的基因学研究

（一）ART 与 Y 染色体微缺失

迄今为止，特发性不育患者的病因仍不清楚，可能与目前还无法识别的遗传因素相关，因此存在着将这些基因缺陷遗传至下一代的风险。例如，先天性双侧输精管缺如（CBAVD）源于染色体基因缺失，CBAVD 男性会将这种突变遗传给下一代，而由于涉及 CBAVD 的基因庞大且复杂，因此并不能作为常规检测。同样，引起男性不育的 Y 染色体的 AZF-a、b 或 c 区微缺失，将被遗传给经过 ICSI 治疗得到的男性后代。因此，使用这些精子经 IVF/ICSI 治疗的患者所产生的男性后代也将遗传这些缺陷，预计有可能要像他们的父亲一样不育。

Y 染色体长臂远端存在着控制精子发生的基因，称为无精子因子（azoospermia factor，AZF）。AZF 缺失不仅影响男性生殖激素水平，导致不育，而且可遗传至子代并扩大缺失范围（Feng et al，2008）。通过 ART 出生的男性子代 Y 染色体微缺失的发生率大于自然妊娠子代。在对 Y 染色体 AZF-c 微缺失的患者进行研究后发现，他们通过 ART 所获得的男性子代均为 AZF-c 微缺失（Mau Kai et al.，2008）。AZF-c 区微缺失临床表现为无精子症或少精子症等症状，因而建议在辅助生殖中选择女性胚胎进行移植，切断遗传途径，以达到优生优育的目的。

IVF/ICSI 后代具有常染色体及性染色体的非整倍体性高发性风险。不育症患者精子中非整倍体染色体的发生率较正常男性高 10 倍，这些非整倍体的产生原因可能源自配子减数分裂时同源染色体分离发生错误（Sakka et al.，2010）。引起染色体疾病的常见因素有：①体内与体外精子选择机制的差异；②基因遗传的多效性引起后代细胞异常，这些异常可能会导致男性少/无精子症；③ICSI 操作过程中的物理损伤；④体外激素环境；⑤体外培养过程中的物理或化学压力导致的点突变。

（二）基因印记缺陷

引记基因是一种不对称表达的基因，可导致细胞中的两个等位基因不同步表达。也就是说，机体只表达来自亲本一方的等位基因。这种亲本等位基因差异表达常常是通过 DNA 甲基化修饰完成的。在引记基因从形成到维持印迹的整个过程中，任何一个环节出现错误都可能导致胚胎发育缺陷，甚至死亡。印记综合征是由印记基因表达改变而引起的一组临床症候群，其机制包括 3 个基因机制和 1 个表观遗传机制。含有印记基因的染色体区域大量缺失或重复、印记基因或印记控制中心的 DNA 突变、单亲二体、DNA 甲基化及组蛋白修饰的改变引起印记擦除、建立或保留的错误均可能引起印记综合征。

在已明确的 9 种人类印记综合征中，有 3 种可能与 ART 有关联，即安吉尔曼综合征（Angelman syndrome，AS）、Beckwith-Wiedemann 综合征（BWS）及母源低甲基化综合征（maternal hypomethylation syndrome）。BWS 发病率为 1/13 700，15%为家族性遗传，85%为散发，而家族性遗传为母亲单侧遗传。多数 BWS 是由母源染色体 KvDMR1 区低甲基化引起的。美国、英国和法国均于 2003 年报道指出，ART 可能引起 BWS 的发病率增高。欧洲、美国、澳大利亚的研究结果也同样显示，ART 与 BWS 密切相关，ART 出生的患 BWS 子代超过 90%有引记基因缺陷，而非 ART 出生的患 BWS 子代只有 40%～50%具有印记基因缺陷（Gicquel et al.，2003；Halliday et al.，2004；Chang et al.，2005）。BWS 主要表现为过度发育，腹壁缺损（脐膨出和脐疝），内脏肥大（包括肝肿大和肾肥大）、耳发育缺陷、新生儿低血糖症、巨舌症和肿瘤形成等。

AS 的典型表现为小头畸形，智力和运动障碍，脑电图异常，癫痫，肌张力低下，共济失调步态或不能走路，下颌突出，枕骨凹陷，面容怪异等。AS 发病机制主要有 4 种：①母源 15q11-q13 的内源性缺失；②母源泛素蛋白连接酶 E3A 基因突变；③母源 UBE3A 基因异常甲基化，导致 UBE3A 基因表达缺失从而引起配子印记缺陷；④父源性单亲二体（可导致母源性 UBE3A 基因表达缺失。一些研究者认为，IVF 婴儿较自然受孕婴儿出现生长调节基因印记错误表达的风险增高（Cox et al.，2002；Orstavik et al.，2003）。

在 ART 程序中，大量使用促性腺激素以促进卵子募集，是否会改变卵子成熟的过程或子宫内的生理环境，对卵子的体外成熟操作是否会引起子代激素异常和发育障碍等，都需要谨慎评估。在小鼠和仓鼠的研究中发现，超排卵处理可降低胚胎的生存能力。尽管体外培养液尽可能的模拟体内输卵管液的成分，但是培养液的成分和体外培养的时间的不同都可能对配子和胚胎的基因印记形成产生影响。卵母细胞体外成熟培养过程也可能使印记的获得或擦除受到干扰，从而导致印记建立不完全，从而引起胚胎发育的异常。将大鼠胚胎暴露于不同的培养环境中，可以改变其基因的表达及印记而导致发育异常。胚胎植入的时机也可能是重要的影响因素，囊胚期植入可引起单绒毛膜异卵双生子及连体婴儿出生。总之，基因印记异常导致新生儿发育缺陷值得高度关注。

（三）ART 子代染色体 15q11-13 区域引记基因 SNRPN 表达状况

引记基因 SNRPN 位于人染色体 15q11-13 区域，该基因的正常表达有利于神经系统的正常发育。该引记基因异常引起的最为典型的神经系统疾病有普威综合征（PWS）与 AS。有报道称，ART 子代中 AS 患病率较高，AS 和诱导排卵或 IUI 有关（Dada et al.，2012）。对 ART 子代与自然妊娠子代 15q11-13 的 SNRPN 基因进行研究发现，ART 婴儿脐血和早孕绒毛基因组 DNA 的 PWS/AS 印记调控区 SNRPN 基因甲基化状态与自然妊娠相同，未发现 ART 有增加印记基因疾病的发病风险。法国在 15162 个 IVF 出生的儿童中，发现了 6 例 BWS 患者，但是没有发现 PWS/AS 患者（Manning et al.，2000；Geuns et al.，2003）。

（四）ART 与 LGF2/H19 异常

人 11P5.5 染色体是一簇调节人体生长发育的引记基因聚集的区域，其中 LGF2/H19 对生长发育的调控尤为重要。LGF2/H19 异常可能会引发过度生长、肿瘤易感综合征、BWS、斯尔弗-鲁塞尔综合征（SRS）、新生儿短暂性糖尿病及肢体发育不对称等引记基因疾病。有报道认为 ART 子代引记基因 IGF2 与 H19 表达水平高于自然妊娠子代，但 ART 单胎在出生体重、分娩孕周、H19 及 LGF2 基因的表达上与自然妊娠单胎差异并无显著性，提示 ART 本身是比较安全的，带来的主要影响是较高的双胎妊娠率、早产率及低体重率等（倪运萍等，2010）。

四、ART 对孕妇的影响

ART 对女性的健康影响不容忽视。由于该项技术在实施过程中，需用到大量的人绒毛膜促性腺激素，以达到刺激卵巢内部多个卵子同步成熟的作用，但是 hCG 可激活肾素-血管紧张素-醛固酮系统，而该系统与妊娠期高血压疾病的发生有关。ART 多胎妊娠发生率较高，多胎妊娠时，子宫腔压力增大，胎盘严重缺血缺氧，导致血管内皮细胞功能障碍和结构受损，这更易引起妊娠期高血压疾病的发生（Schieve et al.，2007）。接受该治疗的女性妊娠期糖尿病的发生率也较高，该技术实施过程中需要大量应用促排卵药物，而这容易引起卵巢过度刺激综合征，此类患者往往存在胰岛素抵抗。另外，促排卵过程中高浓度的雌激素、孕激素及高胰岛素样生长因子也可能使妊娠糖尿病的发病率增高（Reefhuis et al.，2009）。有报道认为，接受 ART 的双胎孕妇妊娠期糖耐量异常或妊娠期糖尿病的发生率高于自然妊娠双胎的孕妇（Hansen et al.，2005）。

ART 对女性的影响还包括可出现卵巢过度刺激综合征，严重的病例可危及生命。该技术中应用的控制性超排卵技术完全打破了女性原本拥有的正常的生理过程，女性体内雌激素水平大大升高，这是否容易导致一些妇科肿瘤的发生也备受关注。

虽然一些研究结果对 ART 子代安全性持乐观态度，但部分研究结果的不一致性，甚至出现的较大争议，仍令许多学者担忧。因此对 ART 技术进一步规范与完善，提高从业人员的道德水平与专业素质，使该项技术更好地服务于不育人群，把可能存在的负面效应降低到最低点，或彻底消除因技术因素造成的不良后果，是人类生殖技术领域必须面对的问题。

五、人类辅助生殖技术的社会与伦理问题

人类辅助生殖技术不仅解决了不孕不育这一长期困扰医学界的难题，为无数家庭带来了欢乐，而且还促进了医学基础研究和临床应用研究的发展。但是，作为一项关系人类生殖和繁殖的新技术，引发的社会争议与伦理争论是前所未有的（朱晨静，2009；姜柏生和钱介荣，2006；涂玲和卢光琇，2012；桑利娥，2014）。生儿育女、家世传承是人们必须承担的家族与民族的责任与义务。传统的婚姻家庭通过自然有性生殖的方式生儿育女，子女与父母血脉相承，父母的基因遗传给了后代，人类社会得以生生不息，代代相传。传统的生育过程是私密的、神圣的，但辅助生殖技术则让专业人员介入了生殖过程，加入了若干人为的因素，还要借助一些金属器械与培养器具，使生殖过程呈现一定范围的公开化、社会化与工厂化，这无疑是对传统道德与伦理的极大挑战。特别是通过捐助者的精子及卵子进行的异源体外受精，完全切断了生儿育女的血缘联系，造成一家多族化，亲子代之间的血缘纽带也被割断，冲击了传统家庭的伦理结构。在较为极端的人工授精情况下，诞生的婴儿要面对 5 种父母身份：遗传上的母亲、代孕母亲、抚养母亲、遗传上的父亲与抚养父亲。由于“社会父母”和孩子之间缺乏任何生物学上的联系，传统的基于血缘关系的重要道德基础，也将可能给家庭稳定性和孩子的身心健康带来危害。ART 改变着人们对人体和生育的看法，这也可能会引发夫妻关系、夫妇的权利和义务、家庭关系、社会关系等一系列道德及社会问题的出现。

在 ART 过程中引发的一些不良现象，如有偿捐精、卵子买卖、有偿代孕、买卖胚胎等都会引起严重的社会问题。随着人工授精技术的迅速发展，捐献精子的商业化活动

日益泛滥。精子与卵子的商品化进而促使了代孕的产生，通过“出租子宫”谋得利益，生儿育女与其他商品一样明码标价。X 精子、Y 精子分离技术的应用，使性别选择成为可能，其直接后果是引起人口性别比例的严重失调。目前，我国出生性别比例失调已经相当广泛及影响严重。性比平衡是人类长期进化的结果，有利于人类的繁衍和社会的稳定。若性比失调，有关性犯罪的概率就会增加，将使社会产生很多不安定因素。

由 ART 引发的生殖及生育的道德和伦理问题，已经引起并受到了各国政府和国际社会的高度关注。不同国家均制定了一系列有关辅助生殖有关的法律法规，规范 ART 的技术应用，约束人们的行为，防范和打击犯罪，引导人类辅助生殖技术朝向健康发展。对于人类辅助生殖技术中的供受者，保障他们的知情权、隐私权，将技术实施给他们带来的伤害降低到最小，并在日后保护和尊重 ART 后代。积极应用伦理原则来规范和引导人类辅助生殖技术研究和应用，一方面要制定出更加专业和细致的技术规范和准入标准，并严格监督其实施；另一方面必须健全和充分发挥各级、各类伦理委员会的伦理监督职能，对涉及违法犯罪者予以严惩。

最近，一份来自丹麦哥本哈根大学附属医院研究者的报告称，对 1988～2007 年在丹麦、芬兰、挪威和瑞典 4 国通过辅助生殖技术出生的 6.2 万个单胞胎婴儿和近 3 万个双胞胎婴儿进行了调查，并将他们的数据与同一时期自然生育的 36.2 万个单胞胎婴儿和 12.3 万个双胞胎婴儿的情况进行对照，发现近 20 年来婴儿早产的风险越来越低。在通过辅助生殖技术生育的婴儿中，出生时体重偏低或过低、死胎和夭折的比例也不断下降。

参考文献

柏宏伟, 任春娥, 窦晓卫, 等. 2013. 辅助生殖技术子代出生缺陷的 meta 分析. 辽宁医学院学报, 34(1): 61-63.

胡捍卫, 朱晓红. 2015. 生殖医学基础. 南京: 东南大学出版社.

黄国宁. 2014. 辅助生殖实验室技术. 北京: 人民卫生出版社.

姜柏生, 钱介荣. 2006. 关于人类辅助生殖技术的伦理问题. 中国计划生育学杂志, 第 1 期: 32-35.

李力, 乔杰. 2012. 实用生殖医学. 北京: 人民卫生出版社.

刘风华, 何玲. 2013. 辅助生育技术出生儿近期安全性评价. 现代妇产科进展, 19(3): 178-184.

刘平, 乔杰. 2013. 生殖医学实验室技术. 北京: 北京大学医学出版社.

刘晓红, 闫丽盈, 李蓉, 等. 2013. Y 染色体微缺失与辅助生殖技术关系的研究进展. 生殖与避孕, 33: 42-47.

倪运萍, 陈士岭, 钟梅, 等. 2010. 辅助生殖技术子代印记基因 IGF2 与 H19mRNA 表达的初步研究. 广东医学, 31(13): 1665-1668.

聂冬英, 廖利珍, 李建伟, 等. 2013. 辅助生殖的儿童生长发育和内分泌代谢的变化. 中国医药导报, 2(10): 22-24.

乔杰, 马彩虹. 2012. 中国辅助生殖技术发展现状. 国际生殖健康/计划生育杂志, 31(5): 332-333.

乔杰, 苏萍. 2007. 生殖工程学. 北京: 人民卫生出版社.

乔杰. 2008. 人类辅助生殖技术的新进展. 中国实用妇科与产科杂志, 24(1): 33-34.

乔杰. 2013. 辅助生殖技术: 从基础到临床的转化医学. 北京大学学报(医学版), 45(6): 835-837.

桑利娥. 2014. 中美辅助生殖技术伦理规范的比较研究. 医学与哲学, 35(10A): 20-23.

邵小光, 史艳彬, 张洁. 2010. 辅助生殖技术中的双胎妊娠及其应对策略. 中国实用妇科与产科杂志,

26(10): 765-768.
孙旖. 2013. 辅助生殖技术对印记基因失调疾病及表观遗传影响的研究进展. 同济大学学报 (医学版), 34(6): 141-144.
谭枫, 王健. 2009. 人类辅助生殖技术发展的评析. 中国医科大学学报, 38(2): 154-156.
涂玲, 卢光琇. 2012. 伦理管理在人类辅助生殖技术中的应用与价值. 生命科学, 24(11): 1283-1288.
许巍, 田之莹, 李志强. 2008. 595 名接受辅助生育技术后妊娠妇女中新生儿出生缺陷情况分析. 中国优生与遗传杂志, 16(3): 99-100.
张慧琴. 2014. 生殖医学理论与实践(第二版). 北京: 世界图书出版公司.
章瑜, 黄荷凤. 2010. 辅助生殖技术安全性研究进展. 中国实用妇科与产科杂志, 26(10): 796-800.
赵倩, 李宏, 张清学, 等. 2010. 辅助生殖受孕儿发育追踪研究. 实用儿科杂志, 28(3): 223-225.
中华医学会. 2010. 辅助生殖技术和精子库分册——临床技术操作规范. 北京: 人民军医出版社.
周黎明. 2008. 囊胚培养及移植在体外受精过程中的临床应用. 现代实用医学, 20(7): 553-554.
朱晨静. 2009. 关于辅助生殖技术发展及应用的伦理思考. 中国医学伦理学, 22(1): 123-124.
庄广伦. 2010. 辅助生殖技术的发展历程. 中国实用妇科与产科杂志, 26(10): 729-731.
Alfarawati S, Fragouli E, Colls P, et al. 2011. First births after preimplantation genetic diagnosis of structural chromosome abnormalities using comparative genomic hybridization and microarray analysis. Hum Reprod, 26: 1560-1574.
Barnes J, Sutcliffe AG, Kristoffersen I, et al. 2004. The influence of assisted reproduction on family functioning and children's socioemotional development: results from a European study. Hum Reprod, 19: 1480-1487.
Belva F, Henriet S, Liebaers I, et al. 2007. Medical outcome of 8-year-old singleton ICSI children (born >or=32 weeks' gestation) and a spontaneously conceived comparison group. Hum Reprod, 22(2): 506-515.
Ben-Meir A, Burstein E, Borrego-Alvarez A, et al. 2015. Coenzyme Q10 restores oocyte mitochondrial function and fertility during reproductive aging. Aging Cell, 14: 887-895.
Bentov Y, Yavorska T, Esfandiari N, et al. 2011. The contribution of mitochondrial function to reproductive aging. J Assist Reprod Genet, 28: 773-783.
Binder NK, Evans J, Gardner DK, et al. 2014. Endometrial signals improve embryo outcome: functional role of VEGF isoforms on embryo development and implantation. Hum Reprod, 29: 2278-2286.
Bolton VN, Wren ME, Parsons JH. 1991. Pregnancies after in vitro fertilization and transfer of human blastocysts. Fertil Steril, 55: 830-832.
Bowdin S, Allen C, Kirby G, et al. 2007. A survey of assisted reproductive technology births and imprinting disorders. Hum Reprod, 22: 3237-3240.
Brison DR, Houghton FD, Falconer D, et al. 2004. Identification of viable embryos in IVF by non-invasive measurement of amino acid turnover. Hum Reprod, 19: 2319-2324.
Bruinsma F, Venn A, Lancaster P, et al. 2000. Incidence of cancer in children born after in-vitro fertilization. Hum Reprod, 15: 604-607.
Cai LY, Izumi S, Koido S, et al. 2006. Abnormal placental cord insertion may induce intrauterine growth restriction in IVF-twin pregnancies. Human Reprod, 21: 1285-1290.
Campbell A, Fishe S, Bowman N, et al. 2013. Modelling a risk classification of aneuploidy in human embryos using non-invasive morphokinetics. Reprod Biomed Online, 26: 477-485.
Centers for Disease Control and Prevention (CDC). 2009. Assisted reproductive technology and trends in low birth weight-Massachusetts, 1997-2004. MMWR Morb Mortal, 58: 49-52.
Chang AS, Moley KH, Wangler M, et al. 2005. Association between Beckwith-Wiedemann syndrome and assisted reproductive technology: a case series of 19 patients. Fertil Steril, 83: 349-354.
Chen XK, Wen SW, Bottomley J, et al. 2009. In vitro fertilization is associated with an increased risk for preeclampsia. Hypertens Pregnancy, 28: l-12.
Conaghan J, Chen AA, Willman SP, et al. 2013. Improving embryo selection using a computer-automated

time-lapse image analysis test plus day 3 morphology: results from a prospective multicenter trial. Fertil Steril, 100: 412-419.

Conaghan J, Hardy K, Handyside AH, et al. 1993. Selection criteria for human embryo transfer: a comparison of pyruvate uptake and morphology. J Assist Reprod Genet, 10: 21-30.

Cox GF, Burger J, Lip V, et al. 2002. Intracytoplasmic sperm injection may increase the risk of imprinting defects. Am J Hum Genet, 71: 162-164.

Dada R, Kumar M, Jesudasan R, et al. 2012. Epigenetic and its role in male infertility. Assisted Reprod Genetics, 29(3): 213-223.

Depalo R, Jayakrishan K, Garruti G, et al. 2012. GnRH agonist versus GnRH antagonist in *in vitro* fertilization and embryo transfer (IVF/ET). Reprod Biol Endocrinol, 10: 26.

Depa-Martynow M, Jedrzejczak P, Pawelczyk L. 2007. Pronuclear scoring as a predictor of embryo quality in *in vitro* fertilization program. Folia Histochem Cytobiol, 45(Suppl 1): 85-89.

Diez-Juan A, Rubio C, Marin C, et al. 2015. Mitochondrial DNA content as a viability score in human euploid embryos: less is better. Fertil Steril, 104: 534-541.

Doornbos ME, Maas SM, McDonnell J, et al. 2007. Infertility, assisted reproduction technologies and imprinting disturbances: a Dutch study. Hum Reprod, 22: 2476-2780.

Doyle P, Bunch KJ, Beral V, et al. 1998. Cancer incidence in children conceived with assisted reproduction technology. Lancet, 352: 452-453.

Duckitt K, Harrington D. 2005. Risk factors for pre-eclampsia at antenatal booking: systematic review of controlled studies. BMJ, 330: 565.

Feng C, Wang LQ, Dong MY, et al. 2008. Assisted reproductive technology may increase clinical mutation detection in male offspring. Fertile Steril, 90: 92-96.

Fragouli E, Spath K, Alfarawati S, et al. 2015. Altered levels of mitochondrial DNA are associated with female age, aneuploidy, and provide an independent measure of embryonic implantation potential. PLoS Genet, 11: e1005241.

Gardner DK, Meseguer M, Rubio C, et al. 2015. Diagnosis of human preimplantation embryo viability. Hum Reprod Update, 21: 727-747.

Gardner DK, Wale PL, Collins R, et al. 2011. Glucose consumption of single post-compaction human embryos is predictive of embryo sex and live birth outcome. Hum Reprod, 26: 1981-1986.

Gardner DK, Wale PL. 2013. Analysis of metabolism to select viable human embryos for transfer. Fertil Steril, 99: 1062-1072.

Geuns E, De Rycke M, Van Steirteghem A, et al. 2003. Methylation imprints of the imprint control region of the SNRPN-gene in human gametes and preimplantation embryos. Hum Mol Genet, 12: 2873-2879.

Gicquel C, Gaston V, Mandelbaum J, et al. 2003. In vitro fertilization may increase the risk of Beckwith-Wiedemann syndrome related to the abnormal imprinting of the KCN1OT gene. Am J Hum Genet, 72: 1338-1341.

Gordon JW, Grunfeld L, Garrisi GJ, et al. 1988. Fertilization of human oocytes by sperm from infertile males after zona pellucida drilling. Fertil Steril, 50(1): 68-73.

Groesser L, Herschberger E, Ruetten A, et al. 2012. Postzygotic HRAS and KRAS mutations cause nevus sebaceous and Schimmelpenning syndrome. Nat Genet, 44: 783-787.

Gutierrez-Mateo C, Colls P, Sanchez-Garcia J, et al. 2011. Validation of microarray comparative genomic hybridization for comprehensive chromosome analysis of embryos. Fertil Steril, 95: 953-958.

Halliday J, Oke K, Breheny S, et al. 2004. Beckwith-Wiedemann syndrome and IVF: a case-control study. Am J Hum Genet, 75: 526-528.

Handyside AH. 2013. 24-chromosome copy number analysis: a comparison of available technologies. Fertil Steril, 100: 595-602.

Hansen M, Bower C, Milne E, et al. 2005. Assisted reproductive technologies and the risk of birth defects-a systematic review. Hum Reprod, 20: 328-338.

Kashir J, Heindryckx B, Jones C, et al. 2010. Oocyte activation, phospholipase C zeta and human infertility. Hum Reprod Update, 16: 690-703.

Katz-Jaffe MG, Gardner DK, Schoolcraft WB. 2006a. Proteomic analysis of individual human embryos to identify novel biomarkers of development and viability. Fertil Steril, 85: 101-107.

Katz-Jaffe MG, Schoolcraft WB, Gardner DK. 2006b. Analysis of protein expression (secretome) by human and mouse preimplantation embryos. Fertil Steril, 86: 678-685.

Knoester M, Helmerhorst FM, Vandenbroucke JP, et al. 2008. Cognitive development of singletons born after intracytoplasmic sperm injection compared with in vitro fertilization and natural conception. Fertil Steril, 90: 289-296.

Lane M, Gardner DK. 1996. Selection of viable mouse blastocysts prior to transfer using a metabolic criterion. Hum Reprod, 11: 1975-1978.

Lane M, Gardner DK. 1998. Amino acids and vitamins prevent culture-induced metabolic perturbations and associated loss of viability of mouse blastocysts. Hum Reprod, 13: 991-997.

Li GP, Chen DY, Lian L, et al. 2001a. Mouse-rabbit germinal vesicle transfer reveals that factors regulating oocytes meiotic progression are not species-specific in mammals. J Exp Zool, 289: 322-329.

Li GP, Chen DY, Lian L, et al. 2001b. Viable rabbits derived from reconstructed oocytes by germinal vesicle transfer after intracytoplasmic sperm injection (ICSI). Mol Reprod Dev, 58: 180-185.

Li GP, Li L, Wang MK, Chen DY. 2001c. Maturation of the reconstituted oocytes by germinal vesicle transfer in rabbits and mice. Theriogenology, 56: 855-866.

Malter H, Talansky B, Gordon J, et al. 1989. Monospermy and polyspermy after partial zona dissection of reinseminated human oocytes. Gamete Res, 23(4): 377-386.

Manning M, Lissens W, Bonduelle M, et al. 2000. Study of DNA methylation patterns at chromosome 15q11-q13 in children born after ICSI reveals no imprinting defects. Mol Hum Reprod, 6: 1049-1053.

Marees T, Dommering CJ, Imhof SM, et al. 2009. Incidence of retinoblastoma in Dutch children conceived by IVF: all expanded study. Hum Reprod, 24: 3220-3224.

Margalioth EJ, Ben-Chetrit A, Gal M, et al. 2006. Investigation and treatment of repeated implantation failure following IVF-ET. Hum Reprod, 21: 3036-3043.

Mau Kai C, Juul A, McElreavey K, et al. 2008. Sons conceived by assisted reproduction techniques inherit deletions in the azospermia factor (AZF) region of the Y chromosome and the DAZ gene copy number. Hum Reprod, 23: 1669-1678.

Menke TM, McLaren A. 1970. Mouse blastocysts grown *in vivo* and *in vitro*: carbon dioxide production and trophoblast outgrowth. J Reprod Fertil, 23: 117-127.

Mir P, Rodrigo L, Mercader A, et al. 2013. False positive rate of an array CGH platform for single-cell preimplantation genetic screening and subsequent clinical application on day-3. J Assist Reprod Genet, 30: 143-149.

Moll AC, Imhof SM, Cruysberg JR, et al. 2003. Incidence of retinoblastoma in children born after *in vitro* fertilization. Lancet, 361: 309-310.

Nagaoka SI, Hassold TJ, Hunt PA. 2012. Human aneuploidy: mechanisms and new insights into an age-old problem. Nat Rev Genet, 13: 493-504.

Orstavik KH, Eiklid K, van der Hagen CB, et al. 2003. Another case of imprinting defect in a girl with Angelman syndrome who was conceived by intracytoplasmic semen injection. Am J Hum Genet, 72: 218-219.

Palermo G, Joris H, Devroy P, et al. 1992. Pregnancies after intracytoplasmic injection of single spermatozoom into an oocyte. Lancet, 340: 17-18.

Parizio P, Tucker MJ, Cuelman V. 2005. 人类辅助生殖彩色图谱. 王展宏, 孙倩译. 天津: 天津科技翻译出版公司.

Pinborg A, Loft A, Rasmussen S, et al. 2004. Neonatal outcome in a Danish national cohort of 3438 IVF/ICSI and 10, 362 non-IVF/ICSI twins born between 1995 and 2000. Hum Reprod, 19: 435-441.

Ponjaert-Kristoffersen I, Bonduelle M, Barnes J, et al. 2005. International collaborative study of intracytoplasmic sperm injection-conceived, in vitro fertilization-conceived, and naturally conceived 5-year-old child outcomes: cognitive and motor assessments. Pediatrics, 115: e283-289.

Reefhuis J, Honein MA, Schievel LA, et al. 2009. Assisted reproductive technology and major structural birth defects in the United States. Hum Reprod, 24: 360-366.

Renard JP, Philippon A, Menezo Y. 1980. *In-vitro* uptake of glucose by bovine blastocysts. J Reprod Fertil, 58: 161-164.

Rizk B, Garcia-velasco J, Sallam H, 等. 2013. 不孕症与辅助生殖. 孙鲲主译. 北京: 人民卫生出版社.

Rojas-Marcos PM, David R, Kohn B. 2005. Hormonal effects in infants conceived by assisted reproductive technology. Pediatrics, 116: 190-194.

Romundstad LB, Romundstad PR, Sunde A, et al. 2006. Increased risk of placenta in pregnancies following IVF/ICSI: a comparison of ART and non-ART pregnancies in the same mother. Hum Reprod, 21: 2353-2358.

Romundstad LB, Romundstad PR, Sunde A, et al. 2008. Effects of technology or maternal factors on peri-natal outcome after assisted fertilization: a population-based cohort study. Lancet, 372(9640): 737-743.

Sakka SD, Loutradis D, Kanaka-Gantenbein C, et al. 2010. Absence of insulin resistance and low grade inflammation despite early metabolic syndrome manifestations in children born after *in vitro* fertilization. Fertil Steril, 94: 1693-1699.

Sakka SD, Manicardi GC, Tomlinson M , et al. 2000. The use of two density gradient centrifugation techniques and the swim-up method to separate spermatozoa with chromatin and nuclear DNA anomalies. Hum Reprod, 15: 1112-1116.

Sakkas D, Lacham O, Gianaroli L, et al. 1992. Subzonal sperm microinjection in cases of severe male factor infertility and repeated *in vitro* fertilization failure. Fertil Steril, 57(6): 1279-1288.

Schieve LA, Cohen B, Nannini A, et al. 2007. A population-based study of maternal and perinatal outcomes associated with assisted reproductive technology in Massachusetts. Matern Child Health J, 11: 517-525.

Scott L, Alvero R, Leondires M, Miller B. 2000. The morphology of human pronuclear embryos is positively related to blastocyst development and implantation. Hum Reprod, 15: 2394-2403.

Seli E, Bruce C, Botros L, et al. 2011. Receiver operating characteristic (ROC) analysis of day 5 morphology grading and metabolomic Viability Score on predicting implantation outcome. J Assist Reprod Genet, 28: 137-144.

Shevell T, Malone FD, Vidaver J, et al. 2005. Assisted reproductive technology and pregnancy outcome. Obstet Gynecol, 106: 1039-1045.

Simpson JL. 2012. Preimplantation genetic diagnosis to improve pregnancy outcomes in subfertility. Best Pract Res Clin Obstet Gynaecol, 26: 805-815.

St John JC, Facucho-Oliveira J, Jiang Y, et al. 2010. Mitochondrial DNA transmission, replication and inheritance: a journey from the gamete through the embryo and into offspring and embryonic stem cells. Hum Reprod Update, 16: 488-509.

St John JC. 2002. Ooplasm donation in humans: the need to investigate the transmission of mitochondrial DNA following cytoplasmic transfer. Hum Reprod, 17: 1954-1958.

Sugiura-Ogasawara M, Ozaki Y, Katano K, et al. 2012. Abnormal embryonic karyotype is the most frequent cause of recurrent miscarriage. Hum Reprod, 27: 2297-2303.

Sun QY, Wu GM, Lai L, et al. 2001. Translocation of active mitochondria during pig oocyte maturation, fertilization and early embryo development in vitro. Reproduction, 122: 155-163.

Sunderam S, Chang J, Flowers L, et al. 2009. Assisted reproductive technology surveillance-United States, 2006. MMWR Surveill Summ, 58: 1-25.

Sutcliffe AG, Peters CJ, Bowdin S, et al. 2006. Assisted reproductive therapies and imprinting disorders: a preliminary British survey. Hum Reprod, 21: 1009-1011.

Sutter PD, Delbaere I, Gerris J, et al. 2006. Birth weight of singletons after assisted reproduction is higher after single-than after double-embryo transfer. Hum Reprod, 10: 2633-2637.

Tejera A, Herrero J, Viloria T, et al. 2012. Time-dependent O(2) consumption patterns determined optimal time ranges for selecting viable human embryos. Fertil Steril, 98: 849-857.

Tesarik J, Junca AM, Hazout A, et al. 2000. Embryos with high implantation potential after intracytoplasmic sperm injection can be recognized by a simple, non-invasive examination of pronuclear morphology. Hum Reprod, 15: 1396-1399.

Urbanski JP, Johnson MT, CraigDD, et al. 2008. Noninvasive metabolic profiling using microfluidics for analysis of single preimplantation embryos. Anal Chem, 80: 6500-6507.

Wagenaar K, Ceelen M, Weissenbruch MM, et al. 2008. School functioning in 8- to 18-year-old children born after *in vitro* fertilization. Eur J Pediatr, 167: 1289-1295.

Wale PL, Gardner DK. 2010. Time-lapse analysis of mouse embryo development in oxygen gradients. Reprod Biomed Online, 21: 402-410.

Wale PL, Gardner DK. 2012. Oxygen regulates amino acid turnover and carbohydrate uptake during the preimplantation period of mouse embryo development. Biol Reprod, 87: 24.

Wale PL, Gardner DK. 2013. Oxygen affects the ability of mouse blastocysts to regulate ammonium. Biol Reprod, 89: 75.

Wang MK, Chen DY, Liu JL, et al. 2001. In vitro fertilization of mouse oocytes reconstructed by transfer of metaphase II chromosomes results in live births. Zygote 9: 9-14.

Wells D, Fragouli E, Alfarawaty S et al. 2009. Increased embryo implantation and high birth rates following comprehensive chromosomal screening of in vitro fertilized embryos. Reprod Biomed Online, 18(Suppl): S10.

Wong C, Loewke K, Bossert N, et al. 2010. Non-invasive imaging of human embryos before embryonic genome activation predicts development to the blastocyst stage. Nat Biotechnol, 28: 1115-1121.

Wu H, Ding C, Shen X, et al. 2015. Medium-based noninvasive preimplantation genetic diagnosis for human α-thalassemias-SEA. Medicine, 94: e669.

Wu YG, Barad DH, Kushnir VA, et al. 2015. Aging-related premature luteinization of granulosa cells is avoided by early oocyte retrieval. J Endocrinol, 226: 167-80.

Yang Z, Liu J, Collins GS, et al. 2012. Selection of single blastocysts for fresh transfer via standard morphology assessment alone and with array CGH for good prognosis IVF patients: results from a randomized pilot study. Mol Cytogenet, 5: 24.

Zhu JL, Basso O, Obel C, et al. 2006. Infertility, infertility treatment, and congenital malformations: Danish national birth cohort. BMJ, 333: 679.

（雪　莲、李光鹏）

索　　引

A

B

C

D

E

F

G

H

I

J

K

L

M

N

O

P

Q

R

S

X

Y

Z

其他